프렌즈 시리즈 07

프렌즈 튀르키예(터키)

주종원·채미정 지음

Türkiye

중앙books

Prologue
저자의 말

코로나 19의 터널을 빠져나오는 동안 긴 겨울잠을 잔 것 같다.
아직도 완전하지는 않지만 세상은 조금씩 코로나 이전의 일상을
회복하고 있다. 다시 하늘길이 열리며 비행기가 다니기 시작했고
여행자를 실어나르는 버스도 점점 늘어나며 관광지도 활기를 띠고 있다.
그동안 터키도 나도 큰 변화를 겪은 것 같다. 이제 터키라는 명칭은 사라지고 '튀르키예'가 되었고 본의 아니게 한국에 갇혀(?) 지내는 동안 세상과의 단절을 겪었던 나도 이전과는 다른 새로운 여행을 할 준비가 된 것 같다.

세상에는 '변해서 좋은 것'과 '변하지 않아서 가치가 더 빛나는 것'이 있다고 믿는다. 관광명소가 새롭게 정비되고 유물을 전시하는 박물관이 번듯해지고 고대의 유적지가 속속 발견되는 등 여행지로서 튀르키예의 매력이 나날이 더해가는 것이 '변해서 좋은 것'이라면, 그곳에 사는 사람들-한국을 형제의 나라라 여기며 처음 만난 여행자에게 따뜻한 차를 권하며 쉼터를 내어주는 튀르키예 사람들의 변하지 않는 인심이야말로 어쩌면 튀르키예를 여행하며 받을 수 있는 최고의 선물이라 생각한다.

기후 위기는 우리 눈 앞에 닥친 현실이 되었고 전쟁의 공포가 사람들의 뇌리에 유령처럼 드리워진 이 불안한 시대에 여행이 무슨 의미가 있을까 하는 생각이 이번 개정판을 준비하는 동안 머릿속을 계속 맴돌았다. 결론은 그럼에도 불구하고 세상과 직접 소통하는 여행이야말로 내가 살고 있는 이 행성의 고귀함과 아름다움, 그리고 타인에 대한 이해와 존중을 배울 수 있는 최고의 길이라고 생각한다.

많은 여행자들에게서 격려와 현지 여행정보를 받았다. 튀르키예에 대한 애정이 가득 담긴 마음이라는 것을 잘 알기에 이 자리를 빌려 감사드린다(현지 정보를 실시간으로 전해준 이스탄불 랄랄라 G.H의 지마님과 귤곰 신영주님, 빈틈없는 진행으로 책의 완성도를 높여준 허진 에디터님께 특별히 감사를 전한다). 튀르키예로 떠나는 모든 여행자들에게 행운이 깃들기를 기원한다. 그리고 2023년 2월 튀르키예와 시리아를 강타한 대지진으로 희생된 분들과 유가족, 삶의 터전을 잃어버린 많은 분들께 심심한 위로의 말씀을 전하며 하루빨리 복구되어 평범한 일상을 회복하길 간절히 소망한다.

샥티 & 미어

Newsletter
뉴스레터

코로나 팬데믹을 거치는 동안 튀르키예는 다음과 같이 바뀌었습니다.

1. 대외 국명 변경

2022년 기존의 '터키 공화국 Republic of Turkey'에서 '튀르키예 공화국 Republic of Türkiye'으로 국호가 변경되었습니다. '터키'라는 명칭은 역사 속으로 사라지고 '튀르키예'라는 새로운 명칭이 대외적인 공식 국호가 되었습니다.

2. 아야소피아 박물관이 자미(모스크)로 변경

그동안 박물관으로 사용되던 이스탄불의 랜드마크인 아야소피아 성당이 2020년 이슬람 사원인 '자미'로 바뀌었습니다. 튀르키예에서 유일하게 입장료를 받는 자미가 되었으며, 기도 시간에는 입장이 제한됩니다.

3. 튀르키예 최대의 자미 건립

이스탄불의 아시아 지역에 '참르자 자미 Büyük Çamıca Camii'가 완공되었습니다. 최대 수용 인원 6만 3,000명을 자랑하는 튀르키예 최대의 자미로서 이스탄불의 새로운 랜드마크가 되었습니다.

4. 세계문화유산의 추가 등재

튀르키예 중서부의 고대 도시 유적인 고르디온 Gordion과 중세 아나톨리아의 하이포스타일 Hypostyle 목조 열주 모스크가 2023년에 세계문화유산으로 등재되었습니다. 이로써 튀르키예는 총 21곳의 세계문화유산 보유국이 되었습니다.

5. 극심한 인플레이션

코로나 시기를 거치는 동안 경제난으로 튀르키예의 물가가 엄청나게 높아졌습니다. 달러화 가치가 폭등하고 리라화 가치가 많이 낮아졌습니다. 환율이 요동치고 있으므로 여행하는 동안 수시로 환율과 물가 변동을 체크하세요.

6. 입국 정보

2024년 11월 현재 튀르키예 입국자는 코로나 19 예방 접종 카드 또는 음성 검사가 필요하지 않습니다.

터키의 새 국명 '튀르키예 Türkiye'

세상에 널리 알려진 대로 터키의 국명은 'TURKEY'입니다. 그런데 영어권에서는 Turkey가 칠면조라는 뜻과 함께 속어로는 겁쟁이라는 말로 사용되기 때문에 튀르키예 사람들은 좋아하지 않습니다. '터키'의 유래가 된 '튀르크'는 '강인한' 또는 '용감한'이라는 뜻을 가지고 있습니다.

튀르키예 정부는 2022년 연초부터 자국의 영문 명칭을 'Republic of Turkey'에서 'Republic of Türkiye'로 변경한다고 발표했고, 2022년 5월 31일 유엔에 국호의 영어 표기를 Türkiye로 바꿔 달라는 공문을 보냈습니다. 6월 2일 유엔은 이를 수용하여 공식 문서에서 국호를 'Republic of Türkiye'로 변경하기로 결정했습니다.

일부에서는 국호를 바꾸었다고 오해하나 사실 튀르키예 국호는 그대로 두고 공식 영어 표기를 수정한 것일 뿐입니다. 튀르키예 국내에서는 자국을 '튀르키예'라고 불러왔고 자국어를 그대로 대외적인 국호로 사용하기로 한 것입니다. 한국으로 비유하자면 'Republic of Korea'를 'Daehanminguk'으로 바꾼 것이라 할 수 있지요. 유엔 표기가 변경된 이후 튀르키예 정부는 외교 채널을 통해 공식적으로 한국 정부에 국명을 변경해 줄 것을 요청했고, 우리 정부는 즉각 응답해 2022년 6월 17일 국립국어원의 심사를 거쳐 '터키'를 '튀르키예'로 정정하기로 결정했습니다. 따라서 '주 터키 대한민국 대사관'도 '주 튀르키예 대한민국 대사관'이 되었습니다.

국가의 대외 명칭을 바꾸는 것은 시간과 비용 면에서 매우 어려운 일인데 이렇게 전격적이고 대대적으로 바꾼 것은 매우 드문 일이라 할 수 있습니다. 현재 터키가 아닌 튀르키예로 바꾸어 부르고 있는 나라는 한국 등 몇몇 국가에 한정되어 있습니다. 새로운 국호의 튀르키예가 더욱 발전하고 한국과 우정을 계속 이어가기를 기원합니다.

How to Use
일러두기

이 책에 실린 정보는 2024년 5월까지 수집한 최신 정보를 바탕으로 하고 있다. 현지 물가와 명소의 개관 폐관 시간, 입장료, 호텔 레스토랑의 요금, 교통비 등은 수시로 변경되므로 이 점을 감안하여 여행 계획을 세우기 바란다.

저자 이메일 turkeyyol@hotmail.com

1. 일정에 대해

<프렌즈 튀르키예>는 여행일정과 지역, 테마를 고려한 9개의 추천 루트를 제시했다. 개별 여행자의 일정과 취향에 맞춰 구간별 이동수단과 소요시간, 일정 어드바이스를 통해 나만의 알찬 여행 루트를 만들어 보자!

한국 여행자들의 선호도가 가장 높은 핵심 튀르키예 8일, 고대 그리스·로마 시대로의 역사 여행 17일, 지중해 휴양 여행 15일, 중부 아나톨리아 11일, 튀르키예의 북쪽 바다인 흑해 13일, 동부 아나톨리아 13일, 남동 아나톨리아 13일, 기독교 성지 순례 17일, 그리고 튀르키예 일주 45일 등 <프렌즈 튀르키예>를 참고하면 완벽한 튀르키예 여행을 즐길 수 있다.

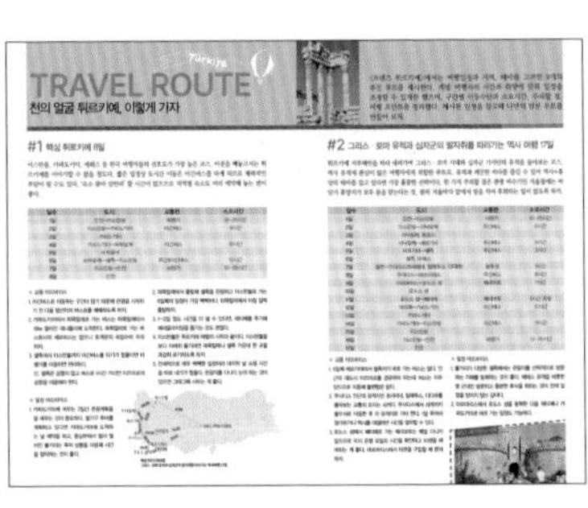
TRAVEL ROUTE
천의 얼굴 튀르키예, 이렇게 가자
#1 핵심 튀르키예 8일
#2 그리스 · 로마 유적과 십자군의 발자취를 따라가는 역사 여행 17일

맑고 투명한 바다와 아름다운 해변이 펼쳐진
지중해
에게해와 지중해가 만나는 항구도시
마르마리스

2. 지역 구분 정보

<프렌즈 튀르키예>는 튀르키예를 이스탄불, 마르마라해, 에게해, 지중해, 흑해, 동부 아나톨리아, 중부 아나톨리아, 남동 아나톨리아 등 8개 지역으로 나누고, 총 60개 도시를 소개했다. 또한 로도스, 코스 등의 그리스 섬을 소개한다.

3. 교통편 소개

시내 교통

Information

쿠샤다스 가는 법

도시별 도입부에는 여행에 필요한 유용한 정보를 소개한다. 도시별 도입부에는 각 도시로의 이동 수단별 특징과 시내 교통편을 소개한 '○○○ 가는 법', '○○○ 시내 교통'과 관광안내소, 환전, 인터넷 등의 정보를 담은 'Information'을 잘 참고하면 튀르키예 여행은 만사OK!

4. 볼거리에 대한 기준

모든 볼거리에는 '★'이 있는데, 중요도에 따라 1~5개가 붙어 있다.

★★★★★ 튀르키예에 왔다면 죽어도 봐야 할 곳

★★★★ 꼭 봐야 할 곳

★★★ 안 보면 아쉬운 곳

★★ 시간이 난다면 볼만 한 곳

★ 안 봐도 무방한 곳

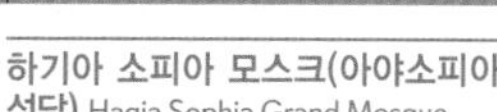

5. 레스토랑 · 엔터테인먼트 · 쇼핑 · 호텔 정보

도시별 맛집, 놀거리, 쇼핑 관련 정보는 '○○○의 레스토랑', '○○○의 엔터테인먼트', '○○○의 쇼핑', '○○○의 숙소'에서 다루었다. 업소 위치는 지도에 표시했으니, 각 도시별 지도를 참고하면 쉽게 찾을 수 있다. 단, 지도상에 표기하기 힘든 일부 업소는 '가는 방법'에서 상세히 설명했다. 특히, 모든 실용 정보는 개별 여행을 목적으로 하는 한국인 여행자에게 적합한 업소들 위주로 소개했다.

지도 범례

- 레스토랑
- 쇼핑
- 엔터테인먼트
- 호텔
- 은행
- 인포메이션
- 병원
- 자미
- 교회
- 학교
- 버스 정류장
- 박물관
- 항구
- 선착장
- 원형극장
- 성벽
- 다리
- 메트로
- 트램
- 국철
- 튀넬
- 지하철
- 국철

Contents
튀르키예

MARMARIS
KÖYCEGIZ-ORTACA-(DALYAN)
DALAMAN GÖCEK-FETHIYE (ÖLÜDENIZ)
48 M 8889

UNESCO GUIDE
튀르키예의 세계문화유산 가이드

이스탄불 역사지구

흔히 '튀르키예의 90%는 이스탄불'이라고 말한다. 로마, 비잔틴, 오스만 투르크 등 세계 역사를 주름잡았던 제국의 수도인 이스탄불은 그 자체가 인류의 역사라고 해도 과언이 아니다. 아야소피아 성당과 술탄 아흐메트 1세 자미, 그리고 톱카프 궁전으로 대표되는 이스탄불 구가지의 유적은 갈등과 화합의 인류 역사가 빚어낸 빛나는 이정표다. 특히 아야소피아 성당(지금은 자미로 개조되었다)과 술탄 아흐메트 1세 자미는 약 1000년의 시차를 두고 건설된 기독교와 이슬람 문명의 결정판! 두 건물이 마주보고 있는 아야소피아 광장에 서면 동양과 서양이 만나는 역사의 한복판에 들어와 있는 감동과 흥분에 휩싸인다. 1985년 등재. (P.90)

역사 이래로 수많은 왕국이 등장하고 사라졌던 튀르키예. 동서양의 접점으로 수천년간 왕조가 명멸했던 튀르키예 곳곳에는 그리스·로마 시대, 오스만 투르크, 이슬람 문명 등 인류가 이룩한 역사의 흔적이 산재해 있다. 튀르키예의 세계문화유산을 이해하는 것은 곧 인류 문명을 이해하는 지름길이다.

UNESCO 괴레메 국립공원과 카파도키아 기암괴석

튀르키예 관광의 백미로 일컬어지는 카파도키아는 신과 인간이 빚어낸 완벽한 예술품! 도무지 말로 표현할 수 없는 기괴한 암석의 바다는 외계의 행성에 온 듯한 착각마저 들며, 괴레메 야외 박물관으로 대표되는 동굴교회의 벽화는 아름다움을 뛰어넘어 상상 이상의 경건함을 불러일으킨다. 1985년 등재. (P.480)

UNESCO 아르슬란 테페의 선사유적지

말라티아 북동쪽 6Km 떨어져 있는 선사시대 유적. 30m 높이의 이 야트막한 언덕은 고대로부터 중세시대에 이르기까지 수많은 문명이 터를 잡았던 곳이다. 중기 및 후기 청동기 시대의 유물은 물론 세계최초의 철기 문명을 이루었던 히타이트 시대의 유물도 발굴되었다. 이곳에서 발굴된 세계 최초의 검은 귀족계급과 중앙집권 형태의 도시국가가 존재했다는 사실을 증명한다. 2021년 등재.

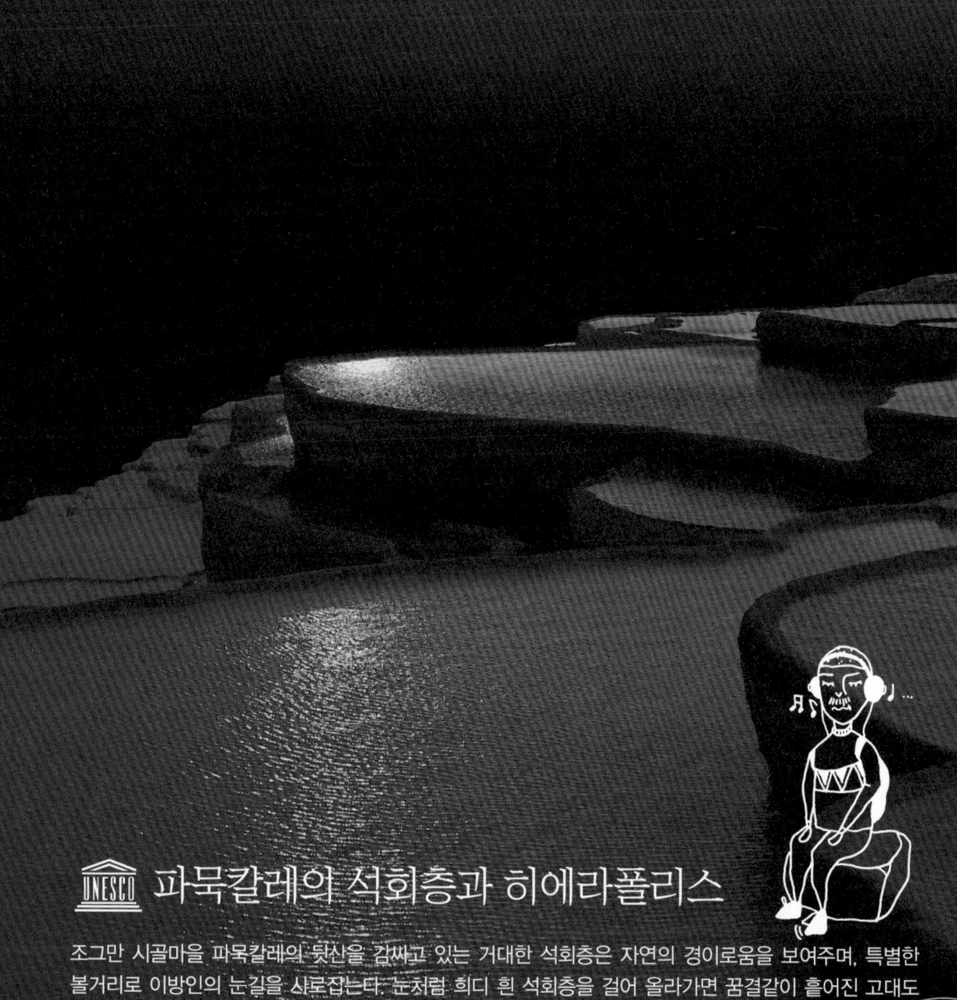

파묵칼레의 석회층과 히에라폴리스

조그만 시골마을 파묵칼레의 뒷산을 감싸고 있는 거대한 석회층은 자연의 경이로움을 보여주며, 특별한 볼거리로 이방인의 눈길을 사로잡는다. 눈처럼 희디 흰 석회층을 걸어 올라가면 꿈결같이 흩어진 고대도시 히에라폴리스가 여행자를 맞이한다. 1988년 등재. (P.210)

차르시 마을의 전통가옥

중부 흑해 내륙에 자리한 사프란볼루는 전통이 전해주는 소박한 매력이 가득하다. 중세 분위기가 물씬 나는 오스만 투르크 시대의 가옥들과 함께 시골 마을의 호젓함과 여유로움은 여행자의 발길을 잡아끈다. 옛집 사이를 흐르는 샘물과도 같은 골목길을 따라 과거로의 여행을 떠나보자. 1994년 등재.
(P.426)

넴루트 산의 콤마게네 왕국 무덤

해발 2,150m의 산 정상에 콤마게네 왕국의 유적이 있다. 산꼭대기에 거대한 무덤을 조성하고 신이 되고자 했던 안티오쿠스 1세의 흩어진 꿈의 흔적을 만날 수 있다. 특히 일몰 무렵 석양을 받아 시시각각 변하는 신상의 표정은 2000년의 세월을 뛰어넘어 말할 수 없는 감동을 전해준다. 1987년 등재.
(P.590)

디브리이의 울루 자미와 병원

중부 아나톨리아 내륙 깊숙이 자리하고 있는 디브리이의 울루 자미와 병원은 튀르키예의 세계문화유산 가운데 규모가 가장 작다. 하지만 외벽에 새겨진 화려하고 섬세한 조각은 튀르키예 최고를 자랑한다. 꽃과 꽃잎, 별 문양을 이용한 환조와 부조는 입체미를 강조해 숨이 멎을 정도의 아름다움을 뽐내고 있다. 1985년 등재. (P.583)

UNESCO 산토스, 레툰 유적

일명 '태양의 땅'이라 불리던 리키아 왕국의 도시 유적! 원형극장과 독특한 형태의 무덤인 리키아식 석관이 잘 남아있어 고대 그리스·로마의 역사에 관심이 있는 여행자들에게 추천하고 싶은 곳이다. 지중해의 유명 관광지인 페티예에서 가깝기 때문에 레저를 겸한 역사 여행의 장으로 활용되기도 한다. 1988년 등재. (P.332)

UNESCO 트로이 유적

누구나 한번쯤 들어보았을 '트로이 전쟁'의 무대가 된 곳이다. 아킬레우스, 오디세우스, 헥토르 등 용맹한 전사들이 나라의 운명을 건 결전을 벌인 성벽이 여전히 남아 있다. 브래드 피트 주연의 영화 〈트로이〉 관람을 추천한다. 1998년 등재. (P.182)

UNESCO 히타이트 왕국의 수도 하투샤

세계 최초로 철기 문명을 이룩한 히타이트 왕국의 도읍지! 신전, 성터, 성문 등의 유적지가 광대한 부지에 펼쳐져 있으며, 아나톨리아의 고대 왕국에 관심이 있다면 꼭 방문해야 할 곳이다. 하투샤에서 가까운 야즐르카야 유적은 히타이트 왕국의 노천 신전으로, 바위에 새겨진 12신의 행진 부조가 단연 압권이다. 1986년 등재. (P.548)

UNESCO 에디르네의 셀리미예 자미

튀르키예 역사상 가장 위대한 건축가인 미마르 시난이 설계한 자미. 이스탄불의 술탄 아흐메트 1세 자미와 더불어 오스만 제국의 영광을 보여주며, 70.89m의 미나레는 이슬람 세계에서 손꼽히는 작품이다. 웅장하면서도 여성적인 우아함을 겸비한 세계 건축사의 걸작! 2011년 등재. (P.162)

UNESCO 차탈회윅 신석기 유적

콘야 남동쪽 약 40km에 자리한 신석기 도시유적. 기원전 6700년경 이 지역에서는 이미 발달한 형태의 도시가 존재했으며 그 증거로 집터가 출토되었다. 약 5천~1만 명이 거주했던 것으로 추정되며 농사와 목축의 흔적과 함께 신전 구역에서는 뛰어난 솜씨의 벽화도 발견되었다. 튀르키예 땅의 오랜 역사를 보여주는 증거물이다. 2012년 등재.

UNESCO 오스만제국의 탄생, 부르사와 주말르크즉 마을

오스만 제국의 첫 수도였던 이 도시에는 시조 오스만 가지 Osman Gazi를 비롯해 다섯 명의 초대 술탄이 잠들어 있다. 울루 자미를 비롯한 신학교와 목욕장, 시장, 무덤들은 초기 오스만 제국의 모습을 잘 보여준다. 또한 오스만 제국 시대의 옛 가옥과 시골 모습이 잘 남아있는 주말르크즉 마을은 소박한 정취가 가득하다. 2014년 등재. (P.134)

페르가몬과 다층 문화경관

고대 소아시아의 중심도시. 산꼭대기에 자리한 아크로폴리스의 트라야누스 신전과 아찔한 경사도를 자랑하는 원형극장, 한때 20만 권의 장서를 자랑하던 도서관 터 등을 간직하고 있어 고대 그리스 로마 문명을 사랑하는 여행자에게 필수 방문지이다. 고대의 병원이었던 아스클레피온과 서양 의학을 집대성한 갈레노스의 고향이기도 하다. 2014년 등재. (P.187)

디야르바크르 성벽과 헤브셀 정원 문화경관

티그리스 강 상류에 자리한 디야르바크르는 헬레니즘, 로마, 비잔틴, 오스만 시대를 거치는 동안 일대의 중심도시였다. 5.8km의 검은 현무암 성벽과 구시가지는 오랜 역사와 함께 남동 아나톨리아 특유의 강인함이 느껴진다. 2015년 등재. (P.693)

에페스

자타가 공인하는 튀르키예 최고의 고고학 유적지. 소아시아 최대 규모의 원형극장과 아름다운 켈수스 도서관, 목욕장, 아고라 등 고대도시의 모습을 완벽히 보존하고 있다. 도시를 관통하는 대리석 길을 걸으면 어느새 타임머신을 타고 로마시대로 데려다줄 것이다. 2015년 등재. (P.250)

UNESCO 아니의 고고학 유적지

튀르키예의 동쪽 변방에 있는 고대 아르메니아 왕국의 도시유적. 옛 왕국의 역사만큼이나 먼 길을 달려가야 만날 수 있다. 6~7월에 방문하면 흐드러지게 핀 야생 들꽃 사이로 흩어진 아르메니아 왕국의 흔적을 더듬는 특별한 체험을 할 수 있다. 2016년 등재. (P.624)

UNESCO 아프로디시아스

로마시대 가장 사랑받았던 조각의 도시. 고대의 조각 학교까지 있었을 정도로 질과 양에서 단연 압도적이다. 소크라테스, 네로 등 인물의 표정까지 새겨 넣은 작품은 조형예술의 진수를 보여준다. 2017년 등재. (P.226)

UNESCO 괴베클리테페

남동아나톨리아의 오랜 문명을 보여주는 증거물. 1만 2천년 전 사람들은 이곳에 거대한 석조 건축물을 세웠다. 수렵 채집민들이 만들었다고 하기에는 너무도 정교한 기술이 사용되었다. 드넓은 평원을 배경으로 서 있는 인류문명의 발자취는 놀라움을 넘어 경이롭기까지 하다. 2018년 등재. (P.678)

UNESCO 로도스 섬(그리스)의 올드 타운

십자군의 로도스 기사단이 건축한 철옹성. 눈부시게 반짝이는 철갑옷의 기사들이 활보하던 기사의 거리, 동화 속에나 나올 법한 기사단장의 공관은 여행자를 중세로 안내한다. 올드 타운의 미로같은 골목길을 걸으면 이슬람과 기독교가 격돌한 역사의 흔적이 발끝에 전해온다. 1988년 등재. (P.742)

천의 얼굴 튀르키예, 이렇게 가자

#1 핵심 튀르키예 8일

이스탄불, 카파도키아, 에페스 등 한국 여행자들의 선호도가 가장 높은 코스. 이곳을 빼놓고서는 튀르키예를 이야기할 수 없을 정도다. 짧은 일정상 도시간 이동은 야간버스를 타게 되므로 체력적인 부담이 될 수도 있다. '숙소 찾아 삼만리' 할 시간이 없으므로 지역별 숙소도 미리 예약해 놓는 편이 좋다.

일수	도시	교통편	소요시간
1일	인천→이스탄불	비행기	13~25시간
2일	이스탄불→카파도키아	야간버스	11시간
3일	카파도키아		
4일	카파도키아→파묵칼레	야간버스	10시간
5일	파묵칼레		
6일	파묵칼레→셀축→이스탄불	주간&야간버스	10시간
7일	이스탄불→인천	비행기	13~25시간
8일	인천		

교통 어드바이스

1. 야간버스로 이동하는 구간이 많기 때문에 관광을 시작하기 전 다음 행선지의 버스표를 예매하도록 하자.
2. 카파도키아에서 파묵칼레로 가는 버스는 파묵칼레에서 18㎞ 떨어진 데니즐리에 도착한다. 파묵칼레로 가는 버스회사의 세르비스는 없으니 호객꾼의 속임수에 주의하자.
3. 셀축에서 이스탄불까지 야간버스를 타기가 힘들다면 비행기를 이용하면 편리하다.
   단, 셀축은 공항이 없고 버스로 1시간 거리인 이즈미르의 공항을 이용해야 한다.

일정 어드바이스

1. 카파도키아에 머무는 2일간 관광계획을 잘 세우는 것이 중요하다. 열기구 투어를 계획하고 있다면 카파도키아에 도착하는 날 예약을 하고, 중심부에서 멀리 떨어진 볼거리는 투어 상품을 이용해 시간을 절약하는 것이 좋다.
2. 파묵칼레에서 출발해 셀축을 관광하고 이스탄불로 가는 6일째의 일정이 가장 빡빡하다. 파묵칼레에서 아침 일찍 출발하자.
3. 1~2일 정도 시간을 더 낼 수 있다면, 페티예를 추가해 패러글라이딩을 즐기는 것도 괜찮다.
4. 이스탄불은 튀르키예 여행의 시작과 끝이다. 이스탄불을 보다 자세히 즐기려면 파묵칼레나 셀축 가운데 한 곳을 과감히 포기하도록 하자.
5. 전체적으로 매우 빡빡한 일정이라 마지막 날 쇼핑 시간을 따로 내기가 힘들다. 관광지를 다니다 눈에 띄는 것이 있으면 그때그때 사두는 게 좋다.

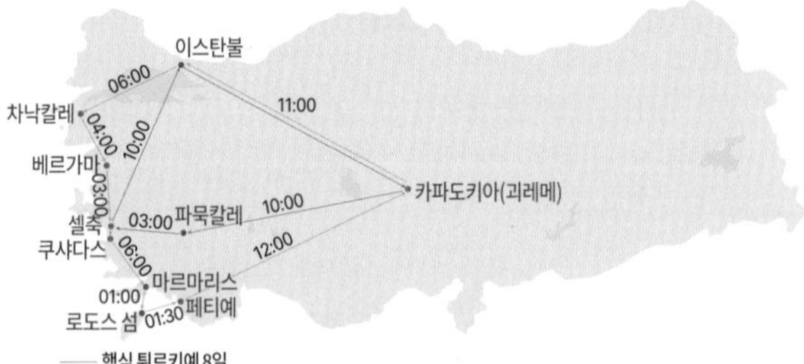

〈프렌즈 튀르키예〉에서는 여행일정과 지역, 테마를 고려한 9개의 추천 루트를 제시한다. 개별 여행자의 시간과 취향에 맞춰 일정을 조정할 수 있게끔 했으며, 구간별 이동수단과 소요시간, 주의할 점, 여행 포인트를 정리했다. 제시된 일정을 참고해 나만의 알찬 루트를 만들어 보자.

#2 그리스 · 로마 유적과 십자군의 발자취를 따라가는 역사 여행 17일

튀르키예 서부해안을 따라 내려가며 그리스·로마 시대와 십자군 기사단의 유적을 돌아보는 코스. 역사 유적에 관심이 많은 여행자에게 적합한 루트로, 유적과 깨끗한 바다를 즐길 수 있어 역사+휴양의 테마를 잡고 있다면 가장 훌륭한 선택이다. 한 가지 주의할 점은 관광 비수기인 겨울철에는 바닷가 휴양지가 모두 문을 닫는다는 것. 괜히 겨울바다 앞에서 땅을 치며 후회하는 일이 없도록 하자.

일수	도시	교통편	소요시간
1일	인천→이스탄불	비행기	13~25시간
2일	이스탄불→차낙칼레	주간버스	6시간
3일	차낙칼레, 트로이		
4일	차낙칼레→베르가마	주간버스	4시간
5일	베르가마→셀축	주간버스	3시간
6일	셀축, 에페스		
7일	셀축→쿠샤다스(프리에네, 밀레투스, 디디마)	돌무쉬	1시간
8일	쿠샤다스→마르마리스	주간버스	6시간
9일	마르마리스→로도스 섬	페리보트	1시간
10일	로도스 섬		
11일	로도스 섬→페티예	페리보트	1시간 30분
12일	페티예→카파도키아	야간버스	12시간
13일	카파도키아		
14일	카파도키아→이스탄불	야간버스	11시간
15일	이스탄불		
16일	이스탄불→인천	비행기	13~25시간
17일	인천		

❖ 교통 어드바이스

1. 5일째 베르가마에서 셀축까지 바로 가는 버스는 없다. 인근의 대도시 이즈미르를 경유해야 하는데 버스는 자주 있으므로 이동에 불편함은 없다.
2. 쿠샤다스 인근의 유적지인 프리에네, 밀레투스, 디디마를 돌아보는 교통의 요지는 쇠케다. 쿠샤다스에서 쇠케까지 돌무쉬로 이동한 후 각 유적지로 가야 한다. 1일 투어에 참가하거나 택시를 대절하면 시간을 절약할 수 있다.
3. 로도스 섬에서 페티예로 가는 페리보트는 매일 다니지 않으므로 미리 운행 요일과 시간을 확인하고 티켓을 예매하는 게 좋다. 마르마리스에서 티켓을 구입할 때 문의하자.

❖ 일정 어드바이스

1. 볼거리가 다양한 셀축에서는 관광지를 선택적으로 방문하는 지혜를 발휘하는 것이 좋다. 에페스 유적을 비롯한 몇 군데만 방문하고 충분한 휴식을 취하는 것이 전체 일정을 망치지 않는 길이다.
2. 마르마리스에서 로도스 섬을 왕복한 다음 페티예나 카파도키아로 바로 가는 일정도 가능하다.

로도스 섬의 기사단 성벽

#3 깨끗한 지중해를 즐기는 휴양 여행 15일

맑고 투명한 지중해에서 해수욕과 레포츠를 즐기고 싶은 여행자에게 적합한 코스. 지중해는 튀르키예 최고의 여름철 관광지로 각광받는 곳이라 바다와 한여름 밤의 낭만을 즐기고 싶다면 단연 추천할 만하다. 단, 페티예와 카쉬의 케코바 섬 투어 등 지중해 바다를 무대로 하는 투어는 겨울철에 모두 철수한다는 것을 알아두자.

일수	도시	교통편	소요시간
1일	인천→이스탄불	비행기	13~25시간
2일	이스탄불→파묵칼레	야간버스	10시간
3일	파묵칼레		
4일	파묵칼레→페티예(욀뤼데니즈)	주간버스	4시간
5일	페티예(욀뤼데니즈)		
6일	페티예→카쉬	주간버스	2시간
7일	카쉬(케코바 섬 투어)		
8일	카쉬→올림포스	주간버스	2시간
9일	올림포스		
10일	올림포스→안탈리아	주간버스	1시간 30분
11일	안탈리아		
12일	안탈리아→이스탄불	야간버스 또는 비행기	야간버스 11시간, 비행기 1시간
13일	이스탄불		
14일	이스탄불→인천	비행기	13~25시간
15일	인천		

교통 어드바이스

1. 이스탄불에서 파묵칼레로 가는 버스는 파묵칼레에서 18㎞ 떨어진 데니즐리에 도착한다. 버스회사의 세르비스는 없으니 호객꾼의 '무료 세르비스'라는 말에 현혹되지 않도록 주의하자. 파묵칼레 행 미니버스는 데니즐리 오토가르 구내에서 출발한다.
2. 파묵칼레에서 페티예로 갈 때는 다시 데니즐리까지 가서 이동해야 한다. 버스표는 파묵칼레의 버스회사에서 살 수 있다.
3. 올림포스까지 바로 가는 버스는 없으며 간선도로의 휴게소에서 내려준다. 휴게소에서 올림포스까지는 돌무쉬를 이용해야 하니 착오가 없도록 하자.

일정 어드바이스

1. 페티예(욀뤼데니즈)에서 패러글라이딩과 섬 투어를 모두 하려면 아침 일찍부터 서둘러야 한다. 만일 카쉬에서 케코바 섬 투어를 할 예정이라면 페티예의 섬 투어는 건너뛰고 유적지를 집중 탐방하는 것도 괜찮다.
2. 올림포스에는 다양한 해양레포츠 투어 상품이 있다. 한두 개 참가해 보자. 특별한 추억을 만들 수 있다.
3. 시간과 금전이 넉넉하다면 페티예에서 올림포스까지 가는 3박 4일의 크루즈 여행을 즐길 수도 있다.

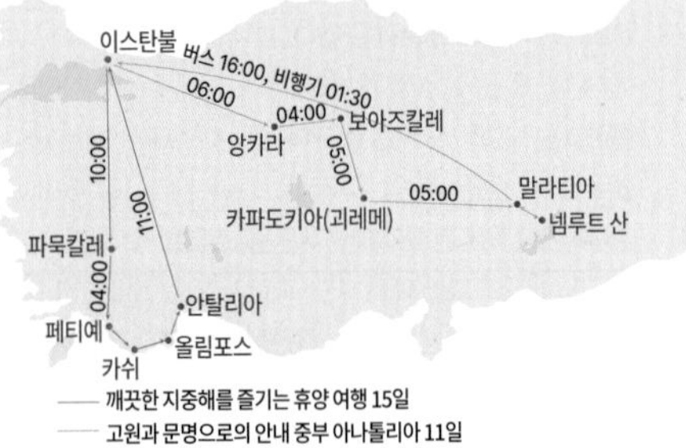

카쉬의 카플르타쉬 비치

#4 고원과 문명으로의 안내 중부 아나톨리아 11일

카파도키아로 대표되는 중부 아나톨리아 고원을 탐방하는 코스. 세계 최초의 철기 문명을 이루었던 히타이트 왕국의 수도 하투샤, 콤마게네 왕국의 꿈의 흔적인 넴루트 산, 부연 설명이 필요없는 카파도키아의 기암괴석 등 중부지방의 핵심 볼거리를 모두 섭렵할 수 있어 볼거리에 치중하는 여행자들이 선호한다. 고대 왕국과 중부 아나톨리아의 광활한 자연도 보너스로 즐길 수 있어 일석이조!

일수	도시	교통편	소요시간
1일	인천→이스탄불	비행기	13~25시간
2일	이스탄불		
3일	이스탄불→앙카라	주간버스 또는 기차	주간버스 6시간, 기차 7~9시간
4일	앙카라→보아즈칼레	주간버스	4시간
5일	보아즈칼레→카파도키아	택시+주간버스	5시간
6일	카파도키아		
7일	카파도키아→말라티아	야간버스	5시간
8일	말라티아→넴루트 산	투어참가	3시간
9일	넴루트 산→말라티아→이스탄불	야간버스 또는 비행기	야간버스 16시간, 비행기 1시간 30분
10일	이스탄불→인천	비행기	13~25시간
11일	인천		

❖ 교통 어드바이스

1. 이스탄불에서 앙카라까지 열차로 이동할 수도 있다. 일반열차와 함께 고속열차도 운행하므로 시간도 절약되고 열차여행의 낭만도 즐길 수 있다. 이스탄불의 어느 역에서 출발하는지 꼼꼼히 확인하자.
2. 앙카라에서 보아즈칼레로 바로 가는 버스는 없고 순구를루라는 도시에서 돌무쉬로 갈아타야 한다. 순구를루에서 보아즈칼레로 가는 돌무쉬는 주말에 운행횟수가 현저히 줄어들기 때문에 가능하면 주말 이동은 피하는 게 좋다.
3. 보아즈칼레에서 카파도키아로 갈 때는 요즈가트까지 가서 버스를 갈아타야 한다. 요즈가트에서 카파도키아의 괴레메로 바로 가는 버스는 편수가 많지 않으므로 시간이 맞지 않으면 괴레메에서 1시간 거리의 카이세리를 이용하면 편리하다. 버스를 갈아타야 하므로 이동시간이 오래 걸린다는 점을 알아두자.
4. 체력적인 부담을 줄이고 마지막날 이스탄불에서 좀 더 시간을 보내고 싶다면 말라티아에서 비행기를 타고 이스탄불로 오면 된다.

❖ 일정 어드바이스

1. 마지막날 이스탄불에서 시간이 많지 않으므로 첫날 이스탄불 관광을 서두르는 게 좋다.
2. 고대 유적에 관심이 많은 여행자라면 하투샤 관광 후 보아즈칼레에서 35㎞ 떨어진 알라자회윅 유적도 함께 돌아보길 권한다. 앙카라의 상징인 세 마리 청동 사슴상이 출토된 곳이다.
3. 겨울철에는 날씨 때문에 넴루트 산 투어가 중단되는 경우가 많다. 말라티아에 가기 전에 투어 가능 여부를 확인하자.

카파도키아의 화이트 밸리

#5 고요한 바다 흑해로 가는 13일

튀르키예의 북쪽 바다인 흑해 연안을 관광하는 코스. 다른 지역에 비해 관광객들의 발길이 뜸한편이라 한적함 속에서 여유를 만끽할 수 있는 것이 장점이다. 고요한 흑해 바다와 사프란볼루의 전통가옥, 아마시아의 석굴 분묘, 트라브존의 쉬멜라 수도원과 우준괼 등 볼거리도 다양한 편. 번잡한 관광지를 벗어나 조용한 여행을 즐기고 싶은 사색파 여행자에게 추천하고 싶은 루트다.

일수	도시	교통편	소요시간
1일	인천→이스탄불	비행기	13~25시간
2일	이스탄불		
3일	이스탄불→아마스라	야간버스	7시간
4일	아마스라		
5일	아마스라→사프란볼루	버스	2시간
6일	사프란볼루→아마시아	주간버스	8시간
7일	아마시아		
8일	아마시아→트라브존	야간버스	8시간
9일	트라브존		
10일	트라브존		
11일	트라브존→이스탄불	야간버스 또는 비행기	야간버스 17시간, 비행기 1시간 40분
12일	이스탄불→인천	비행기	13~25시간
13일	인천		

❖ 교통 어드바이스

1. 이스탄불에서 아마스라까지 바로 가는 버스는 없다. 아마스라의 관문도시인 바르튼까지 가서 차를 갈아타야 하므로 바르튼 행 버스표를 사야 한다. 아마스라 행 돌무쉬는 바르튼 오토가르 구내에서 출발하므로 쉽게 탈 수 있다.
2. 사프란볼루에서 아마시아까지 바로 가는 버스는 편수가 많지 않다. 시간이 맞지 않으면 사프란볼루의 관문도시인 카라뷔크까지 가서 타고 가는 게 낫다. 사프란볼루와 카라뷔크는 8Km 거리라 어렵지 않게 갈 수 있다.
3. 트라브존에서 쉬멜라 수도원이나 우준괼을 다녀올 때는 여행사의 사설 돌무쉬를 이용하는 편이 시간을 절약하는 방법이다. 트라브존 관광에 나서기 전에 예약해 놓자.

❖ 일정 어드바이스

1. 마지막날 이스탄불에서 시간이 거의 없으므로 첫날과 둘째날에 이스탄불 관광을 마치는 것이 좋다. 첫날은 술탄아흐메트 지역을 중심으로 구시가지의 유적을 둘러보고, 둘째날은 신시가지의 볼거리를 돌아보는 것이 일반적이다.
2. 아마스라에서 사프란볼루까지 미니버스를 타고 가는데 예약할 때 기사 옆자리를 달라고 하자. 가는 동안 차창 밖의 풍경을 더욱 풍성하게 즐길 수 있기 때문이다.
3. 아마시아에서는 산중턱에 자리한 알리카야 레스토랑을 방문해서 멋진 야경을 즐기며 식사하는 것을 추천한다.

석양이 아름다운 아마스라

#6 황량한 아름다움을 찾아 동부 아나톨리아 13일

튀르키예의 동부 지방을 둘러보는 코스로 '누구나 다 가는' 천편일률적인 루트가 싫거나 이미 서부 지역을 돌아본 여행자에게 적합하다. 동부 튀르키예는 산악지형으로, 서부 해안지방과는 전혀 딴판이며 사람들의 후한 인심도 인상적이다. 단점이 있다면 이스탄불에서 지리적으로 멀리 떨어져 있어 장시간 이동이 불가피하다는 것. 시간을 절약하고픈 여행자는 국내선 항공을 이용하는 것이 관광효율을 높이는 지름길이다. 겨울철은 혀를 내두를 정도의 추위를 자랑하니 가급적 봄, 여름철에 방문하는 것이 좋다.

일수	도시	교통편	소요시간
1일	인천→이스탄불	비행기	13~25시간
2일	이스탄불→에르주룸	야간버스 또는 비행기	야간버스 18시간, 비행기 1시간 45분
3일	에르주룸		
4일	에르주룸→카르스	주간버스	3시간
5일	카르스, 아니		
6일	카르스→도우베야즛	주간버스	2시간 30분
7일	도우베야즛		
8일	도우베야즛→반	돌무쉬	2시간 30분
9일	반		
10일	반→이스탄불	비행기	2시간
11일	이스탄불		
12일	이스탄불→인천	비행기	13~25시간
13일	인천		

교통 어드바이스

1. 카르스에서 아니 유적까지는 대중교통이 다니지 않기 때문에 택시를 대절하거나 단체 투어에 참가하는 방법밖에 없다. 카르스의 모든 숙소가 투어 업체와 연결되므로 머무는 숙소 주인에게 예약을 문의하자.
2. 카르스에서 도우베야즛으로 바로 가는 버스는 편수가 많지 않다. 시간이 맞지 않으면 카르스에서 으으드르 Iğdır로 가서 갈아타는 편이 시간을 절약하는 길이다.
3. 반에서 이스탄불까지는 버스로 24시간이나 걸린다. 비용이 들더라도 비행기를 이용하는 것이 좋다.

일정 어드바이스

1. 국내선 항공편을 이용하지 않는다면 매우 힘든 여정이므로 체력관리에 각별히 신경써야 한다.
2. 도우베야즛의 볼거리는 외곽에 있기 때문에 1일투어에 참가하는 것이 시간과 금전을 절약하는 길이다. 아라라트 산 트레킹에 도전하고 싶은 여행자라면 미리 비상식량을 준비하고 고산증세에 대비해야 한다. 트레킹을 할 경우 1~2일의 시간이 추가되므로 방문도시를 조정하거나 일정을 늘려야 한다.

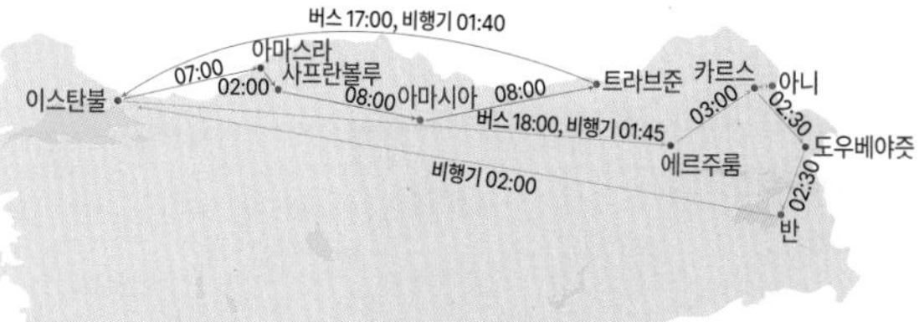

#7 문명의 요람 남동 아나톨리아 13일

이슬람의 체취가 물씬 풍기는 남동부 지방을 돌아보는 코스로 최근 들어 여행자들의 발길이 늘고 있는 추세다. 남동 아나톨리아는 기후, 문화, 인종 등 모든 면에서 서부와 확연히 차이가 나며 이국적인 풍취가 단연 압권이다. 티그리스, 유프라테스 강이 흐르는 땅이자 유명한 메소포타미아 평원이 시작되는 곳이기도 하다. 이스탄불에서 멀어 방문하기가 쉽지는 않지만 특별한 경험을 원한다면 이만한 곳이 없다. 단, 한여름 기온이 40℃에 육박하기 때문에 여름철 방문은 될 수 있으면 피하자.

일수	도시	교통편	소요시간
1일	인천→이스탄불	비행기	13~25시간
2일	이스탄불		
3일	이스탄불→가지안테프	야간버스 또는 비행기	야간버스 17시간, 비행기 1시간 45분
4일	가지안테프		
5일	가지안테프→샨르우르파	주간버스	2시간 15분
6일	샨르우르파, 하란		
7일	샨르우르파→마르딘	주간버스	2시간 30분
8일	마르딘		
9일	마르딘→디야르바크르	주간버스	1시간
10일	디야르바크르→이스탄불	야간버스 또는 비행기	야간버스 19시간, 비행기 1시간 50분
11일	이스탄불		
12일	이스탄불→인천	비행기	13~25시간
13일	인천		

❖ 교통 어드바이스

1. 마르딘에 도착하는 대형버스는 여행지인 구시가지까지 들어가지 못한다. 신시가지의 시내 또는 마르딘 오토가르에 내려주므로 미니버스를 갈아타고 구시가지로 가야 한다.
2. 샨르우르파에서 하란은 돌무쉬나 미니버스를 이용하면 편리하다. 또는 샨르우르파 인근의 명소를 묶어서 도는 1일 투어에 참가하면 시간과 비용을 절약할 수 있다.

❖ 일정 어드바이스

1. 이스탄불에서 샨르우르파까지는 버스로 18시간이나 걸린다. 비행기를 타고 가는 편이 전체 일정을 무리 없이 소화할 수 있는 길이다.
2. 마르딘의 이국적인 풍취에 푹 빠졌다면 주변의 미디야트와 성 가브리엘 수도원도 방문해 보자. 그러자면 1~2일의 시간이 더 필요하다.
3. 마지막날은 첫날 구경하지 못한 이스탄불의 유적지를 관광하거나 바자르를 어슬렁거리며 쇼핑을 하자. 전망 좋은 옥상 식당에 앉아 술탄 아흐메트 1세 자미와 마르마라해를 바라보며 여행을 마무리해도 좋다.

샨르우르파의 시파히 바자르

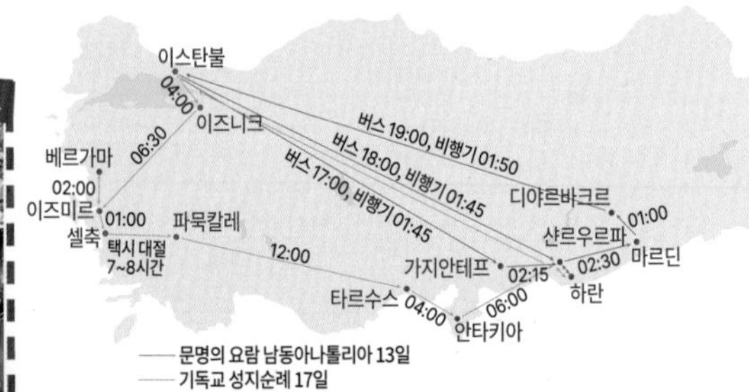

#8 기독교 성지 순례 17일

튀르키예에 산재해 있는 기독교 성지를 돌아보는 코스. 널리 알려졌다시피 튀르키예에는 소아시아 7대 교회와 성모 마리아의 집 등 교회사에서 빼놓을 수 없는 성지가 가득하다. 단, 성지가 곳곳에 넓게 퍼져 있는 데다 이동거리도 길어 종교적 열정이 없으면 쉽게 떠나기가 망설여진다. 무엇보다 긴 일정 동안 체력관리에 각별히 신경써야 한다. 무사히 순례를 마쳤을 때 드는 성취감과 종교적 기쁨은 무엇과도 비할 수 없다.

일수	도시	교통편	소요시간
1일	인천→이스탄불	비행기	13~25시간
2일	이스탄불→이즈니크(아야소피아 교회)	주간버스	4시간
3일	이즈니크→이즈미르(서머나 교회)	주간버스	6시간 30분
4일	이즈미르→베르가마 왕복(버가모 교회)	주간버스	2시간(편도)
5일	이즈미르→셀축(에베소 교회, 성모 마리아의 집)	주간버스	1시간
6일	셀축		
7일	셀축→파묵칼레 (라오디게아, 빌라델비아, 사데, 두아디라)	택시대절	7~8시간
8일	파묵칼레→타르수스	야간버스	12시간
9일	타르수스(사도 바울의 우물과 탄생지)→안타키아	주간버스	4시간
10일	안타키아(성 베드로의 동굴 교회)		
11일	안타키아→샨르우르파	주간버스	6시간
12일	샨르우르파(아브라함 탄생지, 욥의 동굴)		
13일	샨르우르파(하란)		
14일	샨르우르파→이스탄불	비행기	1시간 45분
15일	이스탄불		
16일	이스탄불→인천	비행기	13~25시간
17일	인천		

❖ 교통 어드바이스

1. 이스탄불에서 이즈니크까지 가는 버스는 많지 않다. 이스탄불의 술탄아흐메트 지역에서 가까운 예니 카프에서 페리로 얄로바로 간 다음 미니버스를 타고 이즈니크로 가는 방법이 있으니 참고하자.
2. 이즈니크에서 이즈미르까지 바로 가는 버스는 없으므로 1시간 거리의 부르사로 가서 버스를 갈아타고 이즈미르로 가야 한다.
3. 셀축의 성모 마리아의 집은 대중교통이 다니지 않으므로 택시를 대절해서 다녀와야 한다. 일행을 만들어 함께 움직이는 것이 택시비를 절약하는 방법이다.
4. 파묵칼레에서 타르수스로 바로 가는 버스는 없고 데니즐리로 나가서 타야 한다. 버스 시간이 맞지 않는다면 타르수스 인근의 아다나까지 이동한 후 버스를 갈아타는 방법도 있다.
5. 체력과 일정을 감안해서 샨르우르파에서 이스탄불까지는 비행기를 이용하는 것을 추천한다.

❖ 일정 어드바이스

1. 이즈미르의 성 폴리캅 교회(서머나 교회) 내부는 개인적으로 들어갈 수 없으며, 단체라고 해도 전화로 예약을 해야 한다.
2. 4일째는 이즈미르에서 베르가마를 당일치기로 다녀온다. 크즐 아블루(버가모 교회)를 포함해 베르가마의 유적을 모두 돌아보려면 아침 일찍부터 서두르는 것이 좋다.
3. 라오디게아, 빌라델비아, 사데, 두아디라 네 곳의 교회를 방문하려면 파묵칼레에서 차량을 대절해서 다녀오는 것이 가장 손쉽고 빠른 방법이다(대중교통이 불편하므로 개별적으로 방문하기는 무척 힘들다).

#9 튀르키예 일주 45일

튀르키예 전역을 두루 섭렵하며 다양한 볼거리와 문화를 체험하는 코스. 한국의 8배에 달하는 튀르키예 전국을 다니기 때문에 45일도 긴 시간은 아니다. 장기 여행이므로 떠나기 전 비상약, 비상식품 등 준비물을 꼼꼼히 챙기고 신발도 튼튼한 것으로 준비하자. 무엇보다도 가장 중요한 것은 어려움을 극복하려는 불굴의 의지! 여행 도중 체력을 점검하고 적당한 휴식을 취하는 융통성을 발휘한다면 무사히 다닐 수 있다. 자, 튀르키예 대탐험의 장도에 올라보사.

일수	도시	교통편	소요시간
1일	인천→이스탄불	비행기	13~25시간
2일	이스탄불		
3일	이스탄불→사프란볼루	주간버스	6시간
4일	사프란볼루→트라브존	야간버스	15시간
5일	트라브존		
6일	트라브존		
7일	트라브존→카르스	야간버스	8시간 30분
8일	카르스, 아니		
9일	카르스→도우베야즛	주간버스	2시간 30분
10일	도우베야즛		
11일	도우베야즛		
12일	도우베야즛→반	돌무쉬	2시간 30분
13일	반		
14일	반→마르딘	야간버스	8시간
15일	마르딘		
16일	마르딘→샨르우르파	주간버스	2시간 30분
17일	샨르우르파		
18일	샨르우르파		
19일	샨르우르파→카흐타	주간버스	2시간 30분
20일	카흐타(넴루트 산 투어)		
21일	카흐타→카파도키아	야간버스	8시간
22일	카파도키아		
23일	카파도키아		

아야소피아 성당의 야경

일수	도시	교통편	소요시간
24일	카파도키아→안탈리아	야간버스	9시간
25일	안탈리아		
26일	안탈리아		
27일	안탈리아→올림포스	주간버스	1시간 30분
28일	올림포스		
29일	올림포스→카쉬	주간버스	2시간
30일	카쉬		
31일	카쉬(케코바 섬 투어)		
32일	카쉬→페티예	주간버스	2시간 30분
33일	페티예(욀뤼데니즈)		
34일	페티예→파묵칼레	주간버스	4시간
35일	파묵칼레		
36일	파묵칼레→셀축	주간버스	3시간
37일	셀축	주간버스	
38일	셀축→베르가마	주간버스	3시간
39일	베르가마→부르사	야간버스	7시간
40일	부르사		
41일	부르사		
42일	부르사→이스탄불	주간버스	4시간
43일	이스탄불		
44일	이스탄불→인천	비행기	13~25시간
45일	인천		

❖ 교통 어드바이스

1. 트라브존에서 카르스로 가는 버스는 많지 않다. 트라브존에 도착해서 오토가르를 떠나기 전에 카르스 행 버스 시간을 확인하고 표를 예매하자.
2. 도우베야즛에서 반으로 가는 돌무쉬는 오토가르가 아니라 별도의 돌무쉬 정류장에서 출발한다는 것을 알아두자.
3. 반에서 마르딘으로 가는 버스는 자주 다니지 않는다. 시간이 맞지 않으면 바트만이나 디야르바크르를 경유해서 가는 것이 좋다.
4. 카흐타에서 카파도키아로 갈 때 괴레메로 바로 가는 버스가 없으면 먼저 카이세리로 간 후 버스를 갈아타는 편이 시간을 절약하는 길이다.
5. 안탈리아에서 올림포스로 가는 돌무쉬는 오토가르의 미니버스 터미널에서 출발한다.
6. 페티예에서 파묵칼레로 가는 버스는 대부분 데니즐리가 종점이다. 파묵칼레까지 가는 세르비스는 없으므로 호객꾼의 속임수에 현혹되지 말고 데니즐리 오토가르 구내에서 출발하는 미니버스를 이용하자.
7. 셀축에서 베르가마로 갈 때와 베르가마에서 부르사로 갈 때는 인근의 대도시인 이즈미르로 가서 버스를 갈아타는 것이 시간을 절약하는 길이다.
8. 셀축에서 이스탄불까지 비행기가 다니므로 피곤에 지쳤다면 이용을 고려해보자. 단, 셀축은 공항이 없고 버스로 1시간 거리인 이즈미르의 공항을 이용해야 한다.

❖ 일정 어드바이스

1. 무리하게 모든 일정을 소화하려고 하지 말고 본인의 취향에 맞게 방문지를 조절하는 것을 추천한다.
2. 체력관리가 여행의 성패를 좌우할 정도로 중요하므로 음식 섭취도 각별히 신경쓰자.

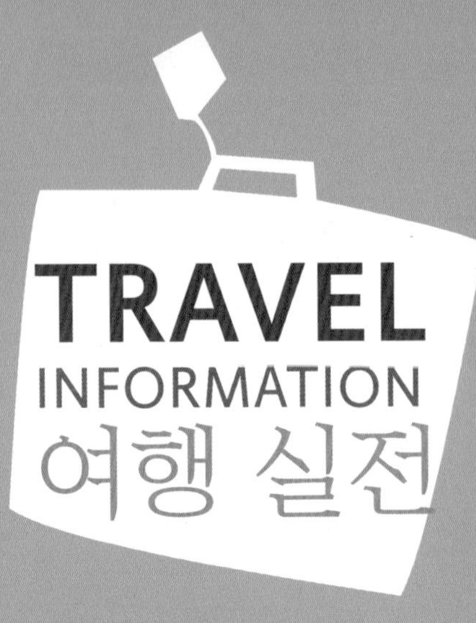
TRAVEL
INFORMATION
여행 실전

Türkiye

01 인천 국제공항 출국하기

여권을 만들고 항공권을 구입하고 배낭을 꾸렸다면 출발 준비 끝. 자! 이제 설레는 가슴을 안고 인천 국제공항으로 가자. 탑승 수속과 출국 심사 등 공항에서 출국 수속을 밟는 데는 약 2~3시간이 소요된다. 즉, 아무리 늦어도 비행기 출발 2시간 전에는 공항에 도착해야 한다는 이야기. 비행기 뜬 뒤 발을 동동 굴러봐야 아무 소용이 없다.

공항으로 가는 법

인천 국제공항으로 가는 대중교통 수단은 크게 두 가지로, 서울을 비롯한 전국 각지에서 공항을 연결하는 리무진 버스와 서울역→인천 국제공항을 연결하는 공항 철도이다. 이밖에 일부 시외버스 노선도 인천 국제공항을 연결하고 있다. 모든 종류의 버스 노선은 인천 국제공항 홈페이지를 통해 확인할 수 있다.

인천 국제공항

전화 1577-2600 운영 24시간
홈페이지 www.airport.kr

리무진 버스 Limousine Bus

가장 빠르고 편안하게 공항으로 가는 방법. 서울의 각 지역뿐 아니라 웬만한 지방도시와도 바로 연결되기 때문에 중간에 갈아타는 불편함 없이 한 번에 공항으로 갈 수 있다. 서울 지역이라면 교통카드도 사용할 수 있으며, 지방을 운행하는 버스는 홈페이지를 통해 예약이 가능하다.

운행 서울 시내→공항 05:00~21:00(15~30분 간격)
공항→서울 시내 05:30~23:00(매 15~30분 간격)

리무진 버스

요금 10,000~15,000원
홈페이지 www.airportbus.or.kr

공항 철도 AREX

2010년 개통된 AREX는 서울역, 홍대입구, 디지털미디어시티, 김포공항을 거쳐 인천공항까지 운행한다. 지하철 1 · 2 · 4 · 5 · 6 · 9호선과 서울역의 KTX가 연계되어 이용하기에 편리하다. 지방에서 KTX나 일반열차를 타고 서울역에 도착했거나 국내선 비행기를 타고 김포공항에 도착했다면 편리하게 이용할 수 있다. 또한 서울역, 홍대입구, 디지털미디어시티, 김포공항 역은 서울 시내 지하철과 환승이 가능하다.

노선 서울역 → 공덕역 → 홍대입구역 → 디지털미디어시티역 → 마곡나루역 → 김포공항역 → 계양역 → 검암역 → 청라국제도시역 → 영종역 → 운서역 → 공항화물청사역 → 인천공항 1터미널 → 인천공항 2터미널
문의 1599-7788
홈페이지 www.arex.or.kr
운영 05:20~00:00
요금 일반 4,150~4,750원(인천공항 도착 기준), 직통 9,500원

인천 국제공항에서 출국하기

인천 국제공항 3층 출국장에 도착하면 본인이 이용할 항공사의 체크인 카운터로 가자. 공항 내 모니터에 자신의 항공권에 적힌 편명(예 KE301)과 출발시각, 목적지를 참고해 체크인 카운터를 확인한다. 모니터에 체크인 Check-in 표시가 되어 있으면 탑승 수속을 할 수 있다.

+ 알아두세요!

인천 국제공항 제2터미널 오픈

2018년 1월에 인천 국제공항 제2터미널이 오픈했습니다. 드디어 우리나라도 1, 2 여객터미널 시대가 열렸습니다. 제2터미널은 개장 1년 만에 누적 이용객 1900만 명을 돌파해 전체 인천공항 이용객의 28% 정도를 분담했습니다.

인천공항을 이용하는 전체 여행객의 수는 증가했으나 여객 수용 능력이 기존 연간 5,400만명에서 7,200만명 수준으로 증대되고, 여객이 분산되면서 터미널 혼잡은 오히려 완화되어 출국시간이 단축되는 등 여객편의가 대폭 향상되었지요. 특히 2024년 말 4단계 사업이 완료되어 제2 터미널의 연간 수용 능력은 4,600만 명으로 증가했고, 제1 터미널과 합해 연간 여객 수용 능력이 1억 600만 명이 넘는 초대형 공항으로 재탄생했습니다. 이에 따라 인천공항은 두바이와 이스탄불 공항에 이어 세계 3위의 초대형 메가 허브공항이 되었습니다.

싱가포르의 창이 공항, 홍콩의 첵랍콕 공항 등 다른 아시아 주요 공항들도 '허브공항'의 위치를 선점하기 위한 경쟁이 치열한데요, 그 이유는 허브공항이 되면 매년 성장하고 있는 국제항공 수요를 선점하는 데 유리하기 때문이죠.

한편 완전체가 된 제2 여객터미널은 인공지능과 첨단 로보틱스 기술을 접목한 움직이는 천장 구조물과 함께 창덕궁 후원의 정자인 승재정을 실물 크기로 재현한 공원 등 한국적인 아름다움을 함께 감상할 수 있도록 설계되었다고 합니다. 안면 인식 등 최첨단 기술을 동원해 출입국에 걸리는 시간을 단축한 것은 물론이고요.

여객 터미널이 2개인 만큼 내가 이용하는 항공사가 어느 터미널에서 출발하는지 확인하는 것은 필수! 잘못하면 엉뚱한 곳에서 낭패를 볼 수 있으니 미리미리 확인해 두세요. 참고로 제1 터미널과 제2 터미널은 셔틀버스가 운행하고 있습니다.

제1 여객터미널 이용 항공사
아시아나 항공, 저비용 항공사 및 기타 외국항공사
제2 여객터미널 이용 항공사
대한항공, 델타항공, 에어프랑스, KLM네덜란드항공, 아에로멕시코, 알리탈리아, 중화항공, 가루다인도네시아, 샤먼항공, 체코항공, 아에로플로트

*공동운항편(코드쉐어)은 실제 이용 항공사에 따라 출도착 터미널이 달라질 수 있으니 E티켓을 받으면 꼭 확인하세요.

인천공항 제2 터미널

1. 탑승 수속

자신이 탈 항공사의 카운터에 가면 이코노미 클래스 Economy Class, 비즈니스 클래스 Business Class, 퍼스트 클래스 First Class의 카운터가 나뉘어 있다. 본인의 항공권이 해당하는 곳에 줄을 서서 기다렸다가 여권과 항공권을 제출하고 화물칸에 부칠 짐을 부친다. 취향에 따라 복도 쪽이나 창가 좌석을 달라고 요청하면 되고 마일리지 카드가 있다면 제출해 적립한다. 절차에 특별한 이상이 없으면 최종적으로 탑승권인 보딩 패스 Boarding Pass가 발부된다.

수하물 규정

이코노미 클래스 승객일 경우 대체로 화물칸에 실을 수 있는 짐은 20㎏, 비즈니스 클래스 승객은 30㎏이며 기내 반입 물품은 10㎏이다. 기내 반입 수하물은 가로, 세로, 높이의 합이 115㎝ 이하여야 한다.

기내 반입 금지품

액체류와 젤류(향수, 스킨, 로션, 고추장, 잼 등)는 100ml 이하 개별용기에 한해 반입이 허용되며, 맥가이버 칼, 가위 등 날카로운 금속성 물질은 가지고 탈 수 없으니 주의하자. 꼭 가지고 가야 한다면 부치는 짐에 미리 넣어두자.

수하물 표 Baggage Tag

화물칸에 짐을 부치면 영수증의 일종인 수하물 표를 주는데 나중에 짐이 도착하지 않았을 때 중요한 자료가 되므로 잘 간수해야 한다.

2. 병무 신고

병역 의무 미필자는 F와 G카운터 사이에 있는 병무 신고 사무소에 국외 여행 허가서를 제출해야 한다. 군대에 갔다 온 사람이라면 이 과정을 건너뛰고 3번으로 간다.

병역 미필자는 이곳에 반드시 들러야 한다.

3. 세관 신고

이제 본격적인 출국 수속. 마중나온 가족, 친구와 이별하고 출국장으로 들어간다. 가장 먼저 만나는 곳은 세관 신고대. 노트북 컴퓨터나 첨단 장비를 소지하고 있다면 필수적으로 신고해야 한다. 자칫 잘못하면 귀국 때 외국에서 사온 쇼핑 품목으로 분류, 세금을 물어야 할 수도 있다.

4. 보안 검색

검색 요원의 안내에 따라 모든 휴대품을 X-Ray 검색 컨베이어 벨트에 올려놓자. 지갑 등 주머니 속의 소지품은 별도의 바구니에 담고 금속 탐지기를 통과하면 된다. 탐지음이 울리면 몸에 소지한 모든 금속제품을 보여줘야 한다. 앞서 언급한 기내 반입 금지품목이 있으면 이곳에서 압수당한다.

5. 출국 심사

출국장 입구

이제 한국을 완전히 떠나는 순간이다. 여권과 보딩패스를 출국 심사관에게 제출하면 된다. 원하면 출국도장을 찍을 수도 있다. 처음 해외여행을 가는 사람이라면 감격의 순간이다.

6. 탑승

공항에 일찍 나와 시간 여유가 있다면 면세점을 둘러보자. 시내와 인터넷 면세점에서 구입한 물건이 있다면 물품 인도장으로 가서 찾자. 공항이 혼잡하면 인도장에서도 시간이 오래 걸리므로 면세점 구경은 뒤로 미루고 가장 먼저 처리해야 한다. 술과 담배는 공항 면세점이 가장 저렴하니 애주가, 애연가들은 참고할 것. 면세점에서 물건을 살 때는 여권과 보딩 패스를 보여줘야 하며 물품 값은 한화와 달러로 지불할 수 있다. 비행기 출발 30분 전까지 보딩 패스에 표시된 탑승 게이트로 가야 한다. 시간이 되면 보딩 패스를 체크하며 탑승이 시작된다.

7. 이륙

보딩 패스에 적힌 좌석을 찾아 기내 반입품은 선반에 넣고 좌석에 앉아 안전벨트를 맨다. 서서히 달리다 엄청난 속도를 내는 비행기의 이륙은 지상에서 발을 뗄 때는 감격적인 순간! 이륙 후 기체가 안정되면 '띵~' 소리가 나며 움직여도 좋다는 신호가 온다. 이때까지는 좌석을 젖혀서도 안 되고 식사용 테이블을 내려서도 안 된다.

Travel Plus+

인천 국제공항 구석구석 이용하기

인천공항은 세계적인 명성에 걸맞게 여행자들을 위한 다양한 편의시설이 갖춰져 있습니다. 공항에 일찍 도착하거나 환승을 위해 공항에서 시간을 보내야 한다면 아래 소개한 곳을 적극 이용해보세요.

인천공항 제1터미널

–제1여객터미널 4층 면세지역 25번, 29번 게이트 부근

- 인터넷존(24시간): 무료 인터넷 키오스크
- 냅존(24시간): 수면용 침대
- 릴렉스존(24시간): 휴식용 의자, 휴대용 충전기

–제1여객 터미널 지하1층 동편

- 스파온에어(24시간): 스파, 찜질방, 휴게실, 라운지, 구두수선, 가방수선

인천공항 제2터미널

–제2여객터미널 4층 면세지역 231번, 268번 게이트 부근

- 인터넷존(24시간): 무료 인터넷 키오스크
- 샤워실(24시간): 환승객 무료(수건, 샴푸, 샤워젤, 헤어드라이기 무료)
- 냅존(24시간): 수면용 침대
- 릴렉스존(24시간): 휴식용 의자, 휴대폰 충전기

02 기내서비스 이용하기

보딩 패스에 적힌 탑승 시간(보딩 타임 Boarding Time)이 되어 보딩 패스와 여권을 확인하면 탑승이 시작된다. 보통 비행기 입구에 신문, 잡지 등을 비치해 놓았으니 한두 개쯤 챙겨서 자리로 가자. 보딩 패스에 적힌 자리를 찾은 후 기내 반입 수하물을 선반 위에 올려놓고 자리에 앉아 안전벨트를 매면 비행 준비 끝!

이륙

모든 승객의 탑승이 완료된 후 드디어 이륙한다. 이륙할 때는 노트북, 휴대폰 등의 전자장비 일체를 사용할 수 없으니 전원을 꺼 놓자. 비행기가 서서히 달리기 시작해 지상에서 발을 떼는 순간 본격적인 여행이 시작된다. 정상 궤도에 접어들어 띵~ 소리와 함께 안전벨트 사인이 해제되면 좌석을 뒤로 젖힐 수도 있고 화장실도 다녀올 수 있다. 노트북 등 휴대용 전자장비를 사용해도 된다. 이륙을 준비하는 동안 승무원은 복도를 다니며 선반 위의 짐을 정리하는 등 바쁘다. 승무원의 안전 지시를 잘 따르도록 하자.

기내식사

기체가 정상 궤도에 접어들어 본격적인 비행을 시작하면 기내식이 제공된다. 먼저 음료수가 나오는데 마시고 싶은 것을 말하고 뒤에 '플리즈 Please'를 붙이면 된다(예 Water please, Orange Juice please 등). 음료 제공이 끝나고 얼마 후 기내식이 나온다. 비행기를 타는 기쁨 중 하나가 기내식을 기다리는 것인데 물론 전부 무료다.

기내식은 보통 생선과 육류(또는 쇠고기와 닭고기) 두 종류 중 택일할 수 있는데 앞자리에서 승무원이 서빙하는 것을 보고 미리 정해 놓았다가 '뭘 드시겠어요?'라고 물어보면 즉시 대답하자. 이때도 역시 '플리즈'를 붙이는 센스가 중요하다. 기내식은 언뜻 보기에 양이 적은 것 같지만 메인 음식과 애피타이저, 과일, 샐러드, 후식, 빵 등이 골고루 갖춰져 있어 다 먹으면 한 끼 식사로 거뜬하다. 이밖에도 커피, 차, 와인, 맥주, 위스키 등을 필요할 때 주문해서 먹을 수 있는데 술은 기압 때문에 쉽게 취하니 과도한 음주는 자제하는 게 좋다. 또한 음식 서빙 등으로 승무원이 바쁠 때는 기다렸다가 나중에 달라고 하자. 기내가 춥다고 느껴지면 담요를 달라고 하면 되는데 '블랭킷 플리즈 Blanket please'라고 하면 잠시 후 갖다준다.

기내 부대시설 이용

튀르키예까지 걸리는 비행시간은 직항 기준으로 12~13시간 정도. 기차나 버스 여행과는 달리 비행기는 너무나 지겨운 시간이다. 기내에서 틀어주는 영화나 음악 채널을 적극 활용하고 경우에 따라서는 개인 모니터에서 전자오락을 할 수도 있다. 개인 CD 플레이어나 MP3를 듣거나 가이드북을 미리 읽으며 무료함을 달래도록 하자.

화장실 이용하기

누군가 화장실을 사용하고 있으면 문에 '사용중 Occupied(빨간색)'이라고 표시되고 비었으면 '비었음 Vacant(녹색)'이라고 표시되므로 이용에 착오가 없도록 하자. 좌석에 앉은 상태에서도 화장실 사용 표시등을 통해 확인할 수 있다. 화장실 안에는 1회용 변기시트가 있고(없는 경우도 있음) 1회용 치약과 칫솔, 휴지, 생리대 등이 있으니 필요할 때 사용하면 된다. 기내의 화장실은 수가 많지 않아 이용객이 줄을 서 있는 경우가 많은데 뒷사람을 배려해 용무만 마친 후 빨리 나오도록 하자.

경유편 갈아타기

한국에서 튀르키예까지 직항으로 가는 비행기는 대한항공과 아시아나 항공, 튀르키예 항공이다. 배낭여행자들은 대부분 직항보다 저렴한 제3국 경유편을 이용하는 경우가 많은데 처음 비행기를 타는 사람에게는 환승이라는 절차가 불안하고 낯선 일이 아닐 수 없다. 하지만 의외로 절차는 간단하니 겁먹을 필요는 없다.

비행기가 경유지에 도착하여 짐을 들고 나가면 직원이 출구 앞에 나와 가야 하는 방향을 알려준다. 만일 직원이 없다면 '트랜스퍼 Transfer' 또는 '트랜싯 Transit' 푯말을 따라가면 환승 데스크가 나온다('입국 심사대 Immigration'로 나가면 경유지로 입국하게 되니 주의하자). 참고로 트랜싯은 항공기의 급유, 급수 및 승무원의 휴식 등을 위해 공항에서 잠시 쉬었다 가는 것을 의미하고, 트랜스퍼는 경유지에서 다른 비행기로 갈아타는 것을 말한다. 환승 데스크에 이스탄불 행 항공권을 내고 다시 보딩 패스를 받는다. 이때 한국에서 부친 짐이 있는지 물어보는데 몇 개 부쳤다고 이야기해 주면 된다. 혹시 직원이 짐 얘기를 하지 않으면 자신의 짐이 몇 개라고 이야기하고 인천 국제공항에서 받은 수하물 표 Baggage Tag를 보여주면 된다.

보딩 패스를 받으면 공항 내 모니터에 자신이 타야 할 비행기 편명과 탑승 게이트, 보딩 시간을 보고 해당 탑승구로 가서 기다렸다가 타면 모든 절차는 끝난다. 탑승 전 기내 반입 수하물은 X-ray 통과 과정을 거친다. 요즘은 경유지에서 보딩 패스를 다시 받지 않고 인천 국제공항에서 모두 발권해 주는 추세라 편리하다.

+ 알아두세요!

기내에서 이것만은 꼭 지킵시다

큰 소리로 떠들지 말기

해외여행을 처음 가면 들뜬 기분에 일행과 큰 소리로 이야기하는 경우가 있어요. 비행기를 처음 타는 촌닭(?)임을 만천하에 알리는 일임과 동시에 모든 이들의 따가운 눈총을 한몸에 받는 지름길임을 명심하세요.

담배는 노 노 노!!!

제아무리 날고 기는 애연가라 하더라도 비행기 안에서 담배를 피울 수 있는 공간은 없어요. 간혹 흡연 욕구를 참지 못해 화장실에서 담배를 피우는 경우가 있는데 항공사에 따라 높은 벌금을 물리는 것은 물론 공항에 도착해 체포되는 경우도 있습니다. 기내에서는 절. 대. 금. 연 입니다.

좌석 젖히기는 적당히

장시간 비행 동안 잠을 자기 위해 좌석을 뒤로 젖히는데 뒷자리에 다른 승객이 있다면 과도하게 젖히는 건 실례되는 행동이에요. 또한 비행기의 이·착륙과 식사 시간에는 좌석을 원위치로 해야 합니다.

음주는 조금씩

앞서 언급했지만 기내에서 제공되는 위스키, 와인, 맥주 등 주류는 적당히 마시는 것이 좋습니다. 음주문화가 관대한 한국인들의 술로 인한 기내 난동으로 항공사 승무원들의 '요주의 대상'이 되고 있으니 조금씩 즐기도록 합시다. 기압 때문에 취하는 속도는 평소의 두 배 이상이라는 걸 명심하세요.

저쪽 자리로 갈까?

비수기에 비행기를 타면 좌석이 비어 있는 경우가 많아요. 좌석을 옮기고 싶으면 모든 승객의 탑승이 완료된 후 승무원에게 좌석을 옮겨도 괜찮은지 허가를 구한 후 옮겨야 합니다. "May I change my seat?(제 자리를 바꿀 수 있습니까?)"라고 묻는 센스는 필수죠. 승객 탑승 완료 전에 마음대로 자리를 옮기는 것은 엄청난 실례입니다.

항공담요 슬쩍하기는 이제 그만!

기내에서 제공되는 항공담요는 얇으면서도 보온력이 뛰어나 유용하지만 가져가는 건 엄연한 절도 행위입니다. 승무원들은 알면서도 눈감아주지만 나라의 체면을 깎는 행위이니 절대로 가져가지 마세요. 개인용으로 지급되는 일회용 칫솔과 면도기는 가져가도 괜찮습니다.

03 튀르키예 입국과 한국으로 귀국하기

자, 장시간의 비행을 마치고 드디어 튀르키예에 도착했다. 모든 일의 시작과 끝이 중요하듯 튀르키예 공항에서 입국 절차를 마치고 나가는 것과 여행을 모두 마치고 한국으로 돌아오는 것이 중요하다. 입국과 귀국 절차를 알아본다.

+ 알아두세요!

튀르키예의 새 얼굴 이스탄불 국제공항 Istanbul International Airport

튀르키예 여행의 관문이 되는 이스탄불 국제공항이 지난 2019년 새롭게 오픈했습니다. 기존의 아타튀르크 공항은 연간 6천5백만 명이 이용하는 유럽에서 가장 혼잡한 공항 중 하나였는데요, 아타튀르크 공항이 포화상태에 이르자 튀르키예 정부는 2013년부터 신공항 건설을 추진해서 튀르키예 공화국 수립일인 2018년 10월 29일 역사적인 오픈식을 가졌습니다(본격적인 운영은 2019년 4월 시작).

이스탄불 국제공항

©이스탄불 국제공항

새로이 문을 연 이스탄불 국제공항은 연간 9천만 명, 1일 운항 가능 항공기 2천 편, 면적 7600만㎢로 세계 최대 규모를 자랑하며(인천 국제공항의 약 3.5배), 2030년까지 최종 단계 확장 사업이 마무리되면 총 6개의 활주로를 갖추고 연간 최대 2억 명의 승객을 처리할 수 있는 규모가 된다고 합니다.

단순히 면적만 큰 게 아니라 유럽과 아시아의 가교 및 아프리카와도 가까운 튀르키예의 지정학적 이점을 살려 세계인을 이어주는 최고의 허브공항으로 자리매김한다는 게 튀르키예 정부의 야심 찬 계획입니다. 유럽에서 기존의 허브공항 역할을 하던 독일의 프랑크푸르트 공항, 프랑스의 샤를 드골 공항, 영국의 히스로 공항 등이 위기감을 느끼고 있다는 후문입니다.

한편, 세계 공항 서비스 평가에서 12년 연속 1위를 차지한 인천 국제공항이 컨설턴트로 선정되어 2020년까지 이스탄불 공항에 운영 전략, 교육 계획, 공항 운영 및 상업시설 개발 등 운영 전반에 걸쳐 선진 시스템을 전수했습니다. 한마디로 멘토 역할을 한 것이죠. 이스탄불 국제공항이 명실상부한 세계 최고의 공항으로 발전하기를 기대합니다.

튀르키예 입국하기

비행기가 튀르키예에 도착할 때 안전벨트 착용 사인과 기내 방송이 나온다. 승무원의 지시에 따라 안전벨트를 착용하고 젖혔던 좌석을 원위치로 한다. 모든 개인용 전자기기의 전원을 끄고 비행기가 도착하면 완전히 정지하기를 기다려 짐을 꺼내서 차례로 내린다.

이스탄불 공항 입국 심사대

사람들이 가는 방향으로 따라가면 입국 심사대 Immigration가 나오고 외국인 Foreigner 라인에 서서 한 명씩 입국 심사를 받는다. 튀르키예는 입국 신고서를 따로 작성할 필요가 없고 입국 심사대에 그냥 여권만 제시하면 된다. 입국 심사에 따른 별다른 주의사항은 없으며, 여권에 하자가 없는 한 입국 도장을 꽝~ 찍어준다. 참고로 한국인은 90일간 무비자로 체류할 수 있다.

수하물 찾기

입국 심사대를 통과하면 자신이 타고 온 비행기의 편명이 적힌 수하물 찾는 곳 Baggage Claim으로

수하물 찾기

가서 한국에서 부친 수하물을 찾는다. 만일 아무리 기다려도 짐이 나오지 않으면 배기지 클레임 카운터에 가서 수하물 영수증을 제시하고 문의한다. 경유편의 경우 간혹 착오로 짐이 오지 않는 경우가 있는데 이때는 자신의 짐 종류와 크기, 색깔 등을 자세히 적어 신고서에 기입하고 숙소를 알려주면 1~2일 안에 숙소로 보내준다. 아주 드문 경우이긴 하지만 끝까지 짐을 찾지 못하는 경우도 있다. 두 경우 모두 항공사의 수하물 규정에 의거해 보상을 해 주는데 산출 기준은 짐의 무게다. 수하물 보상액은 대략 10만 원 정도다.

세관에 신고하기

짐을 무사히 찾았으면 세관 신고대로 간다. 면세 범위를 초과한 물품 소지자라면 세관 신고서를 제출하고 신고할 물품이 없으면 그냥 통과하면 된다. 입국장을 나서면 마중나온 사람들이 기다리는 만남의 장소가 있고 공항버스, 메트로, 택시 등 편한 교통수단을 이용해 시내로 가면 된다. 공항에서 시내로 가는 방법은 이스탄불 편 P.70 참고.

+ 알아두세요!

한국과 다른 튀르키예 공항 이용법

튀르키예 공항의 카트는 완전 무료가 아니라 한국의 마트처럼 €1짜리 동전을 넣어 사용하는 시스템입니다. 사용 후 다른 카트에 끼워 넣으면 동전을 회수할 수는 있지만 동전이 없으면 사용할 수 없으니 알아두세요. 또한 튀르키예의 모든 공항은(국내선 포함) 청사에 들어갈 때 짐 검사와 몸수색을 합니다. 청사를 들락거리는 건 자유지만 들어갈 때마다 몸수색을 한다는 것 잊지 마세요.

카트 이용 설명서

환전과 숙소 예약

도착 청사 1층 로비에 달러(유로)를 튀르키예 화폐로 바꿀 수 있는 은행 환전소가 있다. 공항은 시내보다 환율이 낮은 편이므로 소액만 바꾸고 큰돈은 시내의 환전소를 이용하는 게 좋다. 국제현금카드를 사용할 수 있는 ATM도 있다. 이밖에 호텔과 렌터카 예약소, 관광안내소 등 편의시설이 잘 갖춰져 있다.

한국으로 귀국하기

예전에는 귀국 전 72시간 이내에 항공권 예약 재확인 Recconfirmatiom을 해야 했지만 지금은 없어졌다. 대신 항공기 좌석을 사전에 지정 할 수 있다. 항공사마다 조금씩 다르지만 보통 출발 24시간 이내에 좌석 지정 싸이트를 오픈하는 경우가 많다. 장시간 비행이라 복도석을 선호하는 여행자들이 많으므로 복도석을 원한다면 되도록 일찍 시도하는 게 좋다. 가끔은 한국에서 비행기표 발권 시에 돌아오는 좌석도 함께 지정해 주기도 하니 발권 담당자에게 좌석지정 여부를 문의하자.
튀르키예의 공항에서 부치는 짐 규정과 기내 반입 수하물 규정은 인천 국제공항과 동일하다고 보면 된다(P.33 탑승 수속 참고). 인천 국제공항에 도착하면 표지판을 따라 입국 심사대로 가서 내국인 라인에 줄을 서서 여권을 제출하고 입국도장을 받으면 된다. 자신이 타고 온 항공 편명이 적힌 수하물 찾는 곳에서 짐을 찾고 세관 신고서를 제출하면 모든 입국 절차가 끝난다.

여행자 휴대품의 면세 범위

주류 2병(2리터 이하, US$400 이하), 담배 10갑 이하, 궐련 50개비 이하, 담뱃잎 250g 이하, 향수 100ml 이하 기타 해외에서 구입한 물품은 US$800까지 가능하다.

04 튀르키예의 교통

여행은 움직이는 것! 한국보다 8배나 큰 국토를 가진 튀르키예에서 자신의 시간과 주머니 사정에 맞는 교통수단을 선택하는 것도 여행의 노하우다. 특히 시간에 쫓기는 단기 여행자라면 일정에 맞춰 표를 예약하는 것은 필수다. 튀르키예 구석구석을 누비는 교통수단을 알아보자.

비행기

경제적 여유만 된다면 목적지를 가장 빠르고 편하게 연결하는 방법이다. 튀르키예 항공을 비롯한 3~4개의 국내선 항공사가 이스탄불, 앙카라 등 대도시를 거점으로 지방도시와 운행하고 있다. 짧은 일정으로 여러 곳을 돌아보고 싶은 여행자라면 국내선 한두 구간은 이용하는 게 좋다.

항공권 예약

한국에 지점이 있는 튀르키예 항공은 국내선의 예약과 발권이 한국에서도 가능하다. 일정이 정해졌다면 한국에서 미리 표를 끊어놓는 것도 괜찮은 방법. 여름철 여행 성수기에는 비행기 자리 구하기가 하늘의 별따기가 되는 경우가 비일비재하기 때문이다. 예약하지 않고 갔다가 낭패를 보는 경우가 없도록 계획을 잘 세우는 것이 중요하다.

튀르키예 현지에서는 공항의 항공사 카운터나 시내 대리점, 여행사 등에서 예약과 발권을 하면 된다. 대리점은 주로 사람들이 많이 다니는 중심가에 있기 때문에 쉽게 찾을 수 있다. 성수기와 비수기에 요금을 달리 적용하는 항공사도 있으니 인터넷 홈페이지 등을 통해 미리 확인해 두자.

국내선 항공사 홈페이지

튀르키예 항공 www.thy.com/ko-KR
오누르 에어 www.onurair.com.tr/onurair
선 익스프레스 www.sunexpress.com
페가수스 항공 www.flypgs.com

공항 내 부대시설

이스탄불의 이스탄불 국제공항, 앙카라의 에센보아 국제공항 등 국제선이 취항하는 큰 공항에는 관광안내소, 환전소, 렌터카 및 호텔 예약소 등의 부대시설이 잘 마련되어 있어 여행의 편의를 돕고 있다. 그밖에 지방의 작은 공항은 시내 지도를 얻을 수 있는 작은 안내부스가 있는 경우도 있으나 없는 곳도 많다.

공항에서 시내 가는 법

대부분의 공항에서는 하바쉬 Habaş라는 이름의 공항버스가 공항과 시내를 연결하고 있다(이스탄불의 공항버스는 하바이스트라고 한다). 비행기표를 구입할 때 미리 공항버스가 있는지 혹은 항공사의 무료 버스인 세르비스 Serbis를 이용할 수 있는지를 확인하는 것이 좋다. 하바쉬나 세르비스는 대체로 비행기 도착 시간에 맞춰 운행하며 요금은 교통카드나 신용카드를 사용한다(P.70 공항버스 참고).

공항버스 하바이스트

오토뷔스

대부분의 여행자가 튀르키예 여행 중 가장 많이 이용하는 교통수단. 튀르키예에서는 고속버스나 시

오토뷔스

내버스 같은 큰 버스를 오토뷔스 Otobüs라고 한다. 튀르키예는 도로망이 잘 정비되어 있어 오토뷔스만 타면 못 가는 곳이 없을 정도로 버스 교통이 발달했다. 편수도 많고 시간대도 다양하기 때문에 장거리는 야간버스를 타고 아침에 도착하는 경우도 많다.

+ 알아두세요!

우리에게 생소한 교통 단어 익혀두세요

튀르키예의 교통수단은 프랑스식 이름을 딴 것이 많습니다. 명칭이 한국과 다르니 꼭 기억해 두세요.

오토뷔스 Otobüs 시내버스, 장거리 버스 등 일반적인 버스

오토가르 Otogar 시외버스 터미널

세르비스 Serbis 오토가르에서 시내까지 가는 버스회사의 무료 셔틀버스

빌렛 Bilet 버스표를 포함한 모든 티켓

튀르키예의 버스회사

튀르키예의 시외버스는 정부에서 운영하는 공영버스는 없으며 사설 버스회사가 운영한다. 국내를 운행하는 장거리 버스회사는 줄잡아 200여 개를 헤아린다. 버스회사는 거점으로 삼고 있는 도시 이름을 회사 이름으로 쓰는 경우가 많으므로 목적지 도시 이름을 딴 회사를 이용하면 편리하다. 예를 들어 카파도키아로 갈 경우라면 네브쉐히르 Nevşehir, 에게해 일대를 여행한다면 파묵칼레 Pamukkale 등의 회사가 좋다.

버스회사는 대체로 운행하는 지역이 있는데 메트로 Metro, 울루소이 Ulusoy, 바란 Varan 같은 대형 버스회사는 전국을 무대로 하고 있으며 일부 국제버스 노선도 갖추고 있다. 버스 요금은 유류비가 비싼 관계로 한국과 비슷한 수준이다. 워낙 많은 버스회사가 있다 보니 회사들 간의 고객유치 경쟁도 치열해 시설과 서비스가 날로 좋아지는 추세다.

오토가르의 버스회사 창구

승차권 구입

장거리 버스의 승차권을 빌렛 Bilet이라고 한다. 빌렛을 사는 방법은 크게 두 가지로 오토가르의 버스회사에서 끊는 것과 버스회사의 시내 대리점을 이용하는 것이다. 같은 구간을 운행하는 회사가 많기 때문에 오토가르에서는 회사별로 고객유치 경쟁이 치열하다.

표를 구입하는 요령은 행선지를 이야기하고 시간을 확인해 일정에 맞는 것을 사면 된다. 한국과 다른 점은 이름과 성별을 알려주어야 한다는 것. 같은 지역을 운행하는 버스회사가 많으므로 시간이 맞지 않으면 다른 회사를 알아보고 티켓은 보통 출발 1~2일 전까지 예매하는 것이 좋다. 주의할 점은 도착지 오토가르에서 시내까지 무료 셔틀버스인 세르비스 Serbis의 운행 여부를 확인하는 것. 튀르키예는 한국과 달리 자사의 버스를 이용해 도착한 손님을 시내까지 무료로 태워주는 시스템이 있기 때문이다. 오토가르로 갈 때도 버스표를 산 시내 버스회사 사무실 앞에서 오토가르까지 세르비스를

튀르키예의 주요 버스회사

회사	주요 운행 지역	홈페이지
메트로 Metro	이스탄불을 거점으로 튀르키예 전국, 유럽행 국제버스도 운행	www.metroturizm.com.tr
울루소이 Ulusoy	흑해 지역을 포함한 튀르키예 전국	www.ulusoy.com.tr
바란 Varan	튀르키예 중·서부지방을 운행하며 그리스, 오스트리아행 국제버스도 운행	www.varan.com.tr
파묵칼레 Pamukkale	에게해와 서부 지중해 일대	www.pamukkaleturizm.com.tr
카밀코츠 Kamilkoç	부르사를 거점으로 에게해, 서부 아나톨리아 일대	www.kamilkoc.com.tr

운행한다(단, 모든 도시에서 세르비스를 운행하는 것은 아니다).

내부 시설

튀르키예의 오토뷔스는 한국의 고속버스와 비교할 때 시설이 조금도 뒤지지 않는다. 좌석도 편안하고 의자를 뒤로 젖힐 수도 있다. 짐은 한국과 마찬가지로 오토뷔스의 옆에 부착된 별도의 짐칸을 사용한다. 한국과 가장 큰 차이점은 안내를 하는 서비스맨이 동승한다는 것. 짐을 실어주는 것은 물론 운행 중 간단한 다과를 주기도 해 편안한 여행의 길잡이가 되어준다. 튀르키예의 버스는 출발 시간을 정확하게 지키므로 늦지 않도록 주의하자.

오토뷔스의 서비스맨

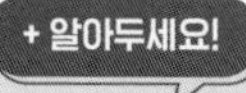

온라인 예매 방법(Obilet)

① Play Store 또는 App Store에서 Obilet 설치.

② 영어로 언어 변경(우측 하단의 Hesabım 눌러서 영어 선택)

③ 행선지 입력(From/To) 및 날짜 선택

④ **버스 선택** 목적지까지 소요시간을 계산해서 밤에 도착하는 일이 없도록 하자.

⑤ **좌석 선택** 좌석 배치도가 뜨며 원하는 좌석 선택 후 성별 입력. 이미 예매된 좌석의 옆자리는 동성만 예매할 수 있다. 남성이 예매된 좌석의 옆자리는 남성만, 여성이 예매된 좌석의 옆자리는 여성만 예매 가능.

⑥ **개인정보 입력** 튀르키예 현지 휴대폰 번호 & 이메일, 이름과 국적, 여권번호.

⑦ 예매가 완료되면 휴대폰 문자와 이메일로 예약정보가 온다. 화면 캡처 또는 예약정보 출력.

⑧ **버스 탑승** 터미널에 가서 티켓을 예매한 버스회사 사무실을 찾아간다. 플랫폼 넘버 확인. 별도의 티케팅 절차는 없으며 탑승할 때 예약문자를 보여주면 된다. 버스 운행 중 검문소에서 경찰이 신분증을 확인하는 경우도 있으므로 여권은 항상 휴대해야 한다.

홈페이지 www.obilet.com

Shakti Say 한국과 튀르키예는 형제의 나라

튀르키예 사람들은 튀르키예와 한국은 형제의 나라라 이야기하며 다른 나라보다 한국을 특별히 생각합니다. 한국인들은 과거 6·25 전쟁 당시 튀르키예가 한국에서 피를 흘리며 싸웠기 때문에 그렇다고 이해하고 있습니다만 튀르키예와 한국의 형제관계는 훨씬 오래전으로 거슬러 올라갑니다. 삼국시대에 고구려가 존재하던 당시 동북아시아의 유목민이었던 '돌궐'이라는 민족이 있었습니다. '튀르크'라는 발음을 한자로 적은 것이 돌궐이지요. 돌궐족은 고구려와 긴밀한 관계를 가지며 고구려–수나라 전쟁이나 발해 건국 당시에 거란과 싸우며 동맹을 맺었죠. 튀르키예 사람들은 자신을 돌궐족의 후예라고 생각하며 고구려의 후예인 한국을 형제의 나라라 여기고 있습니다. 한국의 역사책에는 돌궐족에 대해 한두 줄 정도로 짧게 언급하지만 한때 세계를 주름잡았던 튀르키예는 역사를 매우 중요하게 생각하며 고대사 또한 비중 있게 다루고 있습니다.

현대에 들어와 튀르키예는 6·25 전쟁에 미국, 영국, 캐나다에 이어 네 번째로 많은 병력을 파견했으며(1만 5,000명), 전쟁고아들을 돌보기 위한 학교를 설립하는 등 피폐해진 한국을 정성껏 도왔습니다.

1999년 튀르키예의 이즈미트 대지진 당시 튀르키예와 한국의 관계를 알고 있던 한국인들이 튀르키예 돕기 운동을 전개했고, 결정적으로 2002년 한·일 월드컵 3, 4위전 한국–튀르키예 경기에서 한국인들이 대형 튀르키예 국기를 펼치며 열정적으로 응원한 것이 수많은 튀르키예인들의 가슴에 깊이 각인되었다고 합니다. 또한 2023년 튀르키예–시리아 대지진 때도 한국에서 대규모 지원단을 파견해 적극적인 구조활동을 폈으며, 튀르키예의 대형 국책사업에 한국 기업이 참여하는 등 한국과 튀르키예의 형제애는 현재진행형으로 계속되고 있습니다.

기차

오토뷔스와 함께 튀르키예 주요 도시를 운행하는 교통수단. 버스에 비해 시간도 많이 걸리는데다 연착도 자주하는 편이라 여행자들이 그다지 선호하지는 않지만 침대칸이 있어 긴 구간을 갈 때는 편리하다. 튀르키예의 국유철도 TCDD(Türkiye Cumhuriyeti Devlet Demiryollan)는 이스탄불과 앙카라를 기점으로 주요 도시를 연결하며 튀르키예 인근 유럽과 아시아 국가로 국제열차도 운행하고 있다.

기차의 종류

익스프레스 Express나 마비 트렌 Mavi Tren같은 장거리 급행열차와 각 역에 정차하는 일반열차가 있다. 내부 시설은 1등칸과 2등칸으로 나뉘어 있고 별도의 침대칸이 있는데 침대칸은 침대가 1개인 것에서부터 3개까지 있다. 침대칸은 자리를 구할 수 없는 경우가 많으므로 예약해 두는 것이 좋다.

국제열차

이스탄불의 유럽지역의 역인 할칼르 역에서 불가리아, 루마니아 등 동유럽으로 가는 국제열차가 출발하며 아시아지역의 역인 하이다르파샤 역에서는 시리아, 이란 방면의 국제열차를 운행한다. 비자가 필요한 국가는 사전에 미리 취득해 놓아야 한다(2024년 현재 수리보수 중이다). 한편 과거 특급열차의 대명사였던 오리엔트 익스프레스 Orient Express는 특별 관광열차 형식으로 일년에 1~2회 운행하고 있다.

철도청 홈페이지 www.tcdd.gov.tr

플랫폼에 도착하는 기차

페리

튀르키예는 흑해, 에게해, 지중해 등 삼면이 바다로 둘러싸인 나라. 이스탄불을 기점으로 에게해 연안의 각 도시까지 배가 다니고 있다. 버스와 기차에 비해 여행자들의 이용 횟수는 극히 적은 편이지만 이스탄불에서 마르마라해 연안 도시로 갈 때는 유용하다.

튀르키예 해운국 Türk Denizcilik İşletmeleri을 비롯한 사설 페리 회사에서 튀르키예와 인접국을 연결하는 페리를 운행한다. 단, 이용객이 적은 겨울철은 운행 횟수가 줄어들거나 아예 운행을 중단하는 경우도 있으니 배를 이용한 여행을 할 거라면 홈페이지 등을 통해 미리 확인해 두는 것이 좋다.

한편 이스탄불에서 마르마라해 연안 도시로 가는 시 버스 Sea Bus는 수시로 운행하고 있어 부르사, 이즈니크를 방문할 때 편리하게 이용된다. 이스탄불의 술탄아흐메트 지역에서 가까운 예니카프 Yenikapi 선착장에서 얄로바 Yalova를 하루 6~7회 운행한다. 이스탄불 근교를 운행하는 페리는 obilet 등 온라인으로 티켓을 구입하면 편리하다. 출발 선착장이 어디인지 확인하는 것은 필수.

페리회사 홈페이지

튀르키예 해운국 www.tdi.gov.tr

시 버스 www.ido.com.tr

페리라인 www.ferrylines.com, www.idobus.com.tr

크브르스행(북 키프로스) www.aferry.kr www.akgunlerbilet.com

조지아, 우크라이나 www.ukrferry.com

대형 페리 보트

05 도시 내 이동수단

튀르키예의 도시를 관광할 때는 걷는 게 일반적이지만 시내버스나 택시 등 시내를 운행하는 교통수단을 적절히 활용해야 하는 경우도 있다. 버스와 택시는 어느 도시에나 있으며 메트로와 트램이 있는 곳도 있다. 튀르키예의 시내 교통수단을 알아본다.

시내버스 Otobüs

일정 규모를 갖춘 도시에서는 어디서나 볼 수 있다. 시내버스는 크게 공영버스과 사설버스로 나뉘는데 요금의 차이는 없으며 사설버스가 시설 면에서 약간 나은 편이다. 도시에 따라 승차권을 미리 구입한 후 버스를 타는 시스템과 현금승차 시스템이 있으니 미리 확인하고 이용하는 게 좋다. 이스탄불과 앙카라 등 대도시에서는 교통카드를 이용하면 편리하다. 대부분의 버스 정류장에 노선표가 부착되어 있으며 승차권 판매 부스가 따로 마련되어 있다.

택시 Taksi

어느 도시에나 있으며 원하는 목적지를 가장 빠르고 손쉽게 가는 방법이다. 공항이나 오토가르 앞에서 노란색 택시를 쉽게 볼 수 있다. 한국과 마찬가지로 미터기가 있어 목적지에 도착한 후 미터기에 나온 요금을 지불하면 된다. 간혹 여행자가 지리를 모른다는 점을 악용해 시내를 빙빙 돌거나 미터기를 사용하지 않는 경우가 있으니 처음에 탔을 때 미터기 작동 여부를 확인해 두자. 시내 이동 등 단거리는 미터로 가고, 공항으로 오가는 장거리는 가격 결정 후 가는 게 좋다. 이스탄불과 앙카라 등 대도시에서 이용 빈도가 높으며 대중교통이 미비한 시골에서는 투어 택시를 운행하기도 한다.

돌무쉬 Dolmuş

튀르키예만의 독특한 운행수단으로 자리가 다 차면 출발하는 승합차다. 돌무쉬라는 말은 '다 차면 간다'는 의미. 시내버스와 마찬가지로 구간을 정해 놓고 운행하며 시내버스가 갈 수 없는 작은 골목길까지 운행하는 일종의 마을버스이다. 지방도시에서는 근교의 도시를 연결하는 장거리 돌무쉬도 있다. 원칙적으로는 사람이 차면 출발하는 방식이지만 도시에 따라 일반 시내버스처럼 운행하는 곳도 많다. 돌무쉬는 대부분 별도의 번호가 없고 앞 유리창에 행선지가 씌어 있다. 요금은 기사에게 직접 낸다. 뒷좌석의 승객은 앞에 앉은 승객을 통해 요금을 기사에게 전달한다. 시내의 돌무쉬 정류장은 대체로 'D'라는 간판이 표시되어 있다.

트램 Tramvay

도로 위에 깔린 레일을 따라 운행하는 지상철. 이스탄불, 안탈리아, 콘야 등 규모가 큰 도시에서 찾아볼 수 있다. 특히 이스탄불의 트램은 신·구시가지를 연결하는데다 여러 관광지까지 운행하고 있어 이용 빈도가 높다. 도로 위에 레일이 깔리다 보니 교통 체증이 심할 때는 버스와 트램이 뒤섞인 진풍경이 연출되기도 한다. 요금은 시내버스와 같다.

메트로 Metro

한국의 지하철과 같은 것으로 이스탄불과 앙카라, 안탈리아, 이즈미르에서 볼 수 있다. 메트로의 최대 장점은 교통 사정에 구애받지 않는다는 것. 앙카라에서는 '앙카라이 Ankaray'라는 이름으로 불리며 안탈리아에서는 '안트라이 Antray'라는 이름으로 불린다. 도시에 따라 메트로를 적절히 활용하면 관광효율을 높일 수 있으므로 적극 권장할 만하다.

06 튀르키예의 음식

여행지에서 먹는 것만큼 중요한 게 또 있을까? 중앙아시아의 유목민 전통을 기반으로 한 튀르키예 요리는 고기와 유제품이 주류를 이루며 역사적으로 접촉이 잦았던 비잔틴, 아랍과 유럽의 음식문화까지 흡수하여 발달했다. 특히 아시아, 유럽, 아프리카에 걸친 대제국을 건설했던 15~20세기 오스만 제국 시대에 다양한 음식을 받아들여 튀르키예만의 화려한 음식문화를 꽃피웠다.

튀르키예는 식량 자급률 90%를 자랑하는 세계 유수의 농업국이자 목축이 발달한 나라다(식량의 해외 의존도가 높은 우리나라에 비해 엄청나게 부러운 대목이 아닐 수 없다). 아나톨리아 고원에서 생산되는 질 좋은 밀은 세계에서 가장 맛있다는 튀르키예 빵으로 만들어지며 삼면이 바다라 신선한 해산물도 즐길 수 있다. 이밖에도 올리브, 과일, 피스타치오, 헤이즐넛 등 다양한 재료를 이용해 풍성한 식탁을 만들어 낸다. 이 때문에 튀르키예 음식을 중국, 프랑스에 이어 세계 3대 요리 중 하나로 꼽는 사람도 있을 정도다.

여행에서 누릴 수 있는 기쁨 중의 하나가 바로 낯선 것에 대한 호기심과 도전정신! 때로는 선택을 잘못해 한 끼 식사를 날려버릴 수도 있지만 다양한 음식을 접하는 과정에서 어느 사이엔가 튀르키예의 매력에 흠뻑 빠져 있는 자신을 발견하게 될 것이다. 자, 튀르키예 요리의 세계로 여행을 떠나보자.

튀르키예 주식의 종류

빵

튀르키예 사람들의 주식. 밀이 풍부하게 생산되는 관계로 빵 가격이 저렴해 대부분의 식당에서 무제한으로 제공한다. 한국의 공깃밥처럼 빵을 따로 주문하는 시스템이 아니라 '먹고 싶은 만큼 무한정' 주기 때문에 얼마든지 더 달라고 해도 된다. 마음껏 먹을 수 있게 테이블 위에 아예 빵을 통째로 갖다놓은 곳도 많다(그렇다고 가방에 챙겨가지는 말자!). 빵 종류는 크게 에크멕 Ekmek과 피데 에크멕 Pide Ekmek, 라바쉬 Labaş로 나눌 수 있는데 에크멕은 바게트 형태로 가장 일반적이다. 피데 에크멕은 빈대떡처럼 단순하게 구운 것으로 아무 양념이 되어 있지 않아 담백하며 라바쉬는 피데보다는 크지만 두께가 아주 얇다.

한편 간식으로 먹는 시미트 Simit라는 빵이 있다. 중간에 구멍이 뚫린 도넛 doughnut 형태로 깨가 뿌려져 있는 것이 특징이며 양념이 되어 있지 않기 때문에 담백한 맛이다. 시미트는 튀르키예 어디를 가든 쉽게 찾아볼 수 있으며 남녀노소 할 것 없이 간식으로 많이 먹기 때문에 시내 관광을 다니다 쉽게 사 먹을 수 있다.

에크멕

피데 에크멕

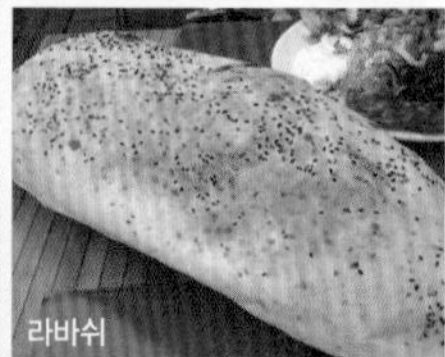
라바쉬

시미트

밥

튀르키예어로 '필라브 pilav' 또는 '필리치 Piliç'라고 부르는 밥은 주식이 아니며 빵과 고기를 먹으며 곁들여 먹는 부식 정도다. 식당에서 밥을 따로 주문해 먹을 수 있는데 튀르키예의 밥이 한국 밥과 다른 점은 맨밥이 아니라는 것이다. 언뜻 보기엔 흰 맨밥처럼 보이지만 밥을 할 때 처음부터 기름을 넣고 하기 때문에 기름기가 흐르는 게 특징이다. 간혹 색깔이 있는 양념도 첨가해 만든 붉은색 밥도 볼 수 있다. 아무튼 어딜 가나 맨밥이 없기 때문에 '밥이 아니면 안 되는' 여행자는 조금 고생할 수도 있다. 이런 사람들은 한국에서 일회용 밥을 챙겨가기 바란다. 빵과 마찬가지로 밥도 삶은 야채요리나 케밥과 함께 먹는다.

단품 요리를 곁들여 먹는 밥

아침식사

튀르키예어로 '카흐발트 Kahvaltı'라고 하며 기본적으로 바게트 빵에 해당하는 에크멕 Ekmek과 버터, 잼, 올리브가 기본이며 치즈, 토마토, 오이가 함께 나오는 서양식의 아침식사로 보면 된다. 그밖에 소시지, 삶은 달걀, 과일, 꿀이 함께 제공되는 경우도 있다. 음료는 커피나 차이(홍차) 중 선택할 수 있다. 어떤 경우라도 올리브가 나오지 않는 때는 없는데 올리브에 생소한 한국인의 입맛에 맞지 않을 수도 있지만 계속 먹다 보면 적응되어 나중에는 올리브 없이는 아침식사를 못할 정도다. 식사를 개별적으로 차려서 주는 경우도 있지만 규모가 큰 호텔에서는 뷔페식으로 내기도 한다. 동부 아나톨리아의 도시 반 Van은 아침식사로 유명하니 이곳을 방문한다면 아침식사 전문골목에 꼭 가보길 권한다. 튀르키예의 웬만한 숙소는 숙박비에 아침식사가 포함되어 있는 경우가 많아 체크인할 때 확인하는 게 좋다. '아침식사 포함인가요?'에 해당하는 튀르키예어는 '카흐발트 다힐 므? Kahvaltı dahil mı?'

풍성히 차린 아침식사

케밥 Kebap

튀르키예인들은 음식을 불에 구워먹는 식습관을 가지고 있다. 과거 유목생활을 하던 시절 물은 귀하고 고기가 풍부했기 때문에 이런 문화가 형성되었는데 고기뿐만 아니라 토마토나 가지같은 야채도 불에 구워 먹는다(언뜻 생각하기에 희한한 맛일 것 같지만 매우 괜찮은 맛이다). 케밥은 튀르키예 요리의 대명사 격으로 꼬치에 끼워 불에 구워내는 고기 요리를 총칭한다. 케밥의 양념으로는 소금과 후추를 사용하며 짭짤하게 간을 하는 것이 보통이다. 빵과 꼬치구이 요리에 상추와 토마토, 오이로 된 샐러드와 밥을 곁들여 먹는 것이 튀르키예인들의 일반적인 식사이다. 한국으로 치면 김치찌개나 된장찌개 백반인 셈.

케밥의 주재료는 양고기, 쇠고기, 닭고기가 일반적이며 국민 대다수가 무슬림이라 이슬람에서 꺼리는 돼지고기는 찾아보기 힘들다.

다양한 종류의 케밥

되네르 케밥 Döer Kebap

되네르 케밥

길거리 어디서나 쉽게 볼 수 있는 것으로 케밥의 대명사 격이다. 얇게 자른 고기를 포개어 수직으로 세워 돌려가며 굽는다. 익은 바깥쪽부터 긴 칼로 잘라 낸다. 되네르는 '회전한다'는 뜻. 일반적으로 가장 쉽게 볼 수 있는 것이 쇠고기 케밥인 엣 되네르 Et Döner와 닭고기 케밥인 타북 되네르 Tavuk Döner다. 엣 되네르에 비해 타북 되네르가 가격이 조금 저렴하다. 되네르 케밥은 빵과 함께 야채를 곁들여 먹거나 샌드위치 형식인 '뒤륌'을 만들어 먹는데 '뒤륌'이 조금 저렴한 편이다.

쉬쉬 케밥 Şiş Kebap

쉬쉬 케밥

'쉬쉬'는 꼬치를 말하는 것으로 큼직하게 썬 고기를 꼬치에 꽂아 구워 내는 요리다. 사용하는 고기에 따라 닭고기 꼬치는 타북 쉬쉬 Tavuk Şiş, 양고기 꼬치는 쿠주 쉬쉬 Kuzu Şiş라고 하며 야채와 밥을 곁들여 먹는다. 한국에서 쉽게 접할 수 없는 양고기라고 해서 처음부터 거부감을 가질 필요는 없다. 특별히 맛이 이상하거나 고기 냄새가 많이 나지는 않기 때문. 경우에 따라서는 쇠고기보다 낫다고 하는 사람도 있으니 시도해 보자.

아다나 케밥 Adana Kebap

아다나 케밥

튀르키예 남부의 대도시 아다나에서 유래한 케밥으로 곱게 간 고기를 양파와 반죽해 길쭉한 꼬치에 꽂아 구워낸다. 대체로 양념을 약간 매콤하게 하기 때문에 매운 걸 선호하는 한국인 입맛에 잘 맞는다. 튀르키예 여행 초보자라면 튀르키예 음식에 입문하는 용도(?)로 적당하다.

우르파 케밥 Urfa Kebap

우르파 케밥

아브라함이 태어난 곳으로 유명한 남동 아나톨리아의 도시 샨르우르파의 명물로 꼬치에 가지와 고기완자를 번갈아 꽂아 구워낸다. 주로 조림이나 볶음용으로만 가지를 사용하는 한국인의 정서상 가지를 불에 구워먹는다는 게 언뜻 상상이 안 가지만 의외로 독특하고 괜찮은 맛을 낸다. 어느 레스토랑에서나 쉽게 먹을 수 있다.

자 케밥 Cağ Kebap

동부 아나톨리아의 에르주룸에서 유명한 케밥. 양고기와 쇠고기를 적당히 섞어 양파, 후추, 고춧가루, 우유 등으로 양념을 해서 간이 배게 한 후 구워내는데 특이한 것은 일반적인 되네르 케밥과 달리 수직이 아닌 수평으로 굽는다. 장작불을 사용하기 때문에 훈제한 듯한 맛이 일품이다. 자 케밥에 관한 자세한 내용은 에르주룸 편 P.612 참고.

자 케밥

이스켄데르 케밥 İskender Kebap

이스켄데르 케밥

양고기를 얇게 저며 소스를 발라 익힌 것으로 버터를 뿌려 먹으며 요구르트가 함께 나오는 것이 특징이다. 요구르트의 시큼함이 싫다면 입에 안 맞을 수도 있는데 튀르키예 음식에 적응되었다면 맛있게 먹을 수 있다. 이스탄불에서 멀지 않은 대도시 부르사가 이스켄데르 케밥의 원조로 유명하니 부르사를 방문하면 꼭 맛보길 권한다.

항아리 케밥 Pottery Kebap

닭고기, 쇠고기, 양고기, 새우 등의 재료를 진흙 항아리에 넣고 조리하는 음식으로 약간의 국물도 있어 한국의 고기 찜 요리와 비슷하다. 고춧가루를 뿌려 먹으면 한국의 육개장 비슷한 맛을 내기 때문에 얼큰한 게 생각나면 먹어볼 만하다. 조리된 항아리를 손님 앞에서 망치를 사용해 직접 개봉하기 때문에 보는 즐거움도 있다. 중부 아나톨리아의 카파도키아에서 유명하다.

항아리 케밥

쵭 쉬쉬 Çöp Şiş

잘게 자른 닭고기나 양고기를 대나무 꼬챙이에 꽂아 굽는 음식. 쿠샤다스, 셀축 등 에게해 연안 지방에서 많이 먹으며 쫄깃한 맛이 단연 일품이다. 한 접시에 보통 10여 개의 꼬치가 나오기 때문에 가격에 비해 맛이 뛰어나다는 찬사를 받고 있다.

쵭 쉬쉬

타북 카나트 Tavuk Kanat

카나트는 '날개'라는 뜻으로 닭날개 꼬치구이 요리다. 닭날개를 좋아하는 사람이라면 최고의 선택이며 지역에 따라 맛의 기복이 없는 것이 최대의 장점이다. 필자의 경우 평소 닭날개를 그다지 좋아하지 않았는데 튀르키예 여행 기간 동안 가장 많이 먹은 음식 중의 하나가 타북 카나트였다.

타북 카나트

피르졸라 Pirzola

새끼 양의 갈비를 구운 것으로 고기가 부드럽고 즙이 풍부하다. 양고기 특유의 냄새가 없는데다 부드러운 맛이라 한국인의 입맛에도 잘 맞는다. 뼈에 붙어 있는 고기를 뜯는 갈비로 한국인과 정서적으로도 친밀하다.

피르졸라

타북 필리치 Tavuk Piliç

전기구이 통닭과 밥이 함께 나오는 요리로 보통 식당 앞에 회전식 그릴이 설치되어 있어 쉽게 알아볼 수 있다. 통닭을 선호하는 한국인에게 인기 메뉴이며 주류를 취급하는 레스토랑에서 맥주와 곁들여 먹으면 부러울 게 없다.

타북 필리치

쾨프테 Köfte

케밥과 더불어 튀르키예 음식의 양대 산맥으로 곱게 간 고기를 동글동글하게 뭉쳐서 굽는 미트볼 Meatball이다. 지역에 따라 고기의 크기나 양념이 조금씩 차이가 나는데 특정 지역 이름을 쾨프테 앞에다 붙인다. 중부 아나톨리아의 시바스 Sivas와 에게해 연안의 이즈미르 İzmir가 유명한데 특히 큼직한 시바스 쾨프테는 필자가 튀르키예에서 먹어 본 쾨프테 중 단연 최고였다. 케밥과 마찬가지로 샐러드나 밥을 곁들여 먹는다.

시바스 쾨프테

피데 Pide

이탈리아에 피자가 있다면 튀르키예에는 피데가 있다. 밀가루 반죽 위에 치즈, 햄, 고기 등을 얹어 구워내는데 재료도 신선하고 밀가루가 고급이라 매우 맛있다. 우리에게 익숙한 정통 피자와 비교했을 때 빵이 얇고 토핑이 적지만 특유의 쫄깃한 맛을 자랑한다. 피데 전문점은 자체 화덕을 보유하고 있어 언제 가더라도 따끈한 피데를 즐길 수 있다. 여러 가지 피데 중 다진 고기를 얹은 크이말르 피데 Kıymalı Pide가 한국인 입맛에 잘 맞으니 참고하자. 메블라나 교단으로 유명한 중부 아나톨리아 콘야 Konya의 피데는 전국적인 명성을 얻을 만큼 유명하니 콘야를 방문하면 '에틀리 에크멕 피데'를 꼭 먹어보길 권한다.

에틀리 에크멕 피데

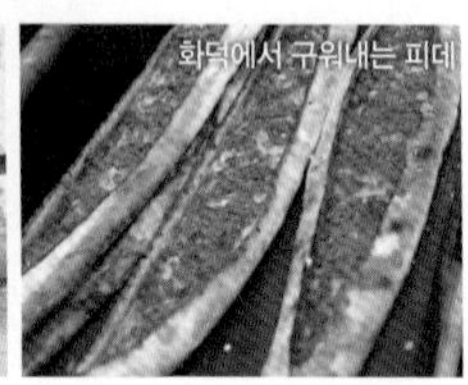
화덕에서 구워내는 피데

생선요리(발륵 Balık)

튀르키예는 흑해, 에게해, 지중해 등 삼면이 바다로 둘러싸인 나라로 생선이 많이 잡힌다. 하지만 원래 유목생활을 하던 튀르키예인들이 해산물을 먹기 시작한 것은 오래되지 않으며 지금도 생선보다는 고기요리를 더 선호한다. 회나 찜, 탕 등 다양한 요리법이 발달한 한국과는 달리 튀르키예의 해산물은 굽는 것이 일반적이다. 해안 지방을 여행하다 보면 한두 번은 먹게 되는데 도미의 일종인 추프라 Çupra와 멸치의 일종인 함시 Hamsi가 한국인 입맛에 잘 맞는다. 진열장에 있는 생선을 골라 요리해 달라고 하면 되고 케밥과 마찬가지로 빵과 샐러드를 곁들여 먹는다. 고기요리와 비교했을 때 가격은 비싼 편이다.

이스탄불의 갈라타 다리 근처에는 고등어를 구워 샌드위치로 파는 고등어 케밥(튀르키예어로는 '발륵 에크멕 Balık Ekmek')이 유명한데 한국 여행자들의 필수 방문 코스가 될 정도로 인기가 높다.

함시

추프라

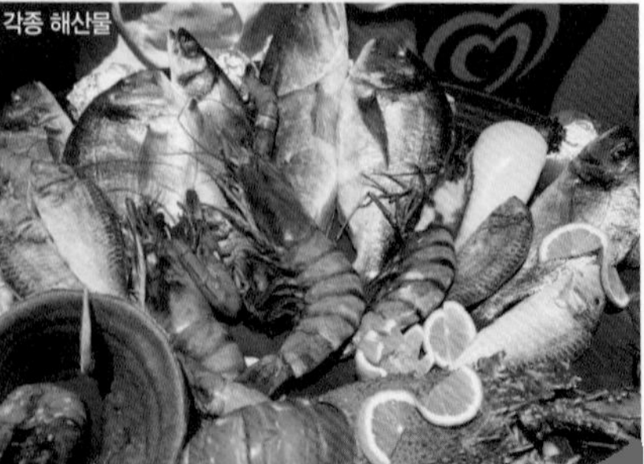
각종 해산물

패스트푸드 Fast Food

뒤륌 Dürüm

양념이 되어 있지 않은 넓은 라바쉬 빵에 쾨프테나 되네르 케밥을 토마토, 상추 등 야채와 함께 넣어 둘둘 말아먹는 샌드위치. 가격도 저렴하고 길거리 어디서나 쉽게 찾아볼 수 있어 점심식사나 간식으로 훌륭하다. 여행지를 다니다보면 점심식사는 간단히 때우기가 일쑤인데 맛도 좋고 들고 다니면서 먹을 수 있는 뒤륌은 여행자들이 선호하는 음식 중 하나다. 보통 전통 음료인 아이란 Ayran이나 콜라를 곁들여 먹는다.

라흐마준 Lahmacun

종잇장처럼 얇은 밀가루 반죽 위에 다진 고기와 야채, 각종 향신료를 넣어 화덕에 구워내는 피데의 일종으로 약간 매운맛이 돈다. 피데 전문점에서 함께

뒤륌

라흐마준

만드는 경우가 많은데 가격이 저렴해 한 번에 여러 장 먹는 게 보통이다. 남동 아나톨리아의 샨르우르파는 라흐마준이 맛있기로 유명한 도시다.

괴즐레메 Gözleme

밀가루 반죽에 치즈와 다진 고기를 넣어 부치는 일종의 부침개다. 식당에서 일반적인 메뉴로 요리하지는 않고 바닷가나 유원지에서 많이 판다. 한국으로 치면 여름 휴가철 계곡이나 바닷가에서 파는 감자전이나 파전에 해당한다고 보면 된다. 맛은 담백한 편이다.

괴즐레메

뵈렉 Börek

튀르키예식 파이의 한 종류로 패스트리 빵이다. 식당에 따라서는 허브, 올리브, 요구르트와 함께 나오기도 한다. 주로 간식으로 많이 사먹는데 양이 적은 사람은 한 끼 식사로도 충분하다.

뵈렉

야채 단품요리

튀르키예에는 콩, 감자, 가지, 시금치 등 다양한 야채를 이용한 찜 요리가 발달했다. 야채만 찐 것도 있고 고기와 야채를 함께 조리한 것도 있다. 고기 케밥에 질린 여행자라면 야채 단품요리와 밥을 주문해서 먹을 수 있다. 진열대에 쭉 진열해 놓기 때문에 이름을 몰라도 쉽게 고를 수 있다.

야채 단품요리

샐러드(살라타 Salata)

튀르키예어로 '살라타'라고 하는 샐러드는 토마토와 오이를 기본으로 양파와 가지, 경우에 따라서는 고기를 넣기도 한다. 케밥을 주문하면 기본적으로 몇 가지 야채가 샐러드로 딸려 나오지만 튀르키예인들은 샐러드를 따로 주문해서 고기요리와 야채를 함께 먹는다. 가장 일반적인 샐러드로는 잘게 썬 토마토, 오이, 양파에 파슬리 가루와 올리브오일을 뿌려먹는 초반 샐러드 Çoban Salata가 있다.

초반 샐러드

야채 샐러드

전채(메제 Meze)

본 음식을 먹기 전 애피타이저 형식으로 먹는 보조요리로 야채와 고기, 어류를 이용한 냉채, 온채 등 다양한 종류가 있다. 야채나 밥을 넣어 만든 돌마 Dolma가 대표적이며 포도잎에 쌀과 잣, 향신료를 넣어 찌는 야프락 돌마 Yaprak Dolma가 가장 대중적이다. 고급 레스토랑에서는 음식 카트에 메제를 싣고 다니며 손님들에게 고를 수 있게 해 주기도 한다.

돌마

아랍식 메제

수프(초르바 Çorba)

토마토, 콩, 시금치 등을 재료로 걸쭉하게 끓인 국. 대체로 야채를 이용한 수프가 일반적이지만 고기 수프도 있다. 양곱창을 이용한 이쉬켐베 İşkembe는 유목민의 전통을 반영하는 수프로 오래 우려낸 국물 맛으로 승부한다. 고기 수프는 특유의 고기 냄새가 있기 때문에 처음부터 입맛을 들이기란 쉽지 않다. 남동아나톨리아 가지안테프의 '베이란'과 샨르우르파의 '티리트'라는 수프가 유명하다.

후식(타틀르 Tatlı)

튀르키예를 여행하며 견과류와 유제품을 이용한 다양한 종류의 후식도 빼놓을 수 없는 먹을거리다. 주로 날씨가 더운 남동부 지방에서 발달했는데 튀르키예를 대표하는 음식 중 하나로 자리 잡았다. 단맛을 자랑하는 음식이 대부분으로 더운 여름날 체력을 유지하는 데 많은 도움이 된다. 가격은 한 접시에 30~40TL 정도다.

바클라바 Baklava

바클라바

꿀과 피스타치오를 사용한 파이의 일종으로 커다란 쟁반에 구워낸다. 바클라바 맛을 좌우하는 가장 큰 요인은 피스타치오. 피스타치오 산지로 유명한 남동 아나톨리아의 가지안테프가 본고장이니 가지안테프를 방문하면 다양한 종류의 바클라바를 꼭 먹어보자. 튀르키예인들의 바클라바 사랑은 대단해서 킬로그램 단위로 사 가기도 한다.

카다이프 Kadayf

채썬듯 한 밀가루 반죽을 구운 후 꿀과 견과류로 맛을 낸 것으로 바클라바와 비슷하지만 맛은 약간 다르다. 남동 아나톨리아의 디야르바크르 카다이프는 전국적인 품질을 자랑한다.

퀴네페 Küefe

치즈가 들어간 파이로 부드럽고 쫀득한 맛이 일품이며 진한 생크림을 얹어서 먹기도 한다. 튀르키예의 남쪽 끝 도시인 안타키아(하타이)가 유명하다. 상당히 맛있어서 한 번 맛들이면 여간해서 벗어나

카다이프

퀴네페

돈두르마

기 힘든데 칼로리가 높기 때문에 다이어트를 생각한다면 고려해 볼 것!

돈두르마 Dondurma

튀르키예식 아이스크림으로 신기하게도 찰떡처럼 쭉쭉 늘어나며 쫄깃한 맛이 일품이다. 재료는 우유와 설탕, 살렙을 사용한다. 살렙은 야생 난초의 뿌리를 갈은 것으로 질긴 식감을 주는 유향수지를 넣어 조밀하고 쫄깃한 맛을 만들어 낸다(유향수는 감람과의 열대식물이라고 하는데, 이 나무에서 나온 점도가 높은 송진 비슷한 액체를 넣는다). 남동 아나톨리아의 카흐라만 마라쉬 Kahramanmaraş가 본고장이라 일명 '마라쉬 아이스크림'으로 불리기도 한다.

로쿰 Lokum

일명 '터키시 딜라이트 Turkish Delight'라고 불리는 젤리 형태의 과자. 옥수수 전분과 장미수를 주재료로 만들며 부드럽고 쫄깃한 맛이 일품이다(한국의 떡과 엿의 중간쯤이라고 보면 된다). 튀르키예 어디서든 맛볼 수 있으며 귀국 선물로 인기다. 흑해 지방의 사프란볼루 로쿰이 특히 유명하다(P.436 참고).

식사 예절

튀르키예 사람들은 편식을 하거나 음식 불평을 하는 것을 좋지 않게 여기며 적게 먹는 것이 좋다고 믿는다. 그러나 손님을 초대했을 때만은 예외다. 타인을 식사에 초대했을 때는 음식을 충분히 준비하여 손님이 포식할 수 있도록 신경을 쓴다. 손님은 자기 몫의 음식은 남기지 않는 것이 예의이므로 음

식이 제공될 때 자신의 양을 분명히 이야기해야 한다. 안 그랬다간 무제한 먹어야 하는 고통에 시달릴 수도 있다. 손님에게 많은 음식을 제공하는 것이 주인으로서의 기본 예의이기 때문이다.
모두 식탁에 둘러앉은 후 주인이 '건강을 기원합니다'라는 뜻의 '아피옛 올순 Afiyet Olsun'이라고 말하면 식사가 시작된다. 술을 마실 때는 이와 비슷하게 '세레피니제 Serefinize'라고 외치는데 이것은 '명예를 위하여'라는 뜻이다. 손님들은 음식을 준비한 안주인에게 '당신의 손에 건강이 깃들기를'이라는 뜻의 '엘리니제 사을륵 Elinize Sağlık'이라고 한다. 식후에는 단과자나 빵이 나오는데 이것은 달콤한 음식을 먹으며 즐거운 이야기를 나누자는 의미다.
다음은 튀르키예인과 함께 식사할 때 지켜야 할 기본적인 주의사항이다.

- 음식에 코를 대고 냄새를 맡지 말아야 한다.
- 뜨거운 음식을 식히려고 입으로 불지 않는다.
- 숟가락이나 포크를 빵 위에 놓지 않는다.
- 상대방 앞의 빵을 먹지 않는다.
- 식사 중 사망자나 환자에 대해 언급하지 않는다.
- 음식을 남기지 않고 깨끗이 비운다.

+ 알아두세요!

엥~ 나가라는 소리야?

한국인들이 튀르키예의 식당에서 당황하는 것 중의 하나가 바로 서빙 스타일입니다. 음식을 다 먹고 포만감을 즐길 때까지 빈 그릇을 치우지 않는 한국과 달리 튀르키예는 '먹자마자' 치운다는 것. 심지어 숟가락 내려놓자마자 치우는 경우도 있을 정도라 여행 초기의 한국인들을 당황스럽게 만들곤 합니다. 하지만 이것은 빨리 나가라는 뜻이 아닌 튀르키예인의 문화. 청결을 중시 여기는 튀르키예인의 관습상 빈 그릇이 손님 앞에 있는 것은 실례라고 생각하기 때문입니다.

음식 요금

같은 음식이라 하더라도 서민 식당에서 먹는 것과 고급 레스토랑에서 먹는 것은 당연히 차이가 난다. 길거리에서 파는 저렴한 튀륌과 케밥을 사먹는다면 30TL(1TL는 한국돈 약 70원에 해당함) 정도면 되고 여행자 구역의 식당에서 먹는다면 음식 종류에 따라 다르지만 대체로 80~150TL 정도 든다고 보면 된다.
지중해나 에게해 같은 휴양지의 바다가 보이는 근사한 레스토랑을 이용한다면 200TL 이상으로 올라간다. 두 명이 각각 음식을 먹고 맥주 한 잔을 곁들인다면 400~500TL는 예상해야 한다. 고급 레스토랑은 세금과 봉사료가 따로 붙는 곳도 많다.
상대적으로 동부나 남동 아나톨리아를 여행한다면 음식값 부담은 적은 편이다. 똑같은 음식이라 하더라도 서부 지역에 비해 절반 정도면 되기 때문에 두 명이 맥주를 곁들인 식사를 할 경우 250~300TL면 충분하다.
튀르키예 식당에서 한 가지 주의할 점은 모든 요리에 요금이 따로따로 붙는다는 점이다. 한국처럼 '여기 반찬 더 주세요'라는 개념은 없으니 주문할 때 주의하자. 공짜로 제공되는 것은 빵밖에 없으며 물도 따로 계산된다. 간혹 식사 후 차이(홍차)를 무료로 주는 식당은 있다.

영업 시간

튀르키예의 식당은 현지어로 로칸타 Lokanta라고 하며 식당 영업 시간은 한국과 비슷하다. 식당에 따라 조금씩 차이는 있지만 대체로 오전 10시에 문을 열어 밤 10시에 문을 닫는다. 경우에 따라서는 점심과 저녁식사 시간에만 영업을 하는 곳도 있는데 일반적인 것은 아니며 대부분 영업 시간 내에는 언제 가더라도 식사를 할 수 있다. 단, 한국처럼 심야업소나 야식집은 없으며 배달의 개념도 없다.

팁

튀르키예에서 팁은 필수적인 것은 아니다. 일반적인 서민 식당에서 팁을 줄 필요는 없고 일정 수준 이상을 갖춘 고급 레스토랑에서는 5~10TL를 주는 것이 관례다. 카운터에 마련된 팁 박스에 넣어도 되고 종업원이 계산서를 가져왔을 때 줘도 된다. 계산서에 봉사료가 적혀 있다면 따로 줄 필요는 없다. 동부보다는 이스탄불, 지중해 등 서구화가 많이 진행된 서부 지역을 여행할 때 팁을 지불하는 경우가 많다. 참고로 튀르키예의 레스토랑은 한국처럼 카운터에서 직접 돈을 내지 않고 계산서를 달라고 해서 종업원이 가져오면 돈을 지불하는 방식이다.

예약

튀르키예의 레스토랑은 원칙적으로 예약은 필요 없다. 단, 고급 레스토랑이나 호텔 레스토랑을 이용할 경우라면 예약을 하는 게 좋다. 특히 사람들이 많이 몰리는 주말이나 휴일 저녁시간에 고급 레스토랑을 이용할 계획이라면 예약은 필수다. 매우 드물긴 하지만 예약제로만 운영되는 레스토랑도 있다. 필자의 경우 콘야의 고급 레스토랑에서 좋은 자리를 얻기 위해 예약을 한 적이 있다. 그 레스토랑은 평소 예약 시스템이 아니었지만 전망 좋은 테이블이 먼저 차기 때문에 예약을 했었다.

Travel Plus+ 식당에서 알아두면 유용한 튀르키예어

이스탄불, 카파도키아 등 관광객이 많이 찾는 도시에서는 영어가 되지만 서민 식당이나 동부, 남동부 지방에서는 말이 통하지 않아 음식 주문 시 불편할 때가 많습니다. 식당에서 사용하는 기본적인 튀르키예어를 알아볼까요?

● 레스토랑에서 자주 쓰는 말

배가 고프다	아즉틈 Acıktım
튀르키예 요리를 먹고 싶어요	튀르크 예메이 예멕 이스티요룸 Türk Yemeği yemek istiyorum
좋은 식당을 알고 있나요?	이이 로칸타 빌리요르 무수누즈? İyi lokanta biliyor musunuz?
메뉴를 보여주세요	메뉘위 괴르멕 이스티요룸 Menüyü görmek istiyorum
저것과 같은 요리를 주세요	오눈라 아느 예멕텐 이스티요룸 Onunla anyı yemekten istiyorum
아침식사를 하고 싶습니다	카흐발트 에트멕 이스티요룸 Kahvaltı etmek istiyorum
차를 부탁합니다	차이 이스티요룸 Çay istiyorum
계산해 주세요	헤삽 뤼트펜 Hesap lütfen
매우 맛있었습니다	예멕 촉 귀젤디 Yemek çok güzeldi

● 음식과 관계된 단어

식사(예멕 Yemek) | 레스토랑(로칸타 Lokanta) | 빵(에크멕 Ekmek) | 술집(비라하네 Birahane) | 아침식사(카흐발트 Kahvaltı) | 점심식사(외을레 예메이 Öğle yemegi) | 물(수 Su) | 소금(투즈 Tuz) | 설탕(쉐케르 Şeker) | 식초(시르케 Sirke) | 후추(카라 비베르 Kara biber) | 고추(크므르즈 비베르 Kımırzı biber) | 밥(필라브 Pilav) | 수프(초르바 Çorba) | 맥주(비라 Bira) | 포도주(샤랍 Sarap) | 달다(타틀르 Tatlı) | 짜다(투즐루 Tuzlu) | 접시(타바크 Tabak) | 절반(야름 Yalım)

● 과일, 야채, 고기와 관계된 단어

사과(엘마 Elma) | 오렌지(포르타칼 Portakal) | 무화과(인지르 İncir) | 바나나(무즈 Muz) | 레몬(리몬 Limon) | 수박(카르푸즈 Karpuz) | 토마토(도마테스 Domates) | 가지(파틀르잔 Patlıcan) | 양파(소안 Soğan) | 오이(살라탈륵 Salatalık) | 옥수수(므스르 Mısır) | 당근(하부취 Habuç) | 감자(파타테스 Patates) | 닭고기(타북 Tavuk) | 양고기(쿠주 Kuzu) | 간(지에르 Ciğer) | 달걀(유무르타 Yumurta)

07 튀르키예의 음료

튀르키예를 대표하는 음료는 차이 Çay(홍차)와 아이란 Ayran! 한국인의 입맛에 크게 이질적이지 않아 누구든 쉽게 마실 수 있다. 특히 차이는 가장 대중적인 음료로 하루에도 몇 잔씩 마신다. 유제품인 아이란은 더운 여름을 이기는 데 특효약이다.

생수 Mineral Water

튀르키예에서 물은 반드시 사서 마셔야 한다. 사람에 따라 조금씩 차이가 있겠지만 자기가 살던 곳을 떠나면 물갈이 때문에 여행 초기에 고생을 하기 마련이다. 튀르키예의 수돗물은 질이 크게 떨어지지는 않지만 음료용으로는 적당하지 않아 도시 사람들은 생수를 대 놓고 마신다. 심지어 호텔 욕실에도 마시지 말라는 경고 문구가 붙어 있을 정도다. 시중에 다양한 종류의 생수가 나와 있는데 어느 것을 구입하더라도 큰 문제는 없다. 용량은 0.5리터와 1.5리터가 일반적이며 가격은 대체로 0.5리터 한 병에 3TL, 1.5리터는 5TL 정도다. 숙소에 들어갈 때 마트에서 큰 병을 사가지고 가서 외출할 때 작은 병에 덜어서 다니면 경제적이다. 관광지 주변은 물값이 비싸다.

다양한 종류의 생수

차이 Çay

튀르키예를 대표하는 음료수로 말갛게 우려낸 홍차다. 흑해 연안은 세계적인 홍차 산지로 양질의 홍차가 많이 생산된다. 튀르키예 사람들에게는 차이를 마시지 않으면 하루 일과가 시작되지 않을 정도로 중요하며 낮에도 여러 잔 마신다. 장사하는 집이라면 손님들에게 접대용 차이를 대접하는 것이 일상화되어 있어 구경을 하다 보면 쉽게 공짜로 얻어

Travel Plus+ 튀르키예에서 차이의 위력

튀르키예인들의 일상생활에서 빼놓을 수 없는 것이 바로 차이 Çay입니다. 차이와 함께 하루 일과를 시작하는 것은 물론 식사 후, 오전, 오후, 밤 할 것 없이 시도 때도 없이 마시죠. 성인 남성, 가정주부, 어린이, 노인 할 것 없이 전 국민이 즐기는 음료랍니다. 차이 맛은 전국 어디나 비슷하지만 끓이는 시간과 차의 품질에 따라 조금씩 차이가 납니다. 차이를 파는 찻집은 도시나 농촌 어느 곳에서나 쉽게 찾아볼 수 있으며 보통 '차이 에비 Çay Evi'나 '차이 바흐체시 Çay Bahçesi'라는 간판을 걸고 있습니다. 찻집은 주로 남성들의 공간으로 약속장소로 활용되며 의견을 교환하고 게임을 즐기는 등 일종의 남성 회관이라고 보면 됩니다. 음주를 하지 않는 이슬람의 관습상 이러한 찻집은 주점의 사회적 기능을 대신하면서 개인적인 결정이 이루어지는 중요한 공간이지요. 또한 동양적인 정서가 지배적인 튀르키예에서는 차이를 한 잔만 마시는 것은 정이 없다고 여겨 2~3잔씩 마시는 것이 상례입니다. 일부 지방에서는 손님에게 차이를 대접했을 때 차이를 마시지 않는 것은 인사를 받지 않는 것으로 간주되기도 한답니다.

인도로부터 차이가 유입된 이래 마시기 시작했는데 지금은 차 재배에 적합한 흑해 연안이 대표적인 산지로 각광받고 있지요. 동부 흑해의 리제 Rize에는 국립 차이 연구소가 있습니다.

시골의 차이 집

마실 수 있다. 특히 사람들의 정이 많은 동부와 남동부 지방을 여행하다 보면 하루에도 여러 잔 얻어마시게 된다. 필자의 경우 하루에 무려 16잔을 마신 적도 있다.

튀르키예의 국민음료 차이

여성들은 집안일을 마치고 난 후인 오후에 이웃집 부인을 초대해 차이를 마시며 담소를 나누고, 직장여성이나 밭에서 일하는 여성들은 일터에서 수시로 마신다. 이렇게 전 국민적인 음료다 보니 가격도 저렴해 길거리 찻집에서는 한 잔에 3~5TL 정도면 된다.

아이란 Ayran

아이란

유목민 전통을 잘 보여주는 음료로 요구르트에 해당하는 우유 가공품이다. 한국에서 볼 수 있는 떠먹는 요구르트처럼 걸쭉한 형태인데 단맛은 없고 짠맛이 나는 것이 특징. 튀르키예의 시골에서는 손님들에게 차이를 대접하기도 하지만 여름철에는 직접 만든 아이란을 시원하게 해서 내기도 한다. 워낙 일상적인 음료라 식당이나 마트에서 쉽게 살 수 있으며 케밥 샌드위치와 세트로 팔기도 한다. 짠맛 때문에 처음에는 입맛에 맞지 않을 수도 있지만 한 번 맛을 들이면 쉽게 헤어날 수 없는 묘한 중독성이 있다. 더위를 이기는 데도 좋고 유산균 발효라 장에도 특효약이다.

커피 Coffee

차이와 함께 가장 대중적인 음료다. 튀르키예의 커피는 크게 두 종류로 네스카흐베 Neskahve와 튀르크 카흐베 Türk Kahve가 있다. 이 중 터키시 커피 Turkish Coffee로 불리는 튀르크 카흐베는 일반 커피잔보다 훨씬 작은 잔에 진하게 우려낸 커피를 담아 마신다. 끓일 때 아예 설탕을 넣어서 끓이기 때문에 주문할 경우 설탕을 어느 정도 넣을지 결정해야 한다. 설탕을 넣지 않은 것은 사데 Sade, 적당히 넣은 것을 오르타 Orta, 많이 넣은 것을 촉 쉐케를리 Çok Şekerli라고 한다. 커피를 다 마신 후에는 바닥에 남은 찌꺼기를 이용해 점을 치는 사람들이 많은데 커피잔을 뒤집어 놓고 잔 안쪽으로 흐르는 가루를 보고 길흉을 점친다. 튀르키예 커피는 전량 수입에 의존한다.

터키시 커피

샬감 Şalgam

샬감

당근에 소금과 향료, 순무즙을 넣은 후 일정 기간 숙성시킨 전통 음료. 짭쪼름하고 시큼한 맛이 나며 더운 여름에 갈증 해소에 좋다. 컵에 따른 후 절인 당근 조각을 함께 넣어주는데 음료를 마시며 당근도 우적우적 씹어먹는다. 남동 아나톨리아에서 즐겨 마신다.

주스 Juice

공장에서 생산되는 종이팩에 든 것과 직접 짜서 만든 생과일 주스가 있다. 팩에 든 것으로는 체리 Bişne Suyu와 복숭아 주스 Şeftaliye Suyu가 가장 일반적인데 주스의 당도가 떨어지는데다 신맛이 강해 한국인 입맛에는 잘 맞지 않는다. 좀더 신선한 주스를 원한다면 직접 짜서 만드는 오렌지 주스를 사자. 도심지 길을 다니다보면 오렌지를 짜서 플라스틱 병에 담아 파는 주스 가게를 심심찮게 볼 수 있는데 첨가물이 섞이지 않은 100% 원액이라 믿고 마실 수 있다. 단, 원료로 사용하는 오렌지가 단맛이 별로 없기 때문에 주스도 신맛이 강하다는 점을 알아두자. 가격은 대체로 0.5리터 한 병에 10TL 정도. 여름철 지중해, 에게해 등 관광지에서 쉽게 볼 수 있다.

살렙 Salep

야생 난의 뿌리를 갈아 넣은 우유를 끓인 것으로 뜨겁게 마신다. 겨울철 감기 예방에도 좋다.

08 튀르키예의 술

이슬람의 율법이 음주를 금지 사항으로 여기고 있으나 튀르키예인들은 음주에 관한 한 다른 이슬람 국가들과는 달리 융통성이 있다. 주류 판매 허가증을 발급받은 레스토랑이나 슈퍼마켓에서 구할 수 있어 술을 좋아하는 한국 여행자들에게는 다행스러운 일이다. 서구화가 진행됨에 따라 이스탄불, 앙카라 등 대도시에서는 주점이 나날이 늘어나는 추세이지만 아직도 보수적인 시골에서는 술을 구하는 것이 쉽지 않다.

맥주

튀르키예어로 '비라 Bira'라고 하며 가장 대중적인 알코올 음료다. 이스탄불을 비롯해 대도시와 관광지에서는 어디나 맥주를 구할 수 있으며 특히 외국인 여행자가 많이 찾는 식당이나 슈퍼마켓은 맥주를 항상 구비해 놓고 있다. 튀르키예 맥주의 대표는 에페스 Efes로 캔과 병 제품으로 나온다. 용량 50ml에 알코올 도수 5% 제품이 일반적이나 8%에 달하는 맥주도 있다. 맥주 맛은 부드러운 편이라 한국인의 입맛에도 잘 맞는다.

라크 Rakı

포도를 주원료로 만든 무색투명의 증류주로 알코올 도수 45%에 달하는 강한 술이다. 열매향이 첨가되어 있어 독특하고 달콤한 맛을 낸다. 일반적으로 스트레이트로 마시기보다는 물에 희석해서 차게 마시는데 물에 타면 우유같은 뿌연 색으로 변하기 때문에 아슬란 스투('사자의 젖'이라는 뜻)라는 별칭으로 불리기도 한다. 위스키와 비교해 볼 때 마시기는 편하지만 술기운이 늦게 퍼지니 과도하게 마시지 않는 것이 좋다. 튀르키예인들은 유제품인 요구르트나 멜론을 안주로 함께 먹으며 속을 보호한다. 가장 대표적인 상표는 예니 라크 Yeni Rakı이며 테키르다으 Tekirdağ 라크도 유명하다. 참고로 라크는 튀르키예 정부의 전매품이다. 술을 좋아하는 한국인의 특성을 고려할 때 귀국 선물용으로도 괜찮다.

와인(샤랍 Şarap)

아나톨리아 고원을 비롯한 튀르키예는 포도를 재배하기에 적당한 조건이라 예로부터 와인이 발달했다. 세계적인 품질이라고까지 할 수는 없지만 맛과 향이 괜찮은데다 가격도 저렴한 편이라 부담없이 즐기기에 좋다. 대표적인 와인 산지로는 앙카라, 카파도키아, 에게해의 보즈자 섬 등이 있다. 레드와인은 크르므즈 Kırmızı, 화이트와인은 베야즈 Beyaz라고 한다. 대표적인 와인으로는 야쿠트 Yakut, 디크멘 Dikmen, 앙고라 Angora, 돌루자 Doluca, 카박 Kavak 등이 있으며 가격은 한 병에 100~150TL 정도다.

튀르키예에서 술 조심!

튀르키예는 국민의 절대 다수가 무슬림이지만 다른 이슬람 국가들과는 달리 술에 관대한 편입니다. 이는 유목민의 전통에서 유래한 것으로 중앙아시아에서 유목생활을 하던 시절 추위를 이기기 위해 동물의 젖을 이용한 술을 만들어 마셨답니다. 후일 이슬람교를 받아들이면서 문화 전반이 이슬람식으로 재편되었지만 전통이 하루아침에 무너질 수는 없는 법. 오늘날 이스탄불을 비롯한 대도시와 관광지에서는 쉽게 술을 마실 수 있지만 상대적으로 종교성이 강하고 보수적인 동부, 남동부 지방은 술집이나 카페가 없고 알코올 음료를 팔지 않는 상점도 많습니다. 누구나 자유롭게 술을 마실 수는 있지만 공공장소에서 술을 보이는 행위는 금기시되고 있으며 한국과 달리 술에 취해 비틀거리는 사람을 보기란 쉽지 않습니다. 또한 이슬람 단체가 금주운동을 지속적으로 벌이고 있어 사회적으로 술이 관대히 용인되지는 않습니다. 사정이 이러니 폭음을 하고 돌아다니는 행동은 삼가도록 합시다.

09 편리한 여행을 위한 생존 튀르키예어

해외여행을 갔으니 한국어가 통하지 않는 것은 당연한 일. 튀르키예는 대도시 관광지를 제외하고는 영어가 그다지 잘 통하는 편은 아니다. 특히 동부, 남동 아나톨리아 지역은 영어가 거의 안 통한다고 보면 된다. 남동부 지방을 여행할 계획이라면 몇 가지 튀르키예어를 외워두는 것이 좋다. 물론 바디 랭귀지를 쓰면 기본적인 의사소통이야 가능하지만 이만저만 불편한 것이 아니다. 한국인은 형제라는 의식이 있기 때문에 튀르키예어를 몇 마디 구사하면 여행이 편리해지는 것은 물론 튀르키예인의 환한 웃음도 덤으로 얻을 수 있다.

튀르키예어는 어떤 언어일까?

튀르키예어는 형태와 음성학적 특성상 몽골어, 한국어와 함께 알타이어족에 속하는 것으로 학계에서는 보고 있다. 즉 몽골계, 퉁구스계 언어들과 친족적 공통성을 가진다는 것. 고유의 문자가 없었던 튀르키예어는 위구르어와 아랍문자로 표기되기도 했는데 특히 튀르키예가 이슬람을 받아들인 뒤에는 아랍문자를 차용해 약 10세기 이상 사용했다. 1923년 튀르키예 공화국 탄생 이후 아타튀르크 중심의 민족주의 개혁파에 의한 문자개혁 단행(1928년)으로 현재의 튀르키예 문자가 출현했다. 이전의 아랍문자와는 비교가 안 될 만큼 쉬운 로마자의 차용으로 문맹률이 현저하게 감소해 국민들의 문자생활에 커다란 혁신을 이루었다는 평가다.

튀르키예어를 읽어보자

로마자를 차용한데다 발음도 동일하므로 영어를 읽을 줄 아는 사람이라면 튀르키예어도 무리없이 읽을 수 있다. 단, 영어와 형태가 약간 다르거나 발음이 독특한 자음도 있다.

튀르키예어 발음하기

표기	발음	예
C, c	우리말의 'ㅈ' 발음	Cumartesi 주마르테시(토요일)
Ç, ç	우리말의 'ㅊ' 발음	Çayhane 차이하네(찻집)
Ş, ş	우리말의 '쉬' 발음	Şeker 쉐케르(설탕)
Ö, ö	우리말의 'ㅚ' 발음	Dört 되르트(숫자 4)
Ü, ü	우리말의 'ㅟ' 혹은 'ㅠ' 발음	Bugün 부귄 혹은 부균(오늘)
I, ı	우리말의 'ㅡ' 발음	Kırk 크르크(숫자 40)
İ, i	우리말의 'ㅣ' 발음	İstanbul 이스탄불
Ğ, ğ	발음이 없고 앞 단어를 길게 소리 내 준다.	Dağı 다으(산)

인사할 때

안녕하세요에 해당하는 '메르하바 Merhaba'라는 말을 일반적으로 많이 쓰지만 튀르키예는 아침, 점심, 저녁 인사말이 따로 있다. 외국인이 정확한 표현을 하면 놀랍다는 표정으로 쳐다보는 튀르키예인들이 많으며 때로는 인사말 한마디가 튀르키예인과 친해지는 열쇠가 된다. 헤어질 때도 같은 표현을 쓴다.

기본 인사말

안녕하세요? (아무때나) Merhaba 메르하바
안녕하세요? (아침) Günaydın 귀나이든
안녕하세요? (점심) İyi günrer 이이 균레르
안녕하세요? (저녁) İyi akşamlar 이이 악샴라르
안녕히 주무세요. İyi geceler 이이 게젤레르
고맙습니다. Teşekkür ederim 테쉐퀴르 에데림
어떻게 지내세요? (존대말) Nasılsınız 나슬스느즈?
어떻게 지내? (반말) Nasılsın 나슬슨?
잘 지내요, 감사합니다. İyiyim, Teşekkür ederim 이임, 테쉐퀴르 에데림
당신은 어떠세요? Siz Nasılsınız? 시즈 나슬스느즈?
넌 어때? Sen Nasılsın 센 나슬슨?
저도 잘 지내요, 감사합니다. Ben de iyiyim, Teşekkür ederim 벤 데 이임, 테쉐퀴르 에데림
안녕히 가세요 Güle güle 귈레 귈레
안녕히 계세요. Hoşçakalın 호쉬차칼른
다음에 또 만나요. Görü şürüz 괴뤼쉬뤼즈

잘 오셨습니다. Hoşgeldiniz 호쉬겔디니즈
저희 왔습니다. Hoşbulduk 호쉬불둑
미안합니다. Affedersiniz 아페데르시니즈
괜찮습니다. Estağfurullah 에스타으푸룰라
건강을 기원합니다. (식사할 때) Afiyet Olsun 아피엣 올순
잘 먹었습니다. Elinize sağlık 엘리니제 사을륵
당신의 이름이 무엇입니까? Adınızne? 아드느즈네?
제 이름은 김입니다. Benim Adım Kim 베님 아듬 김
저는 한국에서 왔습니다. Ben Kore'den geliyorum 벤 코레덴 겔리요룸
저는 남한 사람입니다. Ben Güney Koreliyim 벤 규네이 코렐리임
저는 학생입니다. Ben Öğrenciyim 벤 외렌지임
네/ 아니오 Evet/ Hayır 에벳, 하이으르
오케이 Tamam 타맘
없다(아니다) Yok 욕

물건을 살 때

세계 어디나 물건 살 때는 흥정이 붙기 마련이다. 튀르키예는 대부분 정찰제로 판매하고 있으며 길거리의 과일 리어커조차 가격을 표시해 놓았다. 그러나 세상에 에누리 없는 장사는 없는 법! 웃는 낯의 외국인이 튀르키예어 몇 마디 섞어가며 깎아달라고 조르면 사람 좋은 튀르키예 상인들의 마음이 약해진다. 영어가 통하지 않는 시골에서는 더욱 큰 빛을 발한다.

쇼핑할 때 자주 쓰는 말

뭘 찾고 계세요? Ne arıyorsunuz? 네 아르요르수누즈?
그냥 구경하고 있어요. Yalnızca bakıyorum 얄느자 바크요룸
입어볼 수 있습니까? Deneyebilir miyim? 데네예빌리르 미임?
1kg에 얼마입니까? Kilosu ne kadar? 킬로수 네 카다르?
좀 더 작은 게 있나요? Daha küçüğü var mı? 다하 큐츄위 바르 므?
이거 튀르키예제인가요? Bu türk malı mı? 부 튀르크 말르 므?
(가격이) 얼마에요? Ne kadar? 네 카다르?
너무 비싸요. Çok pahalı 촉 파할르
값을 좀 깎아주세요. Biraz İndirim yapın lütfen 비라즈 인디림 야픈 뤼트펜.
*줄여서 '인디림 뤼트펜 İndirim lütfen'이라고도 한다.
50리라에 합시다. Elli Lira Olsun 엘리 리라 올순
이 카드 사용할 수 있나요? Bu kartı kullanabilir miyim? 부 카르트 쿨라나빌리르 미임?

튀르키예 숫자

1 Bir 비르 2 İki 이키 3 Üç 위츠 4 Dört 되르트 5 Beş 베쉬 6 Altı 알트 7 Yedi 예디 8 Sekiz 세키즈 9 Dokuz 도쿠즈 10 On 온 1/2 Buçuk 부축 1.5 Birbuçuk 비르 부축 6.5 Altıbuçuk 알트 부축
20 Yirmi 이르미 30 Otuz 오투즈 40 Kırk 크르크 50 Elli 엘리 60 Altmış 알트므쉬 70 Yetmış 예트므쉬 80 Seksen 섹센 90 Doksan 독산 100 Yüz 유즈 500 Beşyüz 베쉬 유즈 1,000 Bin 빈 2,000 İkibin 이키빈 10,000 Onbin 온 빈 100,000 Yüzbin 유즈 빈 1,000,000 Birmilyon 비르 밀리온
10,000,000 Onmilyon 온 밀리온

숙소를 잡을 때

튀르키예의 숙소는 욕실이 딸려 있는 것이 보통이나 배낭여행자들이 즐겨 찾는 저렴한 숙소는 공동으로 사용하는 곳도 있다. 대부분 숙소 카운터에 규정 요금표를 붙여 놓아 바가지를 쓰는 일은 거의 없다. 3일 이상 머물 경우 미리 이야기하면 얼마간 할인해 주는 곳도 많으니 적극적으로 시도하자. 아침식사 포함 여부를 미리 확인하는 것도 중요하다.

숙소 잡을 때 자주 쓰는 말

빈 방 있습니까? Boş odanız var mı 보쉬 오다느즈 바르 므?
1박에 얼마입니까? Günlüğü ne kadar? 귄뤼위 네 카다르?
방을 볼 수 있을까요? Odaya bakabilir miyim? 오다야 바카빌리르 미임?
좀 더 큰 방이 있나요? Daha büyük oda var mı? 다하 뷔윅 오다 바르 므?
좀 더 싼 방은 없나요? Daha ucuz odanız yok mı? 다하 우즈즈 오다느즈 욕 므?

이 방으로 하겠습니다. Bu oda olsun 부 오다 올순
아침식사 포함인가요?
Kahvaltı dahil mı 카흐발트 다힐 므?
열쇠를 주세요. Anahtar veriniz 아나흐타르 베리니즈
더운물이 안 나옵니다.
Sıcak su akmıyor 스작 수 악므요르

숙소와 관계된 단어

호텔 Otel 오텔
펜션 Pansiyon 판시욘
프런트 Resepsiyon 레셉숀
방 Oda 오다
열쇠 Anahtar 아나흐타르
침대 Yatak 야탁
욕실 Banyo 반요
샤워 Duş 두쉬
더운물 Sıcak su 스작 수
찬물 Soğuk su 소욱 수
텔레비전 Televizyon 텔레비죤
난방 Kalolifer 칼로리페르
난로 Soba 소바
에어컨 Kilima 클리마
전구 Lamba 람바
담요 Battaniye 바타니예
시트 çarşaf 차르샤프

레스토랑에서

아무리 볼거리가 화려해도 금강산도 식후경인 법. 식당에서 쓰는 기본적인 표현을 익혀두자.

레스토랑에서 자주 쓰는 말

배가 고프다 Acıktım 아즉틈
튀르키예 요리를 먹고 싶어요 Türk Yemeği yemek istiyorum 튀르크 예메이 예멕 이스티요룸
좋은 식당을 알고 있나요? İyi lokanta biliyor musunuz? 이이 로칸타 빌리요르 무수누즈?
메뉴를 보여주세요 Menüyü görmek istiyorum 메뉘위 괴르멕 이스티요룸
저것과 같은 요리를 주세요 Onunla anyı yemekten istiyorum 오눈라 아니 예멕텐 이스티요룸
아침식사를 하고 싶습니다 Kahvaltı etmek istiyorum 카흐발트 에트멕 이스티요룸
차를 부탁합니다 Çay istiyorum 차이 이스티요룸
계산해 주세요 Hesap lütfen 헤삽 뤼트펜
매우 맛있었어요 Yemek çok güzeldi 예멕 촉 규젤디

음식과 관계된 단어

식사 Yemek 예멕
레스토랑 Lokanta 로칸타
빵 Ekmek 에크메
술집 Birahane 비라하네
아침식사 Kahvaltı 카흐발트
점심식사 Öğle yemeği 외을레 예메이
물 Su 수 소금 Tuz 투즈
설탕 Şeker 쉐케르 식초 Sirke 시르케
후추 Kara biber 카라 비베르
고추 Kımırzı biber 크므르즈 비베르
밥 Pilav 필라브 스프 Çorba 초르바
맥주 Bira 비라 포도주 Şarap 샤랍
달다 Tatlı 타틀르 짜다 Tuzlu 투즐루
접시 Tabak 타바크 절반 Yalım 야름

과일, 야채, 고기와 관계된 단어

사과 Elma 엘마 오렌지 Portakal 포르타칼
무화과 İncir 인지르 바나나 Muz 무즈
레몬 Limon 리몬 수박 Karpuz 카르푸즈
토마토 Domates 도마테스 가지 Patlıcan 파틀르잔
양파 Soğan 소안 오이 Salatalık 살라탈륵
옥수수 Mısır 므스르 당근 Habuç 하부취
감자 Patates 파타테스 닭고기 Tavuk 타북
양고기 Kuzu 쿠주 간 Ciğer 지에르
달걀 Yumurta 유무르타

길을 물을 때

...는 어디입니까? ...nerede? ...네레데?
화장실이 어디입니까?
Tuvalet nerede? 투발렛 네레데?
우체국은 어디입니까?
Postane nerede? 포스타네 네레데?
여기는 어디입니까? Burası neresi? 부라스 네레시?
여기서 걸어서 몇 분 걸리죠? Buradan yayan kaç dakika surer? 부라단 야얀 카츠 다키카 수레르?
입장료는 얼마입니까? Giriş fiyatı ne kadar? 기리쉬 피야트 네 카다르?

버스 터미널이 어디입니까?
Otogar nerede? 오토가르 네레데?
이 버스는 몇 시에 떠납니까?
Bu otobüs ne zaman kalkacak?
부 오토뷔스 네 자만 칼카자크?
이 버스는 몇 시에 도착합니까?
Bu otobüs ne zaman varır? 부 오토뷔스 네 자만 바르르?
이 버스 괴레메에서 멈춥니까?
Bu otobüs Göremeda durur mu?
부 오토뷔스 괴레메다 두루르 무?
여행 시간이 얼마나 걸립니까?
Yolculuk ne kadar sürer? 욜주룩 네 카다르 쉬레르?
어느 플랫폼에서 출발합니까?
Hangi perondan kalkar? 항기 페론단 칼카르?
(아마시아)에서 내리고 싶습니다.
(Amasya de) inmek istiyorum (아마시아 데) 인메크 이스티요룸
세르비스가 있습니까?
Serbis var mu? 세르비스 바르 무?

방향, 교통과 관계된 단어
오른쪽 Sağ 사으 왼쪽 Sol 솔
앞 Ön 왼 뒤쪽 Arka 아르카
동 Doğu 도우 서 Batı 바트
남 Güney 귀네이 북 Kuzey 쿠제이
터미널 Otogar 오토가르 표 Bilet 빌렛
승강장 Peron 페론 역 İstasyon 이스타숀
선착장 İskele 이스켈레
공항 Havaalanı 하바알라느

그 밖의 단어

시기와 관계된 단어
어제 Dün 뒨
오늘 Bugün 부귄
내일 Yalın 야른
이번주 Bu hafta 부 하프타
다음주 Gelecek hafta 겔레젝 하프타
아침 Sabah 사바
정오 Öğle 외을레
오후 Gündüz 귄뒤즈
저녁 Akşam 악샴
밤 Gece 게제

요일, 월
월요일 Pazartesi 파자르테시
화요일 Salı 살르
수요일 Çarşamba 차르샴바
목요일 Perşembe 페르쉠베
금요일 Cuma 주마
토요일 Cumartesi 주마르테시
일요일 Pazar 파자르
1월 Ocak 오작 2월 Şubat 슈밧
3월 Mart 마르트 4월 Nisan 니산
5월 Mayıs 마으스 6월 Haziran 하지란
7월 Temmuz 템무즈 8월 Ağustos 아우스토스
9월 Eylül 에이륄 10월 Ekim 에킴
11월 Kasım 카슴 12월 Aralık 아라륵

병원, 신체와 관계된 단어
병원 Hastane 하스타네 의사 Doktor 독토르
통증 Acı 아즈 열 Ateş 아테쉬
설사 İshar 이스하르 기침 Öksürük 외크쉬뤼크
약 İlaç 일라츠 약국 Eczane 에즈자네
머리 Baş 바쉬 눈 Göz 괴즈
코 Burun 부룬 귀 Kulak 쿠라크
입 Ağız 아으즈 손 El 엘 발 Ayak 아야크

그 밖에 알아두면 좋은 단어
좋다 İyi 이이 멋있다(훌륭하다) Güzel 규젤
매우 훌륭하다 Çok güzel 촉 규젤
나쁘다 Kötü 쾨튀
덥다(뜨겁다) Sıcak 스작 춥다(차갑다) Soğuk 소욱
크다 Büyük 뷔윅 작다 Küçük 퀴췩
가볍다 Hafif 하피프 무겁다 Ağır 아으르
싸다 Ucuz 우주즈 비싸다 Pahalı 파할르
개점 Açık 아측 폐점 Kapalı 카팔르
화장실 Tuvalet 투왈렛 입구 Giriş 기리쉬
출구 Çıkış 츠크쉬 주의 Dikkat 디캇
비상구 İmdat çıkış 임다트 츠크쉬

10 사건 · 사고 대처 요령

여행과 사건·사고는 불가분의 관계. 누구나 무사한 여행을 기원하지만 뜻대로 되지 않는 것이 인생이다. 현지에서 사고가 발생하면 당황하지 말고 침착하게 대처해 즐거운 여행을 망치지 않도록 요령을 알아두는 것이 중요하다. 사고 유형별 대처법을 알아본다.

몸이 아플 때

여행 중 최고의 건강관리 비결은 무리하지 않는 것. 잘 먹고 잘 자고 편안한 마음을 유지하는 길이 최선이지만 짧은 일정에 귀한 시간을 투자한 걸 생각하면 본전 생각이 나서 무리하게 마련이다. 튀르키예에도 약국은 어디에나 있으니 몸이 아플 경우 주저없이 약국을 찾자. 튀르키예어로 약국은 '에즈자네 Eczane'라고 한다. 교통사고가 났거나 약으로 해결되지 않는 큰 병은 바로 병원으로 직행하자.

트라브존 시내의 약국

도난당했을 때

다른 국가에 비해 튀르키예는 비교적 안전한 곳이지만 낯선 이방인의 주머니를 노리는 악당들은 어디에나 있는 법. 숙소를 나서기 전 필요한 만큼의 돈을 지갑에 꺼내놓고 길거리에서 복대를 여는 일이 없도록 하자. 아울러 사람들이 많이 몰리는 시장이나 유적지에서는 작은 배낭을 앞으로 메고 복대가 잘 있는지 수시로 확인하는 버릇을 들이자. 도미토리에 투숙한다면 소지품 관리에 더욱 신경써야 한다.

1. 여권 분실

여권을 분실했을 경우에는 가까운 경찰서에 가서 분실했다는 경찰확인서 Police Report를 받은 후 앙카라의 한국 대사관이나 이스탄불의 총영사관을 찾아가 여행증명서를 발급받아야 한다. 이때 여권 사본이 있으면 일처리가 훨씬 빠르니 평소 여권과 여권 사본은 따로 보관하자.

한국대사관
KORE CUMHURİYETİ BÜYÜKEÇİLİĞİ
주소 Alaçam Sk. No. 5, Cinnah Caddesi, Çankaya, Ankara 06690, Turkey
전화 (0312)468-4821~3
비상연락처 +90-533-203-6535
홈페이지 http://overseas.mofa.go.kr/tr
이메일 turkey@mofat.go.kr
운영 월~금요일 09:00~12:30, 14:00~17:00
가는 방법 앙카라 시내에서 버스를 타고 '진나 자데시 Cinnah Caddesi'로 간 후 행인들에게 '알라참 소칵 Alaçam Sokak'을 물어보면 된다. 한국 대사관은 알라참 소칵에 있다.

앙카라에 있는 한국 대사관

이스탄불 총영사관

이스탄불 총영사관

주소 Askerocağı Cad. Süzer Plaza, No:6, Kat:4, 34367, Elmadağ/Şişli, İstanbul
전화 (0212)368-8368
비상연락처 +90-534-053-3849
홈페이지 www.overseas.mofa.go.kr
이메일 istanbul@mofa.go.kr
업무 월~금요일 09:00~12:00, 14:00~17:00
가는 방법 리츠칼튼 호텔 옆에 있는 쉬제르 플라자 Süzer Plaza 4층. 호텔 쪽 입구가 아니라 보루산 오토 Borusan Oto 쪽 입구에서 내릴 것. 술탄아흐메트에서 택시로 20분. 탁심에서 도보 10분.

■ 여행자 관련 업무

여권 분실

1. 여행증명서-한국으로 바로 귀국하는 경우에 해당. 유효기간 1개월.
2. 단수여권-다른 나라로 계속 여행하는 경우에 해당. 유효기간 1년.

구비서류(여행증명서, 단수여권 공통)
여권을 분실한 지역의 경찰 확인서(폴리스 레포트), 여권용 사진 2매, 사진이 부착된 신분증, 신청서
수수료 여행증명서 US$7, 단수여권 US$53
소요기간 당일 발급

비자레터

인도, 중국, 파키스탄 등의 국가는 한국 대사관의 레터가 있어야 비자를 발급해 준다. 방문하고자 하는 국가의 대사관(영사관)에 비자레터 여부를 미리 문의할 것.
구비서류 여권, 신청서, 수수료 US$2(즉시 발급)

여행자 송금업무
해외 신속 송금제도를 이용해 한국에서 송금을 받을 수 있다.

2. 현금의 도난·분실

현금은 어떤 경우라도 보상받을 수 없다. 여행 중 돈을 잃어버렸다면 머니그램 Moneygram이나 웨스턴 유니언 Western Union 같은 국제 송금서비스를 이용하거나 국제현금카드를 소지한 여행자에게 해당계좌로 돈을 송금 받은 후 인출하는 방법이 있다. 국제 송금서비스는 편리한 만큼 높은 수수료가 붙으며 후자의 경우도 카드 주인에게 밥 한 끼 사는 것이 예의다.

3. 신용카드의 도난·분실

신용카드를 분실했을 경우에는 단순히 분실 신고만 해서는 부정사용을 막을 수 없다. 한국의 해당 카드사에 연락해서 사용 정지시키는 것만이 유일한 해결책이다.

■ 신용카드 분실 연락처 (튀르키예에서 전화할 때)

- 국민카드 0082-2-6300-7300
- 비씨카드 0082-2-330-5701
- 삼성카드 0082-2-2000-8100
- 현대카드 0082-2-3015-9200
- 롯데카드 0082-2-1588-8300
- 하나카드 0082-2-3489-1000
- 신한카드 0082-1544-7000
- 씨티카드 0082-2-2004-1004

4. 귀중품 도난

여행자 보험에 가입했다면 귀국 후 물품에 대한 보상을 받을 수 있다. 물건을 잃어버린 경우 관할 경찰서에 가서 잃어버린 경위를 자세히 설명하고 경찰서의 직인이 찍힌 경찰확인서 Police Report를 받아야 한다. 잃어버릴 당시의 상황은 물론 없어진 물건의 구체적인 브랜드, 모델명까지 기록하는 게 좋다. 이때 중요한 것은 도난(Stolen)인지 분실(lost)인지 명확히 명시해야 한다는 것. 대부분의 보험회사에서 본인 과실로 잃어버린 분실 사고에 관해서는 보험금을 지급하지 않는다.

이스탄불 술탄아흐메트 지역의 관광경찰서

튀르키예의 중심

이스탄불 İstanbul

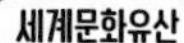

동서양의 찬란한 문화가 꽃핀 영원한 수도

Istanbul 이스탄불

아시아와 유럽의 경계에 자리한 튀르키예 제1의 도시. 세계에서 유일하게 두 대륙에 걸쳐 있는 도시로 예로부터 유럽과 아시아의 가교 역할을 해왔다. 이 때문에 이스탄불의 역사, 사람, 문화, 풍속은 골고루 섞여 있어 한마디로 정의 내린다는 것 자체가 불가능하다. 고대와 현대, 기독교와 이슬람, 동양과 서양의 만남이 자연스럽게 이루어지는 도시 곳곳에는 화려했던 지난날의 흔적인 성당과 자미가 세월의 이정표처럼 솟아 있다. 구시가지의 고색창연한 유적지 사이를 누비다 길거리 카페에서 차 한잔의 여유를 즐길 때쯤 테이블 위로 이슬람의 기도소리가 내려앉고 아시아와 유럽 대륙을 바삐 오가는 기선의 경적소리는 여행자의 마음을 설레게 한다. 그런가 하면 이스티클랄 거리로 대표되는 신시가지에서 만나는 서구적 세련됨은 이스탄불이 과거에만 매달려 있는 도시가 아니라는 것을 말해준다. 제1차 세계대전 이후 튀르키예 공화국의 수도는 앙카라로 옮겨갔지만 이스탄불은 여전히 사회, 경제, 문화의 중심지로서 부동의 위치를 굳건히 지키고 있다. 동서 문화의 융합장과 세계의 수도였던 이스탄불의 매력에 빠져보자.

인구 1300만 명 **해발고도** 30m

Information

긴급 전화번호

경찰 긴급전화 155 화재 신고 110

전화번호 안내 11811 구급차 112

병원 문의 184 잔다르마(군 경찰) 156

관광 경찰서 (0212)527-4503

가는 방법 예레바탄 지하 저수지 입구 맞은편에 있다. 아야소피아 성당에서 도보 1분.

관광안내소

국제도시라는 명성에 걸맞게 시내 곳곳에 관광안내소가 있다. 여행자들의 이용빈도가 가장 높은 곳은 술탄아흐메트의 관광안내소이며 아타튀르크 공항, 시르케지 역, 탁심 광장에도 있다. 이스탄불 시내지도와 튀르키예 전도, 각종 관광자료를 비치하고 있으며 직원들도 친절한 편이다.

술탄아흐메트의 관광안내소 Map 부록-C5

전화 (0212)518-8754

홈페이지 www.turizm.gov.tr

운영 매일 09:30~18:00

가는 방법 트램 술탄아흐메트 역에서 도보 1분.

환전

비행기로 이스탄불에 도착한 경우 공항 내 은행에서 쉽게 환전할 수 있다. 튀르키예은행을 비롯한 대부분의 은행 ATM기가 있어 국제현금카드를 사용하는 데는 문제가 없다. 대표적 여행자구역인 술탄아흐메트를 비롯해 시내 곳곳에도 은행과 사설 환전소가 있어 편리하게 이용할 수 있다. 환율은 어느 곳이나 비슷한데 여행자들이 많이 이용하는 그랜드 바자르 부근의 사설 환전소가 조금 나은 편이다. US$100 이하 소액을 환전할 거라면 어느 곳에서 해도 마찬가지고 많은 금액은 그랜드 바자르 부근의 환전소를 찾아가자.

PTT Map 부록-B4

술탄아흐메트 구역에서 가장 가까운 PTT는 시르케지 역 부근에 있다. 이밖에 신시가지 탁심 광장을 비롯한 시내 곳곳에 PTT가 있어 편리하게 이용된다. 튀르키예의 PTT는 환전 업무를 겸하고 있이 우편 업무 외에도 여행자가 찾아갈 일이 있으므로 알아두자.

운영 월~금요일 09:00~17:00

의료서비스

튀르키예어로 병원은 '하스타네 Hastane'라고 한다. 여행 중 사고가 나거나 아프면 여행이 고행으로 바뀌기 마련. 미리미리 예방하는 것이 최선이지만 아플 경우에는 아래의 병원을 참고하자. 외국계 병원이라 가격이 높은 게 흠이지만 24시간 응급실을 운영할 정도로 성의를 다한다.

미국병원 American Hospital

주소 Nişantaşı, Güzelbahçe Sk. No.20

전화 (0212)311-2000, (0212)231-4050

홈페이지 www.amerikanhastanesi.org

가는 방법 술탄아흐메트에서 택시로 20분.

특기사항 치과 운영

독일병원 German Hospital Map 부록-C1

주소 Sıraselviler Cad. No.119, Beyoğlu

전화 (0212)293-2150

가는 방법 술탄아흐메트에서 택시로 15분.

특기사항 치과 및 안과 운영

오스트리아 성 조지 병원

Austria St. George Hospital

주소 Bereketzade Medresesi Sk. No.7, Karaköy

전화 (0212)292-6220

가는 방법 술탄아흐메트에서 택시로 10분.

이스탄불 대학교 차파 병원 İstanbul Üniversite Çapa Hastane

주소 Milliyet Cad. Çapa, Istanbul

전화 (0212)588-4800, 414-2200

가는 방법 트램 차파 Çapa 역 바로 오른쪽 길 건너면 안쪽에 있다.

특기사항 내과, 안과, 소아과, 24시간 응급실을 갖

춘 종합병원. 진료비가 저렴해서 현지인들이 많이 이용한다. 영어가 잘 안 통한다는 것이 단점.

이스탄불 총영사관

튀르키예의 한국 대사관은 수도인 앙카라에 있다. 이스탄불의 영사관에서도 여권 및 여행증명서를 발급해 주기 때문에 문제가 발생할 경우 도움을 요청할 수 있다.

주소 Askerocağı Cad. Süzer Plaza, No:6, Kat:4, 34367, Elmadağ/Şişli, İstanbul
전화 (0212)368-8368
비상연락처 +90-534-053-3849
홈페이지 www.overseas.mofa.go.kr
이메일 istanbul@mofa.go.kr
업무 월~금요일 09:00~12:00, 14:00~17:00
가는 방법 리츠칼튼 호텔 옆에 있는 쉬제르 플라자 Süzer Plaza 4층. 호텔 쪽 입구가 아니라 보루산 오토 Borusan Oto 쪽 입구에서 내릴 것. 술탄아흐메트에서 택시로 20분. 탁심에서 도보 10분.

여행자 관련 업무

여권 분실

1. 여행증명서-한국으로 바로 귀국하는 경우에 해당. 유효기간 1개월
2. 단수여권-다른 나라로 계속 여행하는 경우에 해당. 유효기간 1년

구비서류(여행증명서, 단수여권 공통) 여권을 분실한 지역의 경찰 확인서(폴리스 레포트), 여권용 사진 2매, 사진이 부착된 신분증, 신청서
수수료 여행증명서 US$7, 단수여권 US$53
소요기간 당일 발급

비자레터

인도, 중국, 파키스탄 등의 국가는 한국 대사관의 레터가 있어야 비자를 발급해 준다. 방문하고자 하는 국가의 대사관(영사관)에 비자레터 여부를 미리 문의할 것.
구비서류 여권, 신청서, 수수료 US$2(즉시 발급)

총영사관 건물 입구(출처: 이스탄불 영사관 홈페이지)

여행자 송금업무

해외 신속 송금제도를 이용해 한국에서 송금을 받을 수 있다.

도시 방향 익히기

이스탄불은 크게 보스포루스 해협을 중심으로 유럽 지역과 아시아 지역으로 나뉘고, 유럽 지역은 다시 골든혼을 기준으로 구시가지와 신시가지로 나뉜다. 여행자에게 가장 중요한 곳은 단연 구시가지. 구시가지의 중심인 술탄아흐메트 지역에 아야소피아 성당, 술탄 아흐메트 1세 자미, 톱카프 궁전 등 이스탄불의 핵심 볼거리와 여행자 숙소가 몰려있기 때문이다. 상업지구인 신시가지는 이스탄불 최대의 번화가인 이스티클랄 거리와 탁심 광장이 자리하고 있고, 보스포루스 해협 동쪽의 아시아 지역은 오랜 역사를 자랑하는 주거지역이다.

역사

이스탄불은 로마, 비잔틴 제국, 오스만 제국을 통틀어 모두 122명의 통치자가 지배했던 도시로 그 기간은 무려 1600년. 이스탄불에 최초로 사람이 정착한 것은 기원전 1000년경으로 당시에는 리고스 Lygos라는 이름으로 불렸다. 기원전 7세기 '눈먼 자들의 반대편에 도시를 건설하라'는 델피의 신탁을 받은 비자스라는 그리스인이 지금의 톱카프 궁전 자리에 도시를 건설하고 비잔티움이라 명명했다. 천연항구인 골든혼의 중요성을 간파하지 못했던 당시 아시아 지역에 살던 칼케돈인을 눈뜬 장님으로 해석한 것. 비교적 이른 시기부터 이스탄불이 주목받았던 이유는 삼면이 바다로 둘러싸여 있고 언덕이 있어 성만 세우면 방어하기 좋은 지리적 조건과 흑해, 지중해를 잇는 해상교통의 요충지로 세금을 받을 수 있었기 때문이다.
이후 페르시아와 아테네, 스파르타의 차례로 주인이 바뀌다가 196년 로마의 셉티무스 세베루스 황제 때 로마의 영토로 편입되었다. 번영을 구가하던 로마의 콘스탄티누스 대제는 330년 수도를 비잔티움으로 옮기고 도시 이름도 콘스탄티노플로

바꾸었다. 대제국의 수도로서 본격적인 발전의 발판을 마련한 셈.

395년 로마는 둘로 나뉘어 서로마 제국은 5세기에 멸망하지만 콘스탄티노플을 수도로 하는 동로마 제국(비잔틴 제국)은 이후 1000년간 번성했다. 5세기 초에 6km에 이르는 테오도시우스 성벽의 재건축으로 도시가 더욱 넓어졌으며 6세기 유스티니아누스 황제 때 황금기를 맞이했다. 그 유명한 아야소피아 성당이 건축된 것도 이 시기다.

그러나 빛이 있으면 그림자도 있는 법. 1204년 제4차 십자군 원정 때 수많은 수도원과 교회가 불타고 암흑기로 접어들었다. 좀처럼 다시 일어서기 힘들 것 같았지만 이스탄불의 재기는 의외로 빨랐다. 1453년 아나톨리아의 신흥강자로 떠오른 오스만 왕조의 술탄 메흐메트 2세가 콘스탄티노플을 장악하고 도시 이름도 이슬람교가 번성하라는 뜻의 '이스탄불'로 바꾸었다. 오스만 제국의 지배 아래 이스탄불은 빠르게 이슬람식으로 재편되었다. 성당은 자미로 바뀌었고 코란 경전 소리와 미나레가 온 하늘을 뒤덮었던 것. 이후 아시아와 아프리카, 유럽까지 장악한 오스만 제국의 번영과 함께 이스탄불은 명실상부한 동서양의 접점이자 세계 최대의 도시로 발돋움했다. 이 시기에 세워진 톱카프 궁전의 규모와 화려함에서 이스탄불의 영광을 짐작할 수 있다.

제1차 세계대전 이후 무스타파 케말 장군을 중심으로 한 대국민회의는 1923년 10월 13일 앙카라를 수도로 하는 헌법 개정안을 채택했다. 이로써 수도였던 이스탄불의 시대는 막을 내리게 되는데, 수도만 앙카라로 이전되었을 뿐 이스탄불은 사회, 문화, 경제 모든 면에서 여전히 일인자의 지위를 굳건히 지키고 있다.

예니 자미

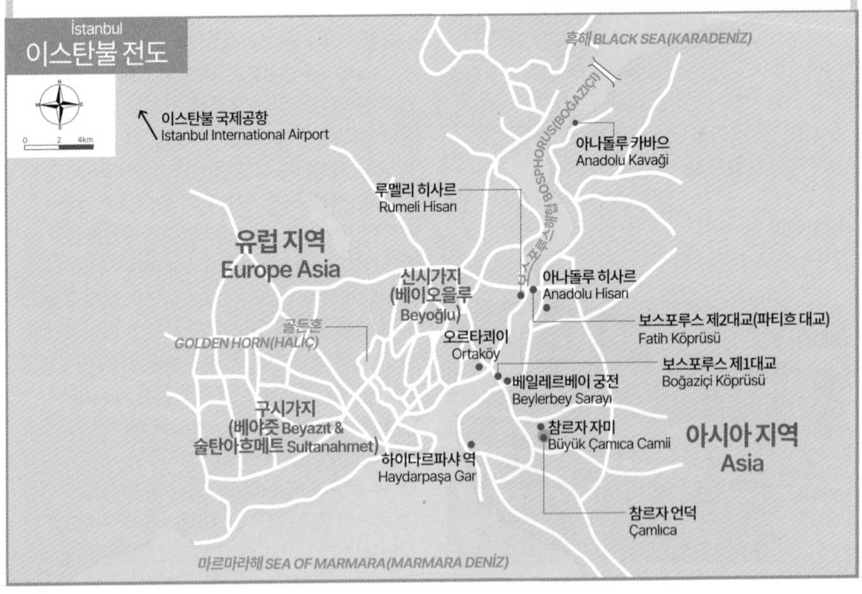

이스탄불 가는 법

튀르키예 여행의 첫 도시로 사랑을 받는 이스탄불은 두 대륙의 접점이라는 명성답게 비행기와 기차, 버스 등 교통수단이 잘 발달되어 있다. 국내 도시는 물론 세계 주요 도시와도 항공 연결이 원활하다. 운항 편수도 많고 이동방법도 다양하기 때문에 언제든 편리하게 방문할 수 있다.

➡ 비행기

시내에서 북서쪽으로 약 50km 떨어져 있는 이스탄불 국제공항 Istanbul International Airport은 튀르키예로 들어오는 관문이자 세계에서 규모가 가장 큰 공항 중 하나다. 과거 아타튀르크 공항의 활주로가 포화상태에 이르러 2015년 착공해 2018년 10월 29일 개항했다. 튀르키예 정부가 세계 제일의 공항을 목표로 추진한 야심 찬 프로젝트답게 관광안내소, 환전소, 레스토랑 등 편의시설을 비롯해 무인 발권기 등 최첨단 시스템으로 산뜻하게 꾸몄다. 국제선과 국내선이 같은 청사를 사용하므로 환승도 편리하다.

한편 아시아 지역에 사비하 괵첸 Sabiha Gökçen 이라는 공항이 있다(SAW). 페가수스 항공 Pegasus Airlines, 선 익스프레스 Sun Express 등의 저가 항공기가 이착륙하는 곳으로 이스탄불 공항에 비해 이용빈도는 낮은 편이다. 시내까지 거리가 멀기 때문에 사비하 괵첸 공항을 이용할 사람은 시간 여유를 두고 움직여야 한다는 것을 기억하자(술탄아흐메트 지역까지 최소 1시간). 참고로 사비하 괵첸은 튀르키예 최초의 여성 조종사였던 아타튀르크 대통령의 수양딸 이름이다.

이스탄불 국제공항

이스탄불 국제공항(IST)
Istanbul International Airport
전화 +90 4441442
홈페이지 www.istairport.com

이스탄불에서 출발하는
주요 국내선 항공편

행선지	항공사	운행	소요시간
앙카라	THY, PGS	1일 30편 이상	1시간
안탈리아	THY, OHY, PGS, SUN	1일 20편	1시간 15분
이즈미르	THY, OHY, PGS	1일 20편 이상	1시간
카파도키아(카이세리)	THY, PGS	1일 6~7편	1시간 15분
말라티아	THY, OHY, PGS, SUN	1일 3~4편	1시간 40분
트라브존	THY, OHY, PGS	1일 10~15편	1시간 40분
반	THY, PGS, SUN	1일 2~3편	2시간
샨르우르파	THY, OHY	1일 1~2편	1시간 45분
파묵칼레(데니즐리)	THY	1일 1편	1시간 10분
보드룸	THY, PGS	1일 2~3편	1시간 10분

*항공사 코드 THY: Turkish Airlines, OHY: Onur Air, PGS: Pegasus Airlines, SUN: Sun Express
*운행 편수는 변동이 있을 수 있음.

이스탄불 소재

주요 항공사 연락처

항공사	주소	전화번호	홈페이지
대한 항공 Korean Air	EGS Business Park B-3 K5 N214 Yesilkoy, Istanbul	(0212)465-2650	www.koreanair.com
아시아나 항공	Mete Cad. Ovalar Apt. No:24/1, Taksim	(0212)334-2930	www.flyasiana.com
튀르키예 항공 Turkish Airlines	Cumhuriyet Cad., Gazi Dükkanları 7, Taksim	(0212)252-1106	www.thy.com/ko-KR
에미레이트 항공 Emirate Airline	Ynonu Cad. No:96 Devret Harı Gümüşsuyu, Taksim	(0212)293-5050	www.emirates.com/korea/kr
영국 항공 British Airways	Cumhuriyet Cad. No:15 Elmadağ	(0212)234-1300	www.britishairways.com
루프트한자 Lufthansa	Büyükdere Cad. Merkezi C Blok. Kat.5 Zincirlikuyu	(0212)315-3434, 315-3400	www.lufthansa.com
러시아 항공	Cumhuriyet Cad. No.141/D.1	(0212)296-6725~29	www.aeroflot.ru
카타르 항공	Cumhuriyet Cad. No.:1, Taksim	(0212)296-5888	www.qatarairways.com
오누르 에어 Onur Air	Atatürk Havalimanı B Kapısı Teknik Hangar Yanı 34149	Yeşilköy (0212)468-6687	www.onurair.com.tr
페가수스 항공 Pegasus Airlines	Aeropark Yenişehir Mah. Osmanlı Bul. No.11 34912	Kurtköy 0850-250-0737	콜 센터 www.flypgs.com

공항에서 시내로

공항에서 시내로 가는 방법은 크게 공항버스와 택시 두 가지가 있다. 일행이 많거나 튀르키예 여행 경험이 있어서 기본적인 지리를 알고 있다면 택시도 권할 만하지만 혼자이거나 튀르키예 여행 경험이 없다면 공항버스를 타는 것이 경제적이고 심적으로 더 편하다. 요금 결제 방법은 현금과 신용카드(VISA, MASTER) 등 두 가지다(이스탄불 카르트 결제 불가). 공항버스를 타기 전 승차장 주변의 자판기에서 이스탄불 카르트(시내 교통카드)를 미리 구입하면 좋다(p.77 참고). 이스탄불 관광을 할 거라면 어차피 교통카드를 사야 하므로 공항에서 이스탄불 카르트를 구입하는 것을 추천한다. 노란색 자판기에서 현금이나 신용카드로 구매 가능하다.

공항버스 Havaıst

공항에서 시내로 가는 안전하고도 빠른 방법. 공항과 시내를 연결하는 공항버스는 하바이스트 Havaıst라고 부른다. 이스탄불 공항에서 도심을 운행하고 있는데 수하물을 찾은 다음 'BUS/SUTTLE/PICK UP' 표지판을 따라 도착 청사 아래층으로 내려가면 노선별로 버스가 있다. 구시가지인 술탄아흐메트가 목적지라면 12번 플랫폼에서 악사라이 메트로 Aksaray Metro 행 버스를 타면 되고, 신시가지가 목적지라면 16번 플랫폼에서 탁심 Taksim 행 버스를 타면 된다. 베야즛 광장이 술탄아흐메트 지역과 가깝지만 교통혼잡 때문에 가지 않는 경우가 많다. 속 편하게 악사라이 Aksaray에 내려서 트램을 타고 가자(1번 트램 유수프 파샤 역까지 도보 약 10분. 트램 승차 후 술탄아흐메트 역 하차).

신시가지 탁심이 목적지라면 지하철을 타고 갈 수도 있다(단, 환승 시 거리가 멀어 짐이 많다면 고려해 볼 것).

구입방법은 간단하다. 지폐를 투입하면 카드값(70TL)을 뺀 금액이 충전되어 카드와 함께 나온다

공항버스 하바이스트

(2~3일 이스탄불 관광을 할 거라면 150~200TL 충전을 추천한다).
여행을 마치고 이스탄불 공항으로 갈 때도 악사라이 정류장에서 공항버스를 타면 된다(트램 악사라이 역 하차. Havaist 표지판 확인). 요금은 올 때와 마찬가지로 신용카드 결제 가능하다.
만일 아시아 지역의 사비하 괵첸 공항(SAW)에서 내렸다면 술탄아흐메트까지 가는 길이 좀 복잡해진다. 도착 청사 앞에서 공항버스를 타고 카드쾨이 Kadıköy까지 이동한 후 페리를 타고 에미뇌뉘 Eminönü로 가서 트램을 타고 술탄아흐메트로 가야 한다. 또는 공항버스를 타고 신시가지 탁심 Taksim으로 간 후, 지하철의 일종인 튀넬 Tünel을 타고 카바타쉬 Kabataş 역으로 간 다음 트램으로 갈아타고 술탄아흐메트 Sultanahmet 역으로 간다. 복잡한 이동이 번거롭다면 탁심에서 택시를 이용하자.
반대로 시내에서 이스탄불 공항(또는 사비하 괵첸 공항)으로 갈 때도 신시가지 탁심 광장 근처에서 공항버스가 출발한다.

공항버스 Havaıst
운행 24시간(30분 간격) 요금 204TL
홈페이지 www.hava.ist(이스탄불 공항), www.havabus.com(사비하 괵첸 공항)

택시 Taxi

시내로 가는 가장 빠른 방법. 청사 밖에는 노란색 택시가 언제나 대기하고 있다. 일행이 여럿이라면 공항버스 요금이나 택시 1대 요금이 비슷한데다 갈아타지 않아도 되기 때문에 편리하게 이용할 수 있다. 공항내에 있는 Airport Taxi 안내소를 이용하면 된다. 목적지까지 요금표도 비치되어 있어 바가지에 시달릴 일도 없다.
운행 24시간 요금 이스탄불 공항→술탄아흐메트 400~450TL, 이스탄불 공항→탁심 광장 350~400TL(터미널 이용료, 고속도로 톨게이트 비용 별도.)

이스탄불에서 택시 타기

+ 알아두세요!

이스탄불의 택시에는 미터가 있고 처음 시작요금은 24.55TL가 찍혀 있습니다. 하지만 이것은 기본요금이 아니라는 사실! 미터기 요금과 상관없이 기본요금은 90TL입니다. 예를 들어 짧은 거리를 타고 80TL가 나왔다고 가정하면 80TL가 아니라 90TL를 내야 합니다. 물론 90TL 이상이 나오면 미터기에 찍힌 요금을 내면 되고요. 참고로 이스탄불의 택시는 노란색, 파란색, 검은색 등 3종류의 택시가 있고 기본요금도 다릅니다. 파란색과 검은색 택시 요금이 좀 더 비싸지요. 중형택시나 모범택시 개념으로 보면 됩니다.
사실 이스탄불에서는 특수한 경우를 제외하고 택시 이동을 권하고 싶지는 않습니다. 어느 나라든 길눈이 어두운 여행자의 주머니를 노리는 악덕 택시기사가 있기 마련인데 안타깝게도 이스탄불도 예외는 아니기 때문이죠. 특히 많은 관광객이 방문하는 술탄아흐메트 지역과 탁심 지역에서는 99% 이상 바가지 요금에 시달릴 확률이 높습니다. 버스나 트램 등 대중교통을 이용해 관광을 다니는 편이 마음도 편하고 튀르키예 사람의 일상도 볼 수 있는 길이죠. 공항을 오갈 때 택시를 이용하는 경우가 많은데, 공항에서는 Havalimani Taxi(Airport Taxi)를 타는 게 가장 안전한 방법입니다.

튀르키예판 카카오택시 BiTaksi

튀르키예 택시 호출 어플로써 여행자들 사이에 그나마 안전한 택시이용으로 자리잡고 있습니다. 구간별로 대략적인 거리와 요금을 알 수 있는 기능도 있고, 목적지 도착 후 별점으로 택시의 서비스를 평가할 수 있어서 기사 입장에서는 아무래도 서비스에 신경을 쓸 수밖에 없다는 점도 매력적이죠. 이용 방법은 다음과 같습니다.
① BiTaksi 어플을 다운받고 튀르키예 현지 전화번호를 입력하고 회원가입을 한다(현지 전화번호가 꼭 필요하다).
② 목적지 입력→택시종류 선택→REQUEST 순으로 누르면 가까운 승차 장소로 얼마 후 택시가 온다고 알려준다(배정된 택시 번호와 기사님의 프로필이 뜨며 기사님이 호출한 위치를 못 찾으면 전화가 온다).
*택시는 노란색, 검은색, 파란색이 있으며 요금이 다르다. 노란색은 일반차량이고 다른 차는 중형차량이므로 일행이 많거나 짐이 많을 때 이용하기 편리하다.
③ 택시가 오면 BiTaksi로 호출한 화면을 기사님에게 보여준다.
④ 결제는 목적지에 도착한 후 미터기에 찍힌 금액을 현금으로 지불 또는 미리 등록해놓은 카드로 해도 된다.

오토뷔스

튀르키예의 모든 길은 이스탄불로 통한다는 말이 있을 정도로 전국의 모든 도시로 버스가 다니고 있다. 이스탄불의 오토가르는 크게 두 곳으로 구시가지에서 가까운 에센레르 Esnler 오토가르와 신시가지에서 가까운 알리베이쾨이 Alibeyköy 오토가르가 있다. 다른 도시에서 이스탄불로 갈 때 최종 목적지가 구시가지이면 에센레르 오토가르 도착편으로, 신시가지이면 알리베이쾨이 오토가르 도착편으로 티켓을 사면 편리하다.
대부분의 버스회사가 시내 중심지인 악사라이나 탁심 광장까지 무료 세르비스를 운행하므로 버스

교통티켓 예매 앱 Obilet

온라인에서 편리하게 티켓을 예매하는 Obilet 앱 하나면 튀르키예 전역의 버스, 비행기, 페리를 손쉽게 구입할 수 있어 여행의 필수품으로 자리잡고 있습니다. 온라인 예매 후 실제 버스를 탈 때는 오토가르에 간 후 티켓을 예매한 버스 회사 사무실을 찾아가서 플랫폼 넘버를 확인하고 타면 됩니다.

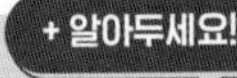

오토가르와 세르비스란?

튀르키예에서는 대형 버스를 '오토뷔스 Otobüs', 터미널은 '오토가르 Otogar'라고 부릅니다. 아울러 '가라지 Garaj'도 버스 터미널을 가리키는 말로 오토가르와 같은 뜻입니다. '세르비스 Serbıs'는 버스 회사에서 운영하는 무료 셔틀버스로 주로 오토가르에서 시내 중심지까지 운행합니다.

에센레르 오토가르

이스탄불에서 출발하는 버스 노선

행선지	소요시간	운행
앙카라	6시간	1일 20편 이상
사프란볼루	6시간	1일 5~6편
카파도키아	11시간	1일 4~5편
아마시아	9시간	1일 7~8편
파묵칼레(데니즐리)	10시간	1일 7~8편
셀축	10시간	1일 4~5편
안탈리아	11시간	1일 7~8편
콘야	10시간	1일 8~9편
부르사	4시간	1일 10편 이상
말라티아	16시간	1일 4~5편
트라브존	17시간	1일 10편 이상
도우베야즛	20시간	1일 3~4편
반	24시간	1일 4~5편
디야르바크르	19시간	1일 7~8편
샨르우르파	18시간	1일 7~8편

*운행 편수는 변동이 있을 수 있음.

를 타고 이스탄불에 왔다면 주저없이 이용하자. 만일 세르비스가 없다면 메트로를 이용하자. 술탄 아흐메트로 간다면 악사라이 역이나 제이틴부르누 역까지 가서 트램으로 갈아타야 한다. 시내에서 오토가르로 갈 때는 버스회사 사무실에서 표를 구입한 후 그 회사의 세르비스를 이용하거나 메트로를 타면 된다.

+ 알아두세요!

이스탄불에서 출발하는 국제버스

조지아, 아제르바이잔, 불가리아, 루마니아 등 인접국으로 출발하는 국제버스는 국철 예니 카프 역 부근에 있는 별도의 엠니예트 터미널 Emniyet Terminal을 이용합니다. 메트로, 울루소이, 마흐무트오을루 등 약 15개의 버스 회사가 있으며, 운행 편수는 각 회사별로 1주일에 2~3편 정도입니다(버스 회사가 많기 때문에 매일 다닌다고 보면 된다). 버스 티켓을 살 때 여권을 제출하는 것 말고는 튀르키예 국내 이동과 큰 차이는 없습니다. 인접국에서 튀르키예를 오가는 보따리장수들이 많이 이용하기 때문에 별도의 화물 터미널까지 있을 정도지요. 버스 회사에 따라 에센레르 오토가르를 출발지로 삼는 경우도 있으므로 미리 버스 회사나 여행사에 문의하는 게 좋습니다 (해당국의 비자는 미리 취득해야 한다).

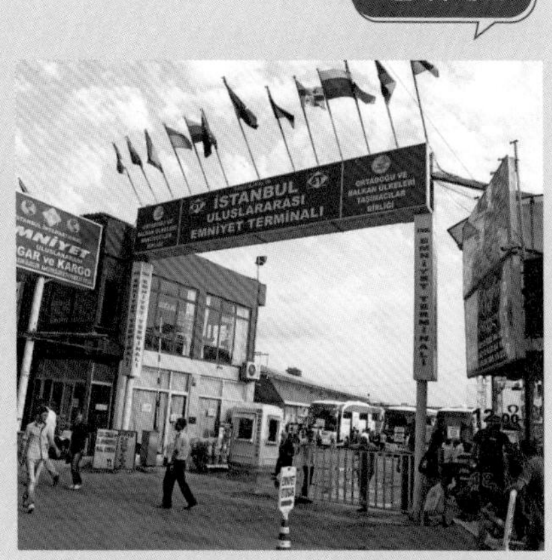

이스탄불의 국제버스 터미널

이스탄불에서 출발하는 국제버스

행선지	소요시간	운행
조지아	23~26시간	1일 9~10편
아제르바이잔	30~35시간	1일 4~5편
불가리아	9~11시간	1일 4~5편
루마니아	12~15시간	1일 4~5편

*운행 편수는 변동이 있을 수 있음.

Travel Plus
튀르키예에서 이란 비자받기

튀르키예에서 이란 여행을 계획하고 있다면 이스탄불의 이란 영사관 Iranian Consulate(**Map 부록-B4**)에서 이란 관광 비자를 받을 수 있습니다. 먼저 E-Visa 홈페이지에서 온라인으로 신청한 후 승인 메일을 받으면 이란 영사관으로 가서 수수료를 내고 비자를 받는 방식입니다.

이란 영사관

보수적인 이란의 분위기 탓인지 거절 당하기가 일쑤인데 추가 비용이 들더라도 투어 에이전시를 통하면 보다 수월하게 받을 수 있답니다.

이란 관광비자 신청 홈페이지 www.evisa.mfa.ir
비자 수수료 US$28(튀르키예 리라도 가능) 비자기간 30일
업무 월~금요일 08:30~11:30 가는 방법 트램 술탄 아흐메트 역에서 그랜드 바자르 방향으로 약 200m 간 후 오른쪽으로 꺾어 바브알리 거리 Babıali Cad.를 따라 약 30m 직진.

기차

이스탄불의 기차역은 유럽 지역의 시르케지 역과 아시아 지역의 하이다르파샤 역 등 크게 두 곳으로 나뉜다. 유서깊은 오리엔트 특급열차의 시발, 종착역이던 시르케지 역은 현재 불가리아 등 일부 국제 딘거리 노선만 운행하며 사실상 박물관 형태로 운영 중이다. 아시아 지역의 하이다르파샤 역 또한 화재와 보수공사로 인해 열차역으로의 기능은 중단되었고 보스탄즈 Bostancı, 펜딕 Pendik 등의 지역에서 아시아 곳곳으로 가는 열차가 출발한다. 유럽 지역은 바크르쾨이 Bakırköy, 할칼르 Halkalı 지역에 열차역이 운영되고 있다.

열차는 버스에 비해 운행 편수가 많지 않은데다 지방으로 갈수록 연착하는 빈도도 높기 때문에 여행자 입장에서는 이용할 일이 별로 없으나 이스탄불–앙카라, 앙카라–콘야, 앙카라–이즈미르 등 대도시를 연결하는 고속철도가 2010년대부터 계속해서 건설되고 있다. 대도시를 빠르게 가야 한다면 열차 이동을 고려해 볼 만하다.

철도청 홈페이지 www.tcdd.gov.tr

+ 알아두세요!

유럽과 아시아를 잇는 해저 터널

마르마라이 프로젝트

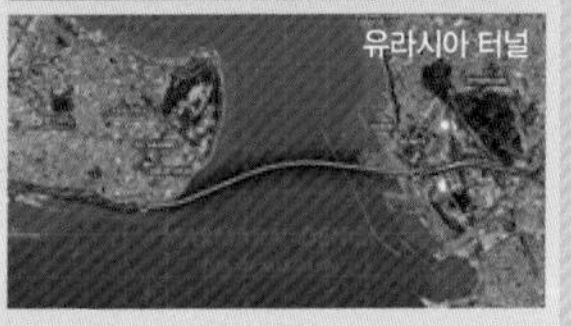
유라시아 터널

2013년 10월 29일 튀르키예 공화국 수립 90주년을 기념하여 이스탄불의 유럽 지역과 아시아 지역을 연결하는 해저 철도 터널이 완공되었습니다. 철도의 명칭인 '마르마라이'는 이스탄불 앞바다인 '마르마라해'와 철도를 뜻하는 '라이'가 합쳐진 것이지요. 유럽 지역의 국철 할칼르 Halkalı 역에서 아시아 지역의 게브제 Gebze까지 총 76km 구간 중, 핵심이라 할 수 있는 보스포루스 해저터널(1.4km)이 개통되어 운행 중입니다. 터널 중 가장 깊은 곳은 수심이 62m에 달해 세계에서 가장 깊다고 합니다.

유럽과 아시아를 해저터널로 연결하겠다는 야심 찬 꿈은 오스만 제국 시절인 1860년에 처음 계획되었는데, 무려 150년 만에 실현된 것이죠. 튀르키예 정부는 "마르마라이 해저 터널은 현대의 실크로드로 서유럽 시장과 중국을 연결하는 직행 철도 노선을 이어준다"고 강조하며 튀르키예가 동서양을 잇는 물류이동의 새로운 허브로 자리매김 할 것을 시사했습니다. 옛 오스만 제국의 영광을 재현하겠다는 거죠.

한편 유럽과 아시아를 잇는 자동차 도로인 '유라시아 터널'도 2016년 완공되었습니다. 보스포루스 해협을 5.4km의 복층 해저 터널로 연결하는 사업으로, 한국의 SK 건설이 시공했습니다. 터널을 굴착하며 동시에 벽체를 시공하는 TBM 공법으로 진도 7.5의 강진에도 견딜 수 있다고 합니다. 유라시아 터널의 개통으로 유럽의 카즐르체쉬메에서 아시아의 괴즈테페까지 기존 1시간 30분 이상 걸리던 것이 15분으로 획기적으로 단축되었습니다. 이와 함께 보스포루스 제3대교도 개통해 이스탄불의 교통 사정은 날로 나아지고 있습니다.

페리

마르마라해를 가로질러 부르사, 얄로바, 반드르마 등으로 페리가 다닌다. 이스탄불 데니즈 오토뷔슬레리 Istanbul Deniz Otobüsleri(IDO) 회사에서 운영하는 페리를 이용해 당일치기로 얄로바의 온천을 다녀오거나 다음 행선지가 부르사라면 이용할 만하다.

술탄아흐메트에서 가까운 예니 카프 Yeni Kapı와 트램 종점인 카바타쉬 Kabataş, 에미뇌뉘 Eminönü 등이 대표적인 선착장이다. 카바타쉬에서 출발하는 부르사 행 페리는 버스에 비해 가격도 저렴하고 빠르기 때문에 매우 유용하다. 뷔윅 아다, 헤이벨리 아다 등 마르마라해의 섬으로 가는 페리도

카바타쉬 선착장

카바타쉬에서 출발하므로 기억해 두자. 온라인 티켓 예매는 버스 비행기와 마찬가지로 obilet에서 하면 된다. 갈라타 다리 바로 옆에 있는 '카라쾨이 국제해상여객 터미널'은 다른 나라로 가는 페리가 아니라 크루즈 배가 정박하는 곳이므로 일반 여행자들이 이용할 일은 없다.

이스탄불 데니즈 오토뷔슬레리
홈페이지 www.ido.com.tr

Shakti Say 레일 위를 달리는 특급호텔, 오리엔트 익스프레스 Orient Express

오리엔트 익스프레스의 종착 시르케지 역

세계에서 가장 유명한 열차는 어떤 열차일까요? 전 유럽을 관통하며 '레일 위를 달리는 특급호텔'이라 불렸던 오리엔트 익스프레스는 근대 유럽이 만들어 낸 꿈의 열차였습니다. 1864년 영국에서 기차가 발명된 후 벨기에 출신 엔지니어 조르주 니켈마커스는 미국의 대륙횡단 열차에 매료돼 전 유럽을 관통하는 특급열차를 만들기로 결심합니다. 1883년 10월 4일 드디어 최고급 시설을 갖춘 오리엔트 익스프레스가 탄생했고 열차가 단순한 이동수단을 넘어 여행의 의미를 바꾸는 시대를 열었습니다. 파리–이스탄불 구간을 왕복하며 유럽 13개 국가를 연결했던 오리엔트 익스프레스는 고급스런 장식 예술과 최첨단의 기술이 만난 일대 혁명적인 사건이었죠. 20세기 초반 유럽 사교계의 활성화에 힘입어 최고의 전성기를 누린 오리엔트 익스프레스는 1934년 애거서 크리스티의 소설 〈오리엔트 특급 살인〉으로 더욱 유명세를 타게 됩니다.

전성기를 구가하던 오리엔트 익스프레스는 제1, 2차 세계대전을 겪으며 군수물자를 나르는 열차에게 레일을 빼앗겼고 한술 더 떠 새롭게 발명된 비행기가 파리–이스탄불을 단 네 시간 만에 연결함으로써 사양길에 접어듭니다. 결국 1977년 5월 20일 마지막 운행으로 역사 속으로 사라졌습니다.

오리엔트 익스프레스가 없어지는 걸 아쉬워했던 미국의 사업가 제임스 셔우드는 1977년 10월 오리엔트 익스프레스의 객차 두 량을 사들이며 복원에 힘을 쏟았습니다. 결국 1982년 '베니스 심플론 오리엔트 익스프레스 Venis–Simplon Orient Express'가 새롭게 개통되어 런던, 베니스, 파리, 빈, 프라하, 이스탄불 등 유럽의 주요도시를 비정규 관광열차로 운행하고 있습니다. 한편 현재 운영사인 글로벌 호텔 체인 그룹인 아코르는 1920~30년대에 운행하던 실제 기차를 개조해 2025년 오리엔트 익스프레스의 완전한 부활을 예고했습니다. 전설적인 특급열차를 현대적인 감각으로 재해석해 100년 전의 시간을 거슬러 올라가는 대담한 프로젝트에 많은 이들의 관심이 집중되고 있습니다.

이스탄불에서 출발하는
페리 노선

행선지	소요시간	운행
부르사(카바타쉬 출발)	1시간 50분	1일 7편
부르사(예니 카프 출발)	1시간 30분	1일 4편
반드르마(예니 카프 출발)	2시간	1일 2편(주말은 3편)
얄로바(예니 카프 출발)	1시간 15분	1일 5편

*운행 편수는 변동이 있을 수 있음.

페리의 선실

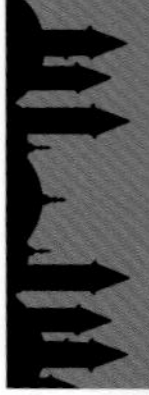

İstanbul Traffic Map

메트로·트램·튀넬·국철·텔레페릭(케이블카)

*본 지도는 개념도 입니다. 자세한 노선 Map은 www.metro.istanbul 참고. 전용 앱도 있음.

- 메트로 1
- 메트로 2
- 트램 1
- 트램 2
- 트램 3
- 트램 4
- 튀넬
- 텔레페릭(케이블카)
- 국철
- 이스티클랄 거리 트램

구 시가지

신 시가지

아시아 지역

골든혼 GOLDEN HORN(HALİÇ)

보스포루스해협 BOSPHORUS(BOĞAZİÇİ)

마르마라해 SEA OF MARMARA(MARMARA DENİZ)

하비블레르 Habibler
메스지지-이 셀람 Mescici-I Selam
제베지 Cebeci
술탄치플리이 Sultançifliği
예니 마할레 Yeni Mahalle
하즈 쉬크뤼 Hacı Şükrü
옐리 일-바쉬타비야 Yil-Baştabya
줌후리예트 마할레시 Cumhuriyet Mah.
메트리스 Metris
카라데니즈 Karadeniz
타쉬쾨프뤼 Taköprü
알리 푸아트 바쉬길 Ali Fuat BaŞgil
보스나-추쿠르체쉬메 Bosna-ÇukurçeŞme
사으말즐라르 Sağmalcılar
울루욜-베레츠 Uluyol-Bereç
라미 Rami
톱출라르 Topçular
데미르카프 Demirkapı
쉐히틀릭 Şeshitlik
에디르네카프 Edirnekapı
피에르로티 Pierre Loti
에윱 Eyüp
카르탈테페 Kartaltepe
사으말즐라르 Sağmalcılar
바이람파샤 Bayrampaşa
바탄 Vatan
톱카프(울루바틀르) Topkapı(Ulubatlı)
엠니예트 Emniyet
악사라이 Aksaray
멘데레스 Menderes
에센레르 Esenler
친친 데레시 Çin Çin Deresi
바으즐라르 Bağcılar
카나리아 Kanarya
바으즐라르 Bağcılar
귀네쉬테페 Güneştepe
할칼르 Halkalı
야부즈셀림 Yavuzselim
소안르 Soğanlı
아큰즐라르 Akıncılar
귄괴렌 Güngören
메흐메트 아키프 Mehmet Akif
제이틴부르누 Zeytnburnu
제이틴부르누 Zeytnburnu
바크르쾨이 Bakrıköy
소욱수 Soğuksu
예니보스나 Yenibosna
퀴췩체크메제 Küçükçekmece
아타쾨이 Ataköy
디티엠 D.T.M
하바리만 Havalimanı
바흐첼레이에블레르 Bahçleievler
오토가르 Otogar
테라지데레 Terazidere
다부트파샤 Davutpaşa
메르테르 Merter
메르테르 Merter
제비즐리바으 Cevizlibağ
제이틴부르누 Zeytinburnu
미타트파샤 Mithatpaşa
세이트니잠 Seyitnizam
아크쉠세틴 Akşemsettin
메르케즈에펜디 Merkezefendi
아.오 유르두 A.O Yurdu
파자르테케 Pazar Tekke
톱카프 Topkapı
페티흐카프 Fetihkapı
픈득자데 Fındıkzade
차파 Çapa
하세키 Haseki
악사라이 Aksaray
랄렐리 Laleli
유수프파샤 Yusufpaşa
베야즛 Beyazıt
위니베르시테 Üniversite
쳄베를리타쉬 Çemberlitaş
술탄아흐메트 Sultanahmet
귈하네 Gülhane
에미뇌뉘 Eminönü
시르케지 Sirkeci
시르케지 Sirkeci
잔쿠르타란 Cankurtaran
쿰카프 Kumkapı
예니카프 Yeni kapı
무스타파파샤 Mustafa Paşa
예디쿨레 Yedikule
카즐르체쉬메 Kazlıçeşme
제이틴부르누 Zeytinburnu
예니 마할레시 Yeni Mahalle
바크르쾨이 Bakırköy
예쉴유르트 Yeşilyurt
예쉴쾨이 Yeşilköy
플로리아 Florya
메네크쉐 Menekşe
카드쾨이 Kadıköy
카라쾨이 Karaköy
이스티클랄 İstiklal
쉬쉬하네 Şişhane
톱하네 Tophane
픈득클르 Fındıklı
카바타쉬 Kabataş
탁심 Taksim
탁심 Taksim
카바타쉬 Kabataş
타쉬크쉴라 Taşkışla
마츠카 Maçka
오스만베이 Osmanbey
쉬쉴리 Şişli
가이레테페 Gayrettepe
레벤트 Levent
레벤트 Levent
세이란테페 Seyrantepe
사나이 Sanayi
이튀 아야자아 İTÜ Ayazağa
아타튀르크 오토 사나이 Atatürk Oto Sanayi
다루샤파카 Daruşşafaka
하즈오스만 Hacıosman
위스퀴다르 Üsküdar
하이다르파샤 Haydarpaşa
쇠으위틀뤼체쉬메 Söğütlüçeşme
크즐토프라크 Kızıltoprak
페네르욜루 Feneryolu
괴즈테페 Göztepe
에렌쾨이 Erenköy
수아디예 Suadiye
보스탄즈 Bostancı
퀴췩얄르 Küçükyal
이데알테페 İdealtepe
차르시 Çarşi
알트욜 Altıyol
바하리예 Bahariye
킬리세 Kilise
모다리크 Moda lik
모다 Moda
뮈휘르다르 Mühürdar
담가에스케이 Damga Sk.
카드쾨이 Kadköy
이스켈레 자미 İskele Camii
게브제 Bebze
오스만가지 Osmangazi
파티흐 Fatih
투즐라 Tuzla
이츠멜레르 İçmeler
아이든테페 Aydıntepe
귀젤얄르 Güzelyalı
테르사네 Tersane
카이나르자 Kaynarca
펜디크 Pendik
유누스 Yunus
카르탈 Kartal
아탈라르 Atalar
제비즐리 Cevizli
말테페 Maltepe
쉐레이야 플라즈 Süreyya Plajı

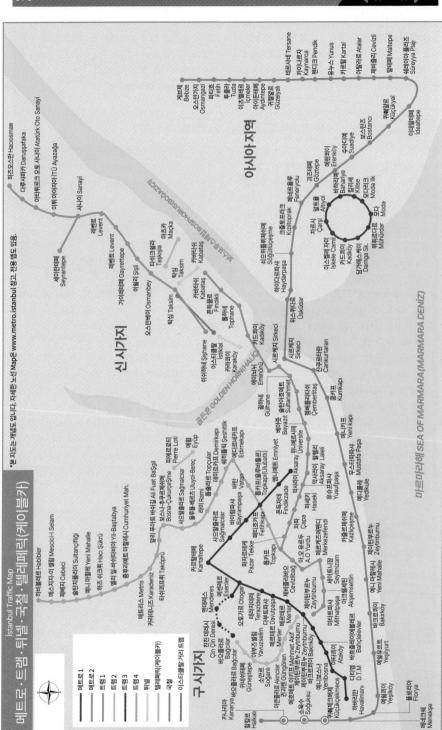

시내 교통

이스탄불 관광의 핵심인 구시가 지역은 볼거리가 몇백 미터 간격으로 들어서 있어 도보로도 충분히 돌아볼 수 있다. 하지만 신시가지와 아시아 지역까지 관광하려면 트램과 시내버스, 돌무쉬, 페리를 적절히 이용해야 한다. 특히 페리는 바다로 나눠진 이스탄불의 세 지역을 모두 운행하는데다 교통 체증의 우려도 없어 적극 권할 만하다.
오토가르로 갈 때는 표를 구입한 버스회사의 세르비스나 메트로를 타면 되고, 배를 타고 뷔윅 아다(마르마라해의 섬)나 부르사로 가는 여행자는 트램 종점인 카바타쉬 역에 내려서 카바타쉬 선착장을 이용하면 된다.

시내버스 Otobüs

튀르키예에서는 대형 버스를 오토뷔스 Otobüs라고 부른다. 이스탄불의 시내버스는 크게 시영버스와 민영버스로 나뉜다. 시영버스는 주로 빨간색으로 İETT라는 마크를 달고 다니며 민영버스는 파란색이 많고 외젤 오토뷔스 Özel Otobüs라고 적혀 있다. 예전에는 민영버스는 현금 승차가 가능했으나 지금은 바뀌었다. 이스탄불의 모든 버스는 승차권을 미리 사야하는 시스템이므로 버스를 타기 전에 정류장의 티켓 부스에서 구입해야 한다. 시영버스와 민영버스 모두 교통카드인 이스탄불 카르트(P.77 참고)를 사용할 수 있으며 요금은 거리에 관계없이 18TL(이스탄불 카르트 기준).

시내버스 내부

메트로(지하철) Metro

교통 체증없이 원하는 곳을 신속하게 연결하므로 이용빈도가 높다. 단, 노선이 길지 않아 이용은 제한적인 편. 전에는 두 개의 노선만 있었는데 증설 공사를 통해 16개 노선이 운행 중이다. 1회권, 3회권, 10회권 등 승차 카드를 구입해서 이용하는데, 이스탄불 카르트와 비교해 2배 가까운 요금을 지불해야 하므로 이스탄불 카르트를 사용하는 편이 유리하다. 역무원이 일일이 티켓 검사를 하지는

이스탄불 메트로

+ 알아두세요!

교통카드 이스탄불 카르트 Istanbul Kart 하나면 만사 OK!

볼거리가 많은 이스탄불을 구경하려면 버스, 메트로, 트램, 페리 등 다양한 교통수단을 이용해야 하는데 매번 승차권을 구입하는 게 여간 불편한 일이 아니랍니다. 이때 우리나라의 교통카드에 해당하는 이스탄불 카르트를 사용하면 편리합니다. 대중교통은 이스탄불 카르트 하나면 만사 오케이! 금액을 충전해서 사용하는 시스템이며 이스탄불 공항, 터미널, 트램 역 등에 비치된 자판기에서 쉽게 구입할 수 있습니다. 최초 구입시에는 지폐를 투입하면 카드값(70TL, 회수불가)을 뺀 금액이 충전되어 나옵니다. 이후 재충전 할때는 자판기에 카드를 올려놓고 'Top Up'을 선택하면 됩니다. 주의할 점은 재충전할 때 거스름돈이 나오지 않으므로 딱 원하는 금액만큼의 지폐를 투입하는 게 좋습니다. 이스탄불에서 유용한 이스탄불 카르트, 꼭 기억해 두세요.

구입처 이스탄불 공항, 시내 메트로 또는 트램 역. 노란색 자판기가 쉽게 눈에 띈다.

않지만 무임승차를 하다가는 수십 배의 벌금을 물어야 하니 시도조차 하지 말 것.
운행 매일 06:00~23:30
요금 18TL(이스탄불 카르트 기준)

택시 Taxi

금전적 여유만 된다면 원하는 목적지를 가장 빠르고 편하게 가는 방법. 역, 공항, 선착장 등 어디서나 노란색 택시를 쉽게 볼 수 있다. 택시를 타면 일단 미터기가 기본요금으로 되어 있는지 확인할 것. 일부 악덕 기사들이 미터기를 조작하거나 딴 길로 돌아가는 수법은 이스탄불이라고 예외가 아니다. 짐이 많을 때는 10% 정도의 팁을 주는 게 관례이며 거스름돈이 소액일 경우에도 받지 않는 게 일반적이다. 최근 들어 스마트 폰을 이용한 콜택시가 늘고 있다(P.71 참고).
운행 24시간
요금 기본요금 24.55TL. 유럽지역에서 아시아 지역으로, 또는 아시아 지역에서 유럽지역으로 보스포루스 대교를 건널 때는 통행세가 추가되며, 유라시아 해저터널 통과도 통행세가 추가된다. 공항을 오갈 때도 고속도로 이용료가 추가된다.

톱카프 궁전 앞의 택시

트램(지상철) Tram

구시가지와 신시가지를 다니는 트램은 여행자에게 가장 유용한 교통수단으로 정식 명칭은 트램바이 Tramvay다. 신시가지와 구시가지의 웬만한 명소를 모두 연결하는데다 요금도 저렴해 여행자뿐만 아니라 이스탄불 시민들도 즐겨 이용한다. 승차권은 제톤과 이스탄불 카르트를 사용한다. 이용방법은 메트로와 동일하다.
운행 매일 06:00~24:00
요금 18TL(이스탄불 카르트 기준)

트램 술탄아흐메트 역

트램 카바타쉬 역에서 갈 수 있는 주요 관광지
1. 돌마바흐체 궁전–카바타쉬 역에서 도보 5분.
2. 루멜리 히사르, 베베크 지역, 아나돌루 카바으–카바타쉬 버스 정류장(트램 역과 붙어 있음)에서 출발.
3. 탁심 광장–카바타쉬 역에서 바로 연결되는 튀넬을 타고 갈 수 있다.
4. 프린세스 아일랜드–카바타쉬 선착장에서 출발.
5. 부르사에 갈 때–카바타쉬 선착장에서 IDO 페리 이용.

튀넬 Tünel

유럽 지역의 카라쾨이에서 이스티클랄 거리 초입까지 급경사 언덕을 운행하는 지하철. 1867년 프랑스의 엔지니어 유진 앙리가 설계해서 1875년에 개통되었으며, 런던 지하철 다음으로 세계에서 가장 오래된 지하철이다(2024년 현재 149년의 역사를 자랑한다). 이스탄불의 교통 인프라에서 차지하는 중요성은 크지 않으나 이스티클랄 거리와 탁심 광장을 갈 때 역사적인 의미를 새기며 타 볼만하다. 전체 길이는 573m(세계에서 가장 짧다). 트램 카바타쉬 역에서 탁심 광장을 오가는 또 다른 튀넬도 있다.
운행 매일 07:00~22:45
요금 18TL(이스탄불 카르트 기준)

역사적 의미가 담긴 튀넬

페리 Ferry

바다에 의해 세 부분으로 나눠진 이스탄불에서 없어서는 안 될 해상 교통수단. 쉽게 해상 버스라고 보면 되고 매일 유럽과 아시아를 오가며 승객을 실어 나른다. 페리는 '바푸르 Vapur'라고 불리는 연락선과 IDO 회사에서 운영하는 데니즈 오토뷔스(Sea Bus)가 있으며 유람선인 크루즈도 있다. 이스탄불에 머무는 동안 꼭 페리를 타 보자. 바다에서 바라보는 경치도 좋고 두 대륙을 왕복하는 묘한 기분도 맛볼 수 있기 때문. 주요 선착장은 구시가지의 에미뇌뉘 Eminönü, 신시가지의 카바타쉬 Kabataş, 베쉭타쉬 Beşiktaş, 아시아 지역의 카드쾨이 Kadıköy, 위스퀴다르 Üsküdar 등이다. 특히 시르케지 역에서 가까운 에미뇌뉘 선착장(**Map 부록-B3**)은 모든 배가 드나드는 곳이라 이용빈도가 가장 높다. 선착장에 운행시간표가 비치되어 있어 편리하다. 승차권은 이스탄불 카르트를 사용한다.

운행 1시간에 2~3편

요금 18TL(이스탄불 카르트 기준)

에미뇌뉘 선착장

에미뇌뉘에서 출발하는

주요 바푸르 노선

행선지	운행
카드쾨이 Kadıköy	07:40~20:40(매 20분 간격)
위스퀴다르 Üsküdar	06:30~23:00(매 20분 간격)
하렘 Harem	07:00~21:30(매 30분 간격)
아나돌루 카바으(보스포루스) Anadolu Kavağı	10:35, 13:35

*운행 편수는 변동이 있을 수 있음.

Shakti Say '암소가 건넌 바다' 이야기

이스탄불의 보스포루스 해협은 그리스어로 '암소가 건너다'라는 뜻으로 다음과 같은 이야기가 얽혀 있습니다. 강의 신 이나쿠스에게 이오라는 예쁜 딸이 있었는데 제우스가 그녀를 사랑하게 됩니다. 어느 날 제우스가 이오와 함께 있을 때 부인인 헤라 여신이 나타나자 다급해진 제우스는 이오를 암소로 변신시킵니다. 암소가 이오임을 눈치 챈 헤라는 제우스에게 자신에게 줄 것을 청하고, 겨우 소 한 마리 때문에 쪼잔하다는 인상을 줄까봐 제우스는 암소를 헤라에게 넘겨줍니다.

이후 질투의 화신으로 변한 헤라는 눈이 백 개가 달린 아르고스라는 괴물을 시켜 감시하게 하고 밤낮없이 괴롭힙니다. 보다 못한 제우스는 헤르메스를 보내 아르고스를 없애라는 명을 내리고 헤르메스는 양치기로 변신해 피리를 불어 아르고스를 잠재운 후 처치합니다. 헤라는 아르고스가 죽은 것을 알고 등에(벌레의 일종)를 풀어 더더욱 이오를 괴롭히는데 참다못한 이오는 결국 탈출을 시도해 보스포루스 해협을 헤엄쳐서 건너갑니다.

보스포루스 해협을 통과하는 배들

현대에 들어 보스포루스 해협은 1936년 체결된 '몽트뢰 조약'으로, 해협의 모든 권한은 튀르키예가 갖고 있으나 국적을 불문하고 선박의 자유로운 통행을 규정했습니다. 즉 공해(公海)인 셈이지요. 조약 체결 당시에는 1년에 4000대 정도의 배가 통과했으나 2000년대에는 4만 5000대로 급증했으며, 1979년 유조선 인디펜던트 호가 다른 배와 충돌해 43명이 사망하고 9만 5000톤의 기름이 유출되는 사고가 일어나는 등 환경문제가 발생하고 있습니다. 현재 해협을 통과하는 유조선은 전체 선박의 약 10%입니다. 보스포루스 해협 투어는 P.84 참고.

이스탄불 둘러보기

이스탄불은 도시가 크고 볼거리가 여기저기 흩어져 있어 관광하는데 최소 3일은 예상해야 한다. 골든혼 바다를 중심으로 구시가지와 신시가지에 관광명소가 몰려 있는데 구시가지에 2일, 신시가지에 1일 정도 잡으면 된다.

첫날은 이스탄불의 심장이라고 할 수 있는 구시가지의 술탄아흐메트를 중심으로 관광을 시작한다. '이스탄불의 Big 3'라고 일컫는 아야소피아 성당, 술탄 아흐메트 1세 자미(블루모스크), 톱카프 궁전을 중심으로 히포드롬, 예레바탄 지하 저수지, 고고학 박물관을 둘러보고 귈하네 공원에서 마무리하면 된다.

둘째날은 구시가지의 베야즛 지역과 에윱 지역을 돌아보자. 그랜드 비자르, 이집션 바자르를 중심으로 주변의 자미를 돌아보고 버스를 타고 에윱 지역으로 이동하자. 카리예 자미, 에윱 술탄 자미를 방문하고 피에르로티 찻집에 올라가면 하루해가 저문다.

셋째날은 신시가지의 명소를 돌아볼 차례. 갈라타 다리를 건너 갈라타 탑에 갔다가 이스티클랄 거리를 걸으면 탁심 광장에 이른다. 탁심에서 버스를 타고 돌마바흐체 궁전, 루멜리 히사르 등을 구경한다. 첫날과 둘째날의 마지막 코스인 귈하네 공원과 피에르로티 찻집은 바다 경치를 즐기기 좋은 곳이니 다시 가도 좋다. 시간이 넉넉하고 이스탄불의 매력에 좀더 빠져보고 싶은 여행자는 보스포루스 해협의 끝인 아나돌루 카바으나 마르마라해의 섬 뷔윅 아다를 방문해도 좋고, 아시아 지역의 참르자 언덕에도 올라가 보자.

+ 알아두세요!

1. 이스탄불의 유럽과 아시아 지역은 전화번호가 다르다.
   유럽 지역은 0212, 아시아 지역은 0216을 사용하니 착오가 없도록 하자.
2. 관광계획을 세울 때 방문 예정지가 휴관일인지 꼭 체크하자.
3. 호의를 가장하여 접근하는 낯선 이들을 경계할 것(P.126 참고).
4. 베베크 지역은 주말에 교통체증이 극심하며, 프린세스 아일랜드도 여름철 주말 관광 인파가 엄청나다. 가급적 주말 방문은 피하자.

Travel Plus

시간이 부족한 여행자를 위한 '이스탄불 1일 투어'

이스탄불 시티투어 버스

보고 싶은 곳은 많고 시간이 없는 여행자라면 이스탄불의 짧은 하루해가 야속하겠죠? 이런 사람들을 위해 이스탄불 1일 시티투어 버스가 마련되어 있습니다. 술탄아흐메트의 아야소피아 성당을 출발해 돌마바흐체 궁전, 탁심 광장, 갈라타 탑, 쉴레이마니예 자미 등을 거쳐 다시 술탄아흐메트로 돌아오는 코스로 2시간가량 진행됩니다. 대강이나마 이스탄불의 명소를 모두 섭렵해 보고 싶은 여행자에게는 괜찮은 선택이죠. 보스포루스 해협 코스와 골든혼 코스 등 몇 가지 프로그램이 있어 취향에 맞게 선택할 수 있습니다.

투어 버스는 2층이 개방되어 있어 시원하게 시가지 구경을 할 수 있으며 11개국 언어로 된 오디오 가이드도 들을 수 있습니다. 한 가지 아쉬운 것은 한국어가 없다는 사실. 여름철 성수기에는 이용객이 많아 예약을 해야 할 정도랍니다.

이스탄불 시티투어 버스 **Map P.85-A2**

출발 아야소피아 성당 입구 부근 큰길, 탁심광장 부근
운행 10:00~18:00(매 1시간 간격. 겨울철은 단축 운행)
요금 1인 1,500TL
문의 아야소피아 성당 입구 부근 큰길에 부스가 있다
홈페이지 www.busforus.istanbul

BEST COURSE

첫날: 예상소요시간 8~9시간

출발 ▶▶ 하기아 소피아 모스크(아야소피아 성당)(P.90)
세계사 시간에 졸지 않은 사람이라면
'성 소피아 성당'을 기억할 것이다.

도보 2분

술탄 아흐메트 1세 자미(블루모스크)(P.93)
오스만 제국의 영광을 보여주는 자미.
푸른 이즈니크 타일이 내부를 장식하고 있다.

도보 1분

히포드롬(P.95)
로마와 비잔틴 시대 전차 경주가 벌어지던 경기장.

도보 5분

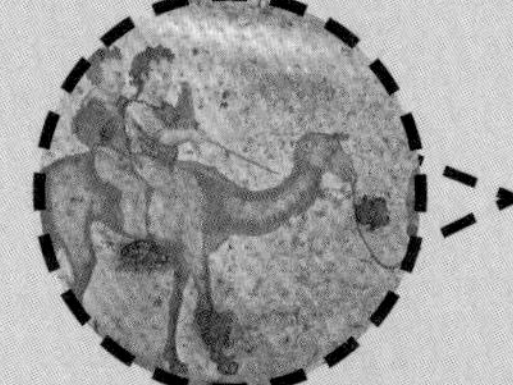

모자이크 박물관(P.96)
초기 로마 시대의 모자이크화를 볼 수 있는 곳.

도보 5분

예레바탄 지하 저수지(P.96)
비잔틴 시대의 지하 물 저장소.
'지하궁전'이라고 부르기도 한다.

도보 5분

톱카프 궁전(P.97)
유럽, 아시아, 아프리카 세 대륙을 호령했던
오스만 제국의 심장부.

도보 5분

국립 고고학 박물관&
고대 동방 박물관&도자기 박물관(P.101)
그리스, 로마, 이집트 등 고대 왕국의 유물이 전시된 박물관.

도보 2분

귈하네 공원(P.102)
톱카프 궁전 옆에 자리한 넓은 공원. 골든혼, 보스포루스 해협,
마르마라해가 한눈에 들어온다.

BEST COURSE

둘째날: 예상소요시간 8~9시간

출발 ▶▶ 트램 술탄아흐메트 역

도보 20분

그랜드 바자르(P.103)
동서양의 물산이 총 집합하던 이스탄불 최대의 시장.

도보 15분

쉴레이마니예 자미(P.104)
오스만 제국 최고의 술탄 쉴레이만 대제에게 봉헌된 자미.

도보 10분

뤼스템 파샤 자미(P.105)
쉴레이만 대제 때의 재상 뤼스템 파샤를 위한 자미.

도보 5분

이집션 바자르(P.105)
과거 이집트에서 보내온
공물을 거래하던 시장.

도보 1분

예니 자미(P.106)
이집션 바자르 옆에 자리한 자미.
이스탄불의 자미 중 가장 오랜 기간에 걸쳐 지어졌다.

버스로 15분+도보 5분

카리예 자미(P.107)
비잔틴 시대 모자이크화와 프레스코화의 진수를 볼 수 있는 곳.

버스로 10분

에윕 술탄 자미(P.108)
이스탄불에서 가장 성스러운 자미.
이곳을 방문할 때는 복장에 주의하자.

도보 20분 또는 케이블카로 5분

피에르로티 찻집(P.108)
프랑스 작가 피에르 로티가 즐겨 찾던 언덕 위의 숲속 찻집.
최고의 경치를 즐길 수 있다.

BEST COURSE

셋째날: 예상소요시간 8~9시간

출발 ▶▶ 트램 술탄아흐메트 역

트램으로 5분(에미뇌뉘 역 하차)

갈라타 다리(P.109)
구시가지와 신시가지를 연결해 주는 다리. 이곳에서 파는 고등어 케밥(발륵 에크멕 Balık Ekmek)을 꼭 먹어보자.

도보 20분

갈라타 탑(P.109)
신시가지의 상징과도 같은 탑. 정상에서 보는 전망은 가슴까지 시원하다.

도보 10분

이스티클랄 거리(P.110)
빨간 전차가 오가는 세련된 신시가지의 중심거리.

도보 20분

탁심 광장(P.110)
이스티클랄 거리 끝에 위치한 신시가지의 중심 광장.

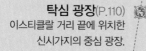

버스로 15분

돌마바흐체 궁전(P.111)
오스만 제국 말기에 지은 서양식 궁전. 내부 장식이 화려하기로 유명하다.

버스로 20분

루멜리 히사르(P.112)
술탄 메흐메트 2세가 콘스탄티노플 공략을 위해 조성한 군사 요새.

버스로 20분+도보 15분

군사 박물관(P.114)
무기를 중심으로 크고 작은 군 관련 장비를 전시하고 있다.

Travel Plus+

보스포루스 해협 투어

투르욜 크루즈 배

아시아와 유럽 대륙의 경계선이자 흑해와 지중해 간의 해상 교역로로 중요한 역할을 담당해 온 보스포루스 해협. 튀르키예어로 보아지치 Boğaziçi라고 불리는 이 해협은 지금도 이스탄불의 상징으로 여전히 중요한 위치를 차지하고 있습니다.
해협은 전체 길이 약 30km로 가장 넓은 곳의 폭이 3.5km, 좁은 곳은 700m로 여기저기서 소용돌이가 치고 있지요. 보스포루스 대교와 파티흐 대교, 야부즈 술탄 셀림 대교 등 세 개의 다리가 유럽과 아시아를 이어주고 매년 이곳을 통과하는 배는 4만 5000여 척에 달할 정도로 중요한 교역로입니다. 양측 해안에는 19세기 신 고전주의 양식의 돌마바흐체 궁전을 비롯한 술탄의 왕궁과 오스만 제국 귀족들의 별장, 자미, 울창한 숲이 곳곳에 있어 장관을 연출하며 음식점, 찻집, 별장이 자리하고 있습니다. 시원한 바닷바람을 가르며 보스포루스 해협 투어를 떠나보세요.

크루즈 투어의 종류

보스포루스 해협 투어는 대중교통인 바푸르(페리)를 이용하는 것과 사설 투어를 이용하는 방법 두 가지가 있다. 바푸르 투어 Vapur Tour는 에미뇌뉘의 보아지치 Boğaziçi선착장에서 출발해 해협의 끝부분인 아나돌루 카바으 Anadolu Kavaği까지 운행하며 편도 1시간 40분 정도 소요된다.
사설 투어로는 투르욜 크루즈 Turyol Cruise가 있다. 에미뇌뉘 선착장을 출발해 제2 보스포루스 대교(파티흐 대교)까지 다녀오는데, 갈 때는 유럽 쪽으로 가고 올 때는 아시아 쪽으로 오기 때문에 양쪽 지역을 모두 돌아볼 수 있다.
바푸르는 보스포루스 해협의 웬만한 곳을 샅샅이 훑으므로 볼거리가 다양하다는 장점이 있는 반면 시간이 오래 걸리고 출발 시간도 제한적이다.
때문에 대부분의 여행자는 왕복 1시간 30분 정도의 사설크루즈를 선택한다. 트루욜 크루즈 말고도 돌마바흐체 궁전에서 가까운 카바타쉬나 베쉭타쉬 선착장에서도 사설크루즈가 출발하므로 편한 곳을 이용하도록 하자.

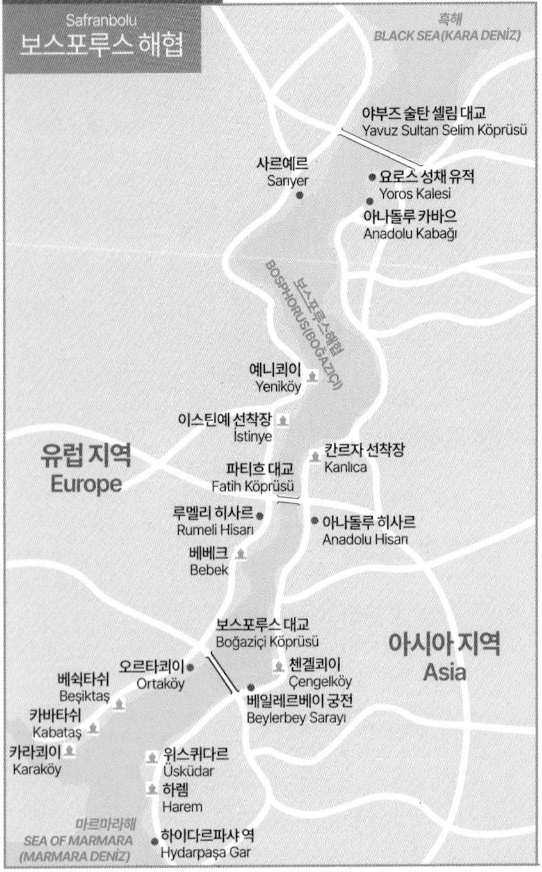

Safranbolu

보스포루스 해협

바푸르 투어 Vapur Tour
노선 에미뇌뉘–아나돌루 카바으
운행 1일 1~2회 요금 29TL

투르욜 크루즈 Turyol Cruise
노선 에미뇌뉘–보스포루스 제2대교 왕복
운행 10:00~20:00, 1시간 간격 요금 160TL

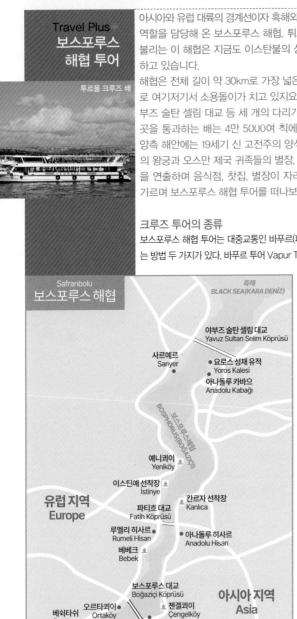

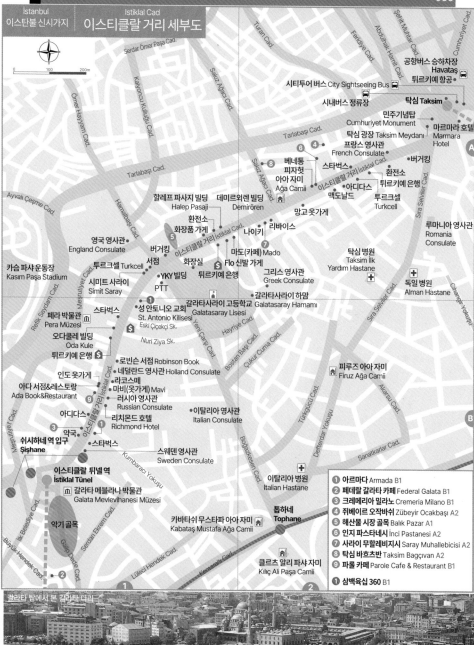

İstanbul 이스탄불 신시가지

İstiklal Cad 이스티클랄 거리 세부도

공항버스 승하차장 Havataş
튀르키예 항공
시티투어 버스 City Sightseeing Bus
시내버스 정류장
탁심 Taksim
민주기념탑 Cumhuriyet Monument
탁심 광장 Taksim Meydanı
마르마라 호텔 Marmara Hotel
프랑스 영사관 French Consulate
버거킹
베네통
피자헛
아야 자미 Ağa Camii
스타벅스
이스티클랄 거리 İstiklal Cad.
환전소
튀르키예 은행
아디다스
맥도날드
투르크셀 Turkcell
할레프 파사지 빌딩 Halep Pasaji
데미르외렌 빌딩 Demirören
망고 옷가게
리바이스
나이키
루마니아 영사관 Romania Consulate
환전소
화장품 가게
영국 영사관 England Consulate
버거킹
마도(카페) Mado
Flo 신발 가게
화장실
서점
투르크셀 Turkcell
카슴 파샤 운동장 Kasım Paşa Stadium
YKY 빌딩
튀르키예 은행
PTT
탁심 병원 Taksim İlk Yardım Hastane
그리스 영사관 Greek Consulate
독일 병원 Alman Hastane
시미트 사라이 Simit Saray
갈라타사라이 하맘 Galatasaray Hamamı
갈라타사라이 고등학교 Galatasaray Lisesi
스타벅스
성 안토니오 교회 St. Antonio Kilisesi
페라 박물관 Pera Müzesi
오다쿨레 빌딩 Oda Kule
튀르키예 은행
로빈슨 서점 Robinson Book
네덜란드 영사관 Holland Consulate
피루즈 아아 자미 Firuz Ağa Camii
인도 옷가게
라코스떼
아다 서점&레스토랑 Ada Book&Restaurant
마비(옷가게) Mavi
러시아 영사관 Russian Consulate
이탈리아 영사관 Italian Consulate
아디다스
리치몬드 호텔 Richmond Hotel
약국
쉬시하네 역 입구 Şişhane
스타벅스
스웨덴 영사관 Sweden Consulate
이스티클랄 튀넬 역 İstiklal Tünel
갈라타 메블라나 박물관 Galata Mevlevihanesi Müzesi
이탈리아 병원 Italian Hastane
악기 골목
톱하네 Tophane
카바타쉬 무스타파 아아 자미 Kabataş Mustafa Ağa Camii
클르츠 알리 파샤 자미 Kılıç Ali Paşa Camii

1. 아르마다 Armada B1
2. 페데랄 갈라타 카페 Federal Galata B1
3. 크레메리아 밀라노 Cremeria Milano B1
4. 쥐베이르 오작바쉬 Zübeyir Ocakbaşı A2
5. 해산물 시장 골목 Balık Pazar A1
6. 인지 파스타네시 İnci Pastanesi A2
7. 사라이 무할레비지시 Saray Muhallebicisi A2
8. 탁심 바흐츠반 Taksim Bagçıvan A2
9. 파롤 카페 Parole Cafe & Restaurant B1

1. 삼백육십 360 B1

갈라타 탑에서 본 갈라타 다리

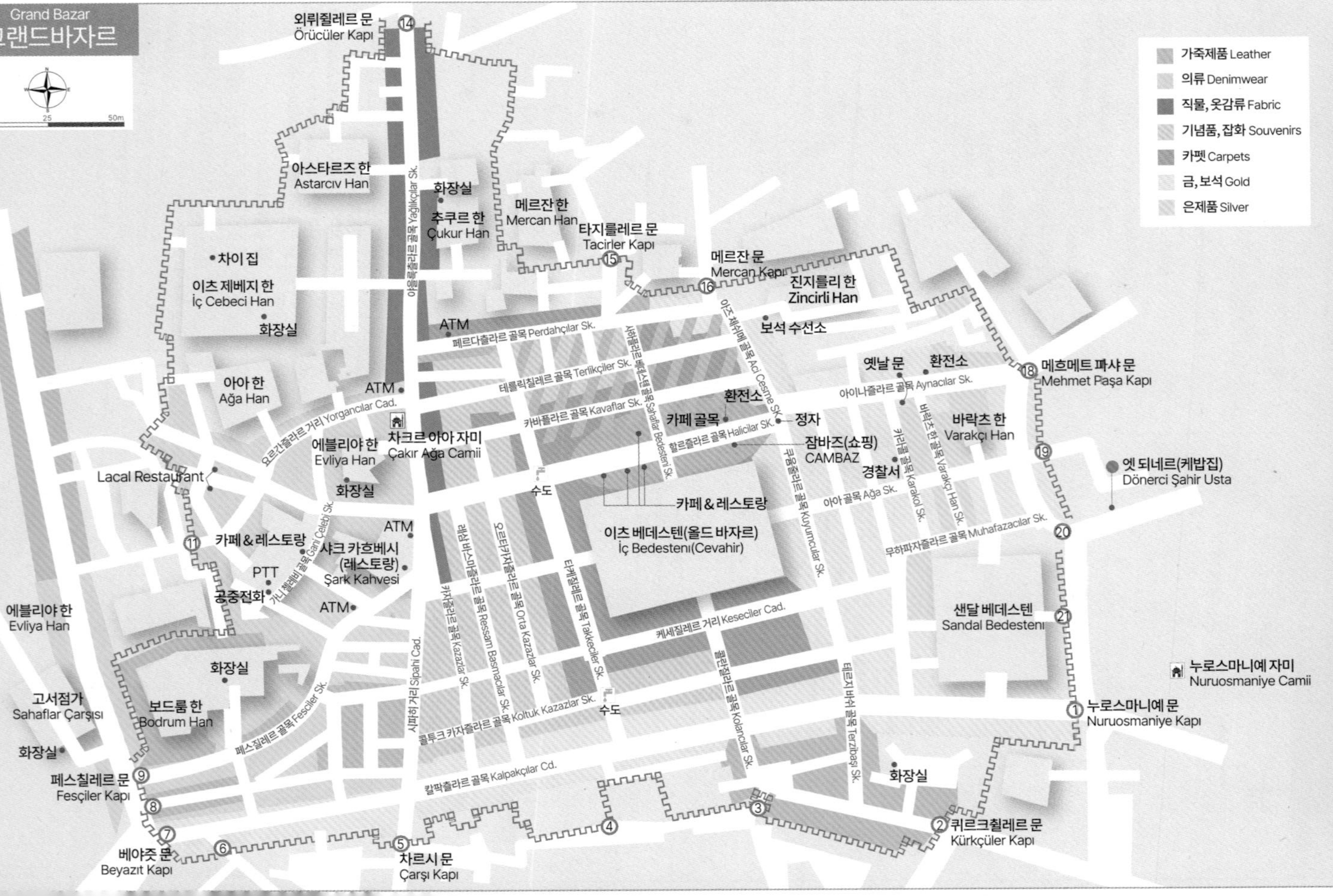
Grand Bazar
그랜드바자르
0 25 50m
가죽제품 Leather
의류 Denimwear
직물, 옷감류 Fabric
기념품, 잡화 Souvenirs
카펫 Carpets
금, 보석 Gold
은제품 Silver
외뤼췰레르 문
Örücüler Kapı
아스타르즈 한
Astarcıv Han
화장실
추쿠르 한
Çukur Han
메르잔 한
Mercan Han
타지를레르 문
Tacirler Kapı
메르잔 문
Mercan Kapı
진지를리 한
Zincirli Han
보석 수선소
차이 집
이츠 제베지 한
İç Cebeci Han
화장실
이을륵츨라르 골목 Yağlıkçılar Sk.
ATM
페르다흐츨라르 골목 Perdahçılar Sk.
테를릭칠레르 골목 Terlikçiler Sk.
사하플라르 베데스텐 골목 Sahaflar Bedesteni Sk.
아즈 체쉬메 골목 Aci Cesme Sk.
옛날 문
환전소
메흐메트 파샤 문
Mehmet Paşa Kapı
아이나즐라르 골목 Aynacılar Sk.
아아 한
Ağa Han
ATM
요르간즐라르 거리 Yorgancılar Cad.
차크르 아아 자미
Çakır Ağa Camii
카바플라르 골목 Kavaflar Sk.
환전소
카페 골목
정자
할르즐라르 골목 Halicilar Sk.
잠바즈(쇼핑)
CAMBAZ
경찰서
카라콜 골목 Karakol Sk.
바락츠 한 골목 Varakçı Han Sk.
바락츠 한
Varakçı Han
에블리아 한
Evliya Han
Lacal Restaurant
화장실
수도
카페 & 레스토랑
쿠윰줄라르 골목 Kuyumcular Sk.
아아 골목 Ağa Sk.
엣 되네르(케밥집)
Dönerci Şahir Usta
카페 & 레스토랑
샤크 카흐베시
(레스토랑)
Şark Kahvesi
가니 첼레비 골목 Gani Çelebi Sk.
ATM
이츠 베데스텐(올드 바자르)
İç Bedesteni(Cevahir)
무하파자즐라르 골목 Muhafazacılar Sk.
PTT
공중전화
ATM
카자즐라르 골목 Kazazlar Sk.
레삼 바스마즐라르 골목 Ressam Basmacılar Sk.
오르타카자즐라르 골목 Orta Kazazlar Sk.
타케질레르 골목 Takkeciler Sk.
에블리아 한
Evliya Han
케세질레르 거리 Keseciler Cad.
샌달 베데스텐
Sandal Bedesteni
누르스마니예 자미
Nuruosmaniye Camii
화장실
고서점가
Sahaflar Çarşısı
보드룸 한
Bodrum Han
페스칠레르 골목 Fesçiler Sk.
시파히 거리 Sipahi Cad.
콜투크 카자즐라르 골목 Koltuk Kazazlar Sk.
수도
콜란즐라르 골목 Kolancılar Sk.
테르지 바쉬 골목 Terzibaşı Sk.
누르스마니예 문
Nuruosmaniye Kapı
화장실
칼팍츨라르 골목 Kalpakçılar Cd.
화장실
화장실
페스칠레르 문
Fesçiler Kapı
베야즛 문
Beyazıt Kapı
차르시 문
Çarşı Kapı
퀴르크췰레르 문
Kürkçüler Kapı
1
2
3
4
5
6
7
8
9
11
14
15
16
18
19
20
21

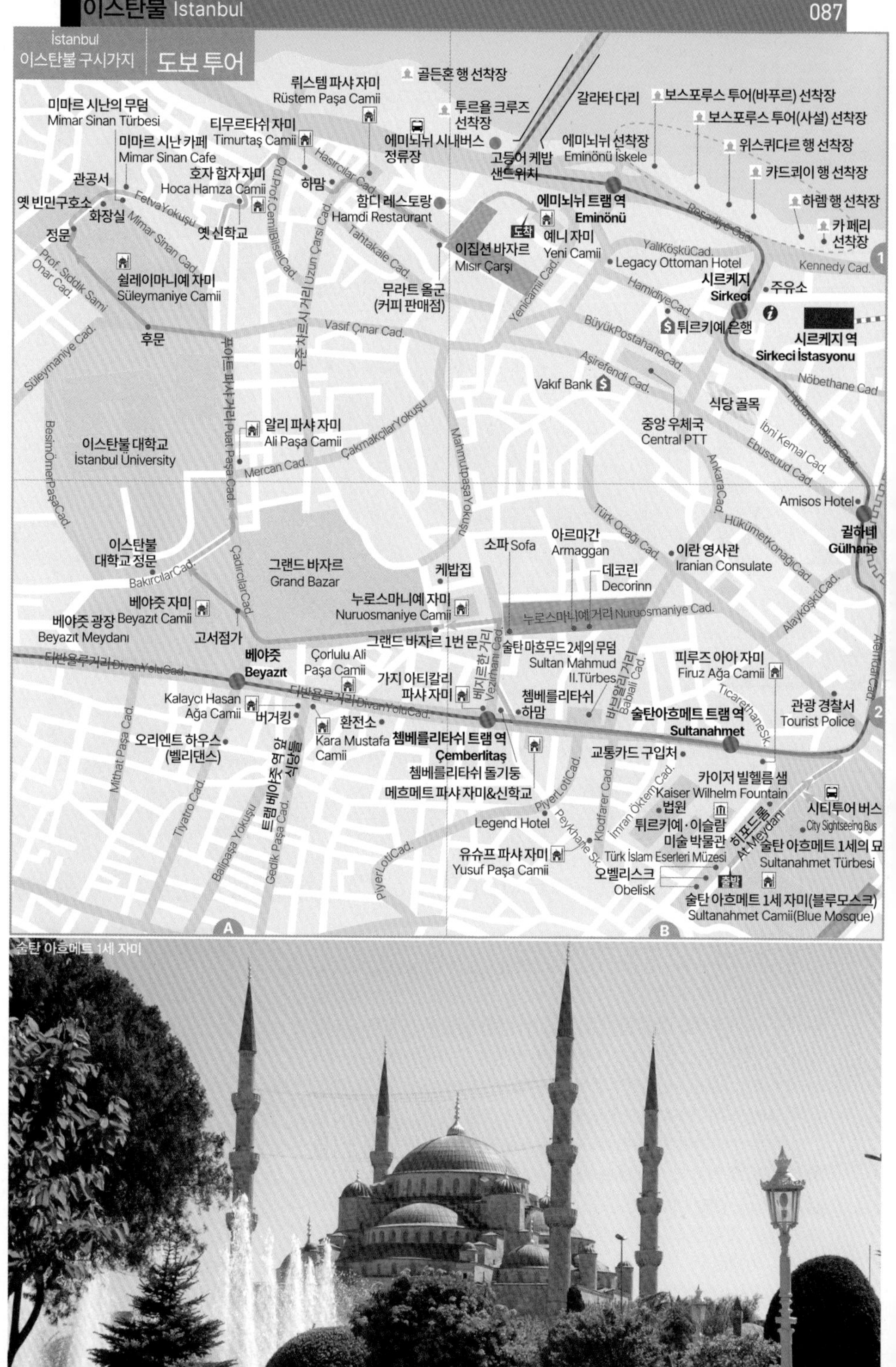

İstanbul
이스탄불 구시가지
도보 투어
골든혼 행 선착장
뤼스템 파샤 자미
Rüstem Paşa Camii
투르욜 크루즈 선착장
갈라타 다리
보스포루스 투어(바푸르) 선착장
보스포루스 투어(사설) 선착장
위스퀴다르 행 선착장
카드쾨이 행 선착장
하렘 행 선착장
카 페리 선착장
미마르 시난의 무덤
Mimar Sinan Türbesi
티무르타쉬 자미
Timurtaş Camii
미마르 시난 카페
Mimar Sinan Cafe
에미뇌뉘 시내버스 정류장
고등어 케밥 샌드위치
에미뇌뉘 선착장
Eminönü İskele
호자 함자 자미
Hoca Hamza Camii
관공서
옛 빈민구호소
화장실
정문
옛 신학교
하맘
함디 레스토랑
Hamdi Restaurant
에미뇌뉘 트램 역
Eminönü
도착
예니 자미
Yeni Camii
이집션 바자르
Mısır Çarşı
Legacy Ottoman Hotel
시르케지
Sirkeci
주유소
쉴레이마니예 자미
Süleymaniye Camii
무라트 올군
(커피 판매점)
튀르키예 은행
시르케지 역
Sirkeci İstasyonu
후문
Vasıf Çınar Cad.
우준 차르시 거리 Uzun Çarşı Cad.
푸아트 파샤 거리 Puat Paşa Cad.
Vakıf Bank
식당 골목
중앙 우체국
Central PTT
알리 파샤 자미
Ali Paşa Camii
이스탄불 대학교
İstanbul Üniversity
Mercan Cad.
Çakmakçılar Yokuşu
Mahmutpaşa Yokuşu
Amisos Hotel
귈하네
Gülhane
이스탄불 대학교 정문
소파 Sofa
아르마간
Armaggan
이란 영사관
Iranian Consulate
데코린
Decorinn
그랜드 바자르
Grand Bazar
케밥집
누로스마니예 자미
Nuruosmaniye Camii
누로스마니예 거리 Nuruosmaniye Cad.
베야즛 자미
Beyazıt Camii
베야즛 광장
Beyazıt Meydanı
고서점가
그랜드 바자르 1번 문
술탄 마흐무드 2세의 무덤
Sultan Mahmud II.Türbes
피루즈 아아 자미
Firuz Ağa Camii
디반욜루 거리 DivanYoluCad.
베야즛
Beyazıt
Çorlulu Ali Paşa Camii
가지 아티칼리 파샤 자미
베지르한 거리 Vezirhani Cad.
바브알리 거리 Babıali Cad.
첸베를리타쉬 하맘
술탄아흐메트 트램 역
Sultanahmet
관광 경찰서
Tourist Police
Kalaycı Hasan Ağa Camii
버거킹
환전소
오리엔트 하우스 (벨리댄스)
Kara Mustafa Camii
첸베를리타쉬 트램 역
Çemberlitaş
첸베를리타쉬 돌기둥
메흐메트 파샤 자미&신학교
교통카드 구입처
카이저 빌헬름 샘
Kaiser Wilhelm Fountain
법원
튀르키예·이슬람 미술 박물관
Türk İslam Eserleri Müzesi
시티투어 버스
City Sightseeing Bus
트램 베야즛 역 앞 식당들
Legend Hotel
히포드롬 At Meydanı
술탄 아흐메트 1세의 묘
Sultanahmet Türbesi
유슈프 파샤 자미
Yusuf Paşa Camii
오벨리스크
Obelisk
출발
술탄 아흐메트 1세 자미(블루모스크)
Sultanahmet Camii(Blue Mosque)

술탄 아흐메트 1세 자미

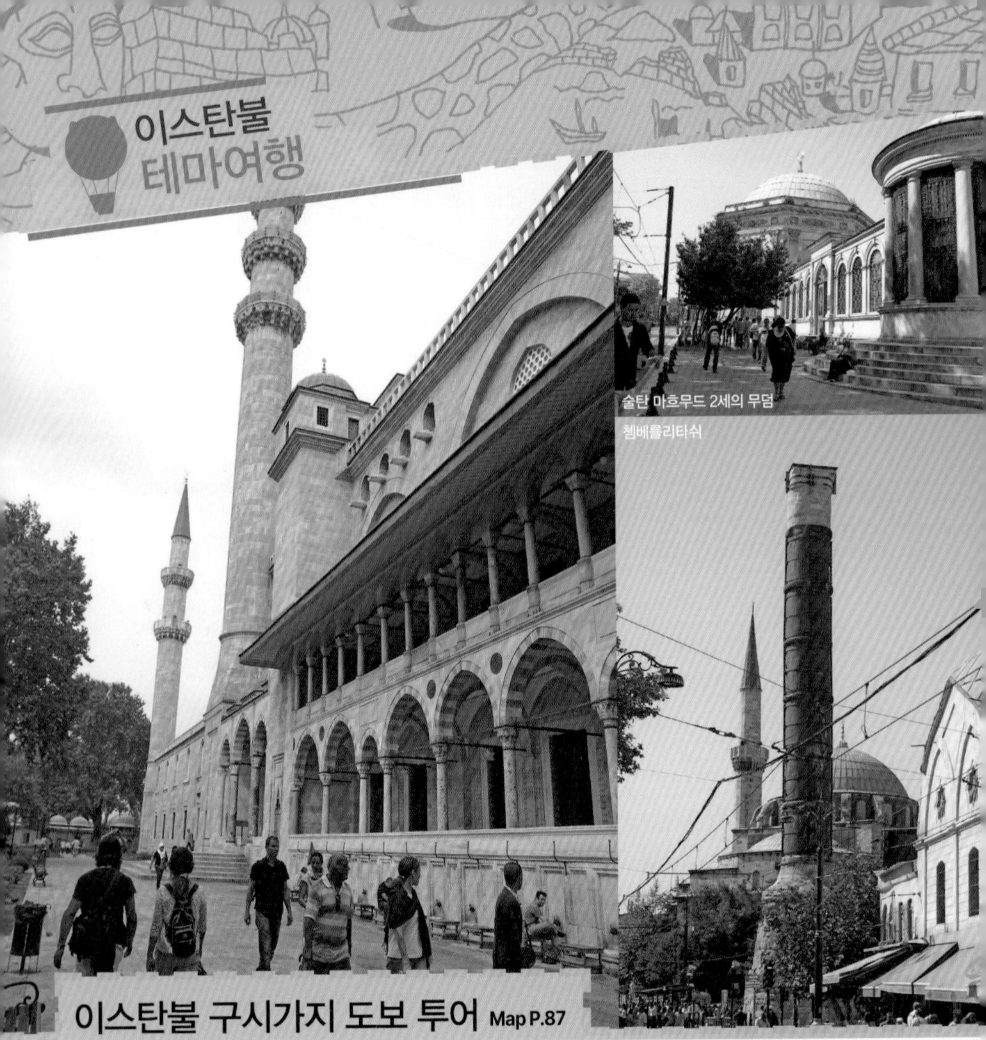

술탄 마흐무드 2세의 무덤

쳄베를리타쉬

이스탄불 구시가지 도보 투어 Map P.87

이스탄불 구시가지인 술탄아흐메트와 쳄베를리타쉬, 베야즛 지역은 자타가 공인하는 최고의 역사지구입니다. 돌길이 깔린 자미의 벽을 따라 이어지는 골목은 대를 이어 살아온 사람들의 숨결이 배어있고, 세상의 온갖 물산이 모이고 문화가 교류하던 시장과 먼 길을 걸어온 대상들이 머물던 한 Han도 있습니다. 그뿐인가요? 추운 날 뜨끈하게 피로를 풀며 이웃과 정을 나누던 하맘 Hamam(튀르키예식 욕장)과 이슬람의 교리를 가르치던 신학교는 돌멩이 하나까지 사연이 있다고 해도 과언이 아니랍니다. 박물관에 갇힌 유물이 아니라 지금도 살아 숨쉬는 삶의 터전을 두 발로 구석구석 누비며, 사람과 역사의 현장을 느껴보는 것이 이스탄불을 진정으로 이해하는 길이 아닐까 싶습니다. 따사로운 햇볕이 쬐는 날도 좋고 구름이 낮게 깔린 흐린 날도 정취를 느끼기에 매력적입니다. 자 그러면 삶과 역사의 현장으로 걷는 여행을 떠나볼까요?

술탄 아흐메트 1세 자미는 두말할 필요가 없는 오스만 제국 최고의 자미(P.93). 그 다음은 트램길을 따라 천천히 걷다보면 오른편에 **술탄 마흐무드 2세의 무덤**이 나온다(P.102). 길 건너편은 1659년에 조성된 메흐메트 파샤 자미와 신학교이며 앞쪽에 **쳄베를**

도보 투어 코스

예상소요시간 7~8시간

술탄 아흐메트 1세 자미→술탄 마흐무드 2세의 무덤→쳄베를리타쉬→누로스마니예 자미→그랜드 바자르→베야즛 광장→쉴레이마니예 자미→뤼스템 파샤 자미→이집션 바자르→예니 자미

그랜드 바자르 1번 문
베야즛 광장
쉴레이마니예 자미
미마르 시난의 무덤
미마르 시난 카페에서 본 멋진 경치
폐허가 된 옛 신학교가 있는 골목
이집션 바자르 서쪽 문

리타쉬라고 하는 커다란 돌기둥이 보인다. 로마의 콘스탄티누스 대제가 새 수도인 콘스탄티노플을 건설한 기념으로 330년에 세운 것이다. 이스탄불에 남아있는 몇 안 되는 비잔틴 제국의 흔적이라 반갑기까지 하다. 탑 뒤로는 넓은 광장이 있고 가지 아티칼리 파샤 자미가 있다.

아티칼리 파샤 자미를 왼쪽으로 끼고 걸으면 눈앞에 커다란 **누로스마니예 자미**가 보인다. 1755년 당시 최신 유행이었던 바로크 양식으로 지어 내외부의 장식이 화려한 것이 특징이다. 누로스마니예 자미 앞은 유명한 그랜드 바자르로 이어진다. 누로스마니예 자미 정문으로 나오면 그랜드 바자르의 1번 문인 '누로스마니예 카프스'가 있고 문을 통과하면 그랜드 바자르에 들어선다.

그랜드 바자르(P.103)는 수많은 상점과 길이 있어서 원하는 코스로 다니는 사람은 하나도 없다고 해도 과언이 아니다. 이츠 베데스텐 구역의 보석 상가와 앤티크 가게는 꼭 구경할 것을 추천한다. 이츠 베데스텐 구역 바로 옆의 할르츨라르 거리는 멋진 카페가 늘어서 있고 아기자기한 가게들이 많아서 휴식을 취하며 구경하기 좋다(수제비누, 스카프, 앙증맞은 액세서리 등 특히 여성 여행자가 좋아할 만한 물건들이 가득하다). 시간이 없는 사람이라면 이 두 구역만 잘 보고 가도 성공하는 셈이다.

한편 그랜드 바자르 1번 문으로 들어가기 전 오른쪽 길로 내려가다가 삼거리에서 오른쪽으로 꺾으면 바로 왼편에 조그만 케밥집이 있다. 현지인들이 줄서서 먹는 유명한 곳이므로 들러보자.

그랜드 바자르 구경을 마치고 7번 출구로 나와서 바로 옆의 고서점가를 통과하면 베야즛 자미와 이스탄불 대학교 정문이 있는 **베야즛 광장**이다. 비둘기에게 모이를 주는 한가한 정취를 즐기며 **베야즛 파샤 자미**도 구경하고 그 다음 푸아트 파샤 거리 Puat Paşa Cad.를 따라가자. 천천히 상점을 기웃거리며 10분쯤 걸으면 사거리가 나오고 담장을 따라 왼쪽 오르막길로 접어든다. 길을 따라 조금만 올라가면 오른편에 웅장한 **쉴레이마니예 자미**(P.104)가 나타난다. 잔디밭이 조성된 자미 경내와 무덤을 둘러보고 쉬었다 가자. 유료화장실도 있다. 정문을 통해 밖으로 나오면 자미 부속 건물인 옛 빈민구호소(현재는 레스토랑으로 운영)가 나오고 오른쪽으로 길을 잡자.

조금만 걸으면 나오는 관공서 건물에서 오른쪽으로 꺾으면 갈림길이 나오는데 왼쪽 내리막길로 가자. 정면에 보이는 흰 대리석 건물은 오스만 건축의 거장 **미마르 시난의 무덤**(P.105)이다. 왼쪽 내리막길로 접어들자마자 왼편에 **미마르 시난 카페**(P.125)가 있다. 골든혼과 갈라타 다리 전망이 끝내주는 곳이므로 올라가서 튀르키예식 커피를 한잔하며 멋진 경치를 즐기자.

미마르 시난 카페를 나와서 내리막길을 내려가다가 왼쪽으로 네 번째 골목으로 꺾어들어 내리막길을 걸으면 호자 함자 자미 Hoca Hamza Camii가 나오고 맞은편에는 **폐허가 된 옛 신학교 건물**이 있다. 신학교 담장을 따라가다가 오른쪽 골목으로 내려가면 큰길과 합류한다. 길을 건너서 맞은편의 공구상가 골목으로 접어들자. 맞게 왔다면 왼쪽에 티무르타쉬 자미 Timurtaş Camii가 보일 것이다. 길은 우준 차르시 거리 Uzun Çarsi Cad.로 이어진다. 왼쪽으로 꺾어 조금만 가면 정면에 **뤼스템 파샤 자미**(P.105) 입구가 나온다. 자미 구경 후 들어갔던 입구로 나와서 바로 왼쪽으로 복잡한 시장 골목을 통과하면 이집션 바자르 서쪽 문(하스르즐라르 문 Hasırcılar Kapısı)에 이른다. 문 입구의 커피 판매점은 매우 유명한 곳이므로 커피를 쇼핑해도 좋다. **이집션 바자르**(P.105) 안으로 들어가서 시장을 구경해도 좋고, 시간이 없거나 피곤하면 왼쪽 길로 나가서 오른쪽으로 꺾으면 바로 **예니 자미**(P.106) 앞 광장에 이른다. 예니 자미의 아잔 소리를 들으며 일정은 마무리된다. 출출하다면 에미뇌뉘 선착장 부근에서 파는 고등어 케밥을 사 먹고 갈라타 다리로 올라가서 쉴레이마니예 자미의 야경을 즐겨도 좋다.

Attraction 이스탄불의 볼거리

땅만 파면 유적이 나와 건물을 제대로 지을 수 없다는 이스탄불. 도시 전체가 박물관이라 해도 과언이 아닐 정도로 짧은 하루 해가 야속하기만한 도시다. 부지런히 발품을 팔며 명소 탐방에 나서보자.

구시가지 세계문화유산

역사학자 토인비는 이스탄불을 일컬어 '인류문명의 살아 있는 거대한 옥외 박물관'이라 했다. 2000년이 넘는 시간 동안 이스탄불의 지배자는 이곳을 무대로 나라를 세우고 명멸해 갔다. 그 사실을 반영하듯 구시가지는 히타이트, 아시리아 등 고대 오리엔트 문명에서부터 그리스, 로마, 비잔틴, 이슬람 등 인류가 이룩한 수많은 문명이 고스란히 살아 숨쉬는 이스탄불의 심장부 그 자체다.

하기아 소피아 모스크(아야소피아 성당) Hagia Sophia Grand Mosque

★★★★★

Map 부록-C4 **주소** Ayasofya Meydanı Sultanahmet, İstanbul **전화** (0212)522-0989 **개관** 매일 09:00~19:30(겨울철은 17:00까지) **요금** €25(하루 5번의 기도 시간에는 입장 불가) **가는 방법** 술탄아흐메트 지역 중심부 아야소피아 광장 내에 있다.

이스탄불을 상징하는 건물 중 하나로 세계사 시간에 비잔틴 건축의 대표로 열심히 외웠던 바로 '성 소피아' 성당이다. 원래 명칭은 '하기아 소피아 Hagia Sophia'로 '신성한 지혜'를 뜻하며 그리스 정교의 총본산이었다.

아야소피아 성당 자리에는 원래 콘스탄티누스 황제의 아들 콘스탄티우스 2세가 세웠던 거대한 교회가 있었는데 화재로 소실된 후 416년 재건되었다. 그러나 이마저도 532년 니카 혁명 때 파괴되는 불운한 운명을 맞았다. 제국의 수도에 교회가 없다는 건 국가의 자존심과도 상통하는 것. 결국 유스티니아누스 Justinianus 1세 때 존엄성을 회복하고자 기술자 100명과 연인원 1만 명을 동원해 건설을 시작해 5년 10개월 만인 537년 완공되었다.

설계는 당시 최고의 수학자이자 건축가인 안테미우스와 이시도로스가 담당했는데 안쪽

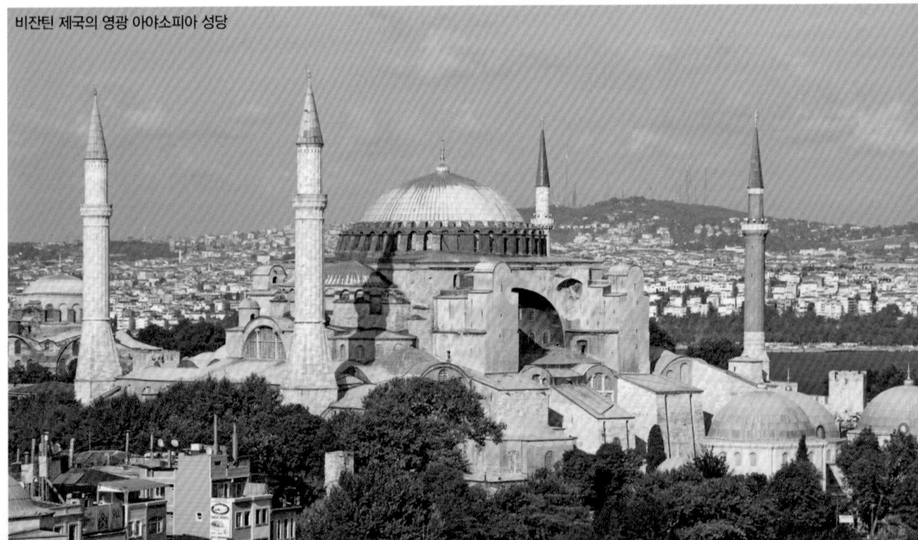

비잔틴 제국의 영광 아야소피아 성당

깊이 77m, 너비 71.7m로 거의 정사각형의 그리스 십자형 플랜에 가깝다. 놀라운 점은 장대한 규모의 건물을 지탱하고 있는 것이 기둥이 아닌 15층 높이의 거대한 돔이라는 사실이다. 높이 55m, 폭 33m에 달하는 거대 돔을 코끼리 다리라 불리는 4개의 기둥이 받치고 있다. 헌당식에 임한 황제는 성당의 아름다움에 감동한 나머지 "오, 솔로몬이여! 나는 그대에게 이겼도다!"라고 외치며 기도를 올렸다고 한다.

이후 약 900년간 세계에서 가장 위대한 성당으로 영광을 누려오던 아야소피아는 오스만 제국으로 넘어가면서 한때 헐릴 위기까지 처했으나 건물의 아름다움에 반한 술탄 메흐메트 2세에 의해 겨우 명맥을 유지했다. 대신 원래의 용도가 바뀌어 이슬람 사원으로 개조되는 운명은 피하지 못했다. 지금 볼 수 있는 건물 주위의 미나레(첨탑)는 이때 건립되었고 내부의 모자이크화는 회벽으로 덮였다.

튀르키예 공화국에 들어와 1935년부터 박물관으로 개조되어 일반에 공개되었다가 2020년 7월 다시 모스크로 바뀌어 현재에 이르고 있다. 하루 5회의 이슬람 예배시간에는 방문이 통제되며 내부의 모자이크화도 천으로 가려 놓는다. 기독교의 특징인 모자이크화와 코란의 금문자, 미나레 등을 바라보고 있노라면 기독교와 이슬람교의 동거를 보는 것 같아 묘한 기분에 휩싸인다.

내랑·외랑

본당으로 들어서기 전에 두 개의 회랑을 지나게 되는데 이곳은 교회에 들어가기 전 기도를 준비하던 곳이다. 내랑에서 본당으로 들어서는 문은 전부 9개로, 가운데 가장 큰 문은 황제 전용 문이었다고 한다. 문 위쪽에 모자이크화가 보인다. 예수를 중심으로 왼쪽 원은 성모 마리아, 오른쪽 원은 천사 가브리엘이며 무릎을 꿇고 있는 사람은 비잔틴 황제 레오 6세다.

본당

본당에 들어서면 일단 어마어마한 규모에 압도된다. 높이 55m의 돔은 전 세계에서 다섯 손가락 안에 꼽힐 정도며, 입구 양쪽에 놓인 1250L의 물을 담을 수 있는 대리석 항아리는 고대 페르가몬 왕국에서 가져온 것이다. 북서쪽의 기둥은 일명 '땀 흘리는 기둥'이라고 하는데 이 기둥의 구멍에 엄지손가락을 넣고 완전히 한 바퀴 돌리면 소원이 이루어진다는 전설이 있다.

중앙 돔을 중심으로 이슬람 문자가 새겨진 커다란 원판이 있는데 이는 알라와 예언자 무함마드를 비롯한 4대 초대 칼리프의 이름이다. 직경 7.5m의 이 원판은 이슬람 세계 최고의 달필로 손꼽히는 작품. 제일 안쪽의 미흐랍은 자세히 보면 오른쪽으로 조금 치우쳐 있는데 이는 메카의 방향을 나타내기 위한 것이다.

미흐랍 옆의 계단은 설교단인 밈베르 Mimber이고 왼쪽은 술탄이 앉던 자리다. 미흐랍 위 천장의 프레스코화를 놓치지 말아야 하는데 성모상을 중심으로 오른쪽에 약간 훼손된 미카엘 천사가 보인다. 성모상 왼쪽으로는 가브리엘 천사가 있었다고 하지만 확인할 길은 없다.

아야소피아 성당 내부

모스크로 바뀐 뒤 바닥은 카페트로 덮여 있는데 한 쪽에 카페트가 덮이지 않은 색색의 대리석 모자이크로 된 부분이 있다. 이곳은 '옴팔리온'이라 불리는 곳으로 그리스어로 배꼽(세계의 중심)을 뜻한다. 동로마 제국의 각 지역에서 가져온 대리석으로 만들었으며 이 자리에서 동로마 제국 역대 황제들이 대관식을 거행했다.

박물관 내부에는 총 91개의 채광창이 있는데 이는 자연광을 이용해 벽화를 부각시키기 위해 의도적으로 만든 것이다. 금색으로 그린 모자이크화가 조명을 받게 해서 엄숙하고 종교적인 분위기를 극대화하려는 의도다.

관람을 마친 후 나갈 때 출구 뒤편에 있는 모자이크화를 놓치지 말자. 성모 마리아를 중심으로 비잔틴의 황제가 있는데 오른쪽이 콘스탄티누스 대제로 콘스탄티노플을 봉헌하는 장면이고, 왼쪽은 유스티니아누스 황제로 아야소피아 성당을 봉헌하는 장면이다. 밖으로 나가면 다시 못 들어가므로 이 아름다운 모자이크화를 놓치지 말고 감상하자.

2층 갤러리

내랑에 들어서면 왼쪽 끝에 2층으로 올라가는 길이 있다. 2층은 여성들이 예배를 보던 곳으로, 올라가는 길은 계단 대신 비탈길로 만들어졌다. 그 이유는 다른 여성들이 가마를 타고 올 때 기도하고 있는 여왕을 방해하지 않도록 하기 위해서였다고 한다.

서쪽 테라스 한가운데에 원이 그려진 곳이 여왕이 예배하던 곳이다.

콘스탄티노플과 아야소피아 성당을 봉헌하는 모자이크화

2층은 모자이크화를 더 자세히 감상할 수 있다. 통로를 올라가서 오른쪽으로 가면 '천국의 문'이라고 하는 대리석 문이 나오고 이 문을 지나면 중앙에 예수가 있고 오른쪽에 세례 요한, 왼쪽에 성모 마리아가 있는 데이시스(간청, 탄원이라는 뜻) 모자이크화를 볼 수 있다. 이 성화는 비잔틴 제국의 미하일 8세 팔레오로고스 Mikhael Ⅷ Palaiologos 황제가 제4차 십자군이 점령한 콘스탄티노플을 탈환한 해인 1261년 제작된 것이다. 비잔틴 제국의 성화는 빛이 항상 등장인물의 오른쪽에서 들어오는 것으로 그려져 있는데 이 성화는 실제 빛까지 그 방향에서 들어와 효과를 극대화하고 있다. 수심이 가득한 예수와 성모 마리아, 세례 요한의 얼굴이 인상적이다. 맞은편

+ 알아두세요!

편리한 뮈제 카르트 Müze Kart(박물관 카드)

이스탄불의 주요 명소를 돌아보는데 편리한 뮈제 카르트(뮤지엄 패스)가 있습니다. 요금 할인도 되고 입장권을 사기 위해 줄을 기다릴 필요가 없으므로 일석이조랍니다.

이스탄불용 카드 뿐만 아니라 카파도키아용 카드, 지중해용 카드, 심지어 튀르키예 전역을 커버하는 카드도 있답니다. 단, 이용 가능일이 정해져 있으므로 구입시 자신의 여행 일정을 잘 따져 보세요. 각 지역별 방문 가능한 박물관 목록은 홈페이지(www.muze.gov.tr)나 어플(Museums of Turkey)을 참고하세요.

뮈제 카르트 종류(외국인용) 이스탄불 €105(5일), 카파도키아 €65(3일), 지중해 €90(7일), 에게해 €95(7일), 튀르키예 전역 €165(15일)

이스탄불 뮈제 카르트 사용 가능 박물관 톱카프 궁전, 국립 고고학 박물관, 갈라타 타워, 튀르키예·이슬람 미술 박물관, 모자이크 박물관, 루멜리 히사르, 갈라타 메블라나 박물관, 이맘 미츠키에비치 박물관, 이슬람 과학기술 역사 박물관

구입처 톱카프 궁전, 고고학 박물관, 갈라타 타워, 모자이크 박물관 등.

바닥에는 'HENRICUS DANDOLO'라고 새겨진 대리석 판이 있다. 이곳이 1204년 제4차 십자군을 이끌고 콘스탄티노플을 공격해 점령한 베네치아 공화국의 도제(원수) 엔리코 단돌로의 무덤이다. 이교도를 정벌하기 위해 나선 십자군이 같은 기독교도를 공격한 이 사건으로 동서 교회는 완전히 갈라지게 되었고, 800년이 흐른 2001년 교황 요한 바오로 2세가 이 사건에 대해 두 번이나 사과의 뜻을 표명했다.

갤러리 끝에 두 개의 모자이크화가 더 있다. 오른쪽에는 성모 마리아가 아기 예수를 안고 있고 양옆에는 콤네노스 황제와 부인 이레인, 아들인 알렉시우스가 있다. 왼쪽에는 앉아 있는 예수를 중심으로 여황제 조에 Zoe와 그녀의 세 번째 남편 콘스탄티누스 9세의 모습이 있다.

술탄 아흐메트 1세 자미(블루모스크)
Sultanahmet Camii(Blue Mosque)

★★★★★

Map 부록-C5 **주소** Sultanahmet Camii Sultanahmet, İstanbul **개관** 매일 08:00~18:00(하루 5번의 기도시간에는 입장 불가) **요금** 무료 **가는 방법** 아야소피아 성당에서 바브휘마윈 거리 Babıhümayün Cad.를 따라 도보 2분.

아야소피아 성당(모스크) 맞은편에 있으며 튀르키예에서 가장 아름다운 자미 중 하나. '자미'는 이슬람 사원을 지칭하는 튀르키예어로 '꿇어 엎드려 경배하는 곳'이라는 뜻이다. 언제 봐도 아름다운 이 자미는 오스만 제국의 14대 술탄인 아흐메트 1세가 지은 것으로 1609년에 착공해 1616년에 완공되었다. 유독 종교적 신념이 철저했던 술탄은 기공식에 참석해 직접 땅을 파고 흙을 날랐다고 한다.

술탄 아흐메트 1세 자미 내부

건물은 높이 43m, 직경 27.5m의 거대한 중앙 돔을 4개의 중간 돔과 30개의 작은 돔들이 받치고 있으며 6개의 미나레(첨탑)가 본당을 호위하고 있다. 자미의 미나레는 두 가지 기능이 있는데 하루 다섯 차례의 예배 시간을 알리기 위해 소리치는 것(높이 올라가면 소리가 더 잘 퍼지니까)과 외부인에게 자미의 위치를 쉽게 알려주기 위한 것이다.

오스만 제국 때에는 이 미나레의 개수가 권력의 상징이 되었고 술탄 아흐메트 1세 자미도 예외는 아니었다. 최고의 자미를 짓고 싶었던 술탄은 당시 2~4개의 미나레가 일반적이던 자미 건축 전통을 뒤엎고 무려 6개나 만들었던 것. 건설 당시 이슬람의 총본산인 메카의 미나레도 6개였던 것이 마음에 걸렸던지 자신은 황금(튀르키예어로 '알툰 Altun')으로 지어달라고 한 것을 건축가인 마흐메트 아아 Mahmet Ağa가 숫자 6(튀르키예어로 '알투 Altu')으로 잘못 알아듣고 지었다는 후일담이 생겨났다. 참고로 마흐메트 아아는 오스만 제국 최고의 건축가인 미마르 시난 Mimar Sinan의 수제자. 아흐메트 1세는 메카의 모스크에 일곱 번째 미나레를 세우는 비용을 대고 나서야 비난에서 겨우 벗어날 수 있었다.

내부에는 260개의 스테인드글라스 창이 실내를 비추고 있으며 이즈니크에서 생산된 2만 1000여 장의 푸른색 타일이 창에서 들어오는 빛과 어우러져 신비로운 느낌을 자아낸다. 이른바 '블루모스크'라는 별칭이 붙은 이유다. 아쉽게도 원본 이즈니크 타일은 대부분 박물관에 있고 보이는 것은 복제품이다. 내부 장식 가운데 눈여겨볼 것은 벽의 타일 위에 적힌 코란의 구절들이다. 오스만 제국 최고의 서예가인 세이드 카심 구바리의 글씨다. 안쪽 중앙에 있는 미흐랍에는 메카의 카바 모스크

에서 가져온 성스러운 검은 돌이 안치되어 있다. 자미 앞에는 잘 가꾼 넓은 정원이 있어 시민들의 휴식처 역할을 톡톡히 한다. 꽃밭에 앉아 기도를 올리러 드나드는 튀르키예인들을 바라보는 것만으로도 시간 가는 줄 모른다.

술탄 아흐메트 1세의 묘
Sultanahmet Tübesi ★★

Map 부록-C5 **주소** Sultanahmet Türbesi Sultanahmet, İstanbul **개관** 매일 08:00~18:00 **요금** 무료 **가는 방법** 술탄 아흐메트 1세 자미에서 도보 1분.

오스만 제국의 자미는 주변에 신학교, 빈민구호소, 하맘, 병원, 무덤 등 부속시설이 있다. 술탄 아흐메트 1세 자미의 북쪽에 자미의 주인인 술탄 아흐메트 1세의 묘가 있다. 그는 13세에 술탄의 자리에 올라 26세 때 자미가 완성되는 것을 보지만 아쉽게도 그 영화는 오래가지 못했다. 자미 완공 후 겨우 1년 만에 돌연 사망한 것.

술탄 아흐메트 1세 자미 입구에 그의 무덤이 있는데, 술탄 아흐메트 1세와 일가족의 묘 30여 기(基)가 있다. 천장과 벽의 세밀한 문양과 타일, 스테인드글라스로 장식된 창문은 예술적 가치가 높아 그냥 지나치기에는 아까운 곳이다. 술탄 아흐메트 1세 자미 관람을 마치고 나오면서 둘러보자.

자미에서 지켜야 할 에티켓

자미는 종교적 시설물이기 때문에 관람하기 전 갖추어야 할 예의가 있습니다. 엄숙하고 경건한 이미지로 반바지나 소매 없는 티셔츠 같은 과다노출은 피하는 것이 기본. 복장에 관한 제약은 지방으로 갈수록 정도가 더 심해집니다. 여성의 경우 좀더 까다로운 규정이 적용되어 머리카락을 가리는 히잡을 준비해야 합니다. 아야소피아 등 일부 모스크에서는 히잡을 쓰지 않으면 입장이 거부되기도 하니 미리 준비하는 게 좋습니다 아울러 모든 자미에는 손발을 씻을 수 있는 수도가 있습니다. 자미에 왔다면 입장하기 전 튀르키예인과 함께 발을 씻어 보는 건 어떨까요? 문화도 존중하고 친절한 튀르키예인의 정이 듬뿍 담긴 관심도 덤으로 얻을 수 있습니다.

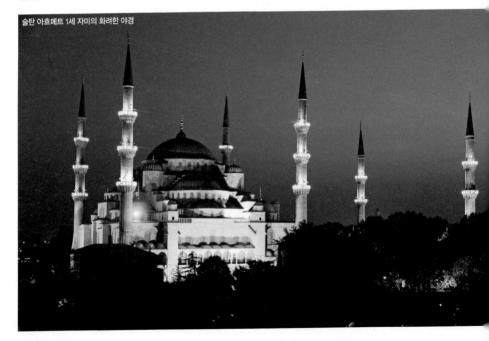

술탄 아흐메트 1세 자미의 화려한 야경

히포드롬
At Meydan ★★★

Map 부록-C5 **주소** At Meydanı Sultanahmet, İstanbul **개방** 24시간 **요금** 무료 **가는 방법** 술탄 아흐메트 1세 자미에서 도보 1분.

술탄 아흐메트 1세 자미 정문 앞의 기다란 광장으로 비잔틴 시대에 전차 경주가 벌어지던 경기장이다. 비잔틴 제국의 황제나 개선장군의 환영 등 중요한 국가행사가 치러졌으며, 532년 일어난 니카의 반란도 이곳에서 3만 명의 희생자를 내면서 진압되었다. 경기장은 세로 500m, 가로 117m의 규모였는데 지금은 3개의 기둥이 서 있는 공원이다. 아야소피아 성당과 술탄 아흐메트 1세 자미 주변에 있어 몇 번씩 오가면서 그냥 지나치기 일쑤지만 기둥의 역사는 만만치 않다.

가장 남쪽에 있는 기둥은 이집트 오벨리스크 Egyptian Obelisk라고 불리는 것으로 기원전 16세기 이집트의 파라오 투트모세 3세가 시리아 정복을 위해 유프라테스 강을 건넌 기념으로 룩소르의 카르나크 신전에 세운 것 중 하나다. 이집트의 오벨리스크는 세계 신화 속의 우주나무와 동일한 역할을 하여 세계의 중심을 상징한다. 비잔틴의 콘스탄티우스 황제가 가져왔고 390년 테오도시우스 1세가 현재 자리에 세웠다. 원래는 높이 60m, 무게 800톤의 거대한 규모였는데 셋으로 잘라 그 윗부분만 가져왔다. 현재 높이는 19.8m다. 기단의 조각을 자세히 보면 오벨리스크를 세우는 모습과 무릎을 꿇은 이민족에게서 충성서약을 받는 황제 가족, 오벨리스크를 어떻게 세우게 되었는지를 설명한 비문 등이 있다.

가운데 있는 나선형의 세 마리의 뱀 기둥은 330년 콘스탄티누스 대제가 그리스 델포이의 아폴론 신전 앞에 있던 것을 가져온 것. 원래 용도는 기원전 478년 페르시아를 물리친 그리스의 승전기념탑이었다고 한다(기둥의 밑부분에는 31개 도시의 명칭이 새겨져 있다). 뱀 기둥은 높이가 8m에 달했지만 머리와 상단부분이 파손되어 현재 5m 정도만 남아 있다. 떨어져 나간 세 개의 뱀 머리 가운데 한 개는 이스탄불 국립 고고학 박물관에, 또 하나는 대영박물관에 소장되어 있다.

마지막 기둥은 콘스탄티누스 대제 때인 4세기에 건립된 것을 10세기경 콘스탄티누스 7

히잡을 쓴 여성 참배객
술탄 아흐메트 1세의 묘
히포드롬 광장

세가 대대적으로 수리한 것이다. 32m 높이의 이 오벨리스크는 벽돌을 쌓고 외벽을 청동판으로 씌운 아름다운 기둥이었으나 제4차 십자군의 침입 때 약탈로 사라졌다. 2011년 보수공사를 통해 마모된 부분을 메웠다.

광장의 동쪽 끝에는 카이저 빌헬름 샘 Kaiser Wilhelm Fountain이 있는데 샘의 정자는 1901년 독일 황제 빌헬름 2세가 제1차 세계대전의 동맹국이었던 오스만 제국의 술탄 압뒬하미드 2세에게 선물한 것이다. 정자 내부 천장의 금색 장식이 볼 만하며, 바깥에 돌아가며 달린 수도꼭지에서는 아직도 물이 나온다.

모자이크 박물관
Mozaik Müzesi ★★

Map 부록-C5 **주소** Torun Sk. Sultanahmet, İstanbul **전화** (0212) 518-1205 **개관** 매일 09:00~18:30(겨울철은 16:30까지) **요금** €10 **가는 방법** 술탄 아흐메트 1세 자미 옆 아라스타 바자르 내에 있다.

모자이크가 발달했던 초기 비잔틴 시대의 작품을 볼 수 있는 박물관. 로마인은 그리스 문화를 흡수해서 로마식으로 발전시켰는데 바닥과 벽을 모자이크로 장식하는 수법도 그 가운데 하나였다. 여러 가지 색깔의 대리석을 잘게 깨서 모자이크 재료로 썼는데 값싼 노예 노동력을 이용해 다양한 모자이크화를 만들었다. 화려한 것을 선호했던 로마인들은 대저택의 바닥이나 벽에 모자이크를 많이 했는데 특히 금박이나 은박을 샌드위치 모양으로 유리 틈에 끼워 놓은 조각은 로마인의 발명이었다. 빛을 받으면 눈부시게 대단한 장식 효과를 냈다. 이곳에 전시되어 있는 모자이크화는 옛 비잔틴 제국의 궁전 바닥을 장식했던 것으로(이곳에 궁전이 있었다), 화려함 대신 신화나 수렵을 주제로 인간의 삶과 동물의 모습이 잘 묘사되어 있다.

예레바탄 지하 저수지(지하궁전)
Yerebatan Sarıncı ★★★

Map 부록-C4 **주소** Yerebatan Cad. 13 Sultanahmet, İstanbul **전화** (0212)522-1259 **개관** 매일 09:00~18:30(4~9월), 08:30~17:30(10~3월) **요금** 800TL **가는 방법** 관광경찰서 맞은편에 있다. 아야소피아 광장에서 도보 1분.

6세기 비잔틴 제국의 황제 유스티니아누스 1세가 건설한 지하 물 저장소. 많은 인구가 거주했던 이스탄불 통치자의 물 고민을 단적으로 보여주는 시설물로 지하궁전이라는 별명이 붙을 만큼 규모가 어마어마하다. 저수지의 전체 크기는 길이 140m, 폭 70m, 높이는 9m에 이르며 8만 톤의 물을 저장할 수 있다. 물은 도시 북쪽으로 20km 떨어진 베오그라드 숲에서 공급되었다. 비잔틴 시대에는 궁전과 아야소피아 성당에 물을 공급했으며, 오스만 제국 시대에는 톱카프 궁전의 정원을 가꾸는 저수조로 쓰였다. 저수지는 336개의 대리석

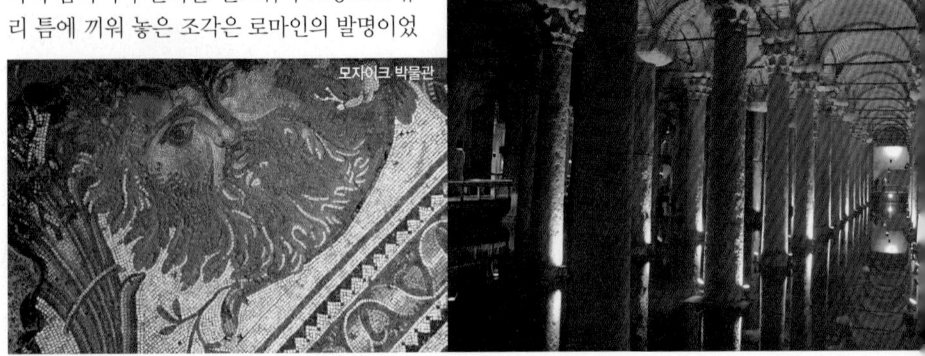
모자이크 박물관
예레바탄 지하 저수지

기둥이 지탱하고 있는데, 실제로 들어가 보면 잘 정렬된 기둥 때문에 마치 고대도시의 지하 궁전에 온 듯한 착각이 들 정도다.

내부는 시원하다 못해 으스스한 한기마저 돌며 가장 안쪽에는 유명한 메두사의 머리가 있다. 1984년 보수공사 때 지하에 쌓여 있던 진흙을 치우다가 발견되었으며 지금도 그 용도에 관해서는 의견이 분분하다. 전부 2개인데 하나는 거꾸로 서 있고 하나는 옆으로 누워 있다. 색색으로 바뀌는 조명을 받아 메두사의 얼굴은 기묘한 느낌마저 자아낸다. 메두사의 얼굴을 보는 사람은 누구나 돌로 변했다고 해서 예전에는 일종의 부적처럼 쓰였다고 한다. 출구 쪽에는 기념품 가게와 카페가 있다.

튀르키예·이슬람 미술 박물관
Türk İslam Eserleri Müzesi ★★

Map 부록-C5 **주소** Hippodrome 46 Sultanahmet, İstanbul **전화** (0212)518-1805 **개관** 매일 09:00~18:30 **요금** €17 **가는 방법** 아 야소피아 광장에서 도보 3분.

튀르키예와 이슬람의 미술품과 공예품을 모아 놓은 박물관. 술탄의 문서, 양탄자, 채색 도기, 세밀화 등 전시물의 수준이 상당한데다 1층에는 고대 튀르키예족인 유목민의 생활상을 재현한 코너도 있다. 튀르키예와 이슬람 미술에 관심이 있다면 일부러 찾아가 볼 만하다. 건물은 쉴레이만 대제의 사위였던 아브라함 파샤의 저택 일부를 개조한 것이라고 한다.

튀르키예·이슬람 미술 박물관

톱카프 궁전
Topkap Saray ★★★★★

Map 부록-C4 **주소** Soğuk Çeşşme Sk. Sultanahmet, İstanbul **전화** (0212)512-0480 **개관** 수~월요일 09:00~19:00(11~3월은 17:00까지), 하렘 10:00~17:00 **요금** 1,700TL(ISIC 국제학생증은 할인요금 적용) **가는 방법** 아야소피아 성당 뒤편에 있다. 아야소피아 광장에서 도보 5분.

세계 최강대국으로 명성을 떨쳤던 오스만 제국의 술탄이 거주하던 본 궁전. 중세 시대 오스만 제국은 유럽과 아시아, 아프리카에 걸친 대제국을 건설함으로써 정치, 경제, 문화, 유통 등 모든 면을 독점했고 톱카프 궁전은 제국의 심장과 같은 곳이었다.

세 대륙을 다스리던 궁전이었던 만큼 보스포루스 해협, 마르마라해, 골든혼 등 세 바다가 내려다보이는 이스탄불의 노른자위 땅에 지은 것은 당연지사. 1453년 꿈에도 그리던 이스탄불을 장악한 술탄 메흐메트 2세는 현재의 위치에 궁전을 건립했고 이후 여러 술탄이 증축을 거듭했다.

15세기 중반부터 20세기 초까지 약 500년간 오스만 제국을 통치했던 36명의 술탄 중 톱카프에 살았던 술탄은 18명. 궁전을 처음 지었을 당시에는 '새로운 궁전' 또는 그냥 '궁전'이라 불렀는데 후대로 오면서 정문 앞에 거대한 대포가 있어 톱카프로 불리게 되었다. 톱은 대포, 카프는 문이라는 뜻.

톱카프 궁전은 일반적인 궁전 건축 양식에 비해 매우 독창적인 스타일로 지어졌다. 유목민들이 큰 생활공간을 중심으로 둥그렇게 텐트를 치는 것처럼 아름다운 정원을 중심으로 사방에 건물을 세우는 방식으로 지었다. 이는 원래 유목민이었던 튀르키예의 전통을 반영한 것이다.

70만㎡(약 21만평)에 달하는 광대한 궁전은 1856년 새로운 궁전 돌마바흐체에 영광을 넘겨주기까지 명실상부한 제국의 핵심이었다. 전성기에는 5000명이 넘는 사람들이 거주했다고 하니 그야말로 작은 도시였던 셈. 궁전 안에는 4개의 정원이 있으며 정원 주변으로 하렘과 보물관, 정자 등 부속건물이 들어서 있다. 건립 당시부터 정원의 용도는 각각 달랐는데 제1정원은 개방 공간, 제2정원은 국가행사를 치르던 공간, 제3정원은 술탄의 알현실, 제4정원은 술탄과 가족의 개인 공간이었다.

궁전에 소장된 유물은 총 8만 6000여 점으로 세계적인 박물관으로도 손색이 없는데 외세의 침략으로 인한 약탈이 없었으므로 원형 그대로의 아름다움을 유지하고 있다. 궁전은 부분적으로 공사 중이라 공개되지 않는 곳도 있으며 보안상의 이유로 때때로 전시품이 교체되기도 한다. 정문에서부터 들어가는 순서로 관람하면 된다.

제1정원

현란한 코란이 새겨져 있는 바브 휘마윈 Babı Hümayün(제국의 문)을 지나면 제1정원을 만난다. 큰 나무들이 줄지어 있는 정원은 녹색 융단을 깔아놓은 것처럼 잔디가 잘 가꿔져 있다. 가로수 길을 따라가며 오른편에는 하인들의 거처와 병원 건물이 이어지고 왼쪽에는 성 이레네 교회가 있다. 참고로 성 이레네 교회는 아야소피아가 세워지기 전까지 총주교좌 성당이었으며, 381년 아리우스파를 이단으로 정죄한 제2차 종교회의가 열리기도 했다. 제1정원 끝나는 곳에 궁전의 본 문인 예절의 문이 나오고 오른쪽에 매표소와 박물관숍, 화장실이 있다. 한편 제국의 문 바깥쪽의 건물은 1728년에 지은 술탄 아흐메트 3세의 샘이다.

제2정원

바브 셀람(예절의 문)을 통과하면 제2정원이 이어지는데 이곳부터 본격적인 궁전이 시작된다. 표를 내고 들어서면 바로 오른쪽에 톱카프 궁전 모형이 있으니 전체적인 지리를 익히고 가자.

정원의 오른쪽으로 굴뚝이 줄지어 있는 건물은 궁전의 주방이었는데 지금은 도자기와 은제품을 전시해 놓았다. 전성기에는 수백 명의 요리사가 매일 2만 명분의 식사를 준비했다

톱카프 궁전 예절의 문

고 하니 궁전의 규모를 짐작하게 한다. 왼쪽으로는 하렘 입구가 있고 입구 옆에는 의회 건물과 갑옷, 투구 등 무기 전시실이 있다. 재상과 고위 관료들은 이곳에서 주 4회 정례모임을 가졌으며 오스만 제국의 모든 정치적 결정이 이루어졌다. 술탄은 의장석 뒤에 내부를 볼 수 없게 만든 별도의 공간에서 회의를 지켜볼 수 있었다. 각료회의를 튀르키예어로 '디반 Divan'이라고 하는데, 회의가 열린 이 회의실도 같은 이름으로 불렸다. 이 때문에 제2정원을 '디반의 정원'이라고도 부른다. 각료회의는 많은 이들에게 공개되었으며, 술탄을 알현하러 온 외국 사절도 이곳에서 술탄의 명을 기다렸다. 건물 바로 뒤의 '정의의 탑'이라 불리는 사각탑은 궁전 내부를 감시하는 망루였다.

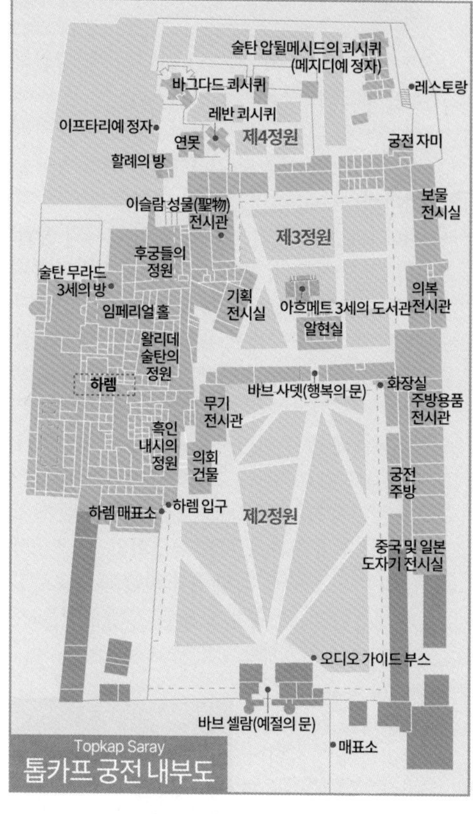

Topkap Saray
톱카프 궁전 내부도

하렘 Harem

하렘은 아랍어인 '하림'이 튀르키예어로 변한 것으로 금지의 장소라는 뜻이다. 술탄의 어머니, 부인, 시녀 등 여자들만 거주하던 곳으로 술탄과 내시를 제외한 남자는 엄격히 출입이 통제되었다.

하렘에는 수백 개가 넘는 방이 있어 식민지 곳곳에서 잡혀오거나 팔려온 여인들이 교육을 받고 궁전의 여인이 되었다.

관리와 통제는 흑인 내시들이 맡았으며 '왈리데 술탄'이라고 불리던 술탄의 모후가 절대권력을 쥐고 있었다. 하렘 여인의 최대 소망은 어쩌다 한 번 술탄의 눈에 드는 것. 억압된 삶 속에서 제일 먼저 아들을 낳아 신분상승을 이루는 것이 하렘 여인의 유일한 소망이었던 것은 당연한 일이었다. 오스만 제국은 원칙적으로 장자 상속이 아니어서 자기 아들을 술탄으로 세우려는 치열한 권력 암투가 벌어지기도 했다. 이슬람 율법에 따라 술탄은 '카든'이라 불리는 정비를 4명까지 둘 수 있었으며, 첩은 수의 제한이 없었다.

언뜻 생각하기에 폐쇄적인 삶을 강요당한 여인들의 삶처럼 초라하리라 생각하기 쉽지만 하렘 내부는 의외로 화려하다. 일반에 공개되는 곳은 술탄, 술탄의 부인과 어머니, 환관, 여자 노예들의 방들인데 타일과 샹들리에, 목욕탕의 장식이 상당한 수준을 자랑한다.

가장 볼 만한 것으로는 술탄의 방과 아흐메트 2세의 도서관, 임페리얼 홀 Imperial Hall이라 불리는 술탄의 연회실이다. 임페리얼 홀은 하렘에서 가장 큰 규모를 자랑하며 술탄의 왕좌와 악사들을 위한 발코니가 있다. 내부 장식은 화려하지만 전체적으로 어둡고 폐쇄적인 느낌이며 창문마다 붙어 있는 굵은 쇠창살은 하렘 여인들의 삶을 단적으로 보여주는 것 같아 씁쓸한 느낌을 지울 수 없다. 여름철 성수기에는 관람객들로 미어터질 지경이니 오전 일찍 돌아보는 게 상책이다.

제3정원

바브 사뎃(행복의 문)이라 불리는 제3정원의 문은 로코코 양식으로 지어졌다. 이 문 앞에서 술탄의 대관식 등 국가의 중요행사가 치러졌으며, 외교 사절도 이곳에서 술탄의 알현을 기다렸다. 제3정원은 백인 내시들에 의해 호위되고 운영되었기 때문에 '백인 내시의 정원'이라고도 불린다. 원래 이곳은 제국의 미래를 이끌어나갈 청년들의 궁중학교였다. 전성기에는 350명의 학생이 공부했는데, 16세기 말부터 술탄이 주로 하렘에 거처함에 따라 중요성이 사라져가다가 19세기에 폐쇄되었다. 문을 통과해 바로 이어지는 건물은 알현실 Arz Odasi로 외교사절을 접견하고 중요한 협상을 하던 일종의 회담 장소였다. 술탄은 존재의 신비감을 유지하기 위해 국무회의 등 공식석상에 거의 모습을 나타내지 않았고 외교사절을 접견할 때 이 방을 사용했다. 알현실을 지나면 술탄 아흐메트 3세의 도서관이 나오는데 타일과 스테인드글라스로 내부가 화려하게 장식되어 있다.

정원의 오른쪽은 톱카프 궁전의 백미인 보물 전시실이다. 에메랄드, 루비, 다이아몬드 등 세계 각지에서 모은 엄청난 보물들을 자랑하는데 그중 관람객의 가장 큰 관심을 받고 있는 것은 86캐럿짜리 다이아몬드. 이것을 주운 한 어부가 시장에서 스푼 3개와 바꾸었다고 해서 스푼장수의 다이아몬드라는 이름이 붙었다고 한다. 그밖에 세계 최대의 에메랄드가 박힌 톱카프의 단검, 황금의자 등 무한 권력을 누린 술탄의 부와 권세를 짐작할 수 있는 온갖 보물이 있다. 전시하는 보물은 모두 진품이라고 한다. 정원의 왼쪽에는 예언자 무함마드의 치아와 턱수염, 활과 칼, 메카 신전의 열쇠, 다윗의 지팡이 등이 있는 이슬람 성물(聖物) 전시관과 역대 술탄들의 초상화가 전시된 공간이 있다.

제4정원

문이 있는 다른 정원과는 달리 제3정원을 통과하면 그대로 제4정원으로 이어진다. 제4정원은 술탄과 가족들을 위한 휴식공간이었다. 다른 정원과 비교해 규모가 작고 정자 격에 해당하는 쾨시퀴 Köşkü라는 건물이 있는 것이 특징. 가장 볼 만한 것으로는 왼쪽 구

보물 전시실의 황금 투구

제4정원

제2정원의 의회 건물과 정의의 탑

석의 건물로 왕자들의 할례식이 거행되었던 곳이다. 화려한 이즈니크 타일로 내외부가 장식되어 있어 눈길을 끈다. 제4정원은 전망이 좋기로도 유명하다. 특히 왼쪽 끝 테라스의 '이프타리예 İftariye 정자'(금빛 지붕이 있는 곳)는 술탄이 라마단 단식이 끝난 뒤 처음으로 식사를 하던 장소였다. 지금은 마르마라해, 보스포루스 해협이 한눈에 들어오는 최고의 인증샷 장소로 각광받고 있다. 정원의 오른편에는 술탄과 가족을 위한 자미가 있고, 그 뒤로 술탄 압뒬메시드의 쾨시퀴가 있다. 오스만 제국이 기울어가던 시기에 서구화를 추진했던 인물답게 서구식 건축양식을 따랐다. 톱카프 궁전에서 가장 마지막으로 지어진 건물이다. 바로 아래쪽은 마르마라해 전망이 좋은 레스토랑이 있다.

국립 고고학 박물관 Arkeoloji Müzesi &고대 동방 박물관 Eski Şark Eserleri Müzesi&도자기 박물관 Çinili Köşkü Müzesi ★★★★

Map 부록-C4 **주소** Osman Hamdi Bey Yokusşu Gülhane, İstanbul **전화** (0212)520-7740 **개관** 매일 09:30~19:00(겨울철은 17:00까지) **요금** €15 **가는 방법** 톱카프 궁전에서 도보 5분.

고대 그리스, 로마 시대의 유물이 전시되어 있는 박물관. 주변에 워낙 유명한 유적들이 있어 상대적으로 찾는 사람이 적지만 전시물의 규모와 내용이 알차 빼놓기 아까운 곳이다. 1층에는 트로이 출토품과 구석기 시대부터 프리기아 시대의 유물, 2층에는 트로이, 키프로스, 시리아, 레바논의 토기와 석상이 있다. 히포드롬 광장의 뱀 기둥 머리도 이곳에 전시되어 있다.

고고학 박물관에서 가장 눈여겨봐야 할 것은 제8전시실에 있는 알렉산더 대왕의 석관. 엄청난 규모의 대리석에 정교한 조각이 일품인데 말을 타고 페르시아군과 싸우는 알렉산더 대왕의 모습이 새겨져 있다. 알렉산더 대왕은 헤라클레스가 쓰고 다녔다는 사자 머리 투구를 쓰고 있고, 이집트 아몬 신의 상징인 산양의 귀를 가진 것으로 묘사되어 있다. 이 때문에 관의 주인이 알렉산더 대왕이라고 알려졌는데, 조사 결과 기원전 333년 알렉산더가 이수스에서 페르시아를 물리치면서 왕이 된 시돈의 아브달로니모스 Abdalonymos의 것으로 밝혀졌다. 알렉산더의 후견으로 왕이 된 인물이라 자기 관에 은인의 모습을 새겨넣은 것으로 추정된다.

고고학 박물관 바로 앞에 있는 건물은 고대 동방 박물관. 튀르키예는 물론 이집트, 메소포타미아 각지에서 출토된 2만여 점의 고대 유물이 전시되어 있다. 바빌론 이슈타르 문의 채색 타일 부조, 사자와 수소의 동상, 함무라비 법전, 하투샤에서 출토된 히타이트와 이집트 사이에 체결된 세계에서 가장 오래된 평화조약인 카데쉬 조약 점토판 등 전시물의 가치가 높으니 빼놓지 말고 관람하자.

왼쪽 내부의 도자기 박물관은 12~20세기까지 셀주크, 오스만 제국의 도자기가 전시되어 있다. 그중에서 16세기 이즈니크 도자기는 역사적 가치가 높은 전시품이므로 도자기 전공자라면 꼭 방문해 보자. 참고로 박물관 건물은 1472년에 건립된 술탄의 별관으로 쓰이던 곳이다. 통합 입장권 한 장으로 세 박물관 모두 통용되므로 섣불리 표를 버리는 우를 범하지 말자.

석관에 새겨진 알렉산더 대왕

귈하네 공원
Gülhane Parkı ★★★

Map 부록-C4 **주소** Gülhane Parkı Gülhane, İstanbul **개관** 매일 08:00~23:00 **요금** 무료 **가는 방법** 트램 귈하네 Gülhane 역 하차. 바로 앞에 있다.

고고학 박물관 바로 옆에 자리한 공원. 도심 속에 이런 곳이 있을까 싶을 정도로 규모가 크고 내부도 잘 가꿔 놓았다. 튤립 축제가 열리는 봄철에는 색색의 튤립이 융단처럼 펼쳐지며 화려한 자태를 자랑한다. 키 큰 나무들이 줄지어 있는 진입로를 따라 300m가량 걸으면 공원의 끝에 이르게 되는데 골든혼, 보스포루스 해협, 마르마라해 등 세 바다를 한꺼번에 바라볼 수 있는 전망대가 있다. 찻집도 있으니 차이를 한잔 마시며 좋은 경치를 감상해 보자. 바로 옆은 톱카프 궁전의 제4정원이다. 유적지를 구경하다 쉬어가기에도 좋지만 일부러 방문해도 괜찮다.

술탄 마흐무드 2세의 무덤
Sultan Mahmud II. Türbesi ★★★

Map 부록-B4 **주소** Sultan Mahmud II Türbesi, Sultanahmet **개관** 매일 09:00~19:00 **요금** 무료 **가는 방법** 트램 술탄아흐메트 역에서 그랜드 바자르 방면으로 도보 3분. 오른편에 있다.

1800년대 초에 조성된 무덤군으로 탄지마트(개혁) 군주였던 술탄 마흐무드 2세의 무덤이 있다. 당당한 돔이 인상적인 이 무덤은 아르메니아 기술자가 건설했으며 3명의 술탄(마흐무드 2세, 압뒬 아지즈, 압뒬 하미드 2세)과 가족들이 묻혀있다. 경내에 있는 수많은 묘석은 오스만 제국의 고관과 작가 등 사회적 명망가의 무덤이다. 튀르키예인들은 술탄처럼 중요한 인물의 옆에 묻히고 싶어하는 관습이 있기 때문에 이같은 공동묘지가 조성된 것. 100여 기(基)에 달하는 무덤 중에는 이스탄불의 왕궁에서 태어난 오스만 제국의 마지막 왕자인 아흐메트 나미 베이 Ahmet Nami Bey(1918~2010)의 무덤도 있다.

각 무덤은 머리와 발치에 2개의 묘석이 있고, 비석에는 코란이나 시 구절을 적어놓았다. 참고로 이슬람 무덤은 머리를 항상 메카 방향으로 둔다. 묘석 위에 터번이 조각되어 있는 무덤은 이맘이나 종교 지도자의 무덤이며, 페즈(펠트모자)는 고위관리나 장군의 무덤이다. 인상적인 유적이지만 대부분 그냥 지나치기 일쑤다. 공원묘지처럼 조성해 놓았으므로 휴식도 취할 겸 들어가 보자.

퀴췩 아야소피아 자미
Küçük Aya Sofya Camii ★★★

Map 부록-B5 **주소** Küçük Aya Sofya Camii, İstanbul **개관** 매일 08:00~20:00 **요금** 무료 **가는 방법** 아라스타 바자르에서 퀴췩 아야소피아 거리 Küçük Aya Sofya Cad.를 따라 내리막길로 도보 10분. 왼편에 있다.

비잔틴 제국의 유스티니아누스 황제와 그의 아내 테오도라가 지은 성당. 원래 명칭은 로

귈하네 공원

술탄 마흐무드 2세의 무덤

마의 백인대장으로서 그리스도교로 개종하여 순교한 '성 세르기우스 St. Sergius와 성 바쿠스 St. Bacchus의 성당'이었다. 건립연대는 527~ 536년으로 아야소피아 성당보다 조금 이르며, 아야소피아 성당과 닮았다고 해서 퀴췩(작은)이라는 이름이 붙었다. 1500년경 오스만 제국의 휘세인 아아라는 내시에 의해 자미로 변경되었다.

아담한 외부가 인상적이며 내부는 불규칙한 팔각 구조로 되어 있다. 미흐랍은 메카 방향으로 살짝 틀어져 있다. 천장의 돔은 푸른색의 아라베스크 무늬로 장식되어 절제된 아름다움이 돋보이며, 돔 주변에는 알라와 무함마드 및 초대 칼리프들의 명판이 있다. 눈썰미가 있다면 아야소피아 성당의 원판에 쓰인 것과 같다는 것을 알 수 있다. 경내에는 잔디가 심어져 있고 공방과 찻집이 있다. 아야소피아 광장에서 멀지 않고 주변이 평범한 주택가라 조용한 정취를 즐기기에 좋다. 놓치기 아까운 곳이지만 일반 관광객의 발길은 뜸한 편. 주변에는 1571년 미마르 시난이 지은 소콜루 메흐메트 파샤 자미 Sokollu Mehmet Paşa Camii도 있다.

그랜드 바자르
Grand Bazar ★★★★

Map 부록-B4 **주소** Kapalı Carşı Beyazıt, İstanbul **개방** 월~토요일 08:00~19:00(쉐케르 바이람과 쿠르반 바이람 첫날은 휴무) **요금** 무료 **가는 방법** 트램 술탄아흐메트 Sultanahmet 역에서 베야즛 방면으로 트램 길을 따라 도보 20분.

구시가지에 위치한 튀르키예 최대의 재래시장. 1461년 오스만 제국의 술탄 메흐메트 2세에 의해 조성되었다. 튀르키예어로는 '카팔르 차르쉬 Kapalı Carşı('지붕이 있는 시장'이라는 뜻)'라고 하며 유럽과 아시아의 온갖 물산이 넘나들던 교역의 메카였다. 이곳을 통해 유럽 문명이 아시아에 전해졌고 실크로드를 따라온 아시아의 물품도 유럽으로 흘러들어갔다. 지금까지 12번의 지진과 9번의 화재로 소실되는 등 풍상을 겪기도 했지만 그때마다 더 큰 규모로 복구되었다.

그랜드 바자르는 금은 보석에서부터 양탄자, 가죽, 도자기, 동, 그릇, 옷감, 잡화 등 그야말로 없는 게 없는 쇼핑의 천국이다. 전체 면적 30만㎡에 출입구만 20개가 넘고 상점은 5000개를 헤아리는 등 규모 면에서도 명실상부한 튀르키예 최대 시장이다. 남쪽은 베야즛, 서쪽은 이스탄불 대학교, 동쪽은 술탄아흐메트와 접해 있는데 한번 들어가면 같은 출입구로 나오기란 거의 불가능하다.

동쪽의 누로스마니예 문과 서쪽의 베야즛 문을 많이 이용하는데 미로와 같은 내부를 다닐 때는 일단 기준이 되는 통로를 정해놓고 움직이는 게 그나마 덜 헤매는 길이다. 쇼핑이 아니더라도 볼거리로 손색이 없으니 이스탄불에 왔다면 꼭 방문해 보자.

퀴췩 아야소피아 자미
그랜드 바자르

발렌스 수도교
Bozdogan Kemeri ★

Map 부록-A4 **개방** 24시간 **요금** 무료 **가는 방법** 트램 악사라이 Aksaray 역 하차 후 아타튀르크 거리를 따라 이스탄불 시청 방면으로 도보 10분. 이정표를 참고하자.

로마 제국의 발렌스 황제 시대인 375년에 완공된 수도교(水道橋). 예나 지금이나 안정적인 용수 확보는 도시를 유지하는데 가장 중요한 과제였고 따라서 수도교는 도시의 생명줄이었다. 물은 시가지 북쪽의 베오그라드 숲에서 시작되어 파티흐 자미에 도달한 다음 발렌스 수도교를 거쳐 예레바탄 지하 저수지 등 시내 곳곳으로 흘러들었다.

수도교의 높이는 20m, 총길이는 1km인데 지금은 양쪽 끝이 무너져 실제로는 800m 정도다. 현재는 사용하지 않으며 다리 위에 올라가는 것도 금지되어 있다. 아치 아래로 차들이 지나다니고 있어 고대와 현대가 공존하는 모습을 볼 수 있다.

쉴레이마니예 자미
Süleymaniye Camii ★★★

Map 부록-B4 **주소** Prof Sıddık Sk. Beyazıt İstanbul **개관** 매일 07:00~20:00 **요금** 무료 **가는 방법** 에미뇌뉘 선착장에서 남서쪽으로 도보 15분 또는 그랜드 바자르에서 북쪽으로 도보 15분.

오스만 제국의 전성기를 이끌었던 쉴레이만 대제에게 바친 자미. 1520년 즉위한 쉴레이만은 오스만 제국의 술탄 중 가장 긴 46년의 재위 기간 동안 각종 정복사업으로 제국의 황금기를 이룬 인물이다. 자미는 1557년 오스만 건축의 거장 미마르 시난 Mimar Sinan에 의해 완공되었다.

가로·세로 58m의 정사각형 기단에 높이 53m, 직경 26.5m의 거대한 돔을 갖추고 있으며 골든혼 앞바다가 내려다보이는 언덕 위에 지어졌다. 4개의 미나레는 쉴레이만이 이스탄불을 수도로 삼은 이래 네 번째 술탄임을 나타내며, 미나레에 붙어 있는 10개의 발코니는 오스만 제국의 10번째 술탄임을 상징하는 것이다.

스테인드글라스로 장식된 내부는 화려함보다는 엄숙한 분위기를 연출하도록 설계되었다. 자미 주변에는 신학교와 숙소, 병원 등 부속건물이 있으며 뒤편에는 쉴레이만 대제의 무덤이 있다. 무덤은 미흐랍 바로 뒤에 있어 기도하는 동안 신과 교류함과 동시에 술탄과도 교류하는 것을 의미한다고 한다. 쉴레이만 대제 무덤 옆에는 평생 술탄의 사랑을 독차지했던 우크라이나 출신의 부인 록세라나 Roxelana의 묘지가 있다. 묘지 안의 빽빽한 비석들은 쉴레이만 대제 때 고관들의 것으로 색색의 장미꽃이 필 때면 처연한 느낌마저 자아낸다. 쉴레이마니예 자미는 석양 무렵 실루엣이 무척 아름다운데 갈라타 다리에서 보는 풍경을 최고로 꼽는다.

쉴레이마니예 자미

발렌스 수도교

뤼스템 파샤 자미
Rütem Pasa Camii ★★

Map 부록-B3 **주소** Rüstem Paşa Camii Hasırcılar Cad., İstanbul **개관** 매일 09:00~20:00 **요금** 무료 **가는 방법** 이집션 바자르에서 북서쪽으로 도보 5분.

쉴레이만 대제 당시의 재상 뤼스템 파샤를 기리기 위해 1561년 미마르 시난이 건립했다. 뤼스템 파샤는 쉴레이만 대제의 사위였다. 참고로 '파샤'란 오스만 제국의 고관을 지칭한다. 뤼스템 파샤 자미에서 주목해야 할 부분은 타일이다. 정원의 외벽과 내부 기둥, 벽에 사용된 꽃 모양의 타일은 타일의 명산지 이즈니크에서도 최고급으로 치는 제품이었다고 한다. 특히 사원의 남동쪽에 붙어 있는 '토마토 레드'라 불리는 붉은색 타일은 현대의 기술로도 만들기 힘든 당대의 명품이었다. 건설 당시가 오스만 제국 최고의 전성기였던 점을 감안할 때 이해가 가는 대목이다. 자미 주변은 재래시장이라 입구 찾기가 조금 어려운데 작은 통로를 들어서서 계단을 올라가야 한다. 1층에는 상가가 들어서 있는데 상점의 임대료로 자미 유지비용을 충당했다.

이집션 바자르
Mısır Çarşı ★★★

Map 부록-B4 **주소** Mısır Çarşı, İstanbul **개방** 월~토요일 08:30~ 18:30 **요금** 무료 **가는 방법** 에미뇌뉘 선착장에서 도보 3분.

그랜드 바자르보다 규모는 작지만 보다 서민적 취향의 시장이다. 이집션이라는 이름이 붙은 것은 옛날 이집트에서 온 물품의 집산지였기 때문이며, 튀르키예어로는 '므스르 차르쉬

뤼스템 파샤 자미
이집션 바자르

Shakti Say 튀르키예의 가장 위대한 건축가, 미마르 시난 Mimar Sinan

중세 오스만 제국이 낳은 건축의 거장으로 세계 건축사에 큰 획을 남긴 인물이 바로 미마르 시난. 1492년 카이세리의 기독교 집안에서 태어난 시난은 20세에 데브쉬르메(이교도의 자제 중 뛰어난 자를 뽑아 궁중 인력으로 양성하던 제도)에 뽑혀 이스탄불로 옵니다. 셀림 1세, 쉴레이만 1세의 정복전쟁에 참가하며 여러 나라에서 건축기술을 배운 그는 1538년 '건축가의 장'으로 임명되고 이후 셀림 2세, 무라드 3세 때까지 오스만 제국의 가장 위대한 건축가로 명성을 떨칩니다. 시난은 살아생전 사원 81개, 신학교 55개, 무덤 19개, 욕장 22개, 다리 2개 등 공식적으로만 327개의 건물을 세웠는데 튀르키예와 유럽의 작은 건물까지 합하면 무려 1000여 개에 달한다고 합니다. 65세에 쉴레이마니예 자미를 지었으며 84세 때 건립한 에디르네의 셀리미예 자미(2011년 세계문화유산 선정)는 오스만 제국 최대의 걸작품일 뿐만 아니라 세계 건축사의 명작으로 손꼽힙니다. 평생토록 건축의 열정이 식지 않았던 시난은 1588년 97세의 나이로 세상을 떠납니다. '거장'이라는 말이 잘 어울리는 그는 전 튀르키예 역사를 통틀어 가장 위대한 건축가로 모든 튀르키예인의 추앙을 받고 있습니다.

에디르네에 있는 미마르 시난의 석상

Mısır Çarşı'라고 한다.

또한 실크로드를 따라 동방에서 온 향신료가 이곳에서 거래되었기 때문에 스파이스 바자르 Spice Bazar, 즉 향신료 시장으로도 불린다. 중세 시기에 향료와 허브는 귀족들이 사용하는 값비싼 사치품이었고, 실크로드의 종착시이자 대도시인 이스탄불에 향료가 집중되었다.

전에는 향신료만 전문적으로 파는 상점이 100여 개에 달할 정도였다고 하는데 지금은 몇몇 가게만 명맥을 유지하고 있다. 향신료 말고도 견과류, 씨앗, 꿀 등 주로 먹을거리와 관련된 다양한 품목을 취급해 쇼핑센터로도 손색이 없다. 그랜드 바자르보다 작은 규모라 쇼핑하기에 오히려 편리하다는 사람도 있을 정도. 특히 이곳에서 판매되는 피스타치오는 품질이 좋기로 유명하다.

예니 자미
Yeni Camii ★★

Map 부록-B3 **주소** Yeni Camii Meydanı Sk., İstanbul **개관** 매일 08:00~20:00 **요금** 무료 **가는 방법** 이집션 바자르 옆에 있다. 도보 1분.

이집션 바자르 바로 옆에 있는 자미로 이스탄불의 자미 중 가장 오랜 공사기간을 자랑한다. 처음에 메흐메트 3세의 어머니이자 술탄 셀림 2세의 부인이었던 사피예의 명으로 짓기 시작했는데 건립 도중 술탄이 세상을 떠나고 재정적 문제까지 겹쳐 무려 56년 동안이나 공사가 중단되는 비운을 겪었다. 결국 메흐메트 4세 때인 1663년에 비로소 완공되었다. 완공 기념 개막 기도회가 열렸을 때 술탄과 술탄의 어머니, 재상, 많은 학자들이 참석했는데 축하의 의미로 금은 동전을 시민들에게 뿌렸다고 한다. 갈라타 다리와 이집션 바자르 근처에 있어 복잡한 시가지에서 한적한 시간을 갖고 싶은 여행자는 휴식을 겸해 방문하면 좋다.

테오도시우스의 성벽
Theodosius Suru ★

Map 부록 이스탄불 중심부-A2 **개방** 24시간 **요금** 무료 **가는 방법** 트램 파자르테케 Pazarteke 역 하차 후 톱카프 Topkapı 역 방향으로 도보 5분.

예니 자미

Shakti Say 자미 내부엔 왜 그림이 없을까?

이슬람 건축의 백미라고 할 수 있는 자미의 내부 장식 중 특이한 것은 인물이나 동물상이 전혀 없고 기독교에서 흔히 보이는 모자이크나 프레스코화도 없다는 것입니다. 그 이유는 코란 59장 24절에 있습니다. 하느님만이 진정한 창조주로서 인간이 만든 조각이나 그림은 자칫 잘못하면 우상 숭배로 흐를 수 있다는 것이죠. 이 같은 이유로 자미 내부에는 인물상이 없고 아름다운 무늬의 아랍어 코란 장식이 그 자리를 대신하고 있습니다. 또한 '아라베스크'라고 불리는 꽃무늬에 기초한 복잡한 기하학 무늬가 자미 벽면을 화려하게 수놓고 있습니다. 결국 이슬람은 우상 숭배에 대한 경계로 회화는 발달하지 못했지만 대신 서예와 조형미술이 발달한 셈입니다.

413년 비잔틴 제국의 테오도시우스 2세 때 지은 성벽. 구시가지를 에워싸듯이 둘러서 있으며 1000년 동안 외적으로부터 이스탄불을 지켜온 철옹성이다. 총길이 6.5km에 이르는 성벽은 이중으로 되어 있는데, 바깥쪽 성벽은 높이 10m, 두께 5m의 3중 구조로 견고하게 축조되었으며 11개의 성문과 195개의 감시탑이 있었다.

성벽은 7~8세기 페르시아와 아랍군, 9세기 불가리아와 러시아의 공격에서 도시를 보호했다. 1204년 제4차 십자군 원정으로 콘스탄티노플이 함락될 때도 골든혼 부근 일부만 제외하고 육지쪽 성벽은 건재했으며, 이스탄불을 점령했던 오스만 제국의 메흐메트 2세도 이 성벽만은 돌파하지 못하고 열린 문을 통해 이스탄불로 입성했다고 하니 성벽으로서의 구실을 톡톡히 해낸 셈이다. 트램 파자르테케 역 부근과 카리예 자미 부근이 보존 상태가 좋다.

카리예 자미(코라 수도원)
Kariye Camii ★★★★

Map 부록 이스탄불 중심부-A2 **주소** Kariye Müzesi Kariye Camii Sk., İstanbul **전화** (0212)631-9241 **개관** 매일 09:00~19:00(겨울철은 17:00까지) **요금** €20 **가는 방법** 에미뇌뉘 시내버스 정류장에서 드라만 행 90번 버스로 종점까지 간 후 도보 10분.

구시가지 서쪽 외곽에 있는 정교회 수도원으로 기독교의 모자이크 성화가 잘 보존되어 있다. 기독교인이라면 빼놓지 말아야 할 필수 방문지로 꼽힌다. 11세기에 지어졌으며, 원래 이름은 코라 수도원으로 '코라'라는 말은 그리스어로 '교외(郊外)'를 뜻한다.

코라 수도원은 비잔틴 시대 모자이크와 프레스코화의 진수를 보여준다. 성화는 신도들이 성당에 들어와 예배를 끝내고 나가는 순서에 따라 용의주도하게 배치했기 때문에 성당의 정문에서 관람을 시작하는 것이 좋다. 정문은 출구 쪽이므로 먼저 입구로 이동해서 관람을 시작하자. 이 성당은 예수 그리스도와 성모 마리아에게 봉헌된 것이므로 입구 들어서면서 왼쪽은 성모 마리아의 생애를 묘사한 성화들이 있고, 오른쪽은 예수 그리스도에 관한 성화가 있다. 남쪽(관람객용 입구쪽)에는 부속 성당격인 '파레클레시온'이 있다. 코라 성당의 본당은 천국을 상징하며 파레클레시온은 지옥을 나타낸다. 따라서 파레클레시온의 성화는 죽음과 최후의 심판, 부활 등의 주제를 담고 있다. 교회 본관 정중앙에는 '너희에게 평강이 있을지어다'라는 그리스어가 쓰인 황금색 성경을 든 예수 그리스도가 있다. 왼쪽에는 천국의 열쇠를 손에 들고 있는 사도 베드로가, 오른쪽에는 로마까지 3차 선교여행을 했던 사도 바울의 초상화가 있다. 동쪽 홀 끝에는 부활한 예수와 24 원로들, 맞은편에 아담과 하와를 죽음에서 살리는 예수의 성화가 인상적이다. 이밖에도 예수의 탄생, 성모 마리아와 요셉, 사도 베드로와 바울 등 비잔틴 제국 최고의 성화들이 내벽을 가득 채우고 있다.

성화가 가득한 카리예 자미

테오도시우스의 성벽

아야소피아와 마찬가지로 오스만 제국 시대에 접어들면서 코라 수도원도 자미로 바뀌게 되는데 미나레와 미흐랍도 이때 추가되었고 이름도 '카리예 자미'로 바뀌었다. 천만다행으로 모자이크와 프레스코화를 파괴하지 않고 석고로 덮거나 원판으로 가려서 훼손을 면하게 되었다. 한 가지 재미있는 것은 '카리예'라는 이름도 아랍어로 '교회'를 의미한다고 하니 단어만 바뀌었을 뿐 명칭은 그대로인 셈이다. 오랜동안 박물관으로 사용되다가 2020년 8월 다시 자미로 전환되었다.

에윱 술탄 자미
Eyüp Sultan Camii ★★★

Map 부록 이스탄불 중심부-A1 **주소** Camii Kebir Sk. Eyüp, İstanbul **개관** 매일 09:00~20:00 **요금** 무료 **가는 방법** 에미뇌뉘 시내버스 정류장 출발 에윱 행 99, 99A번 버스를 타고 에윱 술탄 자미 앞에서 하차 후 도보 5분.

이슬람의 예언자 무함마드의 제자 에부 에윱 엔사리 Ebu Eyüp Ensari를 기념하는 사원. 에윱은 674~678년에 성전의 기수로 활약했으며 콘스탄티노플 공략 때 전사했다. 이슬람 역사에서 꽤 중요한 비중을 차지하는 에윱의 묘가 발견된 것은 그가 죽은 뒤 8세기나 지난 후인 오스만 제국의 메흐메트 2세 때였다. 중요한 선조의 무덤을 발견한 메흐메트 2세는 그 자리에 자미를 지어 에윱에게 바쳤고, 이후 새로운 술탄이 즉위할 때 성검(聖劍) 수여식이 거행되는 성지가 되었다. 성스러운 역사를 갖고 있어서인지 다른 자미보다 기도하러 오는 신자가 많으며 코란을 독경하는 소리가 끊이지 않는다. 이스탄불의 자미 중 가장 경건하고 종교적 분위기가 느껴진다. 다른 자미와는 달리 복장규정이 엄격하므로 방문하려면 여자는 스카프, 남자는 긴바지를 꼭 입고 가도록 하자. 경내에는 내외벽이 훌륭한 타일로 장식된 에윱 술탄의 무덤도 있어 참배자의 발길이 끊이지 않는다. 자미 주변에는 오스만 제국 재상들의 무덤도 있다.

피에르로티 찻집
Pierre Loti Kahvesi ★★★

Map 부록 이스탄불 중심부-A1 **주소** Pierre Loti Kahvesi Eyüp, İstanbul **개방** 매일 08:00~21:00 **요금** 무료(찻값 별도) **가는 방법** 에윱 술탄 자미에서 북쪽으로 도보 20분 또는 도보 5분 후 케이블카(텔레페릭)로 5분(이스탄불 카르트 사용 가능).

에윱 술탄 자미 뒤편 산언덕에 자리한 찻집. 프랑스 작가였던 피에르 로티가 이곳을 즐겨 찾은 것에서 유래해 피에르로티 찻집이라는 이름이 붙었다. 나무가 우거진 숲속 같은 분위기에 골든혼과 주변 경치가 뛰어나 시민들의 많은 사랑을 받고 있다. 에윱 지역을 방문했다면 언덕에 올라가 차이 한잔하며 좋은 경치를 즐겨보자. 바쁜 여정에 여유를 갖기에 이만한 곳이 없다. 찻집까지 짧은 케이블카를 운행하고 있으며, 걸어간다면 언덕 아래에 있는 공동묘지를 지나게 되는데 나무가 많고 공원처럼 조성해 놓아 으스스한 기분은 들지 않으니 걱정하지 말 것.

에윱 술탄 자미 내부

피에르로티 찻집

신시가지

베이오을루 Beyoğlu라고 부르는 이 지역은 오스만 제국 말기부터 개발되어 서구적인 분위기를 연출한다. 19세기 중반 오스만 제국의 술탄들은 이곳에 새로운 궁전을 짓고 유럽과 문물을 교류했다. 현재 수많은 갤러리와 카페, 고급 매장이 들어서 있으며, 고급 호텔, 은행, 항공사가 있는 이스탄불의 대표적 상업지구다. 세계로 도약하려는 현대 튀르키예의 모습을 느낄 수 있다.

갈라타 다리
Galata Köprüsü ★★

Map 부록-B3 **개방** 24시간 **요금** 무료 **가는 방법** 에미뇌뉘 선착장 바로 옆에 있다.

이스탄불의 유럽 지역인 구시가지와 신시가지를 연결하는 다리로 골든혼 바다를 가로지른다. 원래는 1845년에 지은 나무다리였는데 1922년과 1992년의 두 차례 화재로 무너지고 1994년에 길이 490m, 폭 80m 2층 구조의 강철 다리로 재탄생했다. 다리를 기준으로 구시가지 쪽은 에미뇌뉘 Eminönü, 신시가지 쪽은 카라쾨이 Karaköy 선착장이 자리하고 있다. 다리 아래에는 해산물 요리를 맛볼 수 있는 레스토랑과 바가 성업 중이고 다리 위에는 언제나 낚시꾼들이 진을 치고 있다. 해질 무렵 다리 주변에는 느닷없이 노점촌이 들어서기도 하고 아시아 지역으로 퇴근하는 사람들과 관광객, 보트 투어 호객꾼, 풍경을 즐기러 나온 시민들로 어수선하다. 명물인 고등어 케밥(발륵 에크멕 Balık Ekmek)을 먹으며 주변을 구경하다 노을에 걸린 자미의 실루엣을 카메라에 담아보자. 단, 소매치기들이 활약하는 곳이므로 소지품 관리는 철저히 할 것.

+ 알아두세요!

갈라타 Galata와 페라 Pera

신시가지의 지명에 '갈라타'라는 단어가 많은 것은 기원전 3세기부터 기원후 3세기 사이에 이곳에 살았던 켈트 족의 일파인 갈라티아인에서 유래한 것입니다. 또한 비잔틴 제국 때 골든혼의 남쪽에 살던 그리스인들은 이 지역을 '(골든혼의) 건너편'이라는 뜻의 그리스어 '페라'라고 불렀습니다. 신시가지에 갈라타와 페라라는 단어가 많은 이유랍니다.

갈라타 탑
Galatasaray Kulesi ★★

Map 부록-B2 **주소** Galata Meydanı Karaköy, İstanbul **개관** 매일 08:30~23:00 **요금** €30 **가는 방법** 갈라타 다리 신시가지 쪽에서 골목길을 따라 도보 15분.

신시가지를 대표하는 명소로 528년 비잔틴 제국의 유스티니아누스 황제가 이스탄불의

갈라타 다리

골목 안에 있는 갈라타 탑

항구를 지키기 위해 건축했다. 높이 67m, 직경 9m, 벽 두께 3.75m에 11층으로 되어 있다. 건설 당시에는 등대로 쓰이다가 1453년 이스탄불을 장악한 메흐메트 2세는 포로수용소로, 무라드 3세는 기상 관측소로 사용했다. 11층에는 전망대와 레스토랑, 나이트클럽이 들어서 있는데 10층까지만 엘리베이터를 운행하므로 한 층은 걸어서 올라가야 한다.

발코니 난간에 서면 보스포루스 해협과 골든 혼, 멀리 마르마라해까지 보이는 최고의 전망이 펼쳐진다. 아야소피아 성당, 술탄 아흐메트 1세 자미 등 구시가지의 명소뿐만 아니라 신시가지와 아시아 지역까지 360° 파노라마가 이어진다. 하지만 좁은 난간에 기대어 봐야 하는데다 관람객을 위해 앉을 공간도 마련해 놓지 않아 여행자들의 원성이 높다.

갈라타 메블라나 박물관 Galata Mevlevihanesi Müzesi ★

Map 부록-B2 **주소** Galipdede Cad. 15, Tünel, İstanbul **개관** 화~일요일 09:30~16:30 **요금** 50TL **가는 방법** 탁심 광장에서 도보 15분. 이스티클랄 거리 남쪽 끝 또는 갈라타 탑에서 이스티클랄 거리 쪽으로 도보 8분.

이슬람 신비주의인 메블라나 교단의 수행장. 튀르키예 공화국이 들어서자 폐쇄되었으나 1965년부터 박물관으로 공개되고 있다. 세마Sema라고 불리는 종교적 의미의 독특한 선무를 출 수 있는 공간이 중앙에 있고 주위에는 당시 사용한 피리, 북, 심벌즈 등 악기와 의상이 전시되어 있다. 규모는 크지 않으나 이슬람 전통 악기에 관심 있는 사람은 가볼 만하다. 박물관 앞은 전통악기와 현대악기 상점이 늘어서 있는 악기골목이다. 메블라나 교단과 세마 의식은 콘야 편 P.562 참고.

탁심 광장 Taksim Square & 이스티클랄 거리 İstiklal Cad. ★★★

Map 부록-C1 **주소** Taksim & İstiklal Cad. Beyo glu, İstanbul **개방** 24시간 **요금** 무료 **가는 방법** 트램 종점 카바타쉬 Kabataş 역에서 퓌넬로 갈아타고 탁심 광장에서 하차. 또는 갈라타 탑에서 도보 10분.

탁심은 신시가지의 중심이며 상업과 쇼핑의 중추적인 역할을 하는 광장으로 과거에는 정치적인 모임과 시위가 벌어졌던 곳이다. 광장 중앙에 있는 12m의 공화국 기념비는 1928년 이탈리아 건축가 피에트로 카노니카가 만든 것으로 튀르키예의 독립전쟁과 공화국 탄생을 기념하는 조형물이다. 광장의 동쪽으로 보이는 커다란 건물은 아타튀르크 문화센터로 각종 콘서트와 문화행사가 열린다. 문화센터와 더불어 마르마라 호텔이 탁심 광장의 또 다른 상징물이다. 탁심은 튀르키예어로 '분배'를 뜻하는데, 예전에 이곳에 이스탄불 각 지역에

갈라타 메블라나 박물관

이스티클랄 거리

수돗물을 공급하던 상수도가 있었기 때문에 붙은 이름이다. 광장 옆에는 2021년 개장한 탁심 자미가 있다. 현대식으로 장식한 내부를 감상하며 쉬어가기에 좋다.
광장 남쪽으로 이어져 있는 이스티클랄 거리는 탁심 광장과 함께 현대 튀르키예를 대변하는 곳으로 서울의 명동에 해당한다. 명품 가게, 부티크, 레스토랑, 은행과 각국 영사관이 밀집해 있으며, 분위기 좋은 클럽과 바가 성업 중이다. 자유로움과 발랄함이 넘치는 젊은이들의 물결에서 서구화를 지향하는 튀르키예의 현주소를 확인할 수 있다.
약 2km 남짓한 거리의 건물은 대부분 유럽식이고 빨간색 트램이 양쪽 끝을 오가며 이국적인 정취를 자아낸다. 차량 통행을 제한한 보행자 천국이라 천천히 걸으며 구경하기 좋다. 이스탄불에 머무르는 동안 한 번 이상은 가보게 되는데 워낙 살거리가 많은 곳이라 여행경비를 탕진할 수 있으니 주의할 것.

이스탄불 현대 미술관
İstanbul Modern Sanat Müzesi ★★★

Map 부록-C2 **주소** Meclis-i Mebusan Cad. Liman İşletmeleri Sahası Antrepo 4 Karaköy, İstanbul **전화** (0212)334-7300 **홈페이지** www.istanbulmodern.org **개관** 화~일요일 10:00~18:00(목요일은 20:00까지) **요금** 650TL(12세 이하 무료, 튀르키예 거주민은 목요일 무료), 사진촬영 금지 **가는 방법** 트램 톱하네 역 하차 후 진행 방향으로 도보 2분. 오른편에 간판이 있다.

1900년대 이후 튀르키예 현대 미술의 흐름을 한눈에 파악할 수 있는 갤러리. 이스탄불에 있는 크고작은 예술 갤러리 중 규모와 전시물의 가치가 매우 뛰어나다. 전시물은 1층과 2층으로 나뉘어 있는데 2층(입구 층) 왼쪽의 Working Area는 비디오와 홀로그램, 설치미술 등 실험적인 현대 작품을 선보이며, 맞은편에는 20세기 초반부터 최근에 이르기까지 튀르키예 화가들의 추상 및 구상 작품이 있다. 시대별, 화가별 화풍의 변천을 염두에 두고 감상해 보자. 1층 전시실에는 사진 전시관과 도서관, 해외 예술가들의 작품과 예술 영화를 상영하는 소극장이 있다(전시물은 자주 교체된다). 공중에 수천 권의 책을 매달아놓은 인테리어도 재미있고 각종 흑백과 컬러, 기록사진이 인상적이다.
한편 미술관은 보스포루스 해협의 전망이 좋다. 작품 감상 후 미술관 내의 카페에서 차를 마시며 멋진 바다 경치를 즐겨보자. 다양한 상품이 있는 입구의 기념품점도 들러보자.

이스탄불 현대 미술관

돌마바흐체 궁전
Dolmabahçe Saray ★★★★★

Map 부록 이스탄불 중심부-C1 **주소** Dolmabahçe Beşiktaş Cad., İstanbul **전화** (0212) 236-9000 **개관** 화·수·금·토·일요일 09:00~16:00(겨울철은 15:00까지) **요금** 셀람륵+하렘 1,500TL(궁전 내부는 카메라 촬영이 금지된다. 뮤지엄 패스 사용 불가, ISIC 국제학생증 할인요금 적용) **가는 방법** 트램 종점 카바타쉬 Kabataş 역에서 하차 후 도보 5분.

오스만 제국 말기에 술탄이 거처했던 궁전으로 19세기 중반 술탄 압뒬 메지드 1세에 의해 건립되었다. 압뒬 메지드 1세는 서구화로 쇠락해 가는 오스만 제국의 부흥을 꾀했다. 따라서 궁전도 전형적인 바로크와 로코코 양식으로 지었는데 프랑스의 베르사유 궁전이 모델이 되었다. 돌마바흐체라는 말은 '가득찬 정원'이라는 뜻으로 바다를 메운 곳에 세워졌기 때문에 붙은 이름이다.
보스포루스 해협에 자리잡은 궁전은 총 길이 600m, 홀 43개, 방 285개, 발코니 6개와 목욕탕 6개를 갖추고 있는데 내부 장식이 화려하기로 유명하다. 인테리어에 사용된 대리석

그랜드 홀의 샹들리에

과 가구는 유럽 각지에서 가져온 것들이며, 벽은 600점이 넘는 유럽의 명화로 장식했고 바닥에 깔린 양탄자는 헤레케산 최고급 수제품이다. 서구 문명을 흠모했던 압뒬 메지드 1세의 취향을 잘 보여주는 대목. 장식을 위해 14톤의 금과 40톤의 은이 동원되었다고 하니 구경하다 보면 화려하다는 말의 의미가 어떤 것인지 알 수 있을 정도다. 유럽식 근대화로 기울어가는 오스만 제국의 부흥을 위해 이토록 화려하게 장식했으나 재정 부담이 커져 결국 제국의 몰락을 재촉하고 만 것은 아이러니하다.

궁전은 중앙 연회장을 중심으로 남쪽은 공적인 업무를 수행하던 남자들의 공간인 셀람륵 Selamlık이었고 북쪽은 여성들의 공간인 하렘 Harem이었다. 입구에 들어서면 아름다운 프랑스식 정원을 만나게 되며 웅장한 정문을 통과해 내부로 들어간다. 관람은 개인적으로 할 수 없고 그룹으로 하는데 영어와 튀르키예어 가이드가 동행한다. 입구에 관람 시간을 적어두니 참고하자.

셀람륵 관람 도중 마지막에 들르는 그랜드 홀은 화려한 궁전의 결정판이다. 홀의 크기도 대단하지만 36m의 천장에 달려 있는 샹들리에는 영국 빅토리아 여왕이 선물했다고 한다. 무게가 무려 4.5톤이나 나가며 실제로 보면 입이 다물어지지 않는다. 전부 6명의 오스만 술탄이 이 건물을 궁으로 사용했으며, 공화제로 바뀐 후에는 초대 대통령 아타튀르크가 관저로 사용했다. 그는 1938년 11월 10일 집무 도중 이곳에서 사망했는데, 고인을 기리기 위해 궁전의 모든 시간은 사망시간인 오전 9시 5분에 멈춰 있다.

한편 궁전의 입구에 있는 시계탑은 1890년 술탄 압뒬 하미드 2세가 세운 것으로 높이 27m이다. 탑의 꼭대기에는 프랑스 폴 가르너의 시계와 오스만 제국 왕실의 문장이 있다.

루멜리 히사르
Rumeli Hisarı ★★★

Map P.84 주소 Rumeli Hisarı, İstanbul **개관** 화~일요일 09:00~18:30 **요금** €6 **가는 방법** 카바타쉬 버스 정류장 출발 22, 22RE, 25E번 버스를 타고 루멜리 히사르 하차 또는 탁심 광장 출발 40T번 버스를 타고 루멜리 히사르 하차.

비잔틴 제국의 수도 콘스탄티노플 공략을 위

돌마바흐체 궁전

해 술탄 메흐메트 2세가 1452년 건설한 요새. 1000명의 기술자와 2000명의 인부가 동원되어 4개월 만에 완성되었으며 3개의 탑과 성벽으로 구성되어 있다. 루멜리는 튀르키예의 유럽측을 의미하는 말. 아시아측은 아나돌루라고 한다. 루멜리 히사르 건너편으로 보이는 요새는 1398년 바야지트 1세가 지은 아나돌루 히사르다.

루멜리 히사르와 아나돌루 히사르 사이는 약 700m로 보스포루스 해협의 가장 좁은 부분. 메흐메트 2세는 흑해에서 콘스탄티노플로 들어가는 원조 물자를 실은 배를 양쪽 요새에서 대포를 이용해 격침시켰다. 요새의 내부는 3개의 큰 탑과 13개의 조그만 탑들로 구성되어 있으며 너비는 남북 250m, 동서 130m에 이른다. 현재는 박물관으로 개조되어 일반에게 공개하고 있는데 당시에 쓰였던 대포와 탄환이 전시되어 있다.

루멜리 히사르는 전망이 좋기로도 유명한데 탑 위에 올라서면 보스포루스 제2대교와 보스포루스 해협이 한눈에 들어온다. 세월이 묻어나는 성벽에 걸터앉아 한가한 시간을 보내기에 안성맞춤인 곳으로 조용한 시간을 원한다면 꼭 방문해보자. 조명시설도 갖춰놓아 야경도 아름다우며, 여름철에는 음악 콘서트가 열리기도 한다.

아나돌루 카바으
Anadolu Kabağı ★★★

Map P.84 **주소** Anadolu Kabağı, İstanbul **개관** 매일 09:00~ 19:30(겨울철은 17:00까지) **요금** 무료 **가는 방법** 카바타쉬 버스 정류장에서 25E번 버스를 타고 '사르예르 이스켈레 Sarıyer İskele' 하차(45분~1시간) 후 사르예르 선착장에서 페리를 타고 아나돌루 선착장으로 간다(15분). 이후 언덕길 도보 30분. 사르예르 버스 정류장 바로 옆에 있는 IDO 선착장에선 아나돌루 카바으로 배가 가지 않으며, 정류장 아래쪽 놀이터 옆의 선착장에서 아나돌루 카바으 행 배가 출발하므로 주의할 것. 성채 견학을 마치면 다시 사르예르로 돌아오지 말고 아나돌루 카바으 선착장에서 보스포루스 해협 크루즈 배를 타고 위스퀴다르까지 갈 수도 있다. 배 시간을 미리 확인하고 관광을 시작하자. www.sehirhatlari.com.tr 참고.

Tip. 카바타쉬에서 사르예르까지 해안도로가 이어져 보스포루스 해협의 멋진 경치를 즐길 수 있다. 사르예르는 여행자들이 많이 찾지 않는 곳이라 현지인들의 표정을 보기 좋으며, 수요일에는 장터가 서기 때문에 과일을 사서 아나돌루 카바으에 올라가 간단한 소풍을 즐기면 좋다. 버스 정류장에서 보이는 마도 MADO 옆길을 따라가면 전망이 좋은 맥도날드도 있다.

보스포루스 해협과 흑해가 만나는 어귀에 자

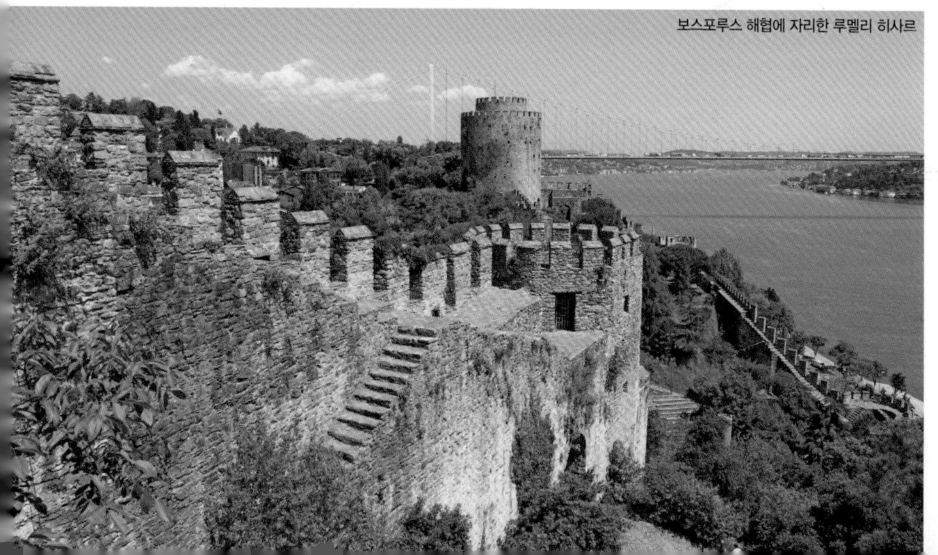
보스포루스 해협에 자리한 루멜리 히사르

리한 마을. 흑해에서 보스포루스로 접어드는 길목이라 전략적인 요충지였다. 비잔틴 제국이 흑해 무역로의 안전을 확보하고 흑해에서 콘스탄티노플로 향하는 모든 상선의 통행세를 징수했으며 유사시에는 외적을 방어하는 등 콘스탄티노플의 외곽 초소로서 필수적인 존재였다. 언덕 위에는 요로스 성채 Yoros Kalesi 유적이 있다. 언제 세워졌는지 확실한 기록은 없지만 성채 외벽에 조각된 십자가 무늬가 비잔틴 시대임을 증명한다. 원래 8개의 큰 탑이 있었으며 1350년 제노바인들이 증축했고 이후에는 오스만 제국의 소유가 되었다. 성채가 언덕 위에 있어 올라가는 길은 가파르고 힘들지만(특히 여름철 한낮은 정말 힘들다) 요새 정상에서 바라보는 보스포루스와 흑해의 전망은 가슴까지 뻥 뚫리게 해준다. 성채 아래에는 레스토랑과 카페가 성업 중이므로 성채 견학 후 내려오는 길에 들러 바다 전망을 즐기며 차를 마시거나 식사를 하기에 좋다.

아나돌루 카바으 마을

군사 박물관
Askeri Müzesi ★★★

Map 부록 이스탄불 중심부-C1 **주소** Askeri Müzesi Vali Konağı Cad. Harbiye, İstanbul **전화** (0212)233-2720 **개관** 수~일요일 09:00~16:30 **요금** 400TL(군악대 공연 100TL 별도) **가는 방법** 탁심 광장에서 줌후리예트 거리를 따라 북쪽으로 도보 15분.

1933년에 개관한 군사 전문 박물관으로 원래는 육군 학교였다. 오스만 군대를 중심으로 그리스, 비잔틴, 러시아 등 크고 작은 군 관련 장비 9000여 점이 전시되어 있다. 말을 탄 술탄의 모형, 오스만 제국의 시조 오스만 가지 Osman Gazi의 동상 등 주로 오스만 제국 시대의 무기가 주류를 이루고 있으며, 2층 전시실에는 제1차 세계대전 때의 무기와 함께 한국전 관이 따로 있어 발길을 멈추게 한다.

Shakti Say **천년제국 콘스탄티노플의 함락**

오스만 제국의 7대 술탄 메흐메트 2세(재위 1451~1481)의 지상과제는 역대 술탄들의 소망이었던 비잔틴 제국의 수도 콘스탄티노플 함락이었습니다. 당시 비잔틴 제국은 모든 영토를 상실하고 콘스탄티노플 인근만을 남겨놓은 상태였지만 콘스탄티노플은 단순한 도시가 아닌 기독교 세계의 정치, 문화의 상징이었죠. 아나톨리아를 평정한 메흐메트 2세는 1452년 루멜리 히사르를 축조해 보스포루스 해협을 차단하는 것으로 공격을 개시했습니다. 성채의 조성과 함께 견고한 성벽을 돌파하기 위한 대포도 주조했지요.
이듬해인 1453년 4월 메흐메트 2세는 육해군에 총 공격 명령을 내렸습니다. 당시 오스만 제국군은 10만인데 비해 비잔틴군은 겨우 7000명에 지나지 않았다고 합니다. 하지만 비잔틴군은 골든혼에 철쇄를 치고 견고한 콘스탄티노플 성벽을 베개 삼아 결사항전의 의지를 다졌습니다. 해상 진입이 불가능해지자 메흐메트 2세는 4월 22일 야음을 틈타 전함을 보스포루스 해협에서 골든혼까지 육로로 이동시키는 기상천외한 작전을 감행했습니다. 다시 육해군의 합동공격이 시작되었고 1개월을 버틴 비잔틴 제국은 구원병이 올 가능성이 없어진데다 식량마저 바닥나 결국 5월 29일 함락되었습니다. 비잔틴의 황제 콘스탄티누스 11세는 최후의 접전에서 전사했지요. 이로써 395년 동서 분할 이후 로마는 1058년 만에 역사에서 사라지게 되었습니다.
콘스탄티노플 함락은 기독교 문명과 이슬람 문명의 일대 격전이었습니다. 유럽의 방파제 구실을 하던 비잔틴 제국이 멸망하자 아시아에서의 기독교 세력은 급속히 줄어들었으며, 유럽인들의 지중해 무역이 차단당하고 대서양을 통한 신항로 개척에 나서는 원인을 제공하게 됩니다. 결국 콘스탄티노플 함락은 인류 역사상 정치, 경제적 대변혁의 불씨가 된 것입니다.

매일 오후 3시에는 군악대 메흐테르 Mehter의 공연도 관람할 수 있다. 군악대는 오스만 제국 때 세계 최초로 도입되었으며, 병사들의 사기가 크게 오르는 것을 본 유럽 각국에서 도입했다고 한다. 정예부대 예니체리 병사의 행진과 함께 연주하는 군악 공연은 꽤 볼 만하니 방문하려면 공연 시간에 맞춰 가는 게 좋다.

군사 박물관

미니아튀르크
Miniatürk ★★

Map 부록 이스탄불 중심부-**A1** **주소** Miniatürk İmrahor Cad., İstanbul **전화** (0212) 222-2882 **개관** 매일 09:00~19:00(토·일요일은 21:00까지) **요금** 350TL **가는 방법** 아야소피아 성당 옆 광장에서 1453번 버스를 타고 미니아튀르크 하차.

튀르키예 국내 각종 유적지의 모형이 전시되어 있는 이스탄불의 새로운 명소. 2003년 4월에 개장한 일종의 테마파크인데 넓은 야외 부지에 갈라타 탑, 카파도키아의 버섯바위, 도우베야즛의 이삭 파샤 궁전 등 튀르키예 각지의 유적을 25분의 1 크기의 미니어처로 조성해 놓았다.

전시물은 100여 개를 헤아리는데 각 미니어처 앞에는 입장권을 넣으면 오디오 설명(영어)을 들을 수 있는 장치가 되어 있다. 한 가지 재미있는 것은 현재 남아 있지 않은 에페스의 아르테미스 신전까지 만들어 놓은 것. 미니어처 조성에는 튀르키예 국내외 25명의 기술자들이 참여했는데 매우 정확하게 재현되어 있어 놀랍다. 미니어처에 관심있는 사람이라면 꼭 방문해 보자. 잔디밭도 가꿔 놓고 미니열차까지 운행하고 있어 학생들의 단체 견학, 연인과 가족 단위의 소풍 장소로도 인기가 있다.

미니아튀르크의 아르테미스 신전

Shakti Say 술탄의 호위병으로 특권을 누린 예니체리

예니체리 병사

'새로 소집한 군인'이라는 뜻의 예니체리는 14세기에 창설된 오스만 술탄의 친위 보병이었습니다. 오스만 제국은 전통적으로 기마병을 중시한데다 당시 대부분의 유럽 국가들이 보병을 천시하는 분위기였던 터라 정예 보병 부대 창설은 매우 예외적인 일이었죠.

예니체리는 특이하게도 모병제가 아닌 '납치제'였는데 오스만 제국이 유럽으로 세력을 팽창하면서 기존 기독교 국가의 총명한 소년들을 징집해 예니체리로 길렀습니다. 이들은 인간 신체 능력을 초월한 전사 집단으로 전장에서 누구보다 격렬하게, 오래 싸우도록 훈련받았으며 활, 도끼, 철퇴, 낫, 화승총 등 다루지 못하는 무기가 없을 정도였죠. 예니체리는 오스만 제국의 국력과도 같은 존재였는데 제국의 전성기였던 16세기 초반에는 1만 5000명의 예니체리가 복무했다고 합니다. 예니체리는 술탄의 호위병으로 대단한 특권을 누렸고 정치적 영향력도 상당했습니다. 복무 중에는 보수도 없었고 엄격한 이슬람 율법을 지켜야 했지만 퇴역 후에는 엄청난 부와 명예가 주어졌답니다. 치외법권의 특권까지 누린 예니체리는 오스만 제국 말기에는 발언권이 강해지면서 반란을 일으켜 술탄을 교체하는 일까지 벌어졌습니다. 술탄의 골칫거리가 되어버린 예니체리는 결국 1826년 술탄 마흐무드 2세 때 히포드롬 광장에서 전멸하고 역사에서 사라졌습니다.

아시아 지역

보스포루스 해협을 사이에 두고 구시가지와 마주보고 있는 아시아 지역은 오랜 역사를 자랑한다. 이스탄불에 최초로 도시를 세웠던 그리스인 비자스가 장님의 나라가 어디 있느냐고 물었던 칼케돈인들이 살았던 곳이다. 유럽 지역에 비하면 관광지로서 중요도는 떨어지는 편이지만 오스만 술탄의 여름 궁전과 튀르키예 최대의 모스크인 참르자 자미가 있다.

크즈 쿨레시(처녀의 탑)
Kız Kulesi ★★

Map 부록 이스탄불 중심부-**C2** **전화** (0216)342-4747 **개관** 매일 09:00~21:00 **요금** 왕복 페리 550TL(전망대 관람권 포함) **가는 방법** 트램 카바타쉬 역 주유소 뒤편 선착장에서 페리로 10분.

아시아 지역의 중심지 위스퀴다르 Üsküdar 앞바다에 떠 있는 탑. 원래는 12세기 비잔틴 제국의 해양 감시초소였는데 오스만 제국 때 보스포루스 해협을 통과하는 선박의 통행세를 받는 곳으로 바뀌었다.
탑 이름 크즈 쿨레시에서 '크즈'는 처녀, '쿨레시'는 탑이라는 뜻. 여기에는 전설이 얽혀 있다. 옛날 위스퀴다르 일대를 다스리던 왕에게 딸이 있었는데 16세가 되기 전에 독사에게 물려 죽을 것이라는 예언을 듣는다. 딸을 구하고자 왕은 바다 위의 탑에 그녀를 보내고 음식물을 날라준다. 세월이 흘러 딸이 16세가 되었을 때 왕이 생일 축하 과일바구니를 딸에게 보냈는데 바구니에 숨어 있던 뱀이 나와 결국 예언대로 독사에게 물려 죽는다는 이야기다. 내부는 현재 전망 좋은 카페와 레스토랑으로 사용되고 있으며 여름철에는 문화행사가 열리기도 한다.

베일레르베이 궁전
Beylerbey Sarayı ★★★

Map P.68 **주소** Abdullah Ağa Cad. Beylerbey, İstanbul **전화** (0216)321-9320 **개관** 화·수·금·토·일요일 09:30~17:00(겨울철은 15:30까지) **요금** 400TL(궁전내부 촬영 금지) **가는 방법** 에미뇌뉘 선착장에서 페리로 위스퀴다르까지 간 후 15번 버스나 돌무쉬를 타고 차이으르바쉬 Çayırbaşı 하차.

보스포루스 대교 옆에 위치한 술탄의 여름 별궁으로 1865년 술탄 압뒬 아지즈에 의해 건립되었다. 돌마바흐체 궁전과 마찬가지로 유럽의 궁을 본떠 만들었기 때문에 바로크 양식과

크즈 쿨레시

베일레르베이 궁전의 야경

오스만 양식이 혼합되어 있다. 한 가지 재미있는 사실은 건물 공사 때 5000명의 일꾼들을 서로 화합시키려고 오케스트라 음악을 연주했다는 것이다. 건물은 길이 65m, 폭 40m에 내부에는 여섯 개의 큰 홀과 24개의 방이 있다. 입구에 들어서면 호화로운 샹들리에가 보이고 여성들의 공간인 하렘, 술탄의 집무실과 욕실 등이 볼 만하다. 바닥에는 이집트산 돗자리와 헤레케산 최고급 카펫이 깔려 있다. 관람은 30분마다 출발하는 영어, 튀르키예어 가이드와 함께 그룹 투어로 이루어진다.
베일레르베이 궁전은 튀르키예를 방문한 국빈의 숙소로 사용되기도 했는데 영국 에드워드 8세와 심프슨 부인, 프랑스 나폴레옹 3세의 부인인 유제니 왕비가 묵었던 곳이기도 하다. 유제니 왕비는 궁전의 창문이 마음에 들어 자신의 궁전을 지을 때 창문을 베일레르베이 궁전의 창문과 똑같이 만들었다는 후문이다.

참르자 언덕
Çamlıca ★★

Map P.68 개방 24시간 **요금** 무료 **가는 방법** 위스퀴다르 선착장 앞 버스 정류장 출발 9üD번 버스를 타고 참르자 하차 후 오르막길로 도보 20분. 사람들에게 '참르자'라고 물어보자.

보스포루스 제1대교에서 가깝고 이스탄불의 언덕 중 가장 높은 곳이다. TV 송신탑이 있으며 정상에는 공원을 조성해 놓아 휴일이면 행락객으로 늘 붐빈다. 이스탄불 시민들의 휴일 표정을 보기에 좋으며, 결혼식 후 기념촬영 장소로 인기가 높기 때문에 갓 결혼한 신랑신부의 모습도 볼 수 있다. 지대가 높아 뛰어난 전망을 자랑하는데 구시가지, 신시가지, 보스포루스 해협, 마르마라해 등 이스탄불 전체가 한눈에 들어온다. 시에서 운영하는 카페에서 쿰피르와 차이, 괴즐레메를 꼭 먹어보자.

참르자 자미
Büyük Çamıca Camii ★★★

Map P.68 주소 Ferah, 34692 Üsküdar/İstanbul **개관** 매일 07:00~20:00 **요금** 무료 **가는 방법** 참르자 언덕에서 도보 15분.

참르자 언덕에 자리한 거대한 자미. 2013년 착공해 2019년 5월에 완공되었으며, 이스탄불, 아니 튀르키예 최대 규모를 자랑한다. 면적은 57,000㎢에 달하며 6개의 미나레(첨탑)를 갖추었고, 최대 수용인원은 63,000명이다. 자미 뿐만 아니라 주변의 복합 단지에는 박물관, 도서관, 미술관, 회의장, 미술 워크샵, 대형 주자창 등 완벽한 시설을 갖추고 있다. 규모도 역대급인데다 참르자 언덕 위에 자리해 이스탄불의 새로운 랜드마크가 되었다. 시간에 쫓기지 않는 여행자라면 일부러 방문해 볼 것을 추천한다. 이스탄불 전체를 조망할 수 있는 최고의 뷰 포인트라 해지는 시간에 맞춰가면 인생 샷을 찍기에 안성맞춤이다.

참르자 언덕
참르자 자미(출처:튀르키예 관광청 홈페이지)

Travel Plus+
왕자들의 섬 (프린세스 아일랜드)을 아시나요?

이스탄불 앞바다인 마르마라해에는 9개의 섬이 있습니다. 비잔틴 제국 시대 왕실 권력투쟁에서 밀려난 이들과 행실이 좋지 못해 세간의 입방아에 오르내리던 왕자 등 주로 로열패밀리들의 구금장소로 이용되었던 것에 유래해 일명 '프린세스 아일랜드' 즉 왕자들의 섬이라고 불립니다(또는 '아달라르 Adalar'–섬들이라는 뜻–라고 부른다). 근대에 들어 이 섬들은 이스탄불의 유력자들이 별장을 짓고 휴가를 즐기는 휴양타운으로 탈바꿈했고 오늘날까지 근대 유럽풍의 집들이 잘 남아 있지요.

이스탄불에서 멀지 않은데다 페리도 자주 운행하기 때문에 당일여행을 다녀오기 좋습니다. 배를 타고 마르마라해를 가로지르는 기분도 내고, 가는 동안 톱카프 궁전, 아야소피아, 술탄 아흐메트 1세 자미를 바다에서 감상할 수 있기 때문에(운이 좋으면 돌고래 떼를 볼 수도 있다) 여행자들에게 매우 각광받고 있습니다(2층 오픈 선실의 오른쪽 자리가 전망이 좋다). 섬 내부에는 관공서 차량을 제외한 일반차량 운행이 금지되어 있어 매연과 소음으로부터 해방감을 만끽할 수 있습니다. 오랜 세월 동안 그래왔듯이 여전히 도보와 파이톤 Fayton이라 불리는 마차, 자전거가 운송수단이지요.

정기적으로 페리가 들르는 곳은 부르가자 아다 Burgazada Ada, 크날르 아다 Kınalı Ada, 헤이벨리 아다 Heybeli Ada, 뷔윅 아다 Büyük Ada 등 네 곳입니다. 그중에서 볼거리가 많고 여행자의 방문빈도가 높은 뷔윅 아다와 헤이벨리 아다를 소개합니다.

가는 방법 트램 종점 카바타쉬 역의 선착장에서 페리가 출발한다. IDO에서 운영하는 페리는 오른쪽 선착장을 사용하며, 사설 페리는 왼쪽 주유소 뒤편의 위스퀴다르 행 선착장을 이용한다. IDO는 카바타쉬→카드쾨이→부르가자 아다→크날르 아다→헤이벨리 아다→뷔윅 아다 순으로 운행하고, 사설 페리는 카바타쉬→헤이벨리 아다→뷔윅 아다 순으로 운행한다. 네 곳의 섬을 모두 볼 게 아니라면(하루 만에 보기는 불가능하다) 출발시간도 다양하고 시간이 적게 걸리는 사설 페리가 낫다(1시간 30분 소요). 여름철에는 1일 8~10회 운행하며 아시아 지역의 보스탄즈에서도 출발하는 페리가 있다. 자세한 운행 시간은 www.ido.com.tr, www.sehirhatlari.com.tr를 참고하자. 엄청난 인파가 몰리는 여름철 주말에는 방문을 피하자.

뷔윅 아다 Büyük Ada ★★★

1899년에 만들어진 오스만 스타일의 멋진 선착장에 도착하면 오른쪽 언덕에 쌍둥이 돔의 스플렌디드 호텔을 비롯해 부호들의 별장이 방문객을 반긴다. 선착장에는 2군데의 시청 파견소가 있고 ATM과 상가가 늘어서 있다. 상가를 통과하면 작은 시계탑이 있는 광장이 나오고 파이톤(마차)을 타는 곳이 있다. 파이톤을 타고 느긋하고 우아하게 섬을 일주할 수도 있고, 자전거를 탈 줄 안다면 시계탑 주변의 대여소에서 자전거를 빌려서 돌아다닐 수도 있다. 차가 안 다니는데다 도로가 잘 되어있어 자전거 타기에 최적의 조건이다. 길을 잃을 염려도 없고 자주 다니는 파이톤을 따라가기만 하면 된다. 소나무 언덕길을 따라가며 나무 사이로 보이는 바다를 구경하다보면 '비를리크 메이단 Birlik Meydanı'이라고 하는 넓은 광장에 도착한다. 입구의 유료 보관소에 자전거를 맡겨두고 언덕을 올라가 보자. 30~40분 정도 가파른 돌길을 올라가면 그리스 정교의 성 조지 수도원 St. George Monastery이 나온다. 안으로 들어가 성화가 빽빽이 그려진 내부를 둘러보자(매일 09:00~18:00, 무료, 사진촬영 금지). 매년 4월 23일(튀르키예의 어린이날)에는 축복을 받기 위해 많은 사람이 모여드는데, 재미있는 것은 수도원으로 올라가는 길에 가져간 실이 끊어지지 않고 올라가면 소원이 이루어진다는 믿음이 있다. 수도원 바로 옆에는 찻집 겸 레스토랑도 있으니 식사를 하며 여유있게 전망을 즐기는 것도 좋다.

시간 여유가 있다면 비를리크 메이단을 내려와서 섬 뒤편으로 자전거 하이킹을 권한다. 평탄하고 완만한 내리막길을 따라가며 바다 경치를 즐기고 소나무 숲에서 쉬면서 여행의 즐거움을 만끽해보자. 모든 스트레스가 한방에 날아간다. 먹을거리를 준비하면 더욱 즐거운 소풍이 됨은 말할 나위도 없다(뷔윅 아다 자전거 하이킹은 정말 강추!!). 섬 곳곳에 있는 비치에서 해수욕을 즐길 수도 있다.

시내에는 2010년 개장한 조그만 섬 박물관 Ada Müzesi도 있다. 프린세스 아일랜드에서 예전에 사용하던 물건들이 전시되어 있다.

뷔윅 아다의 파이톤

뷔윅 아다의 자전거 하이킹

헤이벨리 아다 Heybeli ada ★

선착장에 도착하면 섬의 오른쪽 언덕 위에 붉은 지붕의 하기아 트리아다 수도원이 보이고, 왼쪽으로 1773년 설립된 흰색의 오스만 제국 해군 사관학교 건물이 보인다. 선착장에는 ATM이 있고 레스토랑이 즐비하다. 레스토랑을 통과하면 시계탑이 나오고, 그 아래 수퍼마켓 앞에서 파이톤 Fayton이 출발한다. 시계탑을 지나 안쪽으로 가면 나오는 몇 군데의 점포에서 자전거를 대여할 수도 있다. 섬을 일주하는 도로는 소나무 숲이 있고 바다 경치를 즐길 수 있다. 자전거 타기에는 좋지만 오르막과 내리막이 심한 편이므로 안전사고에 주의할 것.

걸어서 마을을 통과해 수도원까지 올라가 보는 것도 괜찮다. 선착장에서 오른쪽으로 길을 잡아 안쪽 거리로 접어들면 오래된 목조 건물이 있는 골목이 나오고, 길을 따라 위로 올라가면 된다.

전나무 숲 사이로 우뚝 솟은 하기아 트리아다 수도원 Haghia Triada Monastery(매일 09:00~18:00, 무료)은 1894년에 지어졌으며, 1971년까지 신학교로 사용되었다. 이후 많은 논란 끝에 문을 닫았다가 최근에 다시 오픈하는 등 우여곡절을 겪었다. 잔디밭과 꽃나무가 가꿔진 정원에 자리한 위풍당당한 외관도 볼 만하고 내부 견학도 가능하다.

섬을 일주하다 보면 남쪽에 요트가 정박하는 만(灣)이 있고 해수욕을 즐길 수 있는 비치도 있다. 만의 언덕에 있는 건물은 1924년에 설립된 병원이다(현재는 문을 닫았음). 펜션과 호텔도 있으므로 한가한 정취를 즐기고 싶다면 섬에서 며칠 머무는 것도 추천할 만하다. 동네 주민들이 이용하는 저렴한 레스토랑도 있다

헤이벨리 아다의 하기아 트리아다 수도원

Restaurant 이스탄불의 레스토랑

국제적인 도시라는 위상에 걸맞게 다양한 종류의 레스토랑이 있다. 중세 분위기를 살린 우아한 고급 레스토랑에서부터 길거리 샌드위치 가게까지 이스탄불의 먹거리는 무궁무진하다. 아울러 고기를 비롯한 각종 해산물까지 음식 재료도 풍부해 뭘 먹어야 할지 고민일 정도. 볼거리와 여행자 편의시설이 집중되어 있는 구시가지에서 많이 먹게 되는데 신시가지에도 레스토랑은 많기 때문에 시내 관광을 다니다 언제든 쉽게 이용할 수 있다.

술탄아흐메트 & 베야즛 지역*

지야 바바 ZİYA BABA

Map 부록-B5 **주소** Küçük Ayasofya Liman Cad. No.136, Sultanahmet **전화** (0212)458-0736 **영업** 08:00~23:30 **예산** 1인 200~300TL **가는 방법** 블루모스크 뒤편 골목을 따라 도보 8분.

맛좋고 푸짐한 서민식당. 주인이 바뀌어서 예전만큼은 아니지만 그래도 편안하게 튀르키예 음식을 먹기에 괜찮은 곳이다. 주류를 팔지 않기 때문에 맥주를 곁들일 수 없는 게 아쉬운데, 테이크아웃이 되므로 포장해서 숙소에서 한잔 하도록 하자.

레드 리버 펍 Red River Pub

Map 부록-C4 **주소** Hoca Paşa, Hüdavendigar Cd. No.44 34410 Fatih **영업** 08:30~00:00 **예산** 1인 250~500TL **가는 방법** 트램 시르케지 역에서 도보 5분.

상호는 펍으로 되어 있지만 레스토랑으로 이용하기 좋다. 메뉴는 일반 튀르키예 음식이며 여러 가지 케밥이 함께 나오는 '카르쉭 이즈가라'가 인기다. 실내 분위기도 좋고 위치도 좋아서 오가는 트램의 이국적인 정취를 즐기며 생맥주만 한잔 하기에도 괜찮은 곳이다.

트램 베야즛 역 앞 식당들

Map 부록-B5 **영업** 09:00~23:30 **예산** 1인 200~300TL **가는 방법** 트램 베야즛 역에서 도보 1분.

100m 정도의 골목길 양쪽으로 즐비한 현지 식당 거리로 일종의 먹자골목이다. 피데와 각종 케밥 등 튀르키예식 메뉴가 주류이며 일부 레스토랑은 맥주도 판매한다. 베야즛 트램 역에서 가까운 곳인데도 의외로 외국인들의 방문은 적은 편이라 가격대가 저렴하다.

술탄아흐메트 쾨프테지시 셀림 우스타 Sultanahmet Köftecisi Selim Usta

Map 부록-C5 **주소** Divanyolu Cad. No.12 34122 Sultanahmet **전화** (0212)520-0566 **홈페이지** www.sultanahmetkoftesi.com **영업** 10:00~22:00 **예산** 1인 250~400TL **가는 방법** 트램 술탄아흐메트 역 바로 건너편에 있다.

1920년부터 문을 연 술탄아흐메트 지역의 대표 격인 식당. 상호에서 보듯이 쾨프테 맛집으로 정평이 나 있어 언제나 손님이 북적인다. '우스타'는 장인이라는 뜻으로 쾨프테만을 만들어온 명인의 손맛을 느낄 수 있다. 대표 메뉴인 '이즈가라 쾨프테'를 추천한다.

보리스인 예리 Boris'in Yeri

Map 부록-B5 **주소** Şehsuvar Bey, Ördekli Bakkal Sk. No:9, 34130 Fatih **전화** (0212)517-2256 **영업** 매일 06:30~20:30 **예산** 1인 100~200TL **가는 방법** 블루모스크 뒤편 골목을 따라 도보 15분.

한국의 매스컴에 소개되어 한국 여행자들에게 유명해진 아침식사 전문식당. 그 유명한 카이막을 맛볼 수 있다. 카이막은 소나 물소, 양, 염소 우유를 오래 끓여서 식힌 크림같은 치즈를 말하며 보통 꿀을 곁들여 빵과 함께 먹는다. 소문대로 카이막이 맛있으며 꿀을 넣은 우유도 유명하다. 친절도는 호불호가 갈린다.

도이도이 레스토랑 Doy Doy Restaurant

Map 부록-C5 **주소** Sifa Hamamı Sk. No.13 Sultanahmet **전화** (0212)517-1588 **영업** 09:00~23:00 **예산** 1인 150~300TL **가는 방법** 술탄 아흐메트 1세 자미 뒤 쉬파 하맘 골목 Şifa Hamamı Sk.에 있다. 아라스타 바자르에서 도보 5분.

쇠고기, 양고기, 닭고기 등 각종 케밥과 피데 전문점으로 오랫동안 여행자의 사랑을 받고 있다. 튀르키예 음식이 처음이라면 튀르키예식 피자인 피데와 요구르트 음료 아이란을 주문해 보자. 날씨가 좋다면 술탄 아흐메트 1세 자미가 보이는 옥상 테라스 자리를 추천한다.

가지안테프 케밥 살로누 Gaziantep Közde Künefe ve Kebap Salonu

Map 부록-B4 **주소** Hayri Efendi Cd. No.4. 34000 Fatih **영업** 08:30~23:30 **예산** 1인 150~300TL **가는 방법** 트램 시르케지 역에서 도보 5분.

남동부 튀르키예 스타일의 음식을 판매하는 서민식당. 다양한 종류의 케밥도 좋고 특히 가지안테프의 명물인 베이란이 인기다. 베이란은 양고기 육수를 잘게 찢은 양고기 밥에 얹어서 끓여내는 수프로 마늘과 고춧가루가 들어가서 한국의 육개장과 흡사한 맛을 낸다. 레몬즙을 뿌려 먹으면 풍미가 배가된다.

베나 돈두르마 bena Dondurma

Map 부록-B4 **주소** Gazi Mahallesi, Atik Ali Paşa Camii Sokak, Çemberlitaş No:17, 34120 Fatih **전화** (0212)520-5440 **영업** 월~토 09:00~18:30 **예산** 1인 30~70TL **가는 방법** 트램 쳄베를리타쉬 역에서 도보 3분.

쫀득한 맛의 튀르키예식 아이스크림인 돈두르마 전문점. 한국 매스컴에 소개가 되어 줄을 서면 '한국인? kore?'이라고 물어본다. 돈두르마와 아이스크림을 즐겨도 좋고, 튀르키예식 디저트인 카다이프에 돈두르마를 얹어 먹는 것도 괜찮다. 바로 옆 자미에서 기도드리고 나오는 현지인들도 자주 들르는 곳이다. 꼭 이곳이 아니라도 돈두르마 파는 곳은 많으니 편한 곳에서 맛보자.

세븐힐즈 레스토랑 Seven Hills Restaurant

Map 부록-C5 **주소** Tevkifhane Sk. No.8/A 34122 Sultan ahmet **전화** (0212)522-3793 **영업** 10:00~23:30 **예산** 1인 400~1,000TL 이상 **가는 방법** 술탄아흐메트 숙소 밀집구역 포 시즌 호텔 부근의 세븐힐즈 호텔 옥상에 있다.

술탄아흐메트에서 전망이 가장 좋은 레스토랑 중 하나. 아야소피아 성당, 술탄 아흐메트 1세 자미, 마르마라해가 그림같이 펼쳐진다. 음식값은 만만치 않지만 연인과 특별한 시간을 즐기고 싶다면 추천할 만하다. 저녁때는 만석이 되는 경우가 많으므로 예약하는 게 좋다.

블루하우스 레스토랑 Blue House Restaurant

Map 부록-C5 **주소** Dalbastı Sk. No.14 Sultandhmet **전화** (0212)638-9010 **영업** 10:00~24:00 **예산** 1인 400~1,000TL 이상 **가는 방법** 술탄아흐메트 숙소 밀집 구역 초입에 있다. 술탄 아흐메트 1세 자미에서 도보 1분.

파란색 목조 외관이 인상적인 호텔 옥상 부설 레스토랑. 유리로 된 난간에 꽃 장식을 해 놓아 고급스런 분위기이며, 술탄 아흐메트 1세 자미와 아야소피아 성당을 한눈에 감상할 수 있다. 세븐힐즈 레스토랑과 더불어 여행자들이 즐겨 찾는 일대의 명소다.

고려정 Korean Restaurant

Map 부록-C5 **주소** 술탄아흐메트 구역 내 **전화** +90-536-870-2759 **영업** 09:00~22:00 **예산** 1인 300~800TL **가는 방법** 톱카프 궁전 정문 오른쪽 이삭 파샤 거리를 따라 도보 5분.

술탄아흐메트에서 그리운 한국 음식을 맛볼 수 있는 곳

이다. 한국인이 운영하며 김치찌개, 된장찌개, 비빔밥을 비롯해 갈비탕과 삼겹살 등 다양한 한식을 제공하고 있다. 음식 맛은 대체로 괜찮은 수준이며, 재료 공수가 힘들기 때문에 가격은 다소 높다. 소주에 굶주렸던 주당이라면 더없이 반갑다.

시르케지 역 부근, 카라쾨이*

함디 레스토랑 Hamdi Restaurant

Map 부록-B3 **주소** Tahmis Cad. Kalçın Sk. No.17 Eminönü **전화** (0212) 528-0390 **홈페이지** www.hamdi.com.tr **영업** 11:00~23:00 **예산** 1인 400~1,000TL **가는 방법** 이집션 바자르에서 도보 1분.

50년 전통의 고급 레스토랑. 옥상 테라스에 앉으면 갈라타 다리와 골든혼 전망이 좋고 요리도 훌륭한 경치에 필적할 만한 수준이다. 송아지 고기에 파와 마늘, 후추로 양념해서 숯불에 익히는 항아리 케밥은 최고의 음식이라 할 만하다. 4인 이상 주문 가능.

루프 메제 360 Roof Meze 360

Map 부록-C4 **주소** Hüdavendigar Cd. No:25, 34420 **전화** +90-536-418-5025 **홈페이지** www.roofmezze360.com **영업** 13:00~23:00 **예산** 1인 300~800TL **가는 방법** 트램 귈하네 역에서 전차길을 따라 도보 3분.

쇠고기, 양고기 등 전통적인 튀르키예식 케밥과 오징어, 새우 등 해산물 요리도 선보인다. 옥상에 자리해 해질녘 노을과 자미의 야경과 바다가 매우 근사한 풍경을 만들어내며 직원들도 친절하고 가격도 적당해서 여러모로 추천할 만하다. 튀르키예에 처음 와서 무얼 먹어야 할 지 모르겠다면 양고기 스테이크에 도전해 보자. 엘리베이터를 타고 호텔 꼭대기로 올라가면 된다.

카라쾨이 귈뤼오을루 Karaköy Güllüoğlu

Map 부록-C2 **주소** Kemankeş Cd. No.67, 34425 Beyoğlu **전화** (0212)225-5282 **홈페이지** karakoygulluoglu.com **영업** 07:00~00:00 **예산** 1인 150~200TL **가는 방법** 트램 톱하네 역에서 도보 5분.

튀르키예식 디저트인 바클라바 전문점. 200여 년간 한결같은 맛으로 이스탄불 시민들에게 사랑을 받아온 곳으로 훌륭한 디저트와 편안한 휴식을 즐기고 싶다면 최고의 선택이다. 바클라바, 피스타치오, 카이막, 아이스크림 등 다양한 메뉴가 있는데 워낙 유명한 곳이라 자리 잡기가 쉽지 않다.

술탄아흐메트의 뷰포인트 5

"이스탄불에서는 높은 곳에 올라가라"는 말이 있습니다. 술탄 아흐메트 1세 자미, 아야소피아 성당 등 멋진 건물과 파란 바다가 어우러진 술탄아흐메트의 풍경은 관광객들의 마음을 단번에 사로잡기 때문이지요. 특히 조명을 받아 빛나는 유적의 야경은 낮과는 또 다른 이스탄불의 모습을 선사합니다. 높은 건물의 옥상은 대부분 레스토랑이라 음식과 맥주를 즐기며 이 기막힌 경치를 감상할 수 있습니다. 가격은 높은 편이지만 튀르키예 여행의 처음과 끝을 멋진 전망과 함께 추억으로 담아가길 권합니다.

호텔 아르카디아 블루 Hotel Arcadia Blue **Map 부록-B5**
세븐힐즈 레스토랑 Seven Hills Restaurant **Map 부록-C5**
블루하우스 레스토랑 Blue House Restaurant **Map 부록-C5**
루프 메제 360 Roof Meze 360 **Map 부록-C4**
골든혼 호텔 Golden Horn Hotel **Map 부록 술탄아흐메트 세부도**

소칵 레제티(고등어 케밥집) Sokak Lezzeti

Map 부록-C2 **주소** Kemankeş Cd. No.37/B, 34425 Beyoğlu **전화** +90-533-958-6634 **영업** 10:00~00:00 **예산** 1인 150~200TL **가는 방법** 트램 톱하네 역에서 도보 5분.

원래는 어부들이 잡아온 고등어를 에미뇌뉘 선착장 부근의 배 위에서 구워서 팔던 것이 지금은 이스탄불의 명물이 되어 많은 고등어 케밥집이 생겼다. 이 집은 얇은 라바쉬 빵을 사용하는 골목에 있는 맛집. 다른 곳보다 채소도 듬뿍 넣어주고 고등어도 비리지 않게 양념을 해서 맛있게 먹을 수 있다. 실내가 좁아 가게 앞에서 서서 먹어야 하는 경우가 많다.

이스티클랄 거리*

아르마다 Armada

Map P.85-B1 **주소** İstiklal Cad No.467 Beyoğlu, Istanbul **전화** (0212)249-7927, 293-9398 **영업** 11:00~21:30 **예산** 1인 200~300TL **가는 방법** 갈라타 메블라나 박물관에서 도보 1분.

케밥, 쾨프테를 비롯한 '술루 예멕 Sulu Yemek'(고기나 야채를 찌거나 삶아서 미리 조리해 놓은 음식) 전문점. 50여 가지에 달하는 음식을 먹음직스럽게 진열해 놓아 식욕을 돋우고 있다. 직장인들이 많이 찾는 곳이라 점심때 가면 자리가 없는 경우도 많다.

페데랄 갈라타 카페 Federal Galata

Map P.85-B1 **주소** Şahkulu, Küçük Hendek Cd. No:7, 34421 Beyoğlu 전화 (0212)245-0903 **영업** 매일 08:00~23:00 **예산** 커피,음료 100~150TL **가는 방법** 갈라타 탑에서 도보 1분.

갈라타 타워 부근에 있는 커피 전문점. 에스프레소, 카푸치노 등 일반적인 커피와 함께 터키시 커피도 즐길 수 있다. 깔끔게 단장한 서양식 분위기에서 커피와 음료를 마시며 쉬어가기에 좋다. 오믈렛, 크루와상, 버거, 파스타 등 식사 메뉴도 있으므로 식당으로 이용해도 괜찮다.

크레메리아 밀라노 Cremeria Milano

Map P.85-B1 **주소** İstiklal Cad No.342 Beyoğlu, Istanbul **전화** (0212)245-5064 **영업** 11:00~23:00 **예산** 아이스크림 60TL부터 **가는 방법** 갈라타 메블라나 박물관에서 도보 2분.

이탈리아 아이스크림 전문점. 딸기, 커피, 바닐라, 초콜릿, 피스타치오 등 천연 재료를 사용하는 다양한 아이스크림은 보기만 해도 먹음직스럽다. 주로 테이크아웃을 선호하지만 안쪽에는 앉을 수 있는 자리도 있으며 이탈리아산 커피와 케이크도 있다.

쥐베이르 오작바쉬 Zübeyir Ocakbaşı

Map P.85-A2 **주소** Şehit Muhtar Mahallesi Bekar Sokak No::28, 34435 Beyoğlu **전화** (0212)293-3951 **홈페이지** www.zubeyirocakbasi.com.tr **영업** 매일 11:00~00:00 **예산** 1인 400~800TL **가는 방법** 탁심광장에서 도보 5분.

시내 중심부에 자리한 숯불 구이 전문점. 가게 한쪽에 있는 커다란 그릴에서 쉴 새 없이 고기를 구워낸다. 특히 양고기가 맛있는데 쿠주 쉬시 Kuzu Şiş 또는 피르졸라 Pirzola가 단연 인기메뉴다. 숯불에 구워내는 정통 튀르키예 케밥집이며 맛집으로 소문나서 저녁때는 자리가 없는 경우가 많다. 예약 추천. 목조로 장식한 내부도 아늑하다.

해산물 시장 골목 Balık Pazar

Map P.85-A1 **주소** İstiklal Cad No.467 Beyoğlu, Istanbul **영업** 11:00~ 24:00 **예산** 1인 300~500TL **가는 방법** 갈라타사라이 고등학교 맞은편 골목 안.

보스포루스 해협에서 잡아올린 해산물을 파는 식당 골

목. 저렴한 홍합 튀김점부터 랍스터를 내놓는 곳까지 다양하다. 특유의 흥성거리는 분위기 때문에 식사가 아니더라도 구경삼아 가볼 만하다. '치첵 파사지'라는 건물 안에는 고급 레스토랑도 있다.

인지 파스타네시 İnci Pastanesi

Map P.85-A2 주소 İstiklal Cad No.124-2 Beyoğlu, Istanbul **전화** (0212) 243-2412 **영업** 07:00~21:00 **예산** 1인 150~250TL **가는 방법** 갈라타사라이 고등학교에서 도보 1분.

1944년 오픈한 역사와 전통을 자랑하는 과자, 케이크 전문점. 언제가도 맛있는 과자를 맛볼 수 있다. 입구 쪽 테이블에 놓여있는 검은 초콜릿을 얹은 슈크림 빵인 프로피테롤 Profiterol은 이 집만의 자랑. 심하게 달지 않아 입맛에 잘 맞는다.

사라이 무할레비지시 Saray Muhallebicisi

Map P.85-A2 주소 İstiklal Cad Beyoğlu, Istanbul **전화** (0212)299-2888 **홈페이지** www.saraymuhallebicisi.com **영업** 11:00~23:00 **예산** 1인 150~200TL **가는 방법** 쇼핑몰 데미르 외렌 DEMIR ÖREN 맞은편에 있다. 갈라타사라이 고등학교에서 도보 3분.

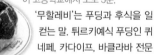

'무할레비'는 푸딩과 후식을 일컫는 말. 튀르키예식 푸딩인 퀴네페, 카다이프, 바클라바 전문점으로 이스탄불 내 10여 개의 점포가 있다. 1935년부터 영업한 역사가 말해주듯이 범상치 않은 맛을 자랑하는데, 이스티클랄 거리를 돌아다니다 튀르키예식 디저트를 맛보기에 좋다.

탁심 바흐츠반 Taksim Bagçıvan

Map P.85-A2 주소 Şehit Muhtar, Süslü Saksı Sk. No:27, 21234 Beyoğlu **전화** (0212)251-1815 **영업** 매일 09:00~00:00 **예산** 1인 200~400TL **가는 방법** 탁심 광장에서 도보 5분.

각종 케밥과 피데 전문점. 탁심과 이스티클랄 거리를 다니다 튀르키예 음식을 맛보고 싶다면 가볼 만하다. 맛과 양 모두 만족할 만하고 가격도 저렴한 편이라 많은 여행자들이 찾는다. 일행이 여럿이라면 케밥, 뒤륌, 피데, 라흐마준을 골고루 주문해 다양한 튀르키예 음식을 경험해 보자. 터키시 커피와 차이도 있다.

파롤 카페 Parole Cafe & Restaurant

Map P.85-B1 주소 Istiklal Ca. No.166/C, 34430, Beyoğlu **영업** 08:30~00:00 **예산** 1인 250~500TL **가는 방법** 갈라타 메블라나 박물관에서 도보 3분.

케밥, 쾨프테 등 튀르키예 음식부터 피자, 햄버거 등 서양식까지 다양한 메뉴를 갖추었으며 플레이팅과 음식 수준도 훌륭하다. 튀르키예식 커피와 케이크, 디저트까지 있으므로 식사와 카페 어느 쪽이든 이용하기 좋으며 직원들도 친절해 여행자들의 재방문율이 높다.

그 외 지역*

갈라타 코낙 Galata Konak

Map 부록-B2 주소 Bereketzade Mah. Hacı Ali Sk. No.2 Kuledibi, Beyoğlu **전화** (0212)252-5346 **홈페이지** www.galata konak.com.tr **영업** 10:00~23:30 **예산** 1인 300~600TL **가는 방법** 갈라타 탑에서 도보 1분. 골목 안에 있어 찾기가 약간 힘들다.

갈라타 탑 바로 아래쪽에 자리한 레스토랑. 골든혼과 마르마라해 전망이 180°로 펼쳐진다. 낮에도 훌륭하지만 갈라타 탑에 조명이 켜지는 밤 풍경이 더욱 환상적이다. 톱카프 궁전, 예니 자미, 쉴레이마니예 자미의 야경을 즐기며 식사할 수 있다.

누스렛 스테이크하우스
Nusr-Et Steak House

Map 부록-B4 **주소** Etiler, Nispetiye Cd No:87, 34337 Beşiktaş **전화** (0212)568-7738 **홈페이지** www.nusr-et.com.tr **영업** 매일 12:00~00:00 **예산** 1인 1,500~4,000TL **가는 방법** 탁심에서 메트로 2호선(M2)로 Levent 역까지 간 후 M8로 갈아타고 2정거장. Etiler Istasyonu 역 하차 후 도보 5분. 분점-그랜드바자르 내. 누로스마니예 자미에서 도보 1분.

일명 '솔트배'라고 불리는 유명한 쉐프가 운영하는 스테이크 전문점. 독특하게 소금을 뿌리는 퍼포먼스로 유명해진 곳이다. 쇠고기와 양고기 전문점으로 각종 스테이크를 비롯해 수제버거, 미트볼 등 다양한 메뉴가 있는데 이집의 자랑인 스테이크를 추천한다. 끓인 버터를 테이블에서 직접 부어주는 '누스렛 스페셜'이 가장 인기 있으며 양갈비인 Kafes도 훌륭하다. 술탄아흐메트 구역에서 가까운 그랜드바자르에도 분점이 있다.

보그 Vogue

주소 Süleymen Seba Cad. No.92 BJK Plaza A Blok Kat:13 Beşiktaş **전화** (0212)227-4404 **홈페이지** www.voguerestaurant.com **영업** 12:00~다음날 02:00 **예산** 1인 1,000TL 이상 **가는 방법** BJK 플라자 내에 있다.

BJK 플라자 건물 옥상의 최고급 레스토랑 겸 바. 보스포루스 해협과 아야소피아, 톱카프 궁전이 한눈에 들어오는 이스탄불 최고의 레스토랑 중 하나다. 연인과 특별한 추억을 원한다면 단연 첫손가락에 꼽을 만하다. 복장에 신경 쓰는 게 좋고 주말 야외석은 예약 필수.

Entertainment 이스탄불의 엔터테인먼트

전반적으로 서구화되어가는 튀르키예의 추세를 반영하듯 바와 나이트클럽이 속속 생겨나고 있다. 나이트클럽은 대부분 신시가지와 이스티클랄 거리에 집중되어 있으며 주말이면 밤새 춤판이 벌어지기도 한다. 마음만 먹으면 이스탄불의 낮과 밤은 심심할 틈이 없을 정도다. 튀르키예 밤 문화의 총화라 할 수 있는 벨리댄스 공연은 반드시 관람해야 할 목록!

미마르 시난 카페
Mimar Sinan Teras Cafe

Map 부록-B3 **주소** Demirtaş Mah. Fetva Yokuşu Mimar Sinan Han No.34 Süleymaniye **전화** (0212)514-4414~5 **영업** 08:00~다음날 01:00 **예산** 각종 차, 주스 50~100TL **가는 방법** 쉴레이마니예 자미 정문으로 나와서 오른쪽에 있는 미마르 시난의 무덤 맞은편에 있다. 도보 2분.

쉴레이마니예 자미까지 왔다면 반드시 들러야 할 카페. 계단을 올라가면 갈라타 다리와 골든 혼, 아시아 지역까지 기막힌 풍경이 펼쳐진다. 차이, 튀르키예식 커피와 나르길레(물파이프)를 즐기며 전망을 감상해 보자. 이스탄불 대학교의 학생 등 젊은이들도 많이 찾는다. 낮 경치도 훌륭하고 아경 맛집으로도 꾸준히 인기 있다.

베베크 지역 카페 & 레스토랑
Bebek Cafe & Restaurant

영업 10:00~다음날 01:00 **예산** 차이, 커피 100~150TL **가는 방법** 카바타쉬 버스 정류장에서 22, 22RE, 25E번 버스를 타고 베베크 하차 또는 루멜리 히사르에서 도보 20분.

보스포루스 해협 연안의 베베크 지역은 중상류층 주거 지역으로 전망 좋은 카페들이 많다. 맑은 날 야외에 앉아 보스포루스 해협의 멋진 전망을 보며 커피와 차를 즐겨보자. 한국 여행자들에게 유명한 스타벅스도 좋지만 주변에 근사한 카페도 많으므로 다양하게 시도해보자. 극심한 교통 정체가 빚어지는 주말은 피하자.

자알오을루 하맘 Cağaloğlu Hamamı

Map 부록-C4 **주소** Yerebatan Cad. 34 Sultanahmet **전화** (0212)522-2424 **홈페이지** www.cagalogluhamani.com.tr **영업** 08:00~22:00 **예산** 마사지, 때밀이 여부에 따라 €60~300 **가는 방법** 술탄아흐메트의 관광경찰서 앞길을 따라 약 300m.

오스만 제국 때 지어진 하맘으로 약 270년의 역사를 자랑한다. 뉴욕타임스가 뽑은 죽기 전에 가봐야 할 1000곳 중 하나로 선정되기도 했으며, 튀르키예의 국부 아타튀르크를 비롯해 세계 각국의 명사들도 다녀간 곳이라 이름값이 더욱 높아졌다. 유명인들도 즐기는 하맘에서 튀르키예의 전통을 체험할 수 있다는 특별한 감흥이 있다.

호자파샤 세마 공연 Hodjapasha Sema

Map 부록-C4 **주소** Hoca Paşa Mahallesi Ankara Caddesi, Hocapaşa Hamamı Sk. No:3 D:B, 34110 **전화** (0212)511-4626 **홈페이지** www.hodjapasha.com **공연** 세마-매일 19:00~20:00, 민속춤-화.목.토 20:30-21:30 **요금** $39 **가는 방법** 아야소피아 성당에서 도보 15분.

시르케지 역 부근에서 이슬람 종교 춤인 세마 공연을 감상할 수 있다. 5명의 세마젠(댄서)이 공연을 하는데 종교적인 춤이라 매우 독특하다. 콘야에서 세마 공연을 봤다면 약간 싱거울 수도 있겠지만 이슬람 문화체험 차원에서 가볍게 감상할 만하다. 세마 공연 이외에 튀르키예 각 지역의 춤을 소개하는 프로그램도 있다. 세마 의식은 콘야 편 P.562 참고.

삼백육십 360

Map P.85-B1 **주소** İstiklal Cad. Mısır APT No.311 K.8 Beyoğlu 80600, İstanbul **전화** (0212)251-1042~43 **홈페이지** www. 360istanbul.com **영업** 12:00~다음날 00:30 (23:00이후는 바와 클럽) **예산** 각종 주류 250~500TL **가는 방법** 이스티클랄 거리 중간의 성 안토니오 교회 바로 옆 므스르 아파트마느 MISIR APARTIMANI 건물 옥상에 있다.

이스티클랄 거리의 업소 중 최고의 전망을 자랑하는 곳으로 세련된 인테리어와 바다 경치가 어우러져 환상적인 분위기를 연출한다. 저녁에는 고급 레스토랑으로, 밤 11시 이후에는 바와 나이트클럽으로 변신한다. 고급 클럽이므로 복장에 각별한 신경을 쓰는 게 좋다.

보스포루스 디너 크루즈 벨리 댄스 Bosphorus Dinner Cruise Belly Dance

영업 20:00~24:00 **예산** €80 **포함사항** 승선권, 저녁식사, 음료, 쇼 관람 **신청** 이스탄불 각 숙소 및 여행사

보스포루스 해협의 야경을 보며 저녁식사와 쇼를 즐기는 프로그램. 돌마바흐체 궁전, 루멜리 히사르 등 멋진 야경과 함께 선상 파티가 벌어진다. 튀르키예 각 지역의 민속춤을 선보이며 벨리 댄스 공연도 펼쳐진다. 선상에서 즐기는 벨리 댄스는 특별한 추억을 선사한다.

밤거리 호객행위에 따라가지 마세요

이스탄불의 밤거리를 걷다 보면 관광객에게 접근해서 술집으로 유인하는 사람들이 활개를 치고 있습니다. 국적을 확인한 후 튀르키예와 한국이 형제라는 것을 강조하며 자신이 술을 사겠다고 하는 수법이죠. 하지만 세상에 공짜는 없는 법. 이들은 대부분 조직적인 활동망을 가지고 있으며 술집에서 맥주 한 잔에 무려 US$100에 달하는 터무니없는 계산서를 가지고 오기 일쑤입니다. 이때 폭력배들을 동원해 공포 분위기를 조성하지요. 특히 여성을 데리고 가려하거나 술집에 여성이 있다면 의심해봐야 합니다. 핑계를 대서 당장 그 자리를 벗어나는 것이 상책입니다.

튀르키예 여행 초기보다 마지막에 당하는 경우가 많은데 다른 도시에서 튀르키예인의 친절을 경험했던 여행자라면 더더욱 조심해야 합니다. 여행 막바지에 좋은 추억을 만들려다 낭패를 보는 경우가 있으니 주의하세요!

Shopping 이스탄불의 쇼핑

튀르키예의 모든 물건이 모여드는 이스탄불. 동서양의 접점이었던 만큼 예로부터 상업이 발달해 시장문화가 일찍부터 형성되었다. 구시가지의 재래시장을 비롯해 신시가지에 대형 쇼핑몰도 속속 생겨나 살거리가 넘쳐난다. 튀르키예에 입점해 있는 유명 의류 브랜드는 한국과 비교했을 때 저렴하므로 한국에서 살 것들을 미리 산다는 마음으로 세일쇼핑을 노려볼 만하다. 튀르키예 의류 브랜드도 유럽으로 수출할 만큼 품질이 좋으니 굳이 유럽 브랜드만 고집할 필요는 없다. 매년 3월 20일경에는 대형 쇼핑몰을 중심으로 쇼핑축제가 열리고 신상품 할인 행사도 개최되므로 쇼핑 마니아는 참고하자.

그랜드 바자르 Grand Bazar · 이집션 바자르 Mısır Çarşı

Map 부록-B4 **영업** 월~토요일 08:00~19:00 **가는 방법** 그랜드 바자르-트램 술탄아흐메트 역에서 도보 15분, 이집션 바자르-트램 에미뇌뉘 역에서 도보 3분.

구시가지의 대표적 재래시장. 귀금속, 향신료, 수공예품, 조각품 등 없는 게 없는 곳이다. 인기 쇼핑 품목은 수공예품과 튀르키예식 단 과자인 로쿰, 피스타치오, 말린 살구 등이다. 수많은 관광객이 몰리는 곳이라 바가지도 심하다. 비슷한 물건을 파는 상점은 많으므로 발품을 팔며 가격을 비교해 보는 수고를 아끼지 말자. 윈도우 쇼핑 만으로도 충분히 방문할 가치가 있으니 가벼운 마음으로 상점 순례를 해 보자. 그랜드 바자르 P.103, 이집션 바자르 P.105 참고.

아라스타 바자르 Arasta Bazaar

Map 부록-C5 **주소** Arasta Bazaar Sultanahmet, Istanbul **영업** 매일 09:00~20:00 **가는 방법** 술탄 아흐메트 1세 자미 바로 아래에 있다. 도보 2분.

술탄아흐메트 구역에 있는 쇼핑 상가. 약 200m 거리의 양쪽에 의류, 수공예품, 타일, 악기 등을 판매하는 가게가 빼곡히 들어서 있다. 유명 관광지 내에 있어 바가지 요금이 심할 것 같지만 꼭 그렇지만도 않다. 흥정을 잘 하면 좋은 제품을 괜찮은 값에 구입할 수 있다.

누로스마니예 쇼핑 거리 Nuruosmaniye Cad.

Map 부록-B4 **주소** Nuruosmaniye Cad., Istanbul **영업** 월~토요일 09:00~19:00 **가는 방법** 관광경찰서에서 예레바탄 거리를 따라가다가 왼쪽 누로스마니예 거리로 접어든다.

누로스마니예 자미 앞의 세련된 고급 상가 거리. 각 점포마다 독특한 디자인의 고급 공예품을 경쟁적으로 선보이고 있어 안목을 높일 겸 가볼 만하다. 많은 점포 중 데코린 Decorinn(☎ (0212)511-5004, www.decorinn.com.tr), 아르마간 Armaggan(☎ (0212)522-4433, www.armaggan.com), 소파 Sofa(☎ (0212)520-2850, www.kashifsofa.com) 3곳의 상점이 특히 수준이 높다. 가로수 아래 커피 전문점에서 차를 마시며 거리 풍경을 즐겨도 좋다. 그랜드 바자르도 가까이 있어 편리하다.

제바히르 Cevahir

주소 Cevahir Alışveriş Merkezi Şişli **전화** (0212)380-1094 **영업** 매일 10:00~22:00 **가는 방법** 에미뇌뉘 버스 정류장에서 메지디예쾨이 행 54 · 66 · 74번 버스를 타고 제바히르 아베메 Cevahir ABM 하차. 또는 메트로 쉬쉴리 메지디예쾨이 역 하차. 사람들에게 '제바히르 아베메'라고 물어보자. 도보 5분.

2000년대 중반까지 유럽에서 가장 큰 쇼핑몰이었으며, 지금도 이스탄불 시민들의 발길이 꾸준히 이어지고 있다. 튀르키예의

스타벅스에 해당하는 '카흐베 뒨야시 Kahve Dünyasi'는 커피와 초콜릿이 유명하고, 전자제품 전문점인 '테크노 에스에이 Tekno SA', 망고, 자라 등의 점포가 여행자에게 유용하다. 쇼핑 다니다가 출출하면 다양한 식당이 있는 5층의 푸드코트를 이용하면 된다.

이스틴예 파크 İstinye Park

주소 İstinye Bayırı Cad. No.73 Sarıyer, Istanbul **전화** (0212)345-5555 **홈페이지** www.istinyepark.com **영업** 매일 10:00~22:00 **가는 방법** 제바히르 쇼핑몰 앞에서 29Ş번 버스를 타고 이스틴예 파크 앞 하차.

튀르키예에 진출한 명품이 밀집된 초대형 쇼핑몰. 베네통, D&G, 휴고보스, 와코 등 점포만 200개가 넘는다. 특히 의류는 세일 기간에는 한국보다 50% 가까이 저렴하게 구입할 수 있다. 한국보다 비싼 브랜드도 있으므로 덮어놓고 사지 말고 가격을 비교하며 구입하자.

니샨타쉬 Nişantaşı

영업 월~토요일 10:00~20:00 **가는 방법** 에미뇌뉘 버스 정류장에서 메지디예쾨이 행 54, 66, 74번 버스를 타고 니샨타쉬 하차.

탁심 광장 북쪽 3km에 자리한 최고급 쇼핑거리. 테쉬비키예 거리 Teşvikiye Cad., 루멜리 거리 Rumeli Cad. 등 2~3블록에 유럽 일류 브랜드의 상점이 줄지어 있다. 거리도 고급스럽고 상점도 깔끔해 색다른 분위기다. 씨티스 City's라는 백화점도 있는데 매장 맨 아래층에 고급 수퍼마켓인 마크로 센터 Macro Center가 있다.

오르타쾨이 주말 벼룩시장 Ortaköy Free Market

영업 토·일요일 11:00~19:00 **요금** 각종 수공 액세서리 10TL부터 **가는 방법** 트램 종점 카바타쉬 역에서 22, 25번 버스를 타고 오르타쾨이 하차.

오르타쾨이 선착장 부근의 주말 벼룩시장. 팔찌, 반지,

귀고리, 은제품, 의류, 스카프 등 다양한 제품이 눈을 즐겁게 한다. 작은 노점들이 수없이 붙어있는데 대부분 수작업으로 만든 것이라 독특하고 아기자기하다. 쇼핑하다 출출하면 감자요리인 쿰피르를 먹으며 바닷가 경치를 즐길 수도 있다. 한쪽 옆에는 오르타쾨이 자미도 있어 바다와 어우러진 경치를 찍으려는 관광객이 끊이지 않는다.

호르호르 골동품 상가 Horhor Bitpazarı Flea Market

Map 부록-A4 **주소** Horhor Cad. Kırık Tulumba Sk. No.1, Aksaray, İstanbul **영업** 월~토요일 11:00~18:00 **예산** 각종 앤티크 제품 USD50~10,000 **가는 방법** 메트로(또는 트램) 악사라이 역 하차 후 호르호르 거리를 따라 약 300m 가다가 오른쪽으로 꺾으면 바로 보인다.

이스탄불의 대표적인 앤티크 전문상가. 외관은 허름하지만 지하 1층, 지상 6층의 규모를 자랑하며 약 150여 개의 점포가 있다. 1700년대부터 근대까지 유럽풍과 오스만 스타일의 가구, 샹들리에, 도자기, 동제품을 총망라하고 있어 골동품 애호가라면 들러볼 만하다.

메흐메트 에펜디 Kurukahveci Mehmet Efendi

Map 부록-B4 **주소** Tahmis Sk. 66 Eminönü **전화** (0212) 511-4262 **홈페이지** www.mehmetefendi.com **영업** 월~토요일 08:00~19:00 **예산** 커피 100g 60TL **가는 방법** 이집션 바자르 서쪽 문(하스르즐라르 문 Hasırcılar Kapısı)으로 나오면 바로 앞에 있다.

세계 각국의 커피를 자체 블렌딩하는 커피 전문점. 언제 가도 커피 볶는 냄새가 길거리에 가득하다. 고급 백화점에 납품할 정도로 품질은 정평이 나 있으며, 튀르키예에서 커피 판매량이 가장 많은 곳이다. 튀르키예식 커피에 매료되었다면 꼭 방문해보자. 커피만 판매할 뿐 카페는 아니다.

Hotel 이스탄불의 숙소

다양한 관광객이 찾는 세계적인 도시인 만큼 숙소의 종류도 가격도 천차만별이다. 구시가지 술탄아흐메트 지역은 이스탄불의 대표적 여행자 구역. 도미토리 침대에서부터 5성 호텔까지 다양한 숙소가 있는데, 역사의 주무대라는 의미와 함께 아야소피아 성당과 블루모스크가 가깝다는 장점도 있어 많은 여행자들이 이곳을 베이스캠프로 삼고 있다. 트램 술탄아흐메트 Sultanahmet 역에서 내려 관광안내소 뒤편의 술탄아흐메트 공원을 지나 미마르 메흐메트 아아 거리 Mimar Mehmet Ağa Cad.로 접어들면 숙소 밀집구역에 이르게 된다. 숙소 요금은 유로로 표시되는데 리라로 계산해도 무방하다. 이스탄불의 숙소는 객실이 좁은 편이므로 넓은 방을 원한다면 숙소비 부담이 커진다.

숙소 요금에 대부분 아침식사가 포함되어 있으며 현금으로 계산할 경우 5~10% 정도 할인해 준다. 전반적으로 고급화되는 추세라 아쉽게도 배낭여행자의 입지는 점점 좁아지는 편. 저렴한 곳을 구한다면 도미토리를 이용하고, 그렇지 않다면 중급 이상이라고 보면 된다. 성비수기 요금 변동폭이 크므로 미리 홈페이지에서 확인하고, 여름철 성수기에는 방을 구하기가 매우 힘들기 때문에 예약하는 게 좋다. 술탄아흐메트에서 방을 구하지 못하거나 소란스러운 분위기가 싫다면, 갈라타 탑과 탁심 광장 부근에도 숙소가 있으므로 시도해 보자.

아고라 게스트하우스 Agora Guesthouse

Map 부록 술탄아흐메트 세부도 **주소** Amiral Tafdil Sk. No.6 Sultanahmet **전화** +90-552-512-7120 **홈페이지** www.agoraguesthouse.com **요금** 도미토리 비/성수기 €12~18/€15~20(공동욕실, A/C), 싱글 €30~70(개인욕실, A/C), 더블 €35~80(개인욕실, A/C) **가는 방법** 술탄아흐메트 숙소 밀집구역에 있다.

도미토리 방도 넓은 편이고 공동욕실도 깔끔하다. 침대 아래에 개인 사물함도 있으며, 덩치 큰 여행자가 2층에 자더라도 침대가 흔들리지 않아서 좋다. 침구류와 수건, 바다 전망이 있는 옥상 테라스, 성의 있게 나오는 아침식사 등 여행자의 호평이 잇따르고 있다.

랄랄라 이스탄불 Lalala Istanbul G.H.

Map 부록-D1 **주소** Muhtar leyla Ildır sk. beyoğlu. İstanbul **전화** 90-545-883-1134(한국에서), (0545)883-1134(현지에서) **홈페이지** cafe.naver.com/turkeytong **카카오톡 아이디** lallallahouse **요금** 4인 도미토리 €35~37(공동욕실, A/C), 더블 €80~85(공동욕실, A/C) **가는 방법** 탁심 광장에서 도보 10분. 길이 약간 헷갈리므로 홈페이지를 참고할 것.

튀르키예 여행 경험이 풍부한 한국인 지마님이 운영하는 숙소. 원래는 술탄아흐메트 구역에 있다가 2014년 10월 현재의 자리로 옮겼다. '내집처럼, 주인처럼'이라는 주인장의 철학에 따라 격의 없이 어울리며 여행의 낭만을 만끽하기에 안성맞춤. 특히 테라스에서 바라보는 보스포루스 해협 전망은 정말 끝내준다. 촛불 아래 술 한잔 기울이면 고급 레스토랑이 부럽지 않을 정도다. 매일 아침 진행되는 이스탄불 여행설명회도 빼놓을 수 없는 매력. 객실이 많지 않다는 게 유일한 흠이다. 예약 필수!

술탄아흐메트 여행자 거리

빅애플 호스텔 Big Apple Hostel

Map 부록 술탄아흐메트 세부도 **주소** Akbıyık Cad. Bayram Fırını Sk. No.12 Sultanahmet **전화** (0212)517-7931 **홈페이지** www.hostelbigapple.com **요금** 도미토리 €14~16(공동욕실, A/C), 싱글 €50(개인욕실, A/C), 더블 €65(개인욕실, A/C) **가는 방법** 술탄아흐메트 숙소 밀집구역에 있다.

오랜 역사를 자랑하는 술탄아흐메트 구역의 대표적인 호스텔. 주변 숙소와의 경쟁 탓인지 가격이 많이 오르지 않았고 도미토리와 욕실을 새롭게 단장했다. 여름철이면 전망 좋은 옥상 테라스에서 흥겨운 댄스파티가 벌어지기도 하고, 컴퓨터가 있는 1층 휴게실도 쾌적한 분위기다. 맞은편의 바하우스 게스트하우스 Bahaus Guesthouse(☎(0212) 638-6534)도 도미토리가 있다.

나르 호텔 Nar Hotel

Map 부록-B5 **주소** Küçük Ayasofya Mahallesi, Meydan Arkası Sk. no:15, 34122 Fatih **전화** +90-552-715-0634 **요금** 싱글, 더블 €40~70(개인욕실, A/C) **가는 방법** 퀴췩 아야소피아 자미에서 도보 1분.

퀴췩 아야소피아 자미에서 가까운 곳으로 가성비가 좋은 숙소. 아야소피아 성당에서 조금 먼 것이 단점일 수도 있으나 주변이 조용해서 오히려 좋다는 사람도 있다. 저렴한 숙소인 만큼 객실은 협소하지만 욕실과 에어컨 등 기본적인 시설은 되어 있어 머무는 데 큰 불편은 없다. 부근에 식당도 여러 곳 있다.

아브라시아 호스텔 Istanbul Avrasya Hostel

Map 부록 술탄아흐메트 세부도 **주소** Kutlugün Sk. No.35/37 Sultanahmet **전화** (0212)516-9380 **요금** 도미토리 €11~14(공동욕실, A/C), 더블 비/성수기 €40~50(개인욕실, A/C) **가는 방법** 술탄아흐메트 숙소 밀집구역에 있다.

6인실부터 21인실까지 다양한 도미토리가 있다. 원래 바와 쉼터로 운영되던 지하층은 에어컨이 있는 도미토리로 바꾸었다. 바다 전망이 좋은 옥상 테라스에서 밤새 수다를 떨기도 좋고, 카운터를 보는 '엠레'라는 젊은 직원도 변함없는 친절로 여행자들을 맞고 있다.

라스트 호텔 Rast Hotel

Map 부록-B5 **주소** Binbirdirek, Klodfarer Cd. No:4, 34122 Fatih **전화** (0212)638-1638 **홈페이지** www.rasthotel.com **요금** 더블 €140~180(개인욕실, A/C) **가는 방법** 트램 술탄아흐메트 역에서 도보 2분.

테이블과 소파, 샹들리에를 엔틱을 사용한 듯 고풍스러운 로비가 인상적인 호텔. 로비와 달리 객실은 현대식으로 꾸며놓아 쾌적하게 머물 수 있다. 구시가지 중심부에 있어 관광하기에 좋은 위치며 옥상 레스토랑에서는 뷔페식 아침식사와 함께 아야소피아 성당과 블루모스크를 한 눈에 감상할 수 있다.

노벨 호스텔 Nobel Hostel

Map 부록 술탄아흐메트 세부도 **주소** Mimar Mehmet Ağa Cad. No.32 Sultanahmet **전화** (0212)516-3177 **요금** 도미토리 €15~20(공동욕실, 선풍기), 싱글 €40(공동욕실, A/C), 더블 €40~50(공동/개인욕실, 선풍기) **가는 방법** 술탄아흐메트 숙소 밀집구역에 있다.

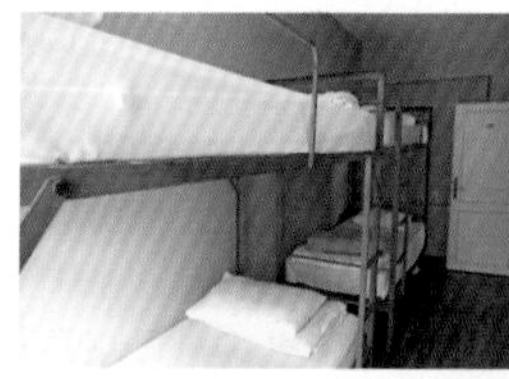

객실은 깔끔하게 관리되고 있으며 옥상에서 술탄 아흐메트 1세 자미의 전망이 좋다. 저녁 무렵 술탄 아흐메트 1세 자미를 바라보며 듣는 아잔 소리는 탁월한 운치가 있다. 저렴한 숙소를 찾는 여행자들이 몰리기 때문에 객실을 구하기가 쉽지 않다.

디 앤드 호텔 The And Hotel

Map 부록 술탄아흐메트 세부도 **주소** Alemdar, Yerebatan Cd. No:18, 34110 Fatih **전화** (0212)512-0207 **홈페이지** www.andhotel.com **요금** 싱글, 더블 €150~200(개인욕실, A/C) **가는 방법** 아야소피아 성당에서 도보 2분.

아야소피아 성당과 블루모스크가 한 눈에 들어오는 옥상 레스토랑이 최대의 장점인 숙소. 여기 머문다면 따로 뷰포인트를 찾아 헤맬 필요가 없다. 멋진 전망과 함께 풍성하게 나오는 조식을 즐기며 기분좋게 하루를 시작할 수 있다. 객실도 깔끔하고 직원도 친절해 크게 나무랄 데가 없는 곳이다.

치어스 호스텔 Cheers Hostel

Map 부록-C4 **주소** Zeynep Sultan Camii Sk. No.21, Sultanahmet **전화** (0212)526-0200 **홈페이지** www.cheershostel.com **요금** 도미토리 €15~20(공동욕실, A/C), 더블 €60~70(개인욕실, A/C) **가는 방법** 트램 술탄아흐메트 역에서 퀼하네 역 방향으로 트램길을 따라가다가 동양호텔 지나서 왼쪽 첫 번째 골목 안에 있다.

입구의 초록색 덩굴이 인상적이며 편안한 도미토리가 있다. 어느 방이나 채광이 좋고 내부 공간도 널찍해서 손님들의 호평을 받고 있다. 벽난로와 좌식 자리가 있는 꼭대기 층의 쉼터는 아야소피아 성당의 전망을 즐기기 좋다. 한국어를 하는 매니저 '타르크'씨가 친절히 안내해 준다.

술탄아흐메트 킹 팰리스 Sultan Ahmet KING PALACE

Map 부록-B5 **주소** Küçük Ayasofya Mah. Bardakçı Sk. No.18 Sultanahmet **전화** (0212)516-9757 **요금** 싱글 비/성수기 €40~50(개인욕실, A/C), 더블 €50~70(개인욕실, A/C) **가는 방법** 퀴췩 아야소피아 자미에서 도보 1분.

냉장고가 있는 객실은 일반적인 중급 숙소이며, 주택가에 있어 조용하다. 꼭대기 층의 레스토랑에선 아침 햇살에 빛나는 퀴췩 아야소피아 자미의 전망을 한눈에 즐길 수 있으며 식사도 잘 나온다. 저렴하다고 할 수는 없지만 다른 숙소에 비하면 나은 편이다.

에르보이 호텔 Hotel Erboy

Map 부록-C4 **주소** Hoca Paşa, Ebussuud Cd. No.18, 34410 Fatih **전화** (0212)513-3750 **홈페이지** erboyhotel.com **요금** 싱글 €80(개인욕실, A/C), 더블 €90(개인욕실, A/C) **가는 방법** 트램 귈하네 역에서 도보 5분.

트램 귈하네 역, 아야소피아, 톱카프 궁전이 가까이 있어 접근성이 편리한 호텔. 객실은 현대적이고 쾌적하게 관리되고 있으며 직원들은 친절하고 아침식사도 풍성하게 제공되어 크게 흠잡을 데가 없다. 객실이 조금 협소한 게 유일한 단점. 일부 방은 객실 내에서 톱카프 궁전이 보인다.

마르마라 게스트하우스 Marmara Guesthouse

Map 부록 술탄아흐메트 세부도 **주소** Akbıyık Cad. Terbıyık Sk. No.14 Sultanahmet **전화** (0212)638-3638 **홈페이지** www.marmaraguesthouse.com **요금** 싱글 비/성수기 €42~75(개인욕실, A/C), 더블 €48~85(개인욕실, A/C) **가는 방법** 술탄아흐메트 숙소 밀집구역에 있다.

튀르키예인 가족이 운영하는 숙소. 규모는 작지만 따뜻하고 아늑한 느낌이다. 옥상 테라스에서 훌륭한 마르마라해 전망을 즐길 수 있으며 차와 커피도 무료로 제공한다. 아침식사는 주인 아주머니가 직접 만든 잼과 케이크를 내며 안전금고도 있다.

빌라 페라 스위트 호텔 Villa Pera Suit Hotel

주소 Kocatepe, Feridiye Cd. No:80, 34437 Beyoğlu **전화** (0212)237-5628 **요금** 싱글, 더블 €50~90(개인욕실, A/C) **가는 방법** 탁심 광장에서 도보 10분.

탁심광장 부근 주택가에 자리한 곳으로 객실도 비교적 넓고 깔끔하게 관리되고 있다. 공항 이동이나 관광지로

갈 때 교통이 편리하며 주방이 딸려있어 식재료를 사다가 조리할 수 있다는 것이 장점이다. 현지 주택을 리모델링한 곳이라 방음이 조금 취약하나 완전 불편할 정도는 아니다.

호텔 페닌슐라 Hotel Peninsula· 그랜드 페닌슐라 Grand Peninsula

Map 부록 술탄아흐메트 세부도 **주소** Akbıyık Cad. Terbıyık Sk. No.3 Sultanahmet **전화** (0212)458-7710 **홈페이지** www.grandpeninsulahotel.com **요금** 비/성수기 싱글 €35~45(개인욕실, A/C), 더블 €50~65(개인욕실, A/C) **가는 방법** 술탄아흐메트 숙소 밀집구역에 있다.

객실도 깨끗하고 직원도 친절해 나무랄 데가 없는 중급 숙소. 그랜드 페닌슐라 호텔은 동급의 숙소 중 그나마 객실이 넓다. 과일이 함께 나오는 아침식사도 풍성하고 타월을 매일 갈아주는 등 호텔급 서비스를 제공한다. 객실 내 미니바, 안전금고, 티포트를 갖추었고 개인 발코니가 딸린 꼭대기층 객실은 매우 훌륭하다.

호텔 아르카디아 블루 Hotel Arcadia Blue

Map 부록-B5 **주소** Dr. İmran öktem Cad. No.1 34400 Sultanahmet **전화** (0212)516-9696 **홈페이지** www.hotelarcadiablue.com **요금** 비/성수기 싱글 €100~160(개인욕실, A/C), 더블 €110~ 200(개인욕실, A/C) **가는 방법** 트램 술탄아흐메트 역 안쪽 법원 앞에 있다.

술탄아흐메트 구역 최고의 전망을 자랑하는 호텔. 옥상 레스토랑에서 술탄 아흐메트 1세 자미, 아야소피아 성당, 마르마라해가 한눈에 들어온다. 리모델링을 통해 더욱 고급스러워졌으며, 특히 4·5·6층 객실에서 바라보는 야경은 황홀하기까지 하다. 신혼여행 커플에게 추천하고 싶은 곳이다.

호텔 발리데 술탄 코나으 Hotel Valide Sutan Konağı

Map 부록 술탄아흐메트 세부도 **주소** İshakpaşa Cad. Kutlugün Sk. No.1 Sultanahmet **전화** (0212)638 0600 **홈페이지** www.hotelvalidesultan.com **요금** 싱글 €100(개인욕실, A/C), 더블 €150(개인욕실, A/C) **가는 방법** 톱카프 궁전 정문에서 도보 3분.

오스만 스타일의 당당한 외관이 돋보이는 술탄아흐메트 지역의 고급 숙소. 대리석이 깔린 바닥과 고풍스럽고 세련된 인테리어 등 모든 시설을 최고급으로 완비했다. 특별한 기억을 위해 돈을 쓰기로 작정했다면 최고의 선택이다. 옥상의 부설 레스토랑도 훌륭하다. 숙박객이 아니더라도 이용할 수 있으므로 좋은 경치를 즐기며 식사를 원한다면 방문해 보자.

+ 알아두세요!

여행사 이용 시 꼼꼼히 체크하세요!

구시가지 술탄아흐메트는 이스탄불의 대표적 여행자 구역. 많은 사람들이 몰리다 보니 이런저런 잡음도 끊이지 않는데 최근 여행사에 대한 불만의 목소리가 높아지고 있어요. 짧은 일정의 여행자에게 하루가 천금같은 시간임을 노려 여행 일정을 짜 주고 교통편과 숙박을 묶어 판매하는데, 터무니없이 높은 커미션을 받는 것은 물론이고 처음 계약과 달리 숙소의 질이 형편없거나 픽업을 나오지 않는 등의 피해 사례가 빈번히 발생하고 있습니다. 일부 악덕 업체는 한국인까지 합세해 초보 여행자를 울리는 경우도 있다고 하니 여행사를 이용할 경우 각별히 주의하세요. 보통 여러 구간을 묶어 통합요금을 제시하는데, 구간별 요금과 각 지역 숙소의 연락처를 달라고 해서 미리 전화로 계약사항을 꼼꼼하게 확인하는 게 좋습니다. 최근에 여행을 다녀온 사람이나 인터넷 여행 동호회 등에서 최신 정보를 구하고, 아울러 자기 힘으로 알아보고 스스로 움직이는 게 배낭여행의 기본임을 기억합시다. 여행이 끝난 후 느끼는 성취감은 무엇과도 바꿀 수 없는 소중한 경험이 되기 때문입니다.

유럽과 아시아가 마주보는

마르마라해 Sea of Marmara

세계문화유산

녹음이 우거진 오스만 제국의 초대 수도

부르사 Bursa

튀르키예 역사상 가장 강대한 왕국인 오스만 제국의 첫 수도였던 도시. '부르사'라는 이름은 기원전 2세기 비티니아 Bithynia의 왕이었던 프루시아스 Prusias 1세의 이름에서 유래했으며 로마, 비잔틴 제국 시대에는 콘스탄티노플 주변의 중요한 도시였다. 오스만 제국의 2대 술탄 오르한 Orhan이 이곳을 정복해 1326년 초대 수도로 정한 이후 무라드 Murad 1세가 에디르네로 천도할 때까지 36년간 부르사는 제국의 심장으로 번영을 누렸다. 이 때문에 부르사에는 오스만 제국 초대 술탄 다섯 명의 무덤과 울루 자미 등 튀르키예 역사에서 빼놓을 수 없는 빛나는 명소들이 가득하다.

이런 영광의 역사는 현재까지 이어져 튀르키예에서 다섯 번째로 큰 도시 규모를 자랑하고 있으며, 인근에 있는 해발 2,563m의 울루 산 Ulu Dağı과 곳곳에 잘 조성된 녹지가 자연정화기 역할을 해 매연과 공해가 적다. 그래서 튀르키예 사람들은 특별히 마음을 담아 이 도시를 예쉴 부르사 Yeşil Bursa, 즉 '푸른 부르사'라 부른다. 겨울에 울루 산에서 즐기는 스키와 천연 광천수가 솟아나는 온천은 푸른 부르사를 찾는 또 다른 매력!

인구 145만 명 **해발고도** 155m

여행의 기술

Information

관광안내소 Map P.140-B3

부르사 지도와 관광 안내자료, 울루산 스키장의 호텔 연락처 등을 알아볼 수 있다. 한글이 지원되는 부르사 관광청 홈페이지는 매우 유용하므로 참고하자.

전화 (0224)220-1848 홈페이지 www.gotobursa.com.tr 운영 월~금요일 08:00~ 12:00, 13:00~17:00, 토요일 09:00~12:30, 13:30~18:00(겨울철은 주말에 운영 안함)

가는 방법 오르한 가지 자미에서 도보 1분.

환전 Map P.140-B3, C3

시내 중심 도로인 아타튀르크 거리 Atatürk Cad.에 튀르키예 은행 Türkye İş Bankası를 비롯한 다수의 은행과 ATM이 있어 쉽게 환전할 수 있다.

위치 아타튀르크 거리 일대

업무 월~금요일 09:00~12:30, 13:30~17:30

PTT Map P.140-B4

위치 울루 자미 맞은편

업무 월~금요일 09:00~17:00

부르사 가는 법

비행기와 열차는 다니지 않으며 버스와 페리를 타고 부르사로 갈 수 있다. 이름난 대도시답게 주변도시와 연계 교통망이 잘 발달되어 있어 어느 때든 부르사로 가는 데 어려움은 없다.

➡ 오토뷔스

마르마라해 연안 최대의 도시답게 이스탄불, 앙카라는 물론 이즈미르, 페티예, 안탈리아 등 주요도시를 다니는 직행버스가 있다. 부르사의 오토가르는 테르미날 Terminal이라 부르며 시내에서 약 8km 떨어져 있다. 세르비스를 운행하지 않기 때문에 시내버스를 타고 시내 중심지로 가야한다. 테르미날 내의 시내버스 정류장에서 쉽게 탈 수 있다(38번 버스, 30분). 현금승차는 안 되고 티켓

부르사 테르미날

부르사에서 출발하는 **버스 노선**

행선지	소요시간	운행
이스탄불	4시간	1일 10편 이상
앙카라	6시간	1일 10편 이상
이즈니크	1시간 15분	1일 10편 이상
이즈미르	5시간	1일 10편 이상
파묵칼레(데니즐리)	8시간	1일 6~7편
얄로바	1시간 30분	1일 10편 이상

*운행 편수는 변동이 있을 수 있음.

을 끊어야하는 시스템이니 정류장 앞 티켓 부스에서 미리 사도록 하자. 시내 중심인 울루 자미 Ulu Camii 맞은편의 PTT에서 내려 걸어서 숙소 구역까지 이동하면 된다. 시내에서 테르미날로 갈 때는 아타튀르크 거리의 버스 정류장에서 시내버스를 이용하자.

부르사 오토가르

전화 (0224)261-5400

➡ 페리

이스탄불의 카바타쉬와 예니 카프, 에미뇌뉘 선착장에서 부르사까지 페리가 다닌다. 버스에 비해 시간도 적게 걸리고 요금도 비싸지 않으므로 배를 타고 부르사를 방문하는 것도 좋은 방법이다.

페리는 부르사에서 약 24km 떨어진 무단야 Mudanya라는 곳에 도착하며(선착장은 '귀젤 얄르 Güzel Yalı'라고 부른다) 부르사까지는 버스로 이동할 수 있다. 4대의 노선버스가 무단야와 부르사를 연결한다. 오토가르로 가는 버스도 있고(F1번), 시내로 가는 버스도 있다(F2번). F2번 버스는 부르사 시내 중심지 아타튀르크 거리의 PTT 앞에 정차하므로 걸어서 숙소를 정하면 된다.

부르사와 이스탄불을 오가는 페리

부르사 관광을 마치고 이스탄불로 페리를 타고 갈 거라면 F2번 버스를 타고 선착장으로 가자. 에미르 술탄 거리에서 출발하므로 조금 번거롭지만 PTT 앞 정류장에서 에미르 술탄까지 버스를 타고 가서(36번) 갈아타야 한다. 페리 운행정보는 www.obilet.com에서 확인할 것.

부르사에서 출발하는 페리 노선

행선지	소요시간	운행
이스탄불(예니 카프)	1시간 30분	1일 8~9편
이스탄불(카바타쉬)	1시간 50분	1일 8~9편

*운행 편수는 변동이 있을 수 있음.

시내 교통

인구 100만이 넘는 대도시지만 여행자들이 다니는 곳은 대부분 도보권 내에 있다. 레스토랑, 숙소, 관광안내소 등 편의시설은 시내 중심인 울루 자미 주변에 몰려 있어 걸어서 다닐 수 있지만, 관광명소는 시내 여기저기에 흩어져 있기 때문에 도보와 시내버스, 택시를 적절히 이용해야 한다.

오르한 가지 자미, 시장, 부르사 시티 박물관, 톱하네 공원은 울루 자미에서 가까운 곳에 있어 걸어서 다녀오면 된다. 시가지 동쪽에 있는 에미르 술탄 자미와 예쉴 자미는 PTT 옆 정류장에서 시내버스를 이용해야 한다. 영묘가 아름다운 무라디예 퀼리예와 퀼튀르 공원은 부르사 시티 박물관 뒤편 정류장에서 돌무쉬 택시를 이용하면 편리하다. 외곽에 있는 주말르크즉 마을과 오토가르는 PTT 옆 정류장에서 버스를 타고 가면 된다. 시내버스 노선은 무빗 앱 'Moovit'을 설치하면 편리하며, 부르사 카르트 Bursa Kart라고 하는 교통카드는 메트로 근처의 자판기에서 구입할 수 있다. 이스탄불과 마찬가지로 한 장으로 여러명 사용 가능.

+ 알아두세요!

다른 도시와 달리 부르사에는 택시를 돌무쉬 형식으로 운행하고 있다. 구간을 정해놓고 다니는 합승택시라고 할 수 있는데 요금도 저렴하고 목적지에 빨리 갈 수 있어 시민들의 발 구실을 톡톡히 한다. 퀼튀르 공원이나 온천이 있는 체키르게 지역을 갈 때 유용하므로 알아두자.

행선지가 쓰여 있는 돌무쉬 택시

부르사 둘러보기

부르사의 볼거리는 오스만 시대의 자미와 신학교, 술탄의 무덤 등 대부분 역사 및 종교와 관련되어 있다. 웅장한 규모와 멋진 이슬람 문자로 유명한 울루 자미는 부르사의 볼거리 중 단연 압권이다. 예쉴 자미와 예쉴 튀르베의 오랜 이즈니크 타일도 빼 놓아서는 안 될 볼거리. 모든 곳을 빠짐없이 다니려면 2~3일은 투자한다는 생각으로 여유있게 일정을 잡는 게 좋다. 아타튀르크 거리의 울루 자미가 관광의 기점이 되므로 기억해 두자.

첫날은 울루 자미에서 관광을 시작한다. 역동적인 힘이 느껴지는 이슬람 문자가 있는 울루 자미를 보고 부근에 있는 시장과 오르한 가지 자미를 방문한 후, 아타튀르크 동상이 있는 광장의 부르사 시티 박물관을 돌아보자. 그 후 시내 동쪽에 자리한 에미르 술탄 자미에 갔다가 돌아오는 길에 예쉴 자미와 예쉴 튀르베, 튀르키예·이슬람 미술 박물관을 보고 다시 울루 자미가 있는 중심지로 돌아오면 된다.

둘째날은 먼저 전통가옥이 잘 보존되어 있는 부르사 외곽의 주말르크즉 마을에 다녀온다. 시내로 돌아와 돌무쉬 택시를 타고 무라디예 퀼리예, 퀼튀르 공원에 갔다가 울루 자미로 와서 오스만 가지&오르한 가지 영묘를 둘러보고 톱하네 공원까지 보면 끝이다. 모든 볼거리를 다 섭렵하려면 정신없이 다녀야 하니 욕심 부리지 말고 자신의 관심사에 맞는 곳을 선택해 방문하는 걸 권한다.

시간 여유가 있는 여행자라면 울루 산에 가서 스키를 즐겨도 좋다(여름철은 스키는 못 타지만 시원해서 좋다). 톱하네 공원은 높은 곳에 자리해 시내 경치를 감상하기 좋고, 울루 자미 뒤편 시장 안의 코자 한은 차를 마시며 고즈넉한 여유를 즐기기 좋으므로 참고하자. 저녁때는 귀네쉬 오텔 부근의 로컬 차이 집에서 열리는 음악회(P.148)에 가보는 것도 좋다. 유명한 이스켄데르 케밥을 먹어보는 호사는 놓치지 말기 바란다.

+ 알아두세요!

아타튀르크 동상이 있는 공원을 '헤이켈 Heykel'이라고 부른다. 명칭을 알아두면 편리하다.

★★★★★ BEST COURSE ★★★★★

첫날 예상소요시간 7~8시간

출발 ▶▶ 울루 자미(P.139)
시내 중심에 있는 오스만 제국 초기의 자미.
멋진 이슬람 문자가 방문객을 반기고 있다.

도보 2분

시장(P.139)
울루 자미 부근의 대규모 시장. 대상 숙소인
케르반사라이에서 차이를 한잔하며 옛 정취를 감상해 보자.

도보 2분

오르한 가지 자미(P.142)
오스만 제국 2대 술탄인 오르한을 기념하는 자미.

도보 5분

부르사 시티 박물관(P.142)
부르사의 역사를 담은 박물관.
전통 스타일의 상점을 실감나게 재현해 놓았다.

버스로 10분 또는 도보 40분

에미르 술탄 자미(P.142)
시내 동쪽에 있는 작은 자미.
기도를 올리는 사람들을 보며 조용한 시간을 갖기에 좋다.

도보 15분

예쉴 자미&예쉴 튀르베(P.143)
파란색의 이즈니크 타일로 장식된 자미. 오스만 제국의 5대 술탄 메흐메트 1세가 잠들어 있는 곳이다.

도보 5분

튀르키예·이슬람 미술 박물관(P.143)
중세 신학교를 개조한 박물관. 아치가 멋진 정원에서 쉬었다 가자.

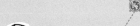

둘째날 예상소요시간 8~9시간

출발 ▶▶PTT 옆 시내버스 정류장

버스로 30분

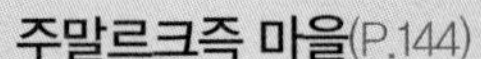

주말르크즉 마을(P.144)
오스만 전통가옥이 잘 보존된 마을. 시골 마을의 한적함과 인심을 즐기기 좋다.

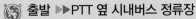

버스로 30분+돌무쉬 택시로 10분

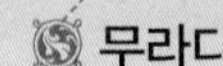

무라디예 퀼리예(P.144)
오스만 제국 6대 술탄인 무라드 2세 때 조성된 복합 건물군.

도보 10분

퀼튀르 공원(P.145)
고고학 박물관이 있는 시민공원.
주변에 오랜 역사를 자랑하는 예니 카플르자 하맘도 있다.

돌무쉬 택시로 15분+도보 10분

오스만 가지&오르한 가지 영묘(P.146)
오스만 제국을 세운 오스만과 2대 술탄 오르한의 영묘.

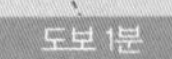

도보 1분

톱하네 공원(P.146)
오스만 가지 영묘 부근의 공원. 언덕 위에 있어 시내를 조망하기에 이만한 곳이 없다.

Attraction 부르사의 볼거리

면적도 넓고 볼 것도 많은 부르사를 하루 만에 돌아보기란 불가능하다. 마음의 여유를 갖고 관광에 나서자. 시간이 없다면 다른 곳은 생략하더라도 울루 자미와 주말르크즉 마을은 꼭 방문해보길 권한다.

울루 자미
Ulu Camii ★★★★

Map P.140-B3 주소 Ulu Camii Atatürk Cad., Bursa **개관** 매일 07:00~20:00 **요금** 무료 **가는 방법** 시내 중심가의 PTT 맞은편에 있다.

100여 개가 넘는 크고 작은 부르사의 자미 중 단연 독보적인 존재로 부르사를 대표하는 건축물이다. 오스만 제국이 이스탄불을 점령할 때까지 튀르키예에 세운 자미 가운데 가장 큰 규모를 자랑하던 곳으로 1421년 술탄 메흐메트 1세 때 완공되었다. 큰 돔을 사용하지 않고 20여 개의 작은 돔을 12개의 사각기둥이 떠받치고 있는 형태로 오스만 제국 초기 자미의 특징을 잘 보여준다.

규모도 대단하지만 내부 기둥과 벽에 이슬람 문자로 쓰인 코란은 역동적이면서도 우아함을 겸비한 이슬람 미술의 걸작이다. 이슬람에 대해 문외한이라 하더라도 왠지 경건함이 느껴진다. 에디르네의 에스키 자미 Eski Camii와 더불어 튀르키예 전역에서 이슬람 문자의 진수를 볼 수 있는 곳이니 꼭 방문하자.

중앙의 돔은 천장이 유리로 되어 있으며 바로 아래에는 16각형 대리석 수도가 있다. 수돗가가 밖에 있는 일반 자미와 달리 독특한 형태라 눈길을 끌며 어느 때 가더라도 코란을 암송하는 할아버지의 진지한 모습을 볼 수 있다.

시장
Çarşi ★★★

Map P.140-B3 개방 월~토요일 08:00~20:00 **요금** 무료 **가는 방법** 울루 자미 일대.

울루 자미 주변에 있는 대규모의 시장으로 예로부터 견직물 산업이 발달한 부르사의 전통을 잘 보여주는 곳이다. 예전에 물건을 거래하던 한 Han이 아직도 남아 있으며 여전히 제 구실을 하고 있어 볼거리로서의 가치도 충분하다. 한은 대부분 잘 복원되어 있는데 그중에서도 규모가 가장 큰 코자 한 Koza Han이 볼 만하다. 원래는 대상 숙소인 케르반사라이로 사용되던 곳인데 1492년 바야지트 2세가 개축했다. 주로 누에고치와 실크가 거래되었는데 오늘날까지 전통이 이어져 코자 한 2층에는 다양한 실크제품을 취급하는 가게가 빼곡히 들어서 있다.

중앙 정원에는 마스지드 Masjid(예배를 드릴

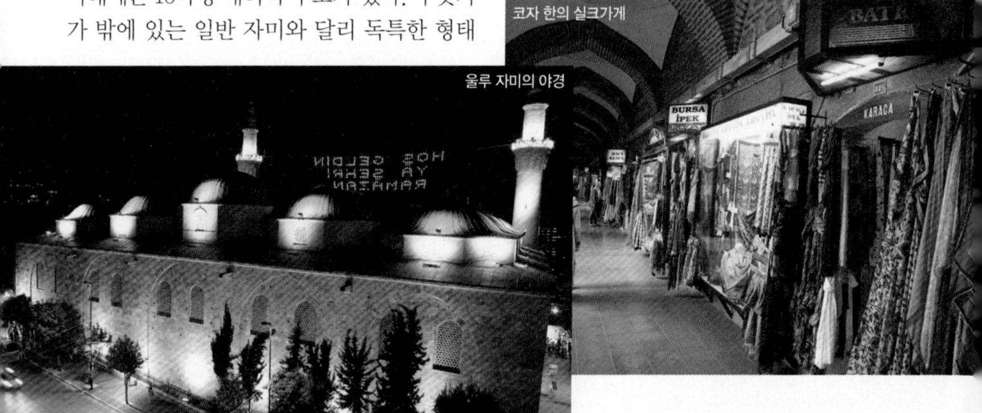

울루 자미의 야경

코자 한의 실크가게

A
B
1
2
체키르게 지역(2km) 방면
Çekirge Cad.
퀼튀르 공원
Kültür Parkı
고고학 박물관
Arkeoloji Müzesi
퀼튀르 공원 자미
Kültür Parkı Camii
운동장
Stadium
츠르판 자미
Çırpan Camii
셀리미예 자미
Selimiye Camii
Değirmen Cad.
Bursalı Tahir Cad.
체키르게 거리 Çekirge Cad.
무라드 거리 Murad Cad.
Murad Cad.
Hamzabey Cad.
무라디예 퀼리예
Muradiye Külliye
부르사 데블레트 병원
Bursa Devlet Hastane
아스케르 거리
이브라힘 파샤 하맘
İbrahim Paşa Hamamı
오르타파자르 거리 Ortapazarı
Hulkibey Cad.
카플르자 거리 Kaplıca Cad.
Orhaneli Cad.
Köşk Cad.
공원묘지

1 마흐펠 카페 앤 레스토랑 Mahfel Cafe & Restaurant D2

1 예니 카플르자 Yeni Kaplıca A1
2 카라바쉬-이 벨리 문화센터 C2
Karabaş-i Veli Kültür Merkezi

1 우우르 오텔 Uğur Otel C2

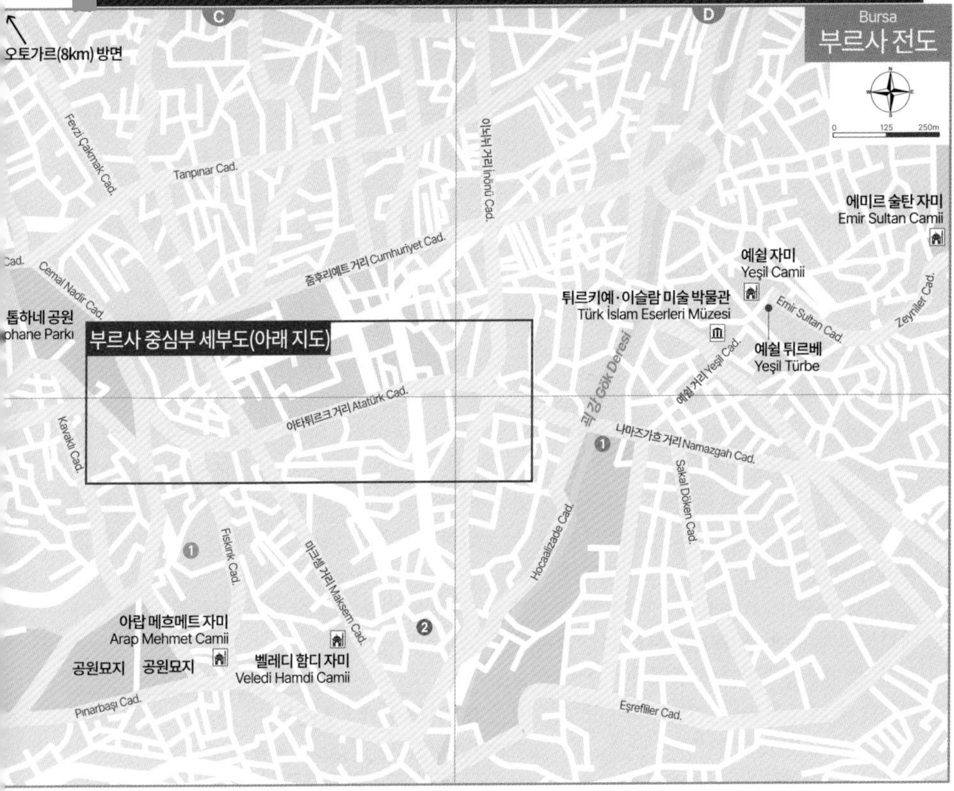

Bursa
부르사 전도
0 125 250m
C
D
오토가르(8km) 방면
Fevzi Çakmak Cad.
Tanpınar Cad.
이뇌뉘 거리 İnönü Cad.
줌후리예트 거리 Cumhuriyet Cad.
Cemal Nadir Cad.
톱하네 공원
Tophane Parkı
부르사 중심부 세부도(아래 지도)
아타튀르크 거리 Atatürk Cad.
Kavaklı Cad.
에미르 술탄 자미
Emir Sultan Camii
예쉴 자미
Yeşil Camii
튀르키예·이슬람 미술 박물관
Türk İslam Eserleri Müzesi
Emir Sultan Cad.
Zeyniler Cad.
예쉴 튀르베
Yeşil Türbe
예쉴 거리 Yeşil Cad.
괵 강 Gök Deresi
나마즈가흐 거리 Namazgah Cad.
Sakal Döken Cad.
Hocaalizade Cad.
Fiskırık Cad.
마크셈 거리 Maksem Cad.
아랍 메흐메트 자미
Arap Mehmet Camii
공원묘지
공원묘지
벨레디 함디 자미
Veledi Hamdi Camii
Pınarbaşı Cad.
Eşrefiler Cad.

체키르게, 퀼튀르 공원 행
돌무쉬 택시 승강장
이뇌뉘 거리 İnönü Cad.
Tuz Pazar Sk.
Feraizci Sk.
타시 지라트 은행
지하도
Bursa Devlet
Tiyatrosu
시계탑
윈뤼 거리 Ünlü Cad.
회사
아타튀르크 동상
Atatürk Statue
시티투어
버스 승강장
타시 지라트 은행
부르사 시티 박물관
Bursa Kent Müzesi
에미르 술탄 자미, 무라디예 퀼리예,
예쉴 자미, 텔레페릭(울루 산) 행
돌무쉬 택시 승강장
예쉴 자미(800m),
에미르 술탄 자미(1.2km)
튀르키예·이슬람 미술 박물관 방면
Kültür Sk.
C

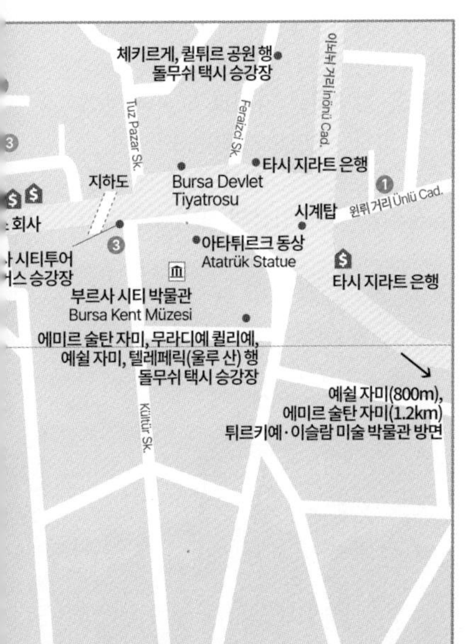

❶ 케밥츠 이스켄데르 Kebapçı İskender C3
❷ 부르사 케밥츠스 Bursa Kebapçısı A3
❸ 주주 카페 Zuzu Cafe C3
❹ 소리 카페 Sori Cafe & Restaurant B4

❶ 예니 아스클라르 차이 오자으 A4
Yeni Aşıklar Çay Ocağı

❶ 다을르 케스타네 쉐케르 Dağlı Kestane Şekerı B3
❷ 시난 샤힌의 악기 공방 Sinan Şahin B4
❸ 자페르 플라자 Zafer Plaza A3
❹ 에스키 아이날르 차르시 Eski Aynalı Çarşı B3
❺ 타네르 에신 바하라트 Taner Esin Baharat C3

❶ 귀네쉬 오텔 Güneş Otel A4
❷ 아르티츠 호텔 Artiç Hotel B4
❸ 체쉬멜리 호텔 Çeşmeli Hotel C3
❹ 에페한 호텔 Efe Han Hotel C3
❺ 켄트 호텔 Kent Hotel B3

수 있는 별채)가 있으며 아래는 팔각형의 분수가 있다. 나무가 우거진 공원같은 분위기라 쇼핑이 아니더라도 정원에서 차를 마시며 고즈넉한 시간을 보내기에 더없이 좋은 곳이다. 코자 한 서쪽으로는 서적과 이슬람 성구를 취급하는 에미르 한 Emir Han이 있다.

오르한 가지 자미
Orhan Gazi Camii ★★

Map P.140-B3 개관 매일 07:00~20:00 **요금** 무료 **가는 방법** 울루 자미에서 아타튀르크 거리를 따라 도보 2분.

오스만 제국 2대 술탄이었던 오르한을 기념하기 위한 자미로 1399년에 세워졌다. 울루 자미와 함께 오스만 제국 초기의 자미로 규모는 크지 않지만 시장 초입에 있어 언제나 참배객들의 발길이 끊이지 않는다. 1413년 부르사가 카라만 부족국가에 점령당했을 때 소실되었다가 1417년 재건되었다. 1855년에는 지진으로 무너졌다가 재건축된 나름 굴곡 있는 건물이다. 화려함을 절제한 내부는 창문 아치에만 약간의 장식이 있을 뿐 전체적으로 깔끔하고 심플하다.

부르사 시티 박물관
Bursa Kent Müzesi ★★

Map P.140-C3 주소 Bursa City Müzesi Atatürk Cad., Bursa **개관** 화~일요일 09:30~17:30 **요금** 무료 **가는 방법** 아타튀르크 동상 뒤에 있다. 울루 자미에서 도보 5분.

2004년 2월 문을 연 박물관. 원래 법원으로 쓰이던 건물을 개조한 곳으로 도시의 역사와 문화, 시민들의 생활상을 전시해 놓았다. 부르사 시 당국에서 심혈을 기울여 조성한 곳으로 지하층에는 그릇점, 대장간, 신발가게 등 전통 방식의 가게들을 재현해 놓아 눈길을 끈다. 한쪽에는 한국전쟁 관련 자료도 전식되어 있어 흥미롭다. 튀르키예에 온 지 얼마 안 되는 초보 여행자라면 한번쯤 방문해 볼 만하다. 아타튀르크 동상 바로 뒤에 있어 오가다 들르기도 편하다.

에미르 술탄 자미
Emir Sultan Camii ★★★

Map P.140-D1 주소 Emir Sultan Camii Zeyniler Cad., Bursa **개관** 매일 07:00~20:00 **요금** 무료 **가는 방법** PTT 옆에서 '에미르 술탄 자미' 행 버스로 10분 또는 아타튀르크 거리를 따라 도보 약 40분.

에미르 술탄을 기념하는 자미로 도시의 동쪽에 자리하고 있다. 에미르 술탄은 1391년 술탄 바야지트 1세의 딸인 훈디 하툰 Hundi Hatun과 결혼했다. 즉 임금의 사위로 술탄이

부르사 시티 박물관

에미르 술탄 자미

아타튀르크 동상이 있는 헤이켈 광장

라는 칭호는 진짜 술탄이 아닌 일종의 경칭(敬稱)이다. 부부 간의 금슬이 좋았던 것으로 소문난 에미르 술탄은 1429년 역병에 걸려 세상을 떠났다.
원래 15세기에 건립된 이 자미는 1868년 대대적인 보수공사를 통해 현재의 모습을 갖추었다. 8각의 대리석 분수가 경내에 있으며 내부 돔은 회색과 보라색을 사용해 군더더기 없는 깔끔한 인상이다. 자미 맞은편에는 에미르 술탄의 묘가 안치되어 있다. 제일 큰 관이 에미르의 무덤이고 옆의 작은 관은 두 딸과 아들의 것이다.

예쉴 자미&예쉴 튀르베
Yeşil Camii&Yeşil Türbe ★★★

Map P.140-D1 주소 Yeşil Camii Yeşil Cad., Bursa **개관** 매일 07:00~20:00(예쉴 튀르베는 24:00까지) **요금** 무료 **가는 방법** 에미르 술탄 자미에서 도보 15분.
예쉴은 '푸르다'라는 뜻으로 부르사 홍보 책자에 빠짐없이 등장하는 자미. 술탄 메흐메트 1세의 명을 받은 건축가 하즈 이바즈 파샤 Hacı İvaz Pasha가 1419년 착공해 1424년 완공되었다. 예쉴이라는 이름이 붙은 것은 내부에 장식된 푸른색의 타일 때문. 중앙의 미흐랍과 좌우 기도소의 벽에 촘촘히 박힌 6각형의 타일은 고전적이면서도 중후한 느낌을 자아낸다.
예쉴 자미는 튀르키예의 건축사에서 기념비적인 건물이다. 그 이전까지는 페르시아의 영향을 받은 셀주크 스타일의 자미가 일반적이었으나 예쉴 자미 이후 오스만 제국 자미의 양식이 확립되었다. 자미 입구의 ㄷ자로 새겨진 대리석 조각과 금색의 이슬람 문자를 눈여겨보자. 서로 다른 3종류의 서체로 씌여졌음을 알 수 있다. 내부에는 8각의 대리석 분수대가 있다.
예쉴 자미 맞은편에 예쉴 튀르베가 있다. 튀르베는 왕족이나 귀족의 무덤을 지칭하는 말. 파란색 타일이 아름다운 이 8각형 무덤의 주인은 오스만 제국의 제5대 술탄 메흐메트 1세다. 예쉴 자미를 지은 건축가가 지었으며 목조로 조각된 입구가 아름답다. 건물 외벽의 타일은 1855년 지진 후 복구하는 과정에서 붙인 것이고, 내벽의 타일은 원형 그대로다. 관 외부에 섬세하게 장식된 파란색 타일은 예술작품이라는 느낌이 든다. 옆에 있는 작은 관들은 메흐메트 1세 자손들의 무덤이다.
예쉴 튀르베 옆에 있는 붉은 색 기와 건물은 예쉴 자미와 함께 지어진 빈민구호소다. 일설에 의하면 술탄이 직접 음식을 나눠주기도 했다는데, 전통을 이어서 지금도 부르사 시청에서 어려운 이웃에게 무료급식을 하고 있다.

튀르키예·이슬람 미술 박물관
Türk Islam Eserleri Müzesi ★★

Map P.140-D1 주소 Türk Islam Eserleri Müzesi Yeşil Cad., Bursa **개관** 화~일요일 08:00~12:00, 13:00~17:00 **요금** €5 **가는 방법** 시내 중심가의 PTT에서 도보 30분.
예쉴 자미 가까운 곳에 자리한 박물관으로 13~20세기의 타일과 도자기, 동전과 코란,

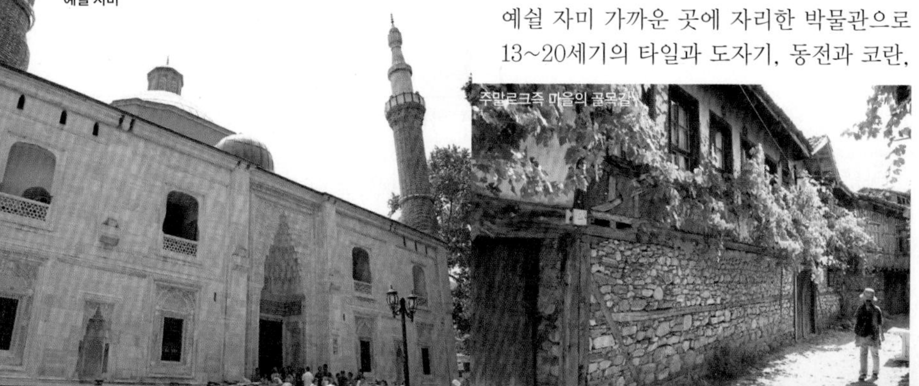
예쉴 자미
주말르크즉 마을의 골목길

카라괴즈 소품, 각종 민예품이 전시되어 있다. 전시물보다는 박물관 건물이 더 인상적인데 원래 용도는 신학교였다. 예쉴 자미, 예쉴 튀르베와 함께 퀼리예 Külliye (복합건물군)의 일부로 지어진 것. 18개의 둥근 기둥이 만드는 아름다운 아치가 있는 내부 정원은 여유 있는 시간을 갖기에 좋다. 박물관 옆으로 수품을 파는 앤티크 가게들이 있으니 시간에 쫓기는 여행자가 아니라면 몇 군데 기웃거려보자.

주말르크즉 마을

Cumalıkızık Köyü ★★★★ 세계문화유산

주소 Cumalıkızık Köyü, Bursa **개방** 24시간 **요금** 무료 **가는 방법** PTT 옆 주말르크즉 행 버스 정류장에서 22번 버스로 약 30분.

부르사 동쪽으로 10km 떨어져 있는 마을로 오스만 시대의 전통가옥이 잘 남아 있다. 울루 산 바로 아래에 있어 공기가 맑고 포도덩굴과 무화과나무가 우거진 집 사이로 아기자기한 골목길이 나 있다. 특별히 구경할 건 없지만 낭만적인 풍경을 잘 간직하고 있는 곳이라 주말이면 나들이 오는 관광객이 많다.

무라디예 자미

마을 곳곳에서 한국의

무라디예 퀼리예 무덤군

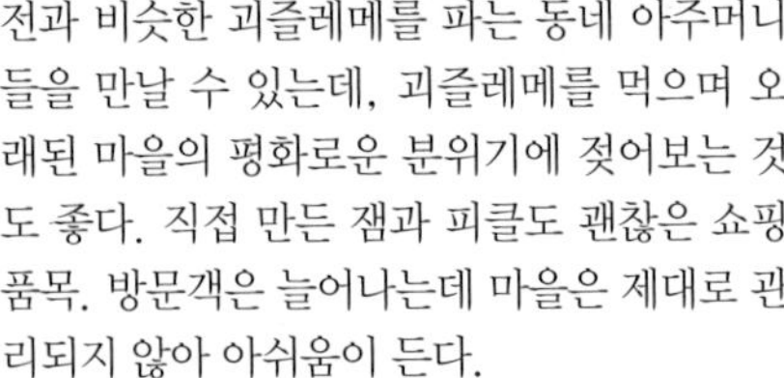

전과 비슷한 괴즐레메를 파는 동네 아주머니들을 만날 수 있는데, 괴즐레메를 먹으며 오래된 마을의 평화로운 분위기에 젖어보는 것도 좋다. 직접 만든 잼과 피클도 괜찮은 쇼핑 품목. 방문객은 늘어나는데 마을은 제대로 관리되지 않아 아쉬움이 든다.

무라디예 퀼리예

Muradiye Külliye ★★★

Map P.140-B1 주소 Muradiye Külliye Kaplıca Cad., Bursa **개관** 매일 08:00~19:00(가옥 박물관은 화~일요일 10:00~ 17:00) **요금** 무료(가옥 박물관도 무료) **가는 방법** 아타튀르크 동상 뒤편에서 돌무쉬 택시로 15분.

1426년 무라드 2세 때 조성된 복합 건물군으로 시가지 서쪽에 있다. 방대한 부지 내에 자미, 신학교, 무덤군, 하맘 등의 건물이 자리하고 있다.

무라디예 자미 Muradiye Camii

1425년에 착공해 1426년 완공되었으며 두 개의 큰 돔을 중심으로 이루어져 있다. 입구와 내벽의 파란색 타일은 예쉴 자미의 6각 타일과 같은 형태다. 이 자미에서 눈여겨보아야 할 부분은 창문. 아치형의 창문과 2중의 창살 곡선이 멋지게 어우러진 이슬람 미학의 자랑거리다. 1790년 조성된 중앙의 미흐랍과 스테인드글라스도 관람객의 시선을 빼앗기에 충분하다.

무라디예 신학교 Muradiye Madrasah

무라디예 자미 정문에서 약 40m 떨어져 있는 곳으로 이슬람 교리를 가르치던 신학교다. 내부는 나무가 우거진 정원이 있으며 'ㅁ'자 건물에는 학생들이 머물던 14개의 방이 있다. 정면에는 수업을 하던 큰 교실이 있는데 미흐랍만 옛 모습을 간직하고 있을 뿐이다. 1951

년 결핵 치료를 전문으로 하는 보건소로 개조되었다.

무덤군 Türbe

자미와 신학교 사이에 있으며 술탄 무라드 2세의 무덤을 비롯한 왕자와 왕비 등 전부 12개의 있다. 오스만 제국의 왕위 상속은 언제나 형제들 간의 골육상쟁이 끊이지 않았다. 무덤의 일부는 형제들 간의 권력 암투에서 패배해 다른 형제의 손에 죽은 술탄의 왕자들의 무덤이다. 꼭 둘러보아야 할 무덤은 술탄 무라드 2세의 묘와 내부에 꽃무늬 타일 장식이 아름다운 무스타파 Mustafa 묘, 벽화와 천장 돔 장식이 훌륭한 젬 Cem 묘 등이다. 만일 문이 잠겨 있으면 입구의 관리인에게 열어달라고 하면 된다. 관람료는 따로 없으나 5~10TL 정도의 기부금은 준비하자.

목욕장 Hamam

무라디예 신학교 서쪽 길 건너편에 자리한 하맘. 냉탕, 저온탕과 두 개의 한증막까지 갖추고 있던 나름 최신시설(?)을 자랑하던 곳이다. 지금도 영업하고 있는 곳이라 겨울날 무라디예 퀼리예를 방문한다면 한번쯤 이용해 볼 만하다.

오스만 가옥 박물관 Osmanlı Evi Müzesi

무라디예 신학교 건너편에 있는 가옥으로 무라드 2세와 아들 파티 메흐메트가 살았다고 한다. 현재는 박물관으로 개조되어 일반인에게 공개되고 있으며 내부에는 당시 생활상을 재현해 놓았다.

퀼튀르 공원
Kültür Parkı ★★★

Map P.140-A1 **주소** Kültür Parkı Çekirge Cad., Bursa **개방** 24시간(고고학 박물관은 화~일요일 08:30~12:00, 13:00~17:00) **요금** 무료 **가는 방법** PTT 부근 정류장에서 돌무쉬 택시로 15분.

1955년 부르사 시에서 조성한 시민공원. 40만㎡에 달하는 광대한 부지에 녹지와 잔디밭이 조성되어 있으며 다양한 종류의 나무는 마치 수목원을 연상케 한다. 예쉴 부르사(푸른 부르사)라는 단어가 잘 어울리는 곳이다.

공원 내에는 인공분수, 레스토랑, 카페, 놀이터 등 편의시설이 있고 한쪽에는 고고학 박물관 Arkeoloji Müzesi, 야외극장, 음악당, 티가든이 들어서 있는 부르사 시민들의 종합 문화공간이다. 녹지를 즐기며 조용한 시간을 보내기에 이곳만한 데가 없다. 고고학 박물관에는 로마와 비잔틴 시대의 대리석상을 비롯한 각종 토기와 장신구가 전시되어 있으니 관심이 있다면 묶어서 둘러볼 수 있다. 한쪽 옆에는 축구 경기장도 있어 주말이면 축구를 관람하는 시민들로 북적이기도 한다. 참고로 부르사의 축구팀 부르사스포르 Bursaspor는 튀르키예 1부 리그에 소속되어 있는 명문 팀으로 시민들의 전폭적인 성원을 얻고 있다(2009~2010시즌 우승을 차지했다). 아타튀르크가 부르사를 방문해서 머무른 하얀색 목조건물인 아타튀르크 하우스도 멀지 않은 곳에 있으니 관심이 있다면 함께 둘러보자. 오랜 역사를 자랑하는 하맘인 예니 카플르자 Yeni Kaplıca도 가까이 있다.

수목이 울창한 퀼튀르 공원

오스만 가지&오르한 가지 영묘
Osman Gazi&Orhan Gazi Türbe ★★

Map P.140-A3 주소 Osman Gazi, Orhan Gazi Türbe Osman Gazi Cad., Bursa **개관** 화~일요일 08:00~12:00, 13:00~17:00 **요금** 무료 **가는 방법** 울루 자미에서 제말 나디르 거리 Cemal Nadir Cad.를 따라가다 왼쪽으로 꺾어 오스만 가지 거리에 있다. 울루 자미에서 도보 15분.

오스만 제국을 세운 1대 오스만과 2대 오르한의 무덤. 이들의 영묘가 부르사에 있는 이유는 오스만이 부르사를 공격하던 도중 사망했기 때문. 그는 죽기 직전 아들에게 "내가 죽거든 부르사의 은으로 된 돔 아래 묻히게 해달라"라는 유언을 남겼다고 한다. '가지'는 이슬람 전사를 의미하며 8각형으로 된 영묘의 내부에 대제국의 시조가 잠들어 있다.

바로 옆에 있는 오르한의 무덤은 사각형 건물로 내부에는 부인 닐뤼페르 하툰 Nilüfer Hatun을 비롯한 다른 자손들의 무덤이 함께 있다. 바닥에 희미하게나마 모자이크화가 남아 있어 옛 모습을 전해준다. 두 영묘는 1855년 대지진으로 무너진 것을 1863년 술탄 압뒬 아지즈 Abdül Aziz가 복구했다.

오스만 가지 영묘에서 기도하는 아주머니

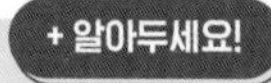
+ 알아두세요!

부르사 시티투어
City Sightseeing Bursa

부르사 시티투어 버스

짧은 시간동안 부르사의 볼거리를 섭렵하고픈 여행자들을 위해 부르사 시티투어 프로그램이 마련되어 있습니다. 퀼튀르 공원, 체키르게, 무라디예 퀼리예, 울루 자미, 예쉴 자미 등 부르사의 웬만한 볼거리들을 한번에 돌아볼 수 있지요. 짧은 시간동안 돌아보는 것이라 아무래도 자세히 볼 수는 없지만, 대강이나마 부르사의 모든 볼거리를 돌아보고 싶다면 이용할 만합니다. 투어 버스는 2층이 개방되어 있어 시원하게 시가지 구경을 할 수 있으며 4개국 언어로 된 오디오 가이드도 들을 수 있습니다(튀르키예어, 영어, 아랍어, 독일어).

부르사 시티투어 버스

위치 아타튀르크 거리의 부르사 시티 박물관 근처
운행 10:00~19:00(매시간 정시 출발, 겨울철은 운행 축소) 소요시간 약 45분
요금 1인 100TL

톱하네 공원
Tophane Parkı ★★

Map P.140-A3 개방 24시간 **요금** 무료 **가는 방법** 오스만 가지&오르한 가지 영묘에서 도보 1분.

오스만 가지&오르한 가지 영묘를 지나 위쪽으로 조금만 올라가면 잘 조성된 톱하네 공원을 만날 수 있다. 특별히 볼 만한 게 있는 건 아니지만 시가지를 조망하기에 최고의 장소로 부르사를 방문한 여행자들이 한 번은 꼭 다녀간다. 공원 한쪽에는 1906년에 세운 높이 25m의 6층 시계탑이 있는데, 원래 용도는 화재 감시탑이었다고 한다.

톱하네 공원의 시계탑

Restaurant 부르사의 레스토랑

오스만 제국의 초대 수도라는 명성에 걸맞게 예전부터 다양한 먹거리가 발달했다. 대표주자는 일명 부르사 케밥이라고도 하는 '이스켄데르 케밥 İskender Kebap'. 잘 익힌 양고기를 저며 뜨거운 버터 소스를 얹은 후 요거트와 함께 먹는 것이 특징이다. 또한 떡갈비같은 식감의 '피델리 쾨프테 Pideli Köfte', 밤을 넣은 양고기 요리인 '케스타네 쿠주 귀베치 Kestanelei Kuzu Gübeç', 고소한 깨 소스 맛이 일품인 '타힌리 피데 Tahinli Pide', 오스만 황실에서 먹었다는 무화과 디저트인 '인지르 돌마 İncir Dolması'와 모과 디저트 '아이바 타틀르 Ayva Tatlı'도 빼놓을 수 없다.

케밥츠 이스켄데르 Kebapçı İskender

Map P.140-C3 주소 Ünlü Cad. No.7, Bursa **전화** (0224) 221-4615 **영업** 11:00~21:00 **예산** 1인 160TL, 1.5인 210TL **가는 방법** 아타튀르크 동상 길 건너편 윈뤼 거리에 있다. 울루 자미에서 도보 15분.

1867년부터 3대째 영업하고 있는 레스토랑으로 메뉴는 이스켄데르 케밥 단 한 가지. 나무로 된 실내와 타일 기둥은 연륜이 묻어나며, 이스켄데르 케밥 전문점답게 내부는 늘 버터 냄새가 배어있다. 엄선된 재료만을 사용하기 때문에 최고의 맛을 즐길 수 있다.

마흐펠 카페 앤 레스토랑 Mahfel Cafe & Restaurant

Map P.140-D2 주소 M. Karamani Mah. M. Necip Sk. No.2, Bursa **전화** (0224)328-2222 **영업** 08:00~24:00 **예산** 1인 30~100TL **가는 방법** 아타튀르크 동상에서 예쉴 자미 방향으로 큰길을 따라 도보 5분.

부르사에서 가장 오래된 카페 중 하나. 오랫동안 시민들의 좋은 쉼터 역할을 하고 있다. 각종 돈두르마 아이스크림과 스낵, 식사 메뉴가 있으며, 아름드리 나무가 그늘을 만들어주는 야외 자리는 도심 속 공원 같기도 하다.

부르사 케밥츠스 Bursa Kebapçısı

Map P.140-A3 주소 Osmangazi Cad. No.32 Tophane, Bursa **전화** (0224)250-2525 **영업** 11:45~21:00 **예산** 1인 40TL **가는 방법** 오스만 가지&오르한 가지 영묘에서 도보 1분.

톱하네 공원 올라가는 길에 자리한 케밥 전문점. 케밥츠 이스켄데르 레스토랑과 함께 부르사 케밥의 양대 산맥이다. 70여년의 역사를 자랑하며 고급스런 실내 분위기와 인테리어에서 남다른 기품이 느껴진다. 언덕에 자리해 시내 전망을 즐기며 식사할 수 있다.

주주 카페 Zuzu Cafe

Map P.140-C3 주소 Hocaalizade, 6. Kültür Sk. no:4, 16010 Osmangazi **영업** 매일 11:00~23:00 **예산** 20~50TL **가는 방법** 부르사 시티 박물관 맞은편 건물 옥상에 있다.

젊은이들이 즐겨 찾는 라이브 음악 카페로 건물 옥상에 자리해 주변 경관을 즐기기 좋다. 시내 관광을 다니다 간단히 점심식사를 해결하기에도 좋고 차와 커피를 마시기에도 좋다. 저녁때는 음악카페로 변신한다. 1층에서 엘리베이터를 타고 올라가면 바로 카페로 들어선다.

소리 카페 Sori Cafe & Restaurant

Map P.140-B4 주소 Atatürk Cad. Uluca Pasaji Kat 4, Bursa **전화** (0224) 225-2291 **영업** 08:00~24:00 **예산** 1인 60~80TL **가는 방법** PTT에서 도보 1분. 건물 옥상에 있다.

중심가인 아타튀르크 대로변에 자리한 곳으로 울루 자미가 한눈에 들어온다. 울루 자미의 전경을 내려다보며 아침식사를 하거나 커피를 마시기에 좋다. 햄버거와 토스트 등 스낵 종류와 스무디, 쉐이크같은 음료메뉴도 있다.

Entertainment 부르사의 엔터테인먼트

로마 시대부터 온천이 개발되었을 정도로 부르사에는 천연수를 이용한 하맘이 많다. 부르사의 온천은 그냥 '뜨거운 물'이 아니라 칼슘, 마그네슘과 미네랄이 풍부히 함유되어 있는 일종의 약수로 류머티즘, 간장 질환, 신진대사 조절, 부인병 등에 탁월한 효과가 있다고 한다. 시내 중심에서 약간 떨어진 체키르게 Çekirge 지역에 많이 있으며 시내에도 있다. 매우 유명한 온천이므로 겨울철 부르사를 방문했다면 몸도 풀 겸 이용해 보는 것도 좋다. 귀네쉬 오텔 부근의 아마추어 음악 연주회가 펼쳐지는 차이 집은 숨겨진 보물같은 곳이니 꼭 방문해 보길 권한다.

예니 카플르자 Yeni Kaplıca

주소 Kükürtlü Mah. Yenikaplıca Cad. No.6, Bursa **전화** (0224)236-6968 **홈페이지** www.yenikaplica.com.tr **영업** 05:00~23:00 **요금** 입장료 25TL 마사지 80TL, 때밀이 50TL **가는 방법** PTT 옆 정류장에서 돌무쉬 택시로 20분.

퀼튀르 공원 근처에 있는 곳으로 '예니'는 새롭다는 뜻이지만 역사는 오래된 하맘이다. 1555년 쉴레이만 대제 때 재상 뤼스템 파샤에 의해 건립되었으며 중후한 외관이 인상적이다. 남녀탕이 분리되어 있으며 함께 운영하는 카라무스타파 오텔 Karamustafa Otel에는 가족탕도 있어 편리하게 이용할 수 있다.

예니 아스클라르 차이 오자으 Yeni Aşıklar Çay Ocağı

Map P.140-A4 주소 Tahtakale Haliçi No.35, Bursa **전화** 0532-340-1813(휴대폰) **영업** 07:00~20:00, 라마단 기간 19:30~다음날 02:00 **요금** 차이 1잔 5TL **가는 방법** 귀네쉬 오텔 부근 타흐타칼레 시장 안에 있다.

시장통에 자리한 로컬 차이 집으로 저녁때가 되면 동네 사람들이 모여 자연스럽게 악기를 연주하며 노래한다. 누구든지 스스럼없이 어울릴 수 있는 자유롭고 건전한 분위기이며, 아마추어지만 연주는 수준급이다. 튀르키예 전통악기와 노래를 감상할 수 있는 흔치 않은 기회이므로 꼭 방문해 보길 권한다. 별도의 연주 감상 요금은 없다. 이곳이 유명해지다보니 부근에 비슷한 차이 집이 몇 군데 더 생겼다.

카라바쉬-이 벨리 문화센터 Karabaş-i Veli Kültür Merkezi

주소 İbrahimpaşa Mah. Çardak Sk. 2, Bursa **전화** (0224)444-1601 **세마공연** 21:00~22:00(여름), 20:00~21:00(겨울), 21:30~22:30(라마단 기간) **요금** 무료 **가는 방법** 귀네쉬 오텔 뒤 주택가 안에 있다. 골목이 복잡하고 찾기 힘드니 사람들에게 물어보자. 귀네쉬 오텔에서 도보 15분.

이슬람 신비주의 일파인 메블라나 교단의 세마공연을 볼 수 있는 곳. 고풍스런 건물은 15세기에 지은 이슬람 수도사들의 거처였으며, 부르사 시청에서 말끔하게 보수해 현재 메블라나 공연장으로 활용하고 있다. 남자는 1층, 여자는 2층 객석에 앉으며 1시간 정도 세마공연이 펼쳐진다. 사진을 찍는 건 괜찮지만 엄연한 종교의식이므로 경건히 관람하도록 하자. 세마의식에 관한 자세한 설명은 콘야 편 P.562 참고.

울루 산 스키장 Ulu Dağ National Parkı

주소 Ulu Dağ, Bursa **전화** (0224)285-2050 **영업** 12~2월 07:00~18:00 **요금** 스키장비 1일 대여 100~150TL **가는 방법** 아타튀르크 동상 부근에서 돌무쉬 택시로 '텔레페릭 Teleferik'(케이블카) 정류장까지 간 후 케이블카로 이동 또는 오스만&오르한 가지 영묘 부근 정류장에서 돌무쉬로 1시간.

부르사 주변에 해발 2563m의 울루 산 Ulu Dağ이 있다. 신들이 이 산에 앉아서 트로이 전쟁을 구경했다고도 하는데 스키를 즐길 수 있는 곳으로 각광받고 있어 겨울철이면 스키족들이 몰려든다. 산 위에는 많은 카페와 호텔이 자리하고 있으며 호텔 부설 스키 대여점에서 스키 및 장비 일체를 빌릴 수 있다. 관광안내소에서 호텔 명단과 연락처를 확인할 수 있다.

Shopping 부르사의 쇼핑

튀르키예식 단 과자의 일종인 케스타네 쉐케르 Kestane Şekerı가 부르사의 특산품. 밤으로 만든 단 과자로 삶은 밤에 조청을 바른 듯한 맛이 난다. 다른 지역에서는 찾아보기 힘든 것이라 부르사를 방문한 사람들에게 선물용으로 인기가 높다. 특히 라마단 기간에 친지 집을 방문할 때 많이 사 간다. 아울러 숙소 밀집 지역에 전통악기를 수공으로 만드는 곳이 있어 악기 애호가들의 귀를 솔깃하게 한다.

다을르 케스타네 쉐케르 Dağlı Kestane Şekerı

Map P.140-B3 **주소** Atatürk Cad. No.97, Bursa **전화** (0224)223-5036 **영업** 10:00~22:00 **요금** 선물용 케스타네 쉐케르 25~40TL **가는 방법** PTT에서 톱하네 공원 방향으로 큰길을 따라 가다보면 왼쪽에 보인다.

아타튀르크 대로변에 자리한 케스타네 쉐케르 전문점으로 1975년부터 영업하고 있다. 각종 케스타네를 판매하는데 일반적인 조청을 입힌 것과 초콜릿을 입힌 것 등 두 가지가 있다. 부근에 비슷한 가게가 많으므로 굳이 한 곳을 고집할 필요는 없다.

시난 샤힌의 악기 공방 Sinan Şahin

Map P.140-B4 **주소** İnebey Cad. Özdiken Pasaji No.46, Bursa **전화** (0224)223-5343 **영업** 15:00~24:00 **요금** 사즈 Saz 500TL부터 **가는 방법** 귀네쉬 오텔 맞은편 지하에 있다. 잘 모르겠으면 귀네쉬 오텔에 물어보면 된다.

40년 넘게 악기 만드는 길을 걸어온 시난 샤힌 씨의 공방. 특별한 기술과 장인정신으로 중앙 관광청에서 악기 제작 명인으로 인정받았다. 사즈, 바이올린 등 주로 현악기를 만드는데 옛 방식 그대로 수작업을 고집하며, 자신만의 악기를 원하는 뮤지션에게 특별 주문제작도 해 준다. 샤힌 씨가 돌아가시고 현재는 가족이 물려받아 가업을 이어가고 있다.

Travel Plus+ 그림자 인형극 카라괴즈 Karagöz

부르사를 대표하는 관광상품 중 하나가 카라괴즈라 불리는 인형극입니다. 전설에 따르면 부르사의 오르한 가지 자미를 지을 때 하지바트 Hacivat와 카라괴즈 Karagöz라는 두 명의 노동자가 사람들을 하도 웃기는 바람에 공사가 제대로 안 될 정도였다고 합니다. 술탄은 작업 지연의 죄목으로 두 사람을 사형에 처하는데 나중에 자신의 처사가 심했음을 깨닫고 그들을 본뜬 인형을 만들어 스크린에 비추게 했다고 합니다.

카라괴즈는 인형극이라는 매체를 통해 민중들의 삶을 담아내는 역할을 했는데, 30여 가지의 스토리가 있습니다. 보통 3~4명이 한 팀으로 구성되며 사람들을 웃겼다 울렸다 하는 구수한 입담이 흥행의 최대 관건. 부르사에는 5개 정도의 카라괴즈 공연 팀이 활동하고 있으며 매년 11월에는 카라괴즈 페스티벌도 열립니다. 울루 자미 뒤 에스키 아이날르 시장 Eski Aynalı Çarşı에는 카라괴즈 인형극 전문 가게도 있습니다.

카라괴즈 공연

예전에는 카라괴즈 박물관에서 상설 공연을 했는데 지금은 중단됐다. 인형극에 관심이 있는 여행자는 카라괴즈 장인 쉬나시 첼리콜 Şinasi Çelikkol 씨에게 문의하자. 에스키 아이날르 차르시에서 카라괴즈 소품과 수공예품을 파는 가게를 운영한다.

전화 (0224)220-5350, 0535-3516039(휴대폰)

자페르 플라자 Zafer Plaza

Map P.140-A3 주소 Zafer Plaza Shopping Center, Bursa **전화** (0224)225-3900 **홈페이지** www.zaferplaza.com.tr **영업** 10:00~22:00 **가는 방법** 울루 자미에서 제말 나디르 거리 Cemal Nadir Cad.를 따라 도보 10분.

시내 중심부에 자리한 대형 쇼핑몰. 방대한 실내외 부지에 100여 개의 상가와 4개의 영화관, ATM, 푸드코트 등을 갖추고 있다. 베네통, 리바이스, 마비 등 유명브랜드도 입점해 있어 한국보다 저렴한 가격으로 쇼핑을 하려는 알뜰 쇼핑족들이 즐겨 찾는다. 유리로 된 피라미드 형태의 건물이 특이해 눈에 잘 띈다.

에스키 아이날르 차르시 Eski Aynalı Çarşı

Map P.140-B3 주소 Eski Aynalı Çarşı, Bursa **영업** 월~토요일 08:00~ 20:00(겨울철은 18:30까지) **가는 방법** 울루 자미 바로 뒤편에 있다.

오르한 가지 자미의 부속 하맘으로 쓰이던 에스키 아이

날르 차르시는 쇼핑할 만한 물건이 많다. 카라괴즈 소품을 비롯해 수놓은 스카프, 나자르 본주, 앤티크 소품 등을 파는 19개의 점포가 있는데 기념품을 구입하기에 좋다. 규모는 크지 않지만 고급스러우므로 안목을 높일 겸 방문해 볼 만하다.

타네르 에신 바하라트 Taner Esin Baharat

Map P.140-C3 주소 Orhanbey Mah. Gümüşçeken Cad. No.49, Bursa **전화** (0224)222-1043 **홈페이지** www.esinbaharat.com **영업** 월~토요일 08:00~20:00 **가는 방법** 에페한 호텔에서 도보 1분.

울루 산과 부르사 일대에서 재배한 천연 허브와 각종 향신료를 파는 상점. 석류 원액과 견과류, 꿀을 비롯해 온갖 양념이 다 있으므로 잘만 고르면 여행 중 최고의 선물이 될 수도 있다. 특히 계피와 각종 허브가 함유된 '오스만르 차이 Osmanlı Çayı'는 푹 끓인 후 꿀을 넣으면 한약차 비슷한 맛이 나며 원기회복에 좋다.

Hotel 부르사의 숙소

안타깝게도 부르사의 숙소 사정은 그다지 좋지 않다. 호텔 수는 부족하지 않지만 일정수준 이상의 중급 숙소만 있을 뿐 저가형 게스트하우스는 찾아보기 힘들다(도미토리 숙소는 아예 없다고 봐도 된다). 저렴한 숙소는 욕실과 아침 식사가 포함되지 않은 경우가 많고 에어컨도 옵션 사항이기 일쑤다. 그러나 저렴한 곳이 아주 없지는 않으니 아래 소개하는 곳을 적극 활용하자. 중급 숙소는 액면가에서 할인이 가능하므로 흥정을 시도해 볼 것.

귀네쉬 오텔 Güneş Otel

Map P.140-A4 주소 İnebey Cad. Tahtakale Mah. No.75, Bursa **전화** (0224)222-1404 **요금** 싱글 80TL(공동욕실, 선풍기), 더블 120TL(공동욕실, 선풍기), 트리플 150TL(공동욕실, 선풍기) **가는 방법** PTT에서 한 블록 아래 왼쪽 골목으로 꺾어들어 올라가면 바로 보인다.

'핫산'이라는 친절한 노부부가 운영하는 숙소로 객실은 8개뿐이지만 늘 깨끗하게 관리하며 공동욕실과 화장실도 깔끔하다. 예전보다 가격은 올랐지만 여전히 여행자들의 아늑한 사랑방 역할을 하며 부르

사의 저렴한 숙소 중 가장 나은 선택이다. 영어가 통하지 않아 불편할 수도 있지만 주인 부부가 친절하므로 그리 문제될 건 없다. 아침식사 불포함.

우우르 오텔 Uğur Otel

Map P.140-A4 주소 Tahtakale Veziri Cad. No.33, Bursa **전화** (0224)221-1989 **요금** 싱글 80TL(공동욕실, 선풍기), 더블 120TL(공동욕실, 선풍기) **가는 방법** 귀네쉬 오텔에서 타흐타칼레 시장 방향으로 길을 따라 걷다보면 왼편에 있다. 도보 10분.

귀네쉬 오텔과 더불어 부르사의 저렴한 숙소 중 하나. 내부 계단과 복도, 객실 모두 니스를 칠한 노란색 나무로 되어 있어 산장같은 분위기다. 객실은 매우 좁고 침대만 있는 기본적인 시설이지만 깔끔하다. 주인 가족이 1층에 함께 살기 때문에 가족적이고 편안한 분위기가 좋다. 아침식사 불포함.

아르티츠 호텔 Artiç Hotel

Map P.140-B4 주소 Atatürk Cad. Ulu Camii Karşısı No.95 16010, Bursa **전화** (0224)224-5505 **홈페이지** www.artichotel.com **요금** 싱글 $60(개인욕실, A/C), 더블 $70~85(개인욕실, A/C) **가는 방법** PTT에서 도보 1분.

40년 이상의 역사를 자랑하는 부르사의 대표적인 중급 숙소. 2010년 리모델링을 통해 깔끔하게 단장했다. 그림을 걸어놓은 넓은 로비도 좋고, 평면 TV와 미니바가 있는 객실도 은은하고 세련된 분위기를 연출한다. 매우 성공적인 리모델링으로 평가되며, 특히 215호, 315호 객실은 울루 자미 전망이 썩 훌륭하다.

체쉬멜리 호텔 Çeşmeli Hotel

Map P.140-C3 주소 Heykel Gümüşçeken Cad. No.6, Bursa **전화** (0224)224-1511 **요금** 싱글 €30(개인욕실, A/C), 더블 €40(개인욕실, A/C), 트리플 €50(개인욕실, A/C) **가는 방법** 울루 자미에서 아타튀르크 동상 방향으로 400m쯤 가다 귀뮈쉬체켄 거리로 접어들면 보인다.

시장 입구에 있으며 주인과 종업원 모두 여성이다. 여성 특유의 세심한 관리가 돋보이는 객실은 깔끔하며 직원들도 친절해 중급 숙소를 원하는 여성 여행자에게 추천하고 싶은 곳이다. 오픈뷔페로 나오는 아침식사도 훌륭하며 관광명소를 방문하기에도 편리한 입지조건이다.

에페한 호텔 Efe Han Hotel

Map P.140-C3 주소 Gümüşçeken Cad. No.34 16020, Bursa **전화** (0224) 225-2260 **홈페이지** www.efehan.com.tr **요금** 싱글 €50(개인욕실, A/C), 더블 €70(개인욕실, A/C), 트리플 €90(개인욕실, A/C) **가는 방법** 울루 자미에서 아타튀르크 동상 방향으로 400m쯤 가다 귀뮈쉬체켄 거리로 접어들면 보인다.

넓은 로비가 편안한 인상을 주는 중급 숙소. 오래된 라디오 등 고전적인 소품을 이용한 분위기가 괜찮다. 나선형 내부계단 사이로 투명 엘리베이터가 운행하며, 옥상 레스토랑은 시내 전경을 즐기며 식사할 수 있다. 객실도 넓고 깨끗하다. 호텔 문을 나서면 바로 상점들이 이어지며 코자 한과도 쉽게 연결된다.

켄트 호텔 Kent Hotel

Map P.140-B3 주소 Atatürk Cad. No.69 16010, Bursa **전화** (0224)223-5420 **요금** 싱글 €50(개인욕실, A/C), 더블 €70(개인욕실, A/C) **가는 방법** PTT에서 아타튀르크 동상 방향으로 도보 1분.

PTT 옆 시내 한복판에 위치한 3성 호텔로 비즈니스맨들이 많이 이용한다. 객실 내 미니바, 위성 TV 시설을 갖춘 전형적인 중급 숙소로 직원들도 친절하다. 오픈뷔페로 나오는 아침식사가 매우 근사하며, 울루 자미가 잘 보이는 옥상 레스토랑도 분위기가 좋다. 직접 예약하면 할인이 된다.

니케아 종교회의가 열렸던 호반의 도시

이즈니크 Iznik

이스탄불에서 남동쪽으로 200km 떨어져 있는 호반의 도시. 기원전 301년 알렉산더 대왕의 부하 장수였던 리시마코스 Lysimachos가 이곳을 정복한 후 자신의 아내인 니카이아 Nikaea의 이름을 따서 도시 이름이 니케아가 되었다.

이즈니크는 기독교사에서 빼놓을 수 없는 종교회의가 열린 곳으로 유명하다. 325년 로마의 콘스탄티누스 황제가 최초의 회의를 이곳에서 주재했으며 787년 7차 종교회의도 이즈니크에서 열렸을 정도로 비잔틴 시대 기독교의 중추도시였다. 1331년 오스만 제국 2대 술탄인 오르한 Orhan이 이곳을 점령하고 도시 이름을 이즈니크로 개명했다. 이때부터 인근에서 질 좋은 점토가 생산되어 이즈니크는 타일의 도시로 새롭게 부각되었다. 오스만 제국의 번성에 따라 자미와 궁전 내부를 장식하는 타일 수요는 기하급수적으로 늘어났고 이즈니크는 타일의 명산지로 이름을 날렸다. 하지만 공교롭게도 오스만 제국의 쇠퇴와 때를 같이해 점토가 고갈되어 타일 산업은 사양길로 접어들었다. 그러나 블루모스크 등 오스만 제국의 영광을 간직한 건물에서 이즈니크 타일은 여전히 우아한 자태를 뽐내고 있다.

인구 2만 3000명 **해발고도** 90m

여행의 기술

Information

관광안내소 Map P.154-A2

이즈니크 관광안내 자료를 무료로 얻을 수 있다. 영어를 잘하는 직원이 친절히 대해 준다.
위치 아야소피아 교회 앞 부스
전화 (0224)757-7242 업무 매일 08:00~17:00
가는 방법 아야소피아 교회에서 도보 1분

환전 Map P.154-A2

튀르키예 은행

아야소피아 교회 맞은편 튀르키예 은행 Türkiye İş Bankaş이 편리하다.
위치 클르차슬란 거리 Kılçaslan Cad.
업무 월~금요일 09:00~12:30, 13:30~ 17:30

PTT Map P.154-A2

위치 아야소피아 교회 서쪽 클르차슬란 거리
업무 월~금요일 09:00~17:00

중심가 클르차슬란 거리

이즈니크 가는 법

비행기와 기차는 연결되지 않으며 오직 버스만이 이즈니크를 방문하는 유일한 수단이다.

➡ 오토뷔스

지방의 소도시라 많은 지역과 직접 연결되는 버스는 적은 편이다. 인근의 대도시 부르사까지 버스가 자주 다니며, 앙카라까지도 직행이 있기 때문에 장거리에서 간다면 앙카라나 부르사를 경유하는 게 좋다. 이스탄불에서 간다면 술탄아흐메트에서 가까운 예니 카프 Yeni Kapı에서 페리로 얄로바 Yalova까지 간 다음 돌무쉬로 갈아타는 게 일반적이다. 얄로바의 페리 선착장 앞에서 이즈니크행 돌무쉬를 쉽게 탈 수 있다. 이스탄불이나 부르사에서 당일치기로 다녀올 수도 있다. 소박한 이즈니크의 오토가르는 시내 중심부에서 가까워 도보로 숙소까지 가면 된다.

이즈니크 오토가르에 정차해 있는 돌무쉬

페리(예니 카프 ➡ 얄로바)
운행 09:00~19:00(매 2시간 간격)
소요시간 1시간 30분

이즈니크에서 출발하는 **버스 노선**

행선지	소요시간	운행
이스탄불	4시간	1일 1~2편
부르사	1시간 15분	1일 10편 이상
얄로바	1시간	1일 10편 이상

*운행 편수는 변동이 있을 수 있음.

시내 교통

도시 규모가 작아서 숙소, 레스토랑, 관광안내소와 관광명소까지 모두 걸어서 다닐 수 있다. 시내의 중심은 아야소피아 교회. 이곳을 중심으로 동서남북 대로가 뻗어 있으며 작은 골목길이 연결된다. 길을 잃을 염려는 없지만 만일 방향잡기가 힘들다면 아야소피아 교회를 기준으로 움직이면 편리하다.

Travel Plus+ 얄로바 Yalova의 온천 즐기기

이즈니크에서 60km 떨어진 얄로바는 부르사 Bursa와 더불어 수도권의 2대 온천 휴양지로 각광받고 있습니다. 로마와 비잔틴 시대부터 이용했던 기록이 있으며 오늘날까지 질 좋은 천연수가 솟아나 내외국인을 막론하고 주말이면 관광객들로 북새통을 이룬답니다. 튀르키예의 국부 아타튀르크도 얄로바의 온천에 머물다 간 적이 있을 정도지요.

최고온도 60°C에 달하는 온천물은 몸에 좋은 성분을 함유하고 있는데 특히 류머티즘과 신경통 계통에 탁월한 효과가 있다고 합니다. 최근에는 위장병에 좋은 물, 신장에 좋은 물, 눈(目)에 좋은 물 등 기능성 온천도 속속 생겨나고 있어 관광객의 발길을 잡아끌고 있습니다. 쌀쌀한 겨울날 뜨끈한 온천욕으로 몸과 마음의 피로를 풀어보는 건 어떨까요?

가는 방법 이즈니크 오토가르에서 돌무쉬로 1시간. 이스탄불의 예니 카프 Yeni Kapı 선착장에서 페리로 1시간 30분. 이후 얄로바 선착장 앞에서 테르말 Termal 행 돌무쉬로 30분.

온천 이용료 €80~100(호텔 숙박+온천)

이즈니크 둘러보기

역사가 오랜 도시라 도시 규모에 비해 볼거리는 많은 편. 종교회의가 열렸던 유명한 아야소피아 교회를 비롯해 미나레가 아름다운 예쉴 자미와 비잔틴 시대의 성벽 등이 대표적인 볼거리다.

관광은 시내 중심인 아야소피아 교회에서 시작하는 게 좋다. 교회를 둘러보고 동쪽에 자리한 녹색 미나레가 아름다운 예쉴 자미와 이즈니크 박물관을 구경하고 다시 아야소피아 교회로 돌아와 남서쪽에 있는 로마 극장을 돌아보자. 그 후 보존 상태가 좋은 성벽의 북문(이스탄불 문)을 보고 성벽을 따라 이즈니크 호수로 발길을 옮기면 된다. 빨리 둘러보면 3~4시간이면 충분하지만 작은 도시의 한가함을 즐기며 여유있게 돌아보길 권한다.

일정에 여유가 있으면 마을 동쪽의 압될바합 언덕 Abdülvahap Tepesı에 올라가 보자. 마을과 주변의 넓은 올리브 밭, 호수까지 한눈에 들어오는 훌륭한 경치가 기다리고 있다. 해질 무렵 호수의 석양을 즐기기에 그만이다.

BEST COURSE

예상소요시간 5~6시간

출발 ▶▶ 아야소피아 교회(P.156)

비잔틴 시대 종교회의가 열렸던 유명한 교회.

예쉴 자미(P.156)

녹색의 미나레가 아름다운 자미. 자미 앞은 공원으로 조성되어 있어 한가한 시간을 보내기 좋다.

이즈니크 박물관(P.157)

유명한 이즈니크 타일이 있는 박물관.
원조 이즈니크 타일을 보고 싶다면 이곳으로 가자.

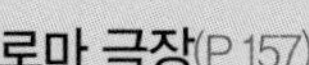

로마 극장(P.157)

2세기 트라야누스 황제 때 건립된 극장.
방치되고 있어 안타까움을 금할 길 없다.

이즈니크 성벽(P.157)

도시를 둘러싸고 있는 비잔틴 시대의 성벽.
도시의 오랜 역사를 증명해 주는 증거물이다.

도보 10분

이즈니크 호수(P.158)

튀르키예에서 다섯 번째로 큰 호수.
해질 무렵 호숫가를 거닐며 석양을 즐겨보자.

Attraction 이즈니크의 볼거리

유명한 아야소피아 교회와 예쉴 자미 등 볼거리가 충실한 편이다. 하지만 볼거리에만 정신을 빼앗겨 호수를 산책하는 고즈넉한 시간을 놓치지 말기 바란다.

아야소피아 자미(아야소피아 교회)
Ayasofya Camii ★★★

Map P.154-A2 주소 Ayasofya Kilisesi Kılçaslan Cad., İznik **개관** 매일 09:00~18:00 **요금** 무료 **가는 방법** 시내 중심의 클르차슬란 거리와 아타튀르크 거리가 만나는 곳에 있다.

세계사 시간에 열심히 외웠던 787년 유명한 '니케아 종교회의'가 열렸던 바로 그 건물이다. 기독교 성지로서의 이즈니크를 논할 때 빼놓을 수 없는 곳으로 이즈니크를 대표하는 건축물로 자리잡고 있다. 4세기 유스티니아누스 황제 때 처음 지었으며 이후 잦은 지진으로 무너져 여러 번 복구했다.

1331년 오스만 제국이 이즈니크를 점령한 후 자미로 용도 변경되어 미나레가 세워지고 미흐랍도 추가되었다. 건물의 역사적 중요성을 인정해 여러 번 복구공사가 이루어졌는데 16세기에 거장 미마르 시난이 대대적인 공사를 맡아 이즈니크 타일로 내부를 장식하기도 했다. 내부에 희미하게 남아 있는 프레스코화가 비잔틴 시대의 역사를 전해주고 있으며, 오랜 동안 방치되다가 지금은 다시 자미로 사용되고 있다.

Shakti Say 니케아 종교회의

313년 기독교가 공인된 이래 이즈니크는 비잔틴 제국 기독교의 중심도시가 됩니다. 325년 콘스탄티누스 황제의 주재 아래 그리스도의 신성을 부인하는 아리우스파를 정죄하는 종교회의가 열렸는데 이것이 세계 역사상 첫 번째 종교회의인 니케아 공의회입니다. 사실 성경의 해석과 종파간의 교리 논쟁이 그전부터 없었던 것은 아니었지만 기독교 공인 이전에는 교회 내부의 논쟁에 지나지 않다 공인 이후 수면 위로 떠올라 일종의 사회적 쟁점이 되었던 것입니다. 최초의 회의에서 아리우스파를 이단으로 몰고 오늘날 사도신경의 모태가 되는 '니케아 신경'을 채택하게 됩니다.

또한 787년에는 교회 내의 성화를 우상으로 볼 것인가에 관한 문제로 7차 종교회의가 이즈니크의 아야소피아 교회에서 열렸는데 회의 후 교황 하드리아누스 Hadrianus 1세는 교회의 성상을 경건히 받아들이되 하느님과 같이 숭배해서는 안 된다는 요지의 성명을 발표합니다. 그러나 포고문 전달 과정에서 사람들이 잘못 이해해 성상을 하느님처럼 숭배하라는 뜻으로 받아들였고 이후 계속된 그리스도의 신성에 대한 논쟁은 1054년 동방교회와 서방교회가 분리되는 원인이 되기도 했습니다.

예쉴 자미
Yeşil Camii ★★★

Map P.154-B1 주소 Yeşil Camii Kılçaslan Cad., İznik **개관** 매일 08:00~20:00 **요금** 무료 **가는 방법** 아야소피아 교회에서 동쪽 클르차슬란 거리를 따라 도보 10분.

녹색과 청색의 타일로 장식된 미나레가 아름다운 이 자미는 1378년 착공해 1392년 오스만 제국의 3대 술탄인 무라드 Murad 1세 때 완공되었다. '예쉴'은 녹색이라는 뜻으로 미나레

아야소피아 교회

의 색깔 때문에 붙여진 이름이다. 셀주크 자미의 영향을 받은 오스만 제국 초기의 자미로 돔과 미나레가 낮고 천장과 벽이 두껍고 튼튼한 것이 특징. 내부는 별다른 장식 없이 대리석 미흐랍과 나무 설교단이 있으며 돔은 깔끔한 흰색으로 칠해져 있다. 경내는 잔디밭과 나무가 잘 정돈되어 한가로이 쉬기에 좋다.

이즈니크 박물관
İznik Müzesi ★★

Map P.154-B1 주소 İznik Müzesi Kılçaslan Cad., İznik **개관** 매일 08:00~12:00, 13:00~17:00 **요금** €3 **가는 방법** 예쉴 자미 맞은편에 있다.

예쉴 자미 맞은편에 위치한 박물관으로 로마 시대의 대리석상과 이즈니크 타일, 그릇을 전시해 놓았다. 파손이 많이 되었지만 원조 이즈니크 타일의 빛깔을 보고 싶다면 꼭 방문해야 할 곳이다. 전시물과 함께 당당한 풍채를 자랑하는 건물이 인상적인데, 오스만 제국의 3대 술탄 무라드 1세가 그의 어머니인 닐뤼페르 하툰 Nilüfer Hatun을 위해 지은 건물이다. 건립 당시에는 가난한 사람들에게 수프를 제공하던 구호기관으로 사용되었다고 한다. 참고로 닐뤼페르 하툰은 원래 비잔틴 제국의 공주로 오스만 제국의 2대 술탄인 오르한과 정략결혼을 했다.

예쉴 자미
이즈니크 박물관

로마 극장
Roma Tıatrosu ★★

Map P.154-A2 개방 24시간 **요금** 무료 **가는 방법** 아야소피아 교회에서 남쪽 아타튀르크 거리를 따라가다 오른쪽 골목으로 들어간다. 아야소피아 교회에서 도보 10분.

도시의 오랜 역사를 증명하는 유적으로 시가지 남서쪽에 있다. 2세기 로마 황제 트라야누스 시기에 건립된 것으로 당시에는 1만 5000명의 관중을 수용했다고 한다. 13세기에 공동묘지로 바뀌었다가 나중에는 이즈니크 타일을 굽는 가마터가 되기도 하는 등 굴곡이 있는 유적이다. 현재 대부분 땅속에 묻혀 있으며 객석 일부만 볼 수 있는데 그냥 방치되어 있는 것 같아 안타깝다. 보존과 복구가 시급한 실정이다.

이즈니크 성벽
İznik Suru ★★★

Map P.154-B2 개방 24시간 **요금** 무료 **가는 방법** 이즈니크 전역.

도시를 빙 둘러싸고 있는 성벽으로 로마와 비잔틴 시대에 걸쳐 조성된 것이다. 총 연장길

로마 극장

이는 4.97km에 달해 튀르키예에 현존하는 성벽 중 디야르바크르의 성벽 다음으로 긴 길이를 자랑한다.

동서남북으로 네 개의 대문과 몇 개의 소문이 있는데 동문인 레프케 문 Lefke Kapı과 북문인 이스탄불 문 İstanbul Kapı의 보존 상태가 가장 좋다. 성벽은 그다지 높지 않지만 두껍고 튼튼하며 성문은 3중 구조로 되어 있다. 8세기에 증축되었는데 로마 극장에서 재료를 가져다 썼다는 기록이 있다. 11세기 성지탈환의 기치 아래 유럽을 떠난 제1차 십자군이 이슬람과 처음으로 격전을 벌였던 곳이 바로 이 성벽이다. 역사를 생각하며 성벽을 따라 천천히 산책하는 것도 좋다.

이즈니크 호수
İznik Göl ★★

Map P.154-A1 개방 24시간 **요금** 무료 **가는 방법** 아야소피아 교회에서 서쪽 클르차슬란 거리를 따라 도보 10분.

도시의 서쪽에 자리잡고 있는 호수로 튀르키예에서 다섯 번째로 큰 넓이를 자랑한다. 물도 맑은데다 여름철이면 요트 등 수상스포츠를 즐기는 관광객들이 몰려들어 도시는 한결 생동감이 넘친다. 해질 무렵 호숫가 벤치에 앉아 붉게 물드는 석양을 보며 앞으로의 여행을 계획해 보자. 연인들의 데이트 장소로도 각광받고 있다.

이즈니크 성벽의 이스탄불 문

이즈니크 호수

Restaurant 이즈니크의 레스토랑

작은 마을이지만 식당은 잘 갖춰져 있다. 대부분 아야소피아 교회 부근 중심지에 있으며 호숫가에도 전망이 좋은 식당이 여러 군데 있다. 이즈니크 호수에서 잡히는 야은 Yayın이라는 물고기 요리가 유명하다. 가격은 비싼 편이지만 이즈니크에서만 맛볼 수 있는 것이므로 한번쯤 경험해 보자.

이즈니크 임렌 레스토랑
İznik İmren Restaurant

Map P.154-A2 주소 Atatürk Cad. İznik Lisesi Karşısı, İznik **전화** (0224) 757-3597 **영업** 08:00~23:00 **예산** 1인 50~80TL **가는 방법** 아야소피아 교회에서 남쪽 아타튀르크 거리를 따라가다 보면 오른편에 보인다.

아야소피아 교회 남쪽 큰길에 자리한 곳으로 쾨프테, 쿠주 피르졸라, 닭고기 등 그릴 요리 전문점. 양질의 고기를 사용해 맛도 좋고 가격도 저렴해 이즈니크 시민들의 사랑을 받고 있다. 식후에는 흰 크림을 듬뿍 얹은 '에크멕 카다이프'라는 디저트도 맛보자.

Shakti Say 이즈니크 타일과 도자기

술탄에게 도자기를 바치는 상인들 1582년
(출처: 위키백과)

1453년 술탄 메흐메트 2세의 콘스탄티노플 정복은 인류역사의 전환점이 된 사건이었습니다. 오스만 왕국이 일개 국가에서 제국으로 변모했으며, 예술분야에도 새로운 변화가 일어났지요.
15세기 후반부터 아나톨리아에서 타일과 도자기가 생산되었는데, 1514년 술탄 셀림 1세가 페르시아의 타브리즈를 점령하고 도자기 기술자들을 이즈니크로 데려오면서 이즈니크는 본격적인 도자기 시대를 맞이했습니다. 이즈니크 도자기의 특징은 80%의 이산화규소와 10%의 유리 프리트(도자기 유약의 원료) 및 10%의 백색점토로 이루어졌으며, 연소 온도를 줄이기 위해 납과 나트륨 화합물이 추가되었다는 것입니다. 표면을 흰색의 점토액으로 코팅한 후 초벌구이를 했고, 초벌구이 도기에 장식 밑그림을 그렸지요. 그런 다음 납과 알칼리성 유약을 바르고 상승 기류로 설계된 가마에서 약 900도의 온도로 구워냈답니다. 이렇게 제작된 이즈니크 도자기는 단열효과와 음파를 반사시키는 효과가 뛰어났기 때문에 이전의 붉은색 도자기를 빠르게 흰색으로 대체했습니다. 이즈니크의 도공들은 연구와 실험을 통해 여러가지 양식과 무늬, 색채를 개발해 냈습니다. 초기의 그릇들은 대체로 티무르 양식으로 장식되었으나 차차 오스만 술탄들의 투그라 Tugra(결합문자 Monogram)의 배경 장식에 사용된 나선형 꽃무늬로 대체되었지요.
쉴레이만 대제 때인 1520년대부터 이즈니크 타일은 전성기를 맞이했습니다. 오스만 제국의 영토가 최대로 넓어지면서 자미와 궁전에 대한 타일 수요가 폭발적으로 증가한 것. 왕실의 후원을 받은 이즈니크 타일은 오스만 스타일뿐만 아니라 유럽과 중국도자기의 장점까지 흡수해서 독자적으로 발전했습니다. 새로운 색상도 도입되었고요.
쉴레이만 대제 시대의 궁정 화가였던 '카라 메니 Kara Meni'의 활약으로 티무르 양식의 나뭇잎 장식은 튤립과 다른 꽃으로 이루어진 좀더 자연스러운 무늬로 바뀌었습니다. 색조 범위가 더욱 넓어져 다양한 푸른 색조와 함께 망간 자주색이 사용되었지요. 16세기 중반에 가장 인기를 끌었던 이른바 '다마스쿠스 도자기'는 녹색과 보라색을 사용하여 색채 도자기에 새로운 장을 연 것으로 평가되고 있습니다(시리아와 다마스쿠스에서 발견되어 다마스쿠스 도자기라는 이름이 붙었는데 연구 결과 이즈니크 도자기로 판명되었다).
그칠 것 같지 않던 이즈니크 타일의 명성은 17세기에 접어들어 오스만 제국의 융성이 한풀 꺾이면서 하향세로 접어들었습니다. 제국이 내리막길을 걸으며 타일의 수요가 급감했고, 설상가상으로 중국산 고급 도자기와 타일이 다량으로 수입되면서 이즈니크 타일은 역사 속으로 사라지고 말았지요.
1993년에 설립된 이즈니크 재단 İznik Foundation은 부단한 연구와 노력 끝에 16세기 이즈니크 타일의 공법과 색상을 재현하는 데 성공했습니다. 재단 측은 튀르키예 내의 대학교 및 공예품 연구단체와 협동해서 중세의 이즈니크 타일의 복원과 기술전수에 앞장서고 있습니다. 현재 이스탄불의 지하철, 앙카라의 세계은행 등에서 새롭게 복원된 이즈니크 타일을 볼 수 있습니다.

이즈니크 재단 İznik Foundation **Map P.154-A2**
주소 Sahil Yolu, Vakıf Sk. No.13 16860, İznik
전화 (0224)757-6025, 이스탄불 지점 (0212)287-3243
홈페이지 www.iznik.com
가는 방법 아야소피아 교회에서 서쪽 클르차슬란 거리를 따라 호수에 이르러 왼쪽으로 꺾어 호수를 끼고 걷다보면 왼편에 보인다. 참르크 모텔에서 도보 1분.

이즈니크 에프사네 되네르
İznik Efsane Döner

Map P.154-A2 주소 Selçuk, Kılıçaslan Cd. No:68/A, 16860 İznik **영업** 매일 09:00~22:30 **예산** 40~100TL **가는 방법** 아야소피아 교회에서 도보 1분

각종 케밥과 쾨프테(미트볼), 귀베치(뚝배기 요리) 등 튀르키예식 식당. 그다지 특별할 건 없으나 아야소피아 교회에서 가까워 오가다 한 번쯤 이용하게 된다. 많은 사람들이 이용하는 곳이라 언제가도 따뜻한 음식을 먹을 수 있다. 타틀르(후식)가 포함된 메뉴도 있으므로 시도해 보자.

콘야 에틀리 피데 살로누
Konya Etli Pide Salonu

Map P.154-A2 주소 Kılıcaslan Cad. İş Bankaş No.83, İznik **전화** (0224) 757-3156 **영업** 09:00~21:00 **예산** 1인 60~80TL **가는 방법** 아야소피아 교회 맞은편에 있다.

튀르키예 은행 옆에 있는 작은 레스토랑으로 피데 전문점이다. 카르 피 레스토랑과 나른 점이 있다면 오직 피데만 취급하며 일명 콘야 피데라고 하는 유명한 에틀리 에크멕 Etli Ekmek 피데가 있다는 것. 본고장에 버금갈 정도로 훌륭한 맛이니 피데를 좋아한다면 꼭 먹어보자. 테이크아웃도 가능하다.

쾨스크 카페 Kösk Cafe

Map P.154-A1 주소 Sahil Yolu, İznik **영업** 09:00~24:00 **예산** 1인 15~20TL **가는 방법** 아야소피아 교회 서쪽 클르차슬란 거리를 따라가다 호수에서 오른쪽 길로 접어들면 보인다.

이즈니크 호수 주변에 자리한 찻집 겸 레스토랑. 호수에서 잡히는 생선인 야은 구이와 함께 술도 한잔할 수 있어 주당들의 인기를 끌고 있다. 바로 옆의 세데프 아일레 카페 Sedef Aile Cafe, 람바다 카페 Lambada Cafe도 비슷한 수준과 가격이므로 굳이 한곳을 고집할 필요는 없다.

Shopping 이즈니크의 쇼핑

이즈니크를 대표하는 쇼핑 품목은 타일 제품. 오스만 제국 때 타일의 산지로 명성을 날렸지만 지금은 퀴타히아 Kütahya로 중심지가 옮겨간 상태다. 그러나 과거의 영광을 되살리기 위한 노력이 계속되고 있으며 다수의 공방이 성업 중이다. 또한 이즈니크는 올리브 산지로도 유명해 선물용으로 올리브오일을 많이 사간다.

타일 공방들 Tile Workshop

Map P.154-B2 주소 Salim Demircan Sk, İznik **영업** 09:00~21:00 **예산** 각종 타일 도자기 제품 20~200TL **가는 방법** 아야소피아 교회에서 동쪽 클르차슬란 거리를 따라가다 오른편 골목으로 접어든다.

살림 데미르잔 Salim Demircan 골목에 다수의 타일 공방이 자리했다. 펜던트, 반지, 접시 등 소품에서부터 고가의 작품까지 다양한 제품이 있다. 전통 문양과 꽃무늬 등 화려하고 섬세한 타일은 볼거리로도 손색이 없으며 제작 과정을 구경할 수도 있다. 붓으로 일일이 그리는 세밀한 작업을 지켜보면 감탄사가 저절로 나온다. 부근의 쉴레이만 파샤 신학교 Süleyman Paşa Medresesi 내부에도 타일 워크숍이 있다.

Hotel 이즈니크의 숙소

작은 마을이라 숙소가 그다지 많지 않다. 성 안과 호숫가에 몇 군데 있을 뿐인데 안타깝게도 배낭여행자급의 저렴한 숙소보다는 중급 이상이 대부분이다. 이스탄불이나 부르사에서 당일치기로 다녀가는 여행자들이 많기 때문에 언제 가더라도 숙소가 꽉 차는 경우는 드물다.

이즈니크 오텔 İznik Otel

Map P.154-A2 주소 Kaymakam Hüseyin Avci bulvarı No, D:2, 16860 İznik **전화** (0224)334-0456 **홈페이지** www.izikotel.com.tr **요금** 더블 €20~50(개인욕실, A/C) **가는 방법** 아야소피아 교회에서 서쪽 클르차슬란 거리 따라 호수에 이르러 왼쪽으로 꺾는다. 도보 20분.

호수 바로 앞에 자리한 곳으로 현대식 객실과 욕실을 갖추었다. 고급스러운 내장재를 사용해 아늑한 분위기를 연출하며 호수가 보이는 발코니 유무에 따라 요금이 달라진다. 부설 수영장을 이용할 수 있으며 뷔페식으로 나오는 아침식사도 훌륭하다. 레스토랑의 음식도 수준급.

이즈니크 이스탄불 오텔 İznik İstanbul Otel

Map P.154-A2 주소 Mahmut Çelebi, Hakkı Sk. no:18-20, 16860 İznik **전화** (0224)757-6134 **홈페이지** www.iznikistanbulotel.com **요금** 더블 150~200TL(개인욕실, A/C) **가는 방법** 아야소피아 교회에서 도보 1분.

이즈니크에서 오래 살고 있는 가족이 운영하는 숙소. 객실은 약간 작은 편이지만 단정하게 관리하고 있으며 저렴한 가격에 하루이틀 머물기에 나쁘지 않다. 중심부에 자리해서 관광하기에 편리하며 주변에 레스토랑도 많다. 가족적인 분위기에서 머물 수 있다. 아침식사 별도.

참르크 모텔 Çamlık Motel

Map P.154-A2 주소 Sahil Yolu, İznik **전화** (0224)757-1362 **홈페이지** www.iznik-camlikmotel.com **요금** 더블 €40~50(개인욕실, A/C) **가는 방법** 아야소피아 교회에서 서쪽 클르차슬란 거리를 따라 호수에 이르러 왼쪽으로 꺾어 호수를 끼고 걷다보면 왼편에 보인다. 아야소피아 교회에서 도보 15분.

청결한 객실은 벽과 침구류, 커튼 모두 옅은 연두색을 사용해 밝고 은은하다. 언제나 조용한 분위기며 1층 부설 레스토랑에서 호수에서 잡히는 싱싱한 물고기 요리를 맛볼 수도 있다. 조용하고 쾌적한 중급 숙소를 원하는 여행자라면 만족할 만하다. 호수는 일부 방에서만 보인다.

세이르 호텔 Seyir Hotel

Map P.154-A2 주소 Mustafa Kemal Paşa, Kılıçaslan Cd. No:5, 16860 İznik **전화** (0224)757-7799 **홈페이지** www.seyirbutik.com **요금** 싱글 €20~30(개인욕실, A/C), 더블 €30~60(개인욕실, A/C) **가는 방법** 아야소피아 교회에서 서쪽 클르차슬란 거리를 따라 도보 10분.

잘 가꿔진 정원에서 휴식을 취하기 좋으며 종업원들도 친절하다. 층별로 전망이 다르기 때문에 요금도 달라지는데 아무래도 2층과 3층의 객실이 좀 더 쾌적하다. 가족들이 머물 수 있는 4~5인용 큰 객실도 있다. 여름철에는 정원의 올리브 나무 아래에서 여유로운 아침식사를 즐길 수 있다.

레이크 라이프 호텔 Lake Life Hotel

Map P.154-A1 주소 MUSTAFA KEMAL PAŞA GÖLCÜK, D:NO:12/1, 16860 İznik **전화** (0224)504-5780 **요금** 싱글 €40~50(개인욕실, A/C), 더블 €70~100(개인욕실, A/C) **가는 방법** 아야소피아 교회에서 서쪽 클르차슬란 거리 따라 호수에 이르러 오른쪽으로 꺾는다. 도보 12분.

이즈니크를 대표하는 고급 호텔 중 하나로 최신 시설을 자랑한다. LCD 위성 TV와 미니바를 갖춘 객실은 현대적 감각의 조명과 인테리어로 밝고 화사한 분위기다. 앞쪽 객실은 호수 전망이 좋고 뒤쪽은 성벽 전망이 좋으므로 취향에 따라 고를 수 있다. 고급 취향의 여행자라면 만족할 만하다.

세계문화유산

미마르 시난의 셀리미예 자미가 있는 국경 도시

에디르네 Edirne

튀르키예 북서쪽 유럽 대륙에 위치한 도시로 그리스, 불가리아와 국경을 맞대고 있다. 2세기 로마의 하드리아누스 황제 때 세워졌으며 황제의 이름을 따서 하드리아노폴리스라 불렸다. 4세기 콘스탄티누스 황제가 콘스탄티노플(현재 이스탄불)로 천도한 후 에디르네는 발전 가도를 달리기 시작했다. 수도에서 가깝다는 것과 유럽으로 가는 길목이라는 지리적인 이점 때문에 상업도시로 번성하게 된 것. 특히 오스만 제국이 유럽 진출을 위해 1362년 이곳을 수도로 삼으면서 에디르네는 황금기를 맞게 되었고 도시 이름도 튀르키예식인 에디르네로 고쳤다. 발전을 거듭하던 에디르네는 오스만 제국의 쇠퇴와 함께 쇠락의 길을 걷게 되었고 지금은 지방의 작은 도시로 남았다.

한 시기를 주름잡던 도시였던 만큼 지난날의 영광을 말해주는 자미와 신학교가 잘 남아 있어 이슬람 건축을 연구하는 사람들에게는 빼놓을 수 없는 방문지로 손꼽힌다. 특히 대 건축가 미마르 시난의 역작 셀리미예 자미로 대표되는 오스만 자미의 아름다움은 튀르키예 최고로 꼽힐 정도다.

인구 13만 6000명 **해발고도** 42m

여행의 기술

Information

관광안내소 Map P.164-A2

에디르네 지도와 관광안내 자료를 무료로 얻을 수 있다.

위치 탈라트 파샤 거리 Talat Paşa Cad. 에스키 자미 맞은편

전화 (0284)213-9208 업무 월~금요일 08:30~20:00(겨울철은 18:00까지)

가는 방법 에스키 자미에서 도보 1분. 길 건너편에 있다.

환전 Map P.164-A2

튀르키예 은행 Türkiye İş Bankası에서 환전 할 수 있다. 여행자수표도 바꿀 수 있고 ATM도 있다.

위치 사라츨라르 거리 Saraçlar Cad.에 있다.

업무 월~금요일 09:00~12:30, 13:30~17:30

PTT Map P.164-A2

위치 사라츨라르 거리의 튀르키예 은행 옆

업무 월~금요일 09:00~17:00

에디르네 가는 법

버스와 기차를 이용해 에디르네로 갈 수 있다. 지리적으로 북서쪽 끝에 치우쳐 있어서 많은 도시와 소통이 원활한 편은 아니다. 불가리아 국경과 불과 20km밖에 떨어져 있지 않아 동유럽에서 튀르키예로 들어오는 관문이 되기도 한다.

➡ 오토뷔스

에디르네의 버스 회사는 라다르 Radar, 알튼한 Altınhan, 차을라르 Çağlar 등이 있다. 운행 편수와 시간이 다양하기 때문에 다른 도시에서 간다면 이 회사들의 버스를 이용하면 편리하다. 이스탄불과는 수시로 버스가 운행하므로 카파도키아나 페티예 등 원거리에서 간다면 이스탄불을 경유하는 게 좋다.

불가리아로 가는 여행자는 관광안내소 맞은편의 버스 정류장에서 카프쿨레 Kapıkule 행 돌무쉬를 이용하면 된다(25분). 그리스 국경과 가장 가까운 파자르쿨레 Pazarkule 마을로 가는 돌무쉬도 관광안내소 부근에서 출발한다(20분).

오토가르는 시내 중심부에서 8km 떨어진 간선도로변에 있다. 버스회사에서 운영하는 세르비스는 없으며 시내까지는 오토가르 정문에서 출발하는 돌무쉬를 이용하면 된다(20분). 요금은 차내에서 기사에게 지불하며 중심지인 휘리예트 광장 Hürriyet Meydanı 부근에 내려 숙소를 정하자.

➡ 기차

이스탄불의 시르케지 역에서 에디르네 익스프레스 Edirne Exp.가 다닌다. 역은 시내 중심부에서 남동쪽으로 3km 떨어져 있으며 휘리예트 광장까지 돌무쉬와 시내버스가 다닌다.

에디르네에서 출발하는 **버스 노선**

행선지	소요시간	운행
이스탄불	3시간 30분	1일 10편 이상
앙카라	9시간	1일 3~4편
부르사	7시간	1일 2~3편
차낙칼레	4시간	1일 4~5편

*운행 시간은 변동이 있을 수 있음.

시내 교통

시내의 중심은 탈라트 파샤 거리 Talat Paşa Cad.와 휘리예트 광장 Hüriyet Meydanı이다. 숙소, 레스토랑, 볼거리가 모두 휘리예트 광장 반경 300m 내에 몰려 있어 도보로 충분히 돌아볼 수 있다. 한적한 풍경을 즐기러 교외로 나가는 전원파 여행자가 아니라면 걸어서 자미 순례를 다니면 되고, 오토가르로 갈 때는 관광안내소 앞 정류장에서 돌무쉬를 이용하면 된다.

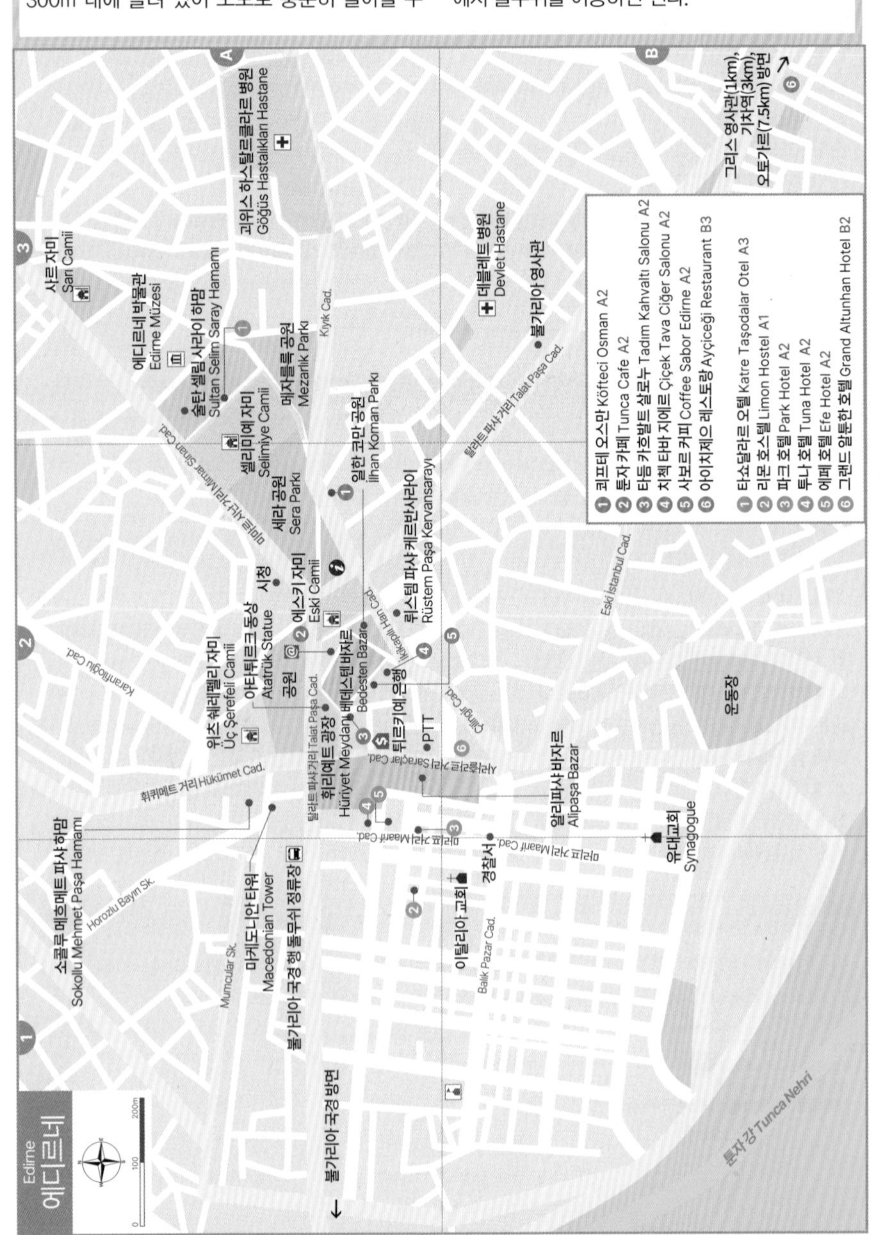

에디르네 둘러보기

에디르네를 대표하는 볼거리는 자미. 역사의 한 페이지를 화려하게 장식했던 시절에 지은 수많은 자미가 관광객들을 불러모으는 가장 큰 요인이다. 특히 세계문화유산인 셀리미예 자미는 규모와 화려함에서 단연 압권. 아무리 시간이 없더라도 이곳만큼은 꼭 방문하도록 하자.
관광은 먼저 휘리예트 광장에서 가까운 에스키 자미부터 시작한다. 에스키 자미의 역동적인 힘이 느껴지는 이슬람 문자를 감상하고 근처에 있는 뤼스템 파샤 케르반사라이를 돌아보자. 그 후 에디르네 최대의 볼거리인 셀리미예 자미를 방문하고 휘리예트 광장으로 돌아오는 길에 위츠 쉐레펠리 자미에 들렀다가 마케도니안 타워를 구경하면 볼거리 순례는 끝난다. 에디르네의 세 자미는 각 시대별 오스만 제국의 건축 발전 과정을 비교해 볼 수 있어 오스만 건축을 이해하는 데 유용하다. 시간이 넉넉하고 에디르네를 꼼꼼히 보고 싶은 여행자는 외곽의 무라디예 자미 Muradiye Camii와 바야지트 2세 퀼리예 Bayazit II Külliye를 돌아볼 수도 있다.

+ 알아두세요!
자미를 방문할 때 민소매 상의나 무릎이 드러나는 반바지는 삼가고
여성 여행자는 가급적 히잡(머리수건)을 쓰도록 하자.

BEST COURSE

예상소요시간 5~6시간

출발 ▶▶ 휘리예트 광장

도보 2분

에스키 자미(P.166)
시가지 한복판에 있는 자미. 이슬람 문자의 진수를 보여준다.

도보 1분

뤼스템 파샤 케르반사라이(P.166)
오스만 제국 쉴레이만 대제 때의 대상 숙소.
현재는 호텔로 개조되어 과거의 명성을 이어가고 있다.

도보 5분

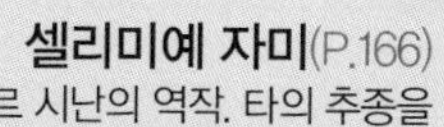

셀리미예 자미(P.166)
대 건축가 미마르 시난의 역작. 타의 추종을 불허하는 이슬람 건축의 백미다.

도보 10분

위츠 쉐레펠리 자미(P.168)
각기 다른 네 개의 미나레가 있는 자미.
나선형과 기하학 무늬가 들어간 미나레를 자세히 보자.

도보 2분

마케도니안 타워(P.168)
로마 시대에 세워진 망루. 원래 3층 탑이었는데 지금은 2층까지만 남아있다.

Attraction 에디르네의 볼거리

에스키 자미와 셀리미예 자미가 에디르네를 대표하는 볼거리다. 이슬람 세계의 힘과 뛰어난 건축술을 확인하기에 이만한 곳이 없다. 사진은 마음대로 찍어도 되지만 종교 시설임을 감안해 기본 예의를 지키자.

에스키 자미
Eski Camii ★★★

Map P.164-A2 **주소** Eski Camii, Talat Paşa Cad., Edirne **개관** 매일 07:00~20:00 **요금** 무료 **가는 방법** 휘리예트 광장에서 탈라트 파샤 거리를 따라 도보 2분.

'에스키'라는 말은 오래되었다는 뜻으로 이름처럼 에디르네의 자미 중 가장 오랜 역사를 자랑한다. 1403년 에미르 쉴레이만 Emir Süleyman 때 착공해 1414년 완공된 오스만 제국 초기의 자미로 대형 돔 대신 9개의 작은 돔을 배치했으며 벽과 기둥이 두껍고 튼튼한 것이 특징이다. 규모가 커서 육중하고 장중한 느낌이 든다. 콘야 출신의 건축가 하즈 알라딘 Hacı Alaadin이 디자인을 맡았으며 외메르 이브라힘 Ömer İbrahim이 건축을 담당했다. 에스키 자미의 가장 큰 볼거리는 내부 기둥에 쓰인 이슬람 문자. 이슬람에 문외한이라 하더라도 역동적이고 힘이 넘치는 글자는 이슬람의 독특한 미의식을 느끼기에 충분하다. 관광지 성격이 짙은 다른 자미와 달리 언제나 기도하는 사람들이 끊이지 않아 경건한 분위기다.

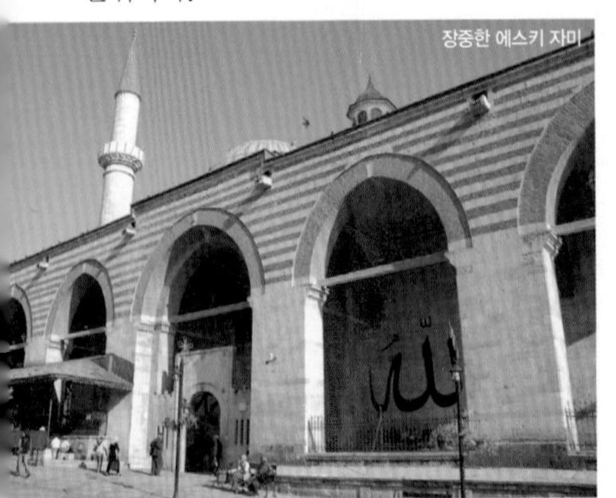
장중한 에스키 자미

뤼스템 파샤 케르반사라이
Rüstem Paşa Kervansarayı ★★

Map P.164-A2 **주소** Rüstem Paşa Kervansarayı İkikapılı Han Cad., Edirne **개관** 매일 07:00~20:00 **요금** 무료 **가는 방법** 에스키 자미 옆에 있다. 휘리예트 광장에서 도보 3분.

오스만 제국의 전성기를 이끈 쉴레이만 대제 때의 재상인 뤼스템 파샤의 명으로 대 건축가 시난이 지었다. 케르반사라이란 대상들의 숙소를 지칭하는 말. 중앙의 큰 정원을 중심으로 2층으로 되어 있으며 중앙 현관 뒤쪽에는 벽난로가 갖춰진 방이 들어서 있다. 그다지 큰 볼거리라 할 수는 없지만 보존 상태가 양호해 건축 연구가들이 많이 찾는다. 1972년 대대적인 보수공사를 한 뒤 현재는 호텔로 사용되고 있는 곳이라 관람을 원한다면 미리 양해를 구하도록 하자. 1980년 아아 한 Ağa Han 건축대상에서 보수건축 부문 상을 수상했다.

셀리미예 자미
Selimiye Camii ★★★★ 세계문화유산

Map P.164-A2 **주소** Selimiye Camii Mimar Sinan Cad., Edirne **개관** 매일 07:00~20:00(튀르키예·이슬람 미술관은 09:00~17:30) **요금** 무료(튀르키예·이슬람 미술관은 30TL) **가는 방법** 에스키 자미에서 길 건너 세라 공원 안에 있다. 휘리예트 광장에서 도보 5분.

에디르네를 대표하는 건축물로 술탄 셀림 2세의 명으로 대 건축가 미마르 시난(이스탄불 편 P.105 참고)이 심혈을 기울여 만든 작품. 1569년에 착공해 1575년에 완공되었다. 완공 당시 시난은 84세의 고령이었는데, 이 자미를 자신의 최고 작품이라 칭찬하는 데 주저하지 않았다고 한다. 중앙의 대형 돔의 높이는 43.28m, 직경은 31.30m에 달하며 균형감과 우아함이 돋보이는 세계적인 건축물이다. 시난은 이 자미의 돔이 이스탄불의 아야소피아의 돔보다 크다고 생각했는데 실제로 직경은 거의 같지만 높이는 아야소피아보다 10m 정도 낮다. 위풍당당하게 서 있는 네 개의 미나레는 70.89m의 높이로 여성적인 우아함이 돋보이는 작품이다. 각 미나레는 3개의 쉐레페 Şerefe(발코니)가 있는데, 이것은 위츠 쉐레펠리 자미를 지은 자신의 전임자에 대한 존경의 뜻이라고 한다.

내부는 8개의 기둥이 돔을 받치고 있으며 돔의 문양은 화려함과 섬세함을 고루 갖춘 걸작으로 평가받고 있다. 40개의 창을 배치해 밝은 채광에 역점을 두었으며 중앙에는 분수대가 있다. 한마디로 규모와 화려함에서 입을 다물 수 없을 정도다. 셀리미예 자미는 여러 면에서 이스탄불의 술탄 아흐메트 1세 자미와 비교되는데 술탄 아흐메트 1세 자미보다 40년 가량 앞선 것이다. 이슬람 자미에 관심이 있다면 유심히 둘러보며 비교해 보는 맛도 쏠쏠하다. 동문으로 나가면 경내에 튀르키예·이슬람 미술관 Türk ve İslam Eserleri Müzesi이 있는데 오스만 제국의 도자기와 무기, 오일레슬링 관련 자료가 전시되어 있다.

셀리미예 자미 내부

2011년 6월 유네스코는 다음과 같은 멘트와 함께 셀리미예 자미 복합군을 세계문화유산에 선정했다.

"하나의 큰 돔과 가느다란 네 개의 미나레로

Shakti Say

에디르네의 명물 오일레슬링 Yağlı Güreş

에디르네의 명물 오일레슬링

올림픽에서 튀르키예의 강세 종목은? 바로 레슬링이죠. 대대로 유목생활을 했던 튀르키예인들에게 레슬링은 남자다움을 상징하는 스포츠로 자리잡고 있습니다. 이 중 매년 6월 말에서 7월 초 에디르네에서 열리는 크르크프나르 야을르 귀레쉬 Kırkpınar Yağlı Güreş는 매우 유명한 전국 레슬링 대회입니다.

크르크프나르는 '40개의 샘물'이라는 뜻으로 다음과 같은 전설이 얽혀 있습니다. 1361년 오스만 제국 제2대 술탄인 오르한 가지 Orhan Gazi가 40명의 병사를 데리고 전투에 참가해 승리한 후 돌아오는 길에 휴식을 취하며 레슬링 시합을 벌입니다. 그중 유독 승부를 가리지 못했던 두 명의 병사가 나중에 재대결을 하게 되었지요. 아침부터 밤까지 힘을 겨루던 두 병사는 너무 지친 나머지 숨을 거두고 마는 어이없는 사태가 벌어졌는데요, 이들의 시신은 나무 아래에 묻혔고 시간이 흐른 뒤 동료들이 다시 찾았을 때 그 자리에 40개의 샘물이 솟아났다고 합니다. 이후 두 병사를 기념하기 위해 매년 레슬링 대회가 열리게 되었는데 이것이 바로 크르크프나르 야을르 귀레쉬 대회입니다.

경기규칙은 온 몸에 올리브오일을 바른 두 명의 선수가 잔디밭에서 서로의 기량을 겨루다 상대편의 등을 바닥에 닿게 하거나 바지를 먼저 벗기는 선수가 이기는 것입니다. 체급은 체중과 숙련도, 경력까지 고려해 다섯 그룹으로 분류됩니다(데스타 deste, 퀴췩 küçük, 오르타 orta, 바샬트 başaltı, 바쉬 baş). 한꺼번에 수십 명의 선수가 레슬링을 벌이고 악대까지 동원해 일대 장관이 연출되죠. 우승자는 '최고 레슬러'라는 뜻의 바쉬 페흘리반 Baş pehlivan으로 불리며 사람들의 선망의 대상이 됩니다. 대회기간 동안 튀르키예 각 지역의 전통 춤 공연, 미인대회 등 다채로운 부대행사도 함께 펼쳐지므로 이 시기 에디르네를 방문한다면 놓치지 말고 구경하세요! 2010년 세계 무형문화유산 선정.

대회 문의 www.kirkpinar.org 또는 관광안내소 구성된 에디르네의 셀리미예 자미는 오스만 제국의 위상을 보여준다. 오스만 제국 최고의 건축가인 시난이 자신의 대표작으로 손꼽는 셀리미예 자미 복합군은 신학교, 도서관, 안뜰 정원이 복잡하면서도 조화롭게 이루어져 있다. 최고의 이즈니크 타일로 되어 있는 내부장식은 당시 최고의 기술을 보여준다."

위츠 쉐레펠리 자미
Üç Şerefeli Camii ★★

Map P.164-A2 주소 Üç Şerefeli Camii Hükümet Cad., Edirne **개관** 매일 07:00~20:00 **요금** 무료 **가는 방법** 휘리예트 광장 사거리에서 휘퀴메트 거리를 따라 도보 2분.

소콜루 메흐메트 파샤 하맘 Sokollu Mehmet Paşa Hamamı 맞은편에 위치한 자미로 무라드 Murad 2세의 치세 기간인 1447년 완공되었다. 위츠는 '3', 쉐레펠리는 '발코니'를 뜻하는데 이것은 4개의 미나레 중 한 개의 미나레 발코니 숫자가 3개인 것에서 비롯되었다. 높이는 67.62m이며 각각의 발코니로 통하는 계단이 나 있다. 네 개의 미나레는 모두 높이와 장식이 달라 이채로운데 특히 나선형 문양의 미나레가 눈길을 끈다. 내부에는 사각형의 오스만 스타일 정원이 있는데 자미 경내에 정원을 조성한 것은 이 자미가 처음이었다고 한다. 뒤편으로는 신학교 건물과 무덤이 자리잡고 있다.

마케도니안 타워
Macedonian Tower ★

Map P.164-A2 개방 24시간 **요금** 무료 **가는 방법** 탈라트 파샤 거리의 관광안내소 맞은편 버스 정류장 옆 골목으로 들어간다.

로마 시대에 세워진 탑으로 도시의 오랜 역사를 말해 주는 증거물이다. 원래 도시의 성벽과 함께 있었던 것으로 감시용 망루였으며 19세기에는 시계탑으로 사용되기도 했다. 건립 당시는 3층이었다고 하는데 현재는 2층까지만 남아 있으며 탑의 아래쪽으로 옛날 도시의 성벽 흔적이 일부 발견되었다고 한다. 내부는 별다른 장식없이 그냥 뻥 뚫려 있고 비둘기들이 집으로 삼고 있다. 탑 옆에 있는 택시 사무실에 탑의 원래 모습을 그려놓은 그림이 있으니 잠깐 보고 가자.

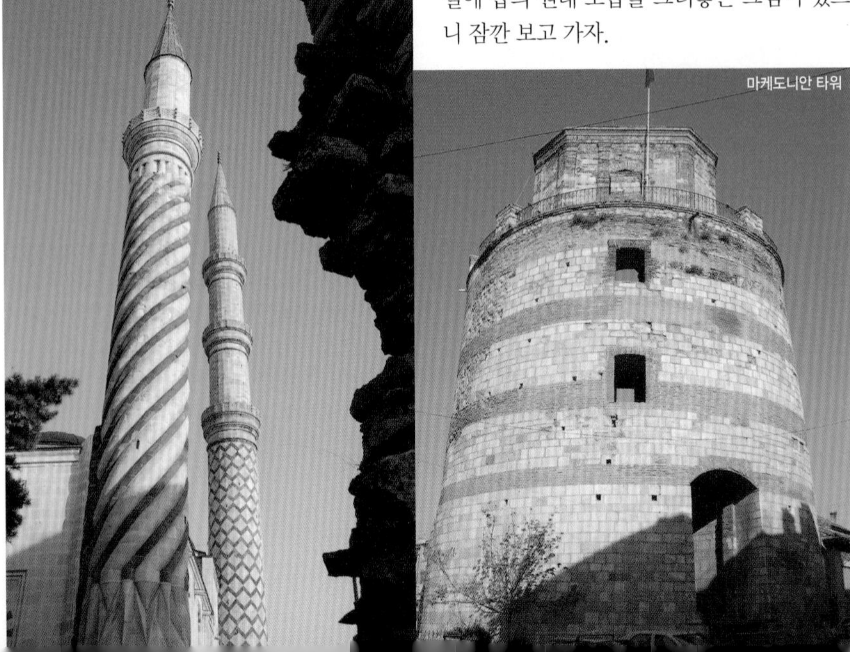
위츠 쉐레펠리 자미

마케도니안 타워

Restaurant 에디르네의 레스토랑

각종 케밥을 비롯한 튀르키예식 레스토랑이 주류를 이루며 튀르키예식 피자인 피데 Pide와 라흐마준 Lahmacun도 대부분의 식당에서 맛볼 수 있다. 시내 중심가인 자미 밀집구역과 휘리예트 광장 부근에 많은 식당이 몰려 있어 이리저리 헤매지 않아도 된다.

쾨프테 오스만 Köfteci Osman

Map P.164-A2 주소 Meydan Vakif Sk. 22000 Edirne **전화** (0284)212-7725 **영업** 10:00~22:00 **예산** 1인 30~50TL **가는 방법** 에스키 자미에서 셀리미예 자미 쪽으로 큰 길가 오른쪽에 있다.

셀리미예 자미 부근에 있는 쾨프테 전문 레스토랑. 질 좋은 고기를 사용해 숯불에 굽는 쾨프테가 맛있어 시민들이 즐겨 찾는다. 실내외 자리가 있는데 날씨가 춥지 않다면 셀리미예 자미의 경치도 즐길 겸 야외 자리를 택하자. 라마단 기간에는 저녁 무렵에 손님이 한꺼번에 몰린다.

튠자 카페 Tunca Cafe

Map P.164-A2 주소 Eski Camii Karşısı, Edirne **전화** (0284)212-4816 **영업** 08:00~24:00 **예산** 1인 20~40TL **가는 방법** 에스키 자미 맞은편에 있다.

에스키 자미 앞 사거리에 있는 카페 겸 레스토랑. 연못과 나무가 우거진 정원이 있어 아늑한 분위기를 연출한다. 자미 구경을 다니다 차를 마시며 쉬기에도 좋고 식사를 하며 에스키 자미의 외관을 즐기기에도 안성맞춤이다. 식사 메뉴는 쾨프테, 괴즐레메 등이 있다. 저렴한 가격대라 부담없이 이용하기에 좋다.

타듬 카흐발트 살로누 Tadım Kahvaltı Salonu

Map P.164-A2 주소 Sabuni, Yüksek Kahve Sk., 22100 Edirne Merkez **전화** (0284)213-2768 **영업** 07:00~17:00 **예산** 1인 20~30TL **가는 방법** 에스키 자미에서 도보 2분.

중심가에 있는 조그만 아침식사 전문점. 신선한 야채와 치즈, 소시지를 사용해 맛있는 아침식사를 차려내는데 토마토와 계란을 주재료로 한 냄비요리인 메네멘이 특히 맛있다. 에디르네에 오면 반드시 이 집에서 메네멘을 먹어야 한다는 사람도 있을 정도. 테이블이 많지 않아 종종 꽉 찰 때가 많다.

치첵 타바 지에르 Çiçek Tava Ciğer Salonu

Map P.164-A2 주소 Sabuni, Çilingirler Cd., 22100 Edirne Merkez **전화** (0284)225-2080 **영업** 08:00~20:00 **예산** 간 튀김 80TL **가는 방법** 에스키 자미 뒤편에 있다.

'지에르'는 간이라는 말로 에디르네에서 유명한 간 요리 전문점이다. 곱창이나 내장요리를 무리없이 먹을 수 있는 사람은 지역의 명물이고 하니 한번 쯤 시도해 보자. 메뉴는 지에르 하나 뿐인데 튀겨서 나온다. 보통 토마토나 양파와 함께 곁들여 먹으며 음료는 콜라도 괜찮지만 이왕이면 튀르키예식 요거트인 아이란과 함께 먹어보자. 주변에 비슷한 식당이 많다

사보르 커피 Coffee Sabor Edirne

Map P.164-A2 주소 Sabuni, Tahmis Çarşısı Sk. No:16, 22030 Edirne Merkez **전화** +90-554-969-9712 **영업** 10:00~21:30 **예산** 각종 커피 15~30TL **가는 방법** 에스키 자미에서 도보 3분.

중심가인 사라츨라르 거리에 자리한 커피 전문점. 시내 관광을 다니다 지친 다리를 쉬며 맛있는 커피가 생각난다면 당장 이 집으로 달려가기 바란다. 규모는 작지만 이탈리아 및 유럽산 커피를 맛볼 수 있으며 와플과 차가운 음료, 스무디도 즐길 수 있다. 주인도 친절하다.

아이치제으 레스토랑 Ayçiceği Restaurant

Map P.164-B3 주소 Abdurrahman, Talat Paşa Cd. No:1, 22100 Edirne Merkez **전화** (0284)225-6652 **홈페이지** www.aycicegi.com.tr **영업** 24시간 **예산** 1인 100~160TL **가는 방법** 셀리미예 자미에서 탈라트 파샤 거리를 따라 도보 15분.

튀르키예식 레스토랑으로 쇠고기, 양고기, 닭고기 등 모든 종류의 케밥을 망라하고 있다. 내부 장식도 깔끔하고 널찍해서 쾌적하게 식사할 수 있으며, 유럽에서 입국했다면 튀르키예 식사를 맛보기에 괜찮은 곳이다. 메뉴판에 음식 사진이 있어 선택하기 편리하다.

Hotel 에디르네의 숙소

에디르네의 숙소 사정은 좋지 않은 편. 배낭여행자들이 많이 찾지 않아 저렴한 숙소보다는 비즈니스맨이 이용하는 중급 이상의 숙소가 많다. 그나마 몇 군데 있는 저렴한 숙소는 가격에 비해 시설이 떨어진다. 관광안내소 옆길인 마리프 거리 Maarif Cad.에 대부분의 숙소가 몰려있다.

타쇼달라르 오텔 Katre Taşodalar Otel

Map P.164-A3 주소 Meydan, Taş Odalar Sk. No:3, 22000 Edirne Merkez/Edirne **전화** (0284)212-3529 **요금** 싱글, 더블 €20~30(개인욕실, A/C) **가는 방법** 셀리미예 자미 바로 뒤편에 있다.

오스만 스타일의 가옥을 개조한 호텔. 이스탄불을 정복한 술탄 메흐메트 2세가 태어나고 자란 곳이다. 대 술탄의 생가라 크고 화려할 것 같지만 실제로는 매우 소박하다. 각 객실은 오스만 제국 역대 술탄의 이름을 붙여놓았는데 메흐메트 2세 방을 가장 신경써서 꾸며놓았다. 안뜰에서 셀리미예 자미 뒷모습을 감상하며 아침식사를 즐겨보자.

리몬 호스텔 Limon Hostel

Map P.164-A1 주소 Mithatpaşa Mahallesi, Türkocağı Arka Sokağı, No.: 14, **전화** (0284)214-5577 **요금** 싱글, 더블 250~400TL(공동/개인욕실, A/C) **가는 방법** 관광안내소에서 마르프 거리를 따라 도보 5분.

저렴한 요금의 가성비 숙소로 관광명소와 거리도 멀지 않다. 공동욕실을 사용해야 하는 점만 감수한다면 배낭여행자용 숙소로 괜찮은 곳이다. 방도 깔끔하게 관리하고 있으며 주인부부도 친절하다. 카페 분위기가 나는 정원에 무료 차 서비스도 제공한다.

파크 호텔 Park Hotel

Map P.164-A2 주소 Maarif Cad. No.7, Edirne **전화** (0284)225-4610 **요금** 싱글 **주소** Maarif Cad. No.7, Edirne **전화** (0284)225-4610 **요금** 싱글 250TL(개인욕실, A/C), 더블 350TL(개인욕실, A/C) **가는 방법** 에스키 자미에서 마리프 거리를 따라 도보 10분.

널찍한 객실에 미니바 시설을 갖춘 중급 숙소. 유리칸막이가 부착된 샤워실과 드라이기가 있는 욕실도 깨끗하다. 오픈뷔페로 나오는 아침식사도 성의가 느껴지는 등 전체적으로 무난한 수준이다.

투나 호텔 Tuna Hotel

Map P.164-A2 주소 Maarif Cad. No.17, Edirne **전화** (0284)214-3340 **요금** 싱글 250TL(개인욕실, A/C), 더블 350TL(개인욕실, A/C) **가는 방법** 에스키 자미에서 마리프 거리를 따라 도보 10분.

약간 허름해 보이는 외관과는 달리 깔끔하게 관리되고 있는 중급 호텔로 숙소 밀집거리의 맨 아래에 자리했다. 객실과 화장실 모두 청결하며 아늑한 분위기가 난다. 에디르네의 숙소 사정을 감안할 때 그나마 가격에 비해 시설이 괜찮은 곳이다.

에페 호텔 Efe Hotel

Map P.164-A2 주소 Maarif Cad. No.13, Edirne **전화** (0284)213-6166 **요금** 싱글 €40(개인욕실, A/C), 더블 €50(개인욕실, A/C) **가는 방법** 에스키 자미에서 마리프 거리를 따라 도보 10분.

축음기와 라디오 등 오래된 소품을 잘 살려 고전적인 풍취가 물씬 난다. 검은색 가구가 있는 객실은 중후함이 느껴지며 복도와 객실에는 서양화를 걸어놓아 품격을 더했다. 영국식 바가 있고, 뒤뜰의 레스토랑에서는 다양한 음식과 음료를 즐길 수 있다. 미니바 등 편의시설도 잘 되어 있다.

그랜드 알툰한 호텔 Grand Altunhan Hotel

Map P.164-B2 주소 Saraçlar Cad. PTT Yanı, Edirne **전화** (0284)213-2200 **요금** 싱글 €40(개인욕실, A/C), 더블 €50(개인욕실, A/C) **가는 방법** PTT 옆에 있다. 휘리예트 광장에서 사라츨라르 거리를 따라 도보 5분.

노란색 커튼과 벽지를 바른 객실은 은은하고 고급스런 분위기가 난다. LCD TV, 미니바 등 편의시설을 완비했고 욕실도 깔끔해 편안하게 머물 수 있다. 이중창을 사용해 소음을 차단한 것도 마음에 든다. 에디르네에서 고급 숙소를 찾는다면 괜찮은 선택이다.

바다와 고대 유적의 보고

에게해 Aegean Sea

다르다넬스 해협의 전략 요충지

차낙칼레 Çanakkale

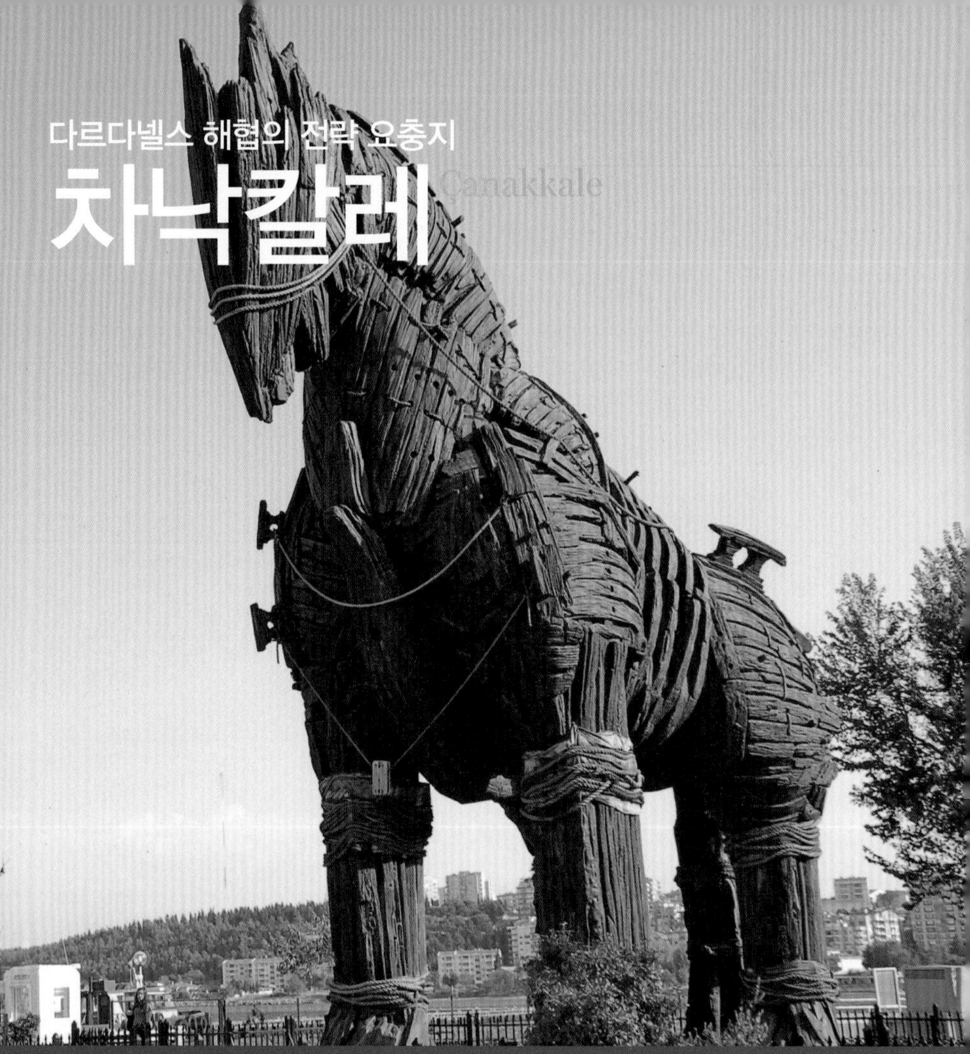

마르마라해와 에게해가 만나는 다르다넬스 Dardanelles 해협에 위치한 도시. 유럽에서 이스탄불로 가는 모든 배는 다르다넬스 해협을 통과하고 이스탄불의 대외 진출로 역시 이곳이었던 만큼 예전부터 해상 교통의 요충지로 번영했다.

외지 관광객들이 차낙칼레를 찾는 가장 큰 이유는 고대 트로이 유적 때문. 시가지 남서쪽에 위치한 트로이 유적은 유명한 '트로이 목마'로 전 세계 관광객과 고고학자들을 불러 모으고 있다. 영광스러웠던 고대의 트로이와는 달리 차낙칼레는 비운의 역사를 간직하고 있다. 에게해와 마르마라해를 연결하는 숨통과도 같은 다르다넬스 해협은 지리적 중요성 때문에 언제나 열강의 각축장이 되었던 것. 특히 제1차 세계대전 기간 중 겔리볼루 Gelibolu 반도 상륙작전은 튀르키예군과 연합군 최대의 격전지가 되어 튀르키예, 프랑스, 영국군을 합해 무려 50만 명의 사상자가 발생하기도 했다. 튀르키예인들에게는 독립의 역사가, 유럽인들에게는 그들의 할아버지 유해가 묻혀 있는 곳이다. 트로이 목마 옆 다르다넬스 해협을 지나는 배들은 영광과 비운의 역사를 뒤로한 채 오늘도 분주히 오가고 있다.

인구 8만 5000명 **해발고도** 75m

여행의 기술

Information

관광안내소 Map P.176-A2

트로이 유적에 관한 영문 자료가 있으며 보즈자 섬 Bozca Ada으로 가는 페리 시간도 확인할 수 있어 유용하다.

위치 이스켈레 광장 İskele Meydanı 앞
전화 (0286)217-1187
업무 매일 08:30~19:00(겨울철은 17:00까지)
가는 방법 숙소 밀집지역 시계탑에서 도보 1분

환전 Map P.176-A2

이스켈레 광장 앞 대로인 줌후리예트 거리 Cumhuriyet Bul.에 사설 환전소가 있어 쉽게 환전할 수 있으며 ATM도 항구 부근에 줄지어 있다. 환율은 비슷하므로 편한 곳을 이용하면 된다.

위치 이스켈레 광장 앞 줌후리예트 거리 일대
업무 월~금요일 09:00~12:30, 13:30~17:30

PTT Map P.176-B2

위치 이뇌뉘 거리 İnönü Cad.의 차낙칼레 데블레트 병원 맞은편. 이스켈레 광장에서 도보 10분
업무 월~금요일 09:00~17:00

차낙칼레 가는 법

차낙칼레로 갈 때는 버스를 이용하는 게 일반적이다. 북서쪽에 치우쳐 있는 지리적 여건상 많은 도시와 연결되지는 않지만 이스탄불, 이즈미르, 부르사 등 근교의 도시와는 소통이 원활하다. 이스탄불에서 비행기도 다닌다.

➡ 비행기

튀르키예 항공에서 차낙칼레까지 직항을 운행한다. 계절에 따라 운행편수와 날짜가 변경되므로 튀르키예 항공에 미리 정보를 문의하자. 차낙칼레 공항은 시내에서 남서쪽으로 2km 떨어져 있다. 비행기 도착시간에 맞춰 운행하는 튀르키예 항공의 셔틀버스를 타고 시내로 갈 수 있으며, 택시를 탄다면 100TL 정도가 든다. 항구 부근까지 간 다음 걸어서 숙소를 정하면 된다.

➡ 오토뷔스 & 페리

차낙칼레를 대표하는 버스회사는 트루바 Truva. 버스에 목마 그림이 있어 쉽게 알아볼 수 있다. 트루바와 함께 캬밀코치 Kamilkoç도 이스탄불, 부르사, 이즈미르까지 많은 버스를 운행하고 있어

차낙칼레에서 출발하는 **버스 노선**

행선지	소요시간	운행
이스탄불	6시간	1일 8~9편
앙카라	11시간	1일 7~8편
이즈미르	5시간 30분	1일 10편 이상
부르사	4시간 30분	1일 7~8편
에디르네	4시간 30분	1일 2~3편

*운행 편수는 변동이 있을 수 있음.

편리하게 이용할 수 있다.
차낙칼레에 도착하는 버스는 중심가인 항구 앞 이스켈레 광장 İskele Meydanı에 최종적으로 정차한다. 항구 부근이 숙소와 식당이 몰려있는 여행자 구역이라 이동하기 위해 고생할 필요가 없다. 만일 오토가르에 정차한 경우라 해도 1km 정도만 걸으면 항구로 갈 수 있기 때문에 택시를 타도 요금이 많이 나오지 않는다. 이스켈레 광장에 버스 회사도 몰려있어 쉽게 버스표를 예매할 수 있으며 오토가르까지 세르비스를 운행한다.
한편 차낙칼레의 항구에서 괵체 섬 Gökçe Ada(2시간)과 보즈자 섬 Bocza Ada(1시간)까지 페리가 다닌다. 1주일에 2~3회 운행하며 자세한 정보는 관광안내소에 문의하자.
차낙칼레 오토가르 Çanakkale Otogar
전화 (0286)217-5653

시내 교통

숙소 밀집지역의 시계탑

항구 앞 이스켈레 광장 İskele Meydanı 부근에 숙소, 식당, 관광안내소, 버스 회사가 몰려 있어 도보로 다닐 수 있으며 해군 박물관, 치멘릭 성채도 걸어서 다녀올 수 있다. 모든 관광의 출발과 끝은 이스켈레 광장이 되니 기억해 두자.
여행자들이 가장 많이 찾는 트로이 유적은 시가지에서 30km 정도 떨어져 있어 돌무쉬를 이용해야 한다. 트로이 유적 행 돌무쉬는 아타튀르크 거리 Atatürk Cad.의 다리 밑에서 출발한다(**Map P.176-B3** 참고). 바다와 마을이 예쁜 보즈자 섬도 돌무쉬를 타고 1시간 정도 간 후 페리를 이용해 다녀와야 하며, 킬리트바히르 성채로 가는 배는 이스켈레 광장 앞 선착장에서 출발한다. 오토가르로 가는 돌무쉬도 광장 주변에서 출발하는데 교통카드는 시내버스나 돌무쉬 차장에게 구입할 수 있다.

Shakti Say 헬레가 빠진 바다, 다르다넬스 해협

다르다넬스 해협을 오가는 배

차낙칼레가 위치한 다르다넬스 해협은 보스포루스 해협과 함께 아시아와 유럽 대륙을 이어주는 해협입니다. 전체 길이는 약 62km에 달하며 폭은 가장 좁은 곳이 1.2km, 가장 넓은 곳이 8km입니다. 이 바다에는 고대로부터 수많은 이야기가 전해오는데, 그리스 신화에 따르면 보이오티아의 왕 아타마스 Athamas는 왕비 네펠레 Nephele와의 사이에 프릭소스 Phrixos와 헬레 Helle라는 자식이 있었습니다. 아이를 둘씩이나 낳았건만 어쩐 일인지 왕비에게 별 흥미를 느끼지 못하던 아타마스는 테베의 왕 카드무스의 딸인 이노 İno와 또다시 결혼을 합니다. 이노는 전처 소생인 두 아이들을 시기하다 못해 기근을 풀기 위한다는 명목을 내세워 신전의 제물로 바치게 합니다.
네펠레는 자신의 아이들을 구하기 위해 기도를 올리고 기도를 들은 전령의 신 헤르메스 Hermes는 날개가 달린 황금 양을 보내 아이들을 구합니다. 황금 양은 아이들을 태우고 동쪽 하늘로 날아가는데 깜빡 잠이 든 헬레가 그만 아래로 떨어져 죽습니다. 헬레가 떨어진 바다가 바로 지금의 다르다넬스 해협이었지요. 이 때문에 이 바다를 그리스에서는 '헬레가 빠진 바다'라는 뜻의 '헬레스폰투스'라고 부르고 있습니다. 유럽인들은 제우스의 아들인 다르다노스 이야기에서 유래해 '다르다넬스 Dardanelles'라고 부르며 튀르키예인들은 '차낙칼레 해협 Çanakkale Boğazı'으로 부르고 있습니다.
프릭소스를 태운 황금 양은 아이에테스 왕이 다스리는 콜키스 Colchis에 도착했고 왕은 프릭소스를 따뜻하게 맞이합니다. 제우스는 황금 양의 공로를 기리기 위해 하늘의 별자리로 만들어 주었는데, 그 별자리가 지금의 양자리입니다.

차낙칼레 둘러보기

차낙칼레를 방문하는 최대의 목적은 단연 트로이 유적 때문이다. 오직 트로이 때문에 차낙칼레를 방문한다고 해도 과언이 아닐 정도로 트로이의 위상은 각별하다. 트로이를 뺀다면 시내의 볼거리는 적은 편. 트로이에서 출토된 유물을 전시해 놓은 고고학 박물관과 제1차 세계대전 당시의 무기를 볼 수 있는 해군 박물관, 치멘릭 성채 정도다. 마을과 바다가 예쁜 보즈자 섬은 멀리 떨어져 있지만 시간을 투자해 다녀올 만하다. 전체 관광은 2일 정도로 예상하면 무난하다.

첫날은 트로이 유적, 고고학 박물관, 해군 박물관, 치멘릭 성채를 돌아보고 둘째날은 보즈자 섬에 다녀오는 것으로 일정을 잡으면 된다. 볼거리를 다 돌아본 후 항구 부근 해안 길을 걸으며 여유있는 시간을 갖기를 권한다.

+ 알아두세요!

1. 3월 18일과 4월 25일(P.178 참고)은 엄청난 인파가 몰린다. 이때는 방문을 피하도록 하고, 꼭 가야한다면 숙소 예약은 필수다.
2. 보즈자 섬을 방문할 경우 미리 관광안내소에 들러 섬으로 가는 페리 시간을 확인해 두자.

★ ★ ★ ★ ★ BEST COURSE ★ ★ ★ ★ ★

첫날 예상소요시간 6~7시간

출발 ▶▶ 시내 트로이 유적 행 돌무쉬 정류장

돌무쉬로 30분

트로이 유적(P.182)
트로이 전쟁이 일어난 고대도시.
견고한 성벽이 옛 전설을 전해준다.

돌무쉬로 30분+페리로 10분

킬리트바히르 성채(P.177)
1차 세계대전 최대의 격전지. 역사의 현장을 방문해 보자.

페리로 10분

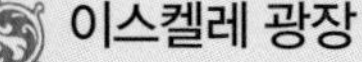
이스켈레 광장

도보 10분

해군 박물관&치멘릭 성채(P.177)
술탄 메흐메트 2세가 지은 군사 요새. 제1차 세계대전 당시의 대포와 군함을 전시해 놓았다.

둘째날 예상소요시간 9~10시간

출발 ▶▶ 차낙칼레 오토가르

돌무쉬로 1시간+페리로 40분

보즈자 섬(P.178)
트로이 앞바다에 떠 있는 섬.
한적한 마을의 골목길을 산책하며 여행의 속도를 늦춰보자.

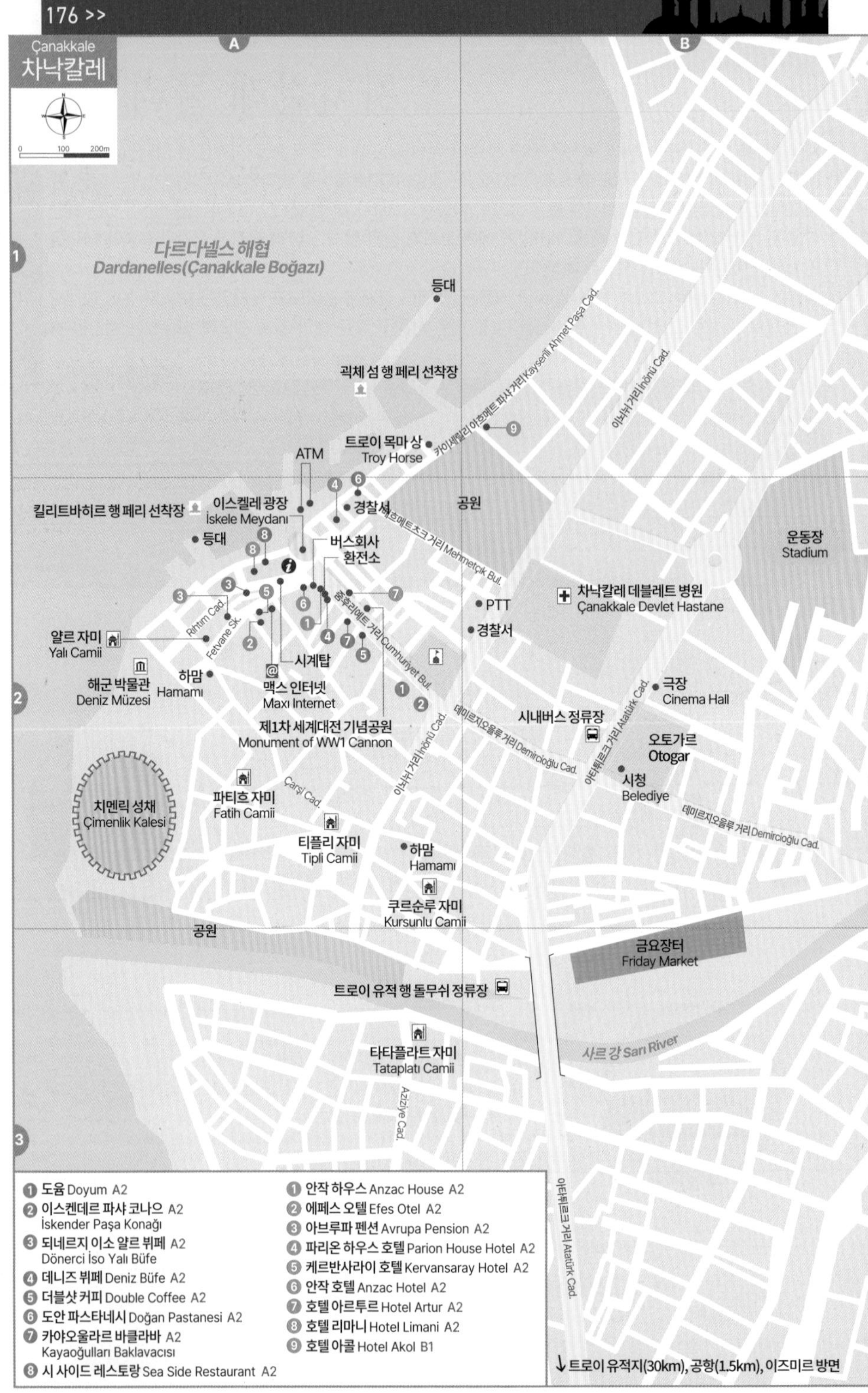

1 도윰 Doyum A2
2 이스켄데르 파샤 코나으 A2 İskender Paşa Konağı
3 되네르지 이소 얄르 뷔페 A2 Dönerci İso Yalı Büfe
4 데니즈 뷔페 Deniz Büfe A2
5 더블샷 커피 Double Coffee A2
6 도안 파스타네시 Doğan Pastanesi A2
7 카야오울라르 바클라바 A2 Kayaoğulları Baklavacısı
8 시 사이드 레스토랑 Sea Side Restaurant A2

1 안작 하우스 Anzac House A2
2 에페스 오텔 Efes Otel A2
3 아브루파 펜션 Avrupa Pension A2
4 파리온 하우스 호텔 Parion House Hotel A2
5 케르반사라이 호텔 Kervansaray Hotel A2
6 안작 호텔 Anzac Hotel A2
7 호텔 아르투르 Hotel Artur A2
8 호텔 리마니 Hotel Limani A2
9 호텔 아콜 Hotel Akol B1

Attraction 차낙칼레의 볼거리

트로이 유적과 박물관, 보즈자 섬이 차낙칼레의 볼거리다. 다르다넬스 해협을 바라보며 흥망성쇠의 역사를 되돌아보는 시간을 갖는 것도 좋다.

킬리트바히르 성채
Kilitbahir Kalesi ★★★

주소 17902 Kilidülbahir Eceabat **개관** 매일 08:30~17:30 **요금** 100TL **가는 방법** 이스켈레 광장 앞 선착장에서 페리로 10분.

차낙칼레 항구 반대편 언덕에 있는 오스만 제국 시대의 성채. 콘스탄티노플을 정복한 술탄 메흐메트 2세가 다르다넬스 해협 봉쇄를 위해 1463년에 건설했다. 다르다넬스 해협의 폭이 가장 좁은 부분의 양쪽에 만들었는데 아시아쪽(차낙칼레 편)의 치멘릭 성채와 마주보고 있다. 1541년 술탄 술레이만 대제와 1870년 술탄 압뒬 아지즈가 보강을 했으며 1766년과 1809년의 지진으로 무너졌다가 2013년에 마지막 복원 공사를 거쳐 현재 모습을 갖추었다. 전체적인 형태는 외성과 내성의 이중 방어체계를 갖추었는데 공중에서 보면 클로버 잎 안에 하트가 들어가 있는 모습이다. 내부에는 건립과정과 무기, 1차 대전 당시의 전투 모습 등을 재현해 놓았다.

성채는 오랜 세월 이스탄불을 지키는 외곽 초소로서의 역할을 다했는데 1차 세계대전 당시 이스탄불로 진격하는 연합군을 저지하는데도 큰 역할을 했다. 성채 뒤편 언덕에 올라가면 다르다넬스 해협이 한 눈에 들어오며 이곳이 이스탄불의 숨통과도 같은 지역이라는 것을 알 수 있다. 전망 좋은 해협을 바라보고 있노라면 전쟁의 비극과 평화의 가치를 새삼 느끼게 된다.

한편 배로 오가는 길에 보이는 언덕의 "DUR YOLCU"라는 문구는 "여행자여! 멈추고 생각하라"는 뜻이라고 한다.

킬리트바히르 성채(출처:나무위키)

해군 박물관&치멘릭 성채
Deniz Müzesi&Çimenlik Kalesi ★★

Map P.176-A2 **주소** Askeri Müzesi, Çanakkale **전화** (0286)213-1730 **개관** 화~수요일, 금~일요일 08:30~17:00(공원은 연중무휴) **요금** 400TL(공원은 무료) **가는 방법** 이스켈레 광장에서 도보 10분.

항구의 남쪽 끝에 있는 성채. 술탄 메흐메트 2세가 해협을 통과하는 적함을 격침시키기 위해 1451년에 지었다. 성채 내부는 현재 겔리볼루 전투 장면을 담은 그림과 전쟁 영웅 아타튀르크의 사진, 무기 등을 전시해 놓은 전쟁 박물관으로 사용하고 있다.

박물관 앞은 잔디가 잘 가꾸어진 공원으로 조성되어 있는데 제1차 세계대전 당시 사용하던 군함과 대포가 곳곳에 놓여 있다. 항구 주변을 산책하다 구경해 볼 만하다.

대포가 전시되어 있는 치멘릭 성채

보즈자 섬
Bozca Ada ★★★

개방 24시간 **요금** 무료 **가는 방법** 오토가르에서 게이클리 Geykli까지 돌무쉬로 이동 후 페리를 타고 섬으로 간다.

차낙칼레 남서쪽 에게해에 떠 있는 작은 섬. 트로이 전쟁에서 거짓 퇴각한 그리스 병사들이 숨어 있던 곳이기도 하다. 마을은 항구 부근에 형성되어 있으며 뒷산에는 넓은 포도밭이 자리했다. 하얀 집과 파란 바다의 대비가 썩 잘 어울리며 한쪽 옆에는 고색창연한 성채도 있어 그림같은 풍경을 자랑한다. 한가한 걸음으로 마을의 돌길을 거닐어 보자. 하얀 집들을 뒤덮은 초록의 덩굴과 빨간 부겐빌리아 꽃, 그리스 교회의 시계탑, 가을이면 가지가 휘어지게 달려 있는 석류를 만날 수 있다. 아기자기하게 장식한 예쁜 카페와 소규모의 아트갤러리도 있어 골목길을 걷다 보면 시간 가는 줄 모른다.

항구의 반대편인 서쪽에는 해수욕을 즐길 수 있는 해변이 세 군데 있다. 피서철에는 항구에서 해변까지 돌무쉬를 수시로 운행하며 민박 형태로 운영하는 펜션도 많아 숙박에도 지장이 없다. 섬 안에 있는 탈라이 Talay 와인 공장에서는 섬의 특산품인 포도주를 판매하는데 가격도 적당하고 맛도 괜찮은 편이라 선물용으로 인기가 있다. 낭만적인 마을에서 바다를 바라보며 조용한 시간을 갖기에 좋으므로 일정이 촉박하더라도 하루쯤 시간을 내어 다녀오길 권한다.

보즈자 섬의 골목길

차낙칼레 ▷▶ 게이클리

돌무쉬
운행 07:30~21:00, 매 1시간 간격(돌아오는 돌무쉬는 페리 도착 시간에 맞춰 운행)
소요시간 1시간

게이클리 ▷▶ 보즈자 섬

페리
운행 여름 성수기 하루 최대 5~6회(운행 시간은 관광안내소에서 확인할 수 있다)
소요시간 40분

Shakti Say 차낙칼레를 방문하는 날, 안작데이 ANZAC Day

제1차 세계대전 중 가장 치열한 전투가 벌어졌던 다르다넬스 해협은 전장에서 숨을 거둔 수많은 영혼이 잠들어 있는 곳입니다. 1915년 4월 25일 영국, 프랑스 연합군은 차낙칼레의 반대편인 겔리볼루(영어로는 갈리폴리 Gallipoli) 반도에 대규모 상륙작전을 벌입니다. 작전은 성공했지만 이후 9개월 동안 아타튀르크의 지휘 아래 거세게 저항하는 튀르키예군과 치열한 전투를 치러야 했고 결국 1916년 1월 연합군은 패퇴하고 맙니다. 당시 영국군에는 영국의 식민지였던 오스트레일리아와 뉴질랜드 병사가 다수 포함되어 있었는데 그들의 전몰을 기념하는 날이 바로 안작데이 Anzac Day랍니다. 안작이란 '오스트레일리아, 뉴질랜드 연합군 Australia New Zealand Army Corporation'의 머리글자에서 온 단어. 매년 4월 25일은 오스트레일리아와 뉴질랜드의 참배객들이 전몰용사를 기리기 위해 대규모로 차낙칼레를 방문하는 날입니다. 겔리볼루 전투의 승리로 튀르키예는 이스탄불과 본토를 지킬 수 있었고 반면 독일과 오스만 제국의 포위 아래 연합군의 지원을 기다리던 제정러시아는 고립된 상태로 결국 사회주의 혁명을 맞게 되었답니다. 한편 3월 18일은 튀르키예인들이 차낙칼레를 방문하는 날입니다. 1915년 3월 18일 다르다넬스 해협을 통과하려는 연합군 함대를 기뢰를 이용해 물리친 것을 기념하기 위해서지요. 3월 18일과 4월 25일은 엄청난 인파가 몰리므로 이때는 피해서 방문하세요.

Restaurant 차낙칼레의 레스토랑

차낙칼레의 먹을거리 사정은 풍부한 편. 간단히 한 끼 때울 수 있는 저렴한 되네르 케밥 집부터 생선 요리를 즐길 수 있는 고급 레스토랑까지 선택의 폭이 다양하다. 중심가인 이스켈레 광장 부근에 대부분의 식당이 몰려 있어 입맛대로 고르면 된다. 식당 수도 많고 메뉴와 가격이 다양해 부담없이 식사할 수 있다.

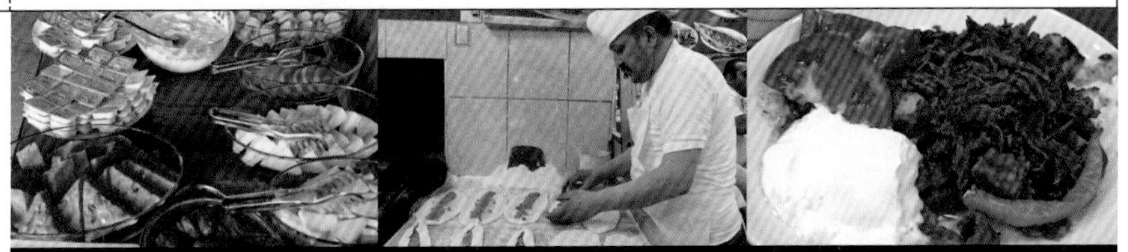

도윰 Doyum

Map P.176-A2 주소 Cumhuriyet Bul. No.13, Çanakkale **전화** (0286)217-4810 **영업** 10:00~23:00 **예산** 1인 50~100TL **가는 방법** 이스켈레 광장에서 줌후리예트 거리를 따라 걷다 보면 오른편에 보인다. 도보 10분.

나무 테이블과 조명이 환한 레스토랑으로 각종 케밥과 피데가 맛있다. 특히 신선한 요구르트가 나오는 이스켄데르 케밥은 많은 이들의 추천 메뉴이며 분위기와 음식에 비해 가격도 저렴한 편. 시민들이 즐겨 찾는 곳이라 식사 때 가면 자리가 없는 경우도 종종 있다.

이스켄데르 파샤 코나으 İskender Pas a Konağı

Map P.176-A2 주소 Cumhuriyet Bul. Çanakkale **전화** (0286)213-2888 **영업** 10:00~23:00 **예산** 1인 50~100TL **가는 방법** 이스켈레 광장에서 줌후리예트 거리를 따라 걷다 보면 오른편에 보인다. 도보 10분.

줌후리예트 거리 끝 사거리에 위치한 곳으로 2층 건물 전체를 레스토랑으로 사용한다. 이츨리 쾨프테와 각종 그릴 케밥 메뉴가 있으며 샐러드 바가 있어 먹고 싶은 야채를 골라 먹을 수 있다. 계단 입구에 모자이크화도 걸어놓는 등 내부 장식에도 신경을 썼다.

되네르지 이소 얄르 뷔페 Dönerci İso Yalı Büfe

Map P.176-A2 주소 Rıhtım Cad. No.7, Çanakkale **전화** (0286)214-0800 **영업** 11:00~23:00 **예산** 1인 40~80TL **가는 방법** 이스켈레 광장 부근의 시계탑에서 도보 1분.

마이도스 호텔 바로 앞에 있는 저렴한 되네르 케밥 전문점. 엣 되네르 케밥을 취급하는 다른 곳과 달리 오직 닭고기 되네르와 쾨프테만을 고집한다. 전통 음료인 아이란과 함께 먹으면 좋다. 매운 걸 좋아한다면 테이블의 고추피클을 곁들여 먹자.

데니즈 뷔페 Deniz Büfe

Map P.176-A2 주소 Cumhuriyet Bul. No.51/A, Çanakkale **전화** (0286)217-2716 **영업** 10:00~24:00 **예산** 1인 40~80TL **가는 방법** 이스칼레 광장에서 줌후리예트 거리를 따라 걷다 보면 오른편에 보인다. 도보 3분.

아다나, 우르파, 치킨 쉬시 등 다양한 종류의 케밥 전문점. 얇은 라바쉬 빵에 야채를 넣은 뒤륌 형식으로 먹는데 고기가 맛있어 언제나 손님들이 줄을 선다. 튀르키예 음식을 좋아한다면 각종 곡물과 야채를 갈아 만든 매콤한 치으 쾨프테를 곁들여 먹어도 좋다.

더블샷 커피 Double Coffee

Map P.176-A2 주소 DİBEK SK.NO:1 REŞAT TABAK İS MERKEZI, 17000 **전화** +90-539-255-2129 **영업** 매일 08:00~00:00 **예산** 각종 커피 20~40TL **가는 방법** 이스켈레 광장에서 줌후리예트 거리를 따라 도보 5분.

에스프레소, 라떼, 마끼아또 등 커피 전문점으로 작지만 깔끔한 가게가 인상적이다. 관광다니다 맛있는 커피가 생각난다면 가볼 만하다. 가게 앞 테이블에 앉아서 다리를 쉬며 길거리 구경하기에도 좋다. 일반적인 커피 이외에 튀르키예식 커피도 있으므로 시도해 보자.

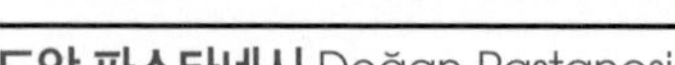

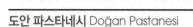

도안 파스타네시 Doğan Pastanesi

Map P.176-A2 주소 Ahmet Paşa Cd Muhtaroğlu Apt, D:No:11/2, 17900 **전화** +90-546-963-1717 **영업** 매일 08:00~00:00 **홈페이지** www.pastanedogan.com **예산** 1인 30~60TL **가는 방법** 트로이 목마상 옆에 있다.

바닷가 산책길에 자리한 프랑스식 빵집으로 각종 빵과 조각 케이크를 맛볼 수 있다. 과일을 얹은 와플이나 토스트도 있으므로 바다를 바라보며 아침식사를 하거나 아이스크림 테이크아웃을 하기에도 좋다. 직원들도 대체로 친절하다.

카야오울라르 바클라바 Kayaoğulları Baklavacısı

Map P.176-A2 주소 İsmetpaşa, 17100, Demircioğlu Cd., 17000 Çanakkale Merkez **전화** +90-533-683-8294 **영업** 매일 08:00~17:00 **예산** 30~70TL **가는 방법** 이스켈레 광장에서 줌후리예트 거리를 따라 걷다보면 오른편에 보인다. 도보 5분.

가지안테프 출신의 주인이 운영하는 이곳은 가지안테프의 명물인 바클라바 전문점이다. 달콤한 패스트리에 피스타치오 가루를 얹어 먹는 바클라바는 맛도 좋고 여름날 영양식으로도 그만이다. 카다이프 Kadayif라는 파이도 있어 튀르키예 전통의 맛을 체험하기에 좋다.

시 사이드 레스토랑 Sea Side Restaurant

Map P.176-A2 주소 Kemalpaşa, Eski Balıkhane Sk. No:3, 17000 **영업** 매일 09:00~00:00 **예산** 60~200TL **가는 방법** 이스켈레 광장 바로 옆에 있다.

항구 옆에 있는 곳으로 바다 경치를 즐기며 식사하기에 좋다. 메뉴는 케밥, 쾨프테 등 일반적인 튀르키예식과 생선요리, 스테이크까지 다양하므로 취향에 맞게 골라 먹을 수 있다. 생선요리를 먹고 싶은 사람은 방문해 보자. 음식맛과 실내 분위기 등 전반적으로 무난하다.

Hotel 차낙칼레의 숙소

숙소가 많은 차낙칼레에서 방을 구하지 못하는 경우는 드물다. 단, 숫자는 많지만 배낭여행자 급의 저렴한 숙소는 사라지고 있는 추세라 안타깝다. 매년 4월 25일 안작데이(P.178)에는 오스트레일리아와 뉴질랜드의 추모객들이 대거 몰려들어 방을 구하기 힘드니 가능하면 이 시기는 피해서 방문하자. 버스가 정차하는 이스켈레 광장 부근에 대부분의 숙소가 몰려 있어 무거운 배낭을 메고 이리저리 헤맬 일은 없다.

안작 하우스 Anzac House

Map P.176-A2 주소 Cumhuriyet Bul. No.61 17100, Çanakkale **전화** (0286) 213-5969 **홈페이지** www.anzachouse.com **요금** 도미토리 80TL, 싱글 100TL, 더블 200TL **가는 방법** 줌후리예트 거리 버스회사 옆.

모든 객실이 공동욕실을 사용하는 곳으로 유스호스텔 분위기가 난다. 각 층에 샤워실과 화장실이 있으며 넓은 도미토리는 각국의 배낭여행자들이 어울려 여행 이야기를 나누기 좋다. 큰길에 면한 객실이 채광이 좋기 때문에 가능하면 큰길 쪽 방을 달라고 하자. 여행사를 함께 운영하므로 투어에 참가하거나 버스시간을 알아보기도 좋다. 아침식사는 불포함이다.

에페스 오텔 Efes Otel

Map P.176-A2 주소 Aralı Sk. No.5, Çanakkale **전화** (0286)217-3256 **요금** 싱글 150TL(개인욕실, A/C), 더블 250TL(개인욕실, A/C) **가는 방법** 시계탑에서 도보 2분.

오래 전부터 배낭여행자들이 애용해 온 곳으로 최근 리모델링해 가격은 약간 올랐지만 여전히 차낙칼레에서 가장 저렴한 숙소 가운데 하나다. 깨끗한 객실과 욕실은 잘 관리되고 있으며 방 크기에 따라 가격이 조금씩 차이가 난다. 여름철에는 호텔에 딸린 조그만 정원에서 아침식사를 할 수 있다. 시설이 뛰어난 것은 아니지만 전체적으로 편안한 분위기가 마음에 든다.

아브루파 펜션 Avrupa Pension

Map P.176-A2 주소 Kemalpaşa Mah. Fetvane Sk. No.8, Çanakkale **전화** (0286)217-4084 **요금** 싱글 150TL(공동/개인욕실), 더블 250TL(공동/개인욕실) **가는 방법** 이스켈레 광장의 시계탑에서 도보 2분.

에페스 오텔 부근에 있는 숙소로 침대와 시트는 깔끔하지만 객실이 매우 좁다. 가격이 저렴한 만큼 시설에 큰 기대를 하지는 말 것. 2층 침대가 놓인 객실도 있다. 주변에 카페가 많고 바다도 가깝다는 것이 장점이다. 아침식사 불포함.

파리온 하우스 호텔 Parion House Hotel

Map P.176-A2 주소 Kemalpaşa, Eski Hükümet Sk No:2, 17010 **전화** (0286)211-0008 **홈페이지** www.parionhousehotel.com **요금** 싱글 €20~30(개인욕실, A/C), 더블 €30~50(개인욕실, A/C) **가는 방법** 이스켈레 광장에서 경찰서 방향으로 도보 2분.

항구 바로 옆 바닷가에 위치한 곳으로 바다 전망이 좋다. 파란 카펫이 깔린 객실은 넓고 쾌적해 편안하게 머물 수 있으며 시설에 비해 요금이 괜찮은 편이다. 부설 레스토랑에서 바다 경치를 즐기며 식사하기 좋고 웬만해서 방이 꽉 차는 경우는 드물다.

케르반사라이 호텔 Kervansaray Hotel

Map P.176-A2 주소 Kemalpaşa Mah. Fetvane Sk. No.13, Çanakkale **전화** (0286)217-8192, 217-7777 **홈페이지** www.canakkalekervansarayhotel.com **요금** 싱글 €70(개인욕실, A/C), 더블 €80(개인욕실, A/C) **가는 방법** 이스켈레 광장 부근의 시계탑에서 도보 1분.

100년이 넘은 오스만 가옥을 개조한 프티 호텔. 고풍스런 의자와 붉은색 침대커버, 커튼이 중후한 분위기를 내며 객실 내 위성 TV, 인터넷 등 편의시설을 완비했다. 고풍스런 스타일을 잘 살려 고전주의 낭만파 여행자들이 많이 찾는다. 고급 취향의 여행자들에게 추천하고 싶다.

안작 호텔 Anzac Hotel

Map P.176-A2 주소 Saat Kulesi Meydanı No.8, Çanakkale **전화** (0286)217-7777 **홈페이지** www.anzachotel.com **요금** 싱글 €35(개인욕실, A/C), 더블 €45(개인욕실, A/C), 트리플 €65(개인욕실, A/C) **가는 방법** 이스켈레 광장의 시계탑 바로 옆에 있다.

오랜 역사를 자랑하는 호텔로 객실도 넓고 화장실도 깨끗해 중급 숙소를 찾는 여행자들이 애용한다. 1층의 책장에 튀르키예 여행 자료를 비치했으며 컴퓨터도 사용할 수 있다. 오픈뷔페로 나오는 아침식사도 좋다.

호텔 아르투르 Hotel Artur

Map P.176-A2 주소 Cumhuriyet Bul. No.28, Çanakkale **전화** (0286)783-8383 **홈페이지** www.hotelartur.com.tr **요금** 싱글 €60(개인욕실, A/C), 더블 €80(개인욕실, A/C) **가는 방법** 이스켈레 광장에서 도보 2분.

최근 리모델링 작업을 마친 후 깔끔하게 새 단장을 했다. 최상품의 내장재를 사용해 아늑한 분위기를 연출했고 욕실도 고급스럽다. 위층의 객실에서는 길거리와 바다 전망을 즐길 수 있으며 부설 레스토랑도 깨끗하고 운치가 있다.

호텔 리마니 Hotel Limani

Map P.176-A2 주소 Rıhtım Cad. No.12 Merkez 17100, Çanakkale **전화** (0286)217-2908 **홈페이지** www.hotellimani.com **요금** 싱글 €50(개인욕실, A/C), 더블 €70(개인욕실, A/C) **가는 방법** 이스켈레 광장 부근의 시계탑에서 도보 1분.

2006년 개장한 곳으로 인기를 끌고 있는 중급 호텔. 바다에 면한 1층 레스토랑은 유리로 되어 있어 깔끔한 느낌이 들고 분위기도 좋다. 바다 쪽으로 면한 객실에서는 항구와 바다 전망이 좋으며 내부시설도 잘 되어 있다. 객실이 36개나 되므로 안작데이만 피한다면 언제나 예약이 가능하다.

호텔 아콜 Hotel Akol

Map P.176-B1 주소 Kayserili Ahmet Paşa Cad. 17100, Çanakkale **전화** (0286)217-9456 **홈페이지** www.hotelakol.com.tr **요금** 싱글 €60(개인욕실, A/C), 더블 €120(개인욕실, A/C) **가는 방법** 이스켈레 광장에서 도보 5분.

일대에서 가장 큰 4성 호텔로 두 개의 레스토랑과 세미나실, 수영장, 탁구대 등 부대시설을 잘 갖추고 있다. 바다가 보이는 객실도 있으며 고급호텔 특유의 안정감이 느껴진다. 맨 꼭대기 층의 바에서는 라이브 공연이 펼쳐진다.

트로이 전쟁의 무대 트로이

세계문화유산 Troy

차낙칼레 남서쪽 30km에 위치한 대규모의 고대 유적. 트로이는 호메로스 Homeros의 대서사시인 〈일리아드 Iliad〉에 등장하는 도시국가로 트로이 전쟁으로 널리 알려져 있다. 19세기까지 트로이는 역사적 실재가 아닌 전설 속의 도시로만 알려졌는데 독일의 사업가 하인리히 슐리만 Heinrich Schliemann의 노력으로 빛을 보게 되었다. 슐리만은 어렸을 때 들은 일리아드를 전설이 아닌 사실로 믿었다. 그는 오직 트로이를 찾기 위해 무역사업으로 돈을 모았으며 49세 때인 1871년 본격적인 발굴 작업에 나섰다. 2년에 걸친 노력 끝에 1873년 드디어 히사를륵 Hisarlık 언덕(지금의 트로이 유적 자리) 아래에서 황금 목걸이와 항아리, 잔 등을 발굴해 트로이가 전설이 아닌 실제 도시였음을 만천하에 입증했다.

이후 계속된 발굴 작업은 1894년에 중단되었다가 1932년 칼 블레겐 Carl Blegen이 이끄는 미국 신시내티 고고학 연구팀에 의해 재개되었다. 제2차 세계대전이 일어나자 또다시 중단된 발굴은 1988년 재개되어 지금까지 계속되고 있다. 100년이 넘는 발굴 작업 결과 트로이 유적은 한 시대의 것이 아니라 청동기 시대부터 여러 시대의 유적이 중복되어 있음이 밝혀졌다. 트로이는 역사적 중요성을 인정받아 1998년 유네스코 세계문화유산에 등록되었다.

트로이 가는 법

단체 관광객이 아니라면 차낙칼레 시내 아타튀르크 거리의 다리 밑에서 출발하는 돌무쉬를 타고 방문하는 것이 일반적이다. 관광객이 없거나 겨울철에는 운행이 단축되므로 기사에게 미리 돌아가는 시간을 확인하고 관광을 시작하는 게 좋다.

차낙칼레 ▷▶ 트로이

돌무쉬

운행 09:30~19:00 매 1시간 간격(차낙칼레→트로이), 07:00~17:00 매 1시간 간격(트로이→차낙칼레) 소요시간 30분

정류장 가는 방법 차낙칼레 항구 앞 이스켈레 광장 İskele Meydanı에서 줌후리예트 거리 Cumhuriyet Bul.를 따라 직진해서 나오는 사거리에서 오른쪽으로 꺾어 아타튀르크 거리 Atatürk Cad.를 따라가다 보면 나온다. 도보 20분.

차낙칼레의 트로이 행 돌무쉬 정류장

Attraction 트로이의 볼거리

유적이 워낙 오래된 탓에 흔적만 확인할 수 있을 뿐이다. 명성에 비해 초라할 정도로 볼거리는 적은 편이지만 역사의 땅에 왔다는 생각으로 상상력을 한껏 발휘해 보자.

트로이 유적과 박물관
Truva ★★★

주소 Truva Tevfikiye Köyü, Çanakkale **전화** (0286) 283-0536 **개관** 매일 08:00~19:00(겨울철은 17:00까지) **요금** 유적과 박물관 각각 €27 **가는 방법** P.182 '트로이 가는 법' 참고.

트로이 유적지 입구에 현대식으로 지은 트로이 박물관이 있다. 트로이에서 출토된 유물을 모아놓은 곳으로 발굴된 유물의 상당수가 독일로 반출되었지만 그 이후 나온 유적들도 엄청난 양이라 이곳에 전시된 것은 일부에 지나지 않는다. 트로이 유적의 시대별 전개과정을 알 수 있으며 토기, 화살촉과 고대의 의료도구, 장신구 등과 기원전 6세기의 커다란 대리석관도 있다. 트로이 인근의 지형변화도 알 수 있어 유적지 이해에 도움이 된다.

유적지는 입구 들어서자마자 커다란 목마가 방문객을 맞이한다. 트로이 목마를 재현해 놓은 것으로 방문객을 위한 이벤트성 볼거리에 가깝다.

목마를 지나 안쪽으로 들어가면 유적이 펼쳐지는데, 맨 처음 만나는 성벽을 끼고 반시계 방향으로 돌며 관람하는 게 일반적이다(1시간~1시간 30분 소요). 이 성벽이 트로이 전쟁의 무대가 되었던 프리아모스 왕의 남동쪽 성벽이다. 유적은 워낙 오래된 탓에 기단만 남아있으며 시대별로 번호를 매겨 놓았다. 각 유적 앞에는 안내판이 설치되어 있고, 조성되어 있는 견학로를 따라가며 관람하면 된다(견학 순서와 유적의 시대는 일치하지 않는다). 아테나 신전, 슐리만의 구덩이, 성벽 경사로, 제단, 로마 시대에 건설된 오데온(음악당) 등을 확인할 수 있다.

현재까지 발굴 결과 트로이 유적은 모두 9개의 서로 다른 시기의 유적임이 증명되었다. 지진과 화재, 전쟁 등의 이유로 소실된 도시 위에 또 다른 도시를 건설했기 때문. 엄밀히 말하면 아홉 개의 유적이 모두 트로이는 아니지만 편의상 트로이 유적이라 부르고 있다. 유적들을 시기별로 간단히 살펴보자.

트로이 1 Troy I

기원전 3000~기원전 2500년 사이의 것으로

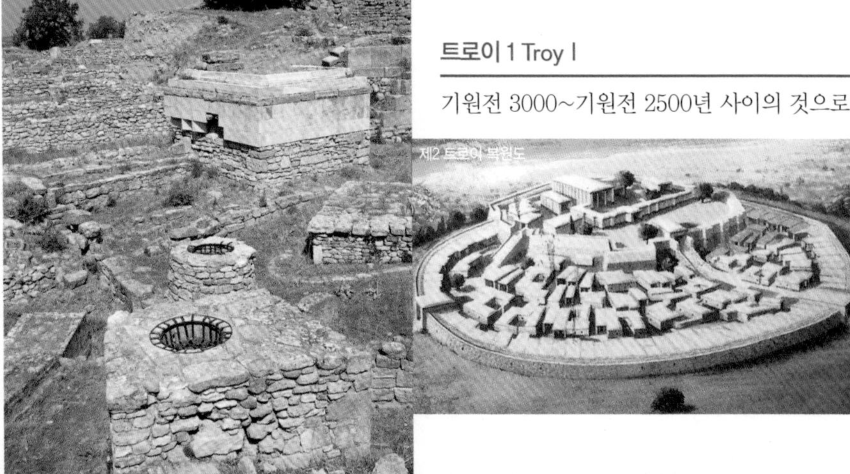
제7 트로이의 제단
제2 트로이 복원도

청동기 시대 유적이다. 세계에서 가장 오래된 좁고 길다란 모양의 메가론 Megaron(사각형 모양의 집터)이 발견되었는데, 큰 방과 불을 피우던 흔적, 빗살 형태로 쌓아올린 특이한 형태의 성벽이 확인되었다. 이 도시는 큰 화재를 겪으면서 파괴되었다.

트로이 2 Troy II

기원전 2500년경의 것으로 일곱 층으로 구성되어 있다. 바퀴와 도기가 만들어진 시기였으며 금은으로 된 장신구도 출토되었다. 트로이 1시대보다 좀 더 확장된 형태의 집터와 경사로, 성문 등이 있는 것으로 보아 성곽을 갖춘 비교적 발달된 형태의 도시였던 것으로 추정된다. 슐리만이 보물을 발굴한 층이다. 그는 보물과 매우 큰 집터의 규모로 미루어 이 층을 〈일리아드〉의 트로이로 믿었다.

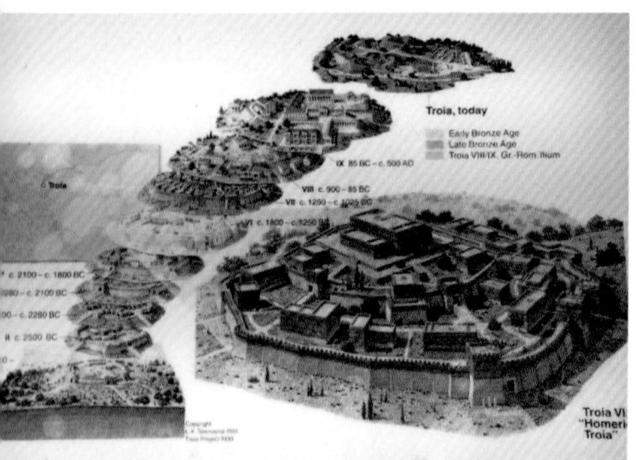

시대별 트로이 유적 개념도

트로이 3, 4 Troy III, IV

기원전 2500~기원전 2100년경의 유적. 다른 시기에 비해 특별히 주의를 끌 만한 것은 발견되지 않았다. 정체기 혹은 이민족의 침입기로 추정되며 성곽도 없었던 것으로 보인다.

트로이 5 Troy V

기원전 2100~기원전 1800년경으로 성을 쌓았던 흔적이 발견되었다. 그리스 도자기가 출토된 것으로 미루어 트로이와 그리스 도시국가들 간의 상업적인 교류가 있었음을 짐작할 수 있다.

트로이 6 Troy VI

기원전 1800~기원전 1250년의 것으로 미케네 Mycenaean와의 교류를 보여주는 도자기가 발굴되었다. 이전과는 비교할 수 없을 만큼 튼튼한 요새가 갖추어졌고 인구도 증가했던 시기로 보인다. 주목할 만한 것은 이전의 유적과는 성의 축조 방식과 집터가 사뭇 달라 이민족이 세운 도시로 추정된다. 기원전 1200년경 화재와 지진으로 파괴되었다.

트로이 6시대의 성벽

트로이 2시대의 성벽 경사로

트로이 7 Troy Ⅶ

기원전 1250~기원전 1025년경으로 트로이 전쟁의 무대가 되었던 시기다. 트로이 6과 동일한 민족이 건설한 유적이며, 지진으로 파괴되었던 도시를 복구했지만 큰 화재를 겪으며 또다시 무너졌다.

트로이 8 Troy Ⅷ

기원전 900~기원전 85년에 그리스인들이 건설한 식민도시로 '일리온'이라 불렸다. 알렉산더 대왕과 페르시아의 크세르크세스 황제가 다녀가기도 했던 이곳에는 두 개의 제단을 갖춘 거대한 아테나 신전이 있었다고 한다.

트로이 9 Troy Ⅸ

기원전 85~기원후 500년 로마 시대의 유적. 로마인들은 자신들의 건국 시조인 아이네아스가 탄생한 트로이에 많은 정성을 기울였다(아이네아스는 트로이 전쟁 당시 프리아모스 왕의 사위였음). 카이사르와 아우구스투스 등 제정 로마 초기의 황제들이 원형극장과 목욕장, 신전 등을 건설했는데 현재 남아있는 것은 아테나 신전과 오데온(음악당)이다.

Meeo Say

고고학자인가 보물 사냥꾼인가?

트로이 유적을 발굴한 하인리히 슐리만

유물로 치장을 한 슐리만의 부인 소피아

1822년 북부 독일의 가난한 목사의 아들로 태어난 하인리히 슐리만은 어렸을 때 아버지가 읽어준 호메로스의 대서사시 〈일리아드〉에 등장하는 트로이를 실존하는 것으로 믿었습니다. 트로이 전쟁 이야기에 매료된 어린 슐리만은 장차 트로이를 찾겠다고 다짐을 하고 발굴 비용을 마련하기 위해 돈을 모았습니다. 무역상과 금광 사업으로 떼돈을 번 슐리만은 이윽고 평생 소원이었던 트로이 발굴에 나섭니다. 이 아마추어 고고학자의 무모한 노력은 당시 유럽 고고학계의 비웃음을 사기에 충분했죠. 하지만 발굴 작업 2년만인 1871년 다르다넬스 해협 부근의 히사를륵 언덕에서 마침내 황금으로 된 부장품을 발견해서 세상을 깜짝 놀라게 했습니다. 비웃음과 조롱을 이겨내고 어린 시절의 꿈을 이룬 그는 일약 세계적인 명사가 되었지요.

하지만 유감스럽게도 고고학자라기보다는 보물 사냥꾼에 가까웠던 슐리만의 마구잡이식 발굴은 이후 시작된 정밀 발굴조사에 엄청난 장애를 안겼습니다. 고고학자들의 체계적인 발굴 결과 총 9개의 서로 다른 시기의 도시가 중첩되어 있다는 것이 밝혀졌고, 슐리만의 성급한 발굴 때문에 조사는 난항을 겪게 되었지요. 그가 '프리아모스의 보물'이라고 명명한 황금 부장품을 발굴한 지층은 호메로스의 트로이가 아닌 그보다 더 오래된 시대(트로이 2기)의 유물이었고요. 보물에만 집착한 나머지 너무 깊이 파내려갔던 것이죠.

이후 슐리만은 본격적으로 고대유적 발굴에 나섰는데요, 펠로폰네소스 반도에서 고대 미케네 왕국을 발굴하고 이타카에 있는 오디세우스 왕궁 발굴에 참여하고, 크레타 섬에 이르기까지 에게해 전역을 뒤지고 다녔습니다. 그가 가는 곳마다 가짜 유물 논란과 동료들의 폭로 등 온갖 루머가 난무했지요. 고대 유물을 찾아다닌 지 20년, 전쟁 사업가이자 몽상가였고 금광 투기꾼에 보물 사냥꾼이었던 슐리만은 1890년 세상을 떠났습니다.

아무도 믿지 않았던 신화가 실존한다는 것을 증명해 보이고, 에게해 문명에 관해 학자들의 추측보다도 훨씬 더 많은 것이 있다는 사실을 입증한 슐리만의 고고학적인 업적은 분명합니다. 하지만 유명세에 집착한 무리한 발굴과 보물에 대한 탐욕은 그를 근대 고고학자의 반열에 올려놓기가 망설여지는 대목입니다.

한편 슐리만이 에게해 전역에서 발굴한 보물은 독일로 밀반입되어 베를린의 박물관에 보관되었습니다. 보물의 대부분은 제2차 세계대전 때 베를린을 점령했던 구 소련군에 의해 러시아로 옮겨져 지금은 모스크바의 푸쉬킨 박물관에 있습니다. 이 보물을 둘러싼 그리스, 튀르키예, 독일, 러시아의 해묵은 논쟁은 여전히 진행 중입니다.

Shakti Say 트로이의 목마는 실제로 있었을까요?

내부에 직접 들어가 볼 수 있도록 재현한 목마

트로이 전쟁은 도시국가 그리스와 트로이 사이에 벌어졌던 전쟁으로 B.C. 800년 호메로스의 대서사시 '일리아드'의 소재가 되었습니다. 전쟁의 발단은 인간이 아닌 신(神)으로부터 시작되었는데 다음과 같습니다.

펠리우스와 테티스의 결혼식이 열리던 날 초대받지 못한 여신 에리스는 분한 마음으로 결혼식을 지켜보고 있었습니다. 분노가 극에 달한 에리스는 분란을 일으킬 목적으로 '가장 아름다운 여신께'라고 쓰인 황금사과를 결혼식장에 던집니다. 에리스의 의도대로 헤라, 아테나, 아프로디테 등 세 여신이 자신이 진정한 사과의 주인이라 주장하게 됩니다. 제우스를 비롯한 다른 신들은 누구의 편도 들지 못한 채 옥신각신 싸우는 세 여신을 보다 못해 결국 트로이 출신의 목동 파리스 Paris에게 판정을 의뢰합니다. 세 여신은 파리스의 환심을 사기 위해 헤라는 유라시아 대륙의 왕, 아테나는 전쟁의 승리, 아프로디테는 가장 아름다운 신붓감을 공약(?)으로 내걸었지요. 아름다운 신부가 탐났던 것인지 아프로디테가 가장 아름다웠던 것인지 파리스는 아프로디테의 손을 들어주었고 다른 두 여신으로부터 미움을 사게 됩니다.

아프로디테는 약속대로 그리스 최고의 미녀인 헬레네 Helene를 소개해주지만 그녀는 이미 스파르타의 왕 메넬라오스 Menelaos와 결혼한 상태였습니다. 스파르타로 건너간 파리스는 온갖 감언이설로 그녀를 트로이로 데리고 오는데 성공합니다. 아내를 빼앗긴 메넬라오스가 화가 머리끝까지 난 것은 당연한 일. 미케네의 왕이자 자신의 형인 아가멤논 Agamemnon을 총 사령관으로 트로이 공격에 나섰는데 거기에는 그리스 최고의 용사 아킬레우스와 오디세우스도 있었습니다. 참고로 아킬레우스는 사건의 발단이 되었던 펠리우스와 테티스 사이에서 난 아들로 태어나자마자 어머니가 지옥의 강 스틱스에 몸을 담가 죽지 않는 존재로 만들었는데, 불행히도 잡고 있던 발목만은 적셔지지 않아 나중에 발목에 파리스의 화살을 맞고 죽습니다. 이른바 '아킬레스건'이라는 단어가 생겨난 연원이지요(브래드 피트 주연의 영화 〈트로이〉를 보았다면 금방 이해가 될 겁니다).

생각보다 튼튼했던 트로이의 성벽은 쉽사리 함락되지 않았고 전쟁은 10년이라는 긴 세월을 끌게 됩니다. 무력으로는 트로이를 정복할 수 없음을 깨달은 오디세우스는 거대한 목마를 남겨놓고 퇴각합니다. 그리스군이 물러간 것이라고 판단한 트로이군은 목마를 전리품 삼아 성 안으로 들입니다. 성대한 축하연을 벌이던 중 목마 속에 숨어있던 그리스 병사들이 성문을 열어주었고, 대기하고 있던 그리스군이 성 안으로 밀려들어 트로이는 초토화되고 긴 전쟁은 막을 내립니다. 트로이 전쟁의 승리 후 오디세우스가 군사를 이끌고 고향으로 돌아갈 때까지 10년간의 모험을 다룬 이야기가 '오디세이아'랍니다.

그런데 과연 트로이의 목마는 실제로 있었을까요? 현대 사학자들의 견해로는 상상력이 만들어낸 허구라고 보는 것이 일반적입니다. 정말로 헬레네와 파리스 때문에 전쟁이 일어났는가 하는 것입니다. 당사자인 그리스야 그렇다 치더라도 주변의 도시국가들과 심지어 아프리카의 에티오피아에서까지 군대를 보낸 것은 아무래도 전쟁의 의도를 의심하게 됩니다. 이웃나라 왕비가 도망간 일로 자신의 군대를 어려운 전쟁에 참가시킨다는 것 자체가 이해하기 힘들다는 것이죠. 혹자는 전쟁의 진정한 원인으로 정치, 경제적 이유를 들고 있습니다. 에게해와 마르마라해를 연결하는 요지인데다 그리스와 아나톨리아의 중요한 관문이었던 트로이의 지정학적 위치가 국제전쟁까지 몰고 가지 않았나 하는 것이죠. 제1차 세계대전 당시 수많은 병사들의 목숨을 앗아간 차낙칼레와 겔리볼루 반도의 전략적 중요성에 비추어볼 때 상당히 신빙성 있는 견해입니다.

페르가몬 왕국의 영광

베르가마(페르가몬)

Bergama (Pergamon)

역사 속에서 번성을 구가했던 도시가 현대에 와서 쇠락해 버린 경우가 종종 있다. 이즈미르에서 북쪽으로 100km 떨어진 베르가마가 바로 그런 경우. 베르가마는 고대에 페르가몬 Pergamon 왕국이라 불렸으며 기원전 323년 알렉산더 대왕이 세상을 떠난 후 그의 부하였던 리시마코스 Lysimachos가 세웠다. 리시마코스의 뒤를 이은 필레타리오스 Philetarios를 거쳐 에우메네스 Eumenes 2세(기원전 197~기원전 159) 때 왕국은 최전성기에 도달했다. 문화·예술·철학·문학 등 모든 분야에 걸쳐 눈부신 발전을 이루었으며 당대 최고 수준의 도서관도 건립되었던 것. 그러나 기원전 130년 아탈로스 Attalos 3세 때 왕국은 로마로 양위되는 운명을 맞는다.

로마와 비잔틴 제국에서도 초대 7대 교회 중 한 곳이 세워지는 등 소아시아 중심도시로서의 지위를 잃지 않았다. 결코 멈추지 않을 것 같던 페르가몬의 영광은 716년 아랍의 침입을 기점으로 쇠퇴하기 시작해 셀주크 투르크와 오스만 제국을 거쳐 지금은 지방의 중소도시로 전락했다. 소아시아 최대의 도시로 빛나던 시기에 남겨놓은 유산이 오늘날 베르가마의 상징으로 자리하고 있다.

인구 5만 7000명 **해발고도** 105m

Information

관광안내소 Map P.190-A2

베르가마의 관광안내소는 관광청에서 운영하는 공식 관광안내소와 베르가마 상인 조합에서 운영하는 사설 관광안내소의 2곳이다. 어느 곳이나 무료지도와 관광 안내자료, 숙소 연락처를 안내해 주므로 편한 곳을 이용하자.

관광청 관광안내소

전화 (0232)631-2851, 2852
업무 월~금요일 08:30~18:30(겨울철은 17:00까지) 홈페이지 www.bergama.bel.tr
가는 방법 시내 중심 PTT에서 도보 1분.

사설 관광안내소(베르가마 티자레트 오다스 Bergama Ticaret Odası)

주소 Bankalar Cad. 47/2 35700, Bergama
전화 (0232)633-1078
운영 목~화요일 08:30~18:00(7월~10월만 운영)
홈페이지 www.berto.org.tr
가는 방법 시내 중심 PTT에서 도보 1분.

환전 Map P.190-B2

튀르키예 은행 Türkye İş Bankası을 비롯해 웬만한 국내은행의 지점이 있어 환전은 쉬운 편이며, ATM도 곳곳에 있어 편리하게 이용할 수 있다. 환율은 어디나 비슷하므로 편한 곳을 이용하자.
업무 월~금요일 09:00~12:30, 13:30~17:30
가는 방법 이즈미르 거리 끝부분에 있다. PTT에서 도보 5분.

PTT Map P.190-A2

업무 월~금 09:00~17:00
가는 방법 시내 중심의 줌후리예트 광장 맞은편에 있다.

베르가마 가는 법

베르가마로 가는 육상 교통은 버스가 유일하며 비행기를 이용하려면 인근의 대도시 이즈미르를 거쳐야 한다. 도시가 작은 탓인지 주변 지역과 소통은 원활하지만 장거리를 다니는 버스는 적은 편이다.

➡ 오토뷔스

이즈미르와 베르가마를 오가는 미니버스

베르가마 남쪽으로 100km 떨어진 대도시 이즈미르 İzmir가 베르가마를 방문하는 기점이 된다. 지중해 등 남부지방에서 오는 경우라면 대부분 이즈미르를 거쳐야 하고, 반대로 지중해나 중부 아나톨리아로 갈 때도 이즈미르에서 버스를 갈아타는 게 일반적이다. 다른 도시에서 베르가마 행 버스표를 구입할 때는 베르가마로 직접 가는지 확인해야 한다(버스표를 살 때 베르가마까지 바로 간다고 해도 이즈미르까지만 운행하는 경우가 많다). 이스탄불, 앙카라, 차낙칼레는 베르가마 행 직행버스가 다니지만 운행은 제한적이라 이즈미르를 경유하는 게 편리하다.

베르가마의 정식 오토가르는 시내에서 7km 떨어진 외곽에 있으며(새 오토가르라는 뜻의 '예니 가라지 Yeni Garaj'라고 부른다), 시내에는 이즈미르 등 인근 지역으로 다니는 미니버스 터미널이 2곳 있다. 고비 펜션이나 아늘 호텔에 머물 거라면 구 오토가르 부근에 내리면 되고, 아크로폴리스 아래의 숙소에 묵을 예정이라면 크늑 가라지 Kınık Garaj(크즐 아블루 부근의 미니버스 터미널)까지 가면 된다. 시청에서 운영하는 시내버스가 시내와 예니 가라지 사이를 운행하므로 편리하게 이용할 수 있다(06:00~19:00 15분).

베르가마랄르 쿠프 Bergamalılar Koop, 아나돌루 Anadolu, 메트로 Metro 등 세 군데의 버스회사에서 이즈미르와 주변 마을로 미니버스를 운영한다. 소요시간과 요금이 같으므로 편한 것으로 이용하자.

한편 이즈미르에서 베르가마로 갈 때는 이즈미르 오토가르 2층에서 출발하며, 베르가마에서 이즈미르로 갈 때는 시내의 미니버스 터미널에서 출발하므로 예니 가라지까지 갈 필요가 없다. 관광을 마치고 다른 도시로 이동할 때는 버스표를 구입한 버스회사에서 운행하는 무료 세르비스를 타고 예니 가라지로 가서 이동하면 된다.

이즈미르 ▷▶ 베르가마

미니버스

운행 06:00~20:30(매 20분 간격)

소요시간 1시간 45분

시내의 구 오토가르

베르가마에서 출발하는 버스 노선

행선지	소요시간	운행
이스탄불	10시간	1일 2편
앙카라	11시간	1일 2편
차낙칼레	4시간	1일 5~6편
이즈미르	1시간 45분	06:00~20:30 매 20분 간격

*운행 편수는 변동이 있을 수 있음.

시내 교통

시가지는 이즈미르 거리와 줌후리예트 거리를 따라 형성되어 있다. 숙소, 레스토랑, PTT, 관광안내소 등 여행자 편의시설은 이즈미르 거리에 집중되어 있어 시내를 다닐 때는 도보로 충분하다. 베르가마의 대표적 볼거리인 아스클레피온과 아크로폴리스는 멀리 떨어져 있어 걸어다니기에는 웬만한 체력이 아니고는 불가능하다. 시가지에서 비교적 가까운 아스클레피온은 도보로 다녀오고, 산꼭대기에 있는 아크로폴리스는 택시나 최근에 생긴 텔레페릭(케이블카)를 이용하는 것이 경제적이고 효율적이다. 관광을 마치고 오토가르로 갈 때는 시청에서 운영하는 시내버스를 타고 가면 된다.

택시 요금

시내→아스클레피온 왕복 약 400TL

시내→아크로폴리스 왕복 약 500TL

두 곳을 묶어서 1일 투어 형식으로 흥정한다면 약 700TL.

베르가마 시내

Bergama
베르가마

1. 파크소이 피데 & 초르바 살로누 Paksoy Pide & Çorba Salonu B1
2. 츠으르트마 에비 Çığırtma Evi A2
3. 베르가마 소프라스 Bergama Sofrası B2
4. 케르반 Kervan A3
5. 아크로폴 레스토랑 Akropol Restaurant B1

1. 오디세이 게스트하우스 Odyssey Guest House B1
2. 고비 펜션 Gobi Pension A3
3. 아테나 펜션 Athena Pension B1
4. 아늘 호텔 Anıl Hotel A3

베르가마 둘러보기

베르가마를 대표하는 볼거리는 고대의 의료 기관이었던 아스클레피온 Asklepion과 옛 페르가몬 왕국의 중심도시인 아크로폴리스 Acropolis다. 오직 이 두 곳 때문에 관광객이 온다고 해도 과언이 아닐 정도. 시내에는 두 유적지에서 출토된 유물을 전시해 놓은 박물관이 있으며 시가지 북쪽의 크즐 아블루 Kızıl Avlu도 역사적으로 중요한 건물이니 빼놓지 말자. 당일치기로 다녀오기보다는 하루 정도 머무르며 충분히 감상하는 것을 추천하고 싶다.

관광은 먼저 아스클레피온을 다녀오는 것으로 시작한다. PTT 맞은편 길을 따라 언덕길을 걸어 올라가면 되는데 오랜 세월을 감안하면 보존 상태는 양호한 편이다. 아스클레피온을 본 후 시내로 돌아와 택시나 케이블카를 타고 시가지 북쪽 산 위에 자리한 아크로폴리스로 가자. 트라야누스 신전, 원형극장 등 유적을 돌아본 후 시간이 넉넉하다면 천천히 걸어 내려가며 헤라 신전 등 중간도시의 유적도 함께 감상하길 권한다. 시내로 내려와서 크즐 아블루를 방문하고 마지막으로 베르가마 고고학 박물관을 돌아보면 끝이다. 일정이 촉박하다면 택시를 타고 3~4시간 만에 모든 유적지를 돌아보고 바로 다른 도시로 이동할 수도 있다(이 경우 아쉽지만 중간도시의 유적은 포기해야 한다).

+ 알아두세요!

1. 유적지에는 식사할 곳이 마땅치 않다. 시간을 넉넉히 잡고 유적을 즐기고 싶다면 미리 물과 간식을 준비하는 게 좋다.
2. 아크로폴리스 행 텔레페릭(케이블카) 타는 곳은 크즐 아블루에서 20분 정도 걸어야 한다.

BEST COURSE

예상소요시간 7~8시간

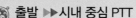

출발 ▶▶시내 중심 PTT

도보 30분

아스클레피온(P.192)
고대의 종합 의료센터. 치료에 사용되었던 성스러운 샘터의 물은 오늘날까지 마르지 않고 있다.

시내까지 도보 30분+택시로 10분

아크로폴리스(P.193)
페르가몬 왕국의 중심도시. 산꼭대기에 있어 일대의 경관도 즐길 수 있다.

도보 40분 또는 택시로 10분

크즐 아블루(P.196)
이집트의 신을 모시던 신전. 비잔틴 시대에 교회로 전환되었다. 소아시아 7대 교회 중 한 곳.

도보 20분

베르가마 고고학 박물관(P.196)
아스클레피온과 아크로폴리스에서 출토된 유물을 전시한 박물관.

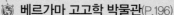

Attraction 베르가마의 볼거리

고대 유적인 아스클레피온과 아크로폴리스는 구경할 게 많다. 처음부터 느긋한 마음으로 관광하고 카메라와 예비용 배터리를 준비하는 것을 잊지 말자.

아스클레피온
Asklepion ★★★

Map P.190-A2 주소 Asklepion, Bergama **개방** 매일 08:30~18:30(겨울철은 17:30까지) **요금** €13 **가는 방법** 시내에서 도보 30분 또는 택시로 5분. 걸어가려면 시내 중심 PTT 맞은편에 있는 자미 옆길을 따라 주택가로 들어선 후 언덕을 올라가면 된다. 왼쪽으로 군부대를 끼고 가다 보면 이정표가 나온다.

기원전 4세기부터 헬레니즘 시대까지 환자를 치료하던 고대 종합 의료 센터. 단순한 병원이라기보다는 신의 계시를 받아 치료를 하던 성스러운 곳이었다. 아스클레피온의 기원은 의료의 신인 아스클레피오스 Asklepios로부터 시작되는데, 그리스의 에피다우로스에 있던 아스클레피온에서 몇 명의 신관을 이곳으로 초빙해 오면서 시작되었다고 한다.

매표소를 지나 원형기둥이 줄지어 있는 '성스러운 길'을 따라 치료소로 들어간다. 진입로가 끝나는 곳에 기단 부분만 남은 흰 대리석이 보이는데 이것이 아스클레피온의 상징인 뱀 기둥이다. 허물을 벗는 뱀은 생명과 재생을 상징한다. 입구의 기둥에는 "신의 이름으로 말하노니 죽음은 이곳에 들어갈 수 없다"

아스클레피온 유적

아스클레피온 개념도

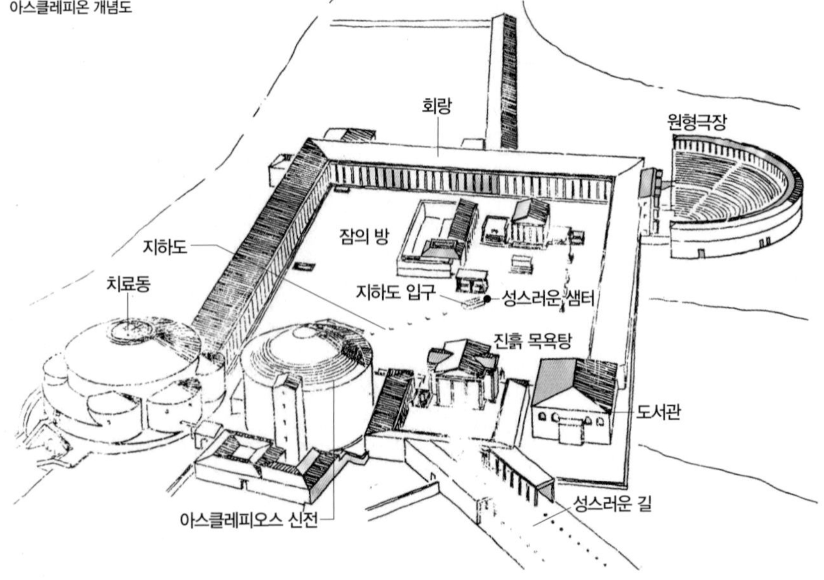

는 글귀가 새겨져 있었다고 한다. 치료 센터는 가로 120m, 세로 130m의 면적에 도서관, 신전, 원형극장, 회랑, 샘터, 치료동 등의 시설이 있었는데 보존 상태는 양호한 편이다. 이곳에 오는 환자는 치료 가능성 여부를 판단해 선별적으로 받았다고 한다. 즉 치료 가능성이 없는 환자는 애초부터 들어올 수 없었던 것. 원형극장과 기둥이 있는 안뜰에는 진흙 목욕장과 치료에 사용되었을 것으로 보이는 성스러운 샘터가 있는데 샘터의 물은 지금까지 마르지 않고 있다. 환자들은 샘터에서 몸을 씻은 다음 약 60m의 지하도를 통해 치료동으로 향했다.

아스클레피온의 치료법은 명상과 운동, 마사지, 독서, 샘물 소리와 향을 이용한 요법 등 현대의 자연치료법과 유사했던 것으로 알려져 있다. 한 가지 특이한 것은 잠을 이용한 치료법. 지금은 남아 있지 않지만 안뜰에는 '잠의 방'이라고 불리던 건물이 있었다. 환자들은 이곳에서 잠을 자며 꾼 꿈을 의사인 신관에게 이야기하고 신관은 꿈의 내용을 토대로 처방을 내렸다고 한다. 일종의 자기암시 치료법이었던 셈. 소아시아 최고의 의료 센터로 각광받던 아스클레피온은 베르가마의 쇠락과 함께 그 기능을 잃었다.

Shakti Say

하늘의 별자리가 된 의료의 신 아스클레피오스

아스클레피오스 석상

아스클레피오스 Asklepios는 아폴론 신과 테살리아의 아름다운 여인 코로니스 사이에서 난 아들이었습니다. 어느 날 아폴론은 코로니스가 바람을 피웠다는 까마귀의 말을 듣고 코로니스를 죽이는데 마침 그녀는 임신 중이었습니다. 그때 뱃속에 든 아이가 바로 아스클레피오스였는데 아폴론은 아이를 꺼내 반인반마(半人半馬)인 키론에게 맡깁니다. 키론은 아스클레피오스에게 의술을 가르치고 그의 의술은 발전을 거듭해 죽은 사람을 살려내는 경지에까지 이릅니다. 아스클레피오스 때문에 지하세계의 인구(?)가 줄어들자 죽음의 신 하데스가 제우스에게 불평을 하고 하데스의 불평을 받아들인 제우스는 번개를 던져 아스클레피오스를 죽입니다. 이때 아스클레피오스가 갖고 있던 처방전이 불에 탔는데 그 재가 떨어진 자리에서 마늘이 나왔다고 합니다. 믿거나 말거나~.

한편 아폴론은 자신의 아들이 죽자 화가 나서 번개를 만들던 외눈박이 거인 키클롭스들을 죽이기 시작했고 아스클레피오스가 죽었다는 사실을 전한 까마귀는 아폴론의 분노를 사 원래 흰색이었던 깃털이 까맣게 변했다고 합니다. 제우스는 아폴론의 화를 풀기 위해 아스클레피오스를 하늘의 별자리로 만들어 주었답니다.

아크로폴리스
Acropolis ★★★★

Map P.190-B1 **주소** Acropolis, Bergama **개방** 매일 08:30~18:30(겨울철은 17:30까지) **요금** €15 **가는 방법** 시내 북쪽 산꼭대기에 있다. 시내에서 택시로 10분, 케이블카로 5분.

헬레니즘 문화의 꽃이라고 불리던 페르가몬 왕국의 중심지. 기원전 2세기경 페르가몬은 아테네, 알렉산드리아에 버금갈 정도로 번성했으며 엄청난 규모의 사원과 신전, 도서관이 건설되었다. 많이 훼손되긴 했지만 오늘날 남아 있는 유적은 당시 소아시아 최대 도시의 면모를 보여주기에 조금도 손색없다. 아크로폴리스는 산 정상부터 윗도시, 중간도시, 아랫도시로 구분할 수 있는데 왕족과 고관들이 살았던 윗도시에 가장 많은 볼거리가 남아 있다.

매표소를 지나 위로 올라가다 보면 왼쪽에 기단만 남은 넓은 터가 보이는데 이곳이 아테나 신전이 있던 자리다. 기원전 4세기에 건립된 아테나 신전은 길이 21m, 폭 13m에 60개의 기둥이 있었다고 한다. 신전의 북쪽에는 도서관의 흔적이 남아 있다. 페르가몬을 전성기로 이끌었던 에우메네스 2세 때 지은 것으로 무려 20만 권의 장서를 자랑하던 곳이었다.
산 정상에는 왕국의 상징인 트라야누스 신전이 있다. 이 신전은 트라야누스 황제 때 착공해 하드리아누스 Hadrianus(117~138) 황제 때 완공되었다. 공사 기간이 2대에 걸쳤으므로 두 황제의 상을 세웠다. 신전은 보존 상태가 양호해 베르가마의 상징으로 자리잡고 있으며 시내가 한눈에 들어오는 훌륭한 경치를 자랑한다. 신전의 아래쪽 회랑을 빠져나가면 원형극장이 이어진다.
산 경사면을 이용한 원형극장은 약 1만 명을 수용할 수 있는 규모로 아찔할 정도의 경사도를 자랑한다. 객석은 전부 80열로 되어 있으며 맨 아래쪽에는 귀빈석이 있다. 원형극장의 북쪽 통로는 디오니소스 신전으로 연결된다.
원형극장 왼쪽에 제우스 신전 터가 있다. 높이 9m, 폭 36m의 규모를 자랑했던 건물은 헬

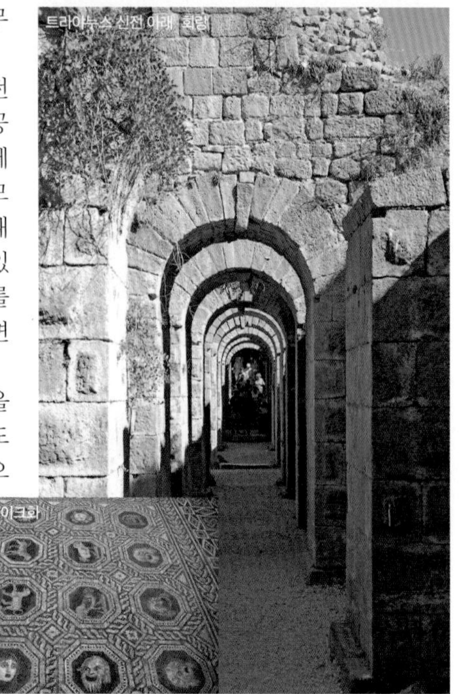
트라야누스 신전 아래 회랑
중간도시의 모자이크화

Shakti Say 세계 최초로 양피지를 발명한 페르가몬 왕국

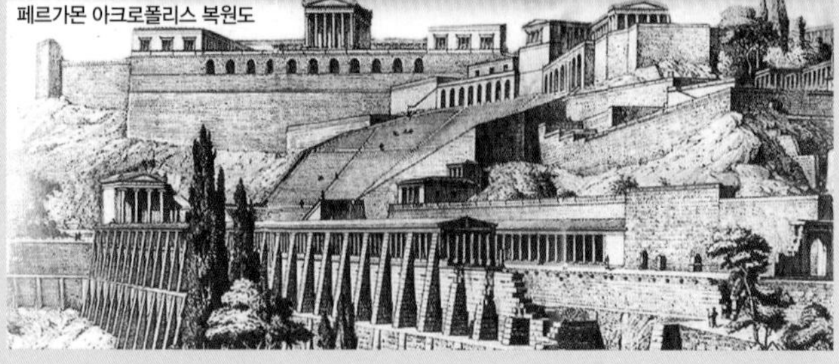
페르가몬 아크로폴리스 복원도

기원전 2세기 페르가몬 왕국의 도서관은 약 20만 권의 장서를 보유할 정도로 큰 규모를 자랑했습니다. 당시 50만 권의 장서를 갖고 있던 이집트의 알렉산드리아에 이어 세계 랭킹 2위였죠. 도서관의 규모와 장서 수는 발전된 문화를 재는 척도와 같은 것으로 문화적 자부심을 나타내는 기준이 되었습니다. 페르가몬 왕국의 장서가 날로 늘어가고 있다는 소식을 접한 이집트는 깜짝 놀라 페르가몬으로 수출되는 파피루스의 공급을 중단했습니다. 당시 책을 기록하던 파피루스는 이집트에서 독점 생산하던 품목이었죠.
그러나 필요는 발명의 어머니. 파피루스가 공급되지 않자 페르가몬 사람들은 말린 양가죽을 다듬어 책을 썼고 이것이 바로 양피지의 기원이 되었답니다. 양피지는 영어로 '파치먼트 Parchment'인데 이 단어의 기원이 바로 페르가몬 왕국입니다. 기존의 파피루스가 두루마리 형태로밖에 사용할 수 없었던 반면 부드러운 재질의 양피지는 책으로 묶어낼 수 있는 장점까지 있었으니 당시로서는 가히 획기적인 발명이었지요. 페르가몬의 도서관은 훗날 로마의 안토니우스가 카이사르의 이집트 원정으로 잿더미가 된 알렉산드리아 도서관에 대한 사죄의 의미로 클레오파트라에게 선물로 주었다는 후일담입니다.

Shakti Say 베르가마의 명의 갈레노스(Claudius Galenos, 129~199)

고대의 명의 갈레노스

의학의 아버지라 불리는 히포크라테스(P.762 참고)를 아는 사람은 많지만 갈레노스를 아는 사람은 그리 많지 않습니다. 히포크라테스가 서양 의학의 상징적 존재라면 갈레노스는 서양 의학을 집대성한 인물이라 할 수 있습니다. 그의 의학은 중세와 르네상스 시대에 이르기까지 1400년간 유럽 의학에 절대적인 영향을 끼쳤지요. 대부분의 의학 분쟁이 '갈레노스의 말에 따르면…'으로 해결될 정도였으니 말입니다.

기원후 129년 페르가몬에서 출생한 갈레노스는 아버지의 권유로 의학에 입문했습니다. 아스클레피온에서 견습생으로 일하다가 스미르나(이즈미르), 코린토, 알렉산드리아 등 그리스 세계를 두루 다니며 의술을 공부했지요. 플라톤, 아리스토텔레스, 에피쿠로스 등 학파를 초월해서 공부한 덕분에 어느 한쪽으로 편향되지 않는 시각을 길렀고, 이것은 그가 열린 마음으로 의학 지식을 쌓고 시연할 수 있었던 배경이 되었습니다. 유학을 마치고 고향으로 돌아와 검투사 담당의로 일하다가 로마로 건너가 해부학으로 명성을 쌓은 그는 로마 황제 마르쿠스 아우렐리우스의 시의까지 올랐습니다.

갈레노스는 해부를 통해 근육과 뼈의 조직을 정확히 관찰했고, 7쌍의 뇌신경을 구분해냈고, 심장 판막을 묘사했으며, 정맥과 동맥의 조직상의 차이점을 세밀히 관찰했습니다(당시에는 인체 해부가 법으로 금지되었기 때문에 인간의 특징을 많이 가진 원숭이를 사용했지요). 또한 동맥이 운반하는 것이 공기가 아니라 혈액이라는 사실을 밝혀내며 기존의 학설을 뒤집기도 했는데요, 특히 혈액이 혈관을 통해 신체 말단까지 퍼져나가며 신진대사를 조절하는 물질을 운반한다고 믿었습니다. 혈액이 간에서 만들어진다고 주장한 점과 혈액이 순환한다는 사실을 밝히지 못한 점은 아쉽지만 갈레노스가 살았던 시대를 감안하면 실로 놀라운 통찰이 아닐 수 없습니다. 갈레노스는 자신의 의학 이론을 대부분 해부와 실험으로 증명하며 방대한 저술을 남겼습니다.

물론 갈레노스의 의학은 현대 의학과 비교할 때 한계가 있는 것은 사실입니다. 일례로 갈레노스는 살모사의 머리, 염소 똥, 시체 조각을 넣고 끓인 '만병통치약'을 만들었는데 황당하게도 18세기까지도 매우 중요한 약으로 통용되었습니다. 또한 혈액에 영혼적인 요소가 있어서 병든 사람의 피를 뽑아내면 병이 치료된다고 믿었는데, 이 이론은 중세 시대의 종교와 결합해서 의학계의 정설이 되기도 했습니다. 이것은 르네상스 시대를 거쳐 16세기까지 유지되다가 근대 해부학의 아버지라 불리는 베살리우스가 〈인체 조직에 관하여〉라는 저서를 내놓으며 대대적으로 수정되었습니다.

몇 가지 오류가 있기는 하지만 갈레노스의 해부실험은 의학을 신의 영역에서 합리적인 사고의 영역으로 나아가는 길을 터 주었습니다. 생명을 대하는 의학의 기본개념을 바른 길로 인도한 것은 갈레노스의 최대 업적이라 할 수 있습니다.

*참고문헌: 〈한겨레신문〉 과학향기, 김창규

레니즘 시대 건축의 백미로 꼽히던 것인데 지금은 세 그루의 소나무만 덩그렇게 남아 있다. 이곳의 유물은 독일 베를린의 페르가몬 박물관에 전시되어 있다.

제우스 신전 옆의 돌길을 따라 아래로 내려가면 중간도시가 나온다. 제우스의 아내인 헤라 Hera 신전을 비롯한 몇 개의 신전과 집터를 볼 수 있다. Z 빌딩이라는 부유층의 집 안에는 커다란 모자이크화가 전시되어 있으니 꼭 둘러보자.

일정에 여유가 있는 여행자라면 천천히 걸어 내려가며 중간도시의 유적과 경치를 즐기는 것을 추천한다.

트라야누스 신전

크즐 아블루
Kızıl Avlu ★★★

Map P.190-B2 **주소** Kızıl Avlu Kınık Cad., Bergama **개관** 매일 08:30~18:30(겨울철은 17:30까지) **요금** €3 **가는 방법** 시내 중심 PTT에서 이즈미르 거리를 따라 북쪽으로 도보 15분.

아크로폴리스 산 아래 자리한 유적으로 초대 7대 교회 중 한 곳(버가모 교회)으로 사용된 건물이다. 크즐 아블루는 '붉은 정원'이라는 뜻으로 건축 재료로 사용되었던 붉은 벽돌에서 유래했다. 2세기 하드리아누스 황제 때 건립되었으며 대리석으로 외관을 장식했고 측면에는 두 개의 탑을 거느리고 있었다.

건물은 원래 세라피스 Serapis, 이시스 Isis, 하르포크라테스 Harpokrates 등 이집트 신을 숭배하는 신전이었다고 한다. 비잔틴 시대에 들어 사도 요한의 교회로 사용되었으며 가로 60m, 세로 20m, 높이 19m의 당당한 위용을 자랑하고 있다.

기독교인들에게 베르가마는 이른바 '사단의 위(位)'가 있던 이교도의 땅이었다. 의료의 신 아스클레피오스가 사람들에게 구원자로 추앙받고 있었던데다 그 상징이 기독교에서 사단의 상징으로 여기는 뱀이었던 것. 다신교 전통의 로마 시대가 가고 일신교의 비잔틴 제국이 들어서며 베르가마의 신전 유적은 빠르게 훼손되었다.

베르가마 고고학 박물관
Bergama Arkeoloji Müzesi ★★

Map P.190-A3 **주소** Bergama Arkeoloji Müzesi İzmir Cad., Bergama **개관** 매일 08:30~12:00, 13:00~19:00(겨울철은 17:00까지) **요금** €3 **가는 방법** 시내 중심 PTT에서 도보 1분.

아크로폴리스와 아스클레피온에서 출토된 유물을 전시해 놓은 박물관. 각종 대리석 부조와 석상이 있으며 중앙에는 제우스 신전의 모형도 전시해 놓았다. 로마 황제와 그리스 철학자의 두상, 토기, 장신구, 동전 등 부장품도 있다. 아쉽게도 가장 볼 만한 출토품은 전부 외국으로 유출된 상태라 한눈에 확 띄는 전시물은 없다. 아크로폴리스와 아스클레피온을 관람하기 위해 베르가마를 방문하는 것이니 만큼 보다 충실한 유적 탐방을 위해 가급적 들어가 볼 것을 권한다.

베르가마 고고학 박물관

크즐 아블루

박물관에 전시된 부조

Restaurant 베르가마의 레스토랑

지방의 소도시지만 레스토랑은 많다. 현지 주민들이 이용하는 곳이 대부분이라 서민적이고 편한 분위기며, 메뉴는 튀르키예식 피데와 케밥 중심이다. 가격도 적당하고 음식도 맛있는 편이라 주머니가 가벼운 여행자도 먹는 문제로 불편을 겪을 일은 없다. 주류를 판매하는 바도 있기 때문에 시원하게 맥주 한잔하기도 좋다.

파크소이 피데 & 초르바 살로누 Paksoy Pide & Çorba Salonu

Map P.190-B1 **주소** İstiklal Meydanı No.39, Bergama **전화** (0232)633-1722 **영업** 07:00~23:00 **예산** 1인 100~200TL **가는 방법** 반칼라르 거리 Bankalar Cad. 끝에 있다. 하즈 헤킴 하맘 Hacı Hekim Hamam에서 도보 5분.

상호처럼 피데와 초르바(튀르키예식 스프) 전문점이다. 장작이 타오르는 화덕에서 구워내는 피데는 쫄깃하고 바삭한 맛이 일품이며, 빵과 함께 먹는 초르바도 맛있다. 언제가도 서민적이고 편안한 분위기에서 식사할 수 있다. 바로 옆의 '아르주 Arzu'라는 피데집도 좋다.

츠으르트마 에비 Çığırtma Evi

Map P.190-A2 **주소** Çığırtma Evi, Bergama **전화** (0232)632-9822 **영업** 08:00~22:30 **예산** 1인 150~250TL **가는 방법** 줌후리예트 광장에서 도보 1분.

가족이 운영하는 레스토랑으로 가정식 요리를 선보인다. 만트, 뵈렉, 돌마가 있으며, 츠으르트마(가지를 주 재료로 토마토와 통마늘을 넣어 익힌 베르가마 전통요리)를 꼭 맛보자. 양고기가 밥 위에 얹어 나오는 '수라 필라브'도 고기를 좋아한다면 꽤 흐뭇한 선택이다.

베르가마 소프라스 Bergama Sofrası

Map P.190-B2 **주소** Bankalar Cad. No.44, Bergama **전화** (0232)631-5131 **영업** 08:00~22:30 **예산** 1인 100~200TL **가는 방법** 반칼라르 거리 Bankalar Cad.의 하즈 헤킴 하맘 옆에 있다.

하맘 바로 옆에 자리한 레스토랑으로 깔끔한 실내외 자리가 돋보인다. 몇 가지 단품요리와 쾨프테, 피르졸라 등 그릴요리가 있는데 푸짐하고 가격도 저렴하다. 메뉴는 따로 없고 진열대에 있는 음식을 고르는 시스템. 큰길가에 있어 오가며 쉽게 이용할 수 있다.

케르반 Kervan

Map P.190-A3 **주소** Atatürk Bul. No.16, Bergama **전화** (0232)633-2632 **영업** 07:00~다음날 01:00 **예산** 1인 100~200TL **가는 방법** 이즈미르 거리의 운동장 맞은편에 있다.

고비 펜션 바로 옆에 있는 곳으로 오랫동안 베르가마 시민들에게 사랑을 받아왔다. 케밥과 피데 등 메뉴는 일반적이지만 가격도 적당하고 분위기가 밝고 경쾌해서 마음에 든다. 1, 2층 자리가 있는데 여름철 저녁이라면 시원한 야외가 좋다.

아크로폴 레스토랑 Akropol Restaurant

Map P.190-B1 **주소** Ulu Camii Mah., Bergama **전화** +90-532-202-0267 **영업** 10:30~23:00 **예산** 1인 250~600TL **가는 방법** 아테나 펜션 부근 타바크 다리 Tabak Köprü 건너 언덕길을 올라가다 왼쪽으로 꺾어 200m 정도 가면 된다.

베르가마 상인 조합에서 운영하는 레스토랑. 200년 된 그리스 가옥을 개조했으며 널찍한 실내외 자리가 있다. 에즈메, 뵈렉 등 10여 가지의 메제와 신선한 그릴 요리가 준비되어 있다. 울루 자미와 마을 전망이 좋은 테라스에서 야경을 즐기며 분위기 내기에 좋다. 주류도 판매한다.

Hotel 베르가마의 숙소

예전에는 숙소가 많지 않아서 방을 구하지 못하는 경우가 종종 있었으나 지금은 숫자도 많아지고 선택의 폭도 넓어졌다. 펜션은 대부분 가족이 운영하는 소박한 규모이며, 최근에 오픈한 숙소는 중급 이상이다. 숙소는 도시 초입과 아크로폴리스 올라가는 길의 주택가에 몰려있는데, 어느 집이나 친절히 손님을 맞고 있다. 소개하는 곳 말고도 많으므로 다양하게 시도해 보자. 숙소 요금은 성수기 기준이다.

오디세이 게스트하우스
Odyssey Guest House

Map P.190-B1 주소 Talatpaşa Mah. Abacıhan Sk. No.13, Bergama **전화** (0232)631-3501(휴대폰 0505-6539189) **홈페이지** www.odysseyguesthouse.com **요금** 싱글 €20(공동욕실, A/C), 더블 €30(공동욕실, A/C), 더블 €40(개인욕실, A/C) **가는 방법** 아크로폴리스 아래쪽 주택가에 있다. 골목길이 약간 복잡하므로 사람들에게 물어보자.

150년 된 그리스 가옥을 개조한 숙소로 '에르신'이라는 젊은 주인이 운영한다. 옥상의 테라스에서 아크로폴리스와 크즐 아블루 전망을 즐길 수 있고 가족적인 분위기에서 머물 수 있다. 공동욕실을 쓰는 객실은 아침식사 불포함. 유료 아침식사는 매우 알차다.

아테나 펜션
Athena Pension

Map P.190-B1 주소 Barbars Mah. İmam Çıkmazı No.17, Bergama **전화** (0232)633-3420(휴대폰 0535-4166133) **요금** 도미토리 €20(공동욕실), 더블 €70~80(개인욕실, A/C) **가는 방법** 시가지 북쪽 주택가 골목 안에 있다. 사람들에게 물어보자.

옛 저택을 리모델링해서 2012년에 오픈했다. 목재를 사용해 예스러운 분위기를 살리고 현대적인 편리함도 갖추었다. 아크로폴리스가 잘 보이는 소나무 정원에 앉아 평화로운 시간을 보내기에 이곳만 한 데가 없다. '아이든'이라는 젊은 주인도 친절하고 쾌활하다.

고비 펜션 Gobi Pension

Map P.190-A3 주소 Zafer Mah. İzmir Cad. No.18, Bergama **전화** (0232) 633-2518 **요금** 싱글/더블 €20/30(공동욕실, A/C), 싱글/더블 €30/40(개인욕실, A/C) **가는 방법** 이즈미르 거리의 운동장 맞은편에 있다.

시내 초입 큰길가에 자리했으며 오랫동안 베르가마를 찾는 배낭여행자들의 좋은 휴식처 역할을 해오고 있다. 욕실의 유무에 따라 가격이 달라지는데 어느 쪽이든 깨끗한 방에서 편안히 잘 수 있다. 겨울철 난방이 잘 되는 것은 특별히 칭찬할 만하다.

아늘 호텔 Anıl Hotel

Map P.190-A3 주소 Hatuniye Cad. No.4, Bergama **전화** (0232)632-6352 **요금** 싱글 €50(개인욕실, A/C), 더블 €70(개인욕실, A/C) **가는 방법** 고고학 박물관 맞은편 주유소 뒤에 있다.

2012년 리모델링을 통해 고급 호텔로 탈바꿈했다. 세련된 욕실, 투명 미니바, 평면 TV 등 가격에 걸맞는 시설을 갖추었다. 특히 301호와 302호는 아크로폴리스 전망도 좋고 현대적인 편안함을 추구하는 여행자라면 만족스럽다. 객실이 약간 좁은 것이 아쉽다.

에게해의 중심도시

이즈미르

İzmir

에게해 연안 최대 도시로 이스탄불, 앙카라에 이어 튀르키예에서 세 번째로 큰 규모를 자랑한다. 원래 스미르나 Smyrna라고 불리던 이곳은 기원전 3000년경 조그만 항구도시로 시작해 그리스의 지배를 받았다. 리디아 왕국의 점령 때 파괴되었다가 기원전 4세기 알렉산더 대왕의 부하 장수였던 리시마코스가 페르가몬 왕국을 세우며 이곳을 부활시켰다. 그 후 로마의 세력권에 있다가 15세기 오스만 제국의 영토로 편입되면서 도시 이름도 튀르키예식인 이즈미르로 바뀌었다.

바다에 면한 도시답게 오래전부터 외부와의 교류가 활발해 기독교, 유대교, 이슬람교 등 다양한 종교와 문화가 공존했다. 근대에 접어들어 이즈미르는 격동의 한복판에 있기도 했는데 오스만 제국 붕괴 후 '대 그리스 재건'을 기치로 내건 그리스군이 상륙했던 것. 아타튀르크가 이끄는 튀르키예군과 피할 수 없는 전투가 벌어졌고 결국 그리스는 패퇴하고 말았다.

오늘날 이즈미르는 여행자에게 다른 도시로 가기 위한 중간 경유지나 항공 이용의 기착지로 잠깐 스쳐가는 곳이지만 역사적 중요성과 에게해의 중심도시로서의 위상은 남다르다.

인구 270만 명 **해발고도** 15m

Information

관광안내소 Map P.204-A2

이즈미르 시내 중심가에도 관광안내소가 있지만 아타튀르크 거리의 관광청 Kültür ve Turizm Müdürlüğü 안에 있는 곳이 이용 빈도가 가장 높다. 영어, 프랑스어, 독일어 등 각 언어별 관광 자료가 있으며 안내 직원도 친절하다.

위치 해변 길인 아타튀르크 거리(코르돈 거리) Atatürk Cad.(Kordon Cad.)
주소 Akdeniz Mah. 1344 Sk. No.2 Pasaport
전화 (0232)483-5117
홈페이지 www.izmirturizm.gov.tr
업무 월~금요일 08:30~18:30(겨울철은 17:30까지)
가는 방법 도쿠즈 에이륄 광장 Dokuz Eylül Meydanı에서 가지 거리 Gazi Bul.를 따라 도보 15분. 아타튀르크 거리와 만나는 곳에 있다.

환전 Map P.204-B2

바스마네 기차역 부근의 튀르키예 은행 Türkiye İş Bankası을 비롯한 모든 은행의 지점이 있어 쉽게 환전할 수 있으며 ATM도 많아 카드 사용에도 문제가 없다. 여행자들이 많이 다니게 되는 찬카야 지역의 페브지파샤 거리 Fevzipaşa Bul.에도 환전소가 많아 이즈미르에서 환전 때문에 불편을 겪을 일은 없다. 환율은 비슷하므로 편한 곳을 이용하면 된다.

PTT Map P.204-A1

시내 곳곳에 많이 있지만 여행자들이 이용하기 편리한 곳은 해변의 줌후리예트 광장 Cumhuriyet Meydanı 옆이다. 각종 우편업무와 함께 환전도 할 수 있다.

위치 줌후리예트 광장 옆
업무 월~금요일 09:00~17:00

이즈미르 가는 법

튀르키예 제3의 대도시답게 비행기, 버스, 기차, 배 등 모든 종류의 교통수단이 발달했다. 대도시이며 교통의 요충지 역할도 하고 있어 웬만한 도시에서 직접 오는 버스가 있다.

➡ 비행기

이즈미르의 아드난 멘데레스 공항 Adnan Menderes Airport은 에게해 주요 관광지를 찾는 유럽인들을 겨냥해 런던, 파리, 로마 등 유럽의 주요도시와 국제선이 취항하고 있어 경우에 따라서는 튀르키예에 첫 발을 디디는 관문으로 이용되기도 한다. 이스탄불, 앙카라, 안탈리아, 에르주룸, 디야르바크르 등 국내 주요도시와도 직항이 다니고 있어 언제든 편리하게 이용할 수 있다. 티켓예약 앱 oblit을 이용하면 운행 및 요금을 실시간으로 확인할 수 있다.

공항에서 시내까지는 공항버스인 하바쉬 Havaş를 이용하면 된다. 비행기 도착시간에 맞춰 운행하므로 짐을 찾아 청사 밖에서 대기하고 있는 버

이즈미르의 아드난 멘데레스 공항

스를 타면 되고, 요금은 차내에서 차장에게 지불한다. 공항버스는 가지 오스만파샤 거리 Gazi Osmanpaşa Cad.의 스위스 그랜드 에페스 호텔 앞까지 운행하는데 숙소 밀집 지역인 도쿠즈 에이뤌 광장까지는 걸어서 갈 수 있다.

이즈미르 공항 İzmir Havalimanı
전화 국제선 (0232)455-0000, 국내선 (0232) 274-2626
홈페이지 www.adnanmenderesairport.com
튀르키예 항공 Türk Hava Yolları
전화 (0232)484-1220 홈페이지 www.thy.com
오누르 에어
홈페이지 www.onurair.com.tr
페가수스 항공
홈페이지 www.flypgs.com
선 익스프레스 항공
홈페이지 www.sunexpress.com

공항 ▷▶ 시내(스위스 그랜드 에페스 호텔 앞)

공항버스
운행 08:00~23:00(수시로 운행)
소요시간 50분

이즈미르에서 출발하는
주요 국내선 항공편

행선지	항공사	운행	소요시간
이스탄불	THY, OHY, PGS, SUN	1일 20편 이상	1시간
앙카라	THY, PGS	1일 6~7편	1시간 20분
안탈리아	SUN	1일 1~3편	1시간
말라티아	SUN	주 2편	1시간 45분
디야르바크르	SUN	1일 1~2편	2시간
카이세리	SUN	주 3편	1시간 20분
트라브존	PGS, SUN	주 4~5편	2시간
반	SUN	1일 1편	2시간

*항공사 코드 THY: Turkish Airline, OHY: Onur Air, PGS: Pegasus Airline, SUN: Sun Express
*페가수스 항공과 선 익스프레스 항공은 이스탄불의 사비하 괵첸 공항(SAW) 이용.
*운행 편수는 변동이 있을 수 있음.

➡ 오토뷔스

에게해를 다니는 모든 버스는 이즈미르를 경유할 정도로 교통이 편리하다. 지리적으로 서쪽 끝에 치우쳐 있지만 이스탄불, 앙카라를 비롯한 국내 주요도시로 직행 버스가 다닌다.

이즈미르의 오토가르는 1, 2층으로 나뉘어 있는데 1층은 이스탄불, 앙카라, 안탈리아 행 등 장거리 버스가 출발하며 2층은 베르가마, 아이든, 셀축 행 등 단거리 버스가 출발한다. 오토가르에서 시내로 갈 때는 타고 온 버스회사의 세르비스를 이용하면 된다. 만일 세르비스가 여의치 않다면 오토가르 앞 정류장에서 시내버스를 타고 바스마네 Basmane로 가자. 바스마네 기차역에서 가까운 도쿠즈 에이뤌 광장 부근에 숙소가 몰려 있기 때문이다. 바스마네 역에서 광장까지는 걸어서 갈 수 있다. 오토가르 1층에는 24시간 에마네트(짐 보관소)가 있어 편리하게 이용된다.

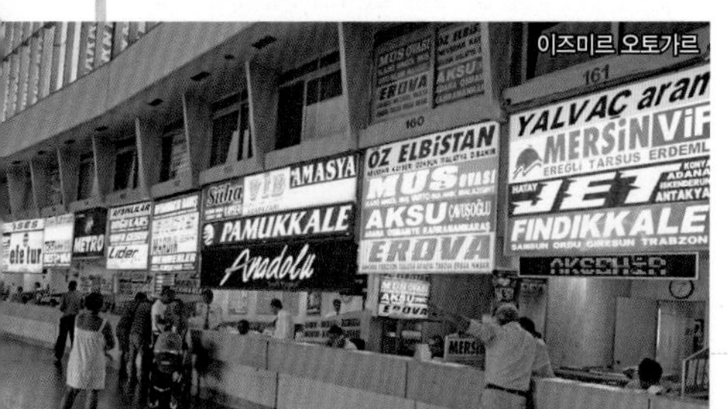

이즈미르 오토가르

오토가르 ▷▶ 시내(바스마네)

시내버스 54번, 64번
운행 06:00~22:00(수시로 운행) 소요시간 20분
현금 승차는 안되고 교통카드를 미리 사야 한다.

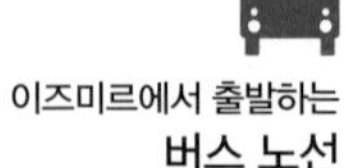

이즈미르에서 출발하는
버스 노선

행선지	소요시간	운행
이스탄불	9시간	1일 10편 이상
앙카라	8시간	1일 10편 이상
안탈리아	7시간 30분	1일 10편 이상
파묵칼레(데니즐리)	3시간 30분	1일 10편 이상
셀축	1시간	1일 10편 이상(수시로 운행)
부르사	5시간 30분	1일 10편 이상
차낙칼레	6시간	1일 5~6편
네브쉐히르(카파도키아)	11시간 30분	1일 3~4편
콘야	8시간	1일 10편 이상
보드룸	4시간	1일 5~6편

*운행 편수는 변동이 있을 수 있음.

바스마네 역

➡ 기차

이즈미르의 기차역은 알산자크 역 Alsancak Gar과 바스마네 역 Basmane Gar 두 곳이다. 다른 도시에서 이즈미르에 도착하는 기차는 대부분 바스마네 역을 이용한다. 앙카라, 에스키쉐히르, 퀴타히아 등 내륙의 주요도시를 운행하며, 동부 아나톨리아에서 오는 여행자는 앙카라에서 갈아타야 한다. 셀축이나 파묵칼레(데니즐리)로 가는 여행자는 바스마네 역에서 출발하는 디엠유 익스프레스 DMU Express를 이용하면 편리하므로 기억해 두자(P.236 참고).

바스마네 역 Basmane Gar **Map P.204-B2**
전화 (0232)458-3131, 484-8638

이즈미르에서 출발하는
기차 노선

행선지	출발시각	소요시간
셀축	08:30, 10:43, 14:43, 15:54, 17:57, 19:30	50분
파묵칼레(데니즐리)	08:30, 14:43, 15:54	5시간

*운행 편수는 변동이 있을 수 있음.

시내 교통

도시 자체는 굉장히 넓지만 바스마네 지역의 도쿠즈 에이륄 광장 부근에 숙소와 은행, 버스회사 등 편의시설이 몰려 있어 도보로 다닐 수 있다. 아고라, 바자르, 코낙 광장 등 볼거리도 모두 걸어서 돌아볼 수 있어 공항과 오토가르 오가는 것을 제외하면 시내버스를 탈 일은 없다. 시내에서 오토가르로 갈 때는 도쿠즈 에이륄 광장 부근 아틀란티스 호텔 Atlantis Hotel 옆에서 54번, 64번 시내버스를 타면 된다. 공항버스는 줌후리예트 광장 부근의 에페스 호텔 앞에서 출발한다. 운행 시간은 비행 스케줄에 따라 달라지는데 튀르키예 항공 사무실에 문의하면 알 수 있다.

교통카드 이즈미르 카르트

이즈미르 둘러보기

역사는 오래된 도시지만 그리스와 전쟁을 겪는 동안 많은 유적이 파괴되어 현재 남아 있는 명소는 적은 편. 고대 유적인 아고라와 고고학·민속학 박물관, 시계탑을 비롯한 근대에 세워진 훌륭한 석조건물이 이즈미르의 볼거리인데 천천히 다녀도 하루면 충분히 돌아볼 수 있다.

관광은 숙소 밀집지역인 도쿠즈 에이륄 광장에서 시작한다. 큰길을 따라가다 골목길로 접어들어 고대 유적인 아고라를 관람하고 바자르를 지나 남쪽에 있는 고고학·민속학 박물관을 돌아보자. 그 후 다시 바자르로 돌아와 시장을 구경하며 해변 쪽으로 가다 보면 시계탑이 있는 코낙 광장이 나온다. 코낙 광장 주변은 해변 공원으로 조성되어 있어 바다를 즐기며 여유있는 시간을 갖기에 좋다. 관광이 끝난 후에는 도쿠즈 에이륄 광장에서 가까운 해변으로 가자. 아타튀르크 거리를 산책하다 차이를 마시며 석양을 감상하는 것을 추천한다.

BEST COURSE

예상소요시간 6~7시간

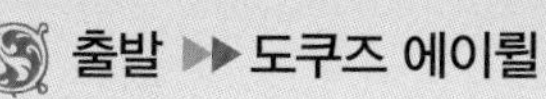

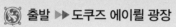

도보 20분

아고라(P.205)
시내에 있는 고대 유적. 주변의 고층 빌딩과 어우러져 고대와 현대의 묘한 대비를 이룬다.

고고학·민속학 박물관(P.205)
이즈미르 일대에서 발굴된 고대 유적과 민속자료를 전시한 박물관.

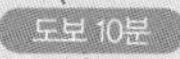

바자르(P.206)
이즈미르에서 가장 큰 재래시장.
활기찬 서민들의 생활 속으로 들어가 보자.

코낙 광장(P.206)
이즈미르의 상징인 시계탑이 있는 광장.

성 폴리캅 교회(P.206)
성 폴리캅을 기념하는 교회로 소아시아 7대 교회 중 하나다.

İzmir
이즈미르
0 100 300m
1 앙카라 로칸타스 Ankara Lokantas B2
2 아테쉬 오작바쉬 Ateş Ocakbaşı B1
3 시레나 비어가든 Sirena Beer B1
4 벨리 우스타 쾨프레즈 A1 Veli Usta Körfez Restaurant
5 톱추 Topçu A2
1 치첵 팔라스 오텔 Çiçek Palas Oteli B2
2 빌렌 팔라스 오텔 Bilen Palas Oteli B2
3 알리잔 오텔 Alican Otel B2
4 파크 호텔 Park Hotel B2
5 코르돈 오텔 Kordon Otel A2
메트로역 Metro Station
이즈미르 만
İzmir Körfezi
아타튀르크 박물관
Atatürk Müzesi
Talat Paşa Bul.
아타튀르크 거리 Atatürk Cad.
줌후리예트 거리 Cumhuriyet Cad.
Pilevne Cad.
Sair Esref Bul.
Ziya Gökalp Bul.
Dr. Mustafa Enver Cad.
Vasıf Çınar Bul.
줌후리예트 광장
Cumhuriyet Meydanı
쿨튀르 공원
Kültür Parkı
선착장
PTT
Nevresbey Bul.
스위스 그랜드 에페스 호텔
Swiss Grand Efes Hotel
몬트뢰 광장
Montrö Meydanı
튀르키예 항공
택시 승강장
공항버스 정류장
힐튼 호텔
Hilton Hotel
가지 오스만파샤 거리 Gazi Osmanpaşa Bul.
Otel Kilim
Starbucks
Şehit Fethibey Bul.
Sair Esref Bul.
Dr. Refik Saydam Bul.
도쿠즈 에이륄 광장
Dokuz Eylül Meydanı
성 폴리캅 교회
St. Polykap Kilisesi
아틀란티스 호텔
Atlantis Hotel
Hürriyet Bul.
버스 정류장
가지 거리 Gazi Bul.
환전소
Mursel Paşa Bul.
54번 시내버스 정류장
바스마네 기차역
버스회사 Basmane Gar
Bozkurt Cad.
Kemalettin Cad.
튀르키예 은행
찬카야
Çankaya
페브지파샤 거리 Fevzipaşa Bul.
육교
시파 병원
Sifa Hastane
바스마네
Basmane
샤드르반 자미
Şadırvan Camii
하투니예 자미
Hatuniye Camii
경찰서
튀르키예 은행
아나파르탈라르 거리 Anafar talar Cad.
시청
히사르 자미
Hisar Camii
케스타네파자르 자미
Kestanepazarı Camii
선착장
시계탑
바자르
Bazar
아고라
Agora
920 SK.
코낙
Konak
코낙 광장
Konak Meydanı
살렙츠 오을루 자미
Salepçioğlu Camii
에쉬레프 파샤 거리 Eşref Paşa Cad.
투르구트레이스 공원
Turgutreis Parkı
Hacı Ailefendi Cad.
고고학·민속학 박물관
Arkeoloji-Etnografya Müzesi
이즈미르 성채

Attraction 이즈미르의 볼거리

시내의 고대 유적인 아고라와 고고학·민속학 박물관, 바자르가 이즈미르의 볼거리다. 다른 도시에 비해 특별할 건 없으니 볼거리에 치중하기보다 바닷가를 산책하며 여유를 즐기는 편이 좋다.

아고라
Agora ★★

Map P.204-B2 개관 매일 08:00~17:00 **요금** €6 **가는 방법** 도쿠즈 에이륄 광장에서 튀르키예 은행, 경찰서 방면 큰길을 따라가다 오른쪽으로 꺾어 골목길을 통과해야 한다. 920 Sk.에 있다.

알렉산더 대왕 때 조성된 시장. 178년 대지진으로 무너진 것을 로마 황제 마르쿠스 아우렐리우스 Marcus Aurelius가 재건축했다. 중앙 광장과 상점가 등이 있는데 표지판을 설치해 이해를 돕고 있으며, 13개의 코린트식 기둥이 늘어서 있고 일부 아치는 복원해 놓았다. 참고로 코린트식 기둥이란 기둥 상단에 아칸서스 잎을 섬세하게 조각해 놓은 것을 말한다. 도심지에 자리한 유적이라 주변의 현대식 건물과 대비되어 묘한 느낌이 든다. 한쪽 옆으로 이슬람 양식의 묘석이 줄지어 있는데 이는 한때 공동묘지로 사용했던 흔적이다.

고고학·민속학 박물관
Arkeoloji·Etnografya Müzesi ★★

Map P.204-A2 주소 Arkeoloji, Etnografya Müzesi, İzmir **개관** 매일 09:00~17:00 **요금** €3(민속학 박물관은 무료) **가는 방법** 아고라에서 도보 20분, 코낙 광장에서 가면 도보 10분.

그리스, 로마 석상이 있는 박물관으로 아고라에서 출토된 신상이 전시되어 있다. 바다의 신 포세이돈, 아르테미스의 신상과 에페스에서 출토된 도미티아누스 황제의 두상도 있다. 다른 도시에서 박물관 구경을 했다면 그다지 새로울 것은 없지만 중심가에서 멀지 않아 다녀올 만하다.

고고학 박물관 맞은편에 있는 민속학 박물관에는 전통 수예품과 천 짜기, 도자기 만드는 과정, 무기 등을 전시하고 있다. 전시물보다는 중후한 인상을 풍기는 박물관 건물이 더 인상적인데 1831년 건립된 것으로 원래 용도는 병원이었다고 한다. 이오니아식 기둥과 석상이 있는 정원 벤치에 앉아 유난히 많은 고양이 구경을 하는 것도 재미있다.

빌딩 숲에 있는 아고라

민속학 박물관

바자르
Bazar ★★★

Map P.204-A2 개방 월~토요일 07:00~20:00 **요금** 무료 **가는 방법** 코낙 광장 옆에 있다. 도쿠즈 에이뤨 광장에서 도보 20분.

상업도시로서 이즈미르의 면모를 확인할 수 있는 곳으로 엄청난 면적의 재래시장이다. 아나파르탈라르 거리 Anafartalar Cad. 옆에 자리했으며 의류, 신발, 향신료, 견과류, 액세서리 등 없는 게 없어 구경만 해도 시간가는 줄 모른다. 시장 자체만으로도 볼거리가 풍부한데다 주변에 고풍스런 근대식 건물도 있어 구경할 만하다. 복잡한 틈을 노리는 소매치기가 많으니 소지품 관리에 각별히 주의하자.

코낙 광장
Konak Meydanı ★★★

Map P.204-A2 주소 Konak Meydanı, İzmir **개방** 24시간 **요금** 무료 **가는 방법** 바자르 바로 옆에 있다. 도쿠즈 에이뤨 광장에서 도보 30분.

코낙 항구 옆에 있는 이즈미르의 중심 광장. 한가운데 서 있는 시계탑은 이즈미르의 상징으로 자리잡고 있다. 1901년 술탄 압뒬하미드 2세 Abdülhamid Ⅱ가 재위 25주년 기념으로 세운 것으로 25m의 높이에 후기 오스만 양식으로 지어졌다. 시계 부분은 제1차 세계대전의 동맹국이었던 독일로부터 선물받은 것이며 시계탑 옆에는 1748년에 세워진 타일로 장식된 조그만 자미가 있다.

코낙 광장은 1919년 그리스 침략군에 맞서 튀르키예군이 처음으로 발포했던 역사적 의미가 담겨 있는 곳이기도 하다. 주변에는 관공서가 있고 벤치가 마련된 휴식 공간으로 이즈미르 시민들이 즐겨 찾는 명소다.

성 폴리캅 교회
St. Polykap Kilisesi ★★

Map P.204-A2 주소 St. Polykap Kilisesi Gazi Osmanpas a Bul. İzmir **전화** (0232)484-8436 **개관** 매일 08:00~18:00 **요금** 무료 **가는 방법** 힐튼 호텔 부근에 있다. 도쿠즈 에이뤨 광장에서 도보 10분.

사도 요한의 제자였던 폴리캅은 로마의 박해에 맞서 최후까지 신앙을 포기하지 않았다. 그는 로마 황제가 하느님이라고 고백하기만 하면 살려주겠다는 서머나(이즈미르의 옛 이름) 총독의 요구를 물리치고 순교한 것으로 알려져 있다. 성 폴리캅 교회(서머나 교회)는 초대 7대 교회 중 하나로 요한 계시록에 두 번째로 등장하는 교회. 성 폴리캅을 추모하기 위해 세운 것으로 현재 힐튼 호텔 앞에 있다. 지금도 교회로서의 기능을 하며 각국의 성지 순례객들의 필수 방문지다. 단체일 경우 전화로 예약하면 예배도 볼 수 있다.

코낙 광장
바자르의 솜사탕 장수
성 폴리캅 교회

Restaurant 이즈미르의 레스토랑

튀르키예식을 전문으로 하는 서민 식당부터 해산물 요리를 맛볼 수 있는 고급 레스토랑까지 이즈미르의 먹을거리 사정은 가격도 종류도 다양하다. 쾨프테가 유명하므로 다른 도시에 비해 유난히 쾨프테 전문점이 많다. 쉽게 눈에 띄는데다 맛이 좋고 가격도 저렴해 여러모로 추천할 만하다.

앙카라 로칸타스 Ankara Lokantası

Map P.204-B2 주소 Fevzipas a Bul. No.779 Basmane, İzmir **전화** (0232) 445-3607 **영업** 24시간 **예산** 1인 40~80TL **가는 방법** 메트로 바스마네 Basmane 역 부근에 있다. 도쿠즈 에이륄 광장에서 도보 2분.

바스마네 역 앞 큰 길가에 자리한 저렴한 서민 식당. 야채와 고기를 이용한 단품요리와 전기구이 통닭이 있는데 위치도 좋고 가격 부담도 없어 시민들이 즐겨 찾는다. 비좁은 1층보다는 2층 창가 자리가 바스마네 역과 거리가 내려다 보여 시원하고 좋다.

아테쉬 오작바쉬 Ateş Ocakbaşı

Map P.204-B1 주소 Alsancak, Can Yücel Sk. No: 3/ A, 35220 Konak **전화** (0232)422-1080 **영업** 매일 14:30~00:00 **예산** 100~300TL **가는 방법** 아타튀르크 박물관에서 도보 2분.

숯불 고기요리 전문점. 매장 한쪽의 그릴에서 소고기, 닭고기, 양고기를 연신 구워내고 있으며 육즙을 살린 고기맛이 일품이다. 오랜동안 영업해 온 연륜이 느껴지며 저녁때는 안팎으로 손님들이 북적인다. 여름철은 가게 바깥 자리부터 종종 만석이 된다. 예약하고 가는 게 좋다.

시레나 비어가든 Sirena Beer

Map P.204-B1 주소 Alsancak, Atatürk Cd. No:194 D:1A, 35220 Konak **전화** +90-539-747-3622 **영업** 매일 10:00~00:00 **예산** 1인 100~200TL **가는방법** 아타튀르크 박물관에서 도보 2분.

코르돈 일대 산책로에서 가장 유명한 Pub. 맥주를 즐기려는 시민들과 여행자들로 언제나 활기찬 곳이다. 특히 해질 무렵 풍경을 바라보며 친구들과 맥주 한 잔 하기에 이만한 곳이 없다. 칵테일도 수준급이다. 괜찮은 맛의 수제버거와 슈니첼도 판매하므로 커피와 스낵을 먹기에도 괜찮은 곳이다.

톱추 Topçu

Map P.204-A2 주소 Cumhuriyet Cad. No.3/B Pasaport, İzmir **전화** (0232)484-6261 **영업** 10:00~23:00 **예산** 1인 100~300TL **가는 방법** 도쿠즈 에이륄 광장에서 가지 거리를 따라가다 시테 레스토랑 지나서 줌후리예트 거리로 꺾어 도보 2분.

해변에서 멀지 않은 곳에 자리한 중급 레스토랑. 야채와 고기를 이용한 다양한 메뉴가 있는데 특히 고기가 들어간 샐러드는 훌륭한 맛이다. 근처 회사원과 비즈니스맨들이 많이 이용하며 시설과 서비스에 비해 가격도 그다지 비싸지 않다.

벨리 우스타 쾨프레즈 Veli Usta Körfez Restaurant

Map P.204-A1 주소 Kültür, Atatürk Cd. No:182/A, 35220 Konak **전화** (0232)421-0190 **홈페이지** www.veliustaizmir.com **영업** 매일 12:00~00:00 **예산** 1인 200~400TL **가는 방법** 줌후리예트 광장에서 도보 1분.

1970년 작은 패밀리 레스토랑으로 문을 연 곳으로 50여 년의 역사를 자랑한다. 지금은 생선요리 전문 레스토랑으로 언제가도 신선한 해산물 요리를 맛볼 수 있다. 이즈미르 시민들도 즐겨 찾는 곳으로 에게해를 바라보며 생선요리를 즐기고 싶다면 괜찮은 선택이다.

Hotel 이즈미르의 숙소

도쿠즈 에이륄 광장 부근에 많은 숙소가 있다. 비교적 저렴한 곳에서부터 5성급 호텔까지 선택의 폭도 다양한 편. 단, 야간 업소와 매춘이 횡행하는 등 동네 분위기가 썩 좋지 않으므로 밤 늦게 돌아다니는 일은 삼가자. 저렴한 숙소는 시설이 떨어지며 아침식사가 포함되지 않는다. 고급 호텔은 해변 도로인 아타튀르크 거리에 있다.

치첵 팔라스 오텔 Çiçek Palas Oteli

Map P.204-B2 주소 1368 Sk. No.10, Basmane, İzmir **전화** (0232)446-9252 **요금** 싱글 80TL(개인욕실, A/C), 더블 120TL(개인욕실, A/C) **가는 방법** 도쿠즈 에이륄 광장 맞은편 숙소 골목 초입에 있다.

숙소 밀집 골목 초입에 자리한 저렴한 숙소. 객실은 협소하지만 청소상태는 괜찮은 편으로 하루 이틀 묵기엔 괜찮다. 에어컨과 욕실의 유무에 따라 요금이 달라지는데 욕실이 없는 방도 개수대가 있다. 아침식사 불포함.

빌렌 팔라스 오텔 Bilen Palas Oteli

Map P.204-B2 주소 1369 Sk. No.68, Basmane, İzmir **전화** (0232)483-9246 **요금** 싱글 80TL(개인욕실, A/C), 더블 120TL(개인욕실, A/C) **가는 방법** 도쿠즈 에이륄 광장 맞은편 숙소 골목 초입.

치첵 팔라스 오텔 바로 옆에 있는 숙소로 가격과 방 수준은 전반적으로 비슷하다. 에어컨이 없고 공동욕실을 사용하는 싱글룸이 가장 저렴하다. 저렴함을 우선으로 꼽는 여행자라면 가볼 만하다.

알리잔 오텔 Alican Otel

Map P.204-B2 주소 Fevzipaşa Bul. No.157, Çankaya, İzmir **전화** (0232)425-2768 **요금** 싱글 €30(개인욕실, A/C), 더블 €50(개인욕실, A/C) **가는 방법** 도쿠즈 에이륄 광장 맞은편 페브지파샤 거리 초입.

바스마네 기차역 앞 대로변에 있는 중급 숙소. 2010년 리모델링을 통해 더욱 깔끔해졌다. 바와 널찍한 휴게실

이 있다. 객실이 좁지만 채광도 좋고 평면 TV, 미니바 등 시설도 좋다. 부속 수영장과 하맘도 딸려 있다.

파크 호텔 Park Hotel

Map P.204-B2 주소 1366 Sk. No.6, Basmane, İzmir **전화** (0232)425-3333 **홈페이지** www.parkhotelizmir.com **요금** 싱글 €60(개인욕실, A/C), 더블 €80(개인욕실, A/C) **가는 방법** 도쿠즈 에이륄 광장 맞은편 숙소 골목 안에 있다.

2007년 8월에 오픈한 곳으로 깔끔하게 잘 꾸며놓았다. 널찍한 로비에 시계탑 모형과 정원, 유명 서양 화가의 그림을 걸어놓아 분위기 있으며, 위성 LCD TV, 냉장고를 갖춘 객실도 모던하다. 세련된 욕실도 마음에 든다.

코르돈 오텔 Kordon Otel

Map P.204-A2 주소 Atatürk Cad. No.2 Passport, İzmir **전화** (0232)484-8181 **홈페이지** www.kordonotel.com.tr **요금** 싱글 €120(개인욕실, A/C), 더블 €150(개인욕실, A/C), 스위트 €250(개인욕실, A/C) **가는 방법** 관광안내소에서 아타튀르크 거리를 따라 도보 5분.

이즈미르에 3개의 지점을 보유한 호텔. 60개의 객실 모두 바다 전망이 좋고 내부 인테리어가 훌륭하다. 특히 두 개의 발코니가 있는 딜럭스 룸은 고급 취향의 여행자들에게 인기 있다. 호텔 특유의 편안한 서비스를 제공한다.

Shakti Say 현대사의 비극 튀르키예-그리스 전쟁과 인구교환

그리스의 독립(출처:위키백과)

튀르키예-그리스 전쟁(출처:위키백과)

19세기 초반 그리스는 근대 혁명주의자들을 중심으로 튀르키예(당시 오스만 제국)에 대항해 독립전쟁을 일으키고 유럽 열강의 도움을 받아 마침내 독립 그리스 왕국을 탄생시켰습니다. 중세로부터 무려 400년간의 식민지 사슬을 끊은 감격적인 사건이었지요. 그리스의 해방은 오스만 제국의 몰락을 알리는 전조였습니다. 제국 내에서 처음으로 기독교도들이 지배를 벗어났으며 세르비아, 불가리아, 루마니아, 아랍 등 오스만 제국 지배하에 있던 다른 피지배 민족들에게 힘을 실어주어 독립의 촉발제가 되었지요.

신생 그리스 왕국은 단순히 독립하는 것에서 벗어나 조금씩 영토를 확장해 마케도니아 지방과 에게해 제도 및 여타 그리스어권의 땅을 그리스로 통합했습니다. 또한 오스만 제국의 지배를 받으며 기아에 허덕였지만 19세기 말에 급속한 경제성장을 이루어 20세기에는 세계 최대의 선단을 거느린 해운국이 되었답니다.

이후 오스만 제국의 영토를 호시탐탐 엿보던 그리스는 제1차 세계대전 이후 패전국이 된 오스만 제국이 쇠약해진 틈을 타 아나톨리아를 침공했습니다. 기나긴 식민 지배 동안 차별과 설움을 받던 그리스로서는 튀르키예에 대한 불만이 극에 달한 상태였고, 고대 그리스 도시국가가 영유했던 땅임을 내세워 '대 그리스 재건'을 기치로 내걸었지요.

1921년 그리스군은 튀르키예 북동부 트라키아 지역과 이즈미르에 상륙했습니다. 중부와 서부 아나톨리아 곳곳에서 치열한 전투가 벌어졌고, 그리스군이 앙카라 외곽 40km까지 육박해오자 무스타파 케말 장군(훗날 튀르키예 공화국의 초대 대통령인 아타튀르크)은 1922년 9월 사카리아 강에서 배수진을 치고 전투를 벌였습니다. 사카리아 전투에서 튀르키예군은 대승을 거두었고, 궤멸에 가까운 타격을 입은 그리스군은 아나톨리아에서 물러갔습니다. 그리스는 아나톨리아 고토(古土) 회복의 꿈을 접고 에게해의 섬들을 차지하는 것에 만족해야 했습니다. 전쟁의 결과로 그리스는 군사 쿠데타가 일어나 왕정이 무너졌으며, 튀르키예도 쇠약해질대로 쇠약해진 오스만 제국을 대신해 튀르키예 공화국이 탄생했지요. 하지만 전쟁의 여파는 양국의 정치형태의 변화에만 국한되지 않았습니다.

1923년 1월 30일 스위스의 로잔에서 양국 정부가 '튀르키예와 그리스 인구 교환에 관한 협정'을 체결했습니다. 이 조치로 튀르키예에 살던 그리스 정교도(그리스인)와 그리스 영토에 살던 무슬림(튀르키예인)이 살던 곳에서 추방되었지요. 인구 교환 대상자는 약 2백만 명에 달했습니다(이 조치로 페티예 인근의 '카야쾨이'는 유령마을이 되었다).

사실 1923년의 인구 교환조치 이전에도 발칸 전쟁(1912~1913년), 제1차 세계대전(1914~1918년)을 겪는 과정에서 막대한 난민이 발생했는데요, 그리스 영토에 살던 약 50만 명의 튀르키예인이 쫓겨났고, 1백 50만 명의 그리스인이 튀르키예 영토에서 추방되었습니다. 하루 아침에 대대로 살아온 삶의 터전을 빼앗긴 사람들은 난민이 되어 몰려들었고, 오랜 전쟁으로 피폐해진 양국은 난민들을 제대로 수용할 수 없었습니다. 이동과 정착 과정에서 사람들이 겪어야 했던 고통은 말할 수 없을 정도였지요. 국가간 힘의 대결인 전쟁으로 평범한 주민들이 치러야 했던 고통을 과연 무엇으로 보상할 수 있을까요? 현대사의 비극이 아닐 수 없습니다.

유령마을이 되어버린 카야쾨이

세계문화유산

석회층과 고대도시가 있는 목화의 성

파묵칼레

눈처럼 하얀 석회층으로 유명한 도시. 카파도키아의 기암괴석, 셀축의 에페스와 함께 튀르키예 관광의 'Big 3' 중 하나로 일컬어지는 곳이다. 마을 뒷산을 감싸고 있는 하얀 석회층은 마치 목화솜이 만들어낸 성(城) 같다고 해서 마을 이름이 '목화의 성'이라는 뜻의 파묵칼레가 되었다. 석회층 뒤편으로 광대하게 자리한 고대도시 히에라폴리스 Hierapolis 유적은 파묵칼레가 보유한 또 다른 자랑거리. 눈처럼 희디 흰 목화의 성을 걸어 올라가면 꿈결같이 흩어진 고대의 세계가 이방인을 기다리고 있다. 이러한 자연과 역사적 중요성을 인정받아 1988년 유네스코 세계문화유산으로 지정되었다.

마을의 소박한 매력은 여행자에게 다가오는 또 다른 즐거움. 포도덩굴과 무화과 나무가 우거진 골목길을 산책하며 느끼는 한적함은 바쁜 여정 속에 여유를 가져다준다. 최근 외지인들의 발길이 늘어나면서 개발이 진행되어 옛 모습을 차츰 잃어가고 있다는 우려도 있지만 파묵칼레는 여전히 시골의 정취를 잘 간직하고 있다.

인구 2,500명 **해발고도** 360m

Information

관광안내소 Map P.217-B1

마을에서 석회층 올라가는 입구 초입에 있다. 차량으로 갈 수 있는 석회층 남문 입구 부근에도 있으므로 편한 곳을 이용하면 된다. 파묵칼레 각 숙소나 여행사에서도 관광자료를 구할 수 있다.
전화 (0258)272-2077
운영 매일 09:00~12:00, 13:30~17:30
가는 방법 마을 뒤편의 석회층 올라가는 입구에 있다. 티켓 오피스에서 도보 1분.

환전 Map P.217-B2

작은 마을이라 은행은 없으며 PTT에서 환전할 수 있다. 환율은 그다지 좋지 않으니 다른 도시에서 미리 환전해서 오는 게 낫다. 석회층 남문 진입로 부근에 줄지어 있는 ATM이 유용하며, 중심가에 사설환전소도 한 군데 있다.

PTT Map P.217-B2

파묵칼레에 은행이 없어 환전을 위해 이용했는데, ATM이 많이 생겨서 예전보다 환전 이용빈도는 줄었다.
위치 파묵칼레 마을 내.
운영 월~금요일 09:00~17:00
가는 방법 마을 중심 줌후리예트 스퀘어에서 멘데레스 거리 Menderes Cad.를 따라 걷다 베야즈 칼레 펜션 Beyaz Kale Pension을 지나 왼쪽 길로 꺾으면 보인다. 줌후리예트 스퀘어에서 도보로 10분 가량 걸린다.

파묵칼레 가는 법

파묵칼레로 가기 위해서는 18km 떨어진 관문도시 데니즐리 Denizli를 반드시 거쳐야 한다. 파묵칼레는 시골 마을로 대도시에서 직접 가는 교통편이 없기 때문이다. 데니즐리로 가는 비행기와 버스노선은 잘 발달되어 있다. 셀축이나 이즈미르에서 간다면 기차를 이용할 수도 있다.

➡ 비행기

튀르키예 항공(www.thy.com)에서 이스탄불과 매일 3편의 직항을 운행하며 앙카라와 트라브존 등 다른 주요도시는 경유편으로 연결된다.
2008년 새롭게 증축된 데니즐리의 차르다크 Çardak 공항은 군사공항을 겸하고 있으며 관광안내소와 PTT, 렌트카 등 편의시설이 잘 되어 있다. 튀르키예 국내 도시는 물론 뮌헨 등 몇 군데의 유럽 도시와도 직항으로 연결된다. 공항은 데니즐리 시내에서 65km 떨어진 외곽에 있기 때문에 시내 진입에 다소 시간이 걸린다.
공항에서 파묵칼레로 가는 방법은 비행기 도착시간에 맞춰 운행하는 셔틀버스를 타고 데니즐리 오토가르까지 간 다음 오토가르에서 출발하는 파묵칼레 행 미니버스를 갈아타야 한다.
갈아타는 게 번거롭다면 택시를 이용하거나 머무는 숙소에 픽업을 신청하자. 관광을 마치고 공항으로 갈 때도 파묵칼레의 여행사나 머무는 숙소에 셔틀버스를 예약하면 편리하다. 공항으로 가는 셔틀버스는 파묵칼레 시내 중심에서 출발한다.
데니즐리 공항 Denizli Çardak Havalimanı
전화 (0258)846-1139
홈페이지 www.dhmi.gov.tr

➡ 오토뷔스

가장 많은 여행자들이 이용하는 대중교통 수단. 이스탄불, 앙카라, 안탈리아 등 장거리 버스와 근교 버스 노선이 잘 정비되어 있다. 다른 도시에서 파묵칼레로 가는 버스는 인근 도시인 데니즐리가 종점이므로 기억해 두자.

데니즐리에서 파묵칼레까지는 약 18km 떨어져 있다. 데니즐리로 가는 모든 대형버스는 파묵칼레까지 세르비스를 운행하지 않는다. 다른 도시에서 버스표를 끊을 때 '우리 회사는 파묵칼레까지 무료 세르비스를 운행한다'고 하면 십중팔구 파묵칼레의 숙소와 연계된 호객이라 보면 된다(P.214 참고). 여행자들이 많이 이용하는 셀축으로 오가는 중형버스가 여름철 성수기에 파묵칼레까지 운행하는 경우가 있지만(1일 2편) 그 외에는 데니즐리까지만 운행한다.

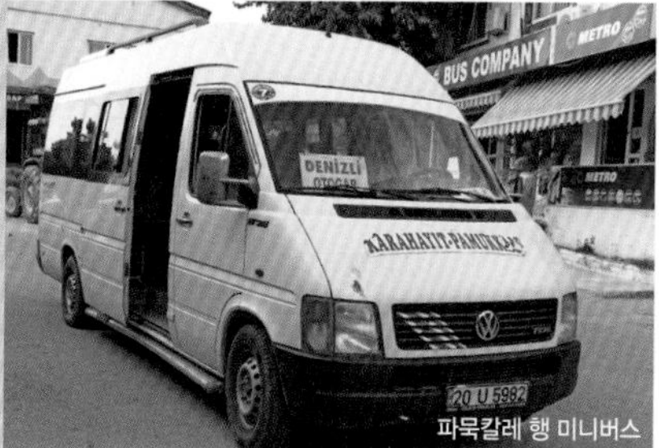

파묵칼레 행 미니버스

파묵칼레를 당일치기로 관광하고 다른 곳으로 이동해야 한다면 데니즐리 오토가르의 에마네트 Emanet(짐 보관소)를 이용하면 편리하다. 무거운 배낭에서 해방되면 여행이 한결 가뿐해진다. 데니즐리 오토가르에서는 미니버스를 이용해서 파묵칼레까지 갈 수 있다. 버스 회사가 있는 줌후리예트 스퀘어 부근에 내려서 걸어서 숙소를 정하면 된다. 숙소간 호객 경쟁이 치열하므로 미리 숙소를 정해두는 게 성가신 일을 예방하는 길이다.

데니즐리 ▷▶ 파묵칼레

미니버스

운행 07:00~23:30(매 30분 간격)

소요시간 25분

파묵칼레(데니즐리)에서
출발하는 버스 노선

행선지	소요시간	운행
이스탄불	10시간	1일 7~8편
앙카라	7시간	1일 7~8편
안탈리아	3시간 30분	1일 10편 이상
페티예	4시간	1일 10편 이상
이즈미르	3시간	1일 10편 이상
보드룸	5시간	1일 7~8편
셀축	3시간	1일 6~7편
카파도키아(괴레메)	10시간	1일 3~4편
콘야	8시간	1일 7~8편

*운행 편수는 변동이 있을 수 있음.

➡ 기차

대부분의 여행자는 오토뷔스를 이용하기 때문에 열차를 타고 데니즐리로 도착하는 경우는 많지 않다. 셀축을 거쳐 이즈미르의 바스마네 역까지 운행하는 짧은 구간을 이용할 수 있는데, 버스보다 시간이 오래 걸리지만(셀축까지 4시간) 경험 삼아 이용해 볼 만하다. 데니즐리의 기차역은 오토가르 맞은편에서 100m 정도 떨어져 있다. 역 앞에 정차하는 파묵칼레 행 미니버스를 타고 파묵칼레로 가면 된다. 자세한 운행 시간은 철도청 홈페이지(www.tcdd.gov.tr)를 참고하자.

데니즐리 역 Denizli Gar

전화 (0258)268-2831

시내 교통

파묵칼레는 작은 마을인데다 숙소, 레스토랑, PTT 등 편의시설이 메흐메트 아키프 에르소이 거리 Mehmet Akif Ersoy Bul.와 멘데레스 거리 Menderes Cad. 부근에 집중되어 있어 모두 걸어 다닐 수 있다. 유명한 석회층과 히에라폴리스 유적은 마을 북쪽에 자리하고 있는데 역시 도보로 다녀올 수 있다.

파묵칼레 마을

파묵칼레에서 5km 떨어진 카라하이트 마을의 온천은 데니즐리에서 오는 미니버스를 타고 가야 하는데, 버스 회사 사무실이 있는 줌후리예트 스퀘어 앞에 정차한다. 차를 타고 히에라폴리스를 방문한다면 카라하이트 행 미니버스를 타고 히에라폴리스 북문에서 내리면 된다(10분). 관광을 마치고 데니즐리의 오토가르로 갈 때는 버스표를 구입한 버스회사의 세르비스(전용 세르비스는 없고 보통 데니즐리 행 일반 미니버스를 무료로 태워준다)를 이용하자.

+ 알아두세요!

파묵칼레 세르비스의 달콤한 속삭임

데니즐리에 도착하는 모든 버스회사는 파묵칼레까지 공식적으로 세르비스를 운행하지 않습니다. 카파도키아, 페티예 등에서 파묵칼레 행 버스표를 사면서 세르비스의 운행 여부를 물으면 십중팔구 '우리 회사는 파묵칼레까지 무료 세르비스를 운행한다'라고 하는데 사실이 아닙니다. 파묵칼레까지 들어가는 대형 버스는 없으며, 데니즐리 오토가르에 내려서 미니버스를 타고 가야 합니다. 눈앞의 손님을 놓치지 않기 위해 없는 세르비스를 있다고 하는 거지요.

파묵칼레까지 바로 가는 버스는 여름철 성수기에 셀축에서 출발하는 '에게 쿠프 Age Koop'라는 회사의 중형버스 밖에 없습니다(보통 1일 2편 운행). 간혹 버스회사 '파묵칼레'에서 여름철 성수기에 파묵칼레 직행버스를 편성하기도 하는데 이것도 대형버스는 아니고 중형버스입니다.

파묵칼레로 가는 많은 여행자들이 경험하는 대표적인 사례를 소개합니다.

파묵칼레가 가까워질 무렵(보통 새벽 이른시간) 도로변에서 누군가 버스에 탑승해서 파묵칼레로 가는 여행자들은 내려서 프리 세르비스를 타라고 합니다. 세르비스가 도착하는 곳은 파묵칼레의 특정 숙소. 잠이 덜 깬 상태에서 어리둥절하고 있는 여행자들에게 숙박을 하라는 압박이 1차로 들어오고, 당일치기 여행자들에게는 버스티켓 구매와 1일 투어 상품 구매 압박이 2차로 들어옵니다. 이때 시간은 대략 해 뜰 무렵. 아직 어둠이 가시지 않은 터라 동네 사정을 모르는 여행자들은 여기에 많이 넘어갑니다. 물론 1일 투어 상품이 꼭 나쁜 것은 아니지만 본인이 모든 사정을 알고 선택하는 것과 잘 모르는 상태에서 선택 당하는 것은 천지 차이지요.

이럴 때는 일단 날이 밝을 때까지 기다리거나 그 숙소를 벗어나는 게 상책입니다. 차비를 내라고 하면 '프리 세르비스라고 해서 타지 않았느냐'라고 항의하면 됩니다. 파묵칼레는 한 시간이면 동네 길을 다 알 수 있을 만큼 작은 마을입니다. 조금만 다녀보면 숙소나 여행사가 많습니다. 당일 여행일 경우는 미리 다음 행선지로 가는 버스표를 구입하고(보통 저녁때 출발) 관광을 시작하세요. 배낭은 버스표를 산 회사의 사무실에 맡겨 놓으시고요. 참고로 파묵칼레에 있는 버스회사는 지정 버스회사의 대리점이 아니라 여행사입니다. 특정 버스 회사의 간판을 걸고 있지만 다른 회사의 버스표도 판매합니다. 당일 관광 후 다른 도시로 이동할 여행자는 버스 회사에 미리 연락해서 운행 시간을 알아두세요.

파묵칼레 마을 내 버스회사 Map P.217-B1

캬밀코치 Kāmilkoç(Hermosa Tours)
전화 (0258)272-2666
메트로 Metro
전화 (0258)272-2262
파묵칼레 Pamukkale(Mislina Travel)
전화 (0258)272-3434

셀축과 파묵칼레를 오가는 중형버스

파묵칼레 둘러보기

파묵칼레의 볼거리는 크게 석회층과 히에라폴리스 두 가지 유적이다. 빠른 걸음으로 관광명소만 돌아본다면 하루면 충분하지만 조용한 시골의 정취를 즐기며 2~3일 머무르는 것을 추천한다. 먼저 메흐메트 아키프 에르소이 거리에 있는 잔다르마 옆길을 따라 석회층으로 올라간다. 매표소를 지나 눈처럼 하얀 석회층을 통과해 정상까지 걸어 올라가면 로마 시대의 욕장을 개조한 고고학 박물관이 나온다. 박물관의 아름다운 조각을 관람한 뒤 박물관 옆의 고대의 기둥이 나뒹구는 온천을 돌아보고 자연스럽게 히에라폴리스 유적으로 발길을 옮기자. 히에라폴리스는 광대한 지역 여기저기에 유적이 흩어져 있어 전부 둘러보는데 꼬박 하루가 걸린다. 석양에 물드는 장엄한 석회층은 놓치기 아까운 풍경이니 시간을 잘 안배해 관광을 시작하자.

한편 파묵칼레 남서쪽 100km 떨어진 곳에 조각의 도시로 불리던 고대 도시 유적 아프로디시아스 Aphrodisias가 있다. 많이 알려지지 않아 사람들의 발길은 뜸한 편인데 일정이 촉박하지 않다면 하루 정도 투자해 다녀올 만하다.

+ 알아두세요!

1. 석회층을 올라갈 때 신발을 벗어야 하니 비닐봉지 등 신발을 담을 수 있는 것을 미리 준비해 가자.
2. 물이 고여 있는 곳은 몹시 미끄러우니 주의할 것.
3. 하얀 석회층에 반사되는 자외선이 강하므로 선크림과 모자도 챙겨가자. 선글라스는 필수!
4. 석회층과 히에라폴리스 유적에는 음료를 파는 간이매점이 있고, 유적 온천 안에는 레스토랑도 있다. 관광지라 가격이 비싸므로 파묵칼레 마을에서 출발할 때 간식과 물을 챙겨가는 게 좋다.

Travel Plus+

파묵칼레에서 4대 교회 순례하기와 패러글라이딩

튀르키예는 초기 기독교사에서 빼놓을 수 없는 '소아시아 7대 교회'가 있는 곳으로 유명합니다. 소아시아 7대 교회란 라오디게아, 빌라델비아, 사데, 두아디라, 에페소, 버가모, 서머나 교회를 말하지요. 이 중 에페소(지금의 에페스), 버가모(지금의 베르가마), 서머나(지금의 이즈미르) 교회를 제외한 라오디게아, 빌라델비아, 사데, 두아디라 교회는 대중교통으로 방문하기가 불편해 파묵칼레에서 차를 대절해서 다녀오는 순례객들이 많습니다.

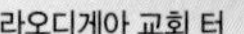
라오디게아 교회 터

물질적으로는 부유했지만 영적으로 가난했던 라오디게아 교회, 살아있으나 죽은 교회였던 사데 교회, 가난했지만 영적 기운이 넘쳤던 빌라델비아 교회, 영적인 분별력을 잃어 하나님에게 책망받았던 두아디라 교회는 기독교인들에게 빼 놓을 수 없는 성지순례 코스지요. 현재 네 곳 모두 당시의 교회 건물은 남아있지 않지만 지난날의 흔적을 더듬기에는 부족하지 않답니다. 에게해의 대도시인 이즈미르에서 방문할 수도 있고, 파묵칼레에서 갈 수도 있는데 파묵칼레를 더 선호하는 편입니다. 각 교회들 간의 거리가 멀기 때문에 네 곳을 모두 돌아보려면 아침 일찍부터 서두르는 게 좋습니다. 다음 행선지가 셀축이라면 순례후 셀축으로 갈 수도 있습니다(7~8시간 소요, 약 €300).

또한 파묵칼레에서는 패러글라이딩을 즐길 수 있습니다. 하늘을 나는 기분과 함께 공중에서 감상하는 석회층과 히에라폴리스의 경치가 너무나 아름답기 때문이죠(주의사항은 욀뤼데니즈 편 P.327 참고).

패러글라이딩

요금 $140(사진, 동영상 별도).

문의 파묵칼레 각 숙소 및 여행사

BEST COURSE

예상소요시간 7~8시간

첫날 예상소요시간 8~9시간

출발 ▶▶파묵칼레 각 숙소

도보 10~20분

석회층(P.218)

파묵칼레의 상징인 하얀 석회층. 자연의 신비가 놀라울 따름이다.

도보 30분

고고학 박물관(P.218)

히에라폴리스에서 출토된 유물을 모아놓은 박물관.

도보 1분

유적 온천(P.218)

고고학 박물관 옆에 있는 풀장. 로마 시대의 기둥이 나뒹구는 온천이다.

도보 1분

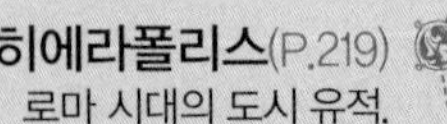

히에라폴리스(P.219)

로마 시대의 도시 유적. 원형극장, 네크로폴리스 등을 확인할 수 있다.

파묵칼레 마을에서 미니버스로 10분

카라하이트 온천(P.221)

파묵칼레 주변의 또 다른 온천. 다량의 철분을 함유하고 있다.

파묵칼레에서 택시로 30분

카클륵 동굴(P.222)

석회층이 있는 동굴. '작은 파묵칼레'로 불리기도 한다.

둘째날 예상소요시간 5~6시간

아프로디시아스 1일 투어(P.226)

조각의 도시로 불리던 로마 시대의 도시 유적. 고대 유적에 관심이 많다면 꼭 가보자.

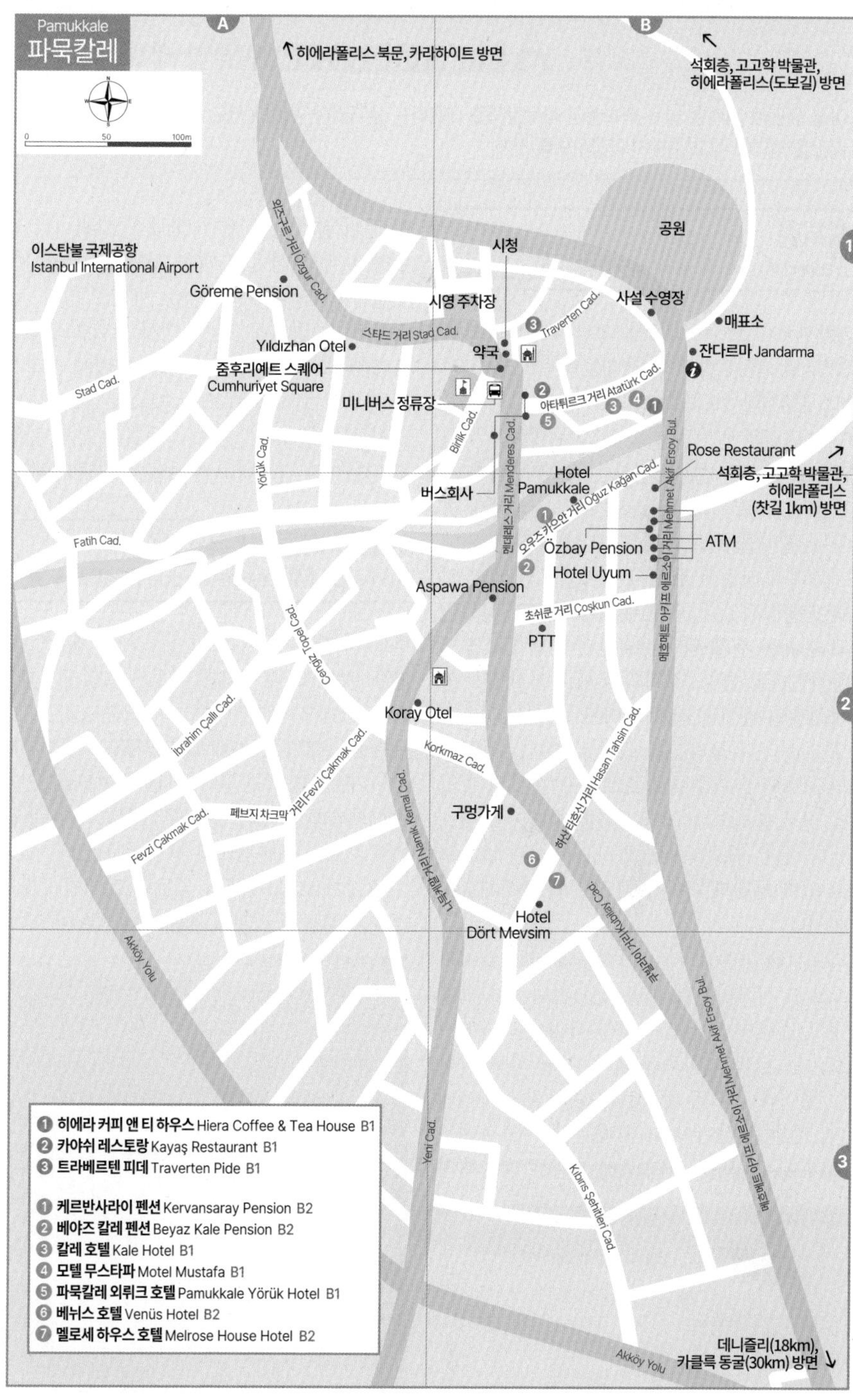
Pamukkale
파묵칼레
히에라폴리스 북문, 카라하이트 방면
석회층, 고고학 박물관, 히에라폴리스(도보길) 방면
공원
이스탄불 국제공항
Istanbul International Airport
Göreme Pension
시청
시영 주차장
사설 수영장
매표소
잔다르마 Jandarma
Yıldızhan Otel
약국
줌후리예트 스퀘어
Cumhuriyet Square
미니버스 정류장
Stad Cad.
스타드 거리 Stad Cad.
외즈구르 거리 Özgur Cad.
Traverten Cad.
아타튀르크 거리 Atatürk Cad.
Birlik Cad.
Yörük Cad.
Rose Restaurant
석회층, 고고학 박물관, 히에라폴리스 (찻길 1km) 방면
Hotel Pamukkale
버스회사
멘데레스 거리 Menderes Cad.
오우즈 카으안 거리 Oğuz Kağan Cad.
메흐메트 아키프 에르소이 거리 Mehmet Akif Ersoy Bul.
Özbay Pension
ATM
Hotel Uyum
Fatih Cad.
Aspawa Pension
초쉬쿤 거리 Çoşkun Cad.
PTT
Cengiz Topel Cad.
Koray Otel
İbrahim Çallı Cad.
Korkmaz Cad.
Hasan Tahsin Cad.
하산 타흐신 거리
Fevzi Çakmak Cad.
페브지 차크막 거리 Fevzi Çakmak Cad.
구멍가게
나므크 케말 거리 Namık Kemal Cad.
쿠블라이 거리 Kublay Cad.
Hotel Dört Mevsim
Akköy Yolu
Yeni Cad.
Kıbrıs Şehitleri Cad.
메흐메트 아키프 에르소이 거리 Mehmet Akif Ersoy Bul.
데니즐리(18km), 카클륵 동굴(30km) 방면
Akköy Yolu
❶ 히에라 커피 앤 티 하우스 Hiera Coffee & Tea House B1
❷ 카야쉬 레스토랑 Kayaş Restaurant B1
❸ 트라베르텐 피데 Traverten Pide B1
❶ 케르반사라이 펜션 Kervansaray Pension B2
❷ 베야즈 칼레 펜션 Beyaz Kale Pension B2
❸ 칼레 호텔 Kale Hotel B1
❹ 모텔 무스타파 Motel Mustafa B1
❺ 파묵칼레 외뤼크 호텔 Pamukkale Yörük Hotel B1
❻ 베뉘스 호텔 Venüs Hotel B2
❼ 멜로세 하우스 호텔 Melrose House Hotel B2

Attraction 파묵칼레의 볼거리

마을 뒤편에 자리한 넓은 석회층이 파묵칼레를 대표하는 볼거리다. 어디에서도 구경하기 힘든 장관이니 시간을 넉넉히 잡고 충분히 감상하도록 하자.

석회층
Travertine ★★★★★ 세계문화유산

개방 매일 07:30~18:00 **요금** €30(히에라폴리스와 통합입장권) **가는 방법** 파묵칼레 마을 북쪽에 있다. 미니버스 정류장에서 도보 10분.

마을 뒤편의 언덕을 뒤덮고 있는 새하얀 석회층으로 파묵칼레를 상징하는 장소다. 석회 성분을 품은 33~36℃ 정도의 물이 지하에서 솟아나 언덕을 흐르며 석회를 남기고 그 위에 계속해서 침전이 진행되어 대규모의 석회 언덕이 형성되었다. 연구 결과에 따르면 석회층의 두께는 현재 약 4.9㎢이며 매년 1㎜ 정도 증가한다고 한다. 현재의 두께로 역산해 보면 석회층의 나이는 적게 잡아도 1만 4000년 정도라고 하니 놀라움을 금할 수 없다. 석회층의 보호와 온천수량 감소로 1997년부터 출입을 일부 통제하며 극히 제한된 수량만을 내보낸다. 물은 칼슘과 이산화탄소를 다량 함유하고 있어 카펫과 비단을 직조할 때 표백제로도 쓰인다.

파묵칼레 마을을 지나 석회층의 남쪽 끝부터 오르기 시작하는데 매표소를 지나면 신발을 벗고 올라가야 한다. 수로를 따라 올라가면서 보이는 흰색 석회층은 눈 같기도 하고 목화솜 덩어리 같기도 해 신비로운 느낌을 자아낸다. 맨발로 걸어야 하기 때문에 겨울철에는 발이 매우 시린데 석회층을 제대로 감상하려면 걸어 올라가는 게 가장 좋은 방법이니 감수하자. 불편함을 도저히 감당할 수 없다면 찻길을 따라 멀리 돌아가는 방법도 있다. 해 질 무렵 석양에 물드는 장엄한 석회층의 모습은 절대 놓칠 수 없는 볼거리! 사람에 따라서는 튀르키예 여행 최고의 경관으로 꼽으니 반드시 보도록 하자. 히에라폴리스 유적 관광 후 일몰까지 감상하고 돌아올 것을 추천한다.

목화의 성이라 불리는 석회층

고고학 박물관&유적 온천
Arkeoloji Müzesi&Antique Pool ★★★

주소 Arkeoloji Müzesi, Pamukkale Denizli **개관** 박물관 매일 09:00~19:00(겨울철은 08:30~17:00), 온천 매일 08:00~19:00(겨울철은 16:00까지) **요금** 박물관 12TL, 온천 성인 200TL, 7~12세 100TL(사물함 사용료 20TL 별도) **가는 방법** 석회층 꼭대기에 올라서면 바로 보인다.

히에라폴리스에서 출토된 유물을 모아놓은 박물관으로 전부 3개의 전시관이 있다. 주로 2~3세기 로마 시대의 유물들로 대리석상과 부조가 훌륭한 석관이 전시되어 있으며 토기,

석회층의 장엄한 일몰

등잔, 액세서리, 동전 등 부장품도 있다. 다른 도시에서 로마 시대의 조각을 못 보았다면 충실한 유적 탐방을 위해 한번쯤 구경할 만하다. 로마 시대 욕장이었던 박물관 건물도 인상적이다.

한편 박물관 옆 50m 떨어진 곳에 유적의 원기둥이 나뒹구는 온천이 있다. 지진으로 파손된 유적 위에 온천물이 솟아나와 형성된 것. 견학만 하는 경우는 무료지만 온천을 이용할 경우에는 별도의 요금을 내야 한다. 꽤 비싼 요금이지만 유적 위를 헤엄치는 특별한 경험을 할 수 있어 이용객들이 줄을 서고 있다.

유적 온천에서 수영하는 사람들

히에라폴리스
Hierapolis ★★★★ 세계문화유산

주소 Hierapolis, Pamukkale Denizli **개방** 24시간 **요금** €30(석회층과 통합입장권) **가는 방법** 석회층 꼭대기 뒤편 산 전역

기원전 190년경 페르가몬 Pergamum의 왕 에우메네스 Eumenes 2세가 건설한 도시. 도시 이름은 페르가몬 왕가의 시조 텔레포스의 부인 히에로에서 따온 것으로 '성스러운 도시'라는 뜻이다.

에페스, 베르가마 등 같은 시대의 대도시가 무역의 이점 때문에 대부분 해안에 위치한 것과는 달리 히에라폴리스는 내륙에 건설되었다. 그 이유는 온천수를 이용한 질병의 치료와 휴양이 목적이었기 때문.

로마와 비잔틴 시대를 거치며 번영했는데, 전성기에는 인구가 10만 명에 달할 정도로 큰 규모를 자랑했다. 국가의 중요한 행사와 축제, 스포츠 경기가 이곳에서 열렸으며 원형극장, 도서관이 속속 건립되어 문화와 예술의 도시로 주목받았다. 하드리아누스, 카라칼라, 발렌스 등 로마 황제가 이곳에 다녀간 기록이 있으며, 비잔틴 시대 유스티니아누스 황제 때에는 대교구로 승격되었다. 12세기 셀주크 투르크가 이곳을 점령한 뒤 파묵칼레로 이름이 바뀌었지만 대도시의 명성은 조금도 줄어들지 않았다. 꺼지지 않을 것 같던 히에라폴리스의 번영은 1354년 이 지역을 강타한 대지진으로 한순간에 막을 내리고 역사 속으로 사라졌다. 1887년 독일 고고학 팀의 발굴로 다시 모습을 드러냈다.

분수대 Nympaeum

유적 온천 뒤편의 유적으로 도시에 물을 공급하는 저수조였다. 기원후 4세기경 건립되었

으며 이곳의 물은 멀리 떨어진 수원지에서 인공 수로를 통해 끌어왔다. 로마인들은 상하수도와 도로, 항만 등 기반시설에 엄청난 공을 들였다. 맑은 수원지를 찾아내고 최첨단 공법을 사용해 저수조까지 끌어들인 후 시내의 수로를 따라 광장과 주택가에 물을 공급했다. 그 덕택으로 고대인들은 현대보다 깨끗한 물을 풍부하게 공급받았다. 공동 샘터의 물은 무료였다.

아폴론 신전 Temple of Apollon

히에라폴리스의 주신으로 모시던 태양신 아폴론의 신전. 아폴론과 쌍둥이 남매인 아르테미스 Artemis 여신과 그들의 어머니 레토 Leto, 지진을 관장하는 포세이돈 Poseidon 등이 중요한 신으로 추앙받았다. 도시 건설당시 히에라폴리스를 대표한다 해도 과언이 아닐 정도로 아폴론 신전의 위상은 남달랐고 신탁도 이곳에서 행해졌다.

신전 오른쪽에 플루토니움 Plutonium이라는 동굴신전이 하나 있는데, 이는 지하의 신인 플루토 Pluto(하데스 Hades라고도 한다)에게 바친 것이다. 지하세계로 통하는 길이라고 믿었던 동굴 속에서는 유독가스가 분출되었는데 신관은 이 가스를 마시고 최면상태에서 신의 계시를 전했다고 한다. 가스는 일산화탄소로 밝혀졌다. 지금도 작은 아치가 있는 플루토니움을 볼 수 있다.

원형극장 Roman Theatre

도시의 북동쪽 산 경사면에 자리했으며 2세기 하드리아누스 황제 때 처음 건립되었다. 재정압박이 심했던 탓인지 건축에 사용된 자재는 도시 북쪽의 헬레니즘 시대부터 있었던 작은 극장에서 조달했다고 한다. 무대 건물은 3세기 셉티무스 세베루스 Septimus Severus 황제 때 완공되었다. 45줄의 객석에 최대 수용인원 1만 명의 규모를 자랑하며, 무대의 벽에는 아르테미스, 아폴론 등의 신상이 조각되어 있었다. 현재 조각상은 고고학 박물관에 전시되어 있다. 참고로 이 원형극장은 페르게 Perge, 시데 Side의 원형극장과 동일한 형식으로 지어진 것이다.

성 빌립 순교 기념당 Martyrium of St. Pillip the Apostle

원형극장의 길 건너편 산 중턱에 있는 곳으로 사도 빌립의 순교를 기념하기 위한 건물이다. 예수의 열두 제자 중 한 사람이었던 빌립은 80년 도미티아누스 황제 때 이곳에서 자신의 딸과 포교를 하다 돌에 맞아 순교했다. 이 건물은 그가 순교했을 것으로 추정된 자리에 세워진 기념당이다. 중앙의 정팔각형 건물을 중심으로 8개의 작은 정사각형 방들이 있으며, 한쪽에는 주교를 위한 반원 형태의 공간이 따로 마련되어 있다. 사도 빌립의 순교를 기리는 특별 예배 때 사용된 것으로 추정된다. 사

로마 욕탕

네크로폴리스

원형극장

도미티아누스 문

도 빌립의 무덤은 발견되지 않았다.

도미티아누스 문 Domitianus Gate

원형기둥이 남아있는 메인 도로의 끝에 위치한 문으로 세 개의 멋진 아치가 잘 남아있다. 85년 이곳의 총독이었던 율리우스 프론티누스 Julius Frontinus가 도미티아누스 황제에게 바친 것이라 '프론티누스 문'으로 불리기도 한다. 문을 통과해서 바로 왼쪽에는 올리브 기름을 짜던 석판을 볼 수 있다.

로마 욕탕 Basilica

도미티아누스 문을 통과하면 만나는 건물로 거대한 두 개의 아치가 인상적이다. 온천을 이용한 치료와 휴양이 도시의 존재 이유였던 만큼 욕탕 시설은 어느 것 못지않게 큰 비중을 차지했다. 3세기에 처음 지어졌으며 이후 잦은 지진으로 무너졌다 재건축하기를 반복했다.

네크로폴리스 Necropolis

네크로폴리스는 '죽은 자의 도시'라는 의미로 공동묘지를 말한다. 히에라폴리스의 방문객 중에는 온천수를 이용한 치료의 희망을 안고 오는 환자가 많았는데, 결과적으로 사망자도 많아 대규모의 네크로폴리스가 조성되었다. 이곳에는 1200기에 이르는 무덤이 있는데 시대에 따라 봉분과 석관 등 다양한 형태를 볼 수 있다. 현재 튀르키예에 있는 네크로폴리스 중 최대 규모다. 따가운 오후의 햇살 아래 인적 드문 묘비 사이를 걸으며 옛 사람들을 상상하다보면 쓸쓸한 감정이 들기도 한다.

카라하이트 온천
Karahayıt ★★

개방 24시간 **요금** 무료 **가는 방법** 데니즐리에서 오는 미니버스로 5분. 파묵칼레의 줌후리예트 스퀘어에서 기다렸다 타면 된다.

파묵칼레에서 5km 떨어진 카라하이트 마을에 온천이 솟아나고 있다. 온천물은 50℃를 넘을 정도로 뜨거우며 다량의 철분을 함유하고 있어 주변의 돌이 붉게 물들어 있다. 물이 나오는 곳은 두 군데이며 발목이 잠길 정도로 얕은 욕탕을 조성해 놓아 돌 벤치에 앉아 족욕(足浴)을 즐기기에 안성맞춤이다. 심장병, 고혈압, 피부병에 효과가 있다고 알려져 튀르

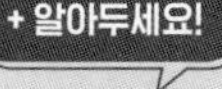

석회층과 히에라폴리스 효율적으로 돌아보기

히에라폴리스 유적의 돌무쉬

마을에서 가까운 진입로에서 걸어서 석회층을 올라간 뒤, 히에라폴리스 북문까지 약 2.5km를 도보로 이동하며 관람을 마친 다음, 북문 앞을 지나가는 미니버스를 타고 파묵칼레 마을로 돌아올 수 있습니다.

또는 반대로 파묵칼레 마을 미니버스 정류장에서 카라하이트 행 미니버스를 타고 히에라폴리스 유적 북문까지 간 후, 도보로 유적을 감상하며 유적 온천까지 와서 석회층을 걸어 내려오는 방법도 있습니다. 어느 쪽이든 큰 차이는 없지만 멋진 일몰을 감상하려면 후자가 낫습니다. 눈처럼 흰 석회층을 맨발로 밟아보는 경험과 석회층의 일몰은 잊을 수 없는 추억이므로 관광 시간을 잘 조절하세요.

광대한 히에라폴리스 유적을 걷는 게 부담스럽거나 관광 시간을 아끼고 싶다면 유적지 내부를 다니는 돌무쉬를 이용하세요. 돌무쉬를 타고 갔다가 돌아오는 길에 원형극장에 내려서 산 중턱에 있는 성 빌립 순교 기념당을 구경하고 유적 온천으로 걸어서 돌아오면 편리하답니다.

히에라폴리스 유적 내 돌무쉬

운행 08:00~19:00(겨울철은 17:30까지) 수시로 운행

노선 히에라폴리스 북문~유적온천 앞

성 빌립 순교 기념당 돌무쉬

운행 08:00~19:00(겨울철은 17:30까지)

노선 유적 온천 앞~성 빌립 순교 기념당

*5명 이상 출발. 비수기에는 운행이 중단되기도 한다.

키에 관광객들이 많이 찾는 곳으로 마을에는 펜션과 호텔이 줄지어 있다. 만일 제대로 온천욕을 즐기고 싶다면 조금 비싼 고급 호텔의 온천을 이용하는 방법도 있다.

카클륵 동굴
Kaklık Magaras ★★

개관 매일 08:00~19:00(겨울철은 17:00까지) **요금** 25TL **가는 방법** 파묵칼레에서 택시로 30~40분.

데니즐리 인근 25km 떨어진 카클륵에서 1999년의 대지진 후에 발견된 동굴. 동굴 안에는 파묵칼레와 같은 소규모의 석회층이 형성되어 있어 작은 파묵칼레라고 불리기도 한다. 동굴 내에 설치된 견학 통로를 따라 둘러볼 수 있는데 규모가 작아서 파묵칼레에 비한다면 앙증맞기까지 하다. 입구에는 동굴에서 솟아나는 광천수를 이용한 수영장도 있다. 대중교통 수단이 없어 투어나 택시를 이용해야 한다.

Shakti Say 서민의 궁전, 로마 시대의 목욕장

검투사들이 등장하는 원형극장이 로마 시대의 대표적인 이미지이지만 공중 목욕장도 로마 시대에서 빼놓을 수 없습니다. 로마인들은 유래를 찾아볼 수 없을 정도로 목욕을 좋아했던 민족입니다. 웬만한 도시에는 목욕장이 몇 개씩 있었고, 심지어 전선에서 복무하는 병사들을 위한 목욕장도 있었을 정도니까요. 로마의 국력이 커지는 것과 비례해 목욕장의 숫자도 늘어났는데요, 전성기에 수도 로마에는 11개의 대형 목욕장이 있었습니다. 수천 명이 동시에 이용하는 공중 목욕장은 대부분 황제가 지어서 시민에게 기증했습니다. 많은 이들을 위한 대규모 공공시설을 기증하는 것은 황제가 해야 할 사회적 책무였거든요.

로마 시대의 목욕장을 '테르마에 Thermae'라고 불렀는데, 욕탕 설비뿐 아니라 운동장과 도서관, 오락장, 정원 등 모든 것이 갖추어져 있는 종합 레저시설이었습니다. 시민들은 일과를 마치고 목욕장에서 신체 단련을 하거나 게임을 하며 여가를 보냈지요.

로마인들은 온욕·증기욕·냉욕의 순서로 목욕했기 때문에 욕탕은 매우 복잡한 설비를 갖추고 있었습니다. 게다가 목욕장 안팎에 장식된 미술품은 매우 수준이 높아서 미술관으로 불러도 손색이 없을 정도였답니다. 바티칸 미술관의 보배라고 하는 '라오콘 군상'과 나폴리 고고학 박물관에 있는 '파르네세의 소' 등 수많은 걸작품이 목욕장을 장식하는 조각이었죠. 로마의 제2대 황제 티베리우스가 목욕장의 조각품 하나를 궁전으로 옮겼다가 시민들의 거센 항의를 받고 원래 있던 곳에 돌려놓았다는 일화도 있을 정도랍니다. 이렇게 좋은 시설을 갖추고도 입장료는 빵 한 개와 포도주 한 잔 값에 불과했다고 하니 서민의 궁전이라고 부른 것도 납득이 갑니다(어린이와 군인, 공직 노예는 무료입장).

목욕장은 일과가 끝나는 오후 2시에 문을 열어서 해질 무렵에 닫았습니다(옛날에는 아침 일찍 일과를 시작했다). 원로원 의원부터 노예에 이르기까지 누구에게나 개방되어 있었고 특별한 날에는 무료로 개방했답니다. 황제가 온다고 해서 일반인의 출입을 제한하지도 않았습니다. 시민들과 어울리기를 좋아했던 제10대 티투스 황제는 알몸으로 사람들과 자주 목욕을 즐겼을 정도지요.

로마 시대의 목욕장은 오랫동안 남녀 혼욕이었는데, 하드리아누스 황제 시대부터 남녀를 구별했습니다. 다만 내부를 남탕과 여탕으로 나누는 것은 불가능해 시간으로 구분했지요. 아울러 의사, 교사와 마찬가지로 마사지사에게도 직접세 면제라는 특권을 줄 정도로 마사지의 효용을 중시했답니다.

로마의 지배자들은 목욕장을 여가 활용과 위생 관리라는 개념에서 국가가 운영해야 하는 복지시설로 여겼기 때문에 저렴한 입장료는 물론이고 유지와 설비 보수를 게을리 하지 않았습니다. 로마 제국의 역사를 통틀어서 전염병이 퍼진 일이 놀랄 만큼 적은 것도 목욕장 덕분이라고 할 수 있습니다.

전성기를 누리던 목욕장은 기독교가 공인된 후인 4세기 말부터 이용객이 줄어들었습니다. 개인의 자유를 존중하는 인본주의 대신 기독교적인 금욕주의가 대두해 알몸을 보이는 것이 금기시되었기 때문입니다. 로마가 퇴폐적인 목욕문화 때문에 멸망했다는 속설도 이와 비슷한 맥락이지요. "목욕과 술과 여자가 장수의 적이라는 것은 알고 있다. 하지만 목욕과 술과 여자가 없는 인생은 인생이 아니다"라고 적힌 한 로마인의 묘비에서 당시의 생활과 사고방식을 짐작할 수 있습니다.

Restaurant 파묵칼레의 레스토랑

관광객이 몰려들면서 레스토랑이 하나 둘 늘어나는 추세인데, 아직까지는 동네 주민들이 운영하는 소박한 규모다. 대부분 중심가인 아타튀르크 거리에 자리했으며 한국 음식을 판매하는 곳도 몇 군데 있다. 바깥에 한국어로 간판을 적어놓았는데 맛에 관해서는 의견이 분분한 편. 한국 라면을 먹을 수 있다는 것은 반가운 일이다. 대부분의 숙소에서 부설 레스토랑을 운영하므로 편한 곳을 이용하자.

히에라 커피 앤 티 하우스 Hiera Coffee & Tea House

Map P.217-B1 주소 Memet Akif Ersoy Blv. no:53/a, 20100 **전화** +90-552-709-3933 **영업** 매일 13:00~00:00 **예산** 1인 350~550TL **가는 방법** 미니버스 정류장에서 아타튀르크 거리를 따라 도보 5분.

석회층 올라가는 입구에 자리한 튀르키예식 전문 식당. 다양한 종류의 케밥과 음료를 제공하는데 맛과 양 모두 만족할 만하다. 밥과 함께 나오는 팬 치킨도 괜찮고 뜨거운 돌판에 구워 나오는 양고기 피르졸라(Lamb Chop)도 육즙이 살아있다. 주인도 친절해서 식사후 커피나 차를 무료로 제공하기도 한다. 종종 자리가 꽉 차는 경우가 많으니 저녁식사를 할 거라면 예약하고 가는 게 좋다.

한국 음식 Korean Food

주소 Atatürk Cad. **예산** 1인 80~150TL **가는 방법** 미니버스 정류장에서 아타튀르크 거리를 따라 가다보면 한글 간판이 보인다.

아타튀르크 거리에 있는 몇 군데의 숙소 부설 식당에서 한국음식을 판매한다. 대표적인 곳이 '모텔 무스타파'와 '칼레 오텔' 두 곳. 무스타파는 닭고기 볶음밥의 원조라고 광고하며, 칼레 오텔은 다양한 메뉴로 승부를 걸고 있다. 사람에 따라 맛집에 대한 평가가 엇갈리는데 한국과 똑같은 맛을 기대하지는 말자. 음식만 나올 뿐 반찬은 없다. 한국 라면도 있다.

카야쉬 레스토랑 Kayaş Restaurant

Map P.217-B1 주소 Kale Mah. Atatürk Cad. No.3, Pamukkale **전화** (0258)272-2267 **영업** 10:00~24:00 **예산** 1인 300~600TL **가는 방법** 미니버스 정류장 바로 앞에 있다.

마을 중심에 위치한 곳으로 초록색 덩굴이 있어 편안한 분위기다. 한국 여행자를 겨냥해 후라이드 치킨 메뉴도 있는데 맛은 괜찮은 편이다. 생맥주도 있어 밤거리를 어슬렁 거리다 치맥 한잔 하기에 좋다. 다양한 종류의 칵테일도 제공하며 각종 케밥 등 식사메뉴도 많아서 레스토랑과 바 어느 쪽이든 부담없이 이용할 수 있다.

트라베르텐 피데 Traverten Pide

Map P.217-B1 주소 Traverten Sk. 3/A, 20280 **전화** +90-532-304-0285 **영업** 매일 08:30~00:00 **예산** 1인 100~200TL **가는 방법** 미니버스 정류장에서 도보 5분.

가게 안에 있는 화덕에서 구워내는 피데가 맛있다. 주문을 하면 바로 반죽해서 구워주므로 따끈하고 쫄깃한 맛을 즐길 수 있다. 피데 말고도 닭고기, 양고기 등 일반적인 케밥도 있으므로 선택의 폭도 다양한 편. 식후 차이를 무료로 주는데 여름철에는 과일 후식을 제공하기도 한다. 주인도 친절하다.

Hotel 파묵칼레의 숙소

이름난 관광지이므로 마을 규모에 비해 숙소는 지나치다 싶을 정도로 많다. 주민들이 운영하는 소박한 규모의 펜션이 대부분인데 단체 패키지 관광객을 겨냥한 대형 고급 호텔도 몇 군데 있다. 개별 여행자라면 석회층에서 가까운 펜션에서 머무는 게 일반적인데 대형 온천 호텔도 있다. 수영장과 온천을 갖춘 호텔은 파묵칼레에서 7km 떨어진 카라하이트 지역에 많이 있으며 요금에 아침과 저녁 식사가 포함되는 경우가 많다. 석회층까지 미니버스가 자주 다니므로 명소 방문에 불편을 겪을 정도는 아니다.

케르반사라이 펜션 Kervansaray Pension

Map P.217-B2 주소 Pamukkale, Denizli **전화** (0258) 272-2209 **홈페이지** www.kervansaraypension.com **요금** 싱글 €26(개인욕실, A/C), 더블 €28(개인욕실, A/C) **가는 방법** 베야즈 칼레 펜션에서 도보 1분.

2011년 새 단장을 해서 매우 고급스러워졌다. 평면 위성 TV, 거울 달린 화장대 등 시설이 좋으며 욕실도 업그레이드 됐다. 일부 방은 발코니가 있고 옥상에서 석회층을 감상하기도 좋다. 수영장과 소파가 있는 1층과 덩굴이 있는 2층에도 휴식 공간을 마련해 놓았다.

베야즈 칼레 펜션 Beyaz Kale Pension

Map P.217-B2 주소 Pamukkale, Denizli **전화** (0258) 272-2064 **요금** 싱글 €15(개인욕실, A/C), 더블 €20(개인욕실, A/C) **가는 방법** 멘데레스 거리와 오우즈 카란 거리 Oğuz Kağan Cad.가 만나는 사거리 모퉁이에 있다.

가족이 운영하는 곳으로 잘 관리되고 있다. 노란색 벽의 객실과 타일이 깔린 욕실은 나무랄 데 없이 깨끗해 청결함을 최고로 치는 여행자라면 매우 흡족할 만하다. 주인 부부가 조금 과하다 싶을 정도로 친절하며, 온수도 언제나 잘 나온다. 수영장도 딸려있다.

칼레 호텔 Kale Hotel

Map P.217-B1 주소 Atatürk Cad. Kale Mah. No.16 Pamukkale, Denizli **전화** (0258)272-2607 **요금** 도미토리 €10(공동욕실), 싱글 €15(개인욕실, A/C), 더블 €20(개인욕실, A/C) **가는 방법** 미니버스 정류장에서 아타튀르크 거리를 따라 도보 3분.

최저가형 숙소. 저렴한 도미토리는 여행경비를 절약하고픈 배낭족들의 인기를 끌고 있다. 마을 중심에 있어 석회층과도 가깝고 옥상에서 전망도 좋다. 예전에 일본인과 한국인이 운영했던 적이 있어 부설식당에서 한국 라면을 포함한 몇 가지 한식과 일식을 판다.

모텔 무스타파 Motel Mustafa

Map P.217-B1 주소 Pamukkale, Denizli **전화** (0258) 272-2240(휴대폰 0541-9182489) **요금** 싱글 €20(개인욕실, A/C), 더블 €30(개인욕실, A/C) **가는 방법** 미니버스 정류장에서 아타튀르크 거리를 따라 도보 5분.

한때 한국 여행자들의 압도적인 지지를 받던 곳이었는데, 성추행 등 불미스러운 일로 명성은 예전만 못하다. 무스타파 할아버지와 젊은 아들이 영업에 복귀한 후 안정을 되찾고 있다. 부자가 쾌활하고 붙임성이 좋으나 자칫하면 휘둘릴 수 있으므로 주인과 손님의 관계는 명확히 해 두는 게 좋다.

파묵칼레 외뤼크 호텔 Pamukkale Yörük Hotel

Map P.217-B1 주소 Atatürk Cad. 48/A Pamukkale, Denizli **전화** (0258) 272-2073 **요금** 도미토리 150TL(공동욕실), 싱글 €30(개인욕실, A/C), 더블 €40(개인욕실, A/C) **가는 방법** 미니버스 정류장에서 도보 1분.

50여 개의 객실이 있는 대형 숙소. 넓은 수영장과 레스토랑이 있고, 저렴한 도미토리와 여름철 푸짐한 저녁 뷔페(유료)가 호평을 받고 있다. 하지만 전체적으로 안정감이 떨어지고 산만한 분위기다. 소지품 관리에 주의하고 종업원들과도 적당히 선을 긋는 게 좋다.

베뉘스 호텔 Venüs Hotel

Map P.217-B2 주소 Pamukkale, Denizli **전화** (0258) 272-2152 **홈페이지** www.venushotel.net **요금** 싱글 €70(개인욕실, A/C), 더블 €80(개인욕실, A/C) **가는 방법** 미니버스 정류장에서 멘데레스 거리를 따라가다가 구멍가게를 지나서 오른쪽 하산 타흐신 거리로 꺾어들면 오른편에 있다. 도보 15분.

산장 형식의 깨끗한 외관이 인상적인 중급 숙소. 호주 출신의 안주인 캐런이 싹싹하고 친절히 손님을 맞이한다. 객실은 넓고 깨끗해 쾌적하게 머물 수 있으며 전체적으로 다른 숙소에 비해 수준이 높은 느낌이다. 수영장과 부설 레스토랑도 있으며 성수기에는 예약해야 할 정도로 인기가 높다.

멜로세 하우스 호텔 Melrose House Hotel

Map P.217-B2 주소 Pamukkale, Denizli **전화** (0258) 272-2250 **홈페이지** www.melrosehousehotel.com **요금** 싱글 €60(개인욕실, A/C), 더블 €80(개인욕실, A/C), 패밀리룸 €120(개인욕실, A/C) **가는 방법** 미니버스 정류장에서 멘데레스 거리를 따라가다가 구멍가게를 지나서 오른쪽 하산 타흐신 거리로 꺾어들면 왼편에 있다. 도보 15분.

베뉘스 호텔 맞은편에 있는 또 다른 중급 숙소. 침구류와 커튼, 실내장식을 은은하게 꾸며 놓았고 커피포트 등 편의시설도 잘 되어 있다. 일부 객실은 발코니가 딸려있으며 자쿠지가 있는 객실도 있다. 정원의 수영장에서 수영을 하며 편안한 휴가를 즐기기 좋다.

Shakti Say

파묵칼레 주민과 한국 여행자 여러분!

파묵칼레는 특이한 자연과 광대한 유적으로 사시사철 관광객이 끊이지 않는 곳입니다. 유명 관광지가 다 그렇듯 이곳도 지나친 호객이 문제가 되고 있는데요, 파묵칼레 마을은 물론 데니즐리까지 나와 원정호객을 할 정도라 방문객의 눈살을 찌푸리게 합니다. 한 가지 특이한 것은 호객의 대상이 한국 여행자들에게 집중되고 있다는 점입니다. 숙소 요금을 너무 깎는다든가 오직 싼 것만을 찾는 등 다른 나라 여행자들에 비해 금전에 지나치게 민감한 반응을 보이기 때문이죠. 그러다보니 현지인들에게 "한국인은 무조건 싸기만 하면 된다"는 인식이 심어져 저렴한 요금이나 무료 픽업을 미끼로 자신의 숙소로 데리고 가는데, 세상에 진정한 공짜는 없는 법! 식사를 하라는 무언의 압박과 투어 강요는 물론 다른 나라 여행자들에 비해 제대로 대접도 받지 못하고 있는 형편입니다. 여행 경비를 절약하고픈 마음이야 누구나 마찬가지겠지만 큰 맘 먹고 온 여행이 즐거운 추억은 고사하고 불쾌한 기억만 안고 돌아가는 경우가 많습니다. 한국 여행자들이 한번쯤 생각해 볼 문제입니다.

한 가지 더, 파묵칼레는 너무나 작은 동네인데다 마을 사람들 모두가 인척관계입니다. 어제 오늘 일은 아니지만 마을길을 마음 편히 걸을 수 없을 정도의 호객과 추근거림은 평화로운 마을 이미지를 흐리는 주범. 똑같은 유명 관광지지만 서로 간의 합의로 호객 없는 마을을 만든 카파도키아의 괴레메를 견학시키고픈 마음이 들 정도랍니다.

게다가 파묵칼레의 일부 숙소는 한국인 직원을 모집한다는 광고를 버젓이 하고 있어 여행자들의 주의가 요구됩니다. 정식 직원으로 채용해 고용비자를 발급해 주는 것이 아니므로 불법인 것은 말할 것도 없고 문제가 생겼을 때 대처할 수도 없습니다(해외에서 여행객 신분으로 취업은 엄연한 범법행위!). 잘못하다가는 불법 취업으로 추방당할 수도 있으니 각별히 주의하세요.

파묵칼레에 도착한 여행자들

로마 시대 가장 사랑받았던 조각의 도시

아프로디시아스

세계문화유산 Aphrodisias

파묵칼레에서 남서쪽으로 100km 떨어진 곳에 자리한 고대도시로 기원전 2세기 로마가 도시를 건설하면서 역사에 등장했다. 이름에서 알 수 있듯이 아프로디테 여신을 주신으로 섬겼는데, 이는 당시 소아시아에 만연해 있던 지모신(地母神) 숭배 전통에 따른 것. 기원전 82년 로마의 장군 술라 Sulla는 아프로디테 신전에 황금 관과 도끼를 바쳤으며, 기원전 39~35년 마르쿠스 안토니우스 Marcus Antonius는 이곳을 면세 도시로 지정할 정도로 로마 시대 아프로디시아스의 명성과 존경은 남달랐다. 번영을 구가하던 도시는 7세기 대지진을 겪으며 쇠퇴하기 시작해 15세기 티무르의 공격 때 완전히 파괴되어 역사 속으로 사라졌다. 아프로디시아스는 주변에서 산출되던 질 좋은 대리석을 원료로 한 조각이 발달한 도시였는데, 오늘날 튀르키예에 남아 있는 로마 시대 조각의 상당수가 아프로디시아스 산(産)이라고 한다. 현재 아프로디시아스는 아프로디테 신전을 비롯한 경기장, 원형극장, 욕장 등이 잘 남아 있어 튀르키예 여행의 숨은 진주로 꼽기에 조금도 부족함이 없지만 아직까지 일반 여행자들의 발길은 뜸한 편이다. 일부러 시간을 내어 방문할 가치가 충분하다.

Information

유적만 있을 뿐 여행자 숙소, 식당, 관광안내소 등 편의시설은 아무것도 없다. 파묵칼레에서 1일 투어로 다녀가는 것이 일반적인 만큼 특별히 필요한 것도 없다. 파묵칼레에서 떠나기 전 선크림 등 필요한 준비물을 챙기자.

유적지 가는 법

대중교통을 이용한 방문은 극히 힘든 편. 데니즐리에서 나질리 Nazilli로 간 다음 나질리에서 카라쿠수 Karakusu까지 간다. 카라쿠수에서 아프로디시아스까지 돌무쉬를 운행한다. 시간도 오래 걸리는데다 배차 간격도 일정하지 않아 엄청난 불편이 뒤따른다는 것을 알아두자. 버스를 여러 번 갈아타고 개별적으로 방문하는 여행자는 거의 없다. 파묵칼레에서 떠나는 사설 돌무쉬를 이용하는 것이 경제적이고 효율적이다. 출발하는 정류장은 따로 없으며 돌무쉬가 파묵칼레의 각 숙소를 돌며 신청자들을 태우고 가는 방식이다. 자신이 머물고 있는 숙소의 주인에게 문의해서 떠나기 전날 신청하면 된다.

파묵칼레 ▷▶ 아프로디시아스

사설 돌무쉬

운행 매일 1회(여름 성수기에는 매일 운행하지만 관광객이 적은 겨울철에는 중단되는 경우도 있다.)

출발시간 09:30(아프로디시아스에서 돌아올 때는 14:30 출발)

소요시간 1시간 30분

문의 파묵칼레 각 숙소

원형극장 / 원형극장 앞의 목욕장 터

아프로디시아스 둘러보기

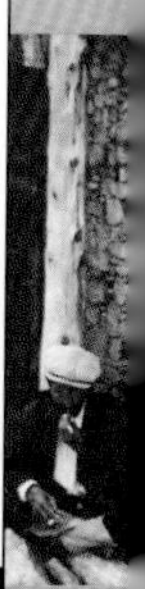

유적지가 넓기는 하지만 걸어다닐 수 있다. 관광은 유적지에서 출토된 석상을 전시해 놓은 박물관부터 시작해 반시계 방향으로 도는 게 편리하다. 박물관 관람 후 섬세하면서도 당당한 풍채를 자랑하는 테트라필론을 감상하자. 테트라필론을 지나 오른쪽으로 가면 튀르키예에서 가장 크고 보존이 잘된 경기장이 나온다. 아프로디테 신전, 비숍 하우스, 오데온은 한곳에 모여 있으며, 하드리아누스 욕탕을 보고 아고라를 지나 언덕을 오르면 대규모의 원형극장이 나온다. 원형극장 옆으로 내려와 세바스테이온을 본 후 박물관이 있는 광장으로 돌아오면 관광은 끝난다. 유적지가 넓은데다 구경할 것이 많아 시간이 오래 걸린다. 파묵칼레에서 사설 돌무쉬를 타고 왔다면 두 시간 정도 관람 시간을 주는데 시간을 최대한 활용해 유적을 돌아보자. 한편 아프로디시아스가 발굴되기 전 유적 위에 게이레 Geyre라는 마을이 있었다. 박물관 맞은편 전시실에서 옛날 게이레 마을의 사진을 전시하고 있으니 관광 후 시간이 된다면 함께 둘러보자.

+ 알아두세요!

1. 햇빛을 가릴 데가 마땅치 않으니 모자와 물을 꼭 챙겨가야 한다.
2. 점심을 먹을 곳도 없으므로 비스킷, 과일 등 간식거리를 준비하자.
3. 자세한 지도와 안내자료를 원한다면 박물관 맞은편 기념품 가게에서 관광을 시작하기 전에 미리 구입하자.

BEST COURSE ★★★ 예상소요시간 2시간

박물관 ▷▶ 테트라필론 ▷▶ 경기장 ▷▶ 아프로디테 신전 ▷▶ 비숍 하우스 ▷▶ 오데온 ▷▶ 하드리아누스 욕탕 ▷▶ 아고라 ▷▶ 원형극장 ▷▶ 세바스테이온

Attraction 아프로디시아스의 볼거리

기원전 2세기 로마 시대에 조성된 도시 유적으로 원형극장, 경기장, 신전, 아고라 등 다양한 볼거리가 있다. 하나도 빠뜨리지 말고 찬찬히 둘러보자.

아프로디시아스 유적 *

개방 매일 09:00~19:30(겨울철은 08:00~17:00) **요금** €12 **가는 방법** 파묵칼레에서 출발하는 사설 돌무쉬 이용.

박물관 Müzesi

매표소를 지나 30m쯤 가면 오른쪽으로 보인다. 아프로디시아스에서 발굴된 대리석 신상과 조각, 고대 철학자의 두상이 전시되어 있다. 로마 시대 아프로디시아스는 인근 바바산 Baba Dağı에서 생산된 대리석을 이용한 조각으로 유명했는데 조각 학교까지 있었다고 한다. 박물관에는 소크라테스 Socrates, 피타고라스 Pythagoras 등 우리 귀에 익숙한 철학자의 두상도 있어 흥미를 끈다.

테트라필론 Tetrapylon

'4개의 문'이라는 뜻으로 도시의 동서를 가로지르는 대로 위에 서 있다. 아프로디시아스를 상징하는 문으로 참배객들이 몸과 마음을 단정히 하고 신전에 들어가기 위한 준비를 하던 곳이라고 한다. 언뜻 보아도 디자인과 섬세한 조각이 예사롭지 않은데 조각의 도시라는 명성에 걸맞는 아름다운 작품이다. 근처에 있는 흰 대리석의 작은 무덤은 아프로디시아스 발굴의 아버지로 불리는 고고학자 케난 T. 에림 Kenan T. Erim이 잠들어 있는 곳이다.

경기장 Stadium

테트라필론을 지나 오른쪽으로 가다 보면 거

박물관의 대리석상(네로와 아그리파)

14개의 기둥이 남은 아프로디테 신전

테트라필론

대한 타원형 경기장을 만난다. 1세기에 만들어졌으며, 길이 268m에 최대 수용인원 3만 명에 달하는 거대한 규모를 자랑하는데 조금만 손을 보면 당장이라도 사용할 수 있을 정도로 보존 상태가 양호하다. 튀르키예에 있는 고대 경기장 중 가장 큰 규모다. 도시의 북쪽 끝에 자리해 외벽의 구실도 겸했으며 전차 경주, 육상대회, 레슬링, 검투사 경기 등이 펼쳐졌다.

아프로디테 신전 Temple of Aphrodite

도시의 수호신 아프로디테 여신을 모시던 신전. 로마에서는 비너스 Venus라고 불렸던 아프로디테 여신은 사랑의 여신으로 알려졌는데 정신과 관능적 사랑 모두를 주관한다. 그녀는 트로이 전쟁의 발단이 되었던 미인대회에서 목동 파리스 Paris를 꼬드겨 자신을 우승자로 선택하도록 만드는 등 권모술수에 능한 모습을 보이기도 했다(트로이 전쟁 P.186 참고). 소아시아(지금의 튀르키예)는 대대로 지모신(地母神) 숭배가 강한 지역이었는데 그리스 신화가 유입되면서 아프로디테 여신이 토착신앙과 결부되어 수호신의 모습으로 바뀐 것으로 풀이된다.

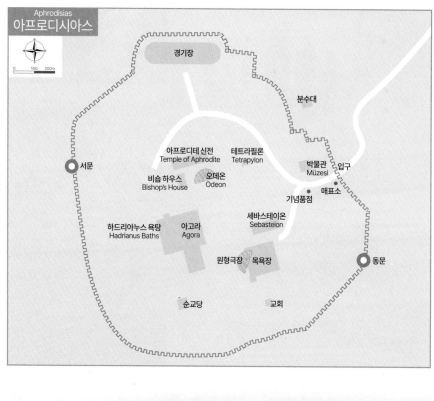

거대한 규모의 경기장

Aphrodisias
아프로디시아스

N W E S
0 100 200m

경기장
분수대
아프로디테 신전 Temple of Aphrodite
테트라필론 Tetrapylon
서문
박물관 Müzesi
입구
비숍 하우스 Bishop's House
오데온 Odeon
매표소
기념품점
세바스테이온 Sebasteion
하드리아누스 욕탕 Hadrianus Baths
아고라 Agora
원형극장
목욕장
동문
순교당
교회

신전은 기원전 1세기에 착공해 130년 완공되었으며 이오니아식으로 설계되었다. 가로 8개, 세로 13개의 두 줄로 된 원형 기둥이 있었는데 현재는 14개만 남아 있다. 5세기 말 교회로 용도 변경되었다가 12세기 지진으로 폐허가 되었다. 무너진 기둥 사이로 교회의 흔적을 말해주는 십자가 부조를 볼 수 있다.

하드리아누스 욕탕 Hadrianus Baths

2세기 하드리아누스 황제가 아프로디시아스를 다녀간 기념으로 지은 목욕탕. 남녀 탕이 구분되어 있었으며 냉탕, 온탕, 탈의실 등의 시설을 갖추고 있었다. 목욕문화가 발달했던 로마 시대의 생활상을 짐작할 수 있다.

세바스테이온 Sebasteion

아프로디테 여신과 로마 황제에게 바친 복합 사원군. 세바스테이온은 그리스어로 '크다'는 뜻으로 대대로 로마의 황제 숭배를 위한 곳이었다. 길이 80m, 폭 14m의 도로에 3층 건물로 지었으며, 2층과 3층의 기둥에는 각각 그리스 신화와 로마 황제 클라우디우스 Claudius의 업적을 새겼다고 한다. 발굴된 조각은 연구를 거쳐 박물관에 전시될 예정이다.

그밖의 유적들

아프로디테 신전 옆에는 주교와 로마의 총독

전시실에 있는 옛 게이레 마을 사진

복원된 세바스테이온

비숍하우스

하드리아누스 욕탕

오데온

이 머물렀던 비숍 하우스 Bishop's House가 있으며 그 뒤편에는 음악당이었던 오데온 Odeon이 있다. 하드리아누스 욕탕 주변으로 상업 지역이었던 아고라 Agora가 있으며 남동쪽 언덕을 오르면 7,000명 수용 규모의 원형극장이 잘 남아 있다. 극장 앞의 유적은 극장에 딸린 목욕장이다.

아고라

Shakti Say

알렉산더 대왕의 머나먼 동방원정

나폴리의 국립 고고학 박물관에 있는 알렉산더 대왕의 모자이크화

알렉산더 대왕(정식명칭은 알렉산드로스 3세 Alexandros Ⅲ)은 기원전356년 마케도니아의 왕이었던 필리포스 3세의 아들로 태어났습니다. 태어날 당시 아테네를 비롯한 그리스의 도시국가들은 쇠약해져 있었고 마케도니아는 그리스 반도의 새로운 지배자로 자리잡고 있었지요. 알렉산더 왕자는 그리스 최고의 철학자 아리스토텔레스로부터 교육을 받았으며 기원전 336년 부왕의 뒤를 이어 마케도니아의 왕으로 즉위했습니다.

그리스 본토의 내부 반란사건을 정리한 22세의 알렉산더는 기원전 334년 오랜 숙원이었던 페르시아 정벌을 위해 소아시아로 떠났습니다. 훗날 그의 이름 뒤에 '대왕'의 칭호를 붙이게 된 유명한 동방원정이 시작된 것이지요. 소아시아의 그리스계 도시들을 차례로 정복하고 이수스 전투에서 페르시아의 다리우스 1세를 격파한 알렉산더는 이집트마저 수중에 넣는데 성공했습니다. 이집트에서 그는 1000km가 넘는 사막을 횡단해 아몬 신전을 참배하고 신의 아들이라는 신탁을 받기도 하지요. 이후 다시 메소포타미아로 진격해 페르시아의 다리우스 3세를 물리치고 꿈에도 그리던 페르시아 정복에 성공합니다. 거칠 것 없는 연전연승이었죠. 하지만 젊은 왕의 야심은 페르시아에 국한되지 않았습니다. 계속해서 동쪽으로 진군한 알렉산더는 기원전 327년 현재의 파키스탄 북부까지 이르게 되었습니다. 내심 인도 대륙까지 넘보던 알렉산더의 꿈은 아쉽게도 거기까지였습니다. 오랜 전투에 지친 병사들의 불만이 높아지고 북인도의 습한 기후로 인한 열병이 번지자 결국 퇴각명령을 내릴 수밖에 없었죠. 페르시아로 돌아온 알렉산더는 아라비아 원정을 준비하던 기원전 323년 고열로 쓰러졌고 결국 33세의 젊은 나이로 숨을 거두고 말았습니다. 평생 전쟁터를 누비던 왕의 안타까운 요절이었죠.

직계후손이 없었던 알렉산더의 죽음은 필연적인 분열을 몰고 왔습니다. 그의 부하장수들은 앞다투어 왕을 칭하며 제국을 분할 점령했고, 결국 제국은 마케도니아, 이집트, 시리아로 갈라지고 말았습니다.

알렉산더의 진정한 꿈은 동방세계를 무력으로 지배하는 것이 아니라 인종적 문화적으로 그리스와 오리엔트 세계의 조화로운 통합을 이루려는 것이었습니다(실제로 알렉산더는 페르시아의 공주를 아내로 맞이하는 등 동·서 민족의 융합을 위해 힘을 쏟았죠). 젊은 나이에 요절함으로써 원대한 꿈이 실현되지는 못했지만 그의 원정길을 따라 그리스 문명과 서구식 합리주의는 전세계로 전파되었답니다. 결국 알렉산더의 동방원정은 서양의 그리스 문화와 동양의 오리엔트 문화가 융합되어 '헬레니즘'이라 불리는 독특한 문화를 만들어 낸 것이지요. 그는 생전에 제국의 곳곳에 자신의 이름을 딴 '알렉산드리아'라는 도시를 건설했는데, 이곳을 중심으로 헬레니즘 문화는 각지로 유포되었습니다. 헬레니즘의 영향으로 인도의 서북부 인더스 강 유역에서는 그리스와 인도 불교문화가 결합되어 간다라 미술이라 불리는 독특한 형식의 불상이 조성되었는데, 이것은 중앙아시아와 중국을 거쳐 우리나라에까지 전해졌답니다.

헬레니즘 시대는 기원전 146년 로마가 마케도니아를 흡수하고 그리스 반도를 지배하면서 끝이 납니다. 하지만 고대 그리스와 헬레니즘 문화는 지중해의 패권을 장악한 로마 시대로 이어져 고대세계의 사회와 문화 및 예술 전반에 지대한 영향을 끼쳤습니다.

고대의 향기가 가득한 도시

Selçuk 셀축

문화유산이 많은 튀르키예에서도 단연 첫 손가락에 꼽히는 에페스 Efes가 지척에 있는 도시. 에페스와 함께 고대 7대 불가사의 중 하나인 아르테미스 신전 등이 있는 셀축은 고대로부터 역사의 중심지로 명성이 자자했다. 이러한 내력 때문일까? 셀축은 도시 곳곳에서 고대의 향기가 느껴지며 튀르키예의 역사를 이야기할 때 빼놓을 수 없는 곳이다.

셀축의 중요성은 단지 에페스에서만 끝나지 않는다. 사도 바울이 전도여행 중 가장 오래 머물렀던 곳이며 성모 마리아의 집, 성 요한의 교회 등 기독교 역사에서도 셀축은 매우 중요한 위치를 차지한다. 따라서 사시사철 순례객과 관광객이 몰려드는 것은 당연한 일. 그러나 도시가 지나치게 상업화하지 않았을까 하는 생각은 기우에 불과하다. 녹음이 우거진 거리는 푸근한 인상마저 들며 옛 가옥이 잘 보존된 인근의 쉬린제 Sirince 마을은 전통이 전해주는 소박한 매력이 가득하다. 대유적과 전통이 숨쉬는 셀축을 찾는 여행자의 발길은 오늘도 끊이지 않는다.

인구 2만 5000명 **해발고도** 14m

Information

관광안내소 Map P.239-A2

영문으로 된 셀축과 에페스의 관광 안내 자료, 시내 지도를 무료로 얻을 수 있다.

전화 (0232)892-6328 홈페이지 www.selcuk.bel.tr, www.selcukephesus.com

업무 월~금요일 08:30~12:00, 13:00~17:30

가는 방법 오토가르와 에페스 고고학 박물관 중간에 있다. 에페스 고고학 박물관에서 도보 1분.

환전 Map P.239-B1

오토가르 뒤편에 있는 티시 지라트 은행 T.C Ziraat Bankası을 비롯한 몇 군데의 은행에서 환전과 ATM을 쉽게 이용할 수 있다. 환율은 비슷하므로 편한 곳을 이용하면 된다. 환전 때문에 애를 먹을 일은 없다.

위치 오토가르 뒤편 상가 밀집지역

업무 월~금요일 09:00~12:30, 13:30~17:30

PTT Map P.239-B1

위치 오토가르 뒤편 상가 밀집지역

업무 월~금요일 09:00~17:00

셀축 가는 법

에게해 최대의 관광지인 만큼 교통은 원활하다. 근처의 대도시인 이즈미르 İzmir 공항을 이용한 비행기도 가능하고 기차와 버스도 수시로 셀축을 연결하고 있다. 어떤 교통수단을 이용하더라도 방문하는데 어려움이 없다.

➡ 비행기

셀축에는 공항이 없고 80km 떨어진 대도시 이즈미르의 공항을 이용한다. 에게해 최대도시인 이즈미르는 이스탄불, 앙카라 등 튀르키예 국내 도시는 물론 유럽 각지와도 직항이 운행할 정도로 항공교통이 원활하다.

비행기로 이즈미르에 도착했다면 도착청사 밖으로 나가면 공항버스 Havaş 정류장이 있다. 행선지와 운행시간표가 기둥에 적혀 있는데 '쿠샤다스(쇠케) Kuşadası(söke)' 행 버스를 타면 된다. 요금은 차내에서 차장에게 현금으로 지불한다. 셀축까지 약 1시간 걸리며 셀축 오토가르 부근에 내려준다. 셀축에서 이즈미르 공항으로 갈 때도 내렸던 정류장에서 타면 된다.

이즈미르 행 오누르 에어

➡ 오토뷔스

빈도수로 따질 때 여행자들이 가장 선호하는 수단. 이스탄불, 앙카라 등 장거리 버스노선도 잘 정비되어 있고 이즈미르, 파묵칼레 등 가까운 도시와도 많은 버스가 연결된다. 셀축에서 다른 도시로 갈 때 차 시간이 맞지 않는다면 셀축에서 1시간 거리의 교통 요지인 아이든 Aydın을 이용하자. 셀축보다 다양한 시간대의 버스가 각지로 출발하기 때문이다.

만일 안탈리아, 카파도키아 등 장거리로 이동할 예정이라면 셀축 근교의 대도시 이즈미르로 가서 타고 가는 게 좋다. 한편 '에게 쿠프 Ege Koop'라는 회사에서 운행하는 중형버스가 여름철 성수기에 파묵칼레 마을까지 운행하는 경우가 있으므로 파묵칼레로 가는 여행자는 참고하자.

관광객이 몰리는 여름철 성수기에는 에페스 유적과 파무작 비치까지 운행하는 돌무쉬가 있으며, 쉬린제 마을로 가는 돌무쉬도 오토가르에서 출발하므로 이래저래 오토가르에 갈 일이 많다. 반나절 일정으로 다녀오기 좋은 쿠샤다스 행 돌무쉬도 오토가르에서 출발한다(돌무쉬는 겨울철에 운행이 대폭 축소된다).

셀축의 오토가르는 시내 중심부에 있어 숙소까지 걸어서 갈 수 있다. 버스가 도착할 때쯤 각 숙소에서 호객을 많이 나오는데 따라가도 특별히 나쁠 것은 없다. 다만, 요금과 조건을 따져보고 마음에 들지 않으면 다른 곳으로 간다고 하는 등 입장 표시를 분명히 하는 게 좋다. 숙소를 미리 정했다면 픽업 요청을 해 두자.

소박한 셀축 오토가르

셀축에서 출발하는
버스&돌무쉬 노선

행선지	소요시간	운행
이스탄불	10시간	1일 4~5편
앙카라	10시간	1일 4~5편
콘야	7시간	1일 3~4편
파묵칼레(데니즐리)	3시간	1일 5~6편
이즈미르	1시간	1일 10편 이상
아이든(돌무쉬)	1시간	1일 10편 이상12TL
쿠샤다스(돌무쉬)	30분	07:00~22:00 매 15분 간격(돌아오는 막차는 24:00)
쉬린제(돌무쉬)	15분	07:00~20:30 매 20분 간격(돌아오는 막차는 21:00)
에페스(돌무쉬)	10분	07:40~21:00 매 20분 간격(돌아오는 막차는 21:20)
파무작 비치(돌무쉬)	15분	07:40~21:00 매 20분 간격(돌아오는 막차는 21:20)

*파묵칼레 행 직행버스는 여름철 성수기에 1일 2~3편 다닌다.
*운행 편수는 변동이 있을 수 있음.

➡ 기차

이스탄불이나 앙카라 등 장거리 노선을 이용하는 경우는 드물고 파묵칼레의 관문인 데니즐리와 공항이 있는 이즈미르까지 이용하는 게 일반적이다. 특히 이즈미르는 공항까지 바로 기차가 연결되므로 비행기로 이스탄불을 오가는 여행자에게 매우 유용하다. 단, 시간을 정확히 지키지 못하는 경우가 종종 발생하기 때문에 빠듯한 이용은 피하는 게 좋다. 셀축 역은 시내에 있어 숙소를 구하거나

셀축 기차역

셀축에서 출발하는
기차 노선

행선지	출발시각	소요시간
이즈미르	06:49, 07:27, 08:54, 11:35, 15:10, 19:18	50분
데니즐리	09:27, 11:36, 15:42, 16:57	4시간

*운행 편수는 변동이 있을 수 있음.

이동하기에 편리하다.
셀축 역 Selçuk Gar **Map P.239-B1**

전화 (0232)892-6006
철도청 홈페이지 www.tcdd.gov.tr

이즈미르 공항에서 기차로 셀축 가기

+ 알아두세요!

이즈미르 공항은 아드난 멘데레스 역이 가까이 있어 기차를 타고 셀축으로 손쉽게 이동할 수 있습니다. 공항 1층 도착청사 밖으로 나와 큰길을 건너 에스컬레이터로 아래로 내려가서 표지판을 따라 쭉 직진하기만 하면 됩니다. 거리는 약 500m인데 무빙워크가 설치되어 있어 편리합니다.
참고로 아드난 멘데레스 역은 '이즈반 Izban'이라고 하는 이즈미르의 교외 메트로와 같은 역사를 사용합니다. 메트로 매표창구와 기차 매표창구가 다르니 주의하세요. 셀축 행 기차를 타려면 TCDD라고 씌인 창구에서 표를 끊어야 합니다. 기차와 메트로가 같은 플랫폼을 사용하므로 메트로를 타지 않도록 조심하시고요. 기차는 흰색 외관이며 맨 앞에 TCDD라고 적혀 있습니다. 또한 아드난 멘데레스 역에 들어오는 모든 기차가 전부 셀축으로 가는 것은 아니고 행선지가 다른 기차도 있으니 꼭 확인하고 타세요. 셀축 여행을 마치고 이즈미르 공항으로 갈 때는 모든 과정을 반대로 하면 된답니다.

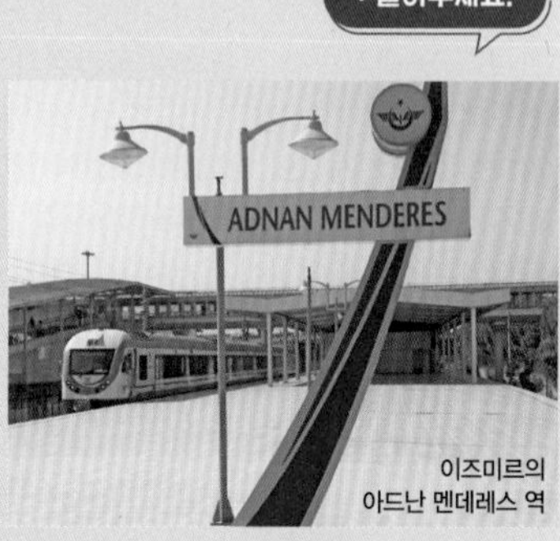

이즈미르의
아드난 멘데레스 역

시내 교통

셀축에서는 튼튼한 두 다리가 최고의 이동수단. 숙소, 식당, 관광안내소, 은행 등 여행자 편의시설이 오토가르 부근에 몰려있는데다 유적지도 멀지 않기 때문에 도보로 다닐 수 있다. 외곽에 있는 에페스 유적과 성모 마리아의 집, 쉬린제 마을, 쿠샤다스는 돌무쉬나 택시를 이용해야 하지만 나머지 유적은 걸어서 돌아보면 된다. 오토가르와 기차역도 시가지 중심에 있어 걸어서 갈 수 있다.

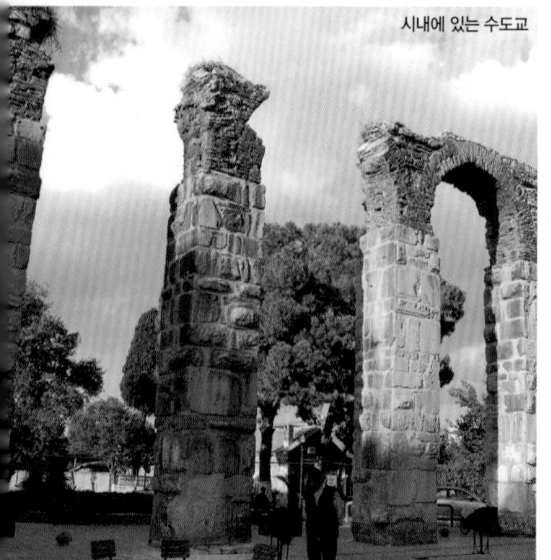
시내에 있는 수도교

자주 일어나는 ATM 사고!

최근 들어 셀축에서 ATM 이용과 관련한 사고가 많이 접수되고 있습니다. 카드 투입구에 동전같은 이물질을 넣어 막은 뒤, ATM 시스템이 다른 곳과 다르다고 하며 비밀번호를 알아내서 돈을 빼내는 수법이지요. 될 수 있으면 은행 내부에 있는 ATM을 이용하고, 문제가 생겼을 때는 은행에 도움을 요청하세요. 절대로 비밀번호를 알려주면 안 된다는 것 명심하세요.

ATM 이용에 주의하세요

셀축 둘러보기

셀축을 방문하는 이유는 뭐니 뭐니 해도 에페스 유적. 하루종일 에페스만 보다 가는 여행자도 있을 정도로 에페스의 위상은 각별하다. 이와 함께 아르테미스 신전 터, 성 요한 교회, 이사베이 자미, 성모 마리아 집 등 셀축의 볼거리는 너무나 다양하다. 모든 곳을 다 돌아보려면 최소 2일은 예상해야 한다.
첫날은 셀축 시내의 명소를 돌아본다. 먼저 에페스 유적에서 발굴된 유물이 전시되어 있는 고고학 박물관을 관람하고 시가지 북쪽 아야술룩 언덕에 자리한 성 요한 교회를 방문하자. 그 후 성 요한 교회 앞길을 따라 내려가 이사베이 자미를 돌아보고 큰길까지 걸어나와 아르테미스 신전 터를 구경하면 된다.
둘째날은 오전에 에페스 유적을 돌아보고 택시를 타고 성모 마리아의 집에 갔다가 시내로 돌아오는 길에 잠자는 7인의 동굴에 잠시 들렀다 오토가르까지 간다. 오토가르에서 돌무쉬를 타고 쉬린제 마을을 다녀오면 모든 볼거리 순례는 끝난다. 쉬린제 마을은 한적한 시골 분위기이므로 지친 몸을 쉬어가기에 좋다.
시간이 촉박한 여행자라면 미리 가이드북을 꼼꼼히 읽고 자신의 관심사에 맞는 곳을 선택해 방문하는 지혜를 발휘하도록 하자. 토요일에 셀축에 머물게 된다면 오토가르 옆에서 열리는 장터를 꼭 구경하길 추천한다. 시간 여유가 있는 여행자라면 여름철에 파무작 비치(또는 욘자쾨이 비치)를 방문해서 해수욕을 즐기거나 돌무쉬로 30분 거리의 쿠샤다스를 방문해 보는 것도 좋다. 오후 무렵에 쿠샤다스를 방문해서 유럽인들이 몰리는 구시가지와 바닷가 항구, 귀베르진 섬을 둘러보고 세련된 쇼핑상가 안의 찻집에서 에게해의 멋진 일몰을 즐기고 돌아오는 일정도 추천할 만하다. 아예 쿠샤다스에 숙소를 정하고 셀축과 에페스 유적을 다녀가는 여행자도 있을 정도다.

+ 알아두세요!

1. 셀축에서 에페스까지 공짜로 차를 얻어타는 것은 불법이다. 숙소나 레스토랑에서 무료 차량을 제공하는 것은 동네의 규칙을 어기는 것이므로 이용하지 말 것.
2. 성모 마리아의 집과 에페스 유적을 함께 둘러볼 거라면 먼저 성모 마리아의 집에 갔다가 돌아오면서 에페스 남문에 내리는 조건으로 택시를 흥정하자.
3. 여름철 관광 성수기에는 에페스를 방문하는 관광객이 오전에 한꺼번에 몰린다. 북적이는 게 싫다면 오후에 방문하자.
4. 쿠샤다스 행 돌무쉬가 에페스를 간다고 승객을 태우는 경우가 있는데, 간선도로변에 내려주고 가버리기 때문에 북문 입구까지 약 1.5km를 걸어가야 한다. 주의할 것.
5. 아르테미스 신전 입구에서 간혹 입장료를 내라고 하는 경우가 있다. 무료 입장이므로 가볍게 무시하자.
6. 셀축에서 아르테미스 신전을 거쳐 에페스까지 걸어서 갈 거라면 일행과 함께 가는 게 좋다. 차만 다닐 뿐 인적이 없는 곳이라 성추행 등 불미스러운 일이 가끔 보고된다. 히치하이크도 조심할 것.

+ 알아두세요!

에페스 1일 투어

일정이 짧은 여행자라면 에페스와 성모 마리아 집, 아르테미스 신전 등을 묶은 투어상품을 이용하면 시간도 절약하고 관광효율을 높일 수 있으니 참고하세요. 여행사에서 그리스 행 페리 티켓도 구입할 수 있고, 파묵칼레 1일 투어도 실시합니다.

투어상품

1. 반일 투어 Half Day
내용 에페스 유적 관광 시간 09:30~12:00 요금 $80~90 포함사항 숙소 픽업, 유적지 입장료, 영어 가이드
2. 전일 투어 Full Day
내용 에페스 유적, 성모 마리아의 집, 아르테미스 신전 터 시간 09:30~17:00 요금 $110~130 포함사항 숙소 픽업, 유적지 입장료, 영어 가이드, 점심식사

● 그랜드 원더스 트래블 Grand Wonders Travel **Map P.239-A1**
주소 Atatürk Mah. Atatürk Cad. No.4/A, Selçuk 전화 (0232)892-7364~5 홈페이지 www.grandwonderstravel.com 영업 09:00~20:00 가는 방법 아타튀르크 거리의 육교 부근 사거리에 있다. 오토가르에서 도보 2분.

● 아파사스 트래블 Apasas Travel **Map P.239-B1**
주소 Atatürk Mah. 1006 Sk. No.4, Selçuk 전화 (0232) 892-9547 홈페이지 www.apasastravel.com 영업 09:00~20:00 가는 방법 오토가르 뒤편 상가 밀집구역에 있다. 도보 5분.

★ ★ ★ ★ ★ BEST COURSE ★ ★ ★ ★ ★

첫날 예상소요시간 6~7시간

출발 ▶▶오토가르

도보 3분

에페스 고고학 박물관(P.240)
에페스 출토 유물이 전시되어 있는 박물관.
아르테미스 여신상을 놓치지 말 것.

도보 15분

성 요한 교회(P.240)
사도 요한을 기념하는 교회. 시가지와 주변 경치가 한눈에 들어온다.

도보 5분

이사베이 자미(P.241)
14세기 시리아 건축가가 설계한 자미.
경내에 원형기둥이 있어 흥미롭다.

도보 20분

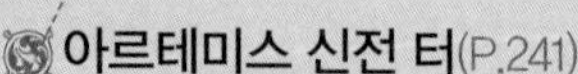

아르테미스 신전 터(P.241)
거대한 규모를 자랑하던 아르테미스 신전이 있던 자리.

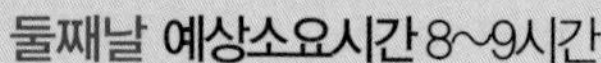

둘째날 예상소요시간 8~9시간

출발 ▶▶셀축 시내 각 숙소

택시로 20분

성모 마리아의 집(P.243)
성모 마리아가 여생을 보냈던 집. 주변의 녹음과 어우러져 평화로운 분위기다.

택시로 10분

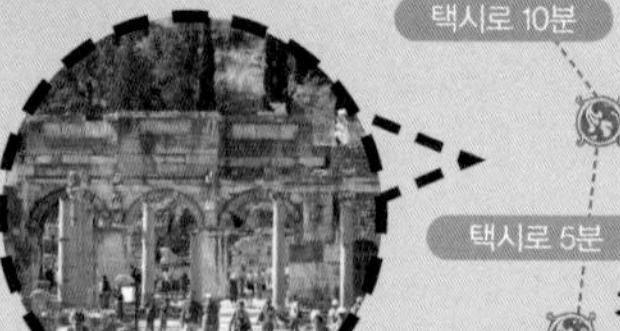

에페스 유적(P.250)
튀르키예 최대의 고대도시 유적. 오직 이것 때문에 셀축을 방문한다고 해도 과언이 아니다.

택시로 5분

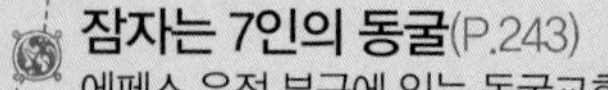

잠자는 7인의 동굴(P.243)
에페스 유적 부근에 있는 동굴교회.

오토가르에서 돌무쉬로 15분

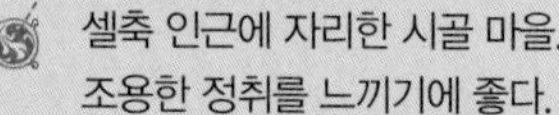

쉬린제 마을(P.244)
셀축 인근에 자리한 시골 마을.
조용한 정취를 느끼기에 좋다.

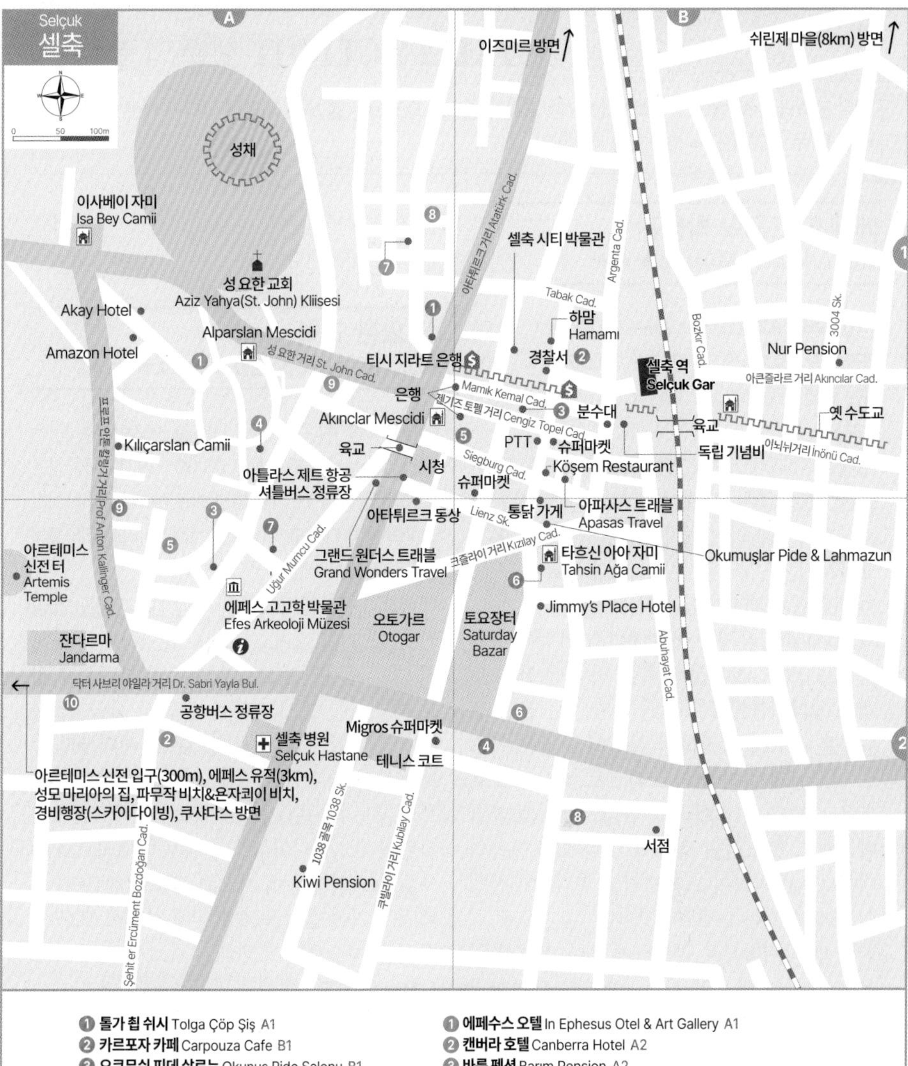

1. 톨가 춥 쉬시 Tolga Çöp Şiş A1
2. 카르포자 카페 Carpouza Cafe B1
3. 오쿠무쉬 피데 살로누 Okunuş Pide Salonu B1
4. 셀축 쾨프테지시 Selçuk Köftecisi B2
5. 가지안테프 케밥 에비 Gaziantep Kebap Evi B1
6. 되네르지 쿠랄 Dönerci Kural B2
7. 케밥하우스 메흐메트 앤 알리바바 A2 Kebap House Mehmet & Alibaba
8. 외즈쉬트 카페 Özsüt Selçuk Cafe B2
9. 아마존 Amazon A2
10. 에베소 레스토랑 Efes Villa Restaurant A2

1. 에페수스 오텔 In Ephesus Otel & Art Gallery A1
2. 캔버라 호텔 Canberra Hotel A2
3. 바름 펜션 Barım Pension A2
4. 호메로스 펜션 Homeros Pension A1
5. 에이엔제트 게스트하우스 ANZ Guesthouse A2
6. 바다르 호텔 Vardar Hotel B2
7. 툰자이 펜션 Tuncay Pension A1
8. 나자르 호텔 Nazar Hotel A1
9. 호텔 벨라 Hotel Bella A1

Attraction 셀축의 볼거리

많은 관광명소 중 에페스 유적과 성 요한 교회가 셀축을 대표하는 볼거리. 시간이 없다면 다른 곳은 빼더라도 이 두 곳만큼은 꼭 방문하길 추천한다.

에페스 고고학 박물관
Efes Arkeoloji Müzesi ★★★

Map P.239-A2 주소 Efes Arkeoloji Müzesi, Selçuk **개관** 매일 08:00~19:30(겨울철은 17:00까지) **요금** €10 **가는 방법** 관광안내소 맞은편에 있다. 오토가르에서 도보 3분.

에페스 유적에서 출토된 유물을 모아놓은 박물관. 전시실은 모두 여섯 개로 출토 장소와 종류별로 구분되어 있다. 각 전시실에는 유적 발굴사진, 대리석상, 부조, 고대 의료 용구 등이 다채롭게 전시되어 있다.

제5전시실의 유명한 아르테미스 신상이 단연 눈길을 끈다. 전시실 양쪽에 하나씩 전부 두 개가 있다. 신상에 조각된 사자, 소, 꿀벌 등 동물은 풍요를 상징하며 신상의 수많은 가슴도 여신에게 바친 소의 고환으로 역시 풍요로움을 나타내는 것이라고 한다. 신상을 한참 바라보고 있노라면 풍요에 대한 고대인들의 기복(祈福) 의식이 느껴지기도 한다. 이 신상의 조성 시기는 1~2세기경이다.

한편 맨 마지막으로 관람하게 되는 검투사 관은 검투사의 부조와 자료, 해부학 사진까지 갖춰놓았다. 붉은 색 벽을 배경으로 한 결투 장면과 부조는 흥미로움을 넘어 섬뜩한 느낌마저 든다.

아르테미스 신상

성 요한 교회
Aziz Yahya(St. John) Kilisesi ★★★

Map P.239-A1 주소 Aziz Yahya Kilisesi St. John Cad., Selçuk **개관** 매일 08:00~19:00(겨울철은 17:00까지) **요금** €6 **가는 방법** 오토가르에서 아타튀르크 거리를 따라 육교 지나서 성 요한 거리로 꺾어들어 올라간다. 도보 15분.

예수의 열두 제자 중 한 사람인 요한을 기리기 위한 교회(에페소 교회). 유일하게 순교하지 않은 제자였던 요한은 예수의 부탁으로 성모 마리아를 모시고 셀축에 와서 살았다. 성자가 살았던 곳이라 초기 기독교 시대부터 순례자들의 필수 코스였다. 교회는 4세기경 요한의 무덤이 있던 자리에 세워졌는데 6세기 비잔틴의 유스티니아누스 황제가 대대적으로 증축했다(교회 전승에 따르면 사도 요한은 이 언덕 꼭대기에 움막을 짓고 은둔하면서 요한 계시록을 저술했다고 한다). 가로 110m, 세로 140m에 6개의 돔으로 이루어졌으며 당대의 교회 중 가장 인상적인 건물이었다고 한다. 내부에 요한의 무덤과 세례소, 곡물 저장소 등을

성 요한 교회

확인할 수 있다. 뒤편에는 교회의 복원 모형이 있어 이해를 돕는다.
교회 뒤편 언덕의 성채는 아야술룩 성채(내성)다. 동로마 제국이 이슬람으로부터 방어하기 위해 건설한 요새로 총 길이는 1.5km이며 17개의 감시탑이 있다. 꼭대기에 서면 셀축 시가지와 이사베이 자미가 한 눈에 들어오는 훌륭한 경치를 자랑한다. 힘들게 올라온 보람을 느끼기에 충분하다.

이사베이 자미
Isa Bey Camii ★★

Map P.239-A1 주소 İsa Bey Camii St. John Cad., Selçuk **개관** 매일 07:00~19:00(겨울철은 17:00까지) **요금** 무료 **가는 방법** 성 요한 교회에서 도보 5분.

성 요한 교회가 있는 아야술룩 Ayasuluk 언덕 아래쪽에 자리한 자미. 1304년 이곳을 점령했던 아이든 오울라르 부족의 수장인 메흐메트베이의 아들인 이사베이가 건립한 것으로 1375년 시리아 출신의 건축가가 설계했다. 내부 정원에는 자미와 어울리지 않는 원형기둥이 서 있는데 이것은 건축자재를 에페스에서 충당했기 때문. 내부에도 커다란 4개의 원형기둥이 있으며 대리석 미흐랍은 별다른 장식없이 깔끔하다. 미나레는 원래 3개였다고 하는데 현재는 하나만 남아 있다. 성 요한 교회 다녀오는 길에 들러 정원에서 쉬며 조용한 시간을 보내기 좋다. 자미 부근에는 부속 시설이었던 하맘 터가 있다.

이사베이 자미

아르테미스 신전 터
Artemis Temple ★★

Map P.239-A2 주소 Artemis Temple, Selçuk **개관** 매일 08:30~17:30 **요금** 무료 **가는 방법** 오토가르 앞

Shakti Say

유일하게 순교하지 않은 제자 사도 요한

십자가 아래의 성모 마리아와 요한
(출처: 위키백과)

예수의 12제자 중 한 명인 요한 St. John은 원래 고기잡이를 하던 어부였습니다. 어느 날 뱃전에 앉아 그물을 손질하고 있던 중 예수를 만나 형 야고보와 함께 복음의 길을 떠났습니다. 이후 야고보, 요한 형제는 베드로와 더불어 예수가 가장 아끼는 제자가 되었지요. 그는 예수가 '천둥의 아들'이라고 부를 정도로 성미가 급한 사람이었다고 하는데 언제나 예수를 그림자처럼 따라다녔습니다.
요한은 열두 제자 중 가장 신심이 깊은 사람으로 묘사되는데 예수가 박해를 받을 때 세 번이나 예수를 모른다고 말한 베드로, 도망친 야고보와 달리 끝까지 예수 곁을 떠나지 않았습니다. 예수가 십자가에 못 박히기 전 요한에게 자신의 어머니인 성모 마리아를 부탁할 정도로 인간적으로 가장 신뢰한 제자였지요.
그는 44년경 박해를 피해 에페스로 와 초대 일곱 교회를 이끌며 영적 지도자로 추앙받았습니다. 95년 도미티아누스 Domitianus 황제의 박해 때 파트모스 Patmos 섬(성경의 '밧모' 섬)으로 유배당했습니다. 1년 6개월의 유배생활 동안 하느님의 계시를 받아 유명한 '요한 계시록'을 저술했지요. 97년 풀려나 고령의 몸을 이끌고 에페스로 돌아온 그는 사람들에게 서로 사랑할 것을 강조하는 사랑의 사도가 되었습니다. 경건함과 성실한 기도로 여생을 보냈던 요한은 100년경 약 100세의 나이로 숨을 거두었습니다. 그가 파트모스 섬 유배시절 기록했던 '요한 계시록'은 예수의 신성을 주로 기록한 것으로 높고 깊은 것의 상징인 독수리로 표현되어 '독수리 복음'이라고도 한답니다.

사거리에서 에페스 유적 방면으로 닥터 사브리 야일라 거리 Dr. Sabri Yayla Bul.를 따라가다 잔다르마 지나면 오른편으로 입구가 보인다. 도보 20분.

고대의 7대 불가사의 중 하나로 알려진 아르테미스 여신을 섬기던 신전. 에페스는 여신 숭배 전통이 강한 지역이었는데 기원전 1000년경 그리스인들이 이주해 오면서 아르테미스 여신을 도시의 주신으로 숭배하기 시작했다.

기록에 따르면 신전은 기원전 550년 처음 세워졌으며 총 공사 기간은 120년에 달하는 대역사였다. 길이 120m, 폭 60m에 높이 18m의 원형 기둥 127개를 사용한 어머어마한 크기였다. 아테네 파르테논 신전의 약 2배 규모다. 역사가 헤로도토스는 이곳을 이집트의 피라미드에 필적할 만한 건축물이라고 극찬했다.

아르테미스 신전은 기원전 356년 헤로스트라투스라는 사람의 방화로 무너지고 말았는데 자신의 이름을 후세에 남기고 싶다는 어이없는 이유였다고 한다. 알렉산더 대왕이 신전 재건축 비용을 모두 대겠으니 자신의 이름을 새겨달라는 요청을 했다. 그러나 이방인의 도움을 받고 싶지 않았던 에페스인들은 "대왕은 이미 신이신데 어찌 신이 다른 신의 건물을 짓겠느냐"라는 기지를 발휘해 정중히 거절했다고 한다.

엄청난 규모와 아름다움으로 시대를 주름잡던 아르테미스 신전은 263년 고트족의 침입 때 약탈당했으며 로마 시대 기독교가 공인되면서 이교도 숭배 금지 명령으로 완전히 버려지고 말았다. 오늘날 넓은 터에 단 한 개의 기둥만 덩그러니 서 있을 뿐 화려한 옛 명성을 더듬기란 쉽지 않다(이 기둥도 1973년에 세운 것이다).

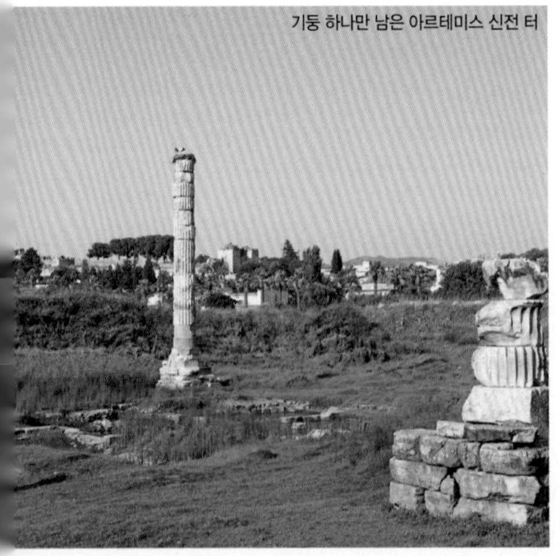
기둥 하나만 남은 아르테미스 신전 터

Meeo Say

셀축의 주신으로 섬긴 아르테미스 여신

에페스의 아르테미스 여신

아르테미스 Artemis는 제우스가 아내인 헤라 몰래 레토 Leto와 관계하여 낳은 딸로 아폴론과는 쌍둥이 남매입니다. 그녀는 어릴 적 아버지인 제우스에게 간청하여 평생 처녀로 지내게 되지요. 아르테미스는 늘 활과 화살을 메고 다녔는데 그녀의 화살은 산고를 치르는 여인을 고통없이 그 자리에서 죽게 하는 힘을 지녔다고 합니다. 또한 순결의 상징으로 나타나기도 하는데, 아르테미스와 함께 다니던 많은 요정들 역시 처녀성을 간직해야 했으며 이는 어떠한 경우라도 예외가 없었다고 합니다. 처녀를 범하려다 그녀에게 죽은 자로는 오리온과 악타이온이 있습니다. 이러한 전통에 따라 에페스의 아르테미스 신전에는 오직 동정을 지킨 사람들만이 들어갈 수 있었습니다.

하지만 에페스의 아르테미스 여신은 그리스의 아르테미스 여신과는 형태가 다릅니다. 머리에는 커다란 왕관을 쓰고 있으며 수많은 유방과 황소, 사자, 꿀벌 등이 조각되어 있지요. 이런 모습은 대칭과 조화가 생명인 그리스의 미의식과는 상당히 동떨어져 있는데요, 이것은 소아시아의 대지를 주관하는 어머니 여신인 키벨레 kybele에서 유래한 것입니다. 또한 조각되어 있는 동물은 모두 소아시아의 특징을 보여주는 것으로 이런 모습의 아르테미스 여신은 에페스뿐만 아니라 소아시아의 다른 지방에서도 찾아볼 수 있답니다. 학자들은 소아시아 지역에 그리스 문화가 유입되면서 원래 있던 지모신 숭배 전통과 합쳐지면서 새로운 아르테미스 여신이 탄생한 것으로 보고 있습니다.

성모 마리아의 집
Meryemana ★★★

주소 Meryemana, Selçuk **개관** 매일 08:00~17:00 **요금** 500TL **가는 방법** 돌무쉬 같은 대중교통은 없다. 에페스 유적 남문에서 택시로 10분. 오토가르에서 가면 왕복 500TL는 예상해야 한다.

성모 마리아가 여생을 보낸 곳. 44년경 박해를 피해 사도 요한과 에페스로 온 그녀는 뷜뷜 산중에 집을 짓고 기도하는 삶을 살았다. 이곳이 성모 마리아의 집으로 발견된 데는 한 가지 사연이 있다. 성모 마리아가 에페스로 온 것은 확실하지만 어디서 세상을 떠났는지에 관해서는 알려지지 않았는데 1878년 독일 수녀 캐더린 에메리히 Catherine Emmerich가 꿈속에서 받은 계시를 토대로 〈성모 마리아의 생애〉라는 책을 펴냈다. 이 책에 적힌 성모 마리아 집의 위치를 근거로 1891년 발굴 작업이 이루어졌는데 놀랍게도 책에 기록된 집과 거의 일치하는 형태였다고 한다. 한 가지 더 놀라운 사실은 책의 저자인 캐더린 수녀는 태어나서 한 번도 독일을 떠난 적이 없다는 것이었다.

1961년 교황청은 성모 마리아의 집에 대한 분쟁을 종식시키고 이 집터를 공식적으로 성지로 선포했으며, 1967년에는 교황 요한 바오로 6세가 이곳을 직접 방문하기도 했다. 기독교인뿐만 아니라 무슬림에게도 성지로 추앙받는 곳으로 마리아 승천일인 매년 8월 15일에는 대규모 추도 미사가 열린다. 주일 미사를 보려면 일요일 오전 10시에 맞춰 가면 된다. 이슬람에서도 예수는 중요한 선지자이기 때문에 성모 마리아도 성자의 반열에 올랐다. 한편 교회 건물 아래쪽으로는 성수로 알려진 샘터가 있으며 그 옆에는 사람들의 소원을 담은 쪽지를 붙여놓은 벽이 있다.

성모 마리아의 집 주일 미사

잠자는 7인의 동굴
Yedi Uyunlar Magaras ★★

주소 Yedi Uyunlar Magaras , Selçuk **개방** 24시간 **요금** 무료 **가는 방법** 에페스 유적에서 도보 15분. 택시를 대절해 성모 마리아의 집에 다녀오는 길에 잠깐 들를 수도 있다.

로마의 박해를 피해 7명의 기독교도들이 숨었던 동굴. 3세기 중엽 데키우스 Decius 황제 때 7명의 젊은 기독교인들이 박해를 피해 피온 산 Panayır Dağı 북동쪽의 동굴로 피신했다. 황제는 이들이 나오지 못하도록 동굴을 봉해 버

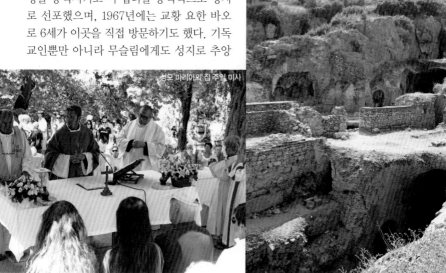

잠자는 7인의 동굴

렸고 그들은 동굴 안에서 잠이 들었다.
세월이 흘러 지진으로 동굴을 막았던 벽이 무너지고 잠에서 깨어 밖으로 나와보니 200년이나 시간이 흐른 후였다고 한다. 하느님의 힘으로 환생한 것이라 믿은 이들은 기도하는 삶을 살며 여생을 보냈고 죽은 후 다시 동굴에 묻혔다. 후일 이곳에 교회가 조성되었으며 비잔틴 시대에는 공동묘지로 활용되었다. 동굴 내부에는 철망이 있어 밖에서 구경해야 한다. 입구 옆으로 난 길을 따라 언덕에 올라가면 동굴 유적지 전체를 볼 수 있고 멀리 셀축 성채와 마을도 보인다. 유적지 입구에는 동네 주민들이 운영하는 소박한 레스토랑이 몇 군데 있다.

쉬린제 마을
Şirince ★★★

개방 24시간 **요금** 무료 **가는 방법** 오토가르에서 돌무쉬로 15분.

셀축에서 8km 떨어져 있는 곳으로 전통가옥이 잘 남아 있는 예쁜 마을. 원래 그리스인들이 살던 곳인데 1924년 인구 교환으로 그리스에서 온 튀르키예인들이 정착했다. 언덕 경사면을 따라 하얀 집들이 들어서 있는 광경은 마치 사프란볼루의 구시가지를 연상시킬 정도다. 돌이 깔린 아기자기한 마을길을 따라 천천히 다녀보자. 마을 중앙의 바자르를 중심으로 언덕길이 이어지는데 한가로운 시골 정

쉬린제 마을의 카페

Travel Plus+ 셀축에서 스카이다이빙 즐기기

이색적인 경험은 여행에서만 느낄 수 있는 특별한 즐거움! 셀축에서 하늘을 나는 스카이다이빙을 즐길 수 있습니다. 카파도키아의 기구 투어, 페티예의 패러글라이딩과 함께 튀르키예의 3대 스카이 스포츠로 불리는데 최근 국내 모험 레포츠의 활성화에 힘입어 이용객이 늘어나는 추세입니다. 경비행기를 타고 약 3,000m 상공으로 올라가 낙하하는데 처음 30초 정도는 자유 낙하, 1,500m 지점까지 내려오면 낙하산을 펴 10분 정도 패러글라이딩을 즐기며 내려옵니다. 상공에서 보는 에페스 경치는 가히 환상적이죠.
스카이다이빙에서 가장 중요한 것은 안전. 자유 낙하 때 최고 속도는 시속 200km에 달하는데 숙련된 조교와 함께하기 때문에 지시사항만 잘 따른다면 그다지 걱정할 게 없답니다. 모험을 두려워하지 않는 당신! 스카이다이빙의 세계가 기다리고 있습니다.

스카이다이브 에페스 Skydive Efes
주소 Taa Gökçen Aviation Dropzone Efes, Selçuk **전화** +90-505-545-2193 **홈페이지** www.skydiveephesus.com **요금** €250(비디오 촬영 포함) **운영** 08:30~17:30(겨울철은 08:00~17:00, 운영하지 않는 경우도 있음) **가는 방법** 셀축 오토가르에서 쿠샤다스 행 돌무쉬를 타고 에페스 유적을 지나면 바로 왼쪽으로 경비행장이 보인다.
주의사항 날씨에 민감하므로 신청을 접수하고도 갑자기 취소될 때가 많다. 며칠씩 기다리는 경우도 자주 발생하니 시간 여유를 두고 이용할 것. 또한 경쟁이 없는 독점 업체이기 때문에 배짱 영업은 물론 서비스 마인드도 부족하므로 이용에 참고하자.

스카이다이빙

취를 즐기기에 그만이다.
쉬린제 마을은 와인으로 유명해 곳곳에 많은 와인 가게가 성업 중이다. 대부분 동네 주민들이 운영하며 시음할 수 있도록 해놓았다. 포도주 외에도 복숭아, 멜론, 딸기, 키위로 만든 와인도 있는데 와인이라기보다는 과실주에 가까운 맛이다. 와인 말고도 수제 비누, 레이스 달린 옷 등 기념품으로 사갈 만한 물건들이 많아 쇼핑 삼아 다녀오기에도 좋다. 바쁘고 복잡한 에페스 유적지와는 전혀 다른 풍경이므로 일부러 시간을 내어 다녀올 만하다.

파무작 비치&욘자쾨이 비치
Pamucak Beach&Yonca Köy Beach ★★

개방 일출~일몰 **요금** 20TL(욘자쾨이 비치는 무료) **가는 방법** 파무작 비치-오토가르에서 돌무쉬로 15분. 욘자쾨이 비치-오토가르에서 위르크메즈 Ürkmez 행 돌무쉬를 타고 가다가 욘자쾨이 마을 하차(20분).

셀축에서 서쪽으로 7km 떨어진 곳에 있는 해변. 셀축에서 거리도 가깝고 넓은 백사장이 있어 해수욕과 일광욕을 즐기기 좋다. 원래 이 지역은 습지였는데 해수욕장으로 개발해서 지금은 튀르키예인들이 즐겨찾는 명소가 되었다. 해변 진입로에 몇 군데의 캠핑장과 숙소, 레스토랑이 있다(여름철에만 운영).
좀더 소박하고 아늑한 해변을 원한다면 욘자쾨이 마을을 추천한다. 파무작 비치보다 규모도 작고 나무 그늘에서 휴식을 취하며 해수욕하기 좋다. 돌무쉬 정류장에서 소나무 가로수 길을 따라 걸어가면 바다가 나온다. 해변에는 맥주를 파는 레스토랑도 있다. 하루종일 해수욕을 즐기며 피서 기분을 만끽해도 좋고, 오전에 에페스를 둘러보고 오후에 방문한 다음 셀축으로 돌아가는 코스를 잡아도 좋다. 에페스 북문을 걸어나와 간선도로에서 위르크메즈 행 돌무쉬를 타고 가다가 욘자쾨이 마을에서 내리면 된다.

토요장터 ★★★

Map P.239-B2 **개방** 토요일 일출~일몰 **요금** 무료 **가는 방법** 셀축 오토가르 바로 옆의 공터에 펼쳐진다.

매주 토요일마다 열리는 시골 장터. 넓은 부지에 야채, 과일, 의류, 일용잡화, 신발 등 수많은 노점이 들어서는 장관을 이룬다. 규모도 크고 물건도 다양하기 때문에 셀축 시민들은 물론 주변의 마을 사람들도 일주일치 식료품과 일용품을 사기 위해 몰려든다. 다른 도시에서 장터를 구경했다면 그리 큰 볼거리라고 할 수는 없으나 장터 골목을 돌아다니며 튀르키예인들의 일상을 보기에 이곳만한 데가 없다. 사람 구경만 해도 시간가는 줄 모른다. 토요일에 셀축에 머문다면 꼭 구경 가보자.

욘자쾨이 비치

토요장터

Restaurant 셀축의 레스토랑

셀축에는 많은 식당이 성업 중이며 가격도 대체로 저렴하다. 전문 요리사가 있는 레스토랑은 찾아보기 힘들며 동네 주민이 운영하는 레스토랑이 대부분이다. 음식도 소박한 가정식에 가깝다. 셀축 먹을거리의 대명사는 칩 쉬시 Çöp Şiş. 양고기를 작게 잘라 대나무에 끼운 것으로 일종의 꼬치구이다. 숯불에 구워 쫄깃한 맛을 내는데 양념 없이 굽는 것이라 담백한 맛이다. 대부분의 레스토랑에서 칩 쉬시를 맛볼 수 있다.

톨가 칩 쉬시 Tolga Çöp Şiş

Map P.239-A1 주소 Aydın İzmir Asfaltı Sevinç, Selçuk **전화** (0232)892-0924 **영업** 08:00~23:00 **예산** 1인 100~200TL **가는 방법** 오토가르에서 아타튀르크 거리를 따라 도보 5분.

예전에 오토가르 안에 있다가 자리를 옮겼다. 칩 쉬시 전문 레스토랑으로 가격이 저렴하고 양도 푸짐해 만족도가 매우 높다. 특히 한국 여행자들에게 인기가 있어 셀축에 머무는 동안 한 번은 꼭 들르게 된다. 맥주도 있으므로 칩 쉬시를 안주삼아 한잔하기에도 적당하다. 매콤한 고추 피클을 곁들여 먹으면 한결 개운한 맛을 즐길 수 있다.

카르포자 카페 Carpouza Cafe

Map P.239-B1 주소 Argenta Cad., Selçuk **전화** (0232) 892-2665 **영업** 08:00~24:00 **예산** 1인 100~200TL **가는 방법** 수도교 바로 옆에 있다.

셀축 시청에서 운영하는 카페. 잔디가 잘 가꿔진 넓은 공원에 자리했다. 차이, 콜라 등 각종 음료와 아이스크림, 맥주, 와인 등 다양한 마실거리가 있으며 몇 가지 샌드위치도 가능하다. 시청에서 운영하는 곳이라 가격이 무척 저렴한 것이 장점이며, 여름날 저녁 시원한 바람을 즐기며 담소를 나누기에 최고의 장소다.

오쿠무쉬 피데 살로누 Okumuş Pide Salonu

Map P.239-B1 주소 Atatürk Mah. Şehabettin Dede Cad. No.3, Selçuk **전화** (0232)892-1868 **영업** 08:00~22:00 **예산** 1인 80~150TL **가는 방법** 오토가르에서 사하베틴 데데 거리를 따라 도보 1분.

상호에서 알 수 있듯이 튀르키예식 피자인 피데를 전문으로 하는 소박한 식당이다. 10여 가지의 다양한 피데 중 치즈와 버섯이 들어간 피데가 한국인 입맛에 잘 맞는다. 애피타이저로는 얇은 피데인 라흐마준도 괜찮고, 토마토소스를 얹어 나오는 '키레미테 쾨프테'도 먹을 만하다. 타흐스나르 자미 앞의 '오쿠무쉴라르 피데'도 맛과 가격이 비슷하므로 편한 곳을 이용하자.

셀축 쾨프테지시 Selçuk Köftecisi

Map P.239-B2 주소 Atatürk Mah. Şehabettin Dede Cad. No.10, Selçuk **전화** (0232)892-6696 **영업** 월~토요일 07:00~22:00 **예산** 1인 300~500TL **가는 방법** 오토가르에서 샤하베틴 데데 거리를 따라가다 보면 오른편에 보인다.

40여 년의 역사를 자랑하는 식당. 칩 쉬시, 쾨프테 등 메뉴는 몇 가지 안 되지만 전문성 있게 잘 만든다. 위치도 좋고 음식도 맛있어 식사 때 가면 자리가 없는 경우가 많다. 상호처럼 쾨프테가 맛있으며 맥주를 곁들여 식사하기에 좋다. 춥지 않다면 실내보다는 야외자리를 잡도록 하자.

가지안테프 케밥 에비 Gaziantep Kebap Evi

Map P.239-B1 주소 Siegburg Cad. No.11, Selçuk **전화**

(0232)892-8383 **영업** 09:00~22:00 **예산** 1인 300~400TL **가는 방법** 시청 옆 골목에 있다. 오토가르에서 도보 3분.

30년 숯불요리 경력의 가지안테프 출신의 주인이 운영하는 서민 식당. 타북 카나트, 쉬시, 카부르마 등의 요리를 오작바쉬(숯불 그릴)에서 연기를 피우며 연신 구워낸다. 양념과 숯불이 잘 어우러진 고기요리 맛은 감칠맛이 돌면서도 깔끔하다. 주인아저씨의 넉넉한 인심도 좋고 가격도 저렴해 몇 번은 방문하게 된다. 간판이 없으므로 눈을 크게 뜨고 찾자.

되네르지 쿠랄 Dönerci Kural

Map P.239-B2 주소 Tahsin Başaran Cad. No.3, Selçuk **전화** (0232)892-8870 **영업** 월~토요일 10:00~22:00 **예산** 1인 100~150TL **가는 방법** 타흐신 아아 자미 옆에 있다. 오토가르에서 도보 3분.

엣 되네르 케밥과 타북 되네르 케밥 전문점. 별 다른 특징은 없어 보이지만 일단 맛을 보면 고기 양념이 예사롭지 않다는 걸 알 수 있다. 간단한 스낵 바로 이용하기에 안성맞춤이다. 일반적인 에크멕 빵과 얇은 라바쉬 빵 중 선택할 수 있으므로 취향에 따라 주문하자.

케밥하우스 메흐메트 앤 알리바바 Kebap House Mehmet & Alibaba

Map P.239-A2 주소 Atatürk Mah. 10047 Sk. No.4-A, Selçuk **전화** (0232) 892-3872 **영업** 09:00~23:00 **예산** 1인 200~250TL **가는 방법** 에페스 고고학 박물관 옆에 있다. 오토가르에서 도보 5분.

각종 그릴 케밥류와 쾨프테가 있는 튀르키예식 레스토랑. 메뉴나 음식이 그다지 특별하지는 않지만 커다란 나무그늘 아래 테이블이 운치가 있다. 한글이 적힌 메뉴판이 있어 메뉴 이해를 돕고 식후에 차이도 무료로 제공한다. 숙소 밀집구역 초입이라 오가며 쉽게 들르기 편하다는 것도 장점이며 무선인터넷도 가능하다.

외즈쉬트 카페 Özsüt Selçuk Cafe

Map P.239-B2 주소 Atatürk, 1023 Sokakono:1, 35920 **전화** +90-554-382-9263 **홈페이지** www.ozsut.com.tr **영업** 매일 08:30~00:00 **예산** 1인 100~200TL **가는 방법** 오토가르에서 도보 3분.

튀르키예 전국에 지점을 갖춘 프랜차이즈 디저트 카페. 각종 아이스크림과 커피, 조각 케이크를 판매하며 깔끔하고 세련된 내부와 잔디가 깔린 야외 공간을 갖추었다. 부드러운 식감을 자랑하는 캬라멜 라이스 푸딩과 라즈베리 초코 타르트 및 라임 타르트 등 다양한 디저트를 맛볼 수 있다.

아마존 Amazon

Map P.239-A2 주소 Anton Kallinger Cad. No.22, Selçuk **전화** (0232)892-3879 **영업** 10:00~24:00 **예산** 1인 400~600TL **가는 방법** 오토가르에서 에페스 유적 방향으로 큰길을 따라가다 이사베이 자미 가는 길로 꺾어들어 도보 2분.

이사베이 자미 가는 길에 자리한 레스토랑. 수채화가 걸려있는 벽과 유리조명 등 전체적으로 모던한 스타일이 돋보인다. 파스타, 치킨, 피자 등의 메뉴가 있는데 인테리어만큼이나 맛도 깔끔하다. 다양한 차 메뉴도 있어 유적지를 다녀오다 찻집으로 이용하기에도 좋다.

에베소 레스토랑 Efes Villa Restaurant

Map P.239-A2 주소 Dr. Sabri Yayla Bul. No.19, Selçuk **전화** (0232)892-9320(휴대폰 0537-4374210) **영업** 10:00~20:00 **예산** 1인 $15~35 **가는 방법** 오토가르에서 닥터 사브리 야일라 거리를 따라 도보 5분.

그리운 한국 음식을 먹을 수 있는 한식 전문 레스토랑. 단체 성지 순례객들이 주 고객이지만 개별 여행자도 환영한다. 한국인 주방장이 직접 조리하며, 된장찌개, 김치찌개, 제육볶음, 고등어구이 등 20여 가지의 다양한 메뉴가 있다. 힘든 식재료 조달에도 불구하고 맛은 매우 훌륭하다.

Hotel 셀축의 숙소

오래전부터 많은 여행자들이 방문해온 곳으로 다양한 급의 호텔과 펜션이 있다. 가격이 예전보다는 많이 올랐지만 그래도 배낭여행자가 머물만한 저가형 도미토리가 있는 펜션도 있다. 셀축에서는 주머니 얇은 여행자라 하더라도 마음 편히 묵을 수 있다. 오토가르에서 호객이 심하므로 머물 숙소를 미리 정했다면 픽업을 요청하자. 숙소 요금은 성수기 기준이며 아침식사가 포함되어 있다.

에페수스 오텔
In Ephesus Otel & Art Gallery

Map P.239-A1 주소 Atatürk, 1054. Sk. No:4, 35920 **전화** +90-554-181-1618 **요금** 싱글 €80(개인욕실, A/C), 더블 €100(개인욕실, A/C) **가는 방법** 에페스 박물관에서 도보 3분.

비교적 최근에 오픈한 아늑한 부티크 호텔. 객실은 현대적 시설에 깨끗하게 관리되고 있으며 일부 객실은 테라스가 딸려 있어 야외를 즐길 수도 있다. 친절한 주인 가족이 손님을 세심하게 배려해 주며 주변이 조용한 것도 장점이다. 과일이 함께 나오는 풍성한 아침식사도 매우 만족스럽다.

캔버라 호텔 Canberra Hotel

Map P.239-A2 주소 Atatürk Bul. 1067 Sk. No.15, Selçuk **전화** (0232)892-7668(휴대폰 0532-3414047) **요금** 싱글 €30(개인욕실, A/C), 더블 €40(개인욕실, A/C) **가는 방법** 오토가르 대각선 맞은편에 있는 셀축 병원 뒷골목에 있다. 도보 5분.

마르딘 출신의 메흐메트와 사바쉬라는 쿠르드족 형제가 운영하는 숙소. 가구와 발코니가 딸린 32개의 객실은 언제나 잘 정돈되어 있다. 층별로 색깔을 달리한 센스가 엿보이며, 차별받는 소수민족의 설움을 이겨내고 열심히 운영하는 주인 형제가 대견하다. 풍성하게 나오는 아침식사도 좋다. 숙소 앞 큰길이 공항버스 정류장이라 편리하다.

바름 펜션 Barım Pension

Map P.239-A2 주소 1045 Sk. No.34, Selçuk **전화** (0232)892-6923 **요금** 싱글 €20(개인욕실, A/C), 더블 €30(개인욕실, A/C) **가는 방법** 에페스 고고학 박물관 뒤편에 있다. 오토가르에서 도보 7분.

담쟁이덩굴과 부겐빌리아가 입구를 뒤덮고 있어 낭만적이다. 아드난과 레제프 형제 부부가 운영하는데, 분위기 있게 꾸며놓은 12개의 객실이 있다. 형제가 메탈 장인이라 철제 장식품은 모두 직접 제작한 것이다. 수압이 낮고 아침식사가 부실한 것이 아쉬운 점이다.

호메로스 펜션 Homeros Pension

Map P.239-A1 주소 Atatürk Mah. 1048 Sk. No.3, Selçuk **전화** (0232)892-3995(휴대폰 0535-3107859) **요금** 싱글 €30(개인욕실, A/C), 더블 €40(개인욕실, A/C) **가는 방법** 에페스 고고학 박물관 뒷길을 따라 도보 5분. 이정표를 따라가자.

2개의 전통가옥을 사용하는 숙소. 주인이 직접 제작한 가구가 있는 객실은 고전과 현대적 감각이 잘 조화되었으며, 전통 스타일로 꾸민 옥상 테라스도 훌륭하다. 손님들에게 차와 와인을 무료로 제공한다. 목조 건물이라 실내에서는 금연이다.

에이엔제트 게스트하우스 ANZ Guesthouse

Map P.239-A2 주소 1064 Sk. No.12, Selçuk **전화** +90-536-745-7561 **홈페이지** www.anzguesthouse.com.tr **요금** 도미토리 €20, 싱글 €30(개인욕실, A/C), 더블 €40(개인욕실, A/C) **가는 방법** 바름 펜션 뒷골목에 있다. 오토가르에서 도보 10분.

호주에 오래 살았던 주인이 운영하는 숙소. 객실은 크기가 조금씩 다르고 발코니가 있는 방도 있다. 화분이 많은 옥상의 휴식 공간은 주변 경관을 즐기며 책을 보거나 인터넷을 하기 좋다. 도미토리에 샤워실이 하나 밖에 없어 이용객이 많을 때는 불편하므로 참고할 것.

바다르 호텔 Vardar Hotel

Map P.239-B2 주소 Atatürk Mah. Şahabettin Dede Cad. No.9, Selçuk **전화** (0232)892-4967(휴대폰 0555-2931519) **홈페이지** www.vardar-pension.com **요금** 도미토리 €15, 더블 €20~30(공동/개인욕실, A/C) **가는 방법** 오토가르에서 샤하베틴 데데 거리를 따라 도보 1분.

오토가르에서 가깝다는 것과 저렴한 객실료가 최대의 장점이다. 발코니가 딸린 객실도 있고 에어컨이 나오는 3~4인용 도미토리도 있는데, 방 크기나 청결도 등 전체적으로 무난하다. 다만 주인 아주머니의 지나친 억척스러움으로 인해 호불호가 엇갈린다. 아침식사가 부실하고 겨울철에 난방이 제대로 안 된다는 보고도 있었다.

툰자이 펜션 Tuncay Pension

Map P.239-A1 주소 İsabey Mah. 2015 Sk. No.1, Selçuk **전화** (0232)892-6260(휴대폰 0536-4338685) **요금** 도미토리 €15, 싱글 €30(개인욕실, A/C), 더블 €50(개인욕실, A/C) **가는 방법** 오토가르에서 아타튀르크 거리의 육교를 지나 왼쪽 골목 안에 있다.

분수가 있는 정원의 담쟁이 덩굴이 편한 인상을 준다. 객실은 살짝 낡았으나 깨끗하고 욕실도 괜찮다. 11개의 침대가 있는 도미토리는 양쪽이 창문이라 채광이 좋지만 겨울에는 춥다는 점을 감안하자. 골목 안쪽에 있어서 주변이 조용하며, 성 요한 교회도 가깝다.

나자르 호텔 Nazar Hotel

Map P.239-A1 주소 İsabey Mah. 2019 Sk. No.34, Selçuk **전화** (0232) 892-2222 **홈페이지** www.nazarhotel.com **요금** 더블 €60~70(개인욕실, A/C) **가는 방법** 툰자이 펜션에서 도보 1분.

정원에 풀장이 있어 여름철에 시원하게 수영을 즐길 수 있다. 객실은 청결하고 더운물도 잘 나오는 등 관리가 잘 되고 있으며 여행자들의 평도 좋다. 일부 객실은 성채 전망도 있다. 객실 크기에 따라 가격이 달라지며, 주변이 조용해서 편안히 쉬기에 좋다.

호텔 벨라 Hotel Bella

Map P.239-A1 주소 Atatürk Mah. St. John Cad. No.7, Selçuk **전화** (0232)892-3944 **홈페이지** www.hotelbella.com **요금** 싱글 €50(개인욕실, A/C), 더블 €60(개인욕실, A/C) **가는 방법** 성 요한 교회 입구 바로 앞에 있다.

오스만 스타일의 소품을 사용한 중급 숙소. 고급스러운 객실도 좋고 옥상 레스토랑은 도시와 성채의 야경을 즐기며 식사하기에 최고의 분위기를 제공한다. 성 요한 교회가 바로 앞에 있어 손쉽게 방문할 수 있다는 것도 장점. 옥상 레스토랑만 이용할 수도 있다.

세계문화유산

소아시아의 중심

에페스 Efes

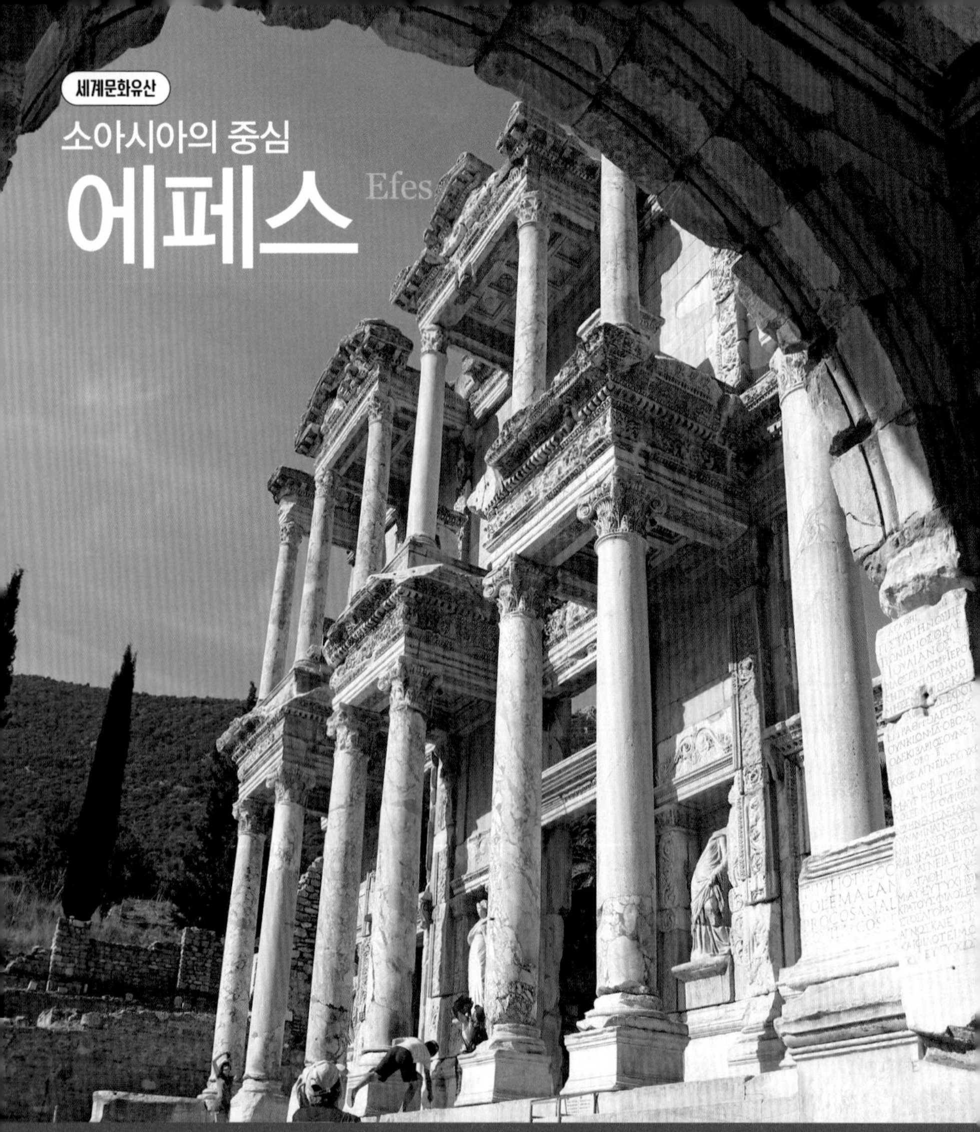

셀축 남쪽에 위치한 고대 로마의 도시 유적. 에게해는 물론 튀르키예 전역을 통틀어 양과 규모에서 비할 데 없는 최고의 유적지다. 기원전 2000년경부터 사람이 살기 시작한 흔적이 발견되었으며 고대로부터 유럽과 아시아를 잇는 에게해의 중심도시였다. 기원전 11세기경 이오니아인들이 이곳을 점령한 이후 기원전 5세기에는 스파르타의 지배를 받았고 이후 알렉산더 대왕과 그 부하장수인 리시마쿠스가 차례로 에페스의 주인이 되었다. 에페스가 가장 화려했던 시기는 로마 시대. 아우구스투스 황제 때 소아시아(지금의 튀르키예)에서 가장 중요한 무역항이 되었고 당시 500여 개에 달하던 로마 소아시아 속주의 수도로 지정되었던 것. 전성기에는 인구가 무려 25만 명이었다고 하니 명실상부한 소아시아 최고의 도시였다.

그칠 줄 모르고 번영을 구가하던 에페스의 몰락을 가져온 것은 다름 아닌 자연이었다. 7세기 무렵 강에서 유입되는 토사가 바다를 메우면서 항구도시의 기능을 잃게 되자 도시는 급속도로 쇠락하기 시작했고 급기야 아야술룩 언덕(현재의 셀축)으로 도시가 옮겨졌다. 1000년에 달하는 고대도시의 영화가 막을 내리게 된 것이다.

여행의 기술

에페스 가는 법

셀축에서 가까운 거리라서 돌무쉬가 다니고 있다. 사람이 차면 출발하기 때문에 관광 시즌인 여름철에는 많은 편수가 다니지만 비수기인 겨울철에는 운행이 축소된다. 예전에는 셀축의 각 숙소에서 에페스까지 무료로 차를 태워 주었는데 지금은 법으로 금지되었다. 무료 차량을 이용하는 것은 불법이므로 돌무쉬를 이용하자.

셀축 오토가르 ▷▶ 에페스

돌무쉬
운행 07:40~21:00(매 20분 간격)
소요시간 10분

➡ 역사

에페스는 전설적인 여전사족인 아마존의 여왕 에포스가 세웠다는 설과 아테네의 왕 코드로스의 아들인 안드로클로스가 세웠다는 두 가지 설이 전해온다. 아마존 건립설은 이 지역을 정복했던 히타이트 전사들이 치마같이 긴 옷을 입은 데서 여전사로 착각한 것이라는 설이다.

기원전 1200년경 북방민족 도리아족의 침입에 시달리던 아테네의 안드로클로스는 물고기와 멧돼지가 있는 곳에 나라를 세우리라라는 델포이의 신탁을 받고 바다를 건너 이오니아 지방으로 왔다. 바닷가 근처에서 식사를 하려고 물고기를 굽던 중 우연히 한 마리가 튀어서 바닥에 떨어졌고, 함께 떨어진 숯 때문에 덤불에 불이 붙자 놀란 멧돼지가 달아났다. 안드로클로스는 이 멧돼지를 쫓아가서 활로 쏘아 죽이고 그 자리에 도시를 세웠다. 당시 이 지역은 카이스트로스 강 어귀의 바닷가였기 때문에 교역을 중시하는 그리스인들에게 매우 이상적인 장소였다. 이오니아 지방의 한 가운데 자리한 지리적 이점과 아르테미스 신전의 종교적 위광 덕분에 에페스는 소아시아에서 가장 큰 도시로 번영할 수 있었다.

리디아와 페르시아의 지배

기원전 560년 리디아의 크로이소스 왕이 에페스를 공격했을 때, 에페스인들은 아르테미스 여신의 보호를 받기 위해 신전으로부터 도시까지 1207미터의 밧줄을 연결하고 그 안으로 피신했다. 에페스가 있던 소아시아 지방은 키벨레 Kybele라는 지모신(地母神) 숭배 전통이 강했는데, 이 키벨레 신앙은 아르테미스 신앙으로 발전했고 훗날 성모 마리아 신앙으로 이어졌다.

크로이소스의 지배는 오래가지 못했다. 기원전 547년 페르시아 왕국의 침입으로 리디아 왕국은 멸망하고 에페스는 페르시아에 예속되었다. 페르시아 치하에서 무거운 세금에 시달리던 에페스는 기원전 499년 밀레투스가 반란을 일으키자 적극 가담했으나 봉기는 실패로 돌아가고 페르시아의 지배는 계속되었다.

그리스 연합군이 페르시아 전쟁에서 승리한 479년 이후 에페스는 독립을 되찾았고 아테네가 주축이 된 델로스 동맹에도 가입했다. 아테네와 스파르타가 충돌한 펠로폰네소스 전쟁 때는 스파르타의 편을 들었다. 이러한 전쟁의 와중에서도 에페스는 계속 발전했다. 외국인에게도 기회의 폭이 넓게 열려 있었고 가문보다는 교육을 중시했으며, 아르테미스 여신 숭배 영향으로 다른 도시보다 여권(女權)도 성숙되어 있었다.

알렉산더 대왕과 리시마코스의 지배

기원전 334년 페르시아군을 격파한 알렉산더 대왕이 에페스에 입성했다. 무너진 아르테미스 신전을 재건하고 싶었던 알렉산더는 에페스인들의 거절로 뜻을 이루지 못했다(P.242 참고). 거절당

에페스의 대극장

한 것이 불만이었는지 다른 도시에서는 페르시아에 바치던 세금을 면제해 주었으나 에페스인들에게는 그 세금을 전부 아르테미스 신전에 바치라고 명했다. 에페스는 알렉산더가 입성한 최초의 그리스 도시였기에 신들에게 특별한 감사를 바칠 필요가 있었던 것.
알렉산더 대왕 사후 이오니아 지방은 부하 장수였던 리시마코스의 지배를 받았다. 카이스트로스강의 퇴적물 때문에 더 이상 항구도시의 기능을 할 수 없게 되자 언덕이 있는 곳으로 도시를 옮겼다. 신도시는 그 후 500년 동안 번창했는데 이것이 현재의 에페스 유적 자리다.

로마 시대

기원전 133년 신흥 강국인 로마가 소아시아 속주를 건설하면서 에페스의 로마에서의 발언권이 강해지기 시작했다. 통상과 교역이 발전하고 인구도 늘어났으며, 기원전 29년 페르가몬을 대신해 에페스가 로마의 소아시아 속주 주도로 승격됐다. 에페스의 번영은 교역을 통한 항만 수입과 아르테미스 신전의 참배객에게서 벌어들이는 수입, 당시 은행 역할을 했던 아르테미스 신전의 금융 수입에 기반을 두고 있었다. 현재 남아있는 유적은 이 시대 이후에 지어진 것들이다. 기원후 100년경에는 상주인구와 유동인구를 합쳐 40만 명에 달하는 큰 도시로 발전했다. 기원후 2세기까지 전성기를 누리며 알렉산드리아, 안티오키아 등과 더불어 지중해 세계 최고의 도시 중 하나였다.

에페스와 기독교

에페스는 기원후 50년 이후 이미 초기 기독교의 중심지였다. 사도 바울은 52년부터 54년까지 3년 동안 에페스에 머물렀다. 이 시기에 '첫 번째 코린토스인들에게 보내는 편지'를 썼으며, 62년 로마의 감옥에서 '두 번째 에페스인들에게 보내는 편지'를 썼다. 또한 사도 요한은 예수가 죽자 예수의 어머니인 마리아를 에페스에 모시고 왔으며, 69년 에페스에 정착하고 바다 건너 파트모스 섬 유배지를 오가며 요한 계시록을 저술했다. 431년에는 예수의 인성과 신성에 관한 제3차 종교회의가 열렸으며, 6세기 중반 비잔틴 제국의 유스티니아누스 황제는 사도 요한의 교회를 새로 증축하고 에페스의 대주교좌로 삼았다.

에페스의 몰락

3세기 중반 이후 로마 제국이 쇠퇴기에 접어들자 에페스도 서서히 기울어갔다. 262년 대지진으로 아르테미스 신전이 무너졌고 269년에는 고트족의 침입으로 신전과 도시가 약탈당했다. 아르테미스 신앙은 불안하고 공허한 시대에 답을 주지 못했고, 사람들은 복음과 신비의식을 내세우는 이집트의 이시스 신앙이나 세라피스 신앙, 페르시아의 미스트라교나 마니교 같은 신앙으로 몰려들었다. 지진과 고트족의 침입 이후 에페스에서는 화폐 주조가 끊겼다.
게다가 끊임없는 준설작업에도 불구하고 5세기 이후 에페스 항은 거의 재기불능 상태에 이르렀다. 항구는 쿠샤다스로 옮겨갔고 강의 범람으로 습지로 변해버린 해안에서는 모기가 들끓어 말라리아가 창궐했다. 인구는 격감했고 도시는 기능을 잃고 말았다.
7세기 중반 이슬람의 침입으로 에페스의 수명은 다했고, 700년과 716년의 지진은 몰락에 결정적인 타격을 주었다. 1304년 셀주크 투르크의 사령관 아이딘오울루가 조그만 마을로 변해버린 에페스에 들어왔다. 도시는 아야술룩 언덕으로 옮겨갔고(현재의 셀축) 잠깐 동안 번영기를 맞았다. 오스만 제국이 점령한 뒤 1914년 조그만 마을로 변한 이곳의 지명은 아야술룩에서 셀축으로 바뀌었다. 현재까지 발굴된 유적은 전체 도시의 20% 정도라고 한다.

아고라의 열주

에페스 둘러보기

에페스를 관람하는 방법은 크게 두 가지. 언덕 아래쪽인 북문에서 시작해 언덕 위인 남문까지 올라가면서 보는 것과 반대로 남문에서 시작해 북문까지 아래로 내려오며 관람하는 방법이 있다(약 3km, 2시간 소요). 어느 쪽을 택하든 유적 감상에 그다지 차이는 없다. 여기서는 돌무쉬 정류장에서 가까운 북문에서 시작해 남문으로 올라가며 관람하는 방식으로 설명한다. 유적지 내부는 큰길을 따라가며 양옆으로 자리한 유적을 보는 것이라 길을 잃을 염려도 없고 순서대로 보기 때문에 수월하게 관람할 수 있다.

+ 알아두세요!

1. 유적지 안에 물이나 음료를 파는 상점이 없다. 관광 시작 전 음료와 간식을 준비하자.
2. 여름철에는 단체 관광객들이 많이 찾으니 이들의 방문 시간(대체로 오전 9~11시)을 피해서 가는 것이 좋다.

Attraction 에페스의 볼거리

광대한 부지의 유적 전체가 볼거리이기 때문에 관광 시간을 여유있게 잡는 것이 좋다. 어느 것 하나 그냥 지나칠 수 없는 조각과 의미를 담고 있으므로 마음의 준비를 단단히 하고 관광에 나서자.

에페스 유적 Efes ★★★★★

개방 매일 08:30~18:00(겨울철은 19:00까지, 입장권은 폐장 1시간 30분 전까지 판매) **요금** €40 **가는 방법** 셀축의 오토가르에서 돌무쉬로 10분.

성모 마리아 교회 Virgin Mary's Church

북문 입구에 들어서서 소나무 숲길을 걷다보면 오른쪽으로 몇몇 건물들의 잔해가 보인다. 진입로를 벗어나서 오른쪽 오솔길을 따라가면 소아시아 교회의 중심이었던 성모 마리아 교회가 나온다. 431년 성모 마리아가 예수의 어머니인가, 하느님의 어머니인가에 관한 논쟁으로 유명한 종교회의가 열렸던 곳이다. 이 회의에서 예수는 신성과 인성을 모두 갖춘 존재이며 성모 마리아는 신의 어머니임을 확인했다. 교회 옆으로는 항구 목욕장, 김나지움(체육관)이 있다.

아르카디안 거리 Arcadian Street

소나무 숲길이 끝나면서 원기둥이 늘어선 넓은 도로를 만난다. 항구에서 대극장까지 폭 11m, 길이 500m의 큰길이 조성되었는데, 해상 무역이 도시 존재의 기반이었음을

성모 마리아 교회의 예배소

가로등을 밝히던 아르카디안 거리

단적으로 말해준다. 배를 타고 항구에 도착한 사람들은 항구 목욕장에서 몸을 씻고 이 길을 따라 도시로 들어왔다. 상점들이 즐비했던 이 거리에 50여 개의 횃불로 가로등을 밝히기도 했는데, 당시 가로등 시설이 있던 도시는 로마와 안티오키아, 에페스 뿐이었다고 한다. 도로는 헬레니즘 시대부터 있었는데 대대적으로 보수한 비잔틴 제국의 아르카디우스 황제(재위 395~408)의 이름에서 따왔다. 도로 밑으로는 상하수도 관이 설치되어 있었다.

대극장 Great Theatre

아르카디안 거리 끝에 있는 거대한 원형극장. 원래는 기원전 3세기 헬레니즘 시대에 지어진 것인데 1세기 로마 시대에 대대적으로 증축되었다. 피온 산의 경사면을 이용해 지었으며 지름 154m, 높이 38m의 반원형 구조에 최대 수용인원 2만 4000명을 자랑하는 거대한 규모다. 이곳에서 시민들이 모이는 집회는 물론 연극과 문화예술 공연이 상연되었는데, 로마 시대 말기에는 검투사와 맹수의 싸움도 벌어졌다. 지금은 남아있지 않지만 3층으로 된 무대 건물은 18m 높이였으며, 원기둥과 양각의 부조로 화려하게 장식했다고 한다. 무대에서 오케스트라(무대 앞의 반원형 공간)로

대극장의 객석

Efes
에페스 평면도

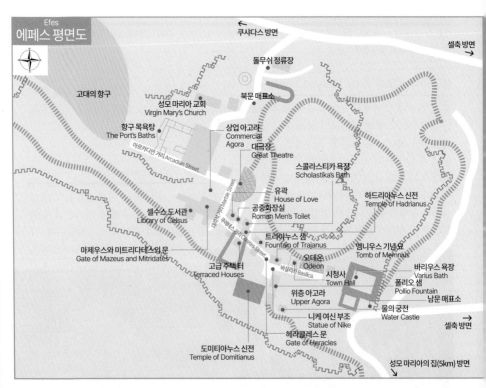

← 쿠샤다스 방면
셀축 방면 →
돌무쉬 정류장
고대의 항구
북문 매표소
성모 마리아 교회 Virgin Mary's Church
항구 목욕탕 The Port's Baths
상업 아고라 Commercial Agora
대극장 Great Theatre
아르카디안 거리 Arcadian Street
스콜라스티카 욕장 Scholastika's Bath
마블 거리 Marble Street
유곽 House of Love
하드리아누스 신전 Temple of Hadrianus
셀수스 도서관 Library of Celsus
공중화장실 Roman Men's Toilet
쿠레테스 거리 Curetes Street
트라야누스 샘 Fountain of Trajanus
마제우스와 미트리다테스의 문 Gate of Mazeus and Mitridates
멤니우스 기념묘 Tomb of Memnius
오데온 Odeon
바리우스 욕장 Varius Bath
고급 주택 터 Terraced Houses
바실리카 Basilica
시청사 Town Hall
폴리오 샘 Pollio Fountain
위층 아고라 Upper Agora
남문 매표소
물의 궁전 Water Castle
니케 여신 부조 Statue of Nike
셀축 방면 →
헤라클레스 문 Gate of Heracles
도미티아누스 신전 Temple of Domitianus
성모 마리아의 집(5km) 방면 ↘

통하는 5개의 통로가 있었다. 시각과 음향효과를 고려해서 무대에서 멀어질수록 아래쪽보다 위쪽 객석의 경사를 급하게 만든 것도 인상적이다. 강한 햇빛을 막기 위해 천막으로 된 개폐식 지붕도 있었다. 지금도 1년에 한 번 특별공연이 개최된다.

대리석 거리 Marble Street

대극장에서 켈수스 도서관까지 이르는 대리석으로 된 길. 원래는 아르테미스 신전까지 길이 뻗어있었다고 하며 사람뿐만 아니라 마차도 지나다녔다. 길 아래는 대형 수로가 있었다. 길 양옆으로는 원기둥과 귀족의 석상이 있었고, 이 길에 황제의 포고문이 게시되어 사람들에게 전달되었다. 한 가지 특이한 점은

대리석 거리

이 길 바닥에 여인의 모습과 왼쪽 발이 새겨진 돌이 있는데 이는 유곽을 광고하기 위한 것이라고 한다.

상업 아고라 Commercial Agora

대리석 거리 오른편에 자리한 에페스의 중앙

Shakti Say **로마 시대의 검투사**

검투 시합(출처: 위키백과)

영화 〈글래디에이터〉에 등장하는 검투 시합은 전차 경주와 함께 로마 시대의 상징입니다. 검투사는 어떻게 양성되었고 시합은 어떻게 이루어졌을까요?

로마의 아피아 가도 연변에 있는 카푸아는 검투사 양성소가 밀집한 곳으로 유명했습니다. 이런 양성소는 민영이었는데 노예시장에서 체구가 건장한 노예를 사들여 검투사로 훈련시킨 다음 검투 시합이 열릴 때마다 빌려주는 방식이었죠. 일반적으로 검투사는 모두 노예라고 생각하기 쉽지만 자유민 중에서도 검투사를 직업으로 선택하는 사람도 있었습니다. 죽음의 위험을 무릅쓰는 일인 만큼 고수입이 보장되었기 때문이죠. 검투 시합이 사회적으로 인기가 있었기 때문에 검투사 양성사업은 상당한 영리사업이었다고 합니다.

역사적으로 유명한 '스파르타쿠스의 반란'도 카푸아에서 시작되었습니다. 기원전 73년, 카푸아의 한 검투사 양성소에서 트라키아(불가리아의 흑해 연안지역) 출신의 노예 스파르타쿠스의 주도로 74명의 검투사들이 무장봉기를 일으켰죠. 주변의 농장 노예와 빈민들도 가담하여 세력이 커진 이들은 로마 정규군까지 격파하며 남부 이탈리아 일대를 장악했습니다. 하지만 2년간에 걸친 반란은 결국 실패로 돌아가고 포로로 잡힌 6천여 명의 노예들은 십자가에 매달려 죽었습니다(십자가형은 로마에서 노예가 주인에게 반항했을 때 가해지는 가장 엄한 처벌이었다). 이 사건을 영화화한 것이 커그 더글러스 주연의 〈스파르타쿠스〉입니다.

어쨌든 검투 시합은 로마인들이 열광한 오락이었기 때문에 구경거리로서 효과를 높이기 위해 다양한 무기와 기구를 사용했습니다. 영화 〈글래디에이터〉를 보면 어느 정도 실상을 알 수 있지요. 시민들이 좋아한 것이었던 만큼 로마 황제를 비롯한 고위층들은 시민들의 환심을 사기 위해 자비를 털어 검투 시합을 개최하는 경우가 많았습니다. 공직은 모두 시민들의 투표로 결정되었기 때문에 일종의 선거운동이었던 셈이죠.

제정 로마의 제2대 황제 티베리우스는 검투 시합을 싫어한 것으로 유명했답니다. 황제나 유력자들의 후원으로 개최되던 검투 시합이 열리지 않자 그것으로 생계를 꾸려가던 검투사와 행사 관계자들은 실업자가 되었다고 항변할 정도였죠. 죽음이 늘 따라다니는 이 위험한 직업으로 큰돈을 벌고 여자들에게 인기가 있던 그들의 입장에서는 당연한 일이었죠. 최고 위층인 원로원 의원의 딸이 검투사와 눈이 맞아 야반도주한 일도 있었다고 하니 검투사는 일종의 독이 든 성배였던 듯합니다.

시장. 기원전 3세기 헬레니즘 시대부터 있었으며, 3세기 초 카라칼라 황제 때 대대적으로 증축되었다. 가로·세로 110m 넓이에 항구와 대극장, 켈수스 도서관으로 이어진 3개의 정문이 있었다. 항구와 가까운 곳에 조성되어 유럽과 지중해 각지에서 들어온 물건이 총집합하던 거대한 국제 시장이었다. 이곳에서는 물건뿐만 아니라 잡혀온 노예들도 거래되었는데, 전성기의 에페스 노예시장의 규모는 지중해 세계 최고였다. 지금은 폐허로 변했지만 빼곡이 들어선 상점들의 호객 소리와 이국적인 물건을 사고팔며 북적이던 고대의 시장을 상상해보자.

켈수스 도서관 library of Celsus

대리석 거리 끝에 위치한 아름다운 건물로 에페스의 상징이기도 하다. 2세기 초반 로마의 소아시아 총독이었던 율리우스 켈수스 폴레마이아누스 Julius Celsus Polemaeanus를 기념하기 위해 집정관이었던 그의 아들 티베리우스 율리우스 아퀼라 Tiberius Julius Aquilark가 지었다. 전성기 때는 1만 2000권의 두루마리 장서를 보관했는데, 이것은 알렉산드리아, 페르가몬에 이어 고대 지중해 세계에서 세 번째로 큰 규모였다.

이 건물은 도서관과 함께 켈수스의 무덤으로 지어졌으며 지하에 납골당이 있다. 내부는 하나의 커다란 홀로 구성되었는데, 두루마리 책

아고라의 상점 거리

켈수스 도서관과 마제우스와 미트리다테스의 문

Efes
에페스 입체도

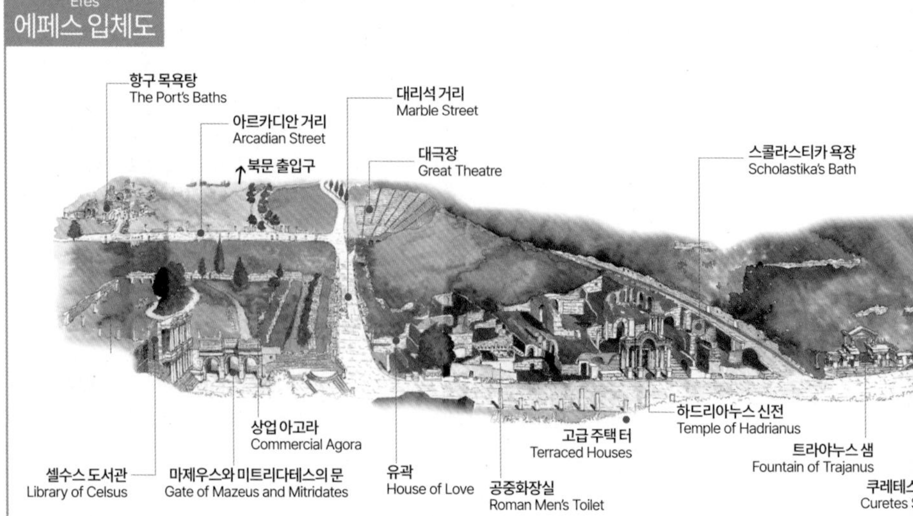

의 손상을 방지하기 위해 내벽과 외벽 사이에는 약 1미터의 간격을 두었다. 중앙의 입구는 양 측면의 입구들보다 더 크게 만들어서 건물이 실제보다 더 크게 보이는 효과를 냈다(당시 로마인의 건축술은 지중해 최고였다). 정면에는 네 명의 여인의 석상이 있는데, 각각 지혜(소피아 Sophia), 덕성(아르테 Arte), 지능(에노이아 Ennoia), 지식(에피스테메 Episteme)을 상징한다. 아쉽게도 석상은 모두 모조품이며 진품은 오스트리아의 박물관에 소장되어 있다. 270년에 지진으로 무너졌으며 1970년대에 복원되었다.

마제우스와 미트리다테스의 문 Gate of Mazeus and Mitridates

켈수스 도서관에서 상업 아고라로 들어가는 문으로 전부 3개의 아치로 되어 있다. 노예였던 마제우스와 미트리다테스가 자유의 몸이 되면서 아우구스투스 황제와 그의 가족을 위해 바친 것으로 아우구스투스의 문이라고도 한다. 참고로 로마 시대는 노예라 하더라도 사유 재산이 인정되었고 돈으로 자유를 살 수도 있었다. 이런 노예를 '해방노예'라고 하는데 해방노예도 재산과 자식이 있으면 투표권을 취득할 수 있었고, 자식 대에는 로마 시민권을 획득하는 길도 열려 있었다.

쿠레테스 거리 Curetes Street

켈수스 도서관에서 헤라클레스 문까지 뻗어 있는 대로. 에페스의 명동이라고 할 수 있는 곳으로 외국에서 들여온 각종 향신료와 실크, 동방의 고급품을 팔던 상점이 즐비했다. 줄지어 있는 원형기둥 사이사이에 에페스 중요 인물들의 석상도 있으며 하드리아누스 신전, 공중 화장실, 스콜라스티카 욕장, 트라야누스 샘 등이 자리하고 있다. 참고로 쿠레테스는 그리스 신화에서 어린 제우스를 보호하던 반

쿠레테스 거리

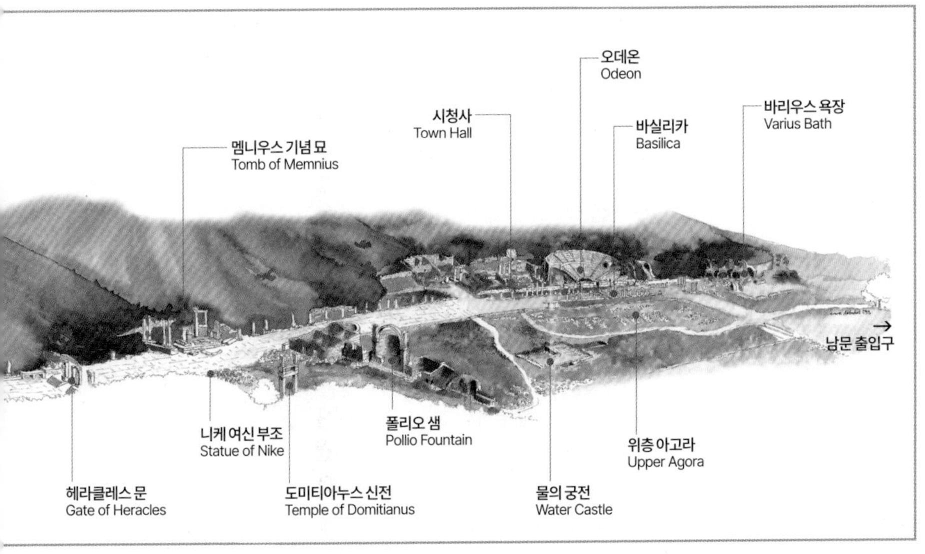

인반신(伴人半神). 로마에서는 행정실무와 종교적 업무를 담당하던 사제들을 '쿠레티'라고 불렀다.

유곽 House of Love

쿠레테스 거리와 대리석 거리가 만나는 모서리에 위치하고 있다. 거대한 남근을 지닌 프라이아푸스 Priapus(남근으로 표시되는 풍요의 신)의 석상이 발굴된 것으로 미루어 고대의 매춘 업소로 추정된다. 1세기에 지어졌으며 출입구는 쿠레테스 거리와 대리석 거리로 나 있다. 1층은 비너스의 조각이 있는 커다란 홀이었고, 2층은 작은 방들이 빼곡하게 줄지어 있었다. 방 바깥으로는 풀장 시설을 갖춘 목욕장이 있었고, 남자들은 손과 발을 씻어야만 건물에 들어갈 수 있었다고 한다. 한 마디로 위생에 철저히 신경 썼다는 말.

공중화장실 Latrine

유곽 바로 앞에 있는 것으로 말 그대로 공중화장실이다. 50여명이 동시에 사용할 수 있는 규모였으며 중앙에는 연못도 조성해 놓았다. 용변만 처리하는 단순한 기능이 아니라 사람들을 만나는 사교의 공간이기도 했다. 벽을 따라 나 있는 둥근 구멍은 좌변기다. 앉는 곳 앞쪽에 보면 수로가 있었음을 알 수 있는데 이는 볼일을 마친 후 씻기 위한 용도였다. 물이 흘러 들어오는 위쪽은 이용료가 비싸고 냄새가 나는 아래쪽은 저렴했다고 한다.

하드리아누스 신전 Temple of Hadrianus

138년 하드리아누스 황제에게 바친 것으로 규모는 크지 않지만 코린트식 기둥과 아치의 조각이 인상적인 신전이다. 정면 아치 위에는 행운의 여신 티케가, 안쪽 아치에는 악귀를 쫓아준다는 양팔을 벌린 메두사가 조각되어 있으며, 벽에는 에페스의 기원 전설이 새겨져 있다. 에페스의 창시자 안드로클로스는 에페스로 떠나기 전 신탁을 받았는데 내용은 물고기와 멧돼지가 있는 곳에 새로운 도시가 생겨날 것이라는 것이었다. 안드로클로스가 에페스에 도착해 식사를 하려고 물고기를 굽고 있을 때 숲 속에서 느닷없이 멧돼지가 나타났던 것. 신탁에 따라 안드로클로스는 그곳에 에페스를 건설했다고 하는 신화적인 이야기다.

유곽

공중화장실

하드리아누스 신전

고급 주택 터 Terraced Houses (별도 입장료 €15)

하드리아누스 신전 맞은편에 있는 주택 터. 고관들과 세력가들이 살았던 곳으로 바닥은 모자이크화, 벽은 프레스코화로 화려하게 장식해 놓았다. 로마 시대 상류층의 저택은 2중 구조였다. 대문을 들어서면 지붕이 없는 안뜰이 나오고(대개 작은 연못이 있었음), 사방으로 회랑이 둘러선 방이 있었다. 이곳이 공식적인 업무공간이었으며, 안으로 들어가면 지붕이 없는 또 다른 안뜰이 나오고 가족들의 사적인 공간으로 사용했다. 업무공간과 구조상의 차이는 없으나 중앙에 연못 대신 정원을 꾸며서 한결 포근한 인상을 주었다. 한쪽에는 '에세드라'라는 공간을 마련해 자기 집의 수호신과 조상들을 모셨으며, 바닥은 모자이크를 장식했고 벽에는 풍경화를 그렸다. 도심지의 고급 주택은 대개 단층이었으며, 지붕과 천정 사이에 다락방 같은 공간을 두어 하인들의 거처 겸 창고로 사용한 것이 특징.

이곳에는 기원전 1세기부터 기원후 7세기까지 7채의 주택이 공개되고 있는데, 로마 시대의 고급 주택과 상류층의 생활상을 확인할 수 있다. 별도 입장료를 징수하고 있으며 벽을 둘러쳐 놓았다. 유적의 손상을 막기 위해서라지만 돈벌이에 너무 열을 올린다는 인상을 지울 수 없다.

스콜라스티카 욕장 Scholastika's Bath

하드리아누스 신전 뒤편에 자리한 거대한 목욕탕. 3층으로 된 이 목욕탕은 2세기에 처음 지어졌으며 4세기에 스콜라스티카라는 부유한 여인이 수백 명을 수용할 수 있는 규모로 증축했다. 중앙난방과 냉·온탕 시설을 갖추고 있었으며 개인 탕도 있어 원하면 며칠동안 묵을 수도 있었다고 한다. 1층은 물을 끓이던 보일러실이 있었다. 서민들도 이용할 수 있도록 입장료는 매우 저렴했다. 로마 시대의 목욕장에 대해서는 파묵칼레 편 P.222 참고.

트라야누스 샘 Fauntain of Trajanus

2세기 초 로마 황제 트라야누스에게 바친 샘터. 12m 높이에 2층으로 된 이곳은 트라야누스 황제의 석상이 있었고 그 발끝에서 물이 흘렀다고 한다. 지금은 옛 모습을 찾아보기 힘들지만 연못이 있었던 곳을 확인할 수 있다. 이곳에서 비너스, 세턴, 바커스 등의 신과 왕족 후예들의 12조각이 발견되었는데 셀축의 에페스 고고학 박물관에 전시되어 있다.

스콜라스티카 욕장

트라야누스 샘

모자이크화를 볼 수 있는 고급 주택 터

헤라클레스 문 Gate of Heracules

쿠레테스 거리 끝에 있는 문. 헤라클레스가 자신의 상징인 사자 가죽을 어깨에 두르고 있는 부조를 확인할 수 있다. 원래 6개의 기둥에 아치가 있는 2층 문이었는데 지금 남아있는 것은 두 개 밖에 없다. 다른 문과 달리 폭이 좁은데 이것은 수레의 통행을 제한하기 위한 것이었다. 바퀴가 바닥에 닿으면서 나는 소음과(로마 시대에는 고무가 없었음) 도심지의 혼잡 때문에 수레는 쿠레테스 거리에 들어올 수 없었다.

멤미우스 기념탑 Memmius Monument

헤라클레스 문을 통과하면 만나는 유적으로 1세기 아우구스투스 황제 때 멤미우스가 세운 기념탑이다. 기원전 1세기 로마의 독재관 술라 Sulla의 손자였던 멤미우스가 자신의 할아버지인 술라의 소아시아 평정의 업적을 기리기 위해 건립했다. 사방으로 출입문이 있었고, 4세기에는 북동쪽 문에 분수대가 건립되었다.

니케 여신 부조 Nike

멤미우스 기념탑 바로 앞에 있는 승리의 여신 니케의 부조. 날개가 달렸으며 왼손에는 승리의 상징인 월계관이, 오른손에는 밀 다발을 들고 있다. 니케 여신은 올림픽에서 승리를 안겨주고 축복을 주는 여신으로 섬겨졌다. '승리의 여신이 미소 짓는다'의 바로 그 여신이며 유명 스포츠 브랜드 나이키의 어원이기도 하다. 원래는 헤라클레스 문의 장식이었다.

도미티아누스 신전 Temple of Domitianus

1세기 도미티아누스 황제에게 바친 신전. 제정 로마의 11대 황제였던 도미티아누스는 제국의 북방에 게르마니아 방벽을 건설하는 등 외치에 뛰어난 업적을 남겼지만 원로원과의 관계악화로 사후 '기록말살형'에 처해진 인물. 이 신전은 가로 50m, 세로 100m의 규모를 자랑했으며 입구에는 7m 높이의 황제 석상이 있었는데, 그 일부가 에페스 고고학 박물관에 소장되어 있다. 신전은 전주식으로 짧은 쪽에

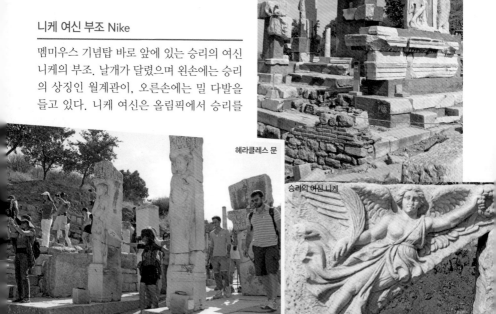

멤미우스 기념탑

헤라클레스 문

승리의 여신 니케

8개, 긴 쪽에 13개의 원기둥을 배치했으며 북쪽에는 U자형 사당이 있었다. 도미티아누스 황제는 가신들에게 피살당하는 운명을 맞았다. 후일 에페스인들은 도미티아누스의 아버지인 베스파시아누스 황제에게 이 사원을 헌정했다.

폴리오 샘 Pollio Fauntain

기원후 97년 유력한 귀족이었던 폴리우스가 건립한 샘터. 물의 궁전과 함께 에페스로 공급되는 물을 관리하던 곳이다. 에페스의 물은 에페스 인근 3곳의 수원지에서 수도관을 통해 공급되었고, 이곳에서 작은 수도관을 통해 시내 각지에 분배되었다. 공용 샘터의 물은 무료였으며, 돈을 내면 집안에도 수도를 설치할 수 있었다. 이곳에는 많은 조각상들이 장식되어 있었는데 제우스의 두상과 오디세우스, 폴리페무스의 조각은 에페스 고고학 박물관에 전시되어 있다.

물의 궁전 Water Castle

기원후 80년에 지어진 건물로 폴리오 샘과 더불어 도시로 공급되던 물을 관리하던 곳. 궁전이라는 말에서 건물의 중요성을 유추해 볼 수 있다. 내부에는 비너스가 조각된 분수가 있었다.

프리타네이온(신전 및 시 청사) Prytaneion

제의가 거행되고 공식행사와 연회가 개최되던 도시 행정의 중심 건물. 기원전 3세기에 처음 지어졌으며 현재 남아있는 것은 기원후 1세기 아우구스투스 황제 때의 것이다. 건물의 정면에 4개의 기둥이 있었고 그 뒤에는 현관으로 둘러싸인 안뜰이 있었으며, 중앙의 안뜰을 중심으로 도리아식 기둥의 회랑이 있었다. 광장의 중앙에는 꺼지지 않는 성화가 있었는데 사제관과 쿠레티, 아르테미스 신전의 여사제들은 성화를 보존해야할 의무가 있었다. 1956년 발굴 도중 두 개의 아르테미스 여신상이 이곳에서 발견되어 셀축의 에페스 고고학 박물관에 전시되어 있다.

오데온 Odeon

1400명을 수용할 수 있는 규모로 지붕이 있던 소극장. 2세기 귀족 베디우스 안토니우스와 그의 부인 플라비아 파피아나가 세웠다. 이곳에서 음악회나 시 낭송회 등이 개최되었으며 정치적 의사결정이 이루어지기도 했다. 모든

폴리오 샘

도미티아누스 신전

제의가 거행되던 프리타네이온

시민이 참가하는 대규모 의회는 대극장에서 열렸고 이곳은 비교적 소규모의 공연과 대표자 회의가 치러졌다. 무대와 객석을 이어주는 3개의 문이 있었고, 2층으로 된 무대 건물은 원형기둥으로 장식되었다.

위층 아고라 Upper Agora

오데온 맞은편에 자리한 넓은 시장. 대극장 부근에 있는 상업 아고라와는 달리 정치적 회의를 치르던 곳으로 사용되었다. 이곳에서 원로원 의원들이 최근 소식을 주고받으며 정치 현안을 논의했으며 화폐교환이나 제한된 매매가 이루어졌다. 북동쪽 코너에서는 기원전 7~6세기의 무덤과 포장된 도로, 그리스식 석관이 대량 발견되었다. 헬레니즘 시대에는 네크로폴리스(대규모 공동묘지)로 사용된 것으로 추정된다. 길이 160m, 폭 73m에 달하는 넓은 면적에 3면이 열주랑으로 되어 있었고, 중앙에는 1세기에 건립된 이시스 신전(풍요를 관장하는 이집트 여신)이 있었다. 지금은 모두 무너져 화려한 옛 모습을 상상하기란 쉽지 않다.

바실리카 Basilica

시 청사에서 바리우스 욕장까지 뻗어있는 약 165m의 길. 아우구스투스 황제 때 건립되었으며 길 양쪽으로 이오니아식 기둥 위에 황소 머리 모양의 조각이 있었다고 한다. 제의를 거행할 때는 아르테미스 신상이 행차하던 신성한 길이었다. 지금은 기둥도 기단 부분만 남아있어 옛 모습을 확인할 길은 없다.

바리우스 욕장 Varius Bath

2세기에 건립된 목욕탕으로 내부에 냉탕, 온탕, 탈의실, 사우나 등의 시설과 공중 화장실까지 있었다. 로마 시대의 도시는 먼 길을 온 여행객들이 피로를 씻고 도시에 들어갈 수 있도록 도시 입구에 목욕장을 갖춰놓았다. 이 욕장은 하이퍼코스트 Hyppocaust라는 난방 시스템을 갖추었으며 바닥 아래로 온기가 통하도록 되어 있었다. 한국의 온돌과 비슷한 형태라 보면 된다.

바실리카

오데온

위층 아고라

바리우스 욕장

에게해 휴양의 중심이자 역사 여행의 거점

Kuşadası 쿠샤다스

중부 에게해의 인상적인 휴양도시. 원래는 조그만 어촌마을에 불과한 곳이었는데 에페스가 항구도시로서 기능이 다하자 상대적으로 발달한 곳이다. 수려한 풍광과 맑은 바다를 자랑하며 유럽에서 대형 관광선이 도착하는 곳으로도 유명하다. 그래서인지 중심 거리는 다른 도시와 달리 세련된 분위기가 넘치고 유럽풍의 상점이 곳곳에 자리했다. 사람들이 몰려드는 휴양지답게 록카페, 펍 등 다양한 종류의 밤 문화가 발달한 것도 쿠샤다스의 특징. 한마디로 세련된 중후함과 젊음의 발랄함이 잘 어우러진 곳이다.

밤 문화와 바다, 요트 여행이 도시를 대표하는 이미지로 자리 잡았지만 쿠샤다스에 이런 소비문화만 있는 것은 아니다. 인근의 에페스 Efes, 프리에네 Priene, 밀레투스 Miletus, 디디마 Didyma 등 한때 세계역사를 주름잡았던 고대도시들을 방문하는 역사 여행의 베이스캠프이기도 해 다양한 취향을 만족시켜준다. 특히 그리스, 로마 시대를 연구하는 사람들에게 이들 유적지는 필수 방문지로 손꼽힌다. 유적과 함께하는 해변 휴양지 쿠샤다스의 하루 해는 짧기만 하다.

인구 5만 5000명 **해발고도** 14m

Information

관광안내소 Map P.266-A4

쿠샤다스 관광안내 자료를 무료로 얻을 수 있다. 영어를 잘 하는 직원이 친절히 대해준다.

전화 (0256)614-1103

홈페이지 www.kusadasi.bel.tr

업무 매일 08:00~12:00, 13:00~17:00(5~9월), 월~금요일 08:00~12:00, 13:00~17:00(10~4월)

가는 방법 케르반사라이 호텔에서 리만 거리 Liman Cad.를 따라 도보 5분.

환전 Map P.266-B3

여행자 구역인 칼레이치 Kaleiçi 안에 튀르키예 은행 Türkye İş Bankası을 비롯한 몇 군데의 은행과 사설 환전소가 있어 환전과 ATM 이용에 어려움이 없다. 환율을 서로 비슷하므로 편한 곳을 이용하면 된다.

위치 칼레이치 Kaleiçi 구역 내

업무 튀르키예 은행 월~금요일 09:00~12:30, 13:30~17:30, 사설 환전소 매일 09:00~20:00

PTT Map P.267-C1

업무 월~금요일 09:00~17:00

가는 방법 칼레이치에서 셀축, 쇠케 행 돌무쉬 정류장 방향으로 큰길을 따라 가다보면 왼편에 표지판이 보인다. 도보 5분.

쿠샤다스 가는 법

쿠샤다스로 가는 방법은 버스와 페리가 있다. 셀축 Selçuk, 파묵칼레 Pamukkale 등 인근의 관광지에서 버스가 자주 운행하고 있어 방문하는 데 어려움은 없다. 그리스령 사모스 Samos 섬까지 페리도 다니기 때문에 그리스 여행을 마치고 튀르키예로 들어오는 관문으로 활용되기도 한다.

➡ 오토뷔스

이스탄불, 앙카라 등 장거리와 근교 노선이 잘 정비되어 있다. 여행자들이 많이 머무는 셀축 행 돌무쉬가 수시로 운행하고 있어 편리하게 갈 수 있다.

쿠샤다스의 오토가르는 시가지 초입에 있으며 버스회사들이 세르비스를 운행하지 않기 때문에 오토가르 앞 도로를 지나다니는 돌무쉬를 이용해 중심지로 가야한다. 구시가지인 칼레이치 Kaleiçi가

쿠샤다스에서 출발하는 **버스 노선**

행선지	소요시간	운행
이스탄불	10시간	1일 6~7편
앙카라	10시간	1일 3~4편
셀축	30분	07:00~22:00(매 15분 간격)
파묵칼레(데니즐리)	3시간	1일 3~4편
이즈미르	1시간 20분	1일 10편 이상
쇠케	30분	06:30~23:00(매 20분 간격)

*운행 편수는 변동이 있을 수 있음.

셀축을 오가는 돌무쉬

숙소가 있는 여행자 구역이기 때문에 이정표 역할을 하는 케르반사라이 호텔까지 돌무쉬를 타고 간 후 도보로 가면 된다(20분).
셀축이나 프리에네, 밀레투스, 디디마 방문의 거점 도시인 쇠케 Söke까지는 자주 운행하는 돌무쉬를 이용하면 편리하다. 돌무쉬는 잔단 타르한 거리 Caddan Tarhan Bul.에 있는 별도의 돌무쉬 정류장을 이용하므로 착오가 없도록 하자. 셀축으로 가는 길에 파무작 비치와 에페스 유적을 지나가므로 중간에 내릴 수도 있다(간선도로에서 에페스 유적까지는 약 1km).

시내 교통

여행자에게 필요한 편의시설은 구시가지인 칼레이치에 몰려 있어 도보로 다니면 되고 귀베르진 섬 Güvercin Ada 역시 칼레이치에서 걸어서 다녀올 수 있다. 해수욕을 즐길 수 있는 레이디스 비치는 중심지에서 떨어져 있어 돌무쉬를 이용해야 하는데 케르반사라이 호텔 맞은편 정류장에서 타면 된다. 근교의 고대도시인 프리에네, 밀레투스, 디디마는 돌무쉬를 타고 쇠케로 가서(잔단 타르한 거리의) 쇠케를 기점으로 방문해야 한다(유적지 교통편은 P.273 참고). 관광을 마치고 오토가르로 갈 때는 케르반사라이 호텔 앞에서 돌무쉬를 이용하자.

이정표 역할을 하는 케르반사라이 호텔

Travel Plus+ 쿠샤다스-사모스 섬 가는 법

쿠샤다스는 그리스령 사모스 Samos 섬이 지척에 있어 튀르키예와 그리스를 오가는 통로로 많이 활용되고 있습니다. 당일치기로 사모스 섬을 다녀오는 투어도 있어 짧게 그리스를 맛보기에도 괜찮지요. 관광안내소 맞은편에 있는 여행사 Meander Travel에서 페리 시간과 요금을 확인할 수 있습니다.

쿠샤다스 ▷▶ 사모스 섬

페리

운행 4~10월 매일 09:00, 17:00(사모스에서 돌아오는 배도 같은 시간에 출발)

소요시간 1시간 30분

요금 편도 €36, 당일 왕복 €41, 오픈 티켓 €52

메안데르 트래블 Meander Travel **Map P.266-A4**

주소 Liman Cad. No: 1/A 09400, Kuşadası

전화 (0256)614-7344, 612-8888

홈페이지 www.meandertravel.com 영업 09:00~18:00

가는 방법 항구 앞 리만 거리에 있는 관광안내소 맞은편 2층

쿠샤다스 항구

A
B
1
2
이타튀르크 거리 Atatürk Bul.
해변
요트 항구
Yacht Liman
에게해
AEGEAN SEA(EGE DENİZ)
쿠샤다스 항구
Kuşadası Liman
귀베르진 섬
Güvercin Ada

1 쾨프테치 하산 B3
Köfteçi Hasan
2 알라 버거 앤 푸드 A3
A'la Burger & Food
3 투르쿠와즈 카페 레스토랑 A4
Turquaz Cafe Restaurant
4 쿨레 시푸드 레스토랑 A4
Kule Seafood Restaurant
5 항구 내 커피숍 A4
Port Coffee Shop
6 지미스 아이리시 바 B3
Jimmy's Irish Bar

1 안작 골든 베드 펜션 B4
Anzac Golden Bed Pansiyon
2 리만 호텔 Liman Hotel A4
3 세즈긴 게스트하우스 B4
Sezgin Guesthouse
4 스텔라 쿠샤다스 호텔 C1
Hotel Stella Kuşadası
5 빌라 코낙 Villa Konak B4

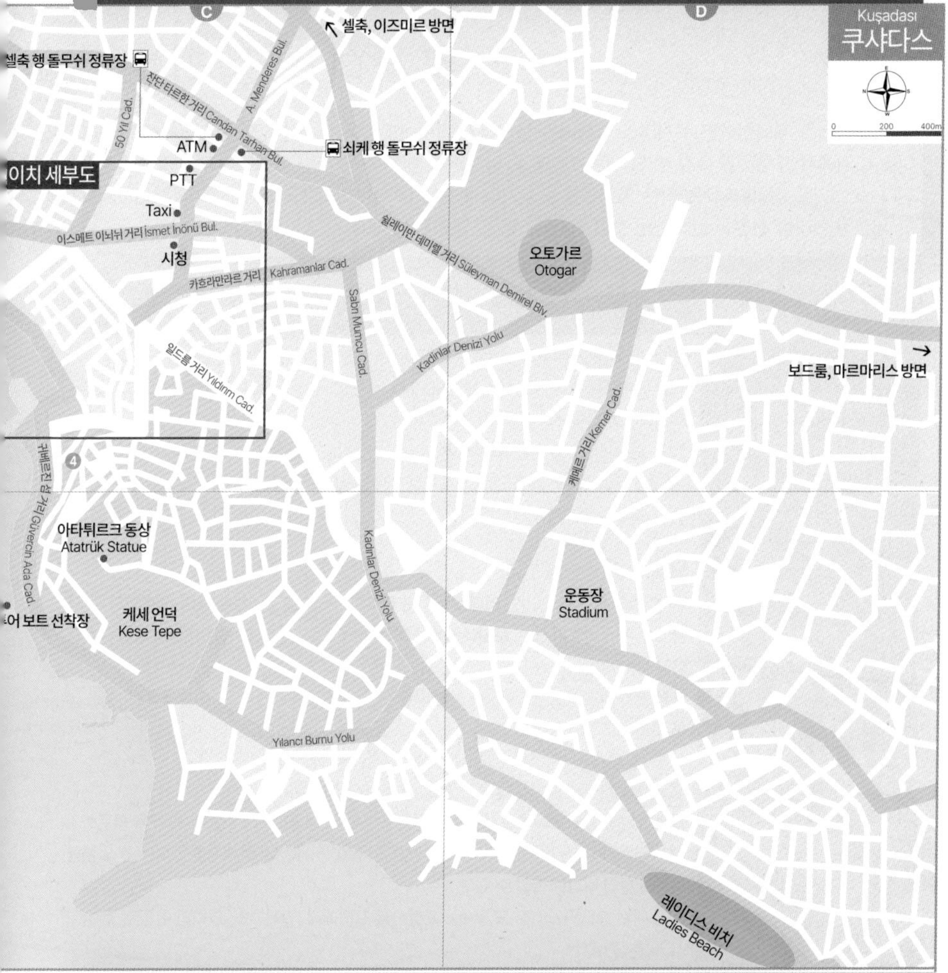

Kuşadası
쿠샤다스

0 200 400m

C
D
셀축, 이즈미르 방면
셀축 행 돌무쉬 정류장
찬단 타르한 거리 Candan Tarhan Bul.
A. Menderes Bul.
50 Yıl Cad.
ATM
쇠케 행 돌무쉬 정류장
이치 세부도
PTT
Taxi
이스메트 이뇌뉘 거리 İsmet İnönü Bul.
시청
카흐라만라르 거리 Kahramanlar Cad.
쉴레이만 데미렐 거리 Süleyman Demirel Blv.
오토가르
Otogar
Sabri Mumcu Cad.
Kadinlar Denizi Yolu
일드름 거리 Yıldırım Cad.
보드룸, 마르마리스 방면
케메르 거리 Kemer Cad.
귀베르진 섬 거리 Güvercin Ada Cad.
아타튀르크 동상
Atatrük Statue
보트 선착장
케세 언덕
Kese Tepe
Kadinlar Denizi Yolu
운동장
Stadium
Yılancı Burnu Yolu
레이디스 비치
Ladies Beach

쿠샤다스 전경

쿠샤다스 둘러보기

귀베르진 섬을 제외한다면 쿠샤다스 자체에는 볼거리가 거의 없다. 여름철에는 인근의 섬 투어와 레이디스 비치에서 해수욕을 즐길 수 있으며 프리에네, 밀레투스, 디디마 등 주변 고대도시 탐방의 출발지가 된다. 볼거리를 찾아다니기보다는 호캉스를 즐기거나 돌길로 잘 가꾸어진 칼레이치 구역의 아기자기하고 세련된 거리를 천천히 산책하는 것이 쿠샤다스를 잘 즐기는 방법이다.

+ 알아두세요!

아타튀르크 동상이 있는 언덕길의 동네 아이들이 극악스러울 정도로 돈을 요구하고 행실이 좋지 않으니 주의하자.

Travel Plus+

쿠샤다스에서 떠나는 자연과 역사 투어

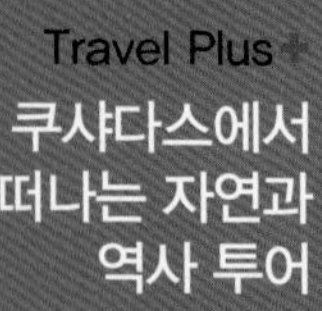

에페스 투어

성모 마리아의 집 미사

달얀 투어

에게해의 관문 쿠샤다스는 도시 자체의 볼거리는 적지만 주변지역 투어의 거점으로 활용된다. 깨끗한 에게해와 섬을 돌아보는 바다 투어부터 에페스, 프리에네, 밀레투스, 디디마 등 고대 유적과 달얀 투어 등 다양한 상품이 있어 잘만 이용하면 관광효율을 높일 수 있는 지름길이 된다. 모든 투어는 관광 성수기인 여름철에 집중되며 비수기인 겨울철은 운행이 대폭 축소되거나 중단되니 알아두자.

에페스 투어 Efes Tour

쿠샤다스에서 30분 거리인 에페스 유적과 셀축의 유적지를 돌아보는 투어. 셀축까지 갈 시간이 없거나 바다가 있는 쿠샤다스에서 머물며 해수욕을 즐기고 싶은 여행자에게 안성맞춤인 상품이다.

출발 매일 09:00 **요금** €90(전일), €55(반일) **포함사항** 에페스 유적, 아르테미스 신전, 성모 마리아의 집, 점심식사(전일 투어). 에페스 유적, 아르테미스 신전(반일 투어)

프리에네 Priene, 밀레투스 Miletus, 디디마 Didyma

에페스 남쪽의 이오니아 도시 유적을 돌아보는 투어. 대중교통을 이용해 세 곳을 방문하기가 번거롭거나 시간을 절약하고픈 여행자들이 많이 이용한다. 유적지를 돌아본 후 알튼쿰 비치에 들러 바다도 즐길 수 있다.

출발 매주 수요일 09:00 **요금** €85 **포함사항** 프리에네, 밀레투스, 디디마 유적지, 점심식사, 알튼쿰 비치

성모 마리아의 집 미사 Meryemana

셀축 근교에 있는 성모 마리아의 집에서 매주 일요일 아침에 열리는 미사에 참가하는 투어다. 여행 중 특별한 미사를 보고 싶은 천주교 신자들에게 각광받는 상품이다.

출발 매주 일요일 09:00 **요금** €45 **포함사항** 왕복 차량(성모 마리아의 집 미사 참석)

보트 투어 Boat Tour

배를 타고 쿠샤다스 인근 바다로 나가 주변의 섬과 깨끗한 바다를 즐기는 해상 투어.

출발 매일 09:00 **요금** €40 **포함사항** 3군데 비치 방문, 점심식사

달얀 투어 Dalyan Tour

쿠샤다스에서 3시간 거리인 달얀을 돌아보는 투어. 달얀은 강을 낀 아름다운 마을로 갈대숲 사이의 구불구불한 강을 오르내리며 수로유람을 한다.

출발 매주 금요일 09:00 **요금** €70 **포함사항** 진흙 목욕, 카우노스 유적지, 거북이 해변, 점심·저녁식사

투어 문의
쿠샤다스 각 숙소 및 여행사

Attraction 쿠샤다스의 볼거리

쿠샤다스 인근의 유적지 탐방과 귀베르진 섬이 쿠샤다스 볼거리의 전부다. 투어에 참가하거나 해수욕을 즐기고 여행자구역 골목길을 다니며 쇼핑에 몰두하는 것도 좋다.

귀베르진 섬
Güvercin Ada ★★★

Map P.266-B2 주소 Güvercin Ada, Kuşadası **개방** 매일 08:00~22:00 **요금** 무료 **가는 방법** 칼레이치 입구 케르반사라이 호텔에서 귀베르진 섬 거리 Güvercin Ada Cad.를 따라 도보 20분.

칼레이치에서 가까운 곳에 있는 섬. 귀베르진은 '비둘기'라는 뜻이다. 섬이라고는 하지만 육지와 연결되어 있어 걸어서 방문할 수 있다. 섬에는 14세기에 세워진 성채가 있어 멀리서 보면 천연의 요새 같은 느낌이 들며 내부는 나무가 심어진 공원으로 바다를 즐기며 산책하기 좋다. 아울러 귀베르진 섬은 석양을 즐기기에 최고의 장소로 알려져 있어 해질 무렵 삼삼오오 몰려드는 여행자를 쉽게 발견할 수 있다. 바닷가 레스토랑에서 맥주를 한잔하며 에게해의 석양을 감상해 보자.

레이디스 비치
Ladies Beach ★★

Map P.267-D2 개방 24시간 **요금** 무료 **가는 방법** 칼레이치 입구 케르반사라이 호텔 맞은편에서 돌무쉬로 5분.

시내에서 약 3km 떨어진 곳에 자리한 해변. 쿠샤다스 시내에도 해변이 있지만 도심지에 있으므로 아무래도 해수욕을 즐기기는 약간 불편하다. 레이디스 비치는 수심도 얕고 잔잔한데다 바다 빛깔도 고와 해수욕장으로 각광받고 있다. 여름철 쿠샤다스에서 수영을 즐기고 싶은 사람은 레이디스 비치를 이용할 것을 추천한다. 호텔과 펜션 등 숙소와 편의시설도 잘 갖춰져 있어 이곳을 거점으로 삼는 여행자도 있다.

에게해의 석양

귀베르진 섬

레이디스 비치

Restaurant 쿠사다스의 레스토랑

해안 도시라 해산물 요리를 즐길 수 있는 곳이 많으며, 어디서나 볼 수 있는 튀르키예식 전문 레스토랑도 즐비하다. 여행자 구역인 칼레이치에 다양한 레스토랑이 몰려 있어 어디서 뭘 먹어야 할지 고민스러울 정도. 고급 레스토랑과 함께 서민 식당도 쉽게 눈에 띄어 선택의 폭도 넓은 편이다. 곳곳에 바와 나이트클럽도 있어 마음만 먹으면 심심한 밤을 보낼 일은 없다.

쾨프테치 하산 Köfteçi Hasan

Map P.266-B3 주소 Kahramanlar Cad. No.10, Kuşadası **전화** (0256)612-1555 **영업** 12:00~23:00 **예산** 1인 40~100TL **가는 방법** 칼레이치의 한복판 옛날 아치 부근에 있다.

중심부에 자리한 서민 식당으로 눈에 잘 안 띌 정도로 작은 곳이지만 저렴하고 맛있기로 유명하다. 4~5가지 메뉴만 전문적으로 하는데 놀라울 정도로 저렴한 가격은 배낭여행자를 행복하게 한다. 추천 메뉴는 10개의 작은 쇠고기 꼬치가 나오는 칩 쉬시 Çöp Şiş이다.

알라 버거 앤 푸드 A'la Burger & Food

Map P.266-A3 주소 Camikebir Mahallesi Öğe Sokak D:No:3/1, 09400 **전화** (0256)614-4544 **홈페이지** www.ala-burger-food.business.site **영업** 매일 11:30~23:00 **예산** 1인 60~100TL **가는 방법** 케르반사라이에서 도보 5분. 골목 안쪽에 있다.

쿠사다스 최고의 버거 맛집으로 수제 햄버거와 피자, 핫도그 등을 판매한다. 규모는 작지만 성의있는 음식으로 여행자들의 호평을 받고 있다. 3가지 종류의 고기가 들어간 텍사스 버거도 맛있고, 병아리콩을 베이스로 한 채식버거도 비건 여행자에게 인기다. 맛도 양도 훌륭하고 직원들도 친절해서 여러모로 추천할 만하다.

투르쿠와즈 카페 레스토랑 Turquaz Cafe Restaurant

Map P.266-A4 주소 Hacifeyzullah mah.Kibris Cad, Gülenç Sk. No:1, 09400 **전화** +90-552-497-1033 **영업** 매일 10:30~22:30 **예산** 1인 70~150TL **가는 방법** 항구 앞 큰길에서 골목 안쪽으로 도보 3분.

피자와 라자냐, 스파게티 등 이태리 음식을 내며 일반적인 튀르키예식 케밥도 있다. 얇고 바삭한 도우에 신선한 토핑을 얹어 나오는 피자는 맛도 양도 흐뭇한 수준이다. 주류도 제공하므로 맥주와 곁들여 먹기도 좋다.

쿨레 시푸드 레스토랑 Kule Seafood Restaurant

Map P.266-A4 주소 Güvercinada Yolu No 21/4 **전화** (0256)612-0090 **영업** 매일 09:00~00:00 **예산** 1인 300~500TL **가는 방법** 항구 앞 큰길가에 있다.

바닷가 대로변에 자리한 해산물 전문 레스토랑. 각종 생선과 새우, 오징어, 문어 등 다양한 해산물과 랍스터까지 구비해 놓았는데 화덕에 구운 탄두리 문어가 특히 맛있다. 바다를 바라보며 생선요리와 맥주를 마시는 사람들로 저녁마다 꽉 차는 경우가 많다. 좋은 자리를 원한다면 예약필수.

항구 내 커피숍 Port Coffee Shop

Map P.266-A4 주소 Scala Nuova Shopping Center Ege Port, Kuşadası **영업** 10:00~24:00 **예산** 각종 커피 및 맥주 10~20TL **가는 방법** 관광안내소에서 도보 1분.

크루즈 배가 들어오는 항구에 넓은 쇼핑센터가 있다. 바다에 면해 있어 귀베르진 섬도 보이며 한가한 오후를 즐기기에 최고의 장소다. 30여 곳의 점포가 입점해 있으며, 커피와 맥주를 즐길 수 있는 카페도 있다. 셀축에서 반나절 일정으로 쿠사다스를 방문해서 쇼핑도 즐기고 에게해의 멋진 일몰을 감상해 보자. 항구 입구에서 보안 검색대를 통과해야 한다.

지미스 아이리시 바 Jimmy's Irish Bar

Map P.266-B3 주소 Barlar Sk, Kuşadası **전화** (0256)618-0272 **영업** 18:00~다음날 03:00 **예산** 맥주 40TL **가는 방법** 옛날 아치 사거리에서 일드름 거리를 따라 도보 1분.

바와 클럽이 즐비한 거리에 자리한 클럽으로 오래전부터 여행자들의 사랑을 받고 있다. 밤 11시 이후부터 본격적인 댄스파티가 열린다. 밝고 경쾌한 분위기라 밤 문화를 즐기고 싶은 여행자라면 들러볼 만하다.

Hotel 쿠샤다스의 숙소

오래전부터 여행자들이 찾아온 곳으로 저렴한 펜션부터 바다 전망을 갖춘 고급 호텔까지 다양한 숙소가 있다. 구시가지인 칼레이치 구역에 많은 숙소가 몰려 있어 대부분의 여행자가 칼레이치 구역에서 머무른다. 비수기에는 할인 요금을 적용하는 경우가 많으며 겨울철은 문을 닫는 곳도 많다. 숙소 요금은 성수기 기준이다.

안작 골든 베드 펜션 Anzac Golden Bed Pansiyon

Map P.266-B4 주소 Aslanlar Cad. Uğurlu 1. Çıkmazı No.4, Kuşadası **전화** (0256)614-8708(휴대폰 0530-3406948) **홈페이지** www.kusadasihotels.com/goldenbed **요금** 싱글 €40(개인욕실, A/C), 더블 €50~60(개인욕실, A/C) **가는 방법** 옛날 아치 사거리에서 일드름 거리를 따라가다 아슬란라르 거리로 꺾어들어 오르막길을 걷다 왼쪽 골목으로 들어간다. 골목길이 복잡해서 찾기가 약간 힘들다. 안내 이정표를 적극 참고하자.

배낭여행자 출신의 '산드라'라는 오스트레일리아 여성이 튀르키예인 남편과 함께 운영하는 숙소. 객실은 나무랄 데 없이 깨끗하며 전망을 즐길 수 있는 발코니가 딸려 있다. 냉장고 개방, 체크아웃 후 무료 짐 보관 서비스 등 배낭여행자를 위한 세심한 배려가 돋보인다. 옥상 테라스 레스토랑도 아늑하고 낭만적인 분위기다.

리만 호텔 Liman Hotel

Map P.266-A4 주소 Kıbrıs Cad., Buyral Rd. 4, Kuşadası **전화** (0256)614-7770(휴대폰 0532-7758186) **홈페이지** www.limanhotel.com **요금** 싱글 €50(개인욕실, A/C), 더블 €80(개인욕실, A/C) **가는 방법** 리만 거리의 관광안내소 바로 뒤에 있다.

바닷가에 있으며 하얀색 외관이 깔끔한 숙소. 객실 내 위성 TV로 한국방송도 시청할 수 있으며 대리석이 깔린 화장실도 깨끗하다. 특히 옥상 레스토랑은 귀베르진 섬까지 보이는 훌륭한 전망을 자랑하며 주인도 친절해 여러모로 추천할 만하다.

세즈긴 게스트하우스 Sezgin Guesthouse

Map P.266-B4 주소 Aslanlar Cad. No.68, Kuşadası **전화** (0256)614-4225 **요금** 싱글 €40(개인욕실, A/C), 더블 €60(개인욕실, A/C), 트리플 €80(개인욕실, A/C) **가는 방법** 옛날 아치 사거리에서 일드름 거리를 따라가다 아슬란라르 거리로 꺾어들어 오르막길을 걷다보면 오른편에 보인다.

수영장과 나무로 둘러싸인 정원이 있는 숙소. 시설도 괜찮고 친절해서 여행자들이 많이 찾는다. 객실은 크기와 상태에 따라 요금이 달라지는데, 나무로 꾸며놓은 3층의 방들이 넓고 쾌적하다. 햇볕이 잘 드는 정원에서 수영을 즐기며 여유를 갖기에 좋다.

스텔라 쿠샤다스 호텔 Hotel Stella Kuşadası

Map P.267-C1 주소 Hacıfeyzullah, Bezirgan Sk. No:44, 09400 **전화** (02560614-1632 **홈페이지** www.hotelstellakusadasi.com **요금** 싱글 €40(개인욕실, A/C), 더블 €60(개인욕실, A/C) **가는방법** 항구에서 도보 3분.

바다 전망이 좋은 중급 숙소. 언덕에 자리하고 있으며 바다로 면한 객실은 발코니에서 바다 전망이 매우 훌륭하다. 직원들이 영어도 잘 하고 친절해 편안히 머물 수 있다. 수영장도 갖추고 있으며 조식도 충실하게 나오는 편이라 중급 숙소를 찾는다면 좋은 선택이다. 큰길에서 터널을 통과해서 엘리베이터를 타고 올라간다.

빌라 코낙 Villa Konak

Map P.266-B4 주소 Yıldırım Cad. No.55, 09400, Kuşadası **전화** (0256) 614-6318 **홈페이지** www.villakonakhotel.com **요금** 스탠다드 더블 €70(개인욕실, A/C), 딜럭스룸 €90(개인욕실, A/C) **가는 방법** 옛날 아치 사거리의 버거킹 옆길을 따라 직진하면 나오는 이브라힘 자미를 지나 계속 올라가다 보면 왼편에 보인다.

200년된 튀르키예 전통 대저택을 개조한 호텔로 전통 가옥이 주는 고즈넉함이 매우 인상적인 곳이다. 목조가구와 전통 카펫을 깔아놓은 객실도 아늑하고 안정감이 있으며, 수영장이 있는 내부 안뜰은 조경을 잘 해놓아 조용함을 즐기며 산책하기 좋다. 구시가지에서 분위기 있는 호텔을 찾는다면 최고의 선택이다.

Theme Special

이오니아의 고대도시 탐험하기

프리에네 Priene, 밀레투스 Miletus, 디디마 Didyma

쿠샤다스와 에페스를 비롯한 튀르키예의 에게해 연안은 고대에 이오니아 Ionia라 불리던 지역이다. 기원전 10세기경 도리아족을 피해 바다를 건너온 이오니아인들에 의해 건설되었기 때문에 이 같은 이름이 붙은 것. 이오니아 지방에 건설되었던 그리스의 도시국가는 모두 12곳으로(현재 그리스령 섬 포함) 그중 에페스 남쪽에 지금까지 남아 있는 곳이 프리에네, 밀레투스, 디디마다.
고대의 계획도시 프리에네, 탈레스를 비롯한 수많은 철학자를 배출한 밀레투스, 그리고 아폴론 신탁이 행해졌던 디디마는 에페스의 명성에 가려 많이 알려지지 않았지만 고대 유적에 관심이 많은 여행자라면 어느 곳 하나 빼놓을 수 없는 명소다. 특히 고대 그리스 도시 연구가들에게는 필수 방문 코스라 해도 과언이 아닐 정도. 방문지의 명성에 신경쓰지 않는다면 하루쯤 투자해 고대로의 여행을 떠나보자.

Information

유적지만 남아 있을 뿐 여행자 숙소, 식당, 관광안내소 등 편의시설은 아무것도 없다. 쿠샤다스에서 당일치기로 다녀가는 것이 일반적이라 특별히 필요한 것도 없다. 쿠샤다스에서 떠나기 전 선크림 등 필요한 것들을 챙기자. 개별적으로 다녀올 거라면 빵이나 비스킷 같은 간식도 유용하다.

고대도시 가는 법

쿠샤다스에서 남쪽으로 20km 떨어진 쇠케 Söke가 이 세 유적지를 방문하는 거점도시다. 각 유적지 간을 연결하는 돌무쉬는 없으므로 불편하지만 유적지 방문 후 다시 쇠케로 돌아온 후 다음 유적지로 가는 방식을 취해야 한다. 다행히 쇠케의 오토가르에서 각 유적지까지 수시로 돌무쉬가 다니고 있어 힘들긴 하지만 아침 일찍 움직인다면 하루 만에 다 돌아볼 수 있다.

쇠케에서 프리에네를 다녀온 후 밀레투스로 간다(밀레투스에서 가까운 발라트 Balat 마을까지 돌무쉬가 자주 다니지 않으므로 먼저 쇠케-발라트 운행시간을 확인하고 프리에네를 다녀오는 게 좋다. 조그만 마을이라 운행이 매우 유동적이다). 밀레투스 관람 후에는 쇠케로 돌아오지 말고 매표소 앞에 있는 택시 형식의 돌무쉬를 타고 7km 떨어진 악쾨이 Akköy라는 마을로 가자. 쇠케에서 디딤 Didim(디디마 유적이 있는 도시)으로 가는 미니버스가 악쾨이 마을을 지나기 때문. 이 버스는 디디마 유적을 지나가므로 기사에게 세워달라고 하면 된다. 유적을 다 돌아본 후 디디마 유적 맞은편 슈퍼마켓 앞에서 미니버스로 쇠케까지 간 후 돌무쉬를 타고 쿠샤다스로 돌아오면 된다. 대중교통이 매우 불편하므로 쿠샤다스에서 1일투어에 참가하는 것도 좋다.

쇠케 오토가르

각 유적지를 운행하는 **돌무쉬**

구간	소요시간	운행
쿠샤다스-쇠케	25분	07:00~23:30, 매 30분 간격 (돌아오는 막차는 22:00)
쇠케-귈뤼바흐체 (프리에네)	30분	08:00~19:30, 매 30분 간격 (돌아오는 막차는 19:00)
쇠케-발라트(밀레투스)	45분	10:00, 12:00, 17:00 (돌아오는 막차는 15:00)
쇠케-디딤(디디마)	1시간 10분	06:50~21:45, 매 20분 간격 (돌아오는 막차는 20:30)

*운행 편수는 변동이 있을 수 있음.

도시국가 폴리스 Polis

기원전 12세기 도리아족의 남하에 따른 혼란과 다른 국가들의 위협으로부터 스스로를 지키기 위해 그리스의 여러 촌락이 지리적·군사적 거점이 되는 곳에 도시를 만들고 그 도시를 중심으로 하나의 독립된 주권국가를 형성한 것이 폴리스입니다. 폴리스의 중심도시는 교역의 중요성을 고려해 대체로 해안에서 가까운 곳에 건설되었습니다. 도시 안에는 수호신을 모신 신전이 있는 아크로폴리스 Acropolis라는 언덕이 있었고 아크로폴리스에 인접해서 아고라 Agora라는 광장이 있었는데, 아고라는 시장인 동시에 모든 공공활동의 장소이자 사교의 장이었습니다. 각 폴리스들은 외부의 공격에 대비해 정치, 군사적 동맹을 체결하기도 했는데 그 중심은 그리스 델포이의 아폴론 Apollon 신전이었습니다. 폴리스는 고대 그리스 본토에서만 200개가 넘었고 소아시아 및 에게해와 지중해 일대에 건설된 식민지까지 합치면 1,000여 개를 헤아릴 정도였다고 합니다. 각 폴리스들은 자신의 이익에 따라 동맹과 반목을 거듭했는데 올림피아의 제우스 신전에서 기원전 776년부터 4년마다 모든 폴리스가 참여하는 체전을 열고 그 기간에는 서로 전쟁을 금지했답니다. 바로 올림픽의 기원이지요. 하지만 이러한 동족의식이나 부분적 결합에도 불구하고 그리스 전체가 하나의 통일된 국가를 형성하지 못하고 끝끝내 도시국가의 상태를 벗어나지 못했습니다.

폴리스 복원도

프리에네 Priene

개방 매일 08:30~19:00 (겨울철은 17:00까지) **요금** €4 **가는 방법** 쇠케에서 돌무쉬로 30분, 이후 산길을 따라 도보 10분.

이오니아 동맹 열두 도시 중 비교적 작은 규모에 속하지만 동맹의 상징인 '판이오니아'라는 정치·종교시설이 있었던 중요한 도시였다. 기원전 494년 라데 Lade 섬에서 벌어진 페르시아와의 해전에서 패하면서 페르시아의 지배를 받았다. 이후 알렉산더 대왕의 통치와 페르가몬 왕국을 거쳐 로마와 비잔틴의 영토가 되었다. 이오니아의 도시들은 모두 항만을 갖고 있었는데 프리에네 역시 마이안드로스 강(현재의 뷔윅 멘데레스 Büyük Menderes 강)과 에게해가 만나는 곳에 세워졌다. 도시는 강이 실어오는 토사 때문에 문제가 많았는데 기원전 4세기 중반 결국 강에서 조금 떨어진 산중턱으로 옮기게 되었다. 하지만 7세기경 토사가 하천을 완전히 메우면서 항구로부터 멀어지자 쇠락하고 말았다.

공회당의 유적

원형극장의 귀빈석

아테나 신전

유적지 둘러보기

프리에네는 세계 최초의 도시설계자인 히포다모스 Hippodamos의 설계에 따라 건설된 계획도시다. 동서를 가로지르는 6개의 대로를 중심으로 남북으로 길이 교차하게 만들어 전체적으로 바둑판 모양의 도시를 건설했다. 도시 내에는 수호신인 아테나 신전을 비롯해 제우스 신전, 의회당, 원형극장 등이 있었다. 바위산을 배경으로 이오니아식 기둥 5개가 복원되어 있는 아테나 신전은 전성기에는 위용이 당당했을 것으로 추정된다.

보존 상태가 매우 양호한 원형극장은 로마식이 아닌 그리스식으로 50열의 객석에 5,000명을 수용할 수 있는 규모다. 맨 앞줄에 왕과 귀족들이 앉던 귀빈석이 아직까지 남아 있어 흥미를 끈다. 이밖에 600명을 수용하던 의회당과 비잔틴 시대의 교회, 아고라 등이 남아 있다. 원형극장 뒷산에 올라가면 데메테르 신전이 있다.

Priene
프리에네

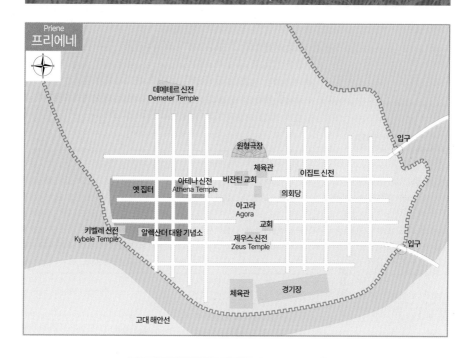

데메테르 신전
Demeter Temple
원형극장
체육관
이집트 신전
입구
비잔틴 교회
아테나 신전
Athena Temple
옛 집터
의회당
아고라
Agora
교회
키벨레 신전
Kybele Temple
알렉산더 대왕 기념소
제우스 신전
Zeus Temple
입구
체육관
경기장
고대 해안선

밀레투스 Miletus

개방 매일 08:30~19:00 (겨울철은 17:00까지) **요금** €6 **가는 방법** 쇠케에서 돌무쉬로 45분.

이오니아 열두 도시 중 가장 큰 도시이자 동맹의 맹주였던 곳. 밀레투스는 초기부터 적극적인 해양진출을 시도해 흑해와 지중해 연안에 식민도시를 건설했다. 학문에서도 괄목할 만한 성장을 일구어 이른바 '이오니아학파'라고 불리는 학자들을 배출했다. 대표적인 학자로는 만물의 근원은 물이라고 말한 최초의 철학자 탈레스, 물리학자 아낙시만드로스, 도시 설계학자 히포다모스, 이스탄불의 아야소피아 성당을 건축한 이시도로스 등이 있다.

기원전 6세기 리디아 왕국을 멸망시킨 페르시아는 여세를 몰아 이오니아 도시들을 식민지로 삼았고 밀레투스도 페르시아의 지배를 받았다. 자주성이 강했던 이오니아인들은 밀레투스를 필두로 반란을 일으켰는데, 기원전 494년 밀레투스의 앞바다 라데

항만의 부조

밀레투스의 신전 터

밀레투스의 원형극장

Lade 섬에서 600여 척의 페르시아 함대와 결전을 벌였으나 참패하고 도시는 초토화되었다. 기원후 1세기 로마 시대로 접어들어 밀레투스는 새롭게 건설되고 다시 이오니아의 중심도시로 자리매김하게 되었다. 그러나 4세기 이후 프리에네와 마찬가지로 마이안드로스 강의 토사가 유입되면서 도시 존재의 기반이었던 항구가 메워지자 쇠퇴하고 말았다. 현재 바다는 도시로부터 9km나 떨어져 있다.

유적지 둘러보기

도시에 들어서면 웅장한 원형극장을 처음으로 만나게 된다. 폭 140m, 높이 30m에 최대 수용인원 1만 5000명을 자랑하는 거대한 규모로 객석과 뒤편으로 이어지는 통로가 잘 보존되어 있다. 기원전 4세기경 지어졌으며 2세기 로마의 트라야누스 황제가 대대적으로 증축했다. 해안가에 세워져 있어 배를 타고 밀레투스로 온 사람들은 엄청난 크기의 극장에 감탄을 금치 못했다고 한다. 원형극장에 올라가 뒤편으로 가면 광대한 유적지가 펼쳐진다. 2세기 로마 황제 마르쿠스 아우렐리우스의 부인 파우스티나 Faustina의 이름으로 지은 파우스티나 욕장, 세라피스 신전, 로마 시대 영웅들의 사당인 헤룬, 아고라, 항구 유적 등이 어지럽게 흩어져 있다. 유적의 남쪽에는 1400년경 조성된 이야스베이 자미가 있다. 유적지 입구에는 밀레투스 고대도시에서 출토된 유물을 전시해 놓은 박물관이 있다.

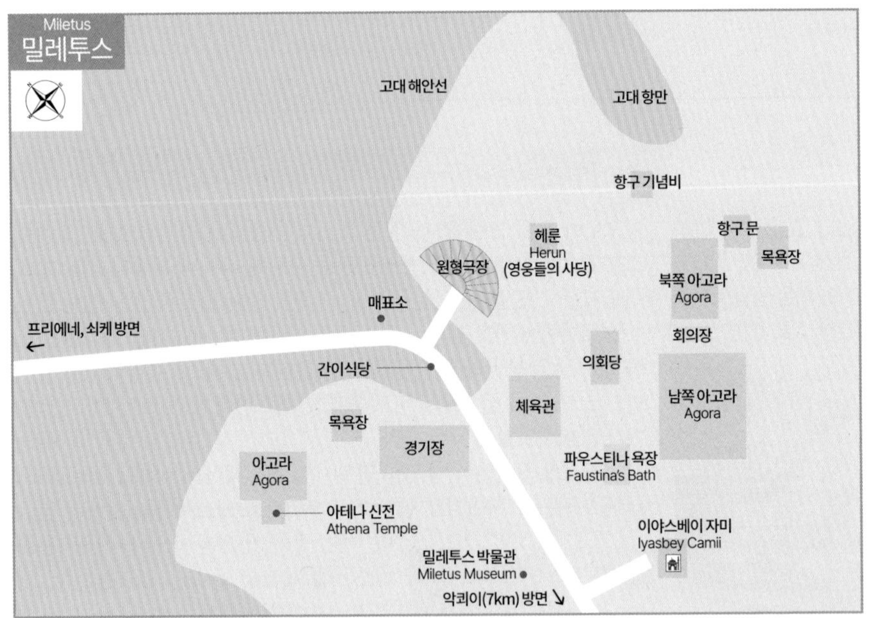

디디마 Didyma

개방 매일 08:30~19:00 (겨울철은 17:00까지) **요금** €6 **가는 방법** 쇠케에서 돌무쉬로 1시간 10분.

거대한 아폴론 신전이 있던 밀레투스의 신전 도시. 고대에 디디마는 아폴론의 사랑을 받은 미소년 '브랑코스'의 후예인 '브랑키다이'라는 특수한 가문의 신관들이 사는 곳이었다. 이곳의 아폴론 신전은 신탁이 행해지던 곳으로 유명했는데 그리스 델포이의 아폴론 신전과 더불어 고대의 2대 신탁 신전이었다. 기원전 7세기 후반에 처음 건립되었으며 기원전 5세기 밀레투스가 페르시아에 패하면서 파괴되었다가 기원전 4세기에 재건되었다. 재건 당시 건물은 에페스의 아르테미스 신전, 사모스의 헤라 신전에 이어 전 그리스를 통틀어 세 번째로 큰 규모였다고 한다. 신탁이 행해졌던 곳이니 만큼 전쟁의 성패를 알고 싶었던 왕들로부터 결혼과 출산 시기를 점치고 싶었던 시민에 이르기까지 방문객은 다양했다.

신전의 이오니아식 기둥

신탁이 행해지던 디디마 신전

메두사의 부조

유적지 둘러보기

신전은 길이 109m, 폭 51m의 규모에 헬레니즘 양식으로 지어졌으며, 120여 개의 돌기둥이 숲을 이루고 있었는데 현재는 3개만 남아있다. 본당에 해당하는 내부 정원은 길이 54m, 폭 22m, 높이 25m이며, 정원의 끝부분에 작은 이오니아식 신전이 있었다. 밀레투스에서 사제는 고위 관직이었다. 선출은 제비뽑기로 이루어졌고 임기는 1년이었으며, 임기 중에는 반드시 디디마에 머물러야 했다. 사제들은 신전의 관리를 맡았을 뿐 실제 신탁은 여사제가 했다. 신전 안에는 신탁을 받던 신성한 샘이 있었다. 여사제는 신이 직접 주었다는 지팡이를 쥐고 악손 Axon이라고 불리던 장치에 앉아 발이나 옷자락을 샘물에 적셔 신탁을 받았다. 여사제들은 신전 안에 머물러야 했으며, 신탁을 받기 전 3일 동안은 금식과 목욕재계가 의무였다. 신탁을 의뢰한 사람은 여사제를 만날 수 없었고, 신탁자를 만나는 것은 남자 사제들의 몫이었다.

신전 입구에는 보는 사람을 모두 돌로 변하게 했다는 메두사의 머리 부조가 방문객을 맞이하고 있다. 헬레니즘 시대에 메두사는 악귀를 쫓고 신성한 장소를 지키는 존재였다. 이곳에서 20km 떨어진 밀레투스까지 포석이 깔린 참배로가 이어져 있었으며 일 년에 한 번 아폴론 신에게 제사도 지냈다고 한다.

이오니아 동맹

고대에 이오니아라 불리던 튀르키예의 남부 에게해 지역은 그리스의 식민도시로 건설된 곳입니다. 정치적으로는 독립을 유지했으며 사회제도는 그리스의 도시국가와 비슷했습니다. 이오니아는 그리스 본토와 마찬가지로 통일 국가를 이루지 못하고 도시국가 연맹 체제로 상호 협력관계를 유지했지요. 이오니아 동맹의 12도시로는 밀레투스, 프리에네, 미우스, 에페스, 콜로폰, 레베두스, 테오스, 클라조마네, 포케아, 키오스 섬, 에리투레, 사모스 섬이 있답니다.

한편 이오니아 지방은 고대 에게해의 패권을 다투던 그리스와 페르시아 세력이 부딪히던 곳이었습니다. 페르시아에 점령당한 이오니아의 도시국가들이 반란을 일으키자 배후에 그리스 본토의 지원이 있었음을 간파한 페르시아는 그리스로 쳐들어가 페르시아 전쟁이 발생했습니다. 패전을 거듭하던 그리스는 유명한 마라톤 평원 전투의 승리로 페르시아를 물리쳤답니다.

십자군의 성으로 유명한 요트 리조트지

보드룸

에게해 남단에 위치한 항구도시. 보드룸이 있는 지역은 고대에 카리아 Caria라고 불리던 곳으로 그리스에서 이주해 온 도리아인이 도시를 건설했다. 고대에는 카리아 6개 도시 연맹의 하나로 할리카르나소스 Halicarnassos라 불렸으며 세계 7대 불가사의 중 하나인 거대한 마우솔로스 왕의 영묘가 있었던 곳으로 유명하다. 수많은 왕국의 지배를 받으며 부침을 거듭했던 보드룸은 15세기 로도스 섬에 거점을 두고 있던 십자군 기사단이 유명한 보드룸 성을 건축하면서 새로운 전환기를 맞게 되었다. 이후 1522년 오스만 제국의 쉴레이만 대제에게 정복될 때까지 보드룸 성은 주변 지역의 중심지 역할을 했다.

보드룸에 첫발을 디딘 여행자는 눈이 부실 정도로 새하얀 집들에 깊은 인상을 받는다. 흰 집과 푸른 바다, 빽빽하게 정박한 요트가 어우러진 풍경은 마치 그림 속에 들어온 듯한 느낌마저 들며 보드룸을 오랫동안 기억에서 지우지 못하게 한다. 또한 그리스령 코스 섬 Kos, 로도스 섬 Rhodes과 연계한 섬 투어는 남부 에게해 최고의 리조트지로 입지를 굳히고 있다.

인구 4만 명 **해발고도** 5m

여행의 기술

Information

관광안내소 Map P.283-B2

보드룸 성과 관광 안내 자료를 무료로 얻을 수 있다.

위치 보드룸 성 앞

전화 (0252)316-1091

업무 매일 09:00~19:30(여름철), 월~금요일 08:00~17:00(겨울철)

홈페이지 www.bodrum.bel.tr

가는 방법 시청에서 바자르를 지나 성채 입구로 가다 보면 왼쪽에 보인다.

환전 Map P.283-B2

오토가르에서 항구에 이르는 제바트 샤키르 거리 Cevat Şakir Cad.에 튀르키예 은행 Türkiye İş Bankası이 있어 쉽게 환전할 수 있으며 ATM 이용에도 문제가 없다. 여행자수표도 바꿀 수 있다.

위치 제바트 샤키르 거리 일대

업무 월~금요일 09:00~12:30, 13:30~17:30

PTT Map P.283-B2

위치 제바트 샤키르 거리 튀르키예 은행 옆(환전 가능) 업무 월~금요일 09:00~17:00

보드룸 가는 법

비행기와 버스, 배 등 다양한 교통수단이 다니고 있어 언제 어느 때나 방문하는데 불편함은 없다. 많은 교통수단 중 여행자가 선호하는 것은 단연 버스! 페티예, 안탈리아, 파묵칼레 등 에게해, 지중해의 도시와 수시로 연결되며 장거리 노선도 잘 정비되어 있다.

➡ 비행기

보드룸 공항은 시내에서 약 60km 떨어진 밀라스 Milas라는 곳에 있다. 튀르키예 항공, 오누르 에어 등 국내선 항공사가 이스탄불과 앙카라를 직항으로 다니고 있으며, 다른 주요도시와도 경유편으로 연결되어 편리하게 이용할 수 있다. 특히 이스탄불과는 매일 10여 편을 운행할 정도로 소통이 원활하다.

공항에서 시내까지는 비행기 도착 시간에 맞춰 운행하는 튀르키예 항공의 공항버스 Havaş가 편리하게 이용된다. 짐을 찾아 청사 밖으로 나가 대기하고 있는 버스를 타면 되고 요금은 차내에서 차장에게 지불한다. 보드룸 시내 구 오토가르에 내려 걸어서 숙소를 정하면 된다.

구 오토가르에 정차한 공항버스

보드룸 공항 Bodrum Havalimanı

전화 (0252)523-0101

홈페이지 www.bodrum-airport.com

튀르키예 항공 Türk Hava Yolları

전화 (0252)317-1203~4

밀라스(보드룸) 공항 ▷▶ 보드룸 시내(구 오토가르)

공항버스 Havaş

운행 04:00~22:00(비행기 도착시간에 맞춰 운행) 소요시간 40분

전화 0555-9851150(휴대폰)

보드룸에서 출발하는
주요 국내선 항공편

행선지	항공사	운행	소요시간
이스탄불	THY, OHY, PGS	매일 10편	1시간 10분
앙카라	THY	주 3~4편	1시간 15분
안탈리아	SUN	주 2편	50분

*항공사 코드 THY: Turkish Airline, OHY: Onur Air, PGS: Pegasus Airline, SUN: Sun Express
*운행 편수는 변동이 있을 수 있음.

➡ 오토뷔스

남부 에게해의 이름난 리조트지라 주변 지역은 물론 이스탄불, 앙카라 등 장거리에서도 바로 가는 버스가 있다. 여름철 성수기에는 셀축까지 직행버스가 운행하며, 페티예로 가는 여행자는 '페티예 세야하트'(☎(0252)316-1509, 316-3250) 회사의 미니버스를 이용하면 편리하다.
예전에는 시내 중심에 오토가르가 있었는데 외곽 지역에 새 오토가르가 신설됐다(예니 오토가르). 시내의 구 오토가르(에스키 오토가르)는 인근지역으로 출발하는 미니버스가 이용하고 있으며, 대도시로 이동하는 큰 버스는 예니 오토가르를 이용하므로 헷갈리지 말자. 예니 오토가르에 도착했다면 아래층으로 내려가 시내로 가는 돌무쉬를 타면 된다. 보드룸 성 앞까지 가므로 걸어서 숙소를 정하면 된다. 공항버스는 신, 구 오토가르를 모두 경유하므로 편한 곳을 이용하면 된다.

보드룸 구 오토가르

보드룸에서 출발하는
버스 노선

행선지	소요시간	운행
이스탄불	12시간	1일 10편 이상
앙카라	11시간	1일 3~4편
콘야	8시간 30분	1일 3~4편
페티예	5시간	1일 7~8편
안탈리아	7시간	1일 3~4편
마르마리스	3시간 30분	1일 10편 이상
셀축	3시간	1일 3~4편
파묵칼레(데니즐리)	4시간	1일 5~6편

*운행 편수는 변동이 있을 수 있음.

➡ 페리

보드룸은 코스나 로도스 등 에게해의 그리스 섬들과 다차 Datça로 가는 페리가 출발하는 해상교통의 요지. 주로 여름철 성수기에 운행하는데 보트를 이용한 여행을 계획하고 있다면 보드룸을 출발지로 삼을 만하다.
그리스의 섬들은 튀르키예와는 또 다른 모습으로 여행자를 맞이한다(코스 섬 P.754, 로도스 섬 P.718 참고). 배가 자주 다니므로 산토리니 등 그리스 여행을 마치고 튀르키예로 들어서는 관문으로도 보드룸이 편리하게 이용된다. 보드룸 반도의 동쪽 끝에 있는 '투르구트레이스 Turgutreis'라는 도시도 그리스 섬을 오가는 배가 발착하므로 이름을 기억해 두자.
배를 타고 항구에 도착했다면 입국수속을 마치고 걸어서 중심가로 이동해서 숙소를 구하면 된다. 페리 운행은 계절에 따라 유동적이므로 보드룸 페리협회의 홈페이지 등을 통해 미리 알아두는 것이 좋다. 티켓도 판매한다.

보드룸 페리보트 협회

보드룸 페리보트 협회 Map P.283-B2
Bodrum Feribot İşletmeciliği
주소 Kale Cad. Gümrük Alanı No.22 48400, Bodrum
전화 (0252)316-0882, 313-2509 항구 Bodrum Yolcu Limanı (0252)316-0180
홈페이지 www.bodrumferibot.com
운영 07:30~23:00(겨울철은 17:00까지)
가는 방법 보드룸 성 옆 항구에 있다.

보드룸에서 출발하는 **페리 노선**

행선지	소요시간	운행
코스 섬(그리스)	50분	매일 09:30(코스 출발은 15:30)
로도스 섬(그리스)	2시간 20분	월, 토요일 09:00(로도스 출발은 17:30)
다차	1시간 30분	매일 09:30, 13:00, 16:00(다차 출발도 같은 시각)

*여름철(7월~8월) 기준이며, 겨울철은 운행이 중단되거나 편수가 줄어든다.

시내 교통

성채가 있는 곳을 중심으로 양쪽의 항구가 보드룸의 중심이다. 구 오토가르, 숙소, 레스토랑, 볼거리가 모두 항구 주변에 자리하고 있어 걸어서 다닐 수 있다. 관광을 마치고 공항으로 갈 때는 구 오토가르에서 출발하는 공항버스를 이용하면 된다. 보통 비행기 출발 2시간 전에 운행하는데 자세한 시간은 오토가르 내의 공항버스 사무실에 문의하자. 시내 관광을 다니며 차를 탈 일은 없다.

Shakti Say 역사의 아버지 헤로도토스

보드룸이 낳은 걸출한 인물로 헤로도토스 Herodotos(기원전 484~425)가 있습니다. 보드룸에서 태어난 그는 로도스 섬을 거쳐 아테네에서 역사학자가 된 사람이지요. 서양에서 역사 History라는 말은 기원전 5~6세기 이오니아 지방에서 쓰이기 시작했고 당시 역사는 단지 조사의 의미만을 가지고 있었다고 합니다. 헤로도토스가 기원전 5세기 중엽 페르시아 전쟁을 기록한 책 제목을 '역사'라고 붙임으로써 역사라는 단어에 새로운 의미가 담기게 되었습니다. 그 이전에는 연대기나 서사시가 역사의 역할을 담당했는데, 그의 저술 이후 역사는 사건을 철학적으로 성찰하고 심도있게 조사하는 작업이 되었답니다. 즉 새로운 문학양식이 된 것이죠. 이러한 업적을 인정받아 헤로도토스는 역사의 아버지라고 불리게 되었습니다. 헤로도토스를 역사의 아버지라고 부른 것은 기원전 1세기 로마의 집정관이자 변호사였던 키케로입니다.

헤로도토스의 두상
(출처: 위키백과)

보드룸 시내의 해변

바자르의 골목

보드룸 둘러보기

보드룸을 이야기하며 빼놓을 수 없는 것이 바로 보드룸 성. 에게해 최고의 성채임은 물론 튀르키예 전역에서 다섯 손가락 안에 꼽을 정도로 보존 상태가 훌륭하다. 성채와 함께 마우솔로스 왕의 무덤 터와 북서쪽 간선도로 옆의 원형극장이 보드룸의 유적이다.

관광은 먼저 보드룸 성에서 시작한다. 바다에서 건져 올린 유물이 가득한 내부 박물관을 둘러보고 주변 전망을 실컷 즐기자. 서쪽 해변 길을 걷다 골목으로 접어들어 거대한 영묘가 있었던 마우솔레이온 박물관을 둘러보자. 그 후 북쪽 간선도로변에 있는 원형극장을 돌아보고 민도스 문과 조선소를 보고 나면 볼거리 순례는 끝난다. 천천히 다녀도 하루면 충분하니 각 볼거리들을 여유있게 감상하자. 아울러 지중해풍의 하얀 집들이 있는 항구 주변의 골목길을 다니며 마을의 정취를 즐기는 것도 빼놓을 수 없는 즐거움이다. 저녁때는 동쪽 항구의 해변 레스토랑에서 바다와 성채를 감상하며 식사하는 것을 권한다.

★★★★★ BEST COURSE ★★★★★

예상소요시간 6~7시간

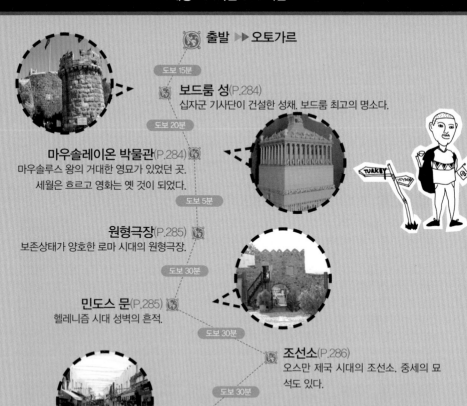

출발 ▶▶ 오토가르

도보 15분

보드룸 성(P.284)
십자군 기사단이 건설한 성채. 보드룸 최고의 명소다.

도보 20분

마우솔레이온 박물관(P.284)
마우솔루스 왕의 거대한 영묘가 있었던 곳. 세월은 흐르고 영화는 옛 것이 되었다.

도보 5분

원형극장(P.285)
보존상태가 양호한 로마 시대의 원형극장.

도보 30분

민도스 문(P.285)
헬레니즘 시대 성벽의 흔적.

도보 30분

조선소(P.286)
오스만 제국 시대의 조선소. 중세의 묘석도 있다.

도보 30분

바자르(P.286)
보드룸 성 근처에 자리한 시장. 덩굴이 뒤덮고 있어 시원하고 낭만적이다.

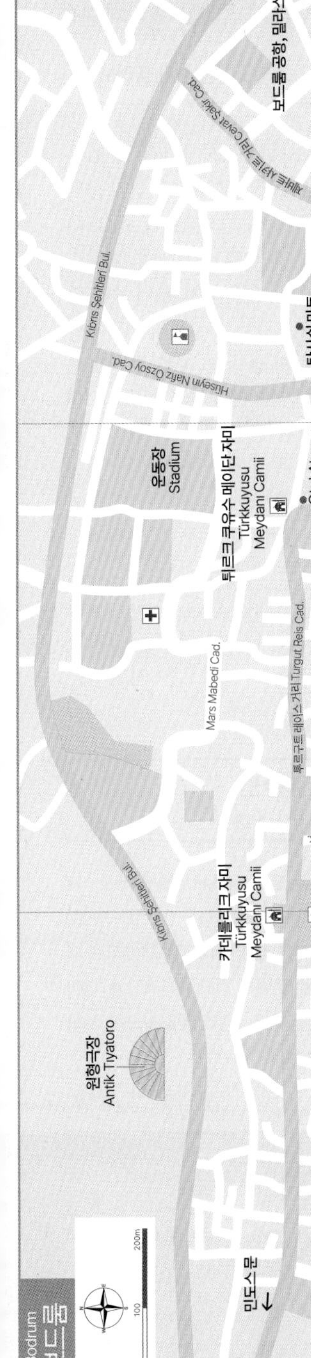
Bodrum
보드룸
0 100 200m
1 나직 아나 Nazik Ana B2
2 크로 앤 컵스 Cro & Cups B2
3 유누슬라르 카라데니즈 Yunuslar Karadeniz B2
4 쉰게르 피자 Sünger Pizza A2
5 트란차 Trança Restaurant B2
1 카야 펜션 Kaya Pensiyon B2
2 할리카르나스 펜션 Halikarnas Pansiyon C2
3 마비 펜션 Mavi Pension B1
4 미아 부티크 호텔 Mia Butik Hotel B2
5 프로페서스 호텔 The Professor's Hotel C2
민도스 문 ←
원형극장 Antik Tiyatoro
Kıbrıs Şehitleri Bul.
카데를리크 자미 Türkkuyusu Meydanı Camii
마우솔레이온 박물관 Mausoleion Müzesi
Hamam Sk.
Saray Sk.
Hongkong Restaurant
WC
테페지크 자미 Tepecik Camii
네이젠 테브피크 거리 Neyzen Tevfik Cad.
조선소 Shipyard
군부대 Army Camp
Mars Mabedi Cad.
투르구트 레이스 거리 Turgut Reis Cad.
보드룸 항구
로도스, 코스, 다차 행 선착장
보드룸 페리보트 협회
운동장 Stadium
튀르크 쿠유수 메이단 자미 Türkkuyusu Meydanı Camii
Otel Ataman
Hüseyin Nafiz Özsoy Cad.
탄사쉬 마트 Tansaş Mart
구 오토가르 Eski Otogar
주유소
제박 샤키르 거리 Cevat Şakir Cad.
보드룸 공항, 밀라스 방면 ↗
과일가게들
해산물 레스토랑들
튀르크 쿠유수 거리 Türk Kuyusu Cad.
ATM
튀르크 텔레콤 Türk Telecom
Sevin Pension
시청
PTT
택시 승강장
티시 지라트 은행
바자르 Bazar
아들리예 자미 Adliye Camii
튀르키예 은행
Kahraman Pension
주차장
Üç Kuyular Cad.
아르테미스 거리 Artemis Cad.
Hotel Atrium
놀이터
Gülkan Pension
바르다크즈 하맘 Bardakcı Hamamı
우우르 자미 Uğur Camii
아타튀르크 거리 Atatürk Cad.
줌후리예트 거리 Cumhuriyet Cad.
해변
Mustafa Paşa Camii
WC
보드룸 성 Bodrum Kalesi
칼레 거리 Kale Cad.
성채 입구
에게해 AEGEAN SEA(EGE DENİZ)
A
B
C
1
2

Attraction 보드룸의 볼거리

보드룸 성이 보드룸을 대표하는 볼거리. 시간이 없다면 다른 곳을 생략하더라도 이곳만큼은 꼭 둘러보자.

보드룸 성
Bodrum Kalesi ★★★

Map P.283-B2 주소 Bodrum Kalesi, Bodrum **개관** 화~일요일 09:00~19:00(겨울철은 08:00~17:00) **요금** €20 **가는 방법** 오토가르에서 제바트 샤키르 거리 Cevat Şakir Cad.를 따라 내려가 길이 끝나는 해안에 있다. 도보 15분.

보드룸을 상징하는 성채로 양쪽에 항구를 거느린 곳의 끝부분에 웅장하게 서 있다. 로도스 섬에 거점을 두고 있던 십자군의 성 요한 기사단이 15세기에 건축한 것이다. 십자군은 숫자가 많지 않았으므로 군사 요지에 성채를 건축하고 성을 중심으로 주변지역을 정복했다. 보드룸 성도 그런 베이스캠프 역할을 했던 곳으로 기사단은 보드룸 성과 로도스 섬을 거점으로 주변지역을 장악해 나갔다(성 요한 기사단은 로도스 편 P.724 참고).

성채를 짓는데 필요한 석재는 근처의 마우솔로스 영묘에서 충당했으며 공사 기간은 20년 걸렸다. 교황은 성의 건설을 독려하기 위해 성 건축에 도움을 준 사람들에게 면죄 특권을 부여할 정도로 공을 들였다고 한다. 완성된 후 '베드로의 성'이라는 이름을 붙였고 도시는 베드로의 성이 있는 곳이라는 뜻의 페테리움 Peterium이라 불렸다. 오늘날 보드룸의 어원인 셈이다. 성 내에 영국 탑, 독일 탑, 프랑스 탑 등 이름이 각기 다른 여러 개의 탑이 있는데 이는 일종의 연합군 성격을 띤 십자군의 구성 때문이었던 것으로 풀이된다. 1522년 오스만 제국의 쉴레이만 대제가 성을 장악한 후 군사 요충지로서의 중요성이 떨어짐에 따라 지위를 상실했다.

현재는 해저에서 건져 올린 유물을 전시하는 수중 고고학 박물관으로 사용되고 있다. 10분의 1 크기로 복원한 침몰선, 곡물과 술을 담던 암포라 Amphora, 유리제품 등 다양한 전시물이 있다. 특히 프랑스 탑 내에는 카리아 Caria의 여왕 아다 Ada의 석재 관과 빼어난 아름다움을 자랑하는 금관이 전시되고 있어 눈길을 끈다. 한편 보드룸 성은 최고의 전망을 자랑하는 곳으로도 유명해 명작을 건지기 위해 카메라를 앞세우고 올라오는 여행객들이 끊이지 않는다.

마우솔레이온 박물관
Mausoleion Müzesi ★★

Map P.283-A1 주소 Mausoleion Müzesi, Bodrum **개관** 화~일요일 09:00~19:00(겨울철은 08:30~17:00) **요금** €3 **가는 방법** 보드룸 성에서 네이젠 테브피크 거리 Neyzen Tevfik Cad.를 따라 걷다 오른쪽으로 꺾어 들어 골목길을 따라 올라간다. 길이 헷갈리므로 사람들에게 물어보자. 도보 20분.

고대 7대 불가사의의 하나로 꼽히는 마우솔로

보드룸 성의 수중 고고학 박물관
마우솔레이온 박물관

스 Mausolos(기원전 376~353) 왕의 영묘. 묘를 뜻하는 영어 '마우솔레움 Mausoleum'의 어원이 된 곳이기도 하다. 마우솔로스는 페르시아의 영향권에 있던 카리아 지방 총독을 지냈으며 수도를 밀라스에서 할리카르나소스 Halicarnassos(현재의 보드룸)로 옮기며 전성기를 연 인물이다. 그는 생전부터 자신의 무덤 건설에 힘을 쏟았는데 사망 후 그의 아내이자 누이동생인 아르테미시아가 공사를 이어서 진행했다.

완성된 묘는 기단 위에 36개의 이오니아식 기둥이 신전풍의 건물을 떠받치고 있었으며 지붕 꼭대기에는 네 마리의 말이 끄는 전차가 조각되어 있었다. 무게 약 3톤의 돌 16만 개가 사용되었고 높이는 무려 45m에 달했다고 한다. 요한 기사단이 보드룸에 들어왔을 때 묘는 지진으로 무너져 있었으며, 설상가상으로 보드룸 성을 짓기 위한 석재를 이곳에서 조달하는 바람에 영묘는 흔적조차 없어졌다. 현재는 광대한 부지에 기단만 남아 있으며 입구 옆의 작은 박물관에 모형을 전시해 놓았다.

원형극장
Antik Tıyatoro ★★

Map P.283-A1 **개관** 화~일요일 09:00~19:00(겨울철은 08:30~ 17:00) **요금** 무료 **가는 방법** 오토가르 뒤편 투르구트 레이스 거리 Turgut Reis Cad.를 따라 걷다가 마우솔레이온 박물관이 나오면 오른쪽으로 꺾어 간선도로까지 올라간다. 오토가르에서 도보 20분.

시가지 북쪽 간선도로변에 자리한 로마 시대의 원형극장. 최대 수용인원 1만 3000명을 자랑하는 규모로 연극과 문화공연, 검투 시합이 열렸으며 도시의 중요한 일을 결정하는 회의도 개최되었다. 보존 상태가 양호해 오늘날에도 특별공연장으로 이용되는 곳이다. 다른 도시를 여행하며 원형극장을 많이 보았다면 새로울 것은 없지만 원형극장 앞에서 바라보는 보드룸 성과 바다 전망은 단연 압권이다. 구름처럼 서 있는 보드룸 성을 즐기기에 최고의 장소다.

원형극장

고대의 7대 불가사의

고대 7대 불가사의란 지중해와 중동 지방의 탁월한 옛 건축과 조각을 말한다. 쿠푸 왕의 피라미드를 제외하고 현재까지 남아 있는 것은 없다.

1. 이집트 기자에 있는 쿠푸 왕의 피라미드 Pyramid
2. 알렉산드리아의 파로스 Pharos 등대
3. 메소포타미아 바빌론의 세미라미스 공중 정원 Hanging Garden
4. 에페스의 아르테미스 Artemis 신전
5. 올림피아의 제우스 Zeus 신상(神像)
6. 할리카르나소스(현재 보드룸)의 마우솔로스 영묘
7. 로도스 Rhodes 항구의 콜로수스 Colossus 거상(巨像)

민도스 문
Mindos Kapısı ★

개방 24시간 **요금** 무료 **가는 방법** 원형극장에서 크브르스 쉐히틀레리 거리 Kıbırıs Şehitleri Bul.를 따라 서쪽으로 가다보면 이정표가 보인다. 도보 30분.

기원전 374년 마우솔로스 왕이 건설한 총 길이 7km의 성벽 중 오늘날까지 남아있는 부분이다. 성벽은 서쪽의 항구에서 괵테페 Göktepe까지 건설되었다. 민도스 문은 두 개의 기념비적인 탑과 정원으로 되어 있었으며, 기원전 334년 알렉산더 대왕이 포위공격을 할 때 깊이 5m, 넓이 7.5m의 해자가 도시를 지켜주었다. 도시를 정복한 후 알렉산더 대왕은 성벽의 재건을 허락했다.

조선소
Shipyard ★★

Map P.283-A2 **개방** 매일 09:00~18:00 **요금** 무료 **가는 방법** 요트 선착장 뒤편에 있다. 보드룸 성에서 네이젠 테브피크 거리를 따라 도보 20분.

1727년 건립된 오스만 제국 시대의 조선소. 1770년 오스만 제국의 함대가 체쉬메에서 러시아 해군에게 궤멸당하는 일이 벌어졌다. 오스만 제국은 보드룸과 이스탄불 등 각 지역에 조선소를 설치하고 군함을 건조했는데, 1771년 해군 총사령관인 자페르 파샤가 보드룸 조선소에 군선을 만들라는 지시를 내렸다는 기록이 있다. 현재는 잔디밭과 나무가 있는 공원으로 꾸며져 있고 바다 전망이 좋다. 한쪽 옆의 공동묘지에는 자페르 파샤의 무덤도 있다.

조선소의 성벽

바자르
Bazar ★★

Map P.283-B2 **개방** 24시간 **요금** 무료 **가는 방법** 오토가르 앞길 제바트 샤키르 거리 Cevat S akir Cad.를 따라 내려간다. 보드룸 성 조금 못 미친 곳에 있다.

보드룸 성 주변의 대규모 상가. 액세서리, 의류, 신발, 가방, 수공예품 등 없는 게 없다. 꼭 쇼핑을 하지 않더라도 구경만 해도 재미있다. 시장길은 거미줄처럼 이리저리 얽혀 있는데 덩굴이 우거져 낭만적인 분위기까지 자아낸다. 느긋한 기분으로 천천히 다니다 마음에 드는 물건이 있으면 기념으로 하나 사도 좋다. 좌판에 널려진 저렴한 물건에서 고급 매장의 값비싼 물건까지 다양한 종류가 있어 쇼핑하기에 손색없다.

바자르

Restaurant 보드룸의 레스토랑

항구와 해변에 많은 레스토랑이 있어 바다 경치를 즐기며 식사하기 좋은데 외지 관광객이 많아 요금은 비싼 편이다. 구 오토가르에서 성채로 가는 제바트 샤키르 거리 Cevat Şakir Cad.에 저렴한 되네르 케밥집이 여러 군데 있으며 바자르 안에도 먹을 곳이 있다. 선택의 폭은 넓은 편이니 분위기와 주머니 사정을 고려해 정하도록 하자.

나직 아나 Nazik Ana

Map P.283-B2 주소 Eski Hükümet Sk. No.5, Bodrum **전화** (0252)313-1891 **영업** 08:00~22:00 **예산** 1인 300~400TL **가는 방법** 오토가르에서 제바트 샤키르 거리를 따라 내려가다 PTT 직전 오른쪽 골목으로 꺾어들면 나온다.

유서깊은 돌집을 개조한 레스토랑. 야채와 고기를 이용한 다양한 술루 예멕(끓여서 미리 조리해 놓은 단품요리)과 케밥류가 있다. 좋은 재료로 정성을 다해 깨끗하게 만든 음식이라 현지 주민들의 칭찬이 자자하다. 케밥류보다는 술루 예멕을 추천하고 싶다.

크로 앤 컵스 Cro & Cups

Map P.283-B2 주소 Çarşı, Türk Kuyusu Cd. NO:11/1, 48300 **전화** +90-544-146-6260 **영업** 매일 08:00~19:00 **예산** 1인 150~250TL **가는 방법** 보드룸 성에서 도보 5분. 골목 안쪽에 있다.

크루와상과 커피 전문점. 금방 구워나온 바삭한 크루와상이 맛있는데 크림을 얹은 것과 햄과 야채를 넣은 샌드위치 크루와상이 있다. 맛있고 가게 분위기도 좋아서 아침식사를 하거나 투어 다니다 지친다리를 잠시 쉬어가는 여행자가 많다. 나무가 있는 조용한 안뜰은 운치가 있으며 가족단위 여행객들이 즐겨찾는다.

유누슬라르 카라데니즈 Yunuslar Karadeniz

Map P.283-B2 주소 Caumhuriyet Cad. No.13, Bodrum **전화** (0252)316-1748 **영업** 07:30~00:00 **예산** 각종 케이크, 빵 100~200TL부터 **가는 방법** 동쪽 항구 상가 밀집구역인 줌후리예트 거리에 있다.

1876년부터 영업해 온 유서깊은 빵집. 이 집의 역사가

보드룸의 역사라 해도 과언이 아닐 정도다. 직접 굽는 다양한 종류의 빵, 과자, 케이크, 쿠키와 샌드위치, 피자는 훌륭한 맛이다. 포장해 가는 손님들이 끊이지 않는다.

쉰제르 피자 Sünger Pizza

Map P.283-A2 주소 Neyzen Tevik Cad. No.44, Bodrum **전화** (0252)316-4918 **영업** 10:00~23:00 **예산** 1인 250~400TL **가는 방법** 서쪽 항구 고급 쇼핑상가 맞은편에 있다. 오토가르에서 도보 20분.

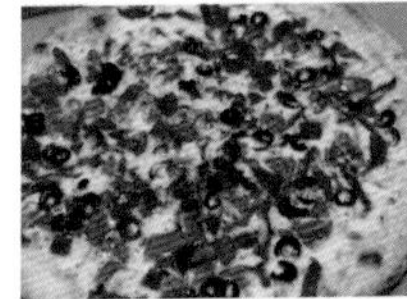

서쪽 항구 해변 도로에 자리한 피자 전문 레스토랑. 화덕에서 구워내는 따끈한 피자는 보드룸에서 가장 맛있기로 정평이 나 있다. 여행자뿐만 아니라 동네 주민들에게도 인기있는 곳이라 자리가 없을 때가 많으며, 피자를 곁들여 맥주 한잔하기에도 좋다.

트랜차 Trança Restaurant

Map P.283-B2 주소 Cumhuriyet Cad. No.32 Bodrum **전화** (0252)316-1241 **영업** 11:00~23:30 **예산** 1인 800~1,000TL 이상 **가는 방법** 동쪽 항구 상가 밀집구역인 줌후리예트 거리에 있다.

100년이 넘은 전통 가옥을 개조한 고급 레스토랑. 연륜이 배어있는 중후한 분위기가 인상적이며 야외자리는 바다와 성채 전망도 즐길 수 있다. 새우, 문어, 생선 등이 주 메뉴며, 바다 전망과 해산물 요리를 즐기기에 좋다.

Shopping 보드룸의 쇼핑

유럽인들이 많이 찾는 휴양지라 유명 브랜드 매장이 입점해 있다. 막스 앤 스펜서 Marks and Spencer, 에스티로더 Estee Lauder, 라프레리 La Prairie 등 의류, 화장품과 액세서리 전문매장이 많은데 관광철인 여름에는 대폭 세일을 하는 경우가 많아 잘만 이용하면 알뜰한 쇼핑을 할 수 있다. 고급 쇼핑상가는 성채 서쪽 해변에 있어 항구 구경을 겸해 다녀오기 좋다.

Hotel 보드룸의 숙소

저렴한 펜션부터 고급 호텔까지 다양한 급의 숙소가 있는 보드룸에서 잠자리 때문에 곤란을 겪을 일은 없다. 다만 최근 몇 년 사이 숙소 요금이 많이 올라서 더블룸 €50 이하는 찾아보기 힘들어졌다(성수기 기준). 성채를 중심으로 양쪽 항구 주변에 많은 펜션과 호텔들이 있어 선택의 폭은 넓은 편. 겨울철에는 문을 닫는 곳도 많다. 숙소 요금은 성수기 기준이다.

카야 펜션 Kaya Pensiyon

Map P.283-B2 **주소** Cevat Şakir Cad. Eski Hükümet Sk. No.14, Bodrum **전화** (0252)316-5745 **홈페이지** www.kayapansiyon.com.tr **요금** 싱글 €40(개인욕실, A/C), 더블 €60(개인욕실, A/C) **가는 방법** 오토가르에서 제바트 샤키르 거리를 따라 내려가다 오른쪽 골목으로 들어간다. 도보 5분.

나직 아나 레스토랑 맞은편에 있는 숙소로 가족이 운영한다. 객실은 포근한 느낌이며 주인이 직접 청소할 정도로 청결에 각별히 신경쓰고 있다. 방이 넓고 채광도 좋아 편안히 쉴 수 있으며, 특히 꽃과 나무가 있는 1층의 정원은 매우 아늑한 분위기다.

할리카르나스 펜션 Halikarnas Pansiyon

Map P.283-C2 **주소** Çarşı, Üçkuyular Cd. No:27/1, 48400 **전화** +90-555-080-4990 **홈페이지** www.halikarnaspansiyon.com **요금** 싱글, 더블 €50(개인욕실, A/C), 트리플 €60(개인욕실, A/C) **가는 방법** 구 오토가르에서 아르테미스 거리를 따라가다가 위츠쿠율라르 거리로 꺾어들어 놀이터 옆에 있다. 도보 10분.

2019년 오픈한 호스텔급 펜션. 방은 10개가 있고 살짝 좁은 감이 있는데 밖에 주인 부부가 신경써서 관리하고 있어 머무는 데 큰 불편은 없다. 보드룸 성과 오토가르가 가까워 접근성이 좋으며 아침식사도 괜찮게 나온다. 가정적인 분위기에서 조용히 머물기 좋다.

마비 펜션 Mavi Pension

Map P.283-B1 **주소** Türkkuyusu Cad. No.83, Bodrum **전화** (0252)316-5329 **요금** 싱글 €30(개인욕실, A/C), 더블 €40(개인욕실, A/C) **가는 방법** 오토가르에서 투르구트레이스 거리 Turgutreis Cad.를 따라 가다가 튀르크 쿠유수 거리로 꺾어들면 오른편에 있다.

상호처럼 복도가 파란색이고('마비'는 파랗다는 뜻) 15개의 객실은 모두 벽화가 있다. 방마다 컨셉을 잡아 침구류의 색깔을 알록달록하게 꾸며서 재미있다. 넓은 객실과 깔끔한 욕실이 장점이다.

미아 부티크 호텔 Mia Butik Hotel

Map P.283-B2 **주소** Çarşı, S. Y. Cansevdi Sk., 48400 **전화** +90-542-815-4148 **홈페이지** miabutikotel.eatbu.com **요금** 싱글 €40(개인욕실, A/C), 더블 €50(개인욕실, A/C) **가는 방법** 바자르 중간에 있다. 구 오토가르에서 도보 15분.

보드룸 바자르 중심부에 자리한 아담한 부티크 호텔. 깨끗하게 관리하고 있으며 친절하고 위생적이다. 특히 맨 위층 테라스에서는 보드룸 성이 한 눈에 들어온다. 좋은 경치만큼이나 맛있는 아침식사가 제공되어 마음에 든다. 객실이 좁은 것이 유일한 단점이다.

프로페서스 호텔 The Professor's Hotel

Map P.283-C2 **주소** Papatya Sk. No.24, 48400 Bodrum **전화** +90-533-320-8348 **홈페이지** theprofessorshotel.com **요금** 싱글 €50(개인욕실, A/C), 더블 €60(개인욕실, A/C) **가는 방법** 구 오토가르에서 차로 5분.

보드룸 중앙부에 자리한 가성비 숙소로 호텔 같은 분위기다. 객실이 약간 협소하지만 위치와 서비스, 요금을 고려할 때 문제될 정도는 아니다. 로비와 복도, 객실이 청결하고 소품에도 신경을 써서 안정감이 든다. 직원들도 친절하다.

맑고 투명한 바다와 아름다운 해변이 펼쳐진 곳

지중해 Mediterranean Sea

에게해와 지중해가 만나는 항구도시

마르마리스 Marmaris

에게해와 지중해가 만나는 지점에 위치한 도시로 예전부터 항구가 발달했다. 고대부터 에게해에서 이집트로 향하는 배들은 마르마리스를 거쳐갔으며 지중해의 물자는 마르마리스를 통해 유럽으로 공급되었다. 이러한 지리적 중요성 때문에 마르마리스를 차지하기 위한 각축전이 치열했다. 기원전 6세기에 로도스 섬 Rhodes에 거점을 둔 세력이 마르마리스와 레사디예 반도 Reşadiye(현재의 다차 Datça, 크니도스 Knidos 지역)를 지배했으며 기원전 4세기에는 알렉산더 대왕의 영향권에 있기도 했다. 기원전 2세기 로마와 비잔틴 제국을 거쳐 1425년 오스만 제국의 영토로 편입되었다.

현대에 들어 마르마리스는 그리스의 로도스 섬과 튀르키예를 이어주는 남서부 튀르키예의 현관 역할을 하고 있으며 튀르키예인들이 가장 많이 찾는 피서지로 알려져 있다. 여름 시즌에는 주변의 섬 투어와 해양 레포츠를 즐기기 위해 밀려드는 피서객들로 그야말로 발 디딜 틈이 없을 정도다. 이와 함께 고색창연한 마르마리스 성채와 옛 모습을 간직한 골목길은 파란 바다와 어울려 운치를 더한다.

인구 4만 명 **해발고도** 10m

여행의 기술

Information

관광안내소 Map P.294-B2

마르마리스 지도와 관광안내 자료를 무료로 얻을 수 있다.
위치 마르마리스 성채로 올라가는 입구에 위치
전화 (0252)412-7277, 412-1035
업무 매일 09:00~19:00(여름), 월~금요일 08:00~17:00(겨울)
가는 방법 아타튀르크 동상이 있는 광장에서 예니 코르돈 거리 Yeni Kordon Cad.를 따라 도보 10분. 바르바로스 거리 Barbaros Cad. 초입에 있다.

환전 Map P.294-B2

아타튀르크 거리 Atatürk Cad.와 예니 코르돈 거리에 튀르키예 은행과 사설 환전소가 있어 편리하게 이용할 수 있으며 탄사쉬 쇼핑센터 부근에 ATM도 설치되어 있다. 튀르키예 은행과 사설 환전소의 환율과 수수료는 비슷하니 편한 곳을 이용하자.
위치 아타튀르크 거리와 예니 코르돈 거리 일대
업무 월~금요일 09:00~12:30, 13:30~17:30

PTT Map P.294-B2

위치 예니 코르돈 거리에서 바자르로 들어간 골목에 있다. 업무 월~금요일 09:00~17:00

마르마리스 가는 법

이름난 휴양지인데다 튀르키예와 그리스를 연결하는 관문이기 때문에 유동인구가 많은 편이다. 비행기와 버스를 이용해 마르마리스를 방문할 수 있으며 선로가 없어 기차는 다니지 않는다.

➡ 비행기

마르마리스에는 공항이 없고 120km 떨어진 달라만 공항 Dalaman Havalimanı을 이용한다. 튀르키예 항공, 오누르 에어, 페가수스 항공 등의 국내선 항공사가 이스탄불과 매일 5~6편 운행하며 여름철에는 유럽의 각 도시와도 연결된다. 달라만 공항 주변에는 호텔 등 부대시설이 없으니 밤늦게 도착한다면 숙소에 픽업을 요청하는 것이 좋다.
공항에서 마르마리스 시내까지는 공항버스 Havaş를 운행해 편리하게 이용할 수 있다. 비행기 도착 시간에 맞춰 운행하니 짐을 찾아 청사 밖으로 나가 대기하고 있는 버스를 타면 되고 요금은 차내에서 차장에게 지불한다. 공항버스는 아타튀르크 거리의 튀르키예 항공 앞에 도착하며 걸어서 숙소를 정하면 된다. 달라만 공항으로 갈 때도 공항버스가 튀르키예 항공 앞에서 출발한다. 보통 비행기 출발 3시간 전에 출발하는데 자세한 운행 시각은 튀르키예 항공에 문의하자.

달라만 공항 Dalaman Havalimanı
전화 (0252)792-5291, 792-4509

항공사
튀르키예 항공 Türk Hava Yolları
위치 아타튀르크 거리의 튀르키예 은행 오른쪽 옆
전화 (0252)412-3751, 412-3752

달라만 공항 ▷▶ 마르마리스 시내

공항버스
운행 09:30~21:00(비행기 도착 시간에 맞춰 운행) 소요시간 1시간 20분

➡ 오토뷔스

주변 지역과 소통이 원활함은 물론 이스탄불, 앙카라, 안탈리아 등에서 오는 장거리 버스도 자주 다니고 있어 언제든 마르마리스를 방문하는 데 불편함은 없다. 아울러 인근의 작은 도시를 연결하는 교통의 요충지라 다차 Datça, 크니도스 Knidos, 달얀 Dalyan으로 가는 여행객은 모두 마르마리스를 거쳐야 할 정도다. 페티예나 안탈리아 방면으로 가는 여행자는 바트 안탈리아 Batı Antalya 또는 페티예 세야하트 Fetiye Seyahat라는 회사의 미니버스를 이용하면 편리하다. 달얀으로 간다면 오르타자 Ortaca에서 내려서 달얀 행 돌무쉬로 갈아타야 한다.

마르마리스 오토가르

푸른 소나무로 둘러싸인 마르마리스의 오토가르는 시내 중심에서 2km 정도 떨어져 있으며 시내까지는 타고 온 버스회사의 세르비스나 돌무쉬로 쉽게 이동할 수 있다. 시가지 중심에 있는 대형 쇼핑몰인 탄사쉬 Tansaş 부근까지 운행한다. 숙소 지역은 탄사쉬에서 멀지 않으므로 버스에서 내려 걸어서 숙소를 정하면 된다. 탄사쉬 주변에는 버스회사 사무실이 밀집해 있어 시내 관광 후 다른 도시로 이동할 때도 이곳에서 표를 구입하고 세르비스를 이용해 오토가르로 가면 된다.

마르마리스에서 출발하는 **버스 노선**

행선지	소요시간	운행
이스탄불	12시간	1일 4~5편
앙카라	10시간	1일 4~5편
페티예	3시간	1일 10편 이상
보드룸	3시간	1일 10편 이상
안탈리아	6시간 30분	1일 4~5편
파묵칼레(데니즐리)	2시간 30분	1일 7~8편
에이르디르	5시간 30분	1일 2~3편

*운행 편수는 변동이 있을 수 있음.

시내 교통

요트가 정박해 있는 항구와 바닷가 일대에 레스토랑, 은행, 관광안내소 등 편의시설이 밀집해 있어 걸어다닐 수 있다. 중심지에서 가까운 마르마리스 성채도 도보로 다녀오면 되고, 시 외곽의 이츠멜레르 해변은 돌무쉬나 해상택시를 이용해야 한다. 아타튀르크 동상 부근에 해상택시 승강장이 있어 쉽게 이용할 수 있다. 관광을 마치고 오토가르로 갈 때는 탄사쉬 쇼핑센터 부근의 버스회사에서 출발하는 세르비스를 이용하면 되고 달라만 공항으로 가는 공항버스는 튀르키예 항공 사무실 앞에서 출발한다. 운행시간은 튀르키예 항공 사무실에서 알아볼 수 있다.

마르마리스 시내 전경

Travel Plus
인접국가 이동

마르마리스는 그리스령 로도스 섬으로 가는 관문으로 많이 이용되는 곳입니다. 페티예나 보드룸에도 로도스 섬으로 가는 배편이 있지만 거리가 가장 가까운 마르마리스가 이용 빈도가 높은 편이죠. 관광안내소 부근에 있는 여행사 예쉴 마르마리스 Yeşil Marmaris에서 로도스 섬으로 가는 페리 시간과 요금을 확인할 수 있습니다. 겨울철은 운행 편수가 줄어들고 시간도 달라지므로 홈페이지를 통해 미리 운행정보를 확인하세요. 티켓은 최소 1일 전에 예매해야 하고 여권이 필요합니다. 출발 1시간 전에는 항구에 도착해서 출국심사를 거쳐야 한다는 것 잊지마세요. 로도스 섬은 P.718 참고.

마르마리스-로도스 섬

페리 Ferry

운행 매일 09:00, 16:00(로도스 출발 08:30, 17:00)

소요시간 1시간 요금 편도/당일왕복/오픈 €55/€55/€85

카 페리 Car Ferry

운행 매주 목요일

요금 편도/왕복 €110/€190(사람 요금은 별도)

예쉴 마르마리스 Yeşil Marmaris Map P.294-B2

주소 Yacht Harbour No.11, Marmaris 전화 (0252)413-2323

홈페이지 www.yesilmarmaris.com 가는 방법 관광안내소에서 도보 3분

로도스 섬으로 가는 여행자들

구시가지 골목

마르마리스 둘러보기

마르마리스 관광은 하루면 충분하다. 항구 근처에 있는 마르마리스 성채가 마르마리스 유일의 볼거리다. 유적지를 찾아다니기보다는 맑은 바다와 하얀 집들이 있는 구시가 골목을 탐방하는 것이 마르마리스 최고의 매력임을 잊지 말자. 아타튀르크 동상이 있는 광장에서 성채 아래를 지나 동쪽 항구에 이르는 해안길은 산책하기에 좋은 곳이니 해질 무렵 여유있게 다니며 바닷가의 정취를 즐겨보자. 해수욕을 즐기고 싶다면 시 외곽에 있는 이츠멜레르 해변이나 투룬츠 해변을 추천한다.

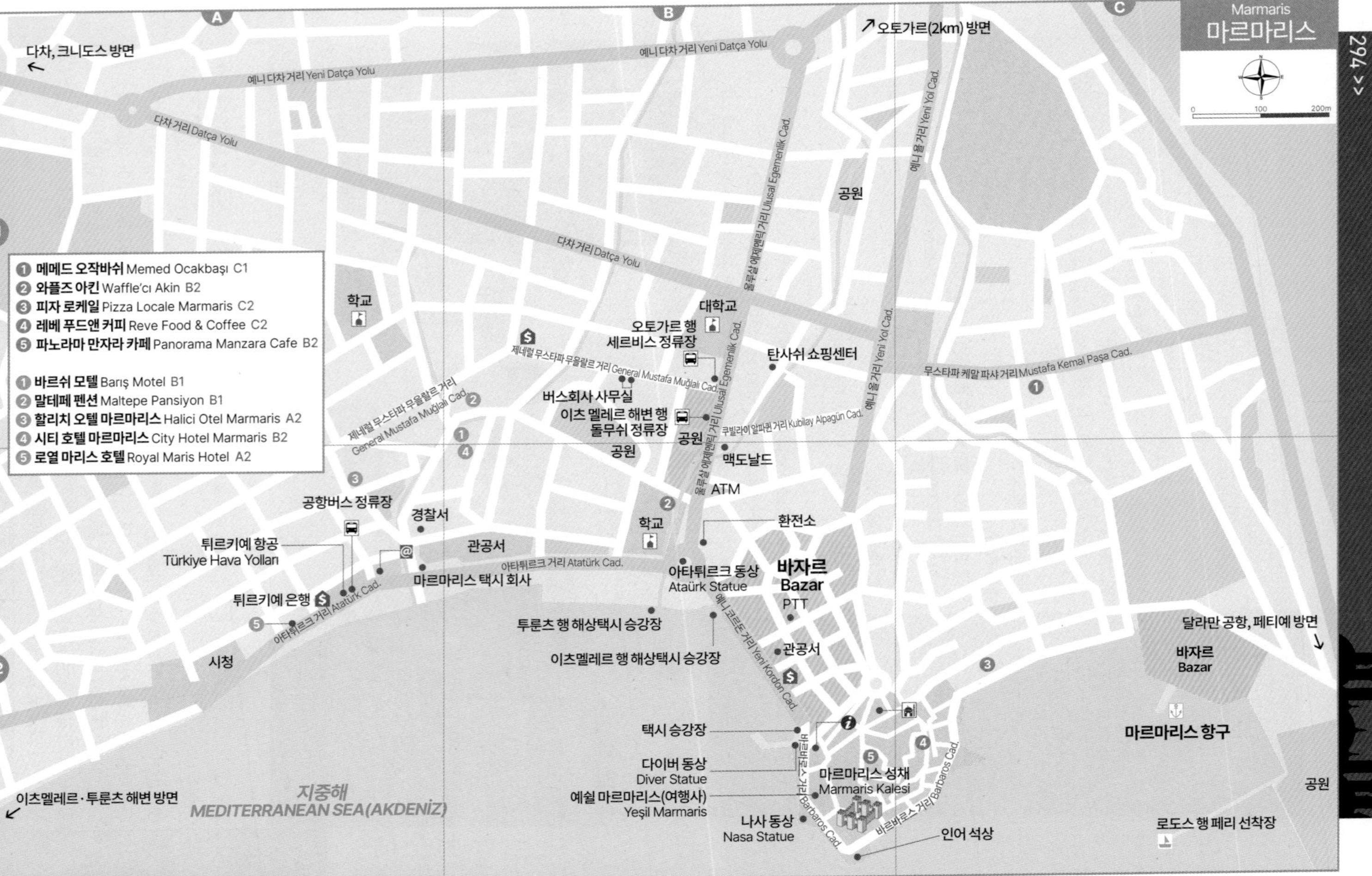
Marmaris
마르마리스
① 메메드 오작바쉬 Memed Ocakbaşı C1
② 와플즈 아킨 Waffle'cı Akin B2
③ 피자 로케일 Pizza Locale Marmaris C2
④ 레베 푸드앤 커피 Reve Food & Coffee C2
⑤ 파노라마 만자라 카페 Panorama Manzara Cafe B2
① 바르쉬 모텔 Barış Motel B1
② 말테페 펜션 Maltepe Pansiyon B1
③ 할리치 오텔 마르마리스 Halici Otel Marmaris A2
④ 시티 호텔 마르마리스 City Hotel Marmaris B2
⑤ 로열 마리스 호텔 Royal Maris Hotel A2
다차, 크니도스 방면
오토가르(2km) 방면
예니 다차 거리 Yeni Datça Yolu
다차 거리 Datça Yolu
울루살 에게메닉 거리 Ulusal Egemenlik Cad.
예니 욜 거리 Yeni Yol Cad.
무스타파 케말 파샤 거리 Mustafa Kemal Paşa Cad.
제네랄 무스타파 무울랄르 거리 General Mustafa Muğlalı Cad.
쿠빌라이 알파귄 거리 Kubilay Alpagün Cad.
아타튀르크 거리 Atatürk Cad.
예니 코르돈 거리 Yeni Kordon Cad.
바르바로스 거리 Barbaros Cad.
공원
학교
대학교
오토가르 행 세르비스 정류장
탄사쉬 쇼핑센터
버스회사 사무실
이즈 멜레르 해변 행 돌무쉬 정류장
맥도날드
ATM
공항버스 정류장
경찰서
관공서
튀르키예 항공 Türkiye Hava Yolları
마르마리스 택시 회사
튀르키예 은행
환전소
아타튀르크 동상 Ataürk Statue
바자르 Bazar
PTT
투룬츠 행 해상택시 승강장
이츠멜레르 행 해상택시 승강장
시청
택시 승강장
다이버 동상 Diver Statue
예쉴 마르마리스(여행사) Yeşil Marmaris
나사 동상 Nasa Statue
마르마리스 성채 Marmaris Kalesi
인어 석상
달라만 공항, 페티예 방면
마르마리스 항구
로도스 행 페리 선착장
이츠멜레르·투룬츠 해변 방면
지중해
MEDITERRANEAN SEA(AKDENİZ)

Attraction 마르마리스의 볼거리

볼거리로만 따진다면 마르마리스는 그다지 매력적인 곳은 아니다. 여름철 지중해 바다 투어에 참가하거나 그리스풍의 골목길을 누비며 이국적인 정취를 즐기는 것이 마르마리스의 여행 포인트!

마르마리스 성채
Marmaris Kalesi ★★★

Map P.294-B2 주소 Marmaris Kalesi Barbaros Cad., Marmaris **개방** 매일 08:00~17:00 **요금** €6 **가는 방법** 관광안내소 뒤편의 골목길 안에 있다. 관광안내소에서 도보 5분.

해수욕장이 있는 마르마리스 만(灣)과 항구 중간의 곶에 위치한 성채. 기원전 6세기경 처음 건립되었으며 1522년 오스만 제국의 쉴레이만 대제 때 증축되었다. 성 내부는 박물관으로 사용되고 있으며 마르마리스 인근 해저 출토 유물과 크니도스 유적의 석상, 쉴레이만 대제 전시관 등이 있다.

전시물보다 마치 수목원을 방불케 할 정도로 꽃과 나무가 가득한 박물관 내부가 더 인상적인데, 운이 좋으면 풀어 키우는 공작새와 거북이를 만날 수도 있다. 성벽에서 내다보는 바다와 항구 풍경도 일품이라 천천히 산책 삼아 다녀오기 좋다. 성채 주변은 옛 집들이 잘 남아 있는 구시가지다. 아기자기한 골목길을 누비며 지중해의 정취를 만끽해 보자.

이츠멜레르 해변
İçmeler Beach ★★★

개방 24시간 **요금** 무료 **가는 방법** 탄사쉬 쇼핑센터 앞에서 돌무쉬로 20분 또는 해상택시로 30분(해상택시는 여름철에만 운행).

시가지에서 서쪽으로 약 8km 떨어져 있는 해변. 시내 아타튀르크 거리 앞에도 긴 백사장이 펼쳐져 있지만 아무래도 도심지의 해변이라 해수욕을 즐기기에 그다지 좋지는 않다. 이츠멜레르 해변은 상대적으로 이용객이 적은데다 물도 맑아 해수욕을 하기에 더욱 좋은 조건이다. 시가지에서 20km 떨어진 투룬츠 Turunç에도 깨끗한 물을 자랑하는 해수욕장이 있다. 두 곳 모두 해상택시나 돌무쉬로 가야 하는 불편함은 감수할 것.

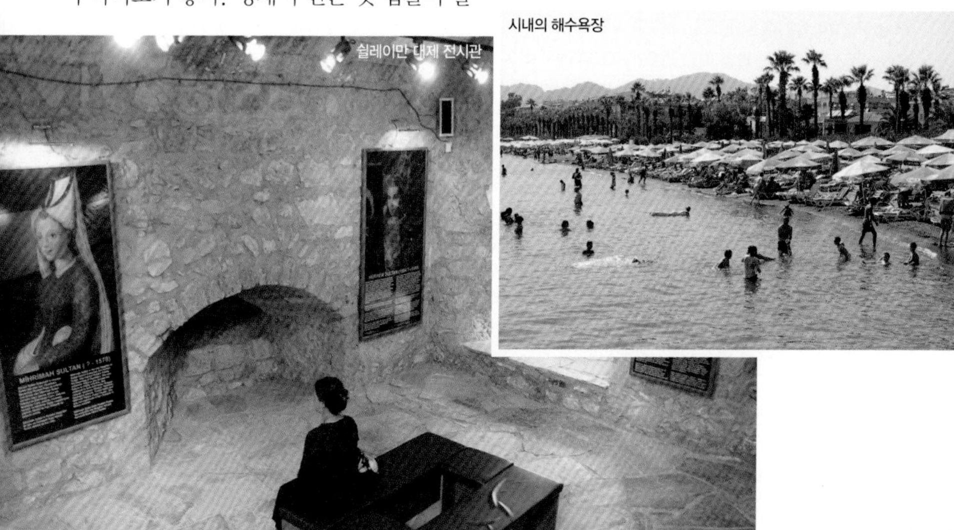

쉴레이만 대제 전시관

시내의 해수욕장

Restaurant 마르마리스의 레스토랑

마르마리스 성채에서 항구에 이르는 500m의 정도 해안가에 많은 레스토랑이 성업 중이다. 분위기도 좋고 음식맛도 괜찮지만 관광객 상대인 탓에 조금 부담스러운 가격이다. 그러나 실망은 금물. 시내 곳곳에 저렴한 서민 식당과 패스트푸드점이 많아 주머니 가벼운 여행자도 쉽게 이용할 수 있다.

메메드 오작바쉬 Memed Ocakbaşı

Map P.294-C1 주소 Sarıana Mah, 20. Sk. No: 2 D:4, 48700 **전화** (0252)413-2620 **홈페이지** www.memedocakbası.com **영업** 매일 10:00~00:00 **예산** 50~80TL **가는 방법** 미그로스 슈퍼마켓에서 무스타파 케말파샤 거리를 따라 도보 5분.

각종 케밥과 피데 등 튀르키예식 전문 레스토랑. 널찍한 내부 공간을 잘 꾸며놓았고 고기와 꼬치 등 식재료를 진열해 놓아 신선한 재료를 사용함을 알 수 있다. 분위기는 아늑하고 음식 또한 훌륭해서 마르마리스 주민들에게 맛집으로 정평이 난 곳이다.

와플즈 아킨 Waffle'cı Akın

Map P.294-B2 주소 Kemeraltı, 56. Sk., 48700 **전화** +90-539-475-9483 **영업** 매일 13:00~23:00 **예산** 40~70TL **가는 방법** 아타튀르크 동상에서 도보 1분. 학교 뒤편에 있다.

각종 와플과 아이스크림 전문점. 메뉴는 와플과 아이스크림 밖에 없는데 과일을 듬뿍 얹어 나오는 와플은 꽤나 괜찮은 맛이다. 입구에 메뉴를 플라스틱으로 만들어 전시해 놓았다. 가게는 작지만 앞 넓은 야외자리에서 길거리를 구경하며 먹을 수 있다.

피자 로케일 Pizza Locale Marmarıs

Map P.294-C2 주소 Tepe, Barbaros Cd. No: 257, 48700 **전화** (0252)487-1111 **영업** 매일 11:30~22:00 **예산** 130~250TL **가는 방법** 성채에서 해변 산책길을 따라 도보 5분.

안탈리아와 보드룸에도 체인을 두고 있는 피자 전문점. 화덕에서 금방 구워나오는 얇고 바삭한 도우의 피자는 타의 추종을 불허한다. 피자와 함께 아보카드가 들어간 샐러드나 연어 샐러드를 함께 먹으면 풍미가 배가된다. 무알콜 음료도 있으므로 선택의 폭은 제법 다양하다.

레베 푸드앤 커피 Reve Food & Coffee

Map P.294-C2 주소 Barbaros Cad, Karşısı NO: 145, 48700 **전화** (0252)413-1616 **영업** 매일 11:30~22:30 **예산** 80~100TL **가는 방법** 마르마리스 성채에서 도보 5분. 골목 안쪽에 있다.

수제 햄버거 전문점. 신선한 빵과 야채, 고기를 사용해 약 50여 종류에 달하는 각종 햄버거를 제공한다. 수제 버거가 으레 그렇듯 다양한 재료가 어우러져 두툼한 버거는 보기만 해도 흐뭇하다. 햄버거 마니아라면 꼭 방문해 보자. 부겐빌리아 꽃이 가득한 골목길에 있어 운치를 더한다.

파노라마 만자라 카페 Panorama Manzara Cafe

Map P.294-B2 주소 Tepe 48700 Muğla, Marmarıs **영업** 매일 10:00~00:00 **예산** 200~250TL **가는 방법** 마르마리스 성채 올라가는 골목에 있다. 안쪽에 있어 찾기가 약간 힘들다.

성채 부근에 자리한 곳으로 바다 전망이 매우 좋다. 다양한 종류의 칵테일과 커피, 피자 등 음료와 음식 모두 있는데 바다 경치를 즐기며 칵테일 한 잔 하기에 딱 좋은 곳이다. 튀르키예 스타일의 커피를 주문하면 전통 수공예로 만든 멋진 쟁반에 서빙해 준다.

Hotel 마르마리스의 숙소

바다 전망이 좋은 해변의 고급 숙소부터 저렴한 펜션까지 다양한 종류의 숙소가 있어 입맛대로 고를 수 있다. 어느 숙소나 기본적인 편의시설이 갖춰져 있기 때문에 주머니 사정에 맞게 선택하면 된다. 마르마리스에서 숙소를 못 구해 애를 먹을 일은 없다.

바르쉬 모텔 Barış Motel

Map P.294-B1 **주소** Atatürk Cad. 66 Sk. Polisevi Sokağı No.10 **전화** (0252)413-0652 **요금** 싱글·더블 €25(개인욕실, 선풍기) **가는 방법** 버스회사 사무실에서 제네럴 무스타파 무을랄르 거리를 따라 10분쯤 걷다 왼쪽 골목으로 들어가면 바로 보인다.

가족이 운영하는 곳으로 큰길 안쪽에 있어 조용하다. 에어컨은 없지만 객실 내 선풍기가 있으며 무엇보다 매우 깔끔하다는 것이 장점. 입구에 있는 작은 정원에서 독서를 하거나 한가한 시간을 보내기 좋다. 더운 여름날에도 에어컨에 구애받지 않고 지낼 수 있는 여행자라면 가장 나은 선택이다.

말테페 펜션 Maltepe Pansiyon

Map P.294-B1 **주소** Kemeraltı Mah. 66 Sk. No.15 **전화** (0252)412-1629 **요금** 싱글 250TL(개인욕실, A/C), 더블 300TL(개인욕실, A/C) **가는 방법** 버스회사 사무실에서 제네럴 무스타파 무을랄르 거리를 따라 10분쯤 걷다 왼쪽 골목으로 들어간 후 삼거리에서 왼편에 있다.

여러 종류의 객실이 있는데 에어컨이 딸린 더블 룸은 널찍하고 큼직한 냉장고가 있어 만족스럽고 주방도 사용할 수 있다. 숙소가 전체적으로 조금 어두운 게 흠이다. 주인 아저씨가 기분파이기 때문에 처음에 흥정을 확실히 해 두는 게 좋다. 바로 옆의 외즈잔 Özcan 펜션도 요금과 조건은 비슷하며 에어컨은 없다.

할리치 오텔 마르마리스 Halıcı Otel Marmarıs

Map P.294-A2 **주소** Mustafa Muğlalı Cd. 66.Sok, 48700 **전화** (0252)412-3626 **홈페이지** www.halıcıhotel.com **요금** 싱글 €30(개인욕실, A/C), 더블 €40(개인욕실, A/C) **가는 방법** 아타튀르크 동상에서 도보 6분.

객실이 30여개나 되는 중급숙소. 객실 청결도도 괜찮고 수영장은 성인용 2곳과 어린이용 1곳이 있어 가족단위 여행객들에게 편리하다. 부설식당의 음식도 맛있고 부지가 넓어 탁 트인 곳에서 쉴 수 있어 좋다. 많은 손님들이 찾는 곳이다보니 직원들이 가끔 친절하지 못한다는 보고가 있었다.

시티 호텔 마르마리스 City Hotel Marmarıs

Map P.294-B2 **주소** Kemeraltı, 64. Sk. No:9, 48700 **요금** 싱글 €20(개인욕실, A/C), 더블 €30(개인욕실, A/C) **가는 방법** 아타튀르크 동상에서 도보 5분.

객실은 작은 편이나 발코니가 딸려있고 냉장고와 커피포트도 구비되어 있다. 매일 객실 청소를 하는 등 위생에도 각별히 신경쓰고 있으며 뷔페식으로 제공되는 아침식사도 충실한 편이다. 수영장이 있어 여름철이면 수영도 할 수 있고 해변과도 가까워 여러모로 편리하게 이용된다.

로열 마리스 호텔 Royal Maris Hotel

Map P.294-A2 **주소** Atatürk Cad. No.34 48700, Marmaris **전화** (0252)412-8383 **요금** 싱글 €80(개인욕실, A/C), 더블 €90(개인욕실, A/C) **가는 방법** 아타튀르크 동상에서 아타튀르크 거리를 따라 도보 10분.

바다에 면한 객실의 유리 발코니가 인상적인 고급 숙소. 객실 내 미니바, 안전금고 등 편의시설을 완비했으며 부설 사우나실과 미니 헬스클럽도 있다. 손님이 많은 날은 전망 좋은 옥상 레스토랑에서 뷔페 파티가 열리기도 하며 호텔 손님에게는 바로 앞 해변의 파라솔과 의자를 무료로 제공한다. 해변 전망과 함께 럭셔리하게 즐기려는 유럽 여행객들이 많이 찾는다.

강과 바다가 만나는 지중해의 숨은 비경

달얀 Dalyan

페티예와 마르마리스 중간에 위치한 작은 마을로 그다지 알려지지는 않았지만 수려한 경관을 자랑하는 곳이다. 지중해로 흘러드는 맑은 달얀 강 Dalyan Cayi이 마을을 휘돌아 나가고 앞 산 절벽에서는 배가 고대의 유적을 오가며, 마을에서 멀지 않은 곳에는 지중해의 백사장이 손짓한다. '비경'이라 부르기에 조금도 부족함이 없다.

이런 그림 같은 경치를 사람들이 그냥 놔둘 리는 없다. 보잘것없는 시골마을에 불과했던 달얀이 괜찮은 휴양지로 입소문을 타면서 최근 몇 년 사이 관광객이 급증했다. 하지만 중심지를 조금만 벗어나면 비포장의 시골길이 이어지며 한적하고 목가적인 풍경을 쉽게 볼 수 있는 곳이기도 하다. 또한 달얀의 해변은 바다거북의 산란장소로 유명해 알을 낳는 시기인 5~9월의 야간에는 해변 출입을 통제하는 등 거북이를 보호하기 위한 노력도 이어지고 있다. 강과 산, 바다와 유적이 어우러진 달얀에서 전원의 여유로움과 조용한 휴식을 즐겨보자.

인구 4,000명 **해발고도** 50m

여행의 기술

Information

관광안내소 Map P.302-B1

예전에는 마라쉬 거리에 있었는데 줌후리예트 광장으로 옮겼다. 달얀 지도와 1일 투어에 관해 문의할 수 있다.
전화 (0252)284-4235 또는 179
홈페이지 www.dalyan.bel.tr, www.mugla-tourism.gov.tr
업무 월~토요일 09:00~19:00(겨울철은 17:00까지) 가는 방법 줌후리예트 광장에 있다.

환전 Map P.302-B1

거북이 상이 있는 시가지 초입에 튀르키예 은행이 있고, 미니버스 정류장 부근과 마라쉬 거리에 있는 ATM을 이용해 손쉽게 환전할 수 있다.
위치 줌후리예트 광장 부근.
업무 월~금요일 09:00~12:30, 13:30~17:30

PTT Map P.302-B1

위치 마라쉬 거리와 카라콜 골목이 만나는 모퉁이에 있다.
업무 월~금요일 09:00~17:00

달얀 보트 조합 Dalyan Tekne Kooperatifi Map P.302-B1

마을 주민들의 공동 보트조합으로 약 150척의 보트를 보유하고 있다. 저렴한 요금의 달얀 1일 투어와 근처로 다니는 돌무쉬 보트까지 운행하기 때문에 매우 유용하다.
전화 (0252)284-2094, 284-3254
홈페이지 www.dalyanteknekoop.com
운영 08:00~19:00(겨울철은 운영 안함)
가는 방법 줌후리예트 광장의 아타튀르크 동상 뒤편 강변에 부스가 있다.

달얀 가는 법

기차는 다니지 않으며 달얀에서 28km 떨어진 달라만 공항까지 비행기로 가거나 페티예, 마르마리스 등에서 운행하는 버스를 타고 달얀을 방문할 수 있다.

➡ 오토뷔스

마을이 작고 외진 곳에 있기 때문에 이스탄불, 안탈리아 등 장거리에서 달얀으로 직접 가는 버스는 없다. 달얀에서 10km 떨어진 인근의 교통 요지 오르타자 Ortaca가 달얀을 방문하는 기점이 된다. 페티예와 마르마리스 등 주변 대도시에서 오르타자를 지나는 버스가 자주 다니고 있어 쉽게 갈 수 있으며, 오르타자의 오토가르 구내에서 달얀으로 가는 돌무쉬가 수시로 출발한다. 공항이 있는 달라만까지도 돌무쉬가 다니며(20분), 달라만에 도착해서 공항까지는 택시로 갈아타야 한다. 돌무쉬는 달얀 중심가에 있는 정류장에 도착하는데 마라쉬 거리를 따라 걸으며 숙소를 정하면 된다. 관광을 마치고 다른 도시로 갈 때도 오르타자까지 가서 인근 도시인 마르마리스나 페티예로 이동한 후 목적지로 가야 한다(여름철에는 달얀에서 페티예, 마르마리스로 바로 가는 미니버스도 있다).

달얀 미니버스 정류장

오르타자 ▷▶ 달얀

돌무쉬
운행 06:45~24:00, 매 15분 간격(겨울철은 운행 축소)
소요시간 20분

달얀(오르타자)에서 출발하는
버스 노선

행선지	소요시간	운행
페티예	1시간 30분	06:30~21:30(매 30분 간격)
마르마리스	1시간 30분	06:30~22:00(매 30분 간격)
안탈리아	5시간	1일 5~6편

*운행 편수는 변동이 있을 수 있음.

시내 교통

줌후리예트 광장에서 사프란 레스토랑 Safran Restaurant까지 약 1km의 마라쉬 거리 Maraş Cad.에 숙소, 식당, 기념품점이 전부 몰려 있기 때문에 걸어서 다닐 수 있다. 단, 볼거리 방문은 돌무쉬와 보트를 이용해야 한다. 카우노스 유적지는 츠나르 사힐 펜션 Çınar Sahil Pension 부근의 보트 선착장에서 배를 타고 반대편으로 건너간 후 30분 정도 걸으면 된다. 진흙 목욕소와 이즈투주 해변은 달얀 보트 조합 앞에서 출발하는 배를 이용해야 한다. 이즈투주 해변은 미니버스 정류장에서 돌무쉬로 다녀올 수도 있다.

달얀 보트 조합에서 출발하는 돌무쉬 보트(여름철 기준)
진흙 목욕소 매일 10:00, 15:00
카우노스 매일 09:30, 15:00
이즈투주 해변 정해진 시간은 없고 인원이 차면 간다.(이즈투주 해변에서 돌아오는 배는 13:00~19:00 매 1시간에 1대가 있다.)

달얀 미니버스 정류장
전화 (0252)284-2458
이즈투주 해변 돌무쉬 09:30~19:00(매 30분 간격 운행)

Travel Plus
달얀 1일 보트 투어

달얀 보트 투어

달얀의 볼거리는 여기저기 떨어져 있어 샅샅이 돌아보려면 최소 이틀은 투자해야 합니다. 교통편도 마땅치 않아 유적지를 방문하기가 쉽지 않은데 투어 상품을 이용하면 효과적입니다. 하루만에 볼거리를 모두 돌아볼 수 있음은 물론 갈대가 우거진 구불구불한 달얀 강을 오르내리며 구경하기 때문에 수로 유람하는 기분도 즐길 수 있지요. 투어 도중 수영도 할 수 있고 요금도 그다지 비싸지 않아 달얀을 찾는 관광객에게 인기가 높습니다. 페티예나 마르마리스에서도 1일 투어로 많은 사람들이 다녀간답니다.

방문지 카우노스 유적지, 이즈투주 해변, 진흙 목욕소, 쾨이제이즈 호수
시간 10:30~17:00 요금 500TL(점심 포함, 입장료 불포함)
신청 달얀 보트 조합 또는 여행사

달얀 둘러보기

작은 마을이지만 볼거리는 제법 많다. 강 건너편 절벽의 석굴무덤과 카우노스 Kaunos 유적지, 달얀 강 상류의 쾨이제이즈 호수 Köyceğiz Göl, 일명 거북이 해안으로 불리는 이즈투주 해변 İztuzu Beach 등이 달얀의 볼거리다. 마을에서 멀리 떨어져 있는데다 각 볼거리들 간을 운행하는 교통수단도 없기 때문에 1일 투어에 참가하는 것이 시간과 금전을 절약하는 길이다. 아울러 달얀은 시골 정취를 즐기기 좋은 마을이므로 하루 정도 더 머물며 강변을 산책하고 여유있는 시간을 즐기길 추천한다. 저녁식사는 금전적 여유가 된다면 경치 좋은 강변 레스토랑에서 분위기 잡으며 우아하게 먹는 것도 좋다.

+ 알아두세요!

1. 1일 투어에 참가할 때 수영 시간을 주므로 수영복을 미리 입고 가자.
   음료나 맥주는 배 안에서 파는 것을 사 먹는 게 기본 예의다.
2. 달얀의 민물 꽃게는 매우 맛있으니 꼭 먹어보자. 1일 투어 도중 사 먹을 수도 있다.

★★★★★ BEST COURSE ★★★★★

예상소요시간 8~9시간

출발 ▶▶ 달얀 보트 조합

1일 투어 참가 또는 보트로 2분

석굴무덤(P.303)
바위산 절벽에 자리한 고대 왕족의 무덤.

1일 투어 참가 또는 도보 30분

카우노스 유적(P.303)
기원전 번성했던 고대도시 유적.
원형극장, 목욕장 등이 그대로 남아 있다.

1일 투어 참가 또는 돌무쉬로 20분

이즈투주 해변(P.303)
강과 바다가 만나는 해변.
바다거북이 알을 낳으러 오는 해변이다.

1일 투어 참가 또는 돌무쉬로 20분

진흙 목욕소(P.305)
천연 유황 성분이 함유된 진흙 온천.
온몸에 검은 진흙을 바르는 진풍경이 연출된다.

1일 투어 참가 또는 보트로 10분

쾨이제이즈 호수(P.305)
달얀 강 상류에 자리한 커다란 호수.
주변에는 산도 있어 경치가 좋다.

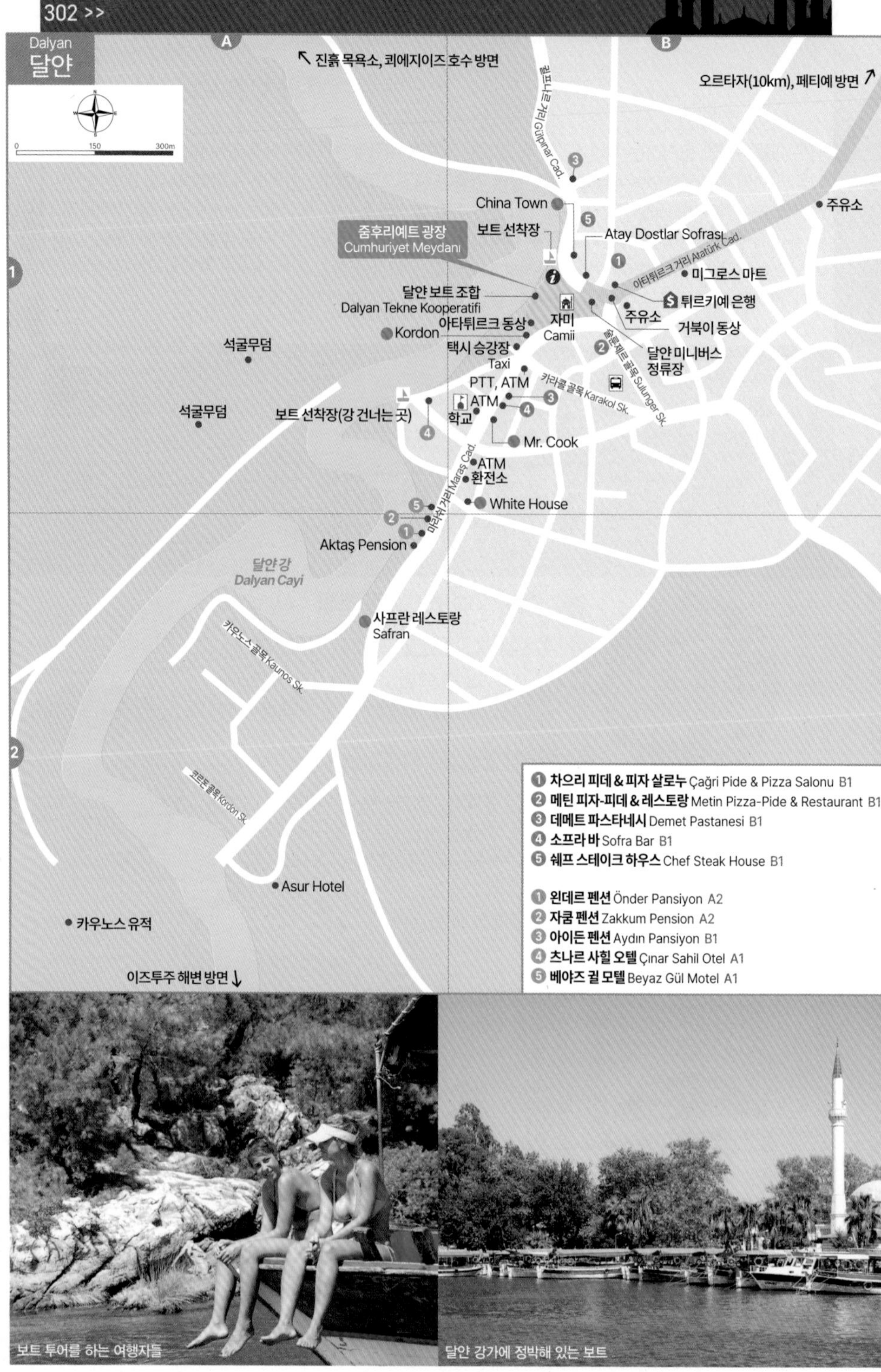

Dalyan
달얀
A
B
1
2
진흙 목욕소, 쾨에지이즈 호수 방면
오르타자(10km), 페티예 방면
귈프나르 거리 Gülpınar Cad.
China Town
보트 선착장
줌후리예트 광장
Cumhuriyet Meydanı
Atay Dostlar Sofrası
아타튀르크 거리 Atatürk Cad.
주유소
미그로스 마트
튀르키예 은행
달얀 보트 조합
Dalyan Tekne Kooperatifi
자미
Camii
주유소
거북이 동상
아타튀르크 동상
Kordon
택시 승강장
Taxi
술룽제르 골목 Sulunger Sk.
달얀 미니버스
정류장
석굴무덤
석굴무덤
PTT, ATM
카라콜 골목 Karakol Sk.
ATM
학교
보트 선착장(강 건너는 곳)
Mr. Cook
ATM
환전소
마라쉬 거리 Maraş Cad.
White House
Aktaş Pension
달얀 강
Dalyan Cayi
사프란 레스토랑
Safran
카우노스 골목 Kaunos Sk.
코르돈 골목 Kordon Sk.
Asur Hotel
카우노스 유적
이즈투주 해변 방면
❶ 차으리 피데 & 피자 살로누 Çağri Pide & Pizza Salonu B1
❷ 메틴 피자-피데 & 레스토랑 Metin Pizza-Pide & Restaurant B1
❸ 데메트 파스타네시 Demet Pastanesi B1
❹ 소프라 바 Sofra Bar B1
❺ 쉐프 스테이크 하우스 Chef Steak House B1
❶ 왼데르 펜션 Önder Pansiyon A2
❷ 자쿰 펜션 Zakkum Pension A2
❸ 아이든 펜션 Aydın Pansiyon B1
❹ 츠나르 사힐 오텔 Çınar Sahil Otel A1
❺ 베야즈 귈 모텔 Beyaz Gül Motel A1

보트 투어를 하는 여행자들

달얀 강가에 정박해 있는 보트

Attraction 달얀의 볼거리

고대 유적과 바다와 시골 풍경이 어우러진 한적함이 달얀의 매력이다. 볼거리와 휴식 어느 쪽이든 만족할 만하다. 진흙 목욕은 특별한 경험이니 꼭 해 보길 권한다.

석굴무덤&카우노스 유적
Kaya Mezarlar&Kaunos ★★★

Map P.302-A1, A2 개방 매일 08:00~19:00(겨울철은 17:00까지) **요금** €3 **가는 방법** 츠나르 사힐 펜션 앞 보트 선착장에서 강을 건넌 후 도보 30분 또는 1일 투어 참가.

카우노스는 기원전 9세기에 건설된 카리아 Caria 지역의 도시다. 에게해의 그리스 도시였던 밀레투스를 건설한 밀레토스의 아들 카우노스가 세웠으며 밀레투스와는 긴밀한 관계에 있었다. 기원전 500년경 페르시아에 대항해 밀레투스가 봉기했을 때 카우노스도 참여했으나 반란은 실패로 돌아가고 페르시아의 지배를 받았다. 훗날 이오니아 지방의 다른 도시들과 마찬가지로 강물이 실어오는 토사 때문에 도시는 결국 쇠퇴하고 말았다.

시내 맞은편 산 절벽에 카우노스 왕족의 무덤이 신전처럼 자리하고 있다. 카쉬, 페티예를 여행한 사람이라면 무덤의 양식이 비슷하다는 걸 알 수 있는데 이는 리키아 양식으로, 두 왕국이 이웃해 있었기 때문에 문화가 섞였고 결과적으로 비슷한 형태의 석굴무덤이 조성된 것이다(리키아의 무덤 양식은 P.357 참고). 석굴무덤 서쪽에는 고대도시가 남아 있는데 보존 상태가 비교적 양호한 원형극장과 목욕장 등을 확인할 수 있다. 33열의 관람석에 5,000명을 수용할 수 있는 원형극장은 지금도 공연장으로 사용되기도 한다. 산 위로 보이는 두 겹의 성벽은 기원전 5세기에 조성된 것이다. 시간이 된다면 산꼭대기에 올라가 보자. 굽이굽이 흐르는 달얀 강과 마을, 산, 바다까지 한눈에 들어오는 최고의 전망을 즐길 수 있다.

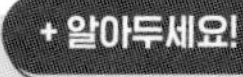

카리아 Caria 왕국이란?

카리아는 리키아 Likya 왕국의 서쪽 경계에 해당하는 지역으로 지금의 보드룸, 마르마리스 인근을 가리킵니다. 카리아인은 그리스를 비롯해 페르시아, 이집트에서 용병으로 활약할 정도로 기질이 강했던 것으로 유명하지요. 다른 이오니아의 도시들과 마찬가지로 카리아도 통합된 왕국을 이루지는 못했고 도시국가 연합의 형태를 띠었는데 밀라스 Milas가 그 중심이었답니다.

이즈투주 해변
İztuzu Beach ★★★

개방 24시간(5~9월 08:00~21:00) **요금** 무료 **가는 방법** 미니버스 정류장에서 돌무쉬로 20분 또는 1일 투어 참가.

보존 상태가 좋은 카우노스 유적

바다거북이 알을 낳는 이즈투주 해변

Shakti Say 인류역사와 함께해 온 지중해

최고의 휴양지, 지중해 바다

대서양에 속하는 지중해는 유럽과 아시아, 아프리카 등 3개 대륙의 가운데에 자리하고 있는 바다입니다. 전체 면적은 250만㎢이며 평균수심은 1,500m입니다. 서쪽으로는 지브롤터 해협을 통해 대서양과 맞닿아있고 동쪽은 다르다넬스 해협과 보스포루스 해협을 통해 흑해와 연결되며, 남동쪽은 수에즈 운하를 통해 홍해와 이어지지요.

지중해는 고대로부터 유럽과 아시아, 아프리카를 잇는 해상 교통로로 중요한 역할을 담당했습니다. 그리스 문화가 에게해를 건너 아시아로 전파되었고 로마인들은 이오니아해를 거쳐 아프리카로 진출했으며, 실크로드를 따라 동방에서 온 물자는 지중해의 물길을 따라 유럽 구석구석으로 배달되었답니다. 지중해를 사이에 두고 로마, 이집트, 투르크, 메소포타미아 등 유럽과 아시아의 민족들이 때로는 전쟁을 치르고 때로는 협력하며 물자와 문화를 주고받았지요. 어느 시대를 막론하고 지중해를 장악하는 것이 유럽과 아시아의 패권을 차지하는 것을 의미했습니다.

이렇듯 인류역사와 떼려야 뗄 수 없는 연관을 맺고 있는 바다인 지중해는 역사적으로 여러 이름으로 불렸습니다. 로마인들은 '우리바다 Mare Mostrum'라고 칭했고, 〈성서〉에는 '뒤쪽 바다'라고 기록되어 있으며, 튀르키예인들은 '하얀바다 Akdeniz'라고 불렀답니다.

현대에 들어서도 지중해의 중요성은 조금도 쇠퇴하지 않았습니다. 지중해를 둘러싸고 있는 유럽과 중동, 아프리카 3개 대륙 국가들이 '지중해연합 Union for the Mediterranean'을 결성해 2008년 7월 파리에서 첫 정상회담을 가졌습니다. 튀르키예의 유럽연합(EU) 가입이 어려워지자 프랑스의 사르코지 대통령이 대안으로 지중해연합을 제안했는데, EU의 회원국이 되는 것이 숙원인 튀르키예는 처음에는 거부하다가 EU의 대체가 아니라는 점을 보장받고 지중해연합에 가입했지요. 가입국은 EU 회원국을 포함해 총 43개국으로 유럽, 아시아, 아프리카의 지중해 연안국을 총망라하고 있습니다.

굳이 정치적인 의미를 따지지 않더라도 지중해는 에메랄드 빛을 자랑하는 최고의 여름 휴양지로 각광받고 있습니다. 스페인의 마요르카, 프랑스의 니스, 튀르키예의 안탈리아 등 지중해 연안에는 세계적인 휴양도시들이 즐비하지요. 여름 휴가철에는 지중해 연안인구가 최고 2배에 달할 정도라고 하니 가히 명성을 짐작할 만합니다. 그러나 빛과 그림자는 공존하는 법. 밀려드는 관광객과 지구온난화로 인해 지중해의 오염이 날이 갈수록 심각해지고 있습니다. 특히 대륙으로 둘러싸인 지중해의 특성상 한 번 오염되면 좀처럼 정화가 되지 않기 때문에 지중해의 기후변화는 국제적인 문제가 되고 있답니다. 지중해연합의 정상회담에서 지중해의 환경이 주요 의제로 채택되었을 정도지요. 고대로부터 인류의 역사와 함께해 온 지중해를 어떤 모습으로 다음 세대에게 물려줄 것인지에 대한 고민이 깊어지고 있습니다.

지중해 연안국

유럽: 스페인, 프랑스, 모나코, 이탈리아, 슬로베니아, 크로아티아, 보스니아 헤르체고비나, 세르비아 몬테네그로, 알바니아, 그리스, 몰타(섬나라), 키프로스(섬나라)

아시아: 튀르키예, 시리아, 레바논, 이스라엘

아프리카: 이집트, 리비아, 튀니지, 알제리, 모로코

달얀 강이 지중해와 만나는 곳에 자리한 약 5km의 긴 모래 해변. 강과 바다가 만나는 곳이라 해수욕을 즐기거나 강에서 헤엄칠 수 있다. 이즈투주 해변은 일명 '터틀 비치' 즉 거북이 해변으로 불리는데 바다거북이 알을 낳는 장소로 유명하다. 산란기는 매년 5~9월로 한 번에 100개 정도의 알을 낳으며 60일 후 부화되어 달빛이 비치는 바다로 기어간다. 옛날부터 알을 낳아 온 곳이라고 하니 해변의 진정한 주인은 거북이인 셈(바다 거북에 대해서는 P.340 참고). 바다거북의 보호 차원에서 해변 근처에는 건축도 제한하고 있으며(불빛이 있으면 안 되니까) 매년 5월 1일부터 9월까지 야간에는 출입이 금지된다.

진흙 목욕소
Çamur Banyosu ★★★

개관 매일 09:00~19:00(겨울철은 17:00까지) **요금** 150TL **가는 방법** 달얀 보트 조합 앞에서 보트로 10분 또는 1일 투어 참가.

쾨이제이즈 호수와 달얀 강이 만나는 산 아래 자리한 야외 천연 진흙 목욕소. 일반 진흙이 아닌 유황 성분이 함유된 진흙이라 피부 미용에 탁월한 효과가 있다고 한다. 일종의 '전신 머드팩'인 셈. 목욕탕처럼 '진흙탕'이 있는데 탕에 들어가 진흙을 온몸에 바른 후 그늘에서 건조시킨다. 여름 시즌에는 많은 관광객들이 몰려드는데 진흙탕에 다 함께 뛰어들어 검게 칠하는 진풍경이 연출된다. 오랜만에 동심으로 돌아가 흙장난하는 기분까지 맛볼 수 있어 기쁨 두 배.

진흙 목욕할 때 피부관리 노하우! 처음 몸에 바른 진흙이 반 정도 마르면 다시 한 번 발라준다. 이중으로 두툼하게 바른 후 그늘에서 천천히 말려 완전히 건조시키면 피부를 조여주는 효과도 있고 유황 성분이 더 깊숙이 피부에 전해진다는 사실!

쾨이제이즈 호수
Köyceğiz Göl ★★

개방 24시간 **요금** 무료 **가는 방법** 달얀 보트 조합 앞에서 보트로 15분 또는 1일 투어 참가.

달얀 강 상류 5km 지점에 자리한 호수. 근처 산의 지류가 모이는 큰 호수로 달얀 강이 시작되는 곳이다. 바다같이 넓은 호수 주변으로 산맥이 둘러서 있어 훌륭한 경관을 자랑한다. 일반적으로 1일 투어로 다녀가며 호수에 배를 정박시키고 수영 시간을 주기도 한다. 물은 맑지만 매우 깊기 때문에 수영할 경우 각별한 주의를 요한다.

진흙 목욕을 즐기는 사람들

쾨이제이즈 호수

Restaurant 달얀의 레스토랑

유럽인의 입맛에 맞춘 서양식 레스토랑이 주류를 이루며, 마라쉬 거리 Maraş Cad. 양쪽으로 즐비해 있다. 일대에서 잡히는 꽃게는 달얀에서 즐길 수 있는 특별한 먹을거리다. 가격은 약간 높지만 훌륭한 맛을 자랑하니 게를 좋아한다면 꼭 시도해 보자.

차으리 피데 & 피자 살로누 Çağri Pide & Pizza Salonu

Map P.302-B1 주소 Gülpınar Cad. Çarşı İçi, Dalyan **전화** (0252)284-3427 **영업** 09:00~22:00 **예산** 1인 30~70TL **가는 방법** 미니버스 정류장 맞은편 골목 안 오른쪽에 있다.

미니버스 정류장 앞에 있는 서민식당. 피자와 피데, 단품요리, 해산물, 스테이크 등 다양한 음식을 맛볼 수 있다. 실내 장식은 심플하지만 동네 주민들도 이용하는 곳이라 언제가도 맘 편히 식사할 수 있다. 맥주도 판매하므로 한잔 곁들이기도 좋다.

메틴 피자-피데 & 레스토랑 Metin Pizza-Pide & Restaurant

Map P.302-B1 주소 Sulungur Sk., Dalyan **전화** (0252) 284-2877 **영업** 10:00~24:00 **예산** 1인 50~120TL **가는 방법** 술룬제르 골목 Sulunger Sk.에 있다. 줌후리예트 광장에서 도보 2분.

직접 갖춘 화덕에서 구워내는 피데와 피자가 맛있는 레스토랑. 부겐빌리아 꽃이 가득 핀 정원은 낭만적인 분위기를 연출한다. 강변의 레스토랑과 비교해 전망이 없는 대신 요금은 저렴한 편. 각종 케밥과 생선요리 등 일반적인 튀르키예식 메뉴도 있다.

데메트 파스타네시 Demet Pastanesi

Map P.302-B1 주소 Maraş Cad. Dalyan **전화** (0252) 284-4124 **영업** 09:00~23:00 **예산** 1인 30~80TL **가는 방법** 마라쉬 거리에 있다.

빵과 케이크, 오렌지 주스와 커피를 파는 빵집 겸 패스트푸드점. 오가며 간단한 아침식사를 하거나 감자칩과 주스를 마시기에 안성맞춤이다. 기운이 떨어지는 여름철에는 초콜렛 푸딩을 주문해보자. 피스타치오와 호두를 듬뿍 얹은 타르트도 맛있다.

소프라 바 Sofra Bar

Map P.302-B1 주소 Dalyan, Maraş Cd., Dalyan 48840 **영업** 매일 11:00~00:00 **전화** +90-555-310-6813 **예산** 50~150TL **가는 방법** 마라쉬 거리에 있다.

아이스티, 맥주, 칵테일 등 음료만 전문으로 판매하는 바 Bar. 오래전부터 많은 여행자들이 드나들던 곳이라 특유의 경쾌한 분위기가 있다. 실내와 야외 자리가 있는데 어느 쪽이든 분위기를 즐기기 좋다. 여름 저녁 길거리를 어슬렁 거리다 맥주를 마시며 사람들과 어울리기 좋은 곳이다.

쉐프 스테이크 하우스 Chef Steak House

Map P.302-B1 주소 Gülpınar Cad. No.5, Dalyan **전화** (0252)284-4903 **영업** 10:00~다음날 01:00 **예산** 1인 200~400TL **가는 방법** 귈프나르 거리 Gülpınar Cad.에 있다. 줌후리예트 광장에서 도보 3분.

지붕을 뚫고 자란 커다란 소나무가 인상적인 레스토랑. 케밥, 피데, 생선 등 다양한 메뉴가 있는데 이 집의 추천 메뉴는 단연 스테이크. 블루치즈를 이용한 고르곤졸라 스테이크와 보통 스테이크보다 양이 많은 티본 스테이크가 매우 괜찮다.

Hotel 달얀의 숙소

작은 마을이지만 숙소는 많다. 강 주변의 웬만한 집들은 전부 숙소라고 봐도 되는데 이는 관광객이 몰리면서 동네 주민들이 가정집을 숙소로 개조한 것. 가격대도 다양하고 숫자도 많아 잠자리 때문에 걱정할 일은 없다. 시즌을 타는 곳이니만큼 성수기와 비수기의 가격 차이가 크고 겨울에는 문을 닫는 곳도 많다. 숙소 요금은 성수기 기준이다.

왼데르 펜션 Önder Pansiyon

Map P.302-A2 주소 Maraş Cad. 48840, Dalyan **전화** (0252)284-2605 **요금** 싱글 €30(개인욕실, A/C), 더블 €40(개인욕실, A/C), 트리플 €50(개인욕실, A/C) **가는 방법** 줌후리예트 광장에서 마라쉬 거리를 따라 도보 10분.

친절한 '일케르'씨가 운영하는 숙소. 강과 석굴 무덤이 잘 보이는 낭만적인 정원이 있다. 7개의 객실은 쾌적하며, 마당 한쪽에 있는 넓은 독채 방은 장기체류 여행자들에게 인기다. 몇 년째 이곳을 찾는 단골손님이 많아 더욱 신뢰가 간다.

자쿰 펜션 Zakkum Pensiyon

Map P.302-A2 주소 Maraş Cad. No.96, Dalyan **전화** (0252)284-2111(휴대폰 0535 9264156) **홈페이지** www.zakkumpansiyon.com **요금** 싱글 €30(개인욕실, A/C), 더블 €40(개인욕실, A/C) **가는 방법** 줌후리예트 광장에서 마라쉬 거리를 따라 도보 10분.

왼데르 펜션 바로 옆에 있는 곳으로 가족이 운영한다. 테이블은 강물 바로 옆 선착장에 있어 시원하며 꽃나무와 어우러져 그럴듯한 분위기를 연출한다. 밤에 조명이 밝혀진 석굴 무덤을 바라보며 맥주를 한잔 하다보면 정말로 휴가를 온 기분이 든다.

아이든 펜션 Aydın Pansiyon

Map P.302-B1 주소 Gülpınar Cad. 316 Sk. No.1, Dalyan **전화** (0252)284-2081(휴대폰 0546-5257278) **요금** 싱글 €20(개인욕실, A/C), 더블 €30L(개인욕실, A/C), 4인실 €40(개인욕실, A/C) **가는 방법** 귈프나르 거리 Gülpınar Cad.에 있다. 줌후리예트 광장에서 도보 5분.

강 상류에 자리한 숙소. 넉넉한 인상의 주인아주머니가 친절히 손님을 맞는다. 발코니가 딸린 9개의 객실은 깨끗하고(일부 방은 냉장고도 있다) 저렴한 요금도 매력적이다. 넓은 옥상에서 강을 볼 수 있으며, 과일이 포함된 아침식사는 매우 훌륭하다.

츠나르 사힐 오텔 Çınar Sahil Otel

Map P.302-A1 주소 Yalı Sk. No.14 48840, Dalyan **전화** (0252)284-2402(휴대폰 0555-5073035) **요금** 싱글 €20~30(개인욕실, A/C), 더블 €30~40(개인욕실, A/C) **가는 방법** PTT 앞 마라쉬 거리를 따라 걷다가 학교 지나서 오른쪽 골목 끝에 있다.

1층은 가정집이고 2층을 손님용으로 개방한 숙소. 객실은 매우 깨끗하며, 강 전망이 있는 앞쪽 방과 전망 없는 뒤쪽 방의 요금 차이가 있다(공동욕실을 사용하는 방은 좀더 저렴하다). 오렌지 나무가 가득한 정원은 괴즐레메를 파는 부설 식당으로 운영한다.

베야즈 귈 모텔 Beyaz Gül Motel

Map P.302-A1 주소 Maraş Cad. 50 48840, Dalyan **전화** (0252)284-2304(휴대폰 0537-0533369) **요금** 싱글 €30~35(개인욕실, A/C), 더블 €40~50(개인욕실, A/C) **가는 방법** 줌후리예트 광장에서 마라쉬 거리를 따라 도보 10분.

전통 주택을 개조한 아담한 숙소. 목조로 된 객실은 예전에 쓰던 생활소품을 사용해서 품위있게 꾸며놓았고 조그만 발코니도 딸려있다. 잘 가꿔진 정원 레스토랑은 강변의 경치를 즐기며 저녁식사하기에 최고다.

지중해 최고의 해변과 패러글라이딩의 명소

페티예 Fethiye

안탈리아와 함께 지중해 최고의 휴양지로 고대에는 텔메소스 Telmessos로 불리던 곳이다. 동서로 길게 뻗은 산이 만들어주는 만(灣)은 천혜의 항구도시로서 입지조건을 완벽히 갖추었으며 빽빽이 정박한 요트는 휴양지로서 명성을 짐작케 한다.

욀뤼데니즈 Ölüdeniz로 대표되는 페티예의 해변은 지중해에서 가장 예쁘고 인상적인 곳으로 손꼽힌다. 아름다운 해변과 점점이 흩어진 섬들, 사클르켄트 Saklıkent의 웅대한 협곡, 패러글라이딩으로 대별되는 투어 등 페티예는 산과 바다, 사람이 만들어 내는 모든 레저가 가능한 최고의 휴양지로 각광받고 있다. 사정이 이렇다 보니 여름철 수많은 인파가 몰려드는 건 어쩌면 당연한 일. 하지만 명성만큼 도시는 번잡하지 않다. 오히려 중소도시의 소박함이 깃들어 있다는 표현이 맞을 정도로 주민들이 사는 골목은 조용한 옛 정취를 잘 간직하고 있다. 아울러 산토스 Xanthos, 레툰 Letoon, 틀로스 Tlos 등 주변의 고대도시를 돌아보는 기점으로도 활용되고 있어 페티예를 빼고는 지중해 여행을 이야기할 수 없을 정도다. 페티예에서 해변의 낭만과 지중해의 레저를 만끽해 보자.

인구 7만 명 **해발고도** 15m

Information

관광안내소 Map P.315-B2

페티예 관광안내소

2011년 리모델링을 통해 깔끔하고 넓어졌다. 페티예 시내지도는 물론 지중해 각지의 관광안내 자료를 잘 갖추어 놓았다. 영어를 하는 직원이 친절하게 안내해 준다.
위치 항구 맞은편 경찰서 옆 전화 (0252)614-1527
이메일 fethiyetourism@yahoo.com
업무 매일 08:00~19:00(토, 일요일은 10:00~17:00), 11월~5월 월~금요일 08:00~17:00
가는 방법 원형극장에서 도보 1분.

환전 Map P.315-B2

시내 중심 도로인 아타튀르크 거리 Atatürk Cad.에 여러 곳의 은행과 사설 환전소가 있어 환전과 ATM 이용에 문제가 없다. 환율은 어느 곳이나 비슷하니 편한 곳을 이용하면 된다.
위치 아타튀르크 거리를 비롯한 시내 전역
업무 월~금요일 09:00~12:30, 13:30~17:30(사설 환전소는 20:00까지)

PTT Map P.315-B2

위치 아타튀르크 거리의 튀르키예 은행 맞은편에 있다.
업무 월~금요일 09:00~17:0

페티예 항구

페티예 가는 법

비행기와 버스를 이용해 페티예를 방문할 수 있다. 대표적 관광지인 안탈리아, 파묵칼레는 물론 여름 성수기에는 카파도키아에서도 페티예를 연결하는 버스가 운행할 정도로 교통이 원활하다. 인근 도시인 칼칸, 카쉬, 올림포스와도 버스가 수시로 다닌다.

➡ 비행기

페티예 자체에는 공항이 없으며 페티예 북쪽 90km 떨어진 달라만 공항을 이용한다. 튀르키예 항공, 오누르 에어, 페가수스 항공, 아틀라스제트 등의 항공사가 앙카라, 이스탄불과 직항을 운행하고 있다. 아다나, 콘야, 디야르바크르 등 다른 주요 도시와도 경유편이 연결된다. 달라만 공항 주변에는 호텔 등 부대시설이 없으니 밤늦게 도착한다면 숙소에 픽업을 요청하는 것이 좋다.

오토가르에서 출발하는 공항버스

달라만 공항에서 페티예까지는 공항버스 Havaş로 이동하면 된다. 비행기 도착 시간에 맞춰 운행하니 짐을 찾아 청사 밖에 나가서 타면 된다. 요금은 차내에서 차장에게 지불한다. 공항버스는 전에는 항구 부근의 원형극장까지 운행했으나 지금은 페티예 오토가르까지만 간다(1시간 20분). 시내에서 공항으로 갈 때도 오토가르에서 출발하며, 오토가르 내의 공항버스 부스에 운행시간을 적어놓았다.

달라만 공항 Dalaman Havalimanı
전화 (0252)792-5291, 792-4509

공항버스 회사
페투르 투리즘 Fetur Turizm
전화 (0252)614-2034, 614-2443

➡ 오토뷔스

장거리와 근교를 다니는 버스노선이 잘 정비되어 있어 언제든 쉽게 이용할 수 있다. 파묵칼레에서 갈 때는 근처의 대도시인 데니즐리에서 버스가 출발하며, 셀축에서 간다면 1시간 거리의 아이든을 이용하면 편리하다(아이든에서 페티예로 가는 버스가 많다). 카파도키아에서 출발하는 버스는 안탈리아를 경유할 때가 많은데, 여름철 성수기에는 바로 가는 버스가 있으므로 버스표를 살 때 직행 여부를 꼭 문의하자.

안탈리아에서 페티예로 가는 노선은 내륙 코스와 해안 코스 두 가지가 있다. 해안 코스는 중형버스이며 올림포스, 카쉬, 칼칸을 들르기 때문에 시간이 오래 걸린다(7시간). 반면 내륙 코스는 승차감이 좋은 대형버스인데다 시간도 적게 걸리므로(5시간) 페티예가 행선지라면 내륙 코스를 이용하자(단, 운행 편수는 내륙 코스가 적다).

카쉬, 칼칸, 파타라, 마르마리스 등 인근 지역은 '페티예 세야하트 Fetiye Seyahat'와 '바트 안탈리아 세야하트 Batı Antalya Seyahat'라는 버스회사에서 운행하는 중형버스를 이용하면 편리하다. 오토가르 구내에 에마네트 Emanet(짐 보관소)가 있어 짧게 투어만 하고 다른 도시로 떠나는 여행자에게 유용하다.

페티예 오토가르

버스회사
페티예 세야하트 Fetiye Seyahat (무을라, 보드룸, 마르마리스 방면)
전화 (0252)614-6785
홈페이지 www.fethiyeseyahat.com

바트 안탈리아 세야하트 Batı Antalya Seyaha (칼칸, 카쉬, 뎀레, 올림포스, 안탈리아 방면)
전화 (0252)612-9661~2, 612-0499

에마네트(짐 보관소)
전화 0535-8562015(휴대폰)
운영 07:00~다음날 00:30

+ 알아두세요!

오토가르의 투어 호객꾼 주의!

페티예 오토가르에는 패러글라이딩이나 섬 투어 등 관광 상품을 판매하는 투어 호객꾼이 많습니다. 자기 친구가 여행사를 해서 싸게 해 주겠다느니 당신이 가려고 하는 곳은 내가 다 알고 있다느니 하는 소리를 늘어놓는데, 한마디로 무시하세요. 괜히 저렴한 요금에 낚였다가 말을 바꾸는 등 골치아픈 일이 발생하는 경우가 많아요(여성 여행자의 경우 성추행을 당했다는 보고가 심심치 않게 들려오므로 특히 조심하자.) 페티예 시내의 여행사에 직접 신청하거나 머무는 숙소에 대행할 수 있습니다. 페티예에서 떠나는 투어는 페티예에서, 욀뤼데니즈에서 떠나는 투어는 욀뤼데니즈에서 신청하는 게 저렴하답니다. 무엇이든 자신이 직접 알아보는 게 가장 속 편한 길입니다.

➡ 오토가르에서 시내로

페티예 시내 돌무쉬

오토가르는 시내에서 3km 밖에 떨어져 있지 않아 시내 진입은 쉬운 편. 페티예의 여행자 숙소는 항구가 있는 카라괴즐레르 Karagözler라는 동네에 몰려있다. 대형버스를 타고 도착했다면 버스회사의 세르비스를 타고 가면 되고, 세르비스가 없다면 오토가르 앞 도로에 나가서 자주 다니는 돌무쉬(07:00~24:00, 15분. 겨울철은 운행 축소)를 이용하면 된다. 기사에게 숙소 이름을 말하면 그 앞에 세워준다. 숙소를 정하지 않았다면 카라괴즐레르의 잔다르마 앞에 내려서 걸어서 정하자.

욀뤼데니즈로 가는 여행자는 오토가르 앞 도로에 다니는 욀뤼데니즈 행 돌무쉬를 이용할 것(07:00~ 24:00, 40분. 겨울철은 운행 축소). 주변 상인들에게 물어보면 타는 곳을 쉽게 알려준다.

페티예에서 출발하는
버스 노선

행선지	소요시간	운행
이스탄불	15시간	1일 5~6편
파묵칼레(데니즐리)	4시간	1일 7~8편
안탈리아	내륙코스 5시간, 해안코스 7시간	1일 10편 이상
카파도키아	12시간	1일 2~3편
셀축(아이든)	4시간 30분	1일 5~6편
마르마리스	3시간	1일 7~8편
달얀(오르타자)	1시간 20분	1일 7~8편
보드룸	4시간 30분	1일 2~3편
올림포스	5시간	1일 7~8편
카쉬	2시간 30분	1일 10편 이상

*운행 편수는 변동이 있을 수 있음.

Travel Plus

인접국가로의 이동, 페티예-로도스 가는 법

페티예에서 그리스령 로도스 섬 Rhodes까지 보트가 운행합니다. 튀르키예에서 그리스로, 혹은 그리스 여행을 마치고 튀르키예로 입국할 때 유용하게 이용되곤 하지요. 중세 십자군의 도시로 유명한 로도스 섬은 수려한 풍광을 자랑하기 때문에 당일 관광을 다녀오는 여행자가 많습니다(로도스 섬 P.718 참고).

신청은 하루 전에 해야 하고 여권을 반드시 지참해야 합니다. 출발 당일 1시간 전에 선착장에 도착해야 하는 것도 잊지 마세요. 이용객이 많지 않으면 손님을 마르마리스로 보내서 마르마리스에서 로도스로 가는 배를 태우는 경우가 종종 발생합니다. 마르마리스까지 차량을 제공하기는 하지만 일정이 빠듯한 여행자는 자칫 낭패를 볼 수 있으니 주의하세요.

운행 주 3편 09:00(로도스 출발은 16:30)
소요시간 1시간 30분
요금 편도/당일왕복/오픈 €45/€65/€85
신청하는 곳
틀로스 트래블 Tlos Travel Map P.315-A3
주소 Kesikkapı, Gaffar Ali, Gaffar Okkan Cd. 3b/b, 48300
전화 (0252)614-3434 홈페이지 www.tilostravel.com
이메일 info@tilostravel.com 운영 매일 09:00~18:00
가는 방법 페티예 박물관에서 도보 1분.

로도스 섬으로 가는 여행자들

시내 교통

페티예 시내

시내는 그다지 크지 않아 도보로 다닐 수 있다. 카라괴즐레르의 숙소 밀집구역에서 시내까지는 1km 정도인데 걷기가 부담스럽다면 자주 다니는 돌무쉬를 이용하자. 시내에 있는 볼거리인 원형극장, 아민타스 석굴무덤, 페티예 박물관, 화요장터 등은 걸어서 다녀올 수 있으며, 외곽에 위치한 욀뤼데니즈, 카야쾨이 마을, 사클르켄트는 돌무쉬를 이용해야 한다. 외곽 지역을 다니는 돌무쉬는 아타튀르크 거리의 예니 자미 Yeni Camii 부근에서 출발하는데 따로 번호는 없고 차 앞에 행선지를 적어 놓았다. 잘 모르겠다면 타기 전에 차장에게 물어보면 알려준다.

예니 자미 부근에서 출발하는 **돌무쉬 노선**

행선지	소요시간	운행
욀뤼데니즈	40분	07:00~다음날 01:00(매 10분 간격)
*오바즈크 Ovacık, 히사뢰뉘 Hisarönü 마을 경유		
카야쾨이	30분	07:00~21:00(매 30분 간격)
사클르켄트	1시간 20분	08:00~22:00(매 30분 간격)
찰르쉬 비치	10분	08:45~다음날 01:00(매 20분 간격)
파랄리아, 카바크 (버터플라이 계곡)	40분	07:00~18:00(1일 4~5편)
쿰루오바(레툰 유적지)	1시간	07:00~22:00(매 1시간 간격)

*에센 Esen 마을 경유
*운행 시간은 변동이 있을 수 있으며, 겨울철은 운행이 축소되거나 중단된다.

페티예 둘러보기

고대 유적인 아민타스 석굴무덤과 레툰에서 출토된 유물이 있는 페티예 박물관, 그리스인들이 살던 카야쾨이 마을, 욀뤼데니즈 해변과 패러글라이딩 등 페티예에서 보고 즐길 거리는 무궁무진하다. 때문에 페티예 관광은 최소 2일은 예상해야 한다.
첫날은 아민타스 석굴무덤과 페티예 박물관 등 시내의 볼거리를 보고 돌무쉬를 타고 카야쾨이 마을에 다녀오면 된다. 아침부터 서두른다면 사클르켄트 협곡까지 갔다 올 수는 있지만 시간이 빠듯해진다는 점을 감안하자. 카야쾨이 마을과 사클르켄트는 놓치기 아까운 곳이니 시간이 없다면 다른 곳은 빼더라도 이 두 곳은 꼭 돌아보길 권한다.
둘째날은 아침 일찍 욀뤼데니즈 해변의 패러글라이딩을 즐기고 섬 투어에 참가해 보자. 시간이 넉넉한 여행자라면 패러글라이딩과 섬 투어에 각각 하루씩 할애하고 지중해 최고의 백사장에서 여유있게 해수욕을 즐겨도 좋다. 화요일에 페티예에 머문다면 인근에서 가장 큰 재래시장인 화요장터를 구경하고 저녁때는 페티예 시내나 욀뤼데니즈 해변의 분위기 좋은 바에서 칵테일을 홀짝거리며 여유를 만끽해 보자.

+ 알아두세요!

1. 오토가르의 호객꾼은 혀를 내두를 정도니 조심하자.
2. 패러글라이딩 전 음식 섭취를 삼가고 운동화를 꼭 신을 것.
3. 복잡하고 시선 빼앗길 곳이 많은 화요장터에서 소매치기 조심.

BEST COURSE

첫날 예상소요시간 8~9시간

출발 ▶▶ 원형극장(P.318)

헬레니즘과 로마 시대의 역사를 간직한 극장.

도보 30분

아민타스 석굴무덤(P.318)

그리스 신전 풍의 리키아 석굴무덤.
시내와 바다가 한눈에 들어온다.

도보 20분

페티예 박물관(P.318)

활과 하프가 그려진
레툰의 모자이크화가 있는 박물관.

돌무쉬로 30분

카야쾨이(P.319)

일명 '유령도시'라 불리는 곳으로
텅 빈 마을이 주는 적막이 의외로 매력적이다.

돌무쉬로 30분

페티예 시내

돌무쉬로 1시간 20분

사클르켄트(P.320)

웅장한 자연의 힘을 느낄 수 있는 대협곡.
얼음장 같은 물을 건너 계곡 탐험을 해보자.

둘째날 예상소요시간 8~9시간

욀뤼데니즈 해변(P.328)**과 패러글라이딩, 섬 투어**

지중해 최고의 해변에서 즐기는 레포츠.
잊을 수 없는 추억이 당신을 기다리고 있다.

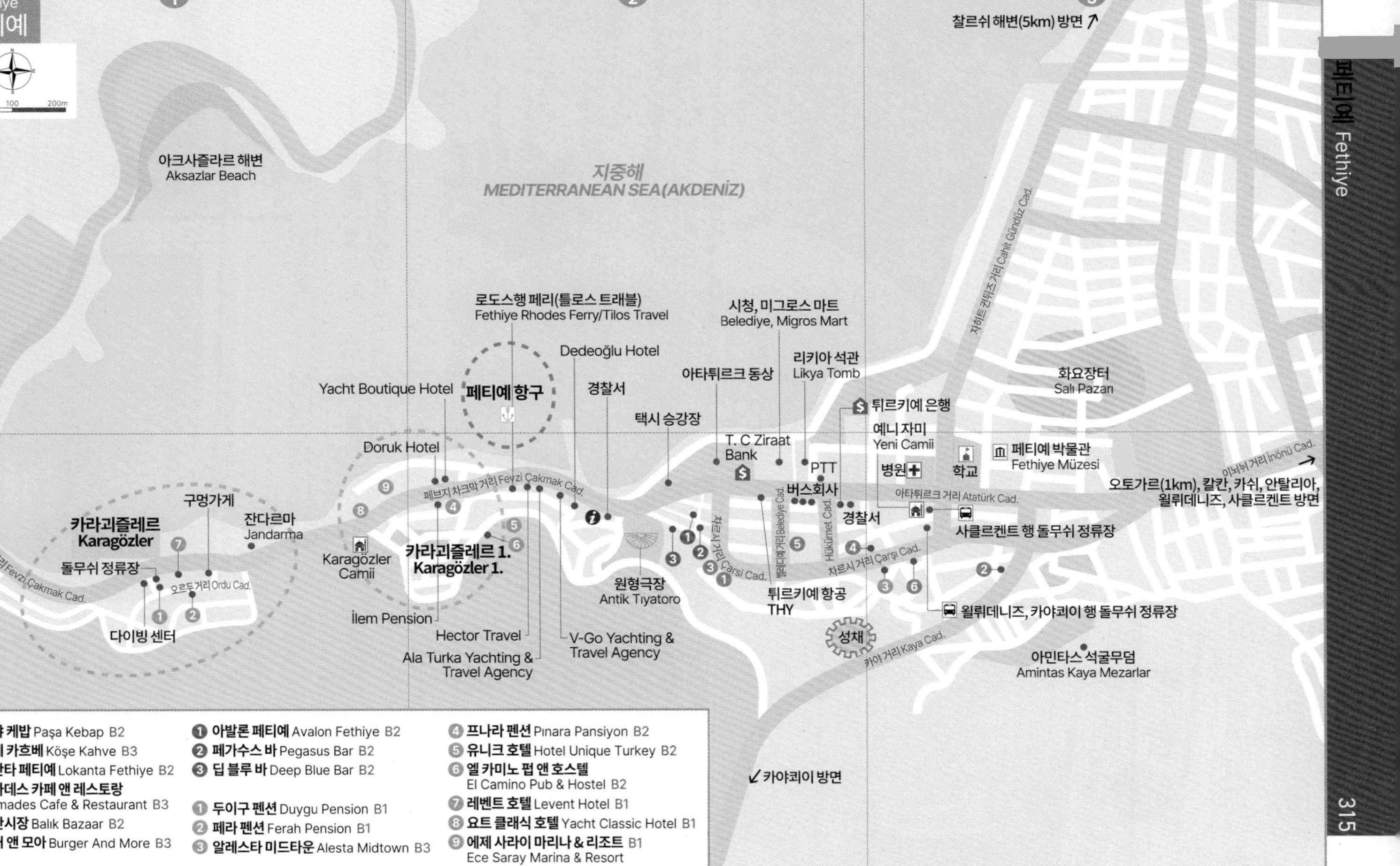
Fethiye
페티예
0 100 200m
아크사즐라르 해변
Aksazlar Beach
지중해
MEDITERRANEAN SEA(AKDENİZ)
찰르쉬 해변(5km) 방면
자히트 귄뒤즈 거리 Cahit Gündüz Cad.
화요장터
Salı Pazarı
로도스행 페리(틸로스 트래블)
Fethiye Rhodes Ferry/Tilos Travel
시청, 미그로스 마트
Belediye, Migros Mart
리키아 석관
Likya Tomb
Dedeoğlu Hotel
아타튀르크 동상
Yacht Boutique Hotel
페티예 항구
경찰서
택시 승강장
튀르키예 은행
예니 자미
Yeni Camii
T. C Ziraat Bank
PTT
병원
학교
페티예 박물관
Fethiye Müzesi
이뇌뉘 거리 İnönü Cad.
오토가르(1km), 칼칸, 카쉬, 안탈리아, 욀뤼데니즈, 사클르켄트 방면
Doruk Hotel
페브지 차크막 거리 Fevzi Çakmak Cad.
버스회사
아타튀르크 거리 Atatürk Cad.
벨레디예 거리 Belediye Cad.
Hükümet Cad.
경찰서
사클르켄트 행 돌무쉬 정류장
구멍가게
잔다르마
Jandarma
카라괴즐레르
Karagözler
Karagözler Camii
카라괴즐레르 1.
Karagözler 1.
돌무쉬 정류장
오르두 거리 Ordu Cad.
원형극장
Antik Tıyatoro
차르시 거리 Çarşı Cad.
튀르키예 항공
THY
차르시 거리 Çarşı Cad.
욀뤼데니즈, 카야쾨이 행 돌무쉬 정류장
다이빙 센터
İlem Pension
Hector Travel
Ala Turka Yachting & Travel Agency
V-Go Yachting & Travel Agency
성채
카야 거리 Kaya Cad.
아민타스 석굴무덤
Amintas Kaya Mezarlar
카야쾨이 방면
1 파샤 케밥 Paşa Kebap B2
2 쾨세 카흐베 Köşe Kahve B3
3 로칸타 페티예 Lokanta Fethiye B2
4 노마데스 카페 앤 레스토랑 Nomades Cafe & Restaurant B3
5 수산시장 Balık Bazaar B2
6 버거 앤 모아 Burger And More B3
1 아발론 페티예 Avalon Fethiye B2
2 페가수스 바 Pegasus Bar B2
3 딥 블루 바 Deep Blue Bar B2
1 두이구 펜션 Duygu Pension B1
2 페라 펜션 Ferah Pension B1
3 알레스타 미드타운 Alesta Midtown B3
4 프나라 펜션 Pınara Pansiyon B2
5 유니크 호텔 Hotel Unique Turkey B2
6 엘 카미노 펍 앤 호스텔 El Camino Pub & Hostel B2
7 레벤트 호텔 Levent Hotel B1
8 요트 클래식 호텔 Yacht Classic Hotel B1
9 에제 사라이 마리나 & 리조트 B1 Ece Saray Marina & Resort

페티예 테마여행

하늘과 바다, 산과 강으로 떠나는 레포츠

맑은 지중해의 도시 페티예와 욀뤼데니즈는 투어 상품이 다양하기로 유명합니다. 다른 도시에서도 투어는 가능하지만 종류와 이용 빈도로 따진다면 페티예가 단연 일등입니다. 페티예와 욀뤼데니즈에서 할 수 있는 투어 항해도를 살펴보겠습니다. 성수기인 여름철에는 매일 출발하지만 겨울철은 대부분의 투어가 중단된다는 것 알아두세요.

패러글라이딩 Paragliding

페티예와 욀뤼데니즈를 대표하는 사진에 꼭 들어갈 정도로 유명한 레포츠. 하늘을 나는 패러글라이딩 자체의 재미와 함께 아름다운 바다와 해변, 섬까지 한눈에 감상할 수 있어 여행자들이 가장 선호하는 상품이다 (욀뤼데니즈 편 P.327 참고).

시간 06:00~17:00 1일 5회

요금 €100~120(사진, 동영상 포함)

패러글라이딩

12섬 투어
윌뤼데니즈 보트 투어
지프 투어
달얀 투어의 진흙 목욕
올림포스 3박 4일 투어
스쿠버 다이빙

12섬 투어 12 Island Tour

페티예에서 출발해 인근 12개의 섬을 도는 바다 투어. 12개 섬이라고는 하지만 상륙하는 곳은 5~6곳이며 전부 12개의 섬을 돌아본다고 해서 붙은 이름이다. 투어 도중 바다에서 수영을 즐길 수 있는 시간도 준다. 대부분의 여행자가 패러글라이딩과 묶어 신청한다.

시간 11:00~17:30 **요금** €30(점심 포함, 입장료 불포함)

욀뤼데니즈 보트 투어 Ölüdeniz Boat Tour

기본적으로 12섬 투어와 비슷한 섬 투어라 보면 된다(욀뤼데니즈 해변 출발). 방문지는 바다 동굴인 블루 케이브 Blue Cave, 희귀한 나비 서식지 버터플라이 해변 Butterfly Beach, 산타클로스 섬으로 알려진 성 니콜라스 섬 St. Nicolas Island, 시원한 물이 나오는 콜드 스프링 Cold Spring 등이다.

시간 11:00~17:30 **요금** €20(점심 포함, 입장료 불포함)

지프 투어 Jeep Tour

페티예 인근의 산과 계곡을 탐방하는 투어. 대협곡으로 유명한 사클르켄트와 주변의 틀로스 Tlos 유적지를 돌아본다. 살이 얼어붙을 정도로 찬 계곡 물살을 가르는 스릴과 고대 리키아의 도시 유적을 둘러보는 자연+역사 투어라 보면 된다.

시간 08:30~19:00 **요금** €30(점심 포함, 입장료 불포함)

래프팅 Rafting

페티예 북쪽 달라만 Dalaman 부근 계곡에서 한다. 하얀 물살을 일으키며 시원하게 내려가는 후련함은 그 무엇과도 비교할 수 없다. 거리가 멀기 때문에 다른 투어에 비해 요금이 비싸다.

시간 08:30~19:00 **요금** €40(점심, 장비 포함)

스쿠버 다이빙 Scuba Diving

페티예 주변의 바다는 투명하고 예쁜 물고기가 많이 사는 곳으로 유명하다. 장비를 갖추고 바닷속으로 들어가 보자. 운이 좋다면 수족관에서나 보던 물고기들과 함께 수영하는 즐거움을 맛볼 수 있다.

시간 08:30~18:00 **요금** €40(장비 대여, 점심 포함)

달얀 투어 Dalyan Tour

페티예에서 1시간 30분 거리인 달얀 마을 투어. 달얀은 강을 낀 아름다운 마을로 투어 내용은 갈대숲 사이의 구불구불한 강을 오르내리며 수로 유람을 하는 것. 프로그램은 카우노스 Kaunos 유적지, 이즈투주 해변(거북이 해변) İztuzu Beach, 진흙 목욕소 Çamur Banyosu 등이다. 시간이 없어 달얀까지 갈 수 없는 여행자들이 많이 이용한다.

시간 주 3회 08:30~19:00 **요금** €30(점심 포함, 입장료 불포함)

올림포스 3박 4일 투어 Olympos 4days 3night Tour

일명 블루 크루즈 Blue Cruise라고도 하는 것으로 페티예에서 출발해 올림포스까지 3박 4일 동안 가는 투어. 지중해 바다 투어의 결정판이라 할 수 있는 상품으로 주요 방문지는 욀뤼데니즈, 성 니콜라스 섬, 칼칸, 카쉬, 케코바 섬 등이다. 아름다운 지중해의 섬은 물론 고대 리키아 유적을 두루 돌아보는 잊을 수 없는 추억을 선사한다. 시간과 금전의 여유가 된다면 도전해볼 만하다.

시간 3박 4일 **요금** €320(전 일정 숙박, 식사 포함. 입장료 불포함)

투어 문의 페티예, 욀뤼데니즈의 각 숙소 및 여행사

Attraction 페티예의 볼거리

바다와 해양 레포츠가 페티예의 상징으로 자리 잡았지만 고대의 향기를 느낄 수 있는 석굴무덤과 서민들의 삶의 현장인 장터 등 볼거리는 다양하다.

원형극장
Antik Tıyatoro ★

Map P.315-B2 주소 Antik Tıyatoro, Fethiye **개방** 24시간 **요금** 무료 **가는 방법** 관광안내소에서 도보 1분.

페티예의 역사를 말해주는 증거물로 시내 중심에 있다. 28줄의 객석에 약 6,000명을 수용하던 극장으로 헬레니즘 시대 말기에 지어졌으며 2세기 로마 시대에 무대가 추가로 건설되었다.

3~4세기에는 관중 보호벽과 투기장을 지었다는 기록도 남아 있으며 7세기에 아랍의 침입을 받을 때까지 시민들의 문화공간으로 사용되었다. 1957년 지진으로 대부분 무너졌는데 몇 년 째 복구공사가 계속되고 있다. 시내를 오가는 길에 있어 일부러 방문하지 않아도 몇 번씩 지나치게 된다.

아민타스 석굴무덤
Amintas Kaya Mezarlar ★★★

Map P.315-B3 주소 Amintas Kaya Mezarlar, Fethiye **개방** 매일 일출~일몰 **요금** €3 **가는 방법** 시가지 남쪽 산중턱에 있다. 아타튀르크 동상에서 도보 약 30분.

도시 남동쪽 산자락에 자리한 석굴무덤군. 고대 리키아 Likya 지역에 속했던 페티예는 텔메소스 Telmessos라 불리며 번영했던 곳이다. 깎아지른 듯한 절벽에 신전 모양의 큰 무덤 3개와 작은 무덤들이 있는데, 그중 제일 높은 곳에 있는 것이 아민타스 왕의 무덤으로 알려져 있다. 다른 리키아 무덤과 마찬가지로 기원전 4세기 무렵 조성되었다. 전체적인 형태는 직사각형의 그리스 신전 양식이며 두 개의 이오니아식 중간 기둥을 사용했다.

네 개의 판넬로 나눠진 정면의 문은 장식용 손잡이가 달려 있는데 판넬 하나가 뚫려 있어 내부를 볼 수 있다. 무덤 여기저기에 풀과 이끼가 돋아 있어 거부할 수 없는 세월의 흐름이 보인다. 아민타스 무덤은 산 중턱에 있어 전망이 좋기로도 유명하다. 도시와 바다가 한눈에 내려다보이는 훌륭한 경관을 자랑하므로 카메라를 꼭 챙겨가자.

페티예 박물관
Fethiye Müzesi ★★

Map P.315-B3 주소 Atatürk Cad. 505 Sk., Fethiye **개관** 매일 08:00~19:00(겨울철은 17:00까지) **요금** €3 **가는 방법** 아타튀르크 동상에서 아타튀르크 거리를 따라 걷다가 학교를 지나 왼쪽 골목으로 들어간다. 도보 약 15분.

+ 알아두세요!

페티예의 어원

페티예는 기원전 4세기 텔메소스 Telmessos라는 이름으로 처음 역사에 등장하며 7세기에는 이곳을 다스린 아나타시우스의 이름을 따서 '아나타시오폴리스'로 불렸습니다. 오스만 제국 시대에는 먼 도시라는 뜻의 '마크리' 또는 '메크리'로 불리다가 1934년 튀르키예 최초의 조종사 페티 베이를 기념하기 위해 페티예로 도시 이름이 바뀌었답니다. 현재의 페티예는 1957년 대지진 이후 새로 건설된 도시입니다.

원형극장
아민타스 석굴무덤

페티예 인근의 고대 도시 유적인 틀로스 Tlos와 카우노스 Kaunos에서 발견된 유물을 전시한 박물관. 리모델링을 거친 후 2011년 다시 문을 열었다. 입구 매표소를 중심으로 고고학관과 틀로스, 카우노스 관으로 나뉘어 있으며, 고대의 항아리와 동전, 대리석상, 리키아식 석관과 유골 등을 볼 수 있다. 다른 도시에서 박물관을 많이 관람한 여행자라면 그다지 특별할 건 없지만 시내를 어슬렁거리다 심심하면 구경해도 나쁘지 않다.

카야쾨이

Kayaköy ★★★

주소 Kayaköy, Fethiye **개방** 매일 08:30~17:00 **요금** €3 **가는 방법** 페티예 출발–예니 자미 부근 돌무쉬 정류장에서 돌무쉬로 30분. 욀뤼데니즈 출발–돌무쉬로 히사뢰뉘 마을까지 간 후 카야쾨이 행 돌무쉬로 갈아탄다. 기사에게 말하면 갈아타는 곳에 내려준다.

페티예 남쪽 약 7km에 자리한 곳으로 예전에 그리스인이 살던 마을이다. 튀르키예-그리스 전쟁 이후 튀르키예와 그리스의 주민 교환에 따라 이곳에 살던 그리스인들이 떠난 후 빈 마을이 되어 버렸다. 산중턱을 돌아가며 빼곡하게 자리한 집들은 세월의 흐름에 따라 목재 부분은 없어지고 돌벽만 남아 있는데 마치 대규모의 현대 설치미술을 보는 듯한 묘한 느낌이 든다. 마을은 비교적 보존이 잘되어 있어 교회와 학교, 집회장도 그대로 남아 있다. 17세기에 지어진 유카르 교회 Yukarı Kilise 뒤편 언덕을 올라가면 마을이 한눈에 들어온다. 그늘에 앉아 바람만 스쳐가는 고요한 마을을 바라보다보면 정든 고향을 떠나야 했던 사람들의 슬픔이 전해져 오는 것 같다(인구교환에 관해서는 P.209 참고).

페티예 박물관의 로마 시대 청년상

유령이 나올 것 같은 카야쾨이

Meeo Say

카야쾨이-욀뤼데니즈 트레킹

카야쾨이 마을 뒷산을 넘어가면 욀뤼데니즈의 블루라군까지 약 6km의 산길이 이어져 있습니다. 산을 좋아하는 여행자라면 2시간 30분 정도의 짧은 트레킹을 즐길 수 있습니다. 처음에 카야쾨이 뒷산을 올라가는 게 조금 힘들지만 정상부터는 내리막길이 이어집니다. 소나무 숲길을 걸으며 멋진 바다 경치도 즐길 수 있고 소풍삼아 걷기에 좋아요. 곳곳의 바위에 빨간색과 노란색으로 칠해 놓은 이정표가 있으니 표시만 잘 따라가면 길을 잃을 위험은 없어요. 날카로운 바위가 많으니 반드시 운동화를 신고 긴바지를 입고 가세요. 트레킹을 마치면 블루라군의 선 시티 비치 Sun City Beach로 내려오는데, 미리 수영복을 챙겨가서 트레킹 후에 물놀이를 즐기는 것도 괜찮은 방법입니다. 반대로 블루라군에서 카야쾨이로 트레킹 할 수도 있지만 오르막 경사가 너무 심한데다 길 찾기도 쉽지 않으므로 추천하지 않습니다. 한여름에는 더위와 습도 때문에 걷기가 힘들 수도 있으니 참고하세요.

카야쾨이-욀뤼데니즈 트레킹

화요장터
Salı Pazarı ★★★

Map P.315-A3 주소 Salı Pazarı 518 Sk. Fethiye **개방** 매주 화요일 08:00~19:00 **요금** 무료 **가는 방법** 아타튀르크 거리의 병원에서 자히트 귄뒤즈 거리 Cahit Gündüz Cad.를 따라가다 수로가 나오면 오른쪽으로 꺾어 직진한다.

튀르키예의 지방 도시는 아직도 재래시장이 열린다. 한국 시골의 5일장과 비슷한데 튀르키예의 장은 일주일에 한 번 서는 게 보통이다. 페티예의 화요장터는 인근에서 가장 크고 물건이 다양하기로 유명하다.
넓은 부지에 야채, 과일, 식료품, 향신료, 일용잡화, 의류, 신발 등 없는 게 없을 정도라 페티예 시민은 물론 주변 마을에서도 장을 보러 온다. 한가한 걸음으로 좌판을 구경하다 보면 어느새 소박한 장터의 매력에 빠져든다. 화요일에 페티예에 있게 된다면 꼭 구경가 보자. 카쉬나 칼칸 등 주변 도시에서는 투어 상품을 이용해 다녀가기도 한다.

사클르켄트
Saklıkent ★★★

개방 매일 08:00~19:30(겨울철은 17:30까지) **요금** 50TL **가는 방법** 예니 자미 부근 돌무쉬 정류장에서 돌무쉬로 1시간 20분.

페티예 남동쪽 약 55km 지점에 자리한 협곡. 인근의 큰 하천인 에센 강 Eşen Çayı으로 흘러가는 지류가 만들어 내는 곳으로 길이 18km에 달하는 거대한 협곡이다. 매표소를 지나 나무다리를 따라 안쪽으로 200m쯤 가면 유원지 분위기가 나는 식당들이 나오고 아래로는 물살이 굽이쳐 흐른다.
얼음장 같은 물을 건너 탐험하는 기분으로 계곡 안쪽으로 걸어가 보자. 깎아지른 듯한 계곡의 웅장함이 보는 이를 압도한다. 수량은 계절마다 달라지는데 여름이라면 물이 없어 거의 맨땅이고 가을부터 물이 불기 시작한다. 처음부터 계곡을 탐험할 계획이라면 젖어도 상관없는 옷을 입고 샌들을 신고 가는 게 좋다. 샌들이 없다면 계곡 내 식당에서 유료로 대여하는 것을 이용해도 된다. 계곡은 끝없이 이어지는데 만약 사람이 없거나 물이 너무 깊다면 조심해야 한다.

해변들
Plajı ★★★

개방 24시간 **요금** 무료 **가는 방법** 예니 자미 부근 돌무쉬 정류장에서 각 해변으로 돌무쉬가 출발한다(**Map P.315-B3** 참고).

페티예 남쪽으로 15km 떨어진 욀뤼데니즈 Ölüdeniz. 길게 뻗은 백사장에서 지중해의 햇살을 즐기고 싶다면 단연 최고의 비치라 할 만하다(P.328 욀뤼데니즈 해변 참고). 페티예 시내에서 북동쪽으로 5km 떨어진 찰르쉬 비치 Çalış Plajı도 괜찮은 선택. 숙소 밀집 구역인 카라괴즐레르에서 돌무쉬로 더 안쪽으로 들어가면 아크사즐라르 비치 Aksazlar Plajı가 나오는데, 한적하고 조용하다. 최근 들어 입소문을 타고 있는 버터플라이 계곡도 놓치지 말자(P.329 참고). 각자 취향에 맞는 비치를 방문해서 지중해의 태양과 해변의 낭만을 즐겨보길 권한다.

없는 게 없는 화요장터 사클르켄트

Restaurant 페티예의 레스토랑

페티예 시내에는 저렴한 서민 식당이 많아 부담없이 이용할 수 있으며, 바다 전망이 있는 고급 식당도 곳곳에 있어 다양하게 즐기기 좋다. 대부분 아타튀르크 동상이 있는 시내 중심부에 자리하고 있어 쉽게 이용할 수 있다는 것도 장점. 투어 상품을 이용하면 점심식사가 포함된 경우가 많다.

파샤 케밥 Paşa Kebap

Map P.315-B2 **주소** Çarşı Cad. No.42 48300, Fethiye **전화** (0252)614-9807 **영업** 09:00~23:30 **예산** 1인 200~350TL **가는 방법** 아타튀르크 동상 맞은편 차르시 거리 모퉁이에 있다.

오랜동안 현지인과 여행자 모두에게 사랑받고 있는 레스토랑. 케밥과 피데, 샐러드, 생선요리 등 다양한 메뉴가 있다. 간단히 먹을 수 있는 피데부터 스테이크까지 주머니 사정에 맞게 골라먹을 수 있다는 것이 장점이며, 음식 사진도 있다. 배달도 가능하다.

쾨세 카흐베 Köşe Kahve

Map P.315-B3 **주소** Kesikkapı, Kaya Cd. 118 sokak D:no 23, 48300 **영업** 매일 08:15~21:30 **전화** +90-533-158-7363 **예산** 200~300TL **가는 방법** 아민타스 석굴무덤 올라가는 길 초입에 있다. 페티예 박물관에서 도보 10분.

주택가 안쪽에 자리한 곳으로 커피와 스낵을 판매한다. 각종 커피와 쿠키가 있는데 덩굴이 우거진 마당은 한적하고 평화로운 시간을 즐길 수 있다. 아침식사도 제공하므로 시간 여유가 많은 여행자라면 목가적인 분위기와 커피를 즐기며 여유로운 오전 시간을 보내기 안성맞춤이다.

로칸타 페티예 Lokanta Fethiye

Map P.315-B2 **주소** Cumhuriyet, Çarşı Cd. No:36 48303 **전화** +90-533-468-3393 **홈페이지** www.lokantafethiye.com **영업** 월~토 09:00~00:00 **예산** 1인 300~600TL **가는 방법** 아타튀르크 동상 맞은편 차르시 거리에 있다.

해산물과 곡류, 올리브, 샐러드 등으로 이루어지는 지중해 스타일의 요리를 낸다. 깔끔한 실내와 식기에서 주인의 정성이 느껴지며 문어, 새우, 조개 등 다양한 음식도 수준급이라 재방문율이 매우 높은 곳이다. 주류를 판매하지 않는 것이 유일한 아쉬운 점이다.

노마데스 카페 앤 레스토랑 Nomades Cafe & Restaurant

Map P.315-B3 **주소** Cumhuriyet, Çarşı Cd. 48300 Fethiye **영업** 매일 09:30~23:00 **홈페이지** pomades-restaurant.com **예산** 1인 400~500TL **가는 방법** 아타튀르크 동상 맞은편 차르시 거리에 있다.

으깬 감자에 얹어 나오는 쇠고기와 닭고기 커틀릿 요리와 해산물, 연어요리, 리소토 등 유러피언 스타일의 음식과 함께 쌀국수와 만두 등 동양 스타일의 메뉴도 제공하는 다국적 레스토랑이다. 저녁때 칵테일과 와인 등 술만 한잔 즐기기에도 분위기가 좋은 곳이다.

버거 앤 모아 Burger And More

Map P.315-B3 **주소** Çarşı Cd. Kapı No.200 Fethiye **영업** 월~토 13:00~00:00 **예산** 1인 200~300TL **가는 방법** 페티예 박물관에서 도보 5분.

각종 햄버거와 핫도그, 감자튀김 전문점. 버거가 특별한 음식은 아니지만 정성이 들어가서 매우 맛 좋고 푸짐한데다 주인이 친절해서 한 번 들렀던 사람을 단골로 만드는 집이다. 아보카도와 버섯이 들어간 버거도 좋고 특히 셰프가 직접 만든 마늘이 들어간 수제 마요네즈 소스는 꼭 맛보도록 하자.

수산시장 Balık Bazaar

Map P.315-B2 주소 Balıkhali No.62, Fethiye **영업** 10:00~24:00 **예산** 각종 생선, 오징어 Kg당 300~400TL, 조리 요금 별도 **가는 방법** 아타튀르크 거리에서 벨레디예 거리를 따라 걷다보면 왼편으로 입구가 보인다.

벨레디예 거리에 있는 해산물 시장. 생선 판매대 주변으로 레스토랑이 빼곡히 들어서 있다. 생선을 사가면 조리 값을 따로 받고 조리 및 샐러드와 빵을 제공하는 시스템이다. 분위기는 재미있으나 가격이 비싼 것이 흠이다.

Entertainment 페티예의 엔터테인먼트

바닷가 휴양지에 바와 나이트클럽이 없다면 넌센스. 페티예에는 분위기 좋은 바와 몸을 풀 수 있는 나이트클럽이 성업 중이다. 대부분 원형극장 앞 골목에 자리했는데 여름철 성수기는 밤을 새는 분위기다. 즐기는 것은 좋지만 술에 취하거나 너무 늦게까지 있는 것은 좋지 않다. 적당히 즐기고 항상 조심하도록 하자.

아발론 페티예 Avalon Fethiye

Map P.315-B2 주소 Cumhuriyet, 47. Sk. No:9, 48300 **영업** 매일 21:00~다음날 04:00 **전화** +90-532-651-9099 **예산** 300~600TL **가는 방법** 아타튀르크 동상 맞은편 길로 직진해 거리 끝부분에서 오른쪽 골목으로 꺾어들어 식당과 클럽 밀집구역 안에 있다.

페티예의 수 많은 업소 중 첫 손가락에 꼽히는 클럽. 싸이키 조명과 스테이지를 갖춘 실내와 야외 자리가 있으며 클럽 특유의 약간 어두운 분위기를 낸다. 여름 시즌 주말에는 러시아 댄서까지 동원된 대규모 춤 파티가 벌어져 신나게 흔들며 놀기 좋다.

페가수스 바 Pegasus Bar

Map P.315-B2 주소 Cumhuriyet Mah. Paspatur Çarşı 39. Sk No.16, Fethiye **전화** (0252)612-3074 **영업** 12:00~다음날 05:00 **예산** 맥주 및 각종 주류 150~300TL **가는 방법** 아타튀르크 동상 맞은편 길로 직진해 거리 끝부분에서 오른쪽 골목으로 꺾어들어 식당과 클럽 밀집구역 안에 있다.

질리 페티예가 댄스장이라면 이곳은 라이브 밴드가 주력이다. 전자기타와 드럼, 키보드를 갖춘 밴드를 즐기고 싶다면 이곳이 최고다. 귀가 멍멍할 정도로 연주하는 음악에 몸을 맡기고 즐기다보면 스트레스가 다 풀린다. 라이브 밴드 마니아에게 추천한다.

딥 블루 바 Deep Blue Bar

Map P.315-B2 주소 27 Hamam Sokak, Paspatur, 48300 **영업** 매일 12:30~다음날 03:00 **전화** (0252)612-1008 **예산** 200~300TL **가는 방법** 아타튀르크 동상 맞은편 길로 직진해 거리 끝부분에서 오른쪽 골목으로 꺾어들어 식당과 클럽 밀집구역 안에 있다.

오래 전부터 페티예의 밤거리를 즐기려는 여행자들이 몰리는 곳이다. 실내와 야외자리가 있는데 바깥쪽이 음악을 들으며 거리 구경도 하고 수다 떨기에도 좋다. 각종 맥주와 칵테일, 와인, 아이리쉬 커피 등 모든 종류의 음료가 있어 취향대로 선택하기 좋다. 실내는 금연 구역으로 운영된다.

Hotel 페티예의 숙소

가족이 운영하는 저렴한 펜션에서부터 고급 호텔까지 페티예의 숙소는 다양하다. 배낭여행자들이 주로 이용하는 펜션은 페티예 만 안쪽의 카라괴즐레르라는 동네에 몰려 있다. 시내에서 가까운 쪽이 1번지 카라괴즐레르, 안쪽의 잔다르마 Jandarma 부근이 2번지 카라괴즐레르다. 1번지는 시내에서 가깝다는 장점이 있으나 숙소가 길가에 있어 약간 시끄럽고, 2번지는 동네가 조용하고 바다 전망도 좋지만 시내에서 조금 멀다. 자주 다니는 돌무쉬를 이용하면 문제될 건 없으니 가격과 취향에 따라 골라보자. 휴양지라는 특성상 성수기와 비수기 요금 차이가 크며 겨울철은 문을 닫는 곳도 많다. 숙소 요금은 성수기 기준이며 아침식사가 포함되어 있다.

두이구 펜션 Duygu Pension

Map P.315-B1 주소 2. Karagözler Ordu Cad.54 **전화** (0252)614-3563(휴대폰 0535-7366701) **요금** €40(개인욕실, A/C), 더블 €50(개인욕실, A/C) **가는 방법** 카라괴즐레르 잔다르마 맞은편 오르두 거리의 숙소 밀집구역 안에 있다.

가족이 운영하는 펜션으로 수영장과 전망좋은 테라스가 있다. 객실도 깔끔하고 옥상 테라스의 작은 주방과 냉장고도 개방해 놓았다. 미리 연락하면 오토가르 무료 픽업서비스도 가능하다. 주인이 친절하지만 수다스러운 편이니 적당히 선을 긋는 게 좋다.

페라 펜션 Ferah Pension

Map P.315-B1 주소 2 Karagözler Ordu Cad. No.21, Fethiye **전화** (0252) 614-2816(휴대폰 0532-2650772) **요금** 도미토리(5인실) €20, 싱글 €40(개인욕실, A/C), 더블 €50(개인욕실, A/C), 트리플 €60(개인욕실, A/C) **가는 방법** 카라괴즐레르 잔다르마 맞은편 오르두 거리의 숙소 밀집구역 안에 있다.

모니카와 투나라는 중년 커플이 운영하는 숙소. 오랫동안 페티예를 찾는 배낭여행자들의 좋은 쉼터가 되고 있다. 덩굴이 우거진 휴식 공간도 있고 무료 픽업과 정보 제공 등 여행자들의 요구사항을 잘 알고 있다. 자유로운 분위기에서 편안하게 머물 수 있다.

알레스타 미드타운 Alesta Midtown

Map P.315-B3 주소 Çarşı Cd. Kapı No.188 Fethiye **전화** (0252)614-2121 **홈페이지** www.alestamidtown.com **요금** 싱글 €90(개인욕실, A/C), 더블 €100(개인욕실, A/C) **가는 방법** 페티예 박물관에서 도보 5분.

깨끗하게 관리되고 있는 비즈니스 호텔. 잘 정돈되어 있는 객실은 미니 주방과 세탁기가 있어 편리하며 직원들도 친절하게 손님을 맞고 있다. 5성급 호텔에 필적할 만한 관리와 더불어 아민타스 석굴 무덤, 화요장터 등 페티예의 주요 관광지도 주변에 있어 여행자들에게 호평을 받고 있다.

프나라 펜션 Pınara Pansiyon

Map P.315-B2 주소 1 Karagözler Fevzi Çakmak Cad. No.39, Fethiye **전화** (0252)612-7366(휴대폰 0252-6127366) **요금** 싱글 €30(개인욕실, A/C), 더블 €40(개인욕실, A/C) **가는 방법** 페티예 항구에서 페브지 차크막 거리를 따라 도보 10분.

전에 있던 포도덩굴이 사라져서 아쉽지만 쾌활한 가족이 여전히 친절하게 손님을 맞이한다. 주방과 냉장고를 개방해 놓아 음식을 해 먹을 수 있으며 에어컨도 잘 나온다. 수영장이 없는 게 살짝 아쉽지만 전체적으로 가격에 비해 시설이 괜찮다.

유니크 호텔 Hotel Unique Turkey

Map P.315-B2 주소 Karagözler, 30. Sokak, Fevzi Çakmak Cd. No:1, 48300 **전화** (0252)612-1145 **홈페이지** www.hoteluniqueturkey.com **요금** 싱글 €120(개인욕실, A/C), 더블 €150(개인욕실, A/C) **가는 방법** 페티예 항구에서 페브지 차크막 거리를 따라 도보 10분. 언덕에 있다.

항구에서 가까운 곳에 자리한 고급 부티크 호텔. 욕실과 화장실이 분리되어 있으며 침실공간과 거실공간도 따로 마련되어 있다. 높은 지대에 있어 바다뷰가 좋으며 수영장과 자쿠지도 있어 편리하다. 성인전용 호텔이라 고급 숙소에서 조용히 쉬고 싶은 여행자들이 많이 선택한다. 일부 직원의 불친절이 보고되고 있으니 정확하고 분명한 태도를 보이자.

엘 카미노 펍 앤 호스텔 El Camino Pub & Hostel

Map P.315-B2 주소 Karagözler, 48300 Fethiye **요금** 개인룸 싱글/더블 €50(개인욕실, A/C) **가는 방법** 항구에서 페브지 차크막 거리를 따라 가다가 틀로스 트래블 지나서 왼쪽 언덕길을 올라간다.

가성비 좋은 호스텔. 이층 침대가 있는 도미토리와 개인룸 등 몇 가지 옵션이 있는데 아침 식사 포함과 무엇보다도 훌륭한 전망으로 자유여행자들의 발길이 끊이지 않는다. 언덕 위에 있어 올라가는 게 조금 힘들지만 멋진 뷰를 위해서라면 그만한 가치는 있다. 펍으로만 이용해도 좋은 곳이다.

레벤트 호텔 Levent Hotel

Map P.315-B1 주소 2 Karagözler Fevzi Çakmak Cad. No.109-111 48300, Fethiye **전화** (0252)614-5873 **홈페이지** www.leventhotelfethiye.com **요금** 도미토리 €20(공동욕실, A/C), 싱글 €50(개인욕실, A/C), 더블 €65(개인욕실, A/C), 트리플 €80(개인욕실, A/C) **가는 방법** 잔다르마에서 도보 5분. 큰길가에 있다.

바다가 잘 보이는 테라스와 수영장이 있는 중급 숙소. 고급스런 시설에 비하면 요금도 비싸지 않다. 3개의 도미토리(5베드)가 있어 배낭여행자들도 부담없이 이용할 수 있다. 여름철에는 바비큐 파티가 벌어지기도 하고, 무료 댄스 공연도 개최된다.

요트 클래식 호텔 Yacht Classic Hotel

Map P.315-B1 주소 1 Karagözler Fevzi Çakmak Cad. 48300, Fethiye **전화** (0252)612-5067 **홈페이지** www.yachtclassichotel.com **요금** 싱글 €170(개인욕실, A/C), 더블 €200(개인욕실, A/C), 스위트 €300(개인욕실, A/C) **가는 방법** 카라괴즐레르 자미 맞은편에 있다. 잔다르마에서 도보 3분.

2010년 리모델링을 통해 고급 숙소로 탈바꿈했다. 베이지색을 기조로 한 객실은 격조가 있고 무척 고급스럽다. 가격이 높아서 망설여지는데 최성수기만 피한다면 할인이 되므로 신혼여행객이나 커플여행자라면 시도해 볼 만하다. 부속 하맘도 있으며 1층에는 바다와 바로 연결되는 수영장과 레스토랑, 바가 있다.

에제 사라이 마리나 & 리조트 Ece Saray Marina & Resort

Map P.315-B1 주소 1 Karagözler Mevkii, No.1 Fethiye **전화** (0252)612-5005 **팩스** (0252)614-7205 **홈페이지** www.ecesaray.com.tr **요금** 싱글 €300(개인욕실, A/C), 더블 €350(개인욕실, A/C) **가는 방법** 항구에서 도보 1분.

항구 부근에 있는 페티예 최고의 호텔 중 하나. 드넓은 부지에 수영장, 레스토랑, 헬스클럽, 사우나, 세미나실 등 모든 시설을 완벽히 갖추었으며 호텔 앞 요트 선착장도 호텔 소유다. 최고급 내장재를 사용한 내부는 유명한 타일 예술가의 작품까지 걸어놓아 호텔 이상의 체험을 할 수 있다.

태양이 작열하는 튀르키예 지중해의 꽃

Ölüdeniz 욀뤼데니즈

한없이 투명한 바다와 길게 뻗은 백사장. 보일듯 말듯 꿈결처럼 떠 있는 섬 사이를 오가는 요트가 사람들의 웃음을 실어나르고 하늘은 색색의 패러글라이딩이 수를 놓는 곳. 욀뤼데니즈에 오면 누구라도 이 기막힌 해변에 빠져들지 않을 수 없다. 자타가 공인하는 튀르키예 최고의 해변으로 명성을 날린 지 오래다. 때때로 튀르키예 지중해와 동일한 의미로까지 이해되는 욀뤼데니즈가 최고의 관광지로 발달한 것은 어쩌면 당연한 일이다. 하지만 사람들의 무분별한 개발과 여름철 끝없이 밀려드는 인파로 인해 진정한 욀뤼데니즈('고요한 바다'라는 뜻)는 사라지고 말았다.

한국 여행자들에게 욀뤼데니즈는 패러글라이딩을 즐기는 지중해 여행의 필수 코스가 되었다. 낮에는 해수욕과 투어를 즐기고, 네온싸인 아래 현란한 댄스파티가 펼쳐지는 밤거리를 걷다보면 별천지에 온 듯한 느낌마저 든다. 연인과 함께 백사장을 산책하며 지중해의 파도를 세어보는 곳. 몸과 마음의 짐을 내려놓고 욀뤼데니즈에서 한여름의 휴가를 즐겨보자.

인구 2,000명 **해발고도** 5m

Information

관광안내소 Map P.328-B2

욀뤼데니즈 관광 번영회에서 운영하는 사설 관광 안내소가 있다. 각종 투어 상품과 숙소 정보를 알아보기에 좋다. 버터플라이 계곡 행 돌무쉬 보트 티켓도 판매한다.

주소 Belceğiz Mah. Ölüdeniz Cad. No.32
전화 (0252)617-0438
홈페이지 www.oludeniz.com.tr
운영 매일 08:00~23:00(겨울철은 09:00~17:00)

환전 Map P.328-B2

별도의 은행은 없고, 중심가인 차르쉬 거리 Çarşı Cad.('메인로드'라 부른다)에 사설 환전소와 ATM이 줄지어 있어 돈을 바꾸는 데 어려움은 없다. 환율은 대부분 비슷하다.

PTT Map P.328-B2

운영 월~금요일 09:00~17:00
가는 방법 돌무쉬 정류장에서 블루라군 방향으로 도보 5분. 잔다르마 지나서 오른편에 있다.

욀뤼데니즈 가는 법

작은 해변 휴양지이기 때문에 대도시에서 바로 가는 버스는 없고 페티예를 반드시 경유해야 한다. 페티예 오토가르에 도착한 다음 오토가르 밖 도로에 나가면 욀뤼데니즈 행 돌무쉬가 수시로 다닌다(40분). 타는 곳은 주변 상인들에게 물어보면 친절히 알려준다. 단 화요일은 화요장터(P.320)를 이용하는 주민들이 많기 때문에 작은 돌무쉬가 꽉꽉 찬다. 큰 배낭이 있는 여행자를 태우지 않는 경우도 가끔 발생한다. 돌무쉬는 히사뢰뉘 Hisarönü 마을을 들렀다가 욀뤼데니즈 해변 입구의 정류장에 도착하며 걸어서 숙소를 정하면 된다. 히사뢰뉘는 인근에서 알아주는 파티 타운. 여름철 성수기에는 작은 마을이 펍과 나이트로 그야말로 불야성을 이룬다. 호텔도 있다.

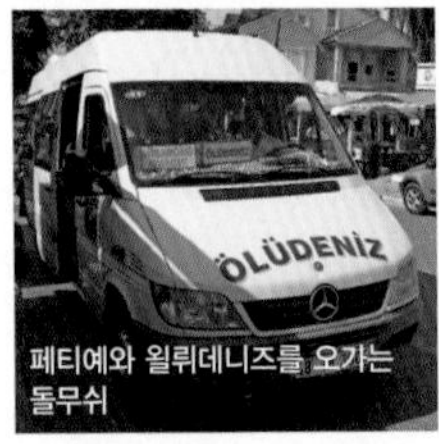

페티예와 욀뤼데니즈를 오가는 돌무쉬

시내 교통

욀뤼데니즈는 작은 마을이므로 도보로 충분하다. 욀뤼데니즈 자연 공원까지는 조금 멀지만 걸어갈 수 있다. 블루라군 안의 사설 비치를 이용하려면 비치에 연락해서 보내주는 픽업용 미니버스를 이용하면 된다.

욀뤼데니즈에서 돌무쉬를 타고 다른 지역으로 갈 수도 있다. 버터플라이 계곡이 있는 파랄리아 Falalya와 카바크 Kabak 마을까지 1일 5~6편 운행한다. 페티예까지는 수시로 돌무쉬가 다니며, 카야쾨이 마을을 가려면 페티예 행 돌무쉬를 타고 가다가 히사뢰뉘 마을에 내려서 갈아타야 한다. 기사에게 얘기해두면 내릴 곳을 알려준다. 거리가 가까우므로 어려울 건 없다. 버터플라이 계곡의 해변까지 돌무쉬 보트도 다니므로 당일치기로 다녀올 수도 있다.

욀뤼데니즈의 블루라군

욀뤼데니즈 둘러보기

욀뤼데니즈를 찾는 여행객은 패러글라이딩과 지중해 섬 투어를 하러 오기 때문에 여행사에서 운영하는 투어 프로그램을 이용하는 게 일반적이다. 일정이 촉박한 여행자는 아침에 패러글라이딩을 즐기고 곧바로 섬 투어에 참가할 수도 있다. 욀뤼데니즈는 1~2일 머무는 게 보통인데 블루라군에서 수영을 즐기고 버터플라이 계곡까지 다녀온다면 하루 이틀 더 소요된다는 걸 알아두자(버터플라이 계곡은 당일치기로 다녀올 수도 있다).

+ 알아두세요!

1. 여름철에는 음식 위생에 신경을 써야 한다. 특히 길거리에서 파는 미드예(홍합밥)는 사먹지 않는 게 상책이다.
2. 보트 투어할 때 맥주나 음료는 배에서 파는 걸 사먹는 게 기본 예의다. 꼭 지키자.

Travel Plus 지중해를 내 품안에! 패러글라이딩 Paragliding

여행자들이 욀뤼데니즈를 찾는 이유는? 단연 패러글라이딩 때문입니다. 올림포스, 카쉬 등 다른 지중해 도시에서도 패러글라이딩을 할 수 있지만 눈부신 바다 위로 펼쳐진 백사장과 점점이 흩어진 섬을 공중에서 감상하는 것은 욀뤼데니즈만의 전매특허라 해도 과언이 아닙니다. 지프 사파리, 섬 투어 등 다른 레저 상품도 있지만 욀뤼데니즈에서는 패러글라이딩이 단연 대세지요.

시작점은 욀뤼데니즈 인근 해발 약 2,000m의 바바 산 Baba Dağı. 트럭을 타고 1시간 정도 산길을 올라갑니다. 파일럿과 함께 2인 1조로 타게 되는데 복장은 가능하면 긴 바지를 입고 신발은 반드시 운동화를 신어야 합니다. 카메라 이외의 소지품은 갖고 갈 수 없으며, 안전 헬멧을 착용하는 것은 필수!

이륙해서 안정이 되면 하늘을 유영하는 기분을 만끽할 수 있는데, 더 스릴 있는 비행을 원한다면 파일럿에게 공중을 빙빙 돌면서 내려오는 일명 '스핀'을 요청하세요. 스릴은 넘치지만 빨리 내려오므로 비행 시간은 단축됩니다. 간혹 토하는 사태가 발생하기도 하니 패러글라이딩 직전에 음식물 섭취는 삼가세요. 흐린 날은 산 위의 기온이 매우 낮으므로 점퍼를 꼭 챙겨가세요.

욀뤼데니즈에 10여 곳의 패러글라이딩 업체가 있으며, 페티예에 머무는 여행자는 무료 픽업 서비스를 해 주므로 어디에 묵든 노 프라블럼!

시간 06:00~17:00 1일 5회 요금 €100~120(사진, 동영상 포함)

주의사항 파일럿의 지시를 잘 따라야 합니다. 이륙할 때 '런'이라고 하면 달리고, '시트 다운'이라고 하면 앉으세요. 착륙할 때 '스탠드 업'이라고 하면 일어서서 속도에 맞추어 잰걸음으로 뛰는 게 좋습니다. 착륙시 넘어져서 다치는 경우가 종종 발생하므로 파일럿의 지시를 잘 따르도록 합시다.

파일럿의 지시를 잘 따라야 한다

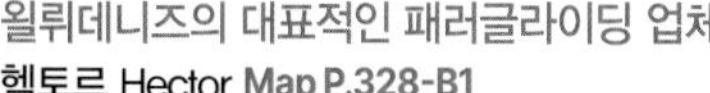

욀뤼데니즈의 대표적인 패러글라이딩 업체

헥토르 Hector Map P.328-B1
주소 Akdeniz Beach Hotel Arkası, Ölüdeniz
전화 (0252)617-0705(휴대폰 0535-651-8476)
홈페이지 www.hectorparagliding.com 이메일 hector@hectorparagliding.com

스카이 스포츠 Sky Sports Map P.328-B2
주소 Tonoz İş Merkez Çarşı Cad. No.8 Ölüdeniz 전화 (0252)617-0511
홈페이지 www.skysports-turkey.com
이메일 info@skysports-turkey.com

이지 라이더 Easy Riders Map P.328-B2
주소 Jandarma Karşısı Ölüdeniz 전화 (0252)617-0837

Attraction 욀뤼데니즈의 볼거리

여름 한철 북적거리는 해변 휴양지라 특별히 볼거리가 있는 건 아니다. 패러글라이딩을 즐기고 맑은 지중해에서 해수욕을 하는 것이 욀뤼데니즈에서 할 수 있는 것의 전부라고 보면 된다.

욀뤼데니즈 해변
Ölüdeniz Plajı ★★★

개방 24시간 **요금** 무료(욀뤼데니즈 자연공원 입장료는 50TL) **가는 방법** 욀뤼데니즈 바닷가 전역.

'고요한 바다' 또는 '죽은 바다'라는 뜻의 욀뤼데니즈 해변은 때때로 지중해와 동의어가 될 정도로 튀르키예 지중해를 대표하는 해변이다. 초록빛이 감도는 한없이 투명함을 자랑하는 바다에 2km 가량 길게 뻗은 백사장은 지중해 최고의 해변이라고 해도 과언이 아니다. 여름철이면 국내외 관광객이 몰려들어 해변이 색색의 파라솔로 뒤덮이는 장관을 연출한다. 이 백사장의 정식 명칭은 '벨제크즈 Belcekız'라고 한다. 모래 해변이 끝나는 서쪽 부분('모

지중해 최고의 백사장 욀뤼데니즈 해변

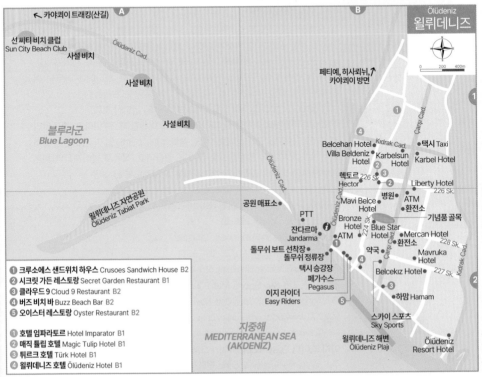

Ölüdeniz
욀뤼데니즈

1 크루소에스 샌드위치 하우스 Crusoes Sandwich House B2
2 시크릿 가든 레스토랑 Secret Garden Restaurant B1
3 클라우드 9 Cloud 9 Restaurant B2
4 버즈 비치 바 Buzz Beach Bar B2
5 오이스터 레스토랑 Oyster Restaurant B2

1 호텔 임파라토르 Hotel Imparator B1
2 매직 튤립 호텔 Magic Tulip Hotel B1
3 튀르크 호텔 Türk Hotel B1
4 욀뤼데니즈 호텔 Ölüdeniz Hotel B1

래코'라는 뜻의 쿰부르누 Kumburnu라고 한다)은 따로 자연공원으로 지정해 관리하고 있다. 물이 더 맑고 모래도 더 고와서 일부러 수영하러 가는 사람이 많다.

블루라군
Blue Lagoon ★★★

개방 24시간 **요금** 무료 **가는 방법** 돌무쉬 정류장에서 도보 30분 또는 사설 비치의 돌무쉬로 5분.

욀뤼데니즈라는 이름은 원래 산과 모래 해안으로 둘러싸인 이곳을 지칭하는 말이다. 파도가 없어 바다가 워낙 고요하기 때문. 뒷산이 품어주는 아늑함 때문인지 잔잔한 바다에서 수영을 즐기다보면 천국이 따로 없다는 생각이 저절로 든다.

개발 제한구역으로 지정되어 있어 숙소는 1군데 밖에 없으며 3~4곳의 사설 비치가 있다. 그늘이 없는 욀뤼데니즈 해변과는 달리 이곳은 나무와 녹지가 해변에 바싹 붙어있다. 해수욕을 하다 그늘에서 쉬기를 좋아하는 한국인의 취향에는 이곳이 더 좋다. 맨 안쪽에 있는 선 씨티 비치 클럽 Sun City Beach Club (전화 (0252)617-0111, 홈페이지 www.suncitybeachclub.com, 입장료에 파라솔, 선 베드 포함)은 나무와 잔디밭이 있고 공원처럼 조성해 놓아서 놀기에 좋다. 전화하면 욀뤼데니즈까지 픽업차량이 나오며 음식물과 음료는 반입금지다.

버터플라이 계곡(파랄리아 마을)
Butterfly Vadisi ★★★

개방 24시간 **요금** 무료 **가는 방법** 해변에서 돌무쉬 보트가 다니며, 일반 돌무쉬를 타고 갈 수도 있다.

욀뤼데니즈에서 12km 떨어져 있는 계곡. 깊은 협곡 아래 해변이 있다. 원래 이 계곡은 저지 타이거 나비가 자생하던 곳으로 버터플라이라는 이름도 여기서 유래했다. 한때 서양 히피들의 천국으로까지 각광받았던 이곳은 며칠간 쉬며 고독감에 젖고 싶은 여행자에게는 좋은 선택이다(몇 군데 펜션과 캠핑장이 있다). 해변 위 계곡에는 파랄리아 Falalya라는 마을이 있는데 5~6개의 펜션과 캠핑장이 있다. 번잡한 욀뤼데니즈 해변에서 벗어나 조용한 곳을 원하는 이들이 많이 찾는다. 파랄리아 마을에서 버터플라이 계곡은 수직 절벽을 타고 내려가야 한다. 길이 위험하므로 설치되어 있는 로프를 잡고 조심해서 가자.

한편 파랄리아에서 차로 10분 정도 가면 카바크 Kavak라는 마을이 나온다. 인적이 드문 넓은 해변을 즐기고 싶다면 이곳까지 가보자. 파랄리아에서 산길을 따라 트레킹을 하거나(6km, 2시간 30분) 해변길을 따라 갈 수도 있다(9km, 4시간). 해변 길은 중간에 수영을 할 수 있는 조그만 비치도 있기 때문에 놀면서 가기에 좋다. 많은 편수는 아니지만 파랄리아에서 카바크까지 돌무쉬도 다닌다.

블루라군 버터플라이 계곡의 석양

Restaurant 욀뤼데니즈의 레스토랑

여름 한철 불야성을 이루는 곳이므로 바닷가를 중심으로 분위기 좋은 레스토랑이 성업 중이다. 손님이 모두 외지인들인데다 관광지라는 특성상 음식요금은 상대적으로 비싼 편. 하지만 분위기 좋은 레스토랑에서 제대로 된 음식을 제공하기 때문에 한 번쯤 기분을 내 볼만하다. 아래 소개하는 곳 말고도 수많은 레스토랑이 있으므로 투어를 마치고 바닷가를 산책하다 분위기 좋은 곳을 찾아보자. 욀뤼데니즈의 레스토랑은 거의 대부분 임대업소라 주인이 매년 바뀌는 추세다. 없어지는 곳도 많고 새로 생기는 곳도 많다.

크루소에스 샌드위치 하우스
Crusoes Sandwich House

Map P.328-B2 주소 Ölüdeniz, Fethiye **영업** 10:00~24:00 **예산** 샌드위치 100TL **가는 방법** 돌무쉬 정류장 부근에 있다.

해변가에 있는 수퍼마켓 부설 샌드위치 바. 참치, 햄, 치즈, 야채 등 각종 재료를 이용해 즉석에서 만들어 주는데 깔끔하고 맛있다. 주재료만 선택하면 나머지 야채는 넣어 달라는대로 넣어주는 시스템. 물가가 비싼 욀뤼데니즈에서 한 끼 해결하기에 좋으며 테이크아웃도 할 수 있어서 마음에 든다.

시크릿 가든 레스토랑
Secret Garden Restaurant

Map P.328-B1 주소 Ölüdeniz, 226. Sk. No:4, 48300 **영업** 매일 08:000~00:00 **전화** (0252)617-0150 **예산** 600~700TL **가는 방법** 헥토르 여행사 바로 옆에 있다.

상호처럼 밖에서는 보이지 않는데 내부는 나무가 잘 가꿔진 정원 레스토랑이다. 낮에 이용해도 좋지만 조명이 들어오는 밤 시간은 분위기가 완전 달라진다. 맥주, 와인, 칵테일 등 모든 종류의 알코올과 비알코올 음료와 육고기, 해산물을 망라한 다양한 종류의 음식을 제공한다. 낭만적인 분위기를 즐기기 좋다.

클라우드 9 Cloud 9 Restaurant

Map P.328-B2 주소 Ölüdeniz, Çarşı Cd. No:2, 48340 **영업** 매일 09:000~다음날 01:00 **전화** +90-545-881-5143 **예산** 300~500TL **가는 방법** 욀뤼데니즈 해변 거리에 있다.

케밥, 버거, 파스타, 샌드위치, 스테이크까지 매우 다양한 메뉴가 있다. 직원들도 친절하고 음식도 신속하게

나와 크게 흠잡을 데 없는 레스토랑이다. 해변가에 있어 오가며 언제든 편하게 이용하기 좋다. 주류도 판매하므로 바닷바람을 쐬며 맥주나 칵테일만 한 잔 하기도 좋다.

버즈 비치 바 Buzz Beach Bar

Map P.328-B2 주소 Ölüdeniz, Denizpark Cd. No:7/B, 48340 **영업** 매일 08:000~00:00 **전화** (0252)617-0526 **예산** 400~600TL **가는 방법** 욀뤼데니즈 해변 거리에 있다.

욀뤼데니즈를 찾는 여행자의 발길이 끊이지 않는 유명 레스토랑 겸 바. 시원한 바닷바람을 즐길 수 있으며, 탁 트인 실내에서 여행자들과 어울리기 좋다. 밤바람과 북적거리는 분위기를 즐기며 휴가를 만끽해 보자.

오이스터 레스토랑 Oyster Restaurant

Map P.328-B2 주소 Belceğiz Mevki 1. Sk. No.1 Ölüdeniz, Fethiye **전화** (0252)617-0765 **영업** 10:00~23:00 **예산** 1인 700~1,000TL **가는 방법** 욀뤼데니즈 해변 거리에 있다.

근사한 테이블 세팅과 작은 소품 하나까지도 예사롭지

않은 고급 호텔 부설 레스토랑. 초록의 덩굴 아래 나무 테이블은 로맨틱한 분위기를 연출하므로 특별한 날 기분내고 싶은 커플여행자에게 추천하고 싶다. 스테이크와 해산물 요리가 특히 맛있으며 종업원의 세심한 서빙도 일품이다.

Hotel 욀뤼데니즈의 숙소

해변 휴양지라는 특성상 저렴한 펜션은 찾아볼 수 없고 수영장을 갖춘 중고급 숙소가 일반적이다(저렴한 펜션을 찾느라 고생하지 말 것!). 여름철 욀뤼데니즈에서 머물 거라면 높은 숙박비 지출을 감수해야 한다. 관광 인파가 북적이는 여름철 성수기와 텅 비다시피하는 겨울철의 숙박비 차이가 매우 크다는 걸 알아두자(시기별로 숙박비를 달리 적용하며 상황에 따라 가격 변동폭이 크다). 겨울철은 대부분의 호텔이 문을 닫는다. 아래 소개하는 곳은 빙산의 일각이며 수많은 호텔이 성업중이다. 숙소 요금은 여름철 성수기 기준이며 아침식사가 포함되어 있다.

호텔 임파라토르 Hotel Imparator

Map P.328-B1 **주소** Ölüdeniz, Fethiye **전화** (0252)617-0700~01 **요금** 싱글 €80(개인욕실, A/C), 더블 €100(개인욕실, A/C) **가는 방법** 헥토르 여행사에서 도보 5분.

욀뤼데니즈 다른 곳에 비하면 그나마 저렴한 가격대의 호텔이다. 수영장이 딸린 내부시설도 다른 호텔과 비교해도 떨어지지 않기 때문에 가성비가 괜찮다고 할 수 있다. 넓은 부지에 나무가 많아 편안한 느낌이 들며, 마을 안쪽에 위치해 번잡스럽지도 않다. 다만 객실은 약간 좁은 편. 와이파이가 잘 안되거나 종업원이 불친절하다는 평이 있으나 큰 문제가 될 정도는 아니다.

매직 튤립 호텔 Magic Tulip Hotel

Map P.328-B1 **주소** Belcekiz Mevki, Ölüdeniz **전화** (0252) 617-0074(휴대폰 0532-2730783) **홈페이지** www.magic tulip.com **요금** 싱글 €100(개인욕실, A/C), 더블 €120(개인욕실, A/C) **가는 방법** 헥토르 여행사에서 도보 1분.

붉은색 타일과 대리석이 깔려있는 객실은 크지는 않지만 편의시설을 잘 갖추었다(전망이 없는 1층을 선택하면 요금은 조금 내려간다). 포도 덩굴이 있는 수영장 옆의 휴식공간은 쉬기에 좋으며, 부설 레스토랑에서 파는 샌드위치, 스테이크도 맛있다. 여름철 성수기에는 불쇼와 브레이크 댄스, 벨리 댄스가 포함되는 튀르키예쉬 나이트 공연도 펼쳐진다. 해변 쪽에 같은 이름의 고급 호텔도 있다.

튀르크 호텔 Türk Hotel

Map P.328-B1 **주소** Belcekiz Mevki Ölüdeniz **전화** (0252)617-0264(휴대폰 0532-6873156) **홈페이지** www.turkhotel.com.tr **요금** 싱글 €100(개인욕실, A/C), 더블 €120(개인욕실, A/C), 패밀리룸(4인) €150(개인욕실, A/C) **가는 방법** 매직튤립 호텔 바로 옆에 있다.

매직 튤립 바로 옆의 숙소. 탁 트인 수영장이 시원하다. 부겐빌리아 꽃이 피어있는 뒤편의 건물은 낭만적이며 방도 깔끔하다. 객실 크기와 위치에 따라 요금은 달라지는데 반지하 방은 저렴하지만 불편할 수도 있다(무선 인터넷 신호도 약하다). 4개의 패밀리룸은 매우 널찍하므로 가족 여행객이나 일행이 여럿일 때 유용하다.

욀뤼데니즈 호텔 Ölüdeniz Hotel

Map P.328-B1 **주소** Belcekiz Mah. Ölüdeniz **전화** (0252) 617-0084 **홈페이지** www.oludenizotel.com **요금** 싱글 €100(개인욕실, A/C), 더블 €120(개인욕실, A/C) **가는 방법** 헥토르 여행사에서 도보 1분.

욀뤼데니즈의 대표적인 대형 숙소. 수영장은 물론이고 피트니스 센터와 어린이 놀이터까지 완비했다. 발코니가 딸린 50여 개의 객실은 TV, 미니바, 안전금고 등 편의시설이 잘 되어있고, 부설 레스토랑의 음식도 저렴하고 맛있다. 1인 €10를 추가하면 수프와 디저트가 포함된 뷔페 스타일의 저녁식사까지 제공한다. 찾기도 쉽고 종업원도 대체로 친절하다.

Theme Special

태양의 땅 리키아의 고대도시 탐험하기

세계문화유산 산토스 Xanthos, 레툰 Letoon

페티예에서 안탈리아에 이르는 튀르키예 남서부 해안지방은 고대에 리키아 Licya로 불리던 지역이다. 해안에 반원형으로 돌출된 이곳은 해발 3,000m의 산으로 둘러싸여 있어 아나톨리아 고원과는 지리적으로 고립되어 있으며 예로부터 일조량이 좋아 '태양의 땅'이라 불렸다.

리키아인들은 호전적이고 자주성이 강해 페르시아의 지배에 대항했으며 로마의 속주가 된 후에도 자신의 언어와 풍습을 간직했다. 역사학자 스트라본 Strabon에 따르면 리키아는 23개의 도시국가로 구성되었는데 리키아 동맹을 통해 자치를 유지했다고 한다(P.339 참고). 각 도시의 대표들이 모여 전쟁을 비롯한 왕국의 모든 사안을 투표로 결정했는데 도시의 규모에 따라 큰 도시는 세 표, 중간 도시는 두 표, 작은 도시는 한 표를 행사했던 것. 참고로 세 표를 행사하던 6개 도시는 산토스 Xanthos, 틀로스 Tlos, 올림포스 Olympos, 미라 Myra, 파타라 Patara, 프나라 Pınara였다. 로마와 비잔틴 시대를 거치며 번영가도를 달렸던 리키아는 7세기 아랍의 침입으로 역사 속으로 사라졌다. 현재 파타라, 프나라, 산토스, 레툰에 리키아의 유적이 남아 있어 역사여행의 장으로 활용되는데 그중 세계문화유산으로 지정된 산토스와 레툰을 살펴보자.

Information

고대의 도시유적일 뿐 현재는 사람이 살지 않기 때문에 여행자 편의시설은 없다. 대부분 페티예나 카쉬에서 당일치기로 다녀오기 때문에 크게 불편할 건 없다.

고대도시 가는 법

➡ 오토뷔스

유적지가 외진 곳에 있어 교통은 매우 불편하다. 산토스와 레툰 간을 운행하는 돌무쉬는 없으므로 유적지를 방문한 후 기점 도시로 돌아와 다음 장소로 가는 방식을 취해야 한다.

산토스를 방문하는 기점은 페티예와 카쉬, 칼칸이다. 페티예(또는 카쉬, 칼칸)의 오토가르에서 미니버스를 타고 크늑 Kınık 마을로 간 후 미니버스 정류장에서 맞은편 도로를 따라 1km 정도 걸어서 간다. 만일 페티예에서 출발해 산토스를 본 후 칼칸(또는 카쉬)으로 가는 일정이라면 도중에 들러서 유적지를 돌아본 후 바로 이동할 수도 있다. 배낭은 미니버스 정류장의 버스회사 사무실에 맡기면 된다.

레툰으로 가는 방법은 페티예에서 쿰루오바 Kumluova로 간 후 걸어서 10분 정도 가야 한다.

크늑 마을의 미니버스 정류장

기사에게 미리 레툰으로 간다고 이야기해 두자. 버스가 자주 다니지 않아 매우 불편하니 관광 시작 전 돌아가는 버스 시간을 알아두는 게 좋다. 페티예의 여행사에서 산토스, 레툰과 파타라를 묶어 돌아보는 1일 투어가 있으니 참가할 수도 있다.

산토스 행 돌무쉬(크늑 Kınık)

출발 페티예, 카쉬, 칼칸 운행 08:00~21:30 매 1시간 간격(겨울철은 대폭 줄어든다)

소요시간 1시간(페티예, 카쉬 출발), 30분(칼칸 출발)

레툰 행 돌무쉬(쿰루오바 Kumluova)

출발 페티예 운행 08:00~21:30 매 1시간 간격(겨울철은 대폭 줄어든다)

소요시간 1시간

페티예에서 출발하는 1일 투어(산토스, 레툰, 파타라)

출발 주 3회 08:30~16:00

포함사항 차량, 점심식사, 입장료, 영어 가이드

문의 페티예 각 숙소에 문의하면 여행사를 연결해 준다.

산토스 Xanthos ★★★

개방 매일 08:30~19:00 (겨울철은 17:00까지)

요금 €3

가는 방법 페티예에서 돌무쉬로 1시간.

산토스의 리키아식 석관

리키아 동맹 23개 도시 가운데 가장 큰 규모를 자랑했으며 연맹의 주도적 역할을 하던 도시였다. 도시 이름은 리키아의 산에서 흘러나온 황금빛 강인 산토스('황금빛'이라는 뜻)에서 유래했다. 산토스는 도시 건립 이래 두 번의 비극을 겪게 되는데, 헤로도토스의 기록에 따르면 기원전 545년 리디아를 멸망시킨 페르시아가 이곳에 침입했을 때 산토스 시민들은 열세에도 불구하고 끝까지 저항하다 80가구를 제외한 전원이 전사했다고 한다. 두 번째 참사는 기원전 42년 로마의 브루투스가 쳐들어왔을 때 벌어졌다. 페르시아의 침입 때와 마찬가지로 도저히 이길 가망이 없었던 산토스인들은 모든 가재도구를 불사르고 항복 대신 집단자살을 선택했다고 한다. 브루투스가 포로로 잡은 사람은 겨우 150명이었다고 하니 '독립이 아니면 죽음'을 택한 셈이다. 자주성이 강한 리키아인의 면모를 알 수 있다.

유적지 둘러보기

유적지 입구를 들어서면 정면으로 두 개의 탑이 보인다. 이것은 탑이 아니라 고대 리키아의 무덤(리키아의 무덤 양식은 P.357 참고). 오른쪽 8.87m의 사각기둥 탑은 일명 '하르피 Harpy의 묘'라고 불리는 것으로 상단 처마 밑에 돌아가며 부조가 조각되어 있는데 신에게 제물을 바치는 장면과 제사를 지휘하는 제사장 및 사람들을 묘사하고 있다. 신화 속의 새 사이렌 Siren이 여자의 얼굴을 하고 있어 눈길을 끈다. 조각의 원본은 찰스 펠로우가 1842년 영국으로 가져갔고 전시되어 있는 것은 복제품이다. 무덤 앞에는 원형극장이 있다. 21줄의 객석으로 로마 시대에 조성되었으며 현재까지도 보존 상태가 양호하다. 극장 뒤편으로는 시장이었던 아고라가 넓게 펼쳐져 있지만 옛 모습을 확인할 길은 없다. 원형극장과 탑을 둘러보았으면 입구로 나와서 매표소 왼쪽으로 가보자. 북쪽 산 중턱에는 바위를 깎아서 만든 묘지인 네크로폴리스가 있으며 비잔틴 시대 교회의 흔적도 확인할 수 있다. 산속 여기저기에 리키아 석관이 흩어져 있어 산길을 걷다 보면 느닷없이 유적을 만날 수 있다. 하지만 세계문화유산이라는 이름이 무색할 정도로 관리가 안 되고 있어 안타깝다. 체계적이고 전문적인 관리가 시급한 실정이다.

레툰 Letoon ★★★

개방 매일 08:30~19:00 (겨울철은 17:00까지)
요금 €3
가는 방법 페티예에서 돌무쉬로 1시간

산토스와 함께 세계문화유산으로 지정된 레툰은 제우스의 정부였던 레토 Leto에서 이름을 딴 도시다. 신화에 따르면 레토의 미모에 반한 제우스가 그녀에게 접근하고, 레토가 임신했다는 소식을 들은 제우스의 아내 헤라는 모든 나라의 왕들에게 절대로 레토에게 출산 장소를 제공하지 말라는 엄명을 내린다. 이리저리 피해다니던 레토는 결국 델로스 섬에서 아르테미스와 아폴론을 낳았고 리키아로 옮겨와 정착했다. 그녀는 자신의 이름으로 레툰을, 아르테미스의 이름으로 산토스를, 아폴론의 이름으로 파타라를 세웠다고 한다. 레토가 출산한 곳이 파타라라는 설도 있다.

유적지 둘러보기

아담한 레툰의 유적에 세 개의 신전 터가 나란히 있는데 중앙은 아르테미스, 왼쪽은 아폴론, 오른쪽은 레토 신전으로 추정한다. 레토 신전은 기원전 3세기경 조성되었으며 아르테미스 신전은 기원전 4세기, 아폴론 신전은 헬레니즘 시대에 각각 건설되었다고 한다. 아폴론 신전의 바닥에서 하프와 활을 그린 모자이크화가 발견되었는데 하프는 아폴론을, 활과 화살은 아르테미스를 상징하는 것으로 현재 페티예 박물관에 전시되어 있다.

신전의 북쪽 언덕에는 헬레니즘 시대의 원형극장이 남아 있다. 조금만 손을 보면 사용할 수 있을 만큼 보존 상태가 양호하다. 스타디움도 있었다고 하는데 발견되지 않았으며 님파에움(분수대)과 상점의 흔적을 확인할 수 있다. 현재 발굴 작업이 한창 진행 중이며 유적을 탐방하다 보면 주변을 돌아다니는 양을 만나기도 한다.

산토스 유적의 원형극장

레툰에서 출토된 모자이크화

고대 리키아 연맹의 수도

Patara 파타라

페티예 남동쪽으로 70km 떨어진 작은 마을. 지금은 인구 1000명의 시골 마을에 불과하지만 파타라는 고대 리키아 연맹의 수도로 명성을 날리던 곳이었다. 리키아 연맹 도시의 대표가 파타라에 모여 연맹의 정책을 의결했으며 항구도시의 기능도 담당했다. 로마와 비잔틴 시대에는 동방 교회의 요충지였고, 산타클로스로 알려진 성 니콜라스 St. Nicholas도 이곳에서 태어났다.

과거의 영광이 남겨놓은 유적을 구경하다보면 발길은 어느새 해변에 이른다. 파타라의 해변은 튀르키예에서 가장 긴 백사장으로 유명하다. 고대 유적 탐방과 해변 휴양지라는 즐거움을 동시에 만족시킬 수 있는 곳이지만 파타라를 찾는 여행자가 많지 않다는 것은 어쩌면 기적에 가까운 일일지 모른다. 마을은 서서히 관광업에 눈을 뜨고 있지만 개발이 많이 진행된 주변 도시와는 달리 주민들은 여전히 텃밭을 가꾸며 살아가고 있다. 특별히 빼어난 경치는 없지만 편안하고 소박한 지중해의 시골 정취를 느끼기에 이만한 데가 없다. 바다 거북이 알을 낳으러 온다는 해변의 모래를 밟으며 고대로 여행을 떠나보자.

인구 1,000명 **해발고도** 45m

Information

관광안내소

작은 마을인데다 관광업이 활성화되지 않아서 관광안내소는 없다. 리키아 유적에 관한 자료를 유적 매표소나 파타라 도시 유적지의 리키아 의회당에서 얻도록 하자.

환전 Map P.338

다행히 마을 초입에 아크 은행 AK Bank의 ATM이 한군데 있어 돈을 찾을 수 있다. 하지만 1대밖에 없으므로 여름 성수기에는 현금이 동이 날 수 있다. 다른 도시에서 미리 환전해 오는 편이 낫다.

PTT Map P.338

위치 마을 광장 옆에 있다.
업무 월~금요일 09:00~17:00

파타라 가는 법

비행기와 기차는 다니지 않으며 버스만이 파타라로 가는 유일한 방법이다.

➡ 오토뷔스

작은 마을이라 대도시에서 바로 가는 교통편은 없으며, 페티예 또는 카쉬에서 방문하는 것이 일반적이다(파타라는 유적 이름이고 마을 이름은 겔레미쉬 Gelemiş다). 여름철 성수기에는 카쉬에서 파타라까지 바로 가는 돌무쉬가 다니지만 손님이 적을 때에는 마을 입구의 간선도로변에 세워주기도 한다. 간선도로에서 마을까지는 약 3km이며 돌무쉬가 다닌다. 관광을 마치고 페티예나 안탈리아로 가려면 먼저 돌무쉬로 간선도로까지 나간 다음 지나가는 미니버스를 타야한다. 화요일에는 페티예의 화요장터까지 바로 가는 돌무쉬가 1편 있다.

마을 광장을 중심으로 양쪽 언덕에 많은 숙소가 있다. 마을이 조그맣기 때문에 걸어서 숙소를 정하면 된다. 대부분의 숙소가 픽업서비스를 실시하고 있으니 전화로 픽업을 요청해도 좋다.

파타라 미니버스 정류장

파타라(겔레미쉬)에서 출발하는 **버스 노선**

행선지	소요시간	운행
카쉬	50분	08:30~18:45(매 30분 간격)
칼칸	20분	08:30~18:45(매 30분 간격)
크늑(산토스 유적)	15분	11:15
사클르켄트	1시간	11:15
페티예	1시간 15분	08:00~17:00(매 1시간 또는 1시간 30분 간격)

*운행 편수는 변동이 있을 수 있음.

시내 교통

워낙 작은 마을이라 시내라고 할 만한 것도 없다. 미니버스 정류장에서 숙소까지 도보로 충분하다. 다만 마을에서 유적과 해변까지는 약 2km 떨어져 있어 걷기에는 다소 무리다. 미니버스 정류장에서 수시로 운행하는 트랙터 돌무쉬를 이용하거나 택시를 이용하는 편이 낫다. 시간이 넉넉하고 천천히 유적을 탐방한 다음 해변으로 갈 여행자는 도보로 관광에 나서기도 한다.

파타라 둘러보기

고대 리키아 연맹의 수도였던 곳이라 고대 도시 유적이 잘 남아있다. 아울러 바다 거북이 알을 낳는 튀르키예에서 가장 긴 백사장의 파타라 해변도 빼 놓아서는 안 된다. 마을에서 해변까지는 약 2km 거리이며, 그 사이에 유적지가 펼쳐져 있다(유적지는 마을에서 약 1km). 파타라 관광은 1~2일이면 충분하다.
도보로 유적지를 돌아보고 해변을 방문할 거라면 오래 걸어야 하므로 물을 챙기고 마음의 준비를 단단히 하자. 걷기가 부담스럽다면 미니버스 정류장에서 출발하는 트랙터 돌무쉬를 이용하자. 돌무쉬로 유적지까지 간 다음 유적을 돌아보고 해변을 방문하는 방법을 추천할 만하다. 유적은 꼼꼼히 보자면 3시간은 걸린다. 유적 순례가 끝나면 해변에서 해수욕을 즐기고 트랙터 돌무쉬를 타고 마을로 돌아오면 된다. 막차 시간을 확인해 둘 것.
파타라는 조용한 시골 마을의 정취를 즐기기 좋은 곳이다. 특별한 볼거리는 없지만 골목을 기웃거리고 밤거리도 산책해보자. 며칠 지내며 따분하다면 여행사의 지프 사파리나 승마 투어에 참가하거나 ATV를 빌려 주변 지역을 돌아다녀도 좋다.

+ 알아두세요!

1. 여름철 도보로 유적지 탐방에 나설 거라면 모자와 선크림을 챙기고 마실 물을 충분히 가져가야 한다.
2. 늪지대가 가까이 있어 모기가 많다. 모기 기피제나 스프레이가 있다면 가방에 넣어 다니자.
3. 파타라는 유적이름이고 마을은 겔레미쉬 Gelemiş라고 부른다. 참고로 알아두자.

Attraction 파타라의 볼거리

고대 리키아 시대의 도시 유적이 파타라의 볼거리다. 원형극장과 신전, 목욕장이 있으며 복원된 리키아 연맹 의회당도 있다.

파타라 고대 도시 유적
Ancient Patara site ★★★

개방 매일 09:00~19:00(겨울철은 08:00~17:00) **요금** €15(해변 입장료 포함) **가는 방법** 마을 끝의 레툰 펜션에서 도보 30분 또는 트랙터 돌무쉬로 10분.

파타라는 주변 지역 뿐만 아니라 리키아 연맹 전체의 중심 항구로서 도시의 존재이유가 있었다. 고대로부터 발달한 도시지만 현재 남아 있는 유적은 로마와 비잔틴 시대의 유적이다. 가장 먼저 만나는 유적은 파타라의 상징과도 같은 3개의 아치가 있는 개선문이다. 높이 10m, 넓이 19m의 이 문은 파타라의 상징이자 도시로 들어서는 현관이었다. 100년경 로마의 리키아 총독이 건립했으며, 지하에 수도관과 방수구가 있어 단순한 문이 아니라 도시의 용수 공급처 역할도 했음을 알 수 있다. 바로 옆에는 리키아

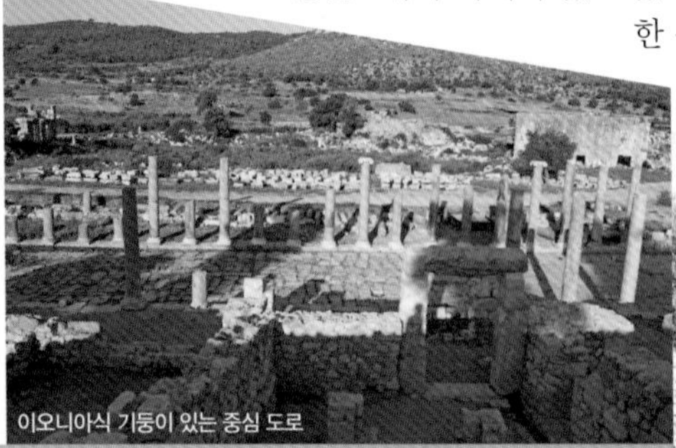
이오니아식 기둥이 있는 중심 도로

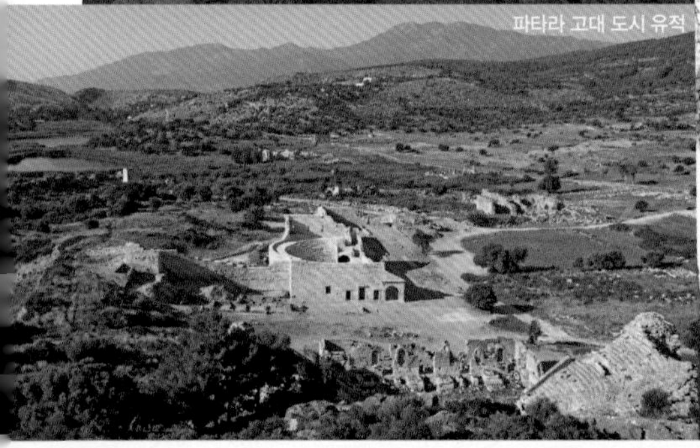
파타라 고대 도시 유적

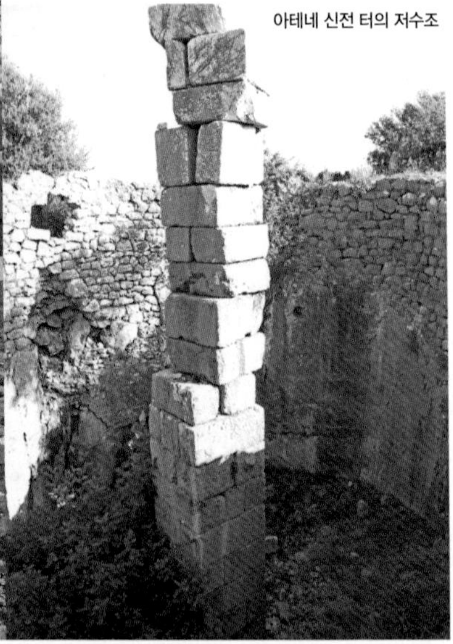
아테네 신전 터의 저수조

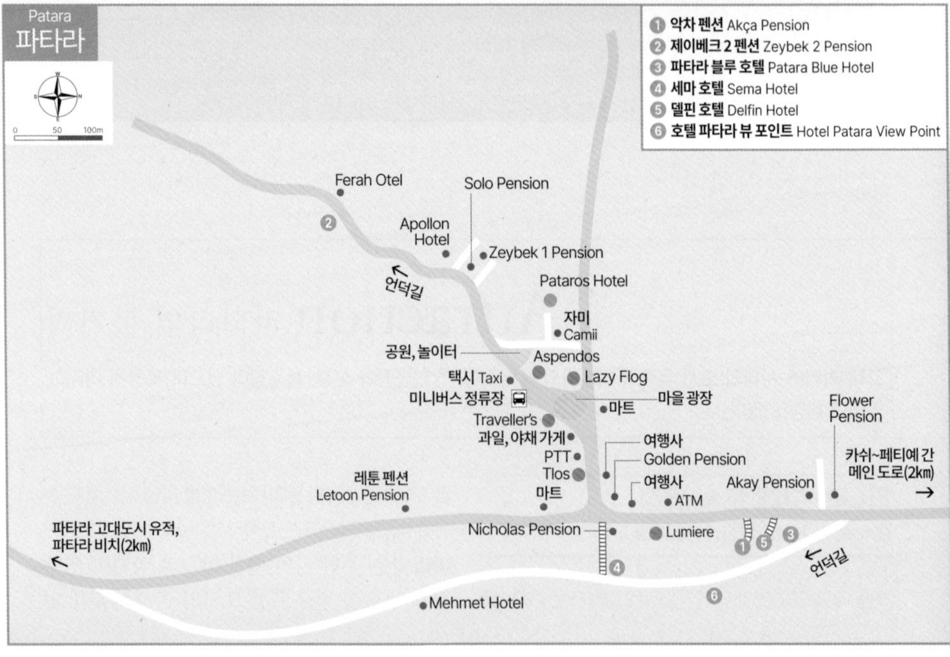
Patara
파타라
1 악차 펜션 Akça Pension
2 제이베크 2 펜션 Zeybek 2 Pension
3 파타라 블루 호텔 Patara Blue Hotel
4 세마 호텔 Sema Hotel
5 델핀 호텔 Delfin Hotel
6 호텔 파타라 뷰 포인트 Hotel Patara View Point
0 50 100m
Ferah Otel
Solo Pension
Apollon Hotel
Zeybek 1 Pension
언덕길
Pataros Hotel
자미
Camii
공원, 놀이터
Aspendos
택시 Taxi
Lazy Flog
미니버스 정류장
마을 광장
마트
Traveller's
과일, 야채 가게
PTT
Tlos
마트
여행사
Golden Pension
여행사
ATM
Flower Pension
카쉬~페티예 간 메인 도로(2㎞)
Akay Pension
레툰 펜션
Letoon Pension
파타라 고대도시 유적,
파타라 비치(2㎞)
Nicholas Pension
Lumiere
언덕길
Mehmet Hotel

식 석관이 있는 네크로폴리스(공동묘지)가 있다. 발굴 작업이 진행 중이다. 개선문 오른쪽 옆의 넓은 터는 옛 왕궁이 있었던 자리며 그 앞으로 항구 목욕장과 비잔틴 시대 리키아 연맹의 중심 교회였던 시티 바실리카가 있다. 로마 시대의 해안 도시들은 항구 옆에 반드시 목욕장을 지어서 먼 뱃길을 온 사람들이 피로를 풀 수 있도록 했다.

시티 바실리카 오른쪽 옆에는 이오니아식 원기둥이 줄지어 있는 중심 도로가 있으며, 길 옆에는 상점이었던 집터가 남아있다. 많은 사람들이 오가고 상인들의 호객으로 소란스러웠을 중심 도로를 통과하면 넓은 터가 나온다. 오른편에 최근 복원한 리키아 연맹 의회당이 자리하고 있다. 이곳에서 연맹의 각 도시에서 파견된 의원들이 안건을 상정하고 리키아 연맹 공동의 정치적인 결정이 이루어졌다. 안으로 들어가면 21줄의 객석이 있으며

아테네 신전 터

Shakti Say 리키아 연맹 Lycian League

리키아 연맹 의회당

튀르키예 남동부의 반원형으로 돌출된 지역(오늘날 안탈리아에서 페티예에 이르는 지역)은 고대에 리키아 Lycia로 불리며 도시 국가가 번성했던 곳입니다. 여신 레토와 그녀가 낳은 쌍둥이 자매인 아폴론과 아르테미스가 리키아의 주신이었지요.

고대 이집트의 기록에서는 리키아를 히타이트 연맹의 일부라고 합니다. 당시에는 '루카 Lukka'라고 불렸으며 기원전 1400년경 크레타인들이 이곳으로 이주했지요. 리키아인들은 그리스나 히타이트와는 다른 자신만의 고유 언어와 문자를 사용했는데, 그리스 본토와 마찬가지로 독립국가를 이루지 못했고 리키아 연맹이라고 하는 도시국가 연합의 형태를 띠었습니다.

리키아는 기원전 546년 페르시아의 지배를 받았고 알렉산더 대왕 시대를 지나 셀레우코스 왕조에 귀속되었습니다. 기원후 43년 로마의 클라우디우스 황제는 리키아를 로마 제국의 속주로 삼고 팜필리아와 통합했지요. 이후 비잔틴 제국을 거쳐 오스만 제국이 점령하면서 튀르키예의 일부가 되었답니다. 리키아인들은 암벽을 깎아 무덤을 조성한 것으로 유명했는데, 이 지역을 여행하다보면 곳곳에서 리키아식 석관을 볼 수 있습니다. 가장 유명한 것은 미라의 석굴 무덤입니다(P.357 참고).

리키아 연맹

리키아 연맹은 기원전 168년 23개의 도시국가가 모여 민주주의 원칙으로 결성되었습니다. 오늘날로 치면 연방제와 비슷한 형태였지요. 각 도시국가는 크기와 인구에 따라 한 표에서 세 표까지 투표권을 행사했습니다. 세 표를 행사한 6대 도시는 산토스, 틀로스, 올림포스, 미라, 파타라, 프나라였습니다(파셀리스는 나중에 참여). 각 도시의 대표자는 수도인 파타라에 모여 투표를 통해 전쟁 등 연맹의 주요 사항을 의결했답니다. 43년 로마의 속주로 편입된 뒤에도 리키아 연맹은 정치적 독립을 누리며 기능을 다했는데, 4세기에 비잔틴 제국에 병합되면서 역사 속으로 사라졌습니다. 계몽주의 시대 프랑스의 정치사상가인 몽테스키외는 자신의 저서 <법의 정신>에서 리키아 연맹을 '고대 시대의 가장 완벽한 정치'라고 표현했답니다.

(1400명 수용) 단상도 마련되어 있다. 리키아 연맹이 결성되었던 기원전 2세기에 처음 지어졌으며 로마 시대에 증축되었다는 기록이 있다. 현재의 의회당은 튀르키예 의회가 주축이 되어 2011년에 복원한 것으로 객석 맨 위층 한쪽 구석에는 밖으로 통하는 옛 계단이 부분적으로 남아있다.

의회당 뒤편으로는 보존상태가 양호한 원형극장이 나온다. 34열의 객석에 5000명을 수용하던 규모로 1층 기단에는 당시 사용했던 검투사의 갑옷과 무기의 부조를 확인할 수 있다. 극장 꼭대기에 올라서면 유적이 한눈에 들어온다. 원형극장 뒷산 꼭대기에는 아테네 신전 터가 남아있고 거대한 바위를 파서 만든 저수조도 있다(저수조 가운데 기둥이 하나 있음). 무너질 위험이 있어 출입은 금하고 있으니 무리한 진입을 시도하지는 말자.

이 밖에 늪지 건너편에는 곡식을 보관하던 곡물창고가 있고 최근 발굴된 등대 터도 있다. 모든 유적은 발굴과 복원 작업이 한창이다. 모든 건물이 복원되면 에페스에 버금가는 고대 도시의 면모를 볼 수 있을 듯하다.

파타라 해변
Patara Plajı ★★★

개방 일출~일몰 **요금** 무료(파타라 도시 유적 입장료에 포함) **가는 방법** 미니버스 정류장에서 트랙터 돌무쉬로 20분.

바다 거북이 알을 낳는 파타라 해변

튀르키예 지중해에서 가장 긴 백사장을 자랑하는 해변으로 무려 12km에 걸쳐 있다. 고운 모래와 파란 바다가 만들어내는 천혜의 경관은 아름다운 해변이 많은 지중해에서도 손에 꼽을 정도다. 고대 리키아 시대에는 이곳이 대외 무역의 중심 항구였다(고대의 해안선은 지금보다 안쪽으로 많이 들어와 있었음).

파타라 해변은 바다 거북이 알을 낳는 중요한 곳으로, 산란기인 5~9월의 야간에는 출입금지다. 해변에는 파라솔과 선베드를 대여하는 곳이 있고, 레스토랑도 한 군데 있어 해수욕을 하다가 식사와 음료를 해결할 수 있다(가격도 합리적이다). 한쪽에는 간이 화장실과 샤워실이 있고 비치발리볼용 그물도 마련해 놓았다.

+ 알아두세요!

튀르키예 지중해의 바다 거북

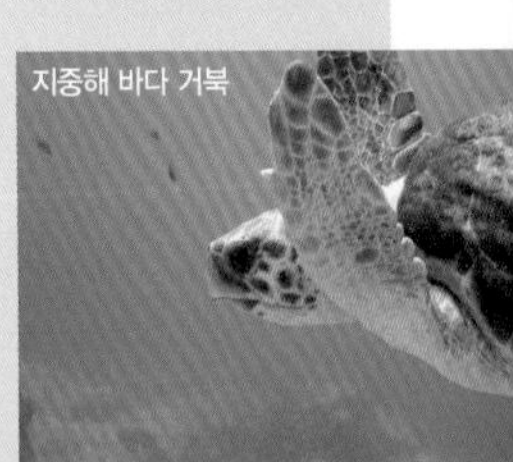
지중해 바다 거북

튀르키예 지중해에 서식하고 있는 바다 거북은 '카레타 카레타 Caretta caretta(붉은 바다 거북)', '켈로니아 미다스 Chelonia mydas(초록 바다 거북)', ' 데르모켈리스 코리아케아 Dermochelys coriacea(장수 거북)' 등 3종류로 보고되고 있습니다. 이 중 붉은 바다 거북과 초록 바다 거북이 튀르키예 지중해에서 산란하는 것으로 알려져 있습니다. 매년 5~9월의 산란기에 한번에 100개 정도의 알을 낳으며, 60일 후 부화되어 달빛이 비치는 바다로 기어갑니다. 거북 보호를 위해 다음 사항을 꼭 지켜주세요.

1. 야간에는 해변 출입을 삼가고 특히 손전등을 사용하지 말 것.
2. 해변에 모닥불을 피우지 말 것.
3. 바다 거북의 산란장소(해안 가장자리에서 5~35m)에 파라솔이나 의자를 설치하지 말 것.
4. 산란장소를 항상 깨끗이 유지할 것.
5. 해변에 개나 고양이를 데리고 들어가지 말 것.
6. 해변의 모래를 파거나 훼손하지 말고 발견즉시 신고할 것.
7. 스피드 보트나 제트 스키는 제한 구역 밖에서 즐길 것.
8. 우연히 그물에 걸린 거북을 발견하면 풀어줄 것.

Restaurant 파타라의 레스토랑

작은 마을이지만 관광객이 늘어나면서 괜찮은 레스토랑도 생겨나고 있다. 마을 주민이 운영하는 소박한 괴즐레메 집에서부터 와인을 마실 수 있는 중급 레스토랑까지 다양하다. 여름철 성수기에는 맥주와 칵테일을 마시며 라이브 음악을 연주하는 바도 오픈한다.

모든 레스토랑은 마을 중심 광장 부근에 있으며, 메뉴는 튀르키예식 케밥과 피데, 생선요리와 스테이크 등 다양하다. 중심가를 한 번만 오가면 모든 레스토랑을 파악할 수 있고 입구에 메뉴판을 비치해 놓아 편리하다. 산책하는 기분으로 마을길을 어슬렁거리다 마음에 드는 곳을 골라보자. 음식요금은 대체로 150~200TL 정도다. 작은 마을이므로 파타라에서는 특정 레스토랑을 소개하지 않는다.

Hotel 파타라의 숙소

이름난 관광지와 달리 마을을 찾는 여행객이 많지 않은 탓에 파타라의 숙소는 다른 지역에 비해 저렴한 편이다. 게다가 숫자도 많기 때문에 파타라의 숙소 사정은 매우 양호하다. 지중해의 관광지라는 점을 고려하면 기적에 가까운 일이라 할 수 있다.

마을 광장을 중심으로 양쪽 언덕에 숙소가 자리하고 있는데, 대부분 마을 주민들이 운영하며 어느 집이나 깨끗하고 친절히 손님을 맞고 있다. 수영장을 갖춘 중급 숙소도 있으므로 취향과 주머니 사정에 맞게 선택할 수 있다. 시골 마을 특유의 조용하고 호젓한 분위기에서 며칠 머물며 휴식을 취하기에 파타라는 최고의 조건이다. 조리시설을 갖춘 아파트형 객실을 보유한 곳도 많기 때문에 가족단위 여행자나 일행이 여럿일때 이용하기 편리한 것도 장점. 아래 소개하는 곳 말고도 많은 숙소가 있으니 전망과 주변 환경을 고려해서 정하자. 숙소 요금은 성수기 기준이며 아침식사가 포함되어 있다.

악차 펜션 Akça Pension

Map P.338 주소 Patara, Kaş **전화** (0242)843-5158(휴대폰 0537-7294012) **요금** 싱글 €20(개인욕실, A/C), 더블 €25(개인욕실, A/C) **가는 방법** 미니버스 정류장에서 도보 10분.

언덕 중턱에 자리한 숙소. 멀리서 보면 마치 수목의 바다 위에 불쑥 솟아오른 것 같이 보인다. 마을 진입로에서 레몬트리 숲 사이로 계단을 따라 올라가면 나온다. 18개의 객실은 깔끔히 정돈되어 있고 앞쪽의 객실에서 바라보는 전망이 탁월하다(멀리 바다도 보인다). 언제든 차와 커피를 무료로 마실 수 있게 해 놓았고 주방도 쓸 수 있다.

제이베크 2 펜션 Zeybek 2 Pension

Map P.338 주소 Patara, Kaş **전화** (0242)683-5845(휴대폰 0532-6835845) **홈페이지** www.zeybek2pension.com **요금** 싱글 €20(개인욕실, A/C), 더블 €26(개인욕실, A/C), 아파트룸(4인) €45(개인욕실, A/C) **가는 방법** 미니버스 정류장에서 도보 10분.

마을 서쪽 언덕 끝에 자리해서 주변 경관은 물론이고 바다까지 보인다. 조리시설을 갖춘 3개의 아파트룸과 발코니가 딸린 6개의 객실은 무척 깔끔하다. 특히 8, 10, 12번 방의 전망은 가히 파타라 최고라 할 만하다. 신경써서 기른 꽃 화분이 가득한 옥상 테라스는 아늑해서 앉아 있다보면 시간 가는 줄 모른다. 언덕 아래에는 같은 형제가 운영하는 제이베크 1 펜션도 있다.

파타라 블루 호텔 Patara Blue Hotel

Map P.338 주소 Gelemiş, Gonca1 Sokak No:8, 07976 **전화** +90-507-454-3081 **요금** 싱글 €40(개인욕실, A/C), 더블 €50(개인욕실, A/C) **가는 방법** 미니버스 정류장에서 도보 10분.

상호처럼 호텔 외관과 객실을 파란색으로 장식했다. 넓고 깔끔한 객실, 위생적으로 관리하는 수영장, 친절한 종업원 등이 어우러져 편안한 분위기를 제공한다. 뷔페식으로 나오는 아침식사도 매우 충실한 편. 호텔이 만족스러워 예상보다 1~2박을 더 하는 여행객도 있을 정도로 손님들의 칭찬이 자자하다.

세마 호텔 Sema Hotel

Map P.338 주소 Patara, Kaş **전화** (0242)843-5114(휴대폰 0537-4289661) **요금** 싱글 €25(개인욕실, A/C), 더블 €30(개인욕실, A/C), 아파트룸(5인) €40 **가는 방법** 미니버스 정류장에서 도보 10분.

친절하고 쾌활한 주인 부부가 유쾌하게 손님을 맞이한다. 전망이 좋기 때문에 긴 계단을 올라야 하는 수고가 아깝지 않다. 청결한 객실과 욕실도 마음에 들고, 정원의 휴식 공간은 모기장을 쳐 놓아 밤에 모기 걱정없이 놀기 좋다. 1층에 있는 4개의 아파트룸은 조리시설은 물론이고 욕실도 2개가 있어 편리하다(아파트룸은 조식 불포함). 파타라 해변까지 손님들을 무료로 태워준다.

델핀 호텔 Delfin Hotel

Map P.338 주소 Patara, Kaş **전화** (0242)843-5120, 843-5154 **홈페이지** www.pataradelfinhotel.com **요금** 싱글 €40(개인욕실, A/C), 더블 €50(개인욕실, A/C), 아파트룸(4인) €50 **가는 방법** 미니버스 정류장에서 도보 10분.

파타라의 대표적인 중급 숙소로 전망도 좋고 잘 관리되고 있다. 마을 진입로에서 꽃나무 계단을 따라 올라가면 넓은 수영장이 있는 호텔이 나온다. 일부 객실은 미니바와 커피포트를 비치했고, 복도에 돌고래 그림을 그려놓은 것도 재미있다. 해변까지 손님들을 무료로 태워주며 성수기에는 바비큐 파티가 벌어지기도 한다. 수영장과 편의시설이 잘 되어 있는 중급 숙소를 찾는다면 좋은 선택이다.

호텔 파타라 뷰 포인트 Hotel Patara View Point

Map P.338 주소 Patara, Kaş **전화** (0242)843-5184(휴대폰 0533-3500347) **홈페이지** www.pataraviewpoint.com **요금** 싱글 €45(개인욕실, A/C), 더블 €55(개인욕실, A/C, 일주일 요금 €350) **가는 방법** 미니버스 정류장에서 도보 15분.

20년째 파타라의 고급 숙소로 명성이 높은 곳이다. 프랑스어에 능통한 주인은 전통 문화 애호가라서 재래식 농기구와 생활도구를 박물관처럼 전시해 놓았다. 특히 옛날 방식의 벌치는 집과 2000년이나 됐다는 올리브 짜는 맷돌은 인상적이다. 넓은 수영장과 정원, 실내외 휴식공간은 고급 숙소에 걸맞는 시설이며 어느 객실이든 전망이 좋다.

조용한 지중해의 휴양지

Kalkan 칼칸

페티예에서 남동쪽으로 80km 떨어진 작은 도시. 배가 드나드는 조그만 항구 위로 자미의 흰 미나레가 등대같이 솟아 있고 붉은 부겐빌리아 꽃이 파란 바다와 썩 잘 어울리는 곳이다. 전통 가옥이 남아 있는 바닷가 마을은 돌을 깐 골목길이 아기자기하게 이어지는 그림 같은 풍경을 자랑한다. 이름난 유적이나 볼거리가 있는 것도 아니지만 이러한 도시 자체의 매력 때문에 칼칸은 지중해에서 가장 세련된 휴양지로 알려져 있다. 수려한 풍경 때문일까? 칼칸은 일찍부터 유럽인들의 여름 별장지로 각광받아 왔는데 특히 은퇴한 영국인들이 많이 거주하는 곳으로 유명하다. 때문에 골목길을 다니다 보면 주택 분양 광고가 유난히 눈에 많이 띄며 영국 파운드화로 가격을 매겨 놓은 것도 심심치 않게 볼 수 있다. 하지만 우려와는 달리 도시는 상업화의 물결에 그다지 휩쓸리지 않아 중심지에서 조금만 벗어나면 옛 모습을 간직한 집들도 많다. 여름 한철 조용한 휴가를 보내기에도 좋고 지중해의 소박하고 세련된 멋을 즐기고 싶은 여행자라면 칼칸은 그냥 지나치기에는 아까운 곳이다.

인구 4,000명 **해발고도** 50m

Information

관광안내소

작은 도시라 별도의 관광안내소는 마련되어 있지 않다. 도시 내부에 유적지가 없기 때문에 특별히 불편하지는 않다.

환전 Map P.345-A1

오토가르와 시내를 잇는 야일라 거리 Yayla Cad.의 튀르키예 은행 Türkiye İş Bankası에서 환전과 ATM 이용이 가능하다. 하산 알탄 거리 Hasan Altan Cad.에도 환전소가 있다.

위치 야일라 거리 Yayla Cad.

업무 월~금요일 09:00~12:30, 13:30~17:30

PTT Map P.345-B1

위치 야일라 거리의 알리 바바 레스토랑 옆

업무 월~금요일 09:00~17:00

칼칸 가는 법

페티예, 안탈리아 등에서 운행하는 버스만이 칼칸을 방문하는 유일한 방법이다.

➡ 오토뷔스

작은 도시라 대도시에서 직접 가는 버스는 없고 페티예나 안탈리아를 경유하는 게 일반적이다. 안탈리아와 페티예 사이를 운행하는 많은 미니버스와 돌무쉬가 대부분 칼칸을 들러 가기 때문에 교통은 원활한 편이다.

오토가르 앞 도로에서 바다를 바라보고 내리막길인 야일라 거리를 10분 정도 걸으면 숙소와 레스토랑이 밀집해 있는 중심부에 이르게 된다. 천천히 걸으며 마음에 드는 숙소를 정하자.

칼칸에서 출발하는 **버스 노선**

행선지	소요시간	운행
안탈리아	5시간	1일 15편 이상
페티예	1시간 30분	1일 10편 이상
올림포스	3시간	1일 10편 이상
카쉬	40분	1일 10편 이상
파타라	20분	1일 7~8편

*운행 편수는 변동이 있을 수 있음.

시내 교통

시가지가 크지 않은데다 여행자 편의시설이 모두 항구 쪽에 몰려 있어 도보로 충분하다. 오토가르는 중심지에서 가깝지만 경사가 급한 오르막길을 걸어야 하기 때문에 택시를 이용하는 게 좋다. 인근의 고대 유적인 산토스 Xanthos를 다녀오려면 오토가르에서 미니버스로 크늑 Kınık 마을(30분 소요)까지 간 후 1km 정도 걸으면 된다. 미니버스는 자주 있는 편이다.

칼칸 둘러보기

칼칸 자체에는 볼거리가 없다. 로마 시대의 유적이나 그 흔한 원형극장도 없어 볼거리를 찾아다니는 사람이라면 실망스러울 수도 있지만 부겐빌리아 꽃이 만발한 아기자기한 골목길을 산책하며 한가함을 만끽하는 것이 칼칸을 즐기는 방법이다. 조그맣고 조용한 도시가 주는 매력이 의외로 크기 때문에 예상했던 일정보다 며칠 더 머무는 여행자도 많다. 튀르키예 은행 부근에서 매주 목요일 열리는 소박한 장터를 구경해도 좋고 여름철이라면 마을 동쪽의 조그만 해변에서 수영을 하며 깨끗한 지중해를 즐기는 것도 추천할 만하다. 볼거리를 찾아다니는 여행자라면 인근의 고대 유적지인 산토스 Xanthos를 방문해 보자.

Kalkan 칼칸

오토가르(500m) 방면 ↑
튀르키예 은행
크늑 마을, 산토스, 페티예 방면 ↑
얄리 제네럴 스토어(슈퍼마켓) Yali General Store
야일라 거리 Yayla Cad.
줌후리예트 거리 Cumhuriyet Cad.
④ 1km
옛날 학교
택시 승강장
구 오토가르 Eski Otogar
PTT
주차장
코자카야 거리 Kocakaya Cad.
하산 알탄 거리 Hasan Altan Cad.
쉴레이만 일마즈 거리 Süleyman Yilmaz Cad.
환전소
이스켈레 골목 İskele Sk.
칼칸 항구
아타튀르크 거리 Atatürk Cad.
등대
해변
카쉬, 안탈리아 방면 ↓

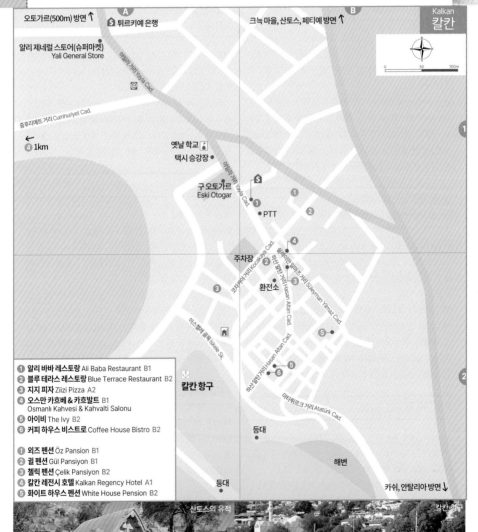

① 알리 바바 레스토랑 Ali Baba Restaurant B1
② 블루 테라스 레스토랑 Blue Terrace Restaurant B2
③ 지지 피자 Ziizi Pizza A2
④ 오스만 카흐베 & 카흐발트 B1 Osmanlı Kahvesi & Kahvalti Salonu
⑤ 아이비 The Ivy B2
⑥ 커피 하우스 비스트로 Coffee House Bistro B2

① 외즈 펜션 Öz Pansion B1
② 귈 펜션 Gül Pansiyon B1
③ 첼릭 펜션 Çelik Pansiyon B2
④ 칼칸 레전시 호텔 Kalkan Regency Hotel A1
⑤ 화이트 하우스 펜션 White House Pension B2

산토스의 유적

칼칸 항구

Restaurant 칼칸의 레스토랑

숙소 밀집 골목과 항구 쪽에 레스토랑이 몰려 있다. 손님의 대부분이 유럽 관광객인 만큼 제대로 된 음식을 선보이고 가격대는 높다. 고급 레스토랑은 주로 전망 좋은 옥상 테라스에 자리했는데 어느 곳이나 훌륭한 경치와 멋진 조명으로 손님을 맞이하고 있다. 아래 소개하는 곳 말고도 다양하게 시도해 보자. 저렴한 서민식당은 상대적으로 적지만 아주 없는 건 아니므로 지레 실망할 필요는 없다.

알리 바바 레스토랑 Ali Baba Restaurant

Map P.345-B1 주소 Yalıboyu Mah Kalkan **전화** (0242)844-3627 **영업** 24시간 **예산** 1인 40~100TL **가는 방법** 택시 승강장에서 PTT 방면으로 야일라 거리를 따라 도보 1분.

높은 가격대를 보이는 칼칸에서 드물게 저렴한 요금을 고수하는 레스토랑. 가지, 감자, 시금치 등 야채와 고기를 사용한 단품요리가 주요 메뉴라 빵과 고기에 질렸던 여행자라면 반가운 곳이다. 위치가 좋은데다 바다도 볼 수 있어 현지인과 관광객 모두에게 사랑받고 있다.

블루 테라스 레스토랑 Blue Terrace Restaurant

Map P.345-B2 주소 Kalkan, Süleyman Yılmaz Cd. No:6, 07960 **영업** 매일 07:00~00:00 **전화** +90-535-601-7956 **예산** 1인 200~400TL **가는 방법** 하산 알탄 거리 초입에 있다.

부겐빌리아 꽃으로 뒤덮은 낭만적인 입구를 들어서서 테라스로 올라가면 한 눈에 바다가 들어온다. 샐러드와 스파게티, 생선요리와 항아리케밥까지 튀르키예식과 서양식 골고루 갖추었다. 제대로 된 음식과 서빙, 멋진 경치가 어우러진 칼칸 최고의 레스토랑 중 하나다.

지지 피자 Ziizi Pizza

Map P.345-A2 주소 Kalkan, 07580 Kaş **영업** 매일 09:00~23:00 **전화** +90-506-956-8335 **예산** 1인 120~150TL **가는 방법** 항구에서 도보 5분. 골목에 있다.

항구에서 가까운 피자 전문점으로 메뉴는 피자 딱 한 가지다. 종류는 다양해서 입맛에 따라 고를 수 있는데 언제가도 얇고 바삭한 피자를 먹을 수 있다. 피자 맛도 훌륭하고 아늑한 분위기라 피자 마니아라면 꼭 방문해 보길 권한다. 덥지 않다면 부겐빌리아 덩굴이 우거진 야외자리를 추천한다.

오스만 카흐베 & 카흐발트 Osmanlı Kahvesi & Kahvalti Salonu

Map P.345-B1 주소 Kalkan, Şehitler Cd. No:55/1, 07580 **영업** 매일 09:00~17:30 **예산** 1인 40~200TL **가는 방법** 쉴레이만 일마즈 거리에 있다.

카흐발트(튀르키예식 아침식사) 전문 레스토랑. 다양한 종류의 올리브와 꿀, 치즈, 카이막으로 풍성하고 신선한 아침식사를 제공한다. 과일을 얹은 와플과 조각 케이크도 있어 간단한 스낵코너로도 안성맞춤이다.

아이비 The Ivy

Map P.345-B2 주소 Yalıboyu Mah. Hasan Altan Cad. 61-A, Kalkan **전화** (0242)844-1447 **영업** 11:00~24:00 **예산** 1인 180~350TL **가는 방법** 택시 승강장에서 야일라 거리를 따라 상가 밀집구역으로 내려와 갈림길에서 1시 방향 하산 알탄 거리에 있다.

포도덩굴로 터널을 만들어놓은 입구를 따라 2층으로 가면 전망 좋은 테라스 자리가 나온다. 메뉴는 부근의 다른 식당과 비슷한데 특히 스테이크가 맛있다. 블루치즈까지 사용할 정도로 까다로운 서양인의 기준을 충족시키고 있어 스테이크 마니아라면 반가운 곳이다.

커피 하우스 비스트로 Coffee House Bistro

Map P.345-B2 주소 Yalıboyu Mah. Hasan Altan Cad. Kalkan **전화** (0242)844-1068 **영업** 11:00~24:00 **예산** 각종 커피 20TL부터 **가는 방법** 택시 승강장에서 야일라 거리를 따라 상가 밀집구역으로 내려와 갈림길에서 1시 방향 하산 알탄 거리 끝에 있다.

'예술 커피'를 지향하는 커피 전문점. 라테, 카푸치노 등 일반적인 커피부터 와인이나 위스키를 사용한 것까지 100가지가 넘는 커피를 선보이고 있다. 아이스크림과 토스트 등 간단한 식사 메뉴와 함께 물담배도 즐길 수 있고 내부 인테리어도 훌륭하다.

Hotel 칼칸의 숙소

작지만 알찬 휴양도시답게 곳곳에 고급스런 펜션과 호텔이 있다. 외부에 알려진 비싼 이미지와는 달리 저렴한 펜션도 성업 중이라 배낭여행자라 하더라도 방문을 주저할 이유는 없다. 아예 집 한 층을 통째로 대여하는 곳도 있어 장기 체류하기에도 좋은 조건이다. 여름철 성수기만 피한다면 고급 숙소를 저렴한 가격에 이용할 수 있으며 겨울철은 대부분 문을 닫아 썰렁하다. 숙소 요금은 성수기 기준이다.

외즈 펜션 Öz Pansion

Map P.345-B1 주소 Yalıboyu Mah, Kalkan **전화** (0242)844-3444 **요금** 싱글 €25(개인욕실, A/C), 더블 €35(개인욕실, A/C) **가는 방법** 택시 승강장 삼거리에서 윗길인 하산 알탄 거리 Hasan Altan Cad.를 따라 걷다 오른쪽 골목길 계단을 내려가면 보인다. 튀르크 에비 에스키 에브 펜션 뒤에 있다.

포도덩굴이 가득한 옥상 테라스에서 낭만적인 분위기를 즐기며 바다를 바라볼 수 있다. 객실의 하얀 수제 커튼과 파란 벽이 조화를 잘 이루며 큼직한 냉장고가 있어 아주 마음에 든다. 무료 인터넷도 사용할 수 있는 등 가격에 비해 시설이 매우 뛰어나다.

화이트 하우스 펜션 White House Pension

Map P.345-B2 주소 Kalkan, Antalya **전화** (0242)844-3738 **홈페이지** www.kalkanwhitehouse.co.uk **요금** 싱글 €50(개인욕실, A/C), 더블 €75(개인욕실, A/C) **가는 방법** 쉴레이만 일마즈 거리 끝에서 우회전하면 그 길 오른편에 있다.

상호처럼 주로 흰색을 기조로 한 넓은 객실은 청결하게 관리되고 있다. 방문, 가구, 침대 모두 결을 잘 살린 나무를 사용해 아늑하며 1층의 객실은 바다가 보이는 발코니도 딸려 있다. 옥상의 테라스 레스토랑은 밤이면 분위기 좋은 바 Bar로 사용된다.

첼릭 펜션 Çelik Pansiyon

Map P.345-B2 주소 Yalıboyu Mah. No.9, Kalkan **전화** (0242)844-2126 **요금** 싱글 €25(개인욕실, A/C), 더블 €35(개인욕실, A/C) **가는 방법** 택시 승강장에서 야일라 거리를 따라 상가 밀집구역으로 내려와 쉴레이만 일마즈 거리에 들어서면 오른편에 있다.

흐드러지게 핀 부겐빌리아 꽃이 인상적인 숙소. 에어컨이 딸린 8개의 객실은 청결하고 편안한 분위기라 시즌에는 장기 체류하는 서양인들이 많다. 냉장고와 주방을 개방해 놓아 음식을 해 먹을 수 있다는 것도 장점이다.

귈 펜션 Gül Pansiyon

Map P.345-B1 주소 Yalıboyu Mah, Kalkan **전화** (0242)844-3099 **요금** 싱글 €25(개인욕실, A/C), 더블 €35(개인욕실, A/C), 독채 €50(개인욕실, A/C) **가는 방법** 택시 승강장 삼거리에서 윗길을 따라 걷다 오른쪽 골목길 계단을 내려가면 보인다.

가족이 운영하는 조그만 숙소로 6개의 객실은 깨끗하게 관리되고 있다. 앞쪽 객실은 바다를 볼 수 있으며 옥상 테라스는 어울리기 편한 분위기다. 매일 오후 5시에 무료 티타임이 있으며 미리 주문하면 저녁식사도 준비해 준다. 가족 여행자를 위한 주방을 갖춘 독채도 있으니 일행이 여럿이라면 시도해 보자.

칼칸 레전시 호텔 Kalkan Regency Hotel

Map P.345-A1 주소 Kalkan, Gonca Sk. 2/6, 07960 **전화** (0242)844-2230 **홈페이지** www.kalkanregency.com.tr **요금** 싱글 €120(개인욕실, A/C), 더블 €150(개인욕실, A/C) **가는 방법** 택시 승강장에서 차로 5분.

중심가에서 조금 떨어진 곳에 자리한 럭셔리 호텔. 호텔입구와 리셉션은 말할 것도 없고 객실은 널찍하고 고급스러운 인테리어가 돋보인다. 자쿠지와 스파도 즐길 수 있으며 부설 수영장에서 내려다보는 바다 전망도 탁월하다. 정중한 직원들의 서비스를 받으며 기분 좋은 휴양을 즐길 수 있다.

골목길이 예쁜 고대 리키아의 중심

카쉬(미라) Kaş (Myra)

고대 유적과 바다가 어우러진 서남부 지중해의 작은 도시. 기원전 6세기 도시가 건설될 당시는 안티펠로스 Antiphellos라 불렸으며 리키아 Licya 연맹의 중심부에 자리한 지리적인 이점으로 고대부터 주변 지역의 대외 창구 역할을 하던 곳이다.

도시 뒤편으로 우뚝 솟은 산과 맑은 지중해가 어우러진 멋진 경치는 일찌감치 휴양지로 발달할 조건을 갖추었으며 여름 시즌 패러글라이딩, 암벽등반, 하이킹, 스쿠버다이빙 등 다양한 레포츠를 즐기려는 사람들의 발길이 끊이지 않는다. 또한 지중해의 보석으로 일컬어지는 케코바 Kekova 섬 투어의 거점으로도 각광받고 있어 케코바 섬으로 가는 여행자들도 많이 찾는다. 하지만 도시는 그다지 번잡하지 않아 부겐빌리아 꽃이 만발한 골목길을 걷다 보면 소도시 특유의 여유로움을 느낄 수 있으며 고색창연한 거리 한쪽에 자리한 리키아 석관은 여행자를 아련한 고대의 세계로 안내한다. 매년 찾아오는 관광객이 늘어나고 있지만 도시는 평온하다.

인구 8,000명 **해발고도** 15m

여행의 기술

Information

관광안내소 Map P.353-C2

카쉬와 주변 지역의 관광안내 자료를 구할 수 있으며 그리스령 메이스 Meis 섬으로 가는 배 시간도 알아볼 수 있어 유용하다.

위치 줌후리예트 광장 Cumhuriyet Meydanı
전화 (0242)836-1238
업무 매일 08:00~17:30(6~8월), 월~금요일 08:00~17:30(9~5월)
가는 방법 메르케즈 자미에서 도보 5분

환전 Map P.353-B2

시내 중심 도로인 아타튀르크 거리 Atatürk Cad.에 튀르키예 은행 Türkiye İş Bankas 을 비롯해 몇 개의 은행이 있어 환전과 ATM 이용에 문제가 없다.

위치 아타튀르크 거리 일대
업무 월~금요일 09:00~12:30, 13:30~17:30

PTT Map P.353-B2

위치 줌후리예트 광장 뒷길에 있다. 메르케즈 자미에서 도보 5분. 업무 월~금요일 09:00~17:00

카쉬 가는 법

비행기와 기차는 다니지 않으며 버스만이 카쉬로 가는 유일한 방법이다.

➡ 오토뷔스

이스탄불과 앙카라에서 바로 가는 버스가 있지만 인근 교통의 요지인 안탈리아와 페티예를 경유해 가는 것이 일반적이다. 안탈리아와 페티예를 오가는 많은 버스가 카쉬를 경유하기 때문에 어렵지 않게 방문할 수 있다. '바트 안탈리아 세야하트 Batı Antalya Seyahat'와 '페티예 세야하트 Fetiye Seyahat' 회사의 중형버스가 많이 다닌다. 관광 성수기인 여름철은 많은 편수를 운행하지만 겨울철은 상대적으로 줄어든다는 것을 알아두자.

카쉬 구 오토가르

카쉬의 오토가르는 두 곳으로 큰 버스가 출발착하는 외곽의 오토뷔스 터미널(Agullu. 시내에서 7km)과 시내의 구 오토가르(Eski Otogar)가 있다. 걸어서 시내로 갈 수 있는 구 오토가르에 도착하는 편이 좋다. 칼칸, 파타라 등 가까운 도시는 구 오토가르에서 수시로 출발하는 돌무쉬

카쉬에서 출발하는 **버스 노선**

행선지	소요시간	운행
이스탄불	14시간	1일 2~3편
뎀레	40분	06:20~19:00(매 30분 간격)
올림포스	2시간	06:20~19:00(매 30분 간격)
안탈리아	4시간	06:20~19:00(매 30분 간격)
칼칸	30분	07:15~19:10(매 30분 간격)
파타라	45분	08:40~21:00(매 30분 간격)
페티예	2시간	07:00~18:15(매 1시간 간격)

*운행 편수는 변동이 있을 수 있음.

를 이용하면 편리하다. 구 오토가르에서 아타튀르크 거리를 따라 내리막길을 걷다 오른쪽으로 꺾어 쉴레이만 차부쉬 거리 Süleyman Çavuş Cad.로 접어들어 5분 정도 걸으면 숙소 구역에 이르게 된다. 숙소를 미리 정해 놓았다면 전화로 픽업을 부탁하자.

시내 교통

작은 도시인데다 여행자 편의시설은 모두 항구 주변에 몰려있어 도보로 충분하다. 리키아 석관과 석굴 무덤, 원형극장 등 볼거리가 서로 떨어져 있지만 시가지가 크지 않아 충분히 걸어다닐 수 있다. 오토뷔스 터미널에 갈 때나 성 니콜라스 교회와 리키아 암벽 무덤으로 유명한 미라(뎀레)는 구 오토가르에서 자주 출발하는 돌무쉬를 이용하면 된다.

리키아 석관이 있는 골목

카쉬의 쇼핑 거리

카쉬 둘러보기

카쉬는 다른 도시와 달리 눈을 즐겁게 해 줄만한 볼거리가 많지 않다. 시내와 산중턱에 자리한 리키아 석관과 서쪽에 있는 원형극장이 전부. 볼거리를 찾아 빨리빨리 움직이는 여행자라면 실망할 수도 있겠지만 오래된 가옥이 남아있는 아기자기한 골목을 누비며 옛 도시의 정취를 느끼는 것이 카쉬를 제대로 즐기는 길이다. 볼거리만 본다면 하루면 충분하지만 2일 정도 일정을 잡는 것을 추천한다.

관광은 관광안내소가 있는 줌후리예트 광장에서 시작해 전통가옥과 부겐빌리아 꽃이 만발한 상가 거리를 지나 리키아 석관을 방문한다. 그 후 북동쪽 산에 있는 석굴 무덤에 다녀온 후 시내를 통과해 서쪽에 자리한 원형극장을 돌아보면 끝이다. 아무리 천천히 다녀도 3~4시간이면 되니 산책하는 기분으로 조용한 도시를 충분히 즐기도록 하자. 시간이 된다면 지중해 섬의 꽃이라 불리는 케코바 섬 투어에 하루를 더 투자해 유적과 함께 깨끗한 지중해에서 수영하는 즐거움을 놓치지 말기 바란다. 아울러 성 니콜라스 교회와 리키아 암벽 무덤으로 유명한 미라(뎀레)도 방문해 볼 만하다(P.357 참고).

저녁식사 후에는 낮에 갔던 리키아 석관이 있는 상가 골목에 다시 가보자. 조명을 환하게 밝혀놓고 각종 기념품을 팔고 있어 구경 삼아 다니다 쇼핑을 하기에 좋다. 일정에 여유가 있는 여행자라면 스쿠버 다이빙을 비롯한 투어 프로그램에 참가하거나 그리스령 메이스 섬에 다녀오는 것도 좋다.

+ 알아두세요!

1. 해질 무렵 원형극장에서 바다를 감상하며 맥주 한잔하기 좋다.
2. 섬 투어에 참가할 경우 수영복을 챙겨가고 수영을 못 한다면 플라스틱 튜브를 준비하자. 음료나 맥주는 가져가지 말고 배 안에서 파는 걸 사먹는 게 기본 예의다.

★★★★★ BEST COURSE ★★★★★

첫날 예상소요시간 3~4시간

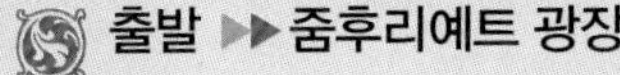

출발 ▶▶ 줌후리예트 광장

도보 5분

리키아 석관(P.354)
도시 한복판에 자리한 고대 유물. 느닷없이 나타나는 석관은 여행자를 고대의 세계로 안내한다.

도보 20분

석굴 무덤(P.354)
바위산에 굴을 파고 조성한 무덤. 같은 리키아 무덤이지만 시내의 석관과는 조금 다른 형태다.

도보 20분

퀴칙 차클 해변(P.354)
시내 동쪽에 있는 조그만 바위 해변. 수영에 자신 있다면 스노클링을 해 보자.

도보 30분

원형극장(P.354)
그리스식 원형극장. 극장 꼭대기에 서면 바다와 메이스 섬이 한눈에 들어온다.

둘째날 예상소요시간 7~8시간

케코바 섬 투어(P.355)
지중해 섬 투어의 백미. 수중도시, 수중동굴, 리키아 유적과 맑은 지중해를 즐기는 최고의 선택이다.

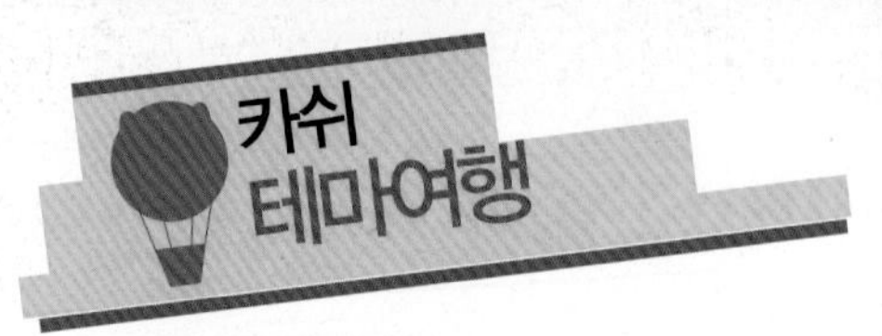

카쉬에서 즐기는 다이빙과 트레킹

카쉬는 산과 바다를 무대로 한 다양한 액티비티가 발달한 곳입니다. 패러글라이딩, 바다 카약킹, 지프 사파리 등 여러 가지 프로그램이 있지만 그 중에서도 카쉬를 대표하는 상품을 꼽으라면 케코바 섬 투어와 스쿠버 다이빙, 리키안 웨이 트레킹이 빅 3에 해당하죠.

스쿠버 다이빙 Scuba Diving

카쉬는 바다 속이 아름답기로 정평이 나 있습니다. 튀르키예에서 가장 유명한 스쿠버 다이빙 장소를 꼽는다면 단연 첫 번째가 카쉬지요. 카쉬 주변에 30여 곳의 다이빙 포인트가 있고 17개의 다이빙 교실이 성업 중입니다. 초보자는 다이빙 마스터와 함께 잠수하는데, 약 7~8m 깊이까지 들어가서 30분 정도 바다 속을 구경합니다. 깨끗한 지중해 바다 속 계곡을 보고 운이 좋다면 바다 거북을 만날 수도 있답니다. 카쉬 항구에서 20분 정도 배를 타고 다이빙 장소로 이동해 숙련된 다이빙 마스터의 장비 사용과 주의사항을 교육받고 (수영을 못 한다면 수영 방법도 알려준다) 함께 다이빙을 합니다. 가격도 다른 지역보다 저렴하므로 카쉬에서 스쿠버 다이빙을 추천할 만합니다.

시간 09:30~13:00 **요금** €40

신청 각 숙소 또는 항구 주변의 여행사

주의사항 다이빙 전날에 절대로 술을 마시면 안 되고 입수 직전 음식물 섭취는 최소한으로 하는 게 좋다.

리키안 웨이 트레킹 Lycian Way Trekking

안탈리아에서 페티예에 이르는 지역은 고대에 리키아라고 불렸으며, 고대 도시의 유적과 바다가 어우러진 천혜의 관광지입니다(리키아에 관해서는 파타라 편 P.339 참고). 리키안 웨이는 총 500km에 이르는 방대한 구간으로 선데이 타임지가 꼽은 세계 10대 트레킹 루트 중 하나입니다. 당일치기에서 일주일까지 다양한 코스가 있는데, 각 구간별로 산길을 걸으며 곳곳에 산재한 로마 시대의 유적을 탐방하다보면 어느새 리키아의 매력에 푹 빠지게 되지요. 카쉬에서 당일 여행으로 다녀오기 좋은 대표적인 코스를 소개합니다.

리키안 웨이 트레킹

스쿠버 다이빙

COURSE 1. **펠로스에서 안티펠로스까지 Phellos To Antihpellos**

카쉬에서 출발해 산 정상의 펠로스 유적을 탐방하고 아래쪽 계곡을 걷다가 추쿠르바으 Çukurbağ 마을을 지나 다시 산 위로 올라가서 능선을 따라 걷는 코스.

COURSE 2. **델리크케메르에서 파타라까지 Delikkemer To Patara**

델리크케메르는 수도관을 가리키는 단어다. 말 그대로 로마 시대에 건설된 수도교를 따라 걸으며 바다도 보고 산 속의 유적도 방문한다. 이 코스의 마지막은 파타라 유적을 통과해 해변에서 끝난다. 유적과 함께 튀르키예 지중해에서 가장 긴 파타라 해변에서 해수욕을 하는 코스라서 내용이 매우 알차다.

COURSE 3. **카쉬에서 우파크데레까지 Kaş To Ufakdere**

카쉬에서 출발해 먼저 리만아즈 Limanağzı까지 걸은 후 옛 성채를 둘러보고 우파크데레 비치까지 가는 코스. 중간에 리키아식 바위 석관도 볼 수 있고 마지막은 해변에서 수영하는 것으로 끝난다.

시간 08:30~16:00 **요금** 1인 €60(최소 출발인원 4명)

포함사항 트레킹 시작점까지 차량, 영어 가이드, 점심 식사 (유적지 입장료는 별도)

주의사항 2~5월까지가 가장 좋은 시기며, 11~1월은 날씨가 안 좋아서 사실상 중단된다. 7~8월 한여름에는 습도 때문에 걷기가 힘들 수도 있다는 것을 알아두자. 이외에도 계절마다 즐기기 좋은 다른 코스들이 많다. 자세한 것은 여행사에 문의하자.

추천여행사

마비 카쉬 투리즘 Le Congé Travel(Mavi Kaş Turizm)

주소 Uzun Çarşı No.5 Kaş **전화** (0242)836-4512~13 **홈페이지** www.mavikas.com.tr **영업** 08:30~24:00 **가는 방법** 줌후리예트 광장 옆 상가 밀집 골목 초입에 있다.

Kaş
카쉬
칼칸, 페티예 방면
❶ 오라 케밥 Ora Kebap B2
❷ 2000 레스토랑 2000 Restaurant B2
❸ 츠나를라르 피자 & 피데하우스 C2 Çınarlar Pizza & Pide House
❹ 하이타 메이하네 레스토랑 C2 Hayta Meyhane Restaurant
❺ 사르둔야 레스토랑 Sardunya Restaurant B2
❶ 아느 모텔 & 펜션 Anı Motel & Pension B2
❷ 힐랄 펜션 Hilal Pension B2
❸ 마레 노스트룸 아파트 Mare Nostrum Apart B1
❹ 하이드어웨이 호텔 Hideaway Hotel B2
❺ 칼레 호텔 Kale Hotel B2
아타튀르크 거리 Atatürk Cad.
Eski Antalya Devlet Yolu
예니 안탈리아 거리 Yeni Antalya Cad.
리키아 거리 Likya Cad.
우우르 뭄주 거리 Uğur Mumcu Cad.
구 오토가르
Otogar
주유소
Çukurbağlılar Cad.
티시 지라트 은행
석굴 무덤
Stone Tomb
올림포스, 안탈리아 방면
튀르키예 은행
쉴레이만 차부쉬 거리 Süleyman Çavuş Cad.
아타튀르크 거리 Atatürk Cad.
İbrahim Serin Cad.
PTT
리키아 거리 Likya Cad.
마비 카쉬 투리즘(여행사)
Le Congé Travel(Mavi Kaş Turizm)
시청
리키아 석관
예니 자미
Yeni Camii
원형극장
Antik Tıyatoro
예니 자미 거리 Yeni Camii Cad.
줌후리예트 광장
Cumhuriyet
Meydanı
메이스 익스프레스
(메이스 섬 페리 신청소)
야샤르 야지즈 거리 Yaşar Yazıcı Cad.
네지프 베이 거리 Necip Bey Cad.
택시
Taxi
Hellenistic
Temple 터
병원
캠핑장
다이빙 숍
Diving Shop
휘퀴메트 거리 Hükümet Cad.
경찰서
카쉬 항구
Taxi
Derya Beach Club
잔다르마
Jandarma
Ay Pension
카흐라만라르 트래블
Kahramanlar Travel
공원
중·고급 숙소
밀집구역
지중해
MEDITERRANEAN SEA(AKDENİZ)
퀴췩 차클 해변
Küçük Çakıl Plajı
뷔윅 차클 해변(1km)

Attraction 카쉬의 볼거리

카쉬의 볼거리는 빨리 움직인다면 한나절이면 충분하지만 볼거리에만 급급하지 말고 예쁜 골목길과 바다를 천천히 즐기는 여유를 갖기를 추천한다.

리키아 석관, 석굴 무덤
Anıt Mezar ★★★

Map P.353-C1, C2 **개방** 24시간 **요금** 무료 **가는 방법** 줌후리예트 광장 옆 상가 밀집 골목을 따라 5분 정도 오르막길을 걷다 보면 나온다.

시내 중심부에 있는 리키아 석관으로 카쉬를 상징하는 것이다. 기원전 4세기에 만들어졌으며 기단 위에 석관을 얹은 전형적인 리키아 양식이다(리키아의 무덤 양식은 P.357 참고). 무덤의 주인이 누구인지 밝혀지지 않았으나 왕족이었던 것으로 추정되며 기단 부분에 리키아 언어로 몇 줄의 명문이 새겨져 있다. 석관 상단의 둥근 부분에는 좌우로 네 마리의 사자 머리가 조각되어 있는데, 오랜 세월을 감안한다면 보존 상태는 완벽에 가까울 정도로 양호하다.

줌후리예트 광장에서 석관에 이르는 약 150m의 골목길은 카쉬에서 가장 예쁜 길로 다양한 기념품 가게가 밀집해 있다. 골목 자체 만으로도 충분히 볼 가치가 있으니 산책하는 기분으로 천천히 걸어보자.

한편 북동쪽 산에도 바위를 깎아 만든 리키아 석굴 무덤이 자리하고 있다. 지대가 높아 시가지가 한눈에 내려다보이는 전망도 덤으로 즐길 수 있으니 함께 둘러보자. 리키아 연맹에 관해서는 파타라 편 P.339 참고.

보존 상태가 좋은 리키아 석관

퀴췩 차클 해변
Küçük Çakıl Plajı ★★

Map P.353-C2 **개방** 일출~일몰 **요금** 무료 **가는 방법** 줌후리예트 광장에서 휘퀴메트 거리 Hükümet Cad.를 따라 도보 10분.

카쉬에 있는 두 군데의 해변 가운데 하나. 이름처럼 작은('퀴췩'은 작다는 뜻) 해변으로 자갈이 깔려있다. 여름철 맑은 지중해를 즐기려는 사람들이 몰려드는 곳인데 바닷속이 예쁘기로 유명하다. 수영에 자신 있다면 물안경을 준비해서 스노클링을 해보자. 동쪽으로 약 1km 떨어진 곳에 '뷔윅 차클 해변'도 있다. 걸어서 다녀올 수 있으므로 해수욕 도구를 준비해 가자.

원형극장
Antik Tıyatoro ★★★

Map P.353-A2 **주소** Antik Tıyatoro Yaşar Yazic Cad., Kaş **개방** 24시간 **요금** 무료 **가는 방법** 줌후리예

퀴췩 차클 해변

트 광장에서 서쪽 해변 길을 따라 도보 20분.

시가지 서쪽으로 약 300m 떨어져 있는 원형 극장. 헬레니즘 시대인 기원전 1세기에 지어졌으며 4000명까지 수용할 수 있었다. 보존 상태도 양호하고 바다 옆에 자리해 전망이 아주 좋다. 앞바다에 떠 있는 그리스령 메이스 섬도 보이며 뒤편의 조그만 산 위에도 올라갈 수 있다. 원형극장의 특성상 그늘이 없어 가능하면 한낮보다는 해가 기우는 오후나 저녁 무렵에 가는 게 좋다. 극장 꼭대기에 앉으면 시가지와 바다가 한눈에 들어오기 때문에 석양과 바다를 즐기며 맥주 한잔하기에 그만이다. 따로 파는 곳이 없으니 미리 준비해 가자.

케코바 섬
Kekova Ada ★★★

개방 24시간 **요금** 무료(성채 입장료는 €4) **가는 방법** 1일 투어 참가.

카쉬 동쪽 지중해에 떠 있는 섬으로 기원전 2세기 리키아 동맹에 가입했으며, 고대 이름은 시메나 Simena였다. 산의 경사면을 따라 집들이 들어서 있으며 산 꼭대기에는 오스만 제국의 성채가 남아 있다. 성의 동쪽은 리키아 석관이 흩어져 있는 네크로폴리스(공동묘지)가 있고 성 아래쪽에는 300명 수용 규모의 앙증맞은 원형극장도 있다. 이 작은 마을에까지 원형극장이 있었다는 사실이 놀랍다.

항구 주변에는 지진으로 하단부가 물속에 잠긴 리키아 석관이 있는데 모양이 특이해 집중 카메라 세례를 받기로 유명하다. 섬 주변에는 암벽 수중동굴도 있어 신비로움을 자아내며 투어 도중 보게 되는 수중도시 Batıkı Şehir는 이색적인 볼거리다. 2세기경 이 지역을 덮친 지진으로 도시가 물속에 가라앉았는데 보이는 것은 고대 시메나의 집들과 성채라고 한다. 해저 약 6m에 가라앉아 있어 배를 타고 천천히 지나가면서 구경한다.

케코바 섬 투어는 유적뿐만 아니라 깨끗한 지중해를 마음껏 즐길 수 있어 다녀온 여행자들이 입을 모아 추천하는 코스다. 안탈리아나 페티예에서도 운영하는 투어가 있지만 대부분 거리가 가까운 카쉬를 선호한다. 여름철 지중해를 방문했다면 꼭 참가해 볼 것을 권한다.

케코바 섬 투어

운행 여름 성수기 매일 10:00~17:00(겨울철은 운행 중단) 요금 €40~50(점심 포함, 케코바 성채 입장료는 불포함)

문의 카쉬 항구 일대 각 여행사 및 숙소

카플르타쉬 비치
Kaplıtaş Plajı ★★

개방 24시간 **요금** 무료 **가는 방법** 파타라 또는 페티예행 돌무쉬를 타고 가다가 카플르타쉬 비치 하차(20분).

뜨거운 태양과 깨끗한 지중해에 푹 빠진 비치 마니아들에게 추천하고 싶은 해변. 일반적인 해변과는 달리 깊은 절벽 아래에 형성된 곳이라 아늑하게 품어주는 느낌도 난다. 바닷물이 깨끗한 것은 말할 것도 없고 절벽과 어우러진 경치는 지중해에서 알아주는 절경이다. 한 가지 아쉬운 것은 백사장만 있을 뿐 그늘이 없다는 점. 유료로 대여해 주는 파라솔을 이용

원형극장

케코바 섬

하자. 해변에는 옥수수와 음료를 파는 노점밖에 없으므로 해수욕을 할 거라면 간식을 준비하는 게 좋다. 페티예 방면으로 가는 길가에 있기 때문에 잠깐 내려서 경치만 즐기고 갈 수도 있다.

메이스 섬
Meis Ada ★★

개방 24시간 **요금** 무료 **가는 방법** 메이스 행 페리로 30분.

카쉬 앞바다에 떠 있는 섬. 손에 잡힐 듯이 가까워 튀르키예 땅일 것 같지만 그리스령이다. 튀르키예에서는 메이스라고 부르지만 그리스어 정식 명칭은 '카스텔로리조 Kastellorizo' 또는 '메기스티 Megisti'라고 한다.

항구를 중심으로 조그만 마을이 자리했으며 천천히 다녀도 1시간 정도면 돌아볼 수 있다. 자미의 아잔 소리가 아닌 교회 종소리가 들리며 곳곳에 펄럭이는 파란 그리스 깃발이 튀르키예가 아니라는 것을 말해준다. 마을길을 따라 언덕을 올라가면 고대 유적인 메기스티 성채가 있다. 항구와 바다가 한눈에 들어오는 훌륭한 경관이므로 놓치지 말자. 성채 아래에는 옛 저택을 개조한 조그만 사설 박물관도 있다. 로마 시대의 원기둥과 프레스코화, 암포라 등이 있는데 산책삼아 가볼 만하다(화~일요일 08:30~15:00, 무료). 섬의 끝부분에는 성 스테파노스 St. Stefanos 수도원이 자리했다.

마을 구경이 따분하다면 여행사에 투어를 신청해서 보트를 타고 블루 케이브 Blue Cave 라는 수중 동굴을 구경해 보자. 점심 식사로는 오징어 튀김('깔라마리'라고 한다)과 그리스식 샐러드 Greek Salad를 추천한다. 호텔이 있어 숙박도 가능한데 관광지므로 요금이 저렴하지는 않다. 항구 옆에는 주류와 향수를 파는 조그만 면세점도 있다(기념품점이나 레스토랑에서는 튀르키예 리라가 통용되지만 면세점은 유로나 달러, 카드만 가능하다).

로도스 섬까지 페리(여름철 주 3편, 겨울철 주 2편)와 비행기도 다니므로 로도스 섬을 들렀다 산토리니로 갈 수도 있다. 항구에 있는 파포우트시스 Papoutsis 여행사에 문의하자(☎ 22460, 70630, 49356).

메이스 섬으로 가는 페리 Ferry

운행 매일 10:00(리턴 페리 메이스 출발 16:00)
소요시간 30분 요금 €30/35(편도/당일 왕복)

여름철 성수기에는 매일 운행하지만 이용객이 적은 겨울철은 운행 횟수가 줄어든다. 토, 일요일은 세관이 쉬기 때문에 운행을 하지 않는 경우도 있으므로 여행사에 미리 확인할 것. 여권 확인 절차를 위해 출발 1시간 전까지는 항구에 도착해야 한다.

페리 운행회사

메이스 익스프레스 Meis Express
주소 Cumhuriyet Mey. Hükümet Cad. No.16 전화 (0242)836-1725 홈페이지 www.meisexpress.com 가는 방법 줌후리예트 광장에 있다.

카흐라만라르 트래블 Kahramanlar Travel
주소 Andifli Mah. Hastane Cad. No.18/1 07580 전화 (0242)836-1062 홈페이지 www.meisferrylines.com 가는 방법 줌후리예트 광장에 있다.

카플르타쉬 비치　메이스 섬 항구의 교회와 집들

Travel Plus

성 니콜라스의 도시 미라(뎀레) Myra(Demre)

카쉬에서 45km 떨어진 미라 Myra(현대의 지명은 뎀레 Demre)는 고대 리키아 연맹의 투표권 3장을 행사하던 6대 도시 가운데 하나였습니다. 고대에는 큰 주목을 받지 못하다가 초기 기독교 시대에 리키아의 중심 도시로 발돋움했으며, 비잔틴 제국의 테오도시우스 2세 때 대주교청이 있는 리키아의 수도로 전성기를 누렸지요. 지금은 예전의 명성은 사라졌지만 미라의 리키아식 암벽 무덤은 최고로 인정받고 있으며, 성 니콜라스 교회를 찾는 이들의 발길이 꾸준히 이어지고 있습니다. 개별 여행자들은 카쉬에서 당일로 다녀가는 경우가 일반적입니다(안탈리아 방면 돌무쉬를 타고 가다가 뎀레 하차. 40분).

미라 Myra ★★★

개관 매일 09:00~19:00(겨울철은 08:00~17:00) **요금** €13(영어 오디오 가이드 별도) **가는 방법** 뎀레 오토가르에서 북쪽으로 약 2km 떨어져 있다. 도보 30분. 택시로는 5분.

미라의 리키아 암벽 무덤

기원전 1세기경의 고대 리키아 암벽 무덤이 잘 남아 있는 유적. 영혼불멸과 부활을 믿었던 고대 리키아인들은 시신을 땅에 묻지 않고 암벽을 파서 묘실을 만들어 그 안에 석관을 안치했다. 하늘 가까이 있을수록 더 빨리 부활한다고 믿었기 때문에 지위가 높은 사람일수록 정상 가까이에 무덤을 만들었다. 리키아의 무덤은 가옥식, 신전식, 기둥식, 석관식으로 나눌 수 있다.

가옥식 무덤은 목조 가옥을 본딴 것으로 1~3층짜리 집 모양의 무덤이다(미라의 암벽 무덤). 신전식 무덤은 이오니아식 기둥 2개를 배치해 신전 모양으로 만들었다(페티예의 아민타스 석굴 무덤). 기둥식 무덤은 네모난 돌기둥 위에 석실을 올려놓는 것으로 산토스(P.333)의 유적에서 볼 수 있다. 석관식 무덤은 기초 부분과 현실, 고딕식 아치 지붕의 세 부분으로 나뉘어 있는 것이 특징이다(카쉬의 리키아 석관 P.354).

바위 절벽에 조성된 미라의 공동묘지는 채색된 정교한 부조들로 장식되어 있었다고 하는데 오랜 세월 탓인지 대부분 마모되어 형체만 겨우 확인할 수 있다. 빽빽히 자리한 무덤을 바라보고 있노라면 부활을 믿으며 묘지를 조성했던 고대인들의 소망이 전해져 오는 것 같다.

바로 옆에는 보존 상태가 양호한 원형극장이 있다. 141년의 지진으로 무너진 것을 로마 시대에 다시 지었으며, 직경 115m, 35열의 객석에 약 8000명을 수용했다. 검투 시합이 펼쳐지고 군중들의 함성이 가득했던 극장에 앉아 묘지를 바라보면 삶과 죽음이 그리 멀지 않다는 느낌도 든다. 극장 주변에는 연극에 사용되었던 가면을 조각해 놓은 기둥의 잔해를 볼 수 있다.

성 니콜라스 교회 Noel Baba Kilisesi ★★★

개관 매일 09:00~19:00(겨울철은 08:00~17:00) **요금** €17(영어 오디오 가이드 별도) **가는 방법** 뎀레 오토가르에서 도보 5분.

성 니콜라스 초상

기독교에서 추앙받는 성 니콜라스가 대주교로 봉직했던 교회. 성 니콜라스는 270년경 파타라에서 태어났으며 알렉산드리아에서 수학한 뒤 미라의 주교로 임명되었다. 그는 약하고 힘없는 사람들의 성인으로서 갖가지 기적을 행한 것으로 알려져 있다. 심한 기근이 들었을 때 악독한 백정에게 살해당한 세 명의 아이들을 기도로 살려낸 것과 가난한 세 처녀의 결혼 지참금을 굴뚝으로 떨어뜨려 주었다는 이야기는 유명한 일화다. 이처럼 아이들의 수호자와 어려운 사람을 돕는 것이 상상력이 더해져 현대의 산타클로스가 되었다(남몰래 선행을 베푸는 청빈한 성직자가 현대 상업주의에 의해 뚱뚱하고 화려한 모습으로 변질된 것은 몹시 개탄스럽다). 또한 성 니콜라스는 여행자와 개척자의 수호 성인이기도 하다. 그리스인들은 타국으로 이민을 가서 교회를 세우고 꼭 성 니콜라스라는 이름을 붙인다(한국에 처음 설립된 서울 아현동에 있는 한국 정교회의 이름도 성 니콜라스다).

성 니콜라스 교회는 3세기경 지어졌으며 1862년 러시아의 후원으로 둥근 천정 지붕과 종탑이 추가되었다. 교회 내부에 성 니콜라스의 석관이 있는데 1087년 이탈리아의 상인들이 석관을 깨고 유골을 이탈리아로 가져가는 바람에 안은 비어있다. 성 니콜라스가 러시아 정교회의 수호 성인이라 러시아인 참배객이 특히 많으며 석관에 기도하는 사람들이 언제나 끊이지 않는다.

Restaurant 카쉬의 레스토랑

저렴한 케밥을 파는 서민 식당부터 고급 레스토랑까지 카쉬의 먹을거리는 다양하다. 바다 전망이 좋은 레스토랑이라 하더라도 가격이 터무니없지는 않으므로 한 번쯤 기분을 내 볼만하다. 매주 금요일에는 구 오토가르 부근에 장터가 열린다.

오라 케밥 Ora Kebap

Map P.353-B2 주소 07580 Antalya, Kaş, Andifli **영업** 매일 10:00~00:00 **예산** 1인 40~90TL **가는 방법** 줌후리예트 광장에서 도보 1분.

뒤륌, 케밥과 몇 가지 단품 요리가 있는 서민 식당. 메뉴가 다양하고 가격도 저렴해서 카쉬에 머무는 동안 한 번은 이용하게 되는 곳이다. 가게 안쪽의 야외 자리에 앉아 시원한 바람과 정원을 즐기며 천천히 음식을 주문해 보자 시내를 오가며 찻집으로 이용해도 좋다.

2000 레스토랑 2000 Restaurant

Map P.353-B2 주소 Atatürk Cad. No.1 Kaş **전화** (0242)836-3374 **영업** 24시간 **예산** 1인 40~90TL **가는 방법** 메르케즈 자미에서 아타튀르크 거리를 따라 도보 1분. 왼편에 있다.

택시 승강장에서 가까운 곳에 있으며 가격대는 오라 케밥과 비슷하다. 진열대에 있는 술루 예멕(조리가 다 된 음식)을 빵과 함께 먹거나 그릴에 굽는 케밥을 먹을 수 있다. 밥과 함께 나오는 고기 요리인 소테 sote와 포도잎 속을 채운 돌마 dolma, 화덕에서 금방 구워 나온 피데도 맛볼 수 있다.

츠나를라르 피자 & 피데하우스 Çınarlar Pizza & Pide House

Map P.353-C2 주소 Şube Sk. No.4 Kaş **전화** +90-538-945-2148 **영업** 09:00~23:30 **예산** 1인 50~200TL **가는 방법** 줌후리예트 광장에서 도보 1분. 이브라힘 세린 거리 İbrahim Serin Cad.에 있다.

그리스인이 살던 1846년부터 주민들에게 빵을 공급하던 빵집이었다. 그 당시의 화덕을 계속 사용하고 있는 것이 놀랍다. 피데와 피자가 주 메뉴이며 기름기가 빠진 고소한 맛이 일품이다. 생선과 스테이크 등 일반적인 메뉴도 있으므로 선택의 폭은 넓다.

하이타 메이하네 레스토랑 Hayta Meyhane Restaurant

Map P.353-C2 주소 Zümrüt Sk. No.5 Kaş **전화** (0242)836-3776 **영업** 12:00~다음날 01:00 **예산** 1인 50~150TL **가는 방법** 줌후리예트 광장에서 이브라힘 세린 거리 İbrahim Serin Cad.를 따라가다가 오른쪽 세 번째 골목 안에 있다. 도보 1분.

포도와 부겐빌리아 덩굴이 가득한 골목에 자리한 운치있는 레스토랑. 주인 아주머니가 요리한 다양한 메제가 먹음직스럽게 진열되어 있다. 여름철에는 전통 음악 공연도 펼쳐지므로 식사 후 술만 한잔 하기에도 괜찮다. 골목 안쪽에 있어 찾기가 조금 어렵다.

사르둔야 레스토랑 Sardunya Restaurant

Map P.353-B2 주소 Necip Bey Cad. No.20, Kaş **전화** (0242)836-3180 **영업** 10:00~23:00 **예산** 1인 100~400TL **가는 방법** 메르케즈 자미에서 네지프 베이 거리를 따라 도보 5분.

원형극장 가는 길에 자리한 고급 레스토랑으로 조그만 전용 비치가 있다. 나무가 울창한 정원 식당이라 숲 속에 온 듯한 느낌이 들고 바닥에는 조개껍질을 깔아놓았다. 훌륭한 바다 전망을 즐기며 기분을 내고 싶다면 단연 추천한다. 주류도 있다.

Hotel 카쉬의 숙소

카쉬의 숙소는 줌후리예트 광장을 중심으로 서쪽과 동쪽으로 나뉘어 있다. 해변이 있는 동쪽은 주로 대규모의 중고급 숙소들이 몰려있으며 분위기도 지나치게 상업적이다. 반면 서쪽은 조용한데다 저렴한 펜션과 중급 호텔이 적절히 어울려 있어 선택의 폭이 넓다. 시끌벅적한 분위기를 좋아하는 편이 아니라면 서쪽 구역에 머무는 것을 추천하고 싶다. 모든 숙소에서 뷔페식 저녁식사를 판매하므로 전망이 좋은 숙소라면 레스토랑을 이용하는 것보다 나을 수도 있다. 숙소 요금은 성수기 기준이며 겨울철은 문을 닫는 숙소가 많다.

아느 모텔 & 펜션 Anı Motel & Pension

Map P.353-B2 주소 Süleyman Çavus Cad. No.12, Kaş **전화** (0242)836-1791 **홈페이지** www.motelani.com **요금** 싱글 €30(개인욕실, A/C), 더블 €35(개인욕실, A/C) **가는 방법** 오토가르에서 쉴레이만 차부쉬 거리를 따라 도보 10분.

넓찍한 객실은 깔끔하게 관리되고 있으며 욕실도 깨끗하다. 개인 발코니가 딸린 4개의 객실은 오붓한 시간을 보내기 좋으며, 바다가 보이는 옥상 테라스는 매우 아늑한 분위기다. 풍성하게 나오는 아침식사는 이 집에 오길 잘했다는 생각이 저절로 들게 한다.

힐랄 펜션 Hilal Pension

Map P.353-B2 주소 Süleyman Çavus Cad. Kaş **전화** (0242)836-1207 **요금** 싱글 €35(개인욕실, A/C), 더블 €45(개인욕실, A/C) **가는 방법** 오토가르에서 쉴레이만 차부쉬 거리를 따라 도보 10분. 왼편에 있다.

아느 모텔 바로 옆의 펜션. 객실 상태에 따라 요금이 다양해서 취향에 맞게 고를 수 있는데, 어떤 방이라도 깔끔하고 욕실도 딸려있다. 주인 쉴레이만 씨는 전용 보트가 있고 다이빙 교실도 운영하고 있어 숙박객에게 스쿠버 다이빙 요금을 할인해 준다.

마레 노스트룸 아파트 Mare Nostrum Apart

Map P.353-B1 주소 Andifli, Gül Sk. No:6, 07580 Kaş **전화** +90-530-614-7474 **홈페이지** www.marenostrumapart.com **요금** 싱글 €50(개인욕실, A/C), 더블 €60(개인욕실, A/C) **가는 방법** 구 오토가르에서 도보 10분.

중심가에 자리한 아파트형 숙소. 주인이 항상 신경을 쓰고 있어 안팎으로 깨끗하고 잘 정돈되어 있다. 주방을 겸하는 거실 공간과 침실이 나뉘어 있어 넓고 쾌적하다. 나무가 많은 정원의 공용공간에서 아침식사나 차를 마시며 한가한 시간을 보내기 좋다. 아파트형 숙소를 찾는다면 좋은 선택이다.

하이드어웨이 호텔 Hideaway Hotel

Map P.353-B2 주소 Eski Kilise Arkası No.7 Kaş **전화** (0242)836-1887 **홈페이지** www.hotelhideaway.com **요금** 싱글 €80~90(개인욕실, A/C), 더블 €90~100(개인욕실, A/C) **가는 방법** 아테쉬 펜션 바로 앞에 있다.

튀르키예인과 벨기에인 부부가 운영하는 중급 호텔. 19개의 객실은 깔끔하며 바다 전망이 있는 방은 인기가 너무 좋아 구하기가 힘들 정도다. 주인 부부가 여행자의 요구사항을 잘 알고 있으며, 해변에 갈 때 비치타올과 스노클링 도구, 오리발을 무료로 대여해 준다.

칼레 호텔 Kale Hotel

Map P.353-B2 주소 Necip Bey Cad. Anfitiyatro Sk. No.17, Kaş **전화** (0242) 836-4074 **요금** 싱글 €55~76(개인욕실, A/C), 더블 €76~86(개인욕실, A/C), 주니어스위트 €90~96(개인욕실, A/C), 아파트룸 €120 **가는 방법** 예니 자미 앞길을 따라 도보 3분.

원형극장 가까이에 자리한 고급 숙소. 방마다 고대 리키아의 지명을 붙여놓아 재미있다. 조개껍질과 나뭇잎을 이용한 인테리어는 은은한 방 분위기와 조화를 이루었으며 바다 전망도 훌륭하다. 중급의 숙소를 원한다면 일대에서는 가장 나은 선택이며 조리시설과 냉장고를 갖춘 아파트룸도 있다.

한여름 밤의 꿈

올림포스 Olympos

안탈리아에서 남쪽으로 80km 떨어진 해변 마을. 왠지 그리스 신화와 연관이 있을 것 같은 범상치 않은 이름은 마을 북쪽에 위치한 해발 2,365m의 올림포스 산(현재의 타탈르 Tahtalı 산)에서 기원한 것이다. 기원전 2세기 리키아 Licya 동맹의 일원으로 투표권 세 장을 행사하던 6대 도시 중 하나였으며 1세기 로마의 지배를 받다 3세기경에는 지중해를 무대로 활약하던 해적의 근거지로 사용되기도 했다. 최근 안탈리아 박물관의 탐사로 해적 선장의 석관이 발견되어 해적 이야기는 사실인 것으로 증명되었다.
오래된 성벽과 지형, 그리고 해적 이야기까지 어우러져 마치 전설 속으로 들어온 듯한 착각마저 드는데 소나무 가득한 숲을 헤쳐 나가다 문득 만나는 넓은 바다는 올림포스에서만 할 수 있는 특별한 경험이다. 아울러 바와 클럽이 늘어선 밤거리를 배회하며 적당히 풀어진 히피 분위기에 취할 수 있는 것도 올림포스의 또 다른 매력. 지중해의 숨겨진 보물 올림포스에서 해적의 후예가 되어 한여름 밤의 낭만을 즐겨보자.

인구 1,000명 **해발고도** 20m

여행의 기술

Information

작은 마을이라 관광안내소, 은행, PTT 등 여행자 편의시설이 없다. 여름철 관광 성수기에는 이동 ATM이 설치되기도 하지만 높은 수수료를 물어야 하며 숙소에서의 환전은 환율이 좋지 않기 일쑤다. 방문하기 전 주머니 사정을 살펴보고 다른 도시에서 미리 환전해 가는 것이 상책. 대부분의 펜션에서 무선 인터넷이 되므로 인터넷 이용에는 문제가 없다.

올림포스 가는 법

올림포스는 안탈리아와 페티예를 잇는 국도에서 해안으로 들어간 곳에 자리하고 있어 버스만이 유일한 방문 수단이다.

올림포스로 가는 돌무쉬

➡ 오토뷔스

워낙 작은 마을인데다 지리적으로 동떨어져 있기 때문에 원거리에서 직접 가는 버스는 없으며 인근의 대도시 안탈리아나 페티예를 경유해 가는 게 일반적이다. 안탈리아 오토가르의 미니버스 터미널(P.368 참고)에서 올림포스 행 미니버스를 쉽게 이용할 수 있다. 미니버스가 올림포스까지 직접 가지는 않고 간선도로의 휴게소에서 내려 별도의 돌무쉬로 갈아타야 한다는 사실을 알아두자. 기사에게 올림포스로 간다고 이야기하면 알아서 휴게소에서 내려준다.

올림포스 마을은 큰길을 중심으로 양쪽에 펜션이 늘어서 있고 돌무쉬가 모든 펜션을 지나가기 때문에 마음에 드는 펜션 앞에 내려달라고 하면 된다. 묵을 곳을 정해 놓았다면 기사에게 숙소 이름을 이야기하면 그 앞에 세워준다.

간선도로 휴게소 ▷▶ 올림포스

돌무쉬

운행 07:30~20:30, 매 1시간 간격(겨울철은 18:00까지) 소요시간 25분

올림포스에서 출발하는 **버스 노선**

행선지	소요시간	운행
안탈리아	1시간 30분	05:30~20:00(매 30분 간격)
페티예	5시간	1일 7~8편
카쉬	2시간	06:15~19:45(매 30분 간격)

*운행 편수는 변동이 있을 수 있음.

시내 교통

올림포스는 마을을 관통하는 길 양옆으로 펜션과 투어 업체 등 편의시설이 몰려 있다. 마을 규모가 작고 해변으로 오가는 것도 한 길이라 길을 잃을 염려는 없다. 관광을 마치고 다른 도시로 이동할 때는 올림포스로 들어올 때 탔던 돌무쉬를 이용해 간선도로 휴게소까지 간 후 장거리 버스로 갈아타야 한다. 돌무쉬는 모든 숙소를 지나가므로 머물고 있는 숙소 앞에서 기다렸다가 타면 된다.

올림포스 둘러보기

올림포스 관광은 2일 정도 예상하면 된다. 마을 근처의 숲속 여기저기에 옛 성벽과 유적이 남아 있어 산책을 겸해 다니다 보면 느닷없이 고대의 흔적을 만날 수 있다. 아울러 낮에는 자갈이 깔린 깨끗한 바다를 즐기고 밤에는 동네를 어슬렁거리며 세계 각국의 여행자들과 함께 록 음악과 히피 분위기에 젖어 보는 것도 좋다. 또한 산과 바다를 무대로 하는 다양한 투어에 참가하는 것도 올림포스를 잘 즐기는 방법이다. 돌산에서 불이 뿜어져 나오는 키메라는 꽤 신기한 볼거리이므로 꼭 보길 권한다. 개별적으로 가기는 힘들고 투어에 참가하는 게 일반적이다.

+ 알아두세요!

1. 해변에는 편의시설이 전혀 없다. 해수욕하러 갈 때 깔고 앉을 넓은 수건, 간식, 물을 챙겨가자.
2. 모든 숙소에서 맥주와 음료를 판매한다. 숙소에서 파는 것을 사먹는 게 기본 예의다.
3. 물 공급이 원활하지 않은데다 여름철에는 엄청난 인파가 몰려들므로 숙소 욕실의 수압이 낮은 편이다.
4. 미드예(홍합밥) 같은 음식은 여름철에 식중독에 걸릴 수 있으니 주의하자.
5. 키메라 투어에 참가할 경우 손전등을 준비하는 게 좋다.

Travel Plus 올림포스에서 떠나는 투어

여름철 올림포스는 자유로운 국제 M.T 분위기. 산과 바다와 계곡이 어우러진 대자연을 탐방하는 투어가 활발한 곳으로도 유명합니다. 며칠 동안 올림포스에 머물 계획이라면 자신의 관심과 흥미에 맞는 투어에 참가해 보는 것도 여행의 색다른 즐거움이랍니다.

블루 크루즈

프로그램	투어 시간	요금	포함사항
패러글라이딩 Paragliding	10:00, 14:00	€120	왕복 차량
래프팅 Rafting	07:30~19:00	€40	왕복 차량, 점심 식사, 영어 가이드
케코바 섬 투어 Kekova Ada Tour	10:00~18:30	€35	뎀레까지 왕복 차량, 점심 식사
인근 섬 투어 Near Island	09:30~18:00	€30	왕복 차량, 점심 식사
바다 카약 Sea Kayak	09:30~14:00	€30	점심 식사, 영어 가이드
키메라 투어 Chimaera	21:00~23:30	€25	왕복 차량, 입장료
블루 크루즈 Blue Cruise	여름철에는 2일에 1편, 겨울철에는 주 3편 출발	€320	전 일정 숙박, 식사 (유적지 입장료는 불포함)
아드라산 트레킹 Adrasan Trekking	올림포스에서 왕복 7시간	없음	없음 *여행사에 정보를 문의해서 개별적으로 다녀온다.

문의

올림포스 테크네 투어 Olympos Tekne Turu

주소 Yazır, 07350 Kumluca/Antalya 전화 +90-539-390-7487 홈페이지 www.olymposteknetur u.com 가는 방법 투르크멘 트리하우스에서 도보 5분.

올림포스의 고대 유적
해변으로 가는 소나무 숲길

Attraction 올림포스의 볼거리

여름 한 철 북적거리는 올림포스는 산과 바다를 무대로 펼쳐지는 투어와 깨끗한 바다에서 해수욕을 즐기는 것으로 관광 포인트를 잡으면 된다.

올림포스 유적
Olympos Ruins ★★

개방 매일 09:00~19:00(겨울철은 08:00~17:00) **요금** €10 **가는 방법** 올림포스 전역

고대 리키아 동맹에서 투표권 세 장을 행사하던 '빅 6' 중 하나였던 올림포스는 리키아 지방에서 매우 중요한 항구도시였다. 현재 남아 있는 유적은 주로 로마와 비잔틴 제국 시대의 것들인데 신전과 교회, 다리, 원형극장, 성벽 등이다. 예전에는 밀림에 덮여있어 별로 신경 쓰지 않았는데 안탈리아 고고학 박물관의 발굴과 관광산업 활성화에 힘입어 계속해서 발굴작업이 진행되고 있다. 해변 입구 매표소에 유적의 전체 개념도가 있으며 해변으로 가는 길 곳곳에 표지판이 설치되어 있다. 아직까지는 발굴 단계라 복원까지는 오랜 시간이 걸릴 것으로 보이며 몇가지 잔해들만 확인할 수 있을 뿐이다. 해변으로 오가다 표지판을 따라 숲으로 들어가면 볼 수 있다.

에우도모스의 석관
Tomb of Eudomos ★★

개방 24시간 **요금** 무료 **가는 방법** 올림포스 해변 입구.

소나무 숲을 따라 해변으로 가다 해변 초입 왼쪽에 석관 두 기가 있다. 이 무덤은 아크로폴리스에 덮여 있다가 안탈리아 박물관의 발굴팀에 의해 모습을 드러낸 것이다.

2세기경 조성된 것으로 보이는 무덤의 주인은 마르쿠스 아우렐리우스 조시마스 Marcus Aurelius Josimas와 그의 삼촌인 에우도모스 Eudomos의 것으로 밝혀졌는데 해적 선장의 무덤이라는 것이 대체적인 견해다. 에우도모스의 석관에는 다음과 같은 추도시가 적혀 있다.

"배는 마지막 항구에 닻을 내렸다. 이제 아무데도 갈 수 없게. 바람과 태양이 가져다주는 어떤 희망도 이제는 품을 수 없다. 아침에 실려오는 햇빛과도 영원한 작별을 고하며 부서지는 파도처럼 한낮의 빛처럼 짧았던 생을 마감하며 에우도모스 이곳에 잠들다."

키메라
Chimaera ★★★

개방 24시간 **요금** 28TL **가는 방법** 단체 투어 참가.

올림포스에서 7km 떨어진 산에 야나르타쉬 Yanartaş('불타는 돌'이라는 뜻)라고 불리는 천연불꽃이 있다. 천연가스에 의해 지하로부터 올라오는 불인데 정확하게 어떤 성분인지

로마 시대의 신전 유적
에우도모스의 석관

밝혀지지 않아 신비로움을 더하고 있는 곳이다. 보통 이곳을 '키메라'라고 부르는데 키메라는 사자 머리, 염소 몸통, 용의 꼬리를 가진 신화 속의 괴물. 밝혀지지 않는 신비로움이 사람들의 상상력과 어우러져 키메라가 불을 뿜는 곳이라는 이야기가 만들어진 것이다.
실제로 가보면 돌산 여기저기에서 크고 작은 불이 뿜어져 나오는 광경을 볼 수 있는데 매우 흥미롭다. 기념촬영을 위해 불 가까이 갈 경우 안전사고에 조심할 것. 여름철에는 올림포스의 각 펜션마다 키메라 투어 상품을 판매하는데 볼거리로서의 가치도 있는데다 가격도 비싸지 않아 참가해 볼 만하다. 야간에 불이 더 잘 보이므로 밤에 출발한다.

불타는 돌 키메라

Restaurant 올림포스의 레스토랑

대부분의 숙소가 아침과 저녁식사가 포함되어 있기 때문에 식당을 이용하는 경우는 드물다. 해수욕을 하다 배가 고프면 해변 진입로에서 파는 괴즐레메나 옥수수 등으로 간단히 때우는 게 일반적이다. 예전보다 해변 초입에 간이 레스토랑들이 많이 생겨서 닭고기나 쾨프테 샌드위치 등 선택의 폭이 조금 더 넓어졌다. 아이스크림을 얹은 멜론도 괜찮은 간식거리다.

올림포스에서 약물 사고

산과 바다가 어우러진 낭만적인 올림포스에서 그다지 낭만적이지 않은 게 있으니 그건 바로 약물 사고. 일부 서양 히피족들이 몰리면서 최근 마리화나와 약물로 인한 사고가 빈번히 보고되고 있습니다. 레게 음악이 밤새 이어지는 여름밤 적당한 일탈의 분위기를 타고 있는 것이죠. 아직까지 한국인이 사고의 주인공이 된 적은 없지만 각별한 주의를 요합니다. 참고로 튀르키예 정부는 내외국인을 막론하고 실형을 선고할 정도로 약물에 관한 한 엄격한 입장을 취하고 있습니다. 한순간의 객기로 패가망신할 수도 있으니 주의, 또 주의를 요합니다.

올림포스의 길거리

Hotel 올림포스의 숙소

점점 관광지로 개발되고 있어 숙소는 많다. 올림포스의 펜션들은 숙박비에 아침과 저녁식사가 포함되어 있으며 요금은 1인당으로 계산된다. 몇몇 펜션은 나무 위의 집인 '트리하우스'를 갖추고 있으며 방갈로 형식의 목조 건물이 주류를 이룬다. 트리하우스는 낭만적으로 보이지만 머물기에는 불편한 점이 많으니 조건을 잘 따져보고 결정하자. 도미토리가 있는 펜션도 있어 선택의 폭이 넓은 편. 7~8월 최성수기에 방문한다면 방을 구하지 못하는 경우도 있으므로 일행이 여럿이라면 예약하는 편이 좋다. 비수기인 겨울철은 대부분 문을 닫으며 대폭 할인이 된다. 숙소 요금은 성수기 기준이다.

샤반 펜션 Şaban Pension

주소 Olympos 07350, Antalya **전화** (0242)892-1265 **홈페이지** www.sabanpansion.com **요금** 1인 €40(개인욕실, A/C), 도미토리 €25(공동욕실, A/C), 트리하우스 €35(공동욕실, A/C) **가는 방법** 투르크멘 트리하우스 바로 맞은편에 있다.

'메랄'이라는 올림포스 토박이 여성이 운영하는 펜션. 넓은 부지에 과실수가 가득하고 사방이 트여있어 정원에서 시원한 바람을 즐기기 좋다. 에어컨이 있는 도미토리도 깨끗하고 정원에서 직접 재배한 야채로 저녁식사를 준비하는 것도 마음에 든다.

오렌지 방갈로 Orange Bungalow

주소 Pk. 31 Olympos, Antalya **전화** (0242)892-1317 **홈페이지** www.olymposorangepension.com **요금** 1인 €30~40(개인욕실, A/C), 도미토리 €20(공동욕실, A/C) **가는 방법** 돌무쉬 기사에게 이야기하면 바로 앞에서 내려준다. 투르크멘 트리하우스에서 도보 2분.

정원을 가득 덮은 포도 덩굴이 운치가 있으며, 매니저가 몇 마디의 한국어를 하기도 한다. 욕실의 유무와 객실 크기, TV 등 내부 시설에 따라 가격이 달라지므로 방을 둘러보고 정하자. 도미토리는 침대가 많지 않아서 자리를 구하기가 쉽지 않다.

투르크멘 트리하우스 Turkmen Tree Houses

주소 Olympos, Antalya **전화** (0242)892-1249, 892-1260 **요금** 1인 €30~40(개인욕실, A/C), 도미토리 €20(공동욕실, A/C) **가는 방법** 돌무쉬 기사에게 이야기하면 바로 앞에서 내려준다. 워낙 유명하므로 찾지 못하는 일은 없다.

올림포스 최대 규모를 자랑하는 숙소. 트리하우스와 나무가 있는 넓은 정원은 여행자들이 어울리기 좋은 분위기이고 객실도 깔끔하다. 전문 요리사가 만들어 내는 저녁식사는 가짓수가 많기로 올림포스 최고다. 식사만 놓고 본다면 올림포스 최고!

바이람스 트리하우스 펜션 Bayrams Tree House Pension

주소 Olympos, Antalya **전화** (0242)892-1243 **홈페이지** www.bayrams.com **요금** 1인 €40(개인욕실, A/C), 도미토리 €20(공동욕실, A/C), 트리하우스 €30(공동욕실) **가는 방법** 올림포스 해변 입구 부근에 있다. 돌무쉬 기사에게 이야기하면 바로 앞에서 내려준다.

서양 여행자들이 즐겨 찾는 곳으로 늘 레게음악을 틀어놓는 등 자유로운 분위기다. 낮에는 그늘 밑에서 한가로운 시간을 보내고 밤에는 각종 칵테일을 마시는 바로 변신한다. 조금 떠들썩하지만 소란스러운 것이 오히려 자연스럽다. 밤에 술만 한 잔하러 가도 좋다.

올림포스에서 숙소 구하는 요령

올림포스의 모든 숙소는 시설이 거의 비슷합니다. 객실은 내부가 나무로 되어 있고 욕실은 칸막이를 사용했지요. 방에서는 잠만 자고 정원에서 보내는 시간이 많기 때문에 정원이 얼마나 큰지, 나무가 많은지, 편하게 쉴 수 있는지 등을 기준으로 삼는 게 좋습니다.

지중해 최대의 휴양도시

안탈리아 Antalya

지중해 최대의 관광도시이자 리조트가 발달한 휴양도시. 바다를 끼고 있는 도시 자체도 아름다운데다 고대 문화유산도 풍부해 역사여행을 겸한 휴양지로 명성을 떨치고 있는 곳이다. 고대에는 팜필리아 Pamphylia라 불렸던 곳으로 기원전 2세기경 페르가몬 Pergamon의 왕 아탈로스 Attalos 2세가 이곳에 아탈레이아 Attaleia를 건설한 것이 도시의 기원이 되었다. 제1차 세계대전 이후인 1918년 잠시 이탈리아가 점령하기도 했으나 아타튀르크의 반격으로 1921년 튀르키예 공화국으로 편입되었다.

안탈리아는 대도시지만 중세의 성채가 남아 있는 마리나 항구와 옛 정취가 가득한 칼레이치 구시가지는 역사와 잘 조화되었다는 평가를 받고 있다. 이와 함께 페르게 Perge, 아스펜도스 Aspendos 등 로마의 영광을 간직한 대 유적지도 인근에 있어 휴양 목적 외에도 안탈리아를 찾는 여행자들은 다양하다. 최근 들어 리조트가 대형화하는 등 상업적인 분위기가 확산되고 있다는 비판의 목소리도 높지만 안탈리아는 여전히 지중해 제1의 관광지로 확고부동한 명성을 지키고 있다.

인구 95만 명 **해발고도** 30m

여행의 기술

Information

관광안내소 Map P.373-A2

안탈리아 지도와 관광안내 자료를 얻을 수 있다. 직원이 영어는 통하지만 그다지 친절하지는 않으니 지도를 얻는 것으로 만족하자.

전화 (0242)241-1747

홈페이지 www.antalyakulturturizm.gov.tr, www.antalyaguide.org

업무 매일 09:00~18:00

가는 방법 칼레이치 구역 입구 시계탑에서 줌후리예트 거리를 따라 도보 10분.

환전 Map P.376-B1

여행자들이 많이 머무는 칼레이치 Kaleiçi 구역에서 가까운 아타튀르크 거리 Atatürk Cad.와 줌후리예트 거리 Cumhuriyet Cad.에 많은 은행과 사설 환전소가 있어 환전을 하는데 곤란을 겪을 일은 없다. 환율은 어느곳이나 비슷하므로 편한 곳을 이용하면 된다.

PTT Map P.373-A2

위치 이스메트 파샤 거리 İsmet Paşa Cad., 아나파르탈라르 거리 Anafartalar Cad. 등

업무 월~금요일 09:00~17:00

칼레이치구역의 시계탑

안탈리아 가는 법

지중해뿐만 아니라 전체 튀르키예에서도 손꼽히는 관광지로 사통팔달 교통이 원활하다. 안탈리아를 방문하는 방법은 비행기와 버스 두 가지. 지중해를 찾는 유럽 관광객을 겨냥해 유럽 각지와 직항노선을 취항할 정도로 항공이 발달했으며, 버스도 연결되지 않는 도시가 없을 정도로 시간과 노선도 다양하다. 마음만 먹는다면 언제 어디서나 방문할 수 있다.

➡ 비행기

안탈리아는 지방도시지만 여름철 지중해를 찾는 유럽 관광객을 겨냥해 유럽의 주요도시와 국제선이 취항하고 있다. 시내 북동쪽으로 14km 떨어져 있는 안탈리아 공항은 두 개의 국제선 청사와 한 개의 국내선 청사를 갖추고 있으며 레스토랑, 은행, 관광안내소 등 모든 편의시설을 완비하고 있다. 국제선을 타고 도착했다면 입국 수속을 거쳐야 한다. 한국에 대해 호의적인 편이라 입국심사에 별다른 주의사항은 없다.

안탈리아 공항

이스탄불, 앙카라, 이즈미르 등 국내 주요도시와도 소통은 원활하다. 이스탄불의 경우 튀르키예 항공, 오누르 에어, 아틀라스제트, 페가수스 항공, 선 익스프레스 등의 항공사가 여름 시즌 최고 20편까지 운행한다. 선 익스프레스와 오누르 에어가 저렴하므로 참고하자(선 익스프레스는 이스탄불의 사비하 괵첸 공항 이용).

공항에서 시내로

예전에는 하바쉬라고 불리는 공항버스가 시내까지 운행했는데 지금은 시내로 가지 않아서 이용빈도가 떨어진다. 대신 지하철인 안트라이가 시내 곳곳을 연결하고 있다. 안트라이를 타고 이스메트 파샤 İsmet Paşa 역에서 내려 10분 정도 걸으면 칼레이치 구역에 도착한다. 짐도 많고 번거롭다면 택시를 이용하자. 요금은 약 150~200TL.

안탈리아 공항 Antalya Havalimanı
운영 24시간
전화 (0242)310-444-7423
홈페이지 www.antalya-airport.aero

튀르키예 항공 Türk Hava Yolları
주소 Konyaaltı Cad. Antmarın İş Merkezi No.24 Antalya
전화 (0242)243-4383

안탈리아에서 출발하는
주요 국내선 항공편

행선지	항공사	운행	소요시간
이스탄불	THY, OHY, PGS, SUN	1일 20편 이상	1시간 10분
앙카라	THY	1일 4편	1시간 5분
디야르바크르	SUN, PGS	1일 3~4편	1시간 25분
반	SUN	1일 1편	1시간 50분
트라브존	SUN	주 3편	1시간 40분

*항공사 코드 THY: Turkish Airline, OHY: Onur Air, PGS: Pegasus Airline, SUN: Sun Express
*운행 편수는 변동이 있을 수 있음.

➡ 오토뷔스

지중해의 모든 길은 안탈리아로 통한다는 말이 있을 정도로 안탈리아의 위상은 남다르다. 지중해 일대를 운행하는 모든 버스는 안탈리아를 거쳐 간다고 봐도 무방할 정도.

안탈리아의 오토가르는 건물은 하나지만 이스탄불, 앙카라, 카파도키아 등 장거리를 운행하는 대형 버스가 이용하는 곳과 올림포스, 카쉬, 시데 등 가까운 곳을 운행하는 미니버스 터미널의 두 개 터미널로 나뉘어 있다. 참고로 미니버스 터미널은 '일체레르 테르미날리 İlçeler Terminali'(또는 '일체 오토가르')라고 부른다. 두 터미널 사이에는 24시간 에마네트(짐 보관소)가 있어 편리하다.

안탈리아에서 페티예로 가는 길은 내륙 코스와 해안 코스의 두 가지가 있다. 해안 코스는 바다 경치를 즐기며 갈 수 있지만 중형 버스라 승차감이 떨어지고 시간도 오래 걸린다(올림포스, 미라, 카쉬 등 모든 도시를 거쳐간다). 반면 내륙 코스는 시간도 적게 걸리고 편안한 대형 버스이므로 페티예로 가는 여행자는 참고할 것(단 내륙 코스는 해안 코스에 비해 운행 편수가 많지 않다). 당일여행으로 다녀오기 좋은 시데는 마나브가트까지 가서 돌무쉬로 갈아타야 한다.

안탈리아 오토가르 Antalya Otogar
운영 24시간 전화 (0242)331-1250

오토가르에서 시내로

오토가르는 시내 중심부에서 약 6km 정도 떨어져 있다. 장거리에서 대형 버스를 타고 도착했다면 타고 온 버스 회사의 세르비스를 타고 시내(칼레

안탈리아의 교통카드

이스탄불에는 이스탄불 카르트가 있다면 안탈리아에는 안탈리아 카르트가 있습니다. 트램, 시내버스, 안트라이(메트로) 등 모든 교통수단을 커버하는데다 현금 승차가 되지 않는 버스도 있기 때문에 안탈리아 카르트를 사용하면 편리합니다. 안탈리아의 주요 시내버스 정류장이나 안트라이 역의 자판기에서 구입할 수 있으며 보증금을 내고 카드를 산 후 충전해서 사용하면 됩니다. 한 장으로 여러명이 사용가능하며 약간의 환승 할인도 된다는 점 알아두세요(한 명 승차할 때마다 한 번씩 태그한다. 카드 보증금은 환불 안됨).

이치 입구 시계탑)까지 갈 수 있다. 카쉬, 올림포스 등 인근 도시에서 중형 버스를 타고 왔다면 시내 버스를 이용해야 한다. 오토가르 구내의 정류장에서 터미널 오토뷔스 Terminal Otobüs를 이용해 여행자 구역인 칼레이치 Kaleiçi까지 가자(93번 버스). 트램 역 칼레 카프스 Kale Kapısı나 위츠 카플라르 Üç Kapılar에서 하차.

한편 2009년 안트라이 Antray라고 불리는 새로운 트램이 생겼다. 오토가르에서 '트램바이 Tramvay'라는 안내판을 따라 가면 지하의 트램 역으로 연결된다. 500m 정도 걸어야 하지만 다행히 무빙워크가 있다. 이스메트 파샤 İsmet Paşa 역에서 내려 10분 정도 걸으면 칼레이치 구역의 입구인 하드리아누스 문에 도착한다.

터미널 오토뷔스

안탈리아에서 출발하는 **버스 노선**

행선지	소요시간	운행
이스탄불	11시간	1일 10편 이상
앙카라	8시간	1일 10편 이상
카파도키아(괴레메)	8시간	1일 7~8편
페티예		1일 10편 이상
파묵칼레(데니즐리)	4시간	1일 10편 이상
셀축(아이든)	5시간 30분	1일 7~8편
콘야	5시간 30분	1일 6~7편
올림포스	1시간 30분	05:45~20:00(매 30분 간격)
카쉬	4시간	05:45~20:00(매 30분 간격)
시데(마나브가트)	1시간 30분	06:00~22:50(매 30분 간격)

*운행 편수는 변동이 있을 수 있음.

시내 교통

도시가 넓은데다 볼거리가 여기저기 흩어져 있어 도보와 돌무쉬, 트램을 적절히 활용해야 한다. 숙소와 레스토랑, 은행 등 여행자 편의시설은 구시가지인 칼레이치와 마리나 항구 부근에 몰려 있어 걸어서 다닐 수 있다. 안탈리아 박물관과 콘얄트 해변은 트램을 이용하는 게 좋다. 지상철인 트램은 도로 위에 깔린 레일을 천천히 달리는 교통수단으로 안탈리아 박물관과 콘얄트 해변을 오갈 때 유용하다(오토가르로 가는 트램인 '안트라이'와 헷갈리지 말 것). 칼레이치 구역에서 가까운 칼레 카프스 Kale Kapısı 역이나 위츠 카플라르 Üç Kapçlar 역에서 타서 종점인 뮈제 Müze 역까지 가면 된다. 천천히 운행하는 트램을 타고 거리를 구경하는 재미가 있다.

라라 해변은 알리 체틴카야 거리 Ali Çetinkaya

안탈리아의 트램, 안트라이

Cad. 초입에서 돌무쉬를 이용해야 한다. 번호는 8번이며 사람들에게 라라 해변을 물어보면 된다. 쿠르순루 폭포 역시 알리 체틴카야 거리에서 괵수 Göksu 행 돌무쉬를 타고 30분 정도 가야 하며, 그 밖의 볼거리는 모두 칼레이치 구역에 있어 걸어서 돌아볼 수 있다. 오토가르와 공항으로 갈 때는 이스메트 파샤 거리에서 트램인 안트라이를 이용하면 된다. 트램 이스메트 파샤 İsmet Paşa 역 승차.

안탈리아 둘러보기

안탈리아의 볼거리는 크게 시내와 외곽지역으로 나눌 수 있다. 안탈리아 박물관, 이블리 미나레, 마리나 항구 등이 시내의 볼거리이며 쿠르순루 폭포가 있는 공원은 도시 외곽에 자리하고 있다. 로마 시대 도시 유적인 페르게, 아스펜도스와 쿠르순루 폭포를 함께 돌아보고 싶은 여행자라면 단체 투어에 참가하는 방법도 고려해 볼 만하다. 모든 볼거리를 꼼꼼히 돌아보려면 2~3일은 투자해야 한다. 칼레이치 구역 입구에 있는 시계탑이나 하드리아누스 문을 관광의 기점으로 삼으면 된다.

첫날은 시내의 볼거리를 돌아본다. 먼저 칼레 카프스 Kale Kapısı 역이나 위츠 카플라르 Üç Kapılar 역에서 트램을 타고 종점인 뮈제 Müze 역에서 내려 안탈리아 박물관을 관람하고 다시 칼레이치 구역으로 돌아와 이블리 미나레를 보고 마리나 항구를 산책하며 바닷가 풍경을 즐기자. 그 후 칼레이치 구역 안으로 들어가 하드리아누스 문, 칼레이치 박물관, 케시크 미나레, 카라알리오을루 공원 순으로 돌아보면 된다. 칼레이치 구역은 오스만 시대의 가옥이 잘 보존되어 있기 때문에 볼거리 순례를 다니다 보면 자연스럽게 옛집들이 남아 있는 구시가지의 정취를 즐길 수 있다.

둘째날은 1일 투어를 이용해 주변의 고대유적을 돌아보자. 페르게, 쿠르순루 폭포, 아스펜도스 유적을 묶은 투어나 테르메소스, 뒤덴 폭포 투어에 참가하는 것이 일반적이다. 관광을 마친 후에는 근사하게 꾸민 칼레이치의 레스토랑에서 와인을 한잔해도 좋고 마리나 항구의 레스토랑에서 훌륭한 바다 경치를 즐기며 기분을 내는 것도 추천할 만하다.

+ 알아두세요!

1. 테르메소스는 산속에 있는 유적이라 등산 준비를 해서 가야 한다. 간식과 물도 챙기자.
2. 해수욕을 즐기러 해변에 갈 때 가능하면 동행을 만들어 함께 가도록 하고 눈이 안 보이는 짙은 선글라스를 반드시 가져가자. 호기심 많은 현지인들의 시선을 피하는데 훌륭한 일조(?)를 한다.

+ 알아두세요!

올림포스 산 케이블카 투어

안탈리아 인근의 해발 2,365m의 올림포스 산(튀르키예어로 '타탈르 Tahtalı 산')은 전망이 좋기로 유명합니다. 그리스의 올림포스 산과는 다른 산이지만 그리스 신들이 살았던(?) 곳이라고 하지요. 산 중턱까지 케이블카가 운행하고 있는데 전망대에서 바라보는 산과 지중해 경치가 뛰어나 많은 사람들이 찾곤 합니다. 정상에 올라가면 이 산에 살았다는 제우스 신의 아들이자 대장장이의 신인 헤파이토스와 부인 아프로디테 여신 상이 있고 전망대가 있습니다. 날씨가 좋으면 지중해 바다와 주변 산맥이 한눈에 들어오니 시간에 쫓기지 않는 여행자라면 안탈리아에서 하루쯤 투자해 다녀올 만합니다. 여름철은 엄청나게 줄이 길게 늘어서므로 아침일찍 다녀 오세요.

올림포스 케이블카

업체명 Olympos Teleferik **전화** +90-541-814-3021 **운영** 매일 10:00~16:30(계절에 따라 변동) **요금** 왕복 $64 **소요시간** 약 10분(한국어 안내방송도 나온다) **예약** www.olymposteleferik.com

*케이블카 탑승장까지 바로 가는 대중교통이 없으므로 왕복 셔틀까지 함께 예약하는 편이 좋다(셔틀비용 별도)

올림포스산 케이블카

BEST COURSE

첫날 예상소요시간 7~8시간

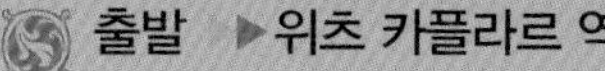

출발 ▶위츠 카플라르 역

트램으로 15분

안탈리아 박물관(P.377)
튀르키예 최고의 고고학 박물관 중 하나. 대리석관은 조각 예술의 절정을 보여준다.

트램으로 15분

이블리 미나레(P.377)
칼레이치 입구에 있는 붉은 미나레. 시계탑과 함께 이정표 구실을 한다.

도보 10분

마리나 항구(P.378)
안탈리아와 역사를 함께해 온 유서 깊은 항구. 산책을 겸해 바닷가 정취를 즐기기 좋다.

도보 20분

하드리아누스 문(P.378)
3개의 아치가 멋진 로마 시대의 문. 아무리 보아도 싫증나지 않는 묘한 매력이 있다.

도보 5분

칼레이치 박물관(P.378)
구시가지에 있는 생활사 박물관. 전통가옥과 그리스 정교회였던 박물관 건물이 인상적이다.

도보 2분

케시크 미나레(P.379)
윗부분이 잘려나간 미나레.
단순한 외형과 달리 세월의 풍파에 시달린 미나레다.

도보 3분

카라알리오을루 공원(P.379)
칼레이치 구역에서 바다를 볼 수 있는 공원. 지중해와 반대편의 산이 대비되어 사진 찍기에 좋다.

둘째날(1일 투어 참가) 예상소요시간 7~8시간

택시 또는 돌무쉬로 30분

페르게 유적(P.387)
리키아의 중심이었던 도시. 원기둥이 줄지어 있는 중심 도로를 걸으며 로마 시대로 떠나보자.

택시 또는 돌무쉬로 20분

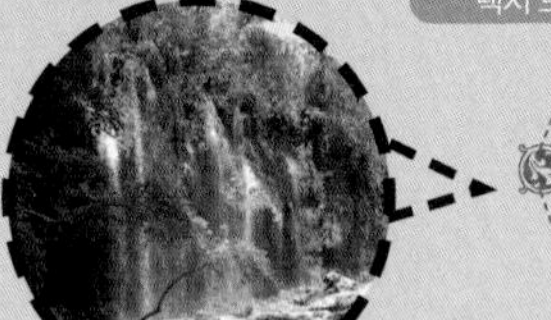

쿠르순루 폭포(P.380)
안탈리아 근교에 자리한 폭포가 있는 공원.
떨어지는 시원한 물줄기가 일품이다.

택시 또는 돌무쉬로 30분

아스펜도스 유적(P.388)
튀르키예에서 고대 원형극장이 가장 잘 남아 있는 도시 유적. 완벽에 가까운 보존 상태를 자랑한다.

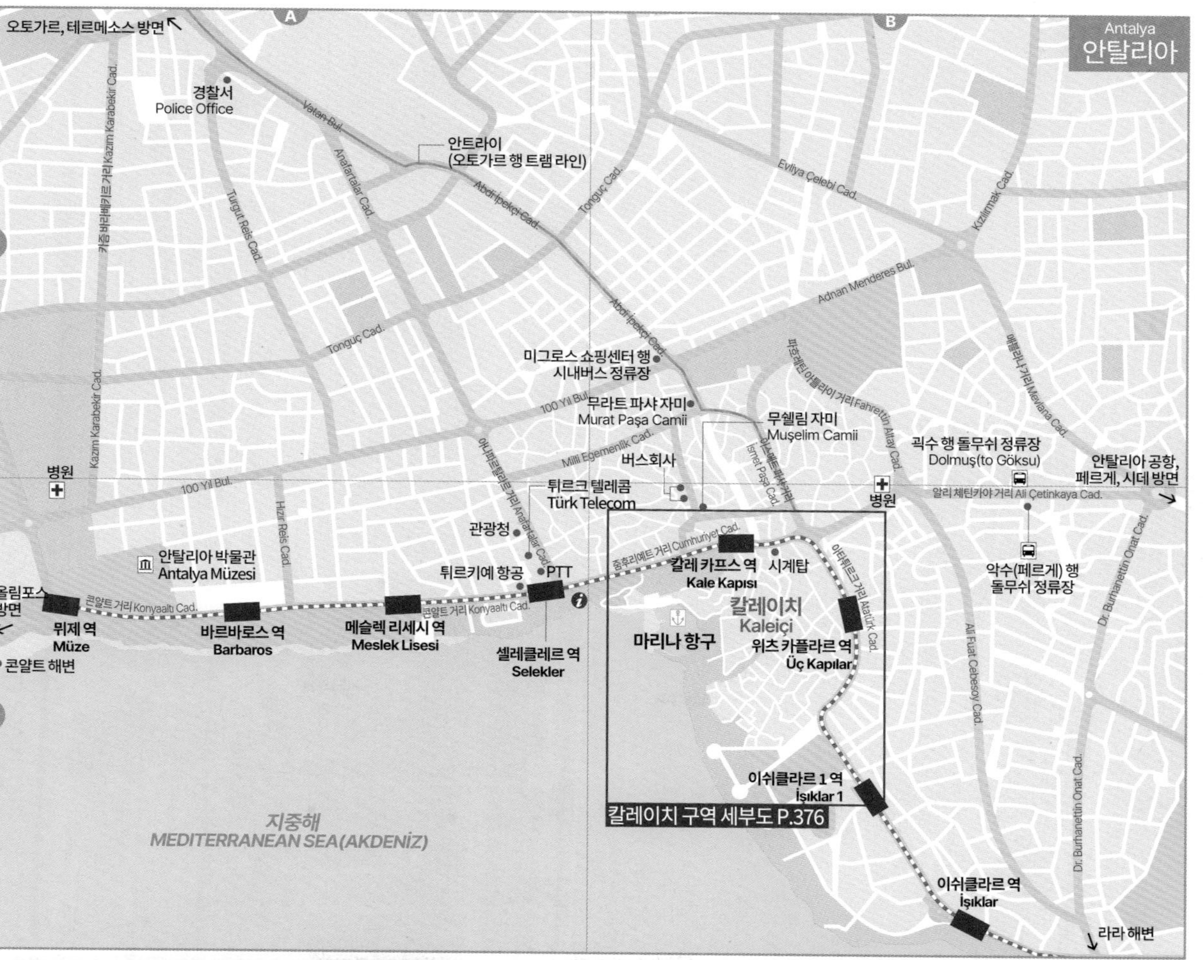
Antalya
안탈리아
오토가르, 테르메소스 방면
경찰서
Police Office
안트라이
(오토가르 행 트램 라인)
미그로스 쇼핑센터 행
시내버스 정류장
무라트 파샤 자미
Murat Paşa Camii
버스회사
튀르크 텔레콤
Türk Telecom
무쉘림 자미
Muşelim Camii
괵수 행 돌무쉬 정류장
Dolmuş(to Göksu)
안탈리아 공항,
페르게, 시데 방면
악수(페르게) 행
돌무쉬 정류장
병원
병원
관광청
튀르키예 항공
PTT
안탈리아 박물관
Antalya Müzesi
올림포스
방면
뮈제 역
Müze
콘얄트 해변
바르바로스 역
Barbaros
메슬렉 리세시 역
Meslek Lisesi
셀레클레르 역
Selekler
칼레 카프스 역
Kale Kapısı
시계탑
칼레이치
Kaleiçi
마리나 항구
위츠 카플라르 역
Üç Kapılar
이쉬클라르 1 역
İşıklar 1
칼레이치 구역 세부도 P.376
이쉬클라르 역
İşıklar
라라 해변
지중해
MEDITERRANEAN SEA(AKDENİZ)
카즘 카라베키르 거리 Kazım Karabekir Cad.
Kazım Karabekir Cad.
Vatan Bul.
Anafartalar Cad.
Turgut Reis Cad.
Abdi İpekçi Cad.
Tonguç Cad.
Tonguç Cad.
Evliya Çelebi Cad.
Kızılırmak Cad.
Adnan Menderes Bul.
Abdi İpekçi Cad.
100 Yıl Bul.
100 Yıl Bul.
Milli Egemenlik Cad.
Hızır Reis Cad.
아나파르탈라르 거리 Anafartalar Cad.
파흐레틴 아틀라이 거리 Fahrettin Altay Cad.
메블라나 거리 Mevlana Cad.
이스메트 파샤 거리 İsmet Paşa Cad.
알리 체틴카야 거리 Ali Çetinkaya Cad.
줌후리예트 거리 Cumhuriyet Cad.
아타튀르크 거리 Atatürk Cad.
콘얄트 거리 Konyaaltı Cad.
콘얄트 거리 Konyaaltı Cad.
Ali Fuat Cebesoy Cad.
Dr. Burhanettin Onat Cad.
Dr. Burhanettin Onat Cad.
A
B
1
2

안탈리아에서 떠나는 바다와 고대 유적 투어

다양한 취향의 여행자가 몰려드는 곳인 만큼 여행자의 입맛에 맞춘 투어 상품이 있는 것이 안탈리아 관광의 특징. 근교의 로마 유적지를 함께 둘러보는 역사 투어부터 케코바 섬에 다녀오는 바다 투어까지 종류도 가격도 다양합니다. 이 중 고대도시 투어는 개별적으로 방문하는 것보다 시간과 비용을 절약할 수 있어 여행자들에게 인기를 끌고 있습니다. 일행이 여럿이라면 택시를 대절하는 것도 괜찮은 방법이지요. 여름철 성수기에는 자주 출발하지만 겨울철은 대폭 축소되거나 중단되므로 미리 확인하세요.

아스펜도스 원형극장

뒤덴 폭포

미라의 리키아 묘지

스쿠버 다이빙

페르게 Perge·아스펜도스 Aspendos·쿠르순루 폭포 Kurşunlu Şelalesi·시데 Side

안탈리아 인근의 고대도시인 페르게와 아스펜도스, 시데를 돌아보는 것으로 가격대 성능비가 뛰어나다. 페르게의 도시 유적, 보존 상태가 훌륭한 아스펜도스의 원형극장, 쿠르순루의 폭포와 지중해 최고의 낭만적인 유적이라고 일컬어지는 시데의 아폴론&아테나 신전까지 내용이 매우 알차다.

출발 주 4회 09:00 **요금** €75

포함사항 차량, 점심식사, 입장료, 영어 가이드 **문의** 안탈리아 각 숙소 및 여행사

테르메소스 Termessos·뒤덴 폭포 Düden S elalesi

안탈리아 북서쪽 해발 1,200m의 귈뤽 산 Güllük Dağı에 있는 고대도시 유적인 테르메소스와 풍부한 수량을 자랑하는 뒤덴 폭포를 돌아보는 상품. 유적이 산속에 있어 등산을 해야 하기 때문에 약간 힘들지만 손때 묻지 않은 유적을 볼 수 있어 다녀온 여행자들의 호평을 받고 있다.

출발 주 3회 09:00 **요금** €75

포함사항 차량, 점심식사, 입장료, 영어 가이드 **문의** 안탈리아 각 숙소 및 여행사

미라 Myra·케코바 섬 Kekova Ada

일명 '태양의 땅'이라 불리는 안탈리아 남서부 고대 리키아 Licya 유적을 돌아보는 투어. 미라는 절벽에 조성된 주택처럼 생긴 리키아식 묘지가 인상적이며(P.357 참고) 케코바 섬은 침몰한 수중도시로 유명한 곳이다(P.355 참고).

출발 주 3회 08:00 **요금** €75

포함사항 차량, 보트, 점심식사, 입장료, 영어 가이드 **문의** 안탈리아 각 숙소 및 여행사

요트 투어(6시간)

안탈리아 인근 바다에서 요트를 타고 깨끗한 지중해를 즐기는 투어. 지중해를 보고 싶어하며 시간에 쫓기는 단기 여행자들이 많이 선택한다.

출발 매일 10:45 **요금** €45

포함사항 요트, 점심식사, 영어 가이드 **문의** 안탈리아 각 숙소 및 여행사

스쿠버 다이빙

말 그대로 다이빙을 하며 바닷속을 탐방하는 상품이다. 숙련된 조교와 다이빙 장비 일체가 포함되므로 가격이 약간 비싸지만 다녀온 여행자들이 입을 모아 추천한다.

출발 매일 08:00 **요금** €85

포함사항 차량, 보트, 점심식사, 장비, 영어 가이드 **문의** 안탈리아 각 숙소 및 여행사

아스펜도스 국제 오페라 발레 페스티벌

보존이 잘된 아스펜도스의 원형극장에서 열리는 한여름 밤의 음악 콘서트. 오페라와 발레가 펼쳐지는 공연 내용도 특별하지만 고대 극장에서 감상하는 콘서트는 잊을 수 없는 추억이 되기에 충분하다(P.389 참고).

공연시기 매년 6~8월 **공연시간** 21:00~23:00

요금 측면석 €55, 중앙석 €65 **포함사항** 왕복 차량, 입장권

문의 안탈리아 각 숙소 및 여행사

유적지별 택시요금

안탈리아–페르게 €65(왕복)

안탈리아–아스펜도스 €80(왕복)

안탈리아–시데 €100(왕복)

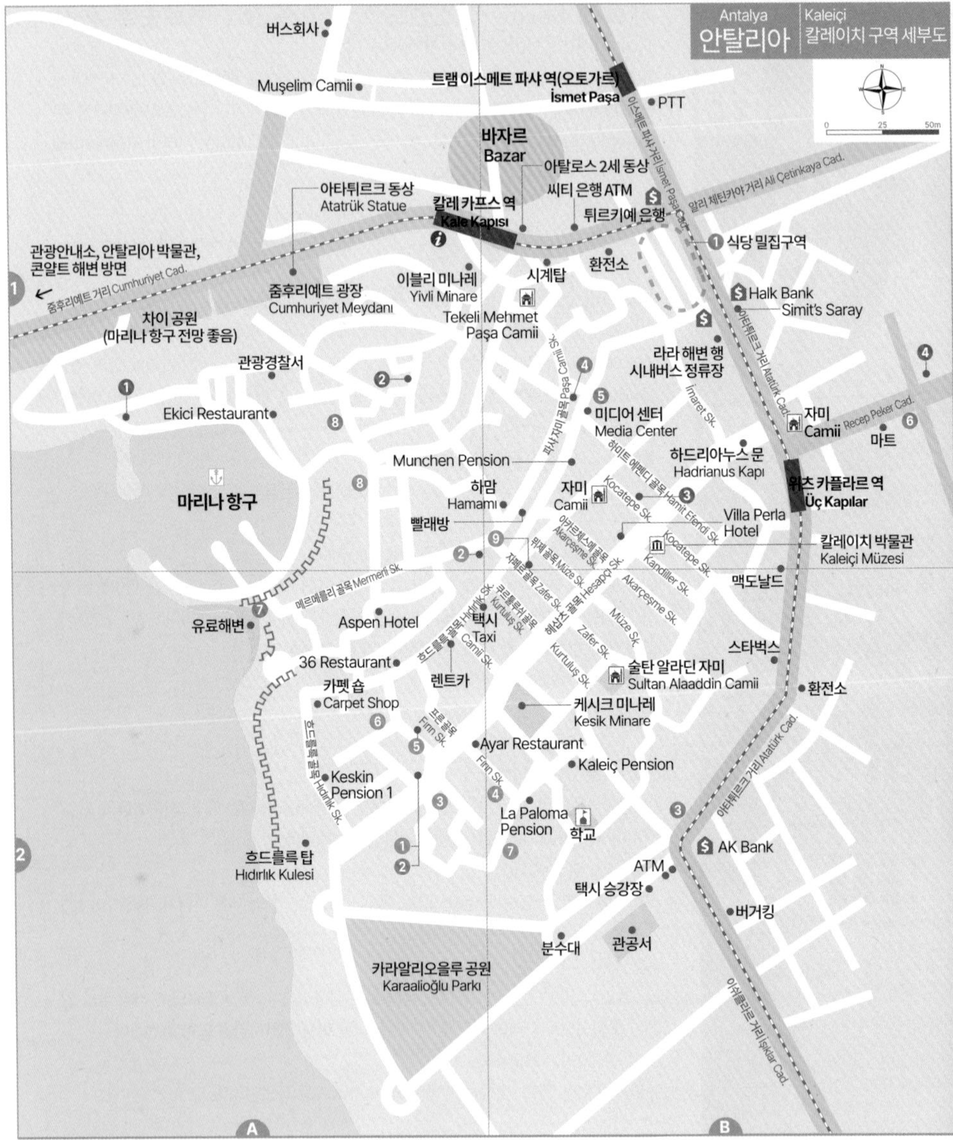

❶ 먹자골목 레스토랑들 B1
❷ 예멘리 레스토랑 Yemenli Restaurant A2
❸ 츠트르 발륵 Çıtır Balık B2
❹ 칼레이치 부다 Kaleiçi Buda B1
❺ 하산아아 레스토랑 Hasanağa Restaurant B1
❻ 피자 아르헨티나 Pizza Argentina Kalekapısı B1
❼ 메르메를리 Mermerli A2
❽ 기즐리 바흐체 코나클라르 Gizli Bahçe Konakları A1

❶ 클럽 아르마 Club Arma A1
❷ 더 록 바 The Rock Bar A1
❸ 세파 하맘 Sefa Hamam B1
❹ 플라자 시네마 Plaza Cinema B1

❶ 사바 펜션 Sabah Pansion A2
❷ 도안 호텔 Doğan Hotel A1
❸ 라제르 펜션 Lazer Pensiyon A2
❹ 시벨 펜션 Sibel Pansiyon B2
❺ 화이트 가든 호텔 White Garden Hotel A2
❻ 하드리아누스 호텔 Hadrianus Hotel A2
❼ 미니온 호텔 Minyon Hotel B2
❽ 씨에이치 호텔 튀르크 에비 CH Hotels Türk Evi A1
❾ 메디테라 아트 호텔 Mediterra Art Hotel B1

Attraction 안탈리아의 볼거리

볼 것도 많고 사진 찍을 것도 많은 안탈리아에서는 하루가 모자랄 지경이다. 당일 방문지를 선택하고 내용을 숙지한 후에 투어에 나서는 것이 관광효율을 높이는 지름길이다.

안탈리아 박물관
Antalya Müzesi ★★★★

Map P.373-A2 주소 Antalya Müzesi Konyaaltı Cad. No.1 07050, Antalya **전화** (0242)238-5688~9 **이메일** antalya muzesi@ttnet.net.tr **개관** 매일 09:00~19:30(4~10월), 08:30~17:00(11~3월) **요금** €15 **가는 방법** 칼레 카프스 Kale Kapısı 역이나 위츠 카플라르 Üç Kapılar 역에서 트램을 타고 종점인 뮈제 Müze 역에 하차하면 길 건너편에 있다.

콘얄트 해변 가까이 있는 박물관으로 튀르키예에서 가장 중요한 고고학 박물관 중 하나다. 안탈리아 인근 페르게와 아스펜도스에서 출토된 고대 유물을 중심으로 선사시대와 오스만 제국시대에 이르기까지 시기별로 다양한 전시품이 10여 개의 관에 나뉘어 전시되어 있다.

많은 전시물 중 관람객의 발길을 가장 오래 잡아끄는 것은 단연 로마 시대의 유물. 4, 5, 6, 7, 8번 관에 전시된 로마 황제와 그리스 신들의 석상, 화려하고 정교한 대리석관은 세계 최대의 제국이었던 로마의 영광을 말해준다. 특히 페르게 극장 홀 The Hall Of Perge Theatre의 엄청난 규모의 신상과 부조는 마치 신화 속에 들어온 듯한 착각마저 들 정도다. 전시물이 다양하고 뛰어난 가치를 지니고 있어 조금 비싼 입장료가 아깝다는 생각은 들지 않는다. 일정이 촉박해 페르게와 아스펜도스 유적을 돌아보지 못하는 여행자라면 꼭 들러보길 권한다. 박물관 2층에는 산타클로스로 유명한 성 니콜라스 St.Nicolas(P.357 참고)의 초상과 성모 마리아의 성화도 전시되어 있다. 매표 카운터에서 오른쪽으로 들어가 반시계 방향으로 관람하도록 되어 있으며 찬찬히 둘러보려면 2시간 정도 걸린다.

안탈리아 박물관의 페르게 극장 홀

이블리 미나레
Yivli Minare ★★★

Map P.376-A1 주소 Yivli Minare, Kaleiçi, Antalya **개방** 24시간 **요금** 무료 **가는 방법** 칼레이치 입구 시계탑에서 도보 2분.

안탈리아를 상징하는 높이 38m의 붉은 미나레. 이블리는 '홈'이라는 뜻으로 미나레 외벽

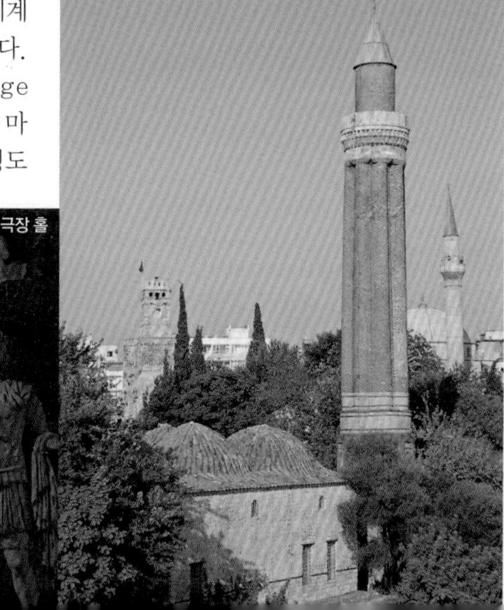
이블리 미나레

에 붉은 벽돌로 여덟 줄의 세로 홈이 있다고 해서 붙은 이름이다. 13세기 룸 셀주크의 술탄이었던 알라딘 케이쿠바드 Alaaddin Keykubad 1세가 세웠다. 미나레의 북쪽 면에는 발코니까지 올라갈 수 있는 내부 계단이 있는데 지금은 출입이 금지되어 있다. 이블리 미나레는 시계탑과 함께 칼레이치의 이정표 역할을 하며, 맞은편에는 신학교로 사용되었던 건물이 있는데 지금은 기념품 상가로 바뀌었다.

마리나 항구
Marina Limanı ★★★

Map P.376-A1 주소 Marina Kaleiçi, Antalya **개방** 24시간 **요금** 무료 **가는 방법** 칼레이치 입구 시계탑에서 도보 10분.

칼레이치 서쪽에 자리한 조그만 항구로 안탈리아의 역사와 함께해 온 곳이다. 2세기부터 안탈리아를 기점으로 지중해를 오가던 배들이 쉬어가던 일종의 정거장이었다. 지금은 콘얄트 해변 쪽에 새로운 항구가 생겨 항구로서의 기능은 줄어들었지만 여전히 안탈리아의 명소로 방문객들이 끊이지 않는다.

항구 뒤쪽으로 자리한 오래된 성벽과 파란 바다가 멋지게 조화를 이루고 있으며 투어를 권하는 사설 보트들이 줄지어 있는데 종류에 따라 가격은 다양하다. 여름날 오후 성벽 아래를 산책하다 기분이 내키면 마리나 항구 일대의 바다를 돌아보는 짧은 보트 투어에 참가해 보는 것도 괜찮다.

하드리아누스 문
Hadrianus Kapı ★★★

Map P.376-B1 주소 Hadrianus Kapısı, Antalya **개방** 24시간 **요금** 무료 **가는 방법** 칼레이치 입구 시계탑에서 트램 길을 따라 도보 15분.

130년 로마 황제 하드리아누스 Hadrianus가 안탈리아를 방문한 것을 기념해 건립한 문. 구시가지로 들어서는 메인 게이트로 사용되었는데 지금까지도 본연의 역할을 다하고 있다. 이오니아식 기둥이 받치고 있는 3개의 멋진 아치가 인상적이며 이것 때문에 위츠 카플라르 Üç Kapılar('3개의 문'이라는 뜻)라고도 불린다. 아치 위에는 하드리아누스 황제와 가족의 석상이 있었다고 하나 지금은 확인할 길이 없다. 문 양옆으로는 사각형의 탑이 있는데 왼쪽은 로마 시대에 지어졌으며 오른쪽은 13세기 셀주크의 술탄 알라딘 케이쿠바드가 세운 것이다. 이블리 미나레와 더불어 안탈리아를 상징하는 유물로 많은 시민들의 사랑을 받고 있다.

칼레이치 박물관
Kaleiçi Müzesi ★★

Map P.376-B1 주소 Barbaros Mah. Kocatepe Sk. No.25 Kaleiçi 07100

마리나 항구

로마의 향기가 묻어나는 하드리아누스 문

Antalya **전화** (0242) 243-4274, 248-2057 **개관** 매일 09:00~12:00, 14:00~19:30(6~9월), 목~화요일 09:00~12:00, 13:00~18:00(10~5월) **요금** 15TL **가는 방법** 하드리아누스 문에서 도보 2분.

오스만 전통가옥과 그리스 정교회를 개조한 박물관. 입구를 들어서서 2층으로 올라가면 안탈리아의 옛날 사진과 오스만 전통 생활양식을 마네킹으로 재현해 놓았다. 작은 정원을 지나 들어서게 되는 뒤편의 건물에는 다양한 종류의 도자기가 전시되어 있는데 특히 동물 모양의 도자기가 눈길을 끈다.

2층에 전시되어 있는 19세기 말~20세기 초 거리 상인의 모습을 담은 수십여 점의 흑백사진도 무척 인상적이다. 그다지 큰 볼거리라고 할 수는 없지만 칼레이치 구역에 있어 오가며 쉽게 들를 수 있는데다 입장료도 비싸지 않아 한번쯤 둘러보기에 좋다.

칼레이치 박물관에 전시된 도자기들

케시크 미나레
Kesik Minare ★★

Map P.376-B2 주소 Kesik Minare Kaleiçi, Antalya **개방** 24시간 **요금** 무료 **가는 방법** 하드리아누스 문에서 도보 5분.

오랜 풍상의 흔적이 느껴지는 미나레. 2세기 사원으로 처음 건립된 뒤 비잔틴 시대에는 교회로 사용되다 셀주크 투르크 시대에 자미로 개조되었다. 1361년 다시 교회로 용도 변경된 후 15세기 오스만 제국 시대에 다시 자미로 바뀌는 등 풍상만큼이나 굴곡진 역사를 품고 있다. 1896년까지 자미로 사용되다 큰 화재를 겪으며 미나레의 윗부분이 소실되어 '잘렸다'는 뜻의 케시크 미나레가 되었다. 유적 발굴과 복구 작업을 거치며 내부는 작은 정원이 조성되어 있는데 특별히 주의를 끌 만한 것은 없다. 칼레이치 구역에 있어 오가며 자연스럽게 보게 된다.

카라알리오을루 공원
Karaalioğlu Parkı ★★

Map P.376-A2 주소 Karaalioğlu Parkı Kaleiçi, Antalya **개방** 24시간 **요금** 무료 **가는 방법** 하드리아누스 문에서 도보 10분.

칼레이치 구역 남쪽 끝 바닷가에 있는 공원. 지중해와 맞은편의 우뚝 솟은 산을 조망하기에 좋다. 공원 입구에는 오래된 흐드를륵 탑

케시크 미나레

카라알리오을루 공원

Hıdırlık Kulesi이 있어 한결 정취를 더해준다. 높이 14m의 탑은 2세기경 건립된 것으로 바다를 감시하던 망루였다고 하며 한쪽 옆에는 대포도 놓여 있다. 많은 여행자들이 안탈리아를 방문한 기념사진을 찍어가는 곳이기도 하다.

쿠르순루 폭포
Kursunlu Şelalesi ★★

개방 매일 일출~일몰 **요금** 28TL **가는 방법** 하드리아누스 문 동쪽 알리 체틴카야 거리 Ali Çetinkaya Cad.에서 괵수 Göksu 행 돌무쉬로 30분. 돌아올 때 MK80 버스를 타면 뒤덴폭포를 들렀다가 시내로 갈 수 있다. 매표소 앞 승차.

안탈리아 내륙에는 하천이 많아 폭포를 볼 수 있다. 폭포가 있는 곳은 공원으로 지정되어 시민들의 주말 나들이 장소로 각광받고 있는데 그중 쿠르순루 폭포는 시내에서 비교적 가까운데다 수량도 풍부해 많은 이들이 찾는다. 매표소를 지나 소나무 숲을 가로질러 가다 왼쪽 아래로 내려가면 폭포를 만날 수 있는데 수량이 늘어나는 겨울철이라면 한층 더 멋진 장관을 즐길 수 있다. 하얀 폭포가 소나무 숲과 어우러져 깊은 정취를 자아내는데 기왕 왔다면 폭포만 보고 가지 말고 숲 안쪽으로 난 산책길을 따라가 보자. 끝없이 이어지는 길 사이사이로 굽이쳐 흐르는 강물을 볼 수 있다.

쿠르순루 폭포

콘얄트&라라 해변
Konyaalt&Lara Plajı ★★

Map P.376-A1, B1 **개방** 24시간 **요금** 콘얄트 해변은 무료(파라솔 사용료 별도), 라라 해변은 유료/무료 구역이 있다. **가는 방법** 콘얄트 해변은 트램 종점인 뮈제 Müze 역에서 하차한 뒤 도보 5분, 라라 해변은 알리 체틴카야 거리 Ali Çetinkaya Cad. 초입에서 돌무쉬로 15분.

해안도시 안탈리아에서 해수욕을 즐길 수 있는 해변. 콘얄트는 길이 약 2km에 달하는 긴 해변으로 도시의 서쪽 끝에 있다. 일반적인 모래 해변이 아닌 조약돌이 깔려 있는 자갈 해변으로 여름철에는 수영과 선탠을 즐기러 오는 해수욕객들로 붐빈다. 바닥이 보일 정도로 물은 깨끗하지만 파도는 의외로 센 편이므로 해수욕할 경우 안전사고에 조심하자. 방문하는 동양 여행자가 적어 해수욕을 하다 보면 현지인들의 뜨거운 시선을 피할 수 없다. 가능하면 일행과 함께 가는 게 좋다(특히 여성 여행자라면 더더욱!). 여름철에는 음악 콘서트 같은 특별 이벤트가 펼쳐지기도 한다.

라라 해변은 시내 동쪽으로 약 10km 떨어져 있는 모래 해변이다. 부드럽고 황금빛 노란색의 백사장을 즐기고 싶은 여행자들이 즐겨찾는 안탈리아의 대표적 해변이다.

콘얄트&라라 해변

Restaurant 안탈리아의 레스토랑

바다를 끼고 있는 도시인만큼 해산물 요리가 제격이다. 여행자들이 주로 머무는 칼레이치 구역에 많은 레스토랑이 있다. 하드아누스 문 밖 아타튀르크 거리에 저렴한 레스토랑이 줄지어 있고 어디서나 저렴한 되네르 케밥을 찾아볼 수 있어 주머니 사정에 맞게 선택할 수 있다. 종류도 가격도 다양한 안탈리아에서 먹는 문제로 고민할 필요는 없다.

먹자골목 레스토랑들

Map P.376-B1 주소 Atatürk Cad. **영업** 09:00~23:00 **예산** 되네르케밥+콜라 120~150TL, 생선 요리 400~500TL **가는 방법** 아타튀르크 거리 초입 식당 밀집 구역. 하드리아누스 문에서 도보 5분.

아타튀르크 거리에 저렴한 되네르 케밥을 파는 레스토랑들이 많다. 길거리 쪽에는 되네르 케밥을 팔고 안쪽으로 들어가면 생선 요리를 파는 집들도 몇 군데 있다. 칼레이치 구역의 중급 레스토랑보다 조금 저렴한 값에 생선을 맛볼 수 있다는 게 장점이다.

예멘리 레스토랑 Yemenli Restaurant

Map P.376-A2 주소 Kılınçaslan Mah. Hesapçı Sk. No.60 **전화** (0242)247-5345 **영업** 09:00~23:00 **예산** 1인 400~700TL **가는 방법** 사바 펜션 바로 옆에 있다.

사바 펜션에서 함께 운영하는 레스토랑. 배낭여행자가 많이 찾는 펜션의 특성 때문에 음식요금이 다른 레스토랑보다 저렴한 편이다. 오징어, 문어 및 다양한 종류의 생선 요리도 괜찮고 두툼하고 큼직한 '스니젤 Schnitzel'은 매우 훌륭하다. 맥주도 저렴한 편. 여름철에는 매일 밤 라이브 공연도 펼쳐진다.

츠트르 발륵 Çıtır Balık

Map P.376-B2 주소 Atatürk Cad. No.79, 07100 Antalya **전화** (0242)243-9333 **영업** 10:00~23:00 **예산** 1인 150~200TL **가는 방법** 하드리아누스 문에서 도보 5분.

생선 샌드위치 전문점. 에크멕 빵에 생선튀김을 넣은

매우 단순한 샌드위치인데 생각보다 괜찮은 맛을 낸다. 안탈리아식 패스트푸드점으로 언제 가도 현지인과 관광객들로 길게 줄이 서 있을 정도로 인기가 있다. 저렴한 가격과 샐러드 무한 리필로 가성비 짱!

칼레이치 부다 Kaleiçi Buda

Map P.376-B1 주소 Paşa Camii Sk. No.11 Kaleiçi **전화** (0242)244-6262 **영업** 10:00~24:00 **예산** 1인 500~700TL **가는 방법** 칼레이치 구역 내. 하드리아누스 문에서 칼레이치 안으로 직진하다 첫번째 골목 오른쪽으로 접어들어 계속 직진하면 보인다.

나무가 가득한 정원이 인상적인 레스토랑 겸 바. 여름철이면 다양한 국적의 여행자들이 모여들어 식사도 하고 칵테일과 맥주를 마시며 자유롭게 교류하는 분위기다. 저녁에는 라이브 음악 공연도 펼쳐지므로 노래와 술, 물담배를 즐기며 편안한 시간을 가지기에 좋다.

하산아아 레스토랑 Hasanağa Restaurant

Map P.376-B1 주소 Tuzcular Mah. Mescit Sk. No.15 Kaleiçi **전화** (0242) 247-1313 **영업** 10:00~다음날 01:00 **예산** 1인 500~700TL **가는 방법** 칼레이치 구역 내. 하드리아누스 문에서 칼레이치 안으로 직진하다 첫번째 골목 오른쪽으로 접어들어 계속 직진하면 보인다.

오스만 스타일의 전통 가옥을 개조한 레스토랑. 다양한 음식 중 토마토와 양파, 고추를 쇠고기와 함께 조리한 '오스만르 타바으'

가 주방장 추천 메뉴이며, 저녁때는 10여 종류의 메제를 뷔페 스타일로 펼쳐놓는다. 여름철에는 라이브 공연이 펼쳐지며 사즈 연주자인 주인집 아들도 전통 음악을 연주한다.

피자 아르헨티나
Pizza Argentina Kalekapısı

Map P.376-B1 주소 Haşimişcan, Recep Peker Cd. No:12, 07100 **영업** 매일 11:30~21:30 **예산** 1인 300~500TL **가는 방법** 하드리아누스 문에서 대각선 맞은편 길을 따라가다 만나는 사거리에 있다. 도보 3분.

주인이 아르헨티나까지 가서 피자를 공부했다고 하며 음식에 대한 열정이 대단하다. 한 판이 8조각으로 구성되어 있는 아르헨티나식 피자를 선보이며, 글루텐을 줄이고 일반피자보다 3배나 더 많은 모짜렐라를 얹어서 풍성한 맛을 연출한다. 피자 말고도 송아지나 양고기 등 아르헨티나 요리를 맛볼 수 있다. 피자는 조각으로도 판매한다.

메르메를리 Mermerli

Map P.376-A2 주소 Selçuk mah. Banyo Sk. No.25 Kaleiçi Yat Limanı **전화** (0242)248-5484 **영업** 10:00~24:00 **예산** 1인 800~1,200TL **가는 방법** 마리나 항구 끝 언덕 위에 있다.

마리나 항구 언덕에 자리한 고급 레스토랑으로 바다 전망이 일품이다. 각종 스테이크와 새우 등 해산물이 주요 메뉴인데 해질 무렵 석양을 즐기며 분위기 잡기에 더없이 좋은 곳이다. 값은 호된 편이지만 고급으로 즐기고 싶다면 이용할 만하다. 바로 아래에는 조그만 전용 유료비치도 있어 해수욕을 즐길 수 있다.

기즐리 바흐체 코나클라르
Gizli Bahçe Konakları

Map P.376-A1 주소 Dizdar Hasan Bey Sk. No.1 **전화** (0242)244-2828 **영업** 09:00~24:00 **예산** 1인 800~1,000TL **가는 방법** 마리나 항구 성벽 뒤편 골목 안에 있다. 씨에이치 호텔 튀르크 에비에서 도보 1분.

메르메를리와 더불어 마리나 항구의 전망 좋은 레스토랑. 상호는 '비밀스러운 정원의 저택'이라는 뜻이다. 메뉴는 다채로운 튀르키예식과 스테이크, 생선이 있는데, 칼레이치의 레스토랑들과 비슷한 가격대의 메뉴도 있으므로 다양하게 시도해 보자. 칵테일과 와인을 즐기는 바로 이용해도 좋다.

Entertainment 안탈리아의 엔터테인먼트

다양한 종류의 클럽과 바가 곳곳에 포진해 있는 안탈리아에서 심심한 밤을 보낼 일은 없다. 대부분의 업소는 칼레이치와 마리나 항구에 자리잡고 있는데 여름 성수기에는 춤과 음악으로 올나이트 하는 경우가 많다. 시민들이 이용하는 극장과 하맘도 있어 놀 것은 많고 시간은 부족할 정도다.

클럽 아르마 Club Arma

Map P.376-A1 주소 Selçuk Mh. İskele Cad. No.75 Kaleiçi **전화** (0242) 244-9710 **홈페이지** www.arma restaurant.com.tr **영업** 10:00~다음날 04:00 **예산** 200~300TL **가는 방법** 마리나 항구 초입에 있다. 시계탑에서 도보 15분.

안탈리아의 클럽 중 가장 뛰어난 바다 경치를 자랑하는 곳으로 시원한 바닷바람을 즐기며 춤출 수 있는 것이 최대의 장점. 저녁 시간에는 고급 레스토랑으로 운영되어 해질무렵의 경치를 즐기며 연인과 함께 와인 한 잔 하기에 더없이 좋다. 클럽은 밤 11시 이후부터 운영되며 금·토요일은 입장료를 받는다. 맥주 1병 무료.

더 록 바 The Rock Bar

Map P.376-A1 주소 Selçuk mahallesi Karadayı sokak, Kaleiçi No:04, 07100 **영업** 매일 11:00~다음날 04:00 **예산** 맥주, 칵테일 200~250TL **가는 방법** 마리나 항구 뒤편 골목 안에 있다. 길이 약간 복잡하니 사람들에게 물어보자.

상호처럼 록 음악 마니아들이 즐겨 찾는 곳으로 주말에는 헤비메탈 밴드의 공연도 하는 등 칼레이치 구역의 핫 플레이스다. 맥주, 라크, 데킬라, 칵테일 등 다양한 주류와 간단한 안주 거리도 있다. 술 한 잔 하며 한여름 밤의 파티를 즐기기에 최고의 장소다. 밴드 콘서트가 열리는 날은 칵테일 1잔이 포함된 티켓을 판매한다.

세파 하맘 Sefa Hamam

Map P.376-B1 주소 Barbaros Mah. kocatepe Sk. No.32 Kaleiçi **전화** +90-532-526-9407 **영업** 09:00~23:00 **예산** €25~60(때밀이, 마사지 여부에 따라) **가는 방법** 칼레이치 구역 내 칼레이치 박물관 맞은편 코자테페 골목 안에 있다.

칼레이치 구역 내에 몇 군데의 하맘(튀르키예식 욕탕)이 있다. 규모는 크지 않지만 대체로 백 년 이상의 역사를 자랑하며 여전히 운영하고 있다. 튀르키예를 여행하며 하맘체험을 해 보는 것도 흥미로운 경험이다. 한국처럼 온수가 담긴 욕조는 없고 뜨거운 증기를 사용하는 일종의 한증탕이라 보면 된다. 이용공간은 남녀 구분되어 있으며 입장료 이외에 마사지와 케세(때밀이)는 별도의 요금을 받는다.

플라자 시네마 Plaza Cinema

Map P.376-B1 주소 Sinan Mah. Recep Peker Cad. Antalya 2000 Plaza **전화** (0242)312-6296 **영업** 09:00~21:00 **예산** 300~500TL **가는 방법** 하드리아누스 문을 등지고 대각선 맞은편 큰길을 따라 도보 5분.

'안탈리아 2000'이라는 쇼핑센터 안에 있는 극장. 5~6개의 상영관이 있어 튀르키예 영화와 외국의 최신 영화를 관람할 수 있다. 극장과 함께 상가도 입점해 있어 간단한 쇼핑도 즐길 수 있으며 현지 젊은층이 많이 찾는 곳이라 밝고 경쾌한 분위기가 좋다. 여행자 구역인 칼레이치에서 가까워 손쉽게 이용할 수 있다는 것도 장점.

Shopping 안탈리아의 쇼핑

지중해 최대 도시인 안탈리아에는 외국 유명 브랜드가 입점해 있는 대형 쇼핑센터가 많다. 한국과 비교해 가격도 저렴하고 디자인도 다양해 매우 유용하다. 특히 여름 성수기에 맞춰 대폭 세일을 실시하는 곳이 많으므로 한국에서 구입할 것들을 미리 구매한다는 생각으로 세일 쇼핑을 노려볼 만하다.

미그로스 쇼핑센터 5M Migros Shopping Center

주소 Meltem Mah. 100 Yıl Bul. No.155 07070 **전화** (0242) 230-1111 **영업** 10:00~22:00 **홈페이지** antalyamigros.com **가는 방법** 칼레이치 구역 밖 100 Yıl 거리의 정류장에서 시내버스로 15분.

안탈리아 교외에 위치한 대형 쇼핑센터. 지하 1층과 지상 2층 규모에 아웃렛 매장과 100여 개의 점포, 극장, 푸드코트 등을 갖춘 멀티플렉스다. 특히 베네통 Benetton, 망고 Mango, 자라 Zara 등 유명 의류 제품이 한국보다 저렴한데다 여름 시즌 최고 70% 할인을 실시하기도 한다. 영화 관람을 겸한 쇼핑으로 다녀올 만하다.

Hotel 안탈리아의 숙소

지중해 최대의 관광지라는 명성에 걸맞게 5성 호텔부터 저렴한 도미토리까지 다양한 급의 숙소가 있다. 대부분의 여행자들은 조용하고 옛 정취가 남아있는 칼레이치 구역을 선호하는데, 칼레이치에는 한 집 건너 숙소일 정도로 숫자도 많고 선택의 폭도 다양해 취향에 맞게 고를 수 있다. 각 숙소마다 약간씩 차이는 있지만 대부분 정원이 있어 머물기 편안한 분위기다. 모든 숙소는 무선인터넷과 에어컨이 되고 아침식사 포함 가격이다. 여름철과 겨울철의 요금 차이가 있으므로 시기에 따라 할인이 된다는 점을 최대한 활용하자. 숙소 요금은 여름철 성수기 기준.

사바 펜션 Sabah Pansion

Map P.376-A2 주소 Kılıçaslan Mah. Hesapcı Sk. No.61 Kaleiçi **전화** (0242)247-5345 **홈페이지** www.sabahpension.com **요금** 도미토리 €30, 싱글 €60(개인욕실, A/C), 더블 €70(개인욕실, A/C), 아파트룸 €130 **가는 방법** 하드리아누스 문에서 헤삽츠 골목을 따라 5분 정도 걷다 보면 오른쪽으로 보인다.

오랫동안 안탈리아를 찾는 다국적 배낭여행자의 베이스캠프 역할을 해 온 숙소. 객실은 깔끔하고 도미토리도 그다지 북적거리지 않는다. 특히 다양한 과일이 나오는 풍성한 아침식사는 거의 호텔급이라 만족도가 매우 높다. 아파트룸은 조리시설과 세탁기가 있다.

도안 호텔 Doğan Hotel

Map P.376-A1 주소 Mermerli Banyo Sk. No.5, 07100 Antalya **전화** (0242)241-8842 **홈페이지** pranaresorts.com **요금** 싱글 €90(개인욕실, A/C), 더블 €100(개인욕실, A/C) **가는 방법** 시계탑에서 도보 7분.

정원에 레몬과 오렌지 나무가 싱그럽고 포근한 인상을 주는 3성급 호텔. 객실 바닥과 천장, 창틀이 나무로 되어 있어 아늑한 분위기를 연출하며 소품과 식기 등 작은 부분까지 세심하게 신경 썼다. 직원들도 친절하고 조용한 분위기라 며칠 머물기에 편안한 곳이다.

라제르 펜션 Lazer Pansiyon

Map P.376-A2 주소 Kılıçarslan Mah. Hesapçı Sk. No.61 Kaleiçi **전화** (0242)242-7194 **요금** 도미토리 €30(공동욕실, A/C), 싱글 €40~50(개인욕실, A/C), 더블 €50~60(개인욕실, A/C) **가는 방법** 하드리아누스 문에서 헤삽츠 골목을 따라 5분 정도 걷다 보면 왼쪽으로 보인다.

한국과 일본여행자들이 애용하는 숙소. 나무벽으로 된 객실은 깔끔히 관리되고 있다. 도미토리는 침대가 4개 밖에 없어 자리를 구하기가 쉽지 않다. 나무가 우거진 정원은 여행자들이 어울리기 좋은 분위기며, 직접 만든 관광 지도를 나누어 준다.

시벨 펜션 Sibel Pansiyon

Map P.376-B2 주소 Fırın Sk. No.30 Kesik Minare Civarı **전화** (0242)241-1316 **요금** 싱글 €80(개인욕실, A/C), 더블 €100(개인욕실, A/C) **가는 방법** 하드리아누스 문에서 헤삽츠 골목을 따라가다 아야르 레스토랑 옆 골목으로 들어간다.

입구의 나무와 담쟁이 덩굴이 낭만적인 느낌을 주는 전통 스타일의 숙소. 흰색을 기조로 한 객실은 매우 깨끗하며 가구도 딸려있다. 야자수와 덩굴이 어우러진 내부 정원에서 한가한 시간을 갖기 좋으며 조용한 숙소를 찾는 여행자라면 훌륭한 선택이다.

화이트 가든 호텔 White Garden Hotel

Map P.376-A2 주소 Kılıçarslan Mah. Hesapçı Sk. No.9 Kaleiçi **전화** (0242) 241-9115 **요금** 싱글 €90(개인욕실, A/C), 더블 €100(개인욕실, A/C), 아파트룸 €150 **가는 방법** 사바펜션에서 도보 1분.

유쾌하고 친절한 주인 부부가 손님을 편히 대해준다. 객실은 깔끔하며 조리시설을 갖춘 아파트룸은 일행이 여럿일 때 매우 매력적이다. 나무가 있는 조그만 정원 수영장에서 한가하고 편안한 시간을 갖기에 좋으며, 차가 들어오기 힘든 구시가지에 있어 미리 픽업 요청을 하자.

하드리아누스 호텔 Hadrianus Hotel

Map P.376-A2 주소 Kılıçarslan Mah. Zeytin Sk. No.4 Kaleiçi **전화** +90-545-874-3428 **홈페이지** www.hadrianushotel.com **요금** 싱글 €70(개인욕실, A/C), 더블 €80(개인욕실, A/C), 트리플 €100(개인욕실, A/C) **가는 방법** 화이트 가든 펜션에서 도보 1분.

200년 된 가옥을 개조한 프티 호텔. 고풍스럽게 장식한 객실이 운치가 있다. 칼레이치 구역의 많은 숙소에 정원이 있지만 넓이와 다양한 수종에서 이 집이 단연 최고. 작은 수목원을 연상시키는 정원에서 차를 마시며 고즈넉한 시간을 보내기 좋다.

미니온 호텔 Minyon Hotel

Map P.376-B2 주소 Kılıçarslan Mah. Tabakhane Sk. No.31 Kaleiçi **전화** (0242)247-1147 **홈페이지** www.minyonhotel.com **요금** 싱글 €80(개인욕실, A/C), 더블 €100(개인욕실, A/C), 스위트룸 €150(개인욕실, A/C) **가는 방법** 라제르 펜션에서 도보 1분. 마비 & 아느 펜션 옆에 있다.

조약돌로 바닥을 장식한 로비가 인상적이다. 정원에는 앙증맞은 수영장도 있고 안쪽으로 들어가면 바다가 보이는 비밀스러운 정원도 있다. 프티 호텔을 지향하는 곳이라 6개의 객실은 고급스러운 침대와 가구, 욕실로 잘 꾸며놓았다. 실내에서는 금연이다.

씨에이치 호텔 튀르크 에비 CH Hotels Türk Evi

Map P.376-A1 주소 Selçuk Mah. Mermerli Sk. No.2 Kaleiçi **전화** (0242) 248-6478 **요금** 싱글 US$100(개인욕실, A/C), 더블 US$120(개인욕실, A/C) **가는 방법** 마리나 항구 성벽 뒤편 골목 안에 있다.

튀르키예 관광청에서 운영하는 중급 숙소. 마리나 항구의 긴 성벽을 따라 자리해 전망이 좋다. 호텔 자체가 성벽 유적이라 내부 탐험만으로도 매우 흥미롭다. 리모델링을 통해 튀르키예 전통 문양의 타일과 응접실을 되살려 분위기가 한결 나아졌다. 중급 이상의 숙소를 원한다면 좋은 선택이다.

메디테라 아트 호텔 Mediterra Art Hotel

Map P.376-B1 주소 Barbaros Mah. Zafer Sk. No.5 Kaleiçi **전화** (0242) 244-8624 **홈페이지** www.mediteraarthotel.com **요금** 싱글 €80~100(개인욕실, A/C), 더블 €100~120(개인욕실, A/C) **가는 방법** 하드리아누스 문에서 헤삽츠 골목을 따라 200m쯤 가다가 오른쪽 자페르 골목으로 들어서면 골목 끝에 있다.

2007년 7월에 오픈한 칼레이치의 대표적인 고급 숙소. LCD TV, 미니바, 금고 등 모든 시설을 최신식으로 완비했으며 오스만 전통 문양의 장식으로 격조를 더했다. 특히 스위트룸에 해당하는 '파샤 룸'은 매우 고급스러워 머무른다면 특별한 추억이 될 것이다. 별도의 아트갤러리도 있다.

Theme Special

팜필리아의 고대도시 탐험하기

페르게 Perge, 아스펜도스 Aspendos, 테르메소스 Termessos

튀르키예를 여행하며 빼놓을 수 없는 즐거움 중 하나가 고대도시를 탐방하는 것인데, 안탈리아에서 알란야까지 이르는 중서부 지중해 일대는 고대에 팜필리아 Pamphylia라 불리던 곳으로 찬란한 문화를 꽃피웠던 지역이다. 팜필리아에 관한 최초의 기록은 헤로도토스의 〈역사〉에 나오는데 팜필리아인들이 페르시아의 크세르크세스 왕에게 배 30척을 지원했다는 내용이 들어 있다.
팜필리아의 도시들은 독립을 유지하며 발전했지만 기원전 2세기 로마의 영향권에 편입되고 현재 남아 있는 대부분의 유적도 로마 시대의 유산이다. 기원후 46년 로마는 리키아와 팜필리아 지역을 묶어 리키아–팜필리아 주를 설립하고 중앙에서 총독을 파견해 다스렸다. 안탈리아 인근의 대표적인 팜필리아 도시로는 페르게, 아스펜도스, 시데, 테르메소스 등이 있다. 사도 바울의 발걸음이 남아 있는 페르게, 튀르키예 최고의 원형극장이 있는 아스펜도스, 산속에 자리한 테르메소스는 세월의 흐름에 따라 지금은 폐허로 변해버렸지만 과거의 영광을 간직한 채 방문객을 맞이하고 있다. 타임머신을 타고 고대로의 시간여행을 떠나보자.

Information

고대의 도시 유적일 뿐 현재는 사람이 살지 않기 때문에 여행자 편의시설은 없다. 대부분 안탈리아에서 1일 투어로 다녀오기 때문에 크게 불편할 건 없다.

고대도시 가는 법

모든 유적지를 방문하는 기점은 안탈리아이다. 대중교통을 이용해 개별적으로 방문하자면 시간도 오래 걸리고 각 유적지 간을 운행하는 버스도 없기 때문에 1일 투어에 참가하는 것이 관광 효율을 높이는 지름길이다. 1일 투어에 관한 정보는 안탈리아 편 P.375 참고.

페르게 Perge ★★★

주소 Perge Aksu, Antalya **개방** 매일 09:00~19:30 (겨울철은 17:30까지) **요금** €11 **가는 방법** 1일 투어 참가 또는 안탈리아 오토가르에서 악수 Aksu행 버스로 악수까지 간 뒤 도보 30분.

헬레니즘 문

페르게는 팜필리아의 중심도시로 유적이 잘 남아 있다. 트로이 전쟁 이후 기원전 1200년경 예언자 칼카스와 의사인 모프소스가 계시를 받고 이곳에 와서 도시를 건설했으며 기원전 333년 알렉산더 대왕은 페르게를 장악하고 아스펜도스와 시데 공략의 교두보로 삼았다. 이후 셀레우코스 왕조, 페르가몬 왕국의 지배를 거쳐 로마 시대에 와서 번영을 이루었다.

페르게는 헬레니즘 시대 원추 곡선 이론으로 천체 연구를 가능하게 했던 위대한 수학자 아폴로니오스 Apollonios의 출생지이며 2세기 철학자 바루스 Barus의 고향이기도 하다. 사도 바울도 기원후 47년 첫 번째 전도여행 중 이곳을 방문했다는 기록이 있다(성서에는 '버가'라는 지명으로 나온다). 페르게는 비교적 이른 시기인 4세기에 기독교를 받아들였으며 니케아 종교회의와 에페소스 종교회의에 대표를 파견할 정도로 기독교에 관심이 높았다. 번영가도를 달리던 페르게는 7세기 아랍의 공격으로 초토화되고 쇠락의 길을 걸었다.

페르게 유적의 님파에움

유적지 둘러보기

아스팔트길을 따라 도시로 들어서면 제일 먼저 왼쪽에 있는 원형극장을 만난다. 40단의 객석에 1만 3000명을 수용할 수 있었으며 헬레니즘 시대에 지어졌고 로마 시대에 증축되었다. 극장 맞은편에는 폭 34m, 길이 234m, 1만 2000명 수용 규모의 타원형 경기장이 있다. 전차 경주, 검투사 시합이 벌어졌던 곳으로 튀르키예 전역에서 아프로디시아스의 경기장 다음으로 보존 상태가 좋다.

매표소를 지나 안쪽으로 들어가면 제일 먼저 '로마의 문'을 만나고 문을 지나면 기원전 2세기에 조성된 반쯤 부서진 두 개의 높다란 벽돌 탑인 '헬레니즘 문'이 관람객을 맞이한다. 문 왼쪽으로는 탈의실, 냉탕, 온탕, 사우나실, 마사지실 등이 있었던 목욕장이 있으며 문 오른쪽에는 상업시설인 아고라가 자리하고 있다. 헬레니즘 문 뒤편으로 다 무너진 하드리아누스 문이 나오고 원형기둥이 늘어선 중심도로가 이어진다. 중앙에 수로가 있는 약 400m의 도로를 걷다 보면 곳곳에 무너진 기둥의 잔해가 어지럽게 나뒹굴고 있어 세월 앞에서는 인간의 영화가 무상한 느낌이 들기도 한다.

도로의 맨 끝에는 님파에움(분수대)이 설치되어 있고 그 뒤로 보이는 언덕은 아르테미스 신전이 있던 아크로폴리스다. 남아 있는 유적의 규모로 미루어 페르게가 팜필리아의 중심도시였음을 실감할 수 있으며 꼼꼼히 돌아보는데 2시간 정도 걸린다.

아스펜도스 Aspendos ★★★

주소 Aspendos, Antalya **개방** 매일 09:00~19:30 (겨울철은 17:30까지) **요금** €15 **가는 방법** 1일 투어 참가 또는 안탈리아 오토가르에서 마나브가트 Manavgat 행 버스를 타고 가다 간선도로에서 내려 도보 40분.

안탈리아 동쪽 40km에 위치한 곳으로 그리스 전설에 따르면 펠레폰네소스의 아르고스인이 세운 도시라고 한다. 다른 도시들과 달리 내륙에 자리했으며 강을 통해 바다로 드나들 수 있었다. 아스펜도스는 은화를 최초로 주조한 도시 가운데 하나였다. 기원전 5세기부터 은화를 만들었으며, 동부 지중해의 물산이 모이는 대표적인 상업도시였다. 주요 무역품은 주변 호수에서 생산된 소금과 포도주, 올리브 오일, 양털이었다. 기원전 333년 알렉산더 대왕에게 항복하였으며, 이후 페르게와 마찬가지로 셀레우코스 왕조, 페르가몬 왕국을 거쳐 로마의 리키아-팜필리아 속주로 편입되었다. 비잔틴 제국 시기에도 아스펜도스는 도시의 중요성을 잃지 않았는데 이후 아랍의 침입 때 회생이 불가능할 정도로 파괴되었다. 현재 원형극장과 수도교 일부를 제외하고 옛 영광의 흔적을 더듬기는 힘들다.

원형극장의 회랑 / 아스펜도스 원형극장

유적지 둘러보기

아스펜도스의 원형극장은 튀르키예에 있는 고대 극장 중 보존 상태가 가장 좋기로 유명하다. 2세기 마르쿠스 아우렐리우스 황제를 위해 만든 것으로 1만 5000명의 수용 규모를 자랑하며 객석은 물론 무대와 배우 대기실, 통로 등이 완벽하게 보존되어 있다. 2단으로 되어 있는 객석은 하단 20줄, 상단 21줄이며 맨 위층에는 아치형 회랑이 설치되어 있다. 무대의 벽은 이오니아 양식과 코린트 양식이 혼합된 기둥으로 장식했으며 개폐식 지붕도 있었다고 한다. 극장 중앙에서 손뼉을 두세 번 쳐보면 울림이 매우 좋은 것을 알 수 있다. 13세기 셀주크 투르크 시대에는 잠시 케르반사라이로 사용된 적이 있었으며, 지금도 매년 여름 국제 오페라 콘서트가 열리는 등 극장으로서의 구실을 다하고 있다. 한 번 잘 지어서 2000년 동안 사용하는 셈.

극장 뒤편으로는 아크로폴리스, 아고라, 님파에움(분수대) 등의 도시 유적이 남아 있다. 대부분의 관광객은 원형극장만 보고 돌아서는데, 북문 밖으로 멀리 보존이 잘된 수도교도 볼 수 있다.

원형극장의 검투사 배우 / 테르메소스 유적

Travel Plus

아스펜도스 국제 오페라 발레 페스티벌 Aspendos International Opera & Ballet Festival

아스펜도스 국제 오페라 발레 페스티벌

아나톨리아의 불

아스펜도스의 원형극장은 매년 국제 오페라와 발레 페스티벌이 개최되는 곳으로 유명합니다. 세계 유명 오페라 축제 가운데 10위 안에 들 정도로 공연의 내용을 인정받고 있지요. 여름 성수기인 6~8월에 개최되는데 공연기간에 안탈리아를 방문한다면 꼭 관람할 것을 추천합니다. 공연의 내용도 특별한데다 고대 극장에서 관람하는 기분은 평생 잊을 수 없는 추억이기 때문이죠. 2022년에 29회를 맞이했으며, 한국의 대구 오페라 팀도 공연했답니다. 유적 보호를 위해 아래층 객석만을 개방하며, 무대가 잘 보이는 가운데 좌석과 그렇지 않은 가장자리 좌석의 요금 차이가 있습니다.

비슷한 시기에 '아나톨리아의 불 Fire of Anatolia'이라는 행사도 개최됩니다. 이 행사는 문명 간의 만남을 주제로 아나톨리아 각 지역의 전통 춤을 현대적으로 재창조한 것입니다. 행사의 규모나 볼거리 면에서는 국제 오페라 발레 페스티벌에 필적할 만하지만 아스펜도스의 원형극장이 아니라 근처에 새로 지은 전용극장에서 한다는 것을 알아두세요.

아스펜도스 원형극장으로 공연을 보러갈 때 방석 같은 깔고 앉을 만한 걸 가져가면 좋습니다. 돌계단에 그냥 앉기 때문에 엉덩이가 아플 수 있기 때문이죠. 안탈리아의 각 여행사에서 왕복 차량이 포함된 투어 상품을 판매하고 있습니다.

아스펜도스 국제 오페라 발레 페스티벌

시기 매년 6~9월 **장소** 아스펜도스 원형극장

공연시간 21:00~23:00

요금 좌석에 따라 €60~70 **포함사항** 왕복 차량, 공연 입장권

문의 안탈리아 각 숙소 및 여행사

인터넷 예매 www.biletix.com

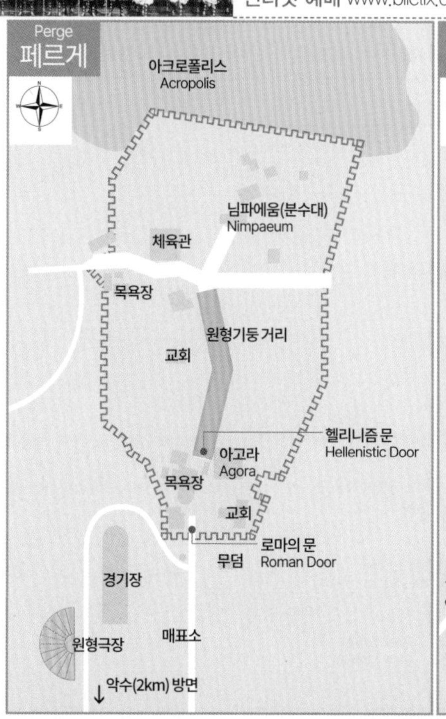

테르메소스 Termessos ★★★

주소 Termessos, Antalya **개방** 매일 09:00~19:30 (겨울철은 17:30까지) **요금** €3 **가는 방법** 1일 투어 참가 또는 안탈리아 오토가르에서 코르쿠텔리 Korkuteli까지 간 후 귈뤽 산 10km 등반.

안탈리아에서 북서쪽으로 34km 떨어진 곳으로 해발 1,200m의 귈뤽 산 Güllük Dağı 속에 건설된 도시. 지리적으로는 리키아 Licya 지방에 속하지만 테르메소스 주민들은 스스로를 리키아인들보다 먼저 살았던 '솔리모이' 종족의 후손으로 칭했으며 엄밀히 말해 팜필리아의 도시는 아니다. 그리스 신화에 따르면 천마(天馬) 페가수스를 타고 다니던 벨레로폰이 불패의 전사인 솔리모이족과 전투를 벌여 승리했다고 하는데, 솔리모이족이 살던 곳이 솔리모스라는 산이고 이 산이 바로 귈뤽 산이다.

이들은 리키아 동맹에 가입하지 않았음은 물론 때때로 리키아 도시들과 전쟁도 불사했다. 험준한 산과 계곡을 최대한 활용하여 성곽을 쌓은 덕에 기원전 333년 알렉산더 대왕조차 이곳의 공격을 포기하고 물러갔을 정도로 난공불락이었다.

기원전 2세기에 로마의 아시아 속주가 되었고 이후 번영가도를 달리던 도시는 잦은 지진으로 쇠락하고 말았다.

유적지 둘러보기

유적지는 하드리아누스 황제의 신전을 비롯해 체육관, 원형극장 등이 있다. 27단의 객석에 4,000명 수용 규모의 원형극장은 보존 상태가 양호하며 이곳에서 바라보는 경치가 빼어나 지친 다리를 쉬어가기에 좋다. 극장 남쪽으로는 오데온과 아르테미스 신전 터가 자리잡고 있으며 산꼭대기로 올라가면서 공동묘지인 네크로폴리스를 만나는데, 지진으로 무너진 석관이 여기저기에 흩어져 있는 것을 볼 수 있다.

테르메소스 유적은 산속에 자리한데다 본격적인 발굴이 이루어지지 않아 다른 유적에 비해 야생상태를 유지하고 있다. 산을 오르내려야 하므로 힘들긴 하지만 방문할 가치는 충분하다. 다녀오려면 하루를 꼬박 투자해야 한다.

석양에 빛나는 로맨스의 도시

Side 시데

고대 팜필리아 Pamphylia 유적이 있는 해안 도시. 기원전 7세기 그리스인이 세운 이오니아의 식민도시로 번영을 누리던 곳이다. 기원전 333년 알렉산더 대왕에게 점령된 이후 다른 팜필리아 도시와 마찬가지로 셀레우코스 왕조와 페르가몬 왕국을 거쳐 로마에 편입되었다.

시데는 인근의 대도시 안탈리아에서 멀지 않은데다 도시가 작고 아담해 오래전부터 유럽인들이 휴가를 겸해 많이 찾고 있다. 보존 상태가 양호한 원형극장에서는 아스펜도스 Aspendos의 극장과 함께 여름철 대공연도 펼쳐져 문화와 유적과 휴양을 즐기기에 최적의 장소로 각광받고 있다. 특히 석양에 빛나는 아폴론&아테나 신전은 지중해의 상징으로 수많은 연인들의 가슴을 설레게 하는 곳으로 유명하다. 관광객이 늘어남에 따라 예전만큼 한적한 모습은 사라졌지만 시데는 여전히 조용하고 아담하다. 번잡함을 피해 해변과 유적을 즐기려는 사색파 여행자들에게 시데는 최고의 선택이다. 구시가지 입구에 줄지어 있는 원형기둥을 따라 걸으며 해변의 낭만과 로마 시대로의 여행을 떠나보자.

인구 2만 명 **해발고도** 15m

Information

관광안내소 Map P.394-A1

여행자 구역과 상관없는 곳에 관광안내소가 있어 여행자들의 불만이 높다. 나눠주는 지도도 그다지 신통하지 않다.

위치 구시가지 북동쪽 주소 Side Cad. No.3, Side Antalya 전화 (0242)753-1265

업무 매일 09:00~17:00(겨울철은 토·일요일 휴무) 가는 방법 구시가지 입구 돌무쉬 정류장에서 시데 거리 Side Cad.를 따라 도보 30분

환전 Map P.394-A2

은행은 없지만 사설 환전소와 ATM이 있어 환전에는 큰 어려움이 없다.

위치 리만 거리 Liman Cad. 초입(환전소), 리만 거리 끝 PTT 맞은편(ATM)

업무 월~금요일 09:00~12:30, 13:30~17:30

PTT Map P.394-B3

위치 리만 거리 끝 업무 월~금요일 09:00~17:00

시데 가는 법

비행기와 기차는 연결되지 않으며 버스만이 시데로 가는 유일한 방법이다.

➡ 오토뷔스

작은 마을이라 대도시에서 바로 가는 버스는 없으며 4km 떨어진 마나브가트 Manavgat가 시데로 가는 관문이 된다. 안탈리아 Antalya와 아다나 Adana를 오가는 수많은 버스들이 마나브가트를 지나기 때문에 시데를 방문하는데 큰 불편은 없다. 마나브가트에서 시데까지는 수시로 다니는 돌무쉬를 이용하면 된다. 마나브가트 오토가르 앞 도로에서 돌무쉬를 타고 시내로 가서 시데 행 돌무쉬로 갈아탄다(15분).

안탈리아에서 갈 때는 일체 오토가르에서 마나브가트 행 버스를 타면 된다. 차장에게 이야기해 두면 마나브가트 시내의 시데로 가는 돌무쉬가 출발하는 곳에 내려주므로 바로 갈아탈 수 있다. 안탈리아에서 가깝기 때문에 당일치기로 다녀가는 여행자가 많다. 관광을 마치고 안탈리아로 돌아갈 때는 마나브가트 행 돌무쉬를 타고 기사에게 얘기해 두면 안탈리아 행 버스가 다니는 사거리에 내려준다. 여름철에는 일시적으로 이스탄불에서 시데까지 직행버스가 운행하기도 한다(1일 2~3편).

시데의 오토가르에서 여행자구역인 구시가지까지는 돌무쉬가 운행되며, 도보로는 20분 정도 걸린다. 유적을 따라 걷게 되므로 배낭이 무겁지 않다면 걸으면서 고대의 유적을 통과해 시데로 입성하는 것을 권하고 싶다. 단 여름철 한낮은 햇빛이 너무도 뜨겁기 때문에 힘들 수도 있다.

시데 오토가르

시내 교통

구시가지 전체를 한 바퀴 도는데 한 시간 정도면 될 정도로 작은 동네라 별도의 이동수단은 필요없다. 볼거리와 편의시설, 해변 모두 도보권 내에 있으며 오토가르까지 운행하는 돌무쉬를 제외하면 차를 탈 일은 없다. 돌무쉬는 구시가지의 리만 거리 Liman Cad. 초입에서 출발한다.

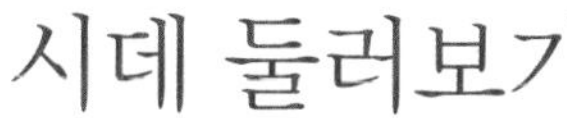

시데의 돌무쉬

시데 둘러보기

구시가지 전체가 유적이기 때문에 어느 곳을 돌아다녀도 고대의 흔적을 만날 수 있다. 시데 유적의 백미는 단연 아폴론&아테나 신전이며 시가지 초입의 원형극장도 빼놓을 수 없다. 아스펜도스의 극장보다는 보존 상태가 떨어지지만 대극장의 위용을 느끼기에는 조금도 손색이 없다. 극장 부근에는 아고라 터와 로마 시대 유물이 전시된 박물관도 있다. 아무리 천천히 다녀도 3시간 정도면 충분하니 각 유적별로 시간을 넉넉히 할애해 감상하도록 하고 아폴론&아테나 신전을 관광의 마지막 코스로 잡도록 하자. 해질녘 시원하게 펼쳐진 지중해를 바라보며 유적과 바다가 어우러진 낭만적인 풍경을 감상하기 좋기 때문.

저녁때는 바르바로스 거리 Barbaros Cad.에 즐비한 레스토랑과 바에서 바다를 바라보며 식사하는 것을 추천한다.

★★★★★ BEST COURSE ★★★★★

예상소요시간 2~3시간

출발 ▶▶시가지 초입 돌무쉬 정류장

도보 5분

시데 박물관(P.395)
로마 시대 욕장을 개조한 박물관. 바닷가에 위치하고 있어 유물과 지중해를 함께 감상할 수 있다.

도보 5분

원형극장(P.395)
일대에서 가장 큰 원형극장. 여름철에는 대공연이 펼쳐진다.

도보 15분

아폴론&아테나 신전(P.396)
하얀 원형기둥과 파란 바다가 멋지게 대비를 이루는 고대 유적. 지중해 최고의 낭만적인 유적이다.

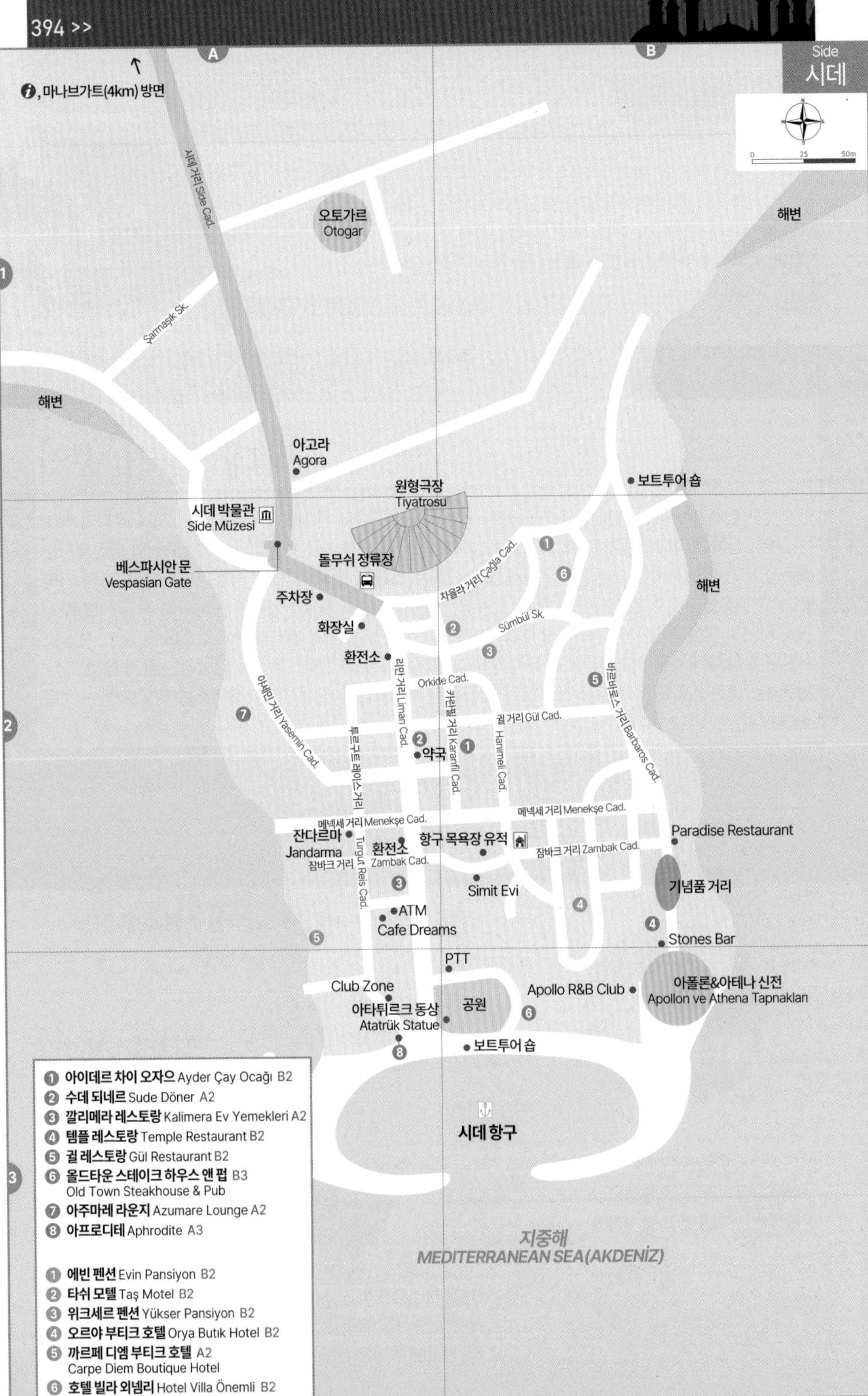

1 아이데르 차이 오자으 Ayder Çay Ocağı B2
2 수데 되네르 Sude Döner A2
3 깔리메라 레스토랑 Kalimera Ev Yemekleri A2
4 템플 레스토랑 Temple Restaurant B2
5 귈 레스토랑 Gül Restaurant B2
6 올드타운 스테이크 하우스 앤 펍 Old Town Steakhouse & Pub B3
7 아주마레 라운지 Azumare Lounge A2
8 아프로디테 Aphrodite A3

1 에빈 펜션 Evin Pansiyon B2
2 타쉬 모텔 Taş Motel B2
3 위크세르 펜션 Yükser Pansiyon B2
4 오르야 부티크 호텔 Orya Butık Hotel B2
5 까르페 디엠 부티크 호텔 Carpe Diem Boutique Hotel A2
6 호텔 빌라 외넴리 Hotel Villa Önemli B2

Attraction 시데의 볼거리

작은 마을을 천천히 산책하며 해변의 낭만과 유적을 구경하는 것이 시데에서의 일과다. 만일 따분하다면 해수욕을 즐기거나 투어를 신청해 배를 타고 바다로 나갈 수도 있다.

시데 박물관
Side Müzesi ★★

Map P.394-A2 주소 Side Müzesi Side Cad., Side Antalya **개관** 매일 09:00~19:15(겨울철은 08:00~17:30) **요금** €17(원형극장과 통합 입장권) **가는 방법** 구시가지 초입의 원형극장 앞에 있다.

시데와 인근 지역에서 출토된 로마 시대의 유물을 전시해 놓은 박물관. 전시물의 대부분은 팜필리아 Pamphylia(안탈리아와 알란야 사이의 지역을 지칭하는 고대 이름)의 석상들이 주류를 이루는데 메두사의 얼굴과 조각이 뛰어난 대리석관 등이 있다. 범상치 않은 박물관 건물도 인상적인데 로마 시대의 욕장이었다고 한다. 일설에 따르면 이집트의 클레오파트라가 이곳에서 우유 목욕을 했다고도 하는데 아무래도 상상력이 만들어낸 허구인 듯하다.

박물관 외부에도 석상이 전시되어 있으며, 바다가 바로 옆에 있어 관람하다 쉬면서 바다 경치를 즐기기에 좋다. 유물과 바다가 어우러져 어쩐지 쓸쓸한 느낌이 든다.

시데 박물관의 로마 황제 석상

원형극장
Tiyatrosu ★★★

Map P.394-A2 주소 Tiyatrosu Çağla Cad., Side Antalya **개방** 매일 08:00~19:00(겨울철은 17:00까지) **요금** €17 **가는 방법** 구시가지 초입에 있다.

구시가지 입구에 자리한 극장으로 2세기에 지어졌다. 최고 수용인원이 1만 5000명에 달하는 규모를 자랑하며 객석은 두 개의 층으로 나뉘어 있다. 보통 산이나 언덕의 경사면을 이용해 지은 다른 도시의 원형극장과 달리 시데의 원형극장은 축대를 쌓아 인위적으로 만든 점이 특이하다. 당시로서는 최신 건축기법을 사용해 장안의 화제가 되었다고 한다.

로마 시대에는 각종 공연과 검투 시합이 벌어졌으며 비잔틴 시대에는 예배 장소로 사용되었다. 보존 상태가 매우 양호해 아스펜도스의 원형극장과 함께 여름철 문화 공연장으로 현재도 사용되고 있다. 극장 옆의 사각형 유적은 시장이었던 아고라 Agora다.

보존 상태가 좋은 원형극장

아폴론&아테나 신전
Apollon ve Athena Tapnakları ★★★

Map P.394-B3 주소 Apollon ve Athena Tapnakları Barbaros Cad., Side Antalya **개방** 24시간 **요금** 무료 **가는 방법** 바르바로스 거리 끝 바닷가에 있다.

시데 반도의 끝 바닷가에 위치한 신전으로 아폴론과 아테나 신을 모시던 곳. 하얀 기둥과 파란 바다가 어우러져 수많은 이야기의 무대가 되었던 곳으로 전 세계 낭만파 여행객의 발길을 불러 모으고 있다. 신전이 바닷가에 세워진 것에 대한 의견이 분분한데 항해와 뱃길의 안전을 도모하기 위한 것이라는 설이 가장 유력하며, 건립 연대는 출토된 동전으로 미루어 2세기 후반 무렵으로 추측된다. 안토니우스와 클레오파트라가 목욕을 하고 석양을 바라보았다는 해변의 신전이 바로 이곳이다.

신전은 전부 2개였는데 앞뒤로 각 6개, 좌우로 각 11개의 기둥이 사용된 코린트 양식으로 지어졌으며 시데의 신전 중 가장 큰 규모였다고 한다. 코린트 양식이란 기둥의 상단 부분이 아칸서스 잎으로 조각된 것을 말하며 기둥 위에는 메두사의 머리를 볼 수 있다. 아쉽게도 대부분 무너지고 지금은 다섯 개의 기둥만 남아 있으며 주변에 어지럽게 나뒹구는 잔해는 거부할 수 없는 세월의 흐름을 말해주는 듯하다.

해질 무렵 석양에 물드는 신전의 실루엣은 지중해 최고의 풍경이라 해도 과언이 아닐 정도니 꼭 방문해 보자. 뒤쪽으로 보이는 석벽은 후대에 지은 공회당의 일부다.

석양에 물든 아폴론&아테나 신전

Shakti Say 그리스·로마 건축 양식 구별법

튀르키예의 에게해와 지중해 지역을 여행하다 보면 많은 그리스·로마 시대의 건축물을 볼 수 있습니다. 이것은 고대 도시국가 때에 그리스인이 튀르키예로 건너와 식민도시를 건설했기 때문인데요, 에게해 연안과 지중해 일부는 그리스 문명권이라고 해도 과언이 아닙니다. 그리스·로마의 건축은 기둥모양에 따라 도리스식 Doric Style, 이오니아식 Ionic Style, 코린트식 Corinthian Style으로 나뉘게 됩니다. 그럼 어떻게 건축양식을 구별할 수 있을까? 가장 쉽게 판별할 수 있는 방법은 기둥의 꼭대기 부분을 보는 것이에요. 도리스식은 별다른 장식없이 네모난 사발 모양으로 되어 있고 이오니아식은 2개의 소용돌이 무늬가 장식된 것이 특징이지요. 코린트식은 아칸서스 잎과 덩굴이 세밀하게 조각되어 있어요. 세 양식 가운데 가장 먼저 사용된 도리스식은 투박하고 묵직한 남성적인 느낌이 드는 반면 이오니아식과 코린트식은 우아한 여성적인 느낌을 살린 양식입니다. 파묵칼레 히에라폴리스의 유적이 도리스식으로 건설되었고 프리에네, 밀레투스, 디디마의 신전은 이오니아식이며 베르가마의 트라야누스 신전, 에페소스의 하드리아누스 신전, 시데의 아폴론 & 아테나 신전 등은 대표적인 코린트식입니다. 한편 고대의 건축양식은 현대까지 이어져 박물관이나 도서관 등에서 이오니아식이나 코린트식 기둥을 어렵지 않게 찾아볼 수 있습니다.

이오니아식

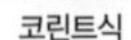
코린트식

도리스식

Restaurant 시데의 레스토랑

작은 동네지만 관광지로 발달한 곳이라 곳곳에 아기자기한 레스토랑이 많다. 예전에도 적지 않았는데 갈수록 숫자도 많아지고 펍과 바도 속속 생겨나고 있다. 해변 길은 전부 고급 레스토랑으로 점령된 느낌이다. 손님들이 대부분 유럽 관광객들이라 음식값은 비싼 편이다. 주문할 때 마음을 비우는 것이 평정을 잃지 않는 지름길. 한여름 밤 젊음을 불태우려는 여행자의 취향에 맞춰 분위기 좋은 바와 디스코텍도 곳곳에 있어 심심한 밤을 보낼 일은 없다.

아이데르 차이 오자으 Ayder Çay Ocağı

Map P.394-B2 주소 Karanfil Cad., Side **전화** (0242) 753-5204 **영업** 08:30~23:00 **예산** 닭고기 뒤륌 30TL, 오렌지 주스 20TL **가는 방법** 카란필 거리 Karanfil Cad.에 있다.

리제 출신의 주인이 운영하는 저렴한 서민 식당. 닭고기 뒤륌과 몇 가지 케밥, 아침식사용 뵈렉이 있다. 직접 짜는 100% 원액 오렌지 주스를 곁들여 식사하기 좋으며 출출할 때 간단히 때우기도 괜찮다. 주인 아저씨가 친절하고 주민들도 차이를 마시러 들르는 곳이라 상업화된 구시가지에서 정을 느낄 수 있다.

수데 되네르 Sude Döner

Map P.394-A2 주소 Liman Cad. Side **전화** (0242)753-5358 **영업** 08:30~23:00 **예산** 1인 80~200TL **가는 방법** 중심지인 리만 거리에 있다. 돌무쉬 정류장에서 도보 1분.

예전에 아스파바 되네르라는 곳이었는데 상호가 바뀌었다. 1층에서 되네르 케밥만 팔던 모습은 간데없고 번듯한 2층 공간이 생겼다. 메뉴도 튀르키예식 케밥과 스테이크 등 다양해졌다. 바다 전망이 없어서 음식요금은 바닷가 레스토랑에 비해 조금 저렴하다.

깔리메라 레스토랑 Kalimera Ev Yemekleri

Map P.394-A2 주소 Liman Cd. 56/1E, 07330 **전화** +90-536-218-1693 **영업** 매일 09:30~22:30 **예산** 1인 50~120TL **가는 방법** 시데 항구에서 리만 거리를 따라 도보 3분.

각종 케밥과 초르바 등 튀르키예식 레스토랑. 군더더기 없이 심플한 곳으로 튀르키예 관광객들이 즐겨 찾는다. 살짝 매콤한 맛의 아다나 케밥과 구운 가지가 나오는 파틀르잔 케밥, 닭날개 구이인 타북 카나트 등 어느 메뉴든 정성스럽게 구워져 나온다. 튀르키예 사람들은 집밥 같다는 평가를 내릴 정도로 맛과 양, 친절도 모두 괜찮은 곳이다.

템플 레스토랑 Temple Restaurant

Map P.394-B2 주소 Barbaros Cad. No.102 Side **전화** (0242)753-2789 **영업** 10:00~24:00 **예산** 1인 25~60TL **가는 방법** 해변 길인 바르바로스 거리에 있다. 아폴론&아테나 신전에서 도보 1분.

유적 터에 자리하고 있어 독특한 분위기를 내는 레스토랑. 예전보다 가게가 확장되어 바다쪽 테이블이 많아졌다. 바다 전망을 즐겨도 좋고 유적의 벽에 기대어 식사할 수도 있다. 동부 튀르키예 출신 사장은 테스티 케밥(항아리 케밥)을 자신있게 권한다.

귈 레스토랑 Gül Restaurant

Map P.394-B2 주소 Barbaros Cd. 10/2, 07330 Side **전화** +90-543-787-6709 **영업** 매일 10:30~23:30 **예산** 1인 150~300TL **가는 방법** 시데 항구에서 도보 10분. 바르바로스 거리에 있다.

튀르키예식과 파스타, 생선요리 등 다양한 메뉴가 있는데 음식과 함께 얇게 구워 나오는 라바쉬 빵이 맛있다.

테라스에서 바다 전망을 즐기며 식사할 수 있으며 가족 단위 여행객을 배려해 메뉴판에 어린이 코너(Kids)를 따로 만들어 놓았다. 멋진 조명 아래에서 와인 한 잔 하기에 좋은 레스토랑이다.

올드타운 스테이크 하우스 앤 펍 Old Town Steakhouse & Pub

Map P.394-B3 주소 Liman Caddesi Nar Sokak, D:No:21/b, 07330 **전화** +90-530-101-2666 **홈페이지** www.oldtownside.com **영업** 매일 09:00~다음날 02:00 **예산** 1인 200~400TL **가는 방법** 시데 항구에서 도보 2분.

각종 스테이크 전문점으로 테이블 옆에서 직접 그릴에 구워주는 고기 맛이 일품이다. 해변에 자리해 바다 풍경도 끝내주는데다 종업원의 친절한 서빙까지 어우러져 근사한 분위기를 연출한다. 많은 여행자들이 시데 최고의 레스토랑으로 주저없이 꼽는 곳으로 멋진 추억을 만들기에 부족함이 없다. 저녁 시간에 많은 손님이 몰리므로 예약하는 것이 좋다.

아주마레 라운지 Azumare Lounge

Map P.394-A2 주소 Selimiye mahallesi, Yasemin Sk. no:29, 07600 **전화** +90-530-396-6080 **영업** 매일 10:00~다음날 01:00 **예산** 1인 60~200TL **가는 방법** 시데 항구에서 리만 거리를 따라 도보 10분. 야세민 거리에 있다.

석양만 놓고 본다면 시데 최고의 레스토랑이라 할 만하다. 가장 좋은 자리는 바다 위에 데크를 깔아놓은 테이블이며 나무가 많은 아늑한 정원도 포근한 분위기를 연출한다. 칵테일, 맥주 등 각종 주류와 조각 케이크와 버거 등의 메뉴가 있다. 최고의 뷰 맛집이므로 한 번쯤 방문해 볼 만하다.

아프로디테 Aphrodite

Map P.394-A3 주소 Harbour in Ancient Side, Side **전화** (0242)753-1171 **영업** 09:00~다음날 01:00 **예산** 1인 150~400TL **가는 방법** 시데 항구 부근에 있다. 돌무쉬 정류장에서 리만 거리를 따라 직진해 항구가 나오면 오른쪽 길로 도보 1분.

피자와 스테이크, 연어 샐러드 등 메뉴는 다른 레스토랑과 별반 차이가 없는데 커피를 맛있게 낸다. 일리 Illy 커피를 사용하는데 바닷가를 돌아다니다 커피 한잔 생각이 날 때 들러볼 만하다. 당일 특선메뉴인 '오늘의 메뉴'를 가게 앞에 붙여놓았다.

Hotel 시데의 숙소

다양한 급의 호텔과 펜션이 많기 때문에 마음대로 숙소를 고를 수 있으며, 여름철 성수기라 하더라도 방을 구하지 못해 애를 먹는 경우는 드물다. 유럽 여행자들이 많아 대부분 높은 가격대를 보이고 있는데 가족이 운영하는 펜션은 그나마 저렴한 편이다. 성수기와 비수기의 가격 차이가 크며 겨울철에는 문을 닫는 곳도 많다. 숙소 요금은 성수기 기준이다.

에빈 펜션 Evin Pansiyon

Map P.394-B2 주소 Çağla Cad. No.8, Side **전화** (0242) 753-1074 **요금** 싱글 €15(개인욕실, A/C), 더블 €25(개인욕실, A/C) **가는 방법** 시가지 초입에서 원형극장을 왼쪽으로 끼고 차을라 거리 Çağla Cad.를 따라 도보 2분.

가족이 운영하는 숙소로 개인욕실과 에어컨이 있는데도 저렴한 가격이라 배낭여행자들의 압도적인 인기를 끌고 있다.

객실도 널찍하고 깔끔한 편이며 작은 발코니도 딸려 있다. 최고의 가격대 성능비를 보이며 친절한 주인집 아들 메흐메트도 인상적이다.

타쉬 모텔 Taş Motel

Map P.394-B2 주소 Sümbül Sk. No.3, Side **전화** 0507-4532217(휴대폰) **요금** 싱글 €30(개인욕실, A/C), 더블 €40(개인욕실, A/C) **가는 방법** 시가지 초입 돌무쉬 정류장에서 차을라 거리를 따라가다 우회전해 왼편에 있다.

친절하고 유쾌한 주인이 언제나 밝은 모습으로 손님을 맞이하고 있다. 객실은 깔끔하며 침구류와 욕실도 청결하게 관리되고 있다. 2층 객실의 발코니는 고즈넉한 분위기에서 나무들과 바람을 즐기기에 좋다. 참고로 미리 주문하면 튀르키예 가정식 요리를 맛볼 수 있다.

위크세르 펜션 Yükser Pansiyon

Map P.394-B2 주소 Sümbül Sk. No.3, Side **전화** (0242) 753-2010 **홈페이지** www.yukser-pansiyon.com **요금** 싱글 €40(개인욕실, A/C), 더블 €50(개인욕실, A/C) **가는 방법** 오누르 펜션에서 도보 1분.

차분한 주인 알리 위크세르씨 가족이 운영하는 숙소로 배낭여행자들이 많이 찾는다. 안쪽에 위치해 조용하며 나무가 우거진 뒤편의 정원은 여유롭게 아침식사하기 좋다. 더블룸이 비좁은 게 아쉬운 점이며 오히려 싱글룸이 머물기에 편하다.

오르야 부티크 호텔 Orya Butık Hotel

Map P.394-B2 주소 Yalı Mah. Celal Bayar Bulvarı 1097 Cad. No.10, Side **전화** +90-530-296-2203 **요금** 싱글 €50(개인욕실, A/C), 더블 €60(개인욕실, A/C) **가는 방법** 바르바로스 거리 중간에 있는 문 라이트 레스토랑 맞은편 골목으로 들어간다. 두 번째 갈림길에서 왼쪽으로 꺾어들어 직진하면 길가에 보인다.

깨끗하고 널찍한 객실은 안전 금고도 있고 아늑하고 안

정된 분위기다. 잘 관리되고 있는 작은 정원에서 책을 읽으며 여유로운 오후를 보내기에 좋은 곳으로 조용한 취향의 여행자라면 만족할 만하다. 친절한 주인 부부도 좋은 인상을 주는데 한몫 하고있다.

까르페 디엠 부티크 호텔 Carpe Diem Boutique Hotel

Map P.394-A2 주소 Turgut Reis Cd. No 48, 07330 **전화** +90-535-344-1296 **홈페이지** www.carpediemside.com **요금** 싱글 €100(개인욕실, A/C), 더블 €120(개인욕실, A/C) **가는 방법** 항구에서 도보 1분. 바닷가에 있다.

나무가구와 소파가 있는 객실은 아늑하고 안정감이 있다. 욕실도 고급스럽게 잘 꾸며놓았고 일부 객실은 바다가 보인다. 과일이 제공되는 아침식사도 훌륭하고 호텔 바로 앞에서 해수욕을 즐길 수도 있다. 부설 테라스 레스토랑은 바다 뷰 맛집으로 많은 관광객들이 찾는 곳이라 전망 좋은 부티크 호텔을 원한다면 괜찮은 선택이다.

호텔 빌라 외넴리 Hotel Villa Önemli

Map P.394-B2 주소 Barbaros Cad Lale Sk. No.7 07330, Side **전화** (0242)753-1131 **요금** 싱글 €40~50(개인욕실, A/C), 더블 €60~70(개인욕실, A/C) **가는 방법** 시가지 초입에서 차을라 거리를 따라가다 에빈 펜션을 지나서 오른쪽 골목으로 꺾어들어 직진하면 나온다.

널찍한 부지에 수목이 우거진 정원과 풀장이 있는 큰 규모의 중급 숙소. 객실 내 미니바 시설을 갖추고 있으며 바다가 가까워 해수욕을 하기에도 편리하다. 꽃과 나무가 가득한 정원의 로마 시대 기둥들도 낭만적인 분위기를 만드는 데 일조하고 있다. 객실이 살짝 좋은 것이 유일한 흠이다.

동지중해 투어의 거점 도시

실리프케

녹색의 곡수 Göksu 강과 무성한 나무로 사시사철 푸르름을 간직하고 있는 동지중해의 작은 도시. 기원전 3세기경 시리아의 셀레우코스 Seleucos 왕조를 세운 셀레우코스 1세가 '셀레우키아'라는 이름으로 건설했으며 로마의 폼페이우스가 알란야에서 해적을 격퇴하고 동지중해를 장악한 후 상업도시로 번성하였다. 7세기 지중해로 진출한 아랍의 지배를 받다 11세기에는 십자군의 손에 넘어갔고 1471년 오스만 왕조의 땅으로 편입되는 등 우여곡절의 역사를 지니고 있다.

실리프케는 초기 기독교 역사와도 밀접한 관계를 맺고 있다. 기독교가 공인되기 전 박해를 피해 실리프케 교외에 몸을 숨겼던 성녀 테클라 Tekla의 동굴은 기독교 공인 후 많은 순례객들이 방문하는 성지가 되었다. 이렇듯 동지중해 역사에서 나름 중요한 자리를 지켜왔던 실리프케는 오늘날 그다지 특별할 것 없는 지방 도시로 변했지만 크즈 칼레시 Kız Kalesi, 우준자부르츠 Uzuncaburç 등 주변 유적 탐방의 거점으로 방문객들의 발길이 꾸준히 이어지고 있다.

인구 5만 3000명 **해발고도** 30m

여행의 기술

Information

관광안내소 Map P.403-A1

다리 건너 도시 북쪽에 위치하고 있다. 영어는 잘 통하지 않지만 친절한 직원이 자세히 안내해 주며 우준자부르츠 행 돌무쉬 시간과 타쉬주에서 출발하는 크브르스 Kıbırıs 행 페리 시간을 알아볼 수 있다.

전화 (0324)714-1151
업무 월~금요일 08:00~17:00
가는 방법 괵수 강 다리에서 도보 10분

환전 Map P.403-A2

작은 도시지만 은행과 ATM이 있어 환전하는데 불편이 없다. 어느 은행이나 환율은 비슷하다.

위치 구시가지 남쪽 이뇌뉘 거리 İnönü Cad. 끝 시청 부근
업무 월~금요일 09:00~12:30, 13:30~17:30

PTT Map P.403-A1

위치 구시가지 남쪽 이뇌뉘 거리 끝 시청 부근
업무 월~금요일 09:00~17:00

실리프케 가는 법

비행기와 기차는 다니지 않으며 오직 버스만이 실리프케로 가는 유일한 수단이다. 만일 급하게 가야 한다면 160km 떨어진 인근의 대도시 아다나 Adana까지 비행기로 간 후 버스로 가는 방법이 있다. 아다나는 튀르키예에서 네 번째로 큰 도시로 이스탄불, 앙카라 및 주요 도시와 항공 연결이 원활하다.

➡ 오토뷔스

지방의 작은 도시지만 인근 지역과 원활하게 소통된다. 앙카라, 이스탄불에서도 실리프케까지 바로 가는 버스가 있으며, 가지안테프, 디야르바크르 등 동부 지방에서 갈 때는 인근의 대도시인 아다나까지 간 다음 버스를 갈아타고 가는 것이 일반적이다. 아다나에서 안탈리아로 가는 모든 버스가 실리프케를 경유하므로 시데, 안탈리아 방면으로 가는 것도 문제가 없다. 다만 해안도로가 산길인데다 굴곡이 심해 시간이 오래 걸린다는 점을 유념하자. 소박한 실리프케의 오토가르는 시가지 초입에 자리하고 있으며 시내까지는 걸어서 갈 수 있다.

실리프케 오토가르

실리프케에서 출발하는 **버스 노선**

행선지	소요시간	운행
이스탄불	14시간	1일 2~3편
카파도키아(카이세리)	8시간	1일 1~2편
아다나	2시간 30분	06:00~24:00(매 1시간 간격)
안탈리아	9시간	1일 9~10편
콘야	4시간 30분	1일 8~9편

*운행 편수는 변동이 있을 수 있음.

Shakti Say 세계 두 번째 분단국 '키프로스 공화국 Republic of Cyprus'을 아시나요?

키프로스 국기

북 키프로스 튀르키예공화국 국기

보통 한국이 세계 유일의 분단국으로 알려져 있지만 실은 한 군데가 더 있으니 지중해의 섬 키프로스 공화국(영어 명칭 '사이프러스 공화국')입니다. 튀르키예의 남부 지중해에 위치한 키프로스는 지중해에서 세 번째로 큰 섬으로 해안선은 648km, 면적은 남한의 1/10 정도입니다(인구는 약 120만 명). 1960년 영국으로부터 독립했으며 82%의 그리스계 주민과 18%의 튀르키예계 주민으로 구성되어 있지요. 민족과 종교가 다른 양측은 독립 후에도 뿌리깊은 대립과 반목이 이어졌는데, 1974년 그리스의 키프로스 병합 운동가들을 주축으로 쿠데타가 일어났습니다. 이에 격분한 튀르키예 정부에서는 튀르키예계 주민 보호를 명목으로 약 4만 명의 튀르키예군을 파견해 섬의 37%에 해당하는 북부 지역을 장악하고 북 키프로스 튀르키예공화국 The Turkish Republic of Nothern Cyprus을 선포하기에 이릅니다. 즉 나라가 둘로 갈라진 것이지요. 수도인 니코시아 Nicosia(튀르키예명 '레프코샤 Lefkoşa)는 도시가 남북으로 쪼개지는 운명을 맞았습니다.

키프로스는 EU에도 가입한(2004년) 엄연한 독립국가지만 북 키프로스는 튀르키예를 제외한 다른 나라로부터 독립국가 인정을 받지 못하고 있습니다. 키프로스 문제는 전통적 앙숙인 튀르키예와 그리스 관계 개선에 최대의 걸림돌로 작용하고 있으며, 튀르키예 정부의 숙원인 EU 가입에도 발목을 잡고 있는 실정입니다. 1999년 튀르키예 대지진 때 인도적 차원의 국제 사회의 원조에 그리스도 동참함으로써 양국간 화해무드가 조성되어 키프로스도 해결의 실마리를 잡고는 있으나 역사와 민족, 종교까지 복잡하게 얽혀있는 터라 쉽사리 해결될 문제는 아닌 것으로 보입니다.

2002년 5월 코피 아난 유엔 사무총장이 키프로스를 방문해서 문제 해결을 위한 중재안을 제시했고, 이 중재안에 따라 2004년 4월에 남북 키프로스 각각 국민투표가 실시되어 통일에 대한 기대가 커졌지만 북 키프로스는 찬성, 남 키프로스는 반대로 통일이 무산되었습니다. 이후 2006년에는 감바리 유엔 사무총장이 또 다시 키프로스를 방문, 두 나라의 공동체 연방 및 신뢰구축 등 통일의 5대 원칙에 대한 합의를 이끌어내는 등 국제사회의 노력이 이어지고 있습니다.

한국은 1995년 키프로스(남 키프로스)와 외교관계를 수립하였고, 주 그리스 대사관에서 관할하고 있습니다(북한은 1991년 외교관계 수립). 1988년 서울 올림픽에 14명의 키프로스 선수단이 참가했으며 2000년에는 양국 비자면제 협정을 맺었지요. 예전에는 남북 키프로스의 왕래가 불가능했으나 2003년 국경 제한 조치가 완화되면서 양측을 자유롭게 넘나들 수 있습니다.

북 키프로스는 튀르키예에서 크브르스 Kıbırıs라 부릅니다. 사도 바울이 전도여행 중 들르기도 했던 크브르스의 볼거리로는 비잔틴 시대의 성과 중세 시대 수도원, 셰익스피어의 희곡 '오셀로'의 무대가 된 오셀로 탑 등이 있습니다. 튀르키예어와 튀르키예리라가 통용되며 물가는 튀르키예에 비해 약간 높습니다. 레프코샤 Lefkoşa, 기르네 Girne, 가지마우사 Gazimağusa의 세 도시에 볼거리와 숙박시설이 집중되어 있답니다.

크브르스로 가는 배편 Ferry to Kıbırıs

실리프케에서 가까운 타쉬주 Taşucu에서 크브르스의 기르네 Girne까지 다니는 페리가 운행해 배를 타고 크브르스를 방문할 수 있습니다. 크브르스 여행을 마치고 안탈리아 방면으로 가는 여행자는 알란야 Alanya 행 페리를 이용하면 편리하므로 알아두세요.

크브르스 행 페리 회사

아크귄레르 데니즈질리크 Akgünler Denizcilik

주소 Galeria İş Merkezi Z/12, Taşucu 전화 (0324)741-4033, 741-4325 홈페이지 www.akgunlerdenizcilik.com

운행 타쉬주→기르네 매일 11:30(기르네 출발은 09:30), 알란야→기르네 목~일요일 14:30(기르네 출발은 목~일요일 09:30) 소요시간 2~3시간 요금 타쉬주→기르네 편도/왕복 516TL/684TL, 알란야→기르네 편도/왕복 610TL/780TL 가는 방법 실리프케 오토가르 부근에서 타쉬주 행 돌무쉬가 수시로 운행하고 있다(10분).

*차량을 실어나르는 페리도 있다. 자세한 운행시간은 홈페이지 참고.

시내 교통

도시가 크지 않은데다 숙소, 은행 등 편의시설이 이뇌뉘 거리에 몰려 있어 도보로 충분하다. 단, 크즈 칼레시, 우준자부르츠 등 주요 볼거리들은 시 외곽에 있으므로 돌무쉬나 미니버스를 이용해야 한다. 아야테클라 동굴교회는 오토가르 부근에서 출발하는 타쉬주 Taşucu 행 돌무쉬를 타고 다녀오면 되고 크즈 칼레시, 천국과 지옥으로 가는 미니버스는 오토가르에서 출발한다.

북쪽 내륙에 떨어져 있는 우준자부르츠 행 돌무쉬는 관광안내소 부근에서 출발하므로 이용에 착오가 없도록 하자. 요금은 차내에서 기사에게 직접 지불한다.

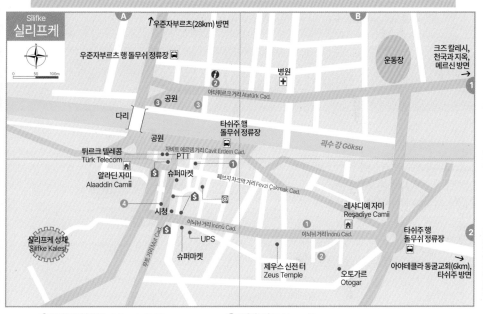

Silifke
실리프케

❶ 괴즈데 예멕츨륵 Gözde Yemekçılık A2
❷ 외즈카이마크 파스타네시 Özkaymak Pastanesi A1
❸ 괵수 아일레 차이 바흐체 Göksu Aile Çay Bahçesi A1

❶ 오텔 아르산 Otel Arısan B2
❷ 오텔 아야테클라 Otel Ayatekla B2
❸ 괵수 오텔 Göksu Otel A1
❹ 제이마 호텔 Zeyma Hotel A2

크즈 칼레시 해변
거대한 지옥(제헨넴) 동굴

실리프케 둘러보기

실리프케 시내에는 볼거리가 거의 없으며, 도시 외곽의 아야테클라 동굴교회 Ayatekla, 크즈 칼레시 Kız Kalesi, 우준자부르츠 Uzuncaburş 등이 실리프케 관광의 핵심이다. 각 볼거리들이 멀리 떨어져 있어 한 곳을 방문한 후 다시 실리프케로 돌아와 다음 장소로 가는 방식을 취해야 하며 모든 곳을 다 돌아보려면 최소 2일은 예상해야 한다.

첫날은 시내에 있는 제우스 신전 터와 실리프케 성채를 돌아본 후 돌무쉬를 타고 아야테클라 동굴교회를 다녀온다. 둘째날은 고대도시 유적인 우준자부르츠를 둘러보고 실리프케로 돌아와 오토가르에서 미니버스를 타고 크즈 칼레시와 천국과 지옥을 돌아보면 관광은 끝난다.

+ 알아두세요!

1. 볼거리들이 외곽에 떨어져 있어 다녀오는데 시간이 걸린다는 점을 감안해 관광 계획을 세우는 것이 좋다.
2. 우준자부르츠, 아야테클라 동굴교회 유적에는 음식을 파는 곳이 없으니 물, 비스킷 등 간단한 간식을 준비하자.

★★★★★ BEST COURSE ★★★★★

첫날 예상소요시간 6~7시간

출발 ▶▶ 오토가르

도보 5분

제우스 신전 터(P.405)
로마 시대 제우스에게 바친 신전.

도보 30분

실리프케 성채(P.405)
비잔틴 시대에 건립된 성채. 올라가기는 힘들지만 전망이 좋다.

타쉬주 행 돌무쉬로 5분+도보 30분

아야테클라 동굴교회(P.405)
기독교 역사상 최초의 여성 순교자인 테클라가 머물렀던 지하 동굴교회.

둘째날 예상소요시간 7~8시간

출발 ▶▶ 실리프케 시내

돌무쉬로 40분

우준자부르츠(P.406)
도시 북쪽 산속에 자리한 로마 시대의 도시 유적. 첩첩산중에 도시를 건설했다는 사실이 놀라울 따름이다.

돌무쉬로 40분

실리프케 시내(오토가르)

미니버스로 40분

크즈 칼레시(처녀의 성)(P.406)
동지중해의 상징인 바다 위에 떠 있는 성.

미니버스로 5분+도보 40분

천국과 지옥(젠넷·제헨넴)(P.406)
지형의 함몰로 생긴 두 개의 커다란 자연 동굴. 거대한 규모에 입이 다물어지지 않는다.

Attraction 실리프케의 볼거리

시 외곽에 여러 가지 볼거리가 있지만 바다 위에 떠 있는 성인 크즈 칼레시와 고대도시 유적인 우준자부르츠는 빼놓기 아까운 곳이다. 시간이 없더라도 이 두 곳은 돌아보도록 하자.

제우스 신전 터
Zeus Temple ★

Map P.403-B2 주소 Zeus Temple İnönü Cad., Silifke **개방** 24시간 **요금** 무료 **가는 방법** 이뇌뉘 거리 중간쯤 있다. 오토가르에서 도보 5분.

이뇌뉘 거리에 있는 고대의 신전 터로 2세기 로마 시대에 건립되어 최고의 신 제우스에게 봉헌된 것이다. 홈이 파인 원형 기둥을 사용했으며 다른 지역의 신전과 비교해 양식면에서 그다지 특별한 것은 없다. 5세기에는 기독교 교회로 용도 변경되었으며 지금은 터만 덩그러니 남아 있을 뿐이다. 시 예산이 부족한 탓인지 그냥 방치되고 있어 안타까움을 자아낸다.

실리프케 성채
Silifke Kalesi ★★

Map P.403-A2 주소 Silifke Kalesi, Silifke **개방** 매일 일출~일몰 **요금** 무료 **가는 방법** 이뇌뉘 거리 끝에서 언덕길을 따라 도보 20분.

시가지 서쪽 산 위에 있는 성채. 비잔틴 제국 때 아랍의 침입에 대비해 세워진 것으로 23개의 탑과 2중의 성벽으로 지어졌는데 지금은 외벽과 지하 저장고 일부만 남아 있다. 언덕 꼭대기에 있어 한 번에 올라가기는 힘들지만 높은 만큼 전망이 좋다. 성채 아래 산기슭에는 천연 암반을 깎아서 만든 테키르 암바르 Tekir Ambarı라는 로마 시대의 저수지도 있다.

언덕 위에 있는 실리프케 성채

아야테클라 동굴교회
Ayatekla ★★★

주소 Ayatekla, Silifke **개관** 매일 09:00~18:00(겨울철은 17:00까지) **요금** 무료 **가는 방법** 오토가르 부근 정류장에서 타쉬주 Taşucu 행 돌무쉬로 5분. 주유소 앞에서 하차해 오른쪽 길을 따라 30분 정도 걷다 보면 반쯤 남아 있는 유적의 벽이 보인다.

시가지에서 남쪽으로 약 6km 떨어져 있는 지하 동굴교회. 테클라는 사도 바울에게 귀의한 여성으로 기독교 역사에서 최초의 여성 순교자로 알려져 있다. 그녀는 원래 콘야에 살았으나 박해가 심해지자 실리프케 근교로 와서 바위를 파고 동굴에서 신앙생활을 했다. 기독교가 공인된 후 성녀(聖女)가 되었고 그녀가 살던 동굴은 많은 순례자들이 다녀가는 성지가 되었다. 동굴교회가 조성된 것은 5세기경이라고 한다.

아야테클라 동굴교회

전체적인 형태는 바위를 파서 만든 지하 동굴인데 내부는 돌을 이용해 공간을 나누고 기도실도 만들어 놓았다. 비잔틴 양식의 기둥이 내부를 지탱하고 있으며 후대에 사람들이 갖다놓은 아야테클라의 초상화가 중앙에 있다. 안쪽의 통로는 성채까지 이어진다고 한다.

우준자부르츠
Uzuncaburç ★★★

개방 24시간 **요금** €3 **가는 방법** 관광안내소 부근에서 출발하는 돌무쉬로 40분 정도 걸리며 요금은 30TL이다. 돌무쉬 운행 시간은 09:00, 10:30, 12:00, 13:30, 15:00, 17:00, 19:00(토·일요일은 10:30, 14:00, 19:00. 겨울철은 운행 축소).

시가지 북쪽 28km 지점에 있는 고대도시 유적. 헬레니즘 시대에 '올바 Olba'라는 이름으로 불렸으며 로마 시대에는 '디오카에사레아 Diocaesarea'라고 불렸다.

돌무쉬 정류장에 내리면 먼저 퇴렌 문 Tören Kapı이라는 다섯 개의 기둥이 관람객을 맞이한다. 문 안쪽 약 150m 길을 중심으로 유적이 남아 있는데 왼쪽의 코린트식 기둥이 줄지어 있는 곳은 1세기경 조성된 제우스 신전이다. 신전 앞길을 따라 20m 정도 가면 보존 상태가 양호한 도시의 정문을 만나게 되고 거리의 맨 안쪽 4개의 기둥이 남아 있는 곳은 행운의 여신 티케 Tyche에게 봉헌된 신전이다.

돌무쉬 정류장에서 큰길을 따라 마을 안쪽으로 들어가면 기원전 2세기에 세워진 높이 22m의 사각 성탑을 볼 수 있다. 이 탑에서 우준자부르츠(튀르키예어로 '긴 탑'이라는 뜻)라는 이름이 유래했다고 한다. 우준자부르츠는 유적도 볼 만하지만 가는 길의 경치가 좋고 정감어린 시골 모습도 덤으로 즐길 수 있어 시간을 내어 일부러 다녀올 만하다.

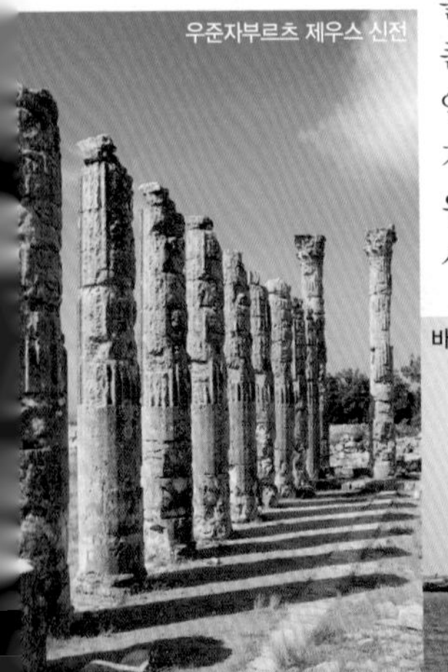
우준자부르츠 제우스 신전

크즈 칼레시(처녀의 성)
Kız Kalesi ★★★

개방 일출~일몰 **요금** €3 **가는 방법** 실리프케 오토가르에서 미니버스로 약 40분 걸리며 요금은 30TL이다. 성까지 페리 요금은 왕복 150TL.

실리프케 동쪽으로 30km 떨어진 곳에 있는 성. 파란 바다와 대비되어 환상적인 풍경을 연출하며, 동지중해의 광고 모델로 빠짐없이 등장하는 바로 그 성이다. 해안에서 200m 가량 떨어진 섬에 세워져 있어 멀리서 보면 바다에 떠 있는 것같이 보인다. 성 맞은편 해안 쪽에는 코리코스 Korykos라고 불리는 또 다른 비잔틴 시대의 성채가 있다. 12세기 이 지역을 다스렸던 아르메니아의 왕이 크즈 칼레시와 함께 방어 차원에서 세운 것.

해변에서 성까지 페리가 다니며 밤에는 조명을 밝혀 분위기가 근사하다. 크즈 칼레시는 유명한 리조트 타운으로 해변에 숙소가 많이 있고 여름철에는 해수욕을 즐기는 인파로 문전성시를 이룬다. 휴양을 겸해 크즈 칼레시 해변에서 머무는 것도 고려할 만하다.

바다 위의 성, 크즈 칼레시

천국과 지옥(젠넷·제헨넴)
Cennect Cehennem ★★★

개방 매일 08:00~20:00(겨울철은 17:00까지) **요금** €12(한 장의 입장권으로 두 곳 모두 관람) **가는 방법** 크즈 칼레시에서 실리프케 행 버스로 5분, 이후 40분 정도 큰길을 따라 언덕길을 걸어간다. 또는 실리프케 오토가르에서 크즈 칼레시 행 미니버스를 타고 가다 중간에서 내려(기사에게 '젠넷·제헨넴'이라고 이야기하면 알아서 세워준다) 큰길을 따라 도보 40분.

크즈 칼레시 부근 나를르쿠유 Narılıkuyu 산에 있는 2개의 커다란 자연 동굴. 매표소를 지나 70m 정도 계곡 아래로 내려가면 동굴 입구에 다다른다. 입이 다물어지지 않을 정도로 큰 규모가 방문객을 압도하며 내부에는 냇물이 흐르고 있다. 언뜻 보기에 '천국(젠넷)'이라는 이름과 전혀 상관없어 보이는데 옛날 사람들은 이곳을 통해 천국으로 갈 수 있다고 믿었고 죽은 이의 시신을 여기에 놓아두었다고 한다. 그래서 이름이 천국이 되었다고 하며 동굴 입구에는 비잔틴 시대에 지은 성모 마리아 교회도 있다. 동굴 안은 한여름에도 한기가 느껴질 정도로 시원해 여름철에 크즈 칼레시와 묶어 방문하는 현지 관광객의 발길이 끊이지 않는다.

천국과 지옥 동굴

한편 천국의 북동쪽으로 '지옥(제헨넴)'이 자리하고 있다. 지형의 함몰로 생긴 커다란 구덩이인데 가장 깊은 곳은 120m나 된다. 신화에 따르면 제우스가 머리가 100개인 괴물 타이폰 Typhon을 가둔 곳이었다고 한다. 위험하므로 내려갈 수는 없고 전망대에서 내려다보는 것으로 만족하자. 천국과 지옥 부근에는 아스틈 동굴 Astım Mağarası이라는 종유석이 아름다운 동굴도 있으니 시간과 체력이 넉넉한 여행자라면 함께 방문해도 좋다.

Restaurant 실리프케의 레스토랑

외부 관광객이 많이 방문하는 곳이 아니라서 실리프케의 먹을거리 사정은 그다지 좋지 않다. 현지 주민과 튀르키예 관광객이 이용하는 로컬 식당이 대부분으로 케밥과 술루 예멕(미리 만들어 놓은 물기가 있는 음식)이 주종을 이룬다. 대신 어느 곳이나 친절히 손님을 맞이하므로 튀르키예 사람들의 소박한 정을 느끼기에 좋다. 되네르 케밥과 비슷한 탄투니는 꼭 맛보기 바란다.

괴즈데 예멕츨륵 Gözde Yemekçilık

Map P.403-A2 주소 Saray Mah. Balıkçılar Sk. Özlem İşhani No.7 **전화** +90-532-267-0160 **영업** 05:00~23:00 **예산** 1인 40~120TL **가는 방법** PTT 옆 골목으로 들어간 후 사거리에서 왼쪽으로 두 번 꺾으면 나온다.

닭고기, 양고기 등 각종 케밥과 야채 단품요리를 갖춘 튀르키예식 전문식당. 메뉴판은 따로 없고 진열대에서 음식을 고르면 된다. 맛도 좋고 가격도 적당해 식당이 부족한 실리프케에서 단비와 같은 곳이다. 몇 가지 생선요리도 가능하다. 찾는 관광객이 적은 탓인지 매우 친절하다.

외즈카이마크 파스타네시 Özkaymak Pastanesi

Map P.403-A1 주소 Göksu Mah. Atatürk Cad. No.11 Silifke **전화** (0324) 714-8845 **영업** 07:00~다음날 01:00 **예산** 1인 30~100TL **가는 방법** 괵수 강 북쪽 아타튀르크 대로변에 있다.

괵수 강 북쪽에 있는 스낵 코너로 퀴네페, 카다이프 같은 단 과자와 각종 케이크, 쿠키를 갖추고 있다. 유리잔에 담겨 나오는 아이스크림인 돈두르마는 많은 이들이 찾는 인기 메뉴. 위치가 좋은데다 가격 부담이 없어 시민들도 즐겨 이용한다.

괵수 아일레 차이 바흐체 Göksu Aile Çay Bahçesi

Map P.403-A1 주소 Göksu, 33960 Silifke **영업** 09:00~20:00 **예산** 차이, 커피 10TL **가는 방법** 괵수 강 다리 옆에 있다.

괵수 강 다리 옆 공원에 자리한 시청에서 운영하는 찻집. 차이와 커피, 음료수 및 몇 가지 스낵메뉴가 있다. 큰 나무가 있는 정원에서 탁 트인 전망과 물소리를 들으며 차를 마시다보면 피로가 풀리는 듯한 느낌이 든다. 시내 중심에 있어 실리프케 시민들도 즐겨 찾는 곳이다.

탄투니 식당 Tantuni Restaurant

실리프케가 속한 남부 메르신 주는 탄투니로 유명한 지방이다. 탄투니는 철판에 볶은 쇠고기(또는 닭고기)에 토마토와 파슬리를 넣어 둘둘 만 음식으로 되네르 케밥과 비슷하게 생겼지만 맛은 다르다. 빵은 일반적인 에크맥과 얇은 밀전병같은 라바쉬 둘 중 택할 수 있는데 라바쉬가 좀 더 인기다. 고춧가루와 레몬을 뿌려 먹으면 풍미가 배가되고 음료수는 아이란이 제격이다. 양이 많은 편이 아니라서 튀르키예 사람들은 2~3개씩 먹기도 한다. 시내 곳곳에 탄투니를 파는 집이 많으므로 식사와 간식 어느 쪽이든 편하게 이용할 수 있다.

Hotel 실리프케의 숙소

관광지로서 개발이 덜 되어 숙소가 많지 않다. 이뇌뉘 거리에 몇 군데 숙소가 있을 뿐이므로 선택의 폭이 그다지 넓지 않으며, 여행자들의 방문이 뜸해 배낭여행자 급의 저렴한 숙소를 찾아보기도 힘들다. 그러나 비싼 곳만 있는 건 아니니 지레 겁먹을 필요는 없다.

오텔 아르산 Otel Arısan

Map P.403-B2 주소 Saray Mah. İnönü Cad. No.91 **전화** (0324)714-3331 **이메일** otelarisan33@hotmail.com **요금** 싱글 150~250TL(공동/개인욕실, A/C), 더블 250~300TL(공동/개인욕실, A/C) **인터넷** 불가능 **가는 방법** 이뇌뉘 거리에 있다. 오토가르에서 도보 5분.

큰길가에 자리한 숙소로 가격대가 저렴하다. 최근에 보수해 벽과 침대 시트가 깨끗하며 객실도 비교적 넓다. 개인욕실과 에어컨 유무에 따라 가격이 달라지지만 공동욕실도 관리가 잘되고 있어 이용에 불편함은 없다. 아침식사는 1인 20TL 별도.

오텔 아야테클라 Otel Ayatekla

Map P.403-B2 주소 Saray Mah. Otogar civarı Silifke **전화** (0324)715-1081 **요금** 싱글 200TL(개인욕실, A/C), 더블 300TL(개인욕실, A/C) **가는 방법** 오토가르 옆 골목 안.

객실은 약간 좁은 편이지만 전체적으로 관리가 잘되고 있는 곳이다. 객실과 화장실이 깨끗하고 수건도 언제나 보송보송한 상태를 유지하고 있으며 직원들도 친절하다. 오토가르 바로 옆에 있어 쉽게 찾을 수 있다.

괵수 오텔 Göksu Otel

Map P.403-A1 주소 Göksu Mah. Atatürk Cad. No.20 **전화** (0324)712-1021 **요금** 싱글 300TL(개인욕실, A/C), 더블 500TL(개인욕실, A/C) **가는 방법** 괵수 강 다리를 건너 아타튀르크 거리를 따라 도보 3분.

괵수 강 북쪽 기슭에 자리한 중급 숙소. 양탄자가 깔려 있는 널찍한 객실은 깔끔하며 강에 면해 있어 일부 객실은 강변 전망도 좋다. 주변에 공원도 있고 조용하기 때문에 중급 숙소를 찾는 여행자라면 만족할 만하다.

제이마 호텔 Zeyma Hotel

Map P.403-A2 주소 Mut Cad. No.54 Silifke **전화** (0324)712-0203 **요금** 싱글 400TL(개인욕실, A/C), 더블 600TL(개인욕실, A/C) **가는 방법** 이뇌뉘 거리 끝나는 곳에 있다. 오토가르에서 도보 15분.

2006년에 오픈했으며 객실은 미색 페인트와 침구류로 은은한 분위기를 냈다. 비즈니스맨 고객이 많으며 세미나실, 미니바, 위성 TV 시설을 갖추고 있다. 건물의 4, 5, 6층이 숙소이며 리셉션은 4층에 있다. 엘리베이터를 타고 올라가면 된다.

로마 시대 모자이크화가 있는 남부의 국경도시

Antakya (Hatay) 안타키아(하타이)

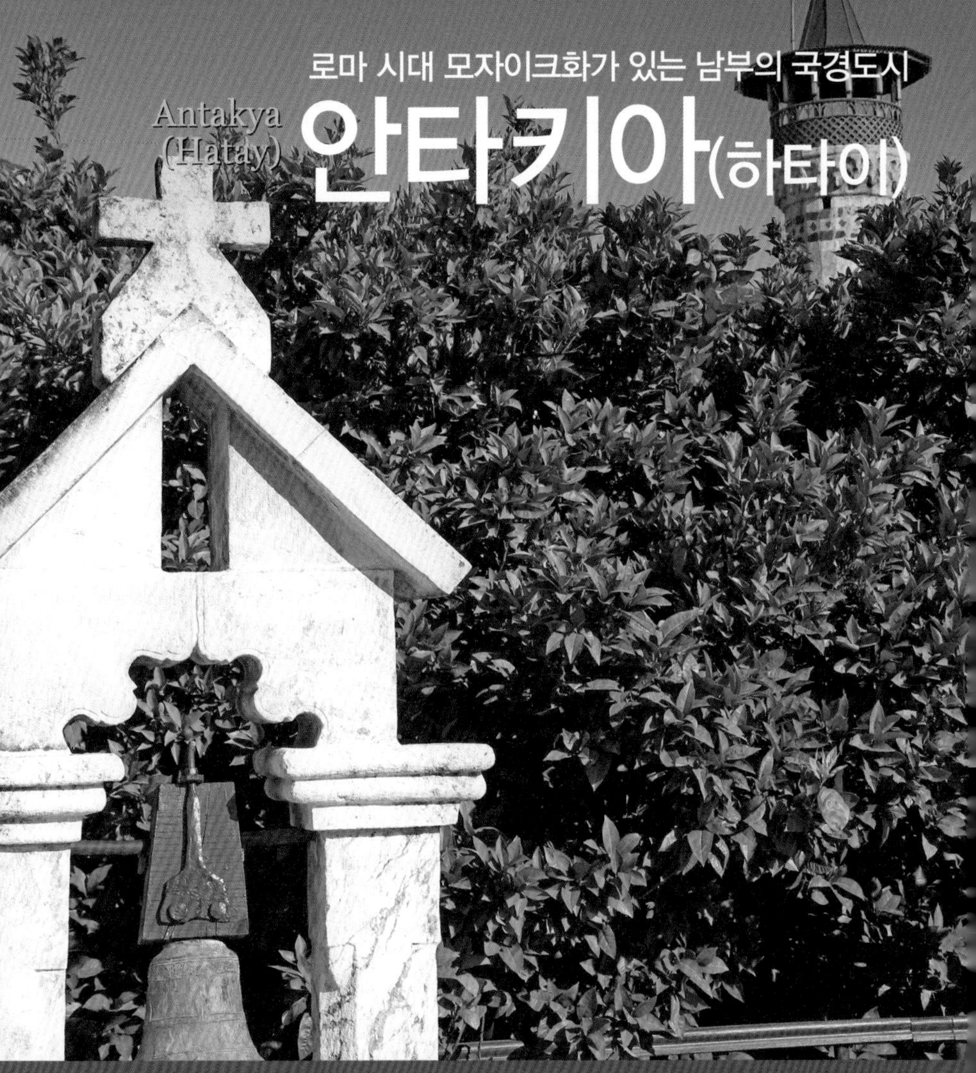

동부 지중해 끝자락에 위치한 튀르키예 최남단의 도시. 튀르키예 여행을 마치고 시리아로 가는 관문이나 중동에서 튀르키예로 오는 입구로 많이 활용되는 곳이다. 로마 시대에는 로마, 알렉산드리아와 더불어 지중해 세계 3대 도시의 하나였으며 〈성서〉에도 등장하는 등 역사의 한 페이지를 화려하게 장식한 이력이 있다. 역사가 스트라보 Strabo는 '도시가 부유하여 사치와 낭만이 넘쳤으며 예술가들이 몰려드는 문화의 도시이자 실크로드를 따라 동쪽에 헬레니즘 문화를 전파하는 중심지'라고 전하고 있다. 역사가 이렇다 보니 여러 민족과 문화가 섞이는 건 당연한 일. 다른 도시와 달리 이슬람과 시리아 정교회, 가톨릭, 유대교 등 다양한 종교가 공존하며 거리를 활보하는 여성들의 개방적인 옷차림에서 자유로움이 느껴진다.

안타키아 시내에는 유럽풍의 건물이 많이 눈에 띄는데 이것은 제1차 세계대전 후부터 튀르키예 공화국에 편입되기 전까지 프랑스령 시리아 땅이었던 역사의 흔적. 근대 유물로 지정된 문화재 건물도 많이 있는데 2023년 대지진으로 상당수가 무너졌다. 희생된 많은 분들의 명복을 빌며 하루속히 일상을 회복하길 기원한다.

인구 21만 명 **해발고도** 150m

Information

관광안내소 Map P.414-C1

안타키아 지도와 도시 관광안내 자료를 무료로 얻을 수 있다.
위치 신시가지 아타튀르크 거리 Atatürk Cad. 끝 로터리 전화 (0326)216-6098
업무 월~금요일 08:00~12:00, 13:30~17:30(겨울철은 17:00까지)
가는 방법 시청 앞 로터리에서 아타튀르크 거리를 따라 도보 15분

환전 Map P.414-B2

시내 곳곳에 은행이 있고 시리아로 오가는 여행자를 위한 시리아 파운드를 바꿀 수 있는 사설 환전소도 있어 편리하게 이용된다. 환율은 큰 차이가 없으므로 편한 곳을 이용하자.
위치 이스티클랄 거리 İstiklal Cad.와 휘리예트 거리 Hüriyet Cad. 일대
업무 월~금요일 09:00~12:30, 13:30~17:30(사설 환전소는 20:00까지)

PTT Map P.414-B1

위치 시청 앞 로터리
업무 월~금요일 09:00~17:00

역사

안타키아는 오늘날 남부 튀르키예의 작은 국경도시에 불과하지만 고대에는 동방의 대도시로 명성이 높았다. 알렉산더 대왕이 죽은 후 부하장수였던 셀레우코스가 시리아에 셀레우코스 왕조를 세우고 안티오키아(안타키아의 고대 지명)를 수도로 삼으면서 지중해 동부에서 가장 큰 도시로 성장했다.
기원전 64년 로마 제국에 편입되고도 번영은 계속되어 로마, 알렉산드리아와 함께 지중해 세계 3대 도시로 전성기를 누렸다. 로마 제국 동방의 군사와 외교, 경제의 총본산이었으며 동방 최고책임자가 부임하는 곳도 언제나 안티오키아였다. 기독교가 국교가 된 비잔틴 제국(동로마 제국) 시대에 들어서도 명성은 쇠퇴하지 않았다. 성 베드로를 비롯한 초기 기독교 시대의 사도들은 이곳을 중심으로 포교활동을 했고 최초의 기독교 커뮤니티가 생겨난 곳도 안티오키아다. 비잔틴 제국의 5대 총 대주교구 가운데 하나였으며 동방 교회의 교부인 요한 크리소스톰도 이곳에서 태어났다.
꺼지지 않을 것 같던 안티오키아의 영광은 600년을 전후한 이슬람 세력의 확대로 쇠퇴의 길로 접어들었다. 더이상 지중해 세계의 중심이 아니라 이슬람 세계의 변방 도시로 전락한 것. 1098년 제1차 십자군 원정의 성공으로 안티오키아는 '안티오키아 공국'이 되어 200년간 서유럽 가톨릭의 세력권이 되었으나 1268년 맘루크 왕조의 침입으로 다시 이슬람의 손에 넘어갔다. 1517년 오스만 제국이 안티오키아를 점령한 뒤 제1차 세계대전까지 지배했으며, 이후 시리아를 점령한 프랑스의 지배를 받았다. 1921년~1923년까지 짧은 기간동안 자치를 누리기도 했으나 이후 시리아에 병합되었다가 1939년 튀르키예 영토로 귀속되었다. 다양한 종교와 문화가 공존했던 역사를 이어받아 오늘날 안타키아는 이슬람, 기독교, 정교, 유대교 등 많은 공동체가 활동하고 있다.

성 베드로의 동굴 교회

안타키아 가는 법

국경도시답게 사통팔달 교통이 원활하다. 이스탄불, 앙카라와 지중해 연안, 동부 아나톨리아와 멀리 흑해에서도 직접 가는 버스가 있으며 시리아 Syria로 떠나는 국제버스도 있기 때문에 언제 어디서든 방문하기 편리하다. 공항도 있어 비행기로 빠르고 수월하게 갈 수 있다.

➡ 비행기

2008년 하타이 공항이 완공되어 편리하게 이용된다. 튀르키예 항공, 선 익스프레스, 페가수스 등의 항공사가 이스탄불을 직항으로 연결하고 있으며 몇 개의 국제선 노선도 있다. 튀르키예 항공은 이스탄불의 아타튀르크 공항을 이용하며, 선 익스프레스와 페가수스 항공은 사비하 괵첸 공항을 이용하므로 착오가 없도록 하자.

하타이 공항은 시내에서 북쪽으로 약 20km 떨어져 있어 시내진입은 쉬운 편. 비행기 도착시간에 맞춰 운행하는 공항버스 Havaş나 택시를 이용하면 된다. 한편 시리아로 가는 여행자를 위한 택시도 있으니 참고하자. 알레포까지 약 US$90~100(1대 기준).

하타이 공항 Hatay Havalimanı

전화 (0326)235-1300

하타이 공항

➡ 오토뷔스

여행자들이 가장 많이 이용하는 수단으로 튀르키예 전 지역과 소통이 원활해 언제든 마음만 먹으면 쉽게 방문할 수 있다. 카파도키아, 부르사, 안탈리아 등 장거리에서 갈 때 버스 시간이 맞지 않으면 안타키아 인근의 대도시 아다나 Adana를 경유하면 편리하다(아다나에서 안타키아까지는 수시로 버스가 다닌다).

장거리 대형버스가 도착하는 오토가르는 도심지 북서쪽 7km 떨어진 곳에 있으며, 가지안테프, 아다나, 킬리스 등 인근 지역을 오가는 미니버스는 구시가지의 '쾨일뤼 가라지 Köylü Garaj'라고 하는 별도의 터미널을 이용하니 착오가 없도록 하자. 오토가르에서 출발하는 장거리 버스 티켓을 쾨일뤼 가라지에서도 구입할 수 있다.

오토가르에서 시내까지는 타고 온 버스회사의 세르비스를 이용하면 되는데 만일 세르비스가 없다면 오토가르 밖 정류장에 늘 대기하고 있는 시내버스를 타면 된다(15분 소요). 거의 모든 버스가 시내 중심 울루 자미 부근 정류장까지 운행하기 때문에 어렵지 않게 시내로 갈 수 있다.

모자이크화가 그려진 안타키아 오토뷔스

쾨일뤼 가라지에 도착했다면 시내까지 별도의 이동수단은 필요없고 이스티클랄 거리 İstiklal Cad.를 따라 걸으며 숙소를 정하면 된다. 배낭이 무겁다면 큰길에 자주 다니는 시내버스를 이용하자.

관광을 마치고 다른 도시로 이동할 때 시간이 맞지 않으면 아다나까지 가서 갈아타는 편이 낫다. 아다나는 교통의 요지라 전국 어느 도시와도 수월하게 연결되기 때문. 쾨일뤼 가라지에서 아다나까지 미니버스가 자주 출발한다(아다나의 터미널은 2군데다. 미니버스를 타고 간다면 근교를 운행하는 터미널인 '일체 오토가르'에 도착한다. 장거리 대형 버스를 타기 위해서는 '뷔윅 오토가르'까지 시내버스를 이용할 것. 아다나의 시내버스는 현금 승차가 안 되고 버스 카드를 구입해야 한다. 일체 오토가르 구내의 상점에서 쉽게 살 수 있다).

안타키아에서 출발하는
버스 노선

행선지	소요시간	운행
이스탄불	15시간	1일 7~8편
앙카라	9시간	1일 7~8편
아다나	3시간	03:30~17:30(매 30분 간격)
가지안테프	3시간 30분	06:00~18:00(매 30분 간격)
카파도키아(카이세리)	7시간	1일 3~4편
말라티아	7시간	1일 3~4편
안탈리아	10시간	1일 6~7편
샨르우르파	6시간	1일 6~7편
디야르바크르	10시간	1일 3~4편

*운행 편수는 변동이 있을 수 있음.

시내 교통

안타키아는 아시 강 Asi Nehri을 중심으로 구시가지와 신시가지로 나뉘는데 숙소, 레스토랑, 은행 등 편의시설과 볼거리는 모두 구시가지에 몰려 있다. 구시가지는 그다지 넓지 않기 때문에 도보로 충분하다. 단, 성 베드로의 동굴교회와 도시 외곽의 티투스와 베스파시아누스의 터널(사만다으)은 시내버스와 돌무쉬를 이용해 다녀와야 한다. 성 베드로의 동굴교회는 울루 자미 옆 시내버스 정류장에서 15번 버스를 타고 가면 되고, 사만다으로 가는 돌무쉬는 쾨일뤼 가라지 부근 사거리에서 출발한다. 요금은 차내에서 차장에게 지불한다. 관광을 마치고 오토가르로 갈 때는 PTT 앞에서 시내버스를 타면 된다.

안타키아 둘러보기

안타키아를 대표하는 볼거리는 고고학 박물관에 소장된 모자이크화와 성 베드로의 동굴교회다. 특히 모자이크화는 역사적, 예술적 가치를 높이 평가받는 작품이라 아무리 시간이 없더라도 꼭 방문하길 권한다. 그 밖에 가톨릭 교회, 시리아 정교회, 한국 개신교회, 티투스와 베스파시아누스의 터널 등이 있는데 모든 곳을 섭렵하려면 최소 2일은 걸린다. 아타 다리와 울루 자미 부근이 시내 중심이므로 기억해 두자. 첫날은 시내에 있는 고고학 박물관을 관람하고 성 베드로의 동굴교회를 방문한 후 하르비예를 다녀온다. 둘째날은 먼저 돌무쉬를 타고 티투스와 베스파시아누스의 터널이 있는 사만다으에 다녀온 다음 가톨릭 교회, 시리아 정교회, 한국 개신교회, 하비비 나자르 자미 등 구시가지의 볼거리를 방문하면 된다. 또한 비교적 최근에 발굴된 로마 시대의 모자이크화와 고대 유적을 볼 수 있는 뮤지엄 호텔(P.423)도 빼놓을 수 없으며, 구시가지의 시장과 오래된 골목길 탐험은 볼거리 이외에 또 다른 즐거움을 주므로 참고하자.

+ 알아두세요!

1. 성 베드로의 동굴교회를 방문할 경우 짧은 스커트를 삼가는 등 복장에 신경 쓸 것.
2. 티투스와 베스파시아누스의 터널은 다녀오는데 시간이 오래 걸린다. 시간 여유를 두고 관광에 나서자.
3. 달콤한 파이인 '퀴네페'는 전국적으로 알아주는 명품이므로 꼭 맛보자.

BEST COURSE

첫날 예상소요시간 6~7시간

 **출발 ▶▶ 시청 앞 로터리**

도보 1분

 **고고학 박물관**(P.415)

로마 시대 모자이크화와 유물이 전시되어 있는 박물관.

버스로 10분+도보 10분

성 베드로의 동굴교회(P.415)

성 베드로의 흔적이 남아있는 동굴교회. '크리스천'이라는 단어가 처음 생겨난 유서깊은 곳이다.

돌무쉬로 15분

하르비예(P.416)

도시 외곽에 위치한 시골 마을. 방문객이 적어 한적함과 마을 사람들의 인심을 느끼기 좋다.

둘째날 예상소요시간 8~9시간

 **출발 ▶▶ 쾨일뤼 가라지 부근 돌무쉬 정류장**

돌무쉬로 50분

사만다으(티투스와 베스파시아누스의 터널)(P.416)

로마 시대의 토목 기술을 볼 수 있는 엄청난 규모의 방수로.

돌무쉬로 50분+도보 20분

가톨릭 교회&시리아 정교회(P.417)

다양한 문화가 혼재되었던 안타키아의 특징을 확인할 수 있는 교회.

도보 5분

한국 개신교회(P.418)

2000년에 오픈한 한국 개신교회. 2023년 지진으로 무너졌다.

도보 15분

하비비 나자르 자미(P.418)

구시가지에 있는 시리아 스타일의 자미.

도보 3분

바자르(P.418)

옛날 대상들의 숙소가 있는 재래시장. 서민들의 삶의 현장 속으로 들어가 보자.

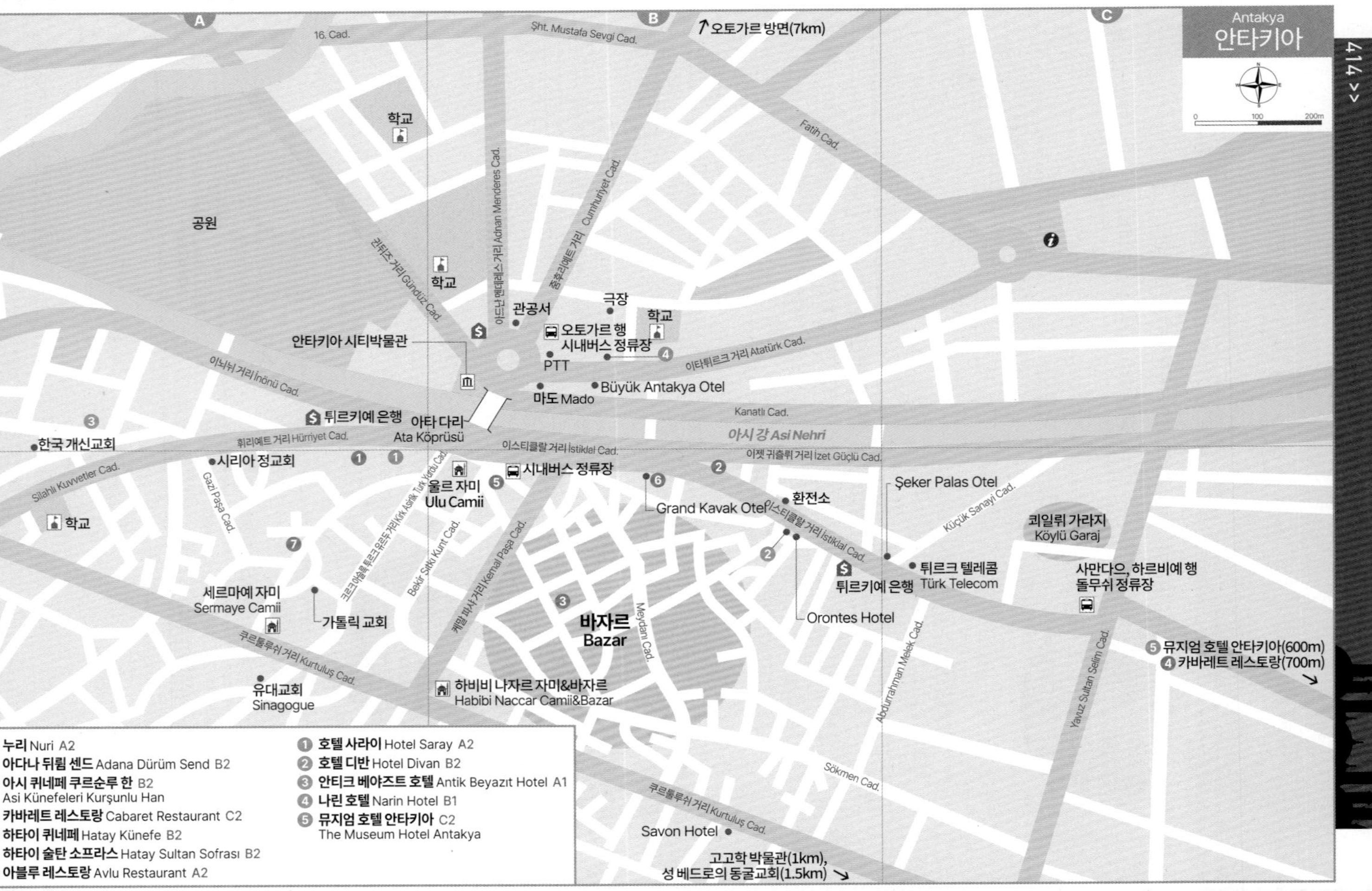

① **누리** Nuri A2
② **아다나 뒤륌 센드** Adana Dürüm Send B2
③ **아시 퀴네페 쿠르순루 한** B2
Asi Künefeleri Kurşunlu Han
④ **카바레트 레스토랑** Cabaret Restaurant C2
⑤ **하타이 퀴네페** Hatay Künefe B2
⑥ **하타이 술탄 소프라스** Hatay Sultan Sofrası B2
⑦ **아블루 레스토랑** Avlu Restaurant A2

① **호텔 사라이** Hotel Saray A2
② **호텔 디반** Hotel Divan B2
③ **안티크 베야즈트 호텔** Antik Beyazıt Hotel A1
④ **나린 호텔** Narin Hotel B1
⑤ **뮤지엄 호텔 안타키아** C2
The Museum Hotel Antakya

Attraction 안타키아의 볼거리

시내에 있는 고고학 박물관과 북동쪽 산자락에 자리한 성 베드로의 동굴교회가 안타키아의 '투톱'이다. 시내를 다니며 곳곳에 남아 있는 프랑스풍의 건물도 눈여겨보자.

고고학 박물관
Arkeoloji Müzesi ★★★

주소 Küçükdalyan, Antakya Reyhanlı Yolu No:117, 31120 **전화** (0326)225-1060 **개관** 매일 08:30~17:00 **요금** €11 **가는 방법** 하비비 나자르 자미 앞 큰길에서 시내버스로 10분. '모자이크 뮤제'라고 물어보고 타면 된다.

로마 시대의 모자이크화가 전시되어 있는 곳으로 고고학 박물관이라는 정식 명칭보다 모자이크 박물관이라고 더 많이 불리는 곳이다. 모자이크화가 유행했던 2~5세기 로마 시대의 작품들이 주류를 이루는데 아폴론과 다프네, 나르시스와 에코 등 그리스, 로마 신화와 동식물, 어부 등 당시 생활상을 짐작할 수 있는 작품들이 5개의 전시관에 빽빽이 들어차 있다. 대부분 인근의 타르수스(P.419)와 고대 도시인 다프네에서 발굴된 것이다.

모자이크화와 함께 키네트 회윅 Kinet Höyük에서 출토된 현무암 석상과 부조, 헬레니즘, 로마, 비잔틴 시대의 동전과 히타이트 시대의 토기에 이르기까지 전시물의 내용과 가치가 뛰어나 안타키아를 대표하는 관광명소로 자리잡고 있다. 시내 중심부에 있다가 새 건물이 완공된 2014년 현위치로 옮겨왔으며, 기존의 박물관은 안타키아 시티 박물관으로 사용되고 있다.

성 베드로의 동굴교회
St. Pierre Kilisesi ★★★

주소 St. Pierre Kilisesi, Antakya **개관** 매일 09:00~19:00(겨울철은 17:00까지) **요금** €8(국제학생증이 있으면 무료) **가는 방법** 아타 다리 옆 시내버스 정류장에서 15번 버스로 10분, 하차 후 도보 10분. 기사에게 '피에레 킬리세시 Pierre Kilisesi'라고 이야기해 두자.

시가지 북동쪽 스타우린 Staurin 산의 바위를 깎아서 만든 동굴교회. 〈성서〉에 따르면 성 바르나바스 St. Barnabas가 타르수스 Tarsus에 머물고 있던 바울을 안타키아로 초청해 교회를 건립하였으며, 이곳에서 기도하던 사람들을 처음으로 크리스천이라고 불렀다고 한다. 역사상 크리스천이라는 말이 처음으로 사용된 의미있는 곳이다. 바울은 이곳에서 베드로와 함께 종교적인 토론을 나누며 포교활동을 했으며 베드로는 나중에 안타키아 기독교의 첫 주교가 되었다.

교회 내부에는 성 베드로가 앉았던 의자가 놓여 있으며 오른쪽 구석에는 성수가 나오는 샘이 있고 바닥에는 희미하게나마 모자이크화도 남아 있다. 자세히 보면 왼쪽 구석에 조그만 통로가 있는데 이것은 산 반대편으로 탈출

성 베드로의 동굴교회

고고학 박물관의 모자이크화

하기 위한 용도로 박해의 역사를 보여주는 흔적이다. 매년 성 베드로 축일인 6월 29일에는 베드로와 바울을 기념하는 축하 예배를 드리러 각국에서 온 순례객들로 북새통을 이룬다.

하르비예
Harbiye ★★

개관 24시간 **요금** 무료 **가는 방법** 에스키 오토가르 부근 돌무쉬 정류장에서 돌무쉬로 15분.

시가지 남쪽 9km 떨어진 작은 시골 마을. 고대에는 '다프네 Daphne'라 불리던 곳이다. 신화에 의하면 요정이었던 다프네는 자신에게 반해 쫓아온 아폴론의 손길을 피하기 위해 이곳에서 월계수로 변신했다고 한다. 기원전 40년 로마의 안토니우스가 클레오파트라와 결혼한 곳도 이곳이라는 설이 있으며 고대 안타키아의 올림픽이 열리던 곳이기도 하다.

역사적으로 매우 중요한 곳이었지만 지금은 인적이 뜸한 시골마을로 변했다. 그다지 볼 건 없지만 소박한 마을과 사람들의 인상이 좋아 여행 중 뜻밖의 수확이 될 수도 있다. 동네에는 '쉘랄레'라는 폭포와 수목이 우거진 계곡도 있다. 여름철에는 계곡의 물소리를 들으며 더위를 쫓기에 제격이다.

티투스와 베스파시아누스의 터널
Titüs ve Vespasiyanüs Tüneli ★★★

개방 일출~일몰 **요금** 70TL **가는 방법** 괴일뤼 가라지 부근 돌무쉬 정류장에서 사만다으 Samandağ 행 돌무쉬를 타고 사만다으로 간 후(50분 소요), 체블리크 Çevlic로 가는 돌무쉬로 갈아탄다(15분 소요). 안타키아에서 출발할 때 체블리크 간다고 이야기하면 사만다으의 체블리크 행 돌무쉬 정류장에 세워주며, '튀넬' 간다고 얘기하면 유적지 표지판이 보이는 언덕 입구에 내려준다.

로마 시대의 암벽 무덤군

고대 로마 시대에 조성된 거대한 방수 터널. 이 지역은 고대에 인구가 많은 도시였는데 오론테스 강이 종종 범람해서 도시를 엉망으로 만드는 경우가 많았다. 로마의 제9대 황제였던 베스파시아누스가 착공하고 그의 아들인 티투스 황제 때 완공한 대역사로, 물길을 돌리는 1.4km

Shakti Say **'황금의 입' 요한 크리소스톰 John Chrysostom**

안타키아는 초기 교회사에서 빼놓을 수 없는 위대한 설교가 요한 크리소스톰(347~406)이 태어난 곳입니다. 어려서 아버지를 여의고 홀어머니 밑에서 자란 그는 처음에는 수사학을 배웠으나 세속적인 출세에 회의를 느끼고 수도원에 들어갑니다. 386년 플라비아누스 Flavianus 주교로부터 사제품을 받은 후 12년간 안디옥(안타키아의 옛 이름)의 설교 사제로 활약하면서 수많은 강의를 했는데 그의 강론이 너무 유명해서 크리소스토무스 Chrysostomus, 즉 '황금의 입'이라는 별명을 얻게 됩니다. 기독교가 국교가 된 비잔틴 제국에서 그의 설교는 엄청난 사회적 반향을 불러일으켰고 결국 397년 콘스탄티노플의 총대주교 자리에 오릅니다. 황실과 결탁한 수도자의 화려하고 타락한 생활을 질타하며 윤리적인 생활을 강조한 그는 당시 황후였던 에우독시아 Eudoxia의 사치와 탐욕을 비판하다 결국 유배를 당하게 됩니다. 한때 유배가 풀려 콘스탄티노플로 돌아오지만 이후 계속된 모략으로 유배지를 떠돌다 죽음을 맞이합니다.

그는 황금의 입이라는 별명에 걸맞게 수많은 강론과 저서를 남겼으며 1568년 교황 비오 5세 Pius V는 그를 교회학자로 선포하면서 '동방의 네 명의 위대한 교회학자' 중 한 사람이라고 선언합니다. 유해는 현재 로마의 베드로 대성전 성가대 경당에 안치되어 있습니다.

의 방수터널을 만드는 데 성공했다.
매표소를 지나서 견학로를 따라 오솔길을 걷다보면 작은 암벽 주거지도 보이고 고대에 사람이 살았던 흔적을 확인할 수 있다. 산길을 한참 걸으면 왼쪽으로 조그만 아치형 돌다리가 있고 나무계단이 나온다. 계단을 내려가서 이 터널의 진수를 확인해 보자. 거대한 바위산을 깎아 만든 인공 방수로인데, 현대의 기술로도 쉽지 않은 단단한 암벽을 2000년 전에 뚫었다는 사실이 놀라울 따름이다. 고대 로마의 뛰어난 토목기술에 경탄을 금할 수 없다. 터널을 통과해 끝까지 갈 수 있는데 어둡고 축축한데다 미끄러워서 위험하다.
터널 탐험을 마치고 다시 나무계단을 올라와서 견학로를 따라 계속 가면 길이 끝나는 곳에 베쉭클리 마아라 Beşikli Mağara라는 로마 시대의 암벽 무덤군이 있다. 티투스와 베스파시아누스의 터널은 유적도 볼 만하고 바다를 보며 한적한 숲 속 오솔길을 산책하는 즐거움도 누릴 수 있어 기쁨 두배. 물과 간식을 꼭 준비해 가자.
한편 체블리크는 로마 시대에 항구도시였는데 사도 바울이 이곳에서 배를 타고 키프로스로 전도여행을 떠났다는 기록이 있다. 지금은 한적한 시골 마을이다.

가톨릭 교회&시리아 정교회
Catholic Church&Orthodox Church ★★

Map P.414-A2 개관 가톨릭 교회 매일 08:00~12:00, 17:00~18:00(미사는 매일 08:30, 일요일 17:00), 시리아 정교회 매일 10:00~11:00, 13:00~19:00 **요금** 무료 **가는 방법** 가톨릭 교회 울루 자미 옆 크르크 아슬륵 투르크 유르두 거리 Kırk Asırlık Turk Yurdu Cad.를 따라 도보 5분. 골목이 복잡하므로 사람들에게 물어보자. 시리아 정교회 울루 자미에서 휘리예트 거리 Hüriyet Cad.를 따라 도보 5분.

안타키아는 다양한 종교와 문화가 어우러졌던 역사를 간직하고 있는 곳이라 여러 종류의 교회가 있다. 주택가 안에 자리한 조용한 가톨릭 교회는 미사도 볼 수 있으며 바로 옆 세르마예 자미 Sermaye Camii의 미나레와 대비되는 작은 돌 종루가 인상적이다.

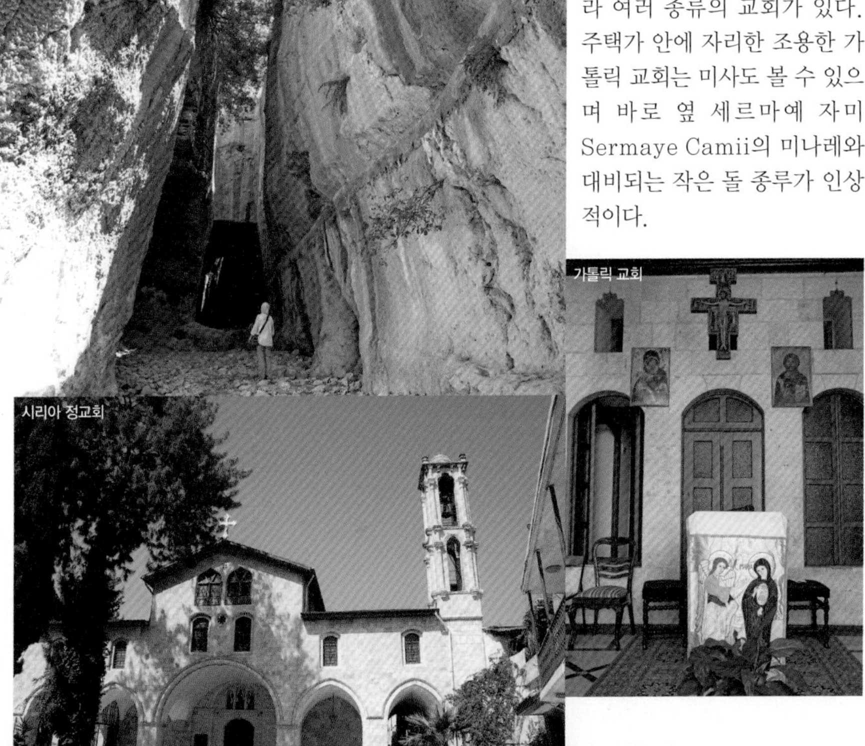
거대한 티투스와 베스파시아누스의 터널
가톨릭 교회
시리아 정교회

가톨릭 교회의 안뜰

부근에 있는 1200년의 역사를 자랑하는 시리아 정교회도 방문해 보자. 멋진 종탑이 방문객을 반긴다. 현재의 교회는 19세기 러시아의 원조로 재건축된 것이다.

하비비 나자르 자미&바자르
Habibi Naccar Camii&Bazar ★★

Map P.414-B2 주소 Habibi Naccar Camii Kemal Paşa Cad., Antakya **개관** 매일 07:00~19:00 **요금** 무료 **가는 방법** 아타 다리 옆 시내버스 정류장에서 케말 파샤 거리를 따라 도보 10분.

케말 파샤 거리 끝에 위치한 시리아 스타일의 자미로 636년에 건립되었다. 자미의 북동쪽 코너에는 자미의 주인공인 하비비 나자르의 묘가 있으며 옆에는 신학교가 있다. 특별한 볼거리라 하기는 어렵지만 시내에서 멀지 않아 다녀갈 만하다.

자미 옆에는 전통가옥이 잘 남아 있는 골목길이 이어져 있다. 처마를 맞대고 있는 옛 집들을 구경하며 골목길을 헤매다 보면 시장으로 들어선다. 오래된 한 Han(대상 숙소)이 곳곳에 남아 있는 재래시장에서 물건을 구경하다가 길거리 차이 집에서 차 한잔의 여유를 즐겨보는 것도 좋다.

한국 개신교회
Korean Church ★★

Map P.414-A1 개관 매일 10:00~11:00, 15:00~17:00(예배는 화요일 18:00, 일요일 10:00, 14:00) **전화** (0326)216-5860 **이메일** mtshero08@naver.com **가는 방법** 아타 다리에서 휘리예트 거리를 따라가다가 안티크 베야즈트 호텔 부근에 있다. 도보 7분.

한국의 기독교회에서 2000년 6월 29일 문을 연 개신교 교회. 안타키아의 다양한 종교를 말해주는 증거물이다. 고풍스런 건물은 프랑스가 지배하던 때에는 은행으로 사용되었으며 문화재로 지정되어 있다. 교회를 여는데 우여곡절이 많았다고 하며, 지방 정부와 협의해 설립 허가를 얻었다.

한국인 성지 순례객들 뿐만 아니라 유럽과 미국의 개신교도, 튀르키예인 관광객까지 방문하는 안타키아 종교의 명소다. 주변의 시리아 정교회와 가톨릭 교회, 유대교 회당과 함께 개신교를 대표한다는 상징성도 있다. 한국인 목사 가족이 상주하며 예배는 튀르키예어와 영어로 진행된다. 안타깝게도 2023년 대지진으로 교회 건물이 무너지고 말았다. 교회가 있던 자리에서 일요일 예배를 보고 있으며, 임시 센터를 마련하는 등 교회를 복원하기 위한 노력이 계속되고 있다.

하비비 나자르 자미

대지진 전의 한국 개신교회

Travel Plus+
사도 바울의 고향 타르수스 Tarsus

튀르키예 남부의 대도시 아다나 서쪽으로 40km 떨어진 타르수스는 초기 기독교사에서 빼놓을 수 없는 인물인 바울이 태어난 곳입니다. 타르수스는 로마 시대부터 킬리키아(알란야에서 아다나에 이르는 지역)의 중심도시로 유명했는데요, 로마의 집정관을 지냈던 키케로가 총독으로 재임했으며 기원전 47년에 카이사르도 방문한 적이 있지요. 또한 마르쿠스 안토니우스와 클레오파트라가 처음 만난 곳도 타르수스랍니다. 현재 남아있는 유적은 많지 않지만 바울의 생가터와 우물은 기독교 성지순례객이 방문하는 곳으로 명성이 높습니다.

타르수스 가는 법 & 시내교통

타르수스는 다른 도시와 버스 교통이 원활하다. 이스탄불, 카이세리, 안타키아, 콘야 등 장거리에서 바로 가는 버스가 있기 때문에 쉽게 방문할 수 있다. 차 시간이 맞지 않으면 인근의 대도시인 아다나를 경유하는 방법도 있다. 아다나의 뷔윅 오토가르(아다나의 오토가르는 두 곳이다)에서 타르수스까지 돌무쉬가 수시로 다닌다(45분 소요). 관광 명소가 시내 중심에 몰려있기 때문에 아침에 도착해서 볼거리만 돌아보고 다른 도시로 떠나는 것도 가능하다(타르수스 오토가르에 짐 보관소가 있다).

오토가르 앞 큰길에 자주 다니는 시내버스를 이용해 중심지로 갈 수 있다(클레오파트라 문 하차). 현금승차는 안되고 티켓을 사야하는 시스템이므로 관광 후 오토가르로 돌아올 거라면 미리 2장을 사 두는 게 좋다. 아다나에서 타르수르 행 돌무쉬를 타고 왔다면 타르수스 시내를 통과하므로 기사에게 미리 얘기해두면 클레오파트라 문 앞에서 내릴 수 있다. 모든 관광 명소는 도보로 돌아볼 수 있다.

타르수스 오토가르

버스회사 켄트 Kent

전화 (0324)616-2503, 616-2506

타르수스의 볼거리

클레오파트라의 문

먼저 클레오파트라의 문 Cleopatra's Gate을 구경하는 것으로 관광을 시작하자. 비잔틴 시대에 조성된 이 문은 항구로 이어지는 도로의 정문이었다(이집트의 클레오파트라와는 아무 관계가 없다). 문을 구경한 후 이스메트 파샤 거리 İsmet Paşa Cad.(메르신 거리 Mersin Cad.라고도 한다)를 따라 200m 정도 가면(버스를 타고 왔던 방향) 손에 철퇴와 방패를 든 쉴레이만 샤 Şüleyman Şha 동상이 있는 교차로가 나온다. 모퉁이에 자리한 튀르키예 은행 바로 앞에 바울의 우물을 비롯한 관광 이정표가 보인다. 화살표 방향으로 아타튀르크 거리 Atatürk Cad.를 따라 100m쯤 가면 오른쪽에 조그만 관광안내소가 나온다. 영어를 잘 하는 직원이 친절히 안내해 주며 시내 지도와 바울 관련 자료를 얻을 수 있으므로 들렀다 가자(월~토요일 08:00~12:00, 13:00~17:00 ☎(0324)622-2536).

바울의 우물

관광안내소 바로 옆에는 고대 로마 시대의 가도가 60m 정도 보존되어 있다. 관광안내소 옆길을 따라 100m 정도 가면 길 끝에 조그만 자미가 보이고 오른쪽 골목을 돌아가면 바울의 우물 St. Pauls Kuyusu(매일 07:30~20:30, 40TL)이 나온다. 우물은 지름 1m, 깊이는 35m이며 오랜 세월동안 제자리를 지키고 있다. 우물 바로 옆에는 바울의 생가 터가 있는

다니엘 성자의 무덤

에스키 자미

데 유리로 커버를 씌워놓았다.

바울의 우물을 구경했으면 다음은 예언자 다니엘 성자의 무덤을 구경할 차례. 왔던 길을 되짚어 쉴레이만 샤 동상 교차로로 나와서 오토가르 방향으로 3분 정도 걸으면 나오는 첫 번째 교차로의 바로 오른쪽에 있다. 현재는 마캄 자미 Makam Camii라는 이슬람 사원으로 되어 있다(조사 당시 대대적인 보수공사가 진행되고 있었고, 지하에 다니엘의 무덤으로 추정되는 곳을 바라볼 수 있었다).

마캄 자미 대각선 길 건너편에는 11세기에 아르메니아 정교회로 사용되었던 에스키 자미 Eski Camii가 있고, 자미 뒤편에 형태만 간신히 남아있는 유적은 로마 시대의 목욕장이다. 쉴레이만 샤 동상 교차로에서 이스메트 파샤 거리 쪽으로 가다가 왼쪽 첫 번째 큰길로 꺾어들어 200m 정도 가면 왼편에 성 바울의 교회 St. Paul Kilisesi가 있다. 뒤쪽에 출입구가 있으니 잠겨있는 정문을 보고 섣불리 발길을 돌리지는 말 것. 현재는 바울 기념 박물관으로 되어 있다(매일 08:00~19:00, 40TL).

교회 주변에는 크르크카쉬크 베데스텐 Kırkkaşık Bedestenı이라는 작은 시장도 있다. 20여 곳의 기념품점과 찻집이 있는데 호객도 심하지 않고 쇼핑할 것이 많으니 둘러보자. 시장 안의 찻집에서 차를 한잔하며 쉬었다 가자.

Meeo Say

사도 바울 St. Paul

사도 바울의 초상

바울은 기원후 5년경 유대교 집안에서 태어났으며 본명은 사울 Saul입니다. 어렸을 때 유대교의 율법학자들로부터 구약성서와 율법의 해석, 수사학을 공부했는데 체계적인 신학교육은 그를 뛰어난 신학자로 자라게 해 주었습니다.

독실한 유대인이었던 사울은 유대인이 기독교로 개종하는 것을 신성모독으로 여겼으며 개종자를 체포하는데 앞장섰지요. 20대 중반의 나이에 기독교도를 탄압하기 위해 다마스쿠스로 가던 중 부활한 예수의 환영이 나타나는 영적인 체험을 하게 됩니다. 예수의 음성을 들은 사울은 기독교로 개종했지요(당시 기독교는 종교가 아니라 예수를 메시아로 믿는 유대교의 종파였으므로 엄밀히 말해 개종이 아니라 '회심'이었다).

영성체험을 통해 독실한 기독교도가 된 바울은 당시 동방의 최대 도시였던 안티오키아(안타키아)에서 포교활동을 시작으로 로마 제국 전역을 다니며 전도에 힘을 쏟았습니다. 사례비를 받아 생활하던 대다수의 설교자들과 달리 천막을 짜는 육체노동을 함으로써 자신의 삶을 전도의 통로로 삼았지요. 바울은 유대 율법에 따라 성장했지만, 기독교가 율법주의를 벗어나게 해주며 유대인이든 이교도든 누구나 예수를 믿으면 구원을 얻을 수 있다고 설파했습니다. 그의 전도는 유대인들에게 위협이 되었고 다신교 신앙이 중심이던 로마 제국과도 마찰을 피할 수 없어 모진 박해를 받았습니다. 결국 세 번에 걸친 전도여행 후 예루살렘에 머물던 중 평소 그의 율법비판을 시기하던 유대인의 밀고로 로마의 유대 총독에게 체포되었습니다. 로마 시민권자였던 바울은 법에 따라 상소를 하고 로마로 호송되어 재판 후 끝내 순교했습니다.

신약성서의 상당 부분을 쓴 덕분에 바울은 기독교 최초의 신학자로 평가받고 있습니다. 그의 서신들은 여러 도시의 기독교인들에게 보내졌는데, 주로 신앙과 도덕에 관한 질문에 바울이 답하는 내용입니다. 가장 긴 서신인 로마서는 기독교 신앙을 잘 요약하고 있어 신약성서에서 가장 자주 인용되는 문헌이지요. 특히 '사랑의 구절'은 참된 사랑을 감동적이고 아름답게 묘사한 것으로 유명하답니다.

역대 교황 가운데 8명이 자신의 이름으로 바울을 사용한 것에서 기독교사에서 그가 차지하는 중요도를 짐작할 수 있습니다(6명은 바울, 2명은 요한 바오로). 뿐만 아니라 현대의 교회와 학교 이름에도 바울이 자주 등장하는데, 워싱턴의 내셔널 대성당과 영국 웨스트민스터의 대수도원이 대표적입니다. 가톨릭 교회와 정교회는 베드로와 바울의 축일을 6월 29일로 정하고 있습니다.

Restaurant 안타키아의 레스토랑

안타키아는 자유로운 분위기 때문인지 다른 도시보다 주류를 판매하는 레스토랑과 펍이 많다. 휘리예트 거리에 분위기 좋은 레스토랑과 바가 자리했는데, 맥주를 마시며 현지 젊은이들의 문화를 엿보거나 여행의 피로를 풀기에 좋다. 아랍 지역과 가까운 곳이라 아랍식 먹을거리를 내는 레스토랑이 많다. 특히 가지를 이용한 매콤한 매제인 '바바가노즈'와 참깨를 갈아만든 '휴무스'(땅콩버터 맛이 나며 매우 고소하다), 쇠고기를 다져서 구운 '텝시 케밥'은 안타키아에서 맛볼 수 있는 것들이니 놓치지 말자. 치즈 위에 밀을 넣고 설탕 시럽을 듬뿍 얹어서 먹는 퀴네페도 안타키아에서 반드시 먹어보아야 할 것.

누리 Nuri

Map P.414-A2 주소 Hürriyet Cad. No.9, Antakya **전화** (0326)215-3551 **영업** 06:00~24:00 **예산** 1인 50~120TL **가는 방법** 아타 다리에서 휘리예트 거리를 따라 도보 2분.

각종 채소 단품요리와 되네르 케밥이 주 메뉴인 튀르키예식 레스토랑. 가게 입구에 작은 통닭 그릴이 돌아가고 있어 군침을 흘리게 한다. 여러 음식 중 통닭 반마리와 밥이 함께 나오는 세트메뉴가 인기다. 가게 안쪽에도 자리가 있지만 여름철 저녁에는 시원한 바람도 즐길 겸 야외 테이블을 잡는 게 좋다.

아다나 뒤룸 센드 Adana Dürüm Send

Map P.414-B2 주소 İstiklal Cad Vakıflar Bankası Yanı, Antakya **전화** +90-535-605-2212 **영업** 24시간 **예산** 1인 50~150TL **가는 방법** 이스티클랄 거리와 이젯 귀츨뤼 거리 İzet Güçlü Cad.가 만나는 곳에 있다.

숯불구이 케밥 전문점. 상호처럼 뒤룸을 전문으로 하는데 일반적인 되네르 케밥이 아니라 오작바쉬(숯불구이)

뒤룸이라 매우 맛있다. 가격은 살짝 높지만 맛을 보면 생각이 달라진다. 기름에 튀겨내는 이츨리 쾨프테도 괜찮은 선택. 음식을 주문하면 매제와 샐러드를 세팅해 주기 때문에 없던 입맛도 살아난다.

카바레트 레스토랑 Cabaret Restaurant

Map P.414-C2 주소 Küçükdalyan, Hürriyet Cd. No:26, 31120 **전화** (0326)215-5540 **영업** 10:00~00:00 **예산** 40~150TL **가는 방법** 뮤지엄 호텔에서 도보 5분.

1920년대에 지은 건물은 돌과 목조건물 특유의 분위기를 내고 있으며 악기와 오래된 사진 등을 소품으로 활용해 엔틱스러운 느낌을 준다. 메뉴는 일반적인 튀르키예식이며 맥주와 라크 등 주류 메뉴도 있다. 레스토랑보다는 클래식 록음악을 들으며 술 한잔 즐기는 곳으로 이용하기 안성맞춤이다.

아시 퀴네페 쿠르순루 한 Asi Künefeleri Kurşunlu Han

Map P.414-B2 주소 Yeni Camii, 33. Sk. No:55, 31060 **전화** (0326)502-4333 **홈페이지** www.asikunefeleri.com **영업** 10:00~21:00 **예산** 40~100TL **가는 방법** 울루 자미에서 도보 5분. 바자르 안 골목에 있다.

바자르 내에 있는 옛 대상들의 숙소인 한 Han을 개조한 레스토랑. 상호처럼 퀴네페를 주력으로 하는 곳이지만 일반 튀르키예식 메뉴도 다양하게 갖추었다. 많은 여행자들이 텝시 케밥을 맛보기 위해 찾는 곳이기도 하다. 텝시 케밥은 쇠고기를 잘게 다져서 구운 것으로 토마토와 고추가 얹어져 나온다. 참고로 텝시는 '접시'라는 뜻. 전채로 휴무스, 메인으로 텝시 케밥, 후식으로 퀴네페를 먹으면 딱 좋은 코스다. 고풍스러운 식당 건물도 분위기를 돋우는 데 한몫 한다.

하타이 퀴네페 Hatay Künefe

Map P.414-B2 주소 Köprübaşı Meydanı Sunal Apt. No.2/C, Antakya **전화** +90-534-033-9494 **영업** 08:00~다음날 02:00 **예산** 퀴네페 30TL **가는 방법** 아타 다리에서 도보 1분.

안타키아의 명산품인 퀴네페 전문점. 메뉴는 치즈가 듬뿍 들어간 퀴네페와 풍부한 피스타치오 맛을 느낄 수 있는 카다이프 두 가지가 있다(퀴네페가 단맛이 조금 덜하다). 둘 다 맛보고 싶으면 절반씩 주문해도 되고 돈두르마 아이스크림을 얹어 먹어도 좋다. 주변에 퀴네페 전문점이 많으므로 편한 곳을 이용하자.

하타이 술탄 소프라스 Hatay Sultan Sofrası

Map P.414-B2 주소 İstiklal Cad No.20/A, Antakya **전화** (0326)213-8759 **영업** 월~토요일 07:00~22:00 **예산** 1인 50~150TL **가는 방법** 아타 다리에서 이스티클랄 거리를 따라 도보 3분. 오른편에 있다.

각종 야채와 고기를 이용한 단품요리 전문점. 언뜻 보기에 다른 식당과 별 차이가 없어 보이지만 먹어보면

정성이 담긴 음식임을 알 수 있다. 특히 음식과 함께 나오는 따끈한 에크멕 빵은 감동 수준. 매콤한 치으 쾨프테를 곁들여 먹으면 한결 풍미가 살아난다. 안타키아 스타일의 아침식사인 '하타이 카흐발트'도 매우 괜찮다.

아블루 레스토랑 Avlu Restaurant

Map P.414-A2 주소 Zenginler, Kahraman Sk. No:39, 31070 **전화** (0326)216-1312 **홈페이지** www.avlurestaurant.com **영업** 10:00~00:00 **예산** 1인 100~300TL **가는 방법** 울루 자미에서 도보 5분.

이 지역의 전통가옥을 개조한 레스토랑으로 정원과 1, 2층으로 된 내부 공간이 아늑한 분위기를 연출한다. 휴무스, 피르졸라(양고기), 텝시 케밥 등 다양한 튀르키예 음식과 스테이크 등 서양식을 제공하며, 주류 메뉴도 갖추고 있어 라크, 맥주를 곁들여서 식사하기에 좋은 곳이다. 좋은 분위기에 걸맞게 서비스도 훌륭하다.

Hotel 안타키아의 숙소

다양한 급의 숙소가 있어 선택의 폭이 넓다. 대부분 구시가지를 관통하는 이스티클랄 거리와 휘리예트 거리 주변에 자리했으며 고급 호텔은 신시가지 쪽에 있다. 다른 도시와 마찬가지로 저렴한 숙소는 사라지고 중급 이상의 호텔로 바뀌는 추세라 저렴한 방을 구하기는 힘들어졌다. 쾨일뤼 가라지 부근에 저렴한 숙소가 몰려 있지만 어두운 동네 분위기상 머무는 것을 권하지 않는다. 코로나 사태 이후 영업에 복귀한 업소들이 많아져서 안타키아에서 호텔 문제로 애먹을 일은 없다.

호텔 사라이 Hotel Saray

Map P.414-A2 주소 Hürriyet Cad. No.3, Antakya **전화** (0326)214-9001 **요금** 싱글 €50(개인욕실, A/C), 더블 €60(개인욕실, A/C) **가는 방법** 아타 다리에서 도보 1분.

휘리예트 거리 초입에 자리한 숙소. 객실은 산뜻하고

깨끗해서 깔끔한 것을 좋아하는 여행자라면 만족할 만하다. 방도 넓고 직원도 친절하다. 예전에는 휘리예트 거리의 소음이 심했으나 차량을 통제하

면서 조용해졌다. 각층의 맨 끝방이 햇빛이 잘 들어오며 광장을 내다볼 수 있는 발코니가 딸려있다.

호텔 디반 Hotel Divan

Map P.414-B2 주소 İstiklal Cad. No.56, Antakya **전화** (0326)214-0800 **요금** 싱글 €35(개인욕실, A/C), 더블 €45(개인욕실, A/C) **가는 방법** 아타 다리에서 이스티클랄 거리를 따로 도보 5분. 오른편에 있다.

2011년 리모델링을 해서 깔끔해졌다. 최신식 에어컨과 평면 TV, 미니바가 있는 객실은 발코니가 딸려있고, 침구와 커텐도 세련된 스타일이라 마음에 든다. 맨 위층의 테라스는 산과 구시가지 전망이 훌륭하며 일광욕을 즐기기 좋다. 바로 옆의 호텔 오론테스(☎(0326)214-5931, www.oronteshotel.com)도 괜찮은 중급 숙소다.

안티크 베야즈트 호텔 Antik Beyazıt Hotel

Map P.414-A1 주소 Hürriyet Cad. No.4, Antakya **전화** (0326)216-2900 **홈페이지** www.antikbeyazitoteli.com **요금** 싱글 €50(개인욕실, A/C), 더블 €60(개인욕실, A/C) **가는 방법** 아타 다리에서 휘리예트 거리를 따라 도보 7분.

1903년에 지은 프랑스 스타일의 저택을 개조한 숙소(예전에 법원으로 사용하던 건물이다). 리모델링을 통해 프티 호텔로 재탄생했는데, 객실 바닥의 꽃무늬와 로비 천정의 샹들리에에서 100년 전의 고풍스러운 분위기를 느낄 수 있다. 나무 가구와 침대, 평면 TV가 있는 객실은 고전과 현대가 조화를 이룬 훌륭한 시설이다.

나린 호텔 Narin Hotel

Map P.414-B1 주소 Atatürk Cad. No.11 P.Kod. 31030, Antakya **전화** (0326)216-7500 **홈페이지** www.narinhotel.com **요금** 싱글 €60(개인욕실, A/C), 더블 €80(개인욕실, A/C) **가는 방법** 시청 로터리에서 아타튀르크 거리를 따라 도보 3분.

안타키아에서 좋은 시설을 자랑하는 고급 호텔. 위성TV와 안전금고가 갖춰진 세련된 객실은 말할 것도 없고 바와 휴식공간, 전망좋은 테라스 레스토랑 등 모든 면에서 만족할 만하다. 특히 개인 사우나와 자쿠지, 홈시어터 시설을 갖춘 로얄 스위트룸은 호사가들이 입을 모아 칭찬한다. 최신 시설의 고급 호텔을 찾는다면 괜찮은 선택이다.

뮤지엄 호텔 안타키아 The Museum Hotel Antakya

Map P.414-C2 주소 Pierre Mevkii, Hacılar Sk. No: 26/1, 31060 **전화** (0326)290-0000 **홈페이지** www.themuseumhotelantakya.com **요금** 싱글 €220(개인욕실, A/C), 더블 €250(개인욕실, A/C) **가는 방법** 울루 자미에서 차로 5분.

2009년 호텔 공사 도중 유적이 발견되었다. 고대 로마시대의 모자이크화와 그 이전 시대의 유물 약 3만 여점이 발견된 것. 로마시대 안타키아는 시리아 속주의 수도였으며, 제국의 동방 영토를 방어하는 군사요충지이자 대도시였다(안타키아의 역사 P.410 참고). 당연히 공사는 중지되었고 당국과 오랜 협의 끝에 발굴된 유적 위에 호텔을 건설했다. 2020년 벌집 모양의 철골 구조물로 완성된 호텔은 1층 전체를 유적을 볼 수 있게 유리바닥으로 마감했다. 발굴된 장소는 로마시대의 관공서 또는 고급 주택이었을 것으로 추정된다. 한편 200여 개에 달하는 객실은 발굴된 모자이크화를 모티프로 최고급으로 꾸며 놓았다. 유적을 감상할 수 있는 자리에 마련된 레스토랑에서 식사를 하며 내다보는 고대의 모자이크화는 특별한 감동을 선사한다.

출처:호텔 홈페이지

Shakti Say 시리아의 비극

튀르키예의 남쪽에 위치한 시리아는 튀르키예와는 완전히 다른 기후와 문화로 여행자를 맞이합니다. 뜨겁고 건조한 사막기후를 보이며 말과 글도 아랍어와 아랍 문자를 사용하지요. 중세 이슬람권의 수도로서 오랜 역사를 자랑하는 다마스쿠스와 이슬람의 영웅 살라딘이 활동했던 성채도시 알레포, 기독교 십자군 성채의 결정판이라고 할 수 있는 '클락 데 슈발리에', 지중해 고대사에서 빼놓을 수 없는 팔미라 왕국 등 팔레스타인 지방의 역사에서 중요한 위치를 점하고 있어 여행지로서의 매력이 가득합니다.

하지만 안타깝게도 현재 시리아는 오랜 내전으로 신음하고 있습니다. 2011년 촉발된 아랍권의 민주화 시위의 영향으로 40여 년의 장기집권에 대항한 민주화 운동으로 시작되었죠. 처음에는 아사드 정권에 대한 불만 표출 차원의 온건한 시위였는데 정부의 과잉대응으로 대규모 유혈사태가 벌어지는 등 걷잡을 수 없는 상황으로 치닫고 말았지요. 정부군과 반군이 대립하는 가운데 오래 전부터 독립을 요구해온 쿠르드족의 봉기와 시리아 북부 락까를 수도로 자신들의 왕국을 천명한 수니파 극단주의 무장조직 IS(이슬람 국가)의 테러까지 더해지며 시리아는 전국이 전쟁터로 변했습니다. 여기에 반군을 지원하는 미국과 정부군을 지원하는 러시아 등 외부세력과 이슬람 내의 정치적, 종파적 갈등까지 표출되며 시리아는 그야말로 한 치 앞도 보이지 않는 아수라장이 되고 말았습니다.

오랜 내전을 거치며 시리아 국민들이 겪어야 했던 피해는 상상조차 하기 힘든데요, 유엔 난민기구에 따르면 2023년까지 수십만 명이 사망하고 약 760만 명의 난민이 발생했습니다. 전쟁을 피해 고향을 떠난 평범한 사람들이 도로 위에서 국경의 철책 앞에서 지중해 바다를 건너며 난민 캠프에서 셀 수 없이 죽어간 우리 시대의 참혹한 비극입니다. 특히 2015년 9월 튀르키예 보드룸 해변에서 발견된 세 살배기 시리아 난민 어린이 쿠르디의 주검은 전 세계에 시리아 사태의 심각성을 알린 인류사의 충격적인 사건이었습니다. 2023년 기준 난민을 포함해 총 1300만여 명의 시리아 사람들이 위기에 처해 있으며(이는 전체 인구의 70%에 달한다), 전체 난민 중 튀르키예에 가장 많은 330만 명이 거주하고 있고 나머지는 대부분 레바논, 요르단, 이라크 등 주변 국가에 머물고 있습니다.

한편, 2019년 3월 IS가 최종적으로 격퇴되는 등 약간의 사태해결의 실마리가 보이고 있으나 정치적, 종교적, 민족적인 문제가 복잡하게 뒤엉켜있어 언제 평화를 회복할 지 요원한 실정입니다. 하루빨리 전쟁이 종식되어 시리아 국민들이 평안한 일상으로 돌아갈 수 있기를 기원합니다.

팔미라의 벨 신전

클락 데 슈발리에 성채

다마스쿠스 시내

전통시장

모스크에 온 사람들

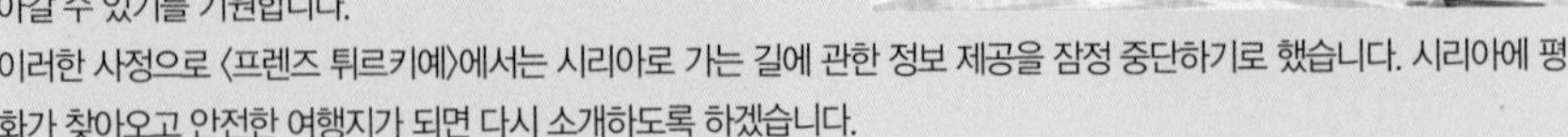
이러한 사정으로 〈프렌즈 튀르키예〉에서는 시리아로 가는 길에 관한 정보 제공을 잠정 중단하기로 했습니다. 시리아에 평화가 찾아오고 안전한 여행지가 되면 다시 소개하도록 하겠습니다.

소박한 해변과 목가적 풍경

흑해 Black Sea

세계문화유산

전통가옥이 잘 보존된 아기자기한 마을

사프란볼루 Safranbolu

중부 흑해 내륙지방의 도시로 중세 오스만 시대의 가옥이 잘 보존되어 있는 곳이다. 예전에 이 지역에서 사프란 꽃이 많이 자생했던 탓에 사프란볼루라는 이름이 붙었다. 오스만 제국 때 실크로드의 주요 통과지점이었던 사프란볼루는 17세기에 대상들의 숙소인 케르반사라이를 짓는 등 교역의 요충지로 발전했다. 오늘날 구시가지에 남아 있는 자미와 옛 집들은 이 시기 교역을 통해 얻은 부가 남겨놓은 유산이다. 하지만 19세기에 들어와 실크로드 무역이 쇠퇴함에 따라 사프란볼루도 몰락의 길을 걷게 되고 사람들의 기억 속에서 지워져 갔다. 역사의 아이러니일까? 아무도 거들떠보지 않았던 시절의 무관심이 오늘날까지 전통가옥을 고스란히 보존할 수 있었던 원동력이 되었고 1994년 유네스코 세계문화유산으로 지정되기에 이르렀다.

중세 분위기가 물씬 나는 집들과 함께 시골 마을의 호젓함과 여유로움은 여행자를 유혹하는 또 다른 매력이다. 이방인에게 다가서는 마을 사람들의 따뜻한 인심도 세계문화유산급 수준이라 번잡함에 시달린 여행자에게 치유의 마을로까지 알려진 사프란볼루. 옛집 사이를 흐르는 샘물과도 같은 골목길을 따라 과거로의 여행을 떠나보자.

인구 3만 2000명 **해발고도** 350m

여행의 기술

Information

관광안내소 Map P.430-B1

차르시 마을의 관광안내소

마을 지도와 도시관광 자료를 얻을 수 있다. 다른 도시로 떠나는 버스시간도 알아볼 수 있고, 주변지역 투어를 위한 택시도 알선해 주는 등 사프란볼루(차르시 마을)의 관광안내소는 매우 유용하다.

위치 차르시 광장 진지 하맘 부근.
주소 Kaxdağlıoğlu Meydan No.2 Çarşı
전화 (0370)712-3863
홈페이지 www.safranbolu.gov.tr
업무 매일 09:00~12:00, 13:00~17:30
가는 방법 차르시 광장에서 도보 1분

환전 Map P.430-A1

작은 마을이지만 은행이 있다. 차르시 광장 바로 옆에 있는 티시 지라트 은행 T.C ZİRAAT Bankası을 여행자들이 가장 많이 이용하며, 대장간 골목 초입에도 튀르키예 은행이 있어 환전과 ATM 이용에 문제가 없다.

위치 차르시 광장, 대장간 골목 초입.
업무 월~금요일 09:00~12:30, 13:30~17:30

PTT Map P.430-B1

엽서나 편지를 부치는 데는 문제가 없지만 소포업무는 취급하지 않는다. 소포를 보내려면 크란쾨이의 PTT를 이용하자.

위치 차르시 광장에서 버스 길을 따라 도보 5분.
업무 월~금요일 09:00~17:00

사프란볼루 가는 법

지방의 소도시지만 주변 지역과의 연계 교통망은 비교적 잘 되어 있는 편. 관광객이 급증하면서 이스탄불, 앙카라 등 대도시에서도 버스가 자주 다니고 있어 방문하는 데 어려움은 없다. 기차는 사프란볼루에서 8km 떨어진 카라뷔크 Karabük까지 운행하지만 버스교통이 워낙 편리하기 때문에 이용빈도가 떨어진다. 비행기는 연결되지 않는다.

➡ 오토뷔스

앙카라, 이스탄불, 트라브존 등 장거리 대도시와 카스타모누, 바르튼 등 인근 중소도시와도 소통은 원활하다. 사프란볼루의 오토가르는 신시가지인 크란쾨이 Kıranköy에 있다. 일부 버스회사는 사프란볼루에서 8km 떨어진 카라뷔크 Karabük까지만 운행하므로 표를 사기 전에 미리 확인하는 게 좋다. 메트로, 사프란, 울루소이, 캬밀코치는 크란쾨이까지 직접 연결하는데다 중심가까지 세르비스도 운행하므로 이들 회사의 버스를 이용하면 편리하다.

크란쾨이에서 차르시 마을(약 2km)까지는 수시로 운행하는 돌무쉬를 이용하면 된다. 크란쾨이 중심가 삼거리 주유소를 등지고 오른쪽으로 20m쯤 가면 나오는 외즈 사프란볼루 오텔 Öz Safranbolu Otel 1층 마트 앞 정류장에서 출발한다. 버스 번호는 없고 사람들에게 '차르시'라고 물어보면 쉽게 알려준다. 배낭이 무겁거나 일행이 여럿이라면 택시를 이용하자. 만일 카라뷔크에서 내렸다면 카라뷔크 오토가르 앞 큰길에서 돌무쉬를 이용해 크란쾨이로 간 후 차를 갈아타고

크란쾨이에 도착한 오토뷔스

차르시 마을로 가면 된다.
차르시 마을에는 버스회사의 대리점이 없으므로 버스 티켓을 예매하려면 크란쾨이로 나가야 한다. 일정이 촉박하다면 차르시 마을로 가기 전에 다음 행선지의 표를 끊어두는 것이 편리하다. 카파도키아, 아마시아 등지로 가는 버스는 대부분 앙카라를 경유하므로 티켓을 살 때 앙카라에서 갈아탈 수 있는지를 확인하는 게 좋다. 버스회사에 따라서 갈아타는 티켓까지 같이 판매하기도 한다.
한편 사프란볼루에서 당일치기 흑해 여행을 다녀올 수 있는 아마스라는 크란쾨이 중심가에 있는 '미니 터미널 Mini Terminal'에서 출발한다(차르시 마을에서 택시 5분). 돌무쉬 같은 미니버스가 운행하며 아마스라의 관문도시인 바르튼에 도착한 후 돌무쉬로 갈아타고 아마스라로 간다(P.440 참고). 여름철 성수기에는 크란쾨이에서 아마스라까지 직접 가는 버스를 운행하기도 하므로 사바쉬 투리즘이나 관광안내소에서 미리 확인하자. 당일치기 여행이라면 왕복 티켓을 사는 게 좋다.

크란쾨이의 차르시 행 돌무쉬 정류장

크란쾨이 ▷▶ 차르시

돌무쉬
운행 06:00~20:00(수시로 운행)
소요시간 15분

사프란볼루에서 출발하는
버스 노선

행선지	소요시간	운행
이스탄불	6시간	1일 15~16편
앙카라	3시간	1일 20~25편
아마스라(바르튼)	2시간	1일 10~13편
트라브존	14시간	1일 4편
부르사	7시간	1일 1~2편

*운행 편수는 변동이 있을 수 있음.

시내 교통

사프란볼루는 바을라르 Bağlar, 크란쾨이 Kıranköy, 차르시 Çarşi 등 세 부분으로 이루어져 있다. 세계문화유산으로 지정된 곳은 구시가지인 차르시인데 여행자들은 모두 차르시 마을로 간다고 해도 과언이 아니다. 크란쾨이와 차르시는 돌무쉬가 자주 다니고 있어 오가는데 불편함은 없다. 골목길로 이루어진 차르시 마을 내에서는 도보가 유일한 이동수단. 작은 마을인데다 길 자체가 좁은 골목이라 아예 차량 진입이 안 된다. 차르시 마을의 볼거리는 모두 걸어서 돌아보면 되고 불락 동굴, 인제카야 다리, 요뤽 마을 등 근교의 볼거리를 둘러보려면 택시를 대절하거나 투어에 참가하면 된다. 차르시 마을에서 오토가르로 갈 때는 돌무쉬로 크란쾨이까지 간 후 버스회사의 세르비스를 이용하면 된다. 간혹 차르시 마을의 몇몇 숙소에서 오토가르까지 무료로 차를 태워주기도 하니 숙소를 정할 때 물어보자.

돌무쉬가 정차하는 차르시 광장

사프란볼루 둘러보기

별도의 유적지는 없으며 세계문화유산으로 지정된 차르시 마을 자체가 볼거리다. 아무리 천천히 돌아봐도 하루면 충분하니 여유있게 다니도록 하자. 돌무쉬가 도착하는 차르시 광장이나 마을 중심부에 있는 진지 한 호텔을 관광의 기점으로 삼으면 된다. 전통가옥을 박물관으로 꾸민 카이마캄라르 에비 박물관을 본 후 흐드를륵 언덕에 올라가 마을 전경과 주변을 둘러보고, 포도 덩굴 아래 돌길이 깔린 낭만적인 아라스타 바자르를 구경해 보자. 골목길을 어슬렁거리다 해질 무렵 마을 서쪽 시계탑이 있는 사프란볼루 역사 박물관 언덕에 올라 석양에 물드는 마을을 감상하는 걸 추천한다. 유명한 단 과자인 로쿰을 맛보는 호사를 놓치지 말기 바란다.

+ 알아두세요!

1. 관광객이 많이 오는 곳이지만 마을사람들은 순박하다. 숙소비, 물건값 등을 무리하게 깎지 말자.
2. 묵을 숙소를 미리 정했다면 오토가르 픽업 요청을 하자.

BEST COURSE

예상소요시간 4~5시간

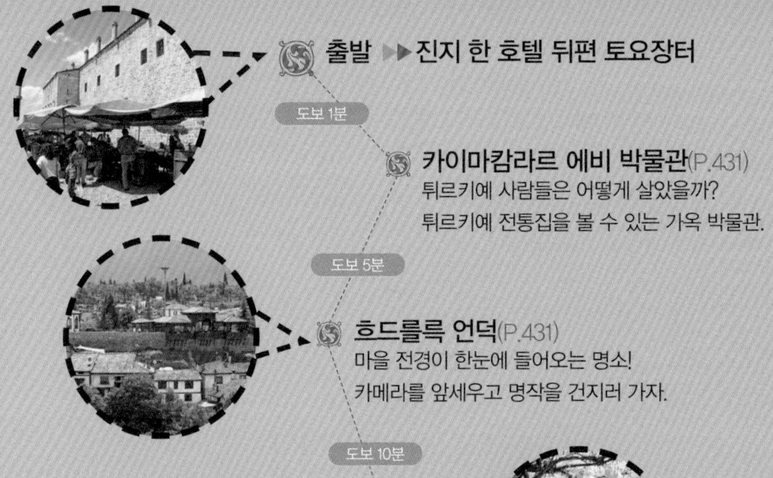

출발 ▶▶ **진지 한 호텔 뒤편 토요장터**

도보 1분

카이마캄라르 에비 박물관(P.431)
튀르키예 사람들은 어떻게 살았을까?
튀르키예 전통집을 볼 수 있는 가옥 박물관.

도보 5분

흐드를륵 언덕(P.431)
마을 전경이 한눈에 들어오는 명소!
카메라를 앞세우고 명작을 건지러 가자.

도보 10분

아라스타 바자르(P.432)
포도덩굴과 돌길이 깔린 낭만적인 시장.
튀르키예 전역에서 이렇게 작고 아기자기한 시장은 없다.

도보 15분

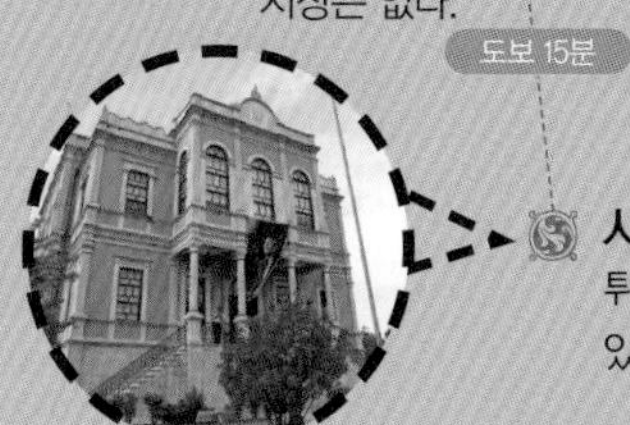

사프란볼루 역사 박물관(P.432)
튀르키예의 전통 생활에 관한 궁금증을 풀 수 있는 곳. 석양을 즐기기에 최고의 장소다.

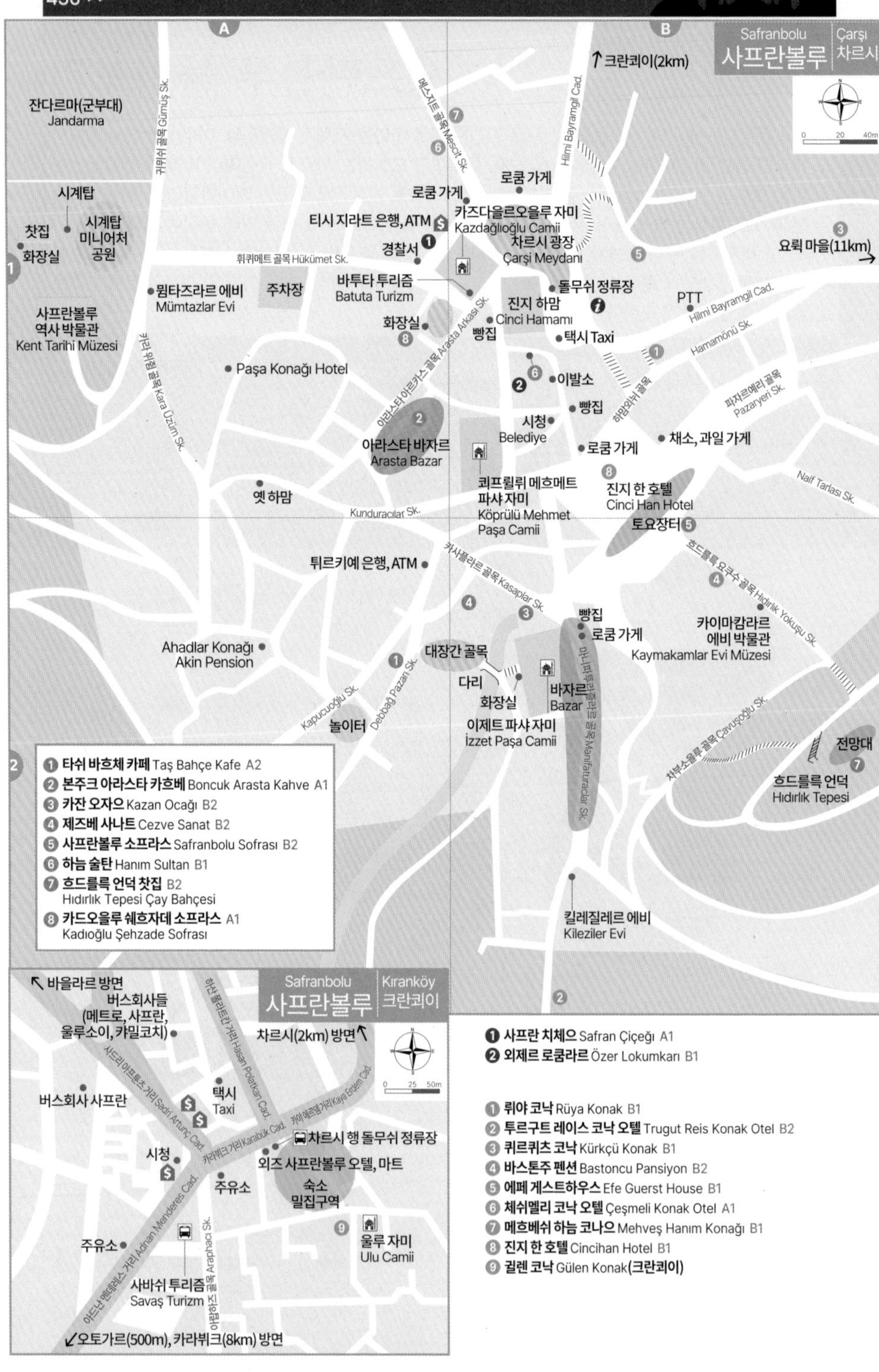

Safranbolu Çarşı
사프란볼루 차르시
A
B
↑크란쾨이(2km)
잔다르마(군부대)
Jandarma
귀뮈쉬 골목 Gümüş Sk.
메스지트 골목 Mescit Sk.
Hilmi Bayramgil Cad.
시계탑
찻집
시계탑 미니어처 공원
화장실
로쿰 가게
로쿰 가게
티시 지라트 은행, ATM
카즈다을르오을루 자미
Kazdağlıoğlu Camii
차르시 광장
Çarşı Meydanı
경찰서
요뤽 마을(11km)
휘퀴메트 골목 Hükümet Sk.
뮘타즈라르 에비
Mümtazlar Evi
주차장
바투타 투리즘
Batuta Turizm
돌무쉬 정류장
진지 하맘
Cinci Hamamı
PTT
Hilmi Bayramgil Cad.
사프란볼루 역사 박물관
Kent Tarihi Müzesi
화장실
빵집
택시 Taxi
Hamamönü Sk.
카라 위젬 골목 Kara Üzüm Sk.
Paşa Konağı Hotel
아라스타 아르카스 골목 Arasta Arkası Sk.
이발소
하맘외뉘 골목
빵집
파자르예리 골목 Pazaryeri Sk.
시청
Belediye
채소, 과일 가게
아라스타 바자르
Arasta Bazar
로쿰 가게
진지 한 호텔
Cinci Han Hotel
쾨프륄뤼 메흐메트 파샤 자미
Köprülü Mehmet Paşa Camii
옛 하맘
Naif Tarlası Sk.
Kunduracılar Sk.
토요장터
튀르키예 은행, ATM
카사플라르 골목 Kasaplar Sk.
흐드를륵 요쿠수 골목 Hıdırlık Yokuşu Sk.
빵집
로쿰 가게
카이마캄라르 에비 박물관
Kaymakamlar Evi Müzesi
Ahadlar Konağı
Akin Pension
대장간 골목
다리
화장실
바자르
Bazar
Debbağ Pazarı Sk.
Kapucuoğlu Sk.
놀이터
이제트 파샤 자미
İzzet Paşa Camii
마니파투라즐라르 골목 Manifaturacılar Sk.
차부쇼울루 골목 Çavuşoğlu Sk.
전망대
흐드를륵 언덕
Hıdırlık Tepesi
킬레질레르 에비
Kileziler Evi
1 타쉬 바흐체 카페 Taş Bahçe Kafe A2
2 본주크 아라스타 카흐베 Boncuk Arasta Kahve A1
3 카잔 오자으 Kazan Ocağı B2
4 제즈베 사나트 Cezve Sanat B2
5 사프란볼루 소프라스 Safranbolu Sofrası B2
6 하늠 술탄 Hanım Sultan B1
7 흐드를륵 언덕 찻집 B2
Hıdırlık Tepesi Çay Bahçesi
8 카드오을루 쉐흐자데 소프라스 A1
Kadıoğlu Şehzade Sofrası
Safranbolu Kıranköy
사프란볼루 크란쾨이
↖바을라라르 방면
버스회사들 (메트로, 사프란, 울루소이, 캬밀코치)
하산 폴라트칸 거리 Hasan Polatkan Cad.
차르시(2km) 방면↖
사드리 아르툰츠 거리 Sadri Artunç Cad.
택시
Taxi
버스회사 사프란
카야 에르뎀 거리 Kaya Erdem Cad.
카라뷔크 거리 Karabük Cad.
차르시 행 돌무쉬 정류장
시청
외즈 사프란볼루 오텔, 마트
주유소
숙소 밀집구역
아드난 멘데레스 거리 Adnan Menderes Cad.
아라프즈 골목 Arapacı Sk.
주유소
울루 자미
Ulu Camii
사바쉬 투리즘
Savaş Turizm
↙오토가르(500m), 카라뷔크(8km) 방면
1 사프란 치체으 Safran Çiçeği A1
2 외제르 로쿰라르 Özer Lokumkarı B1
1 뤼야 코낙 Rüya Konak B1
2 투르구트 레이스 코낙 오텔 Trugut Reis Konak Otel B2
3 퀴르퀴츠 코낙 Kürkçü Konak B1
4 바스톤주 펜션 Bastoncu Pansiyon B2
5 에페 게스트하우스 Efe Guerst House B1
6 체쉬멜리 코낙 오텔 Çeşmeli Konak Otel A1
7 메흐베쉬 하늠 코나으 Mehveş Hanım Konağı B1
8 진지 한 호텔 Cincihan Hotel B1
9 귈렌 코낙 Gülen Konak(크란쾨이)

Attraction 사프란볼루의 볼거리

볼거리에 집착하기보다는 마을 자체의 한적함을 즐기는 것이 사프란볼루를 잘 여행하는 방법이다. 2~3일 정도 묵을 예정이라면 주변의 요뤽 마을과 불락 동굴을 방문해 보는 것도 좋다.

카이마캄라르 에비 박물관
Kaymakamlar Evi Müzesi ★★★

Map P.430-B2 주소 Hıdırlık Yokusu Sk. No.6 Çarşı, Safranbolu **전화** (0370)712-6678 **개관** 매일 09:00~18:00 **요금** 75TL(역사 박물관과 통합입장권) **가는 방법** 진지 한 호텔 뒤편 흐드를륵 요쿠수 골목 끝에 있다.

오스만 시대의 집 구조를 볼 수 있도록 만든 가옥 박물관. 1700년대 사프란볼루의 군 사령관이었던 하즈 메흐메트 에펜디 Hacı Mehmet Efendi의 저택을 개조한 것이다. 전통가옥이 사프란볼루를 상징하는 것이니만큼 꼭 방문해 볼 것을 권한다.

1층은 돌이 깔린 바닥에 농기구를 전시해 놓았으며 2, 3층은 마네킹으로 당시 생활모습을 재현해 각 방의 용도를 이해하기 쉽게 해 놓았다. 전체적인 구조는 중앙의 거실을 중심으로 방이 둘러서 있는 형태로 유목민의 전통을 반영하고 있다.

셀람륵과 하렘 사이의 회전형 선반과 벽장 샤워실은 꼭 둘러보고, 1층에서 상영하는 사프란볼루의 영상물도 놓치지 말자. 전통가옥을 연구하는 관광객들에게는 단체 견학 필수 코스여서 때로는 북적거린다. 잔디가 잘 가꿔진 정원도 있으니 견학 후 차 한 잔의 여유를 즐겨도 좋다.

카이마캄라르 에비 박물관

흐드를륵 언덕
Hıdırlık Tepesi ★★★

Map P.430-B2 주소 Hıdırlık Tepesi Çarşı, Safranbolu **개방** 24시간 **요금** 10TL **가는 방법** 흐드를륵 요쿠수 골목 끝에서 흐드를륵 골목으로 우회전하면 나온다. 카이마캄라르 에비 박물관에서 도보 5분.

차르시 마을 최고의 전망을 자랑하는 언덕. 마을 전경을 한눈에 조망할 수 있어 사프란볼루 최고의 명소 중 하나다. 언덕 위에서 마을

Shakti Say

튀르키예 사람들은 이렇게 살았답니다

'코나으 Konağı'라고 부르는 오스만 시대의 전통가옥은 층별로 나름 기능적으로 분리되어 있는데 1층은 곡식 저장과 가축을 키우는 공간으로 사용했으며 2층부터 주거공간으로 이용했습니다. 각 방은 침실과 거실, 응접실 등으로 구분했으며 주방은 물론 화장실까지 집 안에 있는 것이 특징이죠. 아울러 대가족 제도가 주축을 이루었던 관계로 셀람륵 Selmalık이라는 남자들의 공간과 하렘 Harem이라는 여자들의 공간이 엄격히 분리되어 있었습니다. 셀람륵과 하렘 사이에 회전형 선반을 설치해 집안 여자들이 모습을 보이지 않고 손님을 접대했을 정도지요.

실내에서는 신을 벗고 생활했으며 방에는 벽장같은 작은 샤워실을 따로 두기도 했답니다. 주택의 재료는 짚을 섞은 진흙과 나무를 사용해 뛰어난 보온, 보냉효과를 거두었는데 여러 가지 면에서 한국의 전통가옥과 비슷한 면모를 보이고 있어 가옥 연구가들의 관심을 끌고 있습니다. 현재 사프란볼루에는 8백여 채의 민가가 법적인 보호를 받고 있으며 집들은 대부분 200~300년의 나이를 자랑하고 있답니다.

차르시 마을의 킬레질레르 에비 Kileziler Evi와 뮘타즈라르 에비 Mümtazlar Evi, 카이마캄라르 에비 Kaymakamlar Evi 등 3곳의 민가 박물관이 있는데, 현재는 카이마캄라르 에비만 개방하고 있습니다.

의 집들과 골목길이 잘 보여 너나없이 한 번쯤은 카메라를 앞세우고 올라온다. 사진이 가장 잘 나오는 시기는 해 뜰 무렵. 운이 좋다면 명작을 건질 수도 있으니 아침잠을 설치더라도 올라가볼 만하다.

언덕 위는 공원으로 조성해 놓았으며 앉아서 쉴 수 있는 벤치도 있다. 외지인에게는 언덕 입장 요금을 따로 받고 있어 가끔 여행자들의 볼멘소리가 나오기도 하는데 마을 자체가 관광자원인 점을 감안할 때 이해가 간다.

아라스타 바자르
Arasta Bazar ★★★

Map P.430-A1 주소 Arasta Bazar Çarşı, Safranbolu **개방** 매일 09:00~20:00 **요금** 무료 **가는 방법** 차르시 광장에서 아라스타 아르카스 골목을 따라 도보 3분.

1661년부터 있어온 유서깊은 시장으로 사프란볼루의 역사를 담고 있는 곳이다. 원래는 구두와 피혁을 다루는 작업장이 줄지어 있었고, 멀리서 온 대상들은 이곳에 들러 닳은 신발을 새 신발로 바꾸고 정보도 교환하던 곳이었다. 바자르 안에는 '예메니지 Yemanici'라고 하는 오스만 시대의 신발을 옛날 방식대로 만드는 곳이 있으니 꼭 구경하기 바란다(3번 상점).

포도덩굴 아래 50여 개의 목조상가가 낮은 처마를 맞대고 있는 돌길을 걷다 보면 중세로 돌아간 듯한 기분까지 들어 작은 마을의 낭만을 한껏 느낄 수 있다. 다닥다닥 붙어 있는 가게에는 레이스가 수놓인 식탁보, 옷, 공예품 등 다양한 물품이 진열되어 있는데 수많은 관광객이 찾아옴에도 그 흔한 호객행위나 구매 압박이 없다. 어느 점포든 편하게 구경할 수 있으니 느긋한 마음으로 돌아보며 물건을 사고 마을 사람들의 인심을 느껴보자. 한편 진지 한 호텔 뒤편의 광장에서 열리는 토요장터는 튀르키예 시골사람들의 소박한 모습을 구경하기 좋다.

사프란볼루 역사 박물관
Kent Tarihi Müzesi ★

Map P.430-A1 주소 Çeşme Mah. Hükümet Sk. Çarşı, Safranbolu **전화** (0370)712-1314 **개관** 화~일요일 09:00~19:00(겨울철은 17:00까지) **요금** 75TL (카이마캄라르 박물관과 통합입장권) **가는 방법** 차르시 광장에서 휘퀴메트 골목을 따라가다가 귀뮈쉬 골목으로 좌회전하면 나온다. 차르시 광장에서 도보 15분.

마을 서쪽 언덕 위에 자리한 박물관으로 전통 생활 모습을 전시해 놓았다. 지하 1층과 지상 2층으로 되어 있는데 전통 스타일의 상점과 장인들의 일하는 모습을 마네킹을 동원해 실감나게 재현해 놓았다. 미니어처와 함께 기록사진을 둘러보다보면 사프란볼루를 오가던 상인들과 마을의 역사가 손에 잡히는 것 같다. 박물관 뒤편에는 옛날 시계탑이 있고(올라가 볼 수 있다) 옆에는 튀르키예 각 도시의 시계탑을 미니어처로 재현해 놓은 조그만 공원이 있다. 산책삼아 구경하다 차를 한잔하며 고즈넉한 시간을 즐겨보자. 박물관이 있는 언덕은 해질 무렵 석양에 물드는 마을을 감상하기에 최고의 장소이므로 되도록 해지는 시간에 맞춰 방문하는 것을 추천한다.

사프란볼루 역사 박물관

유서깊은 시장, 아라스타 바자르

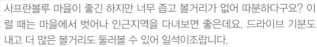

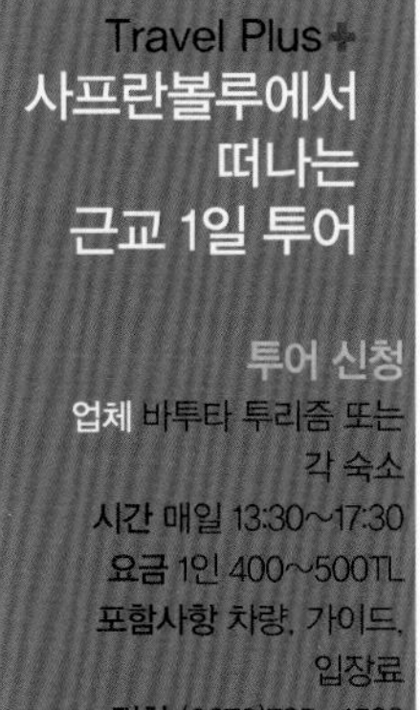

Travel Plus+
사프란볼루에서 떠나는 근교 1일 투어

사프란볼루 마을이 좋긴 하지만 너무 좁고 볼거리가 없어 따분하다구요? 이럴 때는 마을에서 벗어나 인근지역을 다녀보면 좋은데요, 드라이브 기분도 내고 더 많은 볼거리도 둘러볼 수 있어 일석이조랍니다.
불락 동굴 Bulak Cave, 인제카야 다리 Incekaya Bridge, 요뤽 마을 Yörük Köyü 등 세 곳을 돌아보는 게 일반적인데 문제는 너무 멀리 떨어져 있다는 것이에요. 따로따로 돌아보면 하루를 전부 투자해도 모자랄 지경인데 세 곳을 묶어 다녀오는 투어상품을 이용하면 시간도 절약하고 비용도 아낄 수 있어 여행자들에게 매우 유용하답니다.

투어 신청
업체 바투타 투리즘 또는 각 숙소
시간 매일 13:30~17:30
요금 1인 400~500TL
포함사항 차량, 가이드, 입장료
전화 (0370)725-4533
홈페이지 www.batuta.com.tr
가는 방법 차르시 광장 부근 관광안내소 옆
Map P.430-B1

불락 동굴 Bulak Cave
개관 매일 09:00~19:00 **요금** 75TL(국제학생증이 있으면 60TL) **가는 방법** 사프란볼루에서 차로 20분.
사프란볼루 북쪽 약 5km 지점에 있는 자연동굴. 원래 이름은 숨어 있다는 뜻의 멘질리스Mencilis 동굴이었는데 인근 마을 이름을 따서 불락이라는 이름이 붙었다. 튀르키예 전역을 통틀어 네 번째로 큰 자연 종유동굴로 한국의 고수동굴과 비슷한 형태이다. 동굴은 10여 년 전에 발견되었으며 아직도 탐사 중이라 일반에게 개방되는 곳은 입구부터 안쪽으로 400m 정도. 산에 있는 동굴이라 입구에 들어서면 한기가 느껴지고 약간 으스스하기까지 하다. 동굴 내부는 바닥에 깔아놓은 철 보드를 따라 관람하게 되어 있으며 곳곳에 전등을 밝혀 놓아 그다지 위험하지는 않다. 단, 습기가 많은 곳이라 미끄러질 위험이 있으니 카메라는 목에 걸고 발밑을 조심하면서 관람하자. 석회동굴이라 종유석과 석순 등 의외로 볼거리는 많은 편이고 동굴을 탐험하는 듯한 기분도 만끽할 수 있다.

불락 동굴

인제카야 다리 Incekaya Bridge
개방 24시간 **요금** 무료 **가는 방법** 사프란볼루에서 차로 20분.
사프란볼루 일대에는 거대한 협곡이 많은데 그중 하나가 도캇르 캐년. 인제카야 다리는 이 협곡을 가로지르는 다리로 사람이 건너다니기 위한 용도가 아닌 수도교(水道橋)다. 사프란볼루의 물 부족 현상을 해결하기 위해 1792년 이젯 마흐메트 파샤에 의해 건립된 것이라고 하는데 교역의 요충지였던 사프란볼루의 위상을 잘 보여준다. 다리 위를 걸어서 반대편으로 갈 수도 있는데 번지점프를 해도 좋을 만큼 높아 고소공포증 환자라면 건너가는 걸 고려해 볼 것. 다리 위에 서면 아래쪽 언덕에 돌로 쓴 글씨가 보이는데 연인들이 이름을 써 놓은 낙서라 재미있다. 도캇르 캐년을 따라 약 2시간 트레킹을 하면 사프란볼루로 갈 수 있으니 시간 여유가 있는 여행자라면 도전해 보는 것도 좋다.

인제카야 다리

요뤽 마을 Yörük Köuü
주소 Yörük Köyü, Safranbolu **개방** 24시간 **요금** 무료(가옥 박물관은 10TL) **가는 방법** 사프란볼루에서 차로 20분.
사프란볼루에서 동쪽으로 약 11km 떨어진 곳에 위치한 마을로 오스만 시대의 가옥이 잘 남아 있다. 사프란볼루에 비해 규모가 작고 상대적으로 찾는 사람도 적어 소박함을 느낄 수 있는데 몇몇 가옥은 박물관으로 공개하고 있다.
마을의 시설물 중 가장 인상적인 것은 마을 한쪽 구석에 있는 실내 공동빨래터로 거대한 세탁석(洗濯石)이 눈길을 끈다. 세탁석은 돌아가며 높이를 다르게 해 놓아 키에 맞춰 빨래를 할 수 있었고 한쪽에는 화로가 있어 더운 물도 사용했음을 알 수 있다.

요뤽 마을

Restaurant 사프란볼루의 레스토랑

사프란볼루의 식당은 튀르키예인 관광객을 겨냥한 레스토랑이 대부분이다. 동네 주민들이 운영하는 소박한 규모이며 메뉴는 튀르키예식이 주류를 이룬다. 튀르키예를 여행하며 자주 먹던 케밥에서 벗어나 만트 Mantı, 괴즐레메 Gözleme, 돌마 Dolma 등 토속 음식을 먹을 수 있는 기회이므로 적극 시도하자. 많은 관광객이 몰리는데도 음식요금은 저렴한 편이다.

타쉬 바흐체 카페 Taş Bahçe Kafe

Map P.430-A2 주소 Çeşme, Debbağ Pazarı Sk. No:26, 78600 **전화** +90-542-527-4704 **영업** 09:00~23:00 **예산** 1인 100~200TL **가는 방법** 진지 한 호텔에서 도보 3분.

전등과 화분 등 각종 소품을 활용해 아기자기하게 꾸민 소박한 인테리어가 기분좋은 카페. 튀르키예식 만두인 만트와 포도잎에 속을 채운 살마 등 가정식 요리를 내며 풍성한 아침식사도 맛볼 수 있다. 친절한 주인은 할아버지가 한국전 참전용사라며 한국인에게 특별한 호감을 보인다. 찻집으로만 이용해도 좋다.

본주크 아라스타 카흐베 Boncuk Arasta Kahve

Map P.430-A1 주소 Arasta Çarşısı **전화** (0370)712-2065 **영업** 07:30~24:00 **예산** 1인 200~300TL **가는 방법** 아라스타 바자르 안에 있다.

1661년 아라스타 바자르가 오픈한 이래 같은 장소에서 유구한 역사를 이어가고 있는 찻집. 장인과 상인 사이의 분쟁 조정과 결혼식 상견례가 이루어지는 등 단순한 찻집 이상의 역할을 하던 곳이었다. 사랑방 구실은 지금도 이어지고 있고 차이, 튀르키예쉬 커피, 바클라바 등 스낵코너로 이용하기 좋다. 풍성한 아침식사는 이 지역의 제대로 된 식사를 경험할 수 있는 절호의 찬스!

카잔 오자으 Kazan Ocağı

Map P.430-B2 주소 Çeşme Mah. Kasaplar Sk. No.19 **전화** (0370)712-5960 **영업** 08:30~21:00 **예산** 1인 100~200TL **가는 방법** 진지 한 호텔에서 도보 2분.

메뉴는 일반적인 튀르키예식인데 여행 중 체력이 소진되었다면 고기 스프인 이쉬켐베 초르바스 İşkembe Çorbası를 다른 음식과 같이 먹어보자(살짝 고기 냄새가 날 수도 있다). 날씨가 좋다면 이제트 파샤 자미와 마을이 잘 보이는 2층에 자리를 잡자.

제즈베 사나트 Cezve Sanat

Map P.430-B2 주소 Çeşme, Yeni Pazar Sk. no:3, 78600 **전화** (0370)712-0405 **영업** 10:00~00:00 **예산** 1인 100~200TL **가는 방법** 진지 한 호텔에서 도보 2분.

식사와 커피 등 다양한 메뉴가 있는 곳으로 식당이나 찻집 어느쪽이든 편하게 이용할 수 있다. 예쁘게 세팅되어 나오는 커피는 보는 맛도 즐길 수 있어 좋고, 저녁때는 라이브 음악을 연주하기 때문에 튀르키예 음악을 감상하기에 좋다. 내부 테이블과 의자가 협소한 것이 약간의 흠이다. 라이브 음악 요금 별도.

사프란볼루 소프라스 Safranbolu Sofrası

Map P.430-B2 주소 Babasultan Mah. Hıdırlık Yokuşu No.28/A **전화** (0370) 712-1451 **영업** 09:00~21:00 **예산** 1인 100~200TL **가는 방법** 진지 한 호텔 바로 뒤편 골목 초입에 있다.

동네 아주머니가 운영하는 소박한 식당. 차와 몇 가지 종류의 스낵, 아침세트 메뉴가 있다. 괴즐레메에 토마토와 요구르트를 얹어 나오는 사프란볼루 이스켄데르 Safranbolu Iskender가 은근히 맛있다. 토요일에는 토요장터 구경하기에 최고의 장소다.

하늠 술탄 Hanım Sultan

Map P.430-B1 주소 Çeşme Mah. Akın Sk. **전화** (0370) 712-3730 **영업** 07:30~21:30 **예산** 1인 100~200TL **가는 방법** 진지 하맘 바로 뒷골목 안에 있다.

언뜻 보기에 다른 레스토랑과 별 차이가 없어 보이지만 양파와 양고기를 갈아서 밀가루를 입혀 튀겨내는 이츨리 쾨프테 İçli Köfte가 맛있다. 운이 좋다면 초록색 콩 요리인 파술리에 Fasulye도 맛볼 수 있다. 중심가 골목 안쪽에 있는데 주말이면 현지인 관광객으로 북적인다.

흐드를륵 언덕 찻집 Hıdırlık Tepesi Çay Bahçesi

Map P.430-B2 주소 Çeşme, Naip Tarlası Sk. No:24, 78600 **전화** +90-542-527-4704 **영업** 09:00~00:00 **예산** 1인 100~200TL **가는 방법** 흐드를륵 언덕에 있다. 카이마캄라르 에비 박물관에서 도보 5분.

사프란볼루 최고의 전망을 자랑하는 흐드를륵 언덕에 있는 찻집. 만트와 쾨프테 등 튀르키예식 간단한 음식도 판매하지만 여행자들에게는 전망을 즐기는 찻집으로 애용되는 곳이다. 사프란티, 차이, 튀르키예식 커피가 있으며 흐드를륵 언덕에 올라오면 차이를 한 잔하며 기념사진 찍는 장소로 좋다.

카드오을루 쉐흐자데 소프라스 Kadıoğlu Şehzade Sofrası

Map P.430-A1 주소 Çeşme Mah. Arasta Sk. No.8 **전화** (0370)712-5091 **영업** 12:00~22:00 **예산** 1인 200~350TL **가는 방법** 관광안내소에서 도보 1분.

동네 주민이 운영하는 소박한 식당과는 달리 전문 요리사의 품격이 돋보이는 음식을 내놓는다. 식전에 나오는 꿀을 곁들인 치즈도 맛있고 양고기인 쿠주 케밥, 걸쭉

한 토마토소스가 얹어 나오는 키레미테 쾨프테 Kiremitte Köfte 등 어떤 음식이나 훌륭하다. 대도시의 웬만한 레스토랑과 견주어도 조금도 손색이 없다.

+ 알아두세요!

사프란볼루의 하맘

튀르키예의 대부분의 하맘이 그렇듯 사프란볼루의 하맘도 17세기 진지 한과 동시에 개장한 이래 지금까지 사용하고 있는 유서 깊은 곳입니다. 교역이 번성하던 시절 먼 길을 오가던 상인의 여독을 풀어주고 동네 사람들의 사랑방 역할을 하던 하맘은 누구에게나 오아시스 같은 존재였지요. 오랜 여행에 지쳤거나 감기가 유행하는 겨울이라면 한 번쯤 들러 뜨끈하게 지지며 피로를 풀어보면 어떨까요? 온욕실과 사우나실, 때를 밀 수 있는 공간 등이 있고 목욕을 마친 후 가벼운 수면을 취할 수 있는 개인 공간도 있습니다. 남녀 공간이 분리되어 있어 언제든 이용할 수 있다는 것도 장점.

진지 하맘 Cinci Hamamı

주소 Çarşi Meidanı, Çarşi **전화** (0370)712-2103 **영업** 남자 06:00~23:00, 여자 09:00~22:00 **요금** 입장료 550TL (마사지, 때밀이 별도) **가는 방법** 차르시 광장에 있다.

진지 하맘

Shopping 사프란볼루의 쇼핑

예전에도 상점이 많았지만 관광객이 늘어나면서 동네 전체가 기념품 숍이 아닐까 싶을 정도로 늘어났다. 특히 주말에는 튀르키예인 관광객이 몰리면서 작은 마을 전체가 쇼핑센터가 되어버린 듯한 느낌이다. 엄청난 관광객이 몰려드는데도 마을 사람들은 소박한 인심을 유지하고 있다는 사실이 놀라울 정도다. 차르시 마을의 골목길을 산책하며 상점들을 기웃거려보자.

사프란 제품

관광객이 늘어남에 따라 사프란이 생산되는 지역의 특성을 살려 만든 이벤트성 상품. 사프란을 이용한 코롱, 향수, 비누, 로션, 등 다양한 종류가 있다. 사프란볼루 인근 마을에서 재배한 사프란을 대도시의 공장에서 제품으로 만들어 다시 가져오는 시스템이다. 몇 군데의 공장에서 공급되기 때문에 어느 가게든 품질의 차이는 그다지 크지 않다. 다만 경찰서 옆에 있는 가게 '사프란 치체으 Safran Çiçeği'는 규모가 커서 다양한 제품을 한 곳에서 볼 수 있기 때문에 쇼핑이 편리하다. **Map P.430-A1** 사프란의 효능에 대해 알고 있다면 큰 기대를 걸 수도 있는데 실상은 그렇지는 않으니 기념품 정도로 생각하고 가벼운 마음으로 골라보자.

수공예품

사프란볼루의 전통가옥 모형, 레이스 가방, 수 놓은 식탁보, 스카프, 헝겊으로 만든 핸드백, 휴대폰 케이스 등등 사프란볼루는 쇼핑할 것들이 넘쳐난다. 멀리 돌아다닐 필요없이 이제트 파샤 자미 옆 마니파투라즐라르 바자르와 아라스타 바자르에 가면 사프란볼루에서 살 수 있는 웬만한 물건들이 다 있다.

Meeo Say

터키시 딜라이트, 로쿰 Lokum을 아시나요?

부드러우면서도 쫄깃하고 입 안 가득 향기가 퍼지는 로쿰은 바클라바와 함께 튀르키예를 대표하는 디저트 먹거리입니다. 튀르키예에서 로쿰이 처음 만들어진 것은 16세기. 처음에는 꿀이나 단맛을 내는 재료로 만들다가 18세기 들어 설탕이 널리 보급되면서 오늘날의 로쿰의 형태가 갖추어지기 시작했습니다. 로쿰과 관련해 한 가지 일화가 전해 오는데요, 톱카프 궁전에 살고 있던 술탄 압뒬하미드는 자신의 부인들과 하렘의 여자들을 위해 맛있는 과자를 만들라는 명령을 내렸습니다.

궁궐 밖으로까지 소문이 나자 카스타모누 출신의 제과사 알리 무하딘 하즈 베키르 Ali Muhaddin Hacı Bekir는 실력을 발휘해 색다른 과자를 만들기로 결심했지요. 하지만 밀가루조차 살 돈이 없었던 그는 옥수수 전분에 장미수를 넣어 새로운 과자를 만들어 냈고 이 과자를 맛본 궁중의 여자들은 처음 맛보는 향기로운 식감에 감탄해 술탄에게 권했습니다. 술탄 역시 로쿰의 맛에 매료돼 세상에서 가장 맛있는 과자라고 칭찬하며 즐겨 먹었다고 합니다. 로쿰이라는 말은 '라핫 울 훌쿰 Rahat ul-hulkum(목을 편안하게 하는 과자)'이라는 말에서 유래했습니다. 이후 로쿰은 한 영국인 여행가에 의해 '터키시 딜라이트 Turkish Delight'라는 이름으로 19세기에 서유럽에 알려졌고, 삽시간에 영국과 유럽 전역에 퍼져 비단 손수건에 로쿰을 포장해서 선물하는 것이 상류 사회의 유행이 되었습니다.

튀르키예 어디서나 로쿰을 맛볼 수 있지만 사프란볼루의 로쿰은 전국적인 명성을 자랑합니다. 차르시 마을에 한 집 건너 로쿰 가게일 정도로 성업 중이지요. 어느 가게나 괜찮지만 중심가에 있는 '외제르 로쿰라르 Özer Lokumkarı'는 오랜 역사를 자랑하며 관광객이 가장 많이 찾는 사프란볼루의 대표적인 로쿰 가게입니다. **Map P.430-B1** 각 점포마다 시식을 할 수 있으니 로쿰을 하나씩 집어 먹으며 내 입맛에 맞는 최고의 로쿰집을 찾아보는 것도 재미랍니다.

Hotel 사프란볼루의 숙소

관광객이 급증하면서 숙소도 하나 둘 늘어나는 추세다. 새로 짓는 숙소는 대부분 중급 이상이라 안타깝게도 배낭여행자를 위한 저렴한 숙소는 점점 사라지고 있다. 오래된 목조 저택을 숙소로 개조한 곳이 많으며 실내에서 신발을 벗어야 하는 숙소도 있다. 미리 연락하면 크란쾨이의 오토가르까지 픽업을 나오는 경우도 많고 비수기에는 할인도 가능하다. 만일 성수기에 차르시 마을에서 숙소를 구할 수 없다면 신시가지인 크란쾨이를 이용하는 것도 방법이다.

뤼야 코낙 Rüya Konak

Map P.430-B1 주소 78600 Karabük, Safranbolu, Çeşme **전화** +90-533-241-5302 **요금** 싱글 €30(개인욕실, A/C), 더블 €40(개인욕실, A/C) **가는 방법** 차르시 광장에서 도보 2분.

여행자를 손님이 아니라 가족같이 맞이해주는 유수프씨 부부가 운영하는 숙소. 내외부 모두 깔끔하고 청결히 관리되고 있으며 뜨거운 물도 잘 나온다. 나무 바닥에 카펫이 깔려 있으며 나무의 질감을 잘 살렸다. 다만 전통가옥을 개조한 곳이 으레 그렇듯이 방음과 추위에 살짝 취약한 감이 있으나 머무는데 불편할 정도는 아니다.

투르구트 레이스 코낙 오텔 Trugut Reis Konak Otel

Map P.430-B2 주소 Karaali Mah. Akpınar Sk. No.27 **전화** (0370)725-1301 **요금** 싱글 €30(개인욕실), 더블 €40(개인욕실) **가는 방법** 칼라파토을루 코낙 오텔 지나서 왼편에 있다. 차르시 광장에서 도보 15분.

골목길 안쪽에 들어와 있는 곳으로 방이 널찍하고 테이블을 비치해서 실내가 쾌적하다. 2층과 3층의 객실은 바깥 경치가 좋은데 108호는 마을 전망이 탁월하다. 주변도 조용하고 뷔페식 아침식사와 내부시설을 감안할 때 가격도 비싸지 않다.

퀴르퀴츠 코낙 Kürkçü Konak

Map P.430-B1 주소 Akçasu, Dere Sk. No:2, 78600 Safranbolu/Karabük **전화** (0370)712-0303 **홈페이지** www.kurkcukonak.com **요금** 싱글 €70(개인욕실, A/C), 더블 €80(개인욕실, A/C) **가는방법** 차르시 광장에서 도보 5분.

전통가옥을 개조한 곳으로 잘 가꿔진 정원과 청결한 객실, 친절한 직원 등 모든 면에서 나무랄 데 없는 곳이다. 신경써서 준비하는 아침식사도 칭찬할 만하며 가족 단위 여행객들이 선호하는 곳이기도 하다. 조용하고 깨끗한 호텔을 찾는다면 가족적인 분위기에서 기분좋게 머물 수 있다.

바스톤주 펜션 Bastoncu Pansiyon

Map P.430-B2 주소 Kaymakamlar Müzesi No.4 **전화** (0370)712-3411 **요금** 도미토리(4인실) €20, 싱글 €30(개인욕실), 더블 €40(개인욕실) **가는 방법** 진지 한 호텔 뒤 흐드를륵 언덕 가는 골목길에 있다.

예전에 한국 여행자들이 찾던 일순위 숙소였는데 코로나의 긴 휴식기 이후 발길이 뜸해졌다. 객실이 널찍해서 중급의 숙소를 구한다면 나쁘지 않은 선택이다. 주인 부부는 일선에서 물러나고 아들이 관리하고 있는데 영어가 잘 통해서 정보를 문의하기에 좋다.

에페 게스트하우스 Efe Guerst House

Map P.430-B1 주소 Çavuş Mah. Kayadibi Sk. No.8 **전화** (0370)725-2688 **요금** 도미토리(6인실) €15, 싱글 €20~25(공동/개인욕실), 더블 €25~30(공동/개인욕실) **가는 방법** 차르시 광장 맞은편 계단을 올라가서 오른편에 있다.

건물은 오래되었으나 주인 부부가 신경써서 관리하고 있어 침구류는 항상 깨끗한 상태를 유지하고 있다. 유리로 된 꼭대기층 발코니는 마을 전망을 감상하며 아침 식사하기 좋고 마을 중심과도 가까워 이동도 편리하다. 주인 부부가 친절해서 편안하게 머물 수 있다. 근처에 자미가 있어 아잔 소리에 새벽잠이 깨기도 한다.

체쉬멜리 코낙 오텔 Çeşmeli Konak Otel

Map P.430-A1 주소 Çeşme Mah. Mescit Sk No.1 **전화** (0370)725-4455 **홈페이지** www.cesmelikonak.com.tr **요금** 싱글 €50(개인욕실), 더블 €60(개인욕실) **가는 방법** 차르시 광장에서 메스지트 골목 Mescit Sk.을 따라 도보 2분.

250년 된 가옥을 개조한 곳으로 늘 창가에 꽃을 장식해 외관이 산뜻하다. 리모델링도 성공적이라 건물의 나이와는 달리 미니바와 슬리퍼 등 객실 내 편의시설도 잘 갖춰놓았다. 괜찮은 중급 숙소로 여행자들의 꾸준한 호평이 이어지고 있다.

메흐베쉬 하늠 코나으 Mehveş Hanım Konağı

Map P.430-B1 주소 Hacıhalil Mah. Mescit Sk. No.30 **전화** (0370)712-8787 **홈페이지** www.mehveshanimkonagi.com.tr **요금** 싱글 €50(개인욕실), 더블 €60(개인욕실) **가는 방법** 차르시 광장에서 메스지트 골목 Mescit Sk.을 따라 도보 3분.

전통 스타일을 잘 살린 가정식 호텔. 전통 생활도구를 인테리어 소품으로 활용해 정말로 옛날의 대저택에 방문한 느낌이 든다. 일부 객실은 공동욕실을 사용하지만 불편할 정도는 아니며 아늑하게 꾸며놓은 1층의 식당 겸 거실에서 편안한 시간을 갖기 좋다.

귈렌 코낙 Gülen Konak(*크란쾨이)

Map P.430-크란쾨이 주소 Bariş Mah. Utku Sk. No.2 **전화** (0370)725-2082 **요금** 싱글 €20~25(공동/개인욕실), 더블 €25~30(공동/개인욕실) **가는 방법** 크란쾨이의 차르시 행 돌무쉬 정류장 옆길을 따라 도보 5분. 울루 자미 맞은편에 있다.

밤늦게 도착했거나 차르시 마을의 숙소가 여의치 않을 때 비상용으로 이용할 수 있는 크란쾨이의 숙소. 오래된 그리스인의 저택을 개조해서 뒤뜰에는 옛날 지하저수조도 있다. 외관은 낡았으나 침대는 최근에 바꾸었고 화장실 타일도 깨끗하다.

진지 한 호텔 Cincihan Hotel

Map P.430-B1 주소 Eski Çarşı Çeşme Mah. **전화** (0370) 712-0680 **홈페이지** www.cincihan.com **요금** 싱글 €70(개인욕실), 더블 €80 **가는 방법** 차르시 광장에서 도보 1분.

대상 숙소인 케르반사라이를 개조한 곳으로 사프란볼루의 역사를 말해주는 고급 호텔. 차르시 마을 중심부에 있으며 안뜰의 카페에 앉아 있노라면 옛날 대상이 된 듯한 느낌이 든다. 옛 건물을 그대로 사용했기 때문에 1층의 스탠더드 룸은 좁은 감이 있다.

석양이 아름다운 조용한 어촌

Amasra 아마스라

사프란볼루에서 북쪽으로 약 90km 떨어진 서부 흑해 연안에 자리한 도시로 어촌에 가까울 정도로 규모가 작다. 조그만 동네지만 나름 역사를 지니고 있는데 기원전부터 흑해를 오가는 상선들이 보급을 위한 중간 경유지로 삼았던 곳이다. 이 같은 전통은 로마, 비잔틴 시대를 거치며 서부 흑해 연안의 무역 거점도시로 발전했다. 하지만 오스만 제국 때 해상무역의 중심지가 동부 흑해로 넘어가면서 아마스라의 봄날은 끝나고 명맥만 근근이 이어가는 시골 마을로 전락했다. 근대로 접어들어서도 아마스라의 위치는 별반 달라지지 않았는데 최근 튀르키예인의 주말 휴양지로 탈바꿈하면서 분위기를 일신하고 있다.

앙카라 등 대도시에서 멀지 않다는 지리적 조건과 작은 바닷가 마을이라는 점이 서부 흑해 최고의 관광지로 떠오른 것. 특히 도시인들의 짧은 여행지로 각광받고 있어 주말이면 차를 타고 오는 관광객들로 작은 마을은 활기를 띤다. 관광지 개발이 진행되면서 동네 분위기가 예전같지 않다는 평도 있지만 아마스라는 여전히 시골 어촌의 분위기를 간직하고 있다. 넓은 흑해를 바라보며 여행의 속도와 함께 마음의 속도도 늦춰보자.

인구 6,700명 **해발고도** 15m

Information

관광안내소 Map P.442-B1

따로 사무실이 마련되어 있지 않고 시청 1층에 있는 사무실에서 담당한다. 영어를 할 줄 아는 직원이 한 명밖에 없어 아쉬울 때가 많으며 관광안내 자료도 그다지 신통하지 않다.
위치 시청사 1층
업무 월~토요일 08:30~12:00, 13:00 ~17:30

환전

작은 마을이지만 은행이 있다. 퀴췩 리만에서 가까운 튀르키예 은행 Türkiye İş Bankaş과 뷔윅 리만에 있는 티시 지라트 은행 T.C ZİRAAT Bankası이 있다. 환율은 비슷하므로 어느 쪽을 이용해도 상관없다. ATM도 곳곳에 있어 편리하게 이용된다.

위치 튀르키예 은행 **Map P.442-B1**–시청 바로 옆에 있다. 티시 지라트 은행 **Map P.442-B2**–뷔윅 리만 거리의 중간에 있다. 시청에서 도보 5분.
업무 월~금요일 09:00~12:30, 13:30~17:30

PTT Map P.442-A2

위치 바르튼 행 돌무쉬 정류장 부근 사거리
업무 월~금요일 09:00~17:00

아마스라 시청

아마스라 가는 법

비행기와 기차는 다니지 않으며 앙카라, 사프란볼루 등에서 운행하는 버스만이 아마스라를 방문하는 유일한 수단이다.

➡ 오토뷔스

흑해 끝자락의 작은 마을이라 대도시에서 직접 가는 버스편은 없다. 아마스라에서 16km 떨어진 교통의 요지 바르튼 Bartın이 아마스라로 들어가는 관문 도시가 된다. 즉 이스탄불, 앙카라, 사프란볼루 등 다른 도시에서 바르튼까지 가서 차를 갈아타고 아마스라로 가는 것이다. 바르튼에서 아마스라까지는 수시로 돌무쉬를 운행하고 있는데 바르튼 오토가르 구내에서 출발한다. 돌무쉬는 아마스라 PTT 부근에 도착하며 걸어서 숙소를 정하면 된다. 여행을 마치고 다른 도시로 갈 때도 아마스라에서 바르튼의 오토가르까지 돌무쉬를 타고 가서 장거리 버스로 갈아타야 한다. 바르튼의 오토가르는 앙카라, 이스탄불 행 장거리 노선과 사프란볼루 등 근교 행 미니버스가 함께 출발하므로 편리하게 이용할 수 있다. 아마스라 중심가에 몇 군데의 버스회사가 있어 티켓 예약은 아마스라에서도 할 수 있다. 아마스라에서 바르튼으로 가는 돌무쉬는 PTT 부근에서 출발한다.

바르튼 오토가르 Bartın Otogar
전화 (0378)220–0074

아마스라와 바르튼을 오가는 돌무쉬

바르튼 ▷▶ 아마스라

돌무쉬
운행 매일 07:00~23:00(수시로 운행)

소요시간 30분
요금 20TL

아마스라(바르튼)에서 출발하는
버스 노선

행선지	소요시간	운행
이스탄불	7시간	1일 20~25편
앙카라	5시간	1일 20~25편
사프란볼루	2시간	1일 10~12편
부르사	7시간	1일 3~4편
트라브존	14시간	1일 1~2편

*운행 편수는 변동이 있을 수 있음.

시내 교통

작은 마을이라 별도의 시내 교통수단은 없으며 오직 튼튼한 두 다리에 의지하는 것만이 유일한 방법이다. 마을은 동쪽의 뷔윅 리만 Büyük Liman(큰 항구)과 서쪽의 퀴췩 리만 Küçük Liman(작은 항구)으로 나누어진다. 양쪽 항구 사이에 시가지가 형성되어 있으며 관공서와 시장도 있다. 볼거리, 레스토랑, 숙소가 모두 가까워 걸어다녀도 충분하다.

퀴췩 리만

뷔윅 리만

퀴췩 리만의 석양

아마스라 둘러보기

아마스라의 가장 큰 볼거리는 탁 트인 흑해. 계절에 따라 달라지는 바닷가 풍경은 작은 마을에 이방인을 불러들이는 가장 큰 관광 자원이다. 성벽과 박물관이 있지만 그다지 큰 구경거리라고 보기는 힘들며 시골 마을을 탐방하는 기분으로 동네 골목길을 여기저기 다녀보자. 성채를 따라 걸으며 골목길을 기웃거리다 전망 좋은 곳이 나오면 흑해를 바라보며 여유있게 쉬고, 기념품점이 즐비한 골목에서 윈도쇼핑을 하거나 시청 부근의 재래시장을 어슬렁거려도 좋다.

뷔워 리만에는 백사장이 펼쳐진 해변이 있어 해수욕을 즐길 수도 있다. 조그만 돌탑이 있는 퀴췩 리만은 석양을 즐기기 좋으니 돌아다니다 해질 무렵 바닷가의 카페에서 맥주를 한잔하며 붉게 물들어가는 흑해를 감상해도 좋다. 굳이 뭘 하려고 조급하게 마음먹지 말고 한가한 어촌의 조용한 분위기를 만끽하는 것이 아마스라를 잘 즐기는 방법이다. 저녁 메뉴로는 흑해의 싱싱한 생선요리를 맛보기를 권한다.

BEST COURSE ★ ★ ★ 예상소요시간 4~5시간

아마스라 성벽 ▷▶ 뷔워 리만 ▷▶ 기념품 골목 ▷▶ 아마스라 박물관 ▷▶ 퀴췩 리만

Attraction 아마스라의 볼거리

아마스라에서 흑해를 바라보면 마음이 평온해진다. 산책과 여유, 느린 걸음처럼 아마스라와 잘 어울리는 것도 없다.

아마스라 성벽
Amasra Suru ★★

Map P.442-B1 **개방** 24시간 **요금** 무료 **가는 방법** 뷔웍 리만과 퀴췩 리만 등 아마스라 전역.

작은 마을 아마스라에도 한때 영광의 세월이 있었다는 것을 보여주는 증거물이다. 마을을 돌아가며 띠처럼 둘러서 있는데 성벽의 두께와 견고함이 만만치 않음을 알 수 있다. 성벽은 비잔틴 시대에 건설되었는데 당시 아마스라는 흑해 일대로 드나드는 상선의 중요 기착점이었다. 성벽을 쌓고 섬을 다리로 연결해 도시의 면모를 갖추었던 당시 아마스라의 위상을 짐작케 한다.

성벽 자체도 볼거리지만 성벽 위에 올라가 바라보는 흑해 전망은 단연 압권이다. 많은 이들이 아마스라를 찾는 이유이기도 하다. 본토에서 돌다리를 건너 직진해서 길 끝까지 가면 토브샨 섬과 흑해가 내려다보이는 훌륭한 언덕이 나온다.

아마스라 박물관
Amasra Müzesi ★

Map P.442-A2 **주소** Amasra Müzesi Küçük Liman, Amasra **개관** 화~일요일 08:30~17:30 **요금** €4 **가는 방법** 시청에서 퀴췩 리만 해변길을 따라 도보 7분.

아마스라 마을 초입에 자리한 작은 박물관으로 주로 로마와 비잔틴 시대의 유물들을 전시하고 있다. 아마스라 마을의 역사에 관심있는 여행자라면 흥미를 끌 만한 것들이 전시되어 있다. 다른 도시의 박물관들이 워낙 잘되어 있는 탓에 외국 여행자들의 발길은 뜸한 편이다. 박물관 자체는 그다지 신통한 볼거리라 할 수 없지만 퀴췩 리만 해변에 자리하고 있어 야외에서 바다를 바라보기에는 좋다. 차를 마시며 돌기둥이 전해주는 세월의 소리를 흑해의 바람과 함께 즐겨 보자.

아마스라 박물관

아마스라 성벽

Restaurant 아마스라의 레스토랑

바닷가인 만큼 흑해에서 잡히는 생선요리가 제격이다. 크고 작은 아마스라의 거의 모든 레스토랑에서 생선요리를 취급해 육류에 질린 여행자들의 미각을 돋우어 준다. 이스탄불 등 대도시와 비교할 때 저렴한 가격도 매력 포인트.

찬르발륵 레스토랑 Çanlı Balık Restaurant

Map P.442-B1 주소 Küçük Liman Cad. Amasra **전화** (0378)315-2606 **영업** 12:00~24:00 **예산** 1인 500~700TL **가는 방법** 시청에서 퀴췩 리만 방향으로 도보 1분.

아마스라에서 가장 유명한 생선요리 전문 레스토랑. 내외국인 관광객을 비롯해 현지인들도 즐겨 찾는 곳으로 해변 전망도 좋다. 실내 장식과 종업원의 서비스 마인드도 잘 갖춰져 있어 기분 좋게 식사할 수 있다. 멸치의 일종인 함시 Hamsi와 도미 같은 추프라 Çupra 구이가 추천 메뉴.

로티스 발륵 레스토랑 Lotis Balık Restaurant

Map P.442-B1 주소 Büyük Liman Cad. Amasra **전화** +90-544-209-6101 **영업** 09:00~24:00 **예산** 1인 500~700TL **가는 방법** 뷔윅 리만 북쪽 성벽 아래에 있다.

뷔윅 리만에 위치한 생선요리 전문 레스토랑. 깔끔한 맛을 내는 다양한 생선요리가 있으며 내부를 모두 나무로 장식해 아늑한 분위기를 연출한다. 한쪽 구석에는 작은 라이브 무대도 있고 와인과 위스키도 판매하고 있어 술 한잔하기에도 좋다.

바푸르 레스토랑 Vapur Restaurant

Map P.442-B1 주소 Kaleiçi, 74300 Amasra/Bartın **전화** +90-545-532-7461 **영업** 08:30~00:00 **예산** 1인 500~700TL **가는 방법** 뷔윅 리만 항구 끝에 있다. 시청에서 도보 10분.

항구 끝 부분에 자리한 곳으로 배 위에 차린 레스토랑이다. 홍합, 오징어튀김, 생선요리와 함께 토스트와 일반적인 케밥 등 다양한 메뉴를 갖추었으며 특히 샐러드와 각종 치즈, 올리브, 카이막으로 구성된 아침식사 메뉴가 근사하게 나온다. 생선 샌드위치인 '발륵 에크멕'도 있어 테이크아웃도 가능하다. 바다 경치를 즐기며 식사하기에 좋은 곳이다.

카라데니즈 아일레 피데 살로누 Karadeniz Aile Pide Salonu

Map P.442-B1 주소 Kum Mah. G. Mithat Sk. Ceylan Cad. No.20 Amasra **전화** +90-530-522-0698 **영업** 07:00~24:00 **예산** 1인 150~250TL **가는 방법** 중심가에 있다. 시청에서 도보 2분.

중심가에 자리한 곳으로 상호에서 알 수 있듯이 피데 전문점이다. 16가지 재료를 사용한 스페셜 피데와 고기 전병 같은 카부르말르 Kavurmalı 피데가 특히 맛있다. 비슷한 이름의 두 가게가 나란히 붙어 있는데 어느 곳이나 친절하고 맛도 좋다. 카라데니즈는 '흑해'라는 뜻.

마리나 카페 Marina Cafe

Map P.442-B1 주소 Kaleiçi, Gen. Mithat Ceylan Cd., 74300 **전화** +90-505-930-7939 **영업** 12:00~00:00 **예산** 1인 100~200TL **가는 방법** 뷔윅 리만 항구에 있다. 시청에서 도보 7분.

항구 주변을 산책하다 커피가 생각날 때 이용하기 좋은 카페. 와플, 브라우니, 치즈케이크 등 커피와 잘 어울리는 간식들과 전문 바리스타가 내려주는 커피가 탁월하다. 인테리어도 잘 해 놓아서 깔끔하고 세련된 장소에서 바다경치를 감상하며 티타임을 갖고 싶다면 좋은 선택이다.

아마스라 소프라스 Amasra Sofrası

Map P.442-B2 주소 İskele Cad. Hamam Sk. No.25 Amasra **전화** (0378) 315-1994 **영업** 07:00~24:00 **예산** 1인 80~150TL **가는 방법** 중심가에 있다. 시청에서 도보 3분.

케밥, 쾨프테, 피데 등 일반 튀르키예식과 생선요리 등 다양한 메뉴가 있는데 단품요리가 특히 먹을 만하다. 갈은 고기에 가지를 넣고 푹 익힌 무사카와 생선요리를 주문해 보자. 현지 관광객들에게 유명한 집이라 여름철 주말에는 문전성시를 이룬다.

Entertainment 아마스라의 엔터테인먼트

휴양지답게 밤 문화가 적당히 발달했다. 생맥주를 마실 수 있는 펍 Pub과 라이브 콘서트가 펼쳐지는 바까지 다양한 업소가 있으며 석양을 즐길 수 있는 전망 좋은 찻집도 있어 아마스라에서 심심할 걱정은 하지 않아도 된다. 비수기인 겨울철은 많은 업소가 문을 닫는다.

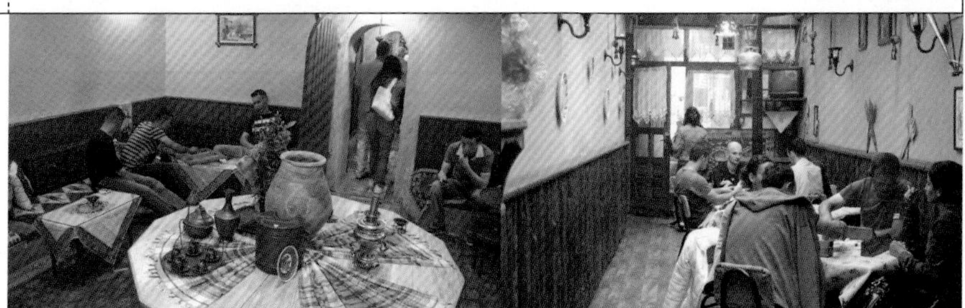

하맘 카페 Hamam Cafe

Map P.442-B1 주소 Tarihi Sağır Osmanlar Hamanı **전화** (0378)315-3878 **영업** 18:00~24:00 **예산** 차 50~80TL, 물담배 150TL **가는 방법** 레스토랑 아마스라 소프라스 옆에 있다. 시청에서 도보 3분.

전통 목욕탕인 하맘을 개조한 카페로 현지 젊은이들의 게임방 겸 미팅 장소. 내부 인테리어로 전통 생활용품을 사용해 독특한 분위기를 살렸으며 중앙에는 돌로 된 커다란 테이블도 있다. 나르길레 Nargile라는 물담배도 있으니 문화 체험 차원에서 방문해 보는 것도 좋다. 주류를 취급하지 않아 분위기가 건전하다. 튀르키예 게임을 할 줄 안다면 현지 젊은이들과 어울려 한 판 해 보는 것도 괜찮다.

쿠파 펍 Kupa Pub

Map P.442-A1 주소 Küçük Liman Cad. No. 17/B **전화** (0378)315-1352 **영업** 11:00~다음날 01:00 **예산** 맥주 80TL부터 **가는 방법** 시청에서 퀴췩 리만 방향으로 도보 2분.

퀴췩 리만 해변에 있는 맥주집으로 생맥주를 마실 수 있다. 한국의 호프집과 비슷한 형태인데 위치가 좋고 가격 부담도 없어 관광객뿐만 아니라 현지인도 맥주를 즐기러 찾는다. 덩치가 크고 호탕한 주인은 아마스라 토박이로 한국에 대해 호의적이다. 보통의 튀르키예 남성이 대부분 그렇듯 2002년 월드컵과 축구 얘기가 나오면 이야기가 그칠 줄 모른다.

퀴췩 리만의 차이 집들 Küçük Liman Çay Evi

Map P.442-A2 주소 퀴췩 리만 바닷가 일대 **영업** 08:30~24:00 **예산** 1인 50~80TL **가는 방법** 시청에서 퀴췩 리만 거리를 따라 도보 2분.

피데와 라흐마준 등 몇 가지의 스낵과 차이를 구비한 찻집으로 퀴췩 리만 해변에 있다. 석양 감상 포인트로 유명해 일몰 무렵 여행자들이 많이 찾는다. 맥주도 판매하고 있어 한잔하며 붉게 물들어가는 흑해를 감상하기에 그만이다. 배가 고프다면 피데를 주문해 맥주와 곁들여 먹어도 좋다.

Hotel 아마스라의 숙소

날이 갈수록 휴양지로 개발되고 있어 도처에 숙소는 널려있다. 외국 여행자보다는 주말과 휴일의 현지 관광객 상대가 주류인데 저렴한 펜션은 가정집을 개조한 곳이 많다. 여름철 성수기는 가격이 오르지만 흥정을 통한 약간의 할인은 가능하다. 겨울철은 대부분의 숙소가 문을 닫는다.

칼레 펜션 Kale Pansion

Map P.442-B1 주소 Kaleiçi Mah. Yopyanı Sk. No.36, Amasra **전화** +90-543-484-5897 **요금** 싱글 · 더블 €30 (개인욕실) **가는 방법** PTT 앞 사거리에서 뷔윅 리만 거리를 따라 도보 10분. 성벽 위에 있다.

가족이 운영하는 숙소로 바다 전망이 좋다. 객실과 화장실이 청결하고 주인도 친절해 편안히 머물 수 있다. 특히 흑해가 한눈에 들어오는 발코니에서 조용한 시간을 보내기에 이곳만한 데가 없다. 무료로 주방을 개방해 놓은 것도 마음에 든다.

발카야 펜션 Balkaya Pension

Map P.442-B1 주소 Kum, Gen. Mithat Ceylan Cd., 74300 **전화** +90-533-500-6974 **홈페이지** www.balkayapansiyon.com **요금** 싱글, 더블 €30(개인욕실, A/C) **가는 방법** 뷔윅 리만 언덕 중간에 있다. 시청에서 도보 10분.

가족이 운영하는 저렴한 게스트하우스. 객실과 욕실은 협소하지만 깨끗하게 관리하고 있으며 언제나 친절히 손님을 맞이한다. 주방과 냉장고를 갖춘 객실도 있으므로 선택에 참고하자. 언덕 중간에 있어 올라가는 게 조금 힘들지만 대신 방에서 바다가 보인다.

야으무르 펜션 Yağmur Pension

Map P.442-B1 주소 Kaleiçi Mah. Kemere Sk. No.6 **전화** (0378)315-1603 **요금** 아파트룸(6명 정원) €80(개인욕실, A/C) **가는 방법** 뷔윅 리만 북쪽 성벽 위에 있다. 시청에서 도보 10분.

방 2개와 넓은 거실, 세련된 주방, 화장실, 세탁기까지 모든 시설을 완비한 홈스테이형 아파트 숙소. 퀴췩 리

만과 토브샨 섬이 한눈에 들어오고 발코니까지 있어 훌륭한 바다 전망을 즐길 수 있다. 고급스러운 콘도형 숙소를 찾는다면 최고의 선택이다.

프라우 귈레르 부티크 Frau Güler Boutique

Map P.442-B1 주소 Kaleiçi, Topyanı, Sokak No:19, 74300 **전화** +90-532-383-6404 **홈페이지** www.frauguler.com **요금** 싱글 €50(개인욕실, A/C), 더블 €60(개인욕실, A/C) **가는 방법** PTT앞 사거리에서 뷔윅 리만 거리를 따라 도보 10분. 성벽 위에 있다.

고급스러운 내장재를 사용한 객실은 아늑하며 침구류도 훌륭하다. 주변도 조용하고 흑해의 전망이 탁월해서 차 한잔하며 고즈넉한 시간을 갖기에 최고의 조건이다. 바다 전망과 파도소리와 함께 즐기는 아침식사는 이 집을 찾는 많은 손님들이 입을 모아 칭찬하는 대목이다. 언덕 끝에 있어 찾아가는 게 조금 힘들다.

다이아몬드 리만 오텔 Diamond Liman Otel

Map P.442-B2 주소 Kum Mah. Büyük Liman Cad. Amasra **전화** (0378) 315-3900 **요금** 싱글 €70(개인욕실), 더블 €80(개인욕실), 트리플 €90(개인욕실) **가는 방법** 뷔윅 리만 거리에 있다. PTT에서 도보 10분.

아마스라 최고의 전망을 자랑하는 곳으로 바다와 백사장이 한눈에 들어온다. 넓은 로비는 시원한 느낌이 들며 객실도 깔끔하게 관리가 잘되고 있다. 여름철 주말에는 예약 필수. 바다 쪽 객실이 있는지 먼저 확인하자.

방랑 철학자 디오게네스의 고향

시놉

중부 흑해에 면해 있는 튀르키예 최북단의 도시. 흑해의 도시 중 성곽이 가장 잘 보존되어 있으며 무소유의 철학자 디오게네스가 태어난 곳으로 유명하다. 시놉은 기원전 7세기경 밀레투스의 이오니아인들이 처음 세웠으며 기원전 300년경에는 폰투스 Pontus 왕국의 수도가 되기도 하는 등 고대로부터 흑해를 오가는 상선의 보급지와 무역의 거점으로 발달했다. 로마, 비잔틴, 셀주크 투르크 시대까지도 상업도시로 명성을 날리다 오스만 제국에 들어 삼순과 트라브존으로 무역의 중심이 옮겨가면서 사양길에 접어들었다. 이후 1853년 러시아와 크림 전쟁을 계기로 군사도시로서의 중요성이 새롭게 인식되기 시작했다. 냉전시대를 거치며 미군 캠프가 설치되는 등 흑해의 군사적 긴장이 고조될 때마다 시놉의 중요성은 더욱 부각되었다.
오늘날 시놉은 흑해의 조용한 중소도시로 남게 되었지만 방랑철학자 디오게네스의 고향이자 고대의 흔적을 더듬을 수 있어 여행자의 발길을 잠시 멈추게 한다.

인구 10만 명 **해발고도** 25m

여행의 기술

Information

관광안내소 Map P.449-A2

별도의 안내 사무실은 없고 시놉 감옥 박물관 앞에 부스가 있다. 시내지도를 얻을 수 있는데 지방 도시치고 지도가 잘되어 있어 유용하다.
위치 시놉 감옥 박물관 앞 부스
업무 매일 09:00~12:00, 13:00~17:30
가는 방법 오토가르에서 도보 1분

환전 Map P.449-B2

여행자들이 주로 머무는 항구 부근에 티시 지라트 은행 T.C ZİRAAT Bankası을 비롯해 시내 곳곳에 은행이 있어 환전에 불편함이 없다.
위치 항구 부근과 중심지 사카르야 거리 일대
업무 월~금요일 09:00~12:30, 13:30~17:30

PTT Map P.449-B2

위치 시청 맞은편 아타튀르크 거리
업무 월~금요일 09:00~17:00

시놉 가는 법

비행기와 버스를 이용해 시놉을 방문할 수 있으며, 선로가 없어 기차는 다니지 않는다.

➡ 비행기

튀르키예 항공이 이스탄불에서 시놉까지 주 2편 운행하고 있다. 시내까지는 비행기 도착시간에 맞춰 운행하는 튀르키예 항공의 셔틀버스나 돌무쉬를 이용하면 된다. 항구 부근에 내려 걸어서 숙소를 정하자. 시놉에서 170km 떨어진 삼순 Samsun은 이스탄불에서 1일 5~6편 운행하므로 급하게 시놉을 방문해야 한다면 삼순 공항을 이용하는 방법도 있다.

➡ 오토뷔스

동떨어진 지리적 조건상 외부와의 교통은 그다지 원활하지 못한 편. 시놉까지 바로 가는 버스가 없으면 인근의 대도시 삼순까지 가서 버스를 갈아타면 된다. 오토가르에서 숙소 밀집지역인 항구까지는 1km 정도라 걸어서 갈 수도 있다. 짐이 무겁다면 돌무쉬나 택시를 이용하자. 돌무쉬는 오토가르 앞 도로에서 타는데 따로 번호는 없고 항구(리만 Liman)로 가는 걸 타면 된다. 기사에게 물어보자.

오토가르 ▷▶ 시내(항구)

돌무쉬
운행 06:00~20:00(수시로 운행)
소요시간 10분
※택시를 이용한다면 50~60TL 정도.

시놉에서 출발하는 버스 노선

행선지	소요시간	운행
이스탄불	12시간	1일 4~5편
앙카라	8시간	1일 3~4편
삼순	3시간	06:15~19:00(매 1시간 간격)

*운행 편수는 변동이 있을 수 있음.

시내 교통

숙소, 레스토랑 등 편의시설은 모두 항구 쪽에 몰려 있어 도보로 충분하다.
시놉 성채, 시놉 박물관, 알라딘 자미와 시놉 감옥 박물관 등 볼거리는 서로 떨어져 있긴 하지만 시내가 넓지 않아 천천히 걸어다녀도 하루면 다 돌아볼 수 있다.

Travel Plus+ 시놉에서 아마스라 가기

시놉에서 아마스라까지는 약 300km 떨어져 있습니다. 지도를 펴고 위치를 보면 시놉에서 해안 도로를 따라 수월하게 갈 수 있을 것 같지만 실상은 그렇지 않습니다. 개발이 더딘 흑해 마을 간을 연결하는 도로 사정이 그다지 좋지 않기 때문이죠. 만일 시놉 다음 행선지가 아마스라라면 내륙의 카스타모누 Kastamonu라는 도시를 반드시 경유해야 합니다. 차를 갈아타야 하는 것은 물론이고, 시간도 오래 걸리기 때문에 불편하지만 흑해 내륙지방의 맑은 공기와 경치를 즐길 수 있으므로 그다지 지루한 길은 아닙니다.

시놉▶▶아마스라 교통정보
시놉→카스타모누 Kastamonu 대형버스 **소요시간** 3시간 10분
카스타모누→바르튼 Bartın 대형버스 **소요시간** 4시간
바르튼→아마스라 Amasra 미니버스 **소요시간** 30분

시놉 둘러보기

시놉의 모든 볼거리를 돌아보는 데는 하루면 충분하다. 하지만 해변을 산책하며 조용한 도시의 분위기를 만끽하려면 2일은 머물기를 추천한다. 시놉 관광은 항구에서 가까운 성채에서 시작하는 게 좋다. 성채 정상에 서면 항구와 드넓은 흑해가 한눈에 펼쳐진다. 성채 관람 후에는 법원 뒤편에 자리한 박물관에 가 보자. 예전에 살던 그리스인들이 남겨놓은 성화와 유적 터를 볼 수 있다.

그 후 오토가르 부근에 있는 시놉 감옥 박물관으로 가는 길에 사카르야 거리의 알라딘 자미에 들러 자미 구경도 하고 쉬었다 가자. 감옥 박물관을 돌아보면 시놉의 볼거리 투어는 끝난다. 저녁식사 후에는 해변 산책로가 있는 공원에 나가 저녁시간을 보내는 시민들과 함께 시원한 바닷바람을 즐기는 것을 추천한다.

+ 알아두세요!

시놉 성채에 있는 찻집에서 바다 경치를 즐기며 여유있는 시간을 보내기에 좋다.

★★★★★ BEST COURSE ★★★★★

예상소요시간 5~6시간

출발 ▶▶ 항구 부근 숙소 밀집구역

도보 2분

시놉 성채(P.451)
고대부터 시놉을 지켜온 철옹성. 정상에 서서 바다를 바라보면 가슴까지 뻥~ 뚫린다.

도보 15분

시놉 박물관(P.452)
그리스인들이 남겨놓은 성화가 인상적인 박물관. 야외 공원에서 한가히 쉬었다 가자.

도보 10분

알라딘 자미(P.452)
시내에 있는 셀주크 투르크 시대의 자미. 기도하는 할아버지의 경건한 표정에서 마음까지 엄숙해진다.

도보 10분

시놉 감옥 박물관(P.452)
내성을 개조한 옛 감옥소. 폐허가 된 건물에서 으스스한 분위기가 느껴진다.

Attraction 시놉의 볼거리

성채와 박물관을 제외한다면 볼거리가 그다지 많지는 않다. 바닷가를 산책하다 항구 부근의 카페에서 차를 마시며 한가로이 바다 풍경을 즐겨보자. 여름철이라면 시내 초입의 쿰카프 해변에서 해수욕을 즐길 수도 있다.

시놉 성채
Sinop Kalesi ★★★

Map P.449-B2 **개방** 매일 09:00~22:00(여름철은 24:00까지) **요금** 무료 **가는 방법** 항구에서 도보 1분. 항구 가까이에 공원이 있다. 공원 입구의 올라가는 계단을 이용하자.

과거 시놉의 영광을 대변해 주는 구조물. 길이 2km, 폭 약 3m, 높이 20~40m로 구시가지의 해안선을 따라 띠처럼 길게 늘어서 있다. 성곽은 기원전 히타이트 왕국 시대부터 있었으며 기원전 72년 폰투스의 왕 미트리다테스 Mithridates에 의해 현재 형태를 갖추게 되었다.

로마, 셀주크, 오스만 제국을 거치며 아나톨리아 고원 내륙에서 흑해로 교통과 물자 수송의 중요성은 날로 증대되었고 거점도시였던 시놉에 성채를 짓게 되었다. 오스만 제국 시대에는 한때 감옥으로 사용되기도 했다. 성채는 역사적 의미와 함께 전망이 좋기로도 유명하다. 성채에서 바라보는 흑해 전망은 가슴이 뻥 뚫릴 정도. 꼭대기에는 카페가 있으니 차를 마시며 한가롭게 흑해의 경치를 즐겨 보자.

시놉 성채

Shakti Say

무소유의 방랑 철학자 디오게네스 Diogenes

시놉은 그리스의 철학자 디오게네스(기원전 413~323)가 태어난 곳입니다. 가진 것이 적고 가난해야 신의 곁으로 보다 빨리 갈 수 있다고 역설한 그는 평생을 방랑하며 그물에 걸리지 않는 바람처럼 살다 갔습니다. 어렸을 적 은행가였던 아버지가 위폐를 만드는 것을 보고 환멸을 느껴 집을 떠나 그리스로 갔으며 소크라테스의 제자인 안티스테네스 Antisthenes 밑에서 수학했습니다. 이 세 사람의 공통점은 지혜의 시작이 자신을 제대로 아는 것이라는 신념을 지니고 있었다는 것이죠. 그는 기성의 가치를 맹종하지 말고 전혀 다른 각도, 다른 기준에서 판단할 것을 역설했습니다.

결국 그는 방랑자가 되어 사회적 지위와 명예, 부 등을 모두 포기한 대신 훨씬 더 소중한 많은 것들을 얻을 수 있었습니다. 알렉산더 대왕이 디오게네스를 만나 소원을 들어준다고 했을 때 햇빛을 가리지 말고 비켜달라고 했던 일화는 아직까지 회자되고 있을 정도지요. 가진 것이라곤 남루한 옷과 지팡이, 목에 거는 수도사의 주머니밖에 없으며 나무통을 집으로 삼아 살아가면서 스스로 '개와 같은 디오게네스'라고 이름 붙여 후일 견유학파(犬儒學派)로 불렸답니다.

"나는 아무것도 가진 것이 없다는 풍요로움을 누리고 있다. 진정한 마음의 평안은 많이 소유하는 것에서 얻어지지 않는다. 적게 가진 것만으로도 만족하는 데에서 얻어진다. 적게 구하라. 그러면 너는 얻을 것이요 만족할 것이다. 많이 구하라. 그러면 너의 갈망은 영원히 멈추지 않을 것이다."

디오게네스 석상

시놉 박물관
Sinop Müzesi ★★★

Map P.449-B1 주소 Sinop Müzesi Okullar Cad., Sinop **개관** 매일 08:00~17:00 **요금** €3 **가는 방법** 법원 뒤 오쿨라르 거리에 있다. 법원에서 도보 3분.

석기, 청동기, 철기 등의 유물이 기원전부터 시대순으로 전시되어 있는데 방문객들의 눈길을 끄는 것은 단연 성모 마리아를 비롯한 성화(聖畵)들이다. 금색으로 그려져 있어 아름다운 자태를 뽐내고 있는데 과거 흑해 연안에 살았던 그리스인들이 남겨놓은 것이라고 한다.

박물관 바깥은 로마 시대의 기둥과 항아리, 이집트 신 세라피스의 유적 터가 있는 야외 박물관이다. 작은 연못도 있고 벤치도 갖다놓아 공원으로 조성해 놓았다. 공원 군데군데 유물을 적절히 배치해 놓았는데 유물이 차가운 돌덩이가 아니라 살아 있는 느낌이 든다.

알라딘 자미
Alaaddin Camii ★★

Map P.449-B1 주소 Alaaddin Camii, Sakarya Cad., Sinop **개관** 매일 07:00~19:00 **요금** 무료 **가는 방법** 시내 중심지인 사카르야 거리에 있다. 항구에서 도보 10분.

시놉에서 가장 큰 자미로 셀주크 투르크의 술탄 알라딘 케이쿠바드 Alaaddin Keykubad가 1267년 도시를 점령한 뒤 세웠다. 가로 66m, 세로 22m의 직사각형 구조물로 셀주크 양식으로 지어졌다. 내부의 돔은 별다른 장식을 하지 않아 소박하지만 메카 방향을 나타내는 미흐랍과 샹들리에, 설교단은 대리석으로 장식해 놓아 훌륭하다.

다른 도시에서 화려한 자미를 보았다면 실망할 수도 있겠지만 절제된 아름다움이 느껴진다. 기도하는 할아버지의 호의적인 미소도 덤으로 얻을 수 있다.

시놉 감옥 박물관
Sinop Tarihi Cezaevi ★★

Map P.449-A2 주소 Sinop Historical Prison, Sakarya Cad., Sinop **개관** 매일 09:00~17:00 **요금** €6 **가는 방법** 오토가르 맞은편에 있다. 항구에서 도보 20분.

내성의 벽을 이용해 만든 감옥으로 1882년에 지어졌다. 넓은 부지 안에 감옥소 건물이 여러 동 있는데 남쪽 끝 건물 입구에는 중요 수감자들의 내력을 적어놓은 안내판도 있다. 벽과 떨어져 나간 창문에서 으스스한 감옥의 분위기를 느낄 수 있으며 그다지 볼 만한 것은 없다. 시놉에 며칠 묵으며 심심하면 방문해 보자.

시놉 감옥 박물관

공원으로 조성해 놓은 시놉 박물관

알라딘 자미 내부

Restaurant 시놉의 레스토랑

항구 주변에 생선요리를 전문으로 하는 곳과 서민 식당이 몰려 있어 주머니 사정에 맞게 선택할 수 있다. 시놉 박물관 가는 길과 시청 부근에도 많은 식당들이 있어 식당을 찾아 헤맬 일은 없다.

되네르 뒨얌 Döner Dünyam

Map P.449-B2 주소 Yeni Mah Gazi Cad 25/A Merkez Sinop, 57000 **전화** (0368)260-5767 **영업** 12:00~00:00 **예산** 1인 50~120TL **가는 방법** 가지 거리에 있다. 항구에서 도보 5분.

2022년에 오픈한 곳으로 널찍하고 깨끗한 실내에 커다란 되네르가 기분좋게 돌아가고 있다. 친절한 직원들이 바쁘게 움직이는 곳으로 관광객과 현지인 모두 즐겨 찾는다. 되네르 케밥과 이스켄데르 케밥 등 튀르키예식 음식을 전문으로 한다. 어린이용 메뉴도 있다.

톰빅 Tombik

Map P.449-B1 주소 Atatürk Cad. No.1 **전화** (0368) 260-2030 **영업** 07:30~20:00 **예산** 1인 30~70TL **가는 방법** 법원 앞 길 건너편에 있다.

햄버거, 토스트, 쿰피르, 되네르 케밥 등 간단한 음식을 갖춘 스낵코너. 법원 광장 앞 길가에 있어 위치가 좋은 데다 가격이 저렴해 현지인들도 오가며 많이 들른다. 시놉 박물관을 다녀오는 길에 출출한 배를 달래기 좋다. 정식 식당이라기보다는 패스트푸드점에 가까우며, 토스트를 곁들인 간단한 아침식사를 하기에 적당하다.

안텝 소프라스 Antep Sofrası

Map P.449-B2 주소 Atatürk Cad. **전화** (0368)260-3434, 260-0606 **영업** 09:00~24:00 **예산** 1인 50~120TL **가는 방법** 시청에서 법원 방향으로 아타튀르크 거리를 따라 도보 2분.

시놉 시민들의 사랑을 받는 곳으로 각종 케밥이 주 메뉴인 튀르키예식 전문식당이다. 깔끔한 내부에 에어컨까지 있어 고급 레스토랑 분위기. 나이 지긋한 종업원 아저씨가 영어를 잘하고 친절해 기분 좋게 식사할 수 있다.

사라이 레스토랑 Saray Restaurant

Map P.449-B2 주소 İskele Cad. Rıhtım Sk. No.18 **전화** (0368)261-1729 **영업** 11:30~다음날 06:00 **예산** 1인 80~180TL **가는 방법** 항구의 바닷가 식당 밀집구역에 있다.

생선요리 전문 레스토랑으로 매일 아침 들어오는 흑해의 신선한 생선을 맛볼 수 있다. 진열장에 있는 생선을 고를 수 있는 시스템인데 차르판 쉬시 Çarpan Şiş라고 하는 꼬치구이가 인기 메뉴. 맥주, 와인 등 각종 주류도 있으며 바닷가 쪽 야외 자리가 시원해서 좋다. 주변에 비슷한 식당들이 많으니 한 곳을 고집할 필요는 없다.

시놉 바르낙 카페 Sinop Barınak Cafe

Map P.449-B2 주소 İskele Cad. No.9 **전화** (0368)261-2718, 7421 **영업** 09:00~24:00 **예산** 1인 60~150TL **가는 방법** 항구의 바닷가 식당 밀집구역에 있다.

피자, 스파게티, 스테이크 등 서양식 식단을 갖춘 곳으로 주인이 피자에 대한 자부심이 대단하다. 사이즈에 따라 가격이 달라지는데 어느 피자나 맛이 괜찮다. 내부도 깔끔하고 종업원의 친절도도 만족할 만한 수준. 바다를 볼 수 있는 2층과 3층의 자리가 좋으니 먼저 위층 자리를 달라고 하자.

Entertainment 시놉의 엔터테인먼트

시놉 시민들의 휴식 공간과 여름철 성수기에 찾아오는 현지 관광객들의 취향에 맞춘 곳이 많은데 항구 주변에 바와 카페가 몰려 있다.

항구의 해변 카페

Map P.449-B2 주소 İskele Cad. **영업** 09:00~24:00 **예산** 각종 차와 커피 10~20TL **가는 방법** 항구 앞 이스켈레 거리에 있다. 오텔 사르 카디르 맞은편.

항구와 함께 사람들의 표정을 보기에 좋은 곳이다. 바다에 면해 있어 바닷바람 쐬기에도 제격인데다 찻값도 저렴해 언제나 시민과 관광객이 북적인다. 하루종일 사람 구경만 해도 시간 가는 줄 모를 정도. 저녁식사 후 산책하다 차 한잔하기에도 좋다.

칠린 카페 펍 Chillin Cafe Pub

Map P.449-B2 주소 Camikebir, Denizciler Yolu Sk. **영업** 12:00~00:00 **예산** 맥주, 라크 30~50TL **가는 방법** 항구의 바닷가 식당 밀집구역에 있다.

항구 주변에 자리한 카페 겸 펍으로 내부 분위기가 좋다. 21:00부터 라이브 음악이 연주되어 튀르키예 음악을 감상하며 술 한잔 하기 좋은 곳이다. 항구에 면해 있어 위치도 좋고 건전한 분위기라 가족단위 여행자들도 즐겨 방문한다. 직원들도 친절하다.

Shopping 시놉의 쇼핑

항구 부근에 모형 배를 판매하는 곳이 많은데 전부 수작업으로 정교하게 만든 것이라 장식용으로 괜찮다. 품질에 비해 가격도 비싸지 않아 기념품으로 사기 좋다. 구경거리로도 손색이 없으니 사지 않더라도 윈도 쇼핑을 즐겨보자.

아이한 코트라 Ayhan Kotra

Map P.449-B2 주소 İskele Cad. No.3 **전화** (0368)261-2925 **영업** 08:00~21:00 **예산** 모형 배 소형 40TL부터 **가는 방법** 항구에서 도보 1분.

1954년부터 모형 배를 만들어 온 곳으로 시내에도 분점이 있다. 제작 과정을 지켜볼 수 있어 흥미로운데 20TL 정도의 작은 배부터 2000TL를 호가하는 대작까지 종류도 가격도 다양하다. 수작업으로 일일이 만드는 과정을 보면 저절로 감탄사가 터져 나온다.

Hotel 시놉의 숙소

이름난 관광지는 아니지만 숙소 사정은 그다지 나쁘지 않다. 외지에서 찾아오는 현지인 관광객을 위한 숙소가 대부분인데 항구 주변에 몰려 있어 몇 군데 돌아보며 정하기 편리하다. 일부 숙소는 바다 전망이 좋은 객실을 마련해 놓고 손님을 끌고 있다.

일마즈 아일레 펜션 Yılmaz Aile Pansiyon

Map P.449-B2 주소 İskele Cad. Tersane Çarşısı No.11 **전화** (0368)261-5752 **요금** 싱글 250TL(공동욕실), 더블 350~400TL(공동욕실) **가는 방법** 항구와 쿠르툴루쉬 거리 사이에 있다.

시놉의 숙소 중 가장 저렴한 요금을 자랑하는 곳으로 조건을 따지지 않는 배낭여행자라면 만족할 만하다. 방은 좁지만 주인 할아버지가 무척 친절하며 조리를 할 수 있는 주방도 개방해 놓아 편리하게 이용할 수 있다. 일부 객실은 바다 경관을 즐길 수 있다.

알레스타 아파트 오텔 Alesta Apart Otel

Map P.449-B2 주소 Meydankapı, Balıkçılar Sokak, 57000 **전화** (0368)201-0004 **홈페이지** www.sinopalestaapart.com **요금** 싱글 €30(개인욕실, A/C), 더블 €40(개인욕실, A/C) **가는 방법** 항구에서 도보 1분.

중심가에 자리한 아파트형 숙소. 소파와 주방이 있는 객실은 매우 넓고 깔끔하며 바다도 보인다. 친절한 주인이 항상 위생에 신경쓰고 있어 청결을 최고로 치는 여행자라 하더라도 만족할 만하다. 조리가 가능한 아파트형 숙소를 찾는다면 좋은 선택이다.

오텔 사르 카디르 Otel Sarı Kadir

Map P.449-B2 주소 Derinboğazağzı No.22 **전화** (0368)260-1544 **요금** 싱글 250TL(개인욕실), 더블 350TL(개인욕실) **가는 방법** 쿠르툴루쉬 거리 Kurtuluş Cad. 끝에 있다. 항구에서 도보 2분.

입구가 좁고 답답한 느낌이 들지만 항구 주변의 숙소 중 흑해 전망이 가장 좋은 곳이다. 바다가 보이는 저렴한 숙소를 원한다면 찾아가 보자. 각 층마다 2개의 객실이 있는데 바다 쪽 객실이 채광도 좋고 전망도 좋다. 방마다 냉장고를 비치해 편리하게 사용할 수 있다.

시맨 호텔 Seaman Hotel

Map P.449-B2 주소 Meydankapı mah. Kurtuluş cad No.13 **전화** (0368) 260-5934, 5935 **홈페이지** www.denizciotel.com.tr **요금** 싱글 €35(개인욕실, A/C), 더블 €45(개인욕실, A/C) **가는 방법** 쿠르툴루쉬 거리에 있다. 항구에서 도보 2분.

항구에서 가까운 중급 숙소. 매일 수건을 갈아주는 등 서비스에 만전을 기하고 있으며 침구류도 포근해 쾌적하게 머물 수 있다. 뷔페식으로 나오는 아침 식사도 괜찮은 수준이라 여러모로 추천할 만하다. 맨 위층에는 흑해 전망이 좋은 레스토랑도 갖추었다. 비싸지 않은 중급 숙소를 원한다면 좋은 선택이다.

오텔 57 Otel 57

Map P.449-B2 주소 Meydankapı mah. Kurtuluş cad No.29 **전화** (0368) 261-5462, 0828 **홈페이지** www.otel57.com **요금** 싱글 €30(개인욕실, A/C), 더블 €40(개인욕실, A/C) **가는 방법** 쿠르툴루쉬 거리에 있다.

데니즈지 오텔과 비슷한 급의 숙소로 주로 비즈니스맨들이 많이 찾는다. 바닥을 양탄자로 깔아놓고 객실에 냉장고도 비치해 가격에 걸맞는 서비스를 제공한다. 4, 5층의 객실은 흑해 전망이 좋으므로 위층의 객실을 달라고 하자. 종업원도 친절하고 항구도 가까워 이동하기에도 편리하다.

전통이 살아 있는 동부 흑해 최대의 도시

트라브존 Trabzon

동부 흑해 최대의 도시로 오랜 역사와 전통춤을 즐기는 사람들의 개성이 강한 곳으로 유명하다. 흑해와 아나톨리아 고원을 잇는 전략적 요충지였던 트라브존이 역사에 등장한 것은 기원전 2000년경. 트라브존이라는 지명은 기원전 756년 그리스계 밀레투스 상인들이 새로운 무역도시를 건설하고 '트라페수즈 Trapesuz'라고 이름 붙인 것에서 연유한다. 이후 로마, 폰투스, 비잔틴, 오스만 제국을 거치며 흑해 해상무역의 전진기지로서 트라브존의 중요도는 더욱 커졌다. 트라브존을 손에 넣는 것이 동부 흑해의 해상권과 교역권을 차지하는 것을 의미했기 때문. 근대로 접어들며 러시아의 남하를 저지하는 군사기지로서의 중요성도 새롭게 부각되었는데 실제로 1916~1918년까지 러시아의 점령 아래 있기도 했다.

이래저래 중요한 도시였던 트라브존은 한때 한국의 이을용 선수가 뛰었던 축구팀 트라브존스포르의 본거지로 축구 마니아라면 낯설지 않은 이름이다. 오늘날 러시아로 가는 관문과 동부 흑해 물산의 집합지로 과거의 명성을 이어가고 있으며 항구도시 특유의 활기와 분주함이 곳곳에 깔려 있다.

인구 75만 명 **해발고도** 30m

여행의 기술

Information

관광안내소 Map P.465-B2

도시 지도와 관광안내 자료를 무료로 얻을 수 있다. 영어를 잘하는 직원이 친절하게 안내해 준다.
위치 메이단 공원 시청 부근
주소 Meydan Iskenderpaşa Camii Akas No.1
전화 (0462)326-4760
업무 매일 08:00~12:00, 13:00~17:00(겨울철은 토·일요일 휴무)
가는 방법 시청 옆 골목을 따라 도보 2분

트라브존 관광안내소

환전 Map P.465-A2

대도시답게 모든 은행의 지점이 있다. 대부분 시청과 카흐라만마라쉬 거리에 자리했는데 환율은 어느 곳이나 비슷하니 가까운 곳을 이용하면 된다. ATM 이용에도 아무 문제가 없다.
위치 카흐라만마라쉬 거리를 비롯한 시내 전역
업무 월~금요일 09:00~12:30, 13:30~17:30

PTT Map P.465-A2

전에는 메이단 공원에 작은 부스가 있어 편리했는데 지금은 없어지고 카흐라만 마라쉬 거리의 PTT를 이용해야 한다. 다행히 메이단 공원에서 멀지는 않다.
가는 방법 메이단 공원에서 카흐라만 마라쉬 거리를 따라 도보 10분.
업무 월~금요일 09:00~17:00

트라브존 가는 법

동부 흑해 최대의 도시라는 명성에 걸맞게 비행기와 버스 노선이 잘 발달되어 있다. 일정이 빠듯하다면 비행기를 이용하는 편이 좋지만 대부분의 여행자에게는 아무래도 버스가 익숙하다.

➡ 비행기

트라브존을 방문하는 가장 빠른 통로. 튀르키예 항공, 오누르 항공, 페가수스 항공 등이 이스탄불과 앙카라, 안탈리아, 이즈미르를 직항으로 연결하고 있으며, 독일의 뒤셀도르프 Düsseldorf 등 일부 국제노선도 취항하고 있을 정도로 항공교통이 원활하다. 공항 내부에 환전소, 관광안내소, 스낵코너 등의 편의시설이 잘 갖춰져 있다.

트라브존 공항은 시내에서 불과 5km 밖에 떨어져 있지 않아 비교적 수월하게 시내로 갈 수 있다. 비행기 도착시간에 맞춰 운행하는 공항버스 Havaş를 타거나(30분) 택시(15분) 또는 공항 앞 간선도로까지 걸어나가 자주 다니는 돌무쉬(30분)를 이용해서 시내로 갈 수 있다. 돌무쉬는 대부분 시내 중심인 메이단 공원까지 가는데 타기 전 기사에게 물어보자. 시내에서 공항으로 갈 때는 메이단 공

트라브존 공항

원 앞 상가 뒷길에서 공항 행 돌무쉬가 출발한다. 앞 유리창에 'Havalimanı(공항)'라고 적혀 있다. 공항 청사까지 들어가지는 않고 간선도로에 내려주기 때문에 300m 정도 걸어야 한다.

트라브존 공항 Trabzon Havalimanı
운영 24시간
전화 (0462) 328-0940~9
홈페이지 www.dhmi.gov.tr

트라브존에서 출발하는
주요 국내선 항공편

행선지	항공사	운행	소요시간
이스탄불	THY, OHY, PGS, SUN	매일 10~12편	1시간 40분
앙카라	THY	매일 3편	1시간 20분
이즈미르	PGS	주 3편	2시간
안탈리아	SUN	주 3편	1시간 50분

*항공사 코드 THY: Turkish Airline, OHY: Onur Air, PGS: Pegasus Airline, SUN: Sun Express
*운행 편수는 변동이 있을 수 있음.

➡ 오토뷔스

여행자들이 가장 많이 이용하는 수단으로 사통팔달 소통이 원활하다. 비교적 가까운 동부의 도시뿐만 아니라 이스탄불, 파묵칼레, 사프란볼루 등 장거리 도시에서도 직접 가는 버스가 있어 언제든 손쉽게 방문할 수 있다. 카르스, 도우베야즛 방면으로 여행을 계획하고 있다면 버스가 많지 않으므로 티켓을 미리 사 두는 게 좋다. 메이단 공원에서 관광안내소로 가는 골목 초입의 버스회사에서 살 수 있다. 동부 아나톨리아 방면의 주요 버스 회사는 으으드를라르 Iğdırlılar, 반 괼뤼 Van gölü, 투라이 Turay, 칸베로을루 Kanberoğlu 등이다. 만일 티켓을 구할 수 없다면 동부 아나톨리아 교통의 요지인 에르주룸까지 이동한 후 갈아타는 방법도 있으니 참고하자.

한편 트라브존은 인접국가인 조지아, 아제르바이잔으로 가는 국제버스가 출발하는 도시기도 하다. 조지아의 바툼 Batum, 트빌리시 Tbilisi, 아제르바이잔의 바쿠 Baku로 가는 버스가 있으므로 국경

트라브존에서 출발하는
버스 노선

행선지	소요시간	운행
이스탄불	17시간	1일 10~12편
앙카라	12시간	1일 14~15편
카이세리(카파도키아)	11시간	1일 6~7편
사프란볼루	14시간	1일 3~4편
파묵칼레(데니즐리)	21시간	1일 2~3편
리제	1시간	06:30~21:30(매 1시간 간격)
에르주룸	5시간	1일 7~8편
카르스	8시간 30분	1일 1~2편
도우베야즛	12시간	1일 1~2편
반	12시간	1일 1~2편
아마시아	8시간	1일 3~4편
바툼(그루지야)	4시간	1일 9~10편
트빌리시(그루지야)	18시간	1일 3편
바쿠(아제르바이잔)	21시간	1일 1편

*운행 편수는 변동이 있을 수 있음.

트라브존 오토가르

을 넘어 장기 여행을 계획하고 있다면 버스 시간을 미리 알아두자. 주요 버스회사로는 울루소이, 메트로, 마흐무트 투리즘 등이 있다. 울루소이와 메트로는 메이단 공원 부근에 사무실이 있어 버스 운행 시간을 알아보기 편하다.

오토가르에서 시내 중심부 메이단 공원까지는 타고 온 버스회사의 세르비스를 이용하거나 오토가르 앞 도로에 자주 다니는 돌무쉬를 이용해 쉽게 갈 수 있다. '메이단 파크'라고 물어보고 타면 된다.

오토가르 ▷▶ 시내(메이단 공원)

돌무쉬

운행 05:30~22:00(수시로 운행)

소요시간 15분

Travel Plus+ 인접국가 이동

튀르키예 동부는 조지아 Georgia, 아르메니아 Armenia, 아제르바이잔 Azerbaijan, 이란 Iran 등의 나라와 접해 있고 북쪽의 흑해를 건너면 러시아 Russia입니다. 트라브존에는 러시아와 조지아, 이란 영사관이 있어 비자를 발급해 주기 때문에 이스탄불이나 앙카라를 거치지 않고도 다른 나라에 갈 수 있습니다. 옛 소련의 일원이었던 나라들은 내전과 경제 불안에 시달리고 있지만 아름다운 자연이 있어 방문하는 여행자들이 점점 늘어나는 추세입니다.

■ 러시아 영사관 Russian Consulate

Map P.464-B2

예전에는 비자가 필요했지만 2014년부터 사증 면제 협정이 체결되어 관광목적의 방문객은 별도의 비자가 필요 없다. 다만 다음 조건을 준수해야 하므로 미리 숙지하자.

사증 면제 조건

러시아 최초 입국일로부터 180일 기간 내 최장 90일까지 체류할 수 있다. 1회에 연속으로 머물 수 있는 기간은 60일이다.

외국인 거주 등록제도

입국일로부터 7일을 초과해서 체류하는 여행자는 모든 도시에서 거주등록을 해야 한다. 대체로 머무는 숙박업소에서 신고를 대행해 주지만 그렇지 못한 경우는 경찰서에 가서 직접 해야 한다. 따라서 거주등록이 가능한 숙박업소에 머무는 게 좋다.

여행 중 필수 소지 서류

여권, 출국카드(입국 시 출입국 심사대에서 준다), 거주등록증

*러시아 행 페리(트라브존-소치)는 1주일에 2회 정도 운행하며, 티켓은 항구 근처의 페리 회사에서 구매할 수 있다.

■ 조지아 영사관 Georgian Consulate

Map P.464-B2

예전에는 비자가 필요했지만 2007년 4월 무비자 협정이 체결되어 3개월 무비자로 방문할 수 있다. 국경에서 통과 도장만 찍으면 만사 오케이~.

조지아 행 직행버스는 마흐무트 투리즘 Mahmut Turizm과 울루소이 Ulusoy사에서 취급한다. 버스는 자주 있는 편이다. 시내와 오토가르의 버스 사무실에 문의할 것.

■ 이란 영사관 Iranian Consulate

Map P.464-B2

비자업무 월~금요일 09:00~12:00, 14:00~17:00

구비서류 여권, 비자신청서, 사진 2매

비자요금 1개월 비자 $28

전화 (0462)322-2190

가는 방법 보즈테페 가는 오르막길 왼쪽에 있다. 메이단 공원에서 도보 10분

이란 영사관

시내 교통

트라브존은 돌무쉬의 도시라 해도 과언이 아닐 만큼 시내 교통에서 돌무쉬가 차지하는 비중이 절대적이다. 도시도 넓고 관광 명소도 숙소 구역에서 멀기 때문에 돌무쉬를 적절히 활용해야 한다. 시가지 서쪽 끝에 있는 아야소피아 박물관과 귈바하르 하툰 자미, 보즈테페 언덕은 돌무쉬로 다녀오면 되고 트라브존 박물관과 시장은 숙소 구역에서 걸어갈 수 있다. 전에는 모든 돌무쉬가 메이단 공원 앞에서 출발했는데 2010년 메이단 공원 앞길의 차량을 통제하면서 돌무쉬 출발 장소도 바뀌었다. 공항 행 돌무쉬는 예전처럼 메이단 광장 앞 상가 뒷길에서 출발하지만 아야소피아 박물관, 오토가르, 보즈테페 행 돌무쉬는 울루소이 버스회사 맞은편 다리 밑에서 출발한다. 별도의 번호는 없고 차 앞 유리창에 행선지가 적혀 있는데 잘 모르겠으면 물어보면 된다. 오토가르나 공항으로 갈 때도 돌무쉬가 유용하다.

트라브존의 명물, 돌무쉬

쉬멜라 수도원 전경

트라브존 둘러보기

트라브존 시내의 볼거리로는 프레스코화가 잘 남아 있는 아야소피아 박물관과 귈바하르 하툰 자미, 트라브존 박물관 등이 있으며, 여행자들이 빼놓지 않고 방문하는 쉬멜라 수도원은 시 외곽에 자리하고 있어 모두 돌아보려면 최소 2일은 투자해야 한다.

첫날은 단체 관광으로 쉬멜라 수도원에 다녀온 후 메이단 공원에서 돌무쉬를 타고 보즈테페 언덕에 올라가 흑해와 시내 전경을 여유있게 즐긴다. 둘째날은 아야소피아 박물관을 방문해 프레스코화를 감상한 후 돌아오는 길에 귈바하르 하툰 자미를 보고 메이단 공원으로 와서 부근에 있는 트라브존 박물관이나 시장 구경을 다니는 것을 추천한다. 모든 관광의 시작과 끝은 메이단 공원이니 기억해 두자. 저녁 식사는 흑해에서 잡아 올린 신선한 생선요리를 먹어보길 권한다.

+ 알아두세요!

1. 해질 무렵 숙소 구역에서 가까운 칼레 공원에서 바다로 지는 멋진 석양을 감상하자.
2. 쉬멜라 수도원이나 보즈테페에 갈 때 비스킷이나 과일 등 간단한 간식거리를 챙겨가면 좋다.
3.낯선 이에게 이끌려 술집에 가는 경우가 많다. 누군가 술집에 가자고 하면 거절하는 게 사고를 방지하는 길이다.

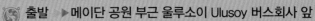

BEST COURSE

첫날 예상소요시간 7~8시간

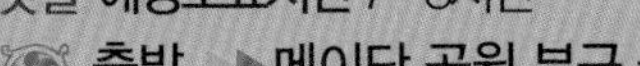

출발 ▶메이단 공원 부근 울루소이 Ulusoy 버스회사 앞

돌무쉬로 1시간

쉬멜라 수도원(P.462)
세상과 동떨어진 곳에 자리한 수도사의 고향. 산과 계곡을 구경하며 짧은 트레킹도 즐길 수 있어 기쁨 두 배~.

돌무쉬로 1시간

메이단 공원
시민들의 표정을 보기 좋은 시내 중심에 있는 공원. 가끔 대규모의 호론 댄스 파티가 벌어지기도 한다.

돌무쉬로 10분

보즈테페(P.463)
시가지와 흑해 경치를 즐길 수 있는 언덕. 차이를 꼭 마셔보자.

둘째날 예상소요시간 5~6시간

출발 ▶메이단 공원

돌무쉬로 20분

아야소피아 박물관(P.463)
흑해 바닷가에 자리한 비잔틴 시대의 교회. 멋진 프레스코화가 기다리고 있다.

돌무쉬로 10분

귈바하르 하툰 자미(P.464)
오스만 제국 9대 술탄이 어머니에게 바친 자미. 하얀 대리석 설교단과 미흐랍이 인상적이다.

돌무쉬로 10분

트라브존 박물관(P.466)
20세기 초 러시아 풍의 가옥 박물관. 당당한 풍채의 외관이 멋있다.

도보 10분

시장(P.466)
트라브존에서 가장 크고 유서 깊은 재래시장.

Attraction 트라브존의 볼거리

시내에 있는 아야소피아 박물관과 시 외곽의 쉬멜라 수도원이 트라브존 관광의 핵심이다. 일정에 여유가 없다면 다른 곳은 건너뛰더라도 이 두 유적지는 꼭 방문하자.

쉬멜라 수도원
Sümela Manastırı ★★★★

주소 Sümela Manastırı, Trabzon **개관** 매일 09:00~19:00(겨울철은 16:00까지) **요금** €20 **가는 방법** 대중교통수단은 없다. 대부분 울루소이 Ulusoy사나 바젤론 투리즘의 사설 돌무쉬를 이용해 다녀온다. 트라브존에서 1시간 소요.

시내에서 남쪽으로 45km 떨어진 곳에 위치한 수도원으로 해발 1,200m의 산 절벽에 있다. 전설에 따르면 성모 마리아의 모습을 담은 한 폭의 성화가 아테네에 나타났는데 어느 날 천사들이 성화를 들고 바다를 건너 현재 쉬멜라 수도원이 있는 산으로 옮겨졌다고 한다. 바나바와 소프로니오스라는 두 명의 성자가 성화를 따라 이곳으로 와 수행을 결심하고 바위를 파서 수도생활을 했다고 한다.

현실적인 기록에 따르면 1360년 폰투스 왕국의 알렉시스 3세가 오늘날의 형태로 대대적으로 증축했다고 전해진다. 매표소를 지나 긴 계단을 오르면 수도원으로 들어서게 되는데 외관과는 달리 내부는 꽤 넓다. 마당을

수도원 교회 내부

쉬멜라 수도원

여행자에게 유용한 사설 돌무쉬

여행자들에게 인기있는 쉬멜라 수도원과 우준괼, 최근 들어 발길이 잦아지는 아이데르 등 트라브존 근교의 여행지는 대중교통이 불편해서 여행사의 사설 돌무쉬가 운행 중입니다. 잘만 이용하면 시간도 절약하고 관광효율을 높일 수 있으니 참고하세요. 예전에는 울루소이, 메트로 등 버스회사에서 운행했는데, 최근에는 사설 돌무쉬를 전문으로 운영하는 업체가 생겨서 편리하게 이용할 수 있습니다.

쉬멜라 수도원
운행 매일 출발 10:00, 돌아오는 편은 쉬멜라 출발 14:00
소요시간 45분

우준괼
운행 매일 출발 10:15, 돌아오는 편은 우준괼 출발 17:00
소요시간 1시간 30분

아이데르
운행 매주 토요일 출발 09:00, 돌아오는 편은 아이데르 출발 17:00
소요시간 2시간 30분

*운행은 여름철 기준이며 겨울철은 운행 편수가 줄어들거나 중단된다.

바젤론 투리즘 Vazelon Turizm
주소 Gazipaşa Mah. Atatürk Alanı
전화 (0462)321-0080 영업 07:00~21:00
가는 방법 메이단 공원 앞에 있다.

쉬멜라 수도원 행 사설 돌무쉬

중심으로 숙소, 식당, 도서관, 수행처 등의 건물이 있는데 관람객의 발길이 가장 오래 머무르는 곳은 중앙에 있는 석굴교회.

교회의 외벽에는 9세기경에 조성된 프레스코화가 그려져 있다. 아담과 하와가 에덴동산에서 추방되는 장면, 예수와 12제자, 니케아 종교회의, 예수의 승천 등 구약과 신약 성서의 대목을 묘사한 것인데 훼손이 심해 안타까움을 자아낸다. 내부에도 아기예수를 안고 있는 성모 마리아와 세 손가락으로 삼위일체를 나타내고 있는 예수 등 천장과 벽에 성화가 빽빽이 그려져 있어 당시 신앙생활을 짐작케 한다.

최대 800명까지 수용한 수도원은 오스만 제국 때에도 그 지위를 인정받았다. 1924년 튀르키예와 그리스의 인구교환협정에 따라 수도사들은 그리스로 돌아가게 되었고 비어 있는 채 방치되다가 1972년 박물관으로 복구되었다.

쉬멜라 수도원은 산 중턱에 있기 때문에 30~40분 정도 급한 오르막 산길을 올라가야 한다. 조금 힘들지만 계곡의 훌륭한 경치를 감상할 수 있기 때문에 대부분 걸어가는 걸 택한다. 만일 걷는 땀방울이 부담스럽다면 산 아래 대기하고 있는 돌무쉬를 이용하는 방법도 있다.

보즈테페
Boztepe ★★★

Map P.464-B2 주소 Boztepe, Trabzon **개방** 24시간 **요금** 무료 **가는 방법** 메이단 공원에서 돌무쉬로 10분.

시가지 남쪽 산중턱에 있는 언덕. 산 위에 있어 트라브존 시내와 흑해가 한눈에 내려다보이는 최고의 전망을 자랑한다. 시민들의 소풍 겸 데이트 장소로 각광받고 있는 곳이라 여가를 즐기는 시민들의 모습을 볼 수 있다. 전망 좋은 난간을 돌아가며 찻집이 성업 중인데 경치도 즐기고 멋진 사진도 찍을 수 있어 트라브존을 방문한 여행자라면 꼭 들르는 곳이다. 기왕이면 흑해의 장엄한 석양을 즐길 수 있는 해질 무렵에 맞춰가는 편이 좋다. 단, 어두워진 후 돌아올 때 성추행 등 불미스러운 사고가 보고되고 있으니 여성 여행자라면 각별히 주의하자.

아야소피아 박물관
Ayasofya Müzesi ★★★

Map P.464-A2 주소 Ayasofya Müzesi, Trabzon **개관** 매일 09:00~18:00(겨울철은 17:00까지) **요금** 무료 **가는 방법** 메이단 공원에서 돌무쉬로 20분.

시내 서쪽 끝에 자리한 비잔틴 양식의 교회로, 본당은 5세기에 건립되었고 13세기에 마누엘 1세 Manuel Ⅰ가 부속 회랑을 증축했다. 오스만 시대에는 자미로 사용되었으며 지금은 박물관으로 개조되어 일반에게 개방되

보즈테페의 찻집

쉬멜라 수도원의 교회

아야소피아 박물관

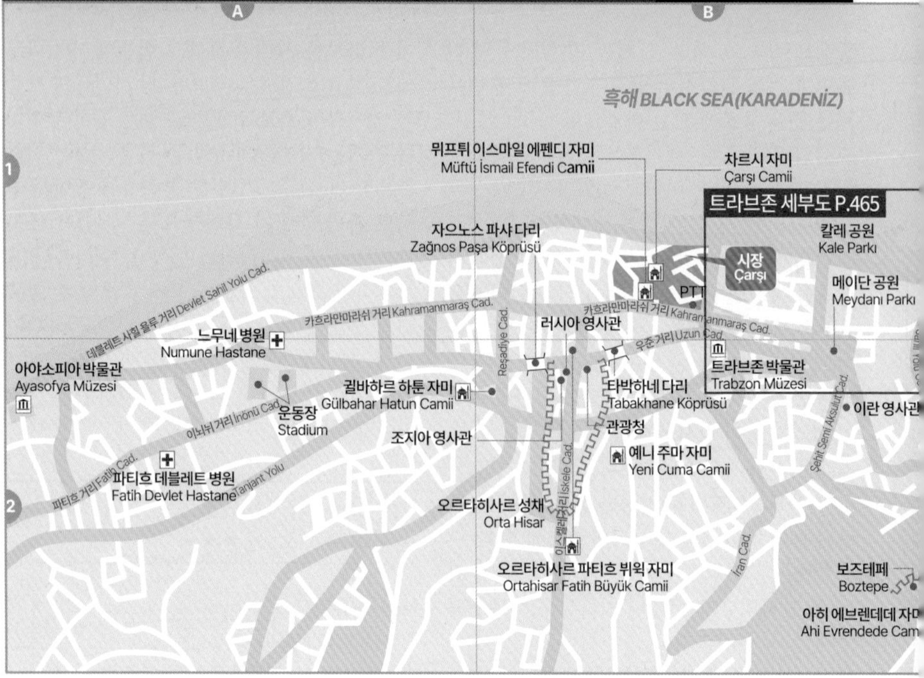

흑해 BLACK SEA(KARADENİZ)
뮈프튀 이스마일 에펜디 자미
Müftü İsmail Efendi Camii
차르시 자미
Çarşı Camii
트라브존 세부도 P.465
자으노스 파샤 다리
Zağnos Paşa Köprüsü
칼레 공원
Kale Parkı
시장
Çarşı
메이단 공원
Meydanı Parkı
PTT
데블레트 사힐 욜루 거리 Devlet Sahil Yolu Cad.
카흐라만마라쉬 거리 Kahramanmaraş Cad.
레샤디예 거리 Reşadiye Cad.
러시아 영사관
우준 거리 Uzun Cad.
느무네 병원
Numune Hastane
아야소피아 박물관
Ayasofya Müzesi
트라브존 박물관
Trabzon Müzesi
귈바하르 하툰 자미
Gülbahar Hatun Camii
타박하네 다리
Tabakhane Köprüsü
이란 영사관
운동장
Stadium
이뇌뉘 거리 İnönü Cad.
조지아 영사관
관광청
예니 주마 자미
Yeni Cuma Camii
파티흐 데블레트 병원
Fatih Devlet Hastane
파티흐 거리 Fatih Cad.
Tanjant Yolu
오르타히사르 성채
Orta Hisar
이스켈레 거리 İskele Cad.
오르타히사르 파티흐 뷔윅 자미
Ortahisar Fatih Büyük Camii
İran Cad.
Şehit Semi Aksulu Cad.
보즈테페
Boztepe
아히 에브렌데데 자미
Ahi Evrendede Cami

고 있다.

종려나무 부조가 있는 아치형 입구를 지나 안으로 들어가면 4개의 커다란 대리석 기둥이 돔을 받치고 있는 본당이 나온다. 중앙 돔에 예수를 중심으로 한 성화를 볼 수 있으며, 오른편 천장은 아기예수를 안고 있는 성모 마리아와 좌우로 천사 미카엘 Michael과 가브리엘 Gabriel의 성화가 비교적 뚜렷하게 남아 있다. 가장 볼 만한 것은 서쪽 회랑의 성화들이다. 어린 예수가 유대교 장로들과 토론하는 대목, 여러 가지 기적을 행하는 장면 등 성서 속 이야기를 묘사한 다양한 성화가 잘 남아 있다. 성서에 관한 기본적인 지식이 있다면 보는 재미가 두 배로 증가함은 물론이다. 아야소피아 박물관은 흑해에 바로 면해 있어 바다 경치를 즐기기에도 그만이다. 교회를 돌아본 후 뒤뜰에서 흑해를 바라보며 가벼운 소풍을 즐기는 것도 괜찮다.

성화가 있는 아야소피아 박물관 내부

귈바하르 하툰 자미
Gülbahar Hatun Camii ★★

Map P.464-B2 주소 Gülbahar Hatun Camii, Trabzon **개관** 매일 06:00~20:00 **요금** 무료 **가는 방법** 메이단 공원에서 돌무쉬로 10분.

오스만 제국의 9대 술탄인 셀림 1세가 트라브존 주지사로 재직하던 시절 자신의 어머니를 위해 건립한 자미. 귈바하르 하툰은 셀림 1세의 어머니 이름이다. 1505년 지어졌으며 입구에 다섯 개의 돔을 배치했고 중앙의 메인 돔을 작은 돔이 호위하는 전형적인 오스만 자미 양식을 따랐다. 내부는 남향의 미흐랍과 대리석 설교단이 있는데 심플한 아름다움이

귈바하르 하툰 자미

Trabzon
트라브존

0 200 400m

공항(2km), 리제 방면 →
데블레트 사힐 욜루 거리 Devlet Sahil Yolu Cad.
오토가르
Otogar

흑해의 석양

1 발르클라마 발륵 로칸타 B2
Balıklama Balık Lokantası
2 이스탄불 크르 피데시 A2
İstanbul Kır Pidesi
3 보스포로스 카페 Vosporos Cafe A2
4 제밀우스타 Cemilusta A2
5 이스켈레 레스토랑 앤 바 B2
İskele Restaurant & Bar

1 에페 오텔 Efe Otel B2
2 씨티 포트 호텔 City Port Hotel B1
3 사으로을루 오텔 Sağıroğlu Otel B2
4 센튀르클레르 스위트 Şentürkler Suite B1
5 칼레 파크 호텔 Kale Park Hotel B2
6 가든야 스위트 호텔 Gardenya Suit Hotel A1
7 라이프포인트 호텔 Life Point Hotel A1

1 에드워즈 커피 Edward's Coffee A2
2 에스프레소 보르도 마비 Espressolab Trabzon Bordo Mavi A2

Trabzon
트라브존 세부도

0 100 200m

흑해 BLACK SEA(KARADENİZ)
육교
칼레 공원
Kale Parkı
데블레트 사힐 욜루 거리 Devlet Sahil Yolu Cad.
터널
군부대
Army Camp
소치(러시아) 행 페리 선착장
사르 데니질릭 아폴로니아
Sarı Denizcilik Apollonia
(러시아 행 배편)
줌후리예트 거리 Cumhuriyet Cad.
Balıkpazarı Sk.
가지 파샤 거리 Gazi Paşa Cad.
Sümer Sk.
Deniz Sk.
튀르키예 은행
튀르크 텔레콤
티시 지라트 은행
트라브존 스포르 박물관
시청 문화관
공항 행 돌무쉬 정류장
Biravoo Pub
쿤두라즐라르 거리 Kunduracılar Cad.
Bahar Sk.
스라마아잘라르 거리 Sıramağazalar Cad.
귀젤히사르 거리 Güzelhisar Cad.
SH İbrahim Cad.
Karaoğlanoğlu Cad.
PTT
환전소
카흐라만마라쉬 거리 Kahramanmaraş Cad.
Atatürk Cad.
튀르키예 은행
우스타 파크 호텔
Usta Park Hotel
은행
은행
맥도날드
조를루 그랜드 호텔
Zorlu Grand Hotel
메이단 공원
Meydanı Parkı
구 시청
Dervişoğlu Sk.
우준 거리 Uzun Cad.
경찰서
이스켄데르 파샤 자미
İskender Paşa Camii
우준 거리 Uzun Cad.
Camii Sk.
트라브존 박물관
Trabzon Müzesi
바젤론 투리즘
Vazelon Turizm
Nur Hotel
우준괼 행 돌무쉬 정류장
데블레트 사힐 욜루 거리 Devlet Sahil Yolu Cad.
Taxi
버스회사(동부 아나톨리아 방면)
경찰서
울루소이, 메트로 버스회사
아부즈 셀림 거리 Yavuz Selim Bulv.
돌무쉬(보즈테페)
에이제 투어
돌무쉬(오토가르)
돌무쉬(아야소피아 박물관)
오토가르(3km), 트라브존 공항(5km) 방면 ↘
이란 영사관(300m), 보즈테페(2km) 방면 ↙

돋보인다. 자미 옆에는 자미의 주인인 귈바하르 하툰의 무덤이 있으며 앞쪽으로는 분수가 있는 공원이 자리하고 있다. 다른 도시에서 신물나게 자미를 봤다면 그다지 볼 만하지는 않지만 시내를 돌아다니다 쉴 겸 잠시 들러봐도 나쁘지 않다.

트라브존 박물관
Trabzon Müzesi ★★

Map P.464-B2 주소 Trabzon Müzesi, Trabzon **개관** 화~일요일 09:00~12:00, 13:00~18:00 **요금** 25TL **가는 방법** 메이단 공원에서 우준 거리 Uzun Cad.를 따라 도보 10분.

20세기 초에 지어진 러시아인의 저택을 개조한 가옥 박물관. 이탈리아 건축가가 지었으며 건물에 사용된 주재료는 이탈리아 산이라고 한다. 1927~1932년에는 법원으로 쓰였으며 1937년에는 교육부 건물로 쓰였다. 이후 50년간 여성 직업학교로 사용되다가 1987년에 박물관으로 바뀐 사연 많은 건물이다. 내부에 특별한 볼거리는 없지만 2층에 앙증맞은 개인 자미가 있으며 1937년 트라브존을 방문했던 아타튀르크가 3일간 머물렀던 방도 있다. 특별한 볼거리는 아니지만 중심가인 우준 거리에서 가까우니 집 구경 하는 셈치고 들러 외관을 구경해 보자.

시장
Çarşı ★★

Map P.464-B1 주소 Çarşı, Trabzon **개방** 월~토요일 08:00~20:00 **요금** 무료 **가는 방법** 메이단 공원에서 카흐라만마라쉬 거리 Kahramanmaraş Cad.를 따라 도보 10분.

19세기에 만들어진 유서깊은 재래시장으로 트라브존 최대 규모를 자랑한다. 의류, 식료품, 잡화 등 모든 물품이 거래되고 있으며 오래된 시장이 다 그렇듯 거미줄 같은 골목길이 이리저리 뻗어 있다. 시간에 쫓기지 않는 여행자라면 한가히 튀르키예 사람들의 일상 속으로 들어가 보자. 시장 중심부에는 1839년에 세워진 트라브존에서 가장 큰 차르시 자미 Çarşı Camii도 있다. 재래시장은 어디나 그렇듯 이곳에서도 흥정은 가능하다. '깎아주세요~'의 튀르키예어는 '인디림 뮈트펜~'.

트라브존 박물관

시장, 서민들의 생활공간

Restaurant 트라브존의 레스토랑

흑해에서 잡아올린 신선한 생선요리가 트라브존 먹거리의 핵심! 메이단 공원 부근에 예전보다 훨씬 많은 레스토랑이 생겼다. 고등어와 비슷한 맛을 내는 팔라무트, 도미는 추프라, 멸치의 일종인 함시 등을 기억해 두면 주문할 때 편리하다. 이외에도 일반적인 케밥과 쾨프테, 피데, 라흐마준 등 모든 음식을 먹을 수 있다.

발르클라마 발륵 로칸타
Balıklama Balık Lokantası

Map P.465-B2 주소 İbrahim Karaoğlanoğlu Cd. 15/A, 61100 **전화** (0462)326-0770 **영업** 08:00~00:00 **예산** 1인 150~250TL **가는 방법** 구 시청 앞길을 따라 우스타 파크 호텔을 지나면 바로 보인다.

생선 요리를 전문으로 하는 서민 식당. 입구에 생선을 진열해 놓고 있어 마음에 드는 생선을 고를 수 있다. 피쉬 스프와 멸치같은 함시 튀김, 새우 요리 등 흑해의 싱싱한 해산물을 저렴한 값에 맛볼 수 있어 고기 케밥에 질렸던 입맛을 돋워 준다. 진하게 우려낸 피쉬 스프는 꼭 서더리탕 같은 맛이 난다. 음식을 주문하면 빵과 샐러드, 레몬을 기본으로 세팅해 준다.

이스탄불 크르 피데시 İstanbul Kır Pidesi

Map P.465-A2 주소 Uzun Sk. No.48, Trabzon **전화** (0462)321-2212 **영업** 08:00~23:00 **예산** 1인 100~200TL **가는 방법** 메이단 공원에서 우준 거리를 따라 도보 5분.

우준 거리에 있는 피데 전문점. 화덕에서 바로 구워내는 피데가 맛있다. 4층 건물 전부를 사용하므로 2층 창가나 옥상 테라스에서 거리를 내다보며 피데와 콜라를 주문해 보자. 트라브존 시민들도 즐겨 찾는 곳이라 언제 가도 피데를 사가는 사람들을 쉽게 볼 수 있다.

보스포로스 카페 Vosporos Cafe

Map P.465-A2 주소 Gazipaşa, Yavuz Selim Blv. No:40, 61030 **전화** (0462)321-7067 **영업** 08:00~23:00 **예산** 1인 100~200TL **가는 방법** 메이단 공원에서 도보 5분.

양배추 스프와 포도잎 속을 채운 돌마, 카이막 등 언뜻 보면 별다를 것 없는 일반적인 튀르키예식인데 흑해 특유의 맛을 내는 가정식이라 독특한 맛을 느낄 수 있다. 친절한 주인과 나무가 있는 2층의 오픈 테라스의 조용하고 차분한 정취가 더해져 많은 사람들이 편안한 레스토랑으로 즐겨 찾는다. 여행자들의 재방문 빈도가 높다는 점도 이 집에 대한 신뢰를 더한다.

제밀우스타 Cemilusta

Map P.465-A2 주소 İskenderpaşa Mah. Atatürk Alanı No.6 **전화** (0462) 321-6161 **영업** 09:00~23:00 **예산** 1인 200~500TL **가는 방법** 메이단 공원 앞에 있다.

메이단 공원 앞 중급 레스토랑. 쾨프테와 스테이크, 생선이 주메뉴다. 쇠고기 종류는 안창살과 비슷한 식감이 나며 한국인의 입맛에 잘 맞는다. 식사 후 차이와 후식도 무료 제공하는 등 서비스가 좋으며 건물 전체가 레스토랑이라 쉽게 눈에 띈다.

이스켈레 레스토랑 앤 바
İskele Restaurant & Bar

Map P.465-B2 주소 İbrahim Karaoğlanoğlu Cd. No:40, 61100 **전화** (0462)326-6290 **영업** 11:00~다음날 02:00 **예산** 1인 200~500TL **가는 방법** 구 시청 앞길을 따라 우스타 파크 호텔을 지나 길 끝까지 간다.

각종 그릴 요리와 샐러드, 생선요리까지 다양한 음식을 내는 중급 레스토랑. 음식도 맛있고 분위기도 고급스러워 현지인 여행자들이 즐겨 찾는 곳이다. 어떤 요리든 일정 수준 이상의 맛을 내는데 튀르키예식 뚝배기 요리인 '새우 귀베치'가 특히 인기다. 항구와 흑해의 전망도 좋아서 바다 경치를 즐기며 술 한 잔 하는 바로 이용하기에도 좋다.

Entertainment 트라브존의 엔터테인먼트

항구도시라는 특성답게 곳곳에 펍을 비롯한 주점이 많다. 여행자가 늘어나면서 분위기 좋은 카페도 속속 생겨나고 있는데 러시아와 가깝기 때문에 곳곳에서 러시아 사람들을 볼 수 있다. 험한 뱃일을 하는 사람들이 많아 술집에 가더라도 적당히 즐기고 일찍 돌아와야 함을 명심하자.

에드워즈 커피 Edward's Coffee

Map P.465-A2 주소 Uzun Sk. Canbakkal İş Merkezi Kat 2 No.37–31 **전화** (0462)326–8026 **홈페이지** www.edwardscoffee.com.tr **영업** 09:30~23:30 **요금** 각종 커피 60~150TL **가는 방법** 우준 거리의 잔바칼 이쉬 메르케지 Canbakkal İş Merkezi 쇼핑센터 3층에 있다. 메이단 공원에서 도보 5분.

예전에 '케이프 커피 & 티'라는 상호였는데 바뀌었다. 60여 종에 이르는 다국적 커피를 갖추고 있어 원두커피 마니아라면 꼭 방문해 보자. 편안한 소파에 앉아 커피와 함께 아늑한 실내를 즐기다보면 피로가 풀리는 느낌이다. 토스트 메뉴도 있어 간단한 간식도 먹을 수 있다. 무선인터넷 가능.

에스프레소 보르도 마비 Espressolab Trabzon Bordo Mavi

Map P.465-A2 주소 Kemerkaya, Halkevi Cd. No: 12, 61030 **전화** (0462)444–8464 **영업** 07:30~23:00 **예산** 1인 100~200TL **가는 방법** 카흐라만 마라쉬 거리의 티시 지라트 은행 옆 골목 안에 있다. 메이단 공원에서 도보 15분.

골목 안쪽으로 들어가면 넓은 정원 테이블이 나온다. 마치 비밀의 정원같은 느낌이 드는데 담쟁이 덩굴과 초록색 화초가 많아서 편안한 분위기다. 과테말라, 온두라스, 니카라과 등 중남미 지역의 커피를 맛볼 수 있는데 특히 에스프레소가 뛰어난 맛을 자랑한다. 조각 케이크와 브라우니 등 커피와 어울리는 간식도 있다. 입구에는 트라브존 스포르 축구팀 팬 숍이 있다.

Hotel 트라브존의 숙소

트라브존의 숙소 사정은 그다지 좋지 못하다. 숫자는 부족하지 않지만 저렴한 호텔은 방이 지나치게 좁거나 아침식사가 부실하기가 일쑤며, 중급 이상의 숙소라 하더라도 가격에 걸맞는 서비스가 제공되지 못하는 경우가 많다. 관광의 시작점인 메이단 공원 부근에 호텔과 펜션이 밀집되어 있어 숙소를 찾아 이리저리 헤맬 일은 없다. 항구 쪽에도 숙소가 있지만 매춘 업소가 많은데다 밤에는 동네 분위기가 험악해지기도 한다. 사고의 위험이 있었다는 보고도 들려오므로 저렴한 요금에 이끌려 안전하지 못한 숙소에 머무는 우를 범하지 말자.

에페 오텔 Efe Otel

Map P.465-B2 주소 İskenderpaşa, Güzelhisar Cd. No:2, 61930 **전화** (0368)326-8281 **요금** 싱글 €20(개인욕실, A/C), 더블 €30(개인욕실, A/C) **가는 방법** 메이단 공원에서 도보 3분.

메이단 공원에서 가까운 곳에 자리한 가성비 숙소. 저렴한 요금에 배낭여행자들이 많이 찾는 곳인데 방과 화장실 모두 깨끗하게 관리하고 있으며 일찍 도착해도 방이 있으면 얼리 체크인도 해 준다. 2층에 조식 레스토랑이 있으며 체크 아웃 후 짐 보관도 무료로 해 준다. 엘리베이터가 없어 좁은 계단을 캐리어를 들고 올라가기가 조금 힘들다.

씨티 포트 호텔 City Port Hotel

Map P.465-B1 주소İskenderpaşa, Güzelhisar Cd. No:14, 61000 **전화** (0368)326-7282 **요금** 싱글 €35(개인욕실, A/C), 더블 €40(개인욕실, A/C) **가는 방법** 메이단 공원에서 도보 3분.

2021년에 새 단장을 마치고 매우 깔끔해졌다. 소파가 있는 로비와 엘리베이터, 커피포트가 있는 넓은 객실은 바다를 모티프로 파란색 계열로 꾸몄고 욕실도 잘 관리되고 있다. 중급호텔에 어울리는 서비스와 친절함을 갖추고 있어 편안하게 머물 수 있다. 조식도 잘 나온다.

사으로을루 오텔 Sağıroğlu Otel

Map P.465-B2 주소 İskenderpaşa, Limonlu Sk. No:1, 61100 **전화** (0368)323-2899 **홈페이지** www.sagiroglu otel.com **요금** 싱글 €30(개인욕실, A/C), 더블 €40(개인욕실, A/C) **가는 방법** 메이단 공원에서 도보 1분.

소파가 있는 로비는 편안하고 객실은 언제나 잘 정돈되어 있다. 아침식사 레스토랑은 햇살이 환하게 들어와 기분좋게 하루를 시작할 수 있다. 메이단 공원에서 가깝고 어디든 움직이기 편리한 입지조건을 가지고 있다. 객실 사이즈는 조금씩 다르므로 이용에 참고하자.

센튀르클레르 스위트 Şentürkler Suite

Map P.465-B1 주소 İskenderpaşa, Topal Hakim Sk. No:4/1, 61100 **전화** +90-536-430-4568 **요금** 싱글 €50(개인욕실, A/C), 더블 €70(개인욕실, A/C) **가는 방법** 메이단 공원에서 도보 5분.

아파트형 숙소. 발코니가 있는 객실에는 냉장고와 커피포트, 주방용품, 소파 등을 준비해 놓아 편의성을 더했고 욕실도 청결하다. 위치도 좋고 직원들도 성의를 다해 손님을 맞이하므로 여러모로 추천할 만하다. 다만 소액의 주차료를 받으므로 렌터카 여행자는 참고하자.

칼레 파크 호텔 Kale Park Hotel

Map P.465-B2 주소 Güzelhisar Cad. No.15 **전화** (0462)322-2194 **요금** 싱글 €30(개인욕실, A/C), 더블 €40(개인욕실, A/C) **가는 방법** 잔 호텔 지나서 골목 끝 왼편에 있다.

2009년 오픈한 3성급 숙소. 엘리베이터도 있고 미니바와 에어컨 등 편의시설도 잘 갖추어져 있다. 이 숙소의 또 다른 자랑거리는 옥상 레스토랑에서 내다보이는 훌륭한 흑해 전망. 맥주 한잔하며 바다경치를 즐기기에 좋다.

가든야 스위트 호텔 Gardenya Suit Hotel

Map P.465-A1 주소 Kemerkaya, Küçük Sk., 61200 Ortahisar/Trabzon **전화** (0368)326-0888 **요금** 싱글 €60(개인욕실, A/C), 더블 €70(개인욕실, A/C) **가는 방법** 메이단 공원에서 도보 5분.

메이단 공원에서 살짝 떨어져 있는 중급숙소. 압도적으로 넓은 객실은 고급스러운 내장재와 좋은 침구류를 사용해 쾌적하게 머물 수 있다. 냉장고와 커피포트도 있고 욕실도 청결하게 관리되고 있다. 아침식사는 튀르키예식으로 제공되는데 메네멘과 여러 종류의 치즈, 달걀, 올리브가 매우 충실하게 나온다.

라이프포인트 호텔 Life Point Hotel

Map P.465-A1 주소 Kemerkaya, Halkevi Cd. No:31, 61100 **전화** +90-462-551-0888 **요금** 싱글, 더블 €50~70(개인욕실, A/C) **가는 방법** 메이단 공원에서 도보 10분

쾌적하고 넓은 객실, 침구류 등이 잘 관리되고 있다. 친절한 직원과 정성껏 차려내는 아침식사, 깔끔한 객실 등 가성비가 좋은 숙소로 재방문하는 여행자들이 많다. 무료 주차장도 있어 편리하다.

홍차의 명산지

리제

Rize

인구 8만 명 | **해발고도** 35m

튀르키예인들의 생활에서 빼놓을 수 없는 홍차의 산지로 유명한 도시. 동부 흑해 산악지대는 기온이 서늘하고 강우량이 높아 차 생산의 최적지로 각광받고 있는데 그중에서도 리제는 차의 메카로 대규모의 차밭이 조성되어 있다.

리제의 기원은 기원전 2000년경까지 거슬러 올라가며 도시 이름인 리제는 '언덕'이라는 뜻의 그리스어 '리자 Rhiza'에서 왔다고 한다. 리제에서 본격적으로 차가 재배되기 시작한 것은 1930년대. 튀르키예 공화국 건국과 더불어 안정된 정치 하에서 성공적인 경제개발로 차의 수요가 폭발적으로 증가했던 것. 정부의 보호 아래 차를 재배하는 농가가 늘어났고 1950년대까지 안정된 수급으로 리제는 호황을 누렸다. 계속될 것 같던 리제의 번영은 차의 전매제가 끝나고 사설 홍차 회사가 출현하면서 가격이 폭락했고 번영은 옛말이 되었다. 그러나 부자가 망해도 삼 년은 가는 법. 지금도 정부에서 운영하는 차 회사와 사설 회사의 연구소가 리제에 있어 과거의 명성을 이어가고 있다. 리제에서 흑해를 내려다보며 차이 한 잔의 여유를 즐겨보자.

여행의 기술

Information

관광안내소 Map P.472-A2

도시 지도와 관광안내 자료를 얻을 수 있으며, 숙소 연락처도 있어 숙소를 알아보는 데 편리하다. 나이 지긋한 직원 아저씨가 친절히 안내해 준다.

위치 아타튀르크 광장 앞 전화 (0464)213-0408

업무 월~금요일 08:00~17:00(겨울철은 문 닫음)

가는 방법 아타튀르크 광장에서 도보 1분

환전 Map P.472-B1

시내 곳곳에 은행과 ATM이 있어 환전에 문제가 없다. 아타튀르크 광장 부근의 티시 자라트 은행 T.C ZİRAAT Bankası을 이용하는 것이 편리하다.

위치 아타튀르크 광장 부근 줌후리예트 거리 Cumhuriyet Cad. 초입

업무 월~금요일 09:00~12:30, 13:30~17:30

PTT Map P.472-A1

위치 아타튀르크 광장 관광안내소 바로 옆

업무 월~금요일 09:00~17:00

리제 관광안내소

리제 가는 법

비행기와 버스를 이용해 리제를 방문할 수 있으며 트라브존에서 당일치기로 다녀가는 여행자도 많다. 선로가 없어 기차는 다니지 않는다.

➡ 비행기

리제는 작은 도시라 공항이 없으며 트라브존의 공항을 이용한다. 공항을 나와 간선도로를 지나다니는 시내 돌무쉬를 타고 트라브존 오토가르까지 간 후(10분 소요) 리제 행 버스(1시간 소요)를 타면 된다. 트라브존 공항에서 메이단 공원으로 가는 돌무쉬는 전부 오토가르를 지나가니 편리하게 이용할 수 있다. 트라브존에 도착하는 국내선 항공편은 P.457를 참고하자.

➡ 오토뷔스

이스탄불, 앙카라에서 바로 가는 버스편이 있지만 80km 떨어진 인근의 대도시 트라브존이 리제를 방문하는 기점이 된다. 이스탄불, 앙카라, 시바스 등 장거리에서 오는 버스가 대부분 트라브존을 경유한다. 리제로 가는 직행버스 시간이 맞지 않다면 트라브존을 경유해서 갈아타는 편이 낫다. 트라브존에서 리제까지는 수시로 버스가 다닌다.

오토가르에서 시내는 1.5km밖에 떨어져 있지 않아 시내 진입은 쉽다. 타고 온 버스회사의 세르비스를 이용하거나 시내로 가는 돌무쉬를 이용하면 된다. 트라브존에서 올 때는 차이 주전자 조형물이 있는 간선도로에 내려주는데 3분 정도만 걸으면 중심지인 아타튀르크 광장이 나오기 때문에 쉽게 시내로 갈 수 있다. 트라브존 행 돌무쉬는 바닷가 대로변의 돌무쉬 정류장에서 출발하며 에르주룸 등 장거리 버스는 오토가르를 이용하니 착오가 없도록 하자.

오토가르 ▷▶ 시내(아타튀르크 광장)

돌무쉬
운행 06:00~20:00(수시로 운행)
소요시간 5분

리제에서 출발하는
버스 노선

행선지	소요시간	운행
이스탄불	18시간	1일 3~4편
트라브존	1시간	06:30~21:30(매 1시간 간격)
에르주룸	6시간	1일 3~4편

*운행 편수는 변동이 있을 수 있음.

시내 교통

시내가 크지 않은데다 숙소, 레스토랑 등 편의시설은 중심지에 몰려 있어 도보로 충분히 다닐 수 있다. 언덕 위 차이 집은 거리는 멀지 않지만 경사가 가파른 언덕길을 30분 정도 걸어야 하기 때문에 힘들 수도 있다. 걷는 게 부담된다면 아타튀르크 광장에서 택시를 이용하는 방법도 있다. 리제 성채는 시가지에서 1km 정도 떨어져 있어 돌무쉬나 택시를 이용해 다녀와야 한다. 돌무쉬는 자주 없으니 일행이 여럿이라면 택시를 타고 갔다 오는 편이 낫다. 요금은 왕복 80~90TL.

리제 둘러보기

리제는 볼거리가 많지 않기 때문에 하루면 충분히 돌아볼 수 있으며, 트라브존에서 당일치기로 다녀온다고 해도 큰 무리는 없다. 시내 중심에 있는 아타튀르크 광장이 관광과 교통의 기점이다. 먼저 국영 홍차 회사가 직영하는 언덕 위 차이 집을 방문해 차밭을 보고 차이를 한 잔 마신 후 아타튀르크 광장으로 돌아와 관광안내소 뒤에 있는 리제 박물관을 관람하고 돌무쉬나 택시를 타고 리제 성채를 방문하면 된다. 성채는 시가지와 탁 트인 흑해를 감상하기에 최적의 장소. 내부에 정원이 잘 가꾸어진 레스토랑도 있으니 차와 스낵을 먹으며 여유있게 풍경을 즐겨보자. 관광 후 근사한 저녁식사를 하고 싶다면 바닷가의 레스토랑이 제격이다.

BEST COURSE ★ ★ ★ 예상소요시간 3~4시간

아타튀르크 광장 ▷▶ 언덕 위 차이 집 ▷▶ 리제 박물관 ▷▶ 리제 성채

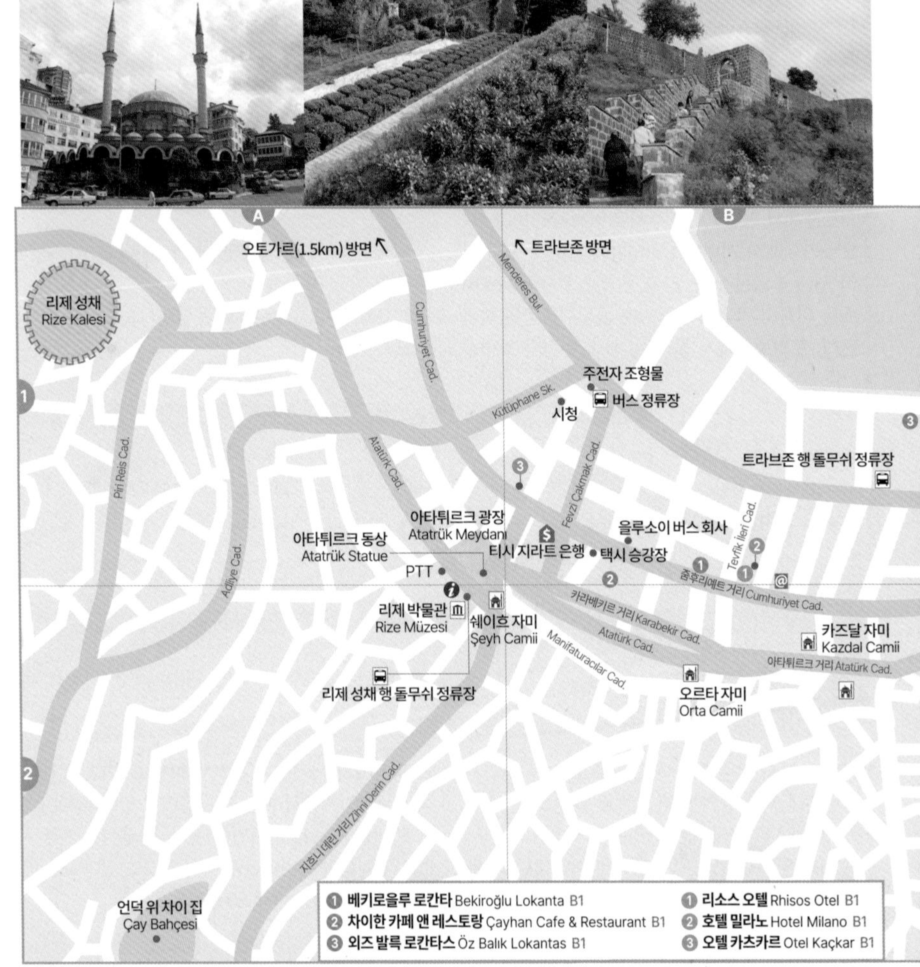

❶ **베키로을루 로칸타** Bekiroğlu Lokanta B1	❶ **리소스 오텔** Rhisos Otel B1
❷ **차이한 카페 앤 레스토랑** Çayhan Cafe & Restaurant B1	❷ **호텔 밀라노** Hotel Milano B1
❸ **외즈 발륵 로칸타스** Öz Balık Lokantas B1	❸ **오텔 카츠카르** Otel Kaçkar B1

Attraction 리제의 볼거리

볼거리로만 따진다면 리제는 그다지 특별한 것이 없다. 언덕 위 차이 집과 성채에서 바라보는 흑해 전망이 좋으니, 홍차를 마시며 느긋하게 풍경을 즐기는 것을 추천한다.

언덕 위 차이 집
Çay Bahçesi ★★

Map P.472-A2 주소 Çay Bahçesi, Rize **개방** 매일 08:00~20:00 **요금** 차이 1잔 7TL **가는 방법** 아타튀르크 광장에서 쉐이흐 자미 뒤 지흐니 데린 거리 Zihni Derin Cad.를 따라 오르막길로 도보 30분. 택시를 이용하면 80~100TL가 든다.

리제의 명산 차밭을 둘러볼 수 있는 곳. 리제 근교에 많은 차밭이 있는데 관광 활성화를 위해 시내 언덕에 차밭과 찻집을 조성해 놓고 일반에 개방하고 있다. 정문에 들어서면 흰

언덕 위 차이 집

건물이 먼저 눈에 들어오는데 차이 쿠르 Çay Kur라는 국영 차이 회사의 건물로 시내에 본사가 있고 이곳은 연구소다. 차의 효과와 품질 향상에 관한 연구를 하는 곳이라 내부에는 과학 실험 기자재도 갖추고 있다. 건물 뒤편에 차밭이 조성되어 있는데 한국의 보성 차밭을 가 본 사람이라면 작은 규모에 실망할 수도 있겠지만 이곳은 어디까지나 견학용. 리제 일대는 전부 차밭이라고 해도 과언이 아닐 정도로 많은 차가 재배되고 있다. 차밭을 구경하고 난 후 찻집에서 차이를 마셔보자. 본고장에서 마시는 것이라 특별히 맛있는 것 같다. 언덕 위에 자리해 시내가 한눈에 내려다 보인다.

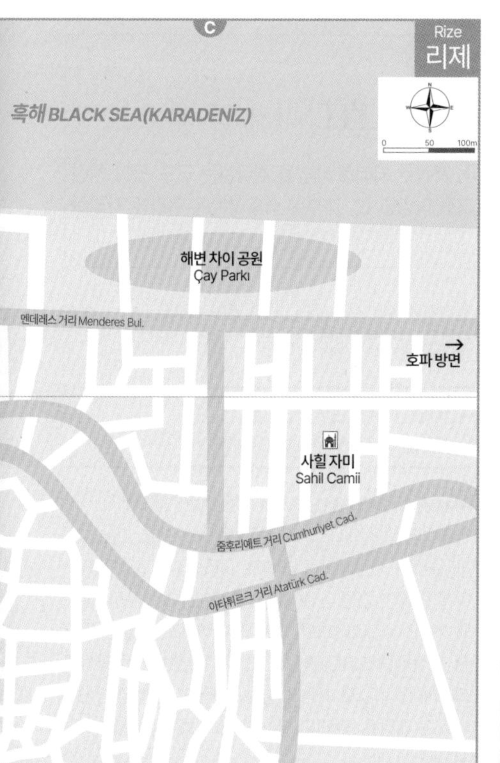

리제 박물관
Rize Müzesi ★

Map P.472-A2 주소 Rize Müzesi, Rize **개관** 화~일요일 09:00~12:00, 13:00~16:00 **요금** 무료 **가는 방법** 아타튀르크 광장 관광안내소 바로 뒤에 있다.

리제 박물관

아타튀르크 광장의 관광안내소 바로 뒤에 자리하고 있는 박물관. 건물은 오스만 시대의 전통 가옥을 개조한 것이다. 박물관 내부에는 전통 의상을 입은 마네킹 모델과 히타이트, 로마, 비잔틴 시대의 동전 등이 전시되어 있는데 그다지 특별한 것은 없다. 시간이 남으면 다녀오자.

리제 성채
Rize Kalesi ★★★

Map **P.472-A1** **주소** Rize Kalesi, Rize **개방** 매일 08:00~23:00 **요금** 무료 **가는 방법** 아타튀르크 광장에서 돌무쉬로 10분 또는 도보 40분.

시가지 북서쪽에 오래된 성벽이 있다. 내성과 외성으로 되어 있으며 비잔틴 제국 시절인 6세기경 조성되었고 오스만 시대에 증축되었다. 내성은 1.5m 두께의 벽과 다섯 개의 반원형의 탑이 있다. 성채 자체도 볼거리지만 성에서 내려다보는 시내와 탁 트인 흑해 전망은 단연 압권이다. 내부에는 정원을 잘 가꾼 예쁜 찻집이 있어 차와 아이스크림을 먹으며 바다 경치를 즐기기 좋다. 시간이 촉박하지 않다면 꼭 들러보길 추천한다.

리제 성채에서 본 흑해와 시가지

Restaurant 리제의 레스토랑

레스토랑은 시내 곳곳에 있어 편리하게 이용할 수 있다. 저렴한 되네르 케밥을 취급하는 곳도 있고 생선 요리를 먹을 수 있는 고급 레스토랑도 있어 선택은 비교적 다양한 편. 대부분 줌후리예트 거리에 자리하고 있다.

베키로을루 로칸타 Bekiroğlu Lokanta

Map **P.472-B1** **주소** Cumhuriyet Cad. No.161 **전화** (0464)217-2662 **영업** 04:00~23:00 **예산** 1인 50~90TL **가는 방법** 아타튀르크 광장에서 줌후리예트 거리를 따라 도보 5분.

리제에서 가장 큰 레스토랑으로 널찍한 실내외 자리를 갖추었다. 피르졸라, 쾨프테 등의 메뉴가 있는데 장작불에 굽는 되네르 케밥이 맛있다. 보타이를 맨 종업원이 활기차게 서비스해 준다. 바로 옆의 후주르 Huzur 레스토랑도 피데와 케밥이 맛있다.

차이한 카페 앤 레스토랑
Çayhan Cafe & Restaurant

Map **P.472-B1** **주소** Çarşı, Cumhuriyet Cd. No:117, 53020 **영업** 08:00~23:00 **예산** 1인 30~80TL **가는 방법** 아타튀르크 광장에서 줌후리예트 거리를 따라 도보 3분.

리제 중심부 공원 안에 자리한 찻집 겸 레스토랑. 홍차와 커피, 레모네이드 등 음료와 아이스크림 같은 간단한 간식을 먹으며 쉬어가기에 좋다. 일반적인 케밥과 쾨프테 등 식사도 가능해 출출하다면 가볍게 점심식사 하기도 괜찮은 곳이다. 실내외 어느 쪽이든 편안한 분위기다.

외즈 발륵 로칸타스 Öz Balık Lokantas

Map P.472-B1 주소 Belediye Otopark Yanı No.5 **전화** (0464)214-9272 **영업** 08:00~24:00 **예산** 1인 80~170TL **가는 방법** 트라브존 행 돌무쉬 정류장 뒤편 바닷가에 있다.

바닷가에 자리한 생선요리 전문 레스토랑. 실내외 자리가 있는데 야외 자리는 바다에 바로 면해 있어 연인들에게 인기 만점이다. 여름철에는 간이 콘서트도 열리는 등 고급스러운 분위기를 연출하고 있으며 각종 주류도 판매한다.

Shopping 리제의 쇼핑

홍차의 도시 리제를 대표하는 쇼핑 품목은 두말할 것 없이 홍차다. 언덕 위 차이 집에는 정부 직영 홍차 판매점이 있어 쉽게 구입할 수 있는데 가격은 품질에 따라 천차만별. 저렴한 것도 있지만 100g에 60~70TL 정도면 괜찮은 품질이며 홍차 애호가라면 무엇보다 반가운 선물이다. 시내 줌후리예트 거리의 상점에서도 쉽게 살 수 있다.

Hotel 리제의 숙소

중심거리인 아타튀르크 거리와 줌후리예트 거리에 숙소가 있다. 도시가 크지 않은데다 현지 관광객들도 짧게 다녀가는 경우가 대부분이라 숙소는 많지 않다.

리소스 오텔 Rhisos Otel

Map P.472-B1 주소 Yeniköy, Cumhuriyet Cd. No:115/101, 53020 **전화** +90-553-777-7353 **홈페이지** www.rhisosotel.com.tr **요금** 싱글 600TL(개인욕실, A/C), 더블 700TL(개인욕실, A/C) **가는 방법** 아타튀르크 광장에서 줌후리예트 거리를 따라 도보 3분.

중심부에 자리한 호텔로 리셉션 직원이 정중히 손님을 맞이한다. 방은 약간 좁은 감이 있으나 깨끗하게 관리되고 있으며 욕실도 잘 정돈되어 있다. 튀르키예식 아침식사도 충실하게 제공되어 머무는 데 불편하지 않다. 렌터카 여행자라면 직원에게 키를 맡기면 주차해 준다.

호텔 밀라노 Hotel Milano

Map P.472-B1 주소 Cumhuriyet Cad. No.169 **전화** (0464)213-0028 **요금** 싱글 300TL(개인욕실, A/C), 더블 500TL(개인욕실, A/C) **가는 방법** 아타튀르크 광장에서 줌후리예트 거리를 따라 도보 10분.

줌후리예트 거리 중간쯤 있는 곳으로 넓은 로비와 엘리베이터 시설을 갖추고 있다. 객실은 관리가 잘 되고 있으며 욕실도 청결하다. 같은 가격에 방과 욕실 크기가 조금씩 다르므로 방을 몇 개 둘러보고 정하는 게 좋다. 깔끔한 싱글룸은 나홀로 여행자들이 많이 찾는다.

오텔 카츠카르 Otel Kaçkar

Map P.472-B1 주소 Cumhuriyet Cad. No.101 **전화** (0464)213-1490 **요금** 싱글 300TL(개인욕실, A/C), 더블 500TL(개인욕실, A/C) **가는 방법** 아타튀르크 광장에서 바로 보인다.

아타튀르크 광장에 있는 중급 호텔. 객실에 가구와 냉장고가 있고 비교적 넓어서 마음에 든다. 일부 객실은 발코니가 있으며 맨 꼭대기 층은 아타튀르크 광장 전망이 썩 훌륭하다. 벽과 침구류를 밝은 색 계열로 사용해 깨끗한 느낌을 주며 종업원도 친절하다.

호수와 자미가 어우러진 조용한 산간마을

우준괼 Uzungöl

인구 2,000명 | 해발고도 1,125m

트라브존에서 남동쪽으로 100km 떨어진 산간마을로 이름에서 알 수 있듯이 호수(괼 göl)가 있는 곳이다. 병풍처럼 주변을 둘러싸고 있는 산의 발치에 자리한 조그만 마을은 호수와 자미가 있는 그림 같은 경치를 자랑하며, 해발이 높아 한여름에도 선선해 여름철이면 휴가를 즐기러 오는 사람들의 발길이 끊임없이 이어진다.

장기 여행자들 사이에 입소문으로만 알려졌던 우준괼이 유명해지면서 최근 들어 방문하는 외국 여행자도 부쩍 늘어나고 있다. 골짜기 깊이 울려 퍼지는 자미의 아잔 소리와 함께 맞이하는 아침은 여행의 의미를 되돌아보게 해준다. 바쁜 여정에서 벗어나 계곡의 물소리를 들으며 산간마을의 정취에 푹 빠져보자. 시간에 구애받지 않는 여행자라면 근처의 야일라(여름 방목지)를 방문해 보는 것도 좋다. 여름철 주말은 많은 인파가 몰리므로 평일에 방문할 것을 권한다.

여행의 기술

Information

작은 마을이라 은행, 인터넷, PTT 등 일반적인 여행자 편의시설은 없다. 트라브존에서 당일로 다녀오는 것이 보통이라 트라브존에서 미리 준비해 가도록 하자!

우준괼 가는 법

대도시에서 바로 가는 버스는 없으며 트라브존이 우준괼 방문의 기점이 된다. 버스회사 울루소이 Ulusoy나 바젤론 투어에서 운행하는 사설 돌무쉬를 이용해 당일치기로 다녀오는 여행자가 많다. 우준괼에서 며칠 머무를 예정이라면 별도의 우준괼 행 돌무쉬 정류장에서 출발하는 일반 돌무쉬(1일 5~6편 운행)로 편도로 가는 것이 비용을 절약하는 방법이다.

트라브존 ▷▶ 우준괼

사설 돌무쉬

운행 10:15(겨울철은 운행이 중단되는 경우도 있다.)

소요시간 1시간 30분
문의 울루소이 버스회사, 바젤론 투어 사무실
가는 방법 트라브존 메이단 공원에서 도보 1분

시내 교통

작은 마을이라 모두 걸어다닐 수 있다. 근처의 산간 마을과 야일라를 방문하고 싶으면 각 숙소에서 시행하는 지프 투어를 이용하면 되고 그밖에 차를 탈 일은 거의 없다. 시간과 체력이 넉넉하면 야일라까지 3시간 정도의 트레킹에 도전해 보는 것도 좋다. 트라브존 행 돌무쉬는 마을 초입에 있는 다리 부근에서 출발한다.

우준괼 ▷▶ 트라브존

돌무쉬
운행 06:00~18:00(1일 5~6편, 겨울철은 운행 축소)
소요시간 2시간

우준괼 둘러보기

산간 마을이라 특별한 볼거리는 없고 호수와 주변 산으로 산책다니는 것이 일과다. 메르케즈 자미 Merkez Camii 옆길을 따라 마을을 방문해도 좋고 호수 옆으로 난 찻길을 따라 오르막길을 올라가면 마을과 호수가 한눈에 들어오는 좋은 전망이 기다리고 있다. 워낙 작은 동네라 한 시간 정도면 충분히 돌아볼 수 있다. 특별히 할 일을 찾아 헤매기보다 자연과 호흡하는 것이 우준괼을 잘 즐기는 길임을 잊지 말자. 일행이 여럿이라면 주방을 쓸 수 있는 숙소를 구해 엠티 분위기를 내는 것도 괜찮은 방법이다.

메르케즈 자미와 마을

Restaurant 우준괼의 레스토랑

우준괼은 송어가 유명하다. 튀르키예어로 '알라 발륵 Ala Balık'이라고 하는데 깨끗한 물에서 자란 것이라 싱싱하고 맛있다. 한 가지 아쉬운 점은 조림이나 찜같은 요리는 안 되고 오직 굽는 요리만 가능하다는 것. 가격은 대체로 1마리에 80~100TL 정도이며 마을 초입의 메르케즈 자미 부근에 있는 식당을 이용하거나 숙소 부설 식당에서 맛볼 수 있다.

Hotel 우준괼의 숙소

산간마을치고는 숙소가 많은 편이다. 대부분 주말 관광객들을 겨냥한 것인데 최근 몇 년 사이 튀르키예인 관광객이 급증하면서 숫자도 늘어났다. 대부분 방갈로나 산장형식으로 운영되며 엘리베이터가 없는 곳도 많다. 휴양관광지라는 특성 때문에 객실요금은 다른 도시에 비해 높게 책정되어 있는데, 여름 성수기에 우준괼에 며칠 머물 예정이라면 예약하는 편이 좋다. 5~9월까지만 운영하고 겨울철에는 문을 닫는 곳도 많다.

픈득코을루 오텔 Fındıkoğlu Otel

Map P.476 주소 Faith Cad. Uzungöl **전화** (0462)656-6161 **요금** 싱글 €40(개인욕실), 더블 €50(개인욕실) **가는 방법** 돌무쉬 정류장에서 도보 10분.

객실이 전체적으로 따뜻하고 안정감이 드는 숙소. 앞뒤 두 동의 건물이 있는데 뒤편의 객실은 주방과 마당이 있는 콘도 형식으로 일행이 여럿일 때 엠티 분위기를 내기에 안성맞춤. 안쪽에 있어서 조용하다는 것도 장점이며 최성수기가 아니라면 할인도 가능하다.

인지 모텔 Inci Motel

Map P.476 주소 Faith Cad. Uzungöl **전화** (0462)656-6265 **요금** 싱글 €70(개인욕실), 더블 €80(개인욕실) **가는 방법** 돌무쉬 정류장에서 도보 15분.

언덕 중턱에 자리한 곳으로 엘리베이터가 있으며 방에는 발코니와 가구가 갖추어져 있다. 높직한 곳에 위치한 덕분에 전망이 탁월한 것이 이 집의 장점이다. 우준괼 호수와 건너편 산이 한 눈에 들어오는 좋은 경치를 자랑한다. 테라스에서 햇살을 받으며 느긋하게 식사를 즐기다보면 휴가를 온 듯한 느낌이 든다.

쿨로을루 오텔 Kuloğlu Otel

Map P.476 주소 Gölbaşı Mevkii, Fatih Caddesi, 61940 **전화** (0462)656-6241 **요금** 싱글 €70(개인욕실, A/C), 더블 €80(개인욕실, A/C) **가는 방법** 돌무쉬 정류장에서 도보 10분.

산장같은 외관이 인상적인 곳으로 괜찮은 시설을 갖추었으며 겨울철에도 영업한다. 직원들은 친절하며 가족 단위 여행객들에게 인기있는 곳이다. 부설 레스토랑에서는 각종 케밥, 뒤륌 등 튀르키예식과 파스타, 피자, 송어구이같은 서양식도 제공한다. 레스토랑 분위기가 좋아 식당만 이용할 수도 있다.

역사의 향기 가득한 고원

중부 아나톨리아 Central Anatolia

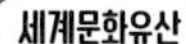

신과 인간이 빚어낸 최고의 예술품

Kappadokya 카파도키아

마르코 폴로의 〈동방견문록〉에도 등장하는 카파도키아는 자연과 역사가 어우러진 튀르키예 관광의 하이라이트. 전 세계 여행자들을 불러 모으는 카파도키아의 매력은 어디에서도 볼 수 없는 특이한 자연환경이다. 독특하다는 한마디로는 표현이 불가능한 카파도키아의 자연은 에르지예스 Erciyes와 핫산 Hatsan 화산에서 분출된 용암으로 형성된 응회암 층이 수백만 년의 세월 동안 풍화작용과 침식으로 오늘날처럼 신비로운 모습으로 변화된 것. 끝없이 줄지어 있는 기암괴석은 신이 빚어낸 최고의 예술품이라는 찬사를 받으며 우주의 요정이 살 것 같은 착각마저 불러일으킨다.

카파도키아가 유명하게 된 데는 기이한 자연과 함께 비운의 역사도 한몫하고 있다. 고대로부터 조성된 비밀스러운 지하도시는 시대를 거치며 위급할 때마다 더욱 확장되었다. 특히 종교적 압제를 피해 숨어든 기독교도들은 교회와 수도원을 만들어 척박한 환경 속에서도 신앙을 지키고자 눈물겨운 노력을 기울였던 것. 이러한 역사와 자연의 중요성을 인정받아 1985년 유네스코 세계문화유산에 등록되었다.

인구 21만 명 **해발고도** 1,260m

Information

카파도키아는 도시 이름이 아니라 지역 이름이다. 넓은 카파도키아 지역에 괴레메 Göreme, 네브쉐히르 Nevşehir, 위르귑 Ürgüp, 아바노스 Avanos 등의 마을이 자리하고 있다.

관광안내소

카파도키아 내 각 마을에 관광안내소가 있어 지도와 관광 안내 자료를 얻을 수 있다. 여행자들이 가장 많이 찾는 괴레메의 관광안내소는 마을 상인들의 모임인 괴레메 관광협회 Göreme Turizm Ciler Derneği(www.goreme.org)에서 운영하고 있다. 예약한 숙소를 찾거나 숙소를 정하지 못했을 때 문의하면 친절히 알려주고 전화까지 해 주므로 매우 유용하다. 대부분의 숙소에서 괴레메 오토가르까지 픽업을 나온다.

괴레메 관광안내소 Map P.491-B1
운영 매일 05:00~21:00(겨울철은 단축 운영)
전화 (0384)271-2558
홈페이지 www.cappadociaturkey.net(카파도키아 관광 안내)
가는 방법 괴레메 오토가르 구내에 있다.

환전

괴레메 오토가르 뒤편 상가 거리에 데니즈 은행 Deniz Bankası을 비롯한 많은 ATM이 있어 쉽게 환전할 수 있으며 PTT에서도 환전이 된다. 어느 곳이나 환율은 비슷하므로 편한 곳을 이용하자. 위르귑이나 아바노스에 머문다고 해도 환전 때문에 애를 먹을 일은 없다.

인터넷

대부분의 숙소에서 유무선 인터넷이 되므로 스마트폰이나 랩톱을 사용하는데 아무런 문제가 없다.

PTT

카파도키아의 모든 마을에 PTT가 있어 편리하다. 우편 업무뿐만 아니라 환전과 국제 소포도 취급하기 때문에 매우 유용하다.

괴레메 PTT Map P.491-B1
전화 (0384)271-2420 업무 월~금요일 09:00~17:00(토요일은 13:00까지)
가는 방법 잔다르마 옆에 있다. 오토가르에서 빌랄 에로을루 거리 Bilal Eroğlu Cad.를 따라 도보 5분.

잔다르마 Jandarma **Map P.491-B1**

괴레메에는 경찰서가 없고 군 경찰인 잔다르마가 경찰 업무를 대신한다. 일반 경찰보다 권한이 더 크기 때문에 사고에 대처하기가 훨씬 수월하다. 비상시에는 잔다르마에 도움을 요청하자.
위치 PTT 옆에 있다. 오토가르에서 빌랄 에로을루 거리를 따라 도보 5분.
운영 24시간 전화 국번없이 156

역사

카파도키아가 역사에 등장하는 것은 히타이트 제국 이전인 하티 시대부터다. 히타이트 제국이 멸망한 뒤 기원전 6세기에 리디아의 왕 크로이소스의 지배를 받다가 페르시아가 들어왔다. 페르시아인들은 이 지역을 '카트파투카 Katpatuka'라고 불렀는데 이것이 카파도키아 지명의 어원이 되었다. 기원전 4세기에 알렉산더 대왕이 쳐들어왔을 때 카파도키아는 침략군을 물리치고 독립 카파도키아 왕국을 유지했으나, 이후 로마와 폰투스, 아르메니아 왕국의 세력 다툼과 로마의 내전에 휘말려 탁구공 튀듯 이리저리 휩쓸려다니던 카파도키아는 기원후 17년에 로마의 속주로 편입되었다.
로마의 지배를 받던 시기에 카파도키아는 기독교인들의 은거지가 되었다. 박해를 피해 많은 기독교인들이 카파도키아의 지하도시와 동굴로 모여들었던 것. 자연스럽게 공동체가 형성되었고 카파도키아는 아나톨리아 기독교의 중심지가 되었다. 세계 최초의 기독교 국가인 아르메니아 왕국에 기독교를 전파한 것도 카파도키아였다(P.629 참고).

또한 비잔틴 시대에는 황실과 결탁한 기독교의 타락에 개탄하는 수도사들이 모여들어 대규모의 수도사 집단이 형성되었고 수도원 운동(P.503)의 산실이 되었다.

1071년 비잔틴 제국이 만지케르트 전투에서 셀주크 투르크에게 패한 뒤 카파도키아는 이슬람 제국의 지배를 받게 되었다. 아나톨리아의 이슬람화가 빠르게 진행되었고 기독교인들은 또다시 지하도시로 숨어 들었다. 카파도키아의 동굴 교회와 성화는 대부분 이 시기인 11세기~14세기에 조성된 것이다. 셀주크 투르크를 이어 몽골 제국의 지배를 받다가 15세기에 오스만 제국의 영토로 편입되었다. 제1차 세계대전이 끝나고 1923년 튀르키예와 그리스의 인구 교환이 이루어지면서 카파도키아의 그리스인들은 수천 년 동안 살던 고향을 등져야 했고, 파괴되고 방치되었던 그리스 정교회 유적은 제2차 세계대전 후에야 복원되었다. 특이한 자연과 동굴 교회유적, 열기구 투어가 어우러진 카파도키아는 튀르키예의 대표적인 관광지로 자리매김하고 있다.

카파도키아 가는 법

카이세리 공항

튀르키예 최대의 관광지답게 비행기, 버스, 기차 등 모든 교통수단이 잘 발달되어 있다. 이스탄불, 앙카라 등 대도시뿐만 아니라 안탈리아, 셀축, 파묵칼레 등 유명 관광지에서 카파도키아로 직접 가는 버스를 운행하고 있다. 편수도 많고 종류도 다양해 마음만 먹으면 언제든 방문할 수 있다.

➡ 비행기

카파도키아에는 카이세리 공항과 네브쉐히르 공항이 있다. 카이세리 공항(괴레메에서 약 100km)은 카파도키아로 오는 대부분의 국내선이 발착하는 곳으로 카파도키아의 메인 공항이다. 튀르키예 항공, 선 익스프레스, 페가수스 항공이 이스탄불을 매일 직항으로 연결하고 있으며, 디야르바크르, 트라브존과도 경유편이 다니고 있어 편리하게 이용된다. 공항 내 관광안내소, PTT, 레스토랑 등 부대시설도 갖추고 있다.

비교적 최근에 문을 연 네브쉐히르 공항은 카파도키아 중심부에 있다. 괴레메 등 관광지까지 거리가 가깝다는 것은 장점이나, 취항지가 이스탄불에 한정되어 있고 운행횟수도 카이세리 공항에 비해 현저히 떨어진다.

공항 연락처
카이세리 공항 (0352)337-5244
네브쉐히르 공항 (0384)271-3200

항공사 홈페이지
튀르키예 항공 www.turkishairlines.com
페가수스 항공 www.flypgs.com
선 익스프레스 www.sunexpress.com

카파도키아(카이세리)에서 출발하는 주요 국내선 항공편

행선지	항공사	운행	소요시간
이스탄불	THY, PGS	매일 8~10편	1시간 30분
안탈리아	SUN	주 1편(겨울철은 운행 중단)	1시간 20분
이즈미르	SUN	주 5편	1시간 30분

*항공사 코드 THY: Turkish Airline, SUN: Sun Express, PGS: Pegasus Airline

공항에서 시내로

카이세리(또는 네브쉐히르) 공항에서 괴레메로 이동하는 방법은 사설 셔틀버스를 이용하는 것과 카이세리(또는 네브쉐히르) 오토가르까지 이동한 후 버스로 가는 것, 택시를 이용하는 방법 세 가지다. 밤늦게 도착하면 택시 이외에 이동수단이 없으니 묵을 숙소에 미리 픽업 요청을 하거나 늦게 도착하지 않게 비행기 시간을 조정하는 게 좋다.
사설 셔틀버스는 미리 전화나 이메일을 통해 예약하면 비행기 도착시간에 맞춰 이름이 적힌 안내판을 들고 기다리는 시스템이다. 관광을 마치고 공항으로 갈 때는 셔틀버스를 예약한 사무실로 가서 대기하고 있는 버스를 타면 된다. 간혹 머무는 숙소까지 픽업해 주는 곳도 있다.

손님을 기다리는 공항 앞 택시들

카이세리(네브쉐히르) 공항 ▷▶ 괴레메

사설 셔틀버스
운행 비행기 도착 시간에 맞춰 운행(카이세리 공항은 보통 1시간에 1대)
소요시간 1시간(카이세리 공항), 20분(네브쉐히르 공항)
*택시로 간다면 €30~40, 숙소의 픽업을 받는다면 €20~30.

사설 셔틀버스 업체
카파도키아 익스프레스 Cappadocia Express
Map P.491-A2
전화 (0384)271-3070 홈페이지 www.cappadociatransport.com 이메일 info@cappadociaexpress.com
카파도키아 렌터카
전화 (0384)341-6055
홈페이지 www.cappadociarentacar.net
이메일 info@cappadociarentacar.net

➡ 오토뷔스

카파도키아는 유명 관광지인데다가 지리적으로 튀르키예의 중앙부에 위치해 있어 어느 곳이든 원활하게 소통된다. 참고로 카파도키아는 도시명이 아닌 지역명. 버스는 일대에서 가장 큰 도시인 네브쉐히르 Nevşehir에 도착한다. 많은 여행자들이 선호하는 투어 거점마을인 괴레메 Göreme까지는 버스회사의 세르비스를 이용해 이동할 수 있다. 네브쉐히르, 메트로 Metro, 캬밀코치 Kamilkoç, 쉬

카파도키아에서 출발하는
버스노선

행선지	소요시간	운행
이스탄불	11시간	1일 3~4편
앙카라	4시간 30분	1일 7~8편
셀축(아이든)	12시간	1일 1~2편
카이세리	1시간	07:00~20:00(매 1시간 간격)
안탈리아	9시간	1일 4~5편
데니즐리(파묵칼레)	10시간	1일 3~4편
말라티아	5시간	1일 5~6편
콘야	4시간	1일 9~10편
페티예	12시간	1일 3~4편
안타키아	10시간	1일 1~2편
트라브존	15시간	1일 1~2편
도우베야즛(아으르)	14시간	1일 3~4편
샨르우르파	10시간	1일 1~2편

*운행 편수는 변동이 있을 수 있음.

하 Süha 등의 회사가 세르비스를 운행하니 참고하자. 세르비스가 없다면 오토가르 구내의 시내버스 정류장에서 버스를 타고 네브쉐히르 시내까지 간 다음 하맘 맞은편의 정류장에서 출발하는 괴레메 행 돌무쉬를 타면 된다. 괴레메 오토가르의 버스회사는 행선지별 운행 시간표와 소요시간을 붙여놓아 편리하다. 여름철 성수기에는 페티예까지 직행 버스도 다닌다.

괴레메 오토가르는 마을 중심부에 있어 걸어서 숙소를 정하면 된다. 숙소를 예약해 놓았다거나 픽업을 원하면 오토가르 구내의 관광안내소에 문의하면 해당 숙소로 전화를 걸어준다.

관광을 끝내고 다른 도시로 이동할 때 버스 시간이 맞지 않으면 괴레메에서 1시간 거리에 있는 카이세리를 이용하면 좋다. 중부 아나톨리아의 대도시라 시간과 편수가 다양하기 때문. 특히 도우베야즛, 샨르우르파 등 남동부 지방으로 가는 버스는 대부분 카이세리를 출발지로 삼고 있으니 알아두자. 괴레메 오토가르에서 카이세리까지 수시로 버스가 다닌다.

괴레메 오토가르의 버스회사

쉬하 Süha (0384)271-2443~44, 271-2788

네브쉐히르 Nevşehir (0384)271-2435, 444-5050

괴레메 오토가르

➡ 기차

괴레메에는 기차역이 없고 항공과 마찬가지로 카이세리 역을 이용한다. 이스탄불에서 동부의 카르스 Kars를 연결하는 도우 익스프레스 Doğu Exp.와 앙카라 발 에르주룸 익스프레스 Erzurum Exp.가 카이세리 역을 통과한다. 버스보다 시간이 많이 걸리는데다 카이세리 도착 시간이 밤늦은 때라 이용 빈도는 현저히 떨어진다. 그나마 요금이 저렴한 것이 장점. 자세한 운행 시간은 철도청 홈페이지(www.tcdd.gov.tr)를 참고하자.

카이세리 역 Kayseri Gar

전화 (0352)231-1313

괴레메로 가는 험난한(?) 길

카파도키아는 수많은 관광객들이 몰리는 곳인지라 불미스러운 일도 많이 발생합니다. 다음 사항을 꼭 확인하도록 합시다.

1. 버스표를 살 때 괴레메로 바로 가는지 확인할 것.

다른 도시에서 카파도키아 행 티켓을 살 때 괴레메로 바로 가는지를 꼭 물어보세요(티켓에 괴레메라고 적혀 있는지 확인할 것). 바로 간다고 하더라도 안심해서는 안 돼요. 괴레메에 하차하는 손님이 많으면 괴레메에 정차하지만 그렇지 않으면 네브쉐히르에 최종 정차하는 등 당일 승객의 상황에 따라 달라집니다(네브쉐히르 도착할 때가 더 많음). 참고로 이스탄불에서 출발해 괴레메로 바로 가는 버스회사는 메트로 Metro, 쉬하 Süha, 네브쉐히르 Nevşehir입니다.

2. 세르비스를 빙자한 호객 조심!

네브쉐히르가 최종 도착이면 대부분의 버스회사는 전용 세르비스로 손님을 괴레메, 아바노스, 위르귑으로 데려다 줍니다. 문제는 세르비스를 빙자한 여행사. 이들이 버스회사 직원인 듯이 "괴레메로 가는 여행자는 내려서 세르비스를 타라"고 하는데 이들이 데려가는 곳은 자기네 여행사입니다. 기구 투어를 비롯한 온갖 투어를 끈질기게 강요하는데, 안 하면 괴레메는 알아서 가라고 태도가 돌변합니다. 반드시 타고 온 버스 기사(또는 차장)에게 세르비스 운행 여부를 물어보세요. 네브쉐히르 오토가르의 악명높은 두 여행사의 실명을 공개합니다. '록 타운 트래블 Rock Town Travel'과 '무쉬카라 트래블 Muşkara Travel'. 현지 주민들도 고개를 절레절레 흔들 만큼 악명이 높으니 이 여행사 간판이 보이면 무조건 돌아나오는 게 좋습니다(네브쉐히르 오토가르 건물 안으로 아예 들어가지도 마세요!).

3. 네브쉐히르에서 괴레메로 가는 건 하나도 어렵지 않다.

우여곡절 끝에 자유의 몸(?)이 되었다면 대중교통인 돌무쉬를 타고 괴레메로 가세요. 먼저 네브쉐히르 오토가르 구내에서 시내버스를 타고 네브쉐히르 시내까지 간 다음 하맘 맞은편의 정류장에서 출발하는 괴레메 행 돌무쉬로 갈아타면 됩니다.

네브쉐히르 오토가르

시내 교통

카파도키아 유적은 넓은 지역에 흩어져 있어 하루만에 돌아보기란 불가능하다. 네브쉐히르, 괴레메, 위르귑, 아바노스 등의 마을에 숙소를 정한 후 도보와 자전거, 스쿠터를 이용해 돌아보는 것이 일반적이다. 마을에서 멀리 떨어진 곳은 관광상품을 이용하면 시간과 비용을 절약할 수 있다. 공항으로 갈 때는 여행사의 사설 셔틀버스를 이용하면 되고 괴레메 마을 내부를 다닐 때는 도보로 충분하다. 다른 마을로 갈 때는 돌무쉬를 이용하자.

카파도키아 각 마을을 운행하는 **돌무쉬**

출발지	도착지	운행	타는 곳
괴레메	우치히사르, 네브쉐히르	07:30~18:00 (매 30분 간격)	괴레메 오토가르 구내 정류장
괴레메	차우쉰, 아바노스	08:15~19:15 (매 1시간 간격)	괴레메 관광안내소 뒤편 큰길
*네브쉐히르에서 출발해 괴레메에 들렀다가 아바노스로 가는 노선이다.			
괴레메	위르귑	09:15~17:15 (매 2시간 간격)	데니즈 은행 앞 큰길
*위르귑-데브렌트-젤베 야외박물관-파샤바-차우쉰-괴레메-오르타히사르-위르귑 순환노선.			
괴레메	파샤바, 젤베		
*바로 가는 노선은 없고 아바노스 행 돌무쉬를 타고 가다가 차우쉰 마을을 지나서 파샤바로 가는 삼거리에서 내린 후 3km 정도 걸어야 한다.			
네브쉐히르	우치히사르, 괴레메, 아바노스	07:30~19:00 (매 30분 간격)	네브쉐히르 시내의 하맘 맞은편 정류장
아바노스	괴레메, 우치히사르, 네브쉐히르	07:00~19:00 (매 30분 간격)	아바노스 다리 앞 정류장
아바노스	위르귑	09:00~19:00 (매 2시간 간격)	아바노스 다리 앞 정류장

*운행 시간은 변경될 수 있으며 괴레메 관광안내소에서 알아볼 수 있다.

카파도키아 각 마을을 운행하는 돌무쉬

➡ 투어 거점마을 소개

괴레메 Göreme

카파도키아 관광의 중심도시로 시골 마을이라는 표현이 적합할 정도로 소박하다. 지리적으로 카파도키아의 중앙부에 위치한데다 유명한 괴레메 야외 박물관도 근방에 있어 훌륭한 입지조건을 자랑한다. 숙소, 레스토랑, 기구 투어 등 모든 편의시설도 잘 갖춰져 있어 카파도키아를 방문하는 대부분의 여행자가 괴레메를 찾는다.

괴레메 주변은 언덕으로 둘러싸여 있다. 일명 선셋 포인트 Sunset Point라고 하는 언덕에서 바라보는 기암괴석이 즐비한 마을과 계곡의 경치는 여행자들의 사랑을 한몸에 받고 있다. 기구 투어가 시작되는 일출 때 가면 평원 위로 무리지어 날아가는 기구의 장관을, 저녁때는 석양에 물드는 붉은 로즈밸리의 화려한 자태를 볼 수 있어 괴레메에 머문다면 꼭 올라가보길 추천한다. 오토가르는 마을의 중심부에 있으며 주변으로 기념품점, 레스토랑, 여행사가 밀집해 있다. 유명 관광지임에도 주민들 간의 합의로 심한 호객 행위가 없어 인상이 좋다. 장날은 수요일. 인구 6,000명

위르귑 Ürgüp

괴레메가 소박한 시골 마을이라면 위르귑은 좀더 세련된 느낌의 마을이다. 규모는 괴레메보다 크며 식당과 고급 숙소가 잘 정비되어 있어 중급 이상의 숙

카파도키아 관광의 중심 괴레메

위르귑

소를 추구하는 여행자들이 선호한다. 와인 산지로도 유명해 관광객들이 와인을 사러 많이 방문한다. 품질도 괜찮고 가격도 비싸지 않아 선물용으로 각광받고 있다. 장날은 토요일. 인구 1만 8000명

네브쉐히르 Nevşehir

카파도키아로 오는 버스가 도착하는 곳으로 일대에서 가장 큰 중심도시다. 교통이 편리한 것은 장점이지만 관광지까지 거리가 멀어 여행자들에게 카파도키아를 방문하는 관문으로만 이용되고 있다.

괴레메, 위르귑 등 인근 마을로 출발하는 돌무쉬 정류장에서 아타튀르크 거리 Atatürk Bul.에 이르는 200m 남짓한 랄레 거리 Lale Cad.에 되네르 케밥을 팔고 있는 식당들이 줄지어 있다. 오토가르는 시내에서 3km 정도 떨어져 있는데 버스회사의 세르비스와 시내버스로 연결된다. 매주 월요일에 서는 유명한 네브쉐히르 장터는 인근에서 가장 큰 재래시장이니 꼭 구경 가보자. 특히 과일과 야채가 총 집합하는 채소장터는 볼거리로 손색이 없다. 인구 8만 명

아바노스 Avanos

카파도키아 북쪽에 위치한 곳으로 도자기로 유명한 마을이다. 흑해로 흘러가는 튀르키예에서 가장 긴 강인 크즐으르막 Kızıl Irmak이 마을을 관통하고 있으며 마을 뒤로는 산이 자리하고 있다. 크즐으르막은 '붉은 강'이라는 뜻이다. 일대에서 나는 질 좋은 흙으로 빚는 질그릇과 도자기 공방이 많아 견학을 위해 방문해 볼 만하다. 여러 곳의 펜션

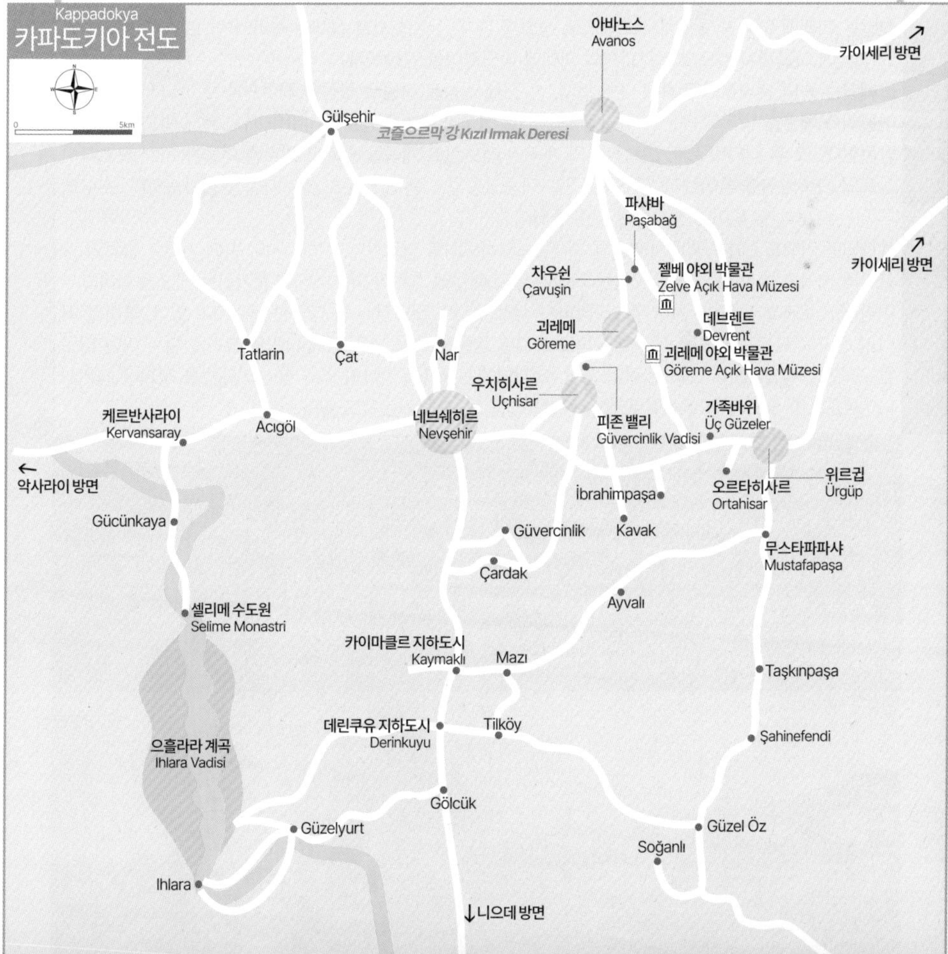

과 호텔도 잘 정비되어 있어 머무는 데도 불편함이 없다. 장날은 금요일. 인구 1만 3000명

우치히사르 Uçhisar

카파도키아에서 가장 높은 곳에 위치한 마을로 계곡 전망이 탁월하다. 사방으로 탁 트여 있어 전망에 목숨을 거는 여행자라면 우치히사르가 단연 최고. 주변의 기암괴석은 물론 멀리 에르지예스 Erciyes 화산까지 보이는데 에르지예스 화산은 오늘날 카파도키아의 특이한 지형을 만들어 낸 장본인. 괴레메와 비교해 상대적으로 여행자들이 많이 찾지 않지만 조용한 분위기에서 풍경에 푹 빠져보고 싶다면 우치히사르에서 머물 것을 추천한다. 인구 6,500명

카파도키아 둘러보기

카파도키아는 광대한 지역 전체가 볼거리라 해도 과언이 아니다. 아무리 짧게 잡는다고 해도 최소 2일은 걸리니 방문하기 전 일정에 여유를 두자. 네브쉐히르와 위르귑을 잇는 도로 북쪽으로 버섯바위를 비롯해 야외 박물관, 아바노스 도예촌 등이 있으며 지하도시는 남쪽에 자리하고 있다.

첫날은 괴레메 야외 박물관에서 프레스코 성화를 본 뒤 우치히사르 성채에 올라가 탁 트인 전망을 즐기고 괴레메 마을까지 걸으며 기암괴석의 괴레메 파노라마를 감상하자.

둘째날은 좀더 본격적인 관광에 나서 보자. 산 전체가 동굴 마을로 조성된 차우쉰을 보고 나서 아바노스 마을의 도예촌을 방문해 예쁜 도자기를 구경하고 버섯바위가 즐비한 파샤바를 거쳐 젤베 야외 박물관을 방문한다. 그 후 낙타바위가 있는 상상의 계곡인 데브렌트 계곡을 즐기고 위르귑 마을을 거쳐 오르타히사르와 가족바위를 돌아보자. 이 모든 곳을 대중교통을 이용해 방문하기란 사실상 불가능하다. 스쿠터 투어(P.497)나 1일 투어에 참가하는 것이 좋다.

셋째날은 카파도키아 관광에서 빼놓을 수 없는 지하도시를 방문한다. 지하도시와 함께 거대한 협곡인 으흘라라 계곡도 놓칠 수 없다. 이곳들은 거리가 멀기 때문에 그린 투어(P.496)에 참가하는 게 효율적이다.

이밖에도 로즈밸리 도보 투어, 무스타파파샤, 네브쉐히르 월요장터 등 다양한 볼거리가 있다. 투어를 떠나기 전 가이드북과 지도를 꼼꼼히 살펴보고 그날 방문할 곳을 미리 정해 나만의 코스를 짜 두어야 더욱 효율적인 관광을 할 수 있다. 관광이 끝난 후 저녁에는 카파도키아의 명물 항아리 케밥을 먹거나 터키시 나이트(P.511) 투어에 참가해 튀르키예 문화를 집중 탐구해 보는 것도 좋다.

+ 알아두세요!

1. 어느 곳이든 사진 찍을 게 널렸으니 배터리를 가득 충전하자.
2. 스쿠터 투어 때 경치 좋은 곳이 나타나면 즉석 야외 소풍을 즐길 수 있으니 케밥과 콜라같은 먹을거리를 준비하면 좋다. 점심도 해결하고 투어도 더 즐거워진다는 사실.
3. 터키시 나이트 투어에 참가할 경우 술을 적당히 마시도록 하자. 취해서 엉뚱한 짓을 하다가 망신당하지 않도록!
4. 으흘라라 계곡 트레킹은 햇빛이 엄청 뜨겁다. 긴팔 셔츠와 모자, 선글라스, 선크림을 꼭 챙겨가자.
5. 모든 숙소에서 무선 인터넷이 되지만 동굴방 내부는 폐쇄적인 구조상 안 되는 경우가 많다.
6. 동네 분위기가 자유로워 보이지만 카파도키아도 튀르키예다. 이슬람 문화 존중 차원에서 핫팬츠 등 노출이 심한 복장은 삼가는 게 기본 예의다.

크즐 으르막 강이 흐르는 아바노스

우치히사르 성채 아래의 동굴집

BEST COURSE

첫날 예상소요시간 6~7시간

출발 ▶▶괴레메 마을

도보 20분

괴레메 야외 박물관(P.498)
프레스코 성화가 가득한 기암괴석의 박물관. 아무리 바빠도 이곳만은 빼놓지 말자.

도보 20분+돌무쉬로 10분

우치히사르 성채(P.501)
카파도키아 전체를 조망할 수 있는 바위산.

도보 1시간

괴레메 파노라마
우치히사르와 괴레메 마을 사이의 기기묘묘한 바위 계곡.

도보 10분

괴레메 마을

둘째날 예상소요시간 6~7시간

출발 ▶▶괴레메 마을

돌무쉬 또는 스쿠터로 10분

차우쉰 올드 빌리지(P.502)
산 전체가 동굴집으로 이루어진 거대한 마을.

돌무쉬 또는 스쿠터로 10분

아바노스 도예촌(P.502)
질 좋은 크즐으르막의 흙으로 빚어낸 다양한 도자기와 접시는 너무 예뻐 눈을 뗄 수가 없다.

돌무쉬 또는 스쿠터로 10분

파샤바(P.503)
버섯바위가 늘어선 계곡. 옛날에는 수도사가 살았다고 한다.

돌무쉬 또는 스쿠터로 10분

젤베 야외 박물관(P.503)

붉은 바위로 이루어진 또 하나의 야외 박물관. 예쁜 계곡 구석구석을 탐방해 보자.

돌무쉬 또는 스쿠터로 10분

데브렌트(P.504)

낙타 모양의 바위가 있는 상상의 계곡.

돌무쉬 또는 스쿠터로 10분

위르귑 마을(P.504)

괴레메와는 또 다른 마을의 분위기를 즐기며 명물인 와인 공장을 방문한다.

스쿠터로 15분

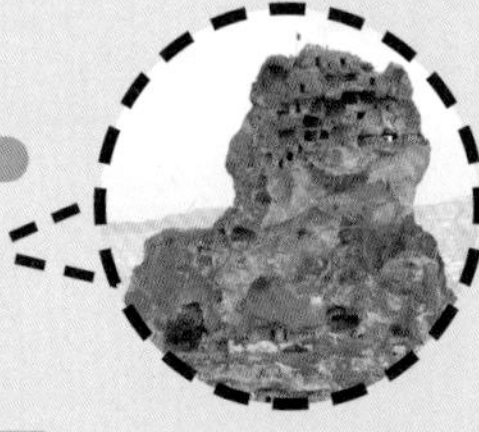

오르타히사르(P.505)

우치히사르에 이은 또 다른 바위산. 꼭대기에 서면 전망이 좋다.

스쿠터로 10분

가족바위(P.505)

크기가 서로 다른 세 개의 기암들. 신은 최고의 조각가라는 말을 실감할 수 있다.

* 돌무쉬는 자주 다니지 않으므로 미리 시간을 확인할 것.

셋째날(그린 투어 참가) 예상소요시간 7~8시간

출발 ▶▶괴레메 마을

차량으로 30분

데린쿠유&카이마클르 지하도시(P.506)

땅속에 자리한 거대한 도시. 우리가 보는 것은 빙산의 일각도 안 된다.

차량으로 20분

으흘라라 계곡(P.507)

계곡과 숲을 즐기는 트레킹은 여행의 피곤을 말끔히 날려준다.

차량으로 50분

괴레메 마을

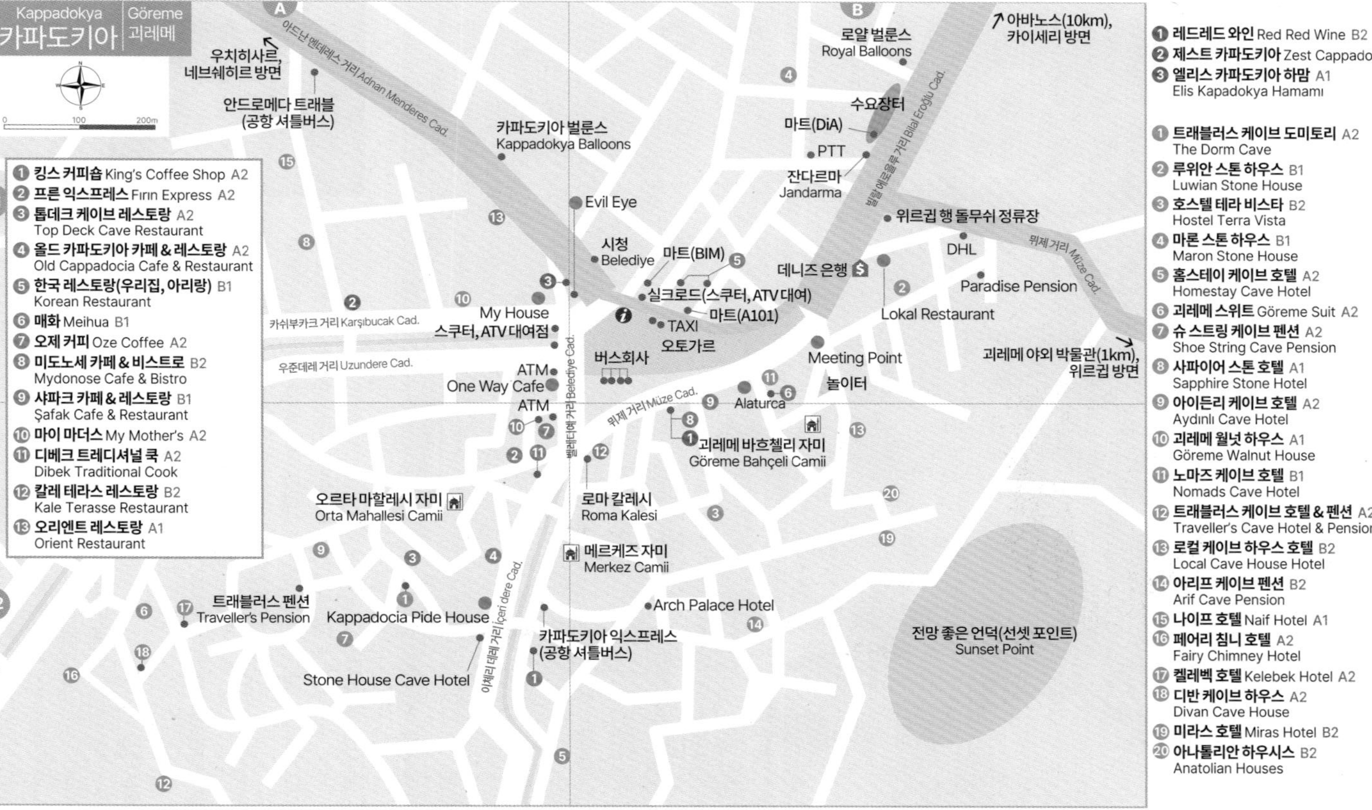

① 레드레드 와인 Red Red Wine B2
② 제스트 카파도키아 Zest Cappadocia A1
③ 엘리스 카파도키아 하맘 A1
Elis Kapadokya Hamamı

① 트래블러스 케이브 도미토리 A2
The Dorm Cave
② 루위안 스톤 하우스 B1
Luwian Stone House
③ 호스텔 테라 비스타 B2
Hostel Terra Vista
④ 마론 스톤 하우스 B1
Maron Stone House
⑤ 홈스테이 케이브 호텔 A2
Homestay Cave Hotel
⑥ 괴레메 스위트 Göreme Suit A2
⑦ 슈 스트링 케이브 펜션 A2
Shoe String Cave Pension
⑧ 사파이어 스톤 호텔 A1
Sapphire Stone Hotel
⑨ 아이드리 케이브 호텔 A2
Aydınlı Cave Hotel
⑩ 괴레메 월넛 하우스 A1
Göreme Walnut House
⑪ 노마즈 케이브 호텔 B1
Nomads Cave Hotel
⑫ 트래블러스 케이브 호텔 & 펜션 A2
Traveller's Cave Hotel & Pension
⑬ 로컬 케이브 하우스 호텔 B2
Local Cave House Hotel
⑭ 아리프 케이브 펜션 B2
Arif Cave Pension
⑮ 나이프 호텔 Naif Hotel A1
⑯ 페어리 침니 호텔 A2
Fairy Chimney Hotel
⑰ 켈레벡 호텔 Kelebek Hotel A2
⑱ 디반 케이브 하우스 A2
Divan Cave House
⑲ 미라스 호텔 Miras Hotel B2
⑳ 아나톨리안 하우시스 B2
Anatolian Houses

카파도키아 테마여행

두 발로 만나는 카파도키아

볼 것도 많고 할 것도 많아 하루 해가 짧기만한 카파도키아. 기구를 타고, 투어에 참가하고, 스쿠터를 타고 돌아다니는 것도 좋지만 뭔가 허전함을 느낀다면 카파도키아의 풍경 속으로 걸어들어가 보세요. 한국의 제주 올레길이나 지리산 걷기여행처럼 카파도키아의 진면목을 보는데 걷기보다 더 나은 것은 없답니다. 문명의 이기를 잠시 접어두고 햇살과 바람 아래 펼쳐진 광활한 계곡을 두 다리에 의지해 자연과 호흡해 보는 것은 어쩌면 지구와 가장 가깝게 소통하는 길이 아닐까 싶습니다. 모래가 서걱거리는 바닥을 뚜벅뚜벅 걸으며 기암괴석 사이를 누비다보면 신비로운 경치는 말할 것도 없고 내 안의 나를 만나는 최고의 여행이 될 것입니다.

어디를 가면 좋을까?

카파도키아는 풍화작용으로 인한 다양한 계곡이 넓게 펼쳐져 있습니다. 계곡 속으로 들어간다고 해서 길도 없는 황무지를 가는 건 아니고요, 산과 계곡 사이로 난 오솔길을 따라 걷는 것입니다. 관심있는 계곡을 정해서 소박한 마음으로 둘러보는 것을 권하고 싶습니다. 소개하는 곳은 초보 여행자가 갈 수 있는 괴레메 근처의 기본적인 코스이며, 이 외에도 다양한 트레킹 루트가 있습니다.

〈주의사항〉

1. 어느 코스든 대체로 안전하지만 인적이 드문 곳이므로 혼자만의 트레킹은 권하지 않는다. 히치하이크도 신중을 기할 것.
2. 떠나기 전에 숙소에 행선지를 밝혀두자. 숙소의 전화번호를 챙기고 본인 휴대폰이 있다면 전화번호를 알려줄 것.

피존 밸리

로즈 밸리

레드 밸리

레드 밸리

로즈 밸리

피존 밸리

피존 밸리

피존 밸리

3. 억센 가시풀이 많으니 긴바지를 입고 물과 간식도 준비해 가자. 새벽 일찍 떠난다면 여름철이라고 해도 얇은 긴 팔 셔츠를 챙기는 게 좋다.
4. 트레킹 도중 발생하는 쓰레기는 반드시 되가져오고 바위를 훼손하지 말 것.
5. 괴레메에서 걷기 시작점과 도착점까지 거리가 먼 코스(로즈 밸리, 레드 밸리, 화이트 밸리 등)는 숙소에 픽업을 부탁하거나 미리 차량을 섭외해 놓을 것.
6. 일행이 여럿이라면 가이드를 고용하는 것도 좋다. 안전도 보장되고 계곡을 보다 풍부하게 즐길 수 있다.

1. 로즈 밸리 & 레드 밸리
Güllüdere Vadisi & Kızılçukur Vadisi

괴레메 마을 동쪽으로 길게 띠처럼 펼쳐진 붉은 계곡. 차우쉰 마을에 가까운 곳이 로즈 밸리고 괴레메 마을에 좀더 가까운 곳이 레드밸리인데 이름만 다를 뿐 사실상 연결되어 있는 하나의 계곡이다. 광활한 계곡이라 오솔길이 거미줄처럼 얽혀있고 어떤 길을 택하느냐에 따라 2~5시간 정도의 트레킹을 즐길 수 있다.

가장 추천하는 코스는 차우쉰 마을에서 아크테페 Aktepe를 연결하는 길. 먼저 차우쉰 올드 빌리지의 빌리지 케이브 호텔 Vilage Cave Hotel 뒤편 언덕을 오른다. 이른 아침이면 색색의 기구가 계곡 위로 솟아오르는 장관이 펼쳐진다. 산 쪽으로 뻗은 오솔길을 따라 가면 길은 붉은 기암괴석 사이로 이어지고 오르막과 내리막을 반복하며 4km 정도 이어진다. 해뜰 무렵이라면 아침햇살에 깨어나는 기묘한 계곡을 독차지한 듯한 느낌이 들고, 해질 무렵에는 석양 빛에 물들어가는 아름다운 계곡을 감상할 수 있다. 2시간 정도 걸으면 아크테페라는 언덕에 도착하는데, 따로 표지판은 없고 흰색의 조그만 언덕이다(이곳에서 보는 석양도 황홀하다). 이곳에서 트레킹을 마치고 돌아가도 좋고, 계곡 아래로 내려가 트레킹을 계속할 수도 있다. 계곡의 진면목을 볼 수 있으니 시간과 체력이 된다면 도전해 볼만하다.

걷기 시작점 차우쉰 마을 올드 빌리지의 빌리지 케이브 호텔 Village Cave Hotel 뒤편 언덕. 또는 아크테페까지 차로 간 후 차우쉰 마을까지 반대로 코스를 잡아도 된다.
가는 방법 숙소의 차량 픽업. **소요시간** 산 아래 절벽을 따라 아크테페까지 일자로 걷는 코스 2시간. 아크테페에서 아래로 내려가 계곡을 통과한다면 5~6시간.

2. 피존 밸리 Güvercinlik Vadisi

괴레메와 우치히사르 마을 사이에 펼쳐진 계곡. 괴레메에서 가깝고 마을에서 바로 연결되기 때문에 쉽게 도전해 볼 수 있다. 어느 쪽에서 시작해도 되지만 우치히사르에서 괴레메 방향의 내리막 코스가 부담이 적고 길 찾기도 편하다. 우치히사르 성채 부근에서 시작하는데 멀리 에르지예스 설산과 로즈 밸리가 정면으로 보이는 기분좋은 트레킹 코스다. 계곡 중앙으로 길이 이어지며 양쪽 계곡의 경치와 바위를 파서 만든 비둘기집도 심심찮게 보인다. 1시간 30분 정도 걸으면 괴레메 마을에 도착한다.

좀 더 손쉬운 코스를 원한다면 우치히사르 성채를 구경하고 찻길을 따라 괴레메로 걸어 내려오며 통과할 수도 있다. 일명 괴레메 파노라마라고도 하는데 나무와 포도밭 사이로 우뚝 솟은 요정바위에 감탄하며 숨바꼭질하듯 걷다보면 어느새 괴레메 마을로 들어선다.

걷기 시작점 우치히사르 성채에서 위르귑 가는 찻길을 따라 700m 정도 가면 카야 호텔 Kaya Hotel과 빈달르 Bindallı 레스토랑이 나오고 그 옆길을 따라 내려간다. 또는 우치히사르에서 괴레메를 잇는 도로를 따라 내려가다보면 오른편 곳곳에 전망 포인트가 있고 계곡으로 내려가는 오솔길이 있다.

가는 방법 우치히사르까지 돌무쉬로 간 후 걷기 시작점까지 도보 15분. **소요시간** 1시간 30분~2시간.

3. 화이트 밸리 Bağlıdere Vadisi

우치히사르에서 차우쉰까지 4km 정도 길게 뻗은 계곡. 주로 흰색의 바위들로 이루어져 있어 화이트 밸리라는 이름이 붙었다. 야생포도 군락지와 키 큰 미루나무 사이를 지나면서 양쪽으로 이어지는 기암괴석이 눈을 즐겁게 해 준다. 사람 얼굴 같기도 하고 거대한 공룡 알 같기도 한 바위를 보며 나만의 상상력을 발휘해 보자. 길은 평탄하고 나무와 덩굴이 만드는 그늘이 풍성하기 때문에 친구들과 소풍삼아 즐기기 가장 좋은 계곡이다. 계곡의 마지막 부분인 일명 '러브 밸리'는 남근 모양의 바위들이 줄지어 있어 탄성이 저절로 나온다. 러브 밸리를 끝으로 큰길을 따라 나가면 차우쉰과 괴레메를 잇는 도로의 중간쯤이다. 찻길을 따라 2km 정도 걸으면 괴레메 마을에 도착한다(또는 숙소에 픽업 요청). 계곡 입구만 잘 찾는다면 크게 어려울 게 없고 다녀온 여행자들의 만족도도 매우 높은 코스다.

걷기 시작점 우치히사르에서 괴레메 방향으로 찻길을 따라 400m 정도 걸으면 왼쪽에 외즐레르 Özler 라고 적힌 커다란 기념품점이 나온다(공장같은 건물). 이 건물 주차장 뒷길로 이어진 비포장도로를 따라가면 계곡 입구가 나온다. 잘 모르겠으면 화이트 밸리라고 하지 말고 '러브밸리 네레데?(러브밸리가 어디죠?)'라고 물어보자.

가는 방법 우치히사르까지 돌무쉬로 간 후 걷기 시작점까지 도보 15분. **소요시간** 2~3시간

화이트 밸리
화이트 밸리
화이트 밸리
제미 밸리

4. 제미 밸리 Zemi Vadisi

괴레메 선셋 포인트 뒤편에서 네브쉐히르 방면 큰길까지 이어진 계곡. 계곡 초입에 남근 모양의 바위들이 줄지어 있어 이 부분만 작은 러브밸리라 부르기도 한다. 4~5km에 이르는 계곡인데 전부를 걷기는 무리고 1시간 정도 걷다가 계곡이 양쪽으로 갈라지는 곳에서 돌아오는 것이 좋다. 계곡 끝부분이 험한데다가 길을 찾기가 힘들어 자칫 위험할 수 있기 때문. 시작점으로 되돌아와서 괴레메 야외 박물관까지 걸어가서 구경하고 괴레메로 돌아오는 것을 추천한다. 야외 박물관 가는 길에 살짝 빠져서 러브밸리만 즐길 수도 있다.

걷기 시작점 괴레메 야외 박물관 가는 길에 있는 투어리스트 호텔 & 리조트 Tourist Hotel & Resort 옆길로 들어가면 된다.

가는 방법 괴레메 마을에서 걷기 시작점까지 도보 10분. **소요시간** 2~3시간

제미 밸리

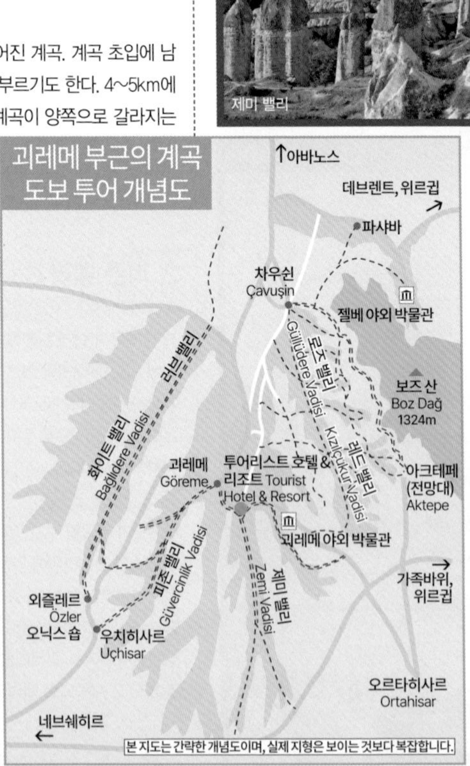

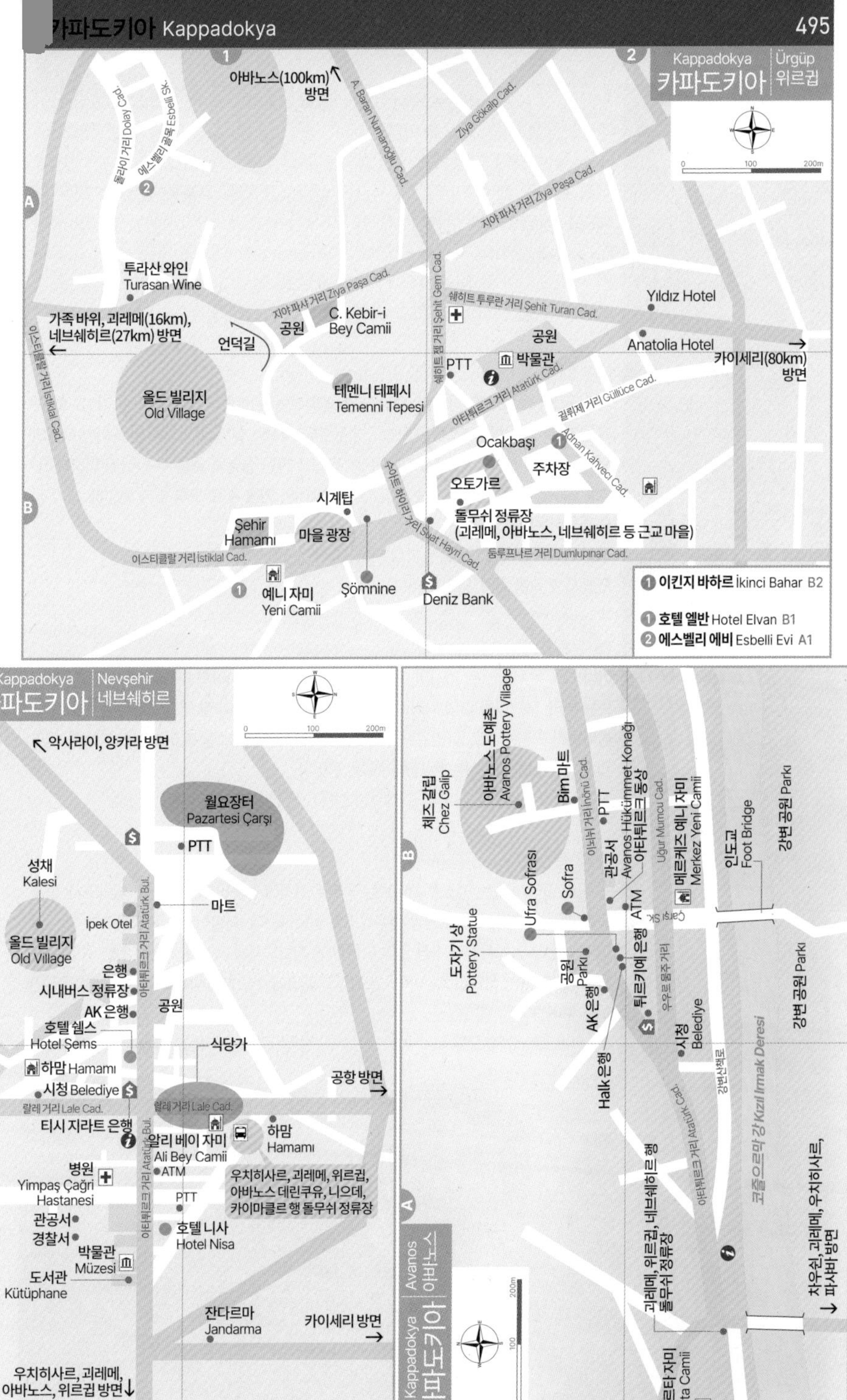
Kappadokya 카파도키아 Ürgüp 위르귑
아바노스(100km) 방면
A. Baran Numanoğlu Cad.
Ziya Gökalp Cad.
돌라이 거리 Dolay Cad.
에스벨리 골목 Esbelli Sk.
지야 파샤 거리 Ziya Paşa Cad.
투라산 와인 Turasan Wine
가족 바위, 괴레메(16km), 네브쉐히르(27km) 방면
공원
C. Kebir-i Bey Camii
언덕길
쉐히트 젬 거리 Şehit Gem Cad.
쉐히트 투루란 거리 Şehit Turan Cad.
Yıldız Hotel
Anatolia Hotel
카이세리(80km) 방면
PTT
박물관
이스티클랄 거리 İstiklal Cad.
올드 빌리지 Old Village
테멘니 테페시 Temenni Tepesi
아타튀르크 거리 Atatürk Cad.
귈뤼제 거리 Güllüce Cad.
Ocakbaşı
Adnan Kahveci Cad.
주차장
오토가르
시계탑
수아트 하이리 거리 Suat Hayri Cad.
돌무쉬 정류장 (괴레메, 아바노스, 네브쉐히르 등 근교 마을)
Şehir Hamamı
마을 광장
둠루프나르 거리 Dumlupınar Cad.
예니 자미 Yeni Camii
Şömnine
Deniz Bank
1 이킨지 바하르 İkinci Bahar B2
1 호텔 엘반 Hotel Elvan B1
2 에스벨리 에비 Esbelli Evi A1
Kappadokya 카파도키아 Nevşehir 네브쉐히르
악사라이, 앙카라 방면
월요장터 Pazartesi Çarşı
PTT
성채 Kalesi
마트
İpek Otel
올드 빌리지 Old Village
아타튀르크 거리 Atatürk Bul.
은행
시내버스 정류장
AK 은행
공원
호텔 쉠스 Hotel Şems
식당가
하맘 Hamamı
공항 방면
시청 Belediye
랄레 거리 Lale Cad.
티시 지라트 은행
알리 베이 자미 Ali Bey Camii
하맘 Hamamı
ATM
병원 Yimpaş Çağrı Hastanesi
우치히사르, 괴레메, 위르귑, 아바노스 데린쿠유, 니으데, 카이마클르 행 돌무쉬 정류장
PTT
관공서
경찰서
호텔 니사 Hotel Nisa
박물관 Müzesi
도서관 Kütüphane
잔다르마 Jandarma
카이세리 방면
우치히사르, 괴레메, 아바노스, 위르귑 방면
Kappadokya 카파도키아 Avanos 아바노스
체즈 갈립 Chez Galip
아바노스 도예촌 Avanos Pottery Village
Bim 마트
이뇌뉘 거리 İnönü Cad.
PTT
관공서 Avanos Hükümmet Konağı
아타튀르크 동상
Uğur Mumcu Cad.
메르케즈 예니 자미 Merkez Yeni Camii
인도교 Foot Bridge
강변 공원 Parkı
Ufra Sofrası
Sofra
ATM
Çarşı Sk.
도자기 상 Pottery Statue
공원 Parkı
AK 은행
튀르키예 은행
우우르 뭄주 거리
Halk 은행
시청 Belediye
강변산책로
크즐으르막 강 Kızıl Irmak Deresi
강변 공원 Parkı
아타튀르크 거리 Atatürk Cad.
괴레메, 위르귑, 네브쉐히르 행 돌무쉬 정류장
차우신, 괴레메, 우치히사르, 파샤바 방면
오르타 자미 Orta Camii

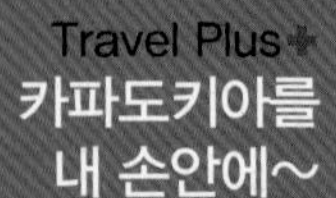

Travel Plus+ 카파도키아를 내 손안에~

카파도키아의 볼거리는 동서 20km, 남북 40km의 넓은 지역에 흩어져 있어 대중교통을 이용해 하루 이틀 만에 다 돌아보기란 사실상 불가능합니다. 이때 유용한 것이 여행사에서 운영하는 투어 상품! 가이드가 함께 다니며 유적지 설명도 해 주기 때문에 시간도 절약되고 관광 효율도 높일 수 있는 일석이조의 방법이죠. 대부분 자신이 머무는 숙소에 신청하는 것이 일반적인데 시간과 주머니 사정을 고려해 선택하는 것이 최대의 관건. 잘만 이용하면 카파도키아 관광 최고의 선택이 될 수도 있으니 다음 투어 내용을 참고하세요. 가끔 한국어 가이드가 되는 경우도 있습니다.

로즈밸리 투어 Rose Valley Tour

카파도키아의 상징 중 하나인 로즈밸리를 돌아보는 도보 투어. 넓은 계곡을 가이드와 함께 걸어다니며 몇 군데의 바위 교회도 방문한다. 석회와 철분, 황이 함유된 특이한 색깔의 지형을 볼 수 있으며 카파도키아 지형의 형성에 관한 설명을 들을 수 있어 유익하다. 석양에 물드는 계곡을 감상하는 것이 투어의 백미인 만큼 주로 오후 늦게 출발해 해가 진 후에 돌아온다.

시간 17:00~20:00(겨울철은 14:00~16:30) 요금 €10~15

포함사항 왕복 차량, 영어 가이드

아바노스 도자기 공방(레드 투어)

데린쿠유 지하도시(그린 투어)

레드 투어 Red Tour

아바노스, 우치히사르, 파샤바, 데브렌트 계곡 등 카파도키아의 마을과 관광명소를 돌아보는 투어. 볼거리들 간의 거리가 멀지는 않지만 대중교통이 잘 연결되지 않아 하루 만에 돌아보기가 힘든 코스를 연결한 투어 상품이다. 기암괴석과 함께 아바노스 도예촌, 위르귑 와인 공장을 방문하는 등 내용이 알찬 편이다.

시간 10:00~16:30 요금 €40 포함사항 전용차량, 영어 가이드, 점심, 입장료

그린 투어 Green Tour

먼 곳에 떨어져 있는 명소를 돌아보는 투어로 가격대 성능비가 뛰어나다. 지하도시, 으흘라라 계곡 등 카파도키아 관광 필수코스를 방문하는데, 개별적으로 관광하기가 힘든 곳이기 때문에 여행자들이 가장 많이 이용한다. 지하도시의 유래와 기능에 관한 설명도 들을 수 있고 3km 정도의 짧은 계곡 트레킹과 셀리메 수도원도 방문해 카파도키아의 진면목을 보여준다.

시간 09:30~16:30 요금 €50~60 포함사항 전용차량, 영어 가이드, 점심, 입장료

카파도키아 투어의 백미 기구 투어

기구 투어 Balloons Tour

기구를 타고 올라가 기암괴석을 공중에서 감상하는 투어. 기구를 탄다는 것 자체가 이색 체험인데다 하늘에서 내려다보는 카파도키아는 또 다른 매력이라 나날이 수요가 증가하는 추세다. 기상 조건이 좋은 아침 일찍 출발하며 숙련된 조종사가 동승해 이리저리 기구를 조정해가며 좋은 경치를 볼 수 있게 해 준다. 특별한 경험을 선사하는 것이니만큼 요금이 만만치 않은데 투어 업체를 선정할 때 요금보다 더 중요한 것은 안전. 경험과 사고의 유무를 확인하는 것은 필수다. 다행히 대부분의 업체가 보험은 의무적으로 가입되어 있다. 같은 기구 투어라 하더라도 몇 인승이냐에 따라 가격 차이가 있고, 다른 투어와 묶어서 신청하면 할인도 적용된다. 투어 업체에서 호텔까지 왕복 차량을 제공해준다. 다만 기구 투어는 날씨의 영향을 많이 받으므로 새벽 일찍 출발해서 대기 장소에서 기다리다가 기상 악화로 인해 투어를 하지 못하고 돌아오는 경우도 있다는 점을 알아두자. 기구 투어 출발 전에는 반드시 화장실에 다녀오자. 하늘에 올라가면 화장실이 없는 것은 물론 뛰어내릴 수도 없기 때문에 이만저만 곤란한 게 아니다.

시간 06:00~07:00 요금 €130~200 포함사항 차량, 기구 투어, 샴페인 파티
투어신청 각 숙소 및 여행사

스쿠터, ATV 투어 Scooter, ATV Tour

말 그대로 스쿠터나 ATV를 빌려서 돌아다니는 투어로 파샤바, 데브렌트 계곡 등 대중교통으로 방문하기 어려운 곳을 손쉽게 돌아볼 수 있어 인기가 높다. 괴레메 오토가르 부근에 스쿠터 대여점이 성업 중인데 만약의 경우를 대비해 보험 가입여부와 사고시 적용 범위를 반드시 확인하자. 한국 운전면허증이 필요하며 운전시 안전을 고려하는 것은 당연사항. 의외로 교통사고도 많으니 과속은 절대 금물! 반납할 때 연료를 가득 채워야 하니 처음 빌릴 때 기름이 꽉 차 있는지 확인할 것.

ATV 투어는 사륜차인 ATV를 운전하며 가이드를 따라 다니는 단체투어 프로그램이다. 가이드의 안내로 계곡 안쪽 깊은 곳과 사람이 살았던 동굴집 등을 보다 자세히 탐방할 수 있다. 단, 비포장 길을 달리는 거라 눈을 못 뜰 정도로 모래먼지가 심하다. 마스크와 고글 같은 운전용 안경을 꼭 챙겨가자.

요금 ATV 투어(2시간) €30~40 *승용차 1일 대여는 €70~80

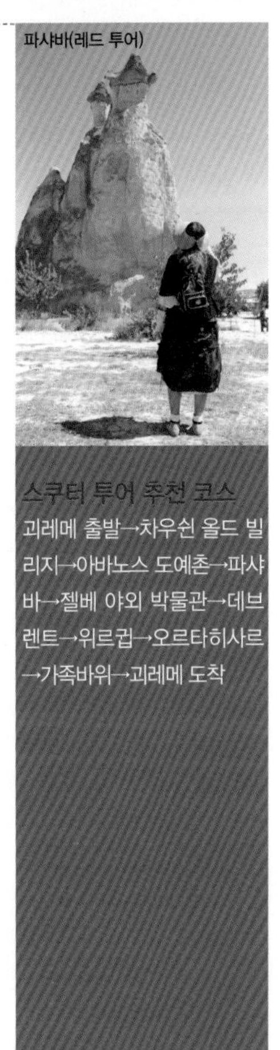
파샤바(레드 투어)

스쿠터 투어 추천 코스

괴레메 출발→차우쉰 올드 빌리지→아바노스 도예촌→파샤바→젤베 야외 박물관→데브렌트→위르귑→오르타히사르→가족바위→괴레메 도착

Shakti Say 아무리 강조해도 지나치지 않은 안전운전

스쿠터 투어 안전운전 하세요

카파도키아 지역은 도로가 평탄하고 차량 통행이 적어 스쿠터를 타기에는 좋은 조건이지만 사고 위험도 높습니다. 도로를 운행하는 차량의 속도가 매우 빠른데다가 스쿠터가 달리는 가장자리 도로는 흙과 모래가 깔려있어 무척 미끄럽습니다. 또한 대여 스쿠터다 보니 성능에 문제가 있는 경우도 많고요. 운전자의 안전을 지키는 장비는 헬멧 밖에 없으므로 사고가 나면 갈비뼈나 팔다리가 부러지는 대형사고로 이어지고 있습니다(실제로 많은 사례가 보고되고 있음). 특히 가족바위~괴레메 야외박물관 구간은 경사도가 심한 급커브길이므로 각별한 주의를 요합니다. 본인의 운전 실력을 냉정하게 평가해 보고 조금이라도 미심쩍다면 과감히 스쿠터를 포기하고 상대적으로 안전한 ATV를 대여하기를 권합니다. 스쿠터가 보험에 가입되어 있다 하더라도 차량 등 물품만 보험 적용이 될 뿐 병원비는 전액 본인 부담이라는 것도 알아두세요.

Attraction 카파도키아의 볼거리

수많은 카파도키아의 볼거리 중 괴레메 야외 박물관과 지하도시는 결코 빼놓을 수 없는 곳이다. 어느 곳을 방문하든 '세상에 이럴 수가~'라는 말을 입에서 뗄 수 없으니 턱이 빠지지 않도록(?) 잘 단속하자.

괴레메 야외 박물관
Göreme Açık Hava Müzesi ★★★★★

Map P.498 주소 Göreme Açık Hava Müzesi, Göreme Kappadokya **개관** 매일 08:00~18:30(겨울철은 17:00까지) **요금** €20(카란륵 교회는 €6 별도), 동굴교회 내부 촬영 금지 **가는 방법** 괴레메 마을에서 위제 거리 Müze Cad.를 따라 도보 20분.

카파도키아의 상징인 버섯바위를 이용한 집들과 교회를 모아놓은 박물관. 모아놓았다기보다는 동굴교회 밀집지역에 울타리를 쳐서 박물관으로 만들었다는 편이 더 정확하다. 대부분 3~12세기 로마와 이슬람의 핍박을 피해 이곳에 들어온 기독교도들이 만든 것인데 1년 365일에 해당하는 365개의 동굴교회가 있었다고 한다.

현재 30여 개의 교회가 일반에 개방되고 있는데 황량한 외관과는 달리 내부는 선명한 프레스코화가 잘 보존되어 있다. 교회들은 건립연대나 건립자가 명확하지 않아 프레스코 벽화의 특징을 따서 이름을 붙였다. 입구에 들어서서 반시계 방향으로 돌며 관람하는 게 일반적이다.

박물관을 다 둘러본 후 그냥 내려오지 말고 정문 위쪽으로 난 돌길 아스팔트를 따라 올라가보자. 50m 정도 가면 박물관과 주변 계곡이 한눈에 들어오는 경치가 기다리고 있으니 놓치지 말 것.

성 바실리우스 교회
Basilius Kilisesi

입구에 들어서자마자 오른쪽에 있는 첫 번째 교회로 규모는 작은 편. 내부의 벽화는 주로 붉은색을 사용

한 단순한 형태다. 정면 벽에는 예수의 상반신이 비교적 크게 그려져 있고 좌우 벽에는 말을 탄 두 명의 사도 벽화가 있다. 남쪽 벽에는 뱀과 싸우는 성 그레고리우스, 북쪽에는 성 테오도르 St. Theodore의 성화가 있다.

엘말르 교회 Elmalı Kilisesi

성 바실리우스 교회 다음에 있는 것으로 4개의 기둥이 돔을 받치고 있으며, 두 개의 좁은 통로를 통과해야 교회 정문으로 들어설 수 있다. 정 중앙 돔에는 예수가 그려져 있으며 그 바로 뒤에 있는 돔에 천사 가브리엘의 성화가 있다. 왼손에 공 모양의 십자가가 그려진 것을 들고 있는데 모양이 사과 같다고 해서 엘말르('사과'라는 뜻)라는 이름이 붙었다.
예수의 생애도 묘사되어 있다. 성화를 자세히 보면 얼굴 부분이 많이 훼손되어 있는데 이슬람에서는 눈을 없애면 상대를 완전히 죽였다고 믿기 때문에 이슬람 핍박을 거치며 성화의 눈 부위가 집중적으로 수난을 겪었다고 한다. 천장의 그림은 지속적으로 돌을 던져 눈을 없앴다고 하니 노력에 감탄할 뿐이다.

성 바르바라 교회 Barbara Kilisesi

엘말르 교회와 붙어 있으며 11세기경 조성되었다. 바르바라는 기독교 박해 시대에 예수를 믿었던 여인의 이름이다. 그녀는 이교도를 신봉한다는 이유로 아버지에게 감금되어 결국 죽임을 당하고 만다. 이곳은 바르바라의 행적을 기리기 위해 지은 교회다.

벽화는 주로 붉은 물감을 사용했는데 비교적 단순한 문양들이 재미있다. 교회 중앙에 말을 타고 뱀과 싸우는 두 사람의 벽화가 있는데 이것은 성 그레고리우스와 성 테오도르로 이단과 투쟁하는 대목이라고 한다.
오른쪽에는 순례객들을 축복하는 예수 그리스도의 모습이 있는데 세 손가락을 펴서 삼위일체를 나타내고 있는 모습이 인상적이다. 후일담이지만 바르바라를 못살게 굴었던 그녀의 아버지는 후에 벼락을 맞아 죽었다고 하니 죄 짓지 말고 살 일이다.

일란르 교회 Yılanlı Kilisesi

이 교회에는 바르바라 교회와 같이 뱀과 싸우는 성 그레고리우스와 성 테오도르의 모습이 실감나게 그려져 있다. 일란르는 튀르키예어로 '뱀'이라는 뜻. 입구 정중앙에 예수가 그려져 있는데 삼위일체를 강조하는 손이 얼굴보다 더 크게 그려져 있어 눈길을 끈다. 뱀과 싸우는 벽화 옆에 십자가를 쥐고 있는 두 사람은 기독교를 공인한 로마의 콘스탄티누스 황제와 그의 어머니 헬레나다.
오른쪽 벽면에 그려져 있는 세 명의 성인은 오른쪽부터 성 바실리우스, 성 토마스, 성 오노프리우스다. 오노프리우스를 자세히 보면 얼굴에는 수염이 있고 가슴이 불룩하게 나와 있어 아이러니컬하다. 여기에는 한 가지 이야기가 얽혀 있는데 오노프리우스는 원래 아름다운 여인이었으나 방탕한 생활을 했다고 한

엘말르 교회

괴레메 야외 박물관

다. 은혜를 입어 죄를 회개한 후 그녀는 남자가 되게 해 달라고 기도하였고 결국 남자로 변하게 되었다는 전설이다.

수도원 식당 Yemekhane

일란르 교회와 카란륵 교회 사이에 자리한 이곳은 수도사들이 식당으로 사용하던 곳. 음식물 저장고, 주방, 식당으로 이루어져 있다. 한 번에 30명 정도 이용할 수 있는 규모이며 내부에 벽화는 없다.

카란륵 교회 Karanlık Kilisesi

13세기에 지어졌으며 야외 박물관의 교회 중 프레스코화의 보존 상태가 가장 좋다. 일명 '어둠의 교회'라고도 하는데 이는 채광창이 작아 빛이 거의 들어오지 않는 데서 유래한 것. 그림의 보존 상태가 좋은 것도 이 때문이다. 〈예수 상〉과 〈최후의 만찬〉, 〈예수의 일대기〉 등 유명한 그림이 선명하게 남아 있어 관람객의 발길을 가장 오래 잡아끈다.

벽과 천장에 빽빽하게 그려진 벽화를 구경하다보면 최근에 그린 게 아닌가 생각될 정도로 색감이 선명하다. 작은 돌계단을 올라가면 입구가 나오며 별도로 입장권을 파는 매표소가 있다.

차르클르 교회 Çarklı Kilisesi

박물관의 가장 끝에 자리한 교회. 정면에 있는 예수의 승천 벽화 아래 발자국 모양이 찍혀 있어 차르클르('샌들'이라는 뜻) 교회라 불린다. 기독교 성화는 주로 3단계로 나누어 표현하는데 첫째가 예수의 탄생과 성장, 둘째가 기적, 셋째가 고난과 부활이다. 이곳의 성화는 주로 고난과 부활에 관련된 것인데 중앙 돔에는 예수와 천사장들의 상이 있고 돔의 네 귀퉁이에는 4복음서의 저자인 마태오, 마르코, 루가, 요한이 그려져 있다.

이스탄불의 아야소피아 성당에 있는 그림이 여기에도 있는데 왼쪽이 성모 마리아, 가운데가 예수, 오른쪽이 세례자 요한이다.

Shakti Say

프레스코화는 이렇게 그려졌다

프레스코화 Fresco란 벽에 석회를 바른 후 그 위에 그림을 그리는 미술기법입니다. 프레스코는 이탈리아어로 신선하다는 뜻. 즉 완전히 마르지 않은 석회 위에 그림을 그려 물감이 석회 벽 속으로 침투하도록 하는 방법인데요, 먼저 벽면을 거칠게 깎아낸 후 석회 벽을 이중으로 바르고 완성된 벽이 건조되기 전에 미리 준비한 안료로 그림을 그립니다. 안료는 세월이 가도 잘 변하지 않는 천연물감을 사용하며 그림을 수정할 때는 석회 벽을 긁어내고 새로운 벽을 바른 후 그립니다. 준비과정이 복잡한데다 석회가 마르기 전 재빨리 그려야 하기 때문에 꽤 까다로운 기법이지만 최대의 장점은 장기 보존이 가능하다는 것입니다.

유화는 보통 300년, 한지 같은 중성지는 500년 정도 보존되지만 프레스코 벽화는 무려 1000년을 간다고 하니 경이로울 따름입니다. 이 때문에 중세의 교회와 성당에 광범위하게 프레스코 기법이 사용되었답니다. 르네상스 시대에 전성기를 이루었던 프레스코화는 17세기 이후 새로 개발된 유화에 밀려났다가 최근 들어 다시 화가들의 관심을 끌고 있습니다.

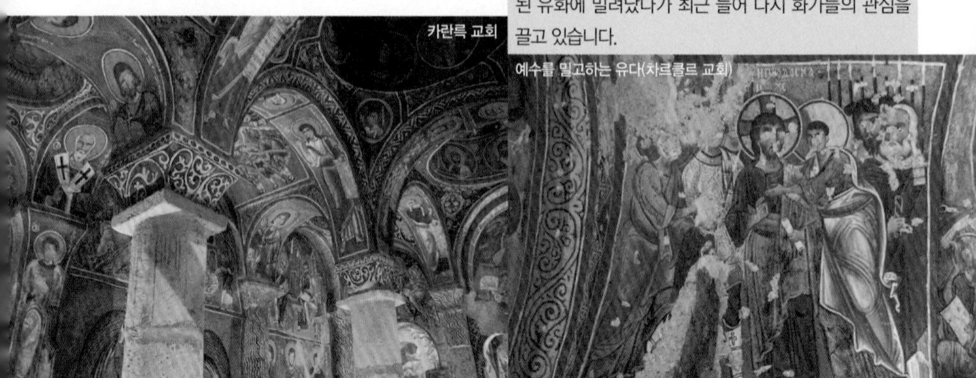
카란륵 교회

예수를 밀고하는 유다(차르클르 교회)

입구 바로 위쪽 성화 중 누군가 후광에 십자가가 있는 예수를 껴안는 장면이 있다. 이는 예수의 열두 제자 중 한 명인 유다로 로마인에게 예수를 밀고하는 장면이라고 한다. 눈썰미가 좋은 사람이라면 같은 그림이 카란륵 교회에도 있음을 알 수 있다.

여자 수도원 Kızılar Monastri

박물관 입구 왼쪽에 자리한 거대한 수도원으로 여자 수도사들만 머물렀다고 한다. 전부 5층으로 되어 있는데 1, 2층은 곡식 저장고, 주방, 식당이며 3층은 예배실이다. 아쉽게도 강의실과 기숙사 등은 공개하지 않고 있다. 3층으로 가는 길목에 성화를 볼 수 있다.

토칼리 교회 Tokalı Kilisesi

괴레메 야외 박물관의 입구 밖에서 100m 정도 아래쪽에 위치한 교회. 카파도키아에서 가장 큰 규모를 자랑하며 프레스코화도 잘 보존되어 있다. 교회의 이름이 토칼리인 것은 내부 천장에 그려진 혁대고리 모양의 무늬 때문인 것으로 추측된다. 토칼리는 '혁대고리'라는 뜻.

입구에 들어서면서 보이는 곳과 안쪽 부분이 나누어진 T자 형태다. 벽화의 물감을 근거로 과학적으로 조사해본 결과 바깥쪽의 벽화는 920년대에 그려진 것이며 안쪽 벽화는 그보다 30년 정도 후에 조성된 것으로 확인되었다. 입구의 천장과 벽면에는 예수의 일대기가 그려져 있으며 안쪽 벽화에 사용된 푸른색은 독특한 아름다움을 자아내 사뭇 인상적이다. 지하에도 작은 예배당이 있는데 벽화는 없다. 입구에서 박물관 입장권을 확인하니 섣불리 입장권을 버리지 말자.

우치히사르 성채
Uçhisar Castle ★★★

Map P.487 개방 매일 일출~일몰 **요금** 250TL **가는 방법** 괴레메 오토가르에서 돌무쉬로 10분.

괴레메에서 남서쪽으로 3km 떨어져 있는 우치히사르 마을에 우뚝 솟아 있는 성채로 카파도키아 최고의 높이를 자랑한다. 성채라기보다는 바위산이라는 말이 더 정확한데 로마의 핍박을 피해 기독교인들이 숨어살던 곳으로 예전에는 성채와 마을을 연결하는 지하 터널도 있었다고 한다. 성채를 돌아가며 파 놓은 구멍은 비둘기를 키우던 둥지였는데 비둘기의 배설물을 모아 포도밭의 비료로 사용했다고 한다.

여자 수도원

토칼리 교회

우치히사르는 카파도키아 일대를 조망하기에 최적의 장소로 정상에 올라서면 360° 파노라마가 펼쳐진다. 주변 계곡은 물론 괴레메, 아바노스, 위르귑 마을과 멀리 에르지에스 설산도 보여 관광객들의 발길이 끊이지 않는다. 석양에 물드는 계곡은 황홀할 정도라 기왕이면 해질 무렵 방문하는 게 좋다. 우치히사르에서 괴레메 마을까지의 길은 기암괴석의 장관이 펼쳐져 있다. 일명 '괴레메 파노라마'라고 불린다. 성채를 구경한 후 1시간 정도 내리막길을 걸으며 카메라 셔터를 부지런히 눌러 보자.

차우쉰 올드 빌리지
Çavuşin Old Village ★★★

Map P.487 주소 Çavuşin Old Village, Çavuşin Kappadokya **개방** 24시간 **요금** 무료(마을 입구의 석굴교회는 €3) **가는 방법** 괴레메에서 돌무쉬 또는 스쿠터로 10분.

괴레메에서 아바노스 가는 길에 있으며 산에 조성된 동굴 마을로 유명하다. 바위를 파서 산 전체를 마을로 만든 것인데 올라가 보면 곳곳에 동굴집과 예배소 흔적을 확인할 수 있다. 골목길을 따라 여기저기 기웃거리다보면 자연에 순응하며 살았던 옛 사람들의 숨결이 느껴진다. 마을 꼭대기는 사방이 트여 있어 전망이 좋다. 멀리 우치히사르 성채도 보이고 계곡의 파노라마도 감상할 수 있으니 힘들더라도 꼭대기까지 올라가 보자. 한편 차우쉰 마을 입구의 큰길가에는 차우쉰 교회 Çavuşin Kilisesi라는 석굴 교회가 있다. 내부에 프레스코화가 있으니 관심있는 여행자는 들어가 보자.

아바노스 도예촌
Avanos Pottery Village ★★

Map P.487 주소 Avanos Pottery Village, Avanos Kappadokya **개방** 매일 08:00~20:00 **요금** 무료 **가는 방법** 괴레메에서 돌무쉬 또는 스쿠터로 15분.

도자기와 카펫을 생산하는 곳으로 유명한 마을. 괴레메 북쪽에 자리하고 있다. 총 길이 1,355km의 튀르키예에서 가장 긴 강인 크즐으르막 Kızıl Irmak 주변에서 나는 질 좋은 흙은 도자기 생산에 최적의 조건이다.

마을에는 많은 도자기 공방이 있는데 대부분 발로 물레를 돌리는 전통 방법을 고집하고 있어 눈길을 끈다. 투어에 참가하면 들르게 되는데 투어가 아니더라도 볼거리로 괜찮으니 다녀올 만하다.

아바노스 도예촌

우치히사르 성채

차우쉰 올드 빌리지

파샤바
Pasabağ ★★★★

Map P.487 개방 매일 08:30~19:00(겨울철은 16:30까지) **요금** €12(젤베 야외 박물관과 통합입장권) **가는 방법** 괴레메 마을에서 아바노스 방향으로 가다 차우쉰 마을을 지나서 오른쪽 길로 꺾어서 500m. 괴레메에서 스쿠터로 10분. 돌무쉬가 운행하지만 자주 다니지는 않는다.

일명 '수도사의 골짜기'로 불리며 카파도키아의 상징인 버섯바위가 있는 곳이다. 수도사의 골짜기라는 별명이 붙은 이유는 세상과 동떨어져 신앙생활을 할 것을 주장했던 성 시메온이 이곳에 거처했기 때문이다.

곳곳에 신기한 모습의 버섯바위가 있는데 가장 눈길을 끄는 것은 버섯 같은 세 봉우리가 한 몸에 붙어 있는 거대한 바위. 아래는 흰색이고 버섯 모양의 머리는 검은색이라 희한하다고 밖에 표현할 길이 없는데 이는 화산 활동으로 굳은 용암이 풍상에 깎이면서 차별침식을 받아 형성된 것이다. 버섯바위들을 둘러보다보면 SF영화에 등장하는 외계 행성에 온 것 같은 착각이 드는 건 너무도 자연스러운 현상. 폼을 잡으며 사진 찍는 것까지는 좋은데 절대로 바위를 훼손하지 말 것!

스머프가 살 것 같은 삐죽삐죽한 바위는 스머프가 아니라 기독교도들이 살던 곳인데 안에 들어가 보면 벽화가 남아 있는 곳도 있다. 내부가 좁은데다 계단과 사다리를 타고 다니게 되어 있어 추락의 위험이 있으니 주의하자. 괜히 장난을 친다든가 하는 것은 금물.

버섯바위가 늘어선 파샤바

젤베 야외 박물관
Zelve Açık Hava Müzesi ★★★

Map P.487 주소 Zelve Açık Hava Müzesi Kappadokya **개관** 매일 08:30~19:00(겨울철은 16:00까지) **요금** €12(파샤바와 통합입장권) **가는 방법** 괴레메 마을에서 아바노스 방향으로 가다 차우쉰 마을을 지나서 오른쪽 길로 접어들어 파샤바를 지나 길 끝나는 곳에 있다. 괴레메에서 돌무쉬나 스쿠터로 20분.

괴레메에서 동쪽으로 3km 떨어진 곳에 위치

Shakti Say **수도원 운동을 이끈 성 바실리우스** St. Basilius

중세 교회의 꽃이자 영적 샘물운동으로 일컬어지는 수도원 운동은 사회가 혼란하고 영적으로 세속화되었을 때 삶의 방향을 바로잡고자 일어난 운동입니다. 4세기 초 기독교가 공인된 후 교세는 날로 확장되었고 이를 바탕으로 교회가 큰 재산을 소유하는 현상이 벌어지게 됩니다. 경건한 신자들은 이러한 교회의 세속화에 반대하여 초기 교회의 이상으로 돌아가자는 목소리를 내게 되었고 이 같은 움직임은 수도원이라는 공동체를 탄생시킵니다.

카파도키아 출신 신학자 성 바실리우스는 초기 수도원 운동을 이끌었던 중요한 인물. 그는 노동과 자선, 공동생활을 토대로 한 수도원의 계율을 정하였고 이것은 비잔틴 제국 수도원의 표준 계율이 되었습니다. 성 바실리우스의 정신을 이어받은 성 베네딕트 St. Benedict(480~543)는 청빈(淸貧), 순명(順命), 정결(貞潔)로 요약되는 수도원 정신을 확립하기에 이릅니다. 수도원의 성직자들은 규칙적인 기도, 명상, 농사 등의 활동을 했으며 도서관과 부설학교를 운영해 교육 및 학문 연구의 역할도 수행했습니다. 또한 자선사업과 농경법을 알려주는 사회사업도 병행함으로써 중세사회의 문화 전반에 커다란 영향을 미쳤답니다.

한 협곡으로 로즈밸리처럼 철분이 함유된 붉은색 바위가 많다. 이곳에도 8~13세기 박해를 피해 숨어 살았던 기독교인들이 조성해 놓은 동굴교회가 남아 있다. 벽화가 있는 몇 개의 동굴과 협곡은 가느다란 터널로 연결되어 있다. 화려한 벽화가 있는 괴레메 야외 박물관과 달리 비둘기, 물고기, 공작, 종려나무 등 비교적 단순한 문양만 있을 뿐이다. 이들은 각각 평화, 예수, 부활, 영생을 상징한다. 이처럼 교회 내부에 성화가 없는 것은 성상파괴 운동이 한창일 때 건설되었기 때문. 지금은 붕괴 위험으로 내부 출입을 금하고 있다. 밖에서 외관을 보는 것으로 만족하자.

오랫동안 주거지로 사용되었던 젤베 계곡은 1950년대까지 사람이 살았으나 풍상에 의해 침식된 바위가 무너질 지경에 처해 주민들은 이주하고 지금은 박물관으로 손님을 맞고 있다. 계곡은 전부 세 갈래인데 입구에서 오른쪽부터 반시계 방향으로 도는 것이 편리하다. 견학로를 따라가며 편리하게 관람할 수 있다.

데브렌트
Devrent ★★★

Map P.487 **개방** 24시간 **요금** 무료 **가는 방법** 아바노스에서 위르귑 가는 길 중간에 있다. 괴레메에서 가면 스쿠터로 20분.

아바노스에서 위르귑 가는 길에 있는 계곡으로 붉은색의 기암괴석이 장관을 이룬다. 데브렌트는 '상상력의 계곡'이라는 뜻인데 오랜 세월에 걸쳐 만들어진 다양한 바위가 보는 사람의 상상에 따라 달리 보이기 때문에 붙은 이름이라고 한다. 각양각색의 희한한 모습의 바위를 구경하다 보면 외계의 행성에 온 듯한 착각마저 든다.

길가에는 기념품 판매점이 있고 관광객을 실은 크고 작은 버스가 끊일 날이 없는데, 이는 데브렌트 계곡의 백미인 낙타바위 때문. 진짜 낙타와 거의 흡사하게 생겨 신기하다고 밖에 할 말이 없다. 사진을 찍으려고 몰려드는 관광객들로 일 년 내내 카메라 세례를 받는다.

위르귑 마을
Ürgüp ★★

Map P.487 **개방** 24시간 **요금** 무료 **가는 방법** 괴레메에서 돌무쉬로 40분 또는 스쿠터로 30분.

카파도키아 포도 생산의 중심이자 유명한 투라산 와인이 있는 마을(매년 10월에는 국제 와인 축제도 열린다). 레드 투어를 하거나 개별적으로 스쿠터 투어를 하면 들르게 되는데 오토가르와 시청 부근에 관광안내소와 박물관도 있다. 박물관은 그다지 볼 게 없고 마을

데브렌트 계곡의 낙타바위

젤베 야외 박물관

위르귑 마을의 테멘니 테페시

중심부에 자리한 테멘니 테페시 Temenni Tepesi에 올라가 보자. 언덕 위에는 셀주크 투르크의 술탄 클르차슬란 Kılıçarslan의 무덤이 있고, 이 무덤에 기도를 하면 소원이 이루어진다는 속설이 있어 주민들과 튀르키예인 관광객들이 많이 온다. 테멘니 테페시는 '소원의 언덕'이라는 뜻. 언덕이 높아 위르귑 시내와 주변 경관이 한눈에 들어온다. 간이매점에서 차와 스낵을 팔고 있으므로 차이를 한 잔하며 전망을 즐겨보자. 매점 안에는 위르귑의 옛 모습을 담은 사진도 있다. 언덕에는 외부 음식물 반입이 금지다.

오르타히사르
Ortahisar ★★

Map P.487 주소 Ortahisar Kappadokya **개방** 매일 08:00~19:00(겨울철은 17:00까지) **요금** 50TL **가는 방법** 괴레메에서 스쿠터로 20분.

괴레메와 위르귑 사이에 있는 천연 바위 성채. 전체적인 형태는 우치히사르 성채와 비슷하지만 높이는 약간 낮다. 주변의 기암들 가운데 있다고 해서 오르타('중앙'이라는 뜻)라는 이름이 붙었다. 내부는 10개 층으로 나뉘어 있는데 좁은 통로와 사다리가 있어 정상까지 올라갈 수 있다. 정상에서 바라보는 에르지예스 산과 우치히사르 등 주변 전망이 훌륭하다.

가족바위
Üç Güzeler ★★★

Map P.487 개방 24시간 **요금** 무료 **가는 방법** 괴레메야외 박물관에서 위르귑 가는 큰길을 따라 스쿠터로 10분.

마을 중심에 우뚝 선 오르타히사르

Meeo Say **튀르키예 오빠들은 한국 언니를 좋아한다구요?**

튀르키예를 여행하다보면 유난히 한국 여성에게 친절한 남자들이 있어요. 수많은 여행자가 방문하는 관광지에서 일하는 남성이라면(꼭 튀르키예 남성이 아니더라도) 외국 여성들에게 관심을 갖는 건 자연스러운(?) 일이라고도 할 수 있겠습니다. 또한 한국과 튀르키예가 '형제의 나라'라는 점을 생각하면 그들의 호의를 덮어놓고 의심할 필요는 없겠지요. 하지만 조금만 생각해보면 그들 입장에서는 나는 스쳐가는 수많은 여행자 중의 한 명일 뿐입니다.
그럼 왜 한국 여성에게 적극적이냐고요? 그들의 말을 빌자면 "서양 언니들은 의사표시가 분명하고 까다롭지만 한국 언니들은 작업하기가 쉽고 성공률이 높아서"라고 합니다. 또한 사랑에 빠진 여성의 심리를 이용해 잇속을 챙기는 일도 심심찮게 발생하며 결국 좋지않은 결말로 끝나는 경우가 많습니다. 자신의 결정으로 인한 것이므로 남성들에게만 책임을 돌릴 수는 없겠지요.
튀르키예 남성에게 호의를 받을 경우 손님으로서 받는 호의인지? 여성이어서 받는 호의인지? 구분을 잘 하시고 자신의 의사표시를 분명히 하는 게 좋습니다. 면전에서 직접적인 표현을 하는 것은 한국인에게는 익숙하지 않은 방식이지만 자기 의사를 명확하게 하는 게 중요합니다. 또한 애매하고 어정쩡한 태도로 오해를 사지 않도록 주의하시고요.
아울러 무료 숙박을 댓가로 숙소(또는 레스토랑, 여행사 등)의 스탭으로 일을 도와달라는 제안을 받기도 하는데요, 정식으로 고용되어 고용비자를 받지 않는 한 이는 엄연한 불법 취업입니다. 동네사람들의 곱지 못한 시선은 말할 것도 없고요. 때로는 고발을 당해 추방당하기도 하는 등 보이는 것과 달리 심각한 문제가 많이 발생합니다. 이때 일을 제안했던 업체에서는 아무런 책임도 지지 않으며, 불법을 행하다 벌어진 일이기에 한국 대사관에 도움과 보호를 요청할 수도 없습니다. 한마디로 모든건 본인 책임이므로 주의하세요.

괴레메 야외 박물관 윗길을 따라 위르귑 가는 길가에 위치한 기암으로 세 개의 바위가 나란히 서 있다. 크기와 모습이 마치 아빠, 엄마, 아기처럼 보여 가족바위라는 이름이 붙었으며 카파도키아를 상징하는 바위 중 하나다. 생김새가 워낙 특이한데다 주변 경치도 훌륭해 많은 이들의 사랑을 받고 있다. 부근에 일몰을 감상하기 좋은 전망대도 있으며 멀리 에르지예스 설산이 꿈결같이 보인다. 괴레메 야외 박물관에서 스쿠터로 간다면 도로가 매우 가파르니 조심해야 한다.

데린쿠유&카이마클르 지하도시
Derinkuyu&Kaymaklı Yeraltı Sehri

Map P.487 개관 매일 08:00~18:00(겨울철은 16:30까지) **요금** €13 **가는 방법** 네브쉐히르 오토가르에서 니으데 Niğde 행 미니버스를 타고 지하도시에서 하차하거나 그린 투어 참가.

말 그대로 지하에 굴을 파고 조성한 도시. 카파도키아 중심지에 30여 개의 지하도시가 있으며 전체로 따지면 200여 개에 달할 정도라고 한다. 지하도시는 기원전 히타이트 시대부터 조성된 것으로 보이며, 로마와 비잔틴 시대를 거치며 지속적으로 확장되었는데 누가 언제 왜 만들었는지에 대한 속 시원한 대답은 아직까지 없는 실정. 다만 이민족의 침입이나 종교상의 박해를 피하기 위해서였을 거라는 일반적인 추측만 해 볼 뿐이다. 로마와 이슬람의 박해를 피해 이곳을 은신처로 삼았던 기독교도들이 대표적인 예다.

지하도시 중 관광객에게 개방되는 곳은 데린쿠유와 카이마클르 두 곳으로 깊이 85m에 지하 8층, 수용인원은 2만 명에 달하는 대규모를 자랑한다. 내부에는 부엌, 거실, 창고, 회의실, 교회, 신학교, 회랑 등이 있으며 모든 시설이 완벽히 갖추어져 대규모의 공동생활이 이루어졌음을 알 수 있다. 심지어 포도주 양조장까지 있었을 정도. 두 곳의 지하도시는 연결 통로가 있어 개별적으로 존재한 것이 아니라는 사실을 보여준다. 내부 구조가 복잡하고 좁은 길이 사방으로 뻗어 있어 자칫하면 길을 잃기가 십상이다. 혼자 이탈했다가 불의의 사고를 당하는 경우도 있으니 탐방은 가이드와 함께 하도록 하자.

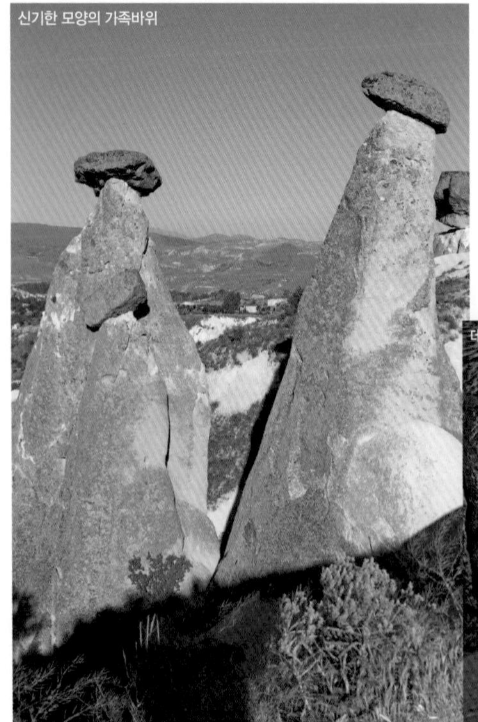
신기한 모양의 가족바위

데린쿠유 지하도시

으흘라라 계곡
Ihlara Vadisi ★★★

Map P.487 개방 매일 08:00~19:00(겨울철은 17:00까지) **요금** €15 **가는 방법** 네브쉐히르에서 악사라이로 가서 으흘라라 행 버스를 타거나 그린 투어 참가.

데린쿠유 지하도시에서 서쪽으로 약 30km 떨어져 있는 계곡. 한눈에 보기에도 범상치 않은 포스가 느껴진다. 약 20km에 달하는 웅장한 계곡 양옆으로 60여 개의 교회와 수도원이 들어서 있는데 이는 비잔틴 시대에 은둔생활을 하던 수도사들이 만든 것들이다. 30여 곳의 동굴교회에서 벽화를 볼 수 있는데 예수의 승천 장면이 그려져 있는 아아찰트 교회 Ağaçalt Kilisesi, 24인의 대부와 40명의 순교자가 그려진 일란르 교회 Yılanlı Kilisesi 등이 대표적이다.

깎아지른 듯한 절벽 사이로 맑은 강이 흐르며 나무가 울창한 숲 사이로 난 오솔길을 따라 걷는 으흘라라 계곡 트레킹은 깨끗한 자연을 만끽할 수 있어 여행자들에게 각광받고 있다. 계곡이 끝나는 지점에는 카파도키아에서 가장 큰 셀리메 수도원이 있는데 거대한 규모에 입을 다물 수 없을 정도다. 수도원에서 바라보는 계곡과 주변 마을 풍경도 일품이다.

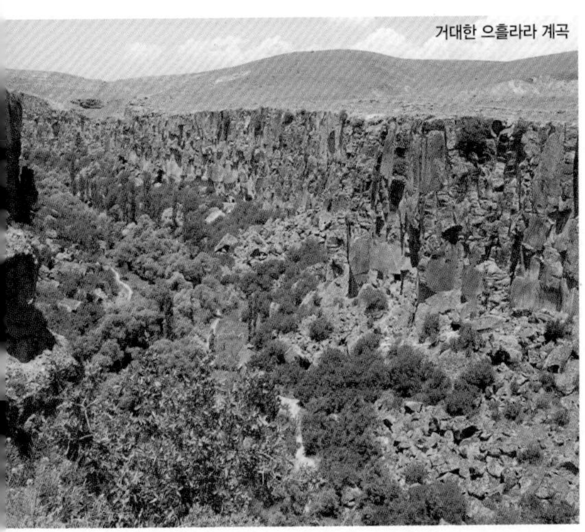
거대한 으흘라라 계곡

무스타파파샤
Mustafapaşa ★★

Map P.487 주소 Mustafapaşa, Kappadokya **개방** 24시간 **요금** 30TL(교회 입장료) **가는 방법** 위르귑에서 돌무쉬로 20분, 돌무쉬는 2시간마다 1편 운행한다.

위르귑 남쪽에 자리한 곳으로 제1차 세계대전 때까지 그리스 주민이 살던 마을이다. 마을의 원래 이름은 시나소스 Sinasos였다고 한다. 성 스테파노스 교회, 성 바실리우스 교회 등 19세기에 조성된 교회가 많으며 내부에는 프레스코화가 남아 있다. 1923년 튀르키예, 그리스 주민교환 협정에 따라 그리스인들이 떠나고 지금은 튀르키예 주민이 살고 있다. 괴레메나 위르귑에 비해 관광객이 많이 찾지 않아 옛 모습을 그대로 간직하고 있다. 호텔과 펜션도 있어 숙박도 가능하다.

케르반사라이
Kervansaray ★★

Map P.487 개관 매일 07:00~19:00 **요금** 30TL **가는 방법** 네브쉐히르에서 버스로 40분.

네브쉐히르에서 서쪽으로 50km 떨어진 술탄한 Sultan Hanı이라는 마을에 있는 대상(隊商) 숙소로 1299년 셀주크 왕조의 술탄이 지었다. 참고로 케르반사라이는 낙타가 하루 동안 걸을 수 있는 거리 단위로 지어졌으며 숙소의 기능과 함께 약탈에 대비한 요새로 조성되었다.

건물 안에는 숙소, 식당, 하맘, 마구간의 시설이 있으며 내부 정원에서는 활발한 교역이 이루어지는 등 대상들에게는 없어서는 안 될 중요한 베이스캠프였다. 카파도키아의 케르반사라이는 보존 상태가 양호해 관심이 있다면 둘러볼 만하다. 단, 거리가 멀어서 방문하기가 불편한 것이 흠이다. 여름철에는 관광객을 위한 세마 댄스(P.562 참고) 공연이 벌어지기도 한다.

Restaurant 카파도키아의 레스토랑

유명세에 걸맞게 많은 레스토랑이 성업 중이다. 한 가지 아쉬운 것은 다양한 국적의 관광객이 찾는데도 메뉴가 다양하지 못하다는 것. 음식값은 다른 도시보다 높게 형성되어 있고 수준도 그다지 뛰어난 편은 아니다(특히 전체적으로 양이 적은 게 불만스럽다). 다만 모든 레스토랑에서 주류를 판매하기 때문에 맥주를 곁들인 식사를 할 수 있다는 것이 좋은 점이다. 대부분의 레스토랑에서 카파도키아의 명물인 항아리 케밥을 판매하고 있으며 위르귑, 우치히사르에 머문다고 해도 먹을 걱정은 없다. 일대에서 큰 마을인 위르귑은 괴레메보다 음식 수준이 나은 편이며 주민들이 이용하는 맛 좋고 저렴한 레스토랑도 많다.

괴레메*

킹스 커피숍 King's Coffee Shop

Map P.491-A2 주소 Göreme İçeridere Sk. No:3/B, 50180 **전화** +90-533-238-5061 **홈페이지** www.kingscoffeecappadocia.com **영업** 07:00~20:30 **예산** 1인 200~300TL **가는 방법** 오토가르에서 도보 5분.

규모는 작지만 세련되게 꾸민 공간이 인상적이다. 조각케이크과 튀르키예식 후식인 바클라바를 맛볼 수 있다. 튀르키예에 온 지 얼마 안 되었다면 터키시 커피와 바클라바를 주문해 보자. 디저트류를 가게에서 직접 만드는데 특히 많이 달지 않은 피스타치오 케이크가 압도적인 인기를 끌고 있다. 가게가 편안하고 친절해서 휴식이 필요할 때 여러 번 방문하게 된다.

프른 익스프레스 Fırın Express

Map P.491-A2 주소 Eski Belediye Yanı **전화** +90-533-674-0002 **영업** 10:00~23:00 **예산** 1인 150~300TL **가는 방법** 오토가르에서 벨레디예 거리를 따라 도보 3분.

가게 입구에 흐드러진 포도 덩굴과 장미가 낭만적이며 내부도 리모델링을 통해 말끔해졌다. 오랫동안 피데를 구워내며 괴레메의 대표적인 피데집으로 자리를 잡았다. 전에는 피데만 있었는데 그릴 요리와 항아리 케밥, 단품 요리 등 메뉴가 다양해진 것도 눈에 띈다.

톱데크 케이브 레스토랑 Top Deck Cave Restaurant

Map P.491-A2 주소 Hafiz Abdullah Efendi Sk. No.15 Göreme **전화** (0384)271-2474 **영업** 18:00~23:00 **예산** 1인 300~400TL **가는 방법** 트래블러스 케이브 도미토리 숙소 바로 옆에 있다. 오토가르에서 도보 5분.

튀르키예인 남편과 남아공 아내가 운영하는 레스토랑. 동굴 레스토랑이라 낮은 천정과 조명이 약간 어둡지만 그 자체로 카파도키아 특유의 분위기를 체험할 수 있다. 주인이 고급 레스토랑에서 다년간 일한 경력이 있어 음식 수준이 높다. 다양한 종류의 메제가 훌륭하고 특히 시가라 뵈렉(원통형의 패스트리)은 꼭 맛볼 것을 추천한다.

올드 카파도키아 카페 & 레스토랑 Old Cappadocia Cafe & Restaurant

Map P.491-A2 주소 Hakkıpaşa Meydanı Merkez Camii Karşısı Göreme **전화** (0384)271-2858 **영업** 10:00~23:00 **예산** 1인 300~400TL **가는 방법** 오토가르에서 이체리 데레 거리를 따라 도보 5분.

각종 케밥, 쾨프테, 피르졸라 등 일반적인 튀르키예식을 맛볼 수 있으며 화덕에서 피데도 구워낸다. 음식 맛은 최고라고 할 수는 없지만 괜찮은 수준이며 저렴한 닭고기 샌드위치와 아이란 세트가 인기다. 오픈 주방이라 조리 과정도 볼 수 있다.

한국 레스토랑(우리집, 아리랑) Korean Restaurant

Map P.491-B1 주소 Göreme Kasabası, Bilal Eroğlu Cd. No:1, 50180 **예산** 1인 500~600TL **가는 방법** 오토가르 바로 건너편에 있다.

괴레메에서 그리운 한식을 맛볼 수 있는 레스토랑. 김치찌개, 된장찌개, 비빔밥, 김밥, 닭강정 등 다양한 한식을 판매하고 있다. 맛은 개인적인 편차가 있겠지만 외국이라는 점을 감안할 때 괜찮은 편이라는 평가다. 빵과 케밥에 질린 사람이라면 더없이 반가우며 재료조달이 쉽지 않음에도 불구하고 이만한 가격과 맛을 유지하는 게 놀라울 정도다. 중심가에 2군데의 한식당이 나란히 있어 언제든 편하게 이용할 수 있다.

매화 Meihua

Map P.491-B1 주소 Gaferli Mah. Gerdiş Sk. No.22 **전화** (0384)271-2771 **영업** 08:00~23:00 **예산** 400~500TL **가는 방법** 오토가르 뒤편 뮈제 거리에 있다.

정통 중화요리 전문점으로 중국에서 초빙된 요리사가 직접 요리한다. 쇠고기, 닭고기, 양고기, 생선 등 갖가지 재료를 이용한 수십여 가지의 요리를 다채롭게 선보여 케밥에 질려있던 여행자들의 입맛을 돋워준다. 깔끔한 인테리어도 자랑할 만하다. 매콤한 맛을 원한다면 쓰촨 요리를 주문하자.

오제 커피 Oze Coffee

Map P.491-A2 주소 Eski Belediye Girişi No.1 Göreme **전화** (0384)271-2219 **영업** 09:00~24:00 **예산** 커피 100~150TL **가는 방법** 오토가르 뒤편에 있다. 도보 1분.

일본인+튀르키예인 커플이 운영하는 커피와 차 전문점. 원두커피는 물론 홍차와 녹차, 아이스크림까지 다양한 마실 거리가 있다. 야외 테이블에 앉아 바클라바나 로쿰(튀르키예식 디저트)을 먹으며 거리 구경을 하다보면 여행온 기분이 난다. 겨울철에는 야생 난의 뿌리를 갈아만든 뜨거운 살렙도 괜찮다.

미도노세 카페 & 비스트로 Mydonose Cafe & Bistro

Map P.491-B2 주소 Müze Cad. No.18/1 50180 Göreme **전화** (0384)271-2850 **영업** 10:00~다음날 02:00 **예산** 커피, 스무디 100~150TL **가는 방법** 오토가르 뒤편 뮈제 거리에 있다.

크림을 얹은 초콜렛과 스무디 등 다양한 종류의 마실거리를 낸다. 예쁘게 세팅되어 나오는 음료는 한국의 고급 카페에 견줘도 뒤지지 않을 정도라 놀랍기까지 하다. 오랜만에 귀에 익숙한 음악을 들으며 창가자리에서 편안한 시간을 가져보자. 무선인터넷 가능.

샤파크 카페 & 레스토랑 Şafak Cafe & Restaurant

Map P.491-B1 주소 28 Müze Cad. Göreme **전화** (0384) 271-2597 **영업** 08:00~24:00 **예산** 1인 250~400TL **가는 방법** 오토가르 뒤편 뮈제 거리에 있다.

취향에 따라 재료를 추가할 수 있는 샌드위치와 10여 가지에 달하는 괴즐레메가 깔끔한 맛을 낸다. 올리브와 참치 샐러드, 휴무스 소스가 나오는 메제도 있는데 맛은 전체적으로 퓨전 스타일에 가깝다. 테이크아웃 샌드위치는 스쿠터 투어나 도보 투어할 때 유용하다.

마이 마더스 My Mother's

Map P.491-A2 주소 Göreme, Nevşehir **전화** (0384) 271-2335 **영업** 08:00~24:00 **예산** 1인 400~500TL **가는 방법** 오토가르 옆 벨레디예 거리에 있다. 도보 2분.

튀르키예식 각종 그릴 요리와 항아리 케밥, 스파게티까지 선택의 폭이 다양하다. 철판 쇠고기 볶음요리인 사츠 타바 Sac Tava는 개인용 숯불을 피워 나오고, 닭고기 요리 마더스 소술루 타북 Mother's Soslu Tavuk도 불로 세팅하는 등 데코레이션에 상당한 신경을 썼다.

Travel Plus

카파도키아의 명물 항아리 케밥 Testi Kebap

카파도키아를 방문한 여행자들의 필수 먹을거리가 있으니 바로 항아리 케밥! 흑해와 가까운 중부 아나톨리아의 요리인데 지금은 카파도키아를 대표하는 음식으로 자리 잡고 있습니다. 닭고기, 쇠고기, 양고기, 새우 등의 재료를 진흙 항아리에 넣고 조리하는데 약간의 국물도 있어 한국의 찜 요리 비슷한 맛이 나지요. 항아리 케밥의 백미는 조리한 항아리를 손님 앞에서 망치를 사용해 직접 개봉하는 것. 간혹 항아리가 완파되는 불행한(?) 경우도 있지만 개봉 자체가 특이한 볼거리라 먹는 맛과 보는 맛을 함께 즐길 수 있답니다. 카파도키아를 방문하면 항아리 케밥을 꼭 맛보도록 합시다.

항아리 케밥 개봉 모습

디베크 트레디셔널 쿡 Dibek Traditional Cook

Map P.491-A2 주소 Göreme, Nevşehir **전화** (0384) 271-2209 **홈페이지** www.dibektraditionalcook.com **영업** 09:00~22:00 **예산** 1인 500~800TL **가는 방법** 오토가르에서 이체리 데레 거리를 따라 도보 3분.

지역 음식을 표방하는 중급 레스토랑. 전통의 대저택을 개조한 내부는 석재 아치와 오스만 스타일의 좌식 자리로 꾸몄으며, 둥근 나무 테이블과 질그릇 양념통까지 고풍스런 분위기를 잘 살렸다. 햇빛에 말린 고기를 넣은 콩요리인 쿠루 파술리예, 튀르키예식 만두인 만트가 괜찮고 항아리 케밥은 예약해야만 맛볼 수 있다.

칼레 테라스 레스토랑 Kale Terasse Restaurant

Map P.491-B2 주소 Roma Kalesi Yanı Müze Cad. Göreme **전화** (0384) 271-2808 **영업** 08:30~23:00 **예산** 1인 300~500TL **가는 방법** 오토가르 뒤편 로마 칼레시 바로 옆에 있다.

음식을 주문하면 금방 구워낸 라바쉬 빵이 길다란 나무판에 담겨 나온다. 질그릇에 나오는 키레미테 쾨프테(토마토소스와 치즈를 얹은 미트볼)나 귀베치 등 모든 음식이 훌륭한 수준이다. 백발이 잘 어울리는 주인의 품위있는 호객도 가게 인상을 좋게 하는 데 한몫하고 있다.

오리엔트 레스토랑 Orient Restaurant

Map P.491-A1 주소 Göreme, Cappadocia **전화** (0384) 271-2346 **홈페이지** www.orientrestaurant.net **영업** 10:00~24:00 **예산** 1인 800~1,000TL **가는 방법** 오토가르에서 아드난 멘데레스 거리를 따라 도보 3분. 왼편에 있다.

음식과 서비스에 정성을 다하는 괴레메 최고의 레스토랑. 고급 요리인 스테이크와 송어 요리를 추천한다. 전문 요리사가 일일이 소스를 만들어서 조리하므로 음식이 나오기까지 시간이 걸리며 티본 스테이크와 마블 스테이크는 먹기 직전 놀라운 불쇼를 경험할 수 있다. 고급 레스토랑이라 복장에 신경 쓰는 게 좋다.

이킨지 바하르 İkinci Bahar(위르귑*)

Map P.495-B2 주소 Turgut Özal İş Merkezi Karşısı No.14 **전화** (0384)341-3133 **영업** 07:00~22:00 **예산** 1인 150~250TL **가는 방법** 위르귑 오토가르에서 도보 2분. 유명한 곳이라 물어보면 쉽게 찾을 수 있다.

위르귑 주민들이 즐겨찾는 중급 레스토랑. 음식을 주문하면 3~4 종류의 메제와 샐러드가 기본으로 나오는 등 관광객 위주의 괴레메의 레스토랑과는 차원이 다르다. 고기요리는 숯불 석쇠에 담겨나와 감동적이기까지 하다. 위르귑에 가면 꼭 들러보자.

Entertainment 카파도키아의 엔터테인먼트

관광지로 명성이 자자한 만큼 밤 문화도 즐길 거리가 많다. 대표 마을인 괴레메에 집중되어 있는데 와인 바, 락까페, 나이트클럽 등 내용도 알차(?) 카파도키아에서 우울한 밤을 보낼 일은 없다. 대부분 중심지인 괴레메 오토가르 뒤편에 자리하고 있다.

터키시 나이트 Turkish Night

투어상품 식사, 주류 포함 1인 €40~50, 주류만 포함 1인 300TL **시간** 20:30~23:30 **문의** 카파도키아 내 각 숙소

카파도키아 밤 문화의 대표격으로 자리잡은 투어상품. 튀르키예 문화와 엔터테인먼트가 합쳐진 일종의 '종합 선물세트'다. 아슬아슬한 옷을 입고 추는 벨리댄스와 각 지방의 민속 춤, 전통 결혼식, 메블라나 댄스, 불 쇼 등 다채로운 행사가 펼쳐진다. 튀르키예 문화를 압축해서 관람할 수 있기 때문에 참가해 볼만하다.

레드레드 와인 Red Red Wine

Map P.491-B2 **주소** Müze Cad. No.18 Göreme **전화** (0384)271-2183 **영업** 15:00~다음날 02:00 **요금** 1인 400~600TL **가는 방법** 오토가르 뒤편 뮈제 거리에 있다. 도보 2분.

상호처럼 카파도키아와 튀르키예 와인을 맛볼 수 있다. 예전에는 와인만 전문으로 하는 바였는데 튀르키예 음식도 함께하는 레스토랑으로 바뀌었다. 요리도 입에 잘 맞고 와인만 한 잔 하러 가도 친절한 주인이 언제나 반겨준다. 날이 추울때는 테라코타 잔에 담겨 나오는 핫 와인을 한 잔 하면 피로가 풀리는 느낌이다. 테이블도 있고 카페트를 깔아놓은 좌식도 있으므로 편한 곳에 자리를 잡자.

제스트 카파도키아 Zest Cappadocia

Map P.491-A1 **주소** Karşı Bucak Cd. No:32, 50180 **전화** (0384)271-2829 **홈페이지** www.zestcappadocia.com **영업** 11:00~다음날 01:00 **예산** 1인 300~600TL **가는 방법** 오토가르에서 카쉬부카크 거리를 따라 도보 5분.

각종 케밥과 스테이크 전문점. 음식도 맛있고 실내 분위기도 좋아서 재방문 하는 여행자들이 많은 곳이다. 저녁때는 멋진 조명이 들어오고 팝송도 틀어놔서 마치 한국에 있는 펍 분위기가 난다. 성수기에는 라이브 공연이 펼쳐져 음악을 들으며 술만 한잔 하러가기에도 좋다. 나르길레(물파이프) 메뉴도 있어 친구들끼리 놀러오는 현지인 여행객들도 많다.

엘리스 카파도키아 하맘 Elis Kapadokya Hamamı

Map P.491-A1 **주소** Göreme Tourism and Development Cooperative Complex **전화** (0384)271-2974 **영업** 10:00~22:00 **요금** 입장료 €30(페이스마스크, 비누마사지, 애플티 포함) **가는 방법** 오토가르에서 도보 1분.

튀르키예에 왔다면 한번쯤 경험해 보고 싶은 튀르키예식 사우나인 하맘. 이곳의 하맘은 전통방식이지만 손님이 외국인 관광객이라 약간 퓨전 스타일이 가미되었다. 건식과 습식 사우나실이 따로 있고 기본 마사지 외에 타이 마사지, 메디컬 마사지 등 특별 마사지 코스도 있다. 마사지와 세신을 한국과 비교하면 매우 실망스러운 수준이지만 현지 문화체험 차원이라 생각하면 그런대로 받을 만하다. 다른 도시에서 하맘 체험을 하기 힘들다면 시도해 보자.

Shopping 카파도키아의 쇼핑

아바노스의 도자기와 위르귑의 와인이 카파도키아의 특산품. 크즐으르막 Kızılırmak강과 아바노스 산의 붉은 흙으로 빚은 도자기와 일대에서 재배되는 질 좋은 포도를 이용한 위르귑 와인은 튀르키예에서 알아주는 명품이다. 가격도 적당해 선물용으로 괜찮다.

체즈 갈립 Chez Galip(아바노스*)

Map P.495-B1 **주소** P.O. Box.22 50500 Avanos, Kapadokya **전화** (0384) 511-4577 **홈페이지** www.chezgalip.com **영업** 08:00~21:00 **요금** 각종 도자기 그릇 200~1,000TL 이상 **가는 방법** 아바노스 마을 중심 도자기 상이 있는 공원에서 도보 5분.

약 200여개에 달하는 아바노스의 공방 중 가장 큰 규모를 자랑하는 곳으로 5대째 도자기를 만들고 있다. 주전자, 접시, 호리병 등 다양한 도자기가 6개의 동굴 방에 전시되어 있는데 색깔과 모양이 화려해 볼거리로도 손색이 없다. 도자기 제작 체험 코스도 유료로 진행하고 있으니 관심있는 여행자라면 참가할 수도 있다. 오래 전 공방 주인인 체즈 갈립 씨에게 도자기를 배우던 프랑스 여성이 머리카락을 남기고 간 이후 수많은 여성 방문객들의 머리카락을 모아놓은 전시실은 매우 특이하다.

투라산 와인 Turasan Wine(위르귑*)

Map P.495-A1 **주소** Yunak Mah. Tevfik Fikret Cad. Ürgüp **전화** (0384) 341-4961 **홈페이지** www.turasan.com.tr **영업** 08:00~20:00 **요금** 각종 와인 1병 300~1,000TL **가는 방법** 위르귑 오토가르에서 택시로 5분.

카파도키아의 와인 제조업체 중 가장 오랜 전통을 자랑하는 업체. 1943년부터 3대째 가업을 이어가고 있다. 포도는 몇 가지 외국산 품종도 있지만 주로 카파도키아와 튀르키예산 품종을 사용한다. 총 25종의 와인을 생산하는데 가장 추천할 만한 것으로는 에미르(화이트와인), 칼레지크 카라스(레드와인), 로제(핑크와인) 등이다. 우치히사르에 기반을 두고 있는 코자바 Kocabağ 와인도 품질이 괜찮다(☎(0384)219-2969, www.kocabag.com).

Shakti Say 튀르키예인이 즐겨 마시는 술, 라크 Rakı

튀르키예는 이슬람의 율법에 따라 술을 금기하고 있지만 다른 이슬람 국가들과는 달리 음주에 비교적 관대한 편입니다. 특히 투명하고 알코올 도수가 높은 라크 Rakı라는 술은 튀르키예인의 생활에서 빼놓을 수 없는 품목입니다. 워낙 독한 술이라 그냥 마시기보다는 물과 희석해서 차게 마시는데 물을 타면 우유처럼 뿌연 색깔로 변하지요. 라크의 안주로는 육류와 생선을 많이 먹는데 기호에 따라 요구르트나 초콜릿을 곁들여 먹기도 합니다. 마실 때는 한국처럼 한번에 마시지 않고 여러 번에 나누어 마십니다.

최근에는 술집에서 마시는 경우도 많아졌지만 라크는 전통적으로 집에서 즐기는 술입니다. 튀르키예인들은 이웃사람과 어울려 라크를 마시며 세상 돌아가는 이야기, 사업 이야기, 각자의 고민 등을 털어놓습니다. 튀르키예인과 친해지려면 집에 초대를 받아서 주인과 라크를 마시는 것이 가장 빠른 길이라는 말이 있을 정도로 튀르키예인의 라크에 대한 애정은 남다릅니다. 튀르키예의 애주가들은 뿌연 색깔에서 착안해 라크를 아슬란 스투('사자의 젖'이라는 뜻)라는 애칭으로 부르기도 한답니다. 사자와 같이 용맹한 튀르키예 남자들을 키우는 젖이라는 것이죠. 어디를 가나 애주가들의 술 마시는 핑계는 다 있나 봅니다.

Hotel 카파도키아의 숙소

저렴한 도미토리에서부터 5성 호텔까지 있어 주머니 사정에 맞게 머물 수 있다. 도처에 널린 게 숙소일 만큼 숫자도 종류도 다양하다. 특히 투어의 중심지인 괴레메에는 줄잡아 약 100개의 숙소가 있을 정도. 카파도키아의 동굴방은 특별한 체험을 할 수 있지만 동굴이라는 특성상 답답한 느낌이 들 수도 있으니 참고하자. 멋진 전망과 조용함을 동시에 구한다면 우치히사르에 머무는 것도 좋은 방법이다. 위르귑에는 동굴집을 개조한 호텔이나 인테리어가 근사한 고급 프티 호텔이 많아 숙소의 질을 따지는 여행자라면 만족할 만하다. 괴레메 오토가르 구내에 있는 관광안내소에 문의하면 원하는 숙소에 전화도 해 주고 위치도 알려주니 적극 활용하자. 아침식사가 포함되며 요금은 성수기 기준이다.

괴레메*

트래블러스 케이브 도미토리 The Dorm Cave

Map P.491-A2 주소 Orta Mah. Hafız Apdullah Efendi Sk. No.4 Göreme **전화** (0384)271-2770 **홈페이지** www.travellerscave.com **요금** 도미토리 €20(공동욕실) **가는 방법** 오토가르에서 이체리 데레 거리를 따라 도보 5분.

2011년 5월에 오픈한 도미토리 전용 숙소. 동굴방인데도 답답하지 않고 무선 인터넷이 잘 되며 개인수납 공간도 있다. 튼튼한 이층 침대와 침구류도 고급스럽고 여성 전용 도미토리가 있는 것도 칭찬할 만한 대목. 카파도키아 뿐만 아니라 튀르키예 전체에서도 손꼽히는 훌륭한 도미토리라 할 수 있다. 여름철에는 예약 필수.

루위안 스톤 하우스 Luwian Stone House

Map P.491-B1 주소 Avcılar, Gerdiş Sk No.14 Göreme **전화** +90-545-516-3369 **요금** 싱글 €70(개인욕실, A/C), 더블 €80(개인욕실, A/C) **가는 방법** 오토가르에서 도보 7분.

가족이 운영하는 숙소로 규모는 크지 않지만 정성스러

운 관리가 돋보인다. 잘 정돈된 객실과 화장실, 특히 정원을 예쁘게 가꾸어 놓아 칭찬하는 여행자들이 많다. 주인아주머니가 직접 조리해주는 아침식사를 테라스에서 즐기다 보면 떠나기가 싫어질 정도다.

호스텔 테라 비스타 Hostel Terra Vista

Map P.491-B2 주소 Gaferli Mah., Dervis Efendi Sok. No:10, 50100 **전화** (0384)271-2874 **홈페이지** www.facebook.com/hostelterravista **요금** 싱글 €20(개인욕실, A/C), 더블 €35(개인욕실, A/C) **가는 방법** 오토가르에서 도보 2분.

오토가르 바로 뒤편에 있는 가성비 숙소. 방은 협소하고 시설은 큰 기대를 할 게 없으나 깔끔하게 관리하고 있어 저렴한 곳을 찾는 여행자에게는 좋은 선택이다. 옥상 테라스에서는 일대의 전망이 보이고 편안한 분위기라 호평을 받고 있다. 이야기하면 언제든 편하게 마실 수 있는 티커피도 장점이다. 조식 불포함.

마론 스톤 하우스 Maron Stone House

Map P.491-B1 주소 Afat Evleri Mehmet Tan Cad. No.9 **전화** (0384)271-2535 **홈페이지** cafe.naver.com/maroncavepension **카톡 아이디** maron2535 **요금** 도미토리 €30, 싱글/더블 €80/€100(개인욕실) **가는 방법** PTT에서 도보 2분.

카파도키아에 터를 잡은 한국인+튀르키예인 부부가 운영한다. 널찍한 테라스와 커피포트가 있는 객실, 깔끔한 욕실은 가

격 대비 최고의 시설을 자랑한다. 풍성한 조식도 마음에 들고 주인장이 손수 제작한 카파도키아 지도도 나눠준다. 외국인 여행자들에게도 인기만점!

홈스테이 케이브 호텔
Homestay Cave Hotel

Map P.491-A2 주소 İsalli Mah, İçeridere Sk. No:17, 50180 Göreme **전화** +90-534-242-0852 **요금** 도미토리 €15(공동욕실), 싱글 €20(공동욕실), 더블 €25(공동욕실) **가는 방법** 오토가르에서 도보 10분.

괴레메 마을 뒤편에 자리한 호스텔. 입구도 약간 허름하고 내부도 그다지 뛰어난 편은 아니지만 내집처럼 편안하게 머물 수 있어 몇 년째 찾아오는 배낭여행객들이 많다. 꼭대기 테라스에서는 마을 뷰도 있고 주방도 개방해 놓았다. 도미토리 침대는 커튼과 조명, 콘센트까지 따로 마련해 놓아 편리하다. 위치가 약간 외진데 마을이 크지 않아서 오가는데 불편할 정도는 아니다.

괴레메 스위트 Göreme Suit

Map P.491-A2 주소 Aydinli Mahallesi, Güvercinlik Sk. No:8, 50180 **홈페이지** www.goremesuites.com **전화** (0384)271-2637 **요금** 싱글 €60(개인욕실), 더블 €80(개인욕실) **가는 방법** 오토가르에서 도보 15분.

객실 내부에서 피죤 밸리가 보이는 좋은 전망을 자랑한다. 옥상 테라스에서 버섯바위가 바로 눈 앞에 보이며 멀리 우치히사르 성채도 보인다. 햇살을 쬐며 테라스에서 한가한 시간을 보내다보면 정말로 기암괴석의 한 가운데에 들어와 있다는 느낌이 든다. 방과 욕실은 깨끗하고 직원들도 상냥하므로 조그만 호텔을 원하는 여행자라면 찾아가 보자.

슈 스트링 케이브 펜션
Shoe String Cave Pension

Map P.491-A2 주소 Orta Mah, Kazım Eren Sk. No.23 Göreme **전화** (0384)271-2450 **홈페이지** www.shoestringcave.com **요금** 싱글 €80~100(개인욕실), 더블 €100~120(개인욕실) **가는 방법** 오토가르 남쪽 메르케즈 자미를 지나 스톤케이브 하우스 오른쪽 골목으로 들어간다.

울룩불룩 튀어나온 동굴형의 외관이 심상치 않은 숙소. 오랜동안 배낭여행자의 쉼터 역할을 해 온 곳이었는데 리모델링을 통해 중급 숙소로 탈바꿈했다. 진짜 바위를

파서 만든 객실은 카페트를 깔아놓아 편안해졌으며 위층의 돌로 지은 객실은 채광이 좋고 수영장이 바로 앞이라 편리하다. 오랜동안 운영해 온 숙소 특유의 편안함이 느껴진다.

사파이어 스톤 호텔
Sapphire Stone Hotel

Map P.491-A1 주소 Central Anatolia Region, Ayvaz Efendi Sk. No:19, 50180 **전화** +90-554-215-3232 **요금** 싱글 €55(개인욕실), 더블 €65(개인욕실) **가는 방법** 오토가르에서 도보 5분.

커피포트가 비치된 객실은 사이즈도 넓고 천정이 목재로 되어있어 아늑한 느낌이 든다. 헤어드라이어가 있는 욕실 또한 흠잡을 데 없이 잘 관리되고 있어 중급 숙소지만 전체적으로 가격대 성능이 뛰어난 곳이다. 수영장이 있는 테라스에서 한가한 시간을 보내며 휴가를 즐기기 좋다.

아이든리 케이브 호텔
Aydınlı Cave Hotel

Map P.491-A2 주소 Aydınlı Sk. No:12, 50180 Göreme **전화** (0384)271-2263 **홈페이지** www.thecavehotel.com **요금** 싱글 €120(개인욕실, A/C), 더블 €130(개인욕실, A/C) **가는 방법** 오토가르에서 도보 7분.

깔끔하고 청결한 객실과 욕실, 손님을 배려해주는 따뜻한 직원들의 손길, 테라스에서의 뷰 등 이 집을 다녀간 사람들이 칭찬하는 대목이 많으나 무엇보다도 놀라울 정도로 제공되는 아침식사가 이곳을 선택하는 키포인트다. 맛과 가짓수에서 단연 최고라 할 만하다. 체크아웃 후 짐보관 및 샤워 서비스도 제공한다.

괴레메 월넛 하우스
Göreme Walnut House

Map P.491-A1 주소 Orta Mah. Uzundere Cad. No.6 Göreme **전화** (0384)271-2235 **홈페이지** www.walnuthousehotel.com **요금** 스탠다드 싱글 €65(개인욕실), 더블 €75(개인욕실), 딜럭스 싱글 €65~75(개인욕실), 더블 €80~90(개인욕실) **가는 방법** 오토가르에서 카쉬부카크 거리를 따라 도보 3분.

이름처럼 입구에 큰 호두나무가 있는 숙소. 이 집에서 태어나고 자란 주인이 직접 설계한 아치형 객실은 나무랄 데 없이 깔끔하며 창문에 나무 선반이 있어 수납도 편리하다. 무엇보다도 바닥 난방 시스템은 이 집만이 가진 최대의 매력. 겨울철 따뜻한 온돌에서 자고 일어나면 여행의 피로가 다 풀린다.

노마즈 케이브 호텔 Nomads Cave Hotel

Map P.491-B1 주소 Müze Yolu No.24 50180 Göreme **전화** +90-507-378-0590 **홈페이지** www.nomadscave.co **요금** 싱글 €30~40(개인욕실), 더블 €40~50(개인욕실), 트리플 €50~60(개인욕실) **가는 방법** 오토가르에서 도보 2분.

동굴방이 싫은 여행자라면 만족할 만한 일반룸이 있으며, 객실의 넓이와 내부 시설에 따라 가격이 달라진다. 중심가에 있어 이동이 편리하며 널찍한 옥상 테라스는 길거리를 내다보며 한가한 시간을 보내기 좋다. 일부 객실은 창문이 서향이기 때문에 한여름에는 조금 더울 수 있다.

트래블러스 케이브 호텔 & 펜션
Traveller's Cave Hotel & Pension

Map P.491-A2 주소 Aydınlı Mah. Görçeli Sk. No.7 **전화** 호텔 (0384)271-2780, 펜션 (0384)271-2707 **홈페이지** www.travellerscave.com **요금** 호텔 싱글 €90(개인욕실, A/C), 더블 €160(개인욕실, A/C), 스위트룸 €200(개인욕실, A/C), 펜션 싱글 €65(개인욕실, A/C), 더블 €80~100(개인욕실, A/C) **가는 방법** 오토가르에서 이체리 데레 거리를 따라가다가 오른쪽 언덕을 올라간다. 도보 15분.

언덕 꼭대기에 자리한 고급 프티 호텔. 괴레메 특유의 지형을 잘 살린 예쁘고 아기자기한 내부 구조가 매력적이며 동굴 방 컨셉의 객실은 쾌적하고 로맨틱하다. 특히 로즈밸리와 괴레메 마을이 한눈에 들어오는 전망대에서 연인과 맥주 한 잔 기울이면 정말 부러울 게 없다. 호텔에서 200m 아래에 있는 펜션도 가격대비 시설이 뛰어나다. 풍성하게 제공되는 아침식사도 칭찬할 만하다.

로컬 케이브 하우스 호텔
Local Cave House Hotel

Map P.491-B2 주소 Gafelli Mah. Cevizler Sk. No.11 Göreme **전화** (0384)271-2171 **홈페이지** www.localcavehouse.com **요금** 싱글 €100(개인욕실), 더블 €150~170(개인욕실), 패밀리룸 €200(개인욕실), 허니문 스위트룸 €250(개인욕실) **가는 방법** 괴레메 바흐첼리 자미 뒤편에 있다. 오토가르에서 도보 5분.

기암괴석이 천연 병풍같이 둘러싸고 있으며 수영장의 파란 물빛이 산뜻한 중급 숙소. 동굴 객실은 내부 인테리어를 신경썼고 발코니에서 보이는 괴레메 마을 풍경도 탁월하다. 특히 전용 발코니와 독채 구조로 된 꼭대기층의 허니문 스위트룸은 신혼여행 커플이라면 매우 괜찮은 선택. 가격대비 만족도가 높으며 여름철 예약 필수.

아리프 케이브 펜션 Arif Cave Pension

Map P.491-B2 주소 Göreme, Nevşehir **전화** (0384) 271-2361 **홈페이지** www.arifcavehotel.com **요금** 싱글 €75(개인욕실), 더블 €85(개인욕실), 자쿠지룸 더블 €110~200(개인욕실) **가는 방법** 오토가르 뒤편 언덕 중턱에 있다. 도보 15분.

예전에는 저렴한 배낭여행자 숙소였는데 리모델링을 통해 중급 숙소로 재탄생했다. 힘들게 올라온 고생에 보답하듯 객실에서 보이는 전망은 압권이다. 널찍한 객실은 평면 TV, 미니바가 있으며 독특한 디자인과 컨셉을 잘 살렸다. 선셋 포인트도 가까워 괴레메 마을과 석양을 감상하기에 좋다.

나이프 호텔 Naif Hotel

Map P.491-A1 주소 Aydınlı Orta Mah.Ayvaz Efendi sok.No:12 **전화** +90-553-777-2110 **홈페이지** www.naifhotel.com **요금** 싱글 €110(개인욕실), 더블 €120(개인욕실) **가는 방법** 오토가르에서 도보 5분.

최근에 오픈한 중급 호텔로 침구류와 욕실 모두 깔끔하게 관리하고 있어 쾌적하게 머물 수 있다. 집에서 재배한 야채로 만들어주는 아침식사는 다정하고 종업원은 상냥하게 손님을 맞이한다. 옥상 테라스 레스토랑에서 아침에 떠오르는 열기구의 장관을 바라볼 수 있고 주변 경관도 뛰어나다. 주인이 조용한 호텔을 지향하는 관계로 18세 이상만 투숙할 수 있어 어린이가 있는 가족 여행객은 받지 않는다.

페어리 침니 호텔 Fairy Chimney Hotel

Map P.491-A2 주소 Güvercinlik Sk. 3/7 Aydınlı Mah. 50180 Göreme **전화** (0384)271-2655 **홈페이지** www.fairychimney.com **요금** 싱글 €33~99(개인욕실), 더블 €55~111(개인욕실) **가는 방법** 프른 익스프레스 레스토랑 옆 골목을 따라 언덕길을 올라간다. 오토가르에서 도보 20분.

오랜동안 괴레메에 살고 있는 독일인 생태주의 박사 안두스 엠게씨가 운영하는 숙소. 지역에 대한 깊은 애정을 가지고 친환경과 슬로우 라이프 등 에코 투리즘을 지향한다. 자연 그대로의 동굴집을 개조한 방은 주인의 따뜻한 애정이 배어있으며 관심있는 여행자에게 카파도키아와 괴레메의 생태와 자연, 문화에 관한 이야기도 들려준다. 조용하고 느린 여행을 지향하는 사람이라면 좋은 선택이다.

켈레벡 호텔 Kelebek Hotel

Map P.491-A2 주소 Aydınlı Mah. Yavuz Sk. No.1 50180 Göreme **전화** (0384)271-2531 **홈페이지** www.kelebekhotel.com **요금** 싱글 €80~90(개인욕실), 더블 €100~250(개인욕실) **가는 방법** 프른 익스프레스 레스토랑 옆 골목을 따라 언덕길을 올라간다. 오토가르에서 도보 15분.

옛 저택 3채를 사용하는 고급 호텔. 전통 구조를 그대로 살렸기 때문에 방 크기가 조금씩 다르고 고풍스럽다. 장미를 심어놓은 정원과 전망을 즐길 수 있는 풀장, 하맘 등 전체적으로 고전과 현대가 잘 조화되었다. 추운 겨울철 하맘에서 몸을 풀고 테라스에서 뜨거운 차를 마시며 눈이 내리는 괴레메 마을을 즐겨보자.

디반 케이브 하우스 Divan Cave House

Map P.491-A2 주소 Aydınlı Mah. Görçeli Sk. Göreme **전화** (0384)271-2189 **홈페이지** www.divancavehouse.com **요금** 싱글 €75(개인욕실), 더블 €90~140(개인욕실), 패밀리 스위트룸 €200(개인욕실) **가는 방법** 프른 익스프레스 레스토랑 옆 골목을 따라 언덕길을 올라간다. 오토가르에서 도보 15분.

동굴방과 석재 아치로 된 일반룸이 있는 숙소. 비슷한 가격대의 다른 숙소와 비교해서 그다지 특별할 건 없는데 4~5명이 사용할 수 있는 패밀리 스위트룸은 썩 훌륭하다. 냉장고, 주방, 세탁기 등 모든 시설이 완비되어 있어 가족단위 여행자에게 인기가 높다.

미라스 호텔 Miras Hotel

Map P.491-B2 주소 Gaferli Mah. Ünlü Sk. No.22 Göreme **전화** (0384)271-3014 **홈페이지** www.mirashotel.com **요금** 딜럭스 스위트룸 싱글·더블 €180(개인욕실), 킹 케이브 스위트룸 €280(개인욕실) **가는 방법** 아나톨리안 하우시스 호텔 바로 위쪽에 있다.

2010년 오픈한 프티 호텔. 넓은 동굴방에 조각과 장식을 해서 한껏 멋을 냈다. 방마다 고유 이름을 붙이고 컨셉을 달리 해서 특징있게 꾸며놓은 일종의 테마형 숙소라고 보면 된다. 수영장도 있고 마을 전경도 한눈에 내려다보이는 등 신혼여행이나 특별한 추억을 만들고 싶은 이들에게 추천한다.

아나톨리안 하우시스 Anatolian Houses

Map P.491-B2 주소 Gaferli Mah. 50180 Göreme **전화** (0384)271-2463 **홈페이지** www.anatolianhouses.com.tr **요금** 스탠다드 싱글·더블 €150(개인욕실, A/C), 딜럭스 싱글·더블 €300(개인욕실, A/C), 프레지덴셜 스위트룸 €450(개인욕실, A/C) **가는 방법** 오토가르 뒤편 언덕 중턱에 있다. 워낙 유명한 곳이라 물어보면 쉽게 찾을 수 있다.

괴레메 최고의 시설을 자랑하는 5성 프티 호텔. 풀장, 하맘, 사우나, 자쿠지 등 모든 시설을 갖추었고 전통 방식의 무료 와인 바까지 있어 놀랍다. 기암괴석 사이에 자리해 주변 경관과도 조화를 이루었으며 고급 단체 관광객들이 많이 찾는다. 고급 호텔을 원하는 여행자라면 좋은 선택이다.

위르귑*

호텔 엘반 Hotel Elvan

Map P.495-B1 주소 İstikalal Cad. Barbaros Hayerttin Sk No.11 Ürgüp **전화** (0384)341-4191 **홈페이지** www.hotelelvan.com **요금** 싱글 €40(개인욕실), 더블 €60~70(개인욕실) **가는 방법** 위르귑 오토가르 입구에서 서쪽으로 난 큰 길을 따라 도보 5분. 예니 자미 옆 골목으로 들어가면 된다.

오래 전부터 위르귑을 찾는 여행자들의 편안한 휴식처. 입구의 장미덩굴도 여전하고 친절한 주인아주머니도 한결같다. 최신 시설은 아니지만 이 숙소만의 조용하고 편안함이 있다. 안뜰의 미니 분수도 꽃으로 장식하는 등 구석구석 주인아주머니의 세심한 손길을 느낄 수 있다. 가정식 아침식사도 괜찮다.

에스벨리 에비 Esbelli Evi

Map P.495-A1 주소 Esbelli Sk. 8 P.K 2 50440 Ürgüp **전화** (0384)341-3395 **홈페이지** www.esbelli.com **요금** 싱글 €150(개인욕실), 더블 €200(개인욕실), 스위트룸 €300(개인욕실) **가는 방법** 올드 빌리지 윗길인 돌라이 거리 Dolay Cad.에서 골목 안으로 들어가 오르막길 도보 3분.

동굴집 9개를 연결한 프티 호텔. 객실은 독립된 구조와 최고급 시설로 안락함을 제공한다. 특히 스위트룸은 주방과 개인 정원까지 갖춘 완전한 독채 구조이다. 방 하나 넓이에 해당하는 욕실은 라디오가 나오고 욕조에서 와인을 마실 수 있는 등 영화에서 보던 것처럼 환상적이기까지 하다. 호텔 자체의 체험만으로도 잊을 수 없는 추억이 될 듯하다.

초록 강이 흐르는 왕들의 계곡

아마시아 Amasya

독특한 자연과 역사가 조화된 도시를 보고 싶다면 아마시아로 가자. 중부 아나톨리아 북쪽 분지에 위치한 아마시아는 주변을 둘러싼 병풍 같은 돌산과 도시를 가로지르는 예쉴으르막 Yeşilırmak('초록빛 강'이라는 뜻) 강이 한 폭의 그림 같은 풍경을 자랑한다.

기원전부터 번영을 누렸던 아마시아는 폰투스, 로마, 셀주크, 오스만 제국을 거치는 동안 일대의 중심도시로서의 지위를 한 번도 내준 적이 없을 정도로 독보적인 위치를 다져왔다. 북쪽 바위산 기슭에 자리한 왕들의 석굴 분묘와 성채는 과거 영광의 세월이 남겨놓은 유산이다. 또한 메흐메트 1세, 무라드 2세, 바야지트 2세 등 오스만 제국 초기의 술탄들이 왕이 되기 전 주 지사를 지냈던 도시라 시내에는 자미와 신학교가 많고 도시 북쪽 구시가지에는 오스만 시대의 전통가옥이 잘 남아 있다. 자연과 인간과 문명의 완벽한 3박자를 갖춘 아마시아는 튀르키예 전역에서 이름난 사과 산지로도 유명하다. 도시의 상징 마크로 사과를 채택하고 있을 정도로 남다른 자부심을 지니고 있으니 사과가 익는 가을철에 방문한다면 튀르키예에서 가장 맛있는 사과를 맛볼 수 있을 것이다.

인구 8만 명 **해발고도** 392m

여행의 기술

Information

관광안내소 Map P.523-B2

아마시아 지도와 관광 안내자료를 얻을 수 있다. 알착 다리의 왕자들의 박물관 옆에 관광안내소가 있어 편리하게 이용된다(휘퀴메트 다리의 시계탑 옆에도 관광안내소가 있다). 튀르키예 전역의 관광 안내 자료를 원한다면 시가지 초입의 관광청을 찾아가자.

위치 왕자들의 박물관 옆에 있다.
전화 (0358)212-4059
홈페이지 www.amasya.gov.tr
업무 수~일요일 08:00~17:00
가는 방법 시내 중심의 알착 다리 Alçak Köprüsü를 건너면 바로 왼편에 있는 왕자들의 박물관 옆에 있다. 시청에서 도보 3분.

환전 Map P.523-B2

강변길인 무스타파 케말 거리 Mustafa Kamal Cad.에 티시 지라트 은행 T.C ZİRAAT Bankası을 비롯해 시내 곳곳에 은행이 있어 환전과 ATM 이용에 불편을 겪을 일은 없다. 환율은 대체로 비슷하므로 가까운 곳을 이용하면 된다.

위치 무스타파 케말 거리 및 아타튀르크 거리
업무 월~금요일 09:00~12:30, 13:30~17:30

PTT Map P.523-B2

위치 알착 다리 남쪽 끝에서 도보 1분.
업무 월~금요일 09:00~17:00

역사

기원전 5500년경부터 사람이 살기 시작한 아마시아는 히타이트, 프리기아, 페르시아, 로마, 셀주크 등 많은 왕국의 중심도시였다.

기원전 3세기 폰투스 왕국의 미트리다테스 1세는 아마세이아(아마시아의 고대명칭)를 왕국의 수도로 삼아 아나톨리아 전역을 지배했으며, 미트리다테스 6세 때 로마의 폼페이우스에게 패하고 기원전 64년 로마의 속주로 편입되었다. 로마의 지배 시절 '지지학(地誌學)의 아버지'라 불리는 유명한 지리학자 스트라본 Strabon이 아마시아에서 태어났다. 프톨레마이오스와 함께 고대 서양에서 가장 뛰어난 역사·지리학자로 평가받고 있는 그는 지중해 세계 전역을 여행하며 수많은 역사책과 지리책을 남겼다(아쉽게도 모두 소실되었다). 이 시기 폼페이우스와의 내전에서 승리한 율리우스 카이사르가 "왔노라, 보았노라, 이겼노라"라는 오늘날까지 회자되는 유명한 말을 남긴 곳도 아마시아다.

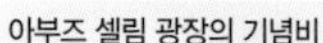
아부즈 셀림 광장의 기념비

1071년 만지케르트 전투에서 비잔틴에 승리를 거둔 셀주크 투르크가 들어온 이후부터 아마시아로 불리게 되었고 오스만 제국 때는 흑해와 중부 아나톨리아를 잇는 군사 요충지이자 술탄 후계자의 정치, 군사적 능력을 시험하는 무대로 종종 활용되었다(왕자들의 박물관과 강변의 왕자들의 흉상이 이같은 역사를 말해준다). 또한 이슬람 교리를 연구하는 신학교와 자미도 속속 건립되어 이슬람 종교학의 도시로서 명성이 높아졌다.

근대에 들어 튀르키예 독립전쟁의 주역인 무스타파 케말 장군(아타튀르크)이 1919년 6월 12일 아마시아에 상륙해 튀르키예 독립전쟁의 기본 원칙을 세우고 "독립은 국민의 의지와 결단력에 의해 결정된다"라고 공표했다. 1924년 9월 독립 튀르키예 공화국의 초대 대통령이 된 아타튀르크가 아마시아를 다시 방문해 튀르키예 역사에서 아마시아가 차지하는 중요성을 역설하기도 했다. 독립 전쟁을 기리기 위해 시민들은 1981년 아부즈 셀림 광장에 기념비를 세웠다.

아마시아 가는 법

국내외 관광객이 나날이 늘어나고 있어 교통은 편리한 편. 인근 도시는 물론 이스탄불, 앙카라, 트라브존 등 장거리 도시와 카파도키아에서도 직접 가는 버스가 있어 방문하는데 어려움이 없다. 기차도 다니고 있어 기차 여행도 고려해 볼 만하다.

➡ 비행기

아마시아에는 공항이 없고 인근의 메르지폰 Merzifon 공항을 이용하기 때문에 아마시아 시내까지는 시간이 걸린다. 튀르키예 항공에서 매일 1편 이스탄불을 직항으로 연결하고 있다. 공항에서 아마시아 시내까지는 비행기 도착 시간에 맞춰 운행하는 튀르키예 항공의 셔틀버스를 이용하거나 택시를 타면 된다(30분, 150~200TL). 셔틀버스는 공항 청사 앞에 대기하고 있다. 가끔 셔틀버스를 운행하지 않는 경우도 있으니 비행기 티켓을 살 때 확인해 두자.

항공 정보 문의
(0358)535-1074, 535-1016

➡ 오토뷔스

앙카라 Ankara와 삼순 Samsun에서 많은 버스가 다니고 있으므로 다른 도시에서 아마시아로 직접 가는 버스 시간이 맞지 않는다면 앙카라와 삼순에서 갈아타는 방법도 고려할 만하다. 다음 행선지가 사프란볼루라면 아마시아에서 카라뷔크 Karabük까지 가서 미니버스로 갈아타고 가야한다(사프란볼루 편 P.427 참고).

아마시아 오토가르

오토가르는 도시의 북동쪽 초입에 자리하고 있다. 시내까지는 타고 온 버스회사의 세르비스를 이용하거나 오토가르 앞 도로를 지나다니는 시내버스를 이용해 쉽게 갈 수 있다. 시내버스는 현금승차는 안 되고 교통카드를 구입해야 한다. 오토가르 구내에서 카드를 살 수 있다. 시내까지는 그다지 멀지 않아서 짐이 많다면 택시를 이용해도 요금이 많이 나오지는 않는다. 시내 중심의 '벨레디예 Belediye(시청)'에 내려서 걸어서 숙소를 정하면 된다.

아마시아 오토가르 Amasya Otogar
전화 (0358)218-8012

오토가르 ▷▶ 시내(아타튀르크 거리)

시내버스
운행 06:00~20:00(수시로 운행)
소요시간 10분

아마시아에서 출발하는 **버스 노선**

행선지	소요시간	운행
이스탄불	9시간	1일 9~10편
앙카라	5시간	1일 9~10편
삼순	2시간	08:30~20:00(매 30분 간격)
카파도키아(네브쉐히르)	7시간	1일 1~2편
트라브존	8시간	1일 3~4편
게레데	6시간	1일 3~4편

*운행 편수는 변동이 있을 수 있음.

➡ 기차

아마시아를 연결하는 기차노선은 삼순 Samsun과 시바스 Sivas 간을 운행하는 단 하나의 지선 뿐이다. 버스에 비해 운행편수도 적고 시간도 많이 걸려 이용빈도는 떨어지는 편이지만 아마시아~시바스 구간은 계곡의 경치가 일품이라 시간에 쫓기지 않는 여행자라면 이용해 볼만하다. 연착되는 경우가 종종 있으니 시간적 여유를 두자. 자세한 운행시간은 철도청 홈페이지(www.tcdd.gov.tr)를 참고할 것.

아마시아 역 Amasya Gar
전화 (0358)218-1239

아마시아 기차역

시내 교통

아마시아 구시가지

시가지가 크지 않고 볼거리와 숙소, 식당, 은행이 시내 중심 도로인 아타튀르크 거리와 예쉴으르막 강변에 있어 모두 걸어다닐 수 있다. 걷는 게 부담스럽다면 택시를 이용할 수도 있지만 작은 도시라 택시를 타고 내리고 하는 절차가 더 번거롭게 느껴진다. 단, 북쪽 산꼭대기에 있는 아마시아 성채는 트레킹을 하거나 택시를 이용해야 한다. 오토가르와 기차역은 시내버스를 타고 가는데 현금 승차는 안 되고 별도의 교통카드를 구입해야 한다. 카드는 버스 정류장 부근에서 쉽게 구입할 수 있다.

아마시아 둘러보기

아마시아는 역사가 오랜 도시라 곳곳에 볼거리가 많다. 관광명소를 둘러보는 데는 하루면 되지만 2일 정도 머물며 훌륭한 경치를 충분히 즐기기를 추천한다. 관광은 먼저 강 북쪽 산중턱의 석굴 분묘부터 시작한다. 기원전 일대를 호령했던 폰투스 왕족의 무덤으로 규모가 매우 크다. 석굴 분묘 관람 후 전통가옥 박물관인 하제란라르 코나으를 구경하고 산꼭대기의 성채를 보러 가자. 성채는 거리가 멀어 택시를 타고 다녀 오는 게 좋다. 그런 다음 시내를 다니며 술탄 바야지트 2세 자미를 비롯한 여러 자미를 구경하고 아마시아 박물관을 둘러보자.
볼거리 순례를 마치고 해가 뉘엿거릴 무렵 남쪽 산중턱의 알리 카야 레스토랑에서 석양과 도시의 멋진 야경을 즐기고 저녁식사 후 시내로 돌아오는 것을 추천한다. 모든 볼거리를 빠놓지 않고 방문하려면 아침 일찍부터 서둘러야 한다.

+ 알아두세요!

1. 걸어서 성채에 다녀올 생각이라면 간식과 물을 준비하는 것이 좋다.
2. 외국인에게 지나친 호기심을 보이는 남자들이 많다. 나홀로 여성 여행자는 주의할 것. 무시하는 게 최고다.

BEST COURSE

첫날 예상소요시간 6~7시간

출발 ▶▶알착 다리

예쉴 으르막 강을 가로지르는 다리.

도보 10분

석굴 분묘(P.524)

기원전 폰투스 왕족의 무덤. 여기에서 왕들의 계곡이라는 별명이 유래했다.

도보 5분

문화·예술의 공방(P.524)

아마시아 여성들의 공방. 화려한 색깔의 유리 공예품이 눈길을 사로잡는다.

도보 2분

하제란라르 코나으(P.525)

오스만 시대 가옥을 개조한 박물관. 튀르키예 전통집과 생활상을 구경할 수 있다.

도보 1분

왕자들의 박물관(P.525)

아마시아 주지사로 있던 오스만 제국 왕자들의 박물관.

도보 10분

술탄 바야지트 2세 자미(P.525)

바야지트 2세가 주지사를 지낸 기념으로 세운 자미. 깔끔하게 가꿔진 정원에서 여유있게 쉬기 좋다.

둘째날 예상소요시간 5~6시간

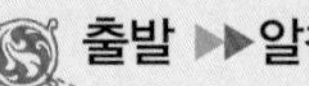

출발 ▶▶알착 다리

도보 20분 + 트레킹 1시간 또는 택시로 20분

아마시아 성채(P.527)

도시 북쪽 하르쉐나 산 정상에 자리한 성. 꼭대기에 서면 아마시아 계곡이 한눈에 들어온다.

도보 1시간 또는 택시로 15분

사분주오을루 병원 박물관(P.526)

오스만 제국의 명의 사분주오을루와 중세 이슬람 의료를 확인할 수 있다.

도보 15분

아마시아 박물관(P.527)

손이 떨어져 나간 성모상이 인상적인 박물관. 한쪽 옆에는 미라 전시관도 있다.

Amasya
아마시아

0 125 250m

1 크즐라르 사라이 카페 B2 Kızlar Sarayı Kafe
2 아나돌루 만트 에비 B2 Anadolu Mantı Evi
3 네이레 아르티잔 레제틀레르 B2 Neyyire Artizan Lezzetler
4 오스만 툴룸바 레스토랑 B2 Osmanlı Tulumbacısı Restoran
5 알리 카야 레스토랑 B1 Ali Kaya Restaurant

1 무스타파 베이 하맘 A3
2 에이륄 부우수 바 Eylül Buğusu Bar B2

1 세마이 오텔 Semay Otel B2
2 아마시아 테슈프 코낙 오텔 B1 Amasya Teşup Konak Otel
3 일크 펜션 İlk Pansiyon B3
4 에즈기 코나클라르 Ezgi Konakları B1
5 에민 에펜디 코나클라르 B2 Emin Efendi Konakları
6 심레 오텔 Simre Otel B2

↑아마시아 성채(3km), 삼순 방면
뷔윅 아아 신학교 Büyük Ağa Medresesi
오토가르(2km) 방면↗
퀸츠 다리 Künç Köprüsü
바야지트 파샤 자미 Bayazit Paşa Camii
쿠마즉 하맘 Kumacık Hamamı
관광청
메흐메트 바른르 거리 Mehmet Varinli Cad.
아마시아 성채 Amasya Kalesi
Büyük Amasya Otel
예실으르막 강 Yeşilırmak
무스타파케말 거리 Mustafa Kemal Cad.
아타튀르크 거리 Atatürk Cad.
Elmasiye Bul.
기차역(2.5km) 방면
이스탄불 국제공항 Istanbul International Airport
석굴 분묘 Karal Kaya Mezarları
시청 차이 공원
메흐메트 파샤 자미 Mehmet Paşa Camii
관공서 (Polis Evi)
왕자들의 박물관 Özel Şehzadeler Müzesi,
사분주오을루 병원 박물관 Sabuncuoğlu Tip ve Cerrahi Tarihi Müzesi
하제란라르 코나으 Hazeranlar Konağı
자미 Camii
Iris Evi Cafe
휘퀴메트 다리 Hükümet Köprüsü
시계탑
마트
튀르키예 항공 THY
Yıldız Hamamı
그랜드 하르쉐나 오텔 Grand Harşena Otel
하제란라르 골목 Hazeranlar Sk.
아타튀르크 동상 Ataürk Statue
이스타숀 다리 İstasyon Köprüsü
Seyran Cafe
Şükrübey Konağı Hotel
Hatuniye Camii
알착 다리 Alçak Köprüsü
귀뮈쉴뤼 자미 Gümüşlü Camii
PTT
야부즈 셀림 광장 Yavuz Selim Meydanı
지야파샤 거리 Ziyapaşa Cad.
마데누쉬 다리 Madenuş Köprüsü
문화·예술의 공방 Kültür ve Sanat Evi
Saraçhane Camii
메트로 버스회사
Maden Hotel
술탄 바야지트 2세 자미 Sultan Bayazit II Camii
시청 Belediye
시미트 사라이 Simit Saray
타쉬 한 Taş Han
Süleyman Ağa Camii
아타튀르크 거리 Atatürk Cad.
괵 신학교 Gök Medresesi
아마시아 박물관 Amasya Müzesi
버스회사
시내버스 정류장
부르말르 미나레 자미 Brumalı Minare Camii
튀르크 텔레콤
베데스텐 Bedesten (카팔르 차르시 Kapalı Çarşi)
티시 지라트 은행
5 알리 카야 레스토랑(5km) 방면↙

A B 1 2 3

Attraction 아마시아의 볼거리

자미, 성채, 박물관 등 일반적인 볼거리가 있지만 사실 아마시아의 가장 큰 볼거리는 바위산과 강이 멋지게 어우러진 도시 자체다. 오스만 시대의 가옥과 골목 등 아기자기한 곳이 많아 잘 가꿔진 강변 산책로를 따라 어슬렁거리기만 해도 그다지 심심할 틈이 없다.

석굴 분묘
Karal Kaya Mezarlar ★★★

Map P.523-A2 개관 매일 08:00~20:00(겨울철은 17:30까지) **요금** 50TL **가는 방법** 알착 다리를 건너면 바로 입구가 보인다.

도시 북쪽 하르쉐나 Harşena 바위산 중턱에 있는 유적으로 아마시아의 상징과도 같은 곳이다. 무덤의 주인공은 기원전 3세기경 전성기를 누렸던 폰투스 Pontus 왕조의 왕들이다. 폰투스 왕국은 아마시아, 시놉, 삼순 일대를 다스렸다. 전부 23개의 바위 묘가 예쉴으르막 Yeşilırmak 강변을 따라 자리하고 있어 일명 '왕들의 계곡 King's valley'이라고 부르기도 한다.

밑에서 보면 그다지 커 보이지 않는데 실제로 가보면 엄청난 규모라는 것을 알 수 있다. 가장 큰 무덤은 서쪽 끝에 있는 것으로 가로 8m, 높이 15m, 깊이 6m의 크기를 자랑하는데 바위산을 깎은 회랑을 통해 연결된다. 범접할 수 없는 왕들의 무덤으로 계곡 전체를 호령했던 유적이지만 중세에는 죄수들을 수용하던 감옥으로 사용된 적도 있었다. 바위산 허리를 따라 난 계단을 올라 무덤으로 가다 보면 마을의 경치와 어우러져 근사한 풍경이 펼쳐진다. 조금 위험하기도 하니 쓸데없이 장난을 친다든가 하는 행동은 금물. 한편 석굴 분묘 진입로에 전망 좋은 찻집이 있으니 유적 관람 후 차를 마시며 경치를 즐기길 권한다. 체크아웃 후 야간 버스를 기다려야 한다면 시간 보내기에 안성맞춤이다(무선인터넷 가능). 찻집만 이용할 거라면 매표소에서 카페테리아에 간다고 하면 그냥 들여보내 준다.

문화·예술의 공방
Kültür ve Sanat Evi ★★

Map P.523-B2 주소 Hazeranrar Sk., Amasya **개관** 매일 09:00~19:00(겨울철은 17:00까지) **요금** 무료 **가는 방법** 알착 다리에서 도보 1분.

주부들의 사회참여와 여가활용, 가정경제 활성화를 통한 지역경제에 활기를 불어넣는다는 취지로 2011년 아마시아 주정부에서 만든 프로젝트. 유리공예, 은공예, 옷감짜기 등의

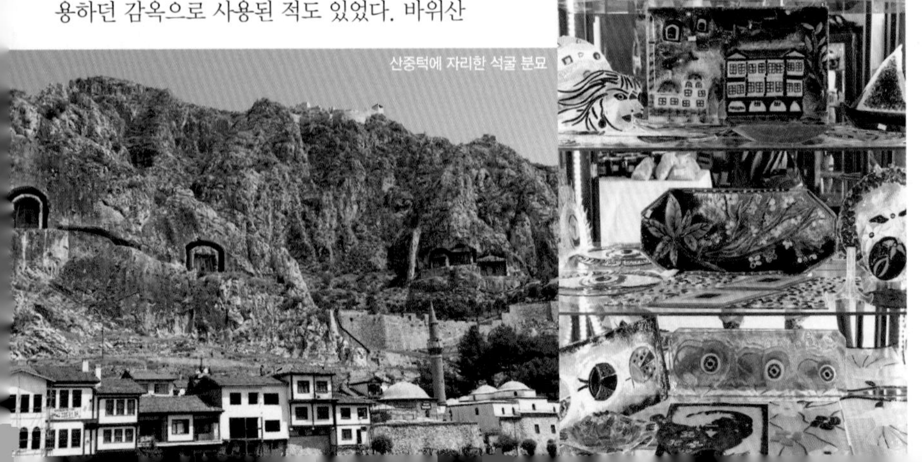
산중턱에 자리한 석굴 분묘

프로그램을 이 지역 여성들에게 교육시키고 만든 제품을 판매하기도 한다(한국의 부녀회와 비슷하다고 보면 된다). 화려한 색깔의 유리 공예품과 핸드메이드 목걸이, 귀고리, 은제품 등 다양한 물품이 있어 구경을 겸해 기념품을 구입하기에도 안성맞춤. 석굴 분묘 다녀오는 길에 들러도 좋지만 일부러 방문해도 손해볼 일은 없다.

하제란라르 코나으
Hazeranlar Konağ ★★

Map P.523-B2 주소 Hazeranlar Konağı, Amasya **개관** 매일 08:00~19:30(겨울철은 17:00까지) **요금** €3 **가는 방법** 알착 다리 북쪽 끝에서 도보 1분.

1865년 지어진 집으로 19세기 오스만 제국의 가옥양식을 보여주는 저택. 하제란라르라는 이름은 저택의 주인이었던 하제란 하늠 Hazeran Hanım이라는 여성의 이름에서 딴 것이라고 한다. 1, 2층으로 되어 있는 집은 남성들의 공간인 셀람륵 Selamlık과 여성 공간인 하렘륵 Haremlık으로 나뉘어 있다. 각 방에는 소품과 마네킹을 이용해 당시 용도를 재현해 놓았다. 전통문양으로 수놓은 양탄자와 커튼, 소파 덮개, 주전자 등의 소품을 눈여겨보자. 1층은 갤러리로 꾸며놓았다. 전체적으로 사프란볼루의 가옥 박물관과 비슷한 형태라 사프란볼루를 다녀온 여행자라면 약간 밋밋하게 느껴질 수도 있다.

왕자들의 박물관
Özel Şehzadeler Müzesi ★★

Map P.523-B2 주소 Hazeranlar Sk., Amasya **개관** 화~일요일 09:00~12:00, 13:00~19:00(여름) 08:00~12:00, 13:00~17:00(겨울) **요금** 10TL **가는 방법** 알착 다리 건너면 바로 왼편에 있다.

오스만 제국 역대 술탄들이 왕자 시절에 아마시아 주지사로 재직한 것을 기념한 사설 박물관. 공식 명칭은 '특별한 왕자들의 박물관'이다. 전시되어 있는 술탄의 미니어처는 초상화를 토대로 정교하게 복원한 것이다. 1층에 있는 5명은 제왕 수업을 받았으나 술탄이 되지 못한 왕자들이며, 2층에 있는 7명은 훗날 술탄에 오른 왕자들이다. 정복을 입은 술탄의 모습을 둘러보며 오스만 제국 왕실의 분위기를 상상해보자. 박물관 내부에는 제왕 수업의 중요 이벤트와 각 왕자들의 인물을 묘사한 영상자료도 틀어줘 이해를 돕고 있다.

술탄 바야지트 2세 자미
Sultan Bayazit II Camii ★★★

Map P.523-B2 주소 Sultan Bayazit II Camii Atatürk Cad., Amasya **개관** 매일 06:00~20:00 **요금** 무료 **가는 방법** 시청에서 도보 1분.

오스만 제국의 8대 술탄 바야지트 2세가 25년 동안 주 지사를 지냈던 아마시아에 기념으로 세운 자미. 1485년에 완성되었으며 도시에서 가장 큰 규모를 자랑한다. 중앙에 두 개

하제란라르 코나으
왕자들의 박물관

의 큰 돔을 중심으로 양쪽 옆에 3개의 보조 돔이 호위하고 있는 형태로 전통적인 자미와는 조금 다른 모습이다. 자미뿐만 아니라 부지 내에 신학교, 도서관, 급식소 등을 갖춘 퀼리예 Külliye(자미 복합 건물군)로 지어졌다. 자미 자체도 볼거리지만 경내가 녹지를 잘 가꾼 공원으로 조성되어 있어 시민들의 휴식처 역할도 톡톡히 하고 있다. 시내 관광을 다니다 지친 다리를 쉬어가기에도 안성맞춤이다. 경내 한쪽에는 아마시아 계곡과 도시를 1/150 크기로 재현한 아마시아 도시 박물관이 있다. 옛날 사진과 음향, 조명을 동원해서 아마시아 지역에 대한 이해를 돕고 있다.

사분주오을루 병원 박물관
Sabuncuoğlu TiP. ve Cerrahi Tarihi Müzesi ★★★

Map P.523-A3 주소 Mehmet Paşa Cad. Arif Fazi Sk., Amasya **개관** 화~일요일 09:00~20:00(겨울철은 17:00까지) **요금** 50TL **가는 방법** 야부즈 셀림 광장에서 퀸츠 다리 방향으로 가다보면 오른편에 있다. 도보 5분.

아나톨리아 최초의 병원으로 알려진 곳. 아마시아 출신의 명의 사분주오을루가 공부하고 진료를 하던 곳이다. 사분주오을루는 1385년 아마시아에서 태어났으며 이곳에서 의학을 공부하고 환자를 진료했다. 그는 당시로서는 획기적인 치료법인 외과술을 개발해서 많은 환자들을 살려낸 당대의 명의!

중앙정원 왼쪽 전시실의 다양한 악기들은 음악 요법에 사용하던 것들이다. 이곳에서는 정신병을 치료하기 위해 음악 요법을 최초로 도입했다고 한다. 바로 옆은 사분주오을루가 수술실로 사용하던 방이다. 수술 장면을 미니어처로 조성해 놓았고 외과술에 사용하던 의료 도구가 전시되어 있다. 오른쪽 전시실에는 당시 의료 도구와 삽화가 있는 의서 등 오스만 시대의 의학에 관한 자료를 전시해 놓았다. 3D 영상자료까지 갖춰놓아 이슬람 의학을 이해하는데 매우 유용하다.

전시물 뿐만 아니라 건물 자체도 중세의 훌륭한 건축 자산이다. 1308년 셀주크의 공주 을드즈 하툰 Yıldız Hatun이 정신 병원으로 지었으며 이후 셀주크 시대 신학교의 모델이 되었다. 한참 둘러보다보면 셀주크 시대의 향기가 느껴지고 잔잔한 음악을 틀어놓아 음악 치료를 받는듯한 느낌이 들기도 한다. 정문 앞에 사분주오을루가 사용했던 약초까지 심어놓아 흥미롭다. 건물은 아마시아 시립 음악당으로 사용되다가 2011년 박물관으로 문을 열었다.

술탄 바야지트 2세 자미와 신학교

사분주오을루 병원 박물관

아마시아 성채
Amasya Kalesi ★★

Map P.523-A2 **개방** 24시간 **요금** 50TL **가는 방법** 퀸츠 Künç 다리 북쪽 끝에서 삼순 방향으로 20분쯤 걷다가 'KALE'라는 표지판이 보이면 왼쪽 동네로 접어들어 철길 건널목을 지나 1시간 정도 트레킹. 택시를 이용하면 왕복 120~150TL(대기시간 포함).

아마시아의 역사적 중요성을 대변해 주는 구조물. 성곽과 성채는 기원전부터 있었다고 하는데 현재 남아 있는 것은 폰투스 왕조 때 세워졌으며 미트리다테스 Mithridates 왕이 축조한 것으로 추정된다. 도시 방어의 목적으로 지어진 것이라 8단계로 나누어 적을 막을 수 있도록 설계되었으며, 산 이름을 따서 '하르쉐나 성 Harşena Castle'이라고도 한다. 성에서 70m쯤 아래로 내려가면 기원전 3세기에 완성된 지하통로와 탑이 있는데 지하통로는 예쉴으르막 강과 석굴 분묘까지 이어져 있다. 성내에는 샘터와 창고, 목욕장 유적 등이 남아있으며 18세기까지 군사적 목적으로 사용되다가 20세기 들어서 존재 가치를 잃었다. 1980년 대대적인 보수공사를 통해 현재에 이르렀다.

성채는 산꼭대기에 있어 도시 전체와 건너편 산까지 한눈에 내려다보이는 절경을 자랑한다. 아마시아를 방문한 대부분의 여행자가 카메라를 앞세우고 올라가보는 곳이다. 걷는다면 1시간 정도의 산길 트레킹을 해야 한다. 약간 외진 길이어서 나홀로 여성 여행자의 방문은 권하고 싶지 않으며 일행이 여럿이라면 택시를 타고 다녀오는 편이 좋다.

아마시아 박물관
Amasya Müzesi ★★

Map P.523-B1 **주소** Amasya Müzesi Atatürk Cad., Amasya **개관** 매일 08:00~11:45, 13:00~16:45 **요금** €3 **가는 방법** 술탄 바야지트 2세 자미에서 도보 3분.

아마시아 시립 박물관으로 작은 규모지만 내용물은 알차다. 주요 전시물로는 로마 시대, 알렉산더 대왕 시대, 폰투스 시대의 동전들과 손이 깨진 성모상, 오스만 제국의 의상과 무기 등이다. 고대 동전 제작에 관한 이해를 돕기 위해 설명을 적어놓아 흥미롭다. 2층에는 다양한 목조 문을 전시하는데 섬세한 문양이 인상적이다.

박물관 오른쪽 정원에는 로마 시대의 기둥을 이용한 야외 박물관을 조성해 놓았으며, 한쪽에는 14세기 몽골의 미라를 전시해 놓은 건물도 있다. 원형 그대

아마시아 박물관의 성모상

아마시아 성채에서 바라본 시내 전경

아마시아의 야경

로 전시해 두어 약간 섬뜩한 느낌이 들기도 한다.

그 외 자미들
Camii ★★

개관 매일 06:00~20:00 **요금** 무료 **가는 방법** 바야지트 파샤 자미-퀸츠 다리 남쪽 끝에서 도보 1분. **Map P.523-A3** 메흐메트 파샤 자미-아타튀르크 광장에서 퀸츠 다리로 가는 무스타파 케말 거리 중간에 위치. **Map P.523-A3** 부르말르 미나레 자미-아타튀르크 거리의 타쉬 한 골목 끝에 있다. **Map P.523-B2**

술탄 바야지트 2세 자미 외에도 아마시아에는 수많은 자미가 있어 자미에 관심있는 여행자라면 하루종일 돌아다녀도 모자랄 정도다. 그중 1414년 바야지트 파샤에 의해 지어진 바야지트 파샤 자미 Bayazit Paşa Camii는 입구의 장식이 인상적이다. 메흐메트 파샤 자미 Mehmet Paşa Camii는 내부의 스테인드글라스와 대리석 설교단이 볼만하다. 도시의 남쪽에 있는 부르말르 미나레 자미 Burmalı Minare Camii는 이름대로 나선형의 무늬가 들어간 미나레로 유명하다. 퀸츠 다리를 건너면 술탄 베야즛 2세 때의 백인 환관장이었던 휘세인 아아 Hüseyin Ağa가 1488년 건립한 뷔윅 아아 신학교 Büyük Ağa Medresesi가 있다. 신학교로는 매우 이례적으로 8각형으로 지었으며 분수가 있는 정원을 중심으로 예배소와 교실, 학생들의 방이 둘러서 있다. 지금도 학생들이 코란을 암송하고 이슬람 교리를 배우는 신학교로 사용되고 있다. 가끔 출입이 제한되기도 한다.

+ 알아두세요!

아마시아의 아름다운 야경을 놓치지 마세요!

아마시아는 바위산과 예쉴으르막 강의 낮 경치도 멋지지만 야경이 아름답기로도 유명한 도시랍니다. 관광 사업에 지대한 관심을 보이고 있는 아마시아 시청에서 성채와 유적에 야간조명을 밝히는 등 도시 미관에 남다른 정성을 쏟고 있기 때문입니다. 조명이 잘 갖춰진 강변 산책로를 따라 산책을 즐기며 야간의 아마시아를 즐기는 것은 낮에 보는 풍경과는 또 다른 즐거움을 선사합니다. 아마시아에 머무는 동안 꼭 보기를 추천합니다.

메흐메트 파샤 자미

뷔윅 아아 신학교

바야지트 파샤 자미

부르말르 미나레 자미

Restaurant 아마시아의 레스토랑

저렴한 뒤륌과 피자에서부터 분위기 있는 고급 레스토랑까지 아마시아의 먹거리 사정은 좋다. 강 북쪽의 고급 숙소 밀집지역은 강과 건너편 산 전망을 즐길 수 있는 강변 레스토랑이 즐비하다. 겉보기에는 비싸 보이지만 이스탄불과 비교하면 꼭 그렇지도 않으니 주눅들지 말고 시도해 보자. 강 남쪽에는 저렴한 서민 식당도 많다.

크즐라르 사라이 카페 Kızlar Sarayı Kafe

Map P.523-B2 주소 Kızlar Sarayı Mevkii, 05000 Merkez/Amasya **전화** (0358)218-6366 **영업** 08:00~21:00 **예산** 1인 30~80TL **가는 방법** 알착 다리에서 도보 3분.

많은 여행자들이 아마시아에 도착한 인증샷을 찍으러 오는 곳이다. 언덕 중턱에 자리해 전망이 매우 훌륭한데 낮 뿐만 아니라 야경도 탁월하다. 각종 커피와 레모네이드, 몇 가지 간식 메뉴가 있는데 튀긴 아이스크림이 압도적인 인기를 끌고 있다. 돌계단을 걸어 올라가 이 기막힌 소녀들의 궁전에서 튀르키예식 커피를 한잔 해 보자. 크즐라르 사라이는 소녀의 궁전이라는 뜻.

아나돌루 만트 에비 Anadolu Mantı Evi

Map P.523-B2 주소 Hatuniye, Hazeranlar Sk. No:57, 05100 **전화** (0358)212-3030 **영업** 09:00~23:00 **예산** 1인 100~200TL **가는 방법** 알착 다리에서 도보 5분.

상호처럼 만트(튀르키예식 만두) 전문점. 약 10여 가지에 달하는 만트가 있는데 주로 요거트와 함께 나오는 게 특징이다. 만두와 요거트의 만남이 우리 입맛에는 이질적이기도 하지만 현지인들도 추천하는 맛집이라 한 번 가볼 만하다. 함께 나오는 고추 피클과 곁들여 먹으면 한결 개운한 맛을 즐길 수 있다. 사진 메뉴가 있어 주문이 편리하다.

네이레 아르티잔 레제틀레르
Neyyire Artizan Lezzetler

Map P.523-B2 주소 Hatuniye, Şifre Sk. no 2a, 05100 **전화** +90-545-212-8805 **영업** 09:00~23:00 **예산** 1인 100~250TL **가는 방법** 알착 다리에서 도보 6분.

강가의 경치를 즐기며 아침식사하기 좋은 레스토랑. 아침식사 치고는 가격이 꽤 나가지만 다양한 종류의 치즈와 꿀, 올리브, 메네멘, 오믈렛, 과일 등으로 구성되어 훌륭하게 나오므로 본전 생각은 나지 않는다. 전문 셰프의 손으로 만들어진 지역 음식을 경험해 볼 수 있는 기회이므로 시도해 보자. 아침식사 풀 세트는 전날 예약하고 가는 게 좋다.

오스만 툴룸바 레스토랑
Osmanlı Tulumbacısı Restoran

Map P.523-B2 주소 Sofular, Saraydüzü Cd. No:8, 05200 Amasya **전화** +90-535-404-0505 **영업** 07:00~23:00 **예산** 1인 50~130TL **가는 방법** 알착 아부즈 셀림 광장에서 도보 1분.

전통 문양을 모티프로 세련되게 단장한 내부가 인상적인 카페 겸 레스토랑. 튀르키예식 아침식사와 치킨 스니첼, 몇 가지 케밥 등 메뉴는 많지 않으나 깨끗하고 고급스러운 맛이다. 특히 오스만 제국 스타일의 디저트인 툴룸바가 맛있는데 튀르키예식 커피와 잘 어울린다. 시내를 다니다 카페로만 이용하기에도 괜찮은 곳이다.

알리 카야 레스토랑 Ali Kaya Restaurant

Map P.523-B1 주소 Çakallar Mevkii, Amasya **전화** (0358)218-0601 **영업** 12:00~24:00 **예산** 1인 200~300TL **가는 방법** 시내에서 5km 떨어진 시가지 남쪽 돌산 중턱에 있다. 마을을 통과해 오르막길로 도보 40분 또는 택시로 5분.

아마시아 최고의 전망을 자랑하는 레스토랑. 아마시아 계곡과 석굴 유적을 한눈에 즐길 수 있다. 음식도 눈부신 경치에 필적할 만한 수준. 가지와 고기 꼬치구이인 '토카트 케밥 Tokat Kebap'을 자신있게 추천한다. 이곳에 다녀가지 않는다면 아마시아를 본 것이 아니라는 말까지 있을 정도이므로 오후에 걸어 올라 갔다가 식사를 하고 멋진 야경까지 즐기고 오길 권한다.

Entertainment 아마시아의 엔터테인먼트

나날이 관광객이 늘어나는 추세에 맞춰 바와 놀거리도 늘어나고 있다. 특히 강 북쪽구역은 관광특구라도 된 것처럼 바와 레스토랑이 우후죽순처럼 생겨나고 있다. 라이브 바가 많아서 튀르키예 젊은이들의 문화를 엿보기에 좋다. 전통적인 하맘에서 피로를 씻고 현대적인 바에서 라이브를 즐겨보자.

무스타파 베이 하맘 Mustafa Bey Hamamı

Map P.523-A3 주소 Habibi Sk. No.1 **전화** (0358)218-3461 **영업** 남자 08:00~10:00, 17:00~24:00, 여자 10:00~17:00 **요금** 입장료 100TL, 마사지 80TL, 때밀이 80TL **가는 방법** 아부즈 셀림 광장에서 퀸츠 다리 방향으로 도보 5분.

1436년부터 영업해 온 유서깊은 하맘. 전통 방식에 따라 남자와 여자의 운영 시간을 달리하고 있다. 역사가 오래되어 시설은 좀 낡았지만 세월의 흔적을 느낄 수 있어서 오히려 좋다. 관광객이 주고객인 대도시의 하맘과 달리 시민들이 이용하는 곳이라 정감이 간다.

에이륄 부우수 바 Eylül Buğusu Bar

Map P.523-B2 주소 Hatuniye Mah. Figani Sk No.1 **전화** (0358)212-1405 **영업** 19:00~24:00 **요금** 맥주, 라크 1잔 30TL **가는 방법** 알착 다리 북쪽 끝에서 하제란라르 골목을 따라 도보 2분.

원래는 같은 이름의 숙소 지하에서 소규모 라이브 바로 시작했는데 규모가 커져서 가든 레스토랑으로 확장했다. 골목에 많이 생겨난 다른 라이브 바보다 한 수 위의 공연을 보여주며 건전한 분위기로 여성 손님이 많다. 맥주를 한잔하며 튀르키예 음악을 즐겨보자.

Hotel 아마시아의 숙소

아마시아의 숙소 사정은 괜찮은 편이다. 숫자도 많고 종류도 다양해 주머니 사정에 맞게 머물 수 있다. 특히 전통가옥을 개조한 곳이 많아 고풍스러운 멋을 즐기는데 아마시아 만큼 좋은 곳도 드물다. 예쉴으르막 강 북쪽으로 그런 숙소가 많은데 한 가지 참고할 점은 차가 들어가지 못한다는 것. 렌터카 여행자는 살짝 불편할 수도 있으므로 머물 숙소를 정했다면 미리 전화로 문의하자.

세마이 오텔 Semay Otel

Map P.523-B2 주소 Hatuniye, Hazeranlar Sk. NO:28/A, 05100 **전화** +90-552-711-9899 **요금** 싱글 €30(개인욕실, A/C), 더블 €40(개인욕실, A/C) **가는 방법** 알착 다리에서 도보 2분.

강 북쪽에 자리한 가성비 숙소. 객실과 욕실은 좁은 편이지만 깨끗하게 관리하고 있으며 뒤편 바위산과 석굴 분묘도 조망할 수 있다. 가격이 저렴한데다 관광지와 가까운 입지조건이라 배낭여행자들이 많이 찾는다. 직원들도 친절하고 편안하게 머물 수 있다. 2층 건물이며 엘리베이터는 없다.

아마시아 테슈프 코낙 오텔 Amasya Teşup Konak Otel

Map P.523-B1 주소 Merkez, Hatuniye Mah, Yalıboyu Sk No:10, 05100 **전화** (0358)218-6200 **요금** 싱글 €40(개

인욕실, A/C), 더블 €60(개인욕실, A/C) **가는 방법** 알착 다리에서 도보 5분.

강변에 자리한 고풍스러운 호텔로 전통 스타일의 소품과 분위기를 잘 살렸다. 실내는 신발을 신고 들어가면 미안할 정도로 깨끗함을 유지하고 있으며 객실에 강변으로 난 발코니가 있다는 것이 매력적이다. 강변의 멋진 야경을 방에서 즐길 수 있다는 이야기. 친절한 직원은 말할 것도 없고 가짓수가 다양한 아침 뷔페도 훌륭하다.

일크 펜션 İlk Pansiyon

Map P.523-B3 주소 Gümüşlü Mah. Hitit Sk. No.1 **전화** (0358)218-1689, 218-3561 **요금** 싱글·더블 €45(개인욕실) **가는 방법** 아부즈 셀림 광장에서 퀸츠 다리 방향으로 가다가 마트 지나서 오른쪽 골목 안에 있다.

유서깊은 아르메니아 정교회 주교의 저택을 개조한 숙소. 천정도 높고 채광도 좋으며 침구와 커튼을 늘 깨끗하게 관리하고 있어 믿음이 간다. 앤티크 소품도 적절히 활용해 진짜로 옛 대저택에 머무는 듯한 느낌이다. 알착 다리 건너에도 같은 이름의 숙소가 있다.

에즈기 코나클라르 Ezgi Konakları

Map P.523-B1 주소 Hatuniye Mah. Yalı Sk. No.28 **전화** (0358)218-7300 **요금** 싱글 €30(개인욕실, A/C), 더블 €40(개인욕실, A/C) **가는 방법** 시청에서 마데누쉬 다리를 건너 왼쪽으로 가면 나온다. 도보 7분.

주변의 전통가옥 3채를 개조한 숙소. 소품을 활용해서 고풍스런 분위기를 잘 살렸다. 체리나무가 있는 마당에 앉아 물담배를 피우거나 아래층의 카페에서 커피를 한잔하며 강변과 건너편 산 전망을 즐기기도 좋다. 가성비 숙소로 괜찮은 곳이다.

에민 에펜디 코나클라르 Emin Efendi Konakları

Map P.523-B2 주소 Hatuniye Mah. Hazeranlar Sk. No.66-85 **전화** (0358) 213-0033, 212-6622 **홈페이지** www.eminefendi.com.tr **요금** 싱글 €60(개인욕실, A/C), 더블 €80(개인욕실, A/C) **가는 방법** 시청에서 마데누쉬 다리를 건너 오른쪽으로 가면 나온다. 도보 5분.

오랫동안 아마시아의 고급 숙소로 명성이 높은 곳. 이 지역 유력 가문인 에민 에펜디의 생가와 주변의 가옥을 개조해서 세련되고 모던하게 꾸며놓았다. 강변에 면한 건물의 객실은 전망이 좋으므로 예약할 때 참고하자. 아침식사도 근사하게 나온다.

심레 오텔 Simre Otel

Map P.523-B2 주소 Hatuniye Mah. Hazeranlar Sk. No.44 **전화** (0358) 218-6644 **홈페이지** www.simreotel.com **요금** 싱글 €55(개인욕실), 더블 €60(개인욕실), 스위트룸 €80(개인욕실) **가는 방법** 알착 다리 북쪽 끝에서 왼쪽 길로 도보 5분.

2012년 오픈한 고급 호텔. 전통스타일의 외관도 멋지고 미니바와 안전금고, 엘리베이터를 갖춘 최신 시설을 자랑한다(욕실에는 수압 분사식 샤워기까지 설치해 놓았다). 앞뒤 2동이 있는데 뒤쪽은 석굴 분묘 전망도 있다. 전문가의 손길이 느껴지는 고급 숙소에 가격도 괜찮아서 많은 여행객들이 찾는다.

아타튀르크가 잠들어 있는 튀르키예 공화국의 수도

앙카라 Ankara

아나톨리아 고원 중앙에 자리한 튀르키예 공화국의 수도. 유적지는 많지 않지만 오랜 역사를 간직하고 있다. 기원전 2000년경 고대 히타이트 왕국의 중심 도시였으며 기원전 8세기에는 프리기아의 요새로, 로마와 오스만 제국을 거치는 동안에는 중부 아나톨리아의 문화와 교역의 중심 도시로 명성을 날렸다. 오스만 제국 초기 동방의 강자 티무르 칸과 세기의 격전장의 무대가 된 곳도 바로 앙카라 고원이었다.

하지만 빛이 있으면 그림자도 있는 법. 후대로 내려오며 앙카라는 거대도시 이스탄불의 명성에 밀려 쇠퇴의 길을 걷다가 19세기에 들어와서는 일개 지방도시로 전락했다. 앙카라가 다시 부활의 계기를 마련한 것은 제1차 세계대전 이후. 튀르키예 건국의 아버지 아타튀르크는 오스만 술탄 정권과 외세에 맞서는 저항의 중심지로 앙카라를 선택했고 구세대와의 결별을 선언하는 의미에서 1923년 10월 13일 앙카라를 독립 튀르키예 공화국의 수도로 공표했다.

앙카라는 고원에 위치해 있어 매연이 심하고 볼거리가 많지 않아 여행지로서 매력은 떨어지는 편. 대부분 주변 도시로 가기 위한 중간 기착지나 여권과 비자 발급을 위해 들르게 되는데, 기왕 왔다면 튀르키예 현대사의 의미와 함께 발전하는 튀르키예의 모습을 느껴보자.

인구 400만 명 **해발고도** 850m

여행의 기술

Information

긴급 전화번호

한국 대사관 (0312)468-4822, 0533-203-6535
경찰 구조 155
화재 신고 110
구급차 112
전화번호 안내 118
관광경찰(투어리스트 폴리스) (0312)384-0606, 303-6353

관광안내소 Map P.539-A2

공항을 비롯해 시내 중심지에 여러 곳이 있는데 여행자의 이용 빈도가 높은 곳은 말테페 역 앞에 있는 관광안내소다. 시내지도와 안내 책자 등을 무료로 얻을 수 있으며 정부 직영 기념품 센터를 함께 운영해 쇼핑도 가능하다. 친절한 직원이 자세하게 안내해 준다.

말테페 역 관광안내소
주소 Gazi Mustafa Kemal Bul.No.121 Tandoğan
전화 (0312)231-5572
홈페이지 www.tourism.gov.tr
업무 월~금요일 09:00~18:30(토요일은 17:00까지)
가는 방법 지하철 앙카라이 선 말테페 Maltepe 역 하차 후 도보 1분. 기차역 뒤편에 있어 울루스 광장에서 걸어서 갈 수도 있다. 울루스 광장에서 도보 30분.

환전 Map P.539-B1

여행자가 많이 머무는 울루스 지역을 비롯해 시내 곳곳에서 쉽게 은행을 찾을 수 있다. 울루스 광장 사거리에 있는 튀르키예 은행 Türkiye İş Bankası은 숙소 밀집 구역에서 가깝기 때문에 여행자들의 이용 빈도가 높다. ATM도 각 은행마다 비치되어 있어 이용하기 편하다.

튀르키예 은행
주소 Çankırı Cad., Türkiye İş Bankası
전화 (0312)310-4646
업무 월~금요일 09:00~12:30, 13:30~17:30
가는 방법 아타튀르크 동상이 있는 울루스 광장 사거리에 있다.

PTT Map P.539-B1

울루스 지역을 비롯해 시내 곳곳에서 PTT를 찾을 수 있어 손쉽게 이용할 수 있다.
위치 아타튀르크 대로변
업무 월~금요일 09:00~17:00
가는 방법 울루스 광장에서 크즐라이 방향으로 아타튀르크 대로를 따라 도보 5분

의료 서비스

찬카야 Çankaya 병원
전화 (0312)426-1450
가는 방법 울루스 지역에서 택시로 15분

귀벤 Güven 병원
전화 (0312)468-7220
가는 방법 울루스 지역에서 택시로 15분

관광경찰 Tourist Police

전화 (0312)384-0606, 303-6353
팩스 (0312)342-2247

한국대사관 KORE CUMHUR IYETI BÜYÜKEÇ IL IĞI

주소 Alaçam SK. No.5 No. 27, Cinnah Cad., Çankaya, Ankara 06690, Turkey

시내 중심 울루스 광장

전화 (0312)468-4821~3
+90-312-481-0404(영사민원실 직통)
홈페이지 https://overseas.mofa.go.kr/tr
이메일 turkey@mofat.go.kr
업무 월~금요일 09:00~12:30, 14:00~17:00
가는 방법 울루스 지역에서 227번 버스로 진나 자데시 Jinnah Caddesi. 하차 후 도보 5분 또는 크즐라이에서 413번 버스로 진나 자데시 하차 후 도보 5분. 이 밖에도 많은 버스가 운행하니 '진나 자데시'를 물어보고 타면 된다. 진나 자데시에 내려 한국대사관이 있는 골목인 '알라참 소칵 Alaçam Sokak.'을 물어보자.

한국 대사관 정문

여권 분실시 여행증명서 발급
구비서류 여권을 분실한 곳의 경찰확인서 Police Report, 사진이 부착된 정부기관 발행 신분증(여권사본 등), 여권사진 2매, 여권분실 사유서, 여행증명서 발급신청서(대사관 비치). 자세한 내용은 이스탄불 편 P.67 참고.
수수료 US$7 소요기간 당일 발급

앙카라 가는 법

튀르키예의 수도라는 명성에 걸맞게 비행기, 버스, 기차 등 각종 교통수단이 잘 발달되어 있다. 운행편수도 많고 시간도 다양해 어느 도시에서 오더라도 교통 때문에 불편을 겪을 일은 없다. 국제선도 취항하고 있어 다른 나라에서 튀르키예로의 첫발을 디디는 곳으로 이용되기도 한다.

➡ 비행기

2006년 신축해 현대화된 설비를 갖추고 있는 앙카라의 에센보아 공항은 시내에서 북쪽으로 30km 정도 떨어져 있으며, 국내선과 국제선은 구역만 다를 뿐 하나의 청사를 사용한다. 환전소, 관광안내소, 식당, 패스트푸드 등 부대시설이 완비되어 있어 이용에 불편함이 없다. 이스탄불, 이즈미르, 안탈리아 등 주요 대도시뿐만 아니라 중소도시와도 항공편이 원활하게 연결된다. 특히 이스탄불은 하루 20~30여 편의 직항이 다니고 있어 언제든 쉽고 빠르게 방문할 수 있다.

에센보아 공항 Esenboğa Havalimanı
전화 444-9828(콜센터)

앙카라 에센보아 공항

홈페이지 www.esenbogaairport.com

공항 ▷▶ 시내

공항에서 시내까지는 리무진 버스나 택시를 이용하면 된다. 금전적 여유만 있다면 택시가 낫지만 공항버스도 시내와 연결성이 좋아 어느 쪽을 이용하더라도 불편함은 없다. 울루스 지역으로 간다면 온도쿠즈 마유즈 스타디움의 공항버스 정류장에 내려 걸어가거나 택시를 이용하면 된다. 도보 20분, 택시로 5분 소요.

공항버스
노선 공항→온도쿠즈 마유즈 스타디움(기차역 근처)→아쉬티 오토가르
운행 03:30~22:00(매 30분 간격)

택시
운행 24시간 요금 기차역까지 약 500TL

앙카라에서 출발하는 주요 국내선 항공편

행선지	항공사	운행	소요시간
이스탄불	THY, PGS	매일 20~25편	1시간
이즈미르	THY, PGS	매일 6~7편	1시간 15분
안탈리아	THY	매일 5~6편	1시간
보드룸	THY, PGS	매일 1~2편	1시간 20분
디야르바크르	THY, PGS	매일 4~6편	1시간 20분
말라티아	THY	매일 1편	1시간 10분
트라브존	THY, PGS	매일 4~5편	1시간 20분
샨르우르파	THY	매일 1편	1시간 30분
반	THY, PGS	매일 3~4편	1시간 40분

*항공사 코드 THY: Turkish Airlines, PGS: Pegasus Airlines
*운행 편수는 변동이 있을 수 있음.

앙카라 소재 항공사 연락처

항공사	주소	전화번호
에어 프랑스 Air France	Atatürk Bulbar 231/7, Kavaklıdere	(0312)467-4404
영국 항공 British Airways	Atatürk Bulbar 237/2, Kavaklıdere	(0312)467-5557
루프트한자 Lufthansa	Cinnah Cad. 102/5, Çankaya	(0312)442-0580
튀르키예 항공 Turkish Airlines	Atatürk Bulbar 154	(0312)428-0200
아틀라스제트 Atlasjet	Atatürk Bulbar 109/6, Kızılay	(0312)425-4832

➡ 오토뷔스

앙카라의 오토가르

여행자들이 가장 많이 이용하는 교통수단. 수도라는 위상에 걸맞게 튀르키예 내 모든 도시와 소통이 원활하다. 다른 도시와는 달리 오토가르 구내에 버스의 출발을 알려주는 전광판이 있어 버스 시간을 알아보는 데 편리하다.

앙카라의 오토가르는 아쉬티 Aşti라고 하는데 시내까지는 타고 온 버스회사의 세르비스를 이용하거나 오토가르 정문 앞에서 돌무쉬를 타고 쉽게 이동할 수 있다. 세르비스는 대체로 시내 중심 크즐라이 kızılay까지 운행하니 숙소가 몰려 있는 울루스 Ulus 지역으로 간다면 시내버스로 갈아타야 한다. 크즐라이의 버스 정류장에서 울루스까지는 거리가 가까워 대부분의 시내버스가 가기 때문에 쉽게 이동할 수 있다. 갈아타는 게 번거롭다면 오토가르 정문 앞 도로에서 돌무쉬를 이용할 수도 있다. 따로 번호는 없고 앞 유리창에 '울루스 Ulus' 라고 적힌 것을 타면 된다.

또 다른 방법으로는 지하철이 있다. 앙카라의 지하철은 두 개의 노선으로 각각 '앙카라이 Ankaray'와 '메트로 Metro'라고 부른다. 오토가르 구내에서 바로 앙카라이 노선으로 연결되어 손쉽게 탈 수 있는데 시내 중심인 크즐라이까지는 약 10분 걸린다. 울루스로 가려면 크즐라이 Kızılay 역에서 메트로 선으로 갈아타고 울루스 역에서 내려 5분 정도 걸으면 아타튀르크 동상이 있는 울루스 광장에 이르게 된다. 길을 헤매지 않는 가장 확실한 방법이다.

다른 도시와 마찬가지로 앙카라도 교통카드인 '앙카라 카르트 Ankara Kart'가 있다. 지폐를 넣으면 보증금을 뺀 나머지 금액이 충전되어 나오는 식이다. 메트로 역에서 구입할 수 있다.

오토가르 ▷▶ 시내(크즐라이)

앙카라이
운행 06:00~22:00(수시로 운행) 소요시간 10분

돌무쉬
운행 06:00~22:00(수시로 운행) 소요시간 20분

앙카라에서 출발하는
버스 노선

행선지	소요시간	운행
이스탄불	6시간	1일 30편 이상
카파도키아(네브쉐히르)	4시간 30분	1일 9~10편
콘야	3시간 30분	1일 7~8편
사프란볼루	3시간	1일 7~8편
파묵칼레(데니즐리)	7시간	1일 6~7편
안탈리아	8시간	1일 12~13편
부르사	6시간	1일 16~17편
트라브존	12시간	1일 14~15편

*운행 편수는 변동이 있을 수 있음.

➡ 기차

앙카라는 내륙 철도 교통의 요충지로 많은 노선이 경유한다. 이스탄불~앙카라 구간은 기차 종류와 운행편수가 많아 이용객이 많은 편이지만 다른 도시는 버스에 비해 시간이 오래 걸린다. 자세한 운행 시각은 철도청 홈페이지(www.tcdd.gov.tr) 참고. 기차역은 시내 중심부에 있으며 울루스 지역까지는 1km 정도라 걸어갈 수 있다. 역 앞에서 줌후리예트 거리 Cumhuriyet Cad.를 따라 10~15분 정도 걸으면 아타튀르크 동상이 있는 울루스 광장에 도착한다.

앙카라 역 Ankara Gar **Map P.539-A1**
주소 Talatpaşa Bul. Gar, Ankara
전화 (0312)311-0620~3 운영 24시간
가는 방법 울루스 광장에서 줌후리예트 거리를 따라 도보 10~15분

앙카라 기차역

시내 교통

도시 자체는 엄청나게 넓지만 은행, 숙소, 식당 등 편의시설과 볼거리는 울루스 지역에 몰려 있어 걸어다닐 수 있다. 아나톨리아 문명박물관, 앙카라 성, 로마 목욕탕 터, 민주박물관, 한국공원 등 볼거리도 울루스 지역에서 멀지 않아 도보로 충분하다. 단, 아타튀르크 묘소와 코자테페 자미는 거리가 멀어 앙카라이와 버스를 이용해야 한다. 발품을 열심히 판다면 모든 볼거리를 하루만에 둘러볼 수 있다.

오토가르로 갈 때는 지하철을 이용하는 편이 낫다. 앙카라의 지하철은 두 개의 노선을 운행한다. 아쉬티 오토가르에서 시내 중심부를 연결하는 노선은 앙카라이 Ankaray, 울루스 지역을 거쳐 시 북쪽의 바트켄트 Batıkent 지역을 연결하는 노선은 메트로 Metro라 부른다. 이름만 다를 뿐 이용에 큰 차이는 없다. 버스는 시내 중심의 크즐라이 지역으로 가거나 한국대사관으로 갈 때 유용하다. 인원이 여러 명이라면 택시를 이용하는 것도 괜찮은 방법이다.

앙카라이 Ankaray, 메트로 Metro
운행 06:30~23:00

택시
기본요금은 10TL이며 출발할 때 룸미러에 있는 미터기 재설정 여부를 확인해야 한다. 시내 곳곳에

택시를 부를 수 있는 노란색 호출버튼이 있다(Taksi라고 씌어있다). 누르면 보통 5~10분 이내에 택시가 오는데, 번거로우면 지나가는 택시를 불러서 타도 된다.

버스

운행 05:00~23:00

앙카라의 지하철 앙카라이

+ 알아두세요!

앙카라의 버스와 교통카드

앙카라의 시내버스는 빨간색 시영버스와 파란색 민영버스 두 종류다. 민영버스는 차장이 있어 현금 승차가 가능하지만 시영버스는 버스 정류장에서 미리 티켓을 사야 한다. 앙카라에 오래 머물며 대중교통을 자주 이용해야 한다면 교통카드인 '앙카라 카르트'를 구입하자. 지폐를 넣으면 보증금을 뺀 나머지 금액이 충전되어 나오는 시스템이다. 시내버스, 메트로 등 모든 대중교통을 커버하며 환승할인도 된다.

앙카라 둘러보기

앙카라는 아타튀르크를 빼놓고는 도저히 생각할 수 없는 도시. 아타튀르크 묘소를 비롯해 튀르키예 현대사와 관련된 볼거리가 모두 아타튀르크와 연관되어 있다. 이와 함께 아나톨리아 고원의 고대 문명을 살펴볼 수 있는 아나톨리아 문명박물관 역시 앙카라에서 놓칠 수 없는 명소다. 아무리 시간이 없더라도 이 두 곳은 반드시 돌아볼 것을 추천한다. 앙카라의 관광 명소를 모두 돌아보려면 2일 정도로 일정을 잡는 것이 좋다.

배낭여행자들이 주로 찾는 울루스 지역에 머문다면 관광은 아타튀르크 동상이 있는 울루스 광장에서 시작하는 게 좋다. 먼저 아나파르탈라르 거리 Anapartalar Cad.를 따라 20분 정도 걸으면 아나톨리아 문명박물관에 도착한다. 히타이트 왕국을 비롯한 고대 왕국의 화려한 문화재를 구경하다 보면 시간가는 줄 모른다. 박물관 관람 후에는 주변에 있는 앙카라 성에 올라가 주변 경관을 둘러보자. 앙카라 시내를 한눈에 조망하기에 이만한 곳이 없다.

다시 울루스 광장으로 돌아와 5분 정도 걸어서 로마 목욕탕 터를 보고 민주박물관을 돌아본다. 대부분 민주박물관은 들르지 않는데 격동의 튀르키예 현대사를 보고 싶다면 꼭 들러야 할 곳이다. 그 다음 코스는 한국과 튀르키예의 우정을 기념하는 한국공원이다. 민주박물관에서 도보로 약 20분 걸린다. 이쯤 되면 어지간한 체력이라도 지치게 마련이다. 공원에서 튀르키예와 한국의 관계를 되돌아보며 잠시 쉬었다 가자. 한국공원에서 15분 정도 걸어가 민속학 박물관을 구경하고 앙카라이를 타고 아타튀르크 묘소를 돌아본다(탄도안 Tandoğan 역 하차). 마치 고대 신전을 연상할 정도로 거대한 규모에 놀라움을 금치 못한다. 다시 앙카라이를 타고 크즐라이 Kızılay 역에 내려 번화한 시내 구경을 하고 걸어서 코자테페 자미를 방문하면 볼거리 투어는 끝난다. 모든 볼거리를 다 돌아보려면 아침 일찍부터 서둘러야 하니 시간과 체력에 맞춰 방문지를 조정하는 것도 좋다.

+ 알아두세요!

1. 말테페 역 부근에 있는 관광안내소에서 시내지도와 관광안내 자료를 받아 참고하면 좋다.
2. 크즐라이 지역은 번화가라 늘 붐빈다. 소지품 관리에 각별히 신경 쓰자.
3. 여행증명서를 발급받으러 한국대사관을 방문할 때 준비물을 꼼꼼히 챙기자.
4. 울루스 지역에 머문다면 동네 분위기상 가급적 야간 외출을 삼가는 게 좋다.

BEST COURSE

예상소요시간 8~9시간

출발 ▶▶울루스 광장

도보 20분

아나톨리아 문명박물관(P.540)

아나톨리아 문명의 변천사를 한눈에 볼 수 있는 박물관.

도보 5분

앙카라 성(P.540)

성벽 꼭대기에 서면 시가지와 주변 경관이 한눈에 들어온다.

도보 20분

로마 목욕탕 터(P.541)

로마 시대 목욕문화를 보여주는 유적.

도보 10분

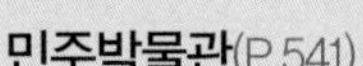

민주박물관(P.541)

튀르키예 공화국 건국과 관련된 자료를 볼 수 있는 박물관.

도보 10분

한국공원(P.541)

한국과 튀르키예의 우정을 기념하는 공원. 6·25 전몰 장병의 이름이 새겨져 있다.

도보 15분

민속학 박물관(P.542)

튀르키예 사람들의 전통생활을 전시한 박물관. 민속에 관심이 있다면 보러 가자.

메트로, 앙카라이로 15분

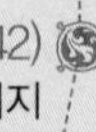

아타튀르크 묘소(P.542)

튀르키예 공화국 건국의 아버지 아타튀르크가 잠들어 있는 묘소.

앙카라이로 10분+도보 10분

코자테페 자미(P.543)

1층이 아웃렛 매장으로 되어 있는 특이한 형태의 자미.

Ankara
앙카라

아크쾨프뤼 Akköprü
쿨튀르 Kültür
울루스 Ulus
탄도안 Tandoğan
말테페 Maltepe
스히예 Sıhhiye
데미르테페 Demirtepe
크즐라이 Kızılay
콜레즈 Kolej
쿠르툴루쉬 Kurtuluş
에센보아 공항(30km) 방면
아쉬티 Aşti 오토가르(4km) 방면
보아즈칼레 방면
한국 대사관(200m), 시리아 대사관(1km), 러시아 대사관(300m) 방면
로마 목욕탕 터 Roma Hamamları
튀르키예 은행
오토가르 행 돌무쉬 정류장
아타튀르크 문화센터 Atatürk Cultural Center
아타튀르크 동상 Atatürk Statue
민주박물관 Cumhuriyet Müzesi
시내버스 정류장
울루스 광장 Ulus Meydanı
앙카라 성 Ankara Kalesi
아슬란하네 자미 Aslanhane Camii
공항버스 정류장
온도쿠즈 마유즈 스타디움 19 May Stadium
한국공원 Kore Bahçesi
겐츨릭 공원 Gençlik Parkı
아나톨리아 문명박물관 Anadolu Medeniyetleri Müzesi
앙카라 역 Ankara
오페라 하우스 Opera House
오페라 공원
앙카라 대학교
민속학 박물관 Ethografya Müzesi
쿠르툴루쉬 공원 Kurtuluş Parkı
아타튀르크 묘소 Anıtkabir
히타이트 사슴 상 Hittite Deer Statue
코자테페 자미&베엔디크 쇼핑센터 Kocatepe Camii&Beğendik
국회의사당
대사관 밀집지역
불가리아 대사관
이란 대사관
튀르키예 항공
PTT
이스탄불 거리 Istanbul Cad.
카즘 카라베키르 거리 Kazım Karabekir Cad.
찬크르 거리 Çankırı Cad.
히포드롬 거리 Hipodrom Cad.
줌후리예트 거리 Cumhuriyet Cad.
아타튀르크 대로 Atatürk Bul.
아나파르탈라르 거리 Anafartalar Cad.
울루자라르 거리 Ulucanlar Cad.
Adnan Saygun Cad.
Talat Paşa Bul.
Celal Bayar Bul.
Gazi Mustafa Kemal Bul.
Mareşal Fevzi Çakmak Cad.
Gençlik Cad.
Ziya Gökalp Cad.
Mithat Paşa Cad.
Necatibey Cad.
Meşrutiyet Cad.
Eskişehir Bul.
Dikimen Cad.
진나 거리 Cinnah Cad.

1 우락 로칸타시 Uğrak Lokantasi B1
2 예니쉐히르 로칸타 & 이쉬켐베지시 B1 Yeni Şehir Lokanka & İşkembecisi
3 코렐리 Korelee B3
4 메르신 알리 우스타 탄투니 B2 Mersinli Ali Usta Tantuni
5 뮈쉴림 와플 Müslüm Waffle B2
6 카페 수 Cafe Su B2
7 닥터 팔라펠 Dr. Falafel B2
8 잔 발륵 Can Balık B2

1 예니 바하르 오텔 Yeni Bahar Oteli B1
2 엘리프 호텔 Elif Hotel B1
3 칼레 오텔 Kale Otel A1
4 샤힌베이 호텔 Şahinbey Hotel B1
5 오텔 안틱 Otel Antik B1
6 오텔 미트하트 Otel Mithat B1
7 안쿠바 호텔 Ankuva Hotel B2
8 티비비 코누크 에비 TBB Konuk Evi B2
9 베스트 웨스턴 플러스 센터 호텔 B3 Best Western Plus Center Hotel

Attraction 앙카라의 볼거리

앙카라의 가장 중요한 볼거리는 뭐니 뭐니 해도 아나톨리아 문명박물관과 아타튀르크 묘소다. 오직 이것만을 위해 앙카라를 방문하는 사람도 있을 정도니 반드시 돌아보자. 고대사와 현대사에 대한 기본 지식을 알고 가면 탐방은 훨씬 즐거워진다.

아나톨리아 문명박물관
Anadolu Medeniyetleri Müzesi

★★★★

Map P.539-B1 주소 Anadolu Medeniyetleri Müzesi, Ankara **전화** (0312)324-3160 **개관** 매일 08:30~18:30 **요금** €12 **가는 방법** 울루스 광장에서 아나파르탈라르 거리 Anapartalar Cad.를 따라 도보 20분.

아나톨리아 고원을 무대로 명멸했던 왕국들의 유물을 전시해 놓은 박물관. 고대 히타이트 왕국의 유물이 많아 히타이트 박물관이라고도 부른다. 규모는 크지 않지만 세계적으로 귀중한 유물을 소장하고 있는 앙카라의 대표적 명소로 1997년 유럽 최고의 박물관으로 선정되기도 했다.

전시실은 중앙의 큰 방을 중심으로 네모난 회랑식 복도를 따라 반시계 방향으로 돌며 관람하게 되어 있는데 석기 시대, 청동기 시대, 히타이트, 프리기아, 우라르투의 유적이 순서대로 이어진다. 입구에 들어서면 바로 오른쪽 코너에는 소 머리로 장식된 유적 터가 재현되어 있다. 이것은 인류 역사상 가장 오래된 집터라고 하는 차탈회윅의 신전 가옥이라고 한다. 이와 함께 청동기 시대에 만들어졌다고 하는 주전자와 찻잔, 장식품들은 정교함이 상당한 수준에 도달해 있어 놀라움을 금치 못한다.

관람하며 복도를 따라 돌다보면 세 번째 코너에 누워 있는 인물이 있는데 이는 프리기아의 유적에서 발굴한 유골에 살을 붙여 복원한 것이다. 학자에 따라서는 이 유골이 전설의 마이더스 왕이라고 하는데 기록이 남아 있지 않아 확증은 없다. 중앙의 방에는 알라자회윅의 스핑크스 문 등 히타이트 왕국의 석조 부조물이 전시되어 있는데 병사와 악사 등의 부조에서 당시 생활상을 짐작할 수 있다. 하투샤 유적지(보아즈칼레 편 P.551)를 방문할 예정이라면 이곳에 들러 유물을 보고 가는 게 좋다. 지하에는 로마 시대의 유물과 고대와 중세 튀르키예의 동전들, 앙카라에서 출토된 유물이 전시되어 있다.

앙카라 성
Ankara Kalesi ★★

Map P.539-B1 주소 Ankara Kalesi, Ankara **개방** 24시간 **요금** 무료 **가는 방법** 아나톨리아 문명박물관에서 도보 5분, 울루스 광장에서 간다면 도보 15분.

앙카라의 도시 중요도를 가

아나톨리아 문명박물관

히타이트 왕국의 조각

앙카라 성에서 바라본 시내 전경

늠할 수 있는 유적. 앙카라는 중부 아나톨리아 고원 실크로드 대상들의 중간 기착지였으며, 군사적 요충지로 방어의 필요성 때문에 조성되었다. 성벽은 갈라티아인들이 만들었다고 하는데 비잔틴, 셀주크 투르크를 거치며 필요에 따라 조금씩 증축되었다. 앙카라 성은 시내를 조망하기에 최고의 장소다. 성벽 위에 서면 앙카라 고원과 도시 전경이 360° 펼쳐져 최고의 전망대로 인기를 끌고 있다.

깃발이 꽂혀 있는 북쪽의 내성은 전에는 개방했으나 현재는 문을 닫은 상태. 관람객들은 대부분 성의 남쪽 돌출된 부분에 올라가니 성문에 들어가면서 오른쪽으로 방향을 잡으면 된다. 성 안에는 주민들이 그대로 살고 있어 평범한 일상을 자연스럽게 볼 수 있다.

로마 목욕탕 터
Roma Hamamları ★

Map P.539-B1 주소 Roma Hamamları Çankırı Cad., Ankara **개관** 매일 08:30~19:00 **요금** €3 **가는 방법** 울루스 광장에서 찬크르 거리를 따라 도보 5분.

3세기 로마의 카라칼라 황제가 만들었다고 하는데 목욕탕치고는 굉장히 넓은 면적으로 당시 로마인들의 목욕 문화를 짐작할 수 있다. 증기실, 사우나실, 온수실 등을 갖추고 있는데 철망을 쳐 놓아 바깥에서만 볼 수 있다. 고대 유적에 관심이 많지 않다면 실망할 수도 있지만 숙소 밀집구역에서 가까워 쉽게 다녀올 수 있다. 찾는 사람이 많지 않아 오래된 돌 위에 걸터앉아 유적을 보노라면 세월의 무상함이 느껴지기도 한다.

민주박물관
Cumhuriyet Müzesi ★

Map P.539-B1 주소 Cumhuriyet Cad. No.22 Ulus, Ankara **전화** (0312) 310-5361 **개관** 매일 09:00~17:00 **요금** €6 **가는 방법** 울루스 광장에서 줌후리예트 거리를 따라 도보 1분.

튀르키예의 독립과 공화국 수립 과정을 박물관으로 만들어 놓은 곳. 건물은 튀르키예 최초의 국회의사당이었는데 내부에 아타튀르크를 비롯한 튀르키예 독립의 주요 인물들이 밀랍 인형으로 재현되어 있다. 사진 자료도 전시되어 있어 튀르키예 현대사에 관심이 있다면 둘러볼 만하다. 한편 박물관 오른쪽에 있는 건물도 튀르키예 현대사와 관련된 박물관인데 내부에 예전에 사용하던 문서와 총이 있다. 전시물 내용이 비슷하므로 민주박물관을 관람했다면 들어갈 일은 없다.

한국공원
Kore Bahçesi ★★

Map P.539-A1 주소 Kore Bahçesi Kazım Karabekir Cad., Ankara **개관** 매일 일출~일몰 **요금** 무료 **가는**

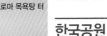

로마 목욕탕 터

민주박물관

한국공원

방법 앙카라 기차역에서 히포드롬 거리 Hipodrom Cad. 방향으로 도보 5분.

6·25 참전 튀르키예 용사들을 기리기 위해 1973년 한국 정부가 앙카라 시에 헌납한 공원. 한국에 있는 튀르키예 장병들의 묘에서 흙을 가져와 석가탑을 본뜬 4층 석조 탑 안에 안치했으며, 탑 주위를 돌아가며 전몰자의 이름과 사망 연도를 기록해 놓았다. "전사 724명, 실종 166명, 부상 1599명". 사망일을 자세히 보면 튀르키예군이 중공군과 치열한 격전을 벌였던 평안남도 군우리 전투(1950년 11월 27일~29일)의 날짜가 가장 많다. 튀르키예는 6·25전쟁 당시 미국, 영국, 캐나다에 이어 네 번째로 많은 1개 여단 1만 5천여 명의 전투병을 파병했다.

참전 기념 공원이라 숙연한 느낌이 들며 형제의 나라라고 하는 튀르키예와 한국의 우정에 관해 생각해보게 된다. 참고로 한국의 여의도에는 튀르키예 공원이 있다. 한편 한국공원 바로 옆에는 튀르키예 비행기의 역사를 전시해 놓은 조그만 항공 박물관이 있으니 관심이 있다면 함께 돌아볼 수 있다.

민속학 박물관
Etnografya Müzesi ★★

Map P.539-B2 주소 Etnografya Müzesi Talat Paşa Bul., Ankara **개관** 매일 08:30~12:30, 13:30~17:30 **요금** €4 **가는 방법** 울루스 광장에서 아타튀르크 대로를 따라 도보 15분.

튀르키예의 민속에 관한 모든 것을 전시해 놓은 박물관. 의상을 비롯해 카펫, 도자기, 주전자, 찻잔 등 일상용품뿐만 아니라 약간의 무기도 있어 튀르키예 민족의 일상생활을 이해하는 데 도움이 된다. 특히 섬세하고 화려한 자수 문양이 볼 만하다. 입구에 들어가면서 반시계 방향으로 돌며 관람하게 되는데 맨 마지막에 코란과 나무로 된 설교단, 미흐랍 등이 눈길을 끈다.

아타튀르크 묘소(아느트카비르)
Anıtkabir ★★★★

Map P.539-A2 주소 Anıtkabir Gençlik Cad., Ankara **개관** 매일 09:00~17:00(11~1월 16:00까지, 2~5월 14일 16:30까지, 5월 15일~10월 17:00까지) **요금** 무료 **가는 방법** 지하철 앙카라이 선 탄도안 Tandoğan 역 하차 후 도보 5분.

튀르키예 공화국의 아버지 무스타파 케말 아타튀르크를 기리기 위한 영묘. 앙카라 시내가 내려다보이는 언덕에 자리했으며 튀르키예의 유적지 중 가장 신성한(?) 곳이다. 1944년 착공해 1953년 완공했으며 국경일의 주요 행사는 물론 튀르키예를 방문한 국빈들이 맨 먼저 방문하는 곳이다.

보안 검색을 마치고 정문에서 약 500m 걸어가면 입구가 나오고 24마리의 사자상이 지키고 있는 200m 정도의 참배로를 걸으면 영묘가 있는 광장이 나온다. 본당을 중심으로 'ㅁ'자의 회랑이 들어서 있는데 회랑은 독립 박물관으로 조성되어 있다. 박물관 내부에는 아타

민속학 박물관
아타튀르크 묘소, 아느트카비르

튀르크가 생전에 쓰던 물건과 각국에서 받은 선물을 전시해 놓았다. 전시물 중 시계는 자세히 보면 전부 '9시 5분'을 가리키고 있는데 이는 아타튀르크의 사망 시간이다. 튀르키예 독립 전쟁에 관한 사진자료와 전쟁 장면을 담은 미니어처도 전시해 놓았는데 음향까지 동원해 실감나게 만들어 놓았다. 학생들의 단체 견학 등 민족의식 고취를 위한 교육장으로도 활용된다.

위병이 지키고 있는 본당 안에는 아타튀르크의 관이 있고 참배객들이 바치는 꽃이 시들 날이 없다. 로마 양식을 본뜬 거대한 건물은 신전 같은 인상이다. 아타튀르크가 국가를 존폐 위기에서 구해낸 영웅임을 감안할 때 이해가 가는 대목이다. 아타튀르크 묘소의 본당 맞은편에는 공화국 2대 대통령 이스메트 이뇌뉘 İsmet İnönü의 묘가 조그맣게 자리하고 있다.

코자테페 자미&베엔디크 쇼핑센터
Kocatepe Camii&Beğendik ★★

Map P.539-B2 **주소** Kocatepe Camii Mithat Paşa Cad., Ankara **개관** 매일 08:00~18:00(베엔디크 쇼핑센터는 20:00까지) **요금** 무료 **가는 방법** 지하철 앙카라이 선 크즐라이 역에서 도보 20분.

Shakti Say

튀르키예 공화국의 아버지 무스타파 케말 아타튀르크
Mustafa Kemal Atatürk

무스타파 케말 아타튀르크

어느 나라나 국가를 위해 헌신한 영웅적인 지도자가 있기 마련이죠. 아타튀르크는 튀르키예인의 가슴에 영원한 지도자로 자리잡고 있는 명실상부한 공화국의 아버지입니다.

1881년 오스만 제국의 영토였던 그리스의 살로니카에서 세관원의 아들로 태어난 무스타파 케말은 12세부터 군사 교육을 받았으며 1904년 이스탄불에 있는 하비에르 육군 참모 대학에 입학했습니다. 학교에 다니는 동안 그는 민주주의와 독립을 추구하는 급진적인 청년 투르크당 Young Turk 운동에 가담했습니다. 정치운동의 여파로 졸업 후 시리아 등 변방을 전전했지만 능력을 인정받아 제1차 세계대전 최대의 격전이었던 갈리폴리 반도 전투를 승리로 이끌며 국가적 영웅으로 떠올랐습니다. 제1차 세계대전 후 패전국이 된 오스만 제국의 술탄 정부가 연합국으로부터 튀르키예 영토분할을 골자로 하는 세브르 조약을 강요당하자 민족 독립전쟁을 주도했습니다. 이후 1920년 앙카라에 임시정부를 수립하고 2년간 군사작전을 진두지휘해 그리스 점령군을 완전히 격퇴했지요. 독립전쟁을 성공적으로 이끈 그는 1923년 7월 튀르키예의 독립을 주요 내용으로 하는 로잔 조약을 연합국과 체결하였고 같은 해 10월 앙카라를 수도로 공화제를 선포하고 튀르키예 공화국 초대 대통령으로 취임했습니다.

무스타파 케말은 재임하는 동안 근대화를 위한 수많은 개혁을 단행했습니다. 이슬람 전통 복장을 폐지했으며 남녀 교육 기회의 균등, 일부일처제, 남녀평등법, 아랍문자를 폐지하고 로마자를 튀르키예어로 표기하는 문자개혁, 여성 선거권 부여 등 헤아릴 수 없이 많은 개혁을 이루었습니다. 이슬람 전통을 고수하는 수구 세력과의 충돌을 피할 수 없었으나 '모든 국민은 법 앞에 평등하다'는 대명제 아래 튀르키예를 민주적 정치제도로 현대화하고자 끊임없이 노력했습니다. 1934년 튀르키예 국회는 무스타파 케말에게 국가의 아버지라는 뜻의 '아타튀르크'라는 명예로운 호칭을 수여합니다. 국가를 존폐의 위기에서 구해내고 조국의 근대화를 위해 평생을 바친 무스타파 케말은 1938년 11월 10일 오전 9시 5분에 58세의 나이로 생을 마칩니다. 그가 마지막으로 집무했던 이스탄불의 돌마바흐체 궁전의 시계는 그 이후로 시간을 멈추었고, 매년 11월 10일 오전 9시 5분에는 전국적으로 그를 위한 추모행사가 열립니다. 튀르키예의 모든 도시에 아타튀르크 광장과 동상이 있으며 화폐에도 아타튀르크의 초상을 새겨넣어 영원한 튀르키예의 아버지로 기리고 있습니다.

앙카라 시내 크즐라이 남동쪽에 세워진 자미로 현대 튀르키예의 모습을 단적으로 보여주는 곳이다. 성스러운 사원 아래 쇼핑센터가 입점해 있어 묘한 대비를 이룬다. 자미는 튀르키예 어디서나 볼 수 있는 것으로 특별한 볼거리라 하기는 어렵지만 시내 중심부에서 가까워 쇼핑을 겸해 다녀올 만하다. 베엔디크 쇼핑센터는 대형 아웃렛으로 1층에는 식료품점, 2층에는 의류, 가방, 신발, 액세서리, 화장품, 생활용품 등을 판매한다. 가격이 저렴하므로 여행 중 필요한 물품을 구입하기 좋다. 자미 때문인지 주류는 판매하지 않는다.

코자테페 자미&베엔디크 쇼핑센터

Restaurant 앙카라의 레스토랑

튀르키예의 수도인 만큼 식당들이 도처에 널려 있다. 울루스 지역의 저렴한 레스토랑에서 각국 대사관을 겨냥한 고급 식당들까지 선택의 폭이 다양하다. 시내 중심부 크즐라이 메트로 역 부근에도 레스토랑이 밀집해 있는데 분위기도 좋고 선택의 폭도 다양해 굳이 울루스 지역만을 고집할 필요는 없다.

우락 로칸타시 Uğrak Lokantasi

Map P.539-B1 주소 Çankırı Cad. No.13 Ulus **전화** (0312)311-7437 **영업** 08:30~23:30 **예산** 1인 50~80TL **가는 방법** 울루스 광장에서 찬크르 거리로 도보 1분.

1926년부터 영업해 온 전기구이 통닭 전문점. 통닭 반 마리와 밥이 함께 나오는 타북 필리치 Tavuk Piliç가 주 메뉴이며 케밥과 쾨프테도 있다. 주류도 판매해 저녁때는 통닭에 맥주를 마시려는 현지인들로 선술집 분위기를 연출하기도 한다.

예니쉐히르 로칸타 & 이쉬켐베지시 Yenis ehir Lokanta & İşkembecisi

Map P.539-B1 주소 Çankırı Cad. No.10 Ulus **전화** (0312)309-5356~7 **영업** 24시간 **예산** 1인 기준 50~100TL **가는 방법** 울루스 광장에서 찬크르 거리로 도보 2분.

예니쉐히르 팔라스 오텔 대각선 방향으로 길 건너에 위치한 튀르키예 요리 전문점. 24시간 문을 열어 언제든 이용하기 편리한 것이 최대의 장점. 음식맛과 청결도,

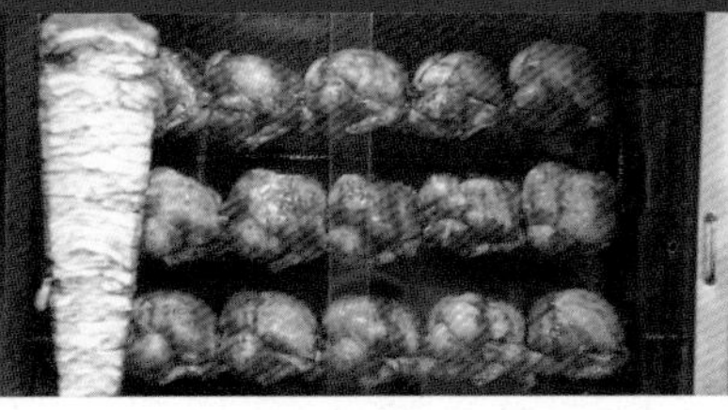

종업원의 친절함 등 전반적으로 기본은 한다. 닭고기 밥인 타북 필리치 Tavuk Piliç도 있다.

코렐리 Korelee

Map P.539-B3 주소 Kavaklıdere, Bestekar Cd 27/A, 06900 Çankaya **전화** (0312)418-0688 **영업** 11:30~21:00 **예산** 1인 80~130TL **가는 방법** 크즐라이 역에서 도보 20분.
한국인이라는 상호의 한식 레스토랑. 김밥, 비빔밥, 불고기, 잡채, 짬뽕 등 매우 다양한 메뉴를 제공하는데 재료 조달의 어려움에도 불구하고 나쁘지 않은 맛을 낸다. 손님의 90%는 현지인으로 언제나 줄을 기다려야 할 정도로 인기가 높다. 한류열풍을 몸으로 느낄 수 있는 곳. 매니저가 한국말도 할 줄 알아서 주문에 어려움이 없다.

메르신 알리 우스타 탄투니 Mersinli Ali Usta Tantuni

Map P.539-B2 주소 Kocatepe, Selanik Cd 29/a, 06420 Çankaya **전화** (0312)419-6368 **영업** 09:00~다음날 02:00 **예산** 1인 40~100TL **가는 방법** 크즐라이 역에서 도보 10분.
상호처럼 튀르키예 남부 메르신 주의 명물인 탄투니 전문점. 탄투니는 철판에 볶은 쇠고기나 닭고기를 토마토, 파슬리를 넣어 얇은 라바쉬 빵에 돌돌 말아서 먹는 음식이다. 고춧가루와 레몬을 뿌려 먹으면 풍부한 맛을 즐길 수 있다. 양이 부족하면 두 세 개 먹어도 되고 탄투니 이외에 정식 식사메뉴도 있다.

뮈쉴림 와플 Müslüm Waffle

Map P.539-B2 주소 Meşrutiyet, Selanik Cd No:62, 06420 Çankaya **전화** (0312)419-8349 **영업** 12:00~23:00 **예산** 1인 60~80TL **가는 방법** 크즐라이 역에서 도보 10분.
각종 과일과 견과류를 듬뿍 얹어주는 와플 전문점. 원하는 재료를 선택하고 골라먹는 재미가 있는데, 소스는 최대 3개까지 선택 가능하다. 초콜릿은 클래식한 초콜렛 이외에 라즈베리, 피스타치오 등 다양한 종류가 있으므로 와플과 초콜릿 마니아라면 좋아할 만한 집이다.

닥터 팔라펠 Dr. Falafel

Map P.539-B2 주소 Meşrutiyet, Selanik Cd 66/B, 06420 Çankaya **전화** (0312)419-1757 **영업** 11:00~23:00 **예산** 1인 40~70TL **가는 방법** 크즐라이 역에서 도보 10분.
얇은 빵에 싸서 나오는 팔라펠 랩 전문점. 시리아 스타일의 병아리콩을 갈아서 넣은 소스는 고소한 맛이 일품이며 채식주의 손님을 위한 비건 버거 메뉴도 있다. 매콤한 맛의 치으 쾨프테를 주문해 팔라펠과 먹으면 풍미가 배가된다. 가게는 매우 협소하며 2층에 테이블이 마련되어 있다.

카페 수 Cafe Su

Map P.539-B2 주소 Konjr 1 Sk. No.6/A Kızılay **전화** (0312)418-3060, 418-0526 **영업** 09:00~23:00 **예산** 1인 80~150TL **가는 방법** 메트로 크즐라이 역에서 아타튀르크 대로를 따라가다 왼쪽 첫 번째 골목으로 꺾은 후 오른쪽 두 번째 골목에 있다.
앙카라 중심가에 있는 카페 겸 식당. 상호처럼 바깥에 물이 흐르는 보드를 설치해 놓아 시원한 분위기를 살렸다. 다양한 종류의 커피, 케이크, 아이스크림과 디저트 메뉴가 있으며 식사도 가능하다. 크즐라이 거리 분위기에 맞게 깔끔하고 산뜻한 내부가 인상적이다.

잔 발륵 Can Balık

Map P.539-B2 주소 Sakarya Cad. No.8/4 Kızılay **전화** (0312)431-7870 **영업** 01:00~22:30 **예산** 1인 기준 60~130TL **가는 방법** 메트로 크즐라이 역에서 북쪽으로 아타튀르크 대로를 따라가다 오른쪽 첫 번째 골목으로 꺾은 후 약 150m 직진하면 보인다.
생선 전문 레스토랑. 생선 수프인 발륵 초르바, 피쉬 앤 칩스를 비롯해, 오징어 튀김 등 다양한 생선요리를 맛볼 수 있다. 고등어 케밥(발륵 에크멕)과 멸치 케밥(함시 에크멕), 피쉬 샌드위치 등 테이크 아웃 메뉴도 있다.

Hotel 앙카라의 숙소

대도시 앙카라의 숙소사정은 매우 괜찮다. 숫자도 많고 종류도 다양해 머무는 문제로 애를 먹을 일은 없다. 대부분 울루스 지역의 찬크르 거리와 시내 중심부 크즐라이 지역에 숙소를 정하게 되는데 울루스의 숙소는 유적들이 가깝다는 게 장점이지만 주변이 약간 소란스러운 분위기다. 관공서와 대사관이 밀집되어 있는 찬카야 지역에서 가까운 크즐라이 역 일대는 주변에 레스토랑도 많고 밝고 활기찬 분위기라 앙카라를 찾는 많은 여행자와 비지니스 맨들이 머문다. 앙카라의 숙소 사정은 맑음이다.

예니 바하르 오텔 Yeni Bahar Oteli

Map P.539-B1 주소 Anafartalar, Çankırı Cd. No:25, 06030 **전화** (0312)310-4895 **요금** 싱글 €35(개인욕실, A/C), 더블 €45(개인욕실, A/C) **가는 방법** 울루스 광장에서 도보 3분.

울루스 광장 부근의 대표적인 중급숙소로 객실과 욕실은 넓고 매우 청결하다. 스타일리시한 레스토랑에서 제공하는 조식은 가짓수가 매우 다양하고 맛있는 뷔페식이다. 리셉션 직원들이 친절하고 영어도 잘 통해서 편리하며 자체 주차장도 보유하고 있다.

엘리프 호텔 Elif Hotel

Map P.539-B1 주소 Erguvan Sk. No.9 Ulus **전화** (0312)310-9384 **요금** 싱글 €25(개인욕실, A/C), 더블 €30(개인욕실, A/C) **가는 방법** 울루스 광장에서 찬크르 거리를 따라가다 예니쉐히르 팔라스 호텔 지나 왼쪽으로 꺾어 두 번째 골목 안에 있다.

찬크르 거리에서 안쪽으로 들어간 곳에 있는 중급 숙소. 신앙심이 깊은 주인이 운영하는 곳이라 호텔 내 주류반입이 금지되는 등 엄격하게 관리되고 있다. 시끄러운 동네 분위기를 감안할 때 종교적 엄격함이 오히려 반갑기까지 하다. 호텔의 영업 방침을 존중해 일찍 귀가하고 실내에서 정숙하도록 하자. 객실은 약간 좁지만 청결하다.

칼레 오텔 Kale Otel

Map P.539-A1 주소 Anafartalar Cad. Şan Sk. No.13 Ulus **전화** (0312) 311-3393, 310-3521 **요금** 싱글 €15(개인욕실, A/C), 더블 €25(개인욕실, A/C) **가는 방법** 울루스 광장에서 앙카라 성 방향으로 도보 15분. 골목 안에 있다.

앙카라 성 입구 오른쪽 골목에 자리한 호텔로 작지만 알차게 운영되고 있다. 방은 그다지 넓지 않지만 채광이 잘되고 아늑한 느낌이 든다. 청결, 친절함 등 여러모로 관리가 잘되어 있으며 아침식사 포함임을 감안할 때 요금은 저렴하기까지 하다. 건물 외벽이 노란색이라 눈에 잘 띈다.

샤힌베이 호텔 Şahinbey Hotel

Map P.539-B1 주소 Necatibey Mh., Alataş Sk., 06250 Altındağ/Ankara **전화** (0312)310-4955 **요금** 싱글 €35(개인욕실, A/C), 더블 €45(개인욕실, A/C) **가는 방법** 울루스 광장에서 앙카라 성 방향으로 도보 15분. 골목 안에 있다.

칼레 오텔 옆에 있는 곳으로 객실은 깨끗하고 사이즈도 적당해서 머물기에 나쁘지 않다. 앙카라 성, 아나톨리아

문명 박물관 등 관광 명소와 가까워 입지 조건도 좋고 직원들도 대체로 친절히 손님을 맞이한다. 소박하고 가족적인 분위기가 괜찮은 곳이다.

오텔 안틱 Otel Antik

Map P.539-B1 주소 Işıklar Cad. No: 31 Altındağ, 06240 Ulus/Ankara **전화** (0312)309-4356 **홈페이지** www.otelantik.com **요금** 싱글 €15(개인욕실, A/C), 더블 €25(개인욕실, A/C) **가는 방법** 울루스 광장에서 앙카라 성 방향으로 도보 15분. 골목 안에 있다.

대표적인 가성비 호텔. 객실은 채광도 잘 되는 등 그럭저럭 머물기에 나쁘지 않고 화장실도 깨끗한 편이다. 전체적인 시설은 오래된 감이 있는데 저렴한 가격을 감안하면 봐줄 만한 수준이다. 앙카라 성 부근에서 가성비 숙소를 찾는다면 괜찮은 곳이다.

오텔 미트하트 Otel Mithat

Map P.539-B1 주소 Opera Meydanı Tavus Sk. No.2 06050 **전화** (0312) 311-5410 **홈페이지** www.otelmithat.com.tr **요금** 싱글 €30(개인욕실, A/C), 더블 €40(개인욕실, A/C) **가는 방법** 울루스 광장 남쪽 오페라 공원 뒤편에 있다. 울루스 광장에서 도보 10분.

울루스 광장에서 조금 떨어진 곳에 있는 숙소로 가격에 비해 시설이 괜찮다. 로비도 넓고 방과 욕실도 깔끔하게 잘 관리되고 있어 마음에 든다. 종업원들도 대체로 친절해 전체적으로 편안한 느낌이다. 앙카라 성과 아나톨리아 문명박물관도 가까워 걸어서 갈 수 있으며 시내까지 이동도 편리하다.

안쿠바 호텔 Ankuva Hotel

Map P.539-B2 주소 Kızılay, Necatibey Cd. No:29/A, 06530 **전화** (0312)231-0006 **홈페이지** www.ankuvahotel.com **요금** 싱글 €45(개인욕실, A/C), 더블 €50(개인욕실, A/C) **가는 방법** 크즐라이 역에서 도보 8분.

도심 한 가운데 있는 호텔로 매우 잘 관리되고 있는 곳이다. 친절한 직원, 넓고 깨끗한 객실, 풍성한 아침식사 등 흠잡을 데 없이 잘 운영되고 있어 가족단위 여행객들도 안심하고 이용할 수 있다. 일대의 동급 숙소에서 가장 나은 편이다. 주차장 시설도 갖추고 있어 렌터카 여행자도 불편함이 없다.

티비비 코누크 에비 TBB Konuk Evi

Map P.539-B2 주소 Kocatepe, 59, Selanik Cd, 06420 Çankaya/Ankara **전화** (0312)419-2133 **홈페이지** www.tbb.gov.tr **요금** 1인 €10(개인욕실, A/C) **가는 방법** 크즐라이 역에서 도보 10분.

우리 식으로 치면 구청에서 운영하는 숙소. 기관 운영 숙소가 대부분 그렇듯이 2% 부족한 면이 없지는 않으나 객실은 비교적 넓고 청소 상태도 괜찮다. 무엇보다 크즐라이 지역에 이런 가격에 머물 수 있는 것은 기적 같은 일이다. 아침식사는 뷔페식으로 제공되며 별도 15TL.

베스트 웨스턴 플러스 센터 호텔 Best Western Plus Center Hotel

Map P.539-B3 주소 Kızılay, Meşrutiyet Mahallesi, Olgunlar Cd. 5/B **전화** (0312)425-4055 **홈페이지** bwpluscenter.com **요금** 싱글 €70(개인욕실, A/C), 더블 €80(개인욕실, A/C) **가는 방법** 앙카라 역에서 차로 10분.

웨스턴 호텔 계열의 고급숙소. 객실은 매일 청소되며 미니바와 커피포트, 욕실 용품이 잘 비치되어 있으며 매일 2병의 생수도 제공한다. 근처에 관공서가 많고 대사관 밀집지역도 가까워 비지니스 손님들이 많으며 아침식사도 잘 나온다. 주변에 레스토랑과 펍이 많아서 편리하기도 하지만 밤에는 살짝 소란스럽기도 하니 이용에 참고하자.

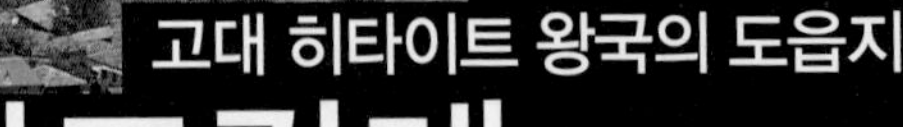

고대 히타이트 왕국의 도읍지

보아즈칼레(하투샤)

세계문화유산 Boğazkale(Hattuşa)

인구 2,000명

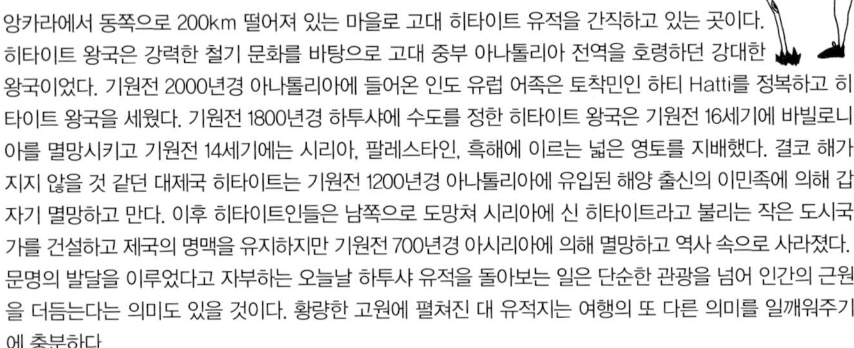

앙카라에서 동쪽으로 200km 떨어져 있는 마을로 고대 히타이트 유적을 간직하고 있는 곳이다. 히타이트 왕국은 강력한 철기 문화를 바탕으로 고대 중부 아나톨리아 전역을 호령하던 강대한 왕국이었다. 기원전 2000년경 아나톨리아에 들어온 인도 유럽 어족은 토착민인 하티 Hatti를 정복하고 히타이트 왕국을 세웠다. 기원전 1800년경 하투샤에 수도를 정한 히타이트 왕국은 기원전 16세기에 바빌로니아를 멸망시키고 기원전 14세기에는 시리아, 팔레스타인, 흑해에 이르는 넓은 영토를 지배했다. 결코 해가 지지 않을 것 같던 대제국 히타이트는 기원전 1200년경 아나톨리아에 유입된 해양 출신의 이민족에 의해 갑자기 멸망하고 만다. 이후 히타이트인들은 남쪽으로 도망쳐 시리아에 신 히타이트라고 불리는 작은 도시국가를 건설하고 제국의 명맥을 유지하지만 기원전 700년경 아시리아에 의해 멸망하고 역사 속으로 사라졌다. 문명의 발달을 이루었다고 자부하는 오늘날 하투샤 유적을 돌아보는 일은 단순한 관광을 넘어 인간의 근원을 더듬는다는 의미도 있을 것이다. 황량한 고원에 펼쳐진 대 유적지는 여행의 또 다른 의미를 일깨워주기에 충분하다.

여행의 기술

Information

관광안내소

작은 시골 마을이라 별도의 관광안내소는 없으며 각 숙소에 마련되어 있는 하투샤 유적 자료를 참고하자.

환전 Map P.552-A1

순구를루 Sungurlu 행 돌무쉬가 출발하는 마을 중심 보아즈칼레 광장 Boğazkale Meydanı에 티시 지라트 은행 T.C ZİRAAT Bankası에서 환전할 수 있다. 단, 여행자수표는 취급하지 않는다. 은행이 한 군데밖에 없으니 방문하기 전 주머니 사정을 살펴보고 가급적 다른 도시에서 환전을 해서 오는 것이 좋다.

위치 보아즈칼레 광장

업무 월~금요일 09:00~12:30, 13:30~17:30

PTT Map P.552-A1

편지, 엽서 등 우편업무를 볼 수 있다. 규모가 매우 작은 시골의 우체국이라 직원이 친절히 대해준다.

위치 보아즈칼레 광장

업무 월~금요일 09:00~17:00

보아즈칼레 가는 법

비행기와 기차는 다니지 않으며 버스만이 보아즈칼레를 방문하는 유일한 수단이다. 시간이 없는 여행자라면 앙카라까지 비행기를 타고 간 후 버스를 갈아타고 가는 방법이 있다.

➡ 오토뷔스

워낙 작은 시골 마을이라 대도시에서 직접 가는 교통편은 없다. 인근의 순구를루 Sungurlu와 요즈가트 Yozgat가 관문 역할을 하는 도시인데, 앙카라·사프란볼루·아마시아 방면에서 간다면 순구를루를, 시바스·카파도키아 방면에서 간다면 요즈가트를 이용하는 게 편리하다. 즉 어느 쪽에서 가느냐에 따라 드나드는 입구가 달라진다. 관광을 마치고 다른 도시로 갈 때도 목적지에 따라 요즈가트와 순구를루를 각각 이용하면 된다.

보아즈칼레에서 28km 떨어진 순구를루는 하루 5~6회 돌무쉬가 다니고 있으며, 45km 떨어진 요즈가트는 불행히도 운행하는 돌무쉬가 없어 오직 택시를 이용하는 방법밖에는 없다. 수완 좋은 여행자라면 히치하이크를 해도 좋겠지만 안전을 고려할 때 나홀로 여행자는 자제하는 게 좋다. 돌무쉬는 마을 중심 광장에 최종 정차하며 걸어서 숙소를 정하면 된다.

순구를루 ▷▶ 보아즈칼레

돌무쉬

운행 07:30~17:30, 인원 차는 대로 출발(주말에는 이용객이 적어 2~3회밖에 운행하지 않는다.)

소요시간 30분

타는 곳 순구를루 시내 PTT 부근

*택시는 450~550TL.

요즈가트 ▷▶ 보아즈칼레

택시

요금 650~750TL

타는 곳 요즈가트 오토가르

보아즈칼레에서 출발하는 **버스 노선**

행선지	소요시간	운행
이스탄불	8시간(순구를루 출발)	1일 2~3편
*삼순, 아마시아, 초룸 방면 버스는 대체로 순구를루를 경유한다.		
앙카라	3시간(순구를루 출발)	1일 8~9편
아마시아	3시간(순구를루 출발)	1일 8~9편
카파도키아	4시간(요즈가트 출발)	1일 2~3편
카이세리	3시간(요즈가트 출발)	1일 8~9편

*운행 편수는 변동이 있을 수 있음.

시내 교통

마을이 워낙 작아 도보로 충분하고 하투샤와 야즐르카야 유적도 보아즈칼레 마을에서 멀지 않아 걸어 다닐 수 있다. 알라자회윅은 멀리 떨어져 있어 차량을 이용해야 하는데 대중교통은 없고 택시만이 유일한 수단이다. 택시는 1대당 계산되므로 인원이 여럿이라면 택시를 이용하는 것도 괜찮은 방법이다. 하투샤 유적지 내 견학로는 차를 타고 다닐 수 있으니 한여름 뜨거운 햇빛이 부담스럽다면 이용을 고려해 보자. 참고로 보아즈칼레의 택시는 매우 적다.

택시 투어 요금

하투샤+야즐르카야 400~500TL

하투샤+야즐르카야+알라자회윅 600~700TL

*시즌에 따라 요금이 달라지며 흥정 가능.

보아즈칼레 둘러보기

히타이트 왕국의 수도였던 하투샤 유적과 야즐르카야 유적이 볼거리의 전부다. 매표소를 지나면 광대한 유적지가 펼쳐지며 대신전을 제일 처음 만난다. 신전을 지나면 길이 두 갈래로 나뉘는데 시계 반대 방향으로 도는 게 일반적이다. 견학로를 따라 걸으며 사자 문, 스핑크스 문, 왕의 문 등의 유적을 순서대로 보고 마지막으로 대성채를 관람하면 된다.

매표소로 다시 돌아와 오른쪽 길을 따라 야즐르카야 유적으로 갈 수 있다. 야즐르카야는 그다지 크지 않아 30~40분 정도면 충분히 돌아볼 수 있다. 유적 탐방을 마쳤으면 마을 입구의 보아즈 칼레 박물관을 방문해서 하투샤 유적지에서 출토된 유물을 관람하자. 시간과 금전의 여유가 있다면 보아즈칼레에서 35km 떨어진 알라자회윅 Alacahöyük을 다녀오는 것도 고려해 볼만하다. 모든 유적을 돌아보는데 하루면 충분하다.

+ 알아두세요!

1. 하투샤 유적은 햇빛을 피할 데가 거의 없다. 도보 관광을 하려면 선크림, 모자, 물 등을 챙겨가야 한다.
2. 하투샤와 야즐르카야 유적은 같은 티켓을 사용하니 두 곳을 다 보기 전까지 섣불리 표를 버리지 말 것.

★★★★★ BEST COURSE ★★★★★

예상소요시간 6~7시간

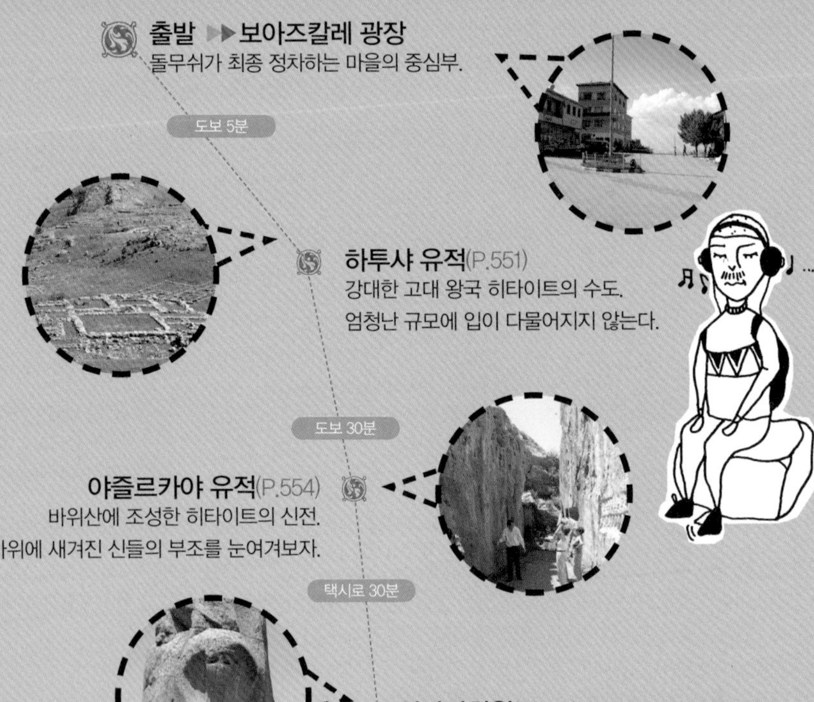

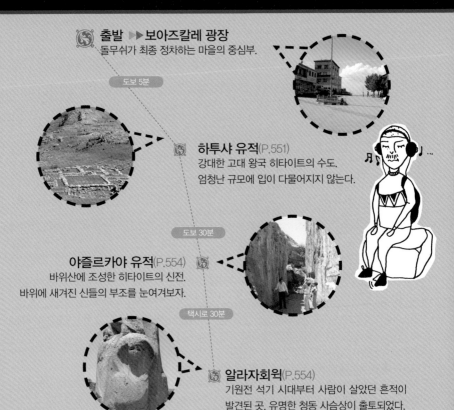

출발 ▶▶ 보아즈칼레 광장
돌무쉬가 최종 정차하는 마을의 중심부.

도보 5분

하투샤 유적(P.551)
강대한 고대 왕국 히타이트의 수도.
엄청난 규모에 입이 다물어지지 않는다.

도보 30분

야즐르카야 유적(P.554)
바위산에 조성한 히타이트의 신전.
바위에 새겨진 신들의 부조를 눈여겨보자.

택시로 30분

알라자회윅(P.554)
기원전 석기 시대부터 사람이 살았던 흔적이 발견된 곳. 유명한 청동 사슴상이 출토되었다.

Attraction 보아즈칼레의 볼거리

광대한 면적의 하투샤 유적은 경이로움 그 자체다. 세계 최강의 철기 문명을 이루었던 고대인의 흔적을 거닐다 보면 자연과 인간 문명에 관해 되돌아보게 된다.

하투샤 유적
Hattuşa ★★★★ 세계문화유산

Map P.552-A2 주소 Hattuşa, Boğazkale **개관** 매일 08:00~19:00(겨울철은 17:00까지) **요금** 100TL(야즐르카야 유적 포함) **가는 방법** 보아즈칼레 광장에서 도보 5분.

대제국 히타이트의 왕도가 있었던 곳으로 8km의 둘레에 면적은 280ha에 이르는 광대한 크기를 자랑한다. 매표소를 지나 견학로를 따라 시계 반대 방향으로 돌며 관람하는 게 일반적이다. 대강 본다고 해도 2시간은 걸리므로 시간 여유를 갖고 관광에 나서자.

한편 마을 입구에 보아즈쾨이 고고학 박물관 Boğazköy Arkeoloji Müzesi이 있다. 하투샤 유적에서 출토된 유물을 전시하고 있으므로 유적 탐방 후 둘러보길 권한다. 토기와 장신구, 스핑크스 등이 전시되어 있는데 하투샤 유적에 대한 이해를 높일 수 있다(개관 매일 08:00~17:00, 요금 €3).

대신전 Büyük Tapnağı

매표소를 지나 3분 정도 도로를 따라 올라가면 오른쪽으로 첫 번째 만나는 유적으로 히타이트 제국의 본 신전. 가로 65m, 세로 42m의 면적으로 중앙의 큰길을 중심으로 오른쪽은 도서관과 신을 모셨던 신전이고, 왼쪽은 86개의 상점이 있었던 바자르 구역이다. 말하자면 신상(神商) 복합 구조인데 신전이었던 만큼 제사와 관계된 물품을 취급했던 것으로 추정된다. 오른쪽 가장 끝방이 주신인 태양과 바람의 신을 모셨던 곳인데 바위의 이음새를 보면 빠지지 않도록 단단히 고정했음을 알 수 있다. 한쪽 옆으로는 곡물을 저장하던 커다란 항아리가 묻혀 있다.

사자 문 Aslan Kapı

유적의 남서쪽에 자리하고 있는 문으로 도성에 드나들던 6개의 문 중 하나다. 사자 조각이 있다고 해서 '사자 문'이라는 이름이 붙었다. 사자는 성 밖을 바라보고 있는데 왼쪽은 완전히 파손되어 형체를 알아볼 수 없고 오른쪽이 그나마 사자라는 형태를 알아볼 수 있다. 문 주변을 자세히 보면 문을 닫은 후 잠금장치를 가로지를 때 사용하던 구멍이 있다.

대신전

사자 문

스핑크스 문 Sfenksli Kapı

유적 남쪽 끝에 있는 문으로 도성에서 가장 높은 위치다. 문 주변으로 200m 가량의 성벽이 남아 있다. 다른 벽은 모두 홑벽인데 반해 스핑크스 문 주변만 유독 이중으로 되어 있는 것이 특이하다.

바깥 벽은 기단만 남아 있고 안쪽 벽은 비교적 보존 상태가 양호하다. 문의 수호동물인 스핑크스는 내외부 합쳐 모두 4개인데 두 개는 거의 완파되었고 1개는 이스탄불, 1개는 독일의 베를린 박물관에 소장되어 있다. 문 바깥으로 피라미드 비슷하게 쌓은 거대한 기단을 볼 수 있으며 중앙에는 71m의 터널이 뚫려 있다. 이 통로로 군사들이 드나들었다고 한다.

스핑크스 문의 성벽
왕의 문

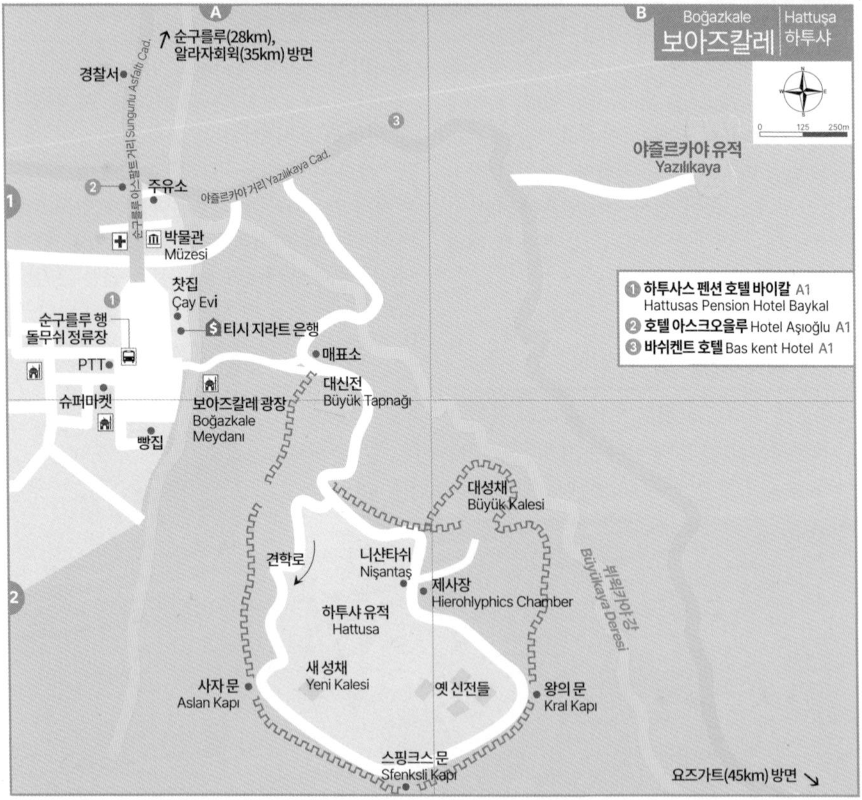

Boğazkale 보아즈칼레 | Hattuşa 하투샤

A
B
1
2
↗ 순구를루(28km), 알라자회윅(35km) 방면
경찰서
순구를루 아스팔트 거리 Sungurlu Asfaltı Cad.
야즐르카야 거리 Yazılıkaya Cad.
주유소
박물관 Müzesi
찻집 Çay Evi
티시 지라트 은행
순구를루 행 돌무쉬 정류장
PTT
매표소
대신전 Büyük Tapnağı
슈퍼마켓
보아즈칼레 광장 Boğazkale Meydanı
빵집
야즐르카야 유적 Yazılıkaya
0 125 250m
대성채 Büyük Kalesi
견학로
니샨타쉬 Nişantaş
제사장 Hierohlyphics Chamber
하투샤 유적 Hattusa
뷔윅카야강 Büyükaya Deresi
새 성채 Yeni Kalesi
사자 문 Aslan Kapı
옛 신전들
왕의 문 Kral Kapı
스핑크스 문 Sfenksli Kapı
요즈가트(45km) 방면 ↘

① 하투사스 펜션 호텔 바이칼 A1 Hattusas Pension Hotel Baykal
② 호텔 아스크오을루 Hotel Aşıoğlu A1
③ 바쉬켄트 호텔 Bas kent Hotel A1

왕의 문 Kral Kapı

스핑크스 문을 지나 200m 가량 내려가다가 오른쪽에 나오는 문. 입구 왼쪽에 고깔모자를 쓴 사람이 새겨진 부조가 서 있는데 당초 히타이트 왕으로 추정되었으나 군인으로 판명되었다. 현재 서 있는 것은 모조품이며 진품은 앙카라의 아나톨리아 문명박물관에 소장되어 있다.

제사장 Hierohlyphics Chamber

비교적 최근에 발굴된 것으로 용도에 관해 분분한 설이 있었으나 제사를 지내던 장소라는 설이 유력하다. 유적 터 중 가장 좋은 보존 상태를 보이고 있다. 안쪽 정면에는 왕으로 보이는 인물의 부조가 있으며 오른쪽 벽에는 당시의 그림문자가 있어 흥미를 끈다. 왼쪽 벽에는 활을 멘 당당한 무사의 모습이 선명하게 남아 있다. 보존 관계상 철망을 쳐 놓았다.

니샨타쉬 Nişantaş

제사장 바로 맞은편에 있는 것으로 언뜻 보면 그냥 돌무더기인 것 같지만 자세히 보면 문자가 기록되었던 흔적을 확인할 수 있다. 히타이트 마지막 왕의 치적을 새겨놓은 것이라고 하는데 정확히 해독되지 않아 내용은 밝혀지지 않았다.

제사장 벽의 그림문자

대성채 Büyük Kalesi

히타이트의 왕이 살던 곳으로 유적 터에서 마지막으로 관람하게 된다. 굉장한 규모의 터만 남아 있는데 안에는 목욕장과 우물의 흔적을 볼 수 있다. 이곳에서 기록문서판, 장신구 등 가장 많은 유물이 출토되어 히타이트의 존재를 세상에 알렸다. 유물은 대부분 앙카라의 아나톨리아 문명박물관에 전시되어 있다. 아래로 대신전 터와 보아즈칼레 마을이 한눈에

Shakti Say

히타이트 군인은 이렇게 싸웠다

활을 멘 히타이트 전사

고대 중부 아나톨리아를 제패했던 히타이트 왕국의 전술의 핵심은 기동력이었습니다. 히타이트족은 전사민족으로 전투 때 기동력이 뛰어난 이륜전차를 사용했는데 전차는 세 명이 탈 수 있는 것으로 한 명은 말을 몰았고 한 명은 창을 들고 근접 전투를 했으며, 다른 한 명은 활로 공격했습니다. 전차의 무게는 빠른 기동력 확보를 위해 한 사람이 끌 수 있을 정도의 무게였다고 합니다. 아울러 히타이트 전사들은 당시 흔치 않았던 철제 무기를 사용해 월등한 전투력을 선보였는데 군사들은 철로 된 갑옷까지 입었다고 합니다. 후일 히타이트와 싸운 아시리아에 의해 다른 지역으로 퍼지기까지 수세기 동안 히타이트인들은 철제 무기로 연승 가도를 달렸답니다.

니샨타쉬 대성채

내려다보이는데 과거와 현재가 대비되어 시간의 무상함이 느껴지기도 한다.

야즐르카야 유적
Yazılıkaya ★★★

Map P.552-B1 주소 Yazılıkaya, Boğazkale **개관** 매일 08:00~19:00(겨울철은 17:00까지) **요금** 하투샤 유적과 공통 티켓 사용 **가는 방법** 하투샤 유적에서 칼레 호텔 방향으로 도보 30분.

하투샤 유적의 북동쪽 2km에 자리한 유적으로 히타이트 제국의 신을 모시던 곳이다. 바위산을 그대로 이용해 만든 노천 신전으로 내부의 부조가 볼 만하다. 야즐르카야는 '비문이 새겨진 바위산'이라는 뜻이다.

내부는 크게 두 부분으로 나뉘어 있는데 입구에 들어가면서 왼쪽 바위산으로 둘러싸인 공터가 대 갤러리다. 히타이트는 수천 명의 신을 모셨던 왕국으로 알려져 있다. 이곳 바위에 모습이 흐려지기는 했지만 수많은 부조가 당시 신전의 규모를 짐작케 한다. 대 갤러리의 오른쪽 바위산에는 여신이, 왼쪽 바위산에는 남신이 모셔져 있었다고 하는데 바위산 정면에 남녀 두 신이 만나는 모습의 부조를 볼 수 있다.

입구에서 좁은 바위 통로를 따라 안쪽으로 들어가면 또 다른 부조를 만나게 되는데 이곳이 소 갤러리다. 규모는 작지만 좀더 선명한 부조를 볼 수 있는데 왕을 껴안고 있는 신의 모습이 인상적이다. 왕권의 신성함을 나타내는 것으로 추정되며 그 반대편에는 고깔모자를 쓴 12신의 행진 부조가 선명하게 남아 있다.

알라자회윅
Alacahöyük ★★

개관 매일 08:00~19:00(겨울철은 17:00까지, 박물관은 매주 월요일 휴관) **요금** €3 **가는 방법** 하투샤 유적에서 택시로 30분.

보아즈칼레 마을에서 북쪽으로 35km에 위치한 유적. 기원전 5000년경의 석기 시대, 청동기 시대, 히타이트, 프리기아 등 여러 시기의 유적이 혼합되어 있다. 회윅 höyük은 '언덕 위에 살던 사람들'이라는 의미로 인공 언덕이 조성된 마을을 뜻한다.

입구에는 히타이트 시대에 조성된 두 개의 육중한 스핑크스 문이 관광객을 맞이하고 있다. 입구에 들어서자마자 왼쪽으로 보이는 터는 히타이트족이 들어오기 전 이곳에 살던 하티족 Hatti의 왕 묘지라고 한다. 북쪽 끝에는 신전 터가 있고 동쪽 끝에는 곡물 저장고가 자리하고 있다.

유적 터와 약간 떨어진 서쪽 끝에는 지하 통로가 있어 유적의 규모와 당시 생활상을 짐작케 하며 앙카라 아나톨리아 문명박물관의 상징이기도 한 유명한 3마리 청동 사슴상도 이곳에서 출토되었다. 유적의 한쪽 옆에는 박물관이 있는데 알라자회윅 복원도와 5000년 전의 토기 등이 있으니 함께 관람하자.

야즐르카야 유적의 12신 행진 부조

알라자회윅에서 출토된 3마리 청동 사슴상-앙카라 문명박물관

Restaurant 보아즈칼레의 레스토랑

보아즈칼레 광장 앞에 찻집이 있을 뿐 식당은 없다. 광장 앞의 빵집에서 에크멕 빵을 사다 잼과 함께 먹거나 숙소의 부설 식당을 이용하는 방법만이 유일하다.

Hotel 보아즈칼레의 숙소

보아즈칼레의 숙소는 몇 군데 안 된다. 예전과 달리 찾아오는 관광객 수가 감소하면서 호텔이 더 늘어날 전망은 보이지 않는다. 시설에 큰 기대를 하지는 말자.

하투사스 펜션 호텔 바이칼 Hattusas Pension Hotel Baykal

Map P.552-A1 주소 Çarşı Mah. Cumh. Boğazkale Meydanı. No.22 **전화** (0364)452-2013 **요금** 싱글 €20(개인욕실, 중앙난방), 더블 €30(개인욕실, 중앙난방) **인터넷** 불가능 **가는 방법** 보아즈칼레 광장.

펜션과 호텔 두 종류가 있는데 어느 곳이나 객실은 넓고 깔끔하다. 개인욕실 여부에 따라 차등요금을 적용하며 저렴한 요금으로 여행자들이 일순위로 찾는 곳이다. 야외 자리가 있는 부설 식당도 괜찮고 여러모로 추천할 만한데, 오랜동안 리모델링을 하지 않은 탓에 시설이 낡은 것은 감안해야 한다.

호텔 아스크오을루 Hotel Aşıkoğlu

Map P.552-A1 주소 Hotel Aşıkoğlu Boğazkale Hattusas Corum **전화** (0364)452-2004 **요금** 싱글 €40(개인욕실, 난로, 조식), 더블 €60(개인욕실, 난로, 조식) **가는 방법** 박물관에서 도보 3분.

호텔과 펜션 두 종류가 있는 숙소로 객실 상태에 따라 요금이 달라진다. 주로 단체 패키지 관광객을 대상으로 하는 대형 숙소라 시즌에는 북적거리기도 한다. 부설 레스토랑에서 하투샤 유적에 관한 다큐멘터리를 상영해 유적지의 이해를 돕고 있다.

바쉬켄트 호텔 Baskent Hotel

Map P.552-A1 주소 Yazılıkaya Cad. Üzeri No.45 Boğazkale Hattusas Corum **전화** (0364)452-2037 **요금** 싱글 €30(개인욕실, 난로, 조식), 더블 €40(개인욕실, 난로, 조식) **가는 방법** 호텔 아스크오을루 앞 사거리에서 야즐르카야 거리 Yazılıkaya Cad.를 따라 도보 15분.

마을에서 약간 떨어진 곳에 있는 숙소로 조용하고 한적한 분위기다. 언덕 위에 자리했기 때문에 하투샤 유적과 마을 전망이 좋다.

1~3인실까지 객실 크기가 다양하며 깔끔하게 관리되고 있어 편히 머물 수 있다. 방이 꽉 찼다면 바로 옆에 있는 칼레 호텔 Kale Hotel을 이용하자. 요금과 시설이 비슷하다.

메블라나 교단의 발생지

콘야 Konya

이슬람 신비주의 종파인 메블라나 Mevlana 교단의 발생지로 널리 알려져 있는 도시. 종교색이 강한 도시로 이슬람 국가로서 튀르키예를 논할 때 빼놓을 수 없는 곳이다.

튀르키예에서 가장 오래된 도시 중 하나인 콘야가 융성했던 시기는 13세기. 이즈니크에 수도를 두고 있던 룸 셀주크(아나톨리아의 셀주크)가 비잔틴과 십자군의 압박을 피해 1134년 콘야로 천도하고 그 후 알라딘 케이쿠바드 1세 때 전성기를 이루었다. 학자들이 모여들어 이슬람의 학문과 사상에 관해 활발한 토론이 벌어지고 자미와 신학교가 건립되는 등 그야말로 학문과 예술이 꽃피던 시기였다. 메블라나 교단의 창시자인 메블라나 젤라레딘 루미 Mevlana Celaleddin Rumi 역시 그러한 이슬람 사상가 중의 한 명이었다.

이러한 역사적 배경 때문인지 도시 분위기도 다른 곳과는 달리 차분하고 안정감이 느껴진다. 오늘날에도 콘야는 이슬람 사상이 활발히 교류하는 곳이며 성지로서의 위상을 굳건히 지키고 있다. 순례자의 발길이 끊이지 않음은 물론이다. 일상의 번잡함에서 벗어나 종교의 성스러움과 이슬람의 깊이를 느낄 수 있는 콘야를 방문해 보자.

인구 83만 8000명 **해발고도** 1,016m

여행의 기술

Information

관광안내소 Map P.561-B2

도시 지도와 관광 안내자료를 무료로 얻을 수 있다. 영어를 잘 하는 직원이 친절히 안내해 주며 세마 공연과 국제 영성 음악축제 일정도 알아볼 수 있다. 메블라나 박물관의 영어 가이드를 알선해 주기도 한다.
주소 Aslanlıkışla Cad. No.5 Karatay, Konya
전화 (0332)353-4021 또는 147
팩스 (0332)353-4023
홈페이지 www.konya.bel.tr
업무 월~토요일 08:00~17:00
가는 방법 아슬란르크쉴라 거리 Aslanlıkışla Cad.에 있다. 메블라나 박물관에서 도보 3분.

환전 Map P.561-B1

시내 중심가인 메블라나 거리에 많은 은행과 ATM, 사설 환전소가 있어 언제든 편리하게 이용할 수 있다. 사설 환전소의 환율이 조금 낮긴 하지만 큰 차이는 없으므로 편한 곳을 이용하도록 하자.
위치 메블라나 거리 일대.
업무 월~금요일 09:00~12:30, 13:30~17:30(사설 환전소는 20:00까지)

PTT Map P.561-B1

위치 메블라나 거리의 카얄르 공원 뒤편에 있다.
업무 월~금요일 09:00~17:00

콘야 가는 법

사통팔달이라는 말이 어울릴 정도로 콘야는 교통망이 잘 발달되어 있다. 비행기, 버스, 기차 등 어떤 교통수단을 이용하더라도 방문하는데 어려움이 없다.

➡ 비행기

콘야 공항은 시내 중심에서 북동쪽으로 약 13km 떨어져 있다. 튀르키예 항공과 페가수스 항공이 매일 6회 콘야와 이스탄불을 직항으로 오가고 있으며 이즈미르, 보드룸, 트라브존 등 다른 주요 도시와도 경유편으로 연결된다(페가수스 항공은 이스탄불의 사비하 괵첸 공항을 이용한다). 시내까지는 비행기 도착시간에 맞춰 운행하는 공항버스 Havaş를 이용하면 쉽게 갈 수 있다. 시내의 튀르키예 항공 사무실까지 운행하므로 편리하다(30분 소요). 관광을 마치고 공항으로 갈 때도 튀르키예 항공 앞에서 공항버스를 이용하자(출발 시간은 튀르키예 항공에 문의할 것). 택시를 이용한다면 약 300TL 정도가 든다.

콘야 공항

콘야 공항 Konya Havalimanı
전화 (0332)239-1343

튀르키예 항공 Türk Hava Yolları
전화 (0332)321-2100
가는 방법 페리트 파샤 거리 Ferit Paşa Cad.에 있다. 알라딘 언덕에서 도보 15분.

페가수스 항공 Pegasus Airlines
시내의 쉬크란 투리즘 Şükran Turizm 여행사에서 대행한다.
전화 (0332)353-4801
가는 방법 메블라나 거리의 시파 레스토랑 Sifa Restaurant 2층.

오토뷔스

시내로 가는 트램

여행자들이 가장 많이 이용하는 교통수단으로 동서남북 어느 곳에서든 문제없이 연결된다. 이스탄불, 앙카라 등 대도시는 물론 멀리 흑해에서도 직접 가는 버스가 있을 정도로 소통이 원활하다.

콘야를 거점으로 하는 버스회사는 콘투르 Kontur, 외즈 카이마크 Öz Kaymak 등이 있다. 지붕의 곡선이 아름다운 콘야의 오토가르는 시 외곽에 떨어져 있어 시내 진입에 1시간 정도 걸린다. 버스회사에서 운행하는 세르비스는 없고 트램 Tramvay이나 돌무쉬를 이용해 시내로 간다. 알라딘 언덕에서 가까운 숙소를 구하려면 트램을 이용하는 편이 낫고, 메블라나 박물관과 관광안내소 부근으로 가려면 돌무쉬를 이용하는 게 좋다. 트램 정류장은 오토가르 1번 승차장에서 가까운 잔디밭 사잇길로 나가면 있고 돌무쉬 정류장은 하차장 옆 잔디밭 사잇길로 나가면 탈 수 있으니 편한 것으로 이용하면 된다. 돌무쉬는 따로 번호는 없고 앞 유리창에 행선지를 써 놓았는데 잘 모르겠으면 '메블라나 자데시(메블라나 거리)'라고 물어보자. 한편 오토가르에는 24시간 짐 보관소도 있어 잠깐 스쳐가는 여행자들이 편리하게 이용할 수 있다.

오토가르 ▷▶ 시내(메블라나 거리)

돌무쉬

운행 06:00~24:00 소요시간 1시간

트램

운행 24시간(24:00~06:00는 1시간에 1대)
소요시간 1시간
요금 1회 사용권 5.5TL

콘야에서 출발하는 버스 노선

행선지	소요시간	운행
이스탄불	10시간	1일 5~6편
앙카라	3시간 30분	1일 12~13편
파묵칼레(데니즐리)	7시간	1일 7~8편
셀축	10시간	1일 2~3편
페티예	10시간	1일 2~3편
카파도키아(카이세리)	5시간	1일 5~6편
안탈리아	5시간	1일 12~13편
시바스	7시간	1일 4~5편
아다나	7시간	1일 7~8편
실리프케	4시간 30분	1일 7~8편
에이르디르	3시간 30분	1일 6~7편

*운행 편수는 변동이 있을 수 있음.

기차

이스탄불과 아다나를 잇는 이취 아나돌루 마비 익스프레스 İç Anadolu Mavi Exp., 메람 익스프레스 Meram Exp.와 시리아의 다마스쿠스를 연결하는 기차가 콘야를 통과한다. 이스탄불에서 13시간 정도 걸리므로 기차여행을 즐기는 편이 아니라면 이용빈도는 현저히 떨어진다. 연착하는 경우도 많다는 것을 알아두자. 단, 앙카라에서 가는 경우는 다르다. 2010년 앙카라와 콘야를 연결하는 위크세크 흐즐르 트레인 Yüksek Hızlı Tren(고속철도)이 완공되어 단 2시간만에 콘야에 갈 수 있다. 앙카라에서 콘야를 방문한다면 최고의 이동수단이므로 기억해두자(1일 8편). 자세한 운행시간은 철도청 홈

콘야 기차역

페이지(www.tcdd.gov.tr)를 참고하자. 기차역 앞 큰길에서 메블라나 거리까지 가는 돌무쉬가 다닌다.

콘야 역 Konya Gar
전화 (0332)332-3670

가는 방법 메블라나 거리에서 가까운 아지지예 거리 Aziziye Cad.의 돌무쉬 정류장에서 돌무쉬로 30분.

기차역 ▷▶ 시내(메블라나 거리)

돌무쉬
운행 06:00~24:00 소요시간 30분

시내 교통

도시 넓이로만 따진다면 콘야는 튀르키예에서 가장 큰 도시다. 하지만 여행자에게 필요한 숙소, 식당, 관광안내소, 은행 등 편의시설은 모두 시내 중심 도로인 메블라나 거리에 몰려 있고, 메블라나 박물관을 비롯한 웬만한 볼거리도 메블라나 거리 주변에 있어 도보로 다닐 수 있다. 도시 외곽에 있는 실레 Sille 마을과 오토가르, 기차역을 오갈 때를 제외하고 시내버스를 이용할 일은 거의 없다. 실레 마을까지는 카얄르 공원 맞은편 버스 정류장에서 64번 버스를 이용하면 되고 오토가르와 기차역은 아지지예 거리 Aziziye Cad.의 돌무쉬 정류장에서 출발하는 돌무쉬를 이용하면 된다. 앞 유리창에 오토가르 Otogar라고 쓰여 있는 것을 타면 되는데 잘 모르겠으면 사람들에게 물어보자. 시내에서 오토가르까지는 1시간 정도 걸리므로 시간 여유를 두고 출발하자. 한편 트램은 현금승차는 안 되고 티켓 판매 부스에서 미리 티켓을 사야 하는 시스템이다. 시내만 잠깐 관광하고 갈 거라면 1회용 티켓을 사용하고, 외곽까지 시내버스를 이용해 관광할 거라면 정식 교통카드를 구입하는 게 낫다.

메블라나 춤이 그려진 콘야의 시내버스

콘야 둘러보기

콘야 관광은 1~2일 정도로 잡으면 된다. 대표적인 볼거리인 메블라나 박물관과 정문 앞의 셀리미예 자미를 돌아본 후 메블라나 거리를 따라 셈시 테브리지 자미를 방문하고 알라딘 언덕 아래에 자리한 카라타이 박물관, 인제 미나레 박물관을 구경하자. 그런 다음 알라딘 언덕에 올라가 알라딘 자미를 보고 남쪽의 사힙 아타 박물관을 돌아보면 시내 관광은 끝난다. 시골 풍경이 남아 있는 콘야 외곽의 실레 마을은 시내버스를 타고 다녀오면 된다. 모든 볼거리를 다 둘러보려면 아침부터 서둘러야 하는데 가능하면 2일 정도 일정을 잡고 여유있게 돌아보기를 권한다.

콘야의 볼거리는 다른 도시에 비하면 대단하다고 할 수는 없으나 이슬람이라는 종교에 대해 생각하게 하는 것이 많다. 자미와 박물관 등에서 충분히 시간을 보내길 추천한다.

+ 알아두세요!

1. 종교색이 매우 강한 도시이므로 복장에 주의하자. 민소매나 무릎이 드러나는 복장은 피할 것.
2. 라마단 기간에 공개적인 장소에서 음식을 보이거나 먹는 행동은 삼가자.

BEST COURSE

예상소요시간 8~9시간

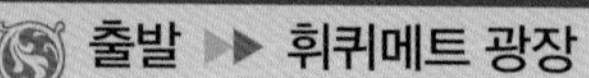

출발 ▶▶ 휘퀴메트 광장

도보 10분

메블라나 박물관(P.564)
이슬람 신비주의 메블라나 교단의 수행장. 언제나 참배객이 끊이지 않는다.

도보 15분

셈시 테브리지 자미(P.565)
메블라나 교단 창시자의 정신적 스승을 모신 자미.
소박하고 아담한 규모다.

도보 10분

카라타이 박물관(P.565)
셀주크 투르크 시대의 신학교를 개조한 박물관.

도보 5분

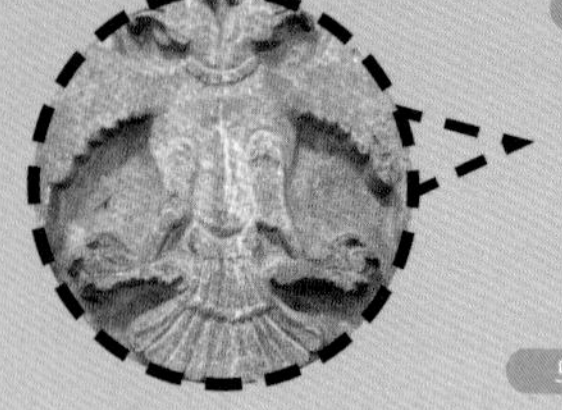

인제 미나레 박물관(P.566)
미나레가 솟아 있는 박물관. 입구의 섬세한 부조에서
셀주크 투르크 시대의 예술감각을 엿볼 수 있다.

도보 10분

알라딘 자미(P.566)
룸 셀주크의 전성기에 알라딘 케이쿠바드가 세운 자미.
수많은 기둥과 미흐랍이 인상적이다.

도보 10분

사힙 아타 박물관(P.566)
셀주크 시대의 아름다운 청록색
타일을 눈여겨보자.

시내 버스로 20분

실레 마을(P.567)
외곽에 떨어져 있는 작은 마을. 한적한 시골의 정취를
만끽하기 좋으며 초기 기독교 교회도 볼 수 있다.

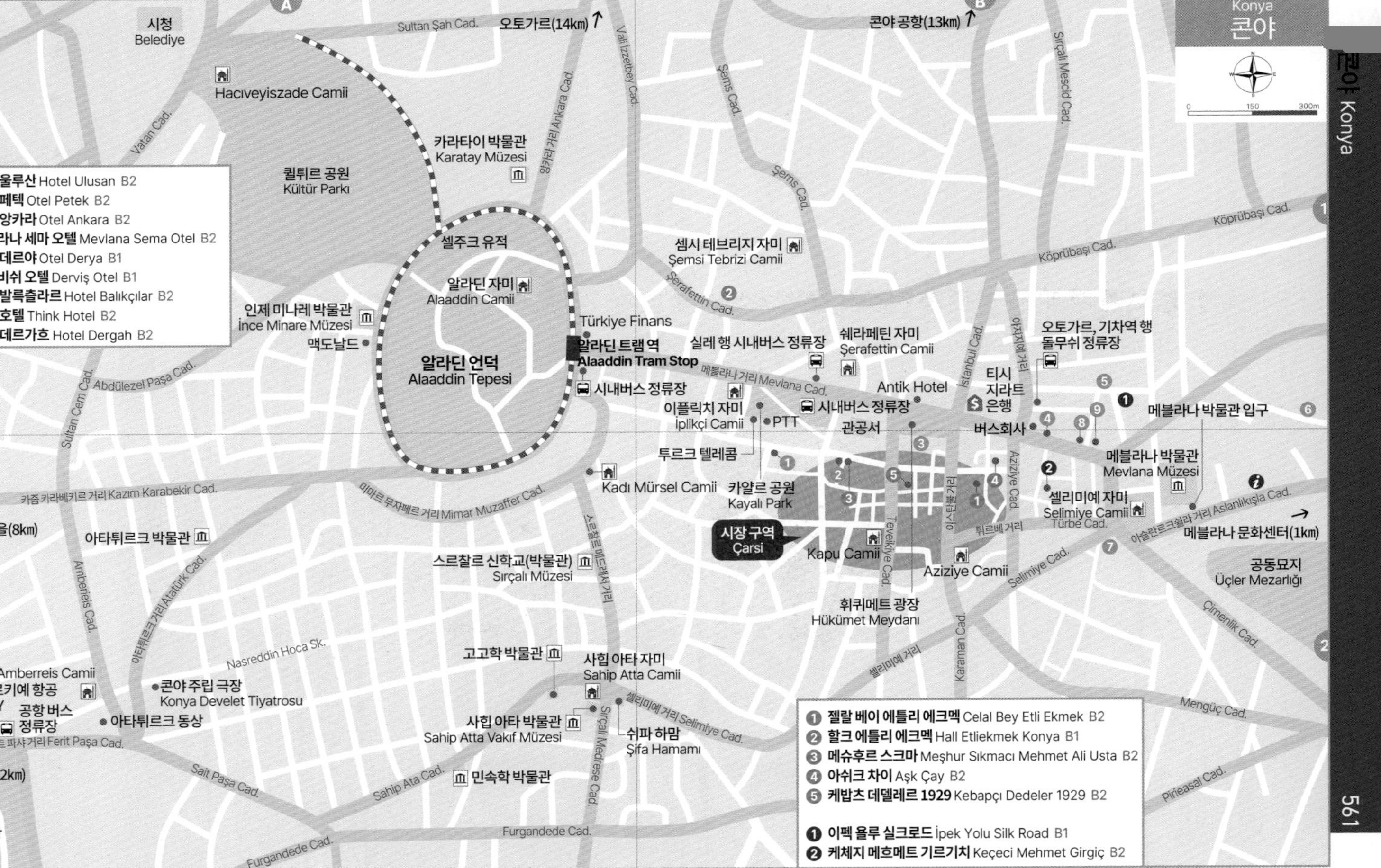
Konya 콘야
0 150 300m
A
B
1
2
6
7
콘야 공항(13km)
오토가르(14km)
실레 마을(8km)
기차역(2km)
메블라나 문화센터(1km)
시청 Belediye
Hacıveyiszade Camii
퀼튀르 공원 Kültür Parkı
카라타이 박물관 Karatay Müzesi
셀주크 유적
알라딘 자미 Alaaddin Camii
알라딘 언덕 Alaaddin Tepesi
알라딘 트램 역 Alaaddin Tram Stop
Türkiye Finans
시내버스 정류장
인제 미나레 박물관 İnce Minare Müzesi
맥도날드
셈시 테브리지 자미 Şemsi Tebrizi Camii
실레 행 시내버스 정류장
쉐라페틴 자미 Şerafettin Camii
이플릭치 자미 İplikçi Camii
PTT
투르크 텔레콤
카얄르 공원 Kayalı Park
시장 구역 Çarsi
Kapu Camii
관공서
Antik Hotel
티시 지라트 은행
버스회사
오토가르, 기차역 행 돌무쉬 정류장
메블라나 박물관 입구
메블라나 박물관 Mevlana Müzesi
셀리미예 자미 Selimiye Camii
Aziziye Camii
휘퀴메트 광장 Hükümet Meydanı
공동묘지 Üçler Mezarlığı
Kadı Mürsel Camii
스르찰르 신학교(박물관) Sırçalı Müzesi
사힙 아타 자미 Sahip Atta Camii
쉬파 하맘 Şifa Hamamı
고고학 박물관
사힙 아타 박물관 Sahip Atta Vakıf Müzesi
민속학 박물관
아타튀르크 박물관
콘야 주립 극장 Konya Develet Tiyatrosu
아타튀르크 동상
Amberreis Camii
튀르키예 항공 THY
공항 버스 정류장
운동장
Sultan Şah Cad.
Vali İzzetbey Cad.
앙카라 거리 Ankara Cad.
Köprübaşı Cad.
Sırçalı Mescid Cad.
Şems Cad.
Şerafettin Cad.
메블라나 거리 Mevlana Cad.
아지지예 거리
Aziziye Cad.
İstanbul Cad.
Karaman Cad.
Teveikiye Cad.
튀르베 거리
Türbe Cad.
Selimiye Cad.
아슬란르크실라 거리 Aslanlıkışla Cad.
Çimenlik Cad.
Mengüç Cad.
Piriesat Cad.
스르찰르 메드레세 거리
Sırçalı Medrese Cad.
셀리미예 거리 Selimiye Cad.
미마르 무자페르 거리 Mimar Muzaffer Cad.
Furgandede Cad.
Sahip Ata Cad.
Nasreddin Hoca Sk.
아타튀르크 거리 Atatürk Cad.
Sait Paşa Cad.
카즘 카라베키르 거리 Kazım Karabekir Cad.
Abdülezel Paşa Cad.
Sultan Cem Cad.
Amberreis Cad.
페리트 파샤 거리 Ferit Paşa Cad.
Vatan Cad.
1 호텔 울루산 Hotel Ulusan B2
2 오텔 페텍 Otel Petek B2
3 오텔 앙카라 Otel Ankara B2
4 메블라나 세마 오텔 Mevlana Sema Otel B2
5 오텔 데르야 Otel Derya B1
6 데르비쉬 오텔 Derviş Otel B1
7 호텔 발륵츨라르 Hotel Balıkçılar B2
8 싱크 호텔 Think Hotel B2
9 호텔 데르가흐 Hotel Dergah B2
1 젤랄 베이 에틀리 에크멕 Celal Bey Etli Ekmek B2
2 할크 에틀리 에크멕 Hall Etliekmek Konya B1
3 메슈후르 스크마 Meşhur Sıkmacı Mehmet Ali Usta B2
4 아쉬크 차이 Aşk Çay B2
5 케밥츠 데델레르 1929 Kebapçı Dedeler 1929 B2
1 이펙 욜루 실크로드 İpek Yolu Silk Road B1
2 케체지 메흐메트 기르기치 Keçeci Mehmet Girgiç B2

메블라나 교단의 선무(禪舞), 세마 Sema 이해하기

콘야는 이슬람 신비주의 교파인 메블라나 교단이 창시된 곳. 이들은 세마라는 춤을 수행의 한 방법으로 채택하고 있어 세인의 관심을 끈다. 일명 '수피 댄스'라고 불리는 세마는 일반적 의미의 춤이 아니라 신과 합일을 이루려는 종교적 수행이기 때문에 일종의 '선무'라고 할 수 있다. 세마를 행하는 사람들을 세마젠 Semazen, 세마젠들을 이끄는 우두머리를 쉐이흐 Şeyh라고 한다. 세마젠들은 텐누레 Tennure라는 흰옷과 치마를 입는데 이는 상복을 의미하고, 텐누레 위에 후르카 Hurka라는 검정 망토를 걸치고 시케 Sikke라는 갈색 모자를 쓰는데 망토와 모자는 무덤을 의미한다고 한다. 세마 의식은 전부 일곱 단계로 나누어 진행된다. 2008년 세계 무형문화유산에 선정되어 인류의 소중한 자산으로 가치가 더욱 높아졌다.

① 나트 쉐리프 Nat-Şerif

하프즈 Hafız라고 불리는 이슬람의 학자가 만물을 창조한 신과 예언자 무하마드를 찬양하는 기도를 올린다.

메블라나 문화센터

② 쿤베 Kun-Be

작은 북을 두드리는 것으로 신이 만물을 창조하는 것을 의미한다.

③ 네이 Ney

갈대로 만든 피리인 네이를 부는 대목으로 창조된 세계에 처음으로 생명을 불어넣는 것을 의미한다. 이때 쉐이흐는 세마젠들을 이끌고 중앙으로 나간다.

④ 데브리 벨레디 Devri Veledi

세마젠들이 서로 인사를 하는 대목으로 전부 3회에 걸쳐서 한다. 이는 영혼의 교감을 상징한다.

⑤ 셀람 Selam

인사가 끝나면 세마젠들은 입고 있던 검은 망토를 벗는데 이는 세속적인 허위와 욕망에서 해방된다는 의미다. 망토를 벗은 세마젠들은 한 명씩 쉐이흐에게 인사를 하고 원을 그리며 회전하기 시작한다. 처음에는 천천히 돌다가 점차 빠르게 회전하며 같은 속도를 유지한다. 회전하면서 오른손은 위로, 왼손은 아래로 향하는데 이것은 위로 신의 축복을 받아 아래로 지상의 사람들에게 전한다는 의미다. 불교식으로 말하면 '상구보리 하화중생'인 셈. 회전하며 추는 춤은 세속적인 욕망을 포기하고 신과의 합일로 새로 태어남을 상징한다고 하며 춤을 추는 동안 쉐이흐는 세마젠 사이를 천천히 돌아다닌다. 한참을 돌다 신호에 맞춰 정지하는데 믿기지 않을 만큼 흐트러짐이 없다. 멈추었다 다시 돌기를 2~3회 반복하는 경우도 있다.

⑥ 기도 Pray

처음 코란을 암송했던 하프즈가 다시 한 번 코란을 암송하며 세마젠과 쉐이흐들은 신에게 기도를 올린다.

⑦ 테페퀴르 Tefekkür

예언자 무하마드와 모든 신자들의 영혼의 평화를 위한 기도를 올리며 막을 내린다. 쉐이흐를 따라 모든 세마젠이 퇴장한다.

메블라나 문화센터 Mevlana Kültür Merkezi

메블라나에 관한 연구와 홍보를 목적으로 2005년 콘야에 메블라나 문화센터가 건립되었다. 10만㎡의 부지에 실내와 야외 두 개의 세마 공연장을 갖추고 있으며 전시실, 도서관, 연구실 등 다양한 부설시설을 자랑한다. 매년 12월 메블라나 주간에 대규모 세마의식이 열린다. 또한 콘야 관광청에서 주최하는 '국제 영성 음악축제 International Mystic Music Festival'도 매년 개최된다(9월 21일~30일, 무료). 세계 각국의 종교 음악을 접할 수 있는 특별한 기회이니 이 시기에 콘야를 방문한다면 관람할 것을 권한다.

홈페이지(국제 영성 음악축제) www.mysticmusicfest.com

세마의식 매주 토요일 21:00~22:30, 겨울철은 20:00~21:30(시간은 변동 가능) 메블라나 주간(매년 12월 7~17일) 매일 2회(유료, 관광안내소를 통해 티켓을 예매할 수 있다)

주소 Uluslararası Mevlana Kültür Merkezi Karatay Konya

전화 (0332)352-8111 이메일 intoffice@mkm.gov.tr

가는 방법 메블라나 박물관에서 동쪽으로 1km 떨어져 있다. 박물관에서 도보 15분.

Attraction 콘야의 볼거리

메블라나 교단의 총본산인 메블라나 박물관과 셀리미예 자미, 알라딘 자미 등 콘야의 볼거리는 대부분 이슬람과 관계되어 있다. 한적함을 만끽할 수 있는 실레 마을은 여행의 여유를 가져다준다.

메블라나 박물관
Mevlana Müzesi ★★★★

Map P.561-B2 주소 Mevlana Müzesi, Konya **개관** 매일 09:00~17:00(월요일은 10:00부터) **요금** 무료 **가는 방법** 아슬란르크쉴라 거리의 관광안내소에서 도보 1분.

이슬람 신비주의 교파인 메블라나 교단의 수행장. 창시자인 메블라나 젤라레딘 루미 Mevlana Celaleddin Rumi의 영묘가 있는 곳이다. 녹색의 아름다운 원추형 탑은 1396년에 건립된 것이며 부설 건물은 오스만 제국의 쉴레이만 대제 때 추가된 것들이다.

중앙의 탑 아래에 있는 묘소가 박물관에서 가장 중요한 곳인데 입구에 들어서면 좌우로 현란한 아랍 문자를 만나게 된다. 이것은 메블라나의 가르침을 담은 어록.

본당에 들어가면 메블라나 교단 성인들의 관이 줄지어 있는데 맨 안쪽의 가장 크고 화려한 관이 메블라나의 것이다. 관 위에 얹혀진 터번은 망자의 지위를 상징한다. 메블라나의 무덤 앞에서 코란을 읽는 사람들의 모습이 종교적인 음악과 어우러져 경건한 분위기를 자아낸다.

무덤 옆 공간은 메블라나가 사용하던 물건과 셀주크 시대의 악기, 옷, 공예품 등을 전시해 놓은 박물관이다. 1278년에 만든 메블라나의 어록을 담은 책과 그림책, 기도할 때 쓰는 무늬가 아름다운 양탄자도 있어 볼만하다. 중앙의 사각 유리관 안에 든 상자는 예언자 무하마드의 턱수염을 담은 것이라 흥미롭다. 본당 밖에는 수행자들의 거처와 주방 등 부설 시설이 자리하고 있는데 미니어처로 당시 용도를 재현해 놓아 이해를 돕고 있다. 1925년 아타튀르크의 종교 분리 정책으로 교단이 해산되고 수행장도 폐쇄되었다가 1927년 박물관으로 일반에 공개되었다.

한편 박물관 입구 부근의 셀리미예 자미 Selimiye Camii는 1567년 오스만 제국의 술탄 셀림 2세가 지은 것이다. 내부의 견고한 둥근 기둥과 녹색의 원추형 돔이 올려진 대리석 설교단이 인상적이다.

Shakti Say **수피즘과 메블라나교**

수피즘 Sufism은 이슬람 신비주의를 지칭하는 것으로 자신을 낮추고 신에게 가까이 다가가려는 운동을 말합니다. 고전 이슬람이 성법(聖法)의 준수를 통해 신과 교제하는 공동체적인 성격인데 반해 수피즘은 각자가 내면에서 직접 신과 소통하는 개인적인 성격이라고 할 수 있습니다. 8세기경 이슬람 세계의 세속화에 대한 반동으로 나타나기 시작한 수피즘은 일반적으로 검소와 청빈, 금욕적인 성격을 띱니다. 그런데 극단적인 경우 일체의 세속활동을 끊고 은둔 상태로 기도에만 집중하는 경우도 있었습니다. 처음에는 개개인의 수행 방식으로만 존재하다가 수피즘을 따르는 사람들이 늘어나며 자연스레 교류가 생기고 그에 따라 학문적 이론도 정립되었지요.

메블라나 교단은 수피즘을 토대로 생겨난 것으로 참선을 중시하고 선한 삶을 강조했습니다. 수피즘이 개인적이고 내면적 성격을 띠는데 메블라나는 거기에다 약자에게 다가서는 공동체적인 성격도 갖고 있었습니다. 만인은 신 앞에 평등하다는 사상을 내세워 누구든 받아들인다는 점에서 무하마드가 이슬람교를 창시하던 본래 취지를 잘 살렸다는 평가를 받고 있습니다. 메블라나 박물관 입구에 있는 메블라나의 어록에서 그들의 사상을 엿볼 수 있습니다.

"오라, 오너라. 네가 누구든지 오라. 이교도건 무신론자건 배화교도건 그 누구든 상관없이 오라. 우리에게 절망이란 없다. 신과의 맹약을 수만 번 어겼다 하더라도 내게로 오라."

Shakti Say

메블라나 젤라레딘 루미의 일생

메블라나 젤라레딘 루미

메블라나 교단의 창시자 메블라나 젤라레딘 루미 Mevlana Celaleddin Rumi는 1207년 아프가니스탄에서 태어났습니다. 5세가 되던 1212년 그의 가족은 대상(隊商)을 따라 메카를 방문한 후 1228년 콘야에 정착했지요. 1231년 저명한 학자였던 아버지가 세상을 떠난 후 메블라나는 그 뒤를 이어 신학교에서 오랫동안 설교와 강연을 했고 1244년 셈시 테브리지 Şemsi Tebrizi를 만나 우정을 나누며 교단의 기초를 다졌습니다. 모든 사람이 서로 이해하고 포용하는 것이 관용의 시작이며 자신의 생도 코란과 무하마드의 가르침에 의한 것임을 설파했지요. 그는 1273년 12월 17일 66세의 나이로 콘야에서 세상을 떠났습니다. 그의 사망일은 그가 가장 사랑했던 신 알라와 만난 날로 생각하여 '쉐비 아루스', 즉 결혼식으로 축하하며 오늘날까지 기념하고 있는데요. 가히 신에게 평생을 바친 성자라 할 만합니다. 용서와 관용, 선한 삶을 강조했던 메블라나의 사상은 오늘날에도 많은 사람들에게 추앙받고 있습니다.

메블라나 박물관 야경

셈시 테브리지 자미
Şemsi Tebrizi Camii ★★

Map P.561-B1 주소 Şemsi Tebrizi Camii, Konya **개관** 매일 07:00~18:00 **요금** 무료 **가는 방법** 휘퀴메트 광장 맞은편 골목 안으로 도보 5분.

메블라나 교단의 창시자인 메블라나 젤라레딘 루미의 정신적 스승이었던 셈시 테브리지를 모신 자미. 화려한 다른 자미와 달리 작고 소박한 목재 자미다. 그는 원래 이란 사람으로 메블라나와 정신적 교감을 나누며 메블라나 교단 설립에 지대한 영향을 끼쳤다고 한다. 인물의 중요도를 감안할 때 초라할 정도로 작은 자미가 언뜻 이해가 가지않을 수도 있지만 청빈한 삶을 살았던 일생에 비춰볼 때 오히려 정감이 간다. 자미 앞은 시민공원으로 조성되어 있다.

카라타이 박물관
Karatay Müzesi ★★

Map P.561-A1 주소 Karatay Müzesi Ankara Cad., Konya **개관** 매일 09:30~12:30, 13:30~17:00 **요금** €3 **가는 방법** 알라딘 언덕 북쪽 앙카라 거리 초입에 있다.

13세기 중반 셀주크 투르크의 고관이었던 젤라레딘 카라타이 Celaleddin Karatay가 설립한 신학교. 카라타이는 원래 노예 출신이었지만 술탄의 고문을 지냈으며, 13세기 셀주크 투르크가 몽골에 패망할 때까지 나라를 구하는데 힘썼다. 내부에는 학생들이 사용하던 방과 카라타이의 무덤이 있는데 현재는 타일 박

카라타이 박물관

물관으로 변경되어 셀주크 시대부터 오스만 제국의 타일과 도자기를 전시하고 있다. 입구의 부조도 눈여겨볼 만하다.

인제 미나레 박물관
Ince Minare Müzesi ★★★

Map P.561-A1 주소 İnce Minare Müzesi, Konya **개관** 매일 09:00~12:00, 13:30~17:30 **요금** €3 **가는 방법** 알라딘 언덕 서쪽 거리 맥도날드 부근에 있다.

카라타이 박물관과 비슷한 시기에 지어진 것으로 카라타이 사후 수상을 지낸 알리 사힙 아타 Ali Sahip Atta가 세운 신학교. 미나레가 가느다랗다고 해서 인제 İnce('가느다란'이라는 뜻)'라는 이름이 붙었다. 원래 미나레는 현재보다 3배는 더 높았는데 낙뢰를 맞아 상단부가 부러졌다고 한다. 정문의 부조는 디브리이의 울루 자미와 더불어 셀주크 예술을 대표하는 것으로 평가되고 있을 정도로 섬세한 아름다움을 자랑한다.

내부에는 13세기 셀주크 양식의 미흐랍과 술탄을 상징하는 쌍두 독수리 등 석공예품이 전시되어 있는데 전공자나 석조각에 관심이 있는 여행자라면 꼭 들러볼 만하다. 내부 천장의 기하학무늬 타일도 인상적이다.

알라딘 자미, 사힙 아타 박물관
Alaaddin Camii, Sahip Ata Vakıf Müzesi ★★★

Map P.561-A1, A2 주소 Alaaddin Camii Alaaddin Tepes , Konya **개관** 매일 08:00~17:30 **요금** 무료 **가는 방법** 알라딘 언덕에 있다.

알라딘 언덕의 북쪽에 있는 자미로 룸 셀주크의 전성기를 이끌었던 알라딘 케이쿠바드 1세 때인 1221년 완공되었다. 알라딘의 재위 시절이 왕국이 가장 발달한 시기였고 콘야가 수도였음을 감안할 때 매우 중요한 자미였음을 알 수 있다.

시리아의 건축가가 설계한 자미의 내부에는 50여 개의 기둥이 아치를 만들고 있어 장중한 느낌이 든다. 자세히 보면 기둥의 모양이 제각각인데 이것은 로마와 비잔틴 시대의 건물 기둥을 그대로 사용했기 때문. 안쪽으로 더 들어가면 중심부가 나오는데 파란색과 검은색으로 장식한 대리석 미흐랍과 조각이 정교한 설교단이 볼 만하다.

알라딘 언덕은 나무와 잔디밭이 잘 가꿔진 공원으로 조성되어 콘야 시민들이 즐겨 찾는 곳이다. 자미를 둘러본 후 전망 좋은 곳에서 여유있는 시간을 가져보자.

한편 알라딘 언덕의 남쪽에는 1258년에 지은 사힙 아타 자미 Sahip Ata Camii가 있다. 붉은 벽돌과 파란색 타일로 장식한 미나레가 볼 만하며, 자미 뒤편의 부속 건물에는 콘야에서 발굴된 이슬람 장식물을 전시한 '사힙 아타 박물관 Sahip Ata Vakıf Müzesi'(화~일요일 09:00~17:00, 무료)이 있다. 멋진 이슬람 문자 현판과 설교단, 코란 필사본이 있으며 카펫과 킬림도 전시해 놓았다(특히, 기하학 무늬로 장식한 청록색의 타일은 매우 아름답

사힙 아타 박물관
인제 미나레 박물관 정문
알라딘 자미

다). 셀주크 투르크 시대의 기품이 느껴지는 이 박물관을 놓치지 말기 바란다. 주변에는 고고학 박물관과 민속학 박물관도 있다.

실레 마을
Sille ★★★

개방 24시간 **요금** 무료 **가는 방법** 카얄르 공원 맞은편 버스 정류장에서 64번 버스로 20분 소요

콘야 북서쪽으로 8km 떨어진 곳에 있는 작은 마을. 전통가옥이 잘 보존되어 있고 마을 앞산은 오래된 동굴집도 있어 카파도키아 분위기도 살짝 난다. 비잔틴 시대의 교회도 남아 있고 한적한 시골 정취를 즐기기 좋은 곳으로 일부러 방문해 볼 만하다. 마을에는 실레 코낙 Sille Konak이라는 전통가옥을 개조한 분위기 좋은 찻집 겸 레스토랑도 있으니 천천히 산책하다 들러 차 한잔의 여유를 즐기는 것도 괜찮다. 시골 아주머니의 정성이 가득 담긴 점심 뷔페도 썩 훌륭하다.

성 헬레나 교회
Ayaelena Kilisesi ★★

개관 화~일요일 09:30~16:00 **요금** 무료 **가는 방법** 실레 마을 버스 종점에서 도보 1분.

실레 마을에 남아 있는 초기 기독교 교회. 327년 로마 황제 콘스탄티누스 1세의 어머니인 헬레나가 성지순례 차 예루살렘으로 가던 도중 콘야에 들렀을 때 건립한 것이라고 한다. 이후 시대를 거쳐오면서 보수를 반복해 지금에 이르고 있는데 교회로서의 수명은 다했고 박물관 형태로 방문객을 맞고 있다. 현재의 교회는 1833년에 세워졌으며 아치형 문 위에 그리스어로 적힌 현판이 있다. 내부는 높직한 중앙 돔과 4개의 아치로 구성되어 있는데 예수와 성모 마리아, 열두 제자 등의 성화가 비교적 양호한 상태로 남아 있다. 칠이 많이 벗겨지긴 했지만 중앙 제단의 조각과 제단 위쪽의 황금색 새 조각도 눈여겨볼 만하다. 마당 한쪽에는 동굴을 파서 만든 방도 일부 남아 있다.

Shakti Say

기독교 역사에 큰 영향을 미친 성 헬레나

헬레나 St. Helena는 초기 기독교의 역사에서 빼놓을 수 없는 인물. 평범한 집안의 딸로 태어난 그녀는 로마의 장군인 콘스탄티우스 클로루스 Constantius Chlorus와 결혼했습니다. 몇 년 후 콘스탄티우스 클로루스는 정치적인 이유로 헬레나와 이혼하지만 그녀가 낳은 콘스탄티누스 1세 Constantinus I 가 로마 황제가 되면서 헬레나는 로마에서 가장 영향력 있는 여인이 되었습니다. 313년 콘스탄티누스 1세가 밀라노 칙령을 발표해 로마에서 기독교가 공인된 후 헬레나는 기독교 전파에 힘을 기울입니다. 독실한 신자였던 그녀는 80세 때 성지 순례를 떠나는데, 전설에 따르면 예루살렘을 순례하던 도중 놀랍게도 예수가 못 박혔던 십자가의 잔해와 당시에 사용했던 못을 찾아냈다고 합니다(이런 이유로 헬레나의 그림에는 십자가가 꼭 등장합니다). 죽는 날까지 두터운 신앙심으로 살았던 그녀는 330년 니코메디아 Nicomedia(오늘날 튀르키예의 이즈미트 İzmit)에서 생을 마감했습니다. 현재 로마의 성 베드로 성당의 기둥 가운데 하나는 헬레나에게 헌정되었으며, 기둥 근처에는 성 헬레나의 기념상이 있습니다. 그녀가 교회사에 남긴 지대한 공을 기념하려 매년 8월 18일을 성 헬레나 축일로 기리고 있습니다.

한적한 실레 마을

성 헬레나 교회

Restaurant 콘야의 레스토랑

콘야는 중부 아나톨리아에서 음식이 맛있기로 유명한 곳이다. 새끼 양고기 요리인 탄두르 케밥 Tandur Kebap과 에틀리 에크멕 피데 Etli Ekmek Pide는 콘야를 대표하는 먹을거리. 특히 쫄깃한 맛이 일품인 피데는 일명 '콘야 피데' 또는 '메블라나 피데'로 부를 만큼 명성이 자자하다. 콘야에서 에틀리 에크멕 피데를 못 먹었다면 다시 가야 한다는 소리를 들을 정도니 꼭 맛보도록 하자.
탄두르 케밥은 화덕에 굽는다고 해서 프른 케밥 Fırın Kebap이라고도 한다. 대부분의 레스토랑이 메블라나 거리에 자리하고 있어 유적지를 돌아다니다가 쉽게 이용할 수 있다.

젤랄 베이 에틀리 에크멕
Celal Bey Etli Ekmek

Map P.561-B2 주소 Aziziye, Türbe Cd. 37a, 42030 Karatay/Konya **전화** +90-532-711-7821 **영업** 09:30~20:00 **예산** 1인 60~100TL **가는 방법** 휘퀴메트 광장에서 도보 5분.

초르바(수프)와 프른 케밥 등 몇 가지 메뉴가 있지만 이 집의 시그니처 메뉴는 단연 에틀리 에크멕이다. 120cm에 달하는 에틀리 에크멕 피데를 구워주는데 타의 추종을 불허하는 맛을 자랑한다. 사이즈만 보고 둘이서 하나 시키는 우를 범하지 말자. 순식간에 사라진다. 주의할 것!

할크 에틀리 에크멕 Hall Etliekmek Konya

Map P.561-B1 주소 Şemsitebrizi, Şerafettin Cd. 38/A, 42060 **전화** (0332)352-5185 **영업** 08:00~23:00 **예산** 1인 50~100TL **가는 방법** 알라딘 언덕에서 도보 5분.
메블라나 피데인 에틀리 에크멕 전문점. 식사 메뉴는 4~5종류의 에틀리 에크멕과 프른 케밥이 있는데 에틀리 에크멕이 주력이다. 전문점답게 도우는 너무 두껍지도 얇지도 않고 고기도 최상급을 사용해 언제나 맛있는 피데를 구워낸다. 후식으로는 라이스 푸딩과 하타이 퀴네페가 있다.

메슈후르 스크마
Meşhur Sıkmacı Mehmet Ali Usta

Map P.561-B2 주소 Sahipata mahallesi, Diz Sk. 2c, 42100 **전화** +90-532-366-0065 **영업** 08:30~18:00(일요일 휴무) **예산** 1인 20~50TL **가는 방법** 휘퀴메트 광장에서 도보 3분.
유명한 스크마 전문점. 스크마는 뒤룸과 비슷한 튀르키예식 샌드위치의 일종이다. 이 조그마한 집의 스크마는 꽤나 유명해서 콘야에 가면 반드시 이곳에서 스크마를 먹어야 한다고 할 정도다. 메흐메트 알리씨가 반죽을 공중으로 던지는 퍼포먼스도 재미있다. 샌드위치와 메뉴 두 가지 스타일이 있다.

아쉬크 차이 Aşk Çay

Map P.561-B2 주소 Aziziye, Yusufağa Sk. No.6, 42030 Karatay/Konya **전화** +90-544-584-9060 **홈페이지** www.askcay.com **영업** 08:00~20:00 **예산** 1인 40~70TL **가는 방법** 휘퀴메트 광장에서 도보 5분.
카페트를 깔아놓은 내부 인테리어는 전문가의 손길이 느껴질 정도로 세련되었고 편안한 분위기를 연출한다. 차이와 몇 가지 조각 케이크, 로쿰 등이 있는데 터키시 커피를 한 잔 주문해보자. 튀르키예 클래식 음악과 함께 근사한 분위기를 즐기다보면 시간 가는 줄 모른다.

케밥츠 데델레르 1929
Kebapçı Dedeler 1929

Map P.561-B2 주소 Şükran, Ahi Baba Sk. No:20, 42040 **전화** (0332)351-1878 **영업** 09:00~20:00 **예산** 1인 90~150TL **가는 방법** 휘퀴메토 광장에서 도보 5분.
탄두르 케밥 전문점. 상호에서 보듯이 1929년부터 4대째 영업하고 있는 전통의 레스토랑이다. 양고기 그람에 따라 요금이 달라지는데 양파와 고추, 토마토를 함께 먹으면 한결 개운한 맛을 즐길 수 있다. 우리 입맛에는 약간 부담이 될 수 있지만 현지인들이 손꼽는 맛집이므로 속는 셈 치고 경험해 보자.

Shopping 콘야의 쇼핑

콘야는 예로부터 카펫과 킬림으로 유명한 곳이다. 기원전부터 양을 치며 살아온 유목민의 전통에다 셀주크 투르크 시대 왕국의 수도로 자미의 바닥을 장식하는 수요가 늘면서 카펫과 킬림 산업이 발달한 것. 원재료와 수공 정도에 따라 가격 편차는 심한 편이다. 워낙 가격이 높은 제품이라 잘못하면 크게 바가지를 쓸 수 있으니 발품을 팔며 여러 곳을 둘러보고 시세를 파악하자. 흥정은 필수.

이펙 욜루 실크로드
İpek Yolu Silk Road

Map P.561-B1 **주소** Mevlana Cad. Naci Fikret Sk. No.1 **영업** 09:00~21:00 **가격** 각종 킬림 1㎡당 US$100부터 **가는 방법** 오텔 데르야 대각선 맞은편 골목 안에 있다.

형제가 운영하는 가게로 20년 넘게 카펫과 킬림을 만들어오고 있다. 수제품만을 고집하며 천연염료로 카펫 실의 색깔을 직접 만드는 등 전문성이 느껴진다. 형제가 친절하고 영어도 잘하기 때문에 사지 않더라도 편안하게 구경하기 좋다. 구매하면 배송도 해준다.

케체지 메흐메트 기르기치
Keçeci Mehmet Girgiç

Map P.561-B2 **주소** Aziziye, Bostan Çelebi Sk. No:12/A, 42030 **전화** +90-532-698-2824 **영업** 09:00~19:00 **가격** 각종 머플러 200TL 부터 **가는 방법** 메블라나 거리의 메블라나 세마 오텔 맞은편 골목에 있다.

튀르키예인 남편과 아르헨티나 부인이 운영하는 카펫 겸 케체지 전문점. 펠트의 한 종류인 케체지는 이 집만의 창작품으로 현지 잡지에 소개될 정도로 유명하다. 전통적인 카펫이 부담스럽다면 현대적 감각이 돋보이는 케체지를 골라보자. 소품으로 케체지 머플러도 있고 섬세한 제작 과정도 볼 수 있다.

Meeo Say 터키시 커피를 아시나요?

튀르키예의 커피는 국민음료인 차이 Çay와 함께 튀르키예 사람들이 가장 즐겨 마시는 대중적인 음료입니다. 영어로는 'Turkish Coffee', 튀르키예어로는 '튀르크 카흐베 Türk Kahve'라고 하는데 일반 커피와는 여러 면에서 다릅니다. 먼저 체즈베라는 손잡이 달린 주전자(또는 용기)에 커피와 물을 넣고 약한 불로 저어가며 오래 끓입니다. 서서히 끓기 시작해 거품이 날 정도가 되면 손님에게 꼭 설탕의 정도를 물어봅니다. 일반 커피와 달리 끓이는 과정에서 넣기 때문이죠. 얼핏 단순해 보이지만 불의 세기를 잘 조절해야 하기 때문에 의외로 까다롭습니다. 다 만들어지면 일반 커피 잔의 반 정도 크기의 작은 잔에 따라 냅니다. 만드는 데 시간이 오래 걸리기 때문에 튀르키예인들은 커피의 맛을 좌우하는 것은 정성이라고 생각하지요.

튀르키예인들은 커피를 다 마신 후에 잔을 뒤집어서 안쪽에 생기는 모양을 보고 상대방의 점을 봐 줍니다. 점의 내용은 다음 달에 승진하겠다, 복권이 당첨되겠다, 사랑하는 사람을 만나겠다 등 상대방의 처지에 맞는 덕담을 건네는 것이 보통입니다. 전에는 예비신부가 끓인 커피의 맛과 거품의 정도를 보며 집안의 가풍과 신부의 솜씨를 파악할 정도였다고 하니 튀르키예의 커피는 단순한 음료 이상의 의미가 담겨 있습니다(2013년 튀르키예의 커피문화 인류무형유산 등재). 오늘 친구와 진한 튀르키예시 커피를 한잔하며 여행의 피로를 풀어보는 것은 어떠세요?

Hotel 콘야의 숙소

예전부터 콘야는 숙소가 많기로 유명한 도시다. 최근 도시의 재건축 바람이 불면서 숙소 수는 더욱 늘어났다. 하지만 신축 숙소는 대부분 중급 이상이라 저렴한 숙소는 찾아보기 힘든 점이 아쉽다. 12월의 세마 주간과 튀르키예인들의 순례철에는 콘야의 숙소가 꽉 차기도 하니 참고하자. 소개하는 곳 말고도 숙소는 많으므로 다양하게 시도해 보자.

호텔 울루산 Hotel Ulusan

Map P.561-B2 주소 Alaaddin Cad. Çarşı PTT Arkası **전화** (0332)351-5004 **요금** 싱글 200/300TL(공동/개인욕실), 더블 300/400TL(공동/개인욕실) **가는 방법** 카얄르 공원 PTT 뒤편에 있다.

저렴한 가격과 깔끔한 객실로 인기가 높은 숙소. 공동욕실도 무척 깨끗하기 때문에 개인욕실을 고집하지 않는다면 콘야에서 가격대 성능비가 가장 좋은 곳이라 할 수 있다(욕실이 없는 방도 개수대가 딸려 있다). 컴퓨터가 있는 휴식공간도 잘 꾸며놓았다. 매주 월, 수, 금요일에는 콘야 인근 차탈회위크 투어를 실시하기도 한다. 편안하게 머물 수 있는 게스트하우스다.

오텔 페텍 Otel Petek

Map P.561-B2 주소 Çıkrıkçılar İçi No.40 Konya **전화** (0332)351-2599 **요금** 싱글 200/300TL(공동/개인욕실), 더블 300/400TL(공동/개인욕실) **가는 방법** 카얄르 공원 뒤편 바자르 초입에 있다.

아치형의 방문이 재미있으며 객실은 약간 구식이지만 나무 옷장이 있어 수납공간을 마련했다. 시설은 그다지 기대할 게 없으나 저렴한 요금을 감안하면 그럭저럭 머물 만하다. 연세 지긋한 할아버지 매니저도 친절하고 시장통에 있지만 그다지 시끄럽지는 않다. 위치가 좋아 움직이기 편리하다는 장점도 있다. 울루산에서 방을 구하지 못하고 저렴한 요금의 숙소를 원한다면 찾아가 보자.

오텔 앙카라 Otel Ankara

Map P.561-B2 주소 Hükümet Alanı No.2 Konya **전화** (0332)350-4248 **요금** 싱글 €25(개인욕실, A/C), 더블 €40(개인욕실, A/C) **가는 방법** 휘퀴메트 광장에 있다.

메블라나 거리 중간쯤 있어 어디로든 움직이기 편리한 입지조건이다. 흰색을 기조로 한 객실은 벽, 화장실, 침구류 등 모든 면에서 흠잡을 데가 없으나 조금 좁다는 게 아쉬운 점이다. 빛이 잘 드는 2층의 식당을 겸한 로비에서 편안한 시간을 보내기 좋다. 리셉션의 직원 아저씨가 무뚝뚝하지만 친절한 편이다.

메블라나 세마 오텔 Mevlana Sema Otel

Map P.561-B2 주소 Mevlana Cad. No.59 Konya **전화** (0332)350-4623 **요금** 싱글 €30(개인욕실, A/C), 더블 €50(개인욕실, A/C) **가는 방법** 휘퀴메트 광장에서 메블라나 박물관 방향으로 도보 5분.

나무 바닥과 꽃무늬 벽지, 흰색 시트가 잘 어울리며 깨끗하게 관리되고 있다. 예전과 비교했을 때 요금도 거의 오르지 않았고 친절한 직원들도 그대로다. 엘리베이터에도 메블라나 장식을 해 놓아 재미있으며 옥상의 오픈 테라스에서 오후의 햇살과 일대의 전경을 즐기며 차를 마시기 좋다. 가격에 비해 고급스러운 시설이 마음에 든다.

오텔 데르야 Otel Derya

Map P.561-B1 주소 Babı Aksaray Mah. Ayanbey Cad. No.18 **전화** (0332)352-0154~5 **홈페이지** www.otelderya.net **요금** 싱글 €40(개인욕실, A/C), 더블 €50(개인욕실, A/C) **가는 방법** 데르가흐 호텔 옆 골목을 따라 직진하다가 만나는 삼거리에 있다.

로비에 들어서며 만나는 부드러운 곡선과 흑백의 색깔을 조화시킨 예사롭지 않은 감각이 돋보이는 중급 숙소. 객실은 각 층마다 색깔을 달리해 차별화된 컨셉으로 꾸몄으며 큼직한 평면 TV, 미니바 등 편의시설도 잘 되어 있다. 원형 거울과 천정 샤워기 등 욕실에도 공을 들였고 세련되고 모던한 인테리어로 여성 여행자들이 특히 좋아한다.

호텔 데르가흐 Hotel Dergah

Map P.561-B2 주소 Mevlana Alanı, Mevlana Cad. No.19 **전화** (0332)351-1197 **요금** 싱글 €40(개인욕실, A/C), 더블 €50(개인욕실, A/C) **가는 방법** 메블라나 거리 끝부분에 있다. 메블라나 박물관에서 도보 2분.

메블라나 박물관 부근에 자리한 4성급 숙소. 에어컨이 딸려 있는 객실은 대체로 깔끔하고 욕실에 드라이기도 비치해 놓았다. 방마다 편차가 심한 편이므로 묵을 거라면 객실을 몇 개 둘러보고 결정하자. 큰길에 면한 방이 머물기 나은 편이다. 오픈뷔페로 나오는 아침식사는 매우 실속있다.

데르비쉬 오텔 Derviş Otel

Map P.561-B1 주소 Aziziye Mah. Güngör Sk. No.7 42030 Konya **전화** (0332)350-0842 **홈페이지** www.dervishotel.com **요금** 싱글 €70(개인욕실, A/C), 더블 €80(개인욕실, A/C) **가는 방법** 메블라나 박물관 뒤편 골목 안에 있다. 도보 3분.

150년 된 오스만 스타일의 저택을 개조한 프티 호텔. 내부를 나무로 장식해서 고전적이고 중후한 느낌이 든다.

아래층과 위층의 조건이 달라 요금 차이가 있는데 어느 쪽이든 편하게 머물 수 있다. 영어를 잘 하는 젊은 주인 모하메드가 언제나 친절히 대해준다. 실내에서는 신발을 벗고 생활해야 한다.

호텔 발륵츨라르 Hotel Balıkçılar

Map P.561-B2 주소 Mevlana Karşısı No.1 Konya **전화** (0332)350-9470 **홈페이지** www.balikcilar.com **요금** 싱글 €65(개인욕실, A/C), 더블 €85(개인욕실, A/C), 트리플 €105(개인욕실, A/C) **가는 방법** 메블라나 박물관 앞 셀리미예 자미 맞은편에 있다.

메블라나 박물관 부근에 있는 4성 호텔. 50개에 달하는 객실은 안전금고와 미니바 등 편의시설을 갖추었으며 고급 숙소답게 하맘, 사우나, 헬스장 등 부대 시설도 잘 갖춰져 있다. 객실료에 저녁식사까지 포함되어 있는데 치킨요리와 밥, 샐러드, 메제가 오픈 뷔페로 나온다. 옥상의 레스토랑은 셀리미예 자미의 야경을 즐기기에 최고의 분위기다.

씽크 호텔 Think Hotel

Map P.561-B2 주소 Aziziye, Mevlana Cd. No:67, 42030 Karatay/Konya **전화** (0332)350-4623 **홈페이지** www.thinkahotel.com **요금** 싱글 €70(개인욕실, A/C), 더블 €80(개인욕실, A/C) **가는 방법** 메블라나 박물관에서 도보 5분.

객실과 욕실은 잘 정돈되어 있으며 카페트와 목조 가구로 장식한 휴게 공간은 전통 스타일을 잘 살렸다. 전체적으로 고전과 현대가 잘 조화된 느낌이며 방도 널찍하고 마루를 깔아놓아 편안히 머물 수 있다. 맨 꼭대기층의 카페테리아는 주변의 전망이 좋다. 주차장은 호텔 바로 뒤편에 마련되어 있다.

셀주크 투르크의 단아한 정취

시바스 Sivas

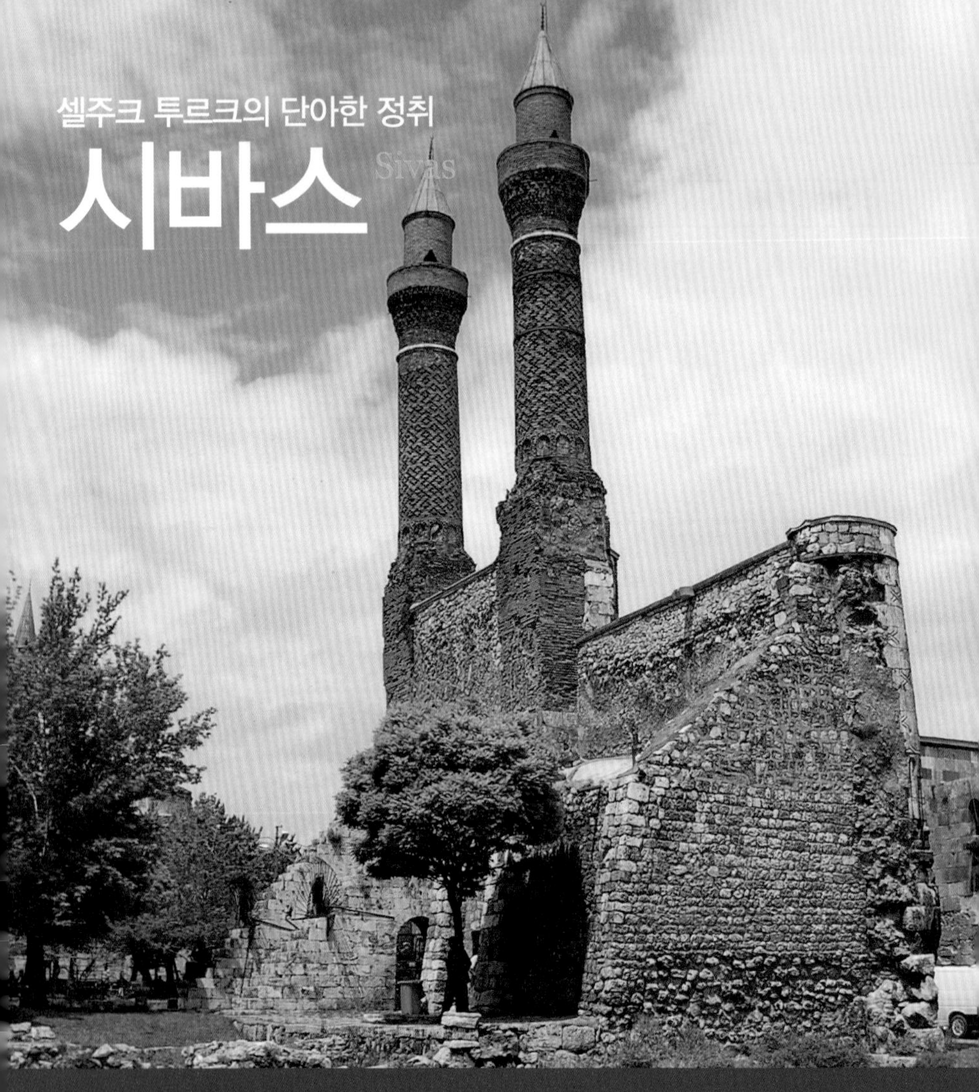

중세 셀주크 투르크의 유적이 잘 남아 있는 중부 아나톨리아의 도시. 이스탄불 등 서부에서 왔다면 동부로, 이란 쪽에서 왔다면 서부 아나톨리아로 가는 현관에 해당하는 곳이다. 동서 어느 쪽에서 오든 지나게 되어 있는 지리적 특성으로 시바스는 대대로 열강의 각축장이었다. 고대 히타이트 시대부터 형성되기 시작한 도시는 로마로 넘어오면서 세바스테아 Sevastea라 불렸고 11세기 비잔틴을 격파한 셀주크 투르크에 의해 시바스라는 이름을 갖게 되었다. 13세기에는 몽골의 지배를 받기도 했는데 1408년 오스만 제국의 영향권으로 편입되었다.

튀르키예인들에게 시바스가 잊을 수 없는 곳으로 각인된 것은 근세 이후. 1919년 9월 4일 열린 시바스 국민회의 Sivas Congress는 에르주룸 국민회의 Erzurum Congress와 더불어 독립운동의 구심점이 되었고 아타튀르크를 중심으로 독립전쟁을 선포하기에 이른다. 시바스 시민들의 역사에 대한 남다른 자부심을 알 수 있는 대목이다. 한편 시바스는 세계문화유산인 디브리이 Divriği의 울루 자미를 방문하는 거점으로도 활용되는 곳으로 튀르키예 전역을 여행하는 사람이라면 한 번쯤 들르게 된다.

인구 29만 명 **해발고도** 1,285m

여행의 기술

Information

관광안내소 Map P.578-A2
시내 지도와 관광 안내 자료를 무료로 얻을 수 있다.
위치 이뇌뉘 거리 İnönü Cad.의 시바스 데블레트 병원 Sivas Devlet Hastane 옆, 휘퀴메트 광장 Hükümet Meydanı의 정부청사 Valılık 1층 등 두 곳.
시바스 데블레트 병원 옆 관광안내소
주소 Atatürk Kültür Merkezi Sivas
전화 (0346)222-2252
업무 월~금요일 08:00~19:00
가는 방법 휘퀴메트 광장에서 이뇌뉘 거리를 따라 도보 10분

환전 Map P.578-B1
아타튀르크 거리 Atatürk Cad.에 튀르키예 은행 Türkiye İş Bankaş과 ATM, 사설 환전소가 있어 편리하게 이용할 수 있다. 어느 곳이나 환율은 비슷하므로 편한 곳을 이용하자.
위치 아타튀르크 거리를 비롯한 시내 전역
업무 월~금요일 09:00~12:30, 13:30~17:30(환전소는 20:00까지)

PTT Map P.578-A1
위치 휘퀴메트 광장

시내 중심의 메이단 자미

시바스 가는 법

동서남북 사방으로 교통편이 원활해 시바스를 방문하는 데 어려움은 없다. 비행기와 버스, 기차가 모두 다니고 있어 시간과 주머니 사정에 맞게 선택하면 된다.

➡ 비행기

시바스 공항은 시내에서 20km 정도 떨어져 있다. 튀르키예 항공에서 이스탄불과 매일 2편의 직항을 운행하고 있으며, 다른 주요 도시는 경유편으로 연결된다. 공항에서 시내까지는 비행기 도착 시간에 맞춰 운행하는 튀르키예 항공의 셔틀버스나 택시를 이용하면 된다. 셔틀버스는 따로 티켓을 끊을 필요없이 버스를 탄 후 차내에서 차장에게 요금을 지불하면 된다. 시내의 튀르키예 항공 사무실 앞에 도착한다.
시바스 공항 Sivas Havalimanı
전화 (0346)224-8687
홈페이지 www.dhmi.gov.tr

항공사
튀르키예 항공 Türk Hava Yolları **Map P.578-A2**
위치 이뇌뉘 거리 İnönü Cad.의 뷔윅 호텔 Büyük Hotel 뒤편에 있다.
전화 (0346)224-4624, 221-1147

시바스 공항

공항 ▷▶ 시내(튀르키예 항공 사무실)

셔틀버스
운행 비행기 도착 시간에 맞춰서 운행. 튀르키예 항공 앞에서 출발, 도착
소요시간 20분
요금 70TL
*택시로 간다면 200~250TL.

시바스에서 출발하는
주요 국내선 항공편

행선지	항공사	운행	소요시간
이스탄불	THY	매일 2편	1시간 30분
이즈미르	THY	매일 4편(이스탄불 경유)	4시간

*항공사 코드 THY: Turkish Airlines
*운행 편수는 변동이 있을 수 있음.

➡ 오토뷔스

이스탄불, 앙카라 등 장거리 대도시는 물론 비교적 가까운 카이세리, 말라티아와도 버스가 자주 다니고 있어 쉽게 방문할 수 있다. 시바스의 오토가르는 장거리 대도시 지역을 운행하는 청사와 캉갈, 디브리이 등 근교 지역을 운행하는 미니버스 터미널 청사로 나뉘어 있다. 디브리이 행 돌무쉬는 미니버스 터미널을 이용하니 착오가 없도록 하자. 잘 모르겠다면 사람들에게 물어보면 쉽게 알려준다.

시바스 오토가르

오토가르는 시내 중심에서 1.5km 정도밖에 떨어져 있지 않아 시내 진입은 쉬운 편. 타고 온 버스 회사의 세르비스를 이용하거나 오토가르 구내에 들어오는 시내버스를 이용하면 된다. 아타튀르크 거리에 숙소가 몰려 있기 때문에 기사에게 '아타튀르크 자데시'라고 물어보자. 저렴한 숙소는 아타튀르크 거리의 경찰서 부근에 많다.

시바스 오토가르 Sivas Otogar
전화 (0346)226-1590

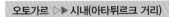

오토가르 ▷▶ 시내(아타튀르크 거리)

시내버스
운행 06:00~20:00(수시로 운행)
소요시간 5분

시바스에서 출발하는
버스 노선

행선지	소요시간	운행
이스탄불	14시간	1일 4~5편
앙카라	7시간	1일 14~15편
아마시아	3시간 30분	1일 5~6편
카이세리	3시간	1일 12~13편
디브리이	2시간 30분	1일 4편
트라브존	12시간	1일 3~4편
말라티아	4시간	1일 5~6편
에르주룸	7시간	1일 4~5편

*운행 편수는 변동이 있을 수 있음.

➡ 기차

시바스는 동부와 서부를 연결하는 철도 교통의 요충지. 중간 기점으로 활용되는 역이라 비교적 많은 편수의 기차가 지나다닌다. 하지만 도착 시간이 대부분 밤인데다 버스보다 시간이 오래 걸려 이용 빈도는 떨어진다. 단, 아마시아로 가는 길은 계곡의 경치가 좋아 일부러 이용하는 여행자도 있으니 참고하자(철도청 홈페이지 www.tcdd.gov.tr).

시바스 기차역

시바스 역 Sivas Gar **Map P.578-A2**
주소 T.C.D.D İşletme Merkez Müdürlğü
전화 (0346)221-1298
가는 방법 휘퀴메트 광장에서 시내버스로 5분 또는 도보 20분

시내 교통

시바스는 도시 구조가 단순한데다 시내가 넓지 않아 도보로 충분히 다닐 수 있다. 숙소, 레스토랑, 은행 등 편의시설과 볼거리가 아타튀르크 거리 Atatürk Cad.와 이뇌뉘 거리 İnönü Cad. 부근에 몰려 있어 모두 걸어서 다닐 수 있다. 오토가르나 기차역으로 갈 때는 아타튀르크 거리와 이뇌뉘 거리의 버스 정류장에서 시내버스를 이용하면 되고 그밖에 버스를 이용할 일은 없다. 방문하는 동양 여행자가 많지 않아 시내를 걷다 보면 시민들의 집중 시선을 받는다는 것은 알아두자.

시내버스

Travel Plus+ 캉갈의 물고기 온천 Balıklı Kaplıca

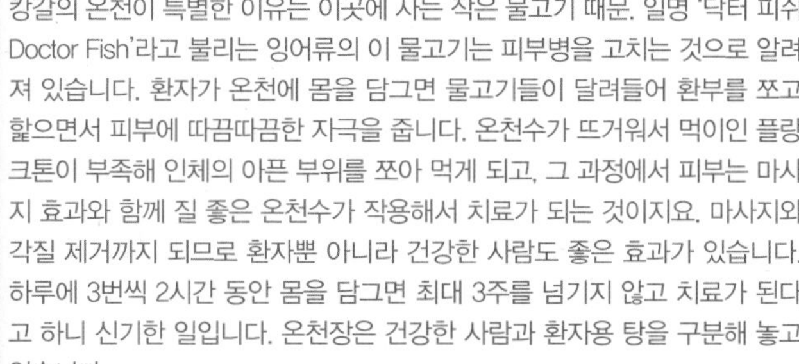

시바스에서 90km 떨어진 캉갈 Kangal이라는 마을은 용맹한 양치기 개인 '캉갈'의 산지와 온천으로 유명한 고장입니다. 이곳의 온천수는 pH7.8에 연중 35°를 유지하며 칼슘과 마그네슘을 함유해 신경통, 근육통, 피부병 치료에 탁월한 효과가 있다고 합니다.

캉갈의 온천이 특별한 이유는 이곳에 사는 작은 물고기 때문. 일명 '닥터 피쉬 Doctor Fish'라고 불리는 잉어류의 이 물고기는 피부병을 고치는 것으로 알려져 있습니다. 환자가 온천에 몸을 담그면 물고기들이 달려들어 환부를 쪼고 핥으면서 피부에 따끔따끔한 자극을 줍니다. 온천수가 뜨거워서 먹이인 플랑크톤이 부족해 인체의 아픈 부위를 쪼아 먹게 되고, 그 과정에서 피부는 마사지 효과와 함께 질 좋은 온천수가 작용해서 치료가 되는 것이지요. 마사지와 각질 제거까지 되므로 환자뿐 아니라 건강한 사람도 좋은 효과가 있습니다. 하루에 3번씩 2시간 동안 몸을 담그면 최대 3주를 넘기지 않고 치료가 된다고 하니 신기한 일입니다. 온천장은 건강한 사람과 환자용 탕을 구분해 놓고 있습니다.

닥터 피쉬

전화 (0346)469-1151 요금 숙박비(온천욕 포함) US$60~100 (2인 1실) 가는 방법 시바스 오토가르의 미니버스 터미널에서 캉갈 행 돌무쉬로 1시간 20분. 캉갈 마을에 도착해서 물고기 온천(발록클르 카플르자 Balıklı Kaplıca)까지 택시로 20분.

시바스 둘러보기

볼거리가 많지 않은 시바스는 관광하는데 하루면 충분하다. 12~13세기 셀주크 투르크 때 세운 자미와 신학교가 시바스를 대표하는 볼거리다. 세월의 흐름에 따라 많이 퇴색하고 낡긴 했지만 여전히 제자리에서 사람들을 맞이하고 있다. 관광은 시내 중심 휘퀴메트 광장에서 시작한다. 이뇌뉘 거리를 따라가다 왼쪽으로 접어들어 두 개의 높다란 미나레가 인상적인 치프테 미나레 신학교를 본 다음 바로 맞은편에 있는 쉬파이예 신학교를 둘러보자. 그 후 호자 아흐메트 예세비 거리 Hoca Ahmet Yesevi Cad.를 따라 걷다 보면 왼쪽에 울루 자미가 나온다. 울루 자미에서 멀지 않은 곳에 위치한 괵 신학교를 둘러보면 볼거리 순례는 끝난다.

시간 여유가 있다면 괵 신학교 부근에 있는 칼레 공원 Kale Parkı에 올라가 도시 전경을 즐기는 것도 추천할 만하다. 유적지 간의 거리가 멀지 않아 빨리 다닌다면 3~4시간이면 끝날 수도 있지만 가능하면 여유있게 시간을 잡고 감상하도록 하자. 저녁식사는 시바스의 자랑인 시바스 쾨프테를 먹어보자.

BEST COURSE

예상소요시간 4~5시간

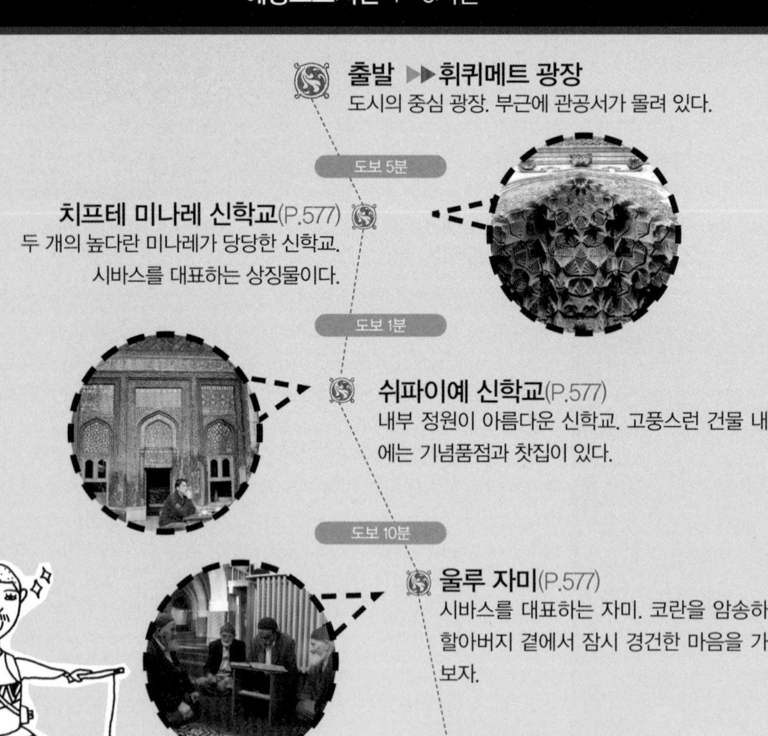

출발 ▶▶ 휘퀴메트 광장
도시의 중심 광장. 부근에 관공서가 몰려 있다.

도보 5분

치프테 미나레 신학교(P.577)
두 개의 높다란 미나레가 당당한 신학교. 시바스를 대표하는 상징물이다.

도보 1분

쉬파이예 신학교(P.577)
내부 정원이 아름다운 신학교. 고풍스런 건물 내부에는 기념품점과 찻집이 있다.

도보 10분

울루 자미(P.577)
시바스를 대표하는 자미. 코란을 암송하는 할아버지 곁에서 잠시 경건한 마음을 가져보자.

도보 5분

괵 신학교(P.579)
쌍둥이 미나레가 솟아 있는 또 다른 신학교.

Attraction 시바스의 볼거리

중세에 건립된 자미와 신학교는 풍상을 겪으며 퇴색되었지만 셀주크 투르크의 고색창연한 정취가 고스란히 녹아 있다. 유적을 둘러보며 옛 왕국의 영화를 더듬어보자.

치프테 미나레 신학교
Çifte Minare Medresesi ★★★

Map P.578-A2 주소 Çifte Minare Medresesi Osman Paşa Cad., Sivas **개관** 24시간 **요금** 무료 **가는 방법** 휘퀴메트 광장에서 이뇌뉘 거리를 따라가다 왼쪽 길로 접어든다. 휘퀴메트 광장에서 도보 5분.

도시의 중심부에 서 있는 첨탑으로 시바스의 상징이다. 1271년 셀주크의 쉠세딘 메흐메트 Şemseddin Mehmet가 설립했으며 두 개의 탑이 있어 쌍둥이라는 뜻의 치프테라는 이름이 붙었다. 원래는 신학교의 정문으로 사용되던 탑이다. 셀주크 투르크 시대의 신학교가 폐허가 된 후 몽골 통치 기간에 다시 복원했으며, 현재 신학교로 쓰던 본 건물은 무너지고 정문인 미나레만 남아 있다. 입구의 섬세한 조각이 일품인 치프테 미나레는 옛 영화를 말해주듯 위풍당당한 모습으로 시내를 내려다보고 있다.

치프테 미나레 신학교

쉬파이예 신학교
Şifaiye Medresesi ★★★

Map P.578-A2 주소 Şifaiye Medresesi Osman Paşa Cad., Sivas **개관** 매일 08:00~20:00 **요금** 무료 **가는 방법** 치프테 미나레 신학교 맞은편에 있다.

치프테 미나레 맞은편에 위치한 신학교로 1217년 셀주크의 술탄 이제틴 케이카부스 1세 İzzettin Keykavus Ⅰ가 건립했다. 개관 당시는 교육시설과 함께 병원의 기능도 담당했다고 한다. 정문을 지나 안뜰로 들어서면 꽃이 심어진 정원을 돌아가며 카펫, 은, 수공예품 상가와 찻집이 있고 남쪽에는 설립자인 이제틴 케이카부스 1세의 무덤도 있다. 봄철에 가면 흐드러지게 핀 장미와 고풍스런 건물이 조화를 이루어 꽤 낭만적인 분위기를 연출한다. 시바스 시민들의 사랑을 받는 명소로 주말에는 음악공연이 펼쳐지기도 한다. 찻집 의자에 걸터앉아 오후의 햇살을 쬐며 고풍스런 중세의 분위기를 즐겨보자.

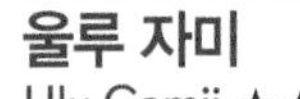

울루 자미
Ulu Camii ★★★

Map P.578-B2 주소 Ulu Camii Hoca Ahmet Yesevi Cad., Sivas **개관** 매일 06:00~20:00 **요금** 무료 **가는 방**

쉬파이예 신학교

법 치프테 미나레 신학교에서 호자 아흐메트 예세비 거리를 따라 도보 10분.

시바스에서 가장 오랜 역사를 자랑하는 자미로 1196년에 지어졌다. 돔이 없는 셀주크 양식으로 가로 54m, 세로 31m의 크기에 동쪽과 서쪽, 북쪽에 각각 문이 있다. 본당은 돌로 지었으며 미나레는 벽돌을 이용했다. 내부에는 50여 개의 기둥이 아치 형태로 빼곡히 들어차 있어 장중한 느낌을 주는데 어느 때건 기도하러 온 사람들의 코란 소리가 경건히 들려온다. 사진을 찍는 건 자유지만 기본적인 예의를 지키도록 하자.

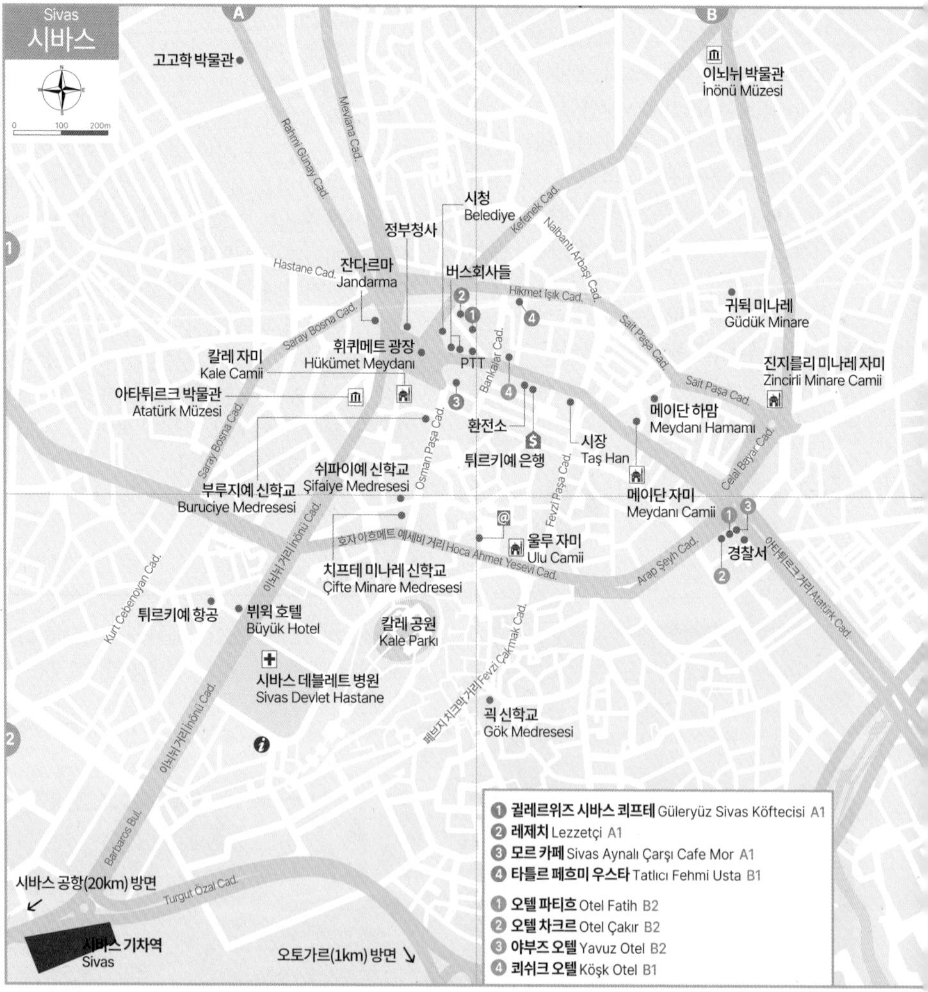

Sivas
시바스

0 100 200m

고고학 박물관
이뇌뉘 박물관 İnönü Müzesi
시청 Belediye
정부청사
잔다르마 Jandarma
버스회사들
귀뒥 미나레 Güdük Minare
휘퀴메트 광장 Hükümet Meydanı
칼레 자미 Kale Camii
PTT
진지를리 미나레 자미 Zincirli Minare Camii
아타튀르크 박물관 Atatürk Müzesi
환전소
메이단 하맘 Meydanı Hamamı
튀르키예 은행
시장 Taş Han
쉬파이예 신학교 Şifaiye Medresesi
부루지예 신학교 Buruciye Medresesi
메이단 자미 Meydanı Camii
울루 자미 Ulu Camii
경찰서
치프테 미나레 신학교 Çifte Minare Medresesi
튀르키예 항공
뷔윅 호텔 Büyük Hotel
칼레 공원 Kale Parkı
시바스 데블레트 병원 Sivas Devlet Hastane
괵 신학교 Gök Medresesi
시바스 공항(20km) 방면
시바스 기차역 Sivas
오토가르(1km) 방면

Mevlana Cad.
Rahmi Günay Cad.
Kefenek Cad.
Nalbantı Arbaşı Cad.
Hastane Cad.
Hikmet Işık Cad.
Saray Bosna Cad.
Sait Paşa Cad.
Bankalar Cad.
Osman Paşa Cad.
Celal Bayar Cad.
Fevzi Paşa Cad.
İnönü Cad.
호자 아흐메트 예세비 거리 Hoca Ahmet Yesevi Cad.
Arap Şeyh Cad.
아타튀르크 거리 Atatürk Cad.
Kurt Cebenoyan Cad.
페브지 차크막 거리 Fevzi Çakmak Cad.
이뇌뉘 거리 İnönü Cad.
Barbaros Bul.
Turgut Özal Cad.

❶ 귈레르위즈 시바스 쾨프테 Güleryüz Sivas Köftecisi A1
❷ 레제치 Lezzetçi A1
❸ 모르 카페 Sivas Aynalı Çarşı Cafe Mor A1
❹ 타틀르 페흐미 우스타 Tatlıcı Fehmi Usta B1

❶ 오텔 파티흐 Otel Fatih B2
❷ 오텔 차크르 Otel Çakır B2
❸ 야부즈 오텔 Yavuz Otel B2
❹ 쾨쉬크 오텔 Köşk Otel B1

괵 신학교
Gök Medresesi ★★

Map P.578-B2 주소 Gök Medresesi Fevzi Çakmak Cad., Sivas **개관** 24시간(정문만) **요금** 무료 **가는 방법** 울루 자미에서 페브지 차크막 거리를 따라 도보 5분.

1271년 셀주크의 재상 사힙 아타 Sahip Atta가 세운 신학교. '괵 Gök'은 푸른색을 뜻하는데 이것은 건물 내부를 장식한 푸른색의 타일에서 연유한 것이라고 한다. 내부는 특별한 경우가 아니면 일반에게 개방하지 않는데, 안뜰에는 샘터가 있고 건물이 들어서 있다고 한다. 25m에 달하는 두 개의 미나레가 있는 정문은 치프테 미나레와 비슷한 형태로 조각되어 있는데 대리석에 섬세하게 새겨진 문양을 보는 것으로 아쉬움을 달랠 뿐이다.

Restaurant 시바스의 레스토랑

시바스를 대표하는 먹을거리는 단연 시바스 쾨프테 Sivas Köfte. 고기를 얇게 다진 후 숯불에 구운 큼직한 떡갈비 형태인데 힘줄이 없는 부분만 사용해 부드러운 맛을 즐길 수 있다. 대부분의 레스토랑에서 맛볼 수 있으며 양도 푸짐하기 때문에 먹는 즐거움을 더해준다. 중심가인 휘퀴메트 광장과 아타튀르크 거리에 식당이 줄지어 있어 쉽게 찾을 수 있다.

귈레르위즈 시바스 쾨프테
Güleryüz Sivas Köftecisi

Map P.578-A1 주소 Sularbaşı, 11-Aliağa Cami Sk. 4 B, 58040 **전화** (0346)224-2061 **영업** 06:00~00:00 **예산** 1인 60~100TL **가는 방법** 휘퀴메트 광장에서 도보 1분.

상호처럼 시바스 쾨프테를 주력으로 하는 레스토랑. 시바스 쾨프테는 얇고 넓적한 형태로 일반 쾨프테보다 크고 육즙이 흐르는데 한국의 떡갈비와 흡사하지만 맛은 다르다. 가격도 저렴하고 맛있어 쾨프테를 먹기 위해 일부러 오는 사람도 있다. 일반 케밥도 있으므로 다양하게 시도해 보자.

레제치 Lezzetçi

Map P.578-A1 주소 Sularbaşı, 11-Aliağa Cami Sk. No:10, 58040 **전화** (0346)224-2747 **영업** 06:00~00:00 **예산** 1인 40~100TL **가는 방법** 휘퀴메트 광장에서 도보 1분.

깔끔하고 모던한 인테리어가 인상적이며 실내 분위기만큼이나 음식도 맛있다. 양고기, 닭고기, 쇠고기 등 모든 종류의 튀르키예 케밥과 피데, 초르바 등을 내는데 플레이트 세팅도 괜찮고 양도 많아 매우 흐뭇하다. 어떤 메뉴를 시켜도 실패하지 않는다. 시바스 시민들도 즐겨찾는 명소다.

모르 카페 Sivas Aynalı Çarşı Cafe Mor

Map P.578-A1 주소 Eskikale, Osmanpaşa Cd 1 E, 58070 Sivas **전화** +90-532-583-2558 **영업** 08:30~00:00 **예산** 1인 30~50TL **가는 방법** 휘퀴메트 광장에서 도보 1분.

휘퀴메트 광장 바로 옆에 있는 카페로 튀르키예식 커피와 차이, 조각 케이크이 있다. 그다지 특별할 건 없는데 높은 건물에 자리해서 일대 경관이 끝내준다. 휘퀴메트 광장은 물론 시바스의 상징인 치프테 미나레도 보인다. 주변의 경치를 즐기며 차이 한 잔의 여유를 가져보자.

타틀르 페흐미 우스타 Tatlıcı Fehmi Usta

Map P.578-B1 주소 Çarşıbaşı, Hikmet Işık Cd. 10B, 58040 **전화** +90-506-177-0877 **영업** 10:30~23:00 **예산** 1인 40~80TL **가는 방법** 휘퀴메트 광장에서 도보 3분.
바클라바와 라이스 푸딩 등 튀르키예식 디저트 전문점. 피스타치오를 듬뿍 넣은 바클라바와 초콜릿 푸딩 등 단 것이 당길 때 방문하기 좋으며 매장은 작지만 깔끔하게 꾸며놓아 기분좋게 차와 디저트를 즐길 수 있다. 툴룸바와 카다이프도 추천 메뉴.

Hotel 시바스의 숙소

중심부인 휘퀴메트 광장 주변과 아타튀르크 거리의 경찰서가 있는 곳에 숙소가 밀집되어 있다. 저렴한 숙소는 경찰서 쪽에 많으며 휘퀴메트 광장은 3성급의 비즈니스 호텔이 주류를 이룬다. 저렴하다 해도 어느 정도 수준을 갖추고 있으며 아주 싼 호텔은 찾기 힘들다. 고급 숙소는 액면가에서 흥정이 가능하니 시도해보자.

오텔 파티흐 Otel Fatih

Map P.578-B2 주소 Arap Şeyh Cad. No.22 **전화** (0346) 223-4313 **요금** 싱글 €20(개인욕실, TV), 더블 €30(개인욕실, TV) **가는 방법** 아타튀르크 거리 경찰서에서 도보 1분.
고급스러워 보이는 외관과는 달리 그다지 비싸지 않은 숙소다. 내부에 엘리베이터가 있으며 작지만 깔끔한 객실은 하루 이틀 숙박하기에 편하다. 욕실도 깨끗하며 입구의 널찍한 로비도 분위기가 좋고, 직원들도 친절해 여러모로 괜찮은 곳이다. 단, 영어가 잘 통하지 않아 조금 불편할 수도 있다.

오텔 차크르 Otel Çakır

Map P.578-B2 주소 Arap Şeyh Cad. Çakırlar Pasajı **전화** (0346)222-4526 **요금** 싱글 €20(개인욕실, TV), 더블 €30(개인욕실, TV) **가는 방법** 아타튀르크 거리 경찰서에서 도보 1분.
파티흐 오텔 바로 옆에 있는 곳으로 전체적으로 비슷한 수준이다. 객실과 화장실이 전반적으로 무난하며 언제든 잘 나오는 따뜻한 물은 칭찬할 만하다. 아침식사는 숙소 옆에 있는 작은 찻집에서 먹을 수 있다. 길 건너편의 유밤 Yuvam, 에빈 Evin 두 숙소는 가격은 매우 저렴하지만 객실상태가 좋지 않아 그다지 권하고 싶지 않다.

야부즈 오텔 Yavuz Otel

Map P.578-B2 주소 Atatürk Cad. No.86 **전화** (0346) 225-0204 **요금** 싱글 €20(개인욕실, TV), 더블 €30(개인욕실, TV) **가는 방법** 아타튀르크 거리 경찰서 바로 옆에 있다.
아타튀르크 대로변에 위치한 숙소로 20개의 객실이 있다. 내부 계단이 조금 어두운 게 흠이지만 객실은 채광도 잘되고 기본적인 깔끔함을 갖추었다. 객실 창문으로 거리 풍경이 내려다보이며 덩치 큰 주인이 인상과는 달리 친절히 대해준다.

쾨쉬크 오텔 Köşk Otel

Map P.578-B1 주소 Atatürk Cad No.7 **전화** (0346)221-1150 **홈페이지** www.koskotel.com **요금** 싱글 €40(개인욕실, A/C), 더블 €60(개인욕실, A/C), 스위트룸 €80(개인욕실, A/C) **가는 방법** 휘퀴메트 광장에서 아타튀르크 거리를 따라 도보 3분.
시내 중심부 대로변에 위치한 3성 호텔로 깔끔한 외관이 돋보이며 세련된 직원이 입구에서 안내해 준다. 전자카드 열쇠를 사용할 정도로 안전에 신경 썼으며 유리로 된 욕실 세면대는 고급스럽다. 미니바를 갖춘 객실도 쾌적해 편안하게 머물 수 있다.

세계문화유산

유네스코 세계문화유산이 있는 산간 마을

디브리이

Divriği

인구 1만 5000명

시바스에서 남동쪽으로 약 180km 떨어져 있는 한적한 산골 마을. 그다지 여행자의 발길을 잡아 끌 매력이 없어 보이는 디브리이가 유명세를 타게 된 것은 마을 뒷산에 있는 울루 자미 Ulu Camii 때문. 자미의 외벽에 새겨진 섬세한 조각과 건축은 타의 추종을 불허할 정도라 조각 전공자라면 반드시 방문해야 할 곳으로 손꼽힌다.

디브리이를 방문하는 이유가 오직 볼거리만이라 생각하면 오산. 시바스와 에르진잔에서 오는 3~4시간의 길은 중부 아나톨리아 고원의 진면목을 볼 수 있는 구간으로 여름에는 밀밭의 녹색 향연을, 겨울에는 고원 특유의 황량한 아름다움을 선사한다. 경우에 따라서는 이 길이 튀르키예 여행 중 가장 기억에 남는다고 하는 사람도 있을 정도다.

울루 자미가 유네스코 세계문화유산으로 지정되었지만 찾아오는 여행자는 많지 않아 언제 가도 호젓한 분위기를 마음껏 누릴 수 있다. 마을 사람들의 후한 인심도 덤으로 얻을 수 있다. 평온한 시골 마을에 울려 퍼지는 아잔 소리가 여행자의 옷깃을 여미게 하는 디브리이를 방문해 보자.

여행의 기술

Information

관광안내소

마을이 작은 탓인지 별도의 관광안내소는 없다.

환전

놀랍게도 마을 중심부에 여러 곳의 은행이 있어 환전과 ATM 이용이 가능하다.

위치 마을 중심부 오토가르 부근

업무 월~금요일 09:00~12:30, 13:30~17:30

PTT

위치 시바스 행 돌무쉬 터미널 부근, 튀르크 텔레콤 Türk Telecom 옆 업무 월~금요일 09:00~17:00

디브리이 시내의 퀼튀르 자미

디브리이 가는 법

돌무쉬를 타고 가거나 장거리에서 연결되는 기차를 이용해 디브리이로 갈 수 있다. 시바스는 디브리이를 방문하는 기점이 되며 아침 첫차로 출발한다면 당일치기로 다녀올 수도 있다.

➡ 오토뷔스

디브리이로 가는 돌무쉬

전에는 시바스에서 출발하는 돌무쉬만이 디브리이를 방문하는 유일한 방법이었지만 최근 이스탄불과 앙카라 노선이 생겨 장거리에서도 직접 갈 수 있게 되었다. 시바스 행 돌무쉬 터미널과 이스탄불, 앙카라 행 장거리 버스가 출발하는 오토가르는 500m 정도 떨어져 있다. 양쪽 모두 마을 중심부와 가까워 걸어서 가면 된다.

디브리이에서 출발하는 **버스 노선**

행선지	소요시간	운행
시바스	2시간 30분	1일 4편
이스탄불	16시간	1일 1편
앙카라	9시간	1일 1편

*운행 편수는 변동이 있을 수 있음.

➡ 기차

이스탄불의 하이다르파샤 역에서 출발하는 도우 익스프레스 Doğu Exp.와 앙카라발 에르주룸 익스프레스 Erzurum Exp.가 디브리이를 통과한다. 카이세리나 에르주룸, 카르스에서 온다면 갈아타지 않고 한 번에 가기 때문에 편리하다. 단 버스보다 시간이 많이 걸리고 연착을 자주 한다는 점은 감안할 것. 자세한 운행 시간은 철도청 홈페이지(www.tcdd.gov.tr)를 참고하자. 역에서 시내까지는 역 앞 도로를 지나다니는 버스를 타고 가면 된다.

소박한 디브리이 역

디브리이 역 Divriği Gar
전화 (0346)418-1025

기차역 ▷▶ 시내

버스
운행 06:00~20:00(수시로 운행)
소요시간 5분

시내 교통

작은 마을인데다 울루 자미도 중심부에서 멀지 않아 도보로 충분하다. 시청을 중심으로 식당이 몇 군데 있고 시장 길을 통과해 15분 정도 걸으면 시영 숙소가 있어 기차역을 오가는 것을 제외하면 버스를 탈 일은 없다. 시청과 PTT가 있는 곳이 마을 중심부이므로 이곳을 기준으로 삼으면 된다.

디브리이의 옛 성채와 마을

디브리이 둘러보기

울루 자미를 보기 위해 방문하는 것이니만큼 울루 자미가 디브리이의 유일한 볼거리라고 해도 무방하다. 이와 함께 마을 뒷산에 옛 성채가 남아 있는데, 정상에 올라서면 마을과 주변 경관이 한눈에 들어오니 시간이 촉박하지 않다면 가볼 만하다. 볼거리만을 고집하는 여행자가 아니라면 마을에서 벗어나 산책을 다니며 호젓한 소풍을 즐기는 것도 괜찮다. 산간 마을의 깨끗한 공기와 사람들의 인심도 덤으로 얻을 수 있기 때문. 단, 나홀로 여성 여행자라면 각별히 조심하고 해가 지기 전에 마을로 돌아와야 한다는 점을 명심하자.

울루 자미의 병원 내부

울루 자미 북문의 섬세한 조각

Attraction 디브리이의 볼거리

한적한 시골의 정취를 즐기며 울루 자미를 비롯한 시내의 옛날 목조 자미를 둘러보자. 일정이 촉박하다고 해도 디브리이에 머무르는 동안은 마음의 여유를 가지고 산책하듯 탐방하는 것을 권한다.

울루 자미
Ulu Camii ★★★★ 세계문화유산

주소 Ulu Camii, Divriği **개관** 매일 08:00~18:00(기도 시간은 입장 불가) **요금** 무료 **가는 방법** 시바스 행 돌무쉬 터미널에서 도보 15분.

작은 마을 디브리이의 존재를 세상에 알린 자미로 1229년 멘귀 초을루 Mengüçoğlu 왕조의 술탄 아흐메트 샤 Ahmet Şah가 세웠다. 그의 이름을 따서 아흐메트 샤 자미라고도 불린다. 디브리이 성채 남쪽에 자리했으며, 가로 64m, 세로 32m의 직사각형 건물로 건축가 아프라토르 푸렘 샤가 지었다. 일반적인 자미와 다른 점은 자미와 함께 병원이 있다는 것. 이것은 아흐메트 샤의 부인 투란 멜릭 Turan Melik의 요청에 따른 것이라고 한다. 유네스코는 "인간성의 함양을 위해 보호해야

울루 자미 전경

할 가치가 있다"는 멘트와 함께 울루 자미를 1985년 358번째 세계문화유산에 선정했다.

병원

자미와 같은 건물에 붙어 있으며 정문으로 들어가서 바로 오른쪽에 자리했다. 처음 방문한 사람들은 문에 장식된 조각에 압도당하게 되는데 현란하다 못해 어지러울 정도다. 정면에 4개의 초승달 조각과 중간의 꽃무늬 기둥, 그 위의 별 부조가 눈길을 끈다. 병원의 용도는 정신병자 치료를 위한 것이라고 하는데 의학적 지식이 불충분했던 당시 환자를 자미 옆에 두고 신의 힘을 빌리고자 했던 사람들의 소망을 짐작할 수 있다.

내부는 아치형의 홀에 좌우 2개씩 4개의 기둥이 있으며 중앙에는 치료에 사용된 샘터가 있다. 오른쪽의 둥근 기둥은 기하학 문양이 있는데 반해 왼쪽의 8각 기둥에는 아무런 장식이 없다. 내부 각 모서리에는 병실로 사용되었던 작은 방이 있으며, 왼쪽 구석방에는 자미를 지은 아흐메트 샤 왕과 왕비, 가족의 관이 모셔져 있다.

자미 입구

울루 자미가 방문객들을 불러 모으는 가장 큰 이유는 동·서·북문에 새겨진 화려한 조각 때문. 병원 옆의 서문은 기하학의 클로버 무늬가 아름다운데 문 옆면에 새겨진 술탄을 상징하는 쌍두 독수리 조각이 인상적이다. 옆면에 있어 잘못하면 그냥 지나칠 수도 있으니 문을 이리저리 자세히 들여다보자.

서문을 지나 오른쪽으로 돌아가면 울루 자미의 백미인 북문이 나오는데, 규모도 가장 크고 조각의 섬세함과 화려함이 단연 압권이다. 꽃과 꽃잎, 별 문양을 이용한 환조와 부조는 입체미를 강조해 숨이 멎을 정도의 아름다움을 뽐낸다. 튀르키예 전역을 통틀어 이토록 크고 아름다운 조각은 없다. 문 양쪽 옆의 별 모양 기둥과 중앙의 별, 아라비아 문자 등 어느 것 하나 그냥 놓칠 수 없어 탄성과 함께 관람객의 발길을 가장 오래 잡아끈다.

북문 옆 철제 계단을 올라가 돌아가면 술탄 전용으로 사용했던 동문이 나온다. 다른 문에 비해 화려하지 않지만 별과 꽃 문양이 기하학 형태로 섬세하게 조각되어 있다. 북서쪽 코너에 있는 미나레는 오스만 시대에 새로 추가된 것이다.

자미 내부

자미 내부는 16개의 기둥이 천장을 떠받치고

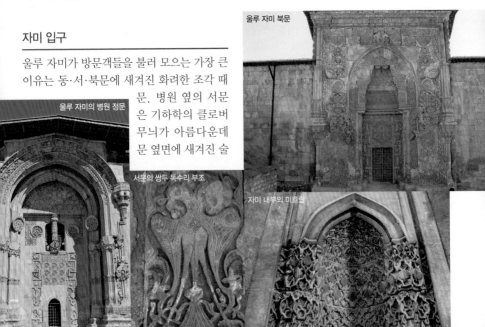

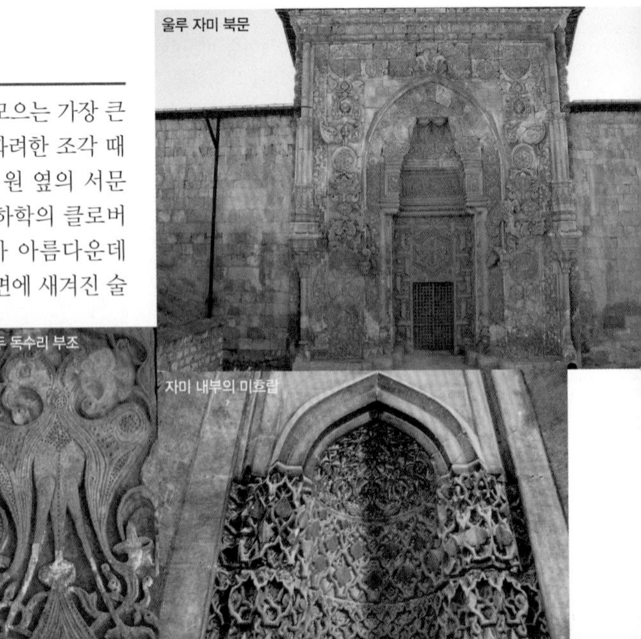

울루 자미 북문

울루 자미의 병원 정문

서문의 쌍두 독수리 부조

자미 내부의 미흐랍

있으며 미흐랍은 메카 방향인 남쪽을 향하고 있다. 미흐랍의 현란한 조각이 볼 만한데 자세히 보면 하트 무늬가 위로 향하고 있고 맨 위는 기하학 문양이 조각되어 있다. 이것은 사람들의 기도가 신에게 도달해 영원한 평화를 얻는 것을 상징한다고 한다. 옆에는 아프리카에서 가져온 흑단으로 만든 설교단이 있다.

울루 자미는 아직도 예배를 드리는 등 자미로서의 기능을 다하고 있는데 해질 무렵 마을과 고원에 울려 퍼지는 아잔 소리를 듣고 있노라면 여행에 지친 심신이 치료되는 듯한 느낌마저 든다.

Restaurant 디브리이의 레스토랑

울루 자미 앞 시청 Belediye 부근에 우우르 로칸타스 Uğur Lokantası라는 식당을 비롯해 되네르 케밥을 팔고 있는 서민 식당이 몇 군데 있다. 시골이라 저렴하고 양도 많은데다 특유의 정까지 느낄 수 있어 식사 시간이 즐겁다.

Hotel 디브리이의 숙소

예전에는 시에서 운영하는 숙소 밖에 없었는데 찾아오는 관광객이 늘어나면서 숙소가 몇 군데 생겼다. 개인 욕실을 갖춘 번듯한 규모의 숙소가 있으므로 며칠 머물면서 고즈넉한 시골을 즐기고 싶은 여행자도 디브리이에서 숙소 문제 때문에 고생할 일은 없다.

에킨 오텔 디브리이 Ekin Otel Divriği

주소 Ceditpaşa, 58300 Divriği/Sivas **전화** (0346)418-5151 **홈페이지** ekinoteldivrigi.com **요금** 싱글 €30(개인욕실, A/C), 더블 €40(개인욕실, A/C) **가는 방법** 마을 외곽에 있다. 울루 자미에서 2km 거리.

산장같은 목조주택 외관이 인상적이며 방은 넓고 깨끗하게 관리하고 있다. 거의 주변에서 재배한 재료로 만들어주는 아침식사도 괜찮고 마당을 즐기기도 좋다. 매우 작은 디브리이에서 이만한 수준의 숙소가 있다는 게 놀라울 정도다. 주로 현지인 단체 관광객이 많이 이용하는 곳이다.

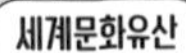

세계문화유산 넴루트 산 투어와 살구의 도시

말라티아 Malatya

카파도키아에서 동쪽으로 약 400km 떨어진 곳으로 중부 아나톨리아에서 손꼽히는 대도시다. 동부에서 온 여행자라면 현대적인 도시 분위기와 거리를 다니는 여인들의 화사한 옷차림에서 밝고 산뜻한 인상을 받는다. 도시 자체는 이렇다 할 볼거리가 없지만 잘 조성된 가로수와 깨끗한 시가지는 여행자에게 편안함으로 다가선다.

말라티아는 아드야만 Adıyaman, 카흐타 Kahta와 더불어 세계문화유산인 넴루트 산 Nemrut Dağı 투어의 3대 거점도시로 유명하다. 특히 카파도키아 등 중부 지역에서 쉽게 방문할 수 있기 때문에 다른 곳보다 여행자들의 이용 빈도가 월등히 높다. 산 정상에 있는 콤마게네 왕국의 유적은 경이롭다 못해 신비스러운 느낌마저 든다.

넴루트 산과 함께 말라티아를 유명하게 만든 것은 바로 살구. 튀르키예 최대의 살구 산지로 시지 않고 물이 많은 살구는 자타가 공인하는 최고의 맛을 자랑한다. 여름철에 방문한다면 살구를 꼭 맛보도록 하자. 7월에는 살구축제도 열려 일부러 시기를 맞춰 가는 여행자도 있을 정도다.

인구 50만 명 **해발고도** 964m

여행의 기술

Information

관광안내소

시청 부근에 정부에서 운영하는 공식 관광안내소가 있으며 말라티아와 넴루트 산의 기본적인 정보를 구할 수 있다. 말라티아를 방문하는 이유가 넴루트 산 투어이므로 대부분의 여행자들은 예니 자미 부근의 여행사를 찾아가거나 머무는 숙소에 투어를 문의하는 것이 보통이다. 여행사를 이용할 거라면 몇 군데 다니며 가격과 조건을 비교해 보는 것이 좋다.

관광안내소 Map P.590-A1

위치 시청사 옆 관공서 1층

주소 Atatürk Cad. T.C Malatya Valiliği

전화 (0422)323-2942 업무 월~금요일 09:00~17:00 가는 방법 시청에서 도보 1분

Adliyat Tourism

위치 예니 자미 맞은편에 있다.

전화 +90-535-221-8976

홈페이지 www.adiyattur.com

환전 Map P.590-A1

시청 앞 이뇌뉘 거리 İnönü Cad.와 아타튀르크 거리 Atatürk Cad.에 많은 은행과 ATM이 있어 환전에 곤란을 겪을 일은 없다. 환율은 어느 곳이나 비슷하니 편한 곳을 이용하자.

튀르키예 은행

위치 시청에서 이뇌뉘 거리를 따라 도보 3분

업무 월~금요일 09:00~16:30

PTT Map P.590-A1

위치 이뇌뉘 거리의 튀르키예 은행 옆

업무 월~금요일 09:00~17:00

넴루트 산 동쪽 테라스

말라티아 가는 법

버스와 기차, 비행기 등 다양한 교통수단이 말라티아를 연결하고 있다. 여행자들이 가장 많이 이용하는 버스는 편수도 많고 시간대도 다양해 편리하게 이용된다.

➡ 비행기

튀르키예 항공, 오누르 에어, 아틀라스제트 등의 항공사가 하루 3~4회 이스탄불과 직항을 운행하고 있다. 말라티아 공항은 시내에서 서쪽으로 40km 정도 떨어져 있어 시내 진입에 시간이 다소 걸리는 편. 비행기 도착 시간에 맞춰 운행하는 항공사의 세르비스나 공항버스 Habaş를 이용해 시내로 가면 된다. 도착 후 짐을 찾아 청사 밖으로 나가면 버스가 대기하고 있으며 차내에서 차장에게 요금을 지불한다. 시내에서 공항으로 갈 때도 같은 방법을 이용하면 만사 오케이. 공항버스는 시바스 거리 Sivas Cad.의 공항버스 사무실 앞에서 출발한다.

말라티아 공항

말라티아 공항 Malatya Havalimanı

전화 (0422)266-0044~47

운영 24시간

공항 ▷▶ 시내

공항버스
운행 비행기 도착 시간
소요시간 40분

시내 ▷▶ 공항

운행 04:30, 05:30, 08:00, 12:00, 14:15, 17:30, 18:00, 19:30(비행기 운행에 따라 출발 시간 변동)
소요시간 40분

말라티아에서 출발하는
주요 국내선 항공편

행선지	항공사	운행	소요시간
이스탄불	THY, OHY, PGS	매일 4~5편	1시간 40분
앙카라	THY	1일 4편	1시간 10분

*항공사 코드 THY: Turkish Airlines, OHY: Onur Air, PGS: Pegasus Airlines
*운행 편수는 변동이 있을 수 있음.

항공사

튀르키예 항공 Türk Hava Yolları Map P.590-B2
위치 시청 동쪽의 수로가 있는 세련된 거리에 있다. 시청에서 도보 20분. 전화 (0422)324-8001

오누르 에어 Onur Air Map P.590-B1
위치 시청에서 아타튀르크 거리를 따라 도보 5분.
전화 (0422)325-6060

아틀라스제트 Atlasjet Map P.590-A2
위치 빌라예트 공원 맞은편 뮈첼리 거리 Müçelli Cad.에 있다. 시청에서 도보 5분.
전화 (0422)324-1313

➡ 오토뷔스

버스의 편수도 많고 시간대도 다양해 여행자들이 가장 선호하는 방법으로 카파도키아, 시바스, 디야르바크르 등 모든 지역과 원활하게 소통되고 있다. 말라티아의 오토가르는 크게 두 곳으로 장거리 버스가 이용하는 예니 오토가르 Yeni Otogar와 주변 지역을 연결하는 도우 오토가르 Doğu Otogar가 있다. 여행자 입장에서 볼 때 예니 오토가르의 이용 빈도가 높은 편이다. 예니 오토가르는 시내에서 4km 정도 떨어져 있으며 돌무쉬나 시내버스를 이용해 시내로 간다. 오토가르 정문 앞 간선도로에 정류장이 있어 쉽게 이용할 수 있다. 웬만한 버스는 모두 시내로 가니 타기 전에 기사에게 '예니 자미' 또는 '벨레디예(시청)'라고 물어보자.

말라티아의 예니 오토가르

오토가르 ▷▶ 시내(시청 또는 예니 자미)

시내버스·돌무쉬
운행 05:30~22:00 소요시간 30분

말라티아에서 출발하는
버스 노선

행선지	소요시간	운행
이스탄불	16시간	1일 6~7편
앙카라	10시간	1일 6~7편
카파도키아(네브쉐히르)	5시간	1일 3~4편
시바스	4시간	1일 7~8편
디야르바크르	4시간	1일 12~13편
가지안테프	4시간	1일 7~8편
반	9시간	1일 5~6편
아마시아	9시간	1일 2~3편

*운행 편수는 변동이 있을 수 있음.

➡ 기차

말라티아 기차역

중부와 동부 아나톨리아를 연결하는 교통의 요충지로 비교적 많은 편수의 기차가 통과한다. 주요기차는 귀네이 익스프레스 Güney Exp., 4 에이뤨 마비 익스프레스 4 Eylül Mavi Exp., 반 괼뤼 익스프레스 Van Gölü Exp. 등. 버스에 비해 시간이 오래 걸리므로 이용 빈도는 떨어지지만 시바스에서 가는 비교적 짧은 구간은 이용해 볼만하다. 자세한 운행 시간은 철도청 홈페이지(www.tcdd.gov.tr)를 참고하자. 기차역 앞에서 시내까지 버스가 자주 다닌다.

말라티아 역 Malatya Gar
전화 (0422)212-4040
가는 방법 예니 자미 앞 시내버스 정류장에서 시내버스로 15분

기차역 ▷▶ 시내(시청 또는 예니 자미)

시내버스
운행 05:30~22:00 소요시간 15분

시내 교통

도시 자체는 크지만 여행자들이 다니는 곳은 한정되어 있는 편. 시청을 중심으로 숙소, 레스토랑 등 모든 편의시설이 몰려 있기 때문에 도보로도 충분하다. 수로가 있는 세련된 거리도 걸어서 다녀올 수 있다. 관광을 마치고 기차역이나 오토가르로 갈 때는 예니 자미 앞 시내버스 정류장을 이용하면 편리하다. 승차권은 정류장에 있는 부스에서 미리 구입해야 하니 그냥 타는 일이 없도록 하자.

말라티아 둘러보기

뭐니 뭐니 해도 세계문화유산으로 지정된 넴루트 산의 콤마게네 왕국 유적이 최대의 볼거리. 말라티아를 방문하는 모든 여행자가 오직 이것 때문에 온다 해도 과언이 아닐 정도로 말라티아와 넴루트 산은 떼려야 뗄 수 없는 관계다. 넴루트 산까지는 차로 3시간 정도 걸리는데, 대중교통수단이 없기 때문에 1박 2일 투어에 참가하는 방법이 유일하다(P.592 참고). 투어에서 돌아온 후 시간적 여유가 있는 여행자는 수로 거리를 걸으며 상점들을 기웃거리거나 빌라예트 공원의 숲에서 한가한 시간을 보내는 것이 일반적이다.

시내 중심에 있는 예니 자미

Attraction 말라티아의 볼거리

넴루트 산 유적이 워낙 장엄해서 다른 곳을 압도한다. 말라티아 시내에 박물관이 있지만 넴루트 산 투어를 다녀오면 시시하게 느껴질 정도라 건너 뛰는 것이 일반적이다. 맛있는 살구를 먹으며 예니 자미 부근 바자르를 어슬렁거려보자.

넴루트 산
Nemrut Dağı ★★★★ 세계문화유산

주소 Nemrut Dağı **개방** 24시간 **요금** €10 **가는 방법** 여행사에서 시행하는 1박 2일 투어 참가.

해발 2,150m의 산 정상에 자리한 콤마게네 Commagene 왕국의 유적으로 유명한 곳. 기원전 323년 알렉산더 대왕이 죽은 후 아나톨리아는 분할되었고 이 지역은 셀레우코스 왕조에 귀속되었다. 셀레우코스 왕조는 각 지방에 총독을 두고 분할 통치했는데 콤마게네 왕국은 그중 하나였다. 기원전 163년 콤마게네의 총독이었던 사모스 Samos는 종주국인 셀레우코스가 쇠약해진 틈을 타 스스로 프톨레마이오스 왕이라 칭하고 독립을 선언했다. 사모스의 아들 미트리다테스 1세를 거쳐 안티오쿠스 1세 Anthiochus Ⅰ(재위 기원전 64~기원전 38) 때 왕국은 전성기를 누리며 번영을 구가했다. 하지만 안티오쿠스 1세가 죽은 후 로마의 압력이 점점 거세져 결국 기원후 72년 로마의 시리아 속주로 병합되고 말았다. 넴루트 산 유적은 왕국의 전성기를 이끌었던 안티

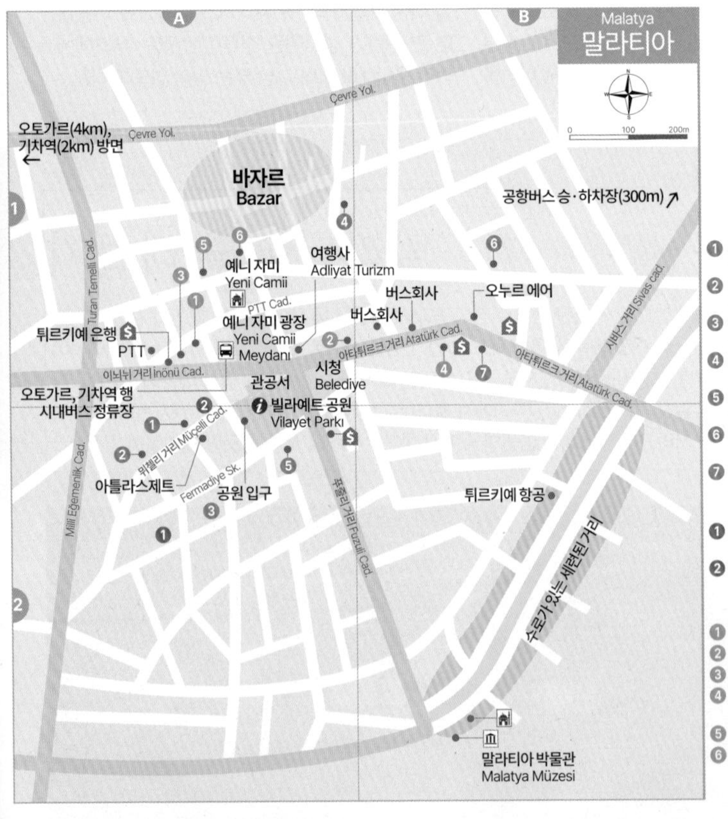

1 노스탈지 레스토랑 & 카페 A2 Nostalji Restaurant & Cafe
2 안텝리 마비쉬 우스타 A2 Antepli Maviş Usta
3 하스비 한 엣 스테이크 하우스 A2 Hasbi Han Et Steak House
4 하지바바 엣 로칸타 1942 A1 Hacı Baba Et Lokantası 1942
5 33 메르신 탄투니 A2 33 Mersin Tantuni
6 외즈 우르파 라흐마준 B1 Öz Urfa Lahmacun
7 메흐메트 자데 바클라바 B1 Mehmetzade Baklava

1 비엔나 카페 앤 나르길레 A2 Vienna Cafe & Nargile
2 타리히 제밀 베이 카흐베시 A1 Tarihi Cemil Bey Kahvecisi

1 오텔 타흐란 Otel Tahran A1
2 파크 오텔 Park Otel A1
3 오텔 예니 켄트 Otel Yeni Kent A1
4 그랜드 시난 호텔 B1 Grand Sinan Hotel
5 뷔윅 오텔 Büyük Otel A1
6 예니 호텔 Yeni Hotel A1

오쿠스의 무덤이다. 원래는 동·서·남·북 네 곳의 테라스가 있었는데 지금은 동쪽과 서쪽만 남아 있다.

넴루트 산 정상은 고도가 높고 바람이 심하게 불어 해 뜰 무렵 매우 춥기 때문에 한여름이라고 해도 두툼한 옷을 챙겨야 한다. 자칫하면 구경도 제대로 못하고 덜덜 떨다오는 사태가 발생할 수도 있다.

동쪽 테라스 Eastern Terrace

산 정상의 봉긋이 올라와 있는 부분은 산봉우리가 아니라 안티오쿠스 1세의 무덤. 가까이 가서 보면 봉분임을 알 수 있는데 높이 약 50m, 직경 150m에 달하는 거대한 규모를 자랑한다. 봉분 앞에는 7~9m 높이의 신상이 있고 두상이 일렬로 놓여 있는데 오랜 세월과 지진으로 인해 몸체에서 분리된 것이다. 조각은 전체적으로 헬레니즘과 페르시아 양식을 절충한 형태이며, 왼쪽부터 태양신 아폴로 Apollo, 행운의 여신 티케 Tyche, 정 중앙은 제우스 Zeus, 안티오쿠스 왕, 헤라클레스 Heracles다. 양옆으로는 독수리와 사자가 신과 왕을 호위하고 있다. 거대한 봉분과 웅장한 신상은 전성기의 화려함을 짐작케 하며 산꼭대기라는 지리적 조건을 감안할 때 놀라움을 금할 수 없다.

서쪽 테라스 Western Terrace

동쪽 테라스에서 옆을 돌아 반대쪽으로 가면 서쪽 테라스가 나온다. 몸체가 비교적 온전한 동쪽과는 달리 이곳은 다 무너져 내리고 두상만 확인할 수 있는데 신상의 인물과 배치는 동쪽 테라스와 동일하다. 비록 몸체는 사라지고 없지만 두상의 섬세한 조각은 관람객들의 시선을 빼앗기에 충분하다. 특히 일몰 무렵 석양을 받아 시시각각 변하는 신상의 표정은 2000년의 세월을 뛰어넘어 말할 수 없는 감동을 전해준다. 최고의 권력을 누리며 살아 있는 신이 되고자 했던 안티오쿠스의 꿈이 흩어진 두상처럼 세월에 묻혀버리고 흔적만 남아 옛 영화의 쓸쓸함이 느껴진다.

동쪽 테라스

서쪽 테라스

넴루트 산의 일출

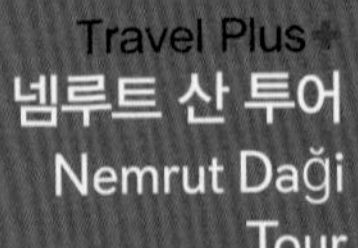

Travel Plus

넴루트 산 투어 Nemrut Daği Tour

넴루트 산의 유적 탐방은 대중교통이 다니지 않기 때문에 투어에 참가하는 방법만이 유일하다. 말라티아 이외에 넴루트 산의 남쪽에 있는 카흐타 Kahta, 아드야만 Adıyaman에서도 투어를 할 수 있다. 어느 쪽이든 넴루트 산까지 가는 동안 중부 아나톨리아의 멋진 산과 계곡이 펼쳐지므로 카메라를 꼭 휴대할 것.

말라티아 출발(1박 2일)

신청 예니 자미 부근의 여행사들 또는 각 숙소
요금 1인 650TL **포함 사항** 넴루트 산까지 왕복 차량, 1일 숙박, 저녁·아침 식사
불포함 사항 넴루트 산 국립공원 입장료, 점심식사
투어 일정 출발 12:00
넴루트 산 밑 숙소 도착 15:00
일몰 투어 16:30~17:30(해지는 시간에 따라 다름)
일출 투어 04:30~05:00(해뜨는 시간에 따라 다름)
말라티아 도착 다음날 10:00

넴루트 산 투어를 떠나는 여행자들

투어 시기 4~11월
문의 Adliyat Turizm (전화 +90-554-376-4825, www.adiyattur.com)
*겨울철은 투어가 중단되지만 간혹 눈이 오지 않을 때는 가능하다. 단, 신청자가 많지 않아 개인부담 요금이 늘어나는 점은 감안할 것. 5~9월은 매일 출발한다고 보면 된다. 겨울철 방문을 계획하고 있다면 말라티아에 오기 전 여행사에 미리 전화로 문의하는 것이 좋다. 넴루트 산 투어 후 샨르우르파나 마르딘 방면으로 여행할 사람은 말라티아로 돌아오지 말고 바로 아드야만, 카흐타 쪽으로 가는 차량을 이용할 수도 있으니 미리 이야기해 두자(반대의 경우도 가능). 단, 새벽 일찍 배낭을 메고 넴루트 산을 넘어 약 700m 가량 내려가야 한다는 점은 알아둘 것!

카흐타 출발(일출 또는 일몰 투어)

신청 카흐타 내 각 숙소 **요금** 1인 350TL(인원이 적으면 요금은 더 올라간다)
포함 사항 넴루트 산까지 왕복 차량 **불포함 사항** 넴루트 산 국립공원 입장료, 식사
투어 일정 일출 투어 출발 02:00, 일몰 투어 출발 13:00 **투어 시기** 4~11월
*카흐타에서 출발하는 투어는 넴루트 산과 함께 옛 콤마게네 왕국의 수도였던 아르사메이아 Arsameia, 에스키 카흐타 Eski Kahta, 3세기 로마 시대에 지어진 젠데레 다리 Cendere Köprüsü, 콤마게네 왕들의 무덤이 있는 카라쿠쉬 Karakuş 등 다른 유적지도 돌아볼 수 있어 볼거리에 치중하는 여행자라면 더 알찬 투어가 될 수도 있다. 샨르우르파나 디야르바크르에서 카흐타로 갈 때 '카라두트 Karadut'라는 마을에 내려주는 경우가 있다. 카라두트는 넴루트 산 가는 길에 있는 작은 마을. 마을에 있는 '카라두트 펜션'에 머물며 넴루트 투어를 다녀올 수 있지만, 투어가 끝난 후 카흐타까지 이동할 마땅한 차편이 없어 비싼 택시비를 물어야할 경우가 있으니 주의하자. 또한 카라두트의 넴루트 투어는 산 정상만 다녀올 뿐 주변의 다른 유적지는 방문하지 않는다는 것도 알아둘 것. 카라두트에서 넴루트 산 정상까지는 12km(도보 약 3시간)다.
여름철에는 카흐타에서 출발한 돌무쉬가 카라두트 마을을 지나 넴루트 산 바로 아래의 '체쉬메 펜션'까지 운행하는 경우도 있다. 체쉬메 펜션에서 넴루트 산 정상까지는 약 6km. 돌무쉬 운행은 시즌에 따라 달라진다.

Restaurant 말라티아의 레스토랑

여행자들이 많이 찾는 대도시여서 먹을거리 사정은 좋다. 중심가인 시청 부근에 대부분의 레스토랑이 몰려 있어 멀리 돌아다닐 필요도 없다. 수로가 있는 시청 동쪽의 세련되고 현대적인 거리에는 분위기 좋은 레스토랑이 많아 젊은이들이 즐겨 찾는다.

노스탈지 레스토랑 & 카페 Nostalji Restaurant & Cafe

Map P.590-A2 **주소** Müçelli Cad. No.8 Malatya **전화** (0422)323-4209 **영업** 08:00~23:00 **예산** 1인 40~100TL **가는 방법** 빌라예트 공원 입구 대각선 맞은편 뮈첼리 거리에 있다.

전통가옥을 개조한 카페 겸 레스토랑. 입구는 좁지만 1, 2층의 넓은 실내공간이 있다. 내부는 나무와 생활용품을 이용해 고풍스러운 분위기를 잘 살렸으며, 음식도 깔끔하고 가격도 저렴해 여러모로 권할 만하다. 식사가 아니더라도 차를 마시며 나르길레(물담배)를 즐겨보자.

안텝리 마비쉬 우스타 Antepli Maviş Usta

Map P.590-A2 **주소** Hamidiye, Derme Sk., 44200 Malatya Merkez **전화** (0422)325-9716 **영업** 11:30~20:00 **예산** 1인 40~70TL **가는 방법** 예니 자미에서 뮈첼리 거리를 따라 도보 5분.

가지안테프 출신의 주인이 오랜동안 운영하는 곳으로 케밥의 본고장 남동부 출신답게 정통 튀르키예 케밥을 선보인다. 어떤 메뉴를 선택해도 실패할 확률이 제로에 가까우며, 가성비를 고려하면 말라티아 최고의 레스토랑으로 손꼽아도 무리가 없을 정도다.

하스비 한 엣 스테이크 하우스 Hasbi Han Et Steak House

Map P.590-A2 **주소** İzzetiye, Atmalı Sokagi 10/a, 44200 Malatya **전화** (0422)326-1444 **영업** 09:00~23:00 **예산** 1인 170~250TL **가는 방법** 예니 자미에서 도보 5분.

스테이크 전문점. 잘 구워져 먹음직스럽게 서빙되는 두툼한 스테이크는 먹기도 전에 즐거워진다. 큼직한 티본 스테이크도 훌륭하고 양고기 종류도 매우 괜찮은 선택이다. 이스탄불의 스테이크 집에 비하면 가격도 매우 합리적이라 기쁨 두 배. 수제 버거도 있다.

하지바바 엣 로칸타 1942 Hacı Baba Et Lokantası 1942

Map P.590-A1 **주소** Halfettin, İyiliksever Sok. No:19 D:B, 44100 **전화** +90-537-822-7979 **홈페이지** www.tarihihacibaba1942.com **영업** 10:00~21:00 **예산** 1인 70~120TL **가는 방법** 예니 자미에서 도보 7분.

세련된 내부가 매우 고급스러워 보이는 레스토랑. 고기 종류를 선택하면 샐러드와 빵, 물을 세팅해 준다. 고기는 4종류까지 선택할 수 있는데 2종류를 고르나 4종류를 고르나 차이는 없다. 고기는 매우 부드럽고 냄새가 전혀 나지 않는 고급 음식임을 알 수 있다. 샐러드 요금은 따로 청구된다.

33 메르신 탄투니 33 Mersin Tantuni

Map P.590-A2 **주소** İstiklal, Valilik Binası Arkası No:31/A, 44200 **전화** (0422)324-2533 **영업** 11:00~00:00 **예산** 1인 30~50TL **가는 방법** 예니 자미에서 도보 3분.

남부 튀르키예 에르신 주의 명물 탄투니 전문점. 가게는 작지만 저렴하고 맛있는 탄투니를 언제든 먹을 수 있어 시민들도 즐겨 이용하는 곳이다. 빵은 얇은 라바쉬 빵과 바게트인 에크멕 중 선택할 수 있는데 라바쉬가 좀 더 나은 편이다. 레몬즙을 뿌리고 고추 피클을 곁들여 먹어보자.

외즈 우르파 라흐마준 Öz Urfa Lahmacun

Map P.590-B1 주소 Atatürk Cd. belediye katlıotopark altı, 44100 **전화** (0422)323-2940 **영업** 08:00~22:00 **예산** 1인 40~100TL **가는 방법** 예니 자미에서 아타튀르크 거리를 따라 도보 10분.

튀르키예식 얇은 피자인 라흐마준이 맛있는 집. 얇고 바삭한 라흐마준은 함께 나오는 채소를 얹고 레몬즙을 뿌려 접어서 먹는데 한 번에 두세 장씩 먹는 것이 보통이다. 라흐마준 말고도 구운 가지가 나오는 우르파 케밥이나 치으 쾨프테도 꽤 괜찮은 맛이다.

메흐메트 자데 바클라바 Mehmetzade Baklava

Map P.590-B1 주소 Atatürk Cad. (Kışla) No:12, D:B, 44300 **전화** (0422)325-3325 **영업** 24시간 **영업 예산** 바클라바 1인분 30TL **가는 방법** 예니 자미에서 아타튀르크 거리를 따라 도보 5분.

튀르키예식 단 과자인 바클라바와 케이크 전문점. 디저트와 케이크가 맛있는데 특히 차가운 바클라바가 많은 이들의 호평을 받고 있다. 케이크를 배달도 해 주므로 필요하면 서비스를 이용할 수 있다. 직원들도 친절해서 여러모로 괜찮다.

Entertainment 말라티아의 엔터테인먼트

앙카라, 카이세리와 함께 중부 아나톨리아를 대표하는 도시이기 때문에 분위기 좋은 카페와 댄스클럽이 많다. 넴루트 산 투어 후 한가히 거리를 즐기며 말라티아의 매력에 빠져보자.

비엔나 카페 앤 나르길레 Vienna Cafe & Nargile

Map P.590-A2 주소 İzzetiye, Özbek Sk. No:42, 44100 **전화** +90-532-139-7897 **영업** 07:00~00:00 **예산** 1인 30~50TL **가는 방법** 예니 자미에서 도보 10분.

모던한 실내에 커피와 아이스크림, 조각 케이크을 갖춘 정통 서양식 카페. 작은 디테일까지 세세하게 신경쓴 흔적이 곳곳에서 묻어나며 친절한 직원은 언제나 활기차게 손님을 맞이한다. 물담배인 나르길레도 있으며 토요일에는 라이브 공연이 펼쳐지기도 한다.

타리히 제밀 베이 카흐베시 Tarihi Cemil Bey Kahvecisi

Map P.590-A1 주소 İzzetiye, Şehit Servet Aktaş Sok. No:10, 44300 **전화** +90-530-498-7282 **영업** 24시간 **영업 예산** 1인 30~50TL **가는 방법** 예니 자미에서 도보 2분.

커피와 초콜릿, 튀르키예식 과자 전문점. 내부 인테리어도 좋고 커피도 맛있어 휴식을 겸해 들르기 좋다. 전통 스타일의 잔에 담겨 나오는 튀르키예 커피도 좋고 일반적인 차이와 음료수도 있어 더운날 시원한 에어컨을 쐬며 커피 한 잔 하기 좋은 곳이다.

Shopping 말라티아의 쇼핑

말라티아 살구는 튀르키예는 물론 세계적으로 알아주는 품질. 견과류와 함께 포장된 살구 선물세트는 말라티아에서 살 수 있는 최고의 쇼핑 품목이다. 살구비누, 살구차, 살구크림, 살구오일, 살구젤리 등 살구를 이용해 만들 수 있는 모든 제품을 구입할 수 있으며 가격도 저렴해 부담도 없다. 시내에도 살구 전문 매장이 있지만 구경을 겸해 재래시장을 돌아다니다 사는 것을 더 추천하고 싶다. 예니 자미 뒤편으로 살구시장이 있는 바자르가 있으며 가격은 종류에 따라 10~40TL 선이다.

각종 살구 제품

Hotel 말라티아의 숙소

중심가인 시청 주변에 다양한 급의 숙소가 있어 주머니 사정에 맞게 머물 수 있다. 대부분 기본적인 청결함을 갖추고 있으며 직원들도 친절해 머무는데 불편함은 없다. 요금에 따라 아침식사 포함 여부가 달라지니 체크인할 때 꼭 확인하자.

오텔 타흐란 Otel Tahran

Map P.590-A1 **주소** PTT Cad. No.8 Malatya **전화** (0422)324-3615 **요금** 싱글 200/300TL(공동/개인욕실, TV), 더블 400/450TL(공동/개인욕실, TV) **가는 방법** 예니 자미 광장에서 이뇌뉘 거리를 따라가다 튀르키예 은행 오른쪽 골목으로 꺾으며 오른편에 있다.

벽과 침구류, 시트 모두 깨끗하며 욕실이 없는 방도 방 안에 개수대가 있어 양치와 세수를 할 수 있다. 공동욕실과 화장실은 그다지 깨끗하지는 않지만 저렴한 요금을 감안할 때 이해할 만한 수준이다. 4인실도 있어 일행이 여럿일 때 이용하기 편하다. 아침식사는 불포함이지만 식당이 가까이 있어 멀리 가지 않아도 된다.

파크 오텔 Park Otel

Map P.590-A1 **주소** Atatürk Cad. No.7 Malatya **전화** (0422)321-1691 **요금** 싱글 400TL(개인욕실, TV), 더블 450TL(개인욕실, TV) **가는 방법** 예니 자미 광장에서 아타튀르크 거리를 따라 도보 2분.

배낭여행자들이 즐겨찾는 숙소 중 하나로 모든 방에 욕실은 딸려 있으나 화장실은 공동사용이다. 객실 내 나무 캐비닛이 있어 수납이 편리하며 방도 깨끗한 편. 여름철에는 입구가 가로수에 가려져 찾는데 살짝 어려움을 겪기도 한다. 관광안내소와 빌라예트 파크가 가까워 편리하다. 아침식사는 불포함이다.

오텔 예니 켄트 Otel Yeni Kent

Map P.590-A1 **주소** PTT Cad. No.33 Malatya **전화** (0422)321-1053 **요금** 싱글 350TL(개인욕실, A/C), 더블 450TL(개인욕실, A/C) **가는 방법** PTT에서 도보 1분.

오텔 타흐란 바로 옆의 숙소로 약간 낡았지만 관리가 잘되어 있다. 객실 내 냉장고와 에어컨이 있는데도 비교적 저렴한 요금이라 인기가 높다. 방도 널찍하고 일부 방에는 욕조도 있는 등 전체적으로 가격에 비해 시설이 뛰어나다. 아침식사는 약간 부실하다.

그랜드 시난 호텔 Grand Sinan Hotel

Map P.590-B1 **주소** Atatürk Cad. No.6 Malatya **전화** (0422)321-2907 **요금** 싱글 €25(개인욕실, A/C), 더블 €35(개인욕실, A/C) **가는 방법** 예니 자미 광장에서 아타튀르크 거리를 따라 도보 5분.

최근 리모델링을 해서 깨끗해지고 요금도 올랐다. 객실이 비교적 넓고 더운물도 잘 나온다. 방에는 화장대와 옷장이 비치되어 있으며 카운터 직원도 친절하다. 큰길에 면해 있어 시끄러울 것 같지만 방음은 잘 되는 편이니 그다지 걱정할 필요는 없다. 레스토랑, 버스회사 등 편의시설이 가깝다는 것도 장점.

뷔윅 오텔 Büyük Otel

Map P.590-A1 **주소** Yeni Camii Karşısı **전화** (0422)325-2828 **요금** 싱글 €50(개인욕실, A/C), 더블 €60(개인욕실, A/C) **가는 방법** 예니 자미 뒤편에 있다.

겉보기와는 달리 요금이 그다지 비싸지 않은 중급 호텔. 가구가 있는 객실은 깔끔하며 2층의 로비와 레스토랑은 빛이 잘 들어 밝고 편안한 느낌이다. 냉장고는 일부 방에만 있으니 필요하다면 체크인할 때 이야기하자. 과일이 함께 나오는 아침식사도 괜찮고 전체적으로 인상이 좋은 숙소다.

예니 호텔 Yeni Hotel

Map P.590-A1 **주소** Yeni Camii Karşısı Zafer İş hanı No.1 **전화** (0422)324-1423~4 **요금** 싱글 €50(개인욕실, A/C), 더블 €60(개인욕실, A/C) **가는 방법** 예니 자미 뒤편에 있다.

뷔윅 오텔 근처에 있으며 검은색 대리석과 카펫으로 장식한 실내가 인상적이다. 비즈니스맨들이 많이 찾으며 객실 내 안전금고와 실내화를 비치했다. 고급 내장재를 사용했기 때문에 중급 이상의 숙소를 원하는 여행자라면 만족할 만하다. 개인적으로 넴루트 산 투어를 원하는 손님들에게 투어를 알선해 주기도 한다.

고요하고 평화로운 호수

에이르디르

Eğirdir

인구 1만 7000명 | **해발고도** 930m

그림같이 아름다운 호숫가에 자리한 도시. 도시라기보다는 시골 마을이라는 표현이 적합할 정도로 작은 곳이다. 넓은 에이르디르 호를 병풍같이 둘러싼 산 아래 한가롭게 노니는 오리들을 바라보다보면 어느새 석양에 붉게 물드는 황홀한 수면에 마음을 빼앗기는 곳. 한마디로 한적함 그 자체라 할 수 있다. 때문에 장기 여행자들에게는 긴 여행의 휴식처 역할을, 시간에 쫓기는 단기 여행자들에게는 시골의 여유를 즐길 수 있는 것이 에이르디르의 가장 큰 매력이다. 하지만 에이르디르에 한가로움만 있는 것은 아니다. 최근 주변의 다브라스 산 Davras Dağı의 트레킹과 스키 등 겨울 레포츠의 전진기지로 각광받으며 본격적인 관광 도시로 발돋움할 채비를 갖추고 있다.

휴양도시로 발전할 가능성이 높은 곳임에도 아직까지 대형화되지 않아 '튀르키예 여행의 한적한 여유를 즐길 수 있는 곳' 1순위로 급부상하며 여행객의 발길이 늘어나고 있다. 특히 연인과 함께하는 여행이라면 에이르디르를 꼭 방문해 보길 바란다. 둘만의 잊지 못할 추억을 만들기에 조금도 부족함이 없다.

여행의 기술

Information

관광안내소 Map P.598-A2

에이르디르와 주변 지역의 관광안내 자료를 무료로 얻을 수 있다.

위치 시내 서쪽 경찰서 옆

전화 (0246)311-4388

업무 월~금요일 08:30~17:00

가는 방법 PTT에서 으스파르타 방면 큰길을 따라 도보 5분

환전 Map P.598-A2

시내의 튀르키예 은행 Türkiye İş Bankası에서 환전할 수 있으며 ATM도 설치되어 있다.

위치 시내 아타튀르크 동상 길 건너편

업무 월~금요일 09:00~12:30, 13:30~17:30

PTT Map P.598-A2

위치 아타튀르크 동상 건너편 튀르키예 은행 옆

업무 월~금요일 09:00~17:00

에이르디르 호수

에이르디르 가는 법

지방의 작은 도시라 비행기는 다니지 않으며 버스만이 에이르디르를 방문하는 유일한 수단이다. 이스탄불과 이즈미르에서 기차로 갈 수도 있는데 시간이 오래 걸리기 때문에 거의 이용되지 않는다. 역은 시내에서 3km 정도 떨어져 있다.

➡ 오토뷔스

작은 마을이지만 주변 도시와 교통은 원활한 편. 콘야, 안탈리아 등 근처의 대도시에서 바로 가는 버스가 있어 손쉽게 방문할 수 있다. 만일 차 시간이 맞지 않는다면 인근 교통의 요지인 으스파르타 Isparta를 경유하는 것도 방법이다. 으스파르타에서 에이르디르까지는 수시로 버스가 다니고 있기 때문(05:00~20:00, 매 1시간 간격, 30분 소요).

소박한 에이르디르의 오토가르는 시내에 있다. 여행자들이 주로 찾는 예쉴 섬 Yeşilada까지 돌무쉬가 다니고 있지만 배차 간격이 길어 이용 빈도는 떨어지는 편. 약간 멀긴 하지만 걸어가는 게 최선의 방법이다. 오토가르에서 예쉴 섬 방향으로 큰길을 따라 30분 정도 걸으면 예쉴 섬에 도착한다. 택시를 탄타면 약 70TL가 든다.

상가와 함께 있는 에이르디르 오토가르

에이르디르에서 출발하는 **버스 노선**

행선지	소요시간	운행
이스탄불	10시간	1일 1~2편
앙카라	6시간 30분	1일 4~5편
안탈리아	3시간	1일 6~7편
콘야	3시간 30분	1일 4~5편
카파도키아(네브쉐히르)	10시간	1일 1~2편
파묵칼레(데니즐리)	3시간 30분	1일 2~3편

*운행 편수는 변동이 있을 수 있음.

시내 교통

시내가 크지 않고 숙소, 레스토랑, 볼거리가 모두 한곳에 몰려 있어 도보로 충분하다. 시내에서 예쉴 섬까지는 1.5km 정도로 제법 먼 거리지만 오가는 길의 호수 경치가 좋아 산책 삼아 걷기에 좋다. 만일 짐이 무겁다면 오토가르 앞에서 택시를 이용하자(5분 소요, 40TL).

에이르디르 둘러보기

볼거리로만 따진다면 에이르디르는 그다지 매력적인 곳은 아니다. 시내에 자미와 성채, 신학교가 있지만 특별한 볼거리라 할 만한 정도는 아니다. 시골 마을의 한가함이 에이르디르의 전매특허인 만큼 호숫가를 천천히 산책하는 것이 에이르디르를 잘 즐기는 길임을 명심하자. 관광과 휴식을 합쳐 2~3일 머무는 것이 보통이다. 호수에 있는 나룻배를 타고 짧은 보트관광을 해 보는 것도 괜찮고 여름철이라면 수영을 즐기는 것도 추천할 만하다. 호수만 보기 지겹다면 시내의 마을을 방문해 보자. 옛 모습이 남아 있는 골목길을 누비다 마주치는 주민들의 웃음을 덤으로 얻을 수 있다. 저녁식사로는 호수에서 잡은 물고기 요리를 먹어보길 권한다.

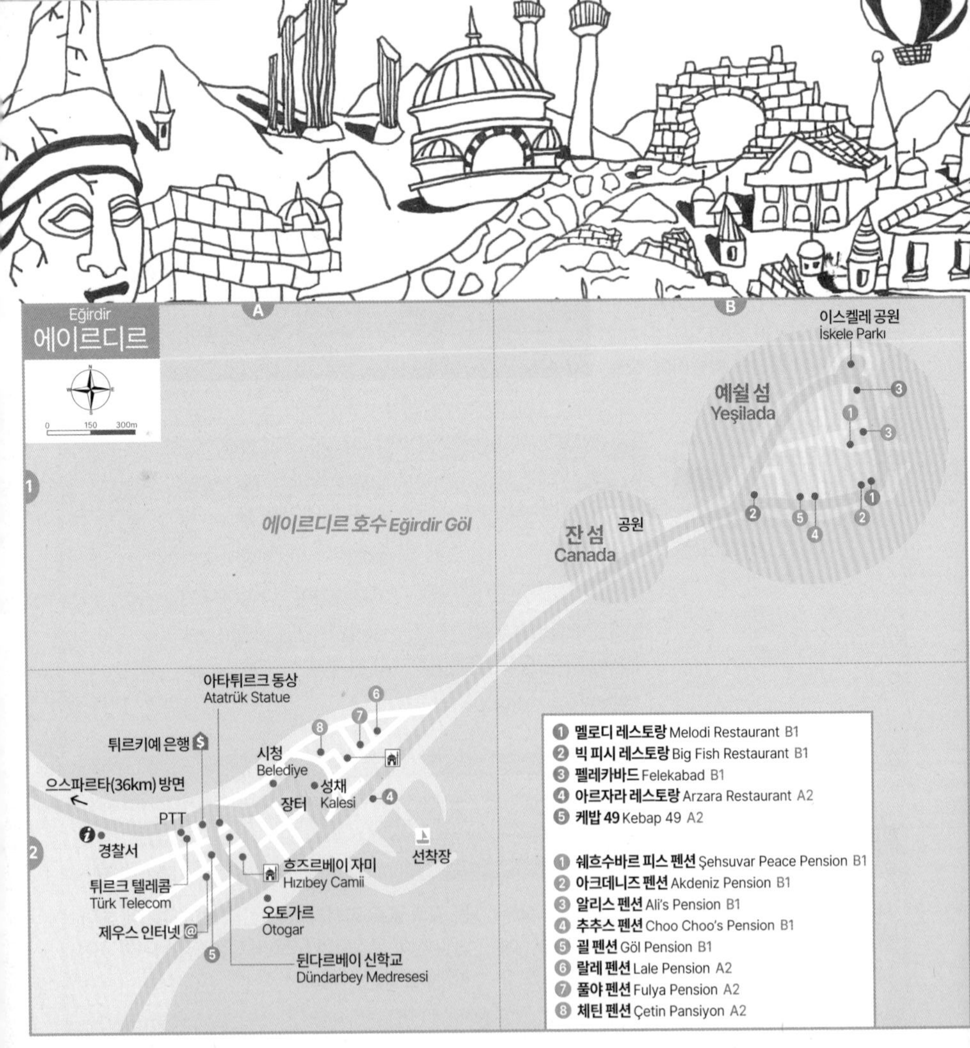

1. 멜로디 레스토랑 Melodi Restaurant B1
2. 빅 피시 레스토랑 Big Fish Restaurant B1
3. 펠레카바드 Felekabad B1
4. 아르자라 레스토랑 Arzara Restaurant A2
5. 케밥 49 Kebap 49 A2

1. 쉐흐수바르 피스 펜션 Şehsuvar Peace Pension B1
2. 아크데니즈 펜션 Akdeniz Pension B1
3. 알리스 펜션 Ali's Pension B1
4. 추추스 펜션 Choo Choo's Pension B1
5. 괼 펜션 Göl Pension B1
6. 랄레 펜션 Lale Pension A2
7. 풀야 펜션 Fulya Pension A2
8. 체틴 펜션 Çetin Pansiyon A2

Attraction 에이르디르의 볼거리

에이르디르를 찾는 사람들이 가장 감격하는 것은 깨끗한 호수와 맑은 공기가 가져다주는 무한한 여유다. 머무는 동안 무거운 짐을 내려놓고 흐르는 시간 속에 몸과 마음을 맡겨보자.

에이르디르 호수
Eğirdir Göl ★★★

개방 24시간 **요금** 무료 **가는 방법** 에이르디르 전역.

에이르디르 마을을 둘러싸고 있는 호수로 517㎢의 면적을 자랑하며 해발고도는 924m다. 튀르키예 전역에서 4번째로 큰 호수이며 호수의 북쪽은 호이란 Hoyran, 남쪽은 에이르디르 Eğirdir라 부른다. 호수에는 잔 섬 Canada과 예실 섬 Yeşilada이라 불리는 두 개의 섬이 있는데, 1986년 본토와 도로가 개통되어 엄밀히 말해 더 이상 섬은 아니다. 하지만 마을 주민들은 여전히 섬이라고 부른다. 본토에서 봤을 때 먼 쪽에 있는 섬이 예실 섬. 섬 안에 있는 이스켈레 공원 İskele Parkı은 해질 무렵 붉게 물드는 호수를 즐기기에 최적의 장소로 손꼽힌다. 한편 에이르디르 호는 물이 맑기로도 유명하다. 누구의 표현대로 '한없이 투명에 가까운 블루'인 호수에서 노니는 오리들을 보다보면 평화라는 단어의 의미가 무엇인지 알 수 있을 정도다.

뒨다르베이 신학교
Dündarbey Medresesi ★★

Map P.598-A2 **주소** Dündarbey Medresesi, Eğirdir Isparta **개관** 매일 08:00~20:00 **요금** 무료 **가는 방법** 오토가르에서 도보 2분.

시내 중심에 자리한 신학교. 원래는 1237년 셀주크 투르크의 술탄이었던 알라딘 케이쿠바드 Alaaddin Keykubad가 대상들의 숙소인 케르반사라이로 지은 것인데, 1285년 이 지역의 지배자였던 펠레케딘 뒨다르베이 Felekeddin Dündarbey가 신학교로 용도 변경했다. 셀주크 투르크 양식으로 당당히 서

뒨다르베이 신학교 정문

에이르디르 호수의 석양

있는 입구에서 옛 흔적을 일부 발견할 수 있는데 내부는 상가가 들어서 있다. 원래 상업 시설인 케르반사라이였으니 예전 기능을 일부 회복한 셈이다.

흐즈르베이 자미
Hızırbey Camii ★★

Map P.598-A2 주소 Hızırbey Camii, Eğirdir Isparta **개관** 매일 07:00~20:00 **요금** 무료 **가는 방법** 뒨다르베이 신학교 맞은 편에 있다.

뒨다르베이 신학교를 마주보고 있는 자미. 뒨다르베이의 아들인 흐즈르베이 Hızırbey가 원래 창고로 쓰이던 건물을 1308년 자미로 새롭게 조성했다. 내부 천장은 돔이 아닌 평면으로 되어 있고 나무 바닥에 카펫을 깔아놓았다. 청색 타일로 장식한 미흐랍과 검은색과 녹색이 잘 조화된 설교단은 근엄한 인상을 풍긴다. 1814년 화재로 소실되었다가 재건되었으며 미나레 아래에 아치형 통로가 있는 것이 특이하다.

흐즈르베이 자미

Restaurant 에이르디르의 레스토랑

에이르디르 호수에서 잡은 물고기 요리를 권할 만하다. 물이 맑아 언제나 싱싱한 생선이 식탁에 올라오기 때문에 빵과 케밥에 질린 여행자라면 에이르디르에서 생선요리를 마음껏 즐겨보자. 종류에 따라 가격 차이가 나지만 대체로 60~90TL 정도면 먹을 수 있어 가격 부담도 적은 편. 주류를 판매하는 레스토랑도 있어 주당들은 생선과 함께 칼칼한 목을 축이기에 여념이 없다.

멜로디 레스토랑 Melodi Restaurant

Map P.598-B1 주소 Yeşilada Mahallesi No.37, Eğirdir **전화** (0246)311-4816 **영업** 10:00~23:00 **예산** 1인 60~120TL **가는 방법** 예쉴 섬 맨 끝자락에 있다.

호수 전망이 좋은 야외 자리가 있는 레스토랑. 양고기, 닭고기 메뉴도 있지만 아무래도 호수에서 잡은 물고기 요리가 제격이다. 알라발륵 Alabalık이라 불리는 송어는 큼직한데다 가격도 저렴해 인기 메뉴다. 여름철 저녁에는 시원한 바람과 야경을 즐기며 한잔 하는 사람들로 북적인다.

빅 피시 레스토랑 Big Fish Restaurant

Map P.598-B1 주소 Yeşilada Mah. 1. Sk. No.2, Eğirdir **전화** (0246)311-4413 **영업** 10:00~23:00 **예산** 1인 60~120TL **가는 방법** 예쉴 섬 초입에 있다.

섬 초입에 자리한 레스토랑으로 서쪽 방향이라 석양을 즐기며 식사하기 좋다. 음식의 종류와 수준은 다른 레스토랑과 별반 차이가 없으나 도미의 일종인 추프라 Çupra는 크기가 큼직해 마음에 든다. 케밥, 쾨프테 등의 메뉴도 있기 때문에 생선을 좋아하지 않는 사람이라도 선택의 여지는 있다. 펜션도 함께 운영한다.

아르자라 레스토랑 Arzara Restaurant

Map P.598-A2 주소 Kale Mah. Atayolu Cad. No:36. 32500 Eğirdir **전화** +90-553-949-6532 **영업** 08:00~22:00 **예산** 1인 60~120TL **가는 방법** 선착장에서 도보 1분.

선착장에서 가까워 호수 풍경이 좋은 곳이다. 매우 풍성하게 나오는 튀르키예식 아침식사도 괜찮고 견과류가 들어간 샐러드와 고기, 치즈가 함께 나오는 special arzara 케밥은 기름 램프까지 켜는 등 매우 신경쓴 흔적이 역력하다. 에이르디르를 방문한 여행자들이 한 번은 다녀가는 곳이다.

펠레카바드 Felekabad

Map P.598-B1 주소 Yeşilada Mah. Kilise Arkası No.18, Eğirdir **전화** (0246) 311-5881 **영업** 09:00~24:00 **예산** 1인 40~90TL **가는 방법** 예쉴 섬 북쪽 끝 이스켈레 공원 İskele Parkı 옆에 있다.

가족이 운영하는 레스토랑으로 깔끔한 내부가 돋보인다. 쾨프테와 각종 생선 메뉴를 갖추고 있으며 호수에서 잡히는 랍스터도 맛볼 수 있다. 단, 우리가 생각하는 커다란 랍스터는 아니니 크기에 큰 기대를 걸지는 말 것. 주류는 취급하지 않는다.

케밥 49 Kebap 49

Map P.598-A2 주소 Çınaraltı Camii Mah, Eğirdir **전화** (0246)311-2899 **영업** 08:00~24:00 **예산** 1인 40~90TL **가는 방법** 오토가르 맞은편 길로 직진하다 왼쪽 길로 꺾어 들어 골목 안에 있다.

각종 피데와 쾨프테, 케밥이 있는 일반적인 튀르키예 식당. 별로 특별할 건 없지만 음식이 맛있는데다 서민적인 분위기를 느낄 수 있어서 좋다. 늦은 시간까지 영업하는 것도 장점. 가게 앞 큰 나무 아래의 그늘 자리가 좋다.

Hotel 에이르디르의 숙소

작은 동네지만 숙소는 많다. 시내와 예쉴 섬에 나뉘어 있는데 대부분 호수 전망이 좋은 객실과 테라스를 갖추고 있다. 예쉴 섬에 비교적 많은 수의 펜션이 있는데다 호수를 즐기기에 조건이 더 나은 편이라 대부분의 여행자가 예쉴 섬을 선호한다. 시골임을 감안할 때 전체적으로 숙소 요금은 높은 편이며 겨울철은 난방의 유무를 확인하는 것이 필수다. 최성수기만 피한다면 할인이 가능하니 흥정을 시도해 보자. 숙소 요금은 성수기 기준이다.

쉐흐수바르 피스 펜션 Şehsuvar Peace Pension

Map P.598-B1 주소 Yeşilada Mahallesi, Eğirdir **전화** (0246)311-2433 **요금** 싱글 €30(공동욕실, 조식), 더블 €40(공동욕실, 조식) **가는 방법** 예쉴 섬에 있는 굄 펜션 옆 골목으로 올라가 오른쪽으로 꺾으면 보인다.

쾌활한 중년부부가 운영하는 조용한 숙소. 1층은 주인부부가 살고 2층의 방 4개를 숙소로 쓰고 있는데 가정집 구조라 공동욕실이 그다지 불편하지는 않다. 객실도 널찍하고 욕실도 깨끗해 만족할 만하다. 주인아저씨가 어부라 고기잡이 배를 태워주기도 한다. 오토가르 픽업 서비스 가능.

아크데니즈 펜션 Akdeniz Pension

Map P.598-B1 주소 Yeşilada Mahallesi, Eğirdir **전화** (0246)311-2432 **요금** 싱글 €30(개인욕실, 조식), 더블

€40(개인욕실, 조식) **가는 방법** 예쉴 섬 남쪽 거리 끝부분에 있다.

노부부가 운영하는 소박한 규모의 숙소. 객실은 전부 4개로 방은 깔끔하게 잘 관리되고 있으며 수건도 보송보송하다. 포도 덩굴이 그늘을 만들어 주는 마당에서 한가한 시간을 보내기 좋으며 호숫가에서 수영을 즐기기도 편하다. 마치 한국의 시골집에 온 듯한 분위기다. 미리 연락하면 오토가르 픽업도 해준다.

알리스 펜션 Ali's Pension

Map P.598-B1 주소 Yeşilada Mahallesi, Eğirdir **전화** (0246)311-2547 **요금** 싱글 €40(개인욕실, 조식), 더블 €50(개인욕실, 조식) **가는 방법** 예쉴 섬 끝 멜로디 레스토랑을 끼고 왼쪽으로 꺾어 직진하면 나온다.

가족이 운영하는 숙소로 나무로 된 객실 바닥이 깨끗한 인상을 주며 관리가 잘 되고 있다. 호수 전망이 있는 앞쪽 방과 뒤쪽 방의 요금 차이가 있으며 테라스에서 호수 전망을 즐기기 좋다. 주인 아주머니가 영어를 잘해 의사소통이 편리하며 근사한 가정식 요리를 맛볼 수 있다. 머무는 동안 저녁식사를 해 보기 바란다.

추추스 펜션 Choo Choo's Pension

Map P.598-B1 주소 Yeşilada Mahallesi No.2, Eğirdir **전화** (0246)311-4926 **요금** 싱글 €40(개인욕실, 조식), 더블 €50(개인욕실, 조식) **가는 방법** 예쉴 섬 남쪽 거리에 있다.

주황색의 벽과 침대가 화사한 느낌을 주는 객실에 나무문을 사용해 그럴듯한 분위기를 냈다. 주인이 미술 애호가라 각 방마다 고흐, 렘브란트, 로트레크 등 화가의 이름을 붙여놓았으며 방 안에는 몇 점의 그림도 걸려있다. 입구에 제법 큰 규모의 부설 식당을 운영한다. 전체적으로 무난한 수준이다.

굄 펜션 Göl Pension

Map P.598-B1 주소 Yeşilada Mahallesi 32500, Eğirdir **전화** (0246)311-2370 **요금** 싱글 €50(개인욕실, 조식), 더블 €70(개인욕실, 조식) **가는 방법** 예쉴 섬 남쪽 거리에 있다.

추추스 펜션 바로 옆에 자리한 곳으로 4남매가 운영하는 규모있는 숙소. 1층 로비에 고급스러운 나무 의자와 테이블이 있고 무료 인터넷(유선)을 사용할 수 있다. 객실은 그다지 특징은 없으나 깨끗하고 욕실도 좋다. 옥상 테라스는 전망이 좋아 여름철에는 호수 경치를 즐기며 선탠을 하는 여행자도 있다.

랄레 펜션 Lale Pension

Map P.598-A2 주소 Kale Mah. 5. Sk No.2, 32500 Eğirdir **전화** (0246)311-2406 **홈페이지** www.lalehostel.com **요금** 도미토리 €20(공동욕실, 조식), 싱글 €40(개인욕실, 조식), 더블 €50(개인욕실, 조식) **가는 방법** 오토가르 앞길을 따라 예쉴 섬 방향으로 걷다가 왼쪽 골목 안으로 언덕길을 약간 올라가면 나온다.

도미토리가 있어 저렴한 곳을 찾는 여행자에게 인기있는 숙소다. 다국적 여행자들이 모이는 테라스는 호수 전망을 즐기며 여행 정보를 나누기 좋다. 자전거 대여(유료), 체크아웃 후 무료 배낭보관 등 여행자의 편의를 배려해 준다. 단, 많은 여행자들이 몰리다 보니 잡음도 끊이지 않는다. 서양인 위주의 업소라 동양인 여행자를 무시하는 경우도 있으니 분명한 태도를 보이자.

풀야 펜션 Fulya Pension

Map P.598-A2 주소 Kale Mah. 5. Sk 32500 Eğirdir **전화** +90-542-241-7213 **요금** 싱글 €40(개인욕실, 조식), 더블 €50(개인욕실, 조식) **가는 방법** 오토가르 앞길을 따라 예쉴 섬 방향으로 걷다 왼쪽 골목 안으로 언덕길을 약간 올라가면 나온다.

랄레 펜션 부근에 있는 숙소로 가족이 운영한다. 어느 객실에서나 호수를 볼 수 있으며 옥상 테라스에서는 360° 경치가 펼쳐진다. 객실 내 위성 TV도 있고 어부인 주인 아저씨가 직접 잡은 랍스터를 저렴한 가격에 먹을 수 있다. 객실이 좁은 것이 아쉽다.

체틴 펜션 Çetin Pansiyon

Map P.598-A2 주소 Kale Mah. Eğirdir **전화** (0246)311-2154 **요금** 싱글 €30(개인욕실, 조식), 더블 €40(개인욕실, 조식) **가는 방법** 오토가르 앞길을 따라 예쉴 섬 방향으로 걷다 왼쪽 골목 안으로 언덕길을 약간 올라가면 나온다.

호수 서쪽에 있는 곳이라 해지는 풍경을 감상하기에 좋다. 객실은 협소하고 화장실도 좁지만 청소 상태는 괜찮다. 개인 집을 개조했기 때문에 방마다 넓이가 다르니 미리 둘러보고 결정하자. 앙증맞은 꼭대기 층의 레스토랑 겸 테라스는 호수 전망이 좋다.

산과 호수의 사람들

동부 아나톨리아 Eastern Anatolia

+ 알아두세요!

가지안테프, 디야르바크르, 마르딘, 반, 바트만, 비틀리스, 빈괼, 샨르우르파, 시르낙, 시르트, 엘라지, 킬리스, 툰셀리, 하카리, 시리아의 국경 10km 이내 지역(하타이)은 외교부가 지정한 적색경보 지역입니다(2024년 5월 기준). 급한 용무가 아니라면 가급적 여행을 취소하거나 연기하는 것이 좋습니다. 외교부 해외안전여행(www.0404.go.kr) 참고.

튀르키예에서 가장 추운 도시

에르주룸 Erzurum

앙카라에서 동쪽으로 900km 떨어져 있는 동부 아나톨리아 최대 도시로 동부로 가는 관문에 해당한다. 예로부터 페르시아와 흑해, 중앙 아나톨리아를 연결하는 교역의 요충지였으므로 시대를 거치며 쟁탈전이 치열했다. 로마, 비잔틴을 거쳐 셀주크 투르크 시대에 이르러 도시는 안정을 찾고 많은 자미와 신학교가 건설되었다. 이후 몽골의 침입을 받기도 했으나 16세기에 오스만 제국의 영토로 편입되었으며 튀르키예 공화국이 탄생하기 전인 1919년에는 아타튀르크의 주도 아래 국회가 결성되어 독립운동의 구심점이 되었다.

역사적 중요성과 함께 에르주룸은 튀르키예에서 가장 추운 곳으로 유명하다. 해발고도가 높고 산으로 둘러싸인 지리적 특성상 여름은 짧고 긴 겨울 동안 눈이 많이 내리기 때문에 스키 등 겨울 레포츠가 발달했다. 서부에서 동부로 가는 길에 들른 여행자라면 히잡과 검은 베일로 전신을 가린 옷차림의 여인들이 늘어난 것을 보며 보수적인 동부 지역의 분위기를 느낄 수 있다. 아울러 미루나무와 포플러 나무가 어우러진 도시 곳곳의 신학교와 자미는 단아한 중세의 기품을 전해준다.

인구 40만 명 **해발고도** 1,900m

여행의 기술

Information

관광안내소 Map P.607-A2

시내지도와 관광안내 자료를 구할 수 있는데 수량이 많지 않아 종종 얻지 못하는 경우도 있다. 외국인이 많이 찾지 않아서 그런지 매우 친절하다.
주소 Turizm Bürosu Cemal Gürsel Cad., Erzurum 전화 (0442)235-0925
업무 월~금요일 08:00~17:00(겨울철에는 문을 닫는다)
가는 방법 야쿠티예 신학교에서 줌후리예트 거리를 따라 서쪽으로 도보 10분. 사거리를 지나 제말 귀르셀 거리의 시청 옆에 있다.

환전 Map P.607-B2

줌후리예트 거리 Cumhuriyet Cad.를 비롯한 시내 곳곳에 은행과 ATM이 있어 환전은 쉽다. 환율은 어느 곳이나 비슷하므로 편한 곳을 이용하자.

위치 줌후리예트 거리를 비롯한 시내 전역
업무 월~금요일 09:00~12:30, 13:30~17:30

PTT Map P.607-A2

위치 줌후리예트 거리가 끝나는 사거리 부근.
업무 월~금요일 09:00~17:00
가는 방법 야쿠티예 신학교에서 줌후리예트 거리를 따라 관광안내소 방향으로 도보 5분.

이란 영사관

도심지 남쪽에 이란 영사관이 있다. 이란으로 갈 계획이라면 미리 비자를 취득해야 한다. 자세한 내용은 P.73 참고.
전화 (0442)316-2285
업무 월~목 · 토요일 08:30~12:00, 14:30~16:30
가는 방법 줌후리예트 거리에서 택시로 5분.

에르주룸 가는 법

동부 튀르키예에서 가장 큰 도시이기 때문에 버스와 기차, 비행기까지 에르주룸을 연결하고 있다. 어떤 교통수단을 이용하더라도 방문하는 데 어려움은 없으니 시간과 주머니 사정에 맞는 것을 이용하면 된다.

➡ 비행기

튀르키예항공, 오누르항공, 선익스프레스 등의 항공사가 이스탄불, 앙카라, 이즈미르까지 직항을 운행하며, 유럽국가와 일부 국제선도 취항하고 있다. 시내에서 서쪽으로 15km 떨어진 에르주룸 공항은 PTT, 관광안내소 등의 편의시설을 완비하고 있다. 공항에서 시내로 가는 가장 좋은 방법은 시영 공항버스를 이용하는 것. 버스는 하루 7~8차례 공항과 기차역 İstasyon Meydanı 사이를 운행한다. 비행기 도착 시간에 맞춰 청사 앞 도로에 대기하고 있으니 짐을 찾아 밖으로 나와서 타면 된다. 버스는 기차역 광장에 최종 도착하는데 이스타숀 거리 İstasyon Cad.를 따라 15분 정도 걸으면 숙소 밀집구역에 이른다. 시내에서 공항으로 갈 경우에도 기차역 광장에서 공항버스를 이용하면 되고 요금은 차 안에서 차장에게 지불한다.

에르주룸 공항 Erzurum Havalimanı
전화 (0442)327-1432 운영 24시간

에르주룸 공항

공항 ▷▶ 시내(기차역)

시영 공항버스
운행 08:45, 11:00, 12:00, 14:15, 14:45, 17:40, 23:25(공항→기차역)
08:30, 10:00, 11:00, 13:25, 13:45, 16:45, 22:25(기차역→공항)
소요시간 30분

*운행 시간은 변경될 수 있으니 기차역 광장에서 미리 시간을 확인하자.

튀르키예 항공 Türk Hava Yolları
위치 야쿠티예 신학교에서 울루 자미 방향으로 도보 5분
전화 (0442)213-6717

에르주룸에서 출발하는
주요 국내선 항공편

행선지	항공사	운행	소요시간
이스탄불	THY, OHY, SUN	매일 5편	2시간
앙카라	THY, SUN	매일 3~4편	1시간 20분
이즈미르	SUN	주 5편	2시간 15분

*항공사 코드 THY: Turkish Airline, OHY: Onur Air, SUN: Sun Express
*선 익스프레스 항공은 이스탄불의 사비하 괵첸 공항 이용.
*운행 편수는 변동이 있을 수 있음.

➡ 오토뷔스

대부분의 여행자가 이용하는 수단으로 카르스, 도우베야즛 등 동부지역 주요 도시들은 물론 이스탄불, 앙카라, 트라브존 등 장거리 대도시와도 원활하게 소통되어 이용에 불편함이 없다.
오토가르는 시내에서 2km 떨어져 있다. 타고 온 버스 회사의 세르비스나 오토가르 앞 버스 정류장에서 시내버스를 이용해 중심가인 줌후리예트 거리 Cumhuriyet Cad.까지 쉽게 이동할 수 있다. 별도로 티켓을 살 필요는 없고 요금은 차 안에서 차장에게 지불하면 된다(버스번호 2번, 10분 소요).
반대로 오토가르로 갈 경우는 시내의 버스회사에서 표를 구입한 후 사무실에서 운행하는 세르비스를 이용하거나 이스타숀 거리 İstasyon Cad.의 버스 정류장에서 시내버스를 이용하면 된다. 아르트빈, 호파, 리제 등 에르주룸 북동부 도시로 가는 노선은 괼바쉬 셈트 가라지 Gölbaşı Semt Garajı라는 별도의 미니버스 터미널을 이용하니 착오가 없도록 하자.

에르주룸 오토가르

에르주룸에서 출발하는
버스 노선

행선지	소요시간	운행
이스탄불	18시간	1일 7~8편
도우베야즛	4시간 30분	1일 6~7편
카르스	3시간	1일 10편 이상
반	7시간	1일 3~4편
디야르바크르	7시간	1일 6~7편
카이세리	10시간	1일 5~6편
트라브존	5시간 30분	1일 7~8편

*운행 편수는 변동이 있을 수 있음.

➡ 기차

이스탄불의 하이다르파샤 역에서 출발하는 도우 익스프레스 Doğu Exp.와 앙카라발 에르주룸 익스프레스 Erzurum Exp.가 매일 에르주룸을 연결한다. 속도는 느리지만 기차여행의 낭만을 즐기고 싶은 여행자는 이용할 만하다. 비교적 짧은 구간인 에르주룸에서 카르스까지는 시간이 오래 걸리지 않는다. 기차역은 시내에 있어 걸어서 숙소 구역까지 갈 수 있다. 자세한 운행시간은 철도청 홈페이지(www.tcdd.gov.tr)를 참고하자.

에르주룸 역 Erzurum Gar
전화 (0442)234-9533

시내 교통

줌후리예트 거리를 중심으로 볼거리와 레스토랑이 들어서 있고 숙소도 걸어서 가면 된다. 오토가르는 표를 구입한 버스회사 사무실 앞에서 출발하는 세르비스를 이용하거나 숙소 구역에서 가까운 이스타숀 거리의 버스 정류장에서 시내버스를 타고 가면 된다.

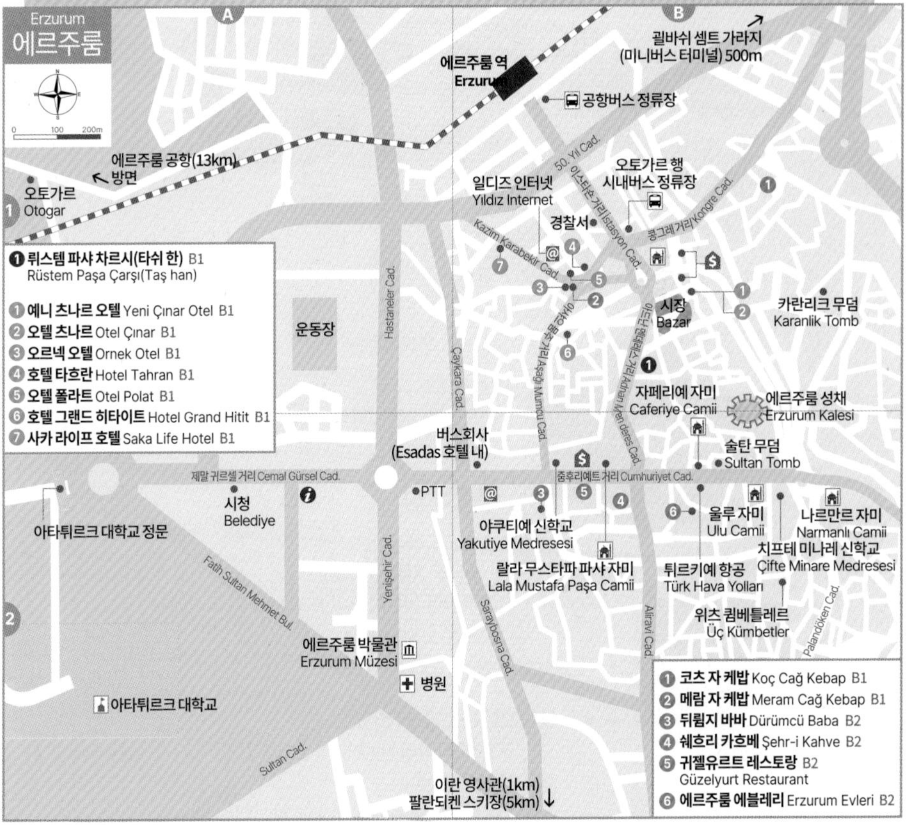

Erzurum
에르주룸

골바쉬 셈트 가라지 (미니버스 터미널) 500m
에르주룸 역 Erzurum
공항버스 정류장
에르주룸 공항(13km) 방면
오토가르 Otogar
일디즈 인터넷 Yıldız Internet
오토가르 행 시내버스 정류장
경찰서
50. Yıl Cad.
이스타숀 거리 İstasyon Cad.
콩그레 거리 Kongre Cad.
Kazım Karabekir Cad.
시장 Bazar
카란리크 무덤 Karanlik Tomb
운동장
Hastaneler Cad.
Çaykara Cad.
아으 무므주 거리 Aşağı Mumcu Cad.
아드난 메데레스 거리 Adnan Menderes Cad.
자페리예 자미 Caferiye Camii
에르주룸 성채 Erzurum Kalesi
술탄 무덤 Sultan Tomb
버스회사 (Esadas 호텔 내)
제말 귀르셀 거리 Cemal Gürsel Cad.
줌후리예트 거리 Cumhuriyet Cad.
시청 Belediye
PTT
아타튀르크 대학교 정문
야쿠티예 신학교 Yakutiye Medresesi
랄라 무스타파 파샤 자미 Lala Mustafa Paşa Camii
울루 자미 Ulu Camii
나르만르 자미 Narmanlı Camii
치프테 미나레 신학교 Çifte Minare Medresesi
튀르키예 항공 Türk Hava Yolları
위츠 큄베틀레르 Üç Kümbetler
Fatih Sultan Mehmet Bul.
Yenişehir Cad.
Saraybosna Cad.
Aliravi Cad.
Palandöken Cad.
에르주룸 박물관 Erzurum Müzesi
병원
아타튀르크 대학교
Sultan Cad.
이란 영사관(1km)
팔란되켄 스키장(5km)

❶ **뤼스템 파샤 차르시(타쉬 한)** B1 Rüstem Paşa Çarşı(Taş han)

1 **예니 츠나르 오텔** Yeni Çınar Otel B1
2 **오텔 츠나르** Otel Çınar B1
3 **오르넥 오텔** Ornek Otel B1
4 **호텔 타흐란** Hotel Tahran B1
5 **오텔 폴라트** Otel Polat B1
6 **호텔 그랜드 히타이트** Hotel Grand Hitit B1
7 **사카 라이프 호텔** Saka Life Hotel B1

1 **코츠 자 케밥** Koç Cağ Kebap B1
2 **메람 자 케밥** Meram Cağ Kebap B1
3 **뒤륌지 바바** Dürümcü Baba B2
4 **쉐흐리 카흐베** Şehr-i Kahve B2
5 **귀젤유르트 레스토랑** B2 Güzelyurt Restaurant
6 **에르주룸 에블레리** Erzurum Evleri B2

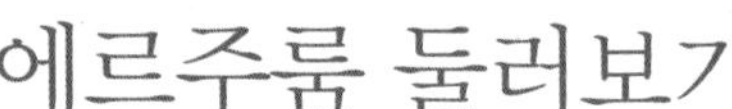

에르주룸 둘러보기

에르주룸은 여름철에도 비교적 선선하기 때문에 피서를 겸해 방문하기 좋다. 에르주룸의 볼거리는 셀주크 투르크 시대의 자미와 신학교가 대부분이다. 관광명소 간의 거리가 가깝기 때문에 치프테 미나레 신학교 Çifte Minare Medresesi를 비롯해 주변의 자미를 돌아보는데 하루면 충분하다. 관광은 성채부터 시작하는 것이 좋다. 종탑이 인상적인 성채를 돌아본 후 골목을 따라 줌후리예트 거리로 나와 높직한 두 개의 탑이 솟아 있는 치프테 미나레 신학교를 구경하자. 큰길 안쪽에 있는 위츠 큄베틀레르를 보고 줌후리예트 거리로 나와 울루 자미를 관람한 후 야쿠티예 신학교를 돌아보면 볼거리 순례는 끝난다. 저녁때는 에르주룸만의 특별한 먹을거리인 자 케밥을 먹어보는 것을 추천한다.

★★★★★ BEST COURSE ★★★★★

예상소요시간 4~5시간

출발 ▶▶숙소 밀집구역 오텔 폴라트 앞 광장

도보 10분

에르주룸 성채(P.609)
오스만 제국 때 조성된 성채의 시계탑에서 바라보는 시원한 전경이 일품이다.

도보 5분

치프테 미나레 신학교(P.609)
두 개의 탑이 솟아 있는 신학교. 에르주룸의 상징이다.

도보 5분

위츠 큄베틀레르(P.610)
고깔 모자 같은 세 개의 원추형 무덤.

도보 5분

울루 자미(P.610)
투박한 아름다움이 느껴지며 이 도시에서 가장 오래된 자미.

도보 5분

야쿠티예 신학교(P.610)
푸른색 타일의 미나레가 인상적인 신학교. 단정한 중세의 기품이 묻어난다.

Attraction 에르주룸의 볼거리

시내 중심에 자리한 신학교와 자미는 화려하지 않지만 투박하고 은은한 중세의 멋을 느끼기에 좋다. 시간을 충분히 잡고 여유있게 관람하길 권한다.

에르주룸 성채
Erzurum Kalesi ★★★

Map P.607-B1 주소 Erzurum Kalesi, Erzurum **개방** 매일 08:00~12:00, 13:00~17:00 **요금** €3 **가는 방법** 줌후리예트 거리에서 왼편 골목길을 따라 도보 5분.

5세기경 비잔틴 제국의 황제 테오도시우스가 건립한 성채로 교역의 요충지였던 에르주룸의 중요성을 말해준다.

원래는 내성과 외성이 있었는데 외성은 무너져버렸고 현재 내성만 남아 있다. 다행히 보존 상태는 양호하다.

입구를 통과해 안으로 들어가면 넓은 공터가 나오고 한쪽에는 예전에 사용하던 대포가 놓여 있다. 대포 옆의 원추형 건물은 오스만 시대에 만들어진 기도처이며, 그 옆의 탑은 감시용 망루로 쓰이던 것으로 오스만 시대에 시계탑으로 용도가 바뀌었다. 탑신은 돌로 되어 있고 정상 부분은 나무로 되어 있는데 꼭대기에 매달려 있는 종과 망치가 인상적이다. 내부의 나선형 계단을 통해 탑 정상으로 올라갈 수 있는데 이곳에서 보는 전망은 에르주룸 최고를 자랑한다. 시내뿐만 아니라 주변의 산까지 한눈에 들어오는 시원한 경관이 단연 일품. 간단한 간식을 준비해서 느긋하게 주변 전망을 감상해 보자.

치프테 미나레 신학교
Çifte Minare Medresesi ★★★

Map P.607-B2 주소 Çifte Minare Medresesi, Erzurum **개관** 매일 08:00~18:30 **요금** 무료 **가는 방법** 줌후리예트 거리 끝에서 오른편에 있다.

1253년 셀주크 투르크의 술탄인 케이쿠바드 2세가 세운 신학교로 에르주룸의 상징이다. '치프테'는 한 쌍을 의미하며 미나레의 높이는 26m다. 눈썰미가 좋은 사람이라면 치프테 미나레의 맨 윗부분이 뭔가 허전함을 알 수 있는데 이곳에 있던 장식은 제1차 세계대전 이후 러시아 점령기에 러시아로 가져갔다고 한다.

푸른색의 타일이 꽤 아름다웠을 것으로 보이는 이 건물은 원래 신학생을 양성하던 학교였다. 시바스 Sivas의 치프테 미나레처럼 거대한 규모는 아니지만 입구의 정교한 부조는 눈여겨볼 만하다. 기하학 무늬가 새겨진 입구 옆에 나뭇잎으로 장식된 독수리 부조를 볼 수 있는데 이는 술탄을 상징하는 것이다. 안으로 들어가면 아치형 건물이 1, 2층으로 나뉘어 있고 사방으로 돌아가며 신학생들이 쓰던 방이 있다. 건물 맨 안쪽은 신학교의 설립자인 후안드 하툰 Huand Hatun의 묘가 자리하고 있다.

에르주룸 성채 치프테 미나레 신학교

위츠 큄베틀레르
Üç Kümbetler ★★

Map P.607-B2 주소 Üç Kümbetler, Erzurum **개관** 매일 08:00~18:30 **요금** 무료 **가는 방법** 줌후리예트 거리에서 치프테 미나레 신학교와 울루 자미 사잇길로 도보 5분.

치프테 미나레 신학교 뒤편 주택가에 위치한 세 개의 영묘 유적. '위츠'는 튀르키예어로 3을 뜻한다. 모두 셀주크 투르크 양식으로 지어졌는데 입구에 들어가면서 오른편의 비교적 큰 무덤은 에르주룸의 지배자였던 알리 사르투크 Ali Sartuk의 것으로 밝혀졌다. 자세히 보면 돔 아래 벽면에 돌아가며 독수리, 황소 등 동물의 부조가 새겨져 있다.
나머지 두 개 묘의 주인은 알려지지 않았으며 13~14세기에 조성된 것으로 보인다. 치프테 미나레 신학교와 가까워 미나레를 방문하는 길에 잠깐 들렀다 가면 된다.

울루 자미
Ulu Camii ★★

Map P.607-B2 주소 Ulu Camii, Erzurum **개관** 매일 06:00~20:00 **요금** 무료 **가는 방법** 치프테 미나레 신학교 옆에 있다.

1179년에 지어진 것으로 에르주룸을 대표하는 자미다. 내부가 화려한 일반적인 자미와 달리 별다른 장식도 없고 창문도 스테인드 글라스가 아닌 자연광이 들어오도록 구멍을 뚫어놓아 자연 그대로의 투박한 아름다움이 느껴진다. 메카의 방향을 나타내는 미흐랍이 하나가 아니라 세 개라는 것과 나무로 된 중앙의 원형 돔이 이색적이다. 전체적으로 세련된 맛은 떨어지지만 기도하는 사람들의 모습에서 엄숙함이 묻어난다.

야쿠티예 신학교
Yakutiye Medresesi ★★★

Map P.607-B2 주소 Yakutiye Medresesi, Erzurum **개관** 매일 08:00~11:45, 13:00~16:45 **요금** €3 **가는 방법** 치프테 미나레 신학교에서 줌후리예트 거리를 따라 도보 5분.

1310년 몽골 출신의 에르주룸 주지사인 제마레틴 야쿠투가 지은 신학교. 벽돌과 푸른색 타일로 만든 미나레가 단연 돋보이는데 매듭 문양으로 장식한 외부가 인상적이다. 입구는 치프테 미나레와 마찬가지로 기하학의 부조로 장식했는데 옆면에 사자와 나무, 독수리를 이용한 조각이 볼 만하다.
내부는 현재 박물관으로 사용되고 있다. 신학생들이 사용하던 방에는 오스만 시대의 무기, 의상, 생활용품이 전시되어 있는데 화려한 외관에 비하면 그다지 볼 건 없다. 맨 안쪽은 야쿠투가 잠들어 있는 무덤이다. 신학교 앞은 잘 가꾸어진 잔디밭으로 조성된 공원인데 날씨가 좋으면 한가로이 차를 마시며 지나다니는 사람들을 구경하기에 좋다.

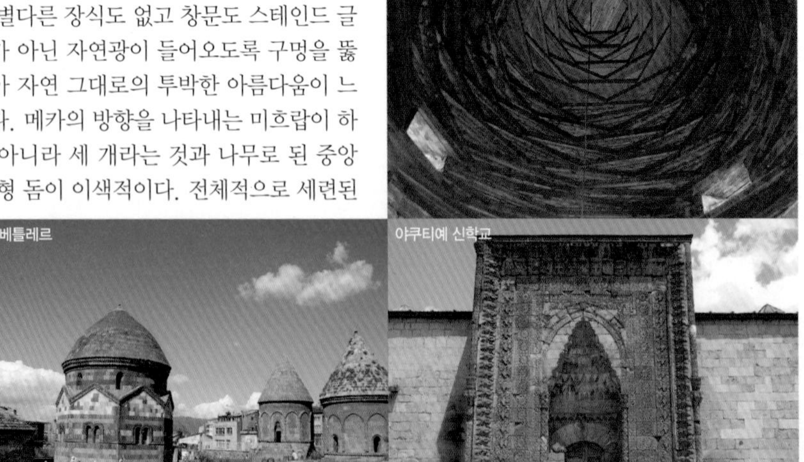
울루 자미의 내부 돔

위츠 큄베틀레르

야쿠티예 신학교

Restaurant 에르주룸의 레스토랑

시내 중심의 줌후리예트 거리와 숙소 밀집구역에 다양한 식당이 있다. 에르주룸을 대표하는 먹을거리는 단연 자 케밥 Cağ Kebap. 동부 튀르키예의 대표 먹을거리 중 하나로 자리잡고 있다. 곳곳에 자 케밥만 전문으로 하는 레스토랑이 있으니 꼭 맛보도록 하자. '자'는 쇠꼬치를 뜻한다.

코츠 자 케밥 Koç Cağ Kebap

Map P.607-B1 주소 Kongre Cad. Nazik Çarşı No.8 **전화** (0442)213-4547 **영업** 10:00~22:00 **예산** 자 케밥 1꼬치 15TL **가는 방법** 이스타숀 거리의 오토가르 행 시내버스 정류장에서 콩그레 거리를 따라 도보 10분. 찾기가 약간 힘드니 사람들에게 물어보자.

에르주룸 자 케밥의 원조로 메뉴는 오직 자 케밥 한 가지. 넓은 실내에 그동안 다녀간 명사들의 사진을 스크랩해 놓아 연륜이 느껴진다. 종업원도 친절하고 케밥 맛도 훌륭해 나무랄 데 없지만 숙소 구역에서 조금 멀다는 것이 흠이다. 언제나 손님들로 북적거린다.

메람 자 케밥 Meram Cağ Kebap

Map P.607-B1 주소 Kazım Karabekir Cad. Vatan Sitesi **전화** (0442)234-1002 **영업** 08:00~23:30 **예산** 자 케밥 1꼬치 15TL **가는 방법** 줌후리예트 거리에서 아샤으 뭄주 거리 Aşağı Mumcu Cad.를 따라 쭉 내려가다 호텔 딜라베르를 지나서 도보 2분.

숙소 밀집구역에 있는 자 케밥 전문 레스토랑으로 밝고 정갈한 실내 분위기가 마음에 든다. 후추가 듬뿍 들어간 자 케밥은 썩 괜찮은 맛을 내는데다 양도 충분하다. 종업원의 서빙도 거의 호텔 레스토랑급이라 기분좋게 식사할 수 있다.

뒤륌지 바바 Dürümcü Baba

Map P.607-B2 주소 Muratpaşa, Erzincan Kapı Sk. No:19, 25100 **전화** (0442)235-1042 **영업** 09:00~00:00 **예산** 1인 40~60TL **가는 방법** 야쿠티예 신학교에서 도보 1분.

매우 작은 레스토랑이지만 뛰어난 맛을 선보이는 레스토랑. 메뉴는 쇠고기, 양고기 등 일반적인 케밥인데 고기를 다루는 솜씨가 훌륭해서 에르주룸의 숨은 맛집으로 꼽기에 부족함이 없다. 어떤 메뉴를 선택해도 실패할 확률이 적으므로 취향에 맞게 주문해 보자.

쉐흐리 카흐베 Şehr-i Kahve

Map P.607-B2 주소 Kuloğlu Mahallesi, Ali Ravi Cd. No:7, 25100 **전화** +90-535-948-8794 **영업** 09:00~00:00 **예산** 커피 25TL **가는 방법** 야쿠티예 신학교에서 도보 1분.

튀르키예식 커피 전문점. 달궈진 모래에 커피를 데우는 전통방식을 고집하고 있으며 커피를 주문하면 전통 스타일의 잔에 로쿰과 함께 서빙해 준다. 뜨거운 모래가 담긴 그릇을 가져다 주어 보는 맛도 즐길 수 있다. 야생 피스타치오를 갈아서 만든 메넹기치 커피도 있다.

귀젤유르트 레스토랑 Güzelyurt Restaurant

Map P.607-B2 주소 Cumhuriyet Cad. No.42 25100 **전화** (0442)234-5001 **영업** 12:00~22:00 **예산** 1인 50~100TL **가는 방법** 줌후리예트 거리의 야쿠티예 신학교 맞은편에 있다.

1928년 오픈한 곳으로 에르주룸의 터줏대감 같은 레스토랑. 실내 장식은 그다지 화려하지 않지만 테이블과 종업원의 태도에서 기품이 느껴진다. 초르바, 쾨프테, 케밥 등의 메뉴가 있는데 쿠주(양고기) 피르졸라가 단연 인기 메뉴다. 상호처럼 귀젤(좋은) 레스토랑이다.

에르주룸 에블레리 Erzurum Evleri

Map P.607-B2 **주소** Cumhuriyet Cad. Yüzbaşı Sokak **전화** (0442)213-8372 **영업** 09:00~23:00 **예산** 1인 40~100TL **가는 방법** 줌후리예트 거리의 튀르키예 항공 뒷골목에 있다.

전통의 대저택을 개조한 에르주룸의 명소로 실내는 작은 미로같이 되어 있으며 곳곳에 좌식 테이블을 배치했다. 양탄자, 주전자 등 생활용품이 내부를 가득 채우고 있어 마치 박물관에 온 듯한 느낌이 들 정도.
음식은 가짓수가 많지 않지만 가격도 적당해 여러모로 괜찮다. 에르주룸에 왔다면 견학을 겸해 꼭 들르길 추천한다.

Travel Plus
에르주룸의 자랑 '자 케밥 Cağ Kebap'

자 케밥은 에르주룸이 자랑하는 명물 먹을거리랍니다. 90%의 양고기에 10%의 쇠고기를 가미해 만드는데 얇게 저민 고기 사이사이에 우유, 양파, 후추, 고춧가루 등을 섞은 양념을 뿌려 간이 배게 합니다. 일반 케밥과 가장 큰 차이점은 수직이 아닌 수평으로 돌려가며 굽는다는 것인데 구울 때는 반드시 장작이나 숯불을 사용해야 한다는 조건이 붙습니다. 적당히 구워진 부분에 자(쇠꼬치)를 찌른 후 잘라내어 얇게 구운 라바쉬 Lavaş 빵에 다른 야채와 함께 싸서 먹습니다. 숯불에 굽는데다 고기 냄새가 나지 않게 조리를 하기 때문에 양고기를 별로 좋아하지 않는 사람이라도 부담없이 즐길 수 있답니다. 요금은 꼬치당 계산하는데 한 번에 2~3개를 먹는 게 보통이죠. 에르주룸에 간다면 꼭 자 케밥을 맛보도록 하세요.

이게 바로 자 케밥이랍니다

Entertainment 에르주룸의 엔터테인먼트

튀르키예에서 가장 추운 곳답게 겨울 스포츠의 대명사인 스키 리조트가 발달했다. 에르주룸 인근 해발 2,200~3,176m의 산에 스키장이 있다. 튀르키예에서 제일 긴 7km의 슬로프가 있는데다 스키 시즌도 길어 마니아들의 호응도가 높다. 알파인, 크로스컨트리, 스키 투어 등 다양한 상품이 마련되어 있으며 원하면 가이드도 고용할 수 있다. 2011년 동계 유니버시아드 대회가 개최되면서 시설이 더욱 좋아졌다. 한겨울 추위가 걱정되지 않는 호사가라면 에르주룸에서 스키와 겨울 낭만을 즐겨보자.

팔란되켄 스키장 Palandöken Ski Center

주소 Palandöken Kayak Merkezi, Erzurum 홈페이지 ejder3200.com 시즌 12~4월 장비 대여 각 호텔 이용. 대여료는 500~600TL(시즌에 따라 변동) 가는 방법 시내 중심가에서 택시로 10분, 공항에서는 택시로 15분.

스키장 내 호텔 연락처

폴라트 팔란되켄 호텔 Polat Palandöken Hotel 전화 (0442)232-0010 홈페이지 www.polatpalandoken.com
데데만 팔란되켄 호텔 Dedeman Palandöken Hotel 전화 (0442)501-4242 홈페이지 www.dedeman.com
스웨이 호텔 Sway Hotel 전화 (0442)230-3030 홈페이지 www.swayhotels.com
발소이 마운틴 호텔 Balsoy Mountain Hotel 전화 +90-549-165-2525
홈페이지 www.balsoymountainhotel.com

Shopping 에르주룸의 쇼핑

에르주룸은 예로부터 올투석 Oltutaşı의 산지로 유명하다. 올투석이란 에르주룸 주변 산에서 나는 가볍고 검은 색깔의 돌로 일종의 준보석에 해당한다. 에르주룸 시민 모두 올투석 묵주를 하나씩 지니고 있을 정도로 유명하다. 시내에서도 구입할 수 있지만 뤼스템 파샤 차르시에서 여러 가게를 둘러보고 사는 게 선택의 폭이 넓다.

뤼스템 파샤 차르시(타쉬 한) Rüstem Paşa Çarşı(Taş han)

Map P.607-B1 주소 Adnan Menderes Cad. **영업** 08:00~ 20:00 **가격** 각종 올투석 액세서리 50TL부터 **가는 방법** 줌후리예트 거리 랄라 무스타파 파샤 자미 Lala Mustafa Paşa Camii 옆 아드난 멘데레스 거리 Adnan Menderes Cad.를 따라 내려가면 오른편으로 보면 성같은 건물이 보인다.

줌후리예트 거리 북쪽에 위치한 올투석 전문 시장. 원래는 1550년경 오스만 제국의 쉴레이만 대제 때 지어진 대상 숙소였다. 지금은 에르주룸에서 가장 유명한 올투석 시장이 되어 관광객들이 많이 찾는다. 내부에는 20여 개의 올투석 전문 상점이 성업 중인데 가공 과정도 볼 수 있어 흥미롭다.

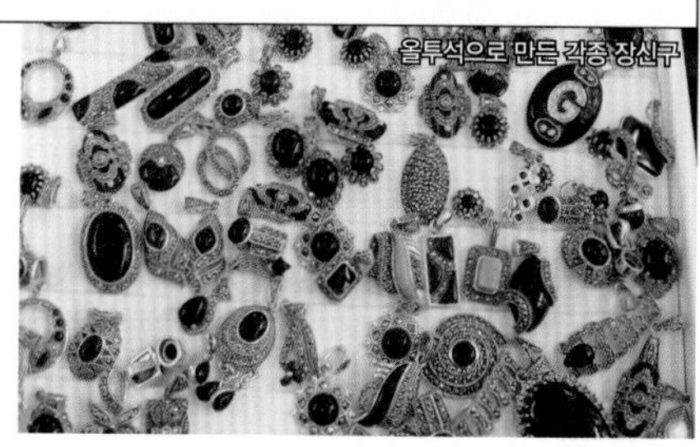
올투석으로 만든 각종 장신구

Hotel 에르주룸의 숙소

에르주룸에서 숙소를 고를 때 가장 주의할 점은 난방의 유무. 워낙 고지대여서 겨울철은 영하 30도까지 내려가는 경우도 있기 때문이다. 역 앞 큰길인 이스타숀 거리와 줌후리예트 거리에 대부분의 숙소가 몰려 있는데, 배낭여행자급의 저렴한 곳은 이스타숀 거리 끝부분에 많다. 다른 도시와 비교해 볼 때 전체적으로 가격에 비해 시설이 괜찮은 편이다.

예니 츠나르 오텔 Yeni Çınar Otel

Map P.607-B1 주소 Ayazpaşa Cad. Bakırcılar Çarşısı No.19 **전화** (0442)213-6690 **요금** 욕실유무에 따라 싱글 €10, 더블 €20 **가는 방법** 줌후리예트 거리에서 아드난 멘데레스 거리 Adnan Menderes Cad.를 따라 쭉 내려가서 시장통 사거리에서 오른쪽으로 50m 간 후 보이는 은행 뒷골목. 길이 복잡하니 근처에 가서 시장 상인들에게 물어보자.

에르주룸에서 가장 낮은 요금으로 저렴한 숙소를 원하는 여행자들이 많이 찾는다. 시설은 조금 떨어지지만 깔끔하므로 하루 이틀 머물기에 나쁘지 않다. 해가 지면 숙소 주변에 인적이 드물어지므로 일찍 귀가하는 게 좋다. 뒤쪽 방보다는 앞쪽 객실이 낫다.

오텔 츠나르 Otel Çınar

Map P.607-B1 주소 Ayazpaşa Cad. Bakırcılar Çarşısı No.18 **전화** (0442)213-2055 **요금** 욕실유무에 따라 싱글 €10, 더블 €20 **가는 방법** 시장 골목의 예니 츠나르 오텔 바로 옆에 있다.

예니 츠나르 오텔 바로 옆에 자리한 숙소. 개인 욕실 유무에 따라 가격이 달라지며 기본적인 깔끔함은 갖추었다. 특히 싱글룸은 비좁긴 하지만 가격에 비해 괜찮은

수준이라 개인욕실을 고집하지 않는다면 머물 만하다. 아침식사는 불포함이지만 건물 1층에 식당이 있어 식사를 해결하러 멀리 갈 필요는 없다.

오르넥 오텔 Ornek Otel

Map P.607-B1 주소 Kazım Karabekir Cad. Ornek Sk. No.29 **전화** (0442)233-0053 **요금** 싱글 €10(개인욕실, 중앙난방), 더블 €20(개인욕실, 중앙난방) **가는 방법** 줌후리예트 거리에서 아샤으 뭄주 거리 Aşağı Mumcu Cad.를 따라 내려가다 메람 자 케밥 레스토랑을 끼고 왼쪽으로 꺾어.10m 직진하면 길 건너편에 있다.

잘 정돈된 객실은 깨끗하고 청결한 이미지다. 직원도 친절하고 더운물도 잘 나오는 등 별로 흠잡을 데가 없다. 주인이 신경 써서 관리하고 있기 때문에 오래도록 배낭여행자들의 발길이 꾸준히 이어지고 있다. 겨울철에는 히터도 틀어주는 등 가격대 성능비를 따질 때 에르주룸에서 가장 나은 편이다.

호텔 타흐란 Hotel Tahran

Map P.607-B1 주소 Kazım Karabekir Cad. No.1 **전화** (0442)233-9041 **요금** 싱글 €20(개인욕실, 중앙난방), 더블 €30(개인욕실, 중앙난방) **가는 방법** 줌후리예트 거리에서 아샤으 뭄주 거리를 따라 내려가다 메람 자 케밥 레스토랑을 끼고 왼쪽으로 꺾으면 바로 보인다.

예니 오르넥 오텔 맞은편에 위치한 숙소로 역시 관리가 잘 되고 있다. 침구류가 약간 낡기는 했지만 객실은 채광도 좋고 욕실도 비교적 넓은 편이라 마음에 든다. 푹신한 소파가 있는 1층 로비에 TV가 있다. 아침식사도 괜찮게 나온다.

오텔 폴라트 Otel Polat

Map P.607-B1 주소 Kazım Karabekir Cad. No.4 **전화** (0442)235-0363 **요금** 싱글 €30(개인욕실, 중앙난방), 더블 €40(개인욕실, 중앙난방) **가는 방법** 줌후리예트 거리에서 아샤으 뭄주 거리를 따라 내려가다 나오는 큰 교차로에 있다.

방이 60개나 되는 큰 숙소로 중급을 지향하는 곳이다. 객실 내 냉장고가 있으며 발코니도 딸려있다. 화분과 덩굴로 장식한 옥상 테라스 레스토랑은 시가지와 주변 산이 한 눈에 들어오는 훌륭한 전망을 자랑한다. 위치가 좋아 이정표 역할도 겸하고 있다.

호텔 그랜드 히타이트 Hotel Grand Hitit

Map P.607-B1 주소 Kazım Karabekir Cad No.26 **전화** (0442)233-5001 **요금** 싱글 €30(개인욕실, 중앙난방), 더블 €50(개인욕실, 중앙난방) **가는 방법** 줌후리예트 거리에서 아샤으 뭄주 거리를 따라 내려가면 메람 자 케밥 레스토랑이 나온다. 그 길 건너편에 있다.

최근 리모델링을 해서 분위기가 한결 좋아졌다. 깔끔한 객실에는 가구와 미니바, 안전금고가 있으며 맨 위층 테라스 레스토랑은 도시 전망이 좋다. 내부에 최신식 엘리베이터를 운행하고 있으며 안전에 각별히 신경쓰고 있다. 중급 숙소를 구한다면 훌륭한 선택.

사카 라이프 호텔 Saka Life Hotel

Map P.607-B1 주소 Lalapaşa, Kazım Karabekir Cd. No:12, 25100 **전화** +90-552-842-5771 **홈페이지** www.sakalifehotel.business.site **요금** 싱글 €20(개인욕실, 중앙난방), 더블 €30(개인욕실, 중앙난방) **가는 방법** 기차역에서 도보 10분.

에르주룸 역에서 가까운 곳에 자리한 곳으로 청결하게 관리하고 있다. 리셉션 직원이 영어를 잘 하며 친절하다. 객실은 현대적 인테리어로 되어있고 욕실도 깨끗해서 쾌적하게 머물 수 있으며 신선한 재료로 차려내는 아침식사도 괜찮다.

북동부의 전략 요충지이자 아니 유적 탐방의 베이스캠프

카르스

튀르키예 북동부에 있으며 아르메니아와 불과 50km 떨어진 국경도시. 카르스라는 지명은 기원전 14세기 흑해와 카스피해 사이의 카프카스 지역에 이주한 튀르키예족의 일파인 카르삭스 Karsaks에서 기원한 것이다. 로마, 비잔틴, 셀주크 투르크를 거쳐 오스만 제국의 영토였던 카르스는 1878~1920년까지 러시아의 지배를 받았다. 이 시기에 조성된 바둑판식 도시계획과 지금도 곳곳에 남아 있는 러시아 풍의 건물은 다른 도시와 달리 이국적인 정취를 자아낸다.

사람들에게 카르스가 각인된 것은 1910년대. 제1차 세계대전이 발발하고 오스만 제국이 쇠약해진 틈을 타 민족주의 성향이 강했던 아르메니아인과 튀르키예인의 갈등이 극에 달해 결국 대규모의 유혈 사태가 벌어졌다. 카르스를 비롯한 동부의 각지에서 100만 명이 넘는 사망자가 발생한 이 사건은 현재까지도 아르메니아에게 씻을 수 없는 상처로 남아 있다. 고산과 변방이라는 지리적 여건에다 비극의 역사가 어우러져 여행자에게 다가오는 카르스의 이미지는 황량할 수 있지만 여름철 이곳을 방문한다면 그다지 어둡지만은 않은 도시라는 것을 알 수 있다. 광대한 아니 유적지 탐방의 기점이 되는 도시라는 면에서도 카르스를 방문할 가치는 충분하다.

인구 8만 명 **해발고도** 1,768m

Information

관광안내소 Map P.619-B1

시내지도와 아니 투어 자료를 얻을 수 있다.
위치 리세 거리 Lise Cad.에 있는 관광청 내
주소 Kültür ve Turizm Bakanlığı, Lise Cad., Kars
전화 (0474)212-2179
업무 월~토요일 08:00~12:00, 13:00~17:00(겨울철에는 문을 닫는 경우가 많다.)

카르스 관광청

가는 방법 시내 중심가에 있는 말 동상에서 파이크 베이 거리 Faik Bey Cad.를 따라 서쪽으로 가다가 잔다르마 맞은편의 리세 거리를 따라 조금만 걸으면 된다. 말 동상에서 도보 10분.

환전 Map P.619-A1

시내 중심에 많은 은행이 있어 환전은 쉽게 할 수 있으며 ATM 이용도 자유롭다. 환율은 비슷하므로 편한 곳을 이용하자.
위치 카즘 파샤 거리 Kazım Paşa Cad. 일대
업무 월~금요일 09:00~16:30

PTT Map P.619-A2

시내에 몇 군데 있는데 카즘 파샤 거리의 PTT가 이용하기 편리하다.
위치 카즘 파샤 거리 중간쯤 은행 옆에 위치
업무 월~금요일 09:00~17:00

카르스 가는 법

변방의 작은 도시지만 비행기가 운행할 정도로 교통은 편리하다. 대부분의 여행자는 버스를 선호하지만 기차도 다니기 때문에 선택의 폭은 다양하다.

➡ 비행기

튀르키예 항공과 선 익스프레스 항공에서 이스탄불과 앙카라, 이즈미르까지 직항을 운행하며, 다른 도시는 경유편으로 연결된다. 카르스 공항은 시내에서 8km 떨어져 있다. 시내로 가는 방법은 비행기 도착시간에 맞춰 운행되는 셔틀버스를 이용하면 편리하다(15분 소요). 도착 후 짐을 찾아서 청사 밖으로 나와 대기하고 있는 차를 타면 되고 요금은 차내에서 차장에게 지불한다. 택시를 이용한다면 약 100TL가 든다.

카르스 시내 튀르키예 항공 사무실

카르스 공항
전화 (0474)213-5667

항공사

튀르키예 항공 Türk Hava Yolları
전화 (0474)212-4747~9
가는 방법 시내 중심 파이크 베이 거리 Faik Bey Cad.의 사자 동상 맞은편에 있다.

➡ 오토뷔스

지리적으로 북동부에 치우쳐 있어서 외부와의 소통이 원활한 편은 아니지만 트라브존, 에르주룸, 도우베야즛 등 주변 도시와는 버스가 자주 다니고 있어 방문하는 데 불편하지는 않다. 도우베야즛으로 간다면 직행은 없고 으으드르 Iğdır까지 가서 갈아타야 한다. 으으드르의 정류장에서 바로 갈아탈 수 있기 때문에 이동할 필요는 없다. 카르스를 본거지로 하는 버스 회사는 카프카스 카르스 Kafkas Kars와 도우 카르스 Doğu Kars, 카르스 투르구트레이스 Kars Turgutreis 등이다.

카르스의 오토가르는 시내에서 북쪽으로 5km 떨어진 곳에 장거리 버스가 이용하는 오토가르와 인근지역을 다니는 미니버스가 발착하는 시내의 에스키 가라지 두 곳이다. 카프카스 산악지방인 아르다한 Ardahan이나 아르트빈 Artvin, 에르주룸, 도우베야즛으로 가는 돌무쉬는 에스키 가라지에서 출발한다. 그루지야로 가려면 아르다한이나 포소프까지 가서 트빌리시 행 버스(보통 오전 10시경 출발)를 타야한다.

오토가르에서 시내까지는 타고 온 버스회사의 세르비스를 이용하거나 버스가 시내에 정차하는 경우도 있어 어렵지 않게 시내로 갈 수 있다.

카르스의 에스키 가라지

카르스에서 출발하는 **버스 노선**

행선지	소요시간	운행
이스탄불	21시간	1일 2~3편
앙카라	16시간	1일 2~3편
트라브존	8~9시간	1일 2편
반	7시간	1일 1~2편
에르주룸	3시간	1일 10편 이상
으으드르	3시간	1일 7~8편
아르다한	1시간 30분	1일 8~9편
아르트빈	6시간	1일 1~2편

*운행 편수는 변동이 있을 수 있음.

➡ 기차

카르스 역은 이스탄불의 하이다르파샤 역에서 출발하는 도우 익스프레스 Doğu Exp.와 앙카라발 에르주룸 익스프레스 Erzurum Exp.의 종착 역이다. 참고로 도우 익스프레스는 튀르키예에서 가장 긴 노선으로, 주요 통과역은 앙카라, 카이세리, 시바스, 디브리이, 에르주룸 등이다. 장시간의 이동이 부담스럽지 않다면 기차 여행의 낭만을 즐겨볼 만하다. 자세한 운행시간은 철도청 홈페이지(www.tcdd.gov.tr)를 참고하자.

카르스 기차역

카르스 기차역

전화 (0474)223-4398

가는 방법 시내 중심 사자 동상에서 파이크 베이 거리를 따라가다 오른쪽 파자르 거리로 꺾어 군 캠프를 지나 왼쪽으로 꺾으면 나온다.

시내 교통

시가지가 넓지 않아 도보로 다녀도 충분하다. 은행, PTT, 숙소, 레스토랑이 있는 중심거리인 파이크 베이 거리 Faik Bey Cad., 카즘 파샤 거리 Kazım Paşa Cad., 아타튀르크 거리 Atatürk Cad.의 이름을 외워놓으면 편리하다. 시가지가 바둑판처럼 되어 있는데다 곳곳에 거리 이름 표지판이 있어 처음 방문한 여행자라도 헤맬 일은 없다. 카르스 성채와 쿰베트 자미 등 볼거리도 시내에서 가깝기 때문에 아니 유적을 다녀오는 경우를 제외하고 차량을 이용할 일은 거의 없다.

카르스 둘러보기

카르스 자체는 볼거리가 많은 도시는 아니다. 카르스를 방문하는 대부분의 여행자는 아니 Ani 유적 탐방이 목적이기 때문에 아니가 카르스를 대표하는 볼거리라 해도 과언이 아니다. 차를 타고 오전에 아니 유적을 다녀오고 오후에 시내 볼거리를 돌아본다면 빠듯하지만 하루 만에 다 구경할 수 있다. 시가지 북쪽에 있는 원추형 돔이 인상적인 쿰베트 자미는 원래 아르메니아 교회였던 곳이다. 쿰베트 자미를 본 후 언덕을 걸어 올라가 카르스 성채를 돌아보면 관광은 끝난다. 저녁식사는 이 지역의 명물인 거위 염장요리를 먹어보길 권한다.

+ 알아두세요!

아니를 방문하기 전 관광안내소에 들러 투어 자료를 받아 가자.

BEST COURSE

예상소요시간 7~8시간

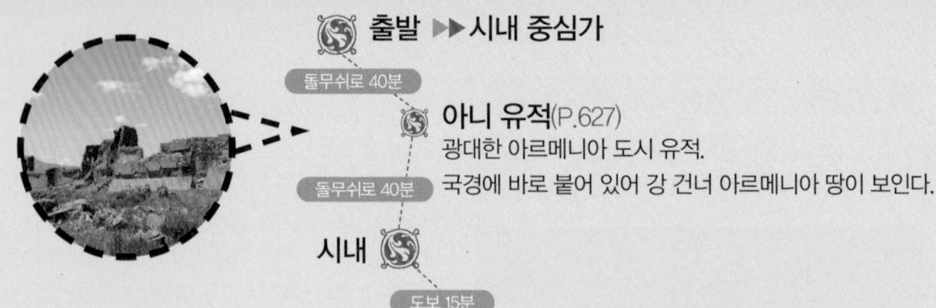

출발 ▶▶ **시내 중심가**

돌무쉬로 40분

아니 유적(P.627)
광대한 아르메니아 도시 유적.
국경에 바로 붙어 있어 강 건너 아르메니아 땅이 보인다.

돌무쉬로 40분

시내

도보 15분

쿰베트 자미(P.620)
원추형의 돔 아래 12사도의 귀여운 부조가 있는 자미.

도보 10분

카르스 성채(P.620)
황량한 동부 아나톨리아 고원을 즐길 수 있는 전망대.
가슴까지 시원한 전경을 즐겨보자.

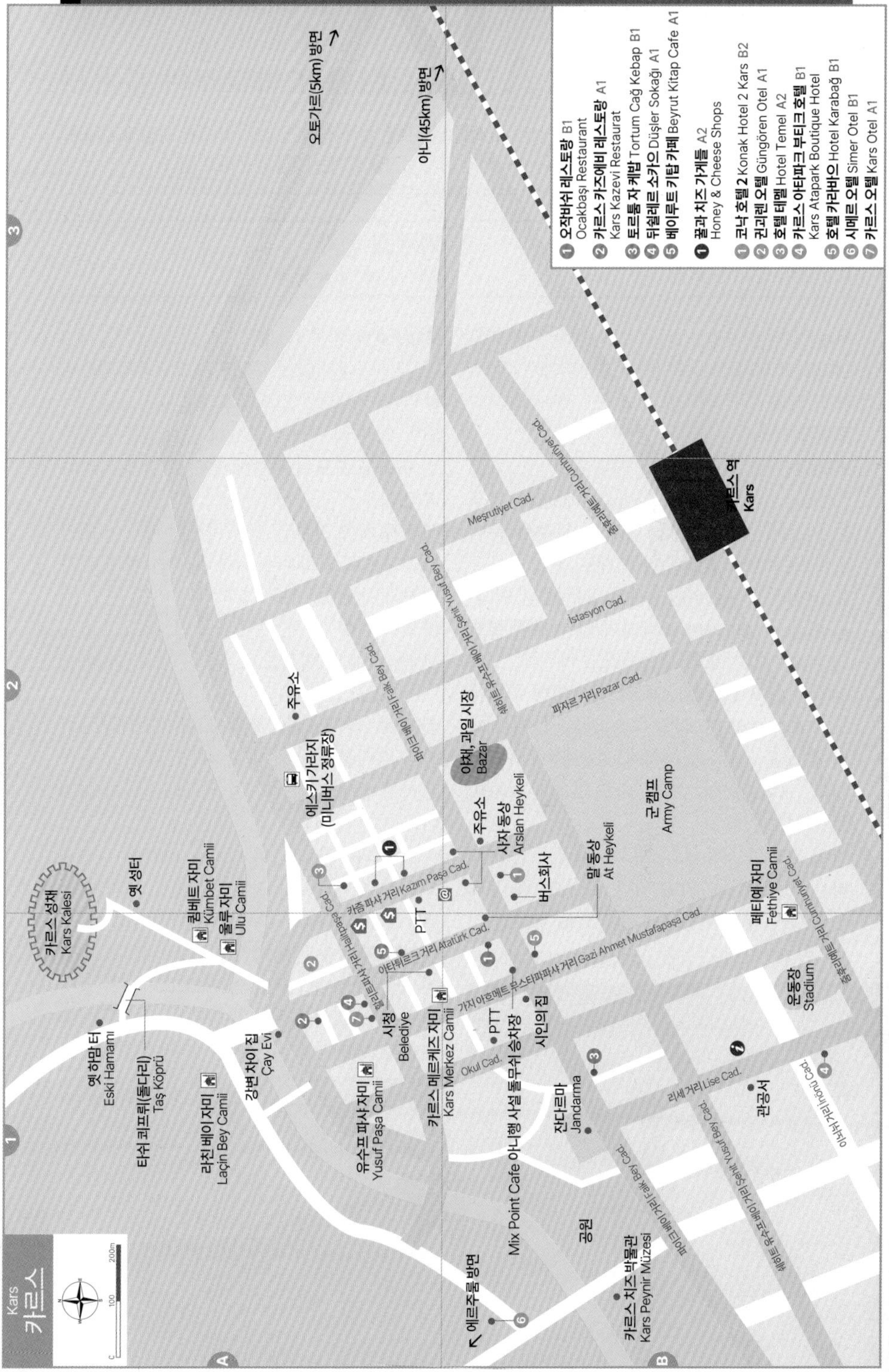

1 오작바쉬 레스토랑 B1
Ocakbaşı Restaurant
2 카르스 카즈에비 레스토랑 A1
Kars Kazevi Restaurat
3 토르툼 자 케밥 Tortum Cağ Kebap B1
4 뒤쉴레르 소카으 Düşler Sokağı A1
5 베이루트 키탑 카페 Beyrut Kitap Cafe A1

1 꿀과 치즈 가게들 A2
Honey & Cheese Shops

1 코낙 호텔 2 Konak Hotel 2 Kars B2
2 귄괴렌 오텔 Güngören Otel A1
3 호텔 테멜 Hotel Temel A2
4 카르스 아타파크 부티크 호텔 B1
Kars Atapark Boutique Hotel
5 호텔 카라바으 Hotel Karabağ B1
6 시메르 오텔 Simer Otel B1
7 카르스 오텔 Kars Otel A1

Attraction 카르스의 볼거리

카르스 시내의 볼거리는 퀌베트 자미와 성채. 유적을 돌아보는 것에 집착하기보다 바둑판 모양의 시내를 다니며 러시아 풍의 건물을 눈여겨보는 등 이국적인 도시 풍경을 즐기는 것을 추천하고 싶다.

퀌베트 자미
Kümbet Camii ★★

Map P.619-A1 주소 Kümbet Camii, Kars **개관** 매일 08:00~18:00 **요금** 무료 **가는 방법** 시내에서 아타튀르크 거리를 따라 북쪽으로 도보 15분. 카르스 성채 바로 아래에 있다.

932~937년 아니 일대를 지배했던 바그라틀르 Bagratlı 왕조의 왕 아바스 Abbas가 건설한 아르메니아 정교회. 가운데 원추형 돔이 솟아 있는 비교적 단순한 형태로 돔의 지름은 12m이며 조명을 위한 8개의 창문이 나 있다. 돔 아래로 돌아가며 조각되어 있는 사람 형상의 부조는 12사도의 모습이라고 하는데, 오랜 세월 탓인지 단순한 형태로 남아 있어 귀여운 느낌마저 든다. 교회의 문은 전부 세 개로 서쪽에 정문, 남쪽과 북쪽에 보조문이 하나씩 있다. 교회로서의 기능은 다했고 현재는 자미로 쓰이고 있다

한편 교회의 서쪽에 타쉬 쾨프뤼 Taş Köprü라는 오래된 돌다리가 있다. 오스만 제국 때인 1579년에 지어졌는데 지진으로 무너진 것을 1719년 다시 건설한 것이다.

퀌베트 자미

카르스 성채
Kars Kalesi ★★★

Map P.619-A1 주소 Kars Kalesi, Kars **개방** 매일 08:00~18:00(겨울철은 17:00까지) **요금** 무료 **가는 방법** 퀌베트 자미에서 오르막길로 도보 10분.

변방 도시 카르스의 군사적 중요성을 말해주는 구조물로 도시 북쪽에 동서로 길게 자리하고 있다.

성채가 처음 건설된 것은 비잔틴 제국 시대인 1153년으로 외벽은 도시를 둘러싼 형태로 지어졌다. 1386년 몽골의 티무르 칸의 침입 때 파괴되었다가 오스만 제국의 무라드 3세 Murad Ⅲ의 명령으로 랄라 무스타파 파샤 Lala Mustafa Paşa가 1579년 재건했다. 성채의 길이는 250m, 폭은 90m이고 내부에는 작은 자미를 비롯해 대포, 병영, 무기고 등의 유적이 남아 있다. 제1차 세계대전까지 러시아 군이 주둔했다.

역사적 의미와 더불어 성채는 카르스 시내를 조망할 수 있는 최고의 전망대로 인기가 높다. 시가지는 물론 주변의 산까지 한눈에 들어와 여행자뿐만 아니라 카르스 시민들도 즐겨 찾는 명소다. 200m의 긴 오르막길을 걸어야 하는 수고가 따르지만 그만한 값어치는 충분하다.

카르스 성채

Restaurant 카르스의 레스토랑

카르스의 대표 먹거리는 '쿠루툴무쉬 카즈 엣 Kurtulmuş Kaz Et'이라고 하는 거위 요리다. 겨울이 될 무렵 거위를 잡아 염장해서 처마에 걸어 말린다. 조리법은 일단 센 불에 2시간 정도 삶은 뒤 숯불 화덕인 탄두리에 매달아서 구워 내는데, 거위 삶은 물에 지은 '불구르 필라브 Bulgur Pilav'라는 밥과 함께 먹는 것이 특징이다. 카르스의 겨울과 전통을 상징하는 요리이므로 꼭 먹어보길 추천한다.

오작바쉬 레스토랑 Ocakbaşı Restaurant

Map P.619-B1 주소 Atatürk Cad. No.276 **전화** (0474)212-0056 **영업** 08:00~22:00 **예산** 1인 100~200TL **가는 방법** 시내 중심의 파이크 베이 거리에 있는 말 동상에서 아타튀르크 거리를 따라 도보 1분.

깔끔한 실내와 테이블 세팅이 고급스러운 인상을 주는 레스토랑으로 두 개의 홀이 있다. 피데, 케밥 등의 메뉴가 있는데 쿠주(양고기) 피르졸라와 꼬치구이인 첩 쉬시가 맛있다. 특히 각종 곡물과 고기를 갈아 만든 치으 쾨프테 Çiğ Köfte는 다른 음식과 궁합이 잘 맞는다.

카르스 카즈에비 레스토랑 Kars Kazevi Restaurat

Map P.619-A1 주소 Yusufpaşa, Merkez, Atatürk Cd. No:1, 36100 **전화** (0474)212-3713 **영업** 07:30~22:00 **예산** 1인 300~800TL(공연관람비 별도) **가는 방법** 파이크 베이 거리에 있는 말 동상에서 도보 8분.

상호처럼 카르스의 명물인 거위요리 전문점. 염장 거위를 숯불에 구워 나오는데 약간 짭쪼름하며 기름기가 빠져 담백한 맛을 낸다. 거위요리 전문점 중 대표주자로 손꼽히므로 카르스를 방문한 많은 여행자들이 찾는다. 주말 저녁에는 카프카스 지역 전통 춤 공연이 벌어져 먹는 맛과 보는 맛을 동시에 즐길 수 있다.

토르툼 자 케밥 Tortum Cağ Kebap

Map P.619-B1 주소 Büyük migros karşısı, Faikbey Cd. No:20, 36500 **전화** +90-531-255-1631 **영업** 10:00~22:00 **예산** 1인 100~200TL **가는 방법** 파이크 베이 거리에 있는 말 동상에서 도보 4분.

가족이 운영하는 곳으로 에르주룸의 명물인 자 케밥 전문점. 에르주룸에 갈 수 없다면 이곳에서 자 케밥을 맛보자. 메뉴는 오직 자 케밥 뿐이므로 꼬치 몇 개를 먹을 건지만 결정하면 된다. 2~3꼬치면 1인분으로 적당하다. 자 케밥은 P.612 참고.

뒤쉴레르 소카으 Düşler Sokağı

Map P.619-A1 주소 36100 Kars, Kars Merkez, Ortakapı **전화** (0474)212-5343 **영업** 08:30~22:00 **예산** 1인 150~300TL **가는 방법** 파이크 베이 거리에 있는 말 동상에서 도보 5분.

쇠고기, 양고기 등 일반적인 케밥과 함께 생선요리를 먹을 수 있는 곳이다. 도미, 연어, 함시(큰 멸치) 등 생선 종류가 다양하지는 않지만 구운 연어는 꽤 괜찮은 맛을 낸다. 고기 요리도 수준급이고 실내도 밝고 쾌적해서 기분좋게 식사할 수 있다.

베이루트 키탑 카페 Beyrut Kitap Cafe

Map P.619-A1 주소 36000 Kars, Kars Merkez, Yusufpaşa **전화** +90-531-764-5713 **영업** 08:00~23:00 **예산** 차이, 커피 40~80TL **가는 방법** 파이크 베이 거리에 있는 말 동상에서 도보 3분.

실내는 오랜 연륜을 증명하듯 방문객들이 남겨놓은 흔적과 사진이 있으며 한켠에는 책이 가득 꽂혀있다. 차와 커피를 마시며 수다떨고 책 보기 좋은 북 카페로 카르스 젊은이들의 시간 보내는 표정을 보기 좋다. 간단한 토스트와 몇 가지 스낵 메뉴가 있으므로 출출하면 간식을 먹을 수 있다.

Shopping 카르스의 쇼핑

6, 7월에 카르스를 방문한 여행자라면 카르스 주변 고원에 흐드러지게 핀 야생화를 볼 수 있다. 고원의 꽃에서 채취한 꿀과 방목된 젖소의 우유로 만드는 신선한 치즈는 카르스의 특산품이니 선물용 쇼핑을 고려해 보자. 치즈 마니아라면 카르스 치즈 박물관(Map P.619-B1)을 방문해보고, 해발 2,700미터에 자리한 치즈의 명산지 보아테페 Boğatepe 마을(카르스에서 50km)에 치즈를 쇼핑하러 일부러 다녀오는 경우도 있다.

꿀과 치즈 가게들
Honey & Cheese Shops

Map P.619-A2 주소 Kazım Paşa Cad. **영업** 08:00~21:00 **예산** 꿀 600g 1병 200TL부터 **가는 방법** 카즘 파샤 거리 일대.

카즘 파샤 거리에 꿀과 치즈 전문점이 여러 군데 있다. 품질과 양이 서로 비슷하므로 어떤 가게를 선택해도 그다지 문제될 건 없다. 대부분의 가게가 시식할 수 있는 시스템이니 먹어보고 구매 여부를 결정하자. 참고로 그라브에르 Gravyer라는 최고급 치즈는 킬로그램당 50TL가 넘는다. 가격은 비싸지만 최고의 맛을 자랑해 치즈 마니아라면 행복한 비명이 터져 나온다.

카르스 특산품인 꿀과 치즈

Hotel 카르스의 숙소

예전에는 숙소가 많지 않아 선택의 폭이 좁았으나 관광객이 늘어나면서 숙소도 많아졌다. 배낭여행자급의 게스트하우스부터 고급 호텔까지 다양한 숙소가 있어 취향과 주머니 사정에 따라 머물 수 있다. 지방 도시이기 때문에 대체로 주차장 시설을 갖추고 있어 렌터카 여행자도 편리하게 이용할 수 있으며, 대부분의 숙소에서 아니 유적 1일 투어를 주선한다.

코낙 호텔 2 Konak Hotel 2 Kars

Map P.619-B2 주소 Ortakapı, Faikbey Cd., 36100 Kars Merkez **전화** (0474)212-2800 **홈페이지** konak hotel2.com **요금** 싱글 €20(개인욕실, A/C), 더블 €25(개인욕실, A/C) **가는 방법** 시내 중심 사자 동상 건너편에 있다.

대로변에 위치한 곳으로 가성비가 뛰어난 호텔이다. 겨울철 난방도 잘 되고 객실과 욕실 청소상태도 양호하다. 위층 객실에서는 파이크 베이 거리가 내려다보이고 중심가에 있어 어디든 움직이기도 편리하다. 아침식사는 불포함이나 주변에 식당이 많아서 문제될 건 없다.

귄괴렌 오텔 Güngören Otel

Map P.619-A1 주소 Halitpaşa Cad. Millet Sk. **전화** (0474)212-6767 **홈페이지** www.gungorenhotel.com **요금** 싱글 €30(개인욕실, A/C), 더블 €40(개인욕실, A/C) **가는 방법** 시내 중심 말 동상에서 아타튀르크 거리 를 따라가다 오른쪽 하리트 파샤 거리로 꺾은 후 왼쪽 골목으로 접어들어 오른편에 있다.

오랜동안 카르스를 찾는 여행자들의 든든한 베이스캠프 역할을 하고 있는 숙소. 전에는 저렴한 숙소였는데 최근 리모델링을 마치고 중급 호텔로 탈바꿈했다. 깔끔한 외관과 넓은 로비가 인상적이며 객실도 마음에 든다. 욕실에는 욕조도 있으며, 지하에는 유료 하맘도 있어 추운 날 뜨끈하게 몸을 풀기 좋다. 중급 숙소를 찾는 여행자들에게 인기가 있다.

호텔 테멜 Hotel Temel

Map P.619-A2 주소 Yenipazar Cad. No.9 **전화** (0474)223-1376 **요금** 싱글 €15(개인욕실, A/C), 더블 €25(개인욕실, A/C) **가는 방법** 시내 중심 사자 동상에서 카즘 파샤 거리를 따라 도보 5분.

귄괴렌 호텔 부근에 있는 게스트하우스 급의 숙소. 귄괴렌 호텔과 마찬가지로 최근에 리모델링을 했다. 냉장고가 딸린 객실은 편히 쉬기 좋으며 1층에는 부설 레스토랑도 있다. 좀더 저렴한 숙소를 원한다면 길 건너편의 테멜 2(싱글 300TL, 더블 500TL)가 있다. 청결도는 약간 떨어지지만 온수가 잘 나오고 직원도 친절하다. 무선인터넷도 잘 된다.

카르스 아타파크 부티크 호텔 Kars Atapark Boutique Hotel

Map P.619-B1 주소 Hakim Ali Rıza Aslan Cd. No:42/1, 36002 **전화** (0474)214-3040 **홈페이지** www.karsatapark.com **요금** 싱글 €40(개인욕실, A/C), 더블 €50(개인욕실, A/C) **가는 방법** 시내 중심 말 동상에서 도보 10분.

비교적 최근에 오픈한 중급 호텔. 널찍한 객실은 모던한 인테리어가 돋보이며 드라이어가 비치된 욕실도 무척 깔끔하게 관리되고 있다. 옷장과 화장대 등 가구가 있어 편리하게 머물 수 있으며 카펫을 깔아놓아 소음도 적다. 중급 호텔로서는 최고라 할 만하다.

호텔 카라바으 Hotel Karabağ

Map P.619-B1 주소 Faikbey Cad. No.142 **전화** (0474)212-9304~6 **요금** 싱글 US$60(개인욕실, A/C), 더블 US$90(개인욕실, A/C) **가는 방법** 파이크 베이 거리 중간에 있다. 말 동상에서 도보 1분.

중심가 대로변에 위치한 중급 호텔. 비즈니스맨들이 많이 이용하는 곳이다. 객실 내 미니바 시설을 갖추었으며 깔끔한 레스토랑과 바도 편리하게 이용할 수 있다. 1층에 작은 세미나실도 있어 단체나 일행이 여럿일 때 유용하다. 카운터에 문의하면 아니 투어도 주선해 주며 시내에 있어 이동하기 편리한 것도 장점이다. 시즌에 따라 할인 요금을 적용한다.

시메르 오텔 Simer Otel

Map P.619-B1 주소 Halitpaşa Cad. No.79 **전화** (0474)212-7241 **팩스**(0474)212-0168 **요금** 싱글 US$70(개인욕실, A/C), 더블 US$100(개인욕실, A/C) **가는 방법** 시내의 '잔다르마 Jandarma'에서 파이크 베이 거리를 따라 서쪽으로 100m 직진한 다음 오른쪽으로 꺾어 하천을 지나서 도보 5분.

객실에서 주변 풍경을 즐길 수 있어 한적한 분위기를 원하는 여행자들과 단체 관광객들이 많이 찾는다. 고급숙소에 걸맞게 내부에는 레스토랑, 하맘, 여행사 등 부대시설도 잘 갖춰져 있어 불편함 없이 머물 수 있다. 미리 연락하면 오토가르 무료 픽업 서비스를 해 주며, 시즌에 따라 할인요금을 적용한다.

카르스 오텔 Kar's Otel

Map P.619-A1 주소 Halit Paşa Cad. No.79 **전화** (0474)212-1616 **홈페이지** www.karsotel.com **요금** 싱글 €90(개인욕실, A/C), 더블 €110(개인욕실, A/C) **가는 방법** 가지 아흐메트 무스타파파샤 거리의 북쪽 끝에서 오른편에 있다.

유서깊은 러시아 저택을 개조한 고급 프티 호텔. 8개의 객실에 고유의 이름을 붙여 놓았으며 복도, 벽, 천정 및 침구까지 깨끗한 흰색계열을 사용했다. 밝고 우아한 분위기라 낭만파 여행자들이 많이 찾는데 시설에 비해 요금은 약간 비싼 편이다. 액면가에서 할인이 가능하므로 시도해 보자. 작은 정원과 레스토랑도 있어 숙박객이 아니더라도 레스토랑만 이용할 수도 있다. 음식도 무척 고급스럽다.

세계문화유산

아르메니아 왕국의 흩어진 꿈의 흔적

아니 Ani

카르스에서 동쪽으로 45km 떨어진 아르메니아 국경에 위치한 10세기 아르메니아 왕국의 도시유적. 아니는 중앙 아시아와 아나톨리아를 통과하는 실크로드의 요충지에 건설된 도시였다. 964년 아르메니아계 바그라틀르 Bagratlı 왕조의 아소트 Aşot 3세가 수도를 카르스에서 아니로 옮겨오면서 발전의 초석을 닦게 되었다. 이후 978년 셈바트 Sembat 왕을 거쳐 가긱 Gagik 1세의 치세기인 1020년까지 전성기를 맞이했다. 인구는 10만 명에 달했고 교회와 궁전, 케르반사라이가 속속 건립된 것. 1064년 셀주크 투르크의 알프아슬란 Alpaslan이 도시를 점령했으며 13세기 초 왕국은 다시 독립하는 듯했으나 1239년 몽골의 침입과 1319년의 대지진으로 도시는 파괴되고 역사 속으로 사라져 갔다.

아니는 대대로 아르메니아의 땅이었지만 지금은 튀르키예 영토로 편입되어 강 건너편에서 조상의 유적을 바라보아야 하는 아르메니아인들의 서글픔이 느껴지는 곳이기도 하다. 현재 교회, 궁전 터 등의 유적이 화려했던 지난날의 영화를 간직한 채 방문객을 맞이하고 있다. 6~7월 아니를 방문한다면 동부 아나톨리아 고원의 들꽃과 함께 옛 왕국의 꿈의 흔적을 더듬는 특별한 시간을 체험할 수 있다.

여행의 기술

아니 가는 법

외진 곳에 위치한 유적이라 대중교통은 다니지 않는다. 예전에는 택시를 대절하는 방법이 유일했는데 카르스에서 아니를 왕복하는 사설 돌무쉬가 생겼다. 가이드가 설명을 해 주는 투어 상품은 아니며 단순히 왕복 교통편만 제공한다. 2시간 정도 관광시간을 주는데, 둘러보기에 부족하지는 않지만 시간을 넉넉히 잡고 구경하고 싶다면 택시를 대절해도 된다. 또는 숙소에서 운영하는 투어에 참가하는 방법도 있다.

아니 1일 투어(사설 돌무쉬)
시간 10:00~14:00 요금 1인 30TL
승차장 Mix Point Cafe(**Map P.619-B1**)

시내 교통

유적지 내부를 다니는 별도의 교통수단은 없으며 조성되어 있는 견학로를 따라 걸으며 여유있게 감상하면 된다. 입구인 아슬란 문에 들어서면 광대한 유적 터를 만나게 되는데 어느 방향으로 돌아도 그다지 문제될 건 없다. 유적이 국경에 바로 면해 있어 강 건너 아르메니아 땅도 보인다.

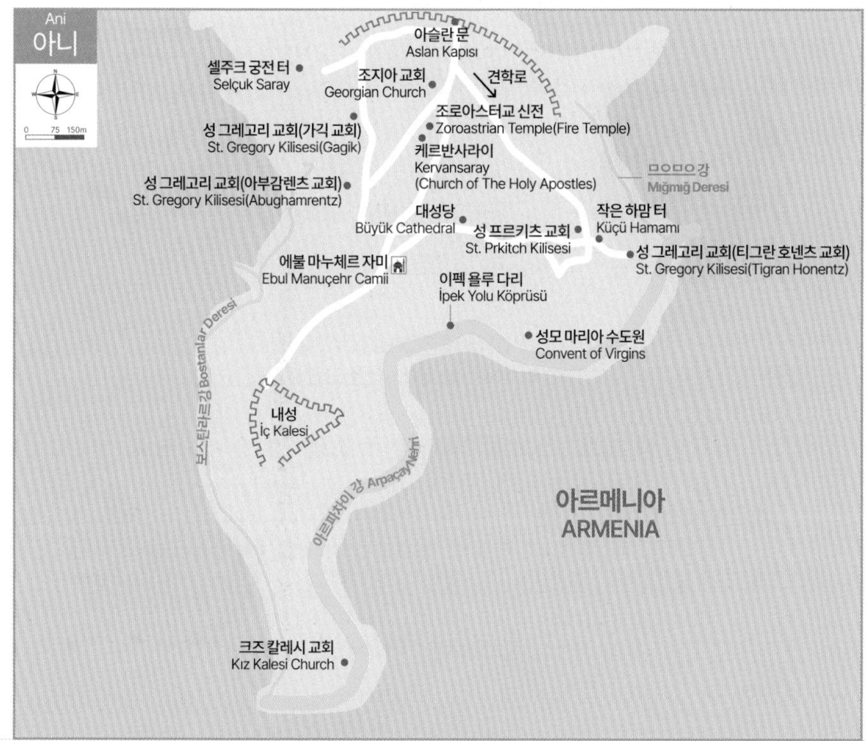

아니 둘러보기

시대를 거쳐오며 조성한 교회와 케르반사라이, 궁전, 하맘 등이 넓은 지역 여기저기에 흩어져 있다. 매표소를 지나 유적의 정문인 아슬란 문을 통과하면 넓은 유적이 펼쳐진다. 아슬란 문에서 왼쪽으로 가다 보면 반쯤 부서진 원통형의 성 프르키츠 교회와 그 옆의 작은 하맘 터를 만난다. 하맘 터 옆의 계단을 따라 내려가 성화가 잘 남아 있는 티그란 호넨츠 교회를 구경하고 다시 올라와 대성당을 돌아본다. 그 후 에불 마누체르 자미를 보고 아슬란 문 방향으로 돌아오면서 나머지 유적들을 관람하면 된다. 빨리빨리 돌아보기보다 시간을 여유있게 잡고 천천히 거닐며 유적들을 감상하자.

+ 알아두세요!

1. 햇빛을 피할 데가 별로 없으니 투어 시작 전 모자와 물을 잊지 말고 챙기자.
2. 유적지를 한참 둘러보면 배가 고프다. 카르스에서 떠나기 전 간식거리를 배낭에 넣어 가자.

BEST COURSE

예상소요시간 2시간

출발 ▶▶ 아슬란 문

성 프르키츠 교회(P.627)

작은 하맘 터(P.627)

성 그레고리 교회(티그란 호넨츠 교회)(P.627)

대성당(P.628)

에불 마누체르 자미(P.628)
(먼발치에서 성모 마리아 수도원 구경)

성 그레고리 교회(아부감렌츠 교회)(P.628)

케르반사라이(P.629)

성 그레고리 교회(가긱 교회)(P.629)

조로아스터교 신전(P.629)

조지아 교회(P.629)

Attraction 아니의 볼거리

많이 파손되긴 했지만 옛 왕국의 화려했던 시절을 떠올리게 하는 유적이 세월의 풍상을 이기고 서 있다. 정문을 통과하면 중세로의 시간 여행이 시작된다.

아니 유적 Ani Harabesi ★★★★

세계문화유산

주소 Ani, Kars **개방** 매일 08:00~18:00(겨울철은 17:00까지) **요금** €8 **가는 방법** 카르스에서 택시로 40분.

아슬란 문 Aslan Kapısı

매표소를 지나 왼쪽 문을 통과하면 유적으로 들어서게 된다. 아니 유적의 정문에 해당하는 아슬란 문은 성벽의 중앙부에 위치하고 있다. 아슬란은 사자라는 뜻인데 일설에 따르면 1064년 아니를 정복했던 셀주크 투르크의 술탄 알프아슬란 Alpaslan의 이름에서 따온 것이라고도 하고 성벽 안쪽에 사자상이 있었다는 데서 유래했다는 설도 있다.

성 프르키츠 교회 St. Prkitch Kilisesi

정문을 지나 왼쪽 견학로를 따라가다가 보면 처음 만나는 유적으로, 둥근 형태의 건물이다. 1034년 셈바트 3세에 의해 조성되었으며 1291년과 1342년 증축되었다. 1930년대 벼락으로 파손되어 현재 반쪽만 남아 있다. 가까이 다가가 내부를 보면 아래쪽 흰 회벽에 희미하나마 프레스코화가 남아 있는 것을 볼 수 있다.

작은 하맘 터 Küçü Hamamı

성 프르키츠 교회에서 30m쯤 가다 보면 왼으로 기단만 남아 있는 유적 터가 있는데 이것은 하맘, 즉 목욕탕이다. 셀주크 투르크 스타일로 지어진 이 하맘은 네 개의 한증막과 저온탕이 있었으며 바닥이 따뜻한 특유의 난방 시스템도 갖춰져 있었다고 한다.

성 그레고리 교회(티그란 호넨츠 교회) St. Gregory Kilisesi(Tigran Honentz)

작은 하맘 터 바로 옆 언덕 아래에 있는 교회. 1215년에 무역상인 티그란 호넨츠가 성 그레고리우스를 위해 지었고 1251년 증축되었다. 전체적인 형태는 십자가 모양으로 원추형 돔에 8개의 창이 나 있는 전형적인 아르메니아 교회다. 이 교회는 아니 유적 중 프레스코화

아슬란 문

성 프르키츠 교회

작은 하맘 터

가 가장 잘 남아 있기로 유명하다. 내외벽에 그려진 벽화는 성서와 아르메니아 교회의 역사를 담고 있으며 성모 마리아와 예수의 일대기도 확인할 수 있다.

성모 마리아 수도원 Convent of Virgins

계곡 아래로 흐르는 튀르키예-아르메니아 국경인 아르파차이 Arpaçay 강변에 세워진 교회. 중앙 아시아에서 아니 왕국으로 들어오는 길목에 위치했다. 원추형의 돔과 천막 모양의 지붕 등 건축의 특징으로 볼 때 13세기 아르메니아 교회로 추정된다.
옆에는 옛날 대상들이 건너다녔던 다리의 흔적이 남아 있다. 아쉽게도 입장이 금지되어 있어 먼 발치에서만 봐야 한다. 에불 마누체르 자미에서 수도원과 다리를 볼 수 있다.

대성당 Büyük Cathedral

유적의 남동쪽에 위치한 교회로 아니 유적지 중 가장 큰 규모를 자랑한다. 990년 셈바트 2세가 짓기 시작했으나 사망한 후 그의 부인인 카트라니데 Katranide 여왕이 공사를 계속해 1001년 완공되었다. 이스탄불의 아야 소피아 성당을 보수했던 건축가 티리다트 Tiridat의 작품으로 전체적인 형태는 십자가 모양이고 내부에는 약 20m에 달하는 아치가 당당한 위용을 자랑하고 있다.

대성당

문은 전부 세 곳으로 서문은 일반 신도들이 드나들었고 북문은 주교, 남문은 왕이 각각 사용했다. 아쉽게도 원추형 돔은 현재 무너진 상태다. 1064년 아니를 정복한 셀주크의 술탄 알프아슬란에 의해 자미로 용도가 변경되어 페티예 자미 Fethiye Camii라 불렸다.

에불 마누체르 자미 Ebul Manuçehr Camii

6각의 높직한 미나레가 인상적인 셀주크 시대의 자미로 1072년 건립되었다. 세월의 탓인지 군데군데 많이 무너지긴 했지만 상당히 견고한 벽이 돋보인다. 건물은 정방형의 2층으로 지어졌고 아래층은 강과 계곡을 볼 수 있는 4개의 방으로 되어 있다. 건물과 붙어 있는 미나레는 내부에 99개의 계단이 있는데 안전상 출입을 통제하고 있다.
한편 자미의 남서쪽 언덕 위에는 내성 İç Kalesi이 있는데 성채 안에 크즈 칼레시 Kız Kalesi라는 작은 교회도 있다. 군사 제한구역이라 구경할 수는 없다.

성 그레고리 교회(아부감렌츠 교회) St. Gregory Kilisesi(Abughamrentz)

자미에서 코너를 돌아 정문 방향으로 가다가 왼쪽으로 만나는 원형 교회. 994년 팔라부니 Pahlavuni 가(家)에서 세운 것으로 8각의 돔을 6개의 기둥이 떠받치고 있다. 출입구는 남서쪽의 한 군데만 있으며 팔라부니 가의 납골당으로 쓰이기도 했다.

에불 마누체르 자미

성 그레고리 교회(티그란 호넨츠 교회)

성 그레고리 교회(가각 교회)

내부에 프레스코화라도 남아 있을 것 같지만 아쉽게도 흰 회벽만 볼 수 있을 뿐이다.

케르반사라이 Kervansaray (Church of The Holy Apostles)

성 그레고리 교회를 지나 20m 정도 가면 오른쪽으로 보이는 반쯤 무너진 건물이 케르반사라이였다. 원래는 1031년 교회로 지어진 건물이었는데 셀주크 투르크가 점령하면서 대상들의 숙소로 용도변경된 것. 상당히 파손되었지만 내부 천장의 아름다운 사각 돔 부조와 십자형 아치에서 전성기의 화려함이 엿보인다.

성 그레고리 교회(가긱 교회) St. Gregory Kilisesi(Gagik)

케르반사라이 북서쪽에 자리한 원형 교회. 가긱 왕이 998년 성 그레고리우스를 위해 지은 것으로 대성당을 설계한 티리다트 Tiridat가 만들었다. 지붕의 돔은 이스탄불의 아야소피아 성당과 똑같이 만들었다고 하는데 불행하게도 완공된 지 얼마 안 되어 무너져 버렸다. 내부에는 당시 규모를 말해주는 원형 기둥과 조각된 받침대가 어지럽게 나뒹굴고 있어 쓸쓸한 느낌을 자아낸다. 교회의 북서쪽에는 12~13세기에 조성된 셀주크의 술탄들이 사용하던 궁전터가 있다.

조로아스터교 신전

조로아스터교 신전 Zoroastrian Temple(Fire Temple)

케르반사라이에서 성벽 쪽으로 나오면서 보이는 유적으로 조로아스터교의 신전 터다. 기원전 19세기 중동에서 발생한 이 종교는 불을 신봉한다고 해서 배화교(拜火敎)라고 불리기도 했다. 교역의 요충지였던 아니의 다양성을 잘 말해주는 대목. 현재 아니 유적에서 가장 오래되었으며 1~4세기경 조성된 것으로 추정되는데 아쉽게도 원형 기단 4개만 남아 있다.

조지아 교회 Georgian Church

조로아스터교 신전 유적을 지나 왼편으로 보이는 교회. 11세기에 조성되었으나 1840년경 붕괴되었다. 지금은 세 개의 아치가 있는 벽의 일부만 남아 교회가 있었음을 말해줄 뿐이다.

Shakti Say 세계 최초의 기독교 왕국을 아시나요?

모두가 알다시피 로마에서 기독교를 허용한 것은 콘스탄티누스 황제의 밀라노 칙령이 발표된 313년의 일입니다. 그러나 로마보다 기독교를 먼저 받아들인 곳이 있으니 바로 아르메니아랍니다. 아르메니아 정교회의 계시자로 추앙받고 있는 성 그레고리우스 St. Gregorius는 카파도키아에서 기독교 신자가 된 후 고향으로 돌아옵니다. 당시 아르사크 왕조의 왕이었던 티리다테스 3세가 그레고리우스의 영향으로 기독교로 개종하였고 300년 기독교를 국교로 채택하게 됩니다. 바로 이 대목이 아르메니아가 주장하는 세계 최초의 기독교 왕국이라는 거죠.

이후 아르메니아 정교회는 시리아 정교회와 밀접한 관계를 맺으며 발전했으며 카파도키아의 모교회로부터 독립하기에 이릅니다. 506년 드빈 공의회에서 아르메니아 교회는 예수가 신성과 인성을 모두 갖춘 존재라는 칼케돈 공의회(451년)의 결정에 반대해 단성론을 펼칩니다.

퇴르키예에서 가장 높은 아라라트 산이 있는 국경도시

도우베야즛 Doğubeyazıt

이란과 인접한 동부 튀르키예의 국경도시. 인도, 파키스탄, 이란 방면에서 튀르키예로 오는 여행자와 반대로 유럽에서 튀르키예를 거쳐 아시아로 가는 여행자가 거쳐가는 중간 기착지다. 아르메니아인이 살던 때에는 바즈갈 Vazgal이라 불렸고 베야즛이라는 이름은 14세기 이후에 붙여졌다. 이스탄불의 베야즛 지역과 구별하기 위해 동쪽이라는 뜻의 도우 Doğu를 앞에 붙여서 도우베야즛이 되었다.

도우베야즛은 여행의 중간 기착지로만 의미가 있는 건 아니다. 튀르키예에서 가장 높은 아라라트 산 Ağrı Dağı과 동부 아나톨리아의 상징인 이삭 파샤 궁전 İshak Paşa Sarayı, 다른 지방과는 사뭇 다른 동부 산악 지방의 험준한 자연을 탐방하는 전초기지라는 면에서도 일부러 방문할 가치는 충분하다. 최근 들어 아라라트 산의 트레킹이 활성화되면서 여름철 등산을 겸한 여행자들도 속속 늘어나고 있다. 국경이라는 상징성과 장기 여행의 정거장, 튀르키예 최대의 설산 등의 이미지가 복합적으로 작용해 여행자에게 도우베야즛은 남다른 의미로 다가온다.

인구 6만 5000명 **해발고도** 1,589m

여행의 기술

Information

관광안내소

지방의 소도시라 정부에서 운영하는 관광안내소는 없다. 중심거리인 닥터 이스마일 베쉭치 거리 Dr. İsmail Beşikçi Cad.에 있는 여행사들과 오토가르 부근의 아르마운트 여행사 Armount Travel에서 관광안내 자료와 1일 투어, 이란 비자 대행 등의 정보를 알아볼 수 있다.

여행사 위치 시내 중심가 닥터 이스마일 베쉭치 거리, 오토가르 부근 영업 매일 09:00~20:00

환전 Map P.634-B2

시내에 전부 3개의 은행이 있어 환전과 ATM 이용에 문제가 없다. 이란에서 온 여행자라면 ATM이 무척 반갑다. 이용 빈도가 높은 시가지 초입의 티시 자라트 은행 T.C ZİRAAT Bankası과 맞은편의 튀르키예 은행 Türkiye İş Bankası을 이용하면 편리하다.

위치 닥터 이스마일 베쉭치 거리 일대

업무 월~금요일 09:00~12:30, 13:30~17:30

PTT Map P.634-A2

위치 닥터 이스마일 베쉭치 거리의 경찰서 옆

업무 월~금요일 09:00~17:00

이란 입국시 주의사항

이란은 강력한 이슬람 국가이므로 입국할 때 담배와 술, 마약 반입이 엄격히 금지됩니다. 적발되면 입국이 취소되거나 거부될 수 있으므로 주의하세요. 또한 여성의 경우 튀르키예 국경을 통과하면서부터 반드시 머리에 히잡(스카프)을 착용해야 합니다. 검은색 히잡을 미처 준비하지 못했다면 스카프라도 써야 하며 복장은 엉덩이를 가리는 옷을 입는 게 좋습니다. 이란 내에서 히잡을 벗을 수 있는 곳은 자신의 호텔 방뿐입니다. 만일 히잡을 쓰지 않고 다니다가는 추방당할 수도 있음을 명심합시다. 아울러 혼자 온 여성 여행자의 경우 도미토리 사용이 거부되거나 결혼하지 않은 커플의 더블 룸 사용이 제한되는 경우도 있습니다. 조금 너무하다 싶을 정도로 규제가 심한데 로마에서는 로마의 법을 따라야 하니 어쩔 도리가 없습니다. 또한 여성 여행자의 성추행 사례가 가끔 보고되고 있으니 가급적 남자 일행과 함께 여행하도록 하고 도미토리 이용을 삼가는 게 좋습니다. 다른 나라에 비해 여행하기가 불편할 것 같지만 물가가 저렴하고 사람들도 친절해 지킬 것만 잘 지킨다면 어느 나라보다 좋은 추억을 만들 수 있는 곳이니 그다지 겁을 먹을 필요는 없습니다.

한 가지 더, 이란은 영어가 잘 통하지 않기 때문에 기본적인 인사말은 이란어로 익혀 두도록 하고 특히 숫자는 반드시 외워두는 것이 좋아요. 간혹 어리버리한 초짜 여행자에게 사기치는 경우가 발생하기도 한답니다.

*도우베야즛의 닥터 이스마일 베쉭치 거리 Dr. İsmail Besikci Cad.의 환전소에서 달러나 튀르키예 리라를 이란 화폐로 바꿀 수 있다. 국경에서도 환전은 가능하지만 암환전밖에 안 되므로 도우베야즛에서 환전을 해서 가는 게 좋다.

환전소 위치 닥터 이스마일 베쉭치 거리 중간 야일라 팔라스 호텔 맞은편

이란에서 통용되는 파르시 숫자

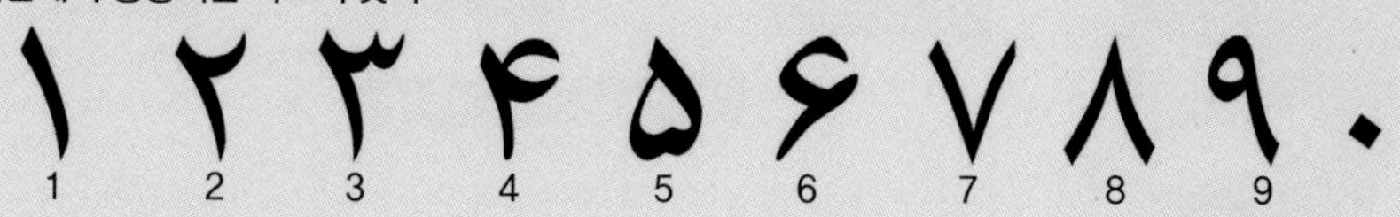

도우베야즛 가는 법

비행기와 기차는 다니지 않으며 오직 버스로만 방문할 수 있다. 시간이 촉박한 여행자는 도우베야즛에서 2시간 30분 거리인 반 Van까지 비행기로 간 후 돌무쉬나 택시를 이용해 도우베야즛을 방문하는 방법도 있으니 알아두자. 참고로 반은 동부 지방의 대도시로 이스탄불, 앙카라, 이즈미르 등 대도시와 직항을 운행하고 있다. 또는 도우베야즛에서 90km 떨어진 아으르 Ağrı까지도 튀르키예 항공에서 직항을 운행하므로 아으르를 통해 도우베야즛을 방문할 수도 있다.

➡ 오토뷔스

장거리에서 오는 버스는 오토가르에 도착하지만 반, 으으드르 등 가까운 지역을 다니는 돌무쉬는 별도의 정류장을 이용하니 착오가 없도록 하자. 작은 마을이라 오토가르에서 시내까지는 걸어서 가면 된다. 카르스로 가는 버스는 편수가 많지 않으므로 시간이 맞지 않으면 으으드르까지 돌무쉬로 가서 갈아타는 편이 낫다.

반 행 돌무쉬 정류장 **Map P.634-A1**

이삭파샤 투리즘 İshakpaşa Turizm

전화 (0472)312-6117

도우베야즛에서 출발하는 **버스 노선**

행선지	소요시간	운행	요금
이스탄불	20시간	1일 3~4편	140TL
에르주룸	4시간 30분	1일 6~7편	40~50TL
반	2시간 30분	1일 5편 *반 행 돌무쉬 정류장에서 출발	30~50TL
으으드르	45분	06:00~18:00(매 30분 간격) *으으드르 행 돌무쉬 정류장에서 출발	15~20TL
디야르바크르	9시간	1일 2~3편	60~90TL
트라브존	12시간	1일 1~2편	100TL

*운행 편수는 변동이 있을 수 있음.

Travel Plus 이란으로 가는 법

국제 여행이 일반화된 요즘 튀르키예 여행을 마치고 이란으로 넘어가 파키스탄, 인도까지 여행하는 장기 배낭족이 늘어나는 추세입니다. 도우베야즛은 이란으로 가는 여행자가 꼭 들르는 곳인데 가는 방법은 다음과 같습니다. 이란 국경인 귀르불락 Gürbulak까지는 시내에서 출발하는 돌무쉬로 가면 되고 국경을 넘어 이란 측에서는 버스를 이용해 테헤란 등 대도시로 가면 됩니다. 산유국인 이란은 교통비가 무척 저렴하답니다.

검문하는 군인

이란으로 가는 길

▶ 도우베야즛 — 돌무쉬로 30분 (인원이 차면 출발) → 귀르불락 — 도보 5분 → 튀르키예 이민국 — 도보 2분 → 국경 통과 — 도보1분 → 이란 이민국 — 셔틀버스로 5분 → 바자르간 Bazargan 마을 — 버스로 20분 → 마쿠 Maku 버스 터미널 (타브리즈, 테헤란 행 버스 있음) ●

*이란 비자는 영사관이 있는 이스탄불, 에르주룸, 트라브존 등에서 미리 발급받아야 한다.

시내 교통

작은 도시라 걸어서 다닐 수 있다. 시가지가 바둑판 모양으로 단순한데다 숙소, 식당, 여행사, PTT, 은행 등 편의시설이 닥터 이스마일 베쉭치 거리를 중심으로 몰려 있어 아무리 길을 못 찾는 사람이라도 헤맬 일은 없다. 오토가르나 인근 지역으로 출발하는 돌무쉬 정류장도 모두 도보권 내에 있다. 단, 이삭 파샤 궁전, 노아의 방주 등 관광명소는 도시 외곽에 있어 택시를 이용하거나 1일 투어에 참가해 다녀와야 한다. 그밖에 도우베야즛에서 차를 이용할 일은 거의 없다.

도우베야즛 둘러보기

투어에 참가해 볼거리만 둘러본다면 하루면 모든 관광이 끝나지만 2~3일 머물면서 동부 아나톨리아의 산악 풍경을 즐기기를 권한다. 아라라트 산과 이삭 파샤 궁전은 동부 튀르키예의 상징이므로 꼭 보도록 하자. 볼거리가 시가지에서 멀리 떨어져 있는데다 대중교통이 다니지 않기 때문에 택시를 이용하거나 투어에 참가하는 방법뿐이다(투어에 관한 내용은 P.638 참고).

+ 알아두세요!

1. 투어에 참가한다면 사진 찍을 게 많으니 카메라를 꼭 챙기자.
2. 허가받은 상점에서만 주류를 판매할 정도로 술에 관해 엄격하다. 괜히 취해서 시내를 돌아다니는 일이 없도록 하자.

★★★★★ BEST COURSE ★★★★★

예상소요시간 5~6시간

출발 ▶▶ 도우베야즛 시내

차로 30분

아라라트 산(P.634)
튀르키예에서 가장 높은 산이자 <성서>에도 등장하는 산. 꼭대기의 만년설은 신비로운 기운마저 감돈다.

차로 30분

이삭 파샤 궁전(P.635)
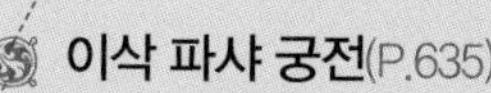
99년 걸려 완공된 동부 아나톨리아의 상징. 이 궁전을 못 보면 도우베야즛에 다시 갔다와야 할 정도로 중요한 곳.

차로 40분

노아의 방주(P.637)
거대한 노아의 방주가 표착했다고 하는 곳. 진짜로 노아의 방주가 묻혀 있을까?

차로 30분

메테오르 홀(P.637)
세계에서 두 번째로 큰 운석 구멍. 이란 국경에 있어 이란 마을도 보인다.

Attraction 도우베야즛의 볼거리

시내에는 볼거리가 없고 도우베야즛 주변 산 여기저기에 흩어져 있다. 볼거리와 함께 동부 튀르키예의 아름다운 자연을 만끽하는 것이 도우베야즛 관광의 핵심 포인트.

아라라트 산
Ağrı Dağı ★★★

개방 24시간 **요금** 무료 **가는 방법** 시내에서 차로 약 30분.

해발고도 5,137m로 튀르키예에서 가장 높은 산. 〈성서〉에 대홍수가 끝난 후 노아의 방주가 표착했다고 하는 바로 그 산이다. 시가지 동쪽 5km에 위치하고 있으며 튀르키예인들은 '아으르 다으 Ağrı Dağı(아픔의 산)'라 부른다. 아라라트 산은 두 개의 봉우리로 구성되어 있는데 왼쪽이 뷔윅 아라라트(큰 아라라트), 오른쪽이 퀴췩 아라라트(작은 아라라트)이다. 퀴췩 아라라트의 높이는 3,896m. 정상에는 녹지 않는 만년설이 덮여 있어 신비감을 더해주는데 깨끗한 모습을 보기란 쉽지 않다. 새벽 일찍 일어나야만 볼 확률이 높으니 잠들기 전 각자의 신에게 기도를 올리는 것을 잊지 말자. 도우베야즛 시내의 높은 건물 옥상에 올라가면 볼 수 있다.

아라라트 산

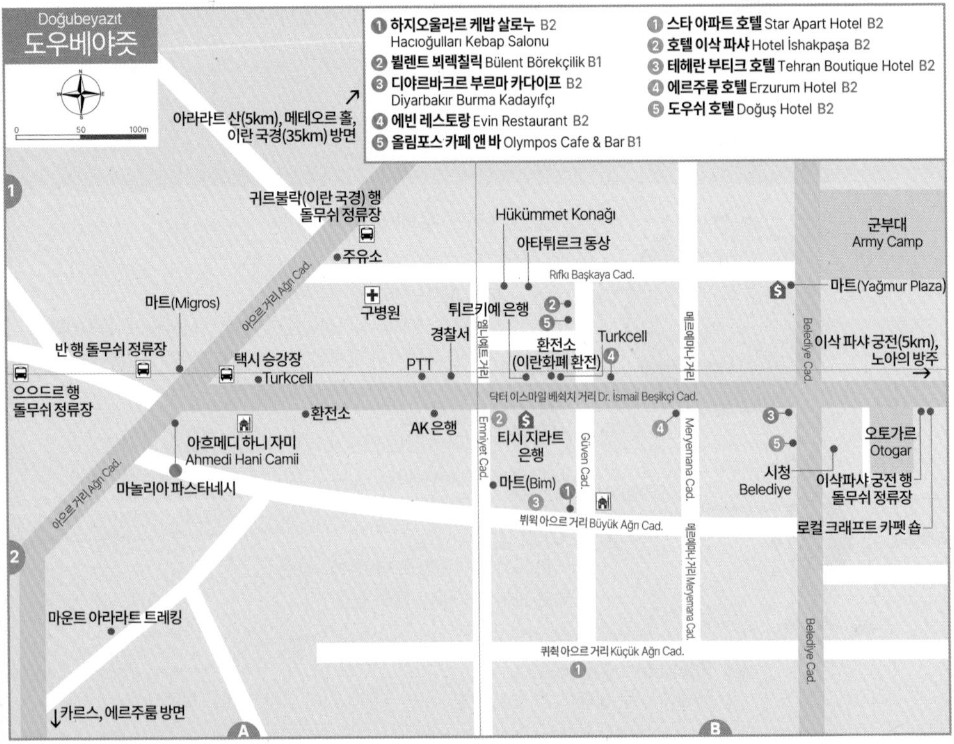

Doğubeyazıt
도우베야즛

1 하지오울라르 케밥 살로누 B2 Hacıoğulları Kebap Salonu
2 빌렌트 뵈렉칠릭 Bülent Börekçilik B1
3 디야르바크르 부르마 카다이프 B2 Diyarbakır Burma Kadayıfçı
4 에빈 레스토랑 Evin Restaurant B2
5 올림포스 카페 앤 바 Olympos Cafe & Bar B1

1 스타 아파트 호텔 Star Apart Hotel B2
2 호텔 이삭 파샤 Hotel İshakpaşa B2
3 테헤란 부티크 호텔 Tehran Boutique Hotel B2
4 에르주룸 호텔 Erzurum Hotel B2
5 도우쉬 호텔 Doğuş Hotel B2

아라라트 산(5km), 메테오르 홀, 이란 국경(35km) 방면
귀르불락(이란 국경) 행 돌무쉬 정류장
주유소
Hükümmet Konağı
아타튀르크 동상
Rıfkı Başkaya Cad.
군부대 Army Camp
마트(Yağmur Plaza)
마트(Migros)
아으르 거리 Ağrı Cad.
구병원
튀르키예 은행
경찰서
엠니예트 거리
환전소 (이란화폐 환전)
Turkcell
메르예마나 거리
Belediye Cad.
이삭 파샤 궁전(5km), 노아의 방주
반 행 돌무쉬 정류장
택시 승강장
Turkcell
PTT
으으드르 행 돌무쉬 정류장
닥터 이스마일 베쉬치 거리 Dr. İsmail Beşikçi Cad.
환전소
AK 은행
티시 지라트 은행
Emniyet Cad.
Güven Cad.
Meryemana Cad.
오토가르 Otogar
아흐메디 하니 자미 Ahmedi Hani Camii
마놀리아 파스타네시
마트(Bim)
시청 Belediye
이삭파샤 궁전 행 돌무쉬 정류장
뷔윅 아으르 거리 Büyük Ağrı Cad.
로컬 크래프트 카펫 숍
메르예마나 거리 Meryemana Cad.
마운트 아라라트 트레킹
퀴췩 아으르 거리 Küçük Ağrı Cad.
카르스, 에르주룸 방면

이삭 파샤 궁전
İshak Paşa Sarayı ★★★★

주소 İshak Paşa Sarayı, Doğubayazıt **개관** 매일 08:00~18:00(여름), 화~일요일 08:00~17:00(겨울) **요금** €3 **가는 방법** 구 오토가르 앞 정류장에서 돌무쉬로 15분(비수기인 겨울철에는 운행이 중단된다). 택시로 10분(대기시간 포함 왕복 150~200TL), 도보는 1시간 걸린다.

시가지 동쪽으로 5km 떨어진 산중턱에 위치한 궁전. 아라라트 산과 더불어 동부 튀르키예를 대표하는 볼거리로 도우베야즛의 심장과도 같은 궁전이다. 17~18세기 이 지역을 다스렸던 쿠르드인 총독 이삭 파샤 İshak Paşa에 의해 건립되었다. 1685년 그의 아버지인 촐락 압디 파샤 Çolak Abdi Paşa 왕 때 착공했지만 척박한 환경 때문에 99년이나 지난 1784년에 완공되었다. 총 7,600㎡의 면적에 셀람륵과 하렘, 하맘, 감옥, 케르반사라이 등의 시설을 갖추고 있으며 방은 366개나 된다. 산의 경사면에 지어진 탓에 성벽의 높이는 짧은 곳은 7m, 가장 긴 곳은 20m에 이른다. 현재 궁전의 상당부분은 러시아의 지배를 받을 때 파괴되어 복원한 것이다.

제1정원

셀주크 양식의 정문을 통과하면 제1정원이 나온다. 철문으로 된 입구는 원래 금으로 만든 문이 있었다고 하는데 지금은 러시아의 박물관에 소장되어 있다.

제1정원은 궁전 안의 사람들을 만나러 온 외부인에게 개방되었던 곳이다. 오른쪽 회랑은 방문객들이 면회를 기다리던 곳이며 입구 바

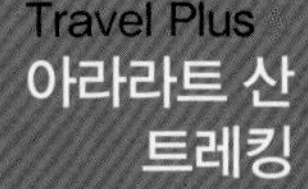

Travel Plus
아라라트 산 트레킹

동부 튀르키예의 상징과도 같은 아라라트 산. 주변의 아름다운 자연과 〈성서〉 이야기가 어우러져 신비감마저 감도는데 최근 들어 트레킹 마니아들이 속속 몰려들고 있습니다. 때묻지 않은 자연과 일출의 아름다움은 비할 데 없을 정도지요. 하지만 5,165m의 정상을 3박 4일 동안 다녀와야 하기 때문에 트레킹이라기보다는 '클라이밍'이라는 말이 어울릴 정도로 쉽지 않은 코스입니다. 체력이 걱정되거나 고소 공포증이 있는 사람이라면 신중히 생각해야 합니다. 산중에는 민가가 없어 모든 등산 장비를 준비해서 가야 하는데 도우베야즛의 여행사에서 트레킹 상품을 판매하고 있습니다. 준비 물품이 많아 가격은 만만치 않지만 특별한 추억을 만들 수 있답니다.

문의 마운트 아라라트 트레킹 Mount Ararat Trekking
주소 Uluyol Mahallesi, Ararat Sk., 04400 Doğubayazıt/Ağrı
전화 +90 545 610 4640
홈페이지 www.climbingararat.com
이메일 trektoararat@hotmail.com, climbtoararat@hotmail.com

아라라트 산과 양치기 소년

로 옆에는 샘이 있다. 이곳은 궁전에서 5km 떨어진 왕 개인 소유의 마을에서 물과 우유를 공급받던 샘터. 물이 나오는 위쪽으로 두 개의 구멍을 볼 수 있는데 한쪽은 우유, 다른 한쪽은 물이 나오던 구멍이라고 한다.
정문 대각선 맨 구석은 감옥인데 지하에 6개의 방이 있고 10m의 깊이로 파 놓은 마지막 방은 중죄인을 떨어뜨려 가두던 곳이다.

제2정원

제1정원을 통과하면 높다란 돔과 미나레가 인상적인 제2정원이 이어진다. 이곳은 궁전의 본채에 해당하는 곳으로 남자들의 업무공간인 셀람륵 Selamlık과 여자들의 주거공간인 하렘 Harem으로 구성되어 있다. 입구 대각선 안쪽의 원추형 큄베트와 집 모양의 두 구조물은 이삭 파샤의 부왕인 촐락 압디 파샤와 그의 부인의 무덤이다. 중요한 공간이라 이곳에는 30명의 정예부대가 상주했다고 한다.

셀람륵 Selamlık

왕이 업무를 보던 곳으로 각 지역의 태수들을 불러 업무보고를 받았다. 당시 동부 아나톨리아 일대는 모두 이삭 파샤의 영향권에 있었기 때문.
셀람륵 한쪽 절벽은 왕의 개인 발코니로 가까이 가 보면 사람, 사자, 독수리가 조각된 3개의 나무 서까래를 볼 수 있다. 난간이 없으니 조심해서 구경하자.
셀람륵 옆의 도서관을 통해 자미로 통로가 이어지는데 도서관 천장에 뚫어놓은 구멍은 햇빛을 통해 시간을 계산하기 위한 것이라고 한다. 자미는 남향의 미흐랍을 중심으로 중앙에 큰 돔이 있으며 내부에는 희미하게나마 당시의 그림이 남아 있다. 벽에 새겨져 있는 3개의 초승달 부조는 오스만 제국의 상징이다.

하렘 Harem

제2정원 정면의 부조가 아름다운 문을 통과하면 여성들만의 공간인 하렘으로 들어서게 된다. 하렘 안에는 목욕탕인 하맘, 만찬 장소인 다이닝 홀, 부엌 등의 부속 공간이 있다.
아치가 멋진 야외 다이닝 홀은 전쟁의 승리나 왕의 득남 등 특별한 일이 있을 때 쓰던 파티장이다. 다이닝 홀을 지나 맨 안쪽으로 들어가면 전쟁 등 비상시에 사용하던 비밀 통로가 나오는데 이삭 파샤 궁전이 치밀한 계획 아래 조성된 것임을 알 수 있다.

궁전 주변

궁전 정문을 등지고 왼쪽 산에 보이는 성벽은 기원전 9세기 우라르투 Urartu 왕국 때 축조된 것이다. 원래 도우베야즛은 이 성벽과 이삭

하렘 정문

제1정원의 샘터

셀람륵의 서까래

이삭 파샤 궁전

파샤 궁전 주변에 있었던 마을이다. 현재 자리로 도시가 옮겨간 것은 불과 1937년의 일이라고 하니 이 산 일대가 원조 도우베야즛에 해당하는 셈. 성벽 아래에 있는 자미는 150년의 역사를 자랑하는 베야즛 자미 Beyazıt Camii이며 그 뒤로 비교적 최근에 지은 아흐메드 아하니 자미 Ahmed Ahani Camii가 보인다.
궁전을 관람한 후 그냥 내려가지 말고 정문 앞으로 난 언덕길을 따라 올라가보자. 궁전과 도우베야즛 시내가 한눈에 들어오는 훌륭한 경관이 기다리고 있다.

노아의 방주
Nuh'un Gemisi ★★

주소 Nuh'un Gemisi, Dağubeyazıt **개방** 24시간 **요금** 무료 **가는 방법** 시내에서 차로 50분 또는 1일 투어 참가.

시가지 동쪽 30km 떨어진 산속에 있는 배 모양의 지형으로 노아의 방주가 묻혀 있다고 하는 곳이다. 길이 160m, 폭 44m의 지형은 정말로 배 모양처럼 생겼는데 이걸 처음 발견한 때는 1960년. 방주의 흔적을 찾던 미국과 튀르키예의 고고학자들은 항공 사진으로 이곳을 찾아낸 후 당국의 허가를 받아 땅속을 파보았더니 방주의 잔해로 추정되는 몇 가지 물체가 나왔다. 연대추정 결과 약 6000년 전의 것으로 밝혀져 〈성서〉의 방주 시기와 일치해 학계의 비상한 관심을 끌기도 했다.
하지만 이후 나무 재질이 검출되지 않았다는 반론이 제기되는 등 끝없는 논란 끝에 연구는 흐지부지되고 말았다. 방주 지형 옆에는 처음 발견 당시의 사진과 관련기사를 담은 신문을 전시해 놓은 박물관이 있다.

메테오르 홀(운석 구멍)
Meteor Çukuru ★★

주소 Meteor Çukuru, Dağubeyazıt **개방** 24시간 **요금** 무료 **가는 방법** 시내에서 차로 30분 또는 1일 투어 참가.

이란 국경 근처에 있는 커다란 구멍으로 1920년 운석의 낙하로 인해 생긴 것이다. 깊이 60m, 직경 35m의 크기로 세계에서 두 번째로 큰 규모라고 한다. 하지만 흙이 차 있어 실제 깊이는 30m 정도이며 운석은 떨어졌던 대로 땅속에 묻혀 있다고 한다.

+ 알아두세요!

이삭 파샤 궁전 가는 길 개 조심!

이게 바로 캉갈!

튀르키예의 동부 지방은 아직도 양을 치는 농가들이 많아 이삭 파샤 궁전까지 걷다 보면 어렵지 않게 양떼를 볼 수 있습니다. 풍경과 어우러진 양 사진을 찍는 것은 좋지만 양떼를 지키는 개를 조심해야 합니다. 현지어로 '캉갈'이라고 하는 이 개는 책임감이 남다른데다 웬만한 늑대에 비할 수 없을 정도로 사납답니다. 맹수들과 싸우기 위해 목에 뾰족한 쇠사슬을 찬 데다 심한 경우 싸움에 방해된다고 귀까지 잘라 준다고 합니다. 한 번 물면 놓지 않기로 유명하니 양떼를 발견하면 섣불리 다가가지 말고 양치기의 허가를 얻는 등의 방법을 사용하도록 합시다.

우라르투 왕국의 성벽과 베야즛 자미

노아의 방주

지구과학이나 운석 전공자에게는 흥미있는 장소이지만 일반인이 보기에는 커다란 구멍에 불과해 약간 썰렁하기도 하다. 주변에는 군 초소가 있고 멀리 이란의 마을이 보인다.

메테오르 홀

+ 알아두세요!

메테오르 홀에서 국경 조심!!

메테오르 홀은 이란 측 마을이 보일 정도로 국경과 가까운 곳입니다. 여느 나라의 국경과 마찬가지로 이곳에는 늘 삼엄한 긴장이 감돌고 있는데요, 특히 튀르키예와 이란은 쿠르드족 문제로 그다지 사이가 좋지 않습니다. 메테오르 홀 부근에는 탱크까지 동원한 군 초소가 곳곳에 있을 정도지요. 괜한 호기심으로 국경 쪽으로 다가가다간 큰일이 벌어질 수 있으니 각별히 주의해야 합니다. 이방인에게 호의적인 튀르키예인이지만 명령에 살고 죽는 군인의 총구는 관대하지 않다는 것을 명심합시다.

탱크가 있는 국경

Travel Plus

도우베야즛 투어

도우베야즛의 볼거리는 시가지에서 멀리 떨어져 있기 때문에 개인적으로 하나하나 방문하기란 사실상 불가능합니다. 때문에 각 볼거리들을 묶은 여행사의 투어 상품을 이용하는 것이 시간과 금전을 절약하는 길이지요. 예전에는 차량을 이용한 당일 투어만 있었는데, 최근에는 트레킹을 포함하는 1박 2일 상품도 생겼습니다(캠프파이어를 하며 밤하늘의 별을 세는 기분은 무엇과도 바꿀 수 없을 정도지요). 동부 튀르키예의 아름다운 자연과 마을을 감상하는 최고의 여행이 될 수 있으므로 적극 권할 만합니다.

도우베야즛 투어

●반일 투어 Half Day Tour

코스 이삭 파샤 궁전→쿠르드족 마을→노아의 방주→메테오르 홀→아라라트산 아래 마을 방문

요금 (4인 기준) 1인당 300TL(인원이 많아지면 개별 요금은 줄어들고 반대면 올라간다).

포함사항 전용차량, 점심식사, 입장료, 영어 가이드

장점 짧은 시간에 주변을 두루 섭렵할 수 있어 시간이 촉박한 여행자에게 어울리는 코스다.

*전일투어 Full Day는 위 코스에서 온천 Hot Spring이 추가된다.

●1박 2일 트레킹 투어

코스 이삭 파샤 궁전→쿠르드족 마을→트레킹 시작→텐트 숙박→노아의 방주→메테오르 홀 방문 요금 (4인 기준) 1인당 500TL

포함사항 전용차량, 입장료, 식사, 텐트, 영어 가이드

장점 반일 투어와 걷는 여행이 혼합된 형태. 산길을 천천히 걸으며 아라라트산과 주변의 자연을 좀 더 세밀하게 즐길 수 있다. 일몰과 일출, 캠핑, 별보기가 가능하다는 장점이 있으나 밤에는 무척 춥다. 침낭을 제공하지만 방한 대책을 잘 세워서 가자.

신청 도우베야즛 각 숙소 또는 여행사

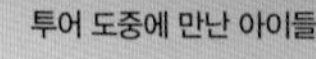

투어 도중에 만난 아이들

Restaurant 도우베야즛의 레스토랑

작은 마을이라고 변변한 식당이 없을 거라고 생각하면 오산. 관광객이 늘어나면서 먹을 곳이 더 많이 생겼다. 한 가지 아쉬운 점은 모든 레스토랑이 튀르키예식이라 다양한 종류의 음식을 즐길 수 없다는 것이다.

하지오울라르 케밥 살로누 Hacıoğulları Kebap Salonu

Map P.634-B2 주소 Çiftepınar, abdullah baydar cad no30, 04400 **전화** (0472)312-4333 **영업** 07:00~23:00 **예산** 1인 40~60TL **가는 방법** 호텔 이삭파샤에서 도보 2분.

튀르키예식 케밥과 피데, 라흐마준이 있는 서민 식당. 그다지 특별할 건 없지만 신선한 재료로 숯불에 구워내는 케밥과 화덕에서 금방 구워 나오는 피데와 라흐마준이 맛있다. 저렴한 가격과 맛있는 고기가 여행자의 발길을 잡아 끄는 매력이 있다.

뷜렌트 뵈렉칠릭 Bülent Börekçilik

Map P.634-B1 주소 Abdullah Baydar Caddesi D:Altı No:2, 04200 **전화** +90-544-694-7565 **영업** 06:00~16:00 **예산** 1인 30~50TL **가는 방법** 호텔 이삭파샤에서 도보 2분.

튀르키예식 패스트리인 뵈렉 전문점. 카르스와 반 등 동부 튀르키예 주요도시에 지점을 갖춘 체인점으로 메뉴는 오직 뵈렉만 고집한다. 좋은 우유와 풍부한 치즈 맛이 일품으로 간식으로 먹어도 좋고 차이와 함께 아침 식사 대용으로도 그만이다.

디야르바크르 부르마 카다이프 Diyarbakır Burma Kadayıfçı

Map P.634-B2 주소 Çiftepınar mah. İnegöl caddesi 04400 **전화** +90-542-439-4868 **영업** 08:00~23:00 **예산** 1인 20~50TL **가는 방법** 호텔 이삭파샤에서 도보 5분.

남동아나톨리아의 3대 디저트인 퀴네페, 바클라바, 카다이프 전문점. 치즈 페이스트리에 달콤한 시럽을 뿌려서 먹는 퀴네페와 카다이프는 도우베야즛 인근에서 생산한 신선한 우유로 만들기 때문에 매우 고소한 맛을 낸다. 너무 단 게 싫으면 "아즈 시럽(시럽 조금만)"을 외치자.

에빈 레스토랑 Evin Restaurant

Map P.634-B2 주소 Dr. İsmail Besikci Cad. **전화** (0472) 312-6073 **영업** 10:00~23:00 **예산** 1인 40~80TL **가는 방법** 닥터 이스마일 베쉭치 거리의 마놀리아 타틀르 파스타네시 바로 옆에 있다.

메뉴는 다른 식당과 다를 바 없는 튀르키예식이지만 현지 주민들이 즐겨 이용하는 곳이다. 저렴하고 맛 좋고 양도 푸짐하다. 그릴 케밥류, 단품요리, 피데, 라흐마준 등이 있는데 고기 요리를 좋아하면 쇠고기 볶음 요리인 사츠 카부르마 Saç Kavurma를 시켜보자.

올림포스 카페 앤 바 Olympos Cafe & Bar

Map P.634-B1 주소 Çiftepınar, Abdullah Baydar Caddesi, 04400 **전화** +90-545-877-0987 **영업** 09:00~다음날 03:00 **예산** 1인 50~100TL **가는 방법** 호텔 이삭파샤에서 도보 2분.

몇 가지 케밥과 생선구이 등 음식을 판매는데 아무래도 이 집은 유흥을 즐기는 바로 이용하는 게 낫다. 낮은 카페지만 밤에 라이브 음악을 연주하며 한 잔 술을 즐기는 바로 변신한다. 적당히 어두운 조명아래 튀르키예 생음악을 들으며 현지 젊은이들과 어울리기 좋다.

Hotel 도우베야즛의 숙소

유동인구가 많은 국경도시답게 많은 수의 숙소가 성업 중이다. 저렴한 곳부터 중급 숙소까지 가격대도 다양한 편. 숫자는 부족하지 않으나 저렴한 숙소는 엘리베이터가 없고 조식이 포함되지 않는 곳이 많다. 한여름에도 시원한 지역이라 에어컨도 없는 곳이 대다수이며 주차공간이 불편한 것도 도우베야즛 숙소의 특성이므로 미리 연락해 보는 것이 좋다. 전반적으로 청소상태와 객실의 안정감이 조금 떨어지는 편이므로 도우베야즛에서는 많은 기대를 하지 말고 숙소를 정하는 것이 정신건강에 이롭다.

스타 아파트 호텔 Star Apart Hotel

Map P.634-B2 **주소** Çiftepınar, M. Alpdoğan Cd. No:59, 04400 **요금** 싱글 €15(개인욕실), 더블 €25(개인욕실) **가는 방법** 퀴췩 아으르 거리에 있다. 오토가르에서 도보 10분.

객실도 넓고 욕실도 깨끗해서 머물기에 괜찮은 가성비 호텔이다. 냉장고와 옷장, 주방 공간이 있는데 조리 도구는 없다. 1층에 있는 하맘은 관광객이 아닌 현지인 용이라 튀르키예 시골의 하맘을 체험해 보기 좋다. 객실에서 아라라트 산이 보이는 것도 장점이다.

호텔 이삭 파샤 Hotel İshakpaşa

Map P.634-B2 **주소** Emniyet Cad. No.10 **전화** (0472) 312-7036 **요금** 싱글 €15(개인욕실), 더블 €25(개인욕실) **가는 방법** 닥터 이스마일 베쉭치 거리와 엠니예트 거리 Emniyet Cad.가 만나는 사거리에 있다.

시내 중심지 코너에 있으며 외벽이 빨간색이라 눈에 잘 띈다. 계단은 어둡지만 객실은 채광이 나쁘지 않으며 조그만 발코니가 있어 거리를 내다볼 수 있다. 훌륭하다고 할 수는 없지만 저렴한 숙소로는 이용할 만하다. 이정표 역할도 겸하고 있다. 아침식사 불포함.

Meeo Say 카펫과 킬림 이야기

동부 아나톨리아는 예로부터 카펫과 킬림이 발달한 고장입니다. 유목민의 전통으로 생겨난 관습인데, 카펫 업계에서 최고로 치는 페르시아, 즉 이란 산 카펫의 일족에 속하며 품질이 남다릅니다.

오랜 세월동안 카펫을 만들어왔기 때문에 쿠르드족들은 집안마다 저마다의 독특한 카페트 문양과 디자인이 있습니다. 일종의 가풍이라고나 할까요? 외부인의 눈에는 구분이 안 가는 카펫도 알고 보면 누구네 집의 어떤 문양으로 구분한다고 해요. 쿠르드족 여인들에게 카펫과 킬림은 단순한 생활용품이 아닙니다. 결혼 전에 자신만의 창작으로 카펫과 킬림을 만들어서 시집갈 때 가져가는데, 시집 식구들은 새색시의 카펫을 보고 직조 솜씨와 센스, 나아가 인성까지 판단한다고 합니다.

쿠르드족의 카펫은 일반적인 무슬림 카펫과 달리 동물 문양이 많이 등장합니다. 이것은 유목민 전통에 기인한 것으로 생활에 필요한 모든 것(옷, 신발, 가죽, 고기, 실)을 동물로부터 얻기 때문입니다. 가격이 만만치 않은 만큼 쉽게 지갑을 열 수는 없겠지만 구경을 하며 안목을 높여볼 만합니다. 문양의 난이도와 색깔의 종류에 따라 제작기간이 달라지는데 어떤 것은 몇 년에 걸쳐 만들기도 한다고 하니 정성이 품질을 결정한다고 해도 과언이 아닙니다. 도우베야즛 시내를 돌아다니다가 진열장에 카펫을 전시한 곳이 눈에 띄면 들어가서 차이를 한 잔하며 둘러보면 좋습니다.

테헤란 부티크 호텔
Tehran Boutique Hotel

Map P.634-B2 주소 Büyük Ağrı Cad. No.124 **전화** (0472)312-0195 **홈페이지** www.tehranboutiquehotel.com **요금** 싱글 €40(개인욕실), 더블 €50(개인욕실) **가는 방법** 뷔윅 아으르 거리에 있다. 오토가르에서 도보 10분.

오랜 기간 여행자들의 사랑을 받아오던 숙소로 리모델링을 통해 중급숙소로 업그레이드했다. 침구류도 고급스럽고 화장실도 깔끔해서 매우 만족스럽다. 가격대비 좋은 중급 이상의 방을 원하는 여행자들에게 괜찮은 선택이다.

에르주룸 호텔 Erzurum Hotel

Map P.634-B2 주소 Çiftepınar, Meryem Ana Cd. No:26, 04400 **전화** (0474)312-0474 **홈페이지** www.erzurum-hotel.business.site **요금** 싱글 €15(개인욕실), 더블 €30(개인욕실) **가는 방법** 시청 맞은편에 있다. 오토가르에서 도보 2분.

최근에 리모델링해서 산뜻해졌다. 객실은 작은 편이나 깨끗하게 관리하고 있으며 난방도 잘 되는 편이다. 차를 마실 수 있는 공용공간도 괜찮고 직원들도 친절하다. 엘리베이터와 주차장, 조식이 포함되지 않는 것은 아쉽지만 중심가에서 하루 이틀 머물기는 나쁘지 않다.

도우쉬 호텔 Doğuş Hotel

Map P.634-B2 주소 Çiftepınar, Belediye Cd. No:100, 04400 Doğubayazıt **전화** (0474)312-6161 **홈페이지** www.dogushotel.net **요금** 싱글 €40(개인욕실), 더블 €50(개인욕실) **가는 방법** 시청 맞은편에 있다. 오토가르에서 도보 2분.

객실도 비교적 넓고 깨끗하게 관리하고 있어 여행자와 비지니스 숙박객 모두 즐겨 찾는 곳이다. 객실은 가구가 딸려 있어 편리하고 일부 방에서는 아라라트 산도 보인다. 오픈 뷔페로 나오는 조식도 가짓수가 많아서 마음에 든다. 주차 공간이 불편한 것이 유일한 흠이다.

Shakti Say 아르메니아, 그 배반과 아픔의 역사

튀르키예 정부의 숙원사업 중 하나가 유럽연합(EU) 가입입니다. 튀르키예의 EU 가입의 여러 걸림돌 중의 하나가 바로 아르메니아인 대학살 사건입니다. 이야기는 오스만 제국 말기인 1910년대로 거슬러 올라갑니다. 부동항을 찾아 남하정책을 펴고 있던 러시아와 오스만 제국 사이에 동부 아나톨리아 전선을 따라 전쟁이 발발했습니다. 당시 카르스, 도우베야즛, 반 등 동부 아나톨리아에는 광범위하게 아르메니아인들이 거주하고 있었죠. 전쟁이 점점 치열해지면서 청년 튀르크를 중심으로 한 오스만 제국의 수뇌부는 아르메니아인들의 민족주의와 친 러시아적인 성향이 큰 부담으로 작용하게 되었습니다. 결국 1915년 동부 아나톨리아의 모든 아르메니아인 주민들에게 남쪽의 시리아, 이라크로 강제 이주 결정을 내리게 되고, 이동 과정에서 추위와 배고픔으로 100만 명이 넘는 사람들이 목숨을 잃었습니다. 아르메니아는 이 사건을 단순한 이동이 아닌 의도적인 대량 학살이라는 주장을 하고 튀르키예 정부에 공식 사과와 보상을 요구했습니다. 튀르키예 측에서는 의도적인 학살은 없었다고 맞섰고, 결국 두 나라는 국교를 단절했습니다. 노벨 문학상을 수상한 튀르키예의 작가 오르한 파묵은 이 사건을 공식적으로 인정하고 튀르키예 정부는 사과와 배상에 나서야 한다고 말해 큰 파문을 일으키기도 했습니다.

그렇다면 이 사건이 20세기 최초의 계획적인 대량 학살이었을까요? 아르메니아인이라는 정체성 때문에 죽었다는 면에서 보면 그렇지만 특정 집단을 모두 말살하려는 나치 스타일의 학살은 아니었습니다. 왜냐하면 사건이 벌어질 당시 서부 아나톨리아와 이스탄불 등 다른 지역에 거주하던 아르메니아인들은 피해가 없었기 때문이죠. 어쨌든 EU 회원국들은 이 사건이 해결되고 아르메니아와 관계가 회복되지 않으면 EU 가입은 곤란하다는 입장입니다. 제2차 세계대전 당시 종군 위안부와 강제노역 등으로 일본에게 당한 한국으로서는 남다른 아픔으로 다가오는 사건입니다.

여담이지만 2009년 튀르키예와 아르메니아 정상이 상대국을 방문해 축구경기를 관람하며 화해 무드가 조성되어 국교가 다시 수립되었습니다. 아직 국경은 열리지 않았지만 이웃나라인 조지아를 통한 무역도 점점 늘어나고 있으며, 학계, 예술계, 시민단체의 교류도 증가하고 있습니다. 양국의 국민들이 지혜를 모아 불행했던 과거를 슬기롭게 극복하기 바랍니다.

호반의 도시

반(타트반)

외교부 지정

적색경보

튀르키예 최대의 호수가 있는 호반의 도시. 반 호수의 동쪽 기슭에 위치한 반은 기원전 8세기 우라르투 Urartu 왕국이 번영을 누렸던 곳이다. 우라르투는 전성기에 북 메소포타미아 지역은 물론 아르메니아까지 장악할 정도로 강대한 왕국이었다. 구약성서에 등장하는 아라라트 Ararat 왕국이 바로 우라르투 왕국이며 아르메니아의 어원이 되기도 했다. 기원전 4세기경 오론테스 왕조를 세운 아르메니아인의 손에 넘어가면서 반은 아르메니아 왕국의 주요 도시가 되었고 이후 로마, 비잔틴, 셀주크 투르크를 거쳐 오스만 제국의 영토로 귀속되었다. 화려한 고대사와는 달리 제1차 세계대전 중 러시아의 지배를 받는 동안 인구의 3분의 1이 피난 도중에 목숨을 잃은 불우한 현대사를 간직한 곳이기도 하다.

반은 호수와 함께 수목이 울창하기로도 유명하다. 시내 중심가에도 가로수가 줄지어 있으며 도심 곳곳이 나무로 가득 차 있다. 쪽빛 하늘과 파란 호수, 울창한 수목이 만들어내는 산뜻한 이미지는 여행자들을 불러 모으고 있으며 좌우 눈 색깔이 다른 희귀한 반 고양이는 반에서만 볼 수 있는 특별한 볼거리로 반의 상징이기도 하다.

인구 38만 명 **해발고도** 1,727m

여행의 기술

Information

관광안내소 Map P.647-B2

도시 지도와 시내 관광안내 자료를 무료로 얻을 수 있고, 타트반으로 가는 페리 시간도 알아볼 수 있어 유용하다. 영어를 하는 직원이 있고 친절히 안내해 준다.

위치 시청에서 줌후리예트 거리를 따라 남쪽으로 약 500m. 키슬라 거리에 있다.

주소 T.C Van Valiliği İl Kültür ve Turizm Müdürlüğü, Cumhuriyet Caddesi, Van

전화 (0432)216-2530

홈페이지 www.van.bel.tr

운영 매일 08:30~12:00, 13:00~17:00

환전 Map P.647-B3

시내 중심가에 많은 은행이 있어 환전은 쉽게 할 수 있으며 ATM 이용도 자유롭다. 환율은 비슷하니 어느 곳을 이용하든 큰 차이는 없다.

위치 줌후리예트 거리 일대

운영 월~금요일 09:00~12:30, 13:30~17:30

PTT Map P.647-B3

위치 관광안내소 옆 골목 안쪽에 있다.

운영 월~금요일 09:00~17:00

역사

반이 역사에 등장하는 것은 기원전 13세기 우라르투 왕국 때부터다. 우라르투 왕국의 역사는 당시 세계 최강의 군사력을 자랑하던 아시리아와의 전쟁의 연속이었다. 기원전 8세기까지는 번영했으나 기원전 7세기 들어서는 급격히 쇠약해졌고, 결국 스키타이인과 메데스 제국이 쳐들어와 우라르투 왕국은 멸망했다. 그 후 아르메니아인들이 정착해서 오론테스 왕조를 세웠다.

비잔틴 제국 시대에는 황제와 황후의 약 20퍼센트가 아르메니아의 핏줄이었을 정도로 제국의 당당한 일원이었다(5세기 이후 비잔틴 제국 군대의 중심은 아르메니아인이었다). 하지만 단성론자였던 아르메니아 정교회는 451년 칼케돈에서 열린 제4차 공의회에서 단성론이 이단으로 규정되면서 비잔틴 제국과 분열을 피할 수 없었다.

고대 우라르투 왕국의 쐐기문자

1071년 셀주크 투르크가 반 호수 북쪽의 만지케르트 전투에서 비잔틴 제국을 궤멸시키고 콘야를 수도로 하는 룸 셀주크 왕국을 세웠다. 이로써 1000년 이상 존속하던 기독교의 아르메니아 왕국은 역사에서 사라지고 셀주크 투르크 제국의 일부로 전락하고 말았다. 1468년 오스만 제국에 편입되었다.

19세기 들어서 오스만 제국 내의 유일한 기독교도였던 아르메니아인들은 불평등 개선을 요구하기 시작했고, 이들을 곱게 보지 않던 투르크인들은 1879년 러시아와의 전쟁에서 패하자 아르메니아인들에 대한 불만이 극에 달했다. 결국 1894년부터 1896년까지 술탄의 묵인 하에 약 10만~20만 명에 이르는 아르메니아인들에 대한 학살이 벌어졌다. 하지만 비극은 한 번으로 끝나지 않았다. 부동항을 찾아 남하정책을 펴는 러시아와 오스만 제국의 전쟁이 계속되던 1915년에 또다시 대규모의 인종청소가 일어나 수많은 아르메니아인들이 목숨을 잃었다(관련 내용은 P.641 참고). 1917년 러시아에서 공산 혁명이 일어나자 러시아군은 철수했고, 1918년 반은 오스만 제국의 수중에 들어갔다. 아르메니아인들은 아제르바이잔으로 피난했고 3000년 역사의 도시는 완전히 파괴되어 폐허가 되었다. 현재의 반은 동쪽으로 4km 떨어진 곳에 새로 조성된 도시다. 고난의 역사를 걸어온 반은 2011년 대지진으로 또 한번 아픔을 겪었다.

반 가는 법

비행기, 기차, 버스, 페리까지 반으로 가는 교통수단은 다양하다. 어떤 것을 타고 가야 할 지 고민해야할 정도. 배낭족들에게는 아무래도 버스가 나은 편이지만 타트반에서 간다면 페리를 타고 호수 경치를 즐기는 호사를 누릴 수도 있다.

➡ 비행기

동부 아나톨리아의 대도시답게 이스탄불, 앙카라를 비롯한 주요 도시에서 비행기가 다니고 있다. 튀르키예 항공(www.thy.com, ☎(0432)215-5353)과 페가수스 항공(www.flypgs.com)에서 매일 이스탄불과 앙카라, 아다나를 직항으로 연결한다(페가수스 항공은 이스탄불의 사비하 괵첸 공항을 사용하므로 착오가 없도록 하자).

반 공항은 시내와 4km 정도 밖에 떨어져 있지 않아 시내 진입은 쉬운 편. 단, 튀르키예 항공에서 운행하는 셔틀버스는 운행시간이 들쑥날쑥한데다 운행하지 않는 경우도 많아 사설 여행사의 세르비스를 이용하거나 택시를 타야할 경우도 있다. 다행히 시내까지 거리가 가까워 택시요금이 많이 나오지는 않는다(10분, 50TL). 시내에서 공항으로 갈 때는 항공권을 구입한 여행사에서 운영하는 세르비스를 이용하면 된다.

반 공항 Van Havalimanı

전화 (0432)217-2818, 217-6878

➡ 오토뷔스

대부분의 여행자들이 이용하는 교통 수단. 가까운 동부와 남동부 도시는 물론 멀리 흑해에서도 직접 가는 버스가 있어 편리하게 이용할 수 있다. 반에 거점을 두고 있는 버스회사는 반 괼뤼 Van Gölü, 베스트 반 투르 Best Van Tur, 반 세야하트 Van Seyahat 등 세 곳. 오토가르에서 시내까지는 3km 정도 밖에 안 되어 이동은 오래 걸리지 않는다. 오토가르 앞에서 시내버스나 돌무쉬를 이용하면 된다. 요금은 교통카드나 현금으로 지불하면 된다.

한편 도우베야즛으로 가는 미니버스는 별도의 터미널을 이용하니 착오가 없도록 하자. 시내 중심 베쉬욜에서 북쪽으로 도보 5분 거리에 터미널이 있다(악다마르 섬으로 가는 돌무쉬도 같은 터미널을 사용한다). 도우베야즛에서 미니버스를 타고 반으로 온 경우에도 이곳에 도착하므로, 배낭을 메고 5분만 걸으면 중심가인 베쉬욜에 이른다. 중심가인 줌후리예트 거리를 따라 걸으며 숙소를 정하면 된다.

반에서 국제버스를 타고 이란으로 갈 수도 있다. 반의 버스 회사가 모두 이란의 타브리즈까지 운행

반에서 출발하는 **버스 노선**

행선지	소요시간	운행
이스탄불	24시간	1일 4~5편
앙카라	18시간	1일 4~5편
도우베야즛	2시간 30분	1일 5편
에르주룸	7시간	1일 3~4편
트라브존	12시간	1일 2~3편
타트반	2시간	1일 10편 이상
디야르바크르	7시간	1일 10편 이상
말라티아	9시간	1일 5~6편
샨르우르파	1일 5~6편	11시간
카파도키아(카이세리)	1일 2~3편	14시간

*운행 편수는 변동이 있을 수 있음.

하므로 이란으로 가는 여행자는 언제든 손쉽게 이용할 수 있다(이란 비자는 이스탄불, 에르주룸, 트라브존의 영사관에서 미리 취득해야 한다).

도우베야즛 행 미니버스
이삭파샤 투리즘 İshakpaşa Turizm
전화 (0432)214-4486

도우베야즛, 악다마르 섬 행 미니버스 터미널

➡ 국제열차

반은 이란으로 가는 국제열차가 통과하는 역이다. 이스탄불에서 출발해 이란의 수도 테헤란 Teheran을 잇는 트랜스 아시아 익스프레스 Trans Asya Exp.가 매주 1회 통과한다. 이란 비자를 소지한 여행자라면 반에서 기차를 타고 이란으로 갈 수도 있으니 알아두자. 또한 테헤란에서 튀르키예를 거쳐 시리아의 알레포 Aleppo, 다마스쿠스 Damascus로 가는 국제열차도 반을 통과하기 때문에 열차를 타고 시리아로 갈 수도 있다. 튀르키예와 이란의 국경인 타브리즈에 도착하면 열차에서 내려 입국 절차를 거쳐야 한다. 자세한 운행시간과 요금은 철도청 홈페이지(www.tcdd.gov.tr)를 참고하자. 반 기차역은 시가지 북쪽으로 3km정도 거리에 있다. 중심지인 베쉬 욜에서 택시로 약 10분 소요.

➡ 페리

바다처럼 넓은 반 호수를 가로질러 페리가 운행한다. 호수의 서쪽 끝인 타트반 Tatvan에서 동쪽 끝인 반까지 운행하는 배가 그것. 시간이 많이 걸리는데다 편수도 적어 이용객은 많지 않지만 뱃놀이를 즐길 수 있는 절호의 찬스가 될 수도 있으니 참고하자. 운행 시간은 자주 바뀌므로 전화로 미리 알아보자. 반의 관광안내소에 문의하면 선착장에 전화해서 알려준다. 선착장에서 500m 정도 걸어가면 시내(베쉬 욜)로 가는 돌무쉬를 탈 수 있다.

타트반 ▷▶ 반 페리
운행 하루 2편(시간은 수시로 변동)
소요시간 5~6시간
요금 45TL
전화 (0432)228-0988(반 선착장 Van İskele)

시내 교통

숙소, 레스토랑, 은행, 관광안내소 등 여행자 편의시설은 모두 중심거리인 줌후리예트 거리 Cumhuriyet Cad.에 자리하고 있어 도보로 다닐 수 있지만 볼거리는 시내와 외곽 곳곳에 떨어져 있어 돌무쉬를 이용해야 한다. 각 돌무쉬는 행선지별 출발지가 다르니 미리 숙지해 두자. 반 성채, 반 선착장, 기차역, 위준쥐 윌 대학교 행 돌무쉬는 줌후리예트 거리 초입에 있는 교차로 베쉬 욜 Beş Yol 부근에서 출발한다. 성채는 칼레 Kale, 기차역은 이스타시온 İstasyon, 대학교는 캄퓌스 KAMPÜS라고 적힌 돌무쉬를 타면 된다.
호샵 성채는 관광안내소에서 150m 가량 떨어진 키슬라 거리 Kişla Cad.에서 출발한다. 반 호수를 즐기기 좋은 악다마르 섬으로 가려면 베쉬 욜 북쪽의 미니버스 터미널(베쉬 욜에서 도보 5분)에서 게바쉬 행 돌무쉬를 타고 가야 한다. 특정 번호는 없고 유리창에 행선지를 써 놓았는데 헷갈린다면 타기 전에 차장에게 물어보자. 오토가르로 갈 때도 돌무쉬가 편리하게 이용된다. 돌무쉬 요금은 차내에서 현금으로 내면 된다.

반 둘러보기

반은 관광명소 간의 거리가 멀어 다 돌아보려면 최소 2일은 투자해야 한다. 여러가지 볼거리가 있지만 최고를 꼽으라면 아무래도 반 호수다. 반의 상징인데다 시시각각 색깔이 바뀐다고 할 만큼 아름답기 때문이다. 호수와 악다마르 섬은 모든 여행자들이 방문하는 필수 코스니 아무리 시간이 없더라도 빼놓지 말자. 이밖에 반 성채와 도시 외곽에 있는 호샵 성채 등이 반에서 볼 수 있는 유적들이다. 첫날은 오전에 악다마르 섬에 다녀온 후 오후에 반 성채를 방문해 호수로 지는 석양을 즐기고, 둘째날은 멀리 떨어져 있는 호샵 성채에 다녀온 후 시내를 다니며 거리 풍경을 즐기는 것을 추천할 만하다. 반의 명물인 반 고양이를 보러 위준쥐 윌 대학교 Yüzüncü Yıl Üniversite에 다녀올 수도 있다. 모든 돌무쉬는 베쉬 욜 부근에서 출발하므로(호샵 성채 제외) 베쉬 욜이 관광의 시작과 끝이 된다. 아침식사 전문식당 골목에서 아침을 먹는 호사는 놓치지 말 것.

+ 알아두세요!

1. 호샵 성채에 갈 때 관광안내소에 들러 오픈 여부를 문의하자.
2. 악다마르 섬이나 호샵 성채는 반에서 거리가 멀기 때문에 여름철 성수기를 제외하면 돌무쉬의 배차 간격이 길고 불규칙하다. 하루종일 걸릴 수도 있으니 시간을 여유있게 두고 관광 계획을 세우기 바란다.

★★★★★ BEST COURSE ★★★★★

첫날 예상소요시간 7~8시간

출발 ▶▶ 미니버스 터미널(게바쉬 행 돌무쉬)

돌무쉬로 40분

반 호수(P.648)
튀르키예에서 가장 큰 소금 호수.
투명한 파란색이 빨려들 듯 여행자를 끌어당긴다.

배로 20분

악다마르 섬(P.648)
아담한 아르메니아 정교회와 타마라의 슬픈 전설이 깃든 섬.

돌무쉬로 1시간

반 성채(P.649)
우라르투 왕국의 당당한 위용이 느껴지는 산성.
세상에~ 이렇게 큰 산성을 어떻게 쌓았을까?

둘째날 예상소요시간 4~5시간

출발 ▶▶ 호샵 성채 행 돌무쉬 정류장
키슬라 거리 Kişla Cad.에서 출발.

돌무쉬로 40분

호샵 성채(P.650)
정문의 사자 부조가 인상적인 우라르투 왕국의 성채.

돌무쉬로 40분

반 박물관(P.650)
우라르투 왕국의 생활상을 볼 수 있는 박물관.

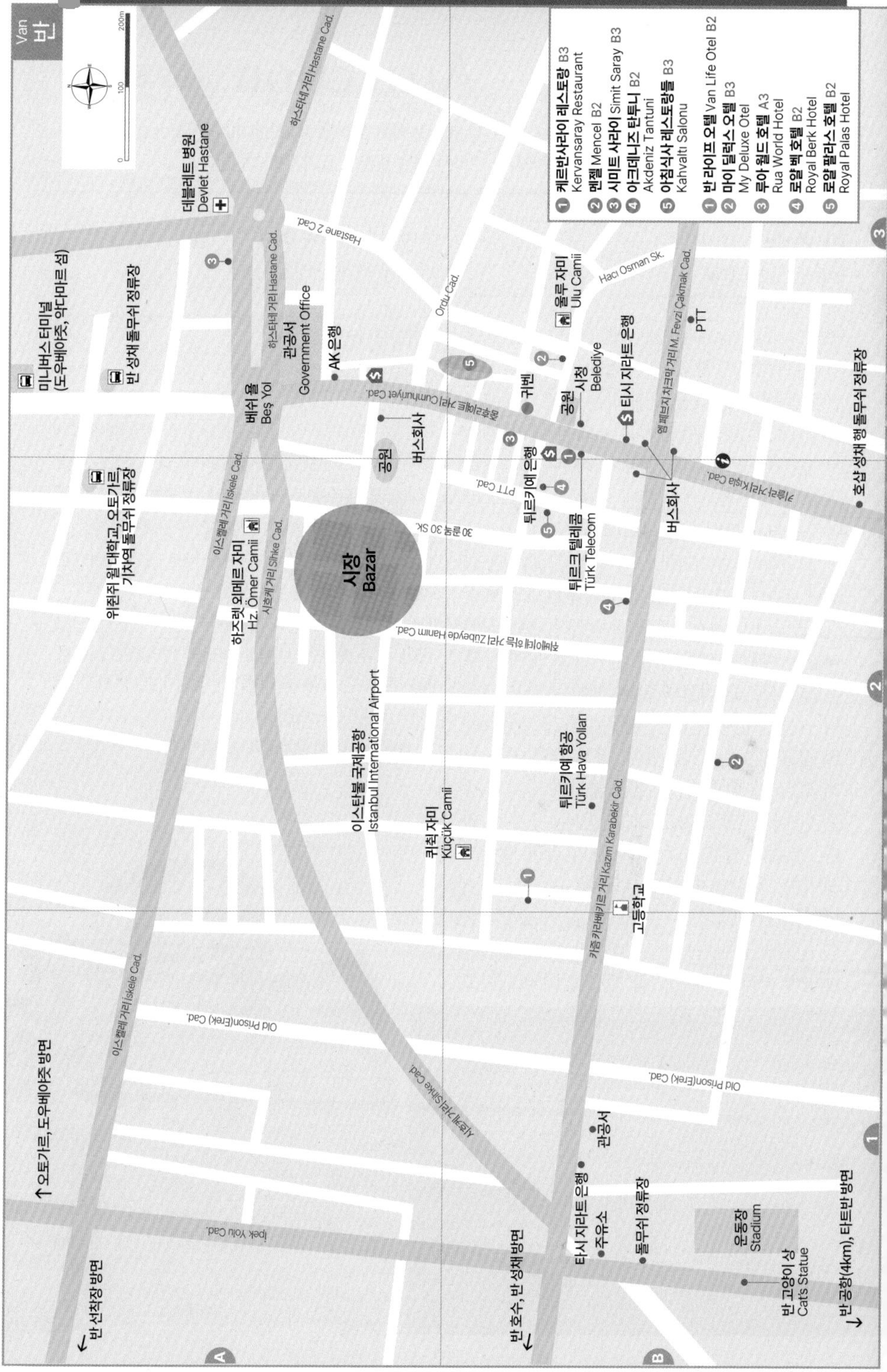

Van 반

1 **케르반사라이 레스토랑** B3
Kervansaray Restaurant
2 **멘젤** Mencel B2
3 **시미트 사라이** Simit Saray B3
4 **아크데니즈 탄투니** B2
Akdeniz Tantuni
5 **아침식사 레스토랑들** B3
Kahvaltı Salonu

1 **반 라이프 오텔** Van Life Otel B2
2 **마이 딜럭스 오텔** B3
My Deluxe Otel
3 **루아 월드 호텔** A3
Rua World Hotel
4 **로얄 벡 호텔** B2
Royal Berk Hotel
5 **로얄 팔라스 호텔** B2
Royal Palas Hotel

Attraction 반의 볼거리

반 호수와 악다마르 섬, 성채 등이 있는데 어느 것 하나 놓치기 아까운 볼거리들이다. 일정이 촉박하더라도 가능한 시간을 여유있게 잡고 자연과 역사가 조화된 반을 충분히 즐기기를 추천한다.

반 호수
Van Göl ★★★

개방 24시간 **요금** 무료 **가는 방법** 시가지 베쉬 욜 근처에서 반 성채 행 돌무쉬로 약 10분.

전체 둘레가 500km에 달하는 튀르키예에서 가장 큰 호수. 일반적인 호수와는 달리 염분이 높은 소금 호수다. 호수 옆에는 작은 규모의 염전이 있을 정도. 오랜 옛날 이 일대가 바다였음을 증명하는 대목이다.

반 호수는 해발 1646m, 면적은 3713㎢의 엄청난 넓이를 자랑하며(세계 최대의 소금호수다) 물빛이 아름답기로도 유명하다. 전체적인 색깔은 파란색 계열이며 흰색으로 보이는 부분도 있다. 물 색깔이 달리 보이는 것은 염분의 농도와 깊이의 차이 때문. 참고로 반 호수의 평균 깊이는 171m이며, 가장 깊은 곳은 무려 451m에 달한다. 엄청난 넓이와 깊이로 종종 반 바다 Van Sea라고 오인받는 경우도 있다. 호수의 물은 9.7~9.8pH의 강한 알칼리성이며, 알칼리성 물에서도 살 수 있는 청어만 서식한다(호수로 흘러드는 강이 범람하는 봄철에만 잡힌다). 현지인들의 말에 따르면 햇빛에 따라 하루에 일곱 번 색깔이 바뀐다고 한다. 반 성채와 악다마르 섬이 반 호수를 즐기기에 최적의 장소다.

반 호수의 석양

악다마르 섬
Akdamar Adası ★★★

개방 24시간 **요금** €12 **가는 방법** 미니버스 터미널에서 돌무쉬를 타고 게바쉬 마을로 간다(50분 소요). 게바쉬에서 인근 마을로 가는 돌무쉬로 갈아타고 가다가 악다마르 선착장 앞에서 내린다(5분 소요). 여름철 성수기에는 악다마르 선착장까지 바로 가기도 하므로 처음에 돌무쉬 탈 때 물어보자.

Tip. 선착장에서 섬까지는 배로 20분. 최소 승선인원이 차야 출발한다. 섬에 내리면 돌아가는 시간을 확인하고 관광을 시작할 것(악다마르 선착장 ☎ +90-544-563-7374).

악다마르 섬의 아르메니아 교회

반 호수 위에 떠 있는 바위 섬. 길이 700m, 너비 600m, 넓이 70만㎡에 둘레는 2km이며 섬의 동쪽에 수량이 풍부한 샘이 있다. 반의 명소로 반을 방문한 관광객은 누구나 한 번쯤 꼭 들르는 곳이다. 섬에서 바라보는 호수의 파란 물빛과 반대편 산의 조화는 카메라 셔터 누르는 손을 바쁘게 만든다.

Shakti Say

악다마르 섬의 전설

옛날 악다마르 섬은 아몬드 나무가 가득했고 이곳에 살던 사제는 이방인이 섬에 들어오는 것을 허락하지 않았습니다. 섬의 주민 가운데는 타마라라는 아리따운 여인이 있었습니다. 어느 날 헤엄을 잘 치는 청년이 호기심을 느끼고 수영을 해서 섬에 옵니다. 잠시 휴식을 취하던 그는 아몬드를 따고 있는 타마라를 발견하게 되고 이내 둘은 운명적인 사랑에 빠집니다. 사제들의 눈을 피해 밤이면 타마라는 등불을 켜서 신호를 보냈고 청년은 등불이 있는 곳까지 헤엄을 쳐 와서 사랑을 나누었죠. 그러나 이런 종류의 이야기에는 반드시 훼방꾼이 등장하는 법. 어느 날 수도원장의 딸이 이 사실을 알게 되고 질투심에 불탄 그녀는 아버지에게 일러바치고 맙니다.

마침 그날은 폭풍우가 몰아치던 밤이었고 수도원장은 거짓 등불을 켜고 청년을 부릅니다. 아무것도 모르는 순진한 청년은 높은 파도에도 불구하고 연인을 찾아 물로 뛰어들고, 수도원장은 등불을 들고 섬 이곳저곳을 돌아다닙니다. 불빛을 쫓아 하염없이 헤엄치던 청년은 거센 파도에 마침내 기력이 다하고 "아, 타마라 Ah Tamara"라는 외마디 비명과 함께 빠져 죽습니다. 연인의 비명소리를 들은 타마라는 그가 죽은 곳으로 뛰어들어 함께 생을 마감합니다. 죽어서 만난 연인은 더 이상 헤어지지 않았고 청년이 죽어가면서 지른 '아, 타마라'라는 말이 변해서 섬 이름인 악다마르 Akdamar가 되었다는 슬픈 전설입니다.

슬픈 전설이 깃든 악다마르 섬

섬에는 10세기경 지어진 아르메니아 정교회가 있어 풍경 이외의 볼거리도 제공하고 있다. 아르메니아의 바스푸라칸 Vaspurakan 왕국의 가긱 Gagak 1세가 궁전과 함께 지은 성당인데 궁전은 사라지고 성당만 남았다(정식 명칭은 '성 십자가 대성당'이다). 1116년부터 1895년까지 아르메니아 정교회 총대주교의 대성당이었으며, 20세기 초 아르메니아 사태(P.641 참고) 때 완전히 파괴되었다가 복원공사를 거쳐 2007년에 박물관으로 개장한 굴곡진 역사를 간직하고 있다.

교회는 원추형 돔을 중심으로 8개의 채광창이 있는 전형적인 아르메니아 교회 양식이다. 내부에는 주로 푸른색을 사용한 프레스코화가 남아있는데 한쪽에는 12사도의 성화도 있다. 내부보다는 외벽에 돌아가며 새겨진 다양한 부조가 더 인상적인데 모두 구약성서의 사건을 주제로 하고 있다. 남동쪽 면에는 골리앗과 싸우는 다윗, 남서쪽에는 아기예수를 안고 있는 성모 마리아, 북쪽에는 아담과 하와의 모습 등을 볼 수 있다. 섬에는 찻집이 하나 있을 뿐 레스토랑은 없으니 토마토나 빵 같은 간식을 준비해 가면 좋다. 소풍기분을 낼 수 있어 즐거운 투어가 됨은 말할 것도 없다.

반 성채
Van Kalesi ★★★

주소 Van Kalesi, Van **개관** 매일 08:00~19:30(겨울철은 16:00까지) **요금** €3 **가는 방법** 시가지 베쉬 욜 근처에서 돌무쉬로 약 10분. 칼레 Kale라고 적힌 것을 타면 된다.

시내에서 서쪽으로 약 3km 떨어진 곳에 있는 성. 기원전 9세기경 반을 거점으로 강대한 힘을 자랑했던 우라르투 왕국의 사르두르 Sardur 1세에 의해 호수 동쪽 기슭 바위산에 건설되었다. 총 길이 1800m, 폭 120m, 높이는 80m에 이르는 거대한 규모를 자랑한다.

내성과 외성으로 구성되어 있으며 아시리아의 공격으로 무너진 것을 로마, 비잔틴, 셀주크, 오스만 제국을 거치며 여러 번 보수했다. 성채의 번듯한 외벽은 2010년부터 시작된 문화유산 재건 프로젝트의 일환으로 최근 복원된 것이다. 아치형 돌다리를 건너면 바로 오른쪽에 매표소가 있고, 공터에서 왼쪽 바위산으로 올라가면 성채로 가는 길이다. 공터 오른쪽으로 가면 기초를 닦았던 거대한 돌들이 시루떡처럼 쌓여있다. 자세히 보면 모서리에 고대 우라르투 왕국의 쐐기문자가 있으니 놓치지 말 것.

바위산 정상에 올라가면 능선을 따라 관람하게 되는데, 호수와 반 시가지 전경이 360° 파노라마로 펼쳐져 올라오느라 고생했던 피곤을 말끔히 날려준다. 성채 남쪽 아래는 넓은 목초지가 펼쳐져 있고 군데군데 자미와 고대 유적들이 있는데, 이곳이 바로 1918년까지 아르메니아인들이 살던 원래의 반이었다. 지금은 평화로운 들판이지만 처참한 최후를 맞은 도시의 폐허라는 사실 때문인지 목가적으로만 보이지 않는다. 남아있는 유적은 셀주크과 오스만 시대의 자미와 신학교 건물들이다. 반 성채는 그 자체도 볼거리지만 호수풍경이 좋기로도 유명하다. 특히 석양에 물드는 호수는 반을 잊을 수 없게 만드는 요인이기도 하니 가능하면 시간을 맞춰 오후에 방문하는 게 좋다.

반 고고학, 민속학 박물관
Van Archeology & Ethnography Müzesi ★★★

주소 Yalı, Van Kalesi 1. Sk., 65140 İpekyolu **개관** 화~일 08:00~17:00 **홈페이지** www.kulturportali.gov.tr **요금** €3 **가는 방법** 반 성채 아래쪽에 있다. 시내에서 성채 행 돌무쉬로 10분.

반 주변에서 출토된 유물을 전시하고 있다. 예전에는 시내에 있었는데 외곽의 넓은 부지에 새로 건물을 지으면서 옮겼다. 구석기 시대부터 현재에 이르기까지 시대별로 23개의 전시실에 나누어 유물을 전시하고 있으며, 우라르투 홀에는 비석과 군사 관련 물품, 농업과 의류, 보석 등 각각의 항목을 나누어 자세하게 전시하고 있다. 반의 역사 변천 과정을 한 눈에 알 수 있어 매우 유용하며 특히 석조 조각은 놀랄 만큼 섬세하게 조각되어 있어 옛 사람의 감정까지 전해지는 것 같다. 또한 애니메이션과 다양한 미니어처, 밀랍 인형으로 당시의 생활상을 재현해 놓아 이해를 돕고 있다. 전시물의 종류와 가치가 상당한데다 모던한 박물관 내부도 쾌적한 관람에 도움이 된다.

호샵 성채
Hoşap Kalesi ★★★

개관 매일 08:00~17:00 **요금** 무료 **가는 방법** 시내에서 돌무쉬로 약 50분. 호샵 성채 행 돌무쉬 정류장은

산 위에 자리한 반 성채

반 박물관(사진 출처 : 박물관 홈페이지)

키슬라 거리 Kişla Cad. 남쪽에 있다.

시내에서 동쪽으로 약 60km 떨어진 호샵 마을에 있는 성채. 이 지역은 우라르투 왕국 시대부터 페르시아로 가는 길의 군사적 요충지였다. 우라르투 왕국 시절 처음 지어졌으며 17세기 오스만 제국 때 이곳을 다스리던 쿠르드인 영주가 개축했다. 성 안에는 300여개의 방과 자미, 하맘 등의 시설이 갖추어져 있으며 정문에는 목에 쇠줄을 맨 채 묶여있는 두 마리의 사자 부조가 있어 흥미롭다. 호샵은 페르시아어로 '아름다운 물'이라는 뜻이라고 한다.

입구의 철문은 오스만 시대의 것으로 별 모양의 양각 무늬가 새겨져 있다. 자세히 보면 제1차 세계대전 당시의 총알자국과 박혀있는 총알도 보인다. 입구 들어서서 동굴같은 계단을 통과해 위로 올라간다. 바닥의 바위를 깎아서 만든 계단과 벽의 기단은 우라르투 시대의 것이고, 위쪽의 성벽과 나무 대들보 부분은 오스만 시대의 것이다.

성 내부는 공연장, 사자 사육장, 감옥 등으로 구성되어 있으며, 하렘과 셀람륵, 자미 등 일반적인 오스만 시대의 궁전 양식이다. 셀람륵으로 사용하던 테라스에서 아래로 마을이 내려다보인다. 대상들이 머물던 케르반사라이가 있었고, 민가 위로 보이는 공룡 등뼈같은 허물어진 성채는 외성이다. 자세히 보면 4군데의 감시탑 흔적도 확인할 수 있다. 개정판 조사당시 위쥔쥐 윌 대학교의 고고학부가 주축이 되어 보수작업이 진행 중이었다

한편 반 성채 가는 길에 '차부쉬테페 Çavuştepe'라는 또 다른 우라르투 시대의 성채 유적이 있다. 산 위에 자리했는데 오랜 세월 탓에 다 무너지고 기단만 남아 있다. 대단한 볼거리라고 할 수는 없지만 시간이 충분하다면 호샵 성채 갔다가 돌아오는 길에 들러볼 수 있다. 간선도로에 내려서 500m 정도 언덕길을 올라야 한다. 입장료는 없다.

호샵 성채

Meeo Say

반 고양이 이야기

반을 상징하는 동물은 고양이입니다. 반 고양이가 유명하게 된 것은 바로 특이한 눈(目) 때문입니다. 신기하게도 좌우의 눈 색깔이 달라 처음 보는 이들을 깜짝 놀라게 만듭니다. 한쪽은 노란색, 다른 한쪽은 파란색이죠. 물을 싫어하는 일반적인 고양이와 달리 호수 출신(?)인 반 고양이는 헤엄도 잘 치고 매우 영리합니다. 태어날 때부터 눈 색깔이 다르지만 일부는 생후 90일 전후로 달라진다고 합니다. 반 지역에서만 발견되는 특이한 종이므로 다른 지역으로 반출도 금하고 있습니다. 한국의 진돗개와 비슷하다고나 할까요? 세계적 희귀종인 반 고양이의 연구와 번식을 목적으로 위쥔쥐 윌 대학교 Yüzüncü Yıl Üniversite 내의 반 고양이의 집 Van Kedi Evi에서 연구하고 있습니다. 한 가지 재미있는 것은 고양이뿐만 아니라 개나 소 같은 다른 동물도 간혹 눈 색깔이 다른 경우가 있고 심지어 최근에는 사람까지 등장했답니다. 놀랍지 않으세요?

*위쥔쥐 윌 대학교 반 고양이의 집 가는 방법 베쉬 욜 부근 정류장에서 캄퓌스 KAMPÜS라고 적힌 돌무쉬로 약 25분. 돌무쉬는 교내로 들어가는데, 처음에 정차하는 곳에 내리지 말고 차장에게 '케디 에비(고양이집)'를 물어보고 내릴 것. 하차 후 도보 10분.

Travel Plus 튀르키예 최대의 칼데라 호가 있는 타트반 Tatvan

반에서 서쪽으로 150km 떨어져 있는 타트반은 튀르키예 최대의 칼데라 호가 있는 도시입니다. 반이 반 호수 동쪽 기슭의 거점이라면 타트반은 서쪽 기슭의 거점 마을이지요. 깊은 산 속에 그림같이 잠겨있는 호수는 때로 현실이 아닌 것 같은 신비감마저 불러일으키며 이방인에게 특별한 기억을 선사합니다. 또한 타트반 남동쪽의 마을 비틀리스 Bitlis는 12~13세기 셀주크 투르크 시대에 지어진 많은 자미와 신학교가 있어 볼거리를 제공함과 동시에 전공자들에게는 빼놓을 수 없는 방문지랍니다. 반을 방문한 후 서쪽으로 가는 일정이라면 타트반에 잠시 들러 아름다운 자연을 탐방해 볼만합니다.

타트반 가는 법 & 시내교통

이스탄불, 이즈미르 등 서부 도시에서 반까지 다니는 버스가 대부분 타트반을 통과하기 때문에 교통은 원활하다. 오토가르는 시내에서 약 2km 떨어져 있으며, 시내까지는 오토가르 앞 도로를 수시로 지나다니는 돌무쉬를 이용하면 된다(5분). PTT가 있는 곳이 시내 중심이므로 노란색 PTT 간판이 보이면 내리도록 하자. 또는 반에서 하루 2편 운행하는 페리를 이용할 수도 있다(4시간~4시간 30분).

타트반 시내는 식당, 숙소, 은행 등 편의시설이 줌후리예트 거리 Cumhuriyet Cad.에 몰려 있어 도보로 충분히 다닐 수 있다.

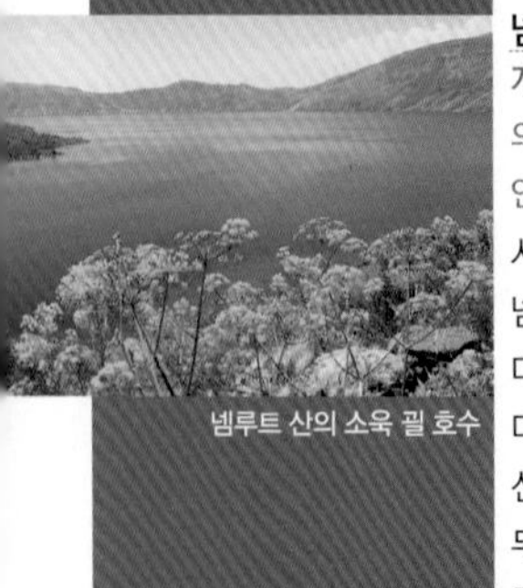
넴루트 산의 소욱 괼 호수

넴루트 산 Nemrut Dağı ★★★

개방 24시간 **요금** 무료 **가는 방법** 투어에 참가하거나 택시를 이용해야 한다. 투어는 시내의 반 괼뤼 Van Gölü 버스회사 사무실에 문의하면 된다. 택시는 왕복 700TL 정도. 비수기인 겨울철에는 투어가 중단된다.

시내에서 북쪽으로 약 6km에 자리하고 있는 산. 중부 아나톨리아에 있는 세계문화유산인 넴루트 산과는 이름만 같을 뿐 전혀 다른 산이다. 해발 2247m의 넴루트 산은 겉보기에는 다른 산과 별 차이가 없어 보이지만 꼭대기에 화산 호수인 칼데라 Caldera가 있어 특별하다. 한국의 백두산 천지나 한라산 백록담과 비슷한 형태이다.

산꼭대기에는 크고 작은 다섯 개의 호수가 있으며, 호수와 목초지를 포함한 전체 직경은 무려 8km에 달한다. 소욱 괼 Soğuk Göl('차가운 호수'라는 뜻)이라는 가장 큰 호수는 짙은 푸른색의 수면이 주변의 산과 어우러져 고요하고 신비로운 자태를 자랑하기로 유명하다. 호수 주변에는 온천이 솟아나는 곳과 뜨거운 증기가 나오는 바위 구멍도 있어 옛날에 화산이었음을 알 수 있다.

호수가 아름다운데다 오솔길이 난 숲도 있어 자연을 즐기기 좋기 때문에 관광 시간을 넉넉히 잡는 게 좋다. 시간에 쫓기기보다는 1일 소풍을 즐긴다는 마음으로 과일이나 빵 같은 간식을 준비해 가자.

비틀리스 마을의 세레피예 자미

비틀리스 Bitlis ★★★

개방 24시간 **요금** 무료 **가는 방법** 타트반에서 돌무쉬로 40분. 돌아오는 돌무쉬 시간을 확인하고 관광을 시작하는 게 좋다.

타트반 남서쪽에 위치한 마을로 셀주크 투르크 시대의 자미와 신학교가 잘 남아 있다. 기원전 4세기경 알렉산더 대왕이 성채를 건설했는데, 이 때 지휘관이었던 바들리스 Badlis에서 도시의 이름이 유래했다고 한다. 작은 도시지만 많은 수의 자미와 신학교가 있어 놀라운데, 대부분 셀주크 투르크의 전성기인 12~13세기에 건립된 것들이다. 도시를 대표하는 성채와 1126년 지어진 울루 자미 Ulu Camii, 16세기에 지어진 세레피예 자미 Şerefiye Camii, 메이단 자미 Meydan Camii 등이 대표적인 볼거리다. 보수적인 동네라 시내를 다니는 여성을 거의 찾아볼 수 없을 정도다.

Restaurant 반의 레스토랑

인구 30만이 넘는 대도시 반의 먹을거리 사정은 풍부하며 특히 아침식사가 유명하다. 햄, 치즈 등 다양한 재료를 이용한 푸짐한 아침식사는 반의 명물. 아침식사 전문식당 골목까지 있을 정도이므로 반을 방문했다면 꼭 한번 먹어보길 권한다. 대부분의 레스토랑은 줌후리예트 거리에 몰려있고 맛과 양에 비해 가격은 저렴한 편이라 부담없이 이용할 수 있다. 저렴한 숙소가 있는 시장 부근에도 많은 서민 식당이 있다.

케르반사라이 레스토랑 Kervansaray Restaurant

Map P.647-B3 주소 Cumhuriyet Cad. Merkezi Kat 1 No.1 **전화** (0432)215-9482 **영업** 10:00~23:00 **예산** 1인 100~200TL **가는 방법** 줌후리예트 거리의 시청 맞은편 튀르키예 은행 옆에 있다.

반 시민들이 애용하는 중급 레스토랑. 음식을 주문하면 샐러드와 다진 양념인 에즈메, 동부지방의 명물인 치으 쾨프테를 기본으로 세팅해 주는 등 훌륭한 서비스를 제공한다. 양고기 케밥인 '쿠주바쉬'는 고기 냄새가 나지 않게 잘 구워 나오고, 으깬 가지에 쇠고기를 넣은 찜 요리 '아부가니쉬'도 맛있다.

멘젤 Mencel

Map P.647-B2 주소 Kazım Karabekir cad, Türkoğlu 1. Sk. No: 20/6, 65100 **전화** +90-538-952-8565 **영업** 11:30~22:00(일요일 휴무) **예산** 1인 250~350TL **가는 방법** 시청에서 도보 10분.

반 시민들이 추천하는 맛집으로 모던한 인테리어와 전통 스타일의 테이블과 식기가 인상적이다. 수프와 전채, 화덕 빵과 메인요리, 디저트까지 제공되는 멘젤 세트메뉴는 가격은 높지만 이 집의 웬만한 음식을 한 번에 맛볼 수 있어 많은 이들이 추천하는 메뉴다. 식당 맞은편에 유료 주차장이 있다.

시미트 사라이 Simit Saray

Map P.647-B3 주소 Cumhuriyet Cad. **전화** (0432)215-4065 **영업** 08:00~ 23:00 **예산** 커피 25TL, 각종 시미츠 10TL부터 **가는 방법** 시청 맞은편 튀르키예 은행 옆에 있다.

반 시민들이 애용하는 최고의 약속 장소로 밝고 쾌활한

분위기. 시미트와 각종 케이크, 바클라바(튀르키예식 단 과자)가 즐비하게 놓인 진열대는 보는 것만으로도 기분이 좋아진다. 스낵과 뜨거운 차이, 원두 커피를 사서 위층으로 올라가 맘에 드는 자리를 잡자.

아크데니즈 탄투니 Akdeniz Tantuni

Map P.647-B2 주소 Cumhuriyet Cad. PTT Karşısı No.54/A **전화** (0432) 216-9010 **영업** 08:00~23:00 **예산** 탄투니 샌드위치 60TL **가는 방법** 시청에서 도보 1분.

탄투니는 잘게 썬 고기를 양념 철판볶음하여 올리브 오일을 첨가하는 샌드위치. 메뉴는 쇠고기와 닭고기 탄투니 두 가지며, 빵은 일반적인 에크멕과 얇은 라바쉬 중 선택할 수 있다. 매콤한 고추 피클을 곁들여도 좋고, 레몬과 소금을 첨가해도 한결 풍미가 살아난다.

아침식사 레스토랑들 Kahvaltı Salonu

Map P.647-B3 주소 Cumhuriyet Cad. Kahvaltıcılar Sk. **영업** 06:00~13:00 **예산** 1인 250~300TL **가는 방법** 줌후리예트 거리 중간쯤에 있다. 시청에서 도보 3분.

아침식사를 전문으로 하는 식당 거리. 대여섯 개의 레스토랑이 성업 중인데 바쁜 시민들이 즐겨 찾는다. 꿀, 치즈, 올리브, 햄 등 다양한 재료를 선택할 수 있으며 사진이 있어 쉽게 주문할 수 있다. 반의 명물이므로 한번쯤 들러 아침식사를 즐겨보자.

Hotel 반의 숙소

동부 아나톨리아의 대도시 답게 많은 숙소가 성업중이다. 중심가인 줌후리예트 거리 양쪽으로 많은 수의 숙소가 있으므로 취향과 주머니 사정에 맞게 머물 수 있다. 같은 숙소에서도 에어컨이 없는 객실도 있으므로 여름철이라면 미리 에어컨 여부를 알아두는 게 좋다. 시장통에 자리한 숙소가 많아서 소음에 취약할 수도 있으므로 주변 환경을 고려해서 정하도록 하자. 저렴한 숙소는 투숙객들 및 주변 소음 때문에 시끄러울 수 있다는 것도 알아두자.

반 라이프 오텔 Van Life Otel

Map P. 647-B2 주소 Bahçıvan, Sediraltı Sk. No:21, 65130 **전화** (0432)530-0000 **홈페이지** www.vanlifehotels.com **요금** 싱글 €30(개인욕실, A/C), 더블 €50(개인욕실, A/C) **가는 방법** 베쉬 욜에서 시흐케 거리를 따라 도보 10분.

주로 흰색 계열의 색깔을 사용해 깔끔한 느낌을 주는 중급 호텔. 미니바와 가구, 커피포트 등 편의시설을 갖춘 객실과 드라이어가 있는 욕실도 잘 관리되고 있어 편안히 머물 수 있다. 조식도 푸짐하게 나오고 직원들도 친절해 반을 찾는 많은 여행자들이 엄지 척을 주저하지 않는다. 가성비 최고!

마이 딜럭스 오텔 My Deluxe Otel

Map P. 647-B3 주소 Şerefiye, 65140 İpekyolu/Van **전화** (0432)214-1111 **홈페이지** www.mydeluxeotel.com.tr **요금** 싱글 €60(개인욕실, A/C), 더블 €70(개인욕실, A/C) **가는 방법** 줌후리예트 거리 튀르키예 은행 맞은편으로 도보 2분.

카페트가 깔린 객실은 이중 커튼과 고급스러운 침대가 조화되어 편안한 분위기를 연출한다. 샤워부스가 분리된 욕실도 청결히 관리하고 있으며 종업원들도 친절해 하루이틀 머물기에 부족함이 없다. 아침식사와 부속 주차장까지 소홀함 없이 잘 관리되고 있다.

루아 월드 호텔 Rua World Hotel

Map P. 647-A3 주소 Vali Mithat Bey, Kışla Yolu Sk. No:13, 65100 **전화** (0432)503-0909 **홈페이지** ruaworldhotel.com **요금** 싱글 €40(개인욕실, A/C), 더블 €60(개인욕실, A/C) **가는 방법** 베쉬 욜에서 도보 2분.

모던한 인테리어와 고급스러운 침구류, 깨끗한 수건과 드라이어가 비치된 욕실 등 나무랄 데 없는 중급 호텔이다. 조식은 아침식사의 도시 반의 명성에 걸맞는 수준으로 다양하고 풍성하게 나온다. 객실이 약간 좁다는 것만 빼면 매우 괜찮은 숙소라 할 만하다.

로얄 벡 호텔 Royal Berk Hotel

Map P. 647-B2 주소 Bahçıvan, Cumhuriyet 6. Sk. No:5, 65100 **전화** (0432)215-0050 **홈페이지** www.royalberk hotel.com **요금** 싱글 €55(개인욕실, A/C), 더블 €60(개인욕실, A/C) **가는 방법** 줌후리예트 거리 튀르키예 은행에서 도보 1분.

코로나 팬데믹 기간에 리모델링해서 매우 깔끔해졌다. 고급스러운 타일과 벽화로 장식한 리셉션부터 넓고 깨끗한 객실과 욕실 등 시설에 투자를 많이 한 흔적이 느껴진다. 아침식사도 잘 차려나오고 직원들도 친절하다. 시장과 가까이 있지만 시끄럽지는 않다.

로얄 팔라스 호텔 Royal Palas Hotel

Map P. 647-B2 주소 Bahçıvan, PTT Cd. No:38, 65130 İpekyolu/Van **전화** (0432)503-0003 **홈페이지** www.royalpalasotel.com **요금** 싱글 €50(개인욕실, A/C), 더블 €70(개인욕실, A/C) **가는 방법** 줌후리예트 거리 튀르키예 은행에서 도보 3분.

반의 대표적인 대형 숙소로 TV와 가구가 있는 널찍한 방과 깔끔하게 관리되고 있는 욕실도 마음에 든다. 방에는 테라스가 딸려 있고 직원들도 정중하게 손님을 대한다. 비지니스 손님들이 많아 주차도 대행해주고 세탁서비스도 실시하고 있다.

문명과 순례자의 땅

남동 아나톨리아

Southeastern Anatolia

+ 알아두세요!

가지안테프, 디야르바크르, 마르딘, 반, 바트만, 비틀리스, 빈괼, 샨르우르파, 시르낙, 시르트, 엘라지, 킬리스, 툰셀리, 하카리, 시리아의 국경 10km 이내 지역(하타이)은 외교부가 지정한 적색경보 지역입니다(2024년 5월 기준). 급한 용무가 아니라면 가급적 여행을 취소하거나 연기하는 것이 좋습니다. 외교부 해외안전여행(www.0404.go.kr) 참고.

전사의 영광이 깃든 도시

가지안테프

Gazi Antep

외교부 지정

적색경보

디야르바크르와 함께 남동 아나톨리아를 대표하는 곳으로 튀르키예에서 여섯 번째로 큰 도시다. 실크로드가 통과하는 길목에 위치해 고대로부터 일대의 상업과 교역의 중심지로 번성했다. 기원전 2000년경 바빌로니아를 시작으로 히타이트, 아시리아, 로마, 비잔틴의 지배를 받았으며 1270년 몽골의 침입 때는 도시가 파괴되기도 했다. 15세기에는 이집트 왕조의 세력권에 편입되었다가 16세기 술탄 셀림에 의해 오스만 제국의 영토로 복속되었다.

가지안테프는 피스타치오와 올리브 밭이 펼쳐진 비옥한 평야가 많아 예로부터 남동 아나톨리아 경제의 중심이었으며 지금도 성채를 중심으로 구시가지와 재래시장이 그대로 남아 있다. 도시 이름은 원래 안테프였는데 제1차 세계대전 후 이 지역을 점령했던 프랑스군과의 격렬한 투쟁을 기리기 위해 국회로부터 이슬람 전사를 의미하는 가지 Gazi라는 영광스러운 호칭을 부여받아 가지안테프 Gazi Antep가 되었다. 또한 도시의 남동쪽에 있는 제우그마 Zeugma에서 출토된 로마 시대의 모자이크화는 세련된 기법과 높은 미적 감각으로 여행자들의 발길을 잡고 있다. 오직 이것 때문에 가지안테프를 방문하는 사람도 있을 정도다.

인구 210만 명 **해발고도** 851m

여행의 기술

Information

관광안내소 Map P.661-A1

운동장 옆 100주년 공원 안에 자리한 관광청에서 관광 안내자료와 지도를 무료로 얻을 수 있다. 영어를 하는 직원이 있긴 하지만 별로 친절하지는 않으니 자료를 얻는 것에 만족하자. 시내 40여 곳의 볼거리를 안내해 놓은 '가지안테프 역사와 문화의 길 Gaziantep Tarih ve Kültür Yolu' 자료는 매우 유용하다.

위치 운동장 옆 100주년 공원 100 Yıl Atatürk Kültür Parkı 안에 자리한 관광청 Kültür ve turizm Bakanlığı 안에 있다.

주소 100 Yıl Atatürk Kültür Parkı

전화 (0342)230-5969, 230-9960

업무 월~금요일 08:00~12:00, 13:00~17:00

홈페이지 www.gaziantep.gov.tr, www.gaziantepkulturturizm.gov.tr

가는 방법 시내 중심 휘퀴메트 광장 Hükümet Meydanı에서 이스타숀 거리 İstasyon Cad.를 따라가다 육교 지나서 왼쪽 공원 안으로 들어간다. 휘퀴메트 광장에서 도보 15분.

환전 Map P.661-B2

휘퀴메트 광장 부근에 있는 환전소와 시내 곳곳의 은행에서 쉽게 환전할 수 있으며 ATM이 있어 카드 이용도 자유롭다. 환율은 어느 곳이나 비슷하니 편한 곳을 이용하도록 하자.

위치 휘퀴메트 광장 부근을 비롯한 시내 전역

업무 월~금요일 09:00~12:30, 13:30~17:30(환전소는 20:00까지)

PTT Map P.661-A2

위치 휘퀴메트 광장에서 휘리예트 거리를 따라 약 100m 지점

업무 월~금요일 09:00~17:00

가지안테프 가는 법

남동 아나톨리아 최대 도시라는 명성에 걸맞게 항공, 버스, 기차 등 모든 교통수단이 잘 발달되어 있다. 특히 많은 편수의 버스는 여행자들이 가장 애용하는 수단. 어떤 방법을 이용하더라도 가지안테프를 방문하는데 불편은 없다.

➡ 비행기

가지안테프를 방문하는 가장 빠르고 안전한 방법. 가지안테프 공항은 시내에서 남동쪽으로 약 20km 떨어져 있으며, 공항 내에 환전소, 관광안내소 등의 부대시설이 갖추어져 있다. 튀르키예 항공, 오누르 에어, 페가수스 항공, 선 익스프레스 등 다양한 항공사가 이스탄불, 앙카라, 이즈미르를 직항으로 연결하고 있다. 특히 이스탄불과는 매일 6~7편의 비행기가 다닐 정도로 항공 교통이 원활하다.

공항에서 시내까지는 비행기 도착시간에 맞춰 운행하는 하바쉬(공항버스)를 이용하면 된다. 하바쉬

가지안테프 공항

는 100주년 공원 부근에 도착하는데, 숙소가 몰려 있는 휘퀴메트 광장구역까지 걷기에는 조금 멀다. 택시를 이용하자. 시내에서 공항을 갈 때도 같은 곳에서 출발하는 하바쉬를 이용하면 된다. 공항에서 휘퀴메트 광장까지 택시를 이용한다면 요금은 약 120TL.

가지안테프 공항 Gaziantep Havalimanı
전화 (0342)582-1111 운영 24시간

튀르키예 항공 Türk Hava Yolları Map P.661-A2
위치 아타튀르크 거리에 있다. 휘퀴메트 광장에서 도보 10분.
전화 (0342)230-1563

가지안테프에서 출발하는
주요 국내선 항공편

행선지	항공사	운행	소요시간
이스탄불	THY, OHY, PGS	매일 8~9편	1시간 45분
앙카라	THY	매일 2편	1시간 10분
이즈미르	THY, PGS	매일 1편	1시간 30분

*항공사 코드 THY: Turkish Airline, OHY: Onur Air, PGS: Pegasus Airline
*운행 편수는 변동이 있을 수 있음.

오토뷔스

이스탄불, 앙카라, 안탈리아 등 장거리와 샨르우르파, 말라티아 등 인근 도시로 가는 모든 버스 노선이 잘 정비되어 있어 어느 때건 편리하게 이용할 수 있다. 오토가르는 시가지에서 북쪽으로 6km 떨어져 있으며, 시내까지는 돌무쉬를 이용해 쉽게 갈 수 있다. 오토가르 정문을 나와서 왼쪽의 돌무쉬 정류장에서 타면 되는데 오토가르의 안내센터에 문의하면 친절히 알려준다. 쉬메르 뱅크 SÜMER BANK라고 표시된 돌무쉬를 타면 된다(30분 소요). 숙소가 몰려있는 휘퀴메트 광장으로 가야하는데 운전수에게 '유즈 일 파르크 100 Yıl Park(100주년 공원)'라고 얘기해 두자. 맞게 내렸다면 바로 앞에 육교가 보일 것이다. 100주년 공원에서 휘퀴메트 광장까지는 걸어서 5분 거리이며, 주변에 많은 숙소가 몰려있으니 마음에 드는 곳에 짐을 풀자. 관광을 마치고 오토가르로 갈 때도 내렸던 곳 맞은편의 돌무쉬 정류장에서 오토가르 OTOGAR라고 적힌 돌무쉬를 타면 된다.
한편, 중세의 인상적인 건축물이 많은 킬리스 Killis로 가려면 이뇌뉘 거리에 있는 킬리스 행 돌무쉬

가지안테프 오토가르

가지안테프에서 출발하는
버스 노선

행선지	소요시간	운행
이스탄불	17시간	1일 4~5편
앙카라	9~10시간	1일 8~10편
안탈리아	9시간	1일 5~6편
데니즐리	15시간	1일 3~4편
샨르우르파	2시간 15분	1일 10편 이상
디야르바크르	5시간	1일 10편 이상
안타키아	3시간 30분	1일 10편 이상(미니버스)
말라티아	4시간	1일 6~7편
반	12시간	1일 3~4편

*운행 편수는 변동이 있을 수 있음.

정류장을 이용하면 된다. 당일여행을 다녀오는 편이 대부분이라 아침 일찍 출발하면 관광을 마치고 오후에 돌아올 수 있다(1시간 소요). 킬리스에서 택시를 타고 국경 마을인 왼쥐프나르 Öncüpınar로 이동한 다음(약 7km) 시리아로 넘어갈 수도 있다. 단, 알레포까지 대중교통은 없고 택시에 의존해야 한다. 좀더 편하게 시리아로 가고 싶다면 가지안테프 관광안내소 근처의 시리아 영사관 앞에서 택시를 흥정하자. 4명까지 탈 수 있으며 요금은 1대에 약 US$70~80 선이다. 조사당시 튀르키예와 시리아와 관계 악화로 택시운행은 중단된 상태였다.

가지안테프 오토가르
전화 (0342)328-9246

➡ 기차

이스탄불에서 출발하는 토로스 익스프레스 Toros Ekspresi가 콘야 Konya와 아다나 Adana를 거쳐 가지안테프를 연결한다. 시리아로 가는 여행자라면 매주 금요일 가지안테프에서 출발해 알레포까지 가는 국제열차도 이용할 수 있다(20:30 출발, 4시간, €11.5. 알레포 출발은 금요일 06:00). 기차역에서 시내까지는 새로 생긴 경전철이나 돌무쉬를 이용하면 된다(10분 소요) 개정판 조사당시 보수공사로 열차운행은 잠정 중단되었다.

가지안테프 역 전화 (0342)323-2943
튀르키예 철도청 홈페이지 www.tcdd.gov.tr

가지안테프 기차역

시내 교통

가지안테프 시내버스

도시 자체는 굉장히 넓지만 숙소, 레스토랑, 버스회사 등 여행자 편의시설은 아타튀르크 동상이 있는 휘퀴메트 광장 부근에 몰려있어 시내 이동은 도보면 충분하다. 휘퀴메트 광장을 기준으로 움직이면 편리하므로 기억해 두자. 가지안테프 성채와 자미는 걸어서 다닐 수 있지만 모자이크 박물관은 거리가 멀기 때문에 돌무쉬를 이용해야 한다. 100주년 공원 맞은편 육교 부근의 돌무쉬 정류장에서 오토가르 행 돌무쉬를 타고 가다가 내리면 된다(오토가르로 갈 때도 같은 정류장에서 돌무쉬를 이용한다). 그밖에 시장과 박물관들은 모두 걸어서 다닐 수 있다.

가지안테프 성채에서 본 구시가지 전경

가지안테프 둘러보기

가지안테프 시청의 관광 활성화 정책에 힘입어 최근에 많은 박물관이 의욕적으로 조성되었다. 예전보다 볼거리가 풍성해졌으므로 가지안테프 관광은 최소 2일은 예상해야 한다.

관광은 먼저 모자이크 박물관을 다녀오는 것으로 시작하는 게 좋다. 시내를 운행하는 돌무쉬를 타고 모자이크 박물관을 방문한 뒤, 100주년 공원으로 돌아와서 고고학 박물관을 보자. 그런 다음 성채 쪽으로 발길을 돌려서 메두사 유리 박물관을 보고 성채를 올라간다. 성채 관광 후 정문에서 가까운 주방 박물관을 둘러보고 시장으로 발걸음을 옮기면 된다. 성채와 시장 일대는 가지안테프의 대표적인 전통 구역. 곳곳에 자리한 자미와 한(대상 숙소)이 많아 옛 정취를 느끼기에 좋다. 시장 가는 길에 레스토랑 이맘 차으다스(P.666)에서 가지안테프의 자랑인 바클라바를 먹어보길 권한다.

시장을 둘러보고 나서 타흐미스 카흐베시(P.667)에서 가지안테프 스타일의 커피를 한잔 해도 좋고 메블라나 박물관을 구경해도 된다. 시간과 기운이 남아있다면 하산 쉬제르 민족학 박물관과 가지안테프 시립 박물관을 마지막으로 둘러볼 수 있다. 하산 쉬제르 박물관 근처에는 파피뤼스 카페테리아(P.667)를 비롯한 분위기 좋은 찻집이 많으니 참고할 것.

모든 볼거리를 둘러보려면 아침부터 빨리 움직여야 하는데, 여름철이라면 땡볕을 걷는 게 부담스러울 수 있다. 모자이크 박물관을 제외한 다른 박물관들은 대단히 큰 볼거리라고 할 수는 없으니 관심사에 맞게 방문지를 조정하는 것도 여행의 요령이다. 최고의 볼거리인 모자이크 박물관은 절대로 빼놓으면 안 된다.

+ 알아두세요!

1. 모자이크 박물관은 워낙 인기가 많으니 되도록 아침 일찍 방문하는 것이 혼잡을 피하는 길이다.
2. 돌무쉬를 타고 모자이크 박물관에 가면 박물관 맞은편 도로변에 내려준다. 육교도 없고 횡단보도도 없으므로 조심해서 길을 건널 것.
3. 맛있는 피스타치오를 한 봉지 사서 먹으며 다니자. 하루 종일 입이 즐거워진다.

BEST COURSE

예상소요시간 7~8시간

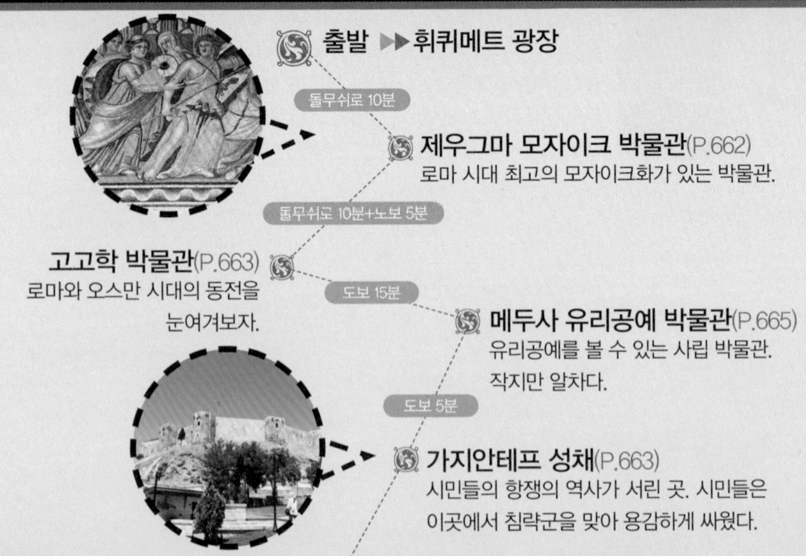

출발 ▶▶ 휘퀴메트 광장
돌무쉬로 10분
제우그마 모자이크 박물관(P.662)
로마 시대 최고의 모자이크화가 있는 박물관.
돌무쉬로 10분+도보 5분
고고학 박물관(P.663)
로마와 오스만 시대의 동전을 눈여겨보자.
도보 15분
메두사 유리공예 박물관(P.665)
유리공예를 볼 수 있는 사립 박물관. 작지만 알차다.
도보 5분
가지안테프 성채(P.663)
시민들의 항쟁의 역사가 서린 곳. 시민들은 이곳에서 침략군을 맞아 용감하게 싸웠다.

도보 10분

에미네 귀위쉬 주방 박물관(P.665)
가지안테프 지역의 식생활을 한 눈에 볼 수 있다.

도보 10분

시장(P.664)
현지인들의 삶의 공간.
남동 아나톨리아의 문화를 체험해 보자.

도보 20분

하산 쉬제르 민족학 박물관(P.664)
고풍스런 옛집을 개조한 가옥박물관.
남동 아나톨리아의 전통 집이 어떻게 생겼는지 알 수 있다.

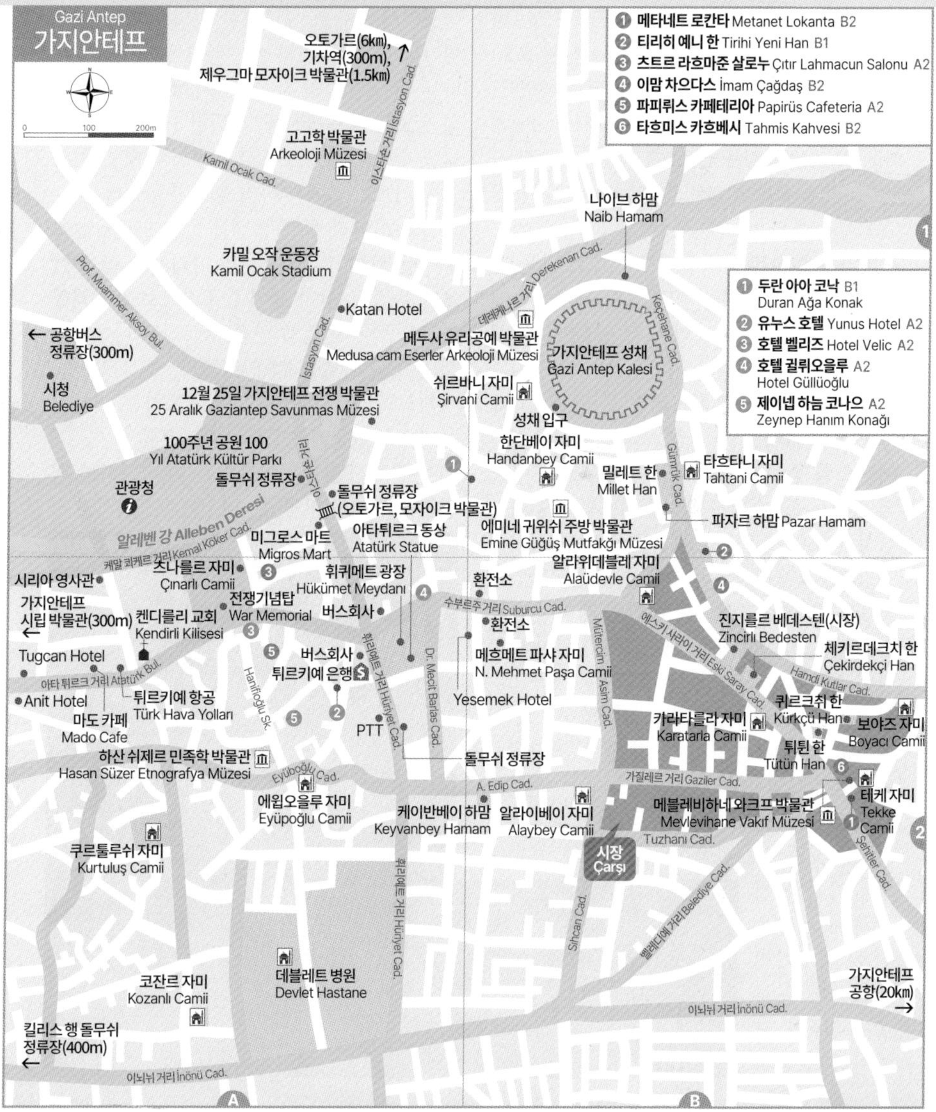

Gazi Antep 가지안테프

0 100 200m

1 **메타네트 로칸타** Metanet Lokanta B2
2 **티리히 예니 한** Tirihi Yeni Han B1
3 **츠트르 라흐마준 살로누** Çıtır Lahmacun Salonu A2
4 **이맘 차으다스** İmam Çağdaş B2
5 **파피뤼스 카페테리아** Papirüs Cafeteria A2
6 **타흐미스 카흐베시** Tahmis Kahvesi B2

1 **두란 아아 코낙** B1 Duran Ağa Konak
2 **유누스 호텔** Yunus Hotel A2
3 **호텔 벨리즈** Hotel Velic A2
4 **호텔 귈뤼오을루** A2 Hotel Güllüoğlu
5 **제이넵 하늠 코나으** A2 Zeynep Hanım Konağı

오토가르(6km), 기차역(300m), 제우그마 모자이크 박물관(1.5km) ↑
고고학 박물관 Arkeoloji Müzesi
이스타시온 거리 İstasyon Cad.
Kamil Ocak Cad.
카밀 오작 운동장 Kamil Ocak Stadium
Prof. Muammer Aksoy Bul.
Katan Hotel
← 공항버스 정류장(300m)
시청 Belediye
Istasyon Cad.
12월 25일 가지안테프 전쟁 박물관 25 Aralık Gaziantep Savunmas Müzesi
100주년 공원 100 Yıl Atatürk Kültür Parkı
관광청
돌무쉬 정류장
이스타시온 거리
돌무쉬 정류장 (오토가르, 모자이크 박물관)
알레벤 강 Alleben Deresi
케말 쾨케르 거리 Kemal Köker Cad.
미그로스 마트 Migros Mart
아타튀르크 동상 Atatürk Statue
츠나를르 자미 Çınarlı Camii
시리아 영사관
휘쿼메트 광장 Hükümet Meydanı
전쟁기념탑 War Memorial
가지안테프 시립 박물관(300m) ←
켄디를리 교회 Kendirli Kilisesi
버스회사
Tugcan Hotel
아타 튀르크 거리 Atatürk Bul.
Anit Hotel
튀르키예 항공 Türk Hava Yolları
마도 카페 Mado Cafe
Hanifioğlu Sk.
버스회사
튀르키예 은행
휘리예트 거리 Hürriyet Cad.
PTT
하산 쉬제르 민족학 박물관 Hasan Süzer Etnografya Müzesi
Eyüboğlu Cad.
에윕오을루 자미 Eyüpoğlu Camii
쿠르툴루쉬 자미 Kurtuluş Camii
케이반베이 하맘 Keyvanbey Hamam
알라이베이 자미 Alaybey Camii
A. Edip Cad.
휘리예트 거리 Hürriyet Cad.
데블레트 병원 Devlet Hastane
코잔르 자미 Kozanlı Camii
킬리스 행 돌무쉬 정류장(400m) ←
이뇌뉘 거리 İnönü Cad.
데레케나르 거리 Derekenarı Cad.
메두사 유리공예 박물관 Medusa cam Eserler Arkeoloji Müzesi
쉬르바니 자미 Şirvani Camii
가지안테프 성채 Gazi Antep Kalesi
나이브 하맘 Naib Hamam
Keçehane Cad.
성채 입구
한단베이 자미 Handanbey Camii
밀레트 한 Millet Han
Gümrük Cad.
타흐타니 자미 Tahtani Camii
파자르 하맘 Pazar Hamam
에미네 귀위쉬 주방 박물관 Emine Güğüş Mutfakğı Müzesi
알라위데블레 자미 Alaüdevle Camii
환전소
수부르주 거리 Suburcu Cad.
환전소
Dr. Mecit Barlas Cad.
메흐메트 파샤 자미 N. Mehmet Paşa Camii
Yesemek Hotel
돌무쉬 정류장
Mütercim Asım Cad.
에스키 사라이 거리 Eski Saray Cad.
진지를르 베데스텐(시장) Zincirli Bedesten
체키르데크치 한 Çekirdekçi Han
Hamdi Kutlar Cad.
퀴르크취 한 Kürkçü Han
보야즈 자미 Boyacı Camii
카라타를라 자미 Karatarla Camii
튀튄 한 Tütün Han
가질레르 거리 Gaziler Cad.
메블레비하네 와크프 박물관 Mevlevihane Vakıf Müzesi
테케 자미 Tekke Camii
Tuzhanı Cad.
시장 Çarşı
Şehitler Cad.
벨레디예 거리 Belediye Cad.
Sihcan Cad.
가지안테프 공항(20km) →
이뇌뉘 거리 İnönü Cad.
A B

Attraction 가지안테프의 볼거리

역사가 오랜 도시답게 큰길을 조금만 벗어나면 옛 건물이 자리하고 있다. 모자이크 박물관과 성채는 도시의 역사를 느낄 수 있는 곳으로 사람들이 빼놓지 않고 들르는 명소!

제우그마 모자이크 박물관
Zeugma Mozaik Müsesi ★★★★★

주소 Zeugma Mozaik Müzesi, Gaziantep **개관** 매일 09:00~19:00(겨울철은 17:00까지) **요금** €12 **가는 방법** 이스타숀 거리의 돌무쉬 정류장에서 돌무쉬로 10분. '모자이크 뮈제'라고 하면 알아서 내려준다(박물관 맞은편 도로에 내려주는데 길 건널 때 조심할 것). 돌아올 때는 박물관 정문 앞 도로를 지나가는 돌무쉬를 세워야 한다. '유즈 일 파르크(100주년 공원)'라고 물어보고 타면 된다.

자타가 공인하는 가지안테프의 대표 박물관. 유프라테스 강 인근의 고대도시 제우그마에서 발견된 2~3세기경의 모자이크화를 전문으로 전시하고 있는데 예술적, 역사적 가치가 매우 높아 튀르키예 최고의 박물관이라고 해도 손색이 없다.

매표소를 통과해 들어서면 셀레우코스 왕조의 안티오쿠스 1세가 헤라클레스와 악수하는 석상이 보이고 그 뒤로 모자이크화가 전시되어 있다. 모자이크화 바닥에 물을 채워놓았던 옛 모습을 홀로그램으로 재현한 재미있는 체험장이 있고, 왼쪽에는 제우그마의 역사와 모자이크화에 대한 설명, 발굴작업 등 제우그마 모자이크에 대한 모든 것을 3D 영상으로 상영하고 있으니 놓치지 말 것(짧은 영화처럼 만들어서 유익하다).

제일 먼저 오션과 테티스 모자이크화가 위풍당당한 모습으로 관람객을 맞이한다. 대단한 작품이지만 첫 작품에 시간을 너무 빼앗기면 박물관에 하루 종일 있어도 모자란다. 오른쪽으로 돌면서 바닥의 화살표를 따라가며 순서대로 관람하자. 전시되어 있는 모자이크화는 포세이돈, 아프로디테, 아킬레우스 등 대부분 그리스·로마 신화와 관계된 것들인데 인물의 역동적인 모습과 에로틱한 장면을 확인할 수 있다. 한참 둘러보다보면 종교에 얽매이기보다는 인간 본연의 감정에 충실했던 고대인의 삶의 모습이 느껴진다. 세밀한 묘사에 감탄을 금할 수 없는데, 2층으로 올라가서 M32번 관을 둘러보기 전에는 아직 놀라기 이르다.

화살표를 따라 굽은 통로를 들어가면 암실에 유명한 집시 소녀가 있다. 머리카락 한올 한올과 눈썹, 눈동자 등이 돌조각으로 표현되었다고는 믿기지 않을 만큼 정교하고 다채로운 색의 조화에 넋을 잃을 정도다. 제우그마 모자이크화와 가지안테프를 대표하는 귀하신 몸이라 특별룸에 따로 모시고 있다.

이곳에 전시된 모자이크화는 원래 고고학 박물관에 전시되어 있었는데, 2011년 현재의 자

최고의 작품을 만날 수 있는 모자이크 박물관

집시 소녀의 모자이크화

리에 모자이크 전용 박물관을 개장해서 더 많은 작품을 감상할 수 있게 되었다. 다른 볼거리를 모두 포기하고 모자이크 박물관에 올인해도 무방할 정도니 충분히 감상하기 바란다.

고고학 박물관
Arkeoloji Müzesi ★★

Map P.661-A1 주소 Dayı Ahmet Sk., Gaziantep **전화** (0342)324-8809 **개관** 매일 08:30~12:00, 13:00~17:30(겨울철은 16:30까지) **요금** €4 **가는 방법** 휘퀴메트 광장에서 이스타숀 거리를 따라 도보 15분. 운동장 지나면 바로 보인다.

예전에 제우그마 모자이크화를 전시했었는데 새로 지은 전용 박물관으로 모자이크화가 전부 옮겨가면서 조금 썰렁해졌다. 제우그마에서 출토된 로마 시대의 석상과 석기 시대의 도구들과 매머드 뼈, 청동제 화살촉 등 일반적인 전시물이 그 자리를 대신하고 있다. 그나마 볼만한 것으로는 후기 히타이트 시대의 부조와 고대왕국의 도장과 장신구, 로마와 오스만 제국 시대의 동전들이다. 특히 제정 로마의 동전은 시대순 황제별로 잘 정리되어 있다. 야외 전시 공간에는 후기 히타이트 시대 전사의 부조가 있다.

고고학 박물관

가지안테프 성채
Gazi Antep Kalesi ★★★

Map P.661-B1 주소 Gazi Antep Kalesi, Gaziantep **개관** 2024년 현재 폐관(지진 복구공사 중) **가는 방법** 휘퀴메트 광장에서 수부르주 거리를 따라가다 알라위데블레 자미 Alaüdevle Camii 왼쪽 길로 접어들어 동제품 가게가 즐비한 거리를 지나면 보인다.

도시의 북동쪽 언덕에 자리한 성채. 언제 처음 만들어졌는지 확실한 기록은 없으나 성채 위의 민가가 약 6000년 전부터 있었다는 사실로 미루어 기원전에 축조된 것으로 보인다. 단순한 망루로 사용되던 것을 6세기 비잔틴의 유스티니아누스 황제 때 대대적인 증축과 보수가 이루어져 둘레 1200m, 직경 100m의 현재 형태를 갖추게 되었다. 1481년 이집트의 술탄과 1557년 오스만 제국의 쉴레이만 대제 때 다시 증축한 기록이 있으며 전성기 때는 36개의 탑이 있었는데 지금은 12개만 남아 있다.

Shakti Say 모자이크의 도시 제우그마 Zeugma를 아시나요?

바다의 신 오케아노스와 테티스 모자이크화

제우그마는 기원전 300년 알렉산더 대왕의 부하 장수였던 셀레우케이카 니카토르 Seleukeika Nikator가 세운 도시입니다. 그는 유프라테스 강변에 자리한 이곳의 지리적 중요성을 간파해 도시를 세우고 자신의 이름을 따 셀레우케이카 Seleukeika라고 명명했습니다. 이후 이 도시는 기원전 31년에 로마에 복속되어 기원후 256년 사산 조의 샤푸르 Şapur 1세에게 점령될 때까지 로마의 남동지방 국경도시로 전성기를 구가합니다. 아울러 도시 이름도 '다리'를 의미하는 제우그마라는 이름으로 바뀌었지요.

제우그마는 유프라테스 강을 통과하는 중간 교역으로 얻은 막대한 부를 이용해 화려한 도시를 건설했는데 이 중 특별한 것이 바로 모자이크화. 제우그마의 전성기는 모자이크화가 일대 유행했던 때라 저택과 공회당의 바닥과 벽은 전부 모자이크화로 채워졌습니다. 크기와 세밀함에서 당대 최고의 작품들이었는데 가지안테프와 안타키아의 고고학 박물관에서 오늘날까지 그 아름다움을 뽐내고 있습니다. 모자이크화에 관한 자세한 설명은 이스탄불 편 P.96 참고.

가지안테프 성채의 전쟁 파노라마 박물관

성채는 1920년대 독립 전쟁 당시 도시 방어의 요새로도 쓰여 가지안테프 시민들에게 단순한 유적 이상의 의미를 갖고 있다. 당시 분위기를 반영하기 위해 전쟁 장면을 묘사한 동상을 입구에 배치해 놓았다. 쉴레이만의 기록이 남아있는 장중한 정문을 지나 위로 올라가면 옛 집터의 흔적을 볼 수 있으며 붉은 벽돌 지붕의 구시가지와 시내 전경을 감상할 수 있다. 2009년 대대적인 보수공사를 하면서 전쟁 파노라마 박물관을 오픈했다. 제1차 세계대전 이후 가지안테프에 쳐들어온 프랑스, 영국 연합군을 격퇴하는 장면을 부조와 영상자료, 음향을 동원해 실감나게 전시해 놓았다(성채 정상 아랫부분에 약 100m의 지하통로를 따라가며 관람한다). 안타깝게도 2023년 대지진으로 성채가 절반이나 무너지고 말았다. 복구 중이다.

시장
Çarsi ★★★

Map P.661-B2 주소 Çarsi, Gaziantep **개관** 매일 09:00~20:00 **요금** 무료 **가는 방법** 가지안테프 성채 남쪽 일대. 휘퀴메트 광장에서 도보 10분.

가지안테프는 손으로 두들겨 만드는 동제품이 유명한 고상. 아직도 전통을 이어 수제품을 고집하는 집들이 많아서 둘러보는 재미가 있다. 1781년부터 있었던 진지를르 베데스텐 Zincirlı Bedesten은 최근 수리해서 다시 개장한 실내 시장이다. 건물을 옛 방식대로 돌과 아치로 만들어서 고풍스런 느낌이 든다. 이곳을 통과해서 왼쪽으로 나가면 또 다른 시장이 이어지는데, 동제품을 비롯해 가지안테프의 명품인 자개 제품과 온갖 종류의 향신료, 대장간 등이 있다. 물건을 구경하고 값을 흥정하며 친절한 주인과 차이를 한잔 하다보면 시간 가는 줄 모른다. 시장 내에는 중세에 케르반사라이로 사용하던 한 Han이 몇 군데 있다. 그 중 튀튄 한 Tütün Han은 내부에 분위기 좋은 좌식 스타일의 안뜰 카페, 동굴 카페, 기념품점이 있다. 가끔 라이브 공연도 펼쳐져 젊은이들도 즐겨 찾는다.

시장의 동제품 상점

하산 쉬제르 민족학 박물관
Hasan Süzer Etnografya Müzesi ★★

Map P.661-A2 주소 Hanifioğlu Sk., Gaziantep **개관** 화~일요일 08:30~17:30(겨울철은 16:30까지) **요금** €3 **가는 방법** 아타튀르크 거리 호텔 벨리즈 조금 못 미쳐 왼쪽 골목으로 꺾어들어 도보 3분.

약 100년 된 저택을 개조한 전통가옥 박물관. 전통 문양이 새겨진 안뜰이 있는 3층 건물이다. 1층은 마구간, 식량저장고 등으로 사용했고 2층은 남자들의 공간인 셀람륵 Selamlık, 3층은 여성들의 공간인 하렘 Harem으로 쓰였다. 각각의 방에는 마네킹으로 생활모습을 재현해 놓아 이해를 돕고 있다. 특별한 볼거리라 할 수는 없지만 튀르키예의 다른 지방에서 전통가옥을 보지 못했다면 한번 찾아가 볼 만하다. 집안보다는 건물과 마당의 독특한 문양이 더 볼만하

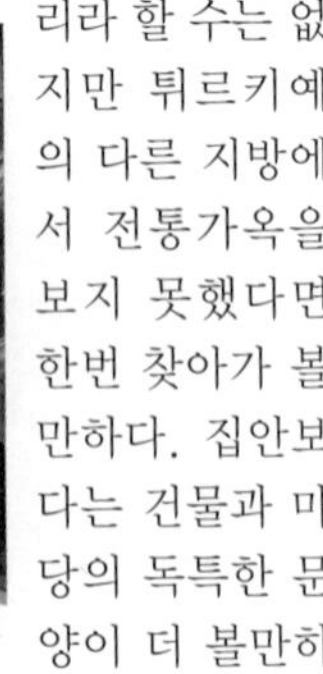
하산 쉬제르 민족학 박물관

다. 아타튀르크 거리에서 좁은 골목을 따라 안쪽으로 들어간 주택가에 있다.

그 밖의 박물관들
Müzesi ★★

메두사 유리공예 박물관
Medusa cam Eserler Arkeoloji Müzesi

Map P.661-B1 주소 Seferpaşa Mah. Şakir Sk. No.9–11 **전화** (0342) 230–3049 **개관** 매일 09:00~19:00(겨울철은 17:00까지) **요금** 15TL(학생 10TL) **가는 방법** 가지안테프 성채 부근의 샤키르 골목 Şakir Sk.에 있다. 도보 5분.

주로 로마 시대의 크고 작은 유리제품을 전시하고 있는 사설 박물관. 히타이트 시대의 테라코타 모형과 고대 지모신상 등 규모는 작지만 전시물의 가치는 높다. 유리제품은 주로 의약품을 담던 것으로 고대인의 유리제작 과정도 설명해 놓았다. 맨 위층에는 기원전 5천년경의 테라코타 신상도 있다. 관람객이 많으면 유리공예가인 여주인이 유리 공예품 만드는 모습을 시연하기도 한다.

에미네 귀위쉬 주방 박물관
Emine Güğüş Mutfakğı Müzesi

Map P.661-B1 개관 매일 09:00~19:00(겨울철은 17:00까지) **요금** 10TL **가는 방법** 가지안테프 성채 부근의 한단베이 자미 Handanbey Camii 앞에 있다.

가지안테프를 중심으로 한 이 지역 음식을 한눈에 볼 수 있는 곳. 전통 가옥을 복원해서 음식사진과 영어해설을 곁들여 놓았다. 1층은 식기와 옛날 도시락 등이 있으며, 2층은 집주인의 가족사와 미니어처를 사용한 전통 식탁과 주방을 재현해 놓았다. 튀르키예 최초의 문화부 장관이 태어난 이 집은 100년의 역사를 자랑하며, 박물관 이름인 에뮈네 귀위쉬는 안주인 이름이다. 골목 안에 있어 찾기가 약간 힘들다.

가지안테프 시립 박물관
Gaziantep Kent Müzesi

Map P.661-A2 개관 매일 09:00~18:00(토, 일요일은 19:00까지) **요금** 10TL **가는 방법** 아타튀르크 거리 호텔 벨리즈 지나서 약 300m. 휘퀴메트 광장에서 도보 20분.

가지안테프의 도시 생활사를 전시한 박물관. 가지안테프의 명품인 바클라바와 수제 신발에 대한 설명을 비롯해 다양한 상점을 모형으로 만들어 놓았다. 고풍스런 전시공간은 중세 케르반사라이로 사용하던 바야즈 한 Bayaz Han을 개조한 것이다. 박물관 관람 후에는 정원에서 차 한잔의 여유를 갖자.

메블레비하네 와크프 박물관
Mevlevihane Vakıf Müzesi

Map P.661-B2 개관 화~일요일 09:00~17:00 **요금** 무료 **가는 방법** 시장의 테케 자미 부근에 있다. 휘퀴메트 광장에서 도보 15분.

이슬람 수피의 한 종파인 메블라나 교단의 박물관. 400년 동안 이곳에 살던 메블레비(메블라나 교단의 수행자)들의 거처를 개조해 박물관으로 만들었다. 2층으로 된 건물은 테케 자미 Tekke Camii의 부속 건물이다. 내부에는 수피 댄스를 추는 수행자의 미니어처와 코란 필사본, 칼리그라프(이슬람 문자 예술), 킬림, 카펫 등이 전시되어 있다.

메두사 유리공예 박물관

에미네 귀위쉬 주방 박물관

메블레비하네 와크프 박물관

Restaurant 가지안테프의 레스토랑

남동 아나톨리아의 중심지라는 명성에 걸맞게 다양한 먹거리가 발달했다. 특히 피스타치오가 듬뿍 들어간 단 과자인 바클라바는 전국적인 명품이므로 버킷리스트 1순위다. 양고기와 쌀밥이 들어간 국밥인 '베이란' 또한 가지안테프에서만 맛볼 수 있는 특별식이며, 가지안테프식 커피인 '메넹기치 카흐베 Menengiç Kahve'와 가지와 요거트를 이용한 '알리 나지크 케밥', 바클라바의 명성에 가려 많이 알려지지는 않았지만 가지안테프 시민들이 사랑하는 후식인 '카트메르' 등 반드시 맛보아야할 먹거리가 널려있어 미식가들의 즐거운 비명을 이끌어낸다.

메타네트 로칸타 Metanet Lokanta

Map P.661-B2 주소 Tabakhane, Kozluca Mah, Caddesi No:11, 27400 **전화** (0342)231-4666 **영업** 05:00~17:00 **예산** 1인 60~120TL **가는 방법** 시장 내 테케자미 부근에 있다. 타흐미스 카흐베시에서 도보 1분.

현지인들도 입을 모아 추천하는 베이란 맛집. 베이란은 양고기와 쌀밥을 주재료로 만든 음식으로 밥 위에 익힌 양고기를 잘게 찢어서 얹은 다음 마늘과 고춧가루를 뿌리고 진한 양고기 육수를 부어서 한 번 끓여서 내는 음식이다. 일종의 양고기 육개장이라고 보면 되는데 마늘과 고춧가루가 잔뜩 들어가서 얼큰한 맛이 한국인 입맛에 딱이다. 가지안테프에서만 볼 수 있는 특별식으로 추운 겨울날 아침식사로 많이 먹는다. 레몬즙을 뿌려 먹으면 풍미가 배가된다.

티리히 예니 한 Tirihi Yeni Han

Map P.661-B1 주소 27400 Gaziantep, Şahinbey, Şekeroğlu **영업** 09:00~20:00 **예산** 커피 25TL **가는 방법** 성채 아래쪽에 있다. 이맘 차으다스 레스토랑에서 도보 1분.

옛 대상들의 쉼터인 케르반사라이를 개조한 카페. 1층 한쪽 옆에는 건축에 필요한 석재를 캐낸 동굴이 있는데 낙타들의 쉼터였던 곳이다. 복원된 동굴은 현재 카페로 개조되어 휴식 장소로 이용되고 있다. 날씨가 좋다면 야외 정원에 자리를 잡고 더우면 동굴 내부에서 커피를 한 잔 하며 쉬어가기에 좋은 곳이다. 정통 튀르키예식 커피를 내리는 장면을 볼 수 있는데 뜨겁게 달군 모래나 숯불에 커피를 데우는 모습이 이색적이다.

츠트르 라흐마준 살로누 Çıtır Lahmacun Salonu

Map P.661-A2 주소 Bev Mah. Sacır Sk. No.19/2 **전화** (0342)220-7187 **영업** 10:00~22:00 **예산** 라흐마준 25TL **가는 방법** 휘퀴메트 광장에서 아타튀르크 거리를 따라가다가 오른쪽에 전쟁기념탑이 나오면 골목으로 들어가 츠나르리 자미 Çınarlı Camii 오른쪽 골목에 있다. 도보 5분.

튀르키예를 여행하며 아직까지 라흐마준을 먹지 않았다면 속히 이 집으로 달려가기 바란다. 상호처럼 라흐마준 전문점인데 양고기 냄새도 안 나고 고소한 맛이 일품이다. 자리에 앉으면 커다란 라흐마준을 자동으로 갖다 주는 시스템이라 주문할 필요도 없다. 파슬리와 레몬을 주는데, 야채를 라흐마준 위에 깔고 레몬즙을 듬뿍 뿌린 후 접어서 먹는다.

이맘 차으다스 İmam Çağdaş

Map P.661-B2 주소 Kale Civarı Uzun Çarşı No.49 Gaziantep **전화** (0342)220-4545, 220-7080 **홈페이지** www.imamcagdas.com **영업** 08:30~21:30 **예산** 바클라바 세트 150~200TL, 식사메뉴 80~150TL **가는 방법** 수부르주 거리 알라위데블레 자미 Alaüdevle Camii에서 도보 3분. 유명한 곳이라 물어보면 쉽게 찾을 수 있다.

1887년부터 바클라바를 만들어 온 곳으로 자타가 공인하는 튀르키예 최고의 바클라바 전문점. 이곳에서 바클라바를 먹지 않았다면 가지안테프를 다시 갔다 와야 한다는 소리가 있을 만큼 유명하다. 가격은 살짝 높지만 최고급 재료를 아낌없이 사용해 만들기 때문에 한 입 베어물면 본전 생각은 나지 않는다. 꼭 방문해서 본고장 바클라바의 풍부한 맛을 즐겨보기 바란다. 알리 나지크 케밥도 훌륭하다.

파피뤼스 카페테리아 Papirüs Cafeteria

Map P.661-A2 주소 Atatürk Bul. Bey Mah. Noter Sk. No.10 **전화** (0342) 220-3279 **영업** 07:00~23:00 **예산** 차이 10TL **가는 방법** 아타튀르크 거리 호텔 벨리즈 조금 못 미쳐 노테르 골목 Noter Sk. 안에 있다. 휘퀴메트 광장에서 도보 10분.

170년 된 아르메니아 저택을 개조한 카페. 고색창연한 아치형 창문과 안뜰 기둥이 등나무와 어우러져 근사한 분위기를 연출한다. 초록의 빽빽한 덩굴 아래에서 차를 한잔하며 여행 일기를 쓰는 낭만을 즐기기에 더없이 좋은 곳이다. 주인에게 부탁하면 2층의 집 내부를 구경할 수도 있다. 최근 이 일대 골목에 유행처럼 카페가 속속 생겨나고 있다. 분위기 좋은 곳을 찾는 카페 마니아라면 기웃거려보자.

타흐미스 카흐베시 Tahmis Kahvesi

Map P.661-B2 주소 Eski Buğday Ararsası Karşısı **전화** (0342)232-8977 **영업** 09:00~23:00 **예산** 각종커피 20~50TL **가는 방법** 시장의 테케 자미 부근에 있다. 휘퀴메트 광장에서 도보 15분.

1635년부터 차와 커피를 판매한 곳으로 이 집의 역사가 곧 가지안테프 시장의 역사다. 건물은 1900년대 초반 대화재로 무너진 것을 같은 형태로 복원한 것이다. 이 집에서는 가지안테프의 유명한 커피 '메넹기츠 카흐베 Menengiç Kahve'를 마셔볼 것을 권한다. 야생 피스타치오라 불리는 테레빈 열매를 볶아서 가루로 낸 것을 끓인 것으로 사실 커피와는 아무 상관이 없으며 카페인도 없다. 맛은 구수하면서 씁쓸한데 살짝 탄 듯한 뒷맛이 매력적이다.

Shopping 가지안테프의 쇼핑

가지안테프는 품질 좋은 동제품으로 유명하다. 망치로 일일이 두들겨서 만드는 수제품이라 공장제품과는 달리 정감이 가는 것이 특징. 성채 주변과 에스키 사라이 거리 Eski Saray Cad.를 비롯한 구시가지 시장 일대에 상점들이 몰려 있는데 만드는 과정도 볼 수 있어 흥미롭다. 화려한 칼과 방패에서부터 컵까지 종류도 모양도 다양해 사지 않더라도 구경거리로 손색이 없다. 작은 차 주전자나 컵 등의 소품은 30~50TL, 큰 것은 150~200TL까지 가격대는 다양하다. 원판 동제품은 자신의 이름이나 원하는 문구를 즉석에서 넣어주기도 한다. 동제품과 함께 가지안테프가 자랑하는 명물은 피스타치오 Pistachio. 가지안테프 인근에서 생산되는 피스타치오는 양과 질에서 단연 튀르키예 최고다. 피스타치오는 튀르키예어로 '프스트크 Fıstık'라고 한다. 동제품과 마찬가지로 구시가지 시장 일대에서 쉽게 구입할 수 있다. 견과류 마니아라면 행복한 비명을 참을 길이 없는데 투어 시작 전 한 봉지 사서 까먹으며 돌아다녀도 좋다.

다양한 종류의 동제품

최고의 맛을 자랑하는 피스타치오

Hotel 가지안테프의 숙소

모자이크 박물관을 찾는 내외국인 관광객이 늘어나면서 원래도 괜찮았던 가지안테프의 숙소 사정이 더욱 좋아졌다. 새 숙소가 생긴 것은 물론이고, 원래 있던 숙소도 리모델링을 하고 객실료도 적정한 선에서 형성되고 있다. 수준에 비해 터무니없는 값을 부르지 않는 것이 가지안테프 숙소의 최대의 미덕이다. 대부분의 숙소는 휘퀴메트 광장을 중심으로 몰려있다.

두란 아아 코낙 Duran Ağa Konak

Map P.661-B1 **주소** Karagöz, Dayı Ahmet Ağa Sk. No: 13, 27400 **전화** +90-539-333-5959 **홈페이지** www.duranagakonagi.com **요금** 싱글 €20(개인욕실, A/C), 더블 €30(개인욕실, A/C) **가는방법** 성채에서 도보 3분.

중심가에 자리한 곳으로 가성비가 좋은 숙소. 욕실이 딸린 객실은 깨끗하게 관리되고 있으며 아침식사를 할 수 있는 작은 정원도 있다. 가격도 저렴한데다 위치가 좋아 관광에 매우 편리한 입지조건이다. 방이 좁은 편이지만 하루이틀 머물기에 나쁘지는 않다. 직원들도 대체로 친절하다.

유누스 호텔 Yunus Hotel

Map P.661-A2 **주소** Bey Mah. Kayacık Sk No.16 **전화** (0342)221-1702 **홈페이지** www.yunusotel.com **요금** 싱글 €25(개인욕실, A/C), 더블 €30(개인욕실, A/C) **가는 방법** 휘퀴메트 광장에서 아타튀르크 거리 들어서자마자 왼쪽 첫 번째 골목 안에 있다.

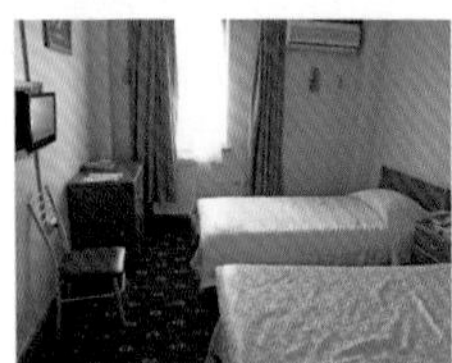

예전과 같은 요금에 친절하고 깍듯한 종업원들의 태도가 마음에 든다. 방도 깔끔하고 에어컨과 냉장고까지 있어 가격대비 매우 훌륭하다. 신문과 TV가 비치된 1층 로비도 쉬기 좋은 분위기며 아침식사도 뷔페식으로 잘 나온다.

호텔 벨리즈 Hotel Velic

Map P.661-A2 **주소** Atatürk Bulvarı No.23 **전화** (0342)221-2212 **요금** 싱글 €40(개인욕실, A/C), 더블 €50(개인욕실, A/C) **가는 방법** 휘퀴메트 광장에서 아타튀르크 거리를 따라 도보 5분. 왼쪽에 있다.

2010년 리모델링을 하면서 더욱 깨끗해졌다. 방도 넓고

은은한 분위기가 있다. 4층과 5층의 객실은 채광이 좋고 꼭대기 층의 레스토랑에서는 전망을 즐기며 맥주 한잔 하기에 좋다. 중급 숙소를 원한다면 좋은 선택이다.

호텔 귈뤼오을루 Hotel Güllüoğlu

Map P.661-A2 **주소** Suburcu Cad. No.1/B **전화** (0342)232-4363 **요금** 싱글 €35(개인욕실, A/C), 더블 €40(개인욕실, A/C) **가는 방법** 수부르주 거리에 있다. 휘퀴메트 광장에서 도보 2분.

중심가에 위치한 호텔로 깨끗하고 친절한 곳으로 정평이 나 있다. 카펫이 깔려있는 널찍한 객실은 관리가 잘 되어 깨끗하며 욕실도 비교적 넓다. 카운터 직원이 영어를 잘 한다는 것도 장점이며 1층에는 바클라바를 파는 부설 상점이 있다.

제이넵 하늠 코나으 Zeynep Hanım Konağı

Map P.661-A2 **주소** Bey Mah. Atatürk Bul. Eski Sinema Sk. No.17 **전화** (0342)232-0207 **요금** 싱글 €60(개인욕실, A/C), 더블 €70(개인욕실, A/C) **가는 방법** 아타튀르크 거리의 호텔 벨리즈 뒤편 골목 안에 있다. 길이 복잡하므로 호텔 벨리즈에 물어보자.

옛 저택을 개조한 고급 숙소. 전통 스타일의 외관을 살리면서도 내부는 현대적으로 꾸몄다. 객실 내 평면 TV, 미니바, 안전금고를 갖추었고 욕실도 고급스럽다. 아침식사도 훌륭한데 건물이 작아 탁 트인 맛은 없다.

성인의 발자취가 남아 있는 예언자의 도시

Sanlı Urfa 샨르우르파

외교부 지정

적색경보

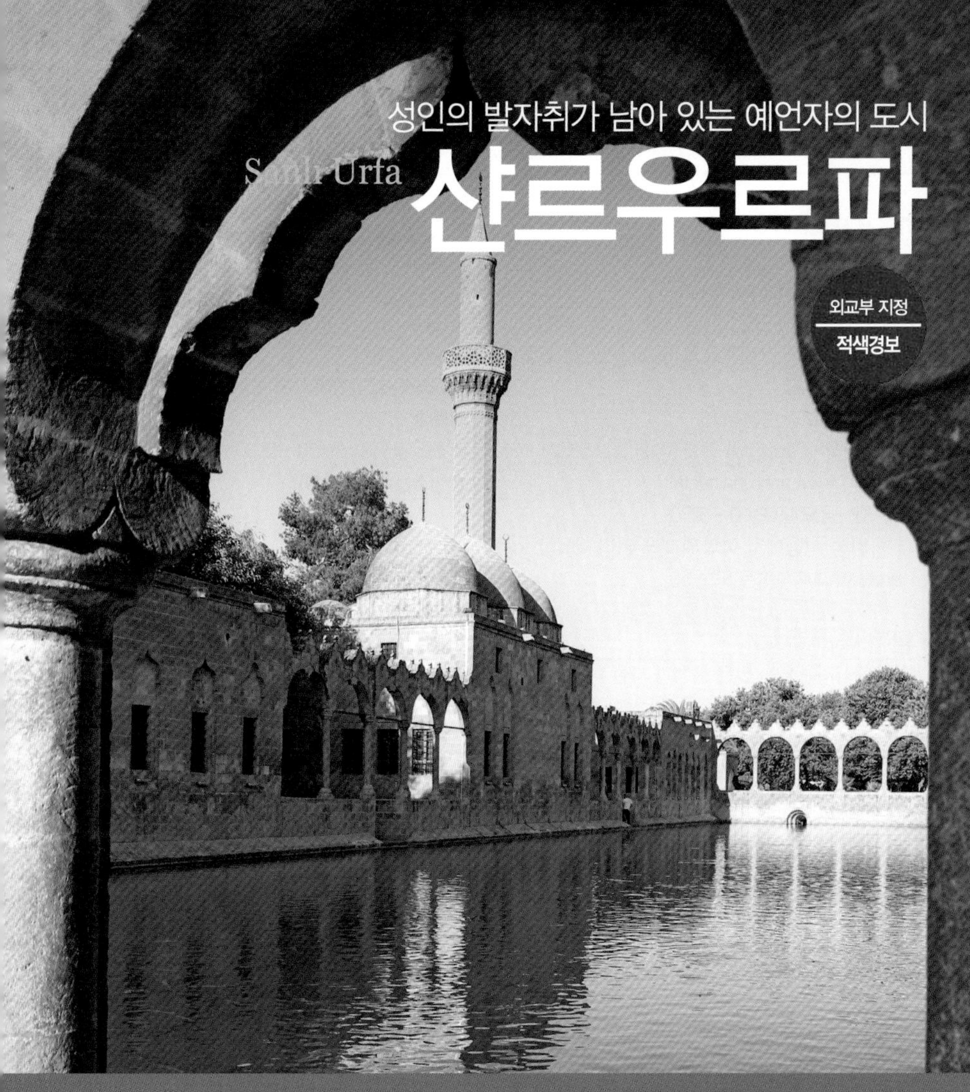

이슬람의 시조인 아브라함이 태어난 도시. 아브라함뿐만 아니라 구약성서에 등장하는 욥과 엘리야 등 성자들이 살았던 곳이라 일명 예언자의 도시로 불리기도 한다. 예사롭지 않은 인물들의 발자취가 남아 있는 곳이라 성지로 숭배되는 것은 당연한 일. 튀르키예 이슬람의 총본산과 같은 곳으로 일 년 내내 순례자의 발길이 끊이지 않는 최대의 성지다. 성지로 추앙받는 곳이 다 그렇듯 샨르우르파 역시 이슬람 전통이 잘 살아 있다. 길거리를 걷다 보면 검은 차도르를 쓴 여인과 전통 복장의 남자들이 유난히 많아 서부 튀르키예와는 사뭇 다른 이슬람 국가로서의 체취가 물씬 풍긴다.

도시 이름은 원래 그냥 우르파였는데 제1차 세계대전 중 도시에 들어온 프랑스 점령군을 맞아 용감히 싸운 주민들에게 영광스럽다는 뜻의 '샨르'라는 명예로운 호칭이 수여되어 샨르우르파가 되었다. 샨르우르파는 튀르키예에서 가장 더운 곳으로 유명하다. 한여름 낮 기온은 40℃를 넘나들 정도라 상상을 초월하는 열기를 자랑한다. 뜨거운 햇살 아래 성자의 탄생지에 울려 퍼지는 아잔 소리는 샨르우르파를 기억에서 오래도록 지우지 못하게 한다.

인구 61만 명 **해발고도** 518m

Information

관광안내소 Map P.673-B1

시청 앞 사거리에 관광 안내부스가 있지만 직원이 없을 때가 많다. 안내자료가 필요하면 관광청을 찾아가는 게 낫다.

위치 샨르우르파 관광청 내
주소 Atatürk Cad. No.4 전화 (0414)312-5332
홈페이지 www.sanliurfa.bel.tr
업무 월~금요일 08:00~17:30
가는 방법 시청에서 아타튀르크 거리 Atatürk Cad.를 따라 북쪽으로 도보 5분.

환전 Map P.673-B1

시내 중심지에 있는 많은 은행과 사설 환전소에서 쉽게 할 수 있으며 ATM 이용에도 아무 불편이 없다. 환율은 어느 곳이나 크게 차이가 나지 않으니 편한 곳에서 하자.

위치 아타튀르크 거리, 사라요뉘 거리 Sarayönü Cad.일대
업무 월~금요일 09:00~12:30, 13:30~17:30(사설 환전소는 20:00까지)

PTT Map P.673-B1

위치 사라요뉘 거리 대로변에 있다.
업무 월~금요일 09:00~17:00
가는 방법 시청에서 사라요뉘 거리를 따라 도보 10분.

샨르우르파 가는 법

튀르키예 최대의 이슬람 성지라는 명성에 걸맞게 비행기가 다닌다. 버스도 편수가 많고 쉽게 이용할 수 있어 샨르우르파를 방문하는 데 애먹을 일은 없다. 단, 라마단이 끝나는 기간에는 순례객이 한꺼번에 몰린다는 점을 감안해 방문 일정을 정하도록 하자.

➡ 비행기

2007년 완공된 샨르우르파 신 공항은 시내에서 40km 정도 떨어져 있다. 튀르키예 항공이 매일 이스탄불과 앙카라를 직항으로 연결하고 있어 소통은 원활한 편이다. 안탈리아, 보드룸, 이즈미르 등 다른 주요 도시에서는 직항은 없고 앙카라나 이스탄불을 경유한다.

공항 셔틀버스인 하바쉬 Havaş를 이용하는 것이 시내로 들어오는 가장 저렴한 방법이다. 비행기 도착시간에 맞춰 운행하므로 짐을 찾아서 공항 밖에 나가서 타면 되고 요금은 차내에서 차장에게 지불한다. 하바쉬는 시청에서 약 1km 떨어진 아타튀르크 거리 초입 사거리의 주유소 앞에 최종 정차한다. 배낭이 무겁다면 내린 곳에서 택시를 타고 숙소가 몰려있는 사라요뉘 거리로 가자. 시내에서 공항으로 갈 때도 같은 장소에서 하바쉬를 타면 된다. 대체로 비행기 출발 2시간~2시간 30분 전에 출발한다.

샨르우르파 공항 Şanlıurfa Havalimanı
전화 (0414)247-0278

튀르키예 항공 Türk Hava Yolları
시내 중심 사라요뉘 거리의 호텔 귀벤 맞은편에 있는 칼르루 투리즘 Kalıru Turizm(**Map P.673-B1**)에서 업무를 대행한다.
전화 (0414)215-3344, 215-4518, 215-2001

샨르우르파로 가는 튀르키예 항공

➡ 오토뷔스

이스탄불, 앙카라 등 장거리뿐만 아니라 카이세리, 콘야같은 중부 아나톨리아에서도 바로 가는 버스가 있어 언제든 편리하게 방문할 수 있다. 마르딘이나 가지안테프, 디야르바크르 등 인근 도시와도 소통이 원활하다. 샨르우르파의 대표적 버스회사로는 아스토르 Astor, 타투세스 Tatuses, 제수르 Cesur가 있다.

2010년 완공된 샨르우르파의 신 오토가르는 시내 북쪽으로 5km 떨어져 있다. 하란, 아드야만, 카흐타, 악차칼레(시리아 국경 마을) 등 인근 지역으로 가는 돌무쉬는 오토가르 바로 아래층의 '일체 오토가르(돌무쉬 터미널)'에서 출발한다. 행선지별로 일렬로 늘어서 있어 표지판을 보고 쉽게 탈 수 있다.

오토가르에서 시내까지는 타고 온 버스회사의 세르비스를 이용하면 된다. 만일 세르비스가 없다면 시내버스를 이용하자. 오토가르 앞 도로에 나와 길 건너편 정류장에서 탄다(20분 소요). 시청 부근 카드리 에로안 거리 Kadri Eroğan Cad.의 시내버스 정류장에 내려서(차장에게 벨레디예(시청) 간다고 얘기하자) 숙소가 있는 사라요뉘 거리까지 5~10분 정도 걸으면 된다. 관광을 마치고 오토가르로 갈 때는 내렸던 버스정류장에서 시내버스를 타면 된다(예니 오토가르라고 물어보자). 교통카드인 '샨르우르파 카르트 Sanlıurfa Kart'를 하나 구입하면 편리하다.

샨르우르파에서 출발하는 **버스 노선**

행선지	소요시간	운행
이스탄불	18시간	1일 7~8편
앙카라	12시간	1일 5~6편
디야르바크르	2시간 30분	1일 10편 이상
콘야	10시간	1일 5~6편
반	11시간	1일 4~5편
카이세리	8시간	1일 2~3편
하란	1시간 15분	06:00~19:00(매 15분 간격)
가지안테프	2시간	06:30~19:30(매 20분 간격)
악차칼레	1시간 15분	05:40~19:00(매 1시간 간격)
카흐타, 아드야만	2시간~2시간 30분	06:00~20:00(매 20분 간격)

*운행 편수는 변동이 있을 수 있음.

샨르우르파 오토가르

시내 교통

도시 자체는 크지만 여행자 편의시설은 시청 부근 중심가에 집중되어 있어 걸어서 다닐 수 있다. 성스러운 물고기 연못 등 유적지도 중심도로인 사라요뉘 거리를 따라 걸어갈 수 있어 시내버스를 탈 일은 없다. 단, 욥의 동굴은 중심지에서 떨어져 있어 시내버스를 이용해야 한다. 시청 부근의 카드리 에로안 거리 시내버스 정류장에서 '에윱 페이감베르 Eyyüb Peygamber'라고 적힌 버스를 타자. 오토가르로 갈 때도 같은 곳에서 시내버스를 이용한다. 하란으로 갈 때는 먼저 오토가르로 간 후 아래층의 일체 오토가르에서 출발하는 돌무쉬를 타면 된다. 시내버스는 유리창에 행선지가 적혀 있는데 모르겠으면 차장에게 물어보면 쉽게 알려준다. 괴베클리테페 유적지는 대중교통이 다니지 않기 때문에 투어나 택시를 이용해야 한다. 택시 요금 왕복 400~500TL.

샨르우르파 시내버스

샨르우르파 둘러보기

아브라함 탄생지와 성스러운 물고기 연못이 샨르우르파의 가장 중요한 볼거리이며, 산 위에 있는 샨르우르파 성채와 유서깊은 바자르가 있다. 그밖에 최근 들어 관광객의 발길이 늘어나고 있는 선사유적지 괴베클리테페와 샨르우르파 박물관, 로마 시대의 모자이크화, 하란 등 샨르우르파의 볼거리는 다양하다. 도시 외곽에 있는 괴베클리테페와 하란은 다녀오는 데 시간이 걸리기 때문에 모든 볼거리를 다 돌아보려면 최소 2일은 예상해야 한다. 바쁘게 다니기보다는 오랜 역사를 간직한 유적을 충분히 음미하는 걸 권하고 싶다. 투어가 끝나면 샨르우르파의 명물인 우르파 케밥과 라흐마준을 먹어보자.

+ 알아두세요!

1. 한여름에는 날씨가 덥다 못해 뜨거우니 선크림을 꼭 바르고 모자와 물을 챙기자.
2. 자미와 성소 방문이 주류를 이루게 되니 민소매 상의와 반바지를 삼가자. 날씨도 뜨거우니 얇고 긴 옷을 입는 게 좋다.
3. 아브라함 탄생지에서 여성은 머릿수건인 히잡을 꼭 써야하므로 미리 스카프를 준비하자. 없으면 시파히 바자르를 돌아다니다 사도 된다.

BEST COURSE

첫째날 예상소요시간 7~8시간

출발 ▶▶ 시청 앞

도보 15분

울루 자미(P.674)
도시에서 가장 오랜 역사를 자랑하는 8각 미나레의 자미.

도보 10분

시파히 바자르(P.674)
아랍의 말소리가 들려오는 전통시장. 이국적인 체취가 물씬 나는 시장이라 영화 속 장면에 들어온 듯한 느낌마저 든다.

도보 5분

아브라함 탄생지(P.675)
성자가 태어난 바위 동굴. 내부에 솟아나는 성수를 기도하는 사람들과 함께 마셔보자.

도보 2분

성스러운 물고기 연못(P.676)
기적이 일어난 성스러운 연못. 유유히 헤엄치는 '성스러운' 물고기가 참배객을 반긴다.

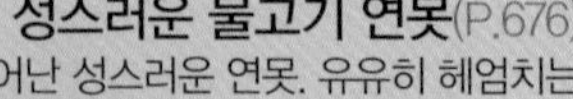

도보 15분

샨르우르파 성채(P.676)
도시가 한눈에 내려다보이는 최고의 전망대.

카드리 에로안 거리의 정류장에서 시내버스로 10분

욥의 동굴(P.676)
시험에 든 성자가 은거했던 곳. 입구에는 성수를 마시려는 사람들로 늘 줄을 이루고 있다.

둘째날 예상소요시간 7~8시간

출발 ▶▶ 카드리 에로안 거리의 시내버스 정류장

오토가르까지 시내버스로 20분+돌무쉬로 1시간 15분

하란(P.683)
구약성서에 등장하는 역사의 땅.

샨르우르파 오토가르까지 1시간 15분+택시 20분

괴베클리테페(P.678)
미스터리한 의문에 싸인 선사 유적지.

Şanlı Urfa
샨르우르파

0 150 300m

버스회사
↑공항버스(500m)
오토가르(5km)
공항 방면 →
아타튀르크 거리 Atatürk Cad.
관광청
티시 지라트 은행
Ş Nusret Cad.
카드리 에로안 거리 Kadri Eroğan Cad.
시내버스 정류장 (오토가르, 욥의 동굴)
병원
Kilim Otel
시청 Belediye
Hotel Harran
칼르루 투리즘 Kalıru Turizm (튀르키예 항공)
사라이외뉘 거리 Sarayönü Cad.
Bakay Otel
병원 (Ş.Anmed Hastane)
아스팔트 거리 Asfalt Cad.
환전소
샨르우르파 고고학 박물관 Şanlıurfa Arkeoloji Müzesi
베야즈 골목 Beyaz Sk.
Imparator (과자, 빵집)
유수프 파샤 자미 Yusuf Paşa Camii
PTT
Fuar Cad.
카라코윤 강 Karakoyun Deresi
예니 프르프를르 자미 Yeni Fırfırlı Camii
휘세인 파샤 자미 Hüseyin Paşa Camii
12 에이률 거리 12 Eylül Cad.
Vali Fuat Cad.
귈뤼오을루 골목 Güllüoğlu Sk.
모자이크 박물관 Mosaic Müzesi
울루 자미 Ulu Camii
하즈 야드가르 자미 Hacı Yadıgar Camii
디반 욜루 거리 Divan Yolu Cad.
주방 박물관 Mutfak Müzesi
성스러운 물고기 연못 Halilür Rahman Gölü
셀라하디니 에위비 자미 Selahaddini Eyubi Camii
할릴뤼르 라흐만 자미 Halilür Rahman Camii
귐뤽 한 Gümrük Han
Meserkıyı Cad.
르드바니예 자미 Rıdvaniye Camii
시파히 바자르 Sipahi Bazar
파자르 자미 Pazarı Camii
괼 거리 Göl Cad.
예니 자미 Yeni Camii
나른즈 자미 Narıncı Camii
하산 파디샤 자미 Hasan Padişah Camii
아인젤리하 연못 Ayn-i Zeliha Gölü
아브라함 탄생지 Hz İbrahim Makammı/Dergah
메블리드 이 할릴 자미 Mevlid-i Halil Camii
샨르우르파 성채 Şanlı Urfa Kalesi

1 귈 티리트 초르바 B2 Gül Tirit Çorba
2 돈두르마즈 제키 B1 Dondurmacı Zeki
3 베슬레이지 오작바쉬 B2 Besleyci Ocakbaşi
4 차르다클르 쾨스크 A2 Çardaklı Kösk
5 귈한 레스토랑 B1 Gülhan Restaurant
6 귈 베데스텐 코낙 A1 Gül Bedesten Konak

1 호텔 우우르 Hotel Uğur B1
2 호텔 이스티클랄 A2 Hotel İstiklal
3 베이자데 코누크 에비 B1 Beyzade Konuk Evi
4 호텔 귀벤 Hotel Güven B1
5 호텔 라비스 Hotel Rabis B1

샨르우르파 박물관의 돌기둥

Attraction 샨르우르파의 볼거리

샨르우르파의 유적은 대부분 이슬람 종교와 관련된 것들이다. 구경거리로 방문하기보다는 마음과 느낌으로 대하려는 자세를 갖도록 하자.

울루 자미
Ulu Camii ★★

Map P.673-B2 주소 Divan Yolu Cad., Şanlıurfa **개관** 매일 08:00~18:00 **요금** 무료 **가는 방법** PTT에서 디반 욜루 거리를 따라가다 오른쪽 골목으로 들어간다. PTT에서 도보 5분.

1175년 건립된 것으로 샨르우르파에서 가장 오래된 자미 중 하나다. 다른 자미와 비교해 별다른 특징은 없지만 팔각형으로 된 미나레가 인상적이다. 원래 교회의 종탑으로 쓰이던 것인데 자미로 바뀌면서 미나레로 용도가 변경된 것. 꼭대기에는 오스만 문자가 새겨진 시계가 아직도 남아 있다.

내부 정원 한쪽 옆으로는 묘소가 자리하고 있고 나무가 많아 공원 같은 분위기가 난다. 그늘에서 잠시 쉬어가기에 좋다. 울루 자미 부근에는 1849년에 건설한 휘세인 파샤 자미 Hüseyin Paşa Camii와 유수프 파샤 자미 Yusuf Paşa Camii가 있으며, 성스러운 물고기 연못 뒤편에는 한때 성 요한의 성당이었던 셀라하디니 에위비 자미 Selahaddini Eyubi Camii도 있다.

울루 자미의 팔각 미나레

시파히 바자르
Sipahi Bazar ★★★

Map P.673-A2 주소 Sipahi Bazar Göl Cad., Şanlıurfa **개방** 월~토요일 07:00~19:00 **요금** 무료 **가는 방법** PTT에서 디반 욜루 거리 Divan Yolu Cad.를 따라 도보 10분. 거리 끝 삼거리에 있다.

1566년 오스만 제국의 쉴레이만 대제 때 만들어진 시장으로 샨르우르파의 상업적인 면모를 잘 보여주는 곳이다. 내부에는 크고 작은 케르반사라이와 하맘이 있어 당시 활발했던 교역을 말해준다.

케르반사라이란 대상들의 숙소를 일컫는 건물로, 낙타가 하루 동안 걸을 수 있는 거리 단위로 지어졌다. 약탈에 대비한 요새 개념으로 지었기 때문에 견고한 사각의 석조건물이 일반적인데 먼 거리를 이동하는 대상들에게는 사막의 오아시스 같은 존재였다. 내부에는 방

+ 알아두세요!

샨르우르파의 구시가지 골목길 다니기

울루 자미 맞은편은 샨르우르파의 옛 모습이 잘 남아있는 구시가지 주택가입니다. 이 지역 특유의 베이지색 돌로 지은 집들이 다닥다닥 들어서 있는데, 오래된 돌벽이 만들어내는 골목길의 정취가 느껴지고 민가를 대략이나마 볼 수 있어서 좋습니다. 다니다보면 숙소로 개조한 대저택들이 있어 정원에 들어가 볼 수도 있습니다(대개 ○○코나크 Konak라는 간판을 달고 있다). 골목길을 정처없이 헤매다가 시장으로 가도 좋고, 돌집들과 벽이 전해주는 세월을 느껴보기에도 좋습니다. 안전을 고려해 밤에는 다니지 마세요.

구시가지의 골목길

시파히 바자르의 대장간

과 마구간 등 숙박시설이 있었는데, 중앙 정원에서는 교역이 이루어지는 등 상업적인 공간으로도 중요한 역할을 담당했다.

옛 명성을 이어 현재도 시장으로서 본연의 역할을 다하고 있는데 동제품, 가죽, 대장간 골목, 카펫 가게 등 다양한 물품이 거래되고 있다. 간간이 아랍 말소리가 들리는 시장 골목을 돌아다니다보면 옛날 영화의 한 장면에 들어온 듯한 느낌도 든다. 현재 찻집으로 쓰이고 있는 귐뤽 한 Gümrük Han이라는 시장 내 최대 규모의 케르반사라이에서 차를 마시며 이국적인 풍경 속에 스며들어 보자.

아브라함 탄생지
Hz İbrahim Makammı/Dergah ★★★

Map P.673-A2 주소 Hz İbrahim Makammı/Dergah, Şanlıurfa **개관** 매일 07:00~18:00 **요금** 무료 **가는 방법** 시파히 바자르에서 괼 거리 Göl Cad.를 따라 도보 5분.

믿음의 조상 아브라함이 태어난 동굴이다. 범상치 않은 인물의 출생은 고난과 함께하기 마련. 아브라함이 태어날 당시 이곳은 아시리아의 지배 아래 있었고 님로트 왕은 그해에 태어난 아이에 의해 나라가 멸망하리라는 충격적인 꿈을 꾼 후 갓난아이들을 무차별 살해하기 시작했다.

아브라함의 어머니는 화를 피해 동굴로 숨어들어 아브라함을 낳았고 아브라함은 이곳에서 일곱 살이 될 때까지 지낸 후 아버지의 집으로 돌아갔다고 한다. 아브라함은 이스라엘 민족의 시조이자 이슬람의 선조인 이스마일의 아버지로 추앙받는 인물이다.

아브라함 탄생지

바위산 아래 자리한 동굴은 남녀 입구가 따로 있고 안에는 성수가 솟아나는 샘이 있어 언제나 기도하러 오는 순례객들이 끊이지 않는다. 여자는 히잡을 꼭 쓰고 들어가게 되어 있으니 머리를 가릴 수 있는 것을 미리 준비하도록 하자. 경건히 기도하는 사람들의 표정이 무척 진지하다. 동굴 옆에는 성지임을 기려 지은 오스만 스타일의 메블리드 이 할릴 자미 Mevlid-i Halil Camii가 당당한 위용을 자랑하고 있다.

Meeo Say

동부와 남동 아나톨리아를 여행할 때 주의할 점

간 옷을 입고 다니세요

서유럽 지향적인 이스탄불과 지중해, 에게해 지역과는 달리 동부와 남동 아나톨리아는 아랍과 이슬람에 더 가깝습니다. 주민들의 성향도 보수적이라 어떤 지방에서는 외출한 여성을 찾아보기 힘든 경우도 있을 정도지요. 아무래도 동양 여행자는 쉽게 눈에 띄는데다 동부 특유의 보수성까지 더해져 이곳을 여행할 때는 신경 쓸 것이 있습니다. 남의 이목을 끄는 행동은 삼가도록 하고, 이슬람 성소에 들어갈 때 복장을 주의하세요. 특히 여성 여행자는 외출할 때 민소매나 무릎이 드러나는 복장은 피하고, 과도한 친절을 베풀지 않는 게 좋습니다. 동부와 남동부 여성들은 적당히 쌀쌀맞은 게 미덕이므로 쓸데없이 웃는 것도 안 좋아요. 제약이 많은 것 같지만 지킬 것만 잘 지킨다면 서부 튀르키예보다 순박한 사람들의 마음을 경험할 수 있는 기회가 훨씬 많답니다. 현지 문화를 존중하는 것은 여행자의 기본이겠죠?

아울러 동부와 남동 아나톨리아는 쿠르드족의 땅입니다. 튀르키예 중앙정부와 때때로 갈등을 빚고 있어 간혹 테러가 일어나기도 합니다. 대부분 외국 여행자와는 상관없지만 다양한 방법으로 현지 정보를 수집하는 게 좋습니다. 쿠르드족에 관해서는 디야르바크르 편 P.697 참고.

성스러운 물고기 연못
Halilür Rahman Gölü ★★★

Map P.673-A2 주소 Halilür Rahman Gölü, Şanlıurfa **개방** 24시간 **요금** 무료 **가는 방법** 아브라함 탄생지에서 도보 2분.

아브라함 탄생지 바로 옆에 있는 연못으로 샨르우르파의 대표적인 유적이다. 전설에 따르면 이곳은 아시리아의 왕 님로트가 아브라함을 화형시키려 했던 장소라고 한다. 그러나 신의 기적이 일어나 불이 물로 바뀌고 타오르던 장작은 물고기로 변했다.

길이 약 100m에 달하는 직사각형의 연못에는 실제로 잉어 비슷한 물고기가 살고 있는데 워낙 태생이 귀한 몸인지라 식용하지는 않는다. 성지임을 기리기 위해 연못의 북쪽에는 1736년에 지어진 르드바니예 자미 Rıdvaniye Camii가, 서쪽에는 할릴뤼르 라흐만 자미 Halilür Rahman Camii가 있다.

한편 물고기 연못의 남쪽에 아인젤리하 Ayni Zeliha라는 또 따른 연못이 있는데 이곳은 아브라함을 믿었던 님로트의 딸 젤리하가 아브라함의 화형 장면을 보고 몸을 던졌던 곳이라고 한다. 현재 두 연못 주변은 수목이 우거진 공원으로 조성해 놓아 샨르우르파 시민과 순례객들의 좋은 휴식공간이 되고 있다. 찻집도 있으니 성지 참배 후 차를 마시며 고대의 세계를 음미해 보자.

샨르우르파 성채
Şanlı Urfa Kalesi ★★

Map P.673-A2 주소 Şanlıurfa Kalesi, Şanlıurfa **개방** 매일 08:00~18:00 **요금** €3 **가는 방법** 성스러운 물고기 연못에서 뒷산 언덕길을 따라 도보 15분.

성스러운 물고기 연못 남쪽 돌산에 지어진 성채로 고대 히타이트 시대부터 있었다고 한다. 시대를 내려오며 파괴와 증축을 거듭한 것으로 현재 형태는 9세기 아바스 왕조 대의 것이다. 자세히 보면 성벽의 대부분은 최근의 석재를 사용한 것을 알 수 있는데, 문화재 복원 사업에 따라 2009년에 대대적인 복구가 이루어졌다.

성채에서 가장 눈에 띄는 것은 대형 튀르키예 깃발 옆에 남아있는 두 개의 돌기둥. 높이 17.25m, 둘레 4.6m에 달하는 이 코린트식 기둥은 기원후 3세기경 마누 9세가 자신의 업적을 기념해 세운 것이다. 동쪽 기둥에는 시리아 명문으로 다음과 같이 새겨져 있다. "나는 바르샤마쉬(태양의 아들) 사령관의 아들인 아프투하다. 나는 이 기둥들과 조각상을 나의 왕비 샬메드(마누의 딸)를 위해 세웠다."

성채는 전망이 좋기로도 유명하다. 아브라함 탄생지, 물고기 연못과 시가지까지 한눈에 들어오기 때문에 일대를 조망하기에 이만한 곳이 없다. 내려올 때는 뜨거운 햇빛도 피할 겸 산 속을 통과하는 동굴길을 이용하자.

욥의 동굴
Hz. Eyyüb Peygamber Makamı ★★★

주소 Hz. Eyyüb Peygamber Makammı, Şanlıurfa **개관** 매일 08:00~18:00 **요금** 무료 **가는 방법** 시청 부근 카드리 에로안 거리 Kadri Eroğan Cad.의 정류장에서 시내버스로 10분. '에윕 페이감베르 Eyyüb Peygamber'라고 적힌 버스를 타면 된다.

구약성서에 등장하는 성인 욥 Job과 관련된 장소. 욥은 믿음이 신실한 사람으로 재산과

성스러운 물고기 연못
샨르우르파 성채

자식 등 모든 게 부족함 없이 살았고 그의 행실은 하느님의 자랑거리였다. 어느 날 사탄이 나타나 하느님으로부터 욥의 이야기를 듣자 그의 믿음은 부족함 없는 재산에서 비롯된 것일 뿐이라고 헐뜯는다. 잠시 고민에 빠진 하느님은 그렇다면 생명을 제외한 그의 모든 것을 가져가라고 한다. 결국 욥은 사탄의 계략으로 가족과 재산을 잃은 것은 물론 엄청난 병까지 들게 된다.

사람들에게 버림받고 갈 곳이 없어진 욥은 마을에서 쫓겨나 동굴에서 지내게 되는데 바로 이곳이 욥이 은거했던 동굴이라고 한다. 후일담은 모든 고난에도 굴하지 않고 믿음을 버리지 않았던 욥이 다시 병이 낫고 재산과 가족을 찾게 되었다는 이야기다.

경내에는 욥이 기거했던 동굴과 욥의 병을 치료하기 위해 천사가 팠다는 우물이 남아 있다. 출입구 옆의 수도에서 나오는 물은 이 우물의 것이라고 한다. 이곳의 물은 병 치료에 효과가 있다고 알려져 언제나 참배객들이 길게 줄을 서 있다.

욥의 동굴 입구

주방 박물관
Mutfak Müzesi ★★

Map P.673-B2 주소 Şanlıurfa Belediyesi Hacıbanlar Evi, Şanlıurfa **개관** 매일 08:00~18:00 **요금** 무료 **가는 방법** 울루 자미 옆 골목 안쪽에 있다. 도보 1분.

2011년 오픈한 시립 주방 박물관. 말은 주방박물관인데 실상은 생활사 박물관에 가깝다. 200년된 전통가옥인 하즈반라르 에비 Hacıbanlar Evi를 개조해서 이 지역 사람들의 일상생활을 볼 수 있게 조성해 놓았다. 가족들이 둘러앉아 함께 식사하는 모습, 음식을 만드는 모습을 미니어처로 재현해 놓았고, 지하의 식품 저장고에는 맷돌, 저울, 다리미 등 소소한 생활용품을 가득 전시해 놓았다. 전통가옥과 지역 주민의 일상 생활을 볼 수 있어서 좋다.

주방 전시장 옆에는 샨르우르파 지역의 요리

Shakti Say 샨르우르파의 전통가옥, 코누크 에비

샨르우르파의 코누크 에비

샨르우르파는 전통가옥인 코누크 에비 Konuk Evi가 유명합니다. 코누크 에비는 오스만제국 시대의 가옥으로, 더위를 피하기 위해 ㅁ자형 구조에 벽이 두껍고 천정이 높은 것이 특징입니다. 각 층은 나름 기능적으로 분리가 되어 있는데 1층은 양이나 낙타 우리인 탄드를륵 Tandırlık과 곡식 저장고가 있었으며, 한쪽에는 제르젬베 Zerzembe라고 하는 식당 겸 휴식공간이 있어서 손님이 오면 음악을 연주하며 연회를 베푸는 공간으로 활용했답니다. 분수가 있는 안뜰을 갖추고 있었고요.

방은 2층부터 있는데 에이반 Eyvan이라고 하는 테라스가 있는 것이 특징이에요. 건축재료는 이 지방에서 많이 나는 돌로 지었는데 테라스에는 아치를 만들고 조각을 넣어 장식을 빠뜨리지 않았답니다.

흔히 전통가옥 하면 사프란볼루를 떠올리는데, 흑해 근방의 사프란볼루와 아랍 지방에 가까운 샨르우르파의 가옥은 재료부터 건축방식까지 완전히 다르다고 해도 과언이 아닐만큼 이질적입니다. 각 지방의 특색있는 건축 양식을 비교해 보는 것도 여행의 또 다른 재미지요. 샨르우르파 시내를 다니다보면 '○○ 코누크 에비' 또는 '○○ 코나크' 라는 간판을 많이 볼 수 있어요. 숙소나 레스토랑인 경우가 많은데, 식사를 하거나 숙박을 하며 아랍식의 가옥을 체험해 보는 것도 좋습니다. 다행히 코누크 에비의 숙박비가 많이 비싸지는 않답니다.

강습 프로그램을 운영하고 있다. 현지 젊은이들도 와서 배우고 있으니 관심있는 여행자라면 문의해 보자.

괴베클리테페
Göbeklitepe ★★★★

세계문화유산

주소 Göbeklitepe, Şanlıurfa **개방** 매일 08:00~18:30 **요금** €20 **가는 방법** 샨르우르파 박물관에서 버스가 다닌다. 09:45, 13:45. 또는 택시 왕복.

샨르우르파에서 약 20km 떨어진 외렌지크 Örencik 마을에 있는 선사시대의 유적. 1994년 고고학자들이 이 지역의 농장을 조사하다가 우연히 발견해 세상에 모습을 드러냈다. 이곳은 약 1만 2000년 전에 조성된 석조 구조물로 현존하는 가장 오래된 것으로 인정되고 있다. 영국의 스톤헨지보다 7천년이나 앞선다.

전체적인 형태는 원형의 방 모양인데 복원해 본 결과 비슷한 구성의 원모양 방 4개로 이루어진 것이 밝혀졌다. 각 방에는 T자형 거석이 배열되어 있는데 가장 큰 것은 10톤이나 나간다고 한다. 각 기둥에는 독수리, 전갈, 오리 같은 동물이 새겨져 있다. 탄소 연대 측정결과 네 개의 방은 1,500년 정도의 시차를 두고 순차적으로 세워진 것으로 판명되었다. 또한 주변 땅 속을 조사해본 결과 또다른 돌 구조물 20여개가 더 있는 것으로 밝혀졌다. 이 모든 것을 합하면 축구장 12개 정도의 면적에 거대한 거석 단지가 조성된 것인데, 미스터리한 일은 아직까지 이 근처에서 인간의 정착지 흔적이 발견되지 않았다는 것이다. 누가 어떤 용도로 이런 큰 구조물을 지었는지 아직까지 속시원히 밝혀진 것은 없는 실정이다. 당시 인류는 수렵 채집민 상태였는데 이 정도 규모의 구조물을 설계하고 세웠다는 사실이 믿기지 않는다. 따라서 일부 학자는 마지막 빙하기 이전에 발전된 문명이 존재했다는 강력한 증거라고 주장하기도 한다. 말하자면 고도로 발달한 문명이 빙하기의 대재앙으로 멸망하고, 살아남은 일부 사람들이 만들었을 것이라는 것. 마지막으로 가장 놀라운 것은 괴베클리테페 유적을 조성한 다음 어떤 이유에서인지 일부러 묻었다는 것이다. 수많은 의문투성이의 이 놀라운 고대 유적지의 수수께끼를 풀어내려는 학자들의 노력이 계속되고 있다. 한편, 2019년 괴베클리테페 동쪽으로 1시간 거리에 카라한 테페 Karahan Tepe 라는 또다른 고대 유적도 발견되었다.

샨르우르파 고고학 박물관 (모자이크 박물관)
Şanlıurfa Arkeoloji Müzesi ★★★

Map P.673-A2 주소 Haleplibahçe, 2372. Sk. No:74/1, 63200 **개관** 매일 08:30~17:00 **요금** €10(2개 박물관 통합입장권) **가는 방법** 성스러운 물고기 연못에서 도보 10분.

전에는 작은 규모였는데 새롭게 박물관 건물을 지으면서 규모도 커지고 전시물품도 많아졌다. 14개의 주요 전시실과 33개의 재현 공간으로 나누어 샨르우르파와 주변에서 출토된 고고학 유물을 전시해 놓았다. 석기시대부터 헬레니즘, 로마, 비잔틴 및 이슬람 시대에 이르기까지 순차적으로 정리해 놓았는데, 가장 볼 만한 것은 괴베클리테페의 방을 재현해

괴베클리테페 선사 유적지

괴베클리테페 유적복원도

놓은 공간이다. 일명 독수리 돌이라고 알려져 있는 43번 기둥을 주목해야 하는데 독수리와 전갈 등 다양한 동물이 뒤섞여 조각되어 있다. 천문 고고학자의 견해에 따르면 기둥에 새겨진 동물들은 성단(별자리)을 나타낸다는 것. 말하자면 일종의 천문학 지도를 돌에 새겨 특정날짜를 기록한 것이라고 해석하기도 한다.

또한 샨르우르파 주변의 댐 건설로 인한 수몰 지역에서 출토된 유물과 괴베클리테페 인근의 카라한 테페에서 출토된 유물, 하란의 뾰족한 전통가옥을 재현한 모습도 눈길을 끈다. 전시물의 가치도 뛰어난데다 모던한 건물과 조명, 동선의 효율성으로 보다 쾌적한 관람을 돕고 있다. 제대로 관람하려면 최소 2시간은 걸리므로 시간적 여유를 갖고 보길 권한다.

고고학 박물관 옆에는 비교적 최근에 발굴된 모자이크 박물관이 있다. 가지안테프나 안타키아의 모자이크화에 비하면 소박한 수준이지만 다른 도시에서 모자이크화를 보지 못했다면 방문해 보자.

샨르우르파 박물관의 괴베클리테페 석상

Travel Plus

샨르우르파 근교 투어

샨르우르파 시내에도 볼거리가 많지만 외곽지역의 볼거리들도 그냥 지나치기에는 아깝습니다. 대중교통이 다니지 않는 곳이 대부분이라 개별 방문은 사실상 불가능한데요, 투어에 참가하면 시간도 절약하고 가이드의 해설(영어)도 듣고 보다 풍부한 여행을 즐길 수 있으니 참고하세요. 각 프로그램의 최소 출발인원은 3~4명입니다.

1. 하란 투어

요금 1인 180TL

하란은 샨르우르파 오토가르 1층의 일체 오토가르에서 대중교통이 다니지만 오가는 데 시간이 많이 걸린다. 일정이 촉박한 여행자는 투어에 참가하는 게 효율적이다.

2. 괴베클리테페 투어

요금 1인 180TL

3. 종일투어

요금 1인 400TL(점심식사 포함)

코스 샨르우르파→하란→바즈다 케이브 Bazda Cave→한 엘 바루르 Han-el Barur→수아윕쉐히르 SuayıpŞehir→소으마타르 Soğmatar→괴베클리테페→샨르우르파

하란 동쪽 20km에 있는 바즈다 케이브는 하란 성채의 석재를 조달하던 동굴이며, 한 엘 바루르는 12세기 셀주크투르크가 건설한 케르반사라이(대상숙소)가 있다. 도시유적인 수아윕쉐히르는(쉐히르는 '도시'라는 뜻) 성벽의 잔해와 지하 방들을 볼 수 있으며, 수아윕쉐히르 북쪽으로 18km에 있는 소으마타르 마을에는 달의 신 참배지와 12 조각상이 있다. 주변이 온통 바윗덩어리인 이 마을의 강렬한 인상은 이루 말할 수 없을 정도다.

4. 넴루트 산 투어

요금 1인 650TL(점심 및 저녁식사, 입장료 포함)

일몰 투어 샨르우르파 출발 09:00 도착 23:00

일출 투어 샨르우르파 출발 24:00 도착 14:00

세계문화유산인 넴루트 산 투어를 말라티아나 카흐타까지 가지 않아도 할 수 있다. 일몰 투어는 산 위로 올라가면서 젠데레 다리, 에스키 카흐타 등의 유적지를 먼저 보고 맨 마지막에 일몰을 감상하고 돌아오는 코스며, 일출 투어는 반대로 먼저 일출부터 보고 돌아오면서 모든 유적지를 들렀다가 온다.

투어문의 호텔 우우르 무스타파 씨(휴대폰 0532-685-2942)

하란 투어 도중 민가 박물관

Restaurant 샨르우르파의 레스토랑

샨르우르파의 음식은 다른 지방과 비교해 전체적으로 매운 것이 특징이다. 재래시장을 다니다보면 유난히 고춧가루를 많이 파는 걸 볼 수 있는데 이는 매운 음식을 즐겨먹는 전통 때문. 특히 '이소트'라고 하는 검은색 태양초 고춧가루는 샨르우르파의 명물로 살짝 불에 탄 듯한 맛이 특징이다.
대표 먹거리로는 우르파 케밥 Urfa Kebap과 고기 국물 요리인 티리트 Tirit가 있다. 다진 고기를 꼬치에 꽂아 구운 우르파 케밥은 케밥의 나라 튀르키예에서도 단연 첫 손가락에 꼽힐 정도로 독보적인 맛을 자랑한다. 다른 지역에서도 우르파 케밥을 먹을 수 있지만 본고장의 맛을 따라갈 수는 없다. 가장 대표적인 우르파 케밥은 가지와 고기를 꽂은 것인데 양파, 사과 등 계절에 따라 다양한 케밥을 만든다. 아울러 양고기를 갈아서 고춧가루 및 곡물을 섞어 만든 치으 쾨프테도 빼놓지 말아야 할 먹거리다.

귈 티리트 초르바 Gül Tirit Çorba

Map P.673-B2 주소 Pınarbaşı, F, 1219. Sk. No:3, 63210 **전화** (0414)215-6676 **영업** 05:00~13:00 **예산** 1인 100~200TL **가는 방법** 시파히 바자르 안에 있다. 귐뤽 한에서 도보 5분.

시장 골목에 있는 티리트 수프 전문점으로 자미의 아침 기도시간과 함께 오픈한다. 티리트는 양이나 소 내장에 라바쉬 빵을 잘게 뜯어서 넣고 오래 끓인 육수를 부어주는데 육수에 사프란을 넣기 때문에 노란색이 난다. 먹다 남은 빵을 좀 더 맛있게 먹기 위해서 개발된 음식이라고 하며 젊은층보다는 중년 이상의 사람들이 선호하는 음식이다. 티리트를 주문하면 빵조각과 고기를 넣고 국물을 부어주고 그 위에 요거트를 얹어준다. 우리 입맛에는 시큼한 요거트가 안 맞을 수 있는데 요거트를 빼고 싶으면 '요우르트 욕'이라고 하자.

돈두르마즈 제키 Dondurmacı Zeki

Map P.673-B1 주소 Sarayönü Cad. No.42/B **전화** (0414)215-2213 **영업** 08:00~다음날 02:00 **예산** 카다이프, 쉴렉 60TL **가는 방법** 유슈프 파샤 자미 바로 앞에 있다.

1933년부터 3대째 같은 자리에서 단과자를 팔고 있다. 좁은 입구를 따라 안으로 들어가면 나무로 장식된 자리가 나오고 천장에 주렁주렁 매달린 생활 소품이 재미있다. 메뉴는 카다이프, 바클라바, 돈두르마 등이 있는데(메뉴판은 없다), 따뜻하게 데워먹는 호두를 넣은 전병인 '쉴렉'을 주문해보자. 큰 길가에 있어 쉽게 이용할 수 있으며 체력이 떨어지는 여름철에는 꼭 먹길 바란다.

베슬레이지 오작바쉬 Besleyci Ocakbaşi

Map P.673-B2 주소 hasimiye meydanı, 63200 Eyyübiye **전화** +90-546-215-2507 **영업** 06:00~00:00 **예산** 1인 200~300TL **가는 방법** 시파히 바자르 안에 있다. 귐뤽 한에서 도보 5분.

쇠고기, 양고기, 닭고기, 간요리 등 숯불 케밥 전문점으로 시장 안에서 오랜동안 영업해 온 맛집의 연륜이 느껴진다. 어떤 요리든 제 맛을 내는데 이왕이면 우르파 케밥을 주문해 보자. 얇은 라바쉬 빵 위에 구운 가지의 속살과 고기를 으깨어 넣고 싸서 먹는 게 제대로 우르파 케밥을 즐기는 방법이다. 함께 나오는 양파와 고추를 곁들여 먹으면 더욱 맛있다. 1층에서 주문하면 2층 테이블로 요리를 갖다 준다.

차르다클르 쾨스크 Çardaklı Kösk

Map P.673-A2 주소 Balıklıgöl Civarı Tünel Çıkışı No.1 **전화** (0414)217-1080 **영업** 08:00~23:00 **예산** 1인 200~300TL **가는 방법** 성스러운 물고기 연못 앞 큰길에 있다.

오래 전부터 내외국인 관광객이 즐겨 찾는 레스토랑. 이 지역 전통가옥을 개조했으며 특히 오스만 스타일의 좌식자리로 꾸며놓은 3층은 성채와 성스러운 물고기 연못이 한눈에 들어오는 훌륭한 경관이다. 푸짐히 나오는 케밥도 마음에 들고 장작 화덕

에서 금방 구워나오는 라흐마준과 피데도 일품이다. 주말에는 라이브 음악공연도 펼쳐져 더욱 근사한 분위기를 연출한다.

귈한 레스토랑 Gülhan Restaurant

Map P.673-B1 주소 Atatürk Bulvarı Akbank Bitişiği No.32 **전화** (0414)313-3318 **영업** 09:00~23:00 **예산** 1인 150~300TL **가는 방법** 시청 옆 아르테 호텔 바로 뒤에 있다.
깨끗한 실내와 체계적인 시스템을 갖추고 있는 중급 레스토랑. 각종 케밥과 피데가 있으며 고급스런 분위기에 비하면 값도 비싸지 않은 편이다. 저렴한 라흐마준도 수준급인데, 양고기를 갈아넣기 때문에 한국인 입맛에는 살짝 고기 냄새가 날 수도 있다. 겨울철에는 시금치와 토마토소스, 견과류를 넣은 쇠고기 요리인 '보라느 Boranı'를 맛보도록 하자. 요구르트와 마늘 토핑이 함께 나온다.

귈 베데스텐 코낙 Gül Bedesten Konak (스라의 밤 Sıra Gecesi)

Map P.673-A1 주소 Kadıoğlu, Vali Fuat Cd. No: 27, 63000 **전화** +90-541-214-3363 **영업** 06:00~00:00 **예산** 1인 800TL **가는 방법** 울루 자미에서 도보 10분.
전통가옥을 개조한 호텔. 이 집에서 유명한 것은 밤에 진행하는 '스라의 밤 Sıra Gecesi' 프로그램이다. 스라의 밤은 샨르우르파의 전통으로 마을에서 집집마다 돌아가며 모여서 대화와 음식을 나누는 일종의 동네 친목 행사이다. 별도로 마련된 공간에서 전통악기를 연주하며 춤도 추고 참가자들이 서로 어울리는 스라의 밤 프로그램을 진행한다. 행사의 백미이자 별미는 '치으 쾨프테'인데 요리사가 사람들 앞에서 약 1시간에 걸쳐 직접 치으 쾨프테를 만들어 제공한다. 모든 것을 익혀먹는 튀르키예에서 생고기와 고춧가루, 곡물을 섞어서 만드는 치으 쾨프테는 특별한 음식이다. 상추에 얹어 레몬을 뿌려서 먹으면 매콤새콤한 치으 쾨프테 특유의 맛을 즐길 수 있다. 참가자들이 모두 어우러지는 흥겹고 재미있는 경험을 할 수 있다. 다른 레스토랑이나 호텔에서도 스라의 밤 행사를 진행하므로 한 곳을 고집할 필요는 없다.

Hotel 샨르우르파의 숙소

저렴한 숙소에서부터 고급 호텔까지 두루 있는데다 숫자도 많아서 샨르우르파에서 숙소를 구하지 못할 일은 없다. 요금이 가파르게 오르고 있는 전반적인 추세에 따라 저렴한 숙소는 점점 사라지고 있지만 그래도 다른 도시에 비하면 양호한 편이다. '코누크(또는 코나크) 에비 Konuk Evi'라는 이름의 전통가옥을 개조한 숙소가 많은 것도 샨르우르파의 특징이다. 이런 집들은 대부분 안뜰을 갖추고 있으므로 코누크 에비에 묵으며 전통 문화체험을 해보는 것도 권할 만하다. 대부분 PTT에서 가까운 사라요뉘 거리 부근에 몰려있어 숙소를 구하느라 이리저리 헤맬 일도 없다. 성스러운 물고기 연못 부근에도 숙소가 있다.

호텔 우우르 Hotel Uğur

Map P.673-B1 주소 Köprübaşı Cad No.3 **전화** (0414) 313-1340 **요금** 싱글 €15(공동욕실, A/C), 더블 €25(공동욕실, A/C) **가는 방법** 사라요뉘 거리 초입에 있다. 시청에서 도보 1분.
한국인을 비롯한 다국적 여행자들이 많이 찾는 샨르우르파의 대표적인 배낭여행자 숙소. 시설이 뛰어나지는 않지만 벽과 침대가 깔끔하고 에어컨도 잘 나온다. 공동욕실도 깔끔해서 저렴한 숙소를 찾는다면 최상의 선택. 친절한 주인 무스타파 씨가 운영하는 하란 투어와 넴루트 산 투어도 인기다. 영어도 잘 통하고 오랫동안 여행자를 상대

한 경험으로 필요한 것을 알아서 해준다. 아침식사는 불포함.

호텔 이스티클랄 Hotel İstiklal

Map P.673-A2 주소 Balıklıgöl Cad. No.16 **전화** (0414) 216-9265 **요금** 싱글 €30(개인욕실, A/C), 더블 €40(개인욕실, A/C) **가는 방법** 디반 욜루 거리 끝에서 성스러운 물고기 연못 방향으로 가다보면 보인다.

성스러운 물고기 연못 부근에 있는 저렴한 숙소. 객실이 깨끗하고 에어컨이 있어 배낭여행자들에게 인기다. 개정판 조사 당시에도 벽도 깔끔하고 손님이 없을 때는 환기를 시키는 등 관리가 잘 되고 있었다. 바깥쪽 방은 채광이 좋고 욕실도 넓지만 안쪽 싱글룸은 좁고 답답한 편이므로 방을 둘러보고 선택하자.

베이자데 코누크 에비 Beyzade Konuk Evi

Map P.673-B1 주소 Sarayönü Cad. Yusufpaşa Camii Yanı **전화** (0414) 216-3535 **요금** 싱글 €25(개인욕실, A/C), 더블 €30(개인욕실, A/C) **가는 방법** 유슈프 파샤 자미 옆 골목에 있다. 도보 1분.

전통가옥을 개조한 숙소. 덩굴과 나무, 분수가 잘 어우러진 안뜰에 앉아 친구나 연인에게 엽서를 쓰고 싶다는 생각이 저절로 들 만큼 고풍스럽고 낭만적인 분위기. 한쪽 옆에는 오스만 스타일의 휴게실이 있는데, 단체손님이 신청하면 라이브 음악공연이 펼쳐지는 등 이 지역의 가옥과 문화를 보기에 좋다. 객실과 욕실도 깔끔하고 에어컨도 잘 나온다. 집에서 키우는 특이한 비둘기도 볼 수 있다. 바로 옆의 오텔 우르하이 Otel Urhay(☎ (0414)216-2222)도 비슷한 수준이다.

호텔 귀벤 Hotel Güven

Map P.673-B1 주소 Sarayönü Cad. No.133 **전화** (0414) 215-1700 **홈페이지** www.hotelguven.com **요금** 싱글 €50(개인욕실, A/C), 더블 €70(개인욕실, A/C) **가는 방법** 사라요뉘 거리 튀르키예 항공 맞은편에 있다. 시청에서 도보 5분.

원래도 중급을 지향하는 곳이었는데 2011년 대대적인 리모델링을 통해 고급 숙소에 가까워졌다. 원목 느낌이 나는 가구로 장식한 객실은 중후함이 느껴지며 평면 TV, 미니바 등 편의시설도 잘 갖춰놓았다. 종업원의 서비스, 풍성한 아침식사, 찾기 쉬운 입지조건 등 모든 면에서 괜찮은 곳이라 중급 이상의 숙소를 원하는 여행자에게 추천한다. 방은 약간 좁은 편.

호텔 라비스 Hotel Rabis

Map P.673-B1 주소 Sarayönü Cad. PTT Karşısı **전화** (0414)216-9595 **홈페이지** www.hotelrabis.com **요금** 싱글 €50(개인욕실, A/C), 더블 €80(개인욕실, A/C) **가는 방법** PTT 맞은편에 있다. 시청에서 도보 15분.

2008년 오픈한 사라요뉘 거리의 대표적 중급 숙소. 옥상 레스토랑에서 성채가 보이고 한쪽으로는 구시가지가 한눈에 들어온다. 미니바와 TV, 가구가 있는 객실은 호텔 특유의 편안함을 갖추었고 연인들을 위한 원형 침대방도 마련해 놓았다. 낭만적이고 특별한 객실을 원하는 여행자라면 시도해 보자. 시내 중심에 있어 관광명소를 방문하기도 편하다.

구약성서에 등장하는 역사의 땅

외교부 지정 적색경보

하란 Harran

인구 7,000명

샨르우르파 남쪽으로 45km 떨어진 곳으로 지구상에서 사람이 살기 시작한지 가장 오래된 마을 중의 하나로 손꼽히는 곳이다. 하란의 원래 이름은 아람나하라임 Aramnaharaim으로 티그리스 강과 유프라테스 강 사이에 있는 아람인의 땅이라는 뜻이라고 한다. 시리아에서 발견된 기원전. 2000년의 비문에는 당시 이미 상업도시로 번성했다는 기록이 있으며 기원전 1100년에는 달을 숭배하는 아시리아인이 지배했고 이후 로마의 영토가 되었다. 하지만 무엇보다도 하란은 기독교사에서 빼놓을 수 없는 성지로 믿음의 조상 아브라함이 신의 부름을 받고 갈대아우르를 떠나 약속의 땅 가나안에 도착하기 전까지 머물렀던 유서깊은 땅이다. 세월의 흐름에 따라 지금은 보잘것없는 시골 마을로 전락했지만 고도의 문명을 자랑했던 고대 도시로 인류 역사와 뗄 수 없는 관계를 맺고 있는 것. 현재 하란에는 과거의 영광을 말해주는 기독교와 유대교, 이슬람교의 유적들이 쓸쓸히 자리를 지키고 있다. 뾰족한 고깔모자 같은 전통가옥이 인상적인 하란에서 땅이 전해주는 고대의 기억을 더듬어보자.

여행의 기술

Information

작은 시골 마을이라 관광안내소, 은행, 인터넷, PTT 등 일반적인 여행자 편의 시설은 없다. 샨르우르파에서 당일로 다녀가는 것이 일반적인 만큼 특별히 불편하지는 않다.

하란 가는 법

대도시에서 직접 가는 버스는 없고 샨르우르파에서 차량을 이용하는 것이 하란을 방문하는 일반적인 방법이다. 여행사에서 운영하는 사설 투어에 참가하거나 대중교통인 돌무쉬를 이용하면 된다. 하란 행 돌무쉬는 샨르우르파 오토가르 1층의 '일체 오토가르'에서 출발하며 대부분 당일치기로 다녀온다. 돌무쉬는 수시로 운행한다.

샨르우르파 ▷▶ 하란

돌무쉬

운행 매일 06:00~19:00(매 15분 간격)

소요시간 1시간 15분

시내 교통

유적지와 마을이 약간 떨어져 있지만 작은 동네라 모두 걸어서 다닐 수 있다. 사설 투어에 참가했다면 차량으로 다니지만 일반적인 경우라면 튼튼한 두 다리에 의지하는 것이 마음 편한 길이다. 돌무쉬를 타고 왔다면 샨르우르파로 돌아가는 돌무쉬 시간을 확인하고 투어를 시작하는 것이 좋다.

하란 둘러보기

하란 관광은 3시간 정도면 충분하다. 역사는 깊지만 남아 있는 유적은 그다지 많지 않다. 마을 주변을 돌아가며 서있는 성벽과 자미, 성채가 있을 뿐이다. 하란의 독특한 민가를 개조한 가옥 박물관도 둘러볼 만하다. 일단 돌무쉬 정류장에 내리면 가까운 알레포 문을 통과해 마을로 들어선다. 언덕 위 커다란 튀르키예 깃발이 꽂혀 있는 곳에 올라가면 하란 마을과 유적 터가 한눈에 들어온다.

언덕 북쪽으로 보이는 유적이 울루 자미가 있던 곳이다. 보안 철조망이 쳐 있어 안에 들어갈 수는 없지만 바깥을 돌며 감상할 수 있다. 울루 자미를 본 후 성채에서 가까운 마을로 들어간다. 마을에는 전통가옥을 개조한 두 곳의 가옥 박물관이 있으니 집도 구경하고 마당에 앉아 차를 마시며 여유있는 시간을 갖기에 좋다. 마을 남동쪽의 성채를 구경하고 나면 하란 관광은 끝난다.

+ 알아두세요!

1. 날씨가 뜨거우니 선크림, 모자, 물을 꼭 챙겨야 한다.
2. 동네 아이들의 호기심과 집요하게 내미는 손이 여행자를 곤혹스럽게 한다. 미리 알아두자.

BEST COURSE ★ ★ ★ 예상소요시간 2~3시간

알레포 문 ▷▶ 옛 집터 ▷▶ 울루 자미 터 ▷▶ 하란 가옥 박물관 ▷▶ 하란 성채

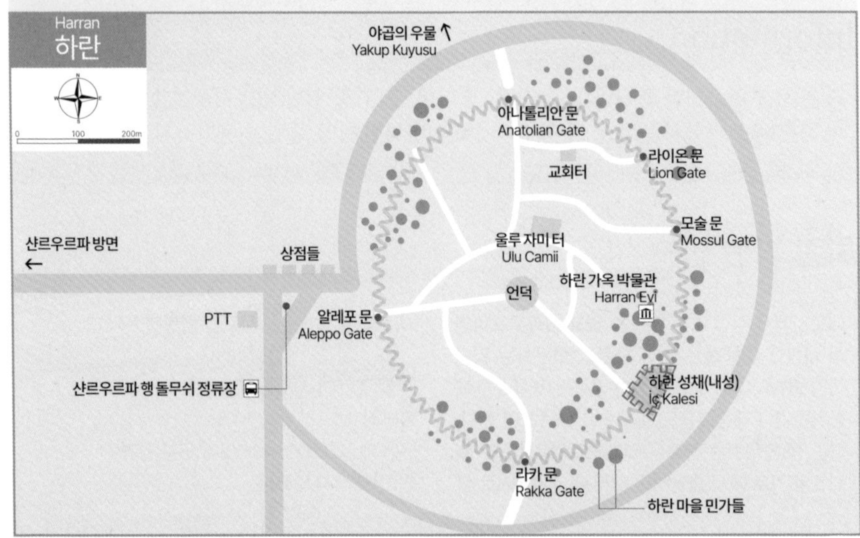

Attraction 하란의 볼거리

옛날 집터와 성채 등이 있지만 하란의 진정한 매력은 땅이 간직하고 있는 오랜 역사. 눈에 보이는 볼거리에만 너무 치중하지 말고 마을을 천천히 둘러보며 그 옛날 하란을 오갔을 사람들의 숨결을 느껴보자.

하란의 볼거리들
Sight of Harran

Map P.684 주소 Harran Evi İbni Teymiye Mahallesi Harran, Şanlıurfa **전화** (0414)441-2020(하란 가옥 박물관) **개관** 매일 08:00~18:00 **요금** 무료 **가는 방법** 하란 마을 전역.

커다란 튀르키예 깃발이 꽂혀 있는 언덕에 옛 하란의 유적이 있다. 하란의 성곽은 총 길이 4km에 6개의 문이 있었다고 하며 마을의 남동쪽에는 보존 상태가 양호한 내성이 남아 있다.

언덕의 북쪽에는 33.3m의 사각기둥이 서 있는 울루 자미 Ulu Camii가 있다. 750년에 건립된 것으로 아나톨리아에서 이슬람 건축으로 지어진 가장 오래된 자미라고 한다. 현재는 미나레로 쓰였던 높다란 기둥과 아치만 남아 화려했던 시절을 증명하고 있을 뿐이다.

한편 하란은 뾰족한 벽돌지붕의 전통가옥이 눈길을 끄는데 옛집을 박물관으로 개조한 곳이 두 군데 있다. 맷돌, 도리깨 같은 생활 도구를 전시해 놓았으며 집 안에 들어가 볼 수도 있다. 차양을 친 마당에서 차를 마시며 여유있는 시간을 갖기에 좋다.

하란 방문의 마지막 코스는 남동쪽에 있는 성채(내성). 기원전 히타이트 시대에 축조된 것이라고 하며 현재의 모습은 11세기경 조성된 것이다. 원래는 네 개의 기둥이 코너에 세워져 있었다고 하는데 지금은 2개만 남아 있다. 성채 여기저기에 큰 공간이 많은데 고대에는 달을 숭배하던 신전으로 사용되었으며 시대를 거쳐오며 교회와 자미로 바뀌었다. 아래층의 천장 정중앙의 돌이 십자가 모양이라 흥미를 끈다. 성채에 관해 자세한 설명을 원한다면 입구의 관리인에게 얼마간 기부를 하고 가이드를 요청할 수도 있다. 한편 야곱이 아내인 라헬을 처음 만난 장소라고 하는 우물이 근처에 있으니 함께 둘러보자.

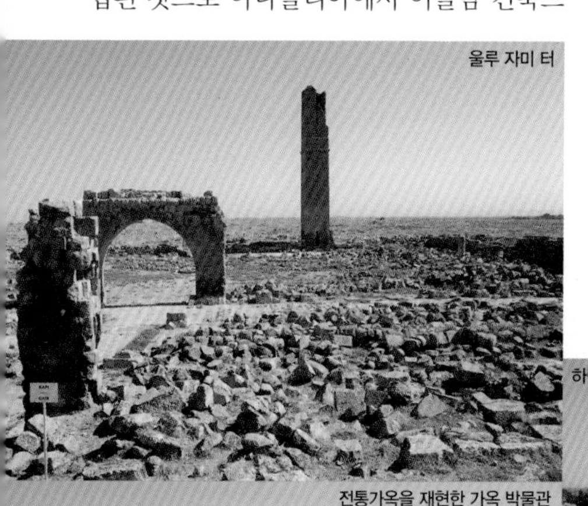
울루 자미 터

전통가옥을 재현한 가옥 박물관

하란 성채

Shakti Say 고대 하란에서는 이런 일이~

하란 마을 전경

믿음의 조상 아브라함은 100세가 가깝도록 아들이 없었는데 하느님의 가호로 이삭이라는 아들을 얻습니다. 늦둥이를 얻은 아브라함은 애지중지 이삭을 키우고 이삭은 40세에 리브가라는 아내를 맞아 에서와 야곱이라는 쌍둥이 아들을 얻습니다. 간발의 차이로 먼저 태어난 에서가 형이 되었죠. 둘은 장성하여 에서는 들판을 돌아다니는 사냥꾼이 되었고 야곱은 양을 돌보는 양치기가 되었습니다. 어느 날 들에서 돌아온 에서가 마침 팥죽을 끓이고 있던 야곱을 보고 죽을 달라고 합니다. 야곱은 '장자의 명분'을 넘긴다면 죽을 주겠다고 하였고 너무나 배가 고팠던 에서는 경솔하게도 팥죽과 장자의 명분을 맞바꿉니다.

세월이 지나 이삭이 운명의 날이 가까웠음을 깨닫고 에서를 불러 사냥을 해서 성찬을 만들어 오면 축복을 내리겠다고 합니다. 에서가 밖으로 나간 사이 어머니 리브가는 무슨 이유에서인지 야곱을 불러 아버지의 축복을 대신 받게 합니다. 늙어서 눈이 어두웠던 이삭은 에서에게 내릴 축복을 야곱에게 주고 맙니다. 이것을 알게 된 에서가 화가 머리끝까지 난 것은 당연한 일. 형의 분노를 피해 야곱은 당시 하란에 있던 외삼촌 라반의 집으로 피신합니다. 그곳에서 야곱은 두 아내와 두 여인에게서 전부 열두 명의 아들을 얻습니다. 이들이 후일 이스라엘 12지파의 선조가 되지요.

여담이지만 이삭에게는 이스마엘이라는 배다른 형이 있었답니다. 아브라함이 이삭을 낳기 전 몸종을 취해 낳은 아들인데 적자가 아니라는 이유로 축복을 받지 못하고 내쫓김을 당합니다. 후일 이스마엘도 씨족을 이루게 되는데 그들이 바로 이슬람입니다. 이슬람과 기독교의 뿌리가 맞닿아 있는 대목이랍니다.

Restaurant 하란의 레스토랑

워낙 작은 마을이라 식당이 없다. 돌무쉬 정류장 부근 구멍가게에서 음료와 비스킷을 사먹거나 샨르우르파에서 출발할 때 간단한 간식을 준비하는 편이 낫다. 두세 시간 정도면 충분히 둘러보니 물만 챙겨와도 그다지 문제될 건 없다.

Hotel 하란의 숙소

하란에도 숙소는 있다. 전통가옥을 박물관으로 개방하고 있는 두 곳을 이용하면 된다. 낮 동안 방문을 마치고 샨르우르파로 돌아가는 것이 보통이지만 역사의 땅에서 밤하늘의 별을 보며 특별한 추억을 만들고 싶은 여행자라면 시도해 보자. 단, 편안한 시설을 기대하지는 말 것.

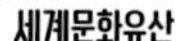

세계문화유산

튀르키예 쿠르드족의 고향이자 성벽으로 유명한

디야르바크르

Diyarbakır

외교부 지정

적색경보

인류 문명의 발생지인 티그리스 Tigris 강변에 자리한 곳으로 가지안테프와 더불어 남동 아나톨리아의 중심 도시. 기원전 2000년경 히타이트 제국의 영향을 받았으며 뒤이어 아시리아, 우라르투, 페르시아, 비잔틴 제국을 거치며 지배자가 바뀌지만 남동부의 무역 및 군사거점 도시로서의 지위는 변함이 없었다. 디야르바크르라는 도시 이름은 8세기 이곳에 들어온 아랍계 민족인 바크르 Bakır인의 땅을 의미하는 것이라고 한다. 현재 주민의 대부분은 쿠르드족으로 튀르키예 남동부에 사는 쿠르드인들의 총본산과 같은 곳이다.

디야르바크르는 성벽으로 유명하다. 도시를 에워싸고 있는 검은 현무암 성벽은 튀르키예에 있는 성벽 중 가장 긴 길이를 자랑한다. 검은 성벽이라 약간 어두운 분위기가 나기도 하지만 길을 걷다 보면 남동 아나톨리아 특유의 남성적인 힘이 느껴진다. 성벽과 함께 디야르바크르의 또 다른 자랑거리는 수박. 도시의 상징으로 쓰일 만큼 전국적으로 알아주는 수박의 명산지다. 매년 9월에는 수박축제가 열리는데 믿기지 않을 정도의 거대 수박이 출현하기도 한다.

인구 66만 명 **해발고도** 660m

Information

관광안내소 Map P.692-A1

다오 카프 Dağ Kapı 아래 관광청에서 운영하던 관광안내소는 문을 닫았고, 이츠 칼레 안쪽으로 옮길 계획이다. 시청에서 운영하는 관광안내소가 크브르스 거리 앞 광장과 성벽 안쪽의 뎅베즈 하우스 Dengbêj House에 있다. 영어를 하는 직원이 상주하며 시내 지도와 관광 안내 자료를 무료로 얻을 수 있다.

전화 (0412)228-1706

홈페이지 www.diyarbakir.bel.tr

업무 화~토요일 09:00~12:00, 13:00~18:00

가는 방법 구시가지 북문인 다오 카프 바로 옆 광장에 있어 쉽게 눈에 띈다.

환전 Map P.692-B1

다오 카프에서 마르딘 카프까지 이어지는 가지 거리 Gazi Cad.에 튀르키예 은행, 아크 은행 AK Bank, 할크 은행 HALK Bank 등 많은 은행이 몰려있다. 환전은 물론이고 ATM도 있어 편리하게 이용할 수 있다. 사설 환전소도 있는데 환율은 비슷하다.

위치 가지 거리 일대

업무 월~금요일 09:00~12:30, 13:30~17:30

PTT Map P.692-B1

위치 울루 자미 부근 사거리에서 네 개의 다리를 지닌 미나레 가는 골목 안에 있다.

업무 월~금요일 09:00~17:00

디야르바크르 가는 법

남동 아나톨리아의 중심도시답게 항공, 버스, 기차 등 모든 교통수단이 잘 발달되어 있다. 특히 이용 빈도가 높은 버스는 인근 도시뿐만 아니라 중부 아나톨리아와 에게해 지역까지 운행하기 때문에 편리하게 이용된다.

➡ 비행기

디야르바크르 공항은 시내에서 6km 떨어져 있으며 군사 공항을 겸하고 있다. 튀르키예 항공, 오누르 에어, 페가수스 항공 등이 이스탄불, 앙카라, 이즈미르까지 직항으로 운행한다. 공항에서 시내까지는 시영 공항버스를 이용하면 편리하다. 시내 중심지 다오 카프 Dağ Kapı까지 가기 때문에 도착 후 걸어서 숙소를 정하면 된다. 공항으로 갈 때도 같은 버스를 이용하자. 다오 카프 부근 정류장에서 보통 비행기 출발 2시간 전에 출발한다. 공항에서 다오 카프까지 택시를 이용한다면 약 150~200TL가 든다.

디야르바크르에서 출발하는 **주요 국내선 항공편**

행선지	항공사	운행	소요시간
이스탄불	THY, OHY, PGS	매일 6~7편	1시간 50분
앙카라	THY	매일 3~4편	1시간 20분
이즈미르	PGS	주 2편	2시간

*항공사 코드 THY: Turkish Airline, OHY: Onur Air, PGS: Pegasus Airline
*운행 편수는 변동이 있을 수 있음.

디야르바크르 공항
전화 (0412)233-2719
튀르키예 항공
전화 (0412)444-0849, 228-8404
페가수스 항공
전화 (0412)229-0370
오누르 에어
전화 (0412)228-6674, 224-9709

디야르바크르 공항

➡ 오토뷔스 & 기차

디야르바크르를 거점으로 하는 버스회사는 외즈 디야르바크르 세야하트 Öz Diyarbakır Seyahat, 하스 디야르바크르 Has Diyarbakır, 스타르 디야르바크르 Star Diyarbakır, 외즐렘 디야르바크르 세야하트 Özlem Diyarbakır Seyahat, 예니 디야르바크르 Yeni Diyarbakır 등 다섯 군데. 다른 도시에서 올 때 이 회사들을 이용하는 게 편리하다.
디야르바크르의 오토가르는 장거리 버스가 드나드는 시 외곽의 예니 오토가르 Yeni Otogarı와 미니버스 터미널인 일체 오토가르 İlçe Otogarı 두 곳이 있다. 예니 오토가르에서 시내까지는 타고 온 버스회사의 세르비스를 타고 가면 된다. 버스회사와 숙소 밀집구역인 다으 카프 부근에 내려주기 때문에 숙소 잡기도 편하다.
바트만, 마르딘 등 주변 지역을 다니는 미니버스는 일체 오토가르를 이용하니 착오가 없도록 하자. 하산케이프를 간다면 바트만을 거쳐야 하므로

디야르바크르 일체 오토가르

디야르바크르에서 출발하는 **버스 노선**

행선지	소요시간	운행
이스탄불	19시간	1일 7~8편
앙카라	14시간	1일 7~8편
샨르우르파	2시간 30분	1일 10편 이상
마르딘	1시간	06:00~19:30(매 30분 간격)
바트만(하산케이프)	1시간	06:00~20:00(매 30분 간격)
반	5시간 30분	07:00~23:00 하루 9편
가지안테프	4시간 30분	1일 10편 이상
말라티아	3시간 30분	1일 7~8편
트라브존	10시간	1일 2~3편
카이세리(카파도키아)	9시간	1일 5~6편
안탈리아	16시간 30분	1일 1~2편

*마르딘과 바트만을 제외한 지역은 모두 예니 오토가르 발착.
*운행 편수는 변동이 있을 수 있음.

먼저 바트만까지 간 다음 차를 갈아타자(바트만에서 하산케이프까지 수시로 돌무쉬가 다닌다). 일체 오토가르에서 시내 중심부인 다으 카프까지 돌무쉬가 수시로 운행한다. 오토가르 정문 앞 도로에 정류장이 있으며, 요금은 차내에서 기사에게 지불한다(20분, 2.5TL).

기차는 이스탄불에서 출발하는 귀네이 익스프레스 Güney Exp.가 디야르바크르를 연결한다. 주요 통과역은 앙카라, 카이세리, 시바스, 말라티아 등이다. 버스에 비해 시간이 오래 걸리지만 운임은 저렴하다. 기차역 앞 큰길에서 다으 카프까지 돌무쉬가 운행하므로 숙소 구역까지 쉽게 갈 수 있다.

전화

예니 오토가르 (0412)236-0010

일체 오토가르 (0412)226-4850, 229-4880

디야르바크르 역 (0412)226-6392

시내의 올리브, 치즈 시장

시내 교통

디야르바크르는 성벽을 중심으로 구시가지와 신시가지 지역으로 나뉘는데, 여행자가 다니는 곳은 대부분 성벽 안 구시가지에 집중되어 있다. 도시 자체는 크지만 다행히 볼거리와 편의시설이 도보권 내에 있어 걸어다녀도 충분하다. 오토가르와 기차역을 갈 때는 버스표를 산 버스 회사의 세르비스나 다으 카프 부근 이뇌뉘 거리에서 출발하는 시내버스(또는 돌무쉬)를 이용하면 되고, 시내 관광을 할 때는 버스를 탈 일은 없다. 시내버스는 별도의 번호는 없고 앞 유리창에 행선지가 적혀 있다. 잘 모르겠으면 사람들에게 물어보면 알려준다.

디야르바크르 둘러보기

긴 성벽과 독특한 형태의 자미, 시리아 정교회 등 볼거리가 다양하다. 모두 구시가지에 위치해 부지런히 발품을 판다면 하루 만에 다 돌아볼 수 있다. 관광의 시작점은 다으 카프가 된다. 가지 Gazi 거리를 따라 가다 맨 먼저 하산 파샤 한에 들러 멋진 케르반사라이를 구경한다. 그런 다음 맞은편의 울루 자미에 들어가 그리스풍의 건물을 감상한 후, 시인의 집이었던 자히트 스크 타란즈 박물관을 둘러보자. 그다음은 약간 복잡한 골목길을 따라 사파 자미와 성모 마리아 교회를 돌아본 후, 뎀베즈 하우스를 거쳐 시내 중심으로 나와 네 개의 다리를 지닌 미나레와 수르파브 교회를 관람한다.

다으 카프 부근으로 다시 돌아와 하즈 쉴레이만 거리 Hz. Süleyman Cad.를 따라 내성으로 가서 성벽과 티그리스 강을 보면 관광은 끝난다. 시간과 체력이 되는 여행자라면 성벽을 따라 구시가지를 한 바퀴 돌며 성벽을 자세히 감상해도 좋다.

+ 알아두세요!

1. 구시가지를 다닐 때 소매치기나 날치기가 많으니 소지품 관리에 각별히 주의하자. 특히 아이들을 조심할 것.
2. 여름철에는 햇빛이 뜨거우니 선크림을 바르고 모자와 선글라스, 물을 꼭 챙기자.
3. 냉장고가 있는 숙소에 머문다면 미리 수박을 사 넣어두고 관광 후 마른 목을 시원하게 축여도 좋다.

BEST COURSE

예상소요시간 8~9시간

출발
디야르바크르 성벽(P.693)**의 다오 카프**
구시가지를 빙 둘러싼 검은 현무암의 철옹성. 2015년 세계문화유산이 되었다.

도보 10분

하산 파샤 한(P.693)
현무암으로 지은 케르반사라이. 디야르바크르 특유의 힘찬 기운이 느껴진다.

도보 1분

울루 자미(P.694)
그리스 신전을 연상케 하는 멋진 아치가 있는 자미.

도보 1분

자히트 스크 타란즈 박물관(P.694)
시인의 집을 개조한 아늑한 가옥 박물관. 조용한 정원에 앉아 시를 한 편 써 보는 건 어떨까?

도보 10분

사파 자미(P.695)
미나레의 부조가 인상적인 자미. 꼬불꼬불한 골목길을 통과하면 나온다.

도보 15분

성모 마리아 교회(P.695)
옛 시리아 정교회의 본산. 예배당에서 잠시 경건한 시간을 가져보자.

도보 10분

뎅베즈 하우스(P.696)
노래와 만담이 섞인 쿠르드족 특유의 문화를 만나보자.

도보 10분

네 개의 다리를 지닌 미나레(P.696)
네 개의 다리가 달린 독특한 미나레. 튀르키예에서 다리가 달린 미나레를 보기는 힘들다.

도보 5분

수르파브 교회(P.696)
빽빽한 기둥과 아치가 인상적인 아르메니아 정교회. 기둥들이 전해주는 세월의 소리에 귀를 기울여 보자.

도보 20분

이츠 칼레(P.697)
성벽에 올라 바라보는 문명의 발원 티그리스 강. 말로만 듣던 티그리스 강을 눈으로 확인하자.

A
B
오토가르, 공항 방면
엘라즈으 거리 Elazığ Cad.
예니 오토가르, 일체 오토가르, 기차역 행 시내버스 정류장
여행자 구역 세부도
신시가지 Yenişehir
텍 카프 Tek Kapı
공항버스 정류장
크브르스 거리 Kıbrıs Cad.
다으 카프 Dağ Kapı (구시가지 북문)
Dr. Yusuf Azizoğlu Cad.
파티흐 카프 Fatih Kapı
성 조지 교회 St. George Kilisesi
디야르바크르 박물관 Diyarbakır Müzesi
무덤
쉴레이만 자미 Süleyman Camii
이츠 칼레(내성) İç Kale
하즈 쉴레이만 거리 Hz. Suleyman Cad.
알리 에미리 거리 Ali Emiri Cad.
치프트 카프 Çift Kapı
이뇌뉘 거리 İnönü Cad.
티시 지라트 은행
이뇌뉘 거리 İnönü Cad.
네비 자미 Nebi Camii
약국
ASYA 은행
경찰서
사라이 카프 Saray Kapı
PTT
한자데 자미 Hanzade Camii
이스켄데르 파샤 자미 İskender Paşa Camii
하산 파샤 한
자히트 스크 타란즈 박물관 Cahit Sıtkı Tarancı Müzesi
울루 자미 Ulu Camii
수르파브 교회 Surpağab Kilisesi
가지 거리 Gazi Cad.
알리 에미리 거리 Ali Emiri Cad.
멜릭 아흐메트 파샤 자미 Melik Ahmet Paşa Camii
사파 자미 Safa Camii(Parlı Camii)
켈다니 교회 Keldani Kilisesi
돌무쉬 정류장
가옥 박물관 Esma Ocak Evi
우르파 카프 Urfa Kapı
멜렉 아흐메트 거리 Melek Ahmet Cad.
타제틴 자미 Tacettin Camii
PTT
예니 카프 거리 Yeni Kapı Cad.
기차역 방면
네 개의 다리를 지닌 미나레 Dört Ayaklı Minare
예니 카프 Yeni Kapı
뎅베즈 하우스 Dengbêj Evi
랄라 베이 거리 Lala Bey Cad.
Turistik Cad.
치즈 시장 Peynir Pazar
Green Park Hotel
가지 거리 Gazi Cad.
베흐람 파샤 자미 Behram Paşa Camii
랄라 카슴 베이 자미 Lala Kasım Bey Camii
가톨릭 교회 Catholic Kilisesi
성모 마리아 교회 Meryem Ana Kilisesi
사르키스 교회 Sarkis Kilisesi
주차장
케르반사라이 호텔 Kerbansaray Hotel
에블리 베덴 칼레 Evli Beden Kale
알리 파샤 자미 Ali Paşa Camii
하즈 외메르 자미 Hz. Ömer Camii
Turistik Cad.
마르딘 카프 Mardin Kapı(Harput Kapı)
케치 칼레 Keçi Kale
0 150 300m
예디 카르데스 칼레 Yedi Kardeş Kale
헤브셀 가든 Hevsel
Diyarbakır
디야르바크르 전도

① 샨르우르파 라흐마준 피데 에비 Şanlıurfa Lahmacun ve Pide Evi B1
② 하지 레벤트 카다이프 Haci Levent Kadayif B1
③ 하산 파샤 한 레스토랑들 Hasan Paşa Han Restaurants B1
④ 타리히 디반 코낙 Tarihi Divan Konağı B1

① 아미다 부티크 호텔 Amida Butik Hotel B1
② 뉴 가든 호텔 New Garden Hotel A1
디야르바크르 성벽

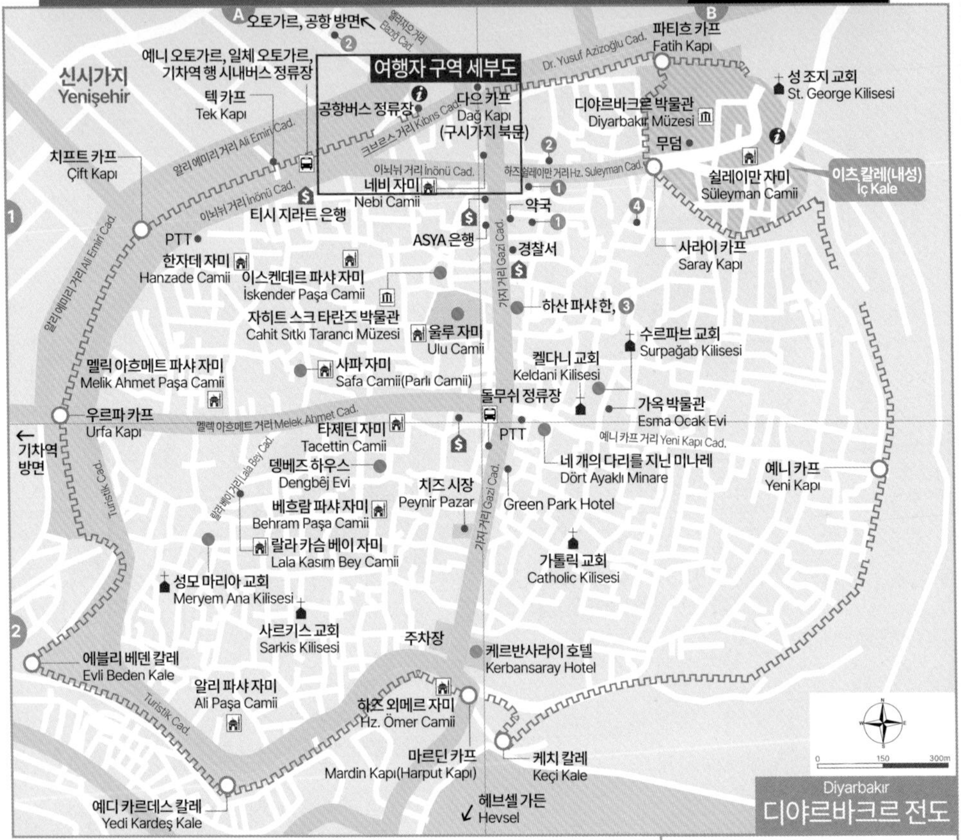

Diyarbakır
디야르바크르 여행자 구역 세부도
다으 카프 (구시가지 북문)
택시승강장
Aslan Hotel
BBVA ATM
크브르스 거리 Kıbrıs Cad.
병원
가지 거리 Gazi Cad.
버스회사
Balkar Hotel
Hotel Maçka
Büyük Hotel
네비 자미 Nebi Camii
제과점
버스회사
이뇌뉘 거리 İnönü Cad.
Gül Hotel
Türkcell
Vadi Hotel
관공서
Derya Hotel
Kaya Hotel
마트

① 술탄 오작바쉬 Sultan Ocakbaşı

① 카플란 호텔 Kaplan Hotel
② 비르켄트 오텔 Birkent Otel
③ 쾨프뤼쥐 호텔 Köprücü Hotel

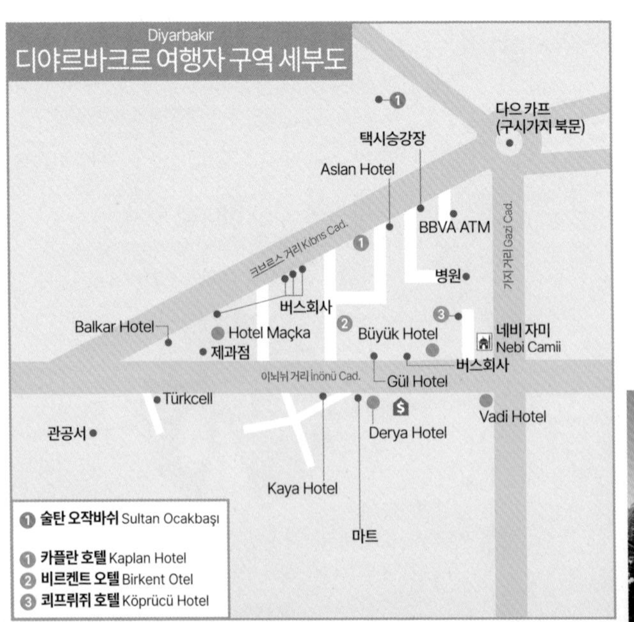

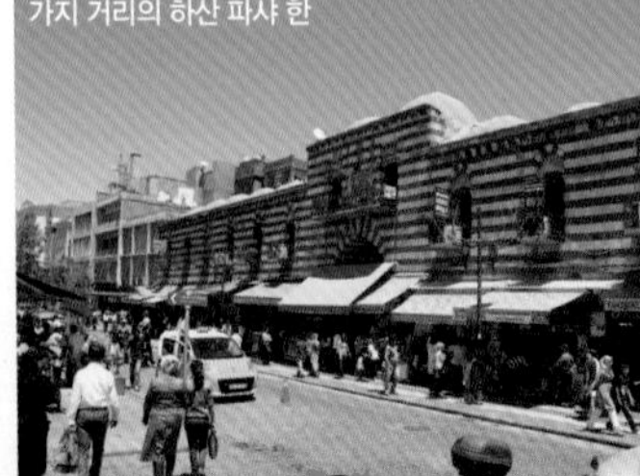

가지 거리의 하산 파샤 한

Attraction 디야르바크르의 볼거리

예로부터 남동 아나톨리아 고원과 중동을 연결하는 지리적 요충지였던 디야르바크르에는 성벽, 자미, 교회 등 다양한 유적이 있다.

디야르바크르 성벽
Diyarbakır Suru ★★★★ 세계문화유산

Map P.692 주소 Eski Diyarbakır **개방** 24시간 **요금** 무료 **가는 방법** 구시가지 전역.

디야르바크르를 상징하는 것으로 구시가지를 빙 둘러싸고 있다. 총 연장길이는 5.8km로 현재 튀르키예에 남아 있는 성벽 중 가장 긴 길이를 자랑한다. 성벽에 대한 디야르바크르 시민들의 자부심은 남달라서 디야르바크르를 찾은 외지 관광객에게 '자랑거리 1호'다.

높이 12m, 폭 3~3.5m의 성벽에는 전부 82개의 탑이 있는데 동서남북으로 예니 카프 Yeni Kapı, 우르파 카프 Urfa Kapı, 마르딘 카프 Mardin Kapı, 다으 카프 Dağ Kapı(하르풋 카프 Harput Kapı라고도 한다) 등 네 개의 정문과 10여 개의 보조문이 있다.

성벽이 언제 처음 축조되었는지에 관한 확실한 기록은 없고 현재 형태는 비잔틴 제국 때인 350년경 완성된 것이다. 각 문과 성벽에는 독수리와 사자 등 왕국을 상징하는 동물이 새겨져 있고 대상숙소인 케르반사라이도 있다.

다으 카프에서 서쪽으로 텍 카프 Tek Kapı와 우르파 카프를 지나 마르딘 카프까지 2km 정도 성채를 따라 도는 길은 잔디공원도 있어 산책삼아 걷기에 괜찮다. 곳곳에 성벽을 오를 수 있는 계단도 있으니 올라가서 도시 전망을 즐겨보자. 남쪽 성벽 바깥에 펼쳐진 농토인 헤브셀 가든 Hevsel과 함께 2015년 세계문화유산에 선정되었다.

하산 파샤 한
Hasan Paşa Han ★★★

Map P.692-B1 주소 Gazi Cad., Eski Diyarbakır **개관** 매일 06:00~20:00 **요금** 무료 **가는 방법** 다으 카프에서 가지 거리 Gazi Cad.를 따라 10분쯤 걷다 보면 왼편에 있다.

대상 숙소인 케르반사라이를 개조한 상가. 쉴레이만 대제 때의 재상 소콜루 메흐메드 파샤의 아들인 베지르자데 하산 파샤 Vezirzade Hasan Paşa가 디야르바크르의 주지사로 재직하던 1576년에 완공되었다. 여느 케르반사라이가 그렇듯이 1층은 말과 낙타를 위한 축사로 사용되었으며(2층은 숙소) 분수가 있는 중앙정원에서 거래가 이루어졌다. 이 고장 특유의 건축 방식인 검은 현무암과 흰색 돌을 교차시켜 고전적 이미지를 그대로 복원했으며, 여름철에는 차양을 쳐 놓아 남동부 지방 특유의 운치가 물씬 풍긴다. 튀르키예에 있는 수많은 케르반사라이 가운데 다섯 손가락 안에 들만큼 인상적이다. 찻집으로 사용되는 중앙 정원에 앉아 있노라면 진정 디야르바크르와 남동 아나톨리아에 왔다는 실감이 난다.

남성적인 힘이 느껴지는 디야르바크르 성벽 찻집으로 사용되는 하산 파샤 한

울루 자미
Ulu Camii ★★★

Map P.692-A1 주소 Ulu Camii Gazi Cad., Eski Diyarbakır **개관** 매일 06:00~18:00 **요금** 무료 **가는 방법** 하산 파샤 한 맞은편 광장을 가로질러 안으로 들어가면 입구가 나온다.

구시가의 중심부에 자리하고 있는 자미로 건축 양식이 독특하다. 돔이 아닌 직사각형의 건물인데다 미나레도 사각이라 한눈에 보기에도 전통적인 자미와 이질감이 느껴진다. 건물은 원래 비잔틴 시대의 교회였는데, 639년 디야르바크르를 점령한 아랍에 의해 자미로 바뀌었다. 현재 형태는 1091년 셀주크 투르크의 술탄 말리크 샤가 다마스쿠스의 에메비예 자미 Emeviye Camii를 본따서 지은 것이다(1155년 화재 후 재건). 중앙 뜰의 좌우에 줄지어 있는 코린트식 돌기둥과 아치는 그리스 신전을 연상케 할 정도며, 내부는 특별한 장식은 없지만 현무암을 이용한 20개의 아치가 중후한 멋을 풍긴다. 정원에 앉아 기도하는 사람들을 보고 있노라면 왠지 기독교와 이슬람의 충돌과 조화를 보는 것 같아 묘한 기분이 들기도 한다. 울루 자미 옆에는 아나톨리아에서 가장 오랜 역사를 자랑하는 메수디예 신학교 Mesudiye Medresesi가 있다.

원래 교회였던 울루 자미

Travel Plus
쿠르드족 언어

디야르바크르를 포함한 남동 아나톨리아 일대는 주민 대부분이 쿠르드족입니다. 쿠르드족 인사말 몇 마디를 알아두면 현지 주민들이 좋아하는 건 당연한 일. 간단한 쿠르드어를 배워봅시다.

안녕하세요 – 메르하바 Merhaba
좋은 아침입니다 – 로즈바쉬 Roj baş
고맙습니다 – 스파스 Sıpas
어떠세요?(How are you에 해당) – 차와이 Çwayi
좋습니다 – 바심 Basim
어디서 왔습니까?
– 투 즈 쿠 데레이? Tu ji ku dere yi?
한국에서 왔습니다
– 에즈 즈 코레 하뜸 ez ji Kore hatim
이름이 무엇입니까?
– 나베 떼 츠예? Nave te Çiye?
제 이름은 김입니다 – 나베 믄 킴 에 Nave min Kim e
제 이름은 이입니다 – 나베 믄 이 메 Nave min Lee me(모음으로 끝나는 경우는 me로 끝난다)
몇 살 입니까? – 투 첸드 살리 이? Tu Çnd sali yi?
저는 25살입니다 – 에즈 비스트 우 펜즈 살리 메 Ez bist u penc sali me
디야르바크르가 아주 좋습니다 – 아메드(디야르바크르의 쿠르드 이름) 쁘르 퀘셰 Amed pir Xweşe
예, 아니오 – 에레 Ere, 나 Na
아버지, 어머니, 형제, 자매 – 바브 Bav, 다익 Daik, 브라 Bıra, 퀘식 Xwişk

자히트 스크 타란즈 박물관
Cahit Sıtkı Tarancı Müzesi ★★

Map P.692-A1 주소 ZiyaGökab Sk., Eski Diyarbakır **개관** 화~일요일 07:30~16:30 **요금** €3 **가는 방법** 울루 자미 북문(경내 해시계에서 가까운 문)으로 나가면 골목 정면에 Kültür Müzesi라는 간판이 보인다. 울루 자미에서 도보 1분.

디야르바크르에는 전통가옥을 박물관으로 개조한 곳이 몇 군데 있는데 그중 하나다. 집의 주인은 자히트 스크라는 이 지방 출신 시인이

자히트 스크 타란즈 박물관

며 오스만 양식으로 1733년에 지어졌다. 현무암을 이용했기 때문에 전체적으로 검은색인데 곳곳에 흰색으로 포인트를 주었다. 각 방에는 마네킹을 이용해 옛 모습을 재현해 놓았다. 입구 맞은편 건물에는 시인이 생전에 쓴 친필편지와 시가 전시된 서재가 있다. 관람 후 정원의 나무 그늘에 앉아 집을 천천히 음미하는 시간을 가져보자.

사파 자미
Safa Camii(Parlı Camii) ★★

Map P.692-A1 주소 Eski Diyarbakır **개관** 매일 06:00~18:00 **요금** 무료 **가는 방법** 멜렉 아흐메트 거리 Melek Ahmet Cad. 중간쯤에서 골목길로 들어간다. 골목이 복잡해 찾기가 힘드니 사람들에게 적극적으로 물어보는 수밖에 없다.

사파 자미의 미나레

골목길 안쪽에 있는 자미로 미나레의 기하학 부조가 인상적이다. 1532년 건립되었으며 중앙 돔을 중심으로 입구에 다섯 개의 돔을 배치한 전형적인 오스만 자미 양식을 따랐다. 한 가지 특징은 중앙의 돔이 둥근 형태가 아니라 8각의 붉은 기와로 되어 있다는 점.
미나레 외벽에 새겨진 세밀한 부조가 볼만하다. 주택가에 있어 동네 아이들의 놀이터가 되고 있는데 안뜰의 수도는 물맛이 좋아 일부러 물을 받으러 오는 현지인도 있다.

성모 마리아 교회

성모 마리아 교회
Meryem Ana Kilisesi ★★★

Map P.692-A2 주소 Eski Diyarbakır **개관** 매일 09:00~12:00, 14:00~17:00(일요일 14:00~17:00) **요금** 무료 **가는 방법** 멜렉 아흐메트 거리 Melek Ahmet Cad.에서 랄라 베이 거리 Lala Bey Cad.로 꺾어 들어가 도보 5분. 주택가 안에 있어 찾기가 조금 힘들다. 사람들에게 적극적으로 물어보자.

3세기경 세워진 교회로 디야르바크르에 있는 10개의 시리아 정교회 가운데 하나다. 시대를 거쳐오며 화재와 지진 등으로 소실과 재건축을 반복했는데 현재 형태는 1700년대의 것이라고 한다. 1034년 말라티아의 교회에서 이곳으로 옮겨온 이래 1934년까지 디야르바크르 시리아 정교회의 총본산이었다.
시리아의 문호 말포노 나움 파이크 Malfono Naum Faik(1863~1930)도 이곳에서 부주교를 역임하며 학생들을 가르쳤다고 하니 교회의 명성을 짐작케 한다. 현재도 교회로 사용되고 있으며 예배당을 중심으로 부속 건물과 집들이 들어서 있다. 정문은 늘 닫혀 있지만 벨을 누르면 열어주고 예배당도 관람할 수 있다.

+ 알아두세요!

시원한 전통 음료 한잔 드실래요?

남동 아나톨리아의 여름철 평균기온은 40℃까지 치솟을 정도로 엄청나게 덥습니다. 디야르바크르 시내를 걷다 보면 '물장수'들이 많이 보이는데 이들이 파는 시원한 전통음료가 있습니다. 언뜻 보면 그냥 콜라 같지만 이것은 '수세 Suse'라는 나무를 우린 물. 한약 비슷한 맛이 나는데 첫맛은 살짝 쓰지만 뒷맛은 달콤하며 갈증 해소에 특효약이랍니다.

수세 물장수

뎅베즈 하우스
Dengběj Evi ★★

Map P.692-A2 주소 Eski Diyarbakır **개관** 화~토요일 09:00~18:00 **요금** 무료 **가는 방법** 멜렉 아흐메트 거리 Melek Ahmet Cad.에서 타제틴 자미 Tacettin Camii 옆길을 따라 도보 5분. 골목길이 헷갈리므로 사람들에게 적극적으로 물어보자.

뎅베즈는 이 지역 대대로 전해오는 쿠르드족의 전통 문화다(이야기꾼도 뎅베즈라고 한다). 즉 입심좋은 재담꾼이 이야기를 풀어내다가 극적인 대목에서 노래를 하거나 시를 읊는 방식으로, 만담과 노래와 시가 합쳐진 것이라 보면 된다. 어찌보면 한국의 판소리와 흡사한 구비문학(口碑文學)의 일종이다. 일정한 형식은 없으며, 노래의 주제는 일상생활부터 지역의 현안문제 등 주민들의 생활을 총체적으로 다루고 있다.

뎅베즈는 이야기를 맛깔스럽게 풀어내는 능력과 희노애락을 담은 노래의 감정표현, 때로는 자작시까지 넣어야 하기 때문에 종합 연예인으로서의 능력이 요구되었고, 동네 대항 경연이 펼쳐지기도 했다. 따라서 나이가 어느 정도 들었을 때가 소리꾼으로서 절정이라고 한다. 남성 중심의 문화 특성상 뎅베즈도 남성이 대부분이지만 여성 뎅베즈도 있다. 유명한 뎅베즈가 되려면 동네 대항전에서 우승해야 했기 때문에 피나는 연습은 필수였다.

시청의 후원으로 2007년 오픈한 뎅베즈 하우스는 언제 가도 동네 노인들이 삼삼오오 앉아서 뎅베즈 읊는 것을 볼 수 있다. 생동감 넘치는 표정과 음성을 들으며 쿠르드족의 전통 문화를 느껴보자.

네 개의 다리를 지닌 미나레
Dört Ayaklı Minare ★★

Map P.692-B2 주소 Yeni Kapı Cad., Eski Diyarbakır **개방** 24시간 **요금** 무료 **가는 방법** 구시가지 중앙 교차로에서 도보 2분. PTT 바로 옆에 있다.

울루 자미 부근 골목 안쪽에 위치한 쉐이흐 무타하르 자미 Şeyh Mutahhar Camii의 부속 미나레. 일반적인 둥근 형태가 아니라 사각형 미나레로 기단 부분에 높이 약 2m인 4개의 다리가 있어 특이하다. 자미는 그다지 크지 않지만 내부 중앙의 돔을 중심으로 기하학 문양이 그려져 있다. 기도 시간이 되면 주변 바자르의 서민들이 기도를 하러 온다.

수르파브 교회
Surpağab Kilisesi ★★★

Map P.692-B1 주소 Yeni Kapı Cad., Eski Diyarbakır **개관** 매일 08:00~18:00 **요금** 무료 **가는 방법** PTT에서 예니 카프 방향으로 5분쯤 걷다가 왼쪽 골목으로 꺾어 들어가면 왼편에 있다. 주변에 가옥 박물관이 있으니 모르겠으면 사람들에게 박물관을 물어보면 된다.

네 개의 다리를 지닌 미나레를 지나 골목길 안쪽으로 더 들어가면 나오는 교회로 아르메니아 정교회로 사용되었던 곳이다. 16개의 기둥이 만들어내는 질서정연한 아치가 매우 인상적이다. 전에는 기둥만 남은 폐허였는데 대대적인 보수공사로 멋진 교회로 재탄생했다. 방치되어 있어 안타까웠는데 본연의 모습으로 돌아온 것이 반갑기까지 하다. 지역 특색을 살린 검은 돌과 흰 돌의 교차무늬도 보기 좋고 중앙에는 성모 마리아를 모시고 있다. 문이 닫혀 있으면 관리인에게 열어달라고 하

재담꾼의 아지트 뎅베즈 하우스

다리가 네 개인 사각 미나레

멋지게 재탄생한 수르파브 교회

자. 교회 맞은편에는 가옥 박물관인 에스마 오자크 에비 Esma Ocak Evi가 있다. 100년 된 아르메니아식 가옥을 1996년 여성작가 에스마 오자크가 개조한 것이다. 주변에는 또 다른 시리아 정교회인 켈다니 교회 Keldani Kilisesi도 있다.

이츠 칼레(내성)
İç Kale ★★★

Map P.692-B1 주소 Hz. Süleyman Cad., Eski Diyarbakır **개방** 24시간 **요금** 무료 **가는 방법** 네비 자미 Nebi Camii에서 하즈 쉴레이만 거리를 따라 도보 5분.

구시가지에 자리한 내성으로 도시를 다스리는 행정의 중심이었던 곳이다. 오스만 제국의 쉴레이만 대제 때인 1526년에 완공되었으며, 16개의 탑과 4개의 문이 성 안팎으로 나 있다. 성벽 위에 올라서면 유유히 흘러가는 티그리스 강과 주변 풍경이 한눈에 들어온다. 사각의 미나레가 인상적인 쉴레이만 자미 Süleyman Camii 옆에는 통치자가 살았던 궁전 Saray과 내부 장식이 인상적인 성 조지 교회 St. George Kilisesi가 자리하고 있다.

이츠 칼레 주변 주택가는 동네 분위기가 좋지 않아 어두울 때까지 있는 건 그다지 현명하지 못한 일이다. 대낮이라고 해도 혼자 가지 말고 일행과 동행하는 것이 좋다.

한편 이츠 칼레는 도시 재개발 계획에 따라 2013년 대대적인 보수공사를 마쳤다. 고고학 박물관 및 야외 박물관, 성 조지 교회와 주지사 사무실까지 넓은 부지에 공원처럼 조성해 놓아 디야르바크르의 새로운 관광 명소로 거듭났다.

이츠 칼레 입구

Shakti Say

쿠르드족의 어제와 오늘

튀르키예의 쿠르드족

튀르키예 남동부, 이라크 북부, 이란과 시리아 등 중동 각 지역에 살고 있는 쿠르드족은 유랑 민족으로 알려진 것과는 달리 오랫동안 정착해 살아온 붙박이 민족입니다. 이들은 산악 민족으로 기질이 세고 자존심이 강하며 종교적으로는 순니파 이슬람교를 믿습니다.

쿠르드족의 영토는 일반적으로 쿠르디스탄 Kurdistan으로 알려진 곳으로 이란, 튀르키예, 이라크와 접하고 있습니다. 튀르키예 쿠르드족의 땅은 디야르바크르와 샨르우르파 등 남동부 지방이며, 이라크는 북부 유전지대인 모술과 키르쿠크가 쿠르드족의 땅입니다. 이처럼 중동 각 지역에 거주하는 쿠르드족은 어림잡아 3천만 명 정도로 추산됩니다.

쿠르디스탄 주변 국가들이 자국의 이익을 위해 쿠르드족을 이용한 것은 어제, 오늘의 일이 아닙니다. 잘 알려지지 않아서 그렇지 쿠르드족 문제는 이스라엘-팔레스타인 갈등과 더불어 중동평화를 위협하는 2대 요인입니다.

튀르키예의 쿠르드족은 제1차 세계대전 후 아타튀르크의 독립전쟁 당시 튀르키예 공화국을 수립하는데 주도적인 역할을 수행합니다. 튀르키예 공화국 수립 후 초대 국회 창립연설에서 아타튀르크는 "튀르키예의 주인은 둘이 있다. 하나는 튀르키예족이고 다른 하나는 쿠르드족이다"라고까지 했을 정도지요. 하지만 2년 후 통과된 법안은 "튀르키예에는 단 하나의 민족만이 존재한다"라고 명시해 쿠르드족을 포함한 소수민족의 존재 자체를 부정해 버립니다. 자신의 정체성을 중시 여기는 쿠르드인들이 발끈한 것은 당연한 일. 이때부터 기나긴 투쟁의 길로 접어듭니다.

쿠르드족의 분리 독립운동은 1950~60년대 간헐적 투쟁을 겪다 1970년대에는 잠시 진정되는 듯하였으나 1974년 창설된 '쿠르드 노동자당(PKK)'이 1984년부터 무장투쟁을 개시하면서 다시 활발하게 전개되었습니다. 분리 독립에 관한 한 강경일변도의 정책을 펴고 있는 튀르키예 정부는 지금까지 수차례 이라크 국경을 넘어 PKK 거점 공격이라는 초강수를 둠으로써 자신의 입장을 대변하고 있습니다. 쿠르드족 문제는 국제적 내전의 성격을 띠는데다 각국의 이해관계가 얽혀 있어 쉽사리 해결되지 않을 전망입니다.

Restaurant 디야르바크르의 레스토랑

디야르바크르의 먹을거리는 풍부하다. 대부분의 레스토랑에서 케밥을 파는데 다른 도시에 비해 맛과 양이 뛰어나 흐뭇할 정도. 구시가의 중심 성벽인 다으 카프 부근과 크브르스 거리에 몰려있어 이용하기도 편하다. 카다이프 Kadaif라 불리는 단 과자와 수박은 전국적으로 알아주는 명품이니 꼭 맛보도록 하자.

샨르우르파 라흐마준 피데 에비 Şanlıurfa Lahmacun ve Pide Evi

Map P.692-B1 주소 Izzetpaşa Cad. No.4/A **전화** (0412) 228-2312 **영업** 06:00~21:00 **예산** 1인 30~60TL **가는 방법** 네비 자미에서 하즈 쉴레이만 거리 접어들자마자 오른쪽으로 보인다.

모든 메뉴가 저렴한 서민 식당. 무료로 나오는 푸짐한 샐러드가 마음에 든다. 메뉴는 케밥, 라흐마준, 피데 등이 있는데 주방 한쪽 화덕에서 구워내는 따끈한 피데가 맛있다. 시민들도 즐겨찾는 곳이라 언제 가도 분주한 식당의 활기가 느껴진다.

술탄 오작바쉬 Sultan Ocakbaşı

Map P.692 주소 Yenişehir, Ali Emiri 1. Sk., 21100 Diyarbakır **전화** (0412)228-4542 **영업** 07:00~23:00 **예산** 1인 60~100TL **가는 방법** 다으 카프에서 도보 3분.

진열대의 신선한 고기를 가게 안쪽 숯불에서 연신 구워내는데 케밥의 본고장 남동아나톨리아의 고기맛을 제대로 볼 수 있다. 쇠고기, 닭고기, 양고기 등 어떤 것을 선택해도 실패하지 않으니 마음껏 주문해 보자. 화초를 많이 가져다 놓은 야외자리는 저녁때 운치가 있다.

하지 레벤트 카다이프 Haci Levent Kadayif

Map P.692-B1 주소 Cami Nebi, Hz. Süleyman Cd. No:5, 21300 **전화** +90-444-0859 **홈페이지** www.hacilevent.com.tr **영업** 07:00~00:00 **예산** 1인 40~60TL **가는 방법** 다으 카프에서 도보 2분.

남동 아나톨리아의 디저트인 카다이프와 바클라바 전문점. 견과류가 가득 들어있는 부르마 카다이프도 괜찮고 피스타치오를 베이스로 한 바클라바도 많은 이들의 호평을 받고 있다. 더운 여름날 체력 유지에도 도움이 되므로 차이와 함께 디저트를 즐겨보자. 선물용으로도 많이 사 간다.

타리히 디반 코낙 Tarihi Divan Konağı

Map P.692-B1 주소 Tarihi Divan Konağı, Orta Karataş Sk. No:14, 21300 **전화** +90-536-521-3023 **영업** 09:00~23:00 **예산** 1인 30~60TL **가는 방법** 다으 카프에서 도보 7분. 골목 안쪽이라 찾기가 약간 힘들다.

디야르바크르 전통 가옥을 개조한 카페. 이 지역의 주택에 현대적인 카페가 잘 조화를 이루었다. 차와 커피, 몇 가지 디저트를 제공하는데 낮에 찻집으로 이용해도 좋지만 라이브 음악연주가 펼쳐지는 저녁때도 좋다. 현지 주민들의 문화생활을 체험하기에 괜찮은 곳.

하산 파샤 한 레스토랑들 Hasan Paşa Han

Map P.692-B1 주소 Gazi Cad. Hasan paşa han **영업** 07:00~20:00 **예산** 차이 3TL, 아침식사 10~25TL **가는 방법** 가지 거리 중심부에 있다. 네비 자미에서 도보 5분.

대상 숙소인 케르반사라이를 개조한 찻집 겸 레스토랑. 정원과 2층 테라스에 수많은 찻집과 레스토랑이 성업 중이다. 이 고풍스러운 건물에 앉아 여러 종류의 치즈와 꿀이 나오는 브런치를 즐기다 보면 진정으로 디야르바크르에 왔다는 실감이 난다. 기념품 상가도 있다.

Hotel 디야르바크르의 숙소

최근 불고 있는 관광산업 열풍으로 새로운 숙소가 더 많이 생겼고 기존의 숙소도 리모델링을 하고 있다. 다으 카프 부근의 크브르스 거리 Kıbrıs Cad.와 이뇌뉘 거리 İnönü Cad.에 몰려있는 수많은 숙소 중 어떤 곳을 골라야 할지 고민일 정도. 날씨가 더운 탓에 모든 숙소에 에어컨이 설치되어 있고 냉장고가 있는 곳도 많다. 아래 소개하는 곳 말고도 많은 숙소가 있으니 다양하게 시도해 보자.

카플란 호텔 Kaplan Hotel

Map P.692 주소 Cami Nebi, Kıbrıs Cd. No:25, 21300 **전화** (0412)229-3300 **홈페이지** www.hotelkaplandiyarbakir.com.tr **요금** 싱글 €20(개인욕실, A/C), 더블 €40(개인욕실, A/C) **가는 방법** 다으 카프에서 도보 3분.

중심부에 자리한 곳으로 가성비가 괜찮은 숙소. 객실과 욕실은 기본적인 깔끔함을 갖추고 있으며 건물이 높아서 높은 층에서는 주변의 시가지 전망도 괜찮다. 아침식사는 훌륭하지는 않지만 기본은 하기 때문에 크게 불편하지는 않다.

비르켄트 오텔 Birkent Otel

Map P.692 주소 Cami Nebi, Sütçü Sk. No:4, 21300 Sur/Diyarbakır **요금** 싱글 €25(개인욕실, A/C), 더블 €30(개인욕실, A/C) **가는 방법** 다으 카프에서 도보 5분.

오랜동안 디야르바크르를 찾는 배낭여행자들이 애용해 온 호텔. 방과 욕실은 좁은 편이고 엘리베이터도 매우 협소하지만 친절한 리셉션 직원이 손님을 맞이하며 청소상태도 좋은 편이다. 4성급 호텔의 서비스를 기대하지만 않는다면 매우 괜찮은 가성비 숙소라 할 수 있다.

쾨프뤼쥐 호텔 Köprücü Hotel

Map P.692 주소 İskender Paşa Sk. 1. Çk. No : 3, 21300 **전화** (0412)224-2287 **홈페이지** www.koprucuotel.com **요금** 싱글 €25(개인욕실, A/C), 더블 €30(개인욕실, A/C) **가는 방법** 다으 카프에서 도보 3분.

객실은 좁고 화장실도 기본적인 수준이나 저렴한 요금과 올드타운 안이라는 입지조건을 생각하면 괜찮은 호텔이다. 방과 객실의 청결도도 좋은 편이고 아침식사도 만족할 만하다. 전용 주차장은 없으므로 주변의 유료 주차장을 이용해야 한다.

아미다 부티크 호텔 Amida Butik Hotel

Map P.692-B1 주소 Cevatpaşa Mahallesi, Hz. Süleyman Cd. No.12, 21200 **전화** (0412)224-1414 **요금** 싱글 €60(개인욕실, A/C), 더블 €70(개인욕실, A/C) **가는 방법** 다으 카프에서 도보 3분.

중심부에 자리한 중급숙소로 에어컨, 온수, 주차 등 어떤 것도 불편함 없이 갖춰놓았다. 친절한 직원은 손님에게 항상 정중하며 객실과 욕실은 언제나 잘 정돈되어 있다. 특히 푸짐하게 나오는 아침식사는 5성급 호텔에 견주어도 모자람이 없을 정도다.

뉴 가든 호텔 New Garden Hotel

Map P.692-A1 주소 Yenişehir, Lise 1. Sk. No:6, 21100 **전화** (0412)229-0404 **홈페이지** www.newgardenhotel.com.tr **요금** 싱글 €70(개인욕실, A/C), 더블 €80(개인욕실, A/C) **가는 방법** 다으 카프에서 도보 3분.

최근에 오픈한 대형 비지니스 호텔. 디야르바크르를 찾는 비지니스 맨들과 단체 관광객들이 주로 이용하는 곳으로 깔끔하고 모던한 인테리어를 선보인다. 널찍한 객실은 미니바와 가구 등 편의시설을 잘 갖추었고 욕실도 매우 깨끗하다. 스파, 세미나실, 주차장 등 모든 시설과 서비스를 잘 갖추었으며 지하의 하맘도 무료로 이용할 수 있다.

수몰되어 버린 남동 아나톨리아의 진주

하산케이프 Hasankeyf

수몰되기 전의 하산케이프

Travel Plus

물 속으로 사라진 고대 문명 하산케이프 Hasankey

하산케이프는 인류 최초의 문명으로 일컬어지는 수메르 문명이 꽃피었던 메소포타미아의 북부에 자리한 유서 깊은 마을입니다. 지금도 그렇지만 고대에 강은 생명과 직결될 만큼 중요한 것이었고 아나톨리아 고원과 메소포타미아 평원을 이어주는 티그리스 강변에 위치한 하산케이프의 중요성은 두말할 필요도 없었습니다. 기원전 9천 년 경에 이미 사람이 살았던 흔적이 발견되었으며 메소포타미아 문명이 싹튼 유서깊은 도시이자 실크로드의 거점이었던 하산케이프는 안타깝게도 더 이상 존재하지 않습니다. 물 부족과 에너지 문제를 해결한다는 명분으로 튀르키예 정부가 추진한 남동아나톨리아 개발계획(GAP)에 포함되어 티그리스 강 상류의 댐 건설로 2020년 2월 완전히 수몰되고 말았기 때문이죠.

수몰되기 전 하산케이프 마을에는 곳곳에 널려있는 대규모의 동굴 유적, 어마어마한 규모의 성채, 그 옛날 대상이 오갔을(최소 천 년은 되었다고 하는) 티그리스 강의 다리 교각 등 예사롭지 않은 역사가 숨어있던 곳이었는데 매우 아쉽게도 완전히 사라지고 만 것이죠. 고대 문명의 흔적은 물론 수많은 동식물의 보금자리와 대대로 살아오던 주민들의 삶의 터전도 그대로 물속으로 가라앉고 말았습니다. 역사와 문화, 생태는 물론 정치적 문제까지 감수하고 개발을 강행한 정부 당국의 결정에 안타까운 마음을 금할 수 없습니다.

하산케이프 마을내부(수몰 전)

하산케이프 마을(수몰 전)

하산케이프 마을을 흐르는 티그리스 강(수몰 전)

한편 하산케이프 마을에 살던 약 6천 명의 주민들은 수몰지역 바로 건너편에 정부에서 제공한 주택으로 집단 이주했습니다. 새로운 하산케이프라는 뜻의 '예니 하산케이프 Yeni Hasankeyf'라고 명명된 이 마을에서 역사가 남겨놓은 따뜻하고 정겨운 정취라고는 찾아볼 수 없게 되었죠. 옛 하산케이프의 모습은 새로 지은 상점에서 파는 그림으로만 남았고 주민들은 새 마을에서 이전과는 다른 삶을 살아가고 있습니다.

새로 조성된 예니 하산케이프 마을(출처:튀르키예 관광청)

제이넬베이 무덤

바위를 파서 만든 동굴집들(수몰 전)

한 가지 다행스러운 점은 수몰되기 전 튀르키예 정부에서 중요한 문화재를 다른 곳으로 이주시켰다는 것입니다. 주변에 문화공원을 조성해 제이넬 베이 무덤을 비롯한 몇 몇 문화재를 통째로 옮겨놓았고 하산케이프 마을의 역사와 옛 모습을 담은 박물관을 조성했습니다.

더 이상 옛 모습을 찾아볼 수 없는 하산케이프를 방문해야 할 의미는 사라졌지만 〈프렌즈 튀르키예〉에서는 하산케이프가 존재했던 당시의 흔적을 지면에 남겨놓는 것으로 역사와 문명과 사람에 대한 기록을 전하고자 합니다.

하산케이프 가는 법

디야르바크르에서 간다면 바트만을 거쳐 미디야트로 가는 길에 들를 수 있고, 반대로 마르딘에서 간다면 미디야트를 거쳐 바트만으로 가는 길에 들를 수 있다. 현재 남아있는 옛 하산케이프의 흔적은 성채 위에 남아있던 유적 몇 개가 전부다. 예니 하산케이프 선착장에서 배를 타고 다녀올 수 있다. 인근의 문화공원에서 제이넬 베이 무덤을 비롯한 몇 가지 유적, 옛 하산케이프의 모습을 담은 박물관 등을 둘러볼 수 있다.

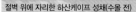

바트만-하산케이프 돌무쉬

운행 07:00~19:00 매 30분 간격(30분 소요)

미디야트-하산케이프 돌무쉬

운행 07:00~19:00 매 30분 간격(40분 소요)

절벽 위에 자리한 하산케이프 성채(수몰 전)

메소포타미아 평원이 펼쳐진 박물관 도시

Mardin 마르딘

외교부 지정
적색경보

남동 아나톨리아 끝자락에 위치한 도시로 고대 북 메소포타미아 문명을 간직하고 있는 곳이다. 지리적으로 시리아와 인접해 있는데다 튀르키예인, 쿠르드인, 아랍인, 시리아인 등 다민족이 어우러져 천의 얼굴을 가진 튀르키예에서도 이국적인 면모를 보이는 곳으로 단연 으뜸이다. 도시 이름인 마르딘도 시리아어로 성채를 의미하는 '메르딘'에서 온 것. 마르딘을 방문한 여행자는 언덕 위 바위성채와 사막기후 특유의 가옥들, 시리아로 이어지는 바다 같은 메소포타미아 평원 등 예사롭지 않은 도시 생김에 놀라게 된다.

마르딘은 대대로 상업도시로 이름을 날리던 곳이었다. 지리적으로 아나톨리아 고원과 메소포타미아 평원을 연결하는 요충지라 대상들은 이곳을 통로로 아나톨리아로 들어섰으며 아랍과 페르시아의 물품은 마르딘을 거쳐 아나톨리아 고원에 공급되었다. 오늘날 도시 곳곳에 남아 있는 케르반사라이는 이러한 지난날의 흔적이다. 오랜 역사와 특이한 도시 형태, 다민족, 자연환경이 어우러져 이곳을 방문한 여행자들은 거대한 야외 박물관 같은 인상을 받으며 영화 속 장면에 들어온 듯한 착각마저 든다. 메소포타미아 평원의 바람이 머물다 가는 곳, 마르딘으로 떠나보자.

인구 6만 명 **해발고도** 930m

Information

관광안내소 Map P.707-A1

마르딘을 찾는 국내외 관광객이 계속 늘어나는데도 구시가지에 관광안내소는 없는 실정이다. 예니 마르딘(신시가지)의 시청에 가면 지도와 관광안내 자료를 구할 수 있다.

위치 예니 마르딘 초입 주유소 옆
전화 (0482)215-1930 홈페이지 www.mardin.bel.tr
업무 월~금요일 08:00~17:00
가는 방법 구시가지에서 시내버스로 20분. 별도의 버스 번호는 없고 기사에게 시청(벨레디예)을 물어보고 타면 된다.

환전 Map P.707-A1

구시가지와 신시가지 어느 곳이든 은행이 있어 환전과 ATM 이용에 불편함이 없다. 줌후리예트 광장 바로 옆에 있는 티시 지라트 은행 T.C ZİRAAT Bankası이 가까워 이용하기 편리하다. 환전 수수료는 없으며 은행 외에 사설 환전소는 없다.

위치 구시가지의 중심인 비린지 거리 Birinci Cad.
업무 월~금요일 09:00~12:30, 13:30~17:30

PTT Map P.707-B1

옛 케르반사라이를 활용해 고풍스런 분위기다. PTT 건물이 선풍적인 인기를 끈 튀르키예 드라마 〈쉴라〉의 주인공 사무실로 쓰인 곳으로 항상 기념사진을 찍는 튀르키예 관광객의 모습을 볼 수 있다.

업무 월~금요일 09:00~17:00
가는 방법 줌후리예트 광장에서 큰길을 따라 도보 10분.

역사

아나톨리아 고원이 끝나고 메소포타미아 평원의 시작점에 자리한 지정학적 위치 때문에 마르딘은 수많은 왕국의 부침을 겪으며 고된 길을 걸었다. 지금은 상상도 할 수 없지만 고대에 이곳은 수목과 물이 풍부한 지역으로 많은 인구가 거주했다. 수메르, 바빌로니아, 아시리아, 페르시아의 지배를 거쳐 기원후 250년에 로마 영토로 편입되었다. 마르딘은 기독교가 탄생한 팔레스타인 지방과 가까워 비교적 일찍부터 기독교의 세례를 받았다(1930년까지 시리아 정교회의 총주교좌가 마르딘에 있었으며, 오늘날 남아있는 많은 수도원과 교회들은 이 땅이 오래도록 기독교 세력의 본산이었음을 말해준다).

비잔틴 제국 때에는 사산 조 페르시아와 국경을 접하고 있었고, 12세기 셀주크 투르크 왕조가 들어서며 도시의 모든 것은 빠르게 이슬람식으로 바뀌었다. 이어진 아크코윤르 왕조와 사파비 왕조를 거쳐 1517년 오스만 제국의 지배하에 들어갔다. 지명은 오스만 제국 초기에는 시리아식 표현인 '마리다'라고 불리다가 마르딘이 되었다. 20세기 초까지 많은 기독교인이 거주했었으나 대부분 추방되거나 쫓겨나고 현재는 1000명도 채 안 된다. 오늘날 마르딘에는 다양한 인종과 종교가 섞여있어 굴곡진 역사를 대변하고 있다.

마르딘 구시가지의 돌집

마르딘 가는 법

마르딘으로 가는 방법은 비행기와 버스가 있다. 지리적으로 남동 아나톨리아 끝자락에 위치해 외부와의 소통이 그다지 원활한 편은 아니다. 선로가 없어 기차는 다니지 않는다.

➡ 비행기

신시가지의 튀르키예 항공 대리점

가장 빠르게 마르딘을 방문하는 길. 튀르키예 항공과 페가수스 항공, 아나돌루 제트 등의 항공사가 이스탄불과 앙카라에서 마르딘까지 직항노선을 운행해 편리하게 이용할 수 있다. 이즈미르나 트라브존 등 다른 도시는 경유편으로 연결된다. 마르딘 공항은 시내에서 약 15km 떨어져 있으며 마르딘 시내까지는 시내버스가 다니는데 보통 신시가지의 Mardin AVM 쇼핑몰이나 오토가르까지 운행한다. 구시가지에 숙소를 정할 거라면 쇼핑몰 앞에서 노란색 미니버스를 타고 구시가지로 가서 중심지인 줌후리예트 광장에 내리자. 시내에서 공항으로 갈 때는 오토가르로 가서 공항 행 버스를 타고 가면 된다. 공항가는 버스는 부정기적이라 시간을 여유있게 두고 오토가르에 가서 공항 행 버스를 문의하는 게 좋다. 택시를 이용한다면 약 150~180TL 정도다.

마르딘 공항 Mardin Havaalanı
전화 (0482)313-3400

튀르키예 항공 Türk Hava Yolları
전화 +90-850-302-5493
가는 방법 구시가지의 중심인 줌후리예트 광장 Cumhuriyet Meydan에서 도보 2분.

➡ 오토뷔스

거리가 워낙 멀어 이스탄불이나 앙카라에서 바로 가는 여행자는 드물고 디야르바크르나 샨르우르파를 경유해 가는 것이 일반적이다. 마르딘의 오토가르는 동쪽에 있으나 도착 승객의 이동의 편리성을 고려해 다른 도시에서 온 버스는 신시가지의 쇼핑몰 마르딘 AVM앞에 내려준다.

디야르바크르나 바트만, 하산케이프에서 간다면 도시 동쪽의 미니버스 터미널에 내리거나 또는 신시가지에 내려 주는 등 정차하는 곳이 일정치 않다. 신시가지에 도착해서 구시가지로 가려면 마르딘 AVM(쇼핑몰) 앞으로 이동해 맞은편의 정류장에서 노란색 시내버스를 타면 된다. 미니버스 터미널('메이단 바쉬'라고 부른다)에 도착한 경우에도 역시 시내버스를 타고 줌후리예트 광장에 내려서 숙소를 정하고 관광을 시작하면 된다.

샨르우르파, 가지안테프, 도우베야즛 등 장거리로 가는 대형버스는 마르딘 오토가르에서 출발하므로 관광을 마치고 시내버스를 타고 오토가르로 이동한 후 장거리 버스를 타면 된다. 디야르바크르, 미디야트, 바트만 등 인근 지역으로 가려면 미니

마르딘에서 출발하는 **버스 노선**

행선지	소요시간	운행
이스탄불	23~25시간	1일 6편
샨르우르파	2시간 30분	1일 10편 이상
디야르바크르	1시간	06:00~20:00(매 30분 간격)
미디야트	1시간	07:00~19:30(매 30분 간격)
누사이빈(시리아 국경)	1시간	07:00~19:00(매 1시간 간격)
실로피(이라크 국경)	3시간	08:00~17:00

*운행 편수는 변동이 있을 수 있음.

버스 터미널을 이용하자. 하산케이프를 방문하고 싶다면 미디야트 Midyat를 거쳐야 하며 국경도시인 누사이빈 Nusaybin을 통해 시리아로 넘어갈 수도 있다. 이라크 국경도시인 실로피까지도 버스가 다닌다. 마르딘 인근도시인 크즐테페 Kızıltepe에서 이라크의 모술과 바그다드 행 버스가 출발한다.(2024년 현재 내전 중인 시리아는 여행 금지 지역이다.)

시내 교통

마르딘은 구시가지인 에스키 마르딘과 신시가지인 예니 마르딘의 두 곳으로 나뉘어 있는데 여행자들이 방문하는 곳은 구시가지. 볼거리와 편의시설이 비린지 거리를 중심으로 자리하고 있어 대부분 걸어서 다닐 수 있다. 단, 시가지가 경사져 있어 곳곳에 좁은 통로와 계단이 많으니 관광에 나서기 전 편한 신발을 착용할 것. 자파란 수도원은 멀리 떨어져 있는데다 대중교통이 없어 택시를 이용해야 하며 카시미예 신학교도 시내버스를 타고 가야 한다. 예니 마르딘과 에스키 마르딘은 시내버스가 수시로 운행해 불편함 없이 오갈 수 있는데 별도의 버스 번호는 없고 기사에게 행선지를 말하면 된다. 미니버스는 교통카드를 구입해 사용하거나 현금 승차도 된다.

마르딘 둘러보기

마르딘의 볼거리는 12~13세기 셀주크 투르크 왕조 때 조성된 자미와 신학교가 대부분이며 시리아 정교회도 빼놓지 말아야 할 방문지로 손꼽힌다. 유적을 구경하는 것은 하루면 충분하지만 남동 아나톨리아 지방의 분위기를 제대로 감상하려면 2~3일 정도 머무르는 것이 좋다. 볼거리에만 쫓겨 허겁지겁 다니기보다 여유를 갖고 마을과 골목을 충분히 즐기는 것을 추천하고 싶다. 관광의 시작은 구시가지의 중심인 줌후리예트 광장이며, 관광을 마친 오후에는 전망좋은 찻집에서 차를 마시며 장엄한 메소포타미아 평원을 감상하는 호사를 놓치지 말자. 시내의 여행사에서 마르딘 외곽지역의 수도원과 고대의 도시유적인 다라 Dara 등 몇 군데의 명소를 탐방하는 1일 투어 프로그램에 참가하는 것도 좋다.

남동 아나톨리아의 독특한 돌집에 매력을 느낀다면 마르딘에서 1시간 거리인 미디야트와 이라크 국경부근에 위치한 성 가브리엘 수도원을 방문해 보자. 강렬한 느낌은 말로 할 수 없을 정도다.

+ 알아두세요!

1. 자미와 신학교를 방문할 때 민소매 상의나 짧은 스커트, 반바지는 삼가는 게 좋다.
2. 날씨가 대체로 건조하고 뜨거우니 수분을 충분히 섭취하고 얇은 긴 옷을 입도록 하자.
3. 주말에는 현지인 관광객이 몰려들어 북새통이다. 주말에 간다면 숙소 예약 필수!

마르딘 구시가지의 야경

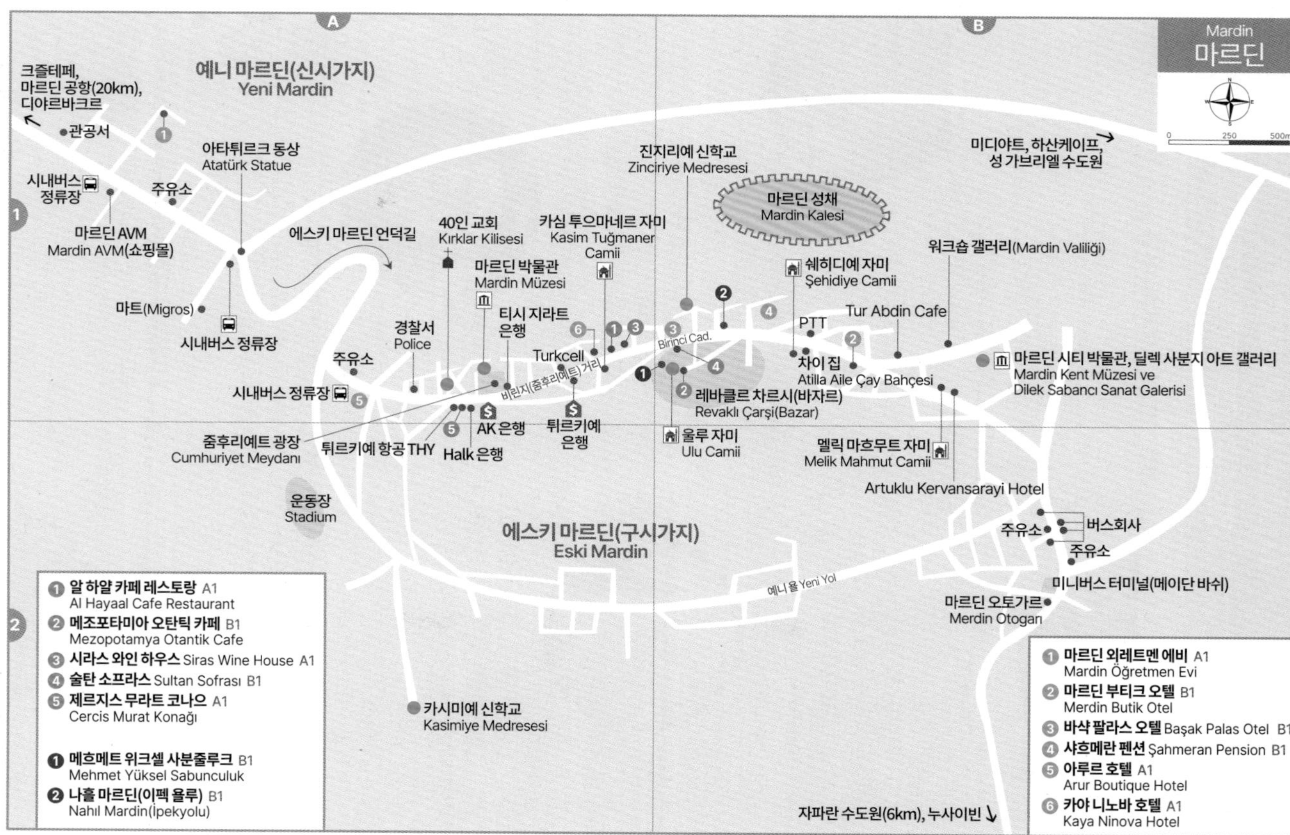

1 알 하얄 카페 레스토랑 A1
Al Hayaal Cafe Restaurant
2 메조포타미아 오탄틱 카페 B1
Mezopotamya Otantik Cafe
3 시라스 와인 하우스 Siras Wine House A1
4 술탄 소프라스 Sultan Sofrası B1
5 제르지스 무라트 코나으 A1
Cercis Murat Konağı

❶ 메흐메트 위크셀 사분줄루크 B1
Mehmet Yüksel Sabunculuk
❷ 나흘 마르딘(이펙 욜루) B1
Nahıl Mardin(İpekyolu)

1 마르딘 외레트멘 에비 A1
Mardin Öğretmen Evi
2 마르딘 부티크 오텔 B1
Merdin Butik Otel
3 바샥 팔라스 오텔 Başak Palas Otel B1
4 샤흐메란 펜션 Şahmeran Pension B1
5 아루르 호텔 A1
Arur Boutique Hotel
6 카야 니노바 호텔 A1
Kaya Ninova Hotel

BEST COURSE

예상소요시간 8~9시간

출발 ▶▶ 줌후리예트 광장

도보 5분

40인 교회(P.709)

40명의 순교자가 잠들어 있는 시리아 정교회. 오랜 세월동안 교회 본연의 역할을 다하고 있다.

도보 5분

마르딘 박물관(P.709)

북 메소포타미아 문명을 확인할 수 있는 고풍스런 박물관.

도보 15분

진지리예 신학교(P.710)

장엄한 정문의 부조가 인상적인 셀주크 투르크의 신학교.

도보 10분

울루 자미(P.710)

마르딘의 상징인 미나레가 있는 자미. 미나레는 그 자체로 역사를 대변하고 있다.

도보 1분

레바클르 차르시(바자르)(P.710)

옛 대상들의 발자취가 남아있는 재래시장. 아랍의 대상이 되어 이국적인 시장골목을 누벼보자.

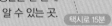

도보 15분

마르딘 시티 박물관(P.711)

마르딘의 역사와 생활을 한 눈에 알 수 있는 곳.

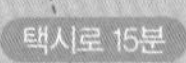

택시로 15분

자파란 수도원(P.712)

수도사의 단아한 정취가 느껴지는 멋스러운 수도원.

택시로 10분

카시미예 신학교(P.712)

메소포타미아 평원 전망이 압권인 아크코윤르 왕조의 신학교.

Attraction 마르딘의 볼거리

특이한 자연과 역사적 중요성을 감안해 튀르키예 정부에서 1960년대 말부터 구시가지 전체를 개발 제한 구역으로 정해 옛 건물의 보존에 힘쓰고 있다. 아라비안나이트가 나올 것 같은 이국적인 풍경 속으로 녹아들어 보자.

40인 교회
Kırklar Kilisesi ★★★

Map P.707-A1 주소 Kırklar Kilisesi, Eski Mardin **개관** 매일 08:00~19:00 **요금** 무료 **가는 방법** 줌후리예트 광장에서 비린지 거리를 따라 내려가다(차량 진행 반대방향) 표지판이 나오면 오른쪽 골목으로 꺾어 들어간다. 골목길 오른편에 있다. 줌후리예트 광장에서 도보 5분.

시리아 정교회의 교회로 6세기경 처음 지어졌다. 기록에 따르면 비잔틴의 왕 아르수스 Arsus 시절에 마르딘에 요새가 증축되었고 요새와 함께 일곱 개의 교회가 신축되었다고 하는데 그 가운데 하나다. 3세기 때 박해로 죽은 40명의 순교자 유골을 1170년에 이곳에 안치한 이래 '40인 교회'라는 이름이 붙었다. 교회는 좁은 골목길 안에 있으며 밖에서 보는 것과 달리 내부에는 예배당, 공부방, 사무실, 주거공간이 복합적으로 자리하고 있다. 예배당 안에는 예수와 성모 마리아, 성인들의 모습이 그려진 액자와 걸개그림이 있고 교회의 이름이 된 40명의 교인이 순교하는 커다란 그림이 인상적이다. 터널 모양의 천장과 아치에서 오랜 세월의 흔적을 느낄 수 있는데 현재도 교회로서 그 역할을 다하고 있다. 외벽에는 십자가가 새겨진 부조도 있다.

마르딘 박물관
Mardin Müzesi ★★

Map P.707-A1 주소 Mardin Müzesi Cumhuriyet Meydanı, Eski Mardin **전화** (0482)212-1664 **개관** 화~일요일 08:00~17:00 **요금** €7 **가는 방법** 줌후리예트 광장 바로 뒤편에 있다.

마르딘과 인근 지역에서 출토된 유물을 전시해 놓은 박물관. 2층은 물레, 주전자, 총 등 생활용품이 있는 민속학 박물관이며, 3층은 마르딘 인근 누사이빈에서 출토된 토기, 동전, 바늘 등을 전시하고 있는 고고학 박물관이다. 고분 발굴 항공사진도 있어 눈길을 끈다. 아직 학계에 잘 알려지지 않은 북 메소포타미아 문명권에 속하는 것이라 관심이 있는 여행자는 꼭 방문해 볼 만하다.

일반 여행자에게는 전시물보다 19세기에 지어진 시리아 스타일의 고풍스런 박물관 건물이 더 인상적이다. 1947년 진지리예 신학교 건물로 사용되었으며 1988년 보수공사를 거쳐 2000년 박물관으로 새롭게 문을 열었다.

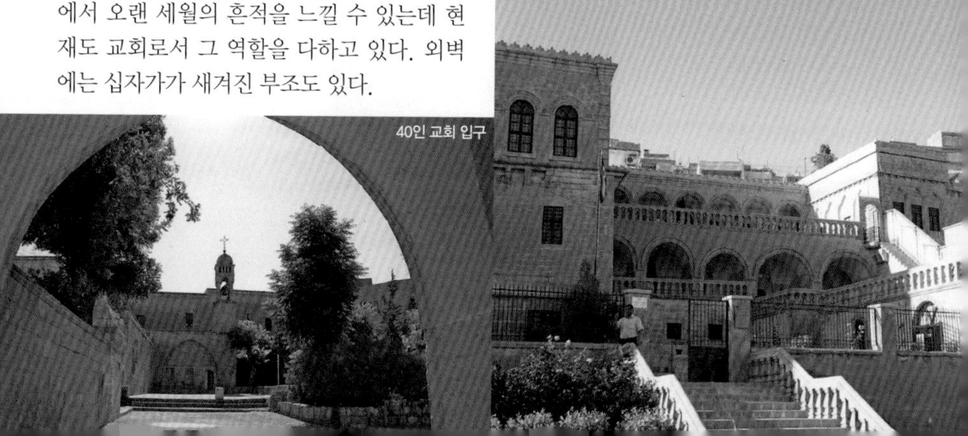

40인 교회 입구

시리아 풍의 마르딘 박물관

진지리예 신학교
Zinciriye Medresesi ★★

Map P.707-B1 주소 Zinciriye Medresesi, Eski Mardin **개관** 매일 08:00~18:00 **요금** 20TL **가는 방법** 오텔 바샤 옆 계단을 따라 오르막길로 도보 5분. 줌후리예트 광장에서 간다면 도보 20분.

아르투크 왕조의 마지막 술탄이었던 멜릭 네즈메딘 이사 Melik Necmeddin Isa에 의해 1385년 건립된 신학교. 건립자의 이름을 따 술탄 이사 Sultan Isa 신학교라 불리기도 한다. 골목길을 걸어 올라가 처음 만나는 웅장한 문의 조각은 보는 이들로 하여금 탄성을 자아낸다. 내부는 이슬람 전통 양식에 따라 가운데 물이 있는 공간을 중심으로 자미와 신학생들의 방이 둘러서 있으며 한쪽 옆에는 건립자인 술탄의 무덤도 있다.
2층 테라스에서 바라보는 평원 경치가 좋으니 천천히 감상하며 쉬었다 가자. 가끔 정문이 닫혀 있는 경우도 있는데 왼쪽 옆의 철문을 열어주므로 섣불리 발길을 돌리진 말자.

울루 자미
Ulu Camii ★★

Map P.707-B1 주소 Ulu Camii, Eski Mardin **개관** 매일 08:00~18:00 **요금** 무료 **가는 방법** 줌후리예트 광장에서 도보 10분. 복잡한 바자르 내부를 통과해야 하는데 물어보면 상인들이 친절히 알려준다.

도시의 한복판에 세워진 자미. 마르딘의 상징이기도 한 높직한 미나레가 주변을 압도한다. 언제 지어졌는지에 관한 확실한 기록은 없고 원래 시리아 정교회의 건물로 조성되었던 것이 14세기 아르투크 왕조의 술탄에게 바쳐졌다는 기록이 있다. 셀주크 투르크와 오스만 제국을 거치며 증축을 거듭해 현재의 모습을 갖추었으며, 내부는 아무 장식이 없는 흰 벽으로 되어 있어 심플한 아름다움이 느껴진다. 지금도 자미로서의 구실을 다하고 있다.
내부 미흐랍 왼쪽 벽에 전구가 켜져 있는 조그만 성소가 있는데, 잘 들여다보면 선지자 무하마드의 턱수염이 보관되어 있다. 언제나 좋은 향을 피워놓기 때문에 사람들이 기도하면서 향을 맡는다. 빼놓지 말고 둘러보자. 본당 건너편에는 전에는 병설 유치원이 있었는데 지금은 사라지고 여성 전용 기도소가 자리했다. 자미 바로 앞에는 메조포타미아 오탄틱 카페라는 전망 좋은 찻집이 있으므로 시간이 된다면 메소포타미아 평원 경치를 즐기며 차 한잔하고 가자.

레바클르 차르시(바자르)
Revaklı Çarşi(Bazar) ★★★

Map P.707-B1 주소 Revaklı Çarşi, Eski Mardin **개방** 매일 08:00~ 19:00 **요금** 무료 **가는 방법** 비린지 거리 중간에 있다. 입구가 여러 곳 있는데 어디로 들어가든 바자르로 이어진다.

마르딘의 역사와 함께해 온 유서 깊은 시장으로 상업도시로서 마르딘의 위상을 확인할 수 있는 곳이다. 사막과 평원을 통과해 마르딘까지 온 대상들은 이곳에서 물품을 교역했고 상품과 함께 이질적인 문화가 섞이고 나뉘었다. 지금도 아치형의 옛

진지리예 신학교 정문

울루 자미

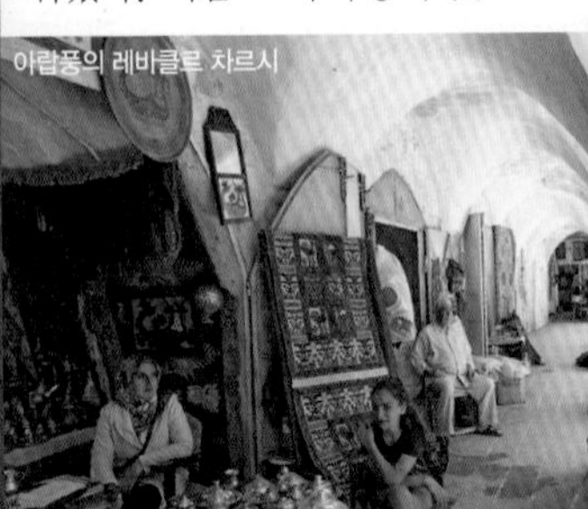
아랍풍의 레바클르 차르시

날 건물이 그대로 남아 있고 아랍풍의 물건들이 많아 이국적인 정취를 느끼기에 이만한 곳이 없다. 심지어 마르딘 최고의 방문지로 이 곳을 꼽는 사람도 있을 정도. 그 옛날 사막을 오가던 대상이 된 기분으로 시장 골목을 누벼보자.

마르딘 시티 박물관, 딜렉 사분지 아트 갤러리
Mardin Kent Müzesi ve Dilek Sabancı Sanat Galerisi ★★★

Map P.707-B1 주소 Mardin Kent Müzesi, Eski Mardin **홈페이지** www.sakipsabancimardinkentmuzesi.org **개관** 화~일요일 08:00~17:00 **요금** 100TL **가는 방법** PTT에서 길 안쪽으로 도보 5분.

고대 북 메소포타미아 문명권에 속해 있던 마르딘의 역사를 한눈에 볼 수 있는 박물관으로 2009년 오픈했다. 고대부터 중세를 거쳐 근대에 이르기까지 출토된 유물과 사진자료를 잘 전시해 놓았다. 130년 된 저택을 복원한 박물관 건물도 볼 만하다.

입구를 들어서면 제일 처음으로 마르딘 지명의 변천을 적어놓았고, 반시계 방향으로 돌며 관람하면 된다. 마르딘에서 30km 떨어진 고대 도시유적인 다라 Dara 유적, 이슬람의 묘석과 물건을 만드는 장인, 응접실 등 주민들의 생활 모습도 미니어처를 이용해 꾸며놓았다. 연자방아와 베틀 등 우리에게 친숙한 물건도 있어 흥미롭다. 지역민의 전통복식과 생활방식을 이해할 수 있는 기록사진 및 음악과 미술의 특징까지도 상세하게 설명되어 있다. 쾌적하고 깔끔한 현대식 박물관이라 관람하기 편하고 시원해서 여름철에는 피서지로서도 안성맞춤. 박물관 맞은편의 관공서(Mardin Valiliği) 안에는 시청에서 후원하는 이 지역 예술가의 워크숍 갤러리도 있다. 인상적인 화풍을 보여주는 그림이 있으니 박물관 다녀오는 길에 잠시 들러 감상해보자. 입장료는 없다.

마르딘 시티박물관

Meeo Say

뱀 여인의 전설을 아시나요?

이것이 샤흐마란이다

남동 아나톨리아를 비롯한 북 메소포타미아 일대에는 고대로부터 샤흐마란 Shahmaran의 전설이 전해오고 있습니다. 샤흐마란은 상체는 여인이고 하체는 뱀인 반인반사(半人半蛇)의 창조물로 머리에는 뿔이 달려 있고 꼬리와 다리는 뱀 머리로 되어 있지요. 상당히 기괴한 형상이라 언뜻 보기에는 악마의 화신 같지만 사실은 그 반대. 그녀는 병을 치료하고 빛을 가져다주며 풍요와 지혜의 상징으로 사람들의 섬김을 받아 왔습니다. 고대 그리스에서는 뱀을 치료의 힘을 가진 것으로 믿어 의료 신의 상징으로 추앙받았고 현대에 들어서도 국제보건기구의 상징으로 쓰일 정도로 인간과 밀접한 관련을 맺고 있는데요, 남동 아나톨리아에서도 인류 보편의 전통이 이어지고 있는 셈입니다. 샤흐마란은 질병의 치료와 함께 행운과 풍요를 가져다준다고 믿어 마르딘의 집집마다 그림을 모셔놓고 있답니다. 뿐만 아니라 고대의 각종 문학작품에 권선징악의 단골손님으로 등장할 정도로 사람들과 친숙한 존재랍니다. 마르딘의 바자르를 돌아다니다보면 쉽게 볼 수 있습니다.

자파란 수도원
Deyrül Zafaran Manastırı ★★★

주소 Deyrül Zafaran Monastery P.K No.6, 47100 Mardin **전화** (0482)208-1061 **팩스** (0482)208-1062 **홈페이지** www.deyrulzafaran.org **개관** 매일 08:30~12:00, 13:00~17:30 **요금** 100TL **가는 방법** 돌무쉬 같은 대중 교통수단은 없다. 줌후리예트 광장에서 택시로 15분, 왕복 요금 약 120~150TL. 카시미예 신학교를 함께 다녀오는 조건으로 흥정해도 된다.

시가지에서 동쪽으로 약 6km 떨어져 있는 수도원으로 1293년부터 1932년까지 640년간 시리아 정교회의 총주교좌가 있었던 중요한 곳이다. 자파란은 '사프란'이라는 뜻이라고 한다. 고풍스런 건물은 기원전 1000년경 창건되었다. 처음에는 태양신을 모시던 신전이었는데 지금도 지하에 태양신에게 제사 지내던 공간이 남아 있다. 607년 페르시아의 침입 때 파괴되었다가 재건되었으며 13세기 몽골의 침입으로 수난을 겪기도 했다.

내부에는 3개의 교회와 30여 개에 달하는 신학생들의 주거공간이 있다. 예전에 주교가 타던 가마와 비잔틴 시대의 절구, 항아리도 남아 있어 약간의 박물관 분위기도 난다. 주교 1명과 신부 2명, 학생 15명이 거처하고 있으며 시리아어로 예배를 드린다. 현재 시리아 정교회의 총주교좌는 시리아의 수도 다마스쿠스에 있다.

카시미예 신학교
Kasimiye Medresesi ★★

Map P.707-A2 **주소** Kasimiye Medresesi, Eski Mardin **개관** 매일 08:00~18:00 **요금** 15TL **가는 방법** 줌후리예트 광장에서 돌무쉬를 타고 뷔윅 마르딘 호텔 부근에 내린 후 표지판을 따라 300m 가량 내리막길을 걸으면 나온다. 기사에게 카시미예 신학교('카시미예 메드레세시')에 간다고 미리 얘기해 두자.

구시가지의 아랫길인 예니 욜 Yeni Yol 아래에 위치한 신학교. 15세기 아크코윤루 Akkoyunlu 왕조의 술탄이었던 카심 베이 Kasim Bey에 의해 건립된 것이다. 진지리예 신학교와 마찬가지로 안뜰 중앙에 작은 연못이 있으며 주변으로 자미와 학생들의 방이 있다. 내부에는 전부 3개의 자미가 있다.

건물 자체는 그다지 특별할 건 없는데 한 가지 흥미로운 것은 중앙에 물이 나오는 커다란 아치의 좌우 벽에 튀어 있는 붉은 얼룩이다. 이것은 카심과 그의 여동생이 살해되던 때의 흔적이라고 하는데 믿거나 말거나다. 중앙의 기하학의 네모 문양은 예언자 무하마드를 상징한다. 2층에 올라가면 끝없는 메소포타미아 평원 전망이 좋다.

미디야트
Midyat

개방 24시간 **요금** 무료 **가는 방법** 마르딘의 미니버스 터미널에서 미디야트 행 돌무쉬로 1시간. 미디야트의 오토가르는 신시가지의 '에스텔 오토가르'와 구시가지의 '미디야트 오토가르'의 두 곳이다. 돌무쉬는 에스텔 오토가르를 들렀다가 미디야트 오토가르까지 가므로 종점에서 내리면 된다. 미디야트 오토가르 바로 옆이 구시가지이므로 걸어서 돌아보고, 마르딘으로 돌아올 때도 내렸던 곳에서 출발하는 돌무쉬를 이용하면 된다.

아랍 느낌이 물씬 나는 마르딘에 감동했다면

자파란 수도원　카시미예 신학교에서 바라본 메소포타미아 평원

미디야트를 방문해 남동 아나톨리아의 매력에 좀 더 빠져보자. 마르딘에서 동쪽으로 약 50km 떨어진 미디야트는 가장 오래된 인류의 정착촌 중의 하나이며, 대대로 기독교 전통이 강하게 남아있는 도시다. 비잔틴 시대부터 수도원 본부가 있었으며, 전성기 때는 약 80여 개의 수도원이 있었다. 20세기 초까지만 하더라도 크리스천이 인구의 대다수를 차지했고 현재도 10여 곳의 교회와 수도원이 본연의 기능을 다하고 있다. 신시가지인 에스텔 Estel과 구시가지인 에스키 미디야트 Eski Midyat로 나뉘어 있는데 볼거리는 구시가지에 집중되어 있다. 마르딘처럼 노란색 돌로 된 수도원과 자미가 많아 수도원과 석조 건물에 관심 있는 사람이라면 그냥 지나치기에 아까운 곳이다. 마을 한쪽에는 시청에서 운영하는 시립 박물관 Kent Müzesi이 있다. 이 지역의 문화사 및 건축학적 특징에 대한 설명이 있고 생활 도구를 전시해 놓았다. 고풍스러운 박물관 건물은 숙박소로 사용된 이력이 있으며 지하는 선사 시대의 동굴을 개조해 놓아 독특한 분위기를 느낄 수 있다. 작지만 방문해 볼 만하다.

마르딘이 관광지로 뜨다 보니 미디야트를 찾는 외지 관광객도 늘어나는 추세. 동네 주민들의 생활 터전임을 감안해 마을길을 다닐 때 기본적인 예의를 갖추고 사진도 조심스럽게 찍도록 하자.

성 가브리엘 수도원
Mor Gabriel ★★★

주소 MorGabriel Monastery P.O Box 4 TR-47510 Midyat **전화** (0482)213-7512 **팩스** (0482)213-7514 **홈페이지** www.morgabriel.org **개관** 매일 08:30~11:00, 13:00~16:30 **요금** 무료 **가는 방법** 마르딘에서 수도원까지 바로 가는 대중교통은 없다. 미디야트에서 택시를 대절해 다녀오는 것만이 유일한 방법으로 대기시간 포함해 왕복 250~300TL 정도다.

미디야트 동쪽 25km에 자리한 시리아 정교회의 수도원으로 397년에 창건되었다. 비잔틴 시대 가장 중요한 수도원 중의 하나로 명성이 자자하던 곳이다. 전성기에는 약 700명의 수도사가 거주했다고 한다. 667년 이곳에 살았던 성자 가브리엘의 이름을 따서 성 가브리엘 수도원이 되었다. 기원전에는 태양신을 섬기던 신전이 있었으며 그 위에 수도원이 지어졌다. 지금도 지하에는 고대의 흔적이 남아있다. 7세기 이슬람과 14세기 몽골의 침입으로 상당부분 파괴되었지만 현재는 복구되어 1600년의 장구한 역사를 이어가고 있다.

원래 내부에는 5개의 교회가 있었는데 지금은 6세기에 건립된 주 교회와 성모 마리아 교회 등 두 곳만 남아 있다. 교회와 함께 유스티니아누스 황제의 부인이었던 테오도라 Theodora의 이름을 딴 멋진 돔과 프레스코화를 관람할 수 있다.

현재 1명의 주교를 비롯해 약 70명의 수도사와 신학생이 머물고 있으며, 예수가 살던 시대에 사용했던 언어에 가장 가깝다고 하는 고대 아람어를 사용하고 있다. 수도원 주변에는 시리아 정교회 기독교인들이 거주하고 있다. 인적 드문 평원에 세월의 무게를 감당하며 서 있는 수도원의 두툼한 돌벽 사이를 걷다보면 역사와 종교와 인간에 대한 상념에 휩싸인다.

시리아 정교회가 있는 미디야트 마을
성 가브리엘 수도원

Restaurant 마르딘의 레스토랑

튀르키예인, 쿠르드인, 시리아인, 아랍인 등 다양한 인종이 사는 곳인데다 지리적으로 아랍과 가깝기 때문에 음식도 다른 도시에 비해 특별하다. 향신료가 입에 안 맞을 수도 있지만 지방색이 물씬 나는 독특한 음식을 맛볼 수 있다. 최근 몇 년간 관광지로 엄청난 개발이 이루어진 탓에 전망 좋은 옥상 레스토랑들이 우후죽순으로 생겨났다. 먹을거리 사정이 나아진 것은 반가운 일이지만 과도한 개발로 조용한 동네의 예스러운 정취가 사라지는 것 같아 아쉽기도 하다.

알 하얄 카페 레스토랑 Al Hayaal Cafe Restaurant

Map P.707-A1 **주소** 1. cadde no 246 kasım tugmaner camii karşısı, 47200 **전화** +90-546-618-4313 **영업** 09:00~22:00 **예산** 1인 250~500TL **가는 방법** 줌후리예트 광장에서 도보 5분.

전망과 분위기, 음식 삼박자를 갖춘 레스토랑. 마르딘과 시리아의 지역 요리를 맛깔스럽게 잘 하며 동판 접시에 음식을 담아서 보는 맛도 살렸다. 베이란과 하이랜드같은 수프도 괜찮고 지역 음식을 한 번에 맛볼 수 있는 로컬 마르딘 플레이트도 인기 메뉴다. 좋은 전망을 즐기며 식사할 수 있다.

메조포타미아 오탄틱 카페 Mezopotamya Otantik Cafe

Map P.707-B1 **주소** 2 Cad. 101 Sk. Ulu Camii Yenı No.1 **전화** (0482)212-4075 **영업** 07:00~22:00 **예산** 각종 커피 50~80TL, 아침식사 200~300TL **가는 방법** 울루 자미 정문 바로 앞에 있다.

메소포타미아 평원 전망이 좋은 카페 가운데 가장 오랜 역사를 자랑한다. 최근에 생겨난 중심가의 레스토랑과 비교해 편안한 분위기며 오스만 스타일의 좌식 자리도 있다. 독특한 스타일의 메넹기치 커피를 꼭 맛볼 것을 추천한다. 시장을 통과해야 나온다.

시라스 와인 하우스 Siras Wine House

Map P.707-A1 **주소** Şar, 1. Cadd No.220, 47100 Mardin **영업** 수~월 10:00~23:00 **예산** 1인 400~500TL **가는 방법** 줌후리예트 광장에서 도보 5분.

구시가지에서 가장 세련된 인테리어를 자랑하는 카페 겸 레스토랑. 이탈리아 음식을 표방하는데 특히 피자는 꽤 수준급의 맛을 낸다. 레스토랑으로 이용해도 좋지만 다양한 종류의 와인을 판매하고 있으므로 저녁 식사 후 길거리를 산책하다 와인 한잔하기에도 좋다.

술탄 소프라스 Sultan Sofrası

Map P.707-B1 **주소** Kasaplar Çarşısı No.72 **전화** (0482) 212-3663 **영업** 09:00~21:00 **예산** 1인 150~300TL **가는 방법** 오텔 바샥 맞은편에 있다. 줌후리예트 광장에서 도보 5분.

현지 주민과 관광객 모두에게 호평을 받는 맛집이다. 케밥과 이촐리 쾨프테, 양고기 요리와 밥, 샐러드까지 다양한 지역의 요리를 맛볼 수 있는 '마르딘 플레이트'가 인기 메뉴다. 직접 만든 시원한 아이란은 마르딘 최고이므로 꼭 먹어보자. 마르딘 플레이트를 주문하면 딸려 나온다.

제르지스 무라트 코나으 Cercis Murat Konağı

Map P.707-A1 **주소** Birinci Cad. No.517, Mardin **전화** (0482)213-6841 **홈페이지** www.cercismurat.com **영업** 12:00~24:00 **예산** 1인 500~1,000TL **가는 방법** 줌후리예트 광장에서 40인 교회 방향으로 도보 3분. 유명한 집이라 쉽게 찾을 수 있다.

전통의 대저택을 개조한 고급 레스토랑. 마르딘의 독특한 지방 음식을 고급스럽게 낸다(일반적인 케밥은 없다). 석류와 견과류를 넣은 샐러드가 있으며, 메인 요리는 밥과 함께 각종 향신료를 넣은 양고기 찜 요리 '카부르가 돌마스 Kaburga Dolması'가 유명하다.

Shopping 마르딘의 쇼핑

마르딘은 예로부터 인근에서 생산되는 올리브나 허브를 이용한 비누가 발달했다. 시내를 돌아다니다보면 많은 비누 가게가 눈에 띄는데, 허브 비누는 피부에 좋고 모발을 강화하고 여드름을 제거하는 효과가 있다. 비누와 더불어 또다른 특산품은 은제품. 원래는 미디야트의 은세공이 유명했는데 마르딘이 관광지로 유명해지다보니 세공업자들이 마르딘까지 진출했다. 줌후리예트 거리에 한 집 건너 금은방일 정도로 많다. 진열장에 전시된 독특한 디자인을 구경하며 안목을 높여보자.

메흐메트 위크셀 사분줄루크
Mehmet Yüksel Sabunculuk

Map P.707-B1 **주소** 2 Cad. No.152 **전화** (0482)213-7470 **영업** 07:00~20:00 **예산** 각종 비누 100~200TL **가는 방법** 울루 자미 후문에서 도보 1분. 골목이 복잡하므로 울루 자미 부근에서 물어보자.

몇 대째 수제 비누를 전문으로 파는 상점. 올리브, 브톰, 장미, 월계수 등 마르딘에서 생산되는 모든 종류의 허브 비누가 있다(30년이나 된 골동품 비누도 있다). 고급 호텔에 납품도 하고 현지 언론에도 소개되는 등 매우 유명한 집이므로 비누에 관심이 있다면 꼭 들러보자. 선물용으로 예쁘게 포장도 해준다.

나흘 마르딘(이펙 욜루)
Nahıl Mardin(İpekyolu)

Map P.707-B1 **주소** İpekyolu Kadın, Çevre, Kültür ve İşletme Kooperatifi **전화** (0482)213-4755 **영업** 09:00~19:00 **예산** 각종 수공예품 30~150TL **가는 방법** 줌후리예트 광장에서 PTT 방향으로 도보 10분. 오텔 바샥 지나서 왼쪽에 있다.

마르딘 여성들의 동업 조합에서 운영하는 수공예품점. 비누, 노트, 인형 등 소소한 살거리가 가득하다. 규모는 크지 않으나 독특한 디자인이 있어 뜻밖의 수확을 할 수도 있다. 중심가에 있어 들르기 편한데, 가게가 워낙 작아서 지나칠 수 있으므로 잘 살피자. 수익금은 어려운 여성과 아이들을 위해 사용된다.

Hotel 마르딘의 숙소

예전에는 시설은 떨어지고 가격은 높은 호텔들만 있었는데 국내외 관광객이 많이 찾으면서 마르딘의 숙소 사정이 매우 좋아졌다. 배낭여행자급의 호스텔도 있고 중급과 고급 등 다양한 가격대가 형성되어 최악의 숙박도시라는 오명에서 벗어나게 되었다. 숫자도 많아지고 서비스도 개선되어 마르딘에서 숙박 때문에 애를 먹을 일은 없어졌다. 다만 튀르키예 사람들이 많이 찾는 관광지이다 보니 여름철 주말에는 모든 호텔이 꽉 차는 일이 종종 벌어진다. 예약을 하거나 주말은 피해서 방문하는 것을 추천한다. 겨울철은 매우 추우므로 난방여부를 확인하는 것도 중요하다. 구시가지의 번잡함을 피해 신시가지에 호텔을 구하는 것도 방법이지만 메소포타미아 평원을 마음껏 즐기려면 아무래도 구시가지에 숙소를 정하는 게 낫다.

마르딘 외레트멘 에비
Mardin Öğretmen Evi

Map P.707-A1 **주소** Belediye Arkası Nasrullah Demir Cad. No.10 Yenişehir **전화** (0482)213-7080 **요금** 도미토리 €15(개인욕실, A/C), 더블 €30(개인욕실, A/C) **가는 방법** 신시가지 쇼핑몰 마르딘 AVM 맞은편 길을 따라 도보 3분.

마르딘을 방문하는 학교 선생님들을 위한 정부 숙소. 신시가지에 자리했으며 외국 여행자에게 개방해 놓아 무척 고마운 곳이다. 객실이 넓고 관리가 잘 되고 있으며 운이 좋으면 거실이 딸린 스위트룸을 얻을 수도 있다. 특히 한국인에게 호의를 갖고 있으므로 여행자들도 예의 바르게 행동해서 오래도록 좋은 쉼터가 되길 바란다.

마르딘 부티크 오텔 Merdin Butik Otel

Map P.707-B1 **주소** Şehidiye Mahallesi 1 caddesi ardınç 35, D:No:16, 47100 **전화** +90-533-465-0805 **홈페이지** mardinbutikotel.com.tr **요금** 싱글 €30(개인욕실, A/C), 더블 €50(개인욕실, A/C) **가는 방법** 줌후리예트 광장에서 도보 10분.

오래된 가옥을 개조한 호텔로 동굴처럼 되어있는 객실은 작고 화장실도 그다지 쓸만하지 않다. 대신 테라스 레스토랑의 메소포타미아 평원 뷰는 모든 불편함을 상쇄하고도 남는다. 방에만 틀어박혀 있을 게 아니라면 가성비를 고려할 때 괜찮은 호텔이다. 직원도 친절하고 아침식사도 나쁘지 않다.

바샥 팔라스 오텔 Başak Palas Otel

Map P.707-B1 **주소** Şar, 1. Cadd No.202, 47100 Mardin **전화** +90-541-151-5711 **홈페이지** basakpalasotel.com **요금** 싱글 €80(개인욕실, A/C), 더블 €90(개인욕실, A/C) **가는 방법** 줌후리예트 광장에서 도보 7분.

예전에 악명 높은 저렴한 숙소였는데 주인이 바뀌고 대대적인 리모델링을 단행하면서 중급 숙소로 탈바꿈했다. 구시가지 중심부에 자리해서 관광명소를 다니기에 편리하다. 깨끗한 객실에서 머물 수 있으며 직원도 친절하다. 방이 살짝 작은 것이 아쉬운 점.

샤흐메란 펜션 Şahmeran Pension

Map P.707-B1 **주소** 1. Cad. Erdoba Osmanlı Konağı Krş. 246 Sk. No.10 **전화** (0482)213-2300 **홈페이지** www.mardinhotel.com/sahmeranpansiyon/ **요금** 도미토리 €20(공동욕실), 더블 €50(개인욕실) **가는 방법** 에르도바 에블레리 호텔 맞은편 골목으로 계단을 올라가면 나온다. 줌후리예트 광장에서 도보 15분.

좁은 골목 계단을 올라가면 나오는 곳으로 도미토리 방과 공동욕실은 비좁고 채광도 좋지 않다. 대신 나무 그늘이 좋은 정원이 있다는 게 매력적이다. 큰길 가에서 떨어져 있어 조용한 것도 장점. 작은 정원 카페에서 성수기 주말에는 라이브 음악 공연이 열리기도 하므로 참고하자.

아루르 호텔 Arur Boutique Hotel

Map P.707-A1 **주소** Diyarbakır Kapı, 1. Cd. 47100 Mardin **전화** (0482)212-1800 **요금** 싱글 €80(개인욕실, A/C), 더블 €100(개인욕실, A/C) **가는 방법** 줌후리예트 광장에서 도보 5분.

중심부에 자리한 곳으로 메소포타미아 평원과 마르딘 성채 양쪽의 전망이 매우 훌륭하다. 전통 가옥을 개조한 객실도 현대적으로 꾸며 놓아 편안하게 머물 수 있으며 미리 요청하면 마르딘과 지역의 토속 음식을 먹을 수 있다. 테라스에서 성채의 야경을 감상하며 낭만적인 시간을 보내기에 딱 좋은 곳이다.

카야 니노바 호텔 Kaya Ninova Hotel

Map P.707-A1 **주소** Şar, 239 Bademci sokak NO:1 47100, 47100 **전화** (0482)212-5016 **홈페이지** www.kayaninovaotel.com **요금** 싱글 €80(개인욕실, A/C), 더블 €100(개인욕실, A/C) **가는 방법** 줌후리예트 광장에서 도보 5분.

중심부에 위치한 4성급 호텔로 친절한 직원, 인테리어가 잘 된 깨끗하고 아늑한 객실과 욕실, 편안한 침대 등 4성에 걸맞는 서비스를 제공한다. 쾌적한 테라스에서 전망을 감상하며 아침식사를 먹을 수 있다. 직원이 주차장을 잘 안내해 주므로 렌터카 여행자들도 편리하게 이용할 수 있다.

역사의 흔적을 밟으며 떠나는 섬의 유혹

그리스 섬

Greece Islands

세계문화유산

십자군의 중세 도시를 간직한 도데카네스 제도의 꽃

Ρόδος 로도스

그리스 남동부 도데카네스 제도에 위치한 섬. 봄이면 새하얀 아몬드 꽃을 시작으로 장미와 부겐빌리아 등 색색의 꽃이 섬을 물들인다. 손을 뻗으면 금세 물들 것만 같은 파란 하늘이 인상적이다. 그래서인지 '장미꽃이 피는 섬'이라는 로도스의 어원이 낯설지 않다. 연중 온화한 날씨와 기후 때문에 도데카네스 제도의 꽃이라 불리며 언제나 관광객들로 북적거린다. 특히 여름철은 풍부한 햇살을 즐기러 전 세계에서 관광객이 몰려들어 해변은 온통 색색의 파라솔로 뒤덮인다. 리조트와 클럽, 카지노가 번성하는 것도 당연한 일.
하지만 로도스의 진정한 매력은 로도스 기사단이 지배하던 중세 시기에 조성해 놓은 구시가지다. 육중한 성문을 지나 올드 타운으로 들어서면 중세의 별천지가 펼쳐진다. 철갑옷을 입은 기사들이 활보했을 기사의 거리를 지나 아치가 늘어선 골목을 걷다가 작은 카페에서 커피를 즐길 무렵이면 그리스 정교회의 종소리가 들려온다. 역사 유적과 해변의 휴양을 즐길 수 있는 곳은 많지만 로도스만큼 완벽한 조화를 이룬 곳은 드물다. 튀르키예에서 당일치기 여행을 다녀가도 좋지만 며칠 머물며 아름다운 풍경과 유적, 지중해를 호령했던 로도스 기사단의 숨결을 느껴보자. 올드 타운은 1988년 유네스코 세계문화유산으로 지정되었다.

인구 12만 명 **해발고도** 30m

로도스 기초 정보

● 면적 : 1400.684㎢(제주도의 약 3/4에 해당함). 그리스 남동부의 도데카네스 제도 Dodecanese에서 가장 큰 섬이다. 세로로 가장 길게 잡아서 80km, 너비는 38km. 참고로 그리스의 섬은 전부 6,000개 정도이며 사람이 사는 섬은 227군데다.

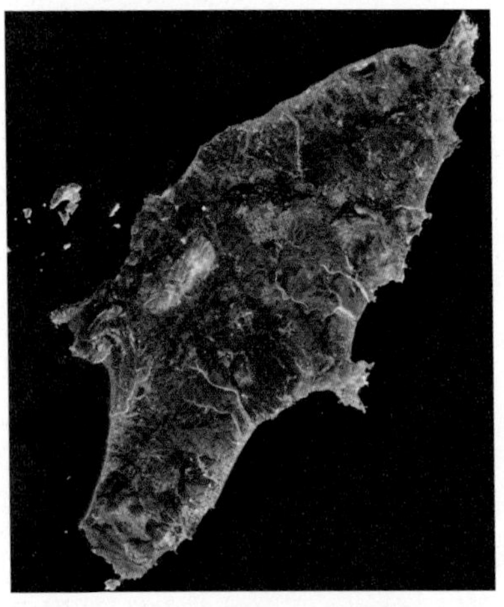

● 위치 : 북위 36°, 동경 28° 그리스 남동부 끝에 위치했으며, 튀르키예와는 18km 떨어져 있다.

● 행정구역 : 도네카네스 주의 주도로서 중심지인 로도스 타운에 모든 기능이 집중되어 있다. 도데카네스는 '12개의 섬'을 뜻하며 서로 다르게 구성된 12개 이상의 섬들에 붙여졌다. 도데카네스 제도를 이루는 주요 섬은 카르파토스 Karpathos, 파트모스 Patmos, 카소스 Kasos, 아스티팔레아 Astypales, 립시 Lipsi, 레로스 Leros, 칼림노스Kalymnos, 니시로스 Nisyros, 틸로스 Tilos, 할키 Halki, 시미 Symi, 로도스 Rhodes, 코스 Kos와 멀리 떨어져 있는 카스텔로리조 Kastellorizo(튀르키예명 '메이스 섬') 등이다.

● 최고점 : 아타비로스 산 Mt. Attavyros 1215m

● 인구 : 약 12만 명

● 인구밀도 : 56명/㎢

● 종교 : 그리스 정교

● 통화 : 유로화(튀르키예 리라 사용 불가)

● 전압 : 220V. 한국의 가전제품을 사용하는 데 문제가 없다. 전압도 안정적이다.

● 시차 : 한국과 7시간 차이가 난다(여름철에는 서머타임 적용으로 6시간 차).

● 주요 도시 : 로도스 타운 Rhodes Town, 린도스 Rindos

로도스 타운

● 기후 : 연중 온화하고 따뜻한 지중해성 기후를 보인다. 가장 추운 2월에도 섭씨 2도 아래로 내려가지 않고, 가장 더운 8월에도 그늘에서는 25도를 넘지 않는다. 11월~4월은 우기인데 한번 쫙 내리고 나면 그치는 형태다. 연신 풍향이 바뀌는 지중해와는 달리 로도스 섬 근해는 계절풍같이 일정한 방향으로 바람이 분다. 봄부터 여름까지는 '마에스트랄레'라고 부르는 북서풍이 불고, 가을에서 겨울에는 '시로코'라는 남동풍이나 '리베치오'라는 남서풍이 분다. 더운 계절에는 시원한 바람이, 추워지면 따뜻한 바람이 부는 셈이다.

린도스의 해변

● 주요 생산물 : 올리브, 포도, 수박, 멜론, 토마토, 치즈, 꿀 등의 농업 생산품. 경작지가 부족해 밀 같은 주식은 전량 수입에 의존하며, 어업도 성하지 않

아 필요한 수산물은 주변의 섬에서 들여온다. 섬 내에 공장은 없다.

● 관광 산업 : 로도스를 비롯한 도데카네스 제도 섬들의 가장 큰 수입원은 관광업이다. 유럽의 대형 크루즈 선이 입항하는 로도스의 연간 관광객은 200만 명 정도다.

로도스에 도착한 대형 크루즈선

● 전력 : 섬의 서부 해안에 위치한 소로니 Soroni라는 곳에서 매일 200MW를 생산하고 있다. 갈수록 늘어나는 전력 수요를 감당하기 위해 섬 남부에 새로운 발전소를 건립할 예정인데 환경 영향성 때문에 쉽지 않을 전망이다. 태양열과 풍력도 있지만 차지하는 비중은 미미하다.

● 긴급 전화번호

경찰 긴급서비스 100, 166

화재신고 199, 22410-23333, 22410-27443, 22410-23807

관광경찰 22410-27423, 22410-23329

관광 불편사항 신고 1572(이메일 Kouremenou_i@gnto.gr)

병원 22410-80000

여권관련 문의 22410-24138

로도스의 역사

로도스 섬은 지중해와 에게해를 연결하는 길목에 자리잡고 있다. 서양 고대문명의 탄생지인 크레타 섬, 축복받은 땅인 소아시아, 기독교와 이슬람이 태동한 팔레스타인, 지중해 세계에서 빼놓을 수 없는 이집트를 바닷길로 다니던 고대 세계에서 로도스는 각별한 지위를 차지했고, 중세로 접어들어서도 십자군 운동의 꽃인 성 요한 기사단의 근거지가 있었던 곳이다. 시대는 다르지만 로도스의 주인이 되는 것은 곧 동지중해를 장악하는 것을 의미했다.

고전 시대

로도스에 사람이 살기 시작한 것은 기원전 4000년경으로 추정되며, 기원전 408년에는 이알리소스 Ialysos, 카미로스 Kamiros, 린도스 Lindos 등 세 개의 도시 국가가 세워지고 본격적으로 역사에 등장한다.

카미로스의 모자상 부조

알렉산더 대왕의 사후 이어진 헬레니즘 시대에 로도스는 전성기를 맞이했다. 숙련된 조선술을 이용한 무역과 해양진출은 로도스에 커다란 부를 안겨다 주었으며 수준 높은 예술작품도 속속 제작되었다. 특히 이집트와 맺은 긴밀한 통상 관계가 이집트의 알렉산드리아나 시칠리아의 시라쿠사에 맞먹는 번영을 가져다주었다. 세계 7대 불가사의 중 하나인 콜로수스 Colossus 거상이 세워진 것도 이 시기다. 로도스인의 주신인 태양신 헬리오스 Helios를 상징하며 항구에 세워진 이 거대한 조각은 높이가 30m에 달했다고 한다(P.744 참고). 콜로수스 거상은 당시 로도스인의 부와 기술을 단적으로 말해준다. 이 거대한 청동상은 기원전 227년에 발생한 엄청난 지진으로 파괴되었다.

로마 시대

기원전 163년 로도스는 동쪽으로 세력을 확장하던 로마 제국의 속주가 되었다. 로마에 병합되었다고 해서 로도스의 위상이 크게 달라지진 않았다. 당시 그리스 아테네와 어깨를 나란히 견주던 철학의 최고 학술 기관이 있었을 정도로 로도스는 학문과 과학, 예술 분야에서 여전히 독보적인 위치를 차지했다. 키케로나 카이사르, 제2대 황제 티베리우스 등 로마의 지도층이 젊은 시절 학술 연마와 쾌적한 환경을 좇아 로도스를 찾았다.

가장 일찍 성문화된 것으로 알려진 해상법(海上法)이 지중해에서 널리 인용되어 오다가 초대 황제인 아우구스투스에 의해 로마 제국의 법으로 채택되었다(법의 내용은 분실되거나 손상을 입은 화물의 책임 문제를 다루고 있다. 폭풍우나 해적을 만났을 경우 손해액은 선주, 화물 주인, 승객이 나누어 부담하는 보험의 형태를 띠고 있었다).

비잔틴 시대

로마가 쇠락의 길을 걸으면서 로도스도 번영했던 시

비잔틴 시대의 성채 유적

대를 마감하고 침체기로 접어들었다. 395년 로마의 동서 분할에 따라 로도스는 동로마, 즉 비잔틴 제국령이 되었다. 중세가 시작되면서 로도스의 경제활동 전반은 위축되었고 역사의 무대 뒤켠에 머물러야 하는 시대가 오랫동안 계속되었다. 대신 헤아릴 수 없이 많은 성당이 그 자리를 메웠다. 7세기 지중해에 모습을 드러낸 아랍인들은 로도스를 점령했고, 이들이 지배하던 몇 십년 동안 섬은 군사 요새화 되었다(정치와 군사를 담당하던 지배층과 일반 평민은 서로 다른 주거지를 사용했다). 중세 전반인 이 시기의 역사는 기록으로 남겨진 것이 거의 없다시피하다.

10세기에 들어 이탈리아 해양 도시국가 상선의 왕래가 잦아지자 로도스 섬은 때로는 비잔틴 제국령이다가 때로는 베네치아와 결탁하기도 하고 때로는 제노바에 항구를 빌려주기도 하는 상태를 벗어나지 못했다. 비잔틴 제국의 부침에 따라 그에 끌려들어갈 수밖에 없었던 것이다.

로도스 기사단 시대

침체의 중세를 보내던 로도스에 기회가 찾아왔다. 1310년 성 요한 기사단이 로도스의 새로운 주인으로 들어온 것이다. 팔레스타인과 예루살렘에 근거지를 두고 십자군 국가를 방어하던 성 요한 기사단이 십자군 국가의 궤멸로 인해 키프로스에서 난민 생활을 하다가 로도스에 새로운 둥지를 튼 것. 중세 최강의 성이라는 크락 데 슈발리에(현재 시리아에 있음)를 영유했던 기사단인 만큼 로도스의 성벽이 강화되고 현대화된 것은 자연스러운 현상이었다. 기사단의 명칭도 이때부터 '로도스 기사단'이 되었다.

기사단과 현지 주민의 공생이 원만하게 실현되면서 로도스는 활기를 되찾았다. 서유럽 상인들의 로도스 기항이 더 잦아졌으며, 프로방스나 카탈루냐 상인들 중에는 로도스에 눌러앉는 이들도 생겼다. 유대인 거류구도 상업에 활기를 불어넣었다. 로도스는 고대 세계의 붕괴 후 길고 길었던 침체의 늪을 벗어나고 있었다.

중심 도시인 로도스 타운은 내벽을 사이에 두고 두 부분으로 나뉘었다. 북쪽은 기사단장의 공관을 비롯한 각 기사관, 대주교의 저택과 교회가 자리했고, 남쪽은 평민들의 주거지와 시장, 유대인 회당, 그리스 정교회 등에 할당되었다.

오스만 제국 시대

1522년 오스만 제국의 술탄 쉴레이만은 로도스 기사단을 물리치고 로도스를 손에 넣었다. 기사단이 지배하던 지난 200년 간 '이슬람의 목에 박힌 가시'라고까지 표현되던 눈엣가시가 제거된 것이었다. 오스만 스타일의 자미(이슬람 사원)와 목욕장 등 이슬

로도스 성벽의 마린 문

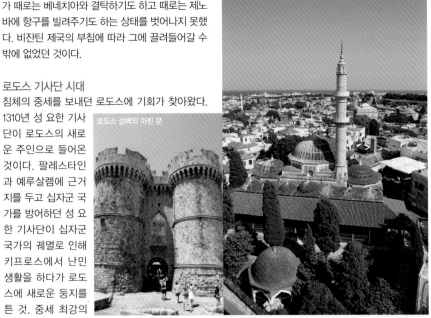

오스만 제국의 쉴레이만 자미

람식 공공시설이 들어섰고 코란을 낭송하는 아잔 소리가 정교회의 종소리를 대신했다.

기사단 시대에 대(對) 이슬람 최전선이라는 전략적 가치와 중요도를 자랑하던 로도스는 오스만 제국에 병합된 후 다시는 예전의 국제적인 성격을 되찾지 못했다. 그저 주변의 작은 섬들에 농업 생산물을 나눠주는 정도로 전락하고 만 것이다.

새롭게 섬의 주인이 된 오스만 제국은 건물 뒤쪽에 목욕장을 추가 한다든가 이슬람 문양을 새겨 넣는다든가 하는 자신들만의 방식으로 도시를 사용했다(덕분에 기사단이 지은 성채를 비롯한 대부분의 건물은 오늘날까지 살아 남아 중세의 분위기를 고스란히 간직하고 있다). 오스만 제국이 쇠락기에 접어든 19세기에 로도스 일대를 강타한 수차례의 지진으로 무너진 건물은 방치되고 말았다.

이탈리아 시대

이탈리아군은 1912년 로도스와 도데카네스 제도의 섬들을 장악하고 섬의 현대화 작업에 착수했다. 성 밖의 지대를 개발해 신도시를 조성하고 관공서, 시장, 국립 극장을 건립했다. 오스만 제국 시대에 덧대었던 이슬람식 구조물을 철거하고 기사단장의 공관을 재건하는 등 중세의 도시를 복원하는 데 힘썼다. 또한 이 지역의 역사와 문화 연구를 위한 연구소도 건립했다. 오늘날 로도스 타운에서 볼 수 있는 웬만한 건물은 모두 이 때 이탈리아인들이 건립한 것이다. 뿐만 아니라 전기, 도로, 항만 등 기반 시설도 정비해서 현대적인 도시로 탈바꿈했다.

뉴 타운의 이탈리아식 건물

현대에 들어서

1947년, 35년 간의 이탈리아 지배를 끝내고 로도스와 도데카네스 제도는 그리스에 귀속되었다. 1957년 새로운 도시 계획법이 승인되었고, 1960년에는 그리스 문화부가 중세의 성채가 있는 올드 타운을 보호기념물로 지정했다. 1961년과 1963년에는 기존 도로의 정비와 신도로 건설에 관한 새로운 도시계획 조례가 발표되었다. 그러나 올드 타운을 보존하려는 고고학계의 반발로 올드 타운에는 적용되지 못했으며, 1988년 올드 타운은 유네스코 세계문화유산으로 지정되었다.

연중 온화하고 따뜻한 기후와 에메랄드 빛 해변, 중세 십자군 기사단의 성채와 마을이 어우러져 로도스는 동지중해의 대표적 역사 휴양지로 자리매김하고 있다.

로도스에서 꽃 핀 종교 기사단

신에게 평생을 바친 수도사이면서 신을 위해 싸우는 전사 집단인 종교 기사단. 전혀 어울릴 것 같지 않은 두 집단의 조합은 십자군 전쟁이라는 특수한 시대 상황 속에서 탄생했다. 십자군을 이야기하는 데 있어 종교 기사단은 빼 놓을 수 없는 존재이며, 기사단의 활동을 이해하는 것은 십자군 국가가 있었던 중세 팔레스타인과 로도스의 역사를 이해하는 열쇠가 된다. 종교 기사단의 대표 격인 성전 기사단과 성 요한 기사단을 중심으로 종교 기사단 운동을 살펴보자.

종교 기사단의 탄생

1099년 제1차 십자군에 의해 예루살렘이 점령되고, 예루살렘을 비롯한 팔레스타인 주요 항구 도시는 유럽 기독교 세력권이 되었다. 본디 십자군은 유럽에 자기 영지를 갖고 있는 제후나 왕들이 주축이었으므로 성지를 '해방'시킨 본연의 목적을 달성하자 하나 둘 귀국길에 올랐다. 정복보다 수성이 어려운 것은 당연한 일. 이후 기독교 국가들은 예루살렘과 팔레스타인의 재탈환을 노리는 주변 이슬람 부족에 둘러싸여 병력 부족에 시달리며 힘겨운 성지 방어전을 전개할 수 밖에 없었다. 종교 기사단은 이러한 시대적 요청 속에서 나타났다.

1118년 순수 군사적 종교 단체인 성전 기사단을 비롯한 크고 작은 기사단이 이 즈음에 창설되는데, 이 때가 십자군 세력이 공세에서 수세로 전환하는 시기였기 때문이다. 원래부터 있던 성 요한 기사단도 이 시기를 기점으로 군사적 색채를 강하게 띠기 시작한다. 힘으로 뺏은 성지인 만큼 지키는 것도 힘에 의존할 수 밖에 없었던 시절이었다. 이보다 한참 뒤인 1191년 제3차 십자군 당시 독일 기사들로만 구성된 '튜턴 기사단'이 창설되었다.

성전 기사단의 탄생

성전 기사단(왼쪽)과 성 요한 기사단 (오른쪽)의 기사 복장

예루살렘이 해방되었다는 소식은 전 유럽을 열광케 했고 이전보다 더 많은 사람들이 성지 순례길에 올랐다. 예루살렘 왕에게는 유럽에서 온 순례자들이 내리는 항구도시 야파(현 이스라엘 수도인 '텔아비브')에서 예루살렘까지 약 60km의 길의 안전을 보장할 책임이 있었지만, 부족한 병력과 타 지역 방어에 동분서주하느라 순례 가도의 안전을 확보하는 것까지 신경 쓸 여력이 없었다. 아이러니하게도 기독교 측의 성지탈환 이후 예루살렘까지 가는 길은 이슬람 게릴라가 언제 덮칠지 모르는 죽음의 길이 되고 말았다.

이 때, 당시 예루살렘 왕이었던 보두앵 2세에게 순례길의 안전을 보장하는 일을 맡겨 달라고 나선 아홉 명의 기사들이 있었다. 보두앵 2세는 크게 기뻐하며 예루살렘 시가의 남동부에 위치한 기원전 유대 시대의 성전 터를 본부로 제공했다. 십자군 역사에서 빼놓을 수 없는 성전 기사단이 탄생한 것이다. 기사단의 명칭이 '성전 기사단'(템플 기사단이라고도 한다)이 된 것도 옛 성전 터에 본부를 두었던 데서 연유한다.

성 요한 기사단의 전환

예루살렘이 아직 이슬람교도의 지배 하에 있던 9세기 중엽, 이탈리아 해양 도시국가 아말피의 부유한 상인이 술탄의 허가를 얻어 예루살렘에 기독교도 성지 순례자를 위한 병원을 지었다. 〈신약성서〉의 저자 중 한 사람인 성 요한을 수호 성인으로 모신 이 조직은 처음에는 순수한 의료 봉사 목적으로 시작한 것이다.

1118년 십자군 세력이 공세에서 수세로 전환하며 전투를 목적으로 하는 기사단이 창립될 즈음 성 요한 수도회도 종교 기사단으로 변모한다. 그때까지는 의사 지원자만 받았지만 이후에는 의사만이 아니라 기사 지원자도 받아들이게 된 것이다. 성전 기사단과 다른 점은 지원자는 귀족 출신으로 입단이 제한되어 있었다(성전 기사단은 출신 제한이 없었음). 이 때문에 한 번도 성전 기사단보다 규모가 커진 적은 없지만, 비교적 학식있는 사람들로 구성되어 조직이 극단적인 경향으로 흐르는 걸 막을 수 있다는 장점도 있었다. 이러한 균형이 기사단의 소멸을 막고 오늘날까지 살아남은 가장 큰 힘이 되었다.

입단 자격과 특징

성 요한 기사단의 군기

당연한 말이지만 무기를 가지고 싸우는 사람, 즉 기사가 종교 기사단의 첫 번째 입단 자격이었다. 둘째, 세속의 기사가 아닌 종교 기사단의 기사가 되었으므로 세속의 신분을 버리고 일생을 신에게 바치는 수도사가 되어야 했다. 셋째, 수도사가 되었으니 다른 수도회의 수도사와 마찬가지로 재산 기부는 물론이고 청빈, 순결, 복종을 서약하고 독신으로 일생을 마쳐야 했다. 성전 기사단은 여기에 덧붙여 '이교도 박멸'을 회칙에 명기했다. 즉 이교도는 무조건 죽여야 한다고 회칙에 밝힌 것이다. 때는 십자군이 시작되고 20년 밖에 지나지 않은 상황. 성전 기사단의 과격한 강경 노선에 찬성하는 사람은 많았다. 성전 기사단은 앞뒤 가리지 않고 돌격하는 전투 스타일 등 여러가지 면에서 약간 광신적인 경향이 있었다.

하지만 성 요한 기사단은 전사 집단으로 변모한 후에도 이교도 말살을 전면에 내세우지 않았고, 본업인 의료 봉사를 그만두지도 않았다. 오히려 의술과는 무관한 기사들에게 일주일에 하루씩 병원 업무를 돌보도록 하는 의무를 부과했다. 이 의무는 로도스 섬과 이후 몰타 섬으로 이주할 때까지도 변하지 않았다. 아울러 기사로 새로 입단한 사람은 3년의 수도원 생활이 부과되었다. 전사로 활동하기 전에 하느님의 종으로 몇 년을 보내며 자신을 오롯이 신에게 바쳐야 했던 것이다.

종교 기사단의 양대 산맥인 성전 기사단과 성 요한 기사단에서 주목할 것은 예루살렘 왕이나 팔레스타인 각 지역에 기반을 두고 있던 봉건 영주의 관할이 아닌 로마 교황청 직속이라는 점이다. 유럽의 수도회와 다른 점은 오직 한 가지, 이슬람교도를 상대로 싸움을 한다는 것뿐이다. 군사행동 여부를 자주적으로 판단하고 움직이는 독립성 덕분에 종교 기사단은 십자군 국가의 칼이라고까지 불리며 수세로 돌아선 시대에 팔레스타인 기독교 국가의 상비군 역할을 하게 되었다. 직속상관이기도 한 로마 교황은 군기까지 하사하며 전투 행위를 독려했다. 참고로 성전 기사단의 군기는 흰색 바탕에 붉은 색 십자이며, 성 요한 기사단의 군기는 붉은 색 바탕에 흰색 십자다.

종교 기사단의 전력

로도스 공방전(출처: G. Caoursin의 그림)

그러면 기사단의 실제 전력은 어느 정도였을까? 종교 기사단은 모두 지원제였다. 유럽에서 머나먼 팔레스타인 지방까지 와서 주변에 온통 가득한 이슬람교도와 싸우다 이국의 땅에 뼈를 묻어야 하는 운명이므로 강한 신앙심이 없으면 불가능한 일이었다.
종교 기사단은 단원(기사)이 가장 많았던 시기에도 5백 명을 넘은 적이 없었으며 대부분의 경우 기병 1백 명 남짓한 전력으로 전투에 나섰다. 숫자는 적지만 방어와 요격을 전문으로 하는 정예 집단이었기 때문에 전장에서 종교 기사단의 존재감은 탁월했다(중세의 기사는 보조 전력으로 5명 내외의 보병을 거느렸고 3~4명의 마부 겸 하인이 있었다). 게다가 세속의 욕망을 신을 향한 봉사로 바꾼 데서 나오는 강한 공격 정신은 타의 추종을 불허할 정도였다고 한다. 경우에 따라서는 기사단의 분전이 전투의 양상을 바꾸기도 했다고 하니 현대로 말하자면 일종의 특수부대인 셈이었다.

양대 기사단의 상호 관계는 늘 협력적인 것은 아니었다. 전술과 작전이 맞으면 공동 전선을 펴기도 했고 그렇지 않다고 판단되면 독자적으로 행동했다. 그렇지만 동료이자 라이벌인 서로를 적대시하거나 도발하는 행위를 하지는 않았다. 성격은 많이 달랐지만 이슬람 세력으로부터 기독교 국가를 지킨다는 대의는 같았기 때문이다.

종교 기사단의 운영

기사단도 조직체인 이상 운영 자금이 필요하다. 단원들은 수도사이므로 급료를 지불할 필요는 없지만 갑옷과 투구 등 무구 전반을 비롯해 말 구입비, 마부와 하인의 급료 등에 상당한 돈이 들었다. 게다가 이슬람 세력을 막기 위해 변경에 지은 성채도 유지해야 했다. 성 요한 기사단은 병원까지 운영했으므로 자금은 더 많이 들었다.
종교와 손을 잡으면 돈이 들어온다는 것은 동서고금을 통해 숱하게 입증된 사실! 십자군 시대의 유럽인들은 지금과는 비교할 수 없을 만큼 종교심이 강했다. 머나먼 팔레스타인 지방에서 성지를 수호하느라 일신을 희생한 기사들에게 엄청난 기부금이 쏟아졌다. 기사단원은 독신이므로 모인 재산이 분산될 위험도 적었다. 기사단 소속 기사들의 갑주의 화려함과 성채의 위용은 동시대 유럽의 제후와 비교해도 손색이 없을 정도였다고 한다. 성 요한 기사단의 병원에서는 모든 환자에게 흰 빵과 고급 포도주가 제공되었으며 시트나 잠옷도 지급했는데, 진료비를 포함한 모든 것이 무료였다고 하니 기사단의 재정 규모가 얼마나 크고 튼실했는지 짐작할 만하다.
종교 기사단은 1291년 팔레스타인 지방에서 십자군 세력이 완전히 소멸할 때까지 약 200년간 완전한 존재 이유를 갖추고 황금 시대를 구가했다.

종교 기사단의 종말

1291년 팔레스타인 지방의 기독교 세력을 소탕하기 위한 술탄 할릴의 공격으로 근 200년 동안 이어진 십자군 국가는 소멸하고 말았다. 기독교인들은 난민이 되어 300km 떨어진 키프로스 섬으로 밀려들었다. 십자군 국가를 지키고 성지 순례객들의 안전을 보호하는 종교 기사단의 존재 이유가 사라지자 기사단도 하나 둘 사라져 갔다. 특히 성전 기사단은 프랑스에 가지고 있던 막대한 영지와 자산 때문에 프랑스 왕의 파괴 공작에 휘말리고 말았다. 이단, 비밀결사대 결성 등의 죄목이 제기되었다(사실인지 날조인지에 대해서는 여전히 의견이 분분하다). 1314년 기사단장이 고문 끝에 화형에 처해지는 비참한 운명을 끝으로 성전 기사단은 완전히 붕괴되었다. 이국 땅에서 신념을 위해 싸우던 남자들의 허무하고도 비참한 몰락이었다. 약간 광신적이던 성전 기사단의 성격과 거대 조직의 급격한 몰락, 비밀 입단식 등이 더해지며 사람들의 상상력을 자극해 성전 기사단은 역사 소설에 단골손님으로 등장하기도 한다.

로도스 섬으로

비슷한 시기에 존재 이유의 절체절명의 위기를 맞은 성 요한 기사단은 창설 당시의 사업인 병원업을 강화하는 한편 키프로스 근해를 운행하는 이슬람 선박을 공격하는 것으로 난국을 타개했다. 군사 행동이 육상에서 해상으로 바뀐 것. 당시 이슬람 선박은 포로로 잡은 기독교도를 노잡이 노예로 삼고 있었기 때문에 성 요한 기사단의 공격은 단순한 '해적질'이 아닌 기독교도 해방이라는 명분도 있었다.
키프로스에서 셋방살이하듯 눈치를 보며 산지 15년, 우연한 기회에 로도스 섬을(당시 비잔틴 제국령이었다) 공격할 기회를 맞은 기사단은 몇 번의 원정을 거듭한 끝에 1308년 로도스 섬을 완전히 정복했다. 그렇게 학수고대하던 근거지가 마련된 것이다. 1310년 로도스 섬으로 이주를 완료하고 나서 성 요한 기사단의 제2시대가 시작되었다. 기사단의 명칭도 이때부터 '로도스 기사단'이라 불리게 되었다.

현지 주민과의 공생

성 요한 기사단이 로도스 섬에 왔을 때 주민의 대부분은 그리스 정교를 믿는 그리스인들이었다. 기사단이 섬을 지배하는 약 200년 동안 현지 주민의 반란

로도스 기사단장의 공관

기사의 거리

은 한 번도 없었는데 그 이유는 다음과 같다.
우선 기사단은 재원이 튼실하기 때문에 현지 주민들을 착취할 필요가 없었다. 모든 기사단이 절멸해버린 당시에 성 요한 기사단만 유일하게 남아 대(對) 이슬람 투쟁의 선봉에 섰으니 사람들의 기부가 집중된 것은 당연한 일이었다. 주민들 입장에서도 믿는 방식은 달라도 어쨌든 같은 기독교인인데다(기사단은 로마 가톨릭이었다) 생산물을 빼앗기지 않아도 되었으니 좋은 주인을 만난 셈이었다.
게다가 기사단의 군사 행동이 '해적질'이다보니 항해술이 능한 그리스인 현지 주민의 협조가 필수적이었던 것도 지배자와 피지배자의 원만한 공생이 가능하게 한 원인이었다. 이런 조건이 잘 맞아 떨어지면서 기사단은 로도스 인근의 크고 작은 섬들을 장악하고 소아시아 본토의 할리카르나소스(현재의 보드룸)와 이즈미르까지 영유하는 데 성공했다. 요컨대 로도스 일대의 해역에 거대한 거미줄을 치는 데 성공한 것이다. 먹이가 이슬람 선박임은 두말할 나위도 없다.

로도스 기사단의 구성

기사단은 기사들의 출신지별로 총 8개 군단으로 나뉘었다. 이탈리아, 영국, 독일은 각각 1개 군단, 에스파냐는 카스티야와 아라곤 등 2개 군단, 가장 많은 기사가 있던 프랑스는 출신지별로 일 드 프랑스, 프로방스, 오베르뉴 등 3개 군단으로 구성되었다. 각 군단은 본부라 할 수 있는 기사관을 가지고 있었고 기사관장이 통솔했다. 각각의 군단은 맡은 수비 지역에서 전투를 수행했으며, 기사단장은 별도의 유격대를 이끌고 지원 업무를 맡았다.
기사단장과 부단장, 8명의 기사관장, 로도스 대주교로 구성된 위원회가 로도스와 인근의 기사단 세력권의 통치를 담당했다. 기사의 파면권까지 지니고 있었

로도스 기사단의 문장

다고 하니 입법, 사법, 행정의 모든 권한이 집중된 것이었다.

기사단의 공용어는 라틴어였는데 프랑스어와 이탈리아어도 중요하게 쓰였다. 프랑스 출신 기사가 많아서 프랑스어 사용은 당연했고, 이탈리아어가 사용된 이유는 물자 공급이나 수송을 맡은 이들이 주로 이탈리아 상인이었고 성채 건조와 복구 기술자도 이탈리아 출신이 많았기 때문이다.

로도스 기사단의 병원

그러면 로도스 기사단의 '본업'이었던 의료 시설은 어땠을까? 팔레스타인에 있을 당시 '병원 기사단 Knight Hospitalers'이라는 속칭으로 불릴 만큼 의료 사업은 기사단의 대표 사업이었다.

로도스에 지어진 병원은 기사단장 공관 다음가는 훌륭한 건물이었고(지금은 고고학 박물관으로 사용되고 있음. P.741) 병원 운영의 최고 책임자는 프랑스인 기사관장이 겸임하는 게 보통이었다(기마대는 영국 기사관장, 함대 사령관은 이탈리아 기사관장이 겸했다).

1291년 서유럽 기독교 세력이 팔레스타인에서 완전히 쫓겨난 뒤 성지순례는 잠시 뜸했지만 얼마 뒤 베네치아를 시작으로 단체 성지순례 여행이 시작되었다. 이슬람 측은 기독교도를 소탕한다는 군사적 목적이 달성된 이상, 비무장의 순례객까지 막지는 않았다. 주변에 경작지가 없는 예루살렘의 가장 큰 수입원은 순례객이 쓰고 가는 돈이었기 때문이다.

로도스 기사단의 병원 정문
로도스 기사단의 병원 내부

로도스의 병원은 성지 순례객이 먼 타향에서 쓰러졌을 때 가장 안전하고 수준높은 치료를 기대할 수 있는 유일한 시설이었다(당시 이슬람 치하의 예루살렘은 기독교 수도원과 숙박지만 인정되었을 뿐 본격적인 병원은 없었음). 순례객 중에는 사회적 지위가 높은 사람도 있었기 때문에 의료의 질을 높이고 쾌적한 병원을 유지하는 것은 꽤 괜찮은 투자였다. 순례자 뿐 아니라 전투에서 다친 기사와 병사를 치료하기 위해서도 높은 수준의 병원은 필수적이었다.

당시 로도스 병원의 전속 의사단은 내과의 2명과 외과의 4명으로 구성되었고, 간호는 기사들이 맡았다(모든 기사들은 일주일에 하루씩 병원 근무를 할 의무가 있었다). 개인 침대가 늘어선 대형 병실은 100명까지 수용할 수 있었고, 식당은 물론 대형 병실의 예배당에서 매일 아침 환자들을 위한 미사가 열리기도 했다. 의사는 당시 지중해 세계에서 활약하던 유대인 출신자가 많았는데 의료 행위만 할 뿐 군무에는 일절 관여할 수 없었다.

치료비는 환자의 빈부를 막론하고 전원 무료였으며 식사도 평등하게 제공되었다. 식단은 흰 빵과 포도주, 삶은 고기와 야채라는 당시로서는 매우 고급스러운 것이었다. 최고의 의료진과 깨끗한 관리, 온화한 기후까지 더해져 로도스의 병원은 자주 확장을 해야 할 정도로 번창했다.

로도스 기사단의 몰락

이슬람 세계의 새로운 주인이 된 오스만 투르크. 그들의 주요 항구인 이스탄불이나 갈리폴리에서 출항해 시리아와 이집트로 가려면 로도스 해역을 반드시 지나야 했다. 해운의 전통이 없는 투르크의 상선들은 로도스 기사단의 좋은 먹잇감이 되었다. 기사단의 배는 로도스 근해에서 벌어질 전투만을 염두에 두고 만든 쾌속 갤리선인데다 평생 로도스에서 살아온 그리스인이 조종하기 때문에 투르크 배들은 이 해역을 통과하는 데 꽤나 애를 먹었다. 당시 투르크인들은 로도스를 '이슬람의 목에 박힌 가시'라고 말할 정도로 로도스 기사단은 이슬람에 대단히 성가신 존재였다.

콘스탄티노플 정복 이후 시리아, 아라비아, 이집트 등의 대정복 사업이 1517년에 마무리되면서 메카까지 영유하게 된 오스만 제국은 그동안 눈엣가시였던

로도스 섬 공략에 드디어 나섰다.
1522년 술탄 쉴레이만은 10만 대군을 동원해 로도스 섬을 공격했다. 고작 섬 하나를 공격하는데 엄청난 대군을 투입하고, 그것도 모자라 술탄이 직접 전장에 나간 것만 봐도 당시 로도스 기사단의 존재감을 짐작할 수 있다.
방어하는 기사단의 병력은 기사 600명. 용병과 그리스인 주민을 총동원해도 전체 병력은 5천 명 정도였다. 도저히 상대가 되지 않을 것 같았지만 당시 최고의 기술력이 동원된 성벽을 베개삼아 항전하며 4개월이나 버텼다. 하지만 결국 기사단은 패하고 로도스 섬에서 철수해야 했다.

몰타 기사단 시대

근거지를 잃은 기사단은 교황을 비롯한 유럽 각국의 황제와 왕에게 서신을 보내 근거지를 제공해 줄 것을 요청했다. 북아프리카의 해적 때문에 골머리를 앓고 있던 에스파냐의 왕 카를로스가 성 요한 기사단을 방어에 이용할 목적으로 서지중해의 몰타 섬을 제공했다. 카를로스의 의도를 알고 있었지만 당장 근거지가 시급했던 기사단은 받아들일 수밖에 없었다. 로도스를 떠난 지 8년 뒤인 1530년, 기사단의 몰타 이주가 완료되었다. 이때부터 '몰타 기사단'이라고 불리게 되었다.
1565년 몰타 기사단은 서지중해로 세력을 확대하려는 오스만 제국과 또 다시 일전을 벌였다. 실로 43년 만의 재회였으며 기사단 입장에서는 로도스 공방전의 패배를 설욕할 절호의 찬스였다. 이번에도 공격하는 오스만 제국군은 대함대를 거느린 5만 병력. 방어하는 기사단은 기사 540명에 용병과 현지주민 약 5천명 등 로도스 방어전 때와 같은 규모의 전력이었다. 하지만 이번에 물러난 것은 오스만 제국의 함대였다. 로도스 공방전의 패배를 잊지 않고 있던 기사단장 '라 발레트'의 용감한 지휘로 오스만군을 끝내 격퇴했다. 참고로 오늘날 몰타 공화국의 수도는 당시 기사단장의 이름을 딴 '발레타'라고 불린다.

로도스 성벽과 대포 탄환

오늘날의 성 요한 기사단-영토없는 국가

몰타 기사단의 문장

1798년 몰타 섬의 성 요한 기사단은 이집트 원정길에 오른 나폴레옹에 의해 몰타에서 쫓겨났다. 또 다시 난민 신세가 된 기사단은 유럽 전역을 전전하다 1834년 로마에 정착했다. 이때부터 군사적인 성격은 사라지고 인도적, 종교적 조직으로만 남게 되었다. 기사단이 창설된지 실로 800년 만에 본연의 활동으로 돌아간 것이다. 1986년 몰타 공화국은 과거 기사단과의 인연을 고려해 주권을 인정하고 섬 하나를 양도하겠다고 했으나 이루어지지는 않았다.
기독교 국가뿐 아니라 태국, 캄보디아, 레바논, 아프가니스탄, 이집트 등 비기독교 국가도 성 요한 기사단을 나라로 인정하고 있으며 외교 사절, 자국 등록 선박, 자체 자동차 번호판 등을 갖고 있고, 우편 협정을 유지하고 있는 몇몇 나라들에서만 통용되는 우표도 발행함으로써 영토 없는 국가로 불리기도 한다(대한민국과는 외교관계가 없음).
현재 2023년에 취임한 81대 기사단장을 필두로 13,000여 명의 단원과 80,000명의 훈련된 자원봉사자, 25,000명의 직원이 있다. 결혼도 인정되며 예전처럼 청빈, 순결, 복종을 강요하지는 않는다. 전 세계에 퍼져 의료 봉사를 하고 있는 현대판 기사인 셈. 기사단의 공식 명칭은 '성 요한의 예루살렘과 로도스와 몰타의 주권 구호기사 수도회(Sovrano Militare Ordine Ospedaliero di San Giovanni di Gerusalemme di Rodi e di Malta)'이며, 로마의 콘도티 거리에 본부가 있다.

※참고자료- 시오노 나나미 〈로마인 이야기〉 〈로도스섬 공방전〉, 로저 크롤리 〈바다의 제국들〉

여행의 기술

Information

관광안내소 Map P.738-A2, B2

로도스 올드 타운의 관광안내소

올드 타운과 뉴 타운에 시청 관광안내소가 각각 마련되어 있다. 올드 타운의 관광안내소는 편리하지만 워낙 많은 관광객이 찾아서 그런지 친절함과는 거리가 멀다. 지도를 얻는 것으로 만족하자(구시가지 세부지도는 매우 유용하다). 뉴 타운의 그리스 관광청에서도 지도와 관광 안내자료를 얻을 수 있다.

전화 올드 타운 (+30)22410-74313, 뉴 타운 (+30)22410-35945 홈페이지 www.rhodes.gr
업무 월~토요일 08:00~15:00
가는 방법 기사의 거리 초입에 있다.

환전 Map P.738-A2

여행자 구역인 올드 타운에 많은 ATM과 은행, 환전소가 있다. 튀르키예에서 오는 페리가 도착하는 항구에도 ATM이 있으며, 여행자들이 많이 이용하는 씨티 은행 ATM도 올드 타운에 있다. 현금 환율은 사설 환전소보다 뉴 타운의 은행들이 좀 더 낫다.

인터넷

대부분의 숙소에서 무선인터넷 서비스가 되고 손님용 컴퓨터가 있는 곳도 많기 때문에 숙소에서 이용하면 된다. 숙소에 따라 객실까지 인터넷이 되는 곳이 있고, 로비만 되는 곳도 있으므로 인터넷에 민감한 여행자는 체크인 전에 미리 확인하자.

우체국 Map P.738-A1

업무 월~금요일 07:30~20:00
전화 (+30)22410-35560
가는 방법 뉴 타운의 만드라키 항구 맞은편 큰길에 있다. 리버티 문에서 도보 10분.

여행사

코스나 산토리니 같은 그리스의 다른 섬이나 튀르키예의 마르마리스, 페티예 등지로 운행하는 페리 정보와 다른 나라로 가는 항공정보, 렌트카를 알아보는 데 유용하다.

그레고리 트래블 Gregory Travel Map P.735-A1
주소 167, Socratous St. Old Town, Rhodes
전화 (+30)22410-74668(휴대폰 6997080239)
홈페이지 www.gregorytravel.gr
영업 09:00~21:00
가는 방법 쉴레이만 자미에서 소크라테스 거리를 따라 도보 1분.

히포크라테스 광장 야경

로도스 가는 법

섬이라는 지리적인 특성상 페리와 비행기만이 로도스를 방문하는 수단이 된다. 로도스는 에게해 일대에서 크고 중요한 섬이기 때문에 비행기와 페리 노선이 잘 정비되어 있다.

비행기

로도스를 방문하는 가장 빠르고 안전한 통로. 에게 항공 Aegean Airline, 올림픽 에어 Olympic Air 등이 하루 10여 차례 아테네를 연결하며(45분, €85~135), 테살로니키와도 매일 2편이 운행한다(55분, €95~145). 여름철 관광객 수송을 위해 이탈리아, 독일, 러시아 등 유럽의 주요 국가와도 직항이 다니고 있어 편리하게 이용된다. 아쉽게도 이스탄불은 직항은 없으며 아테네를 경유해야 한다. 관광지라는 특성상 여름철 성수기와 겨울철 비수기의 운행 편수에 차이가 많으므로 여행사를 통해 운행 정보를 미리 알아두는 게 좋다.

로도스의 디아고라스 공항 Diagoras Airport(☎ +30-22410-88700)은 로도스 타운 남서쪽 약 15km 떨어진 곳에 있다. 시내까지는 많은 버스가 다니므로 손쉽게 시내로 갈 수 있다. 공항 청사 밖

로도스의 디아고라스 공항

에 나와서 도착하는 버스를 타고 기사에게 '시티 센터'라고 이야기하자. 차비는 현금으로 내면 영수증을 끊어준다(20분 소요). 버스는 신시가지의 서부 버스 터미널에 도착하는데, 올드 타운까지는 걸어서 갈 수 있다. 가장 가까운 리버티 문 Liberty Gate을 통해 올드 타운으로 들어가면 된다. 참고로 공항 이름인 디아고라스는 고대 로도스 출신의 유명한 올림픽 복싱 선수였다고 한다.

페리

상업 항구에 도착한 보트

도데카네스 제도의 핵심 섬이기 때문에 다른 섬과 연계 페리망이 잘 발달되어 있다. 로도스의 항구는 2곳이다. 남쪽의 상업 항구는 그리스의 다른 섬으로 가는 주요 페리와 유럽에서 들어오는 대형 관광선, 튀르키예의 페티예와 마르마리스 행 보트 등 모든 배가 기항하며, 만드라키 Mandraki라고 부르는 북쪽의 작은 항구는 사설 보트와 개인용 요트가 정박한다.

만드라키 항구에서는 린도스나 남쪽의 해변 등 로도스 섬 내의 다른 지역으로 가는 사설 관광선이 출발하며 인근의 시미 섬으로 가는 배도 있다. 항구변을 걷다보면 수많은 보트 투어 부스가 줄지어 있다. 성수기인 여름철에는 매일 출발하지만 겨울철에는 대부분의 투어가 중단된다.

튀르키예에서 페리를 타고 로도스에 도착했다면, 입국 심사를 마치고 밖으로 나오면 바로 성벽이 보인다. 성벽을 따라 오른쪽으로 가다가 올드 타운으로 들어가면 되는데, 버진 문 Gate of the Virgin을 이용하면 편리하다. 올드 타운의 남동쪽으로 들어서게 되고 걸어서 숙소를 정하면 된다.

페리 회사

도데카니소스 시웨이스 Dodekanisos Seaways (☎+30-22410-70590, 홈페이지 www.12ne.gr)

아네스 트래블 ANES Travel(☎+30-22410-37769, 홈페이지 www.anes.gr)

블루 스타 페리 Blue Star Ferry(홈페이지 www.bluestarferries.com)

로도스에서 출발하는 주요 페리 노선

행선지	소요시간	운행
마르마리스(튀르키예)	1시간	매일 09:00, 11:00
페티예(튀르키예)	1시간 30분	주 3편 08:30
시미 섬	45분	매일 09:30, 09:45
코스 섬	2시간 30분(아침 출발) 3시간 30분(저녁 출발)	매일 08:30, 17:00
산토리니 섬	9시간	주 3회 17:00

*페리 운행 횟수나 시간은 계절에 따라 매우 유동적이다. 홈페이지나 여행사를 통해 운행 정보를 미리 확인할 것.

버스

로도스의 동부 버스 터미널

섬이라는 지리적 특성상 당연한 일이지만 섬 내부를 운행하는 버스밖에 없다. 로도스 섬의 동부 해안과 서부 해안으로 출발하는 버스 터미널이 각각 다르므로 기억해두자. 뉴 타운의 관광안내소 부근에 있는 동부 버스 터미널에서는 린도스를 비롯한 동부 해안의 마을과 해변으로 가는 버스가 출발하고, 관광안내소에서 약 100m 떨어진 서부 버스 터미널에서는 공항 행 버스와 카미로스 유적, 서부 해안의 마을과 해변으로 가는 버스가 출발한다. 말이 버스 터미널이지 사실상 버스 정류장이라고 보면 된다. 행선지별 버스 운행 시간표와 요금이 적혀 있어 편리하다.

로도스 섬과 로도스 타운

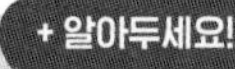

로도스 섬의 중심 도시는 섬의 북쪽 끝에 있는 로도스 타운입니다. 도시의 정식 명칭은 '로도스 타운 Rhodes Town'이지만 보통 로도스라고 부르지요. 섬 이름과 도시 이름이 같습니다. 차를 타고 섬을 돌아다니다보면 'Rhodes'라고 씌어진 표지판을 볼 수 있습니다. 헷갈리지 않도록 합시다.

튀르키예 출국과 그리스 입국 절차

페티예나 마르마리스에서 로도스 행 티켓을 구입하면(최소 하루 전날 구입해야 하며 여권 사본을 제출해야 한다) 여행사에서 알아서 출국에 필요한 절차를 대신 진행합니다. 여행자는 출발 당일 1시간 전에 항구에 나와서 기다리다가 간단한 출국 절차(사실상 여권에 출국 도장을 찍는 것 밖에 없다)를 마치고 배에 타면 끝!

로도스 섬에 도착하면 항구의 출입국 관리소를 통과하는데, 한국과 그리스의 비자 협정에 따라 한국인은 그리스 비자가 필요없으며 특별한 이유가 없는 한 여권에 입국도장을 꽝~ 찍어줍니다. 입국 신고서도 쓸 필요없고 하나도 어려울 게 없어요. 항구 밖으로 나가면 바로 성벽이 보이는데 성벽을 따라 오른쪽으로 가다가 버진 문 Gate of the Virgin을 통과해 올드 타운으로 들어가면 만사 오케이!

시내 교통

로도스 타운은 크게 올드 타운과 뉴 타운으로 구분된다. 올드 타운은 로도스 기사단이 활동하던 중세 시대에 만들어진 시가지로 성벽으로 둘러싸여 있으며, 뉴 타운은 성 밖에 조성된 신시가지다. 여행자 구역인 올드 타운은 차량 통행이 제한되며 복잡한 골목길로 이루어져 있어 도보로 다녀야 한다. 어차피 로도스 관광의 핵심이 성벽과 올드 타운을 구경하는 것이므로 숙소도 올드 타운에 정하고 걸어서 다니면 된다.

뉴 타운에는 고대 도시국가 시대의 유적인 아크로폴리스가 있다. 올드 타운에서 약 1.5km 정도라 걸어서 다녀올 수 있는데 뉴 마켓 앞에서 출발하는 버스를 이용해도 된다. 로도스 타운 남서쪽의 고대 유적인 카미로스 Kamiros와 남동쪽의 린도스 Lindos는 각각 서부 버스 터미널과 동부 버스 터미널에서 출발하는 버스를 이용해야 한다.

올드 타운의 중심 히포크라테스 광장

렌트카로 로도스 여행하기

+ 알아두세요!

로도스의 렌트카

일정에 여유가 있고 일행이 있다면 차를 렌트해서 섬을 일주하는 것도 로도스를 잘 즐기는 방법입니다. 도로가 복잡하지 않고 운전석과 도로 주행도 한국과 같은 방식이라서 어렵지 않게 운전할 수 있거든요(단, 국제 운전면허증이 있어야 한다). 에메랄드빛 비치가 펼쳐진 해안 도로를 따라 달리다 마음에 드는 해변이 나오면 해수욕을 즐겨도 좋고, 대중교통으로 방문하기 힘든 유적지를 갈 수 있다는 장점도 있지요. 아침 일찍 출발하면 천천히 다녀도 하루 만에 섬을 일주할 수 있습니다. 섬의 구석구석을 보며 올드 타운과는 또 다른 로도스를 만날 수 있답니다. 항구 부근과 뉴 타운에 많은 차량렌트 업체가 성업 중입니다.(렌트비는 차종에 따라 1일 €40~70. 유류는 별도). 참고로 운전 방식에 따라 수동 차량은 '매뉴얼', 오토매틱 차량은 '오토'라고 부릅니다. 오토 차량은 선택의 폭이 넓지 않고 가격도 조금 비싼 반면 매뉴얼 차량은 선택의 폭도 넓고 가격도 저렴한 편입니다.

로도스 둘러보기

중세 시대에 조성되어 현재까지 거의 원형 그대로 남아있는 올드 타운과 아름다운 해변을 즐기는 것이 로도스 관광의 핵심이다. 최소 3일은 머물기를 권한다.

첫날은 올드 타운을 구석구석 돌아보자. 기사들의 공관이 밀집해 있는 기사 구역을 중심으로 골목길이 이어진다. 오래된 성벽과 붉은 부겐빌리아가 감싸고 있는 아치형 골목길은 매우 낭만적이라 하루종일 다녀도 싫증나지 않는다(로도스 올드 타운 도보 투어 P.736 참고). 튀르키예에서 당일치기로 온 여행자라면 다른 것은 신경쓰지 말고 오직 올드 타운에 올인할 것!

둘째날은 버스를 타고 린도스를 방문하자. 로도스 섬 제2의 도시인 린도스는 지중해와 어우러진 마을 풍경이 예쁜데다 언덕 위에 자리한 아크로폴리스에서 바라보는 전망은 황홀하기까지 하다. 빨리 다니며 볼거리에 치중하는 여행자라면 다시 로도스 타운으로 돌아와서 서쪽의 유적지인 카미로스까지 다녀올 수 있지만 시간이 빠듯하다는 점을 감안하자(카미로스 행 버스시간을 맞추기 힘들 수도 있으므로 버스 시간을 미리 확인할 것).

셋째날은 아름다운 로도스의 자연에 빠질 차례. 섬의 양쪽 해안을 따라 늘어서 있는 해변을 방문해서 투명한 지중해에서 해수욕을 즐겨보자. 잊지못할 추억을 만들기에 충분하다. 또는 워터파크를 방문해서 미끄럼을 타며 신나게 즐겨도 좋다.

해가 저문 뒤의 올드 타운은 낮과는 사뭇 다른 표정으로 여행자를 유혹한다. 어둑한 조명 아래 무명 악사들의 음악소리가 깔리는 밤거리를 돌아다니며 야경을 감상해 보자.

+ 알아두세요!

1. 박물관과 미술관은 이른 시간에 문을 닫는다(보통 오후 2시 또는 3시).
   문 닫는 시간을 미리 확인해서 낭패가 없도록 하자.
2. 올드 타운은 복잡한 골목길로 이루어져 있다. 지리에 익숙해 질때까지 숙소 명함을 챙겨서 외출할 것.
3. 매주 목요일에 디아고라 운동장 뒤편에 장터가 선다.
   장기 체류하며 주방이 딸린 숙소에 머문다면 식재료 구입에 매우 유용하다.
4. 동양인에게 바가지를 씌우거나 무시하는 업소가 간혹 있다.
   가격표가 붙어있지 않다면 값을 물어보고 모든 일에 의사표시를 분명히 하는 게 좋다.
5. 국제 학생증으로 입장료가 할인되는 유적지가 많으므로 있다면 챙겨 가자.

BEST COURSE

첫날: 예상소요시간 6~7시간

출발 ▶▶ 올드 타운 리버티 문
올드 타운 도보 투어의 시작점.

도보 1분

그리스 현대 미술 박물관(P.741)
그리스 현대 미술의 흐름을 볼 수 있는 곳. 그림과 조형 미술에 관심있는 여행자는 꼭 가보자.

도보 2분

고고학 박물관(P.741)
로도스 섬과 인근 섬의 고대 유물이 있다. 목욕하는 아프로디테여신과 모자(母子)상 부조는 절대 놓칠 수 없다.

도보 1분

기사의 거리(P.742)
기사 구역의 핵심거리. 일자로 뻗은 거리를 걸으며 로도스 기사단의 일원이 되어보자.

도보 5분

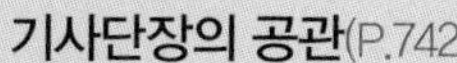

기사단장의 공관(P.742)
거대한 입구의 원기둥은 놀라서 입이 안 다물어진다. 동화 속에서나 나올 법한 성채가 눈앞에 펼쳐진다.

도보 1분

시계탑(P.744)
시내를 한 눈에 내려다 볼 수 있는 전망 포인트. 올드 타운과 바다가 보인다.

도보 1분

쉴레이만 자미
성 요한 기사단을 물리쳤던 오스만 제국의 술탄 쉴레이만 대제에게 봉헌된 사원.

도보 3분

일반인 거주구역
돌길이 깔린 낭만적인 거리를 걷다보면 고대 성벽과 교회 유적이 문득문득 나타난다.

BEST COURSE

둘째날: 예상소요시간 9~10시간

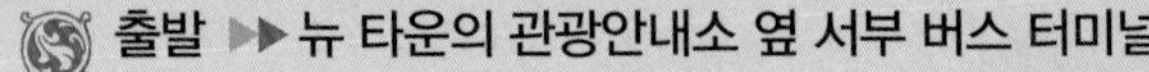

출발 ▶▶ 뉴 타운의 관광안내소 옆 서부 버스 터미널

버스로 1시간

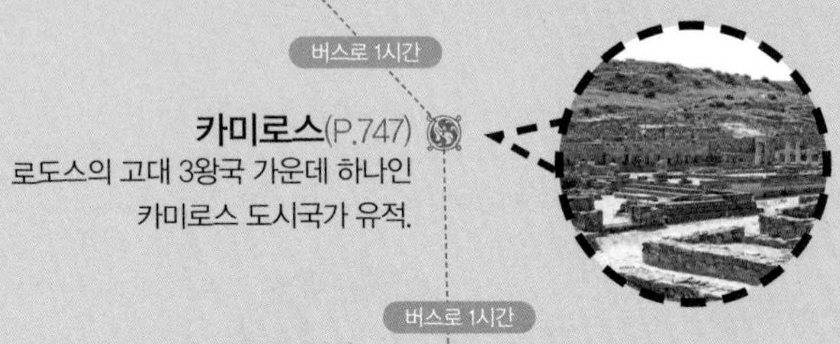

카미로스(P.747)
로도스의 고대 3왕국 가운데 하나인 카미로스 도시국가 유적.

버스로 1시간

로도스 타운으로 돌아와서 동부 버스터미널

버스로 1시간 15분

린도스(P.748)
하얀 집과 파란 지중해가 어우러진 멋진 마을. 아크로폴리스에서 바라보는 지중해는 단연 압권이다.

버스로 1시간 15분

로도스 타운

셋째날

해변 방문
멋진 지중해의 해변에서 해수욕을 즐기며 일광욕을 해 보자. 이렇게 깨끗하고 아름다운 해변이 또 있을까.

Rhodes Old Town
로도스 올드 타운 세부도

0 30 120m

코스키노 문 Koskinou Gate (Cannon Gate)
Papagou
성 베드로 성채 St. Peter's Tower
그리스 현대 미술 박물관 Greek Modern Art Museum
박물관 숍
리버티 문 Liberty Gate
아르기로카스트로우 광장 Argirokastrou Sq.
성 바울 문 St. Paul's Gate
나이아크 성채 Naillac Tower
튀르키예 행 페리 선착장 (마르마리스, 페티예)
당부아즈 문 D'Amboise Gate
기사단장의 궁전 The Palace of the Grand Master
해자 산책로
프랑스 기사관 Inn of France
아프로디테 신전 터
아스날 문 Arsenal Gate
도데카네스 제도 선착장 (시미 섬, 코스 섬, 칼림노스 섬, 파트모스 섬, 산토리니 섬 등)
출입국 관리소, 세관 Immigration Office, Customhouse
이탈리아 기사관 Inn of Italy
14세기 병원
기사 구역 Knights' Quarter
상업 항구 Commercial Harbour
은행
지하도 (해자 산책로)
프로방스 기사관 Inn of Provence
Church of The Holy Trinity
ATM
장식품 박물관
성모 마리아의 교회 Church of Our Lady of The Castle
아르놀드 문 Arnauld Gate
기사의 거리 Ave. of the Knights(Ippoton)
House of Diomede de Villaragut
Orfeos
성 요한 교회 터 (오스만 시대의 학교)
우체국
스페인 기사관 Inn of Spain
Avalon Hotel & Cafe
Lahitos
Apellou
고고학 박물관 Museum of Archaeology
Akti Sachtouri
마린 문 Marine Gate
히포크라테스 광장 (올빼미 분수) Hippocratous Sq.
버진 문 Gate of the Virgin
블루 스타 페리 Blue Star Ferry
여행사, 렌트카
성 카테리나 문 St. Catherine's Gate
화장실
시계탑 Clock Tower
Panatiou
Tuoksilifoeh
Polidorou
화장실
고대 성벽 유적
성 판텔레이몬 교회 Church of St. Panteleimon
쉴레이만 자미 Mosque of Suleiman
현대 예술 센터
소크라테스 거리 Sokratous
와인 숍 Wine Shop
에브레온 마르티론 광장 (해마 분수) Evreon Martiron Sq.
성 조르주 성채 St. George Tower
Apollonion
그레고리 트래블(여행사) Gregory Travel
액세서리 & 기념품 숍 Eolos Shop
샤드리반 자미 Shadrivan Mosque
Castellania
Hospice of St. Catherine
무슬림 라이브러리
Mosque of Agha
환전소
Aristotelous
Themistokleous
그리스 정교회 주교 관저
Cava D'ora Hotel
Akti Promitheos
Pindarou
St. Catherine's Church
Kisthinou
Xenofontos
Arhelaou
수퍼마켓
화장실
Lisippou
Minoos
Church of our Lady of the Town
Thiseos
아리오노스 광장 Arionos Sq.
Mosque of Hamza Bey
Yiannis Pension
아티나스 광장 Athinas Sq.
Eshilou
이브라힘 파샤 자미 Mosque of Ibrahim Pasha
Vizantiou
Dosiadou
Alhadef
Spot Hotel
유대교 회당 Synagogue
술탄 무스타파 자미 Mosque of Sultan Mustafa
Antiothiou
예니 하맘 Yeni Hamam
Ippodamou
Olympos Pension
Ag. Fanouriou
Aristofanous
소포클레우스 광장 Sofokleous Sq.
Dimosthenous
Perikleous
Tavriskou
Gavala
아칸디아 문 Akandia Gate
Mango Restaurant
Pythagora
Kleovoulinis
로마 유적 터
에스파냐 성채 Tower of Espania
성 니콜라스 교회 Church of St. Nicholas
Paris Hotel
Omirou
Mosque of Rejep Pasha
Niki's Hotel
Praxitelous
Church of the Holy Trinity
Irrinnas
델 카레토 성채 Del Caretto Tower
Dimokratias
해자 산책로
도리에오스 광장 Dorieos Sq.
Apollo Guesthouse
Minos Pension
Andreas Hotel
Ekatonos
Pink Elephant Pension
Church of St. Marina
미니 마트
해자 산책로
Vyronos
정육점
Arg. Efthimiou
지하도 (해자 산책로)
레온 로디우 광장 Leon Rodiou Sq.
영국 성채 St. Athanassios Tower & Gate
해자 산책로
성 요한 성채 & 문 Tower & Gate of St. John
Filellinon
Vyronos
목요장터
Dimokratias

A B C 1 2

1 **루스티코 레스토랑** Rustico Restaurant A1
2 **야니스** Yiannis Restaurant B2
3 **마마 소피아** Mama Sofia A1
4 **아이스크림 빠야디온** Ice-cream Palladion B2
5 **쿡 앤 그릴** Cook & Grill B1

1 **박물관 숍** Musemu Shop B1
2 **마리노스 에스 에이** Marinos S.A B1

1 **산 미쉘 호텔** St. Michel Hotel B2
2 **엘레니 룸스** Eleni Rooms B2
3 **소피아 펜션** Sofia Pension B2
4 **조지아 올드 타운 아파트** A2 Georgia Old Town Apartments
5 **도무스 스튜디오 호텔** A1 Domus Studio Hotel
6 **비아비아 호텔** Via Via Hotel B2
7 **메디발 인** Medieval Inn A2

로도스 올드 타운 도보 투어

시가지 전체가 세계문화유산으로 지정된 로도스 관광의 핵심 올드 타운! 시대를 거쳐오며 몇 번의 보수작업이 있었지만 오늘날까지 옛 모습을 잘 간직하고 있지요. 자갈이 깔린 아기자기한 골목길, 두툼한 돌벽, 세월의 흐름을 증명하고 있는 유적, 큰 나무 그늘 아래에서의 휴식과 지중해의 바람. 올드 타운을 걸으며 발견할 수 있는 매력은 너무도 많습니다. 느긋하고 여유로운 마음으로 중세의 기사와 사람들이 살던 골목을 걷다보면 어느새 로도스의 매력에 흠뻑 빠지게 되죠. 〈프렌즈 튀르키예〉에서 최고의 올드 타운 도보 투어 코스를 소개합니다.

도보 투어의 시작은 리버티 문에서 출발한다. 문을 들어서면 오른쪽으로 그리스 현대 미술가들의 수준높은 회화와 조각, 설치미술을 볼 수 있는 그리스 현대 미술 박물관(P.741)이 나온다.

박물관 맞은편에는 고대 아프로디테 신전이 기단만 남은 채로 있다. 신전을 지나 조그만 아치 문을 통과하기 직전 오른쪽으로 분수가 있는 아르기로카스트로우 광장이 있고 14세기에 병원으로 사용하던 건물이 보인다. 이것은 기사단이 로도스 섬에 들어와 처음으로 지은 병원이다. 광장 한켠에는 장식품 박물관 Decorative Arts Collection이 있다. 그다지 볼 만한 건 없으니 지나쳐도 무방하다.

아치 문을 통과하면 오른쪽에 은행과 관광안내소가 있고 왼쪽의 상가 건물은 원래 성모 마리아의 교회였다. 관광안내소를 끼고 오른쪽으로 돌면 기사의 거리가 이어지는데 고고학 박물관(P.741)을 먼저 관람하고 가는게 동선상 편하다.

기사의 거리(P.742)를 천천히 걸어 올라가면 맨 꼭대기의 기사단장의 공관(P.742)에 이른다. 위풍당당한 정문 사진만 찍고 가는 여행자가 많은데 시간이 촉박하지 않다면 내부까지 관람할 것을 권한다(관람은 1시간 정도 소요된다).

기사단장의 공관을 보고 바로 앞에 보이는 시계탑(P.744)으로 발길을 옮기자. 시계탑에 올라가 멋진 전망을 즐겨도 좋고(시가지와 바다가 보인다) 전망에 관심이 없다면 그냥

도보 투어 코스

예상소요시간 5~6시간

리버티 문→그리스 현대 미술 박물관→고고학 박물관→기사의 거리→기사단장의 공관→시계탑→쉴레이만 자미→아리오노스 광장→도리에오스 광장→아티나스 광장→레온 로디우 광장→성 판텔레이몬 교회→에브레온 마르티론 광장→히포크라테스 광장→마린 문

아프로디테 신전 터

시계탑에서 바라본 올드 타운

입포다마오우 골목

자갈이 깔린 올드 타운

Church of the Holy Trinity

지나쳐도 된다. 근처에는 1522년 기사단을 물리치고 로도스 섬을 차지했던 오스만 제국의 술탄 쉴레이만 대제에게 봉헌된 **쉴레이만 자미**가 있다. 내부에 그다지 특별한 건 없으니 튀르키예에서 자미를 많이 본 사람은 외관만 보고 통과해도 무방하다. 자미 맞은편에는 **무슬림 라이브러리**와 자미부속 빈민구호소였던 옛 건물에 **현대 예술 센터**가 있다. 잠깐 안을 기웃거리고 가자.

입포다마오우 Ippodamou 골목으로 접어들어 100m 정도 가다가 왼쪽 첫 번째 좁은 골목을 따라가면 **아리오노스 광장** Arionos Sq.이 나온다. 이곳에는 술탄 무스타파 자미와 튀르키예식 목욕장인 예니 하맘이 있다. 한쪽에는 분위기 있는 카페도 있으니 잠시 쉬었다 가자.

자미와 하맘 사이의 안티오티오우 Antiothiou 골목을 지나 꼬불꼬불한 길을 따라가자. **성 니콜라스 교회**를 지나 입포다마오우 골목으로 다시 나와서 왼쪽으로 방향을 잡자. 길을 따라 끝까지 간 후 왼쪽으로 꺾으면 오미로우 Omirou 골목을 만나게된다. 150m 정도 직진하면 왼편에 큰 나무가 있는 넓은 **도리에오스 광장** Dorieos Sq.이 나온다. 이곳은 비잔틴 시대 교회 터와 오스만 제국 때 지은 **레제프 파샤 자미**가 있다. 도리에오스 광장은 시원한 맥주를 마시거나 가볍게 차와 식사를 할 수 있는 레스토랑이 있는 한적한 곳이므로 충분히 즐기길 권한다.

망고 레스토랑 뒤쪽의 아리스토파노우스 Aristofanous 골목을 지나면 비잔틴 시대의 유적터가 있는 **아티나스 광장** Athinas Sq.이 나온다. 방향을 오른쪽으로 잡아서 이브라힘 파샤 자미를 지나 비아비아 호텔 골목으로 가다가 오른쪽의 디모스테네우스 Dimosthenous 골목을 따라가면 중세 시대의 소박하고 아름다운 교회(Church of the Holy Trinity)가 있는 **레온 로디우 광장** Leon Rodiou Sq.을 만나게 된다. 산 미쉘 호텔 앞의 이리나스 Irrinnas 골목을 따라가자. 이 구역은 예전에 유대인들이 모여 살던 곳으로 지금도 유대교 회당이 있다. 계속해서 가발라 Gavala 골목을 따라가다 왼쪽으로 방향을 잡자. 올드 타운의 동쪽 출입구인 **아칸디아 문** Akandia Gate을 지나서 계속 길을 따라가면 오른쪽으로 Cova D'ora Hotel이 보이고 조금 더 가면 **성 판텔레이몬 교회**가 보인다. 교회 앞으로 난 길을 따라가면 **에브레온 마르티론 광장** Evreon Martiron Sq.과 **히포크라테스 광장** Hipopocratous Sq.이 있으며 기념품 상가가 펼쳐져 있다. 히포크라테스 광장은 올드 타운에서 가장 번화한 곳이므로 길거리 풍경을 즐겨도 좋고 바로 앞으로 이어진 **소크라테스 거리** Sokratous(올드 타운의 대표적인 쇼핑거리다)에서 쇼핑에 몰두하는 것도 좋다. 히포크라테스 광장에서 가까운 **마린 문**으로 나가 마린 문의 멋진 외관을 구경하고 바다를 감상하면 도보 투어는 끝난다.

히포크라테스 광장

도보 투어의 끝, 마린 문

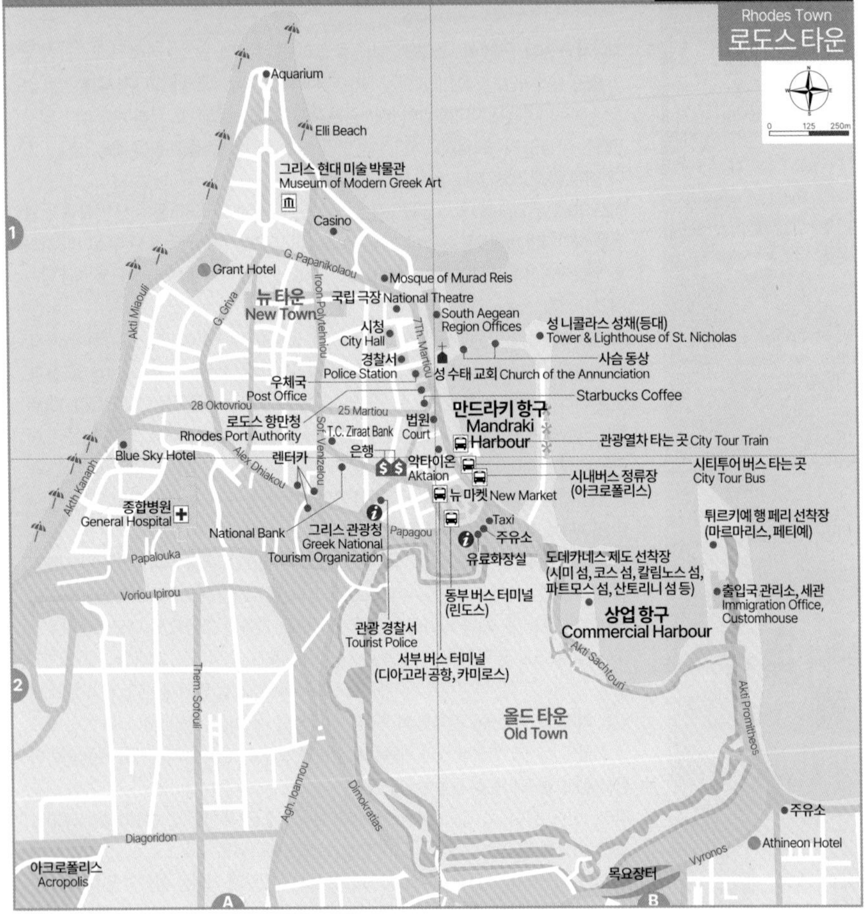

Attraction 로도스의 볼거리

올드 타운의 로도스 기사단의 성벽과 기사 구역이 로도스의 핵심 볼거리다. 로도스가 세계적인 관광지로 명성이 높은 것도 이 때문이니 시간을 충분히 잡고 감상하자.

로도스 성벽과 올드 타운 세계문화유산

Rampart & Old Town ★★★★

Map P.735 **주소** Old Town, Rhodes **개방** 24시간 **요금** 무료 **가는 방법** 올드 타운 전역.

로도스 기사단이 팔레스타인에 있을 당시, 최강이라 불리던 '크락 데 슈발리에'를 비롯해 수십 개의 성채를 운영했던 경험이 있었기에 로도스 섬으로 이주하자마자 성채 건설에 착수했다. 적은 병력을 효율적으로 사용하기 위해서는 성채의 존재는 필수적이었다.

로도스 성벽의 전체 길이는 4km(돌출부까지 더하면 5km)이며 7개의 정문이 있다. 성벽은 로도스 기사단을 구성하는 8개 군단이 구역

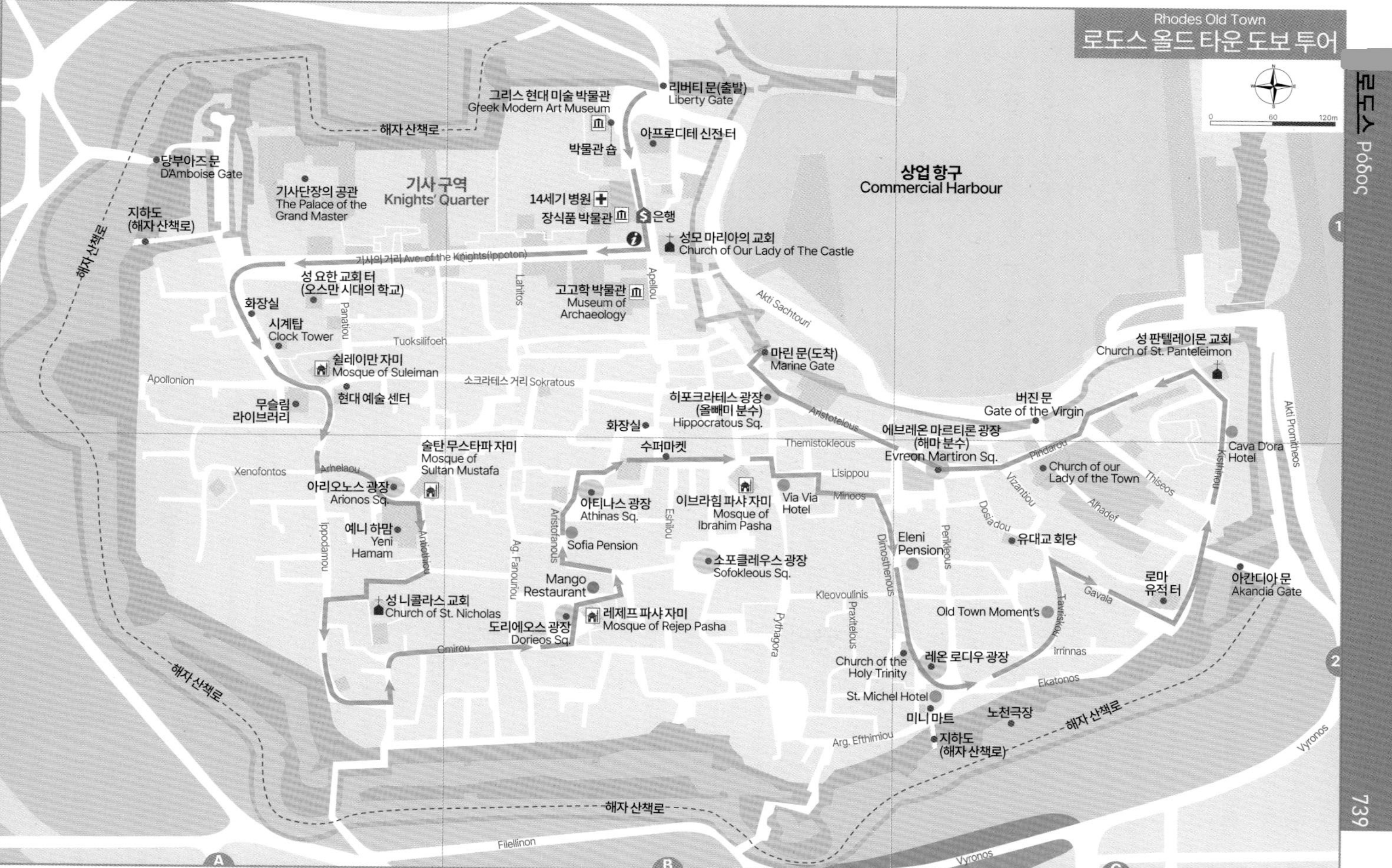
Rhodes Old Town
로도스 올드 타운 도보 투어
상업 항구
Commercial Harbour
리버티 문(출발)
Liberty Gate
그리스 현대 미술 박물관
Greek Modern Art Museum
해자 산책로
아프로디테 신전 터
박물관 숍
당부아즈 문
D'Amboise Gate
기사단장의 공관
The Palace of the Grand Master
기사 구역
Knights' Quarter
14세기 병원
장식품 박물관
은행
지하도 (해자 산책로)
성모 마리아의 교회
Church of Our Lady of The Castle
기사의 거리 Ave. of the Knights(Ippoton)
성 요한 교회 터 (오스만 시대의 학교)
화장실
시계탑
Clock Tower
Panatiou
Lahitos
고고학 박물관
Museum of Archaeology
Apellou
Akti Sachtouri
Tuoksilifoeh
쉴레이만 자미
Mosque of Suleiman
Apollonion
소크라테스 거리 Sokratous
현대 예술 센터
무슬림 라이브러리
마린 문(도착)
Marine Gate
히포크라테스 광장 (올빼미 분수)
Hippocratous Sq.
화장실
Aristotelous
성 판텔레이몬 교회
Church of St. Panteleimon
버진 문
Gate of the Virgin
에브레온 마르티론 광장 (해마 분수)
Evreon Martiron Sq.
Themistokleous
Akti Promitheos
Cava D'ora Hotel
Kisthinou
술탄 무스타파 자미
Mosque of Sultan Mustafa
수퍼마켓
Xenofontos
Arhelaou
아리오노스 광장
Arionos Sq.
Pindarou
Church of our Lady of the Town
Thiseos
Lisippou
Minoos
Vizantiou
아티나스 광장
Athinas Sq.
이브라힘 파샤 자미
Mosque of Ibrahim Pasha
Via Via Hotel
Alhadef
Dosiadou
예니 하맘
Yeni Hamam
Antiothiou
Ippodamou
Aristofanous
Eshilou
Sofia Pension
Eleni Pension
Perikleous
유대교 회당
Ag. Fanouriou
소포클레우스 광장
Sofokleous Sq.
Dimosthenous
Mango Restaurant
로마 유적 터
아칸디아 문
Akandia Gate
Gavala
성 니콜라스 교회
Church of St. Nicholas
레제프 파샤 자미
Mosque of Rejep Pasha
도리에오스 광장
Dorieos Sq.
Kleovoulinis
Praxitelous
Pythagora
Old Town Moment's
Tavriskou
Omirou
Irinnas
Church of the Holy Trinity
레온 로디우 광장
Ekatonos
해자 산책로
St. Michel Hotel
미니 마트
노천극장
해자 산책로
지하도 (해자 산책로)
Arg. Efthimiou
Vyronos
해자 산책로
Filellinon
Vyronos

을 나누어 정비와 보강은 물론 전시 방위까지 책임졌다.

북쪽의 상업 항구 입구의 나이야크 성채부터 시작해서 기사단장 공관 북쪽을 돌아 남쪽으로 조금 내려온 곳에 있는 당부아즈 문에 이르는 약 800m의 성벽은 일 드 프랑스 기사대가 담당했다. 이 지역은 저지대라 적이 공격하기에 불편하므로 성벽도 수직으로 높이 솟은 전통적인 구조이며 바깥을 둘러싼 호도 폭이 좁다.

당부아즈 문에서 성 조르주 성채까지 약 200미터는 독일 출신 기사들의 담당 구역이다. 여기서부터는 성벽이 높고 흉벽이라 불리는 성벽 위의 톱니 모양도 잘다. 활이나 석궁을 이용해서 방어에 유리하게 만든 것. 성벽의 두께는 4m밖에 안 되지만 호를 넓고 깊게 파서 방어력을 보강한 것이 특징이다.

거의 직선으로 뻗어 있는 성벽의 중간쯤에 팔각형을 반으로 도려낸 것 같이 생긴 성 조르주 성채가 있다. 이곳부터 에스파냐 성채(아라곤 성채)까지 300m 구간은 오베르뉴 부대의 담당 구역이다. 성벽 두께는 10미터가 넘는 반면 높이는 낮아진다. 대포를 쏠 수 있게 흉벽을 굵직하게 만들어 놓았다.

에스파냐 성채부터 영국 성채까지 약 200m는 아라곤 부대 기사들의 담당 구역이다. 이 주변의 호는 너비가 100m 가까이 되며, 호 가운데에 두꺼운 외벽을 세워 이중 성벽을 이루고 있다. 외벽은 영국 성채와 이어져 있어 더욱 효율적으로 이용되었다.

영국 성채부터 동쪽으로 직선으로 이어지는 코스퀴노 성채(성 요한 성채)까지 400m는 영국인 기사들이 담당했다. 이 일대도 호 가운데 외벽이 버티고 있다. 긴 일자 성벽의 불리함을 만회하기 위해 네 개의 조그만 성채가 돌출되어 있으며, 영국 성채 앞의 호에는 도개교가 설치되어 있다.

코스퀴노 성채에서 델 카레토 성채까지의 500m 구간은 프로방스 부대의 담당 구역이다. 따로 외벽을 두지는 않았지만 세 개의 작은 성채가 돌출해 있어 방어력을 강화했다.

델 카레토 성채에서 동쪽의 상업 항구의 제방까지는 이탈리아 부대가 방어했다. 성벽은 400m에 달하며 호 속에 외벽을 지닌 이중 구조로 되어있다. 벙커같이 생긴 델 카레토 성채는 대포의 설치를 주목적으로 했기 때문에 흉벽이 낮고 두꺼워서 포격을 받아도 끄떡없었다고 한다.

상업 항구를 에워싼 800m가 넘는 성벽은 카스티야 부대의 담당 구역이다. 해군의 전통이 없는 투르크가 함대를 동원해서 해상 공격을 시도할 확률은 제로에 가까웠으므로 이 구역의 성벽은 대포 출현 이전의 얇고 높은 성벽을 그대로 남겨두었다.

이전 시대와 비교해 로도스 성벽의 가장 큰 특징은 성벽 면에 돌출한 성채다. 콘스탄티노플 성벽에서는 40m마다 높은 사각형 탑을 하나씩 세워놓았는데, 로도스에서는 각 부대 담당 구역별로 하나씩 커다란 성채를 지어 전면으로 튀어나오도록 했다. 이 성채가 방어의 핵심 중추! 각 기사대는 성채를 하나씩 가지

최고의 방어력을 자랑했던 로도스 성벽

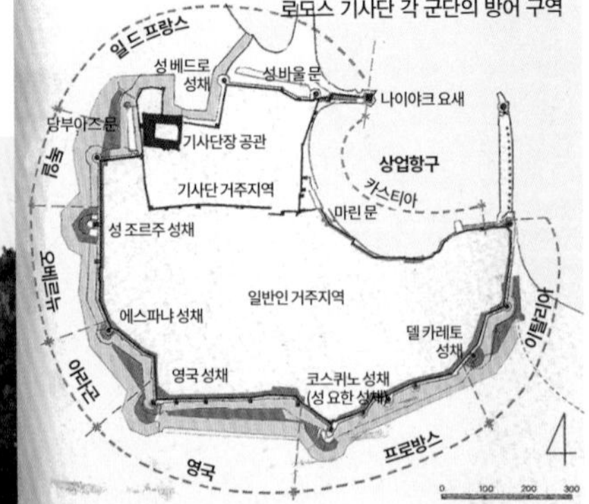

고 기사관장은 자기 부대의 성채에서 전투를 지휘했으며, 성채와 성채 사이에는 약 100m 간격으로 소형 성채를 배치해서 방어력을 보강했다. 성채를 다각형이나 원형으로 만들어 공격과 방어를 한층 쉽게 한 것도 특징이다. 1453년 콘스탄티노플 함락 이후 대포가 전투의 주역으로 떠올랐고 그에 따라 방어력의 핵심인 축성 기술도 개량되었다. 1480년 술탄 메흐메드 2세의 갑작스런 침공을 물리친 후 이탈리아 출신의 기사단장 파브리지오 델 카레토는 당시 최고의 축성 기술자였던 베네치아 출신 바질리오 델라 스콜라를 초빙해 로도스 성벽의 근본적인 개혁을 단행했다. 해자 산책로(P.743)를 걸으며 16세기 초반 최고의 기술력으로 지어진 성채를 감상해보자. 현재 올드 타운에는 약 1만 명의 주민이 거주하고 있으며, 1988년 유네스코 세계문화유산으로 지정되었다.

기사 구역 Knights' Quarter *

그리스 현대 미술 박물관 Greek Modern Art Museum ★★

주소 Old Town, Rhodes **개관** 월~토요일 09:00~15:00 **요금** €6 **가는 방법** 리버티 문 바로 옆에 있다.

20세기 그리스 현대 미술 작품을 만날 수 있는 곳이다. 십자군 시대의 로도스 기사단과 성채가 로도스의 상징처럼 되었지만 로도스에 중세만 있는 건 아니다. 유명한 그리스 화가의 회화와 조각을 만날 수 있는 흔치 않은 기회이므로 미술 애호가라면 꼭 방문해 보자. 하나의 입장권으로 쉴레이만 자미 옆의 현대 예술센터 Center of Contemporary Art와 뉴 타운에 있는 그리스 현대 미술 박물관(신관)까지 돌아볼 수 있으니 표를 버리지 말 것. 뉴 타운의 신관에는 더 많은 그리스 현대 미술 거장들의 작품을 감상할 수 있다.

고고학 박물관 Museum of Archaeology 

주소 Old Town, Rhodes **개관** 매일 08:00~ 20:00(겨울철은 15:00까지) **요금** €6(학생할인 €4, 18세까지 무료) **가는 방법** 기사의 거리 바로 옆에 있다.

15세기에 지어진 로도스 기사단의 병원을 개조한 박물관. 로도스 섬과 인근 해역의 섬에서 출토된 고대 도시국가 유물이 전시되어 있다. 장려한 입구를 통과해 안으로 들어가면 안뜰의 사자상이 입장객을 반긴다. 계단을 올라가서 로도스 기사단의 대리석 문장과 비문이 있는 첫 번째 관을 중심으로 시계 방향으로 관람하면 편하다. 고대 로도스인들의 수준 높은 미의식을 엿볼 수 있는 목욕하는 아프로디테 신상과 카미로스에서 출토된 모자(母子) 부조상은 놓치지 말자.

다른 전시실에는 토기, 장신구, 약병, 항아리 등이 있는데 항아리에 그려진 그림을 눈여겨보자. 고대 그리스 병사와 스핑크스 등을 묘사한 것은 2500년 전의 것이라고는 믿어지지 않을 만큼 정교하다.

고고학 박물관의 목욕하는 아프로디테 신상

로도스 기사단의 병원으로 사용되었던 고풍스런 박물관 건물도 매우 인상적이다. 기사단의 창설 당시 본업이 의료 수도회임

그리스 현대 미술 박물관

을 떠올릴 때 새삼 건물이 달리 보인다. 2층 복도의 벤치에 앉아 줄지어 늘어선 아치와 기둥을 감상하며 중세를 떠올려보자. 로도스 기사단의 병원에 관한 내용은 P.727 참고.

기사의 거리 Avenue of the Knights

★★★★★

주소 Old Town, Rhodes **개방** 24시간 **요금** 무료 **가는 방법** 올드 타운 관광안내소 바로 옆에 있다.

기사들이 상주하던 올드 타운의 핵심거리. 로도스 기사단은 유럽 각국의 기사들로 구성되었는데 출신지별로 8개 군단으로 나뉘었다. 각 나라별로 공관이 따로 있어서 같은 나라 출신 기사들은 모여서 생활했다. 로도스 기사단의 기사는 입단 후 처음 3년은 신에게 모든 걸 맡긴 수도사 생활을 거쳐야 비로소 군무에 관여할 수 있었다. 기사들은 의무적으로 소속 기사관에서 생활해야 했고 1년이 지나면 집을 구해서 독립할 수 있었다. 통칭 기사의 거리라고 불리던 이 거리에 각국의 기사관이 밀집해 있고 맨 꼭대기에는 기사단장의 공관이 있다.

관광안내소부터 완만한 오르막길을 천천히 걸으며 각 공관들이 있었던 자리를 확인해 보자. 도입부의 오른쪽에 이탈리아 기사관이 있다. 벽면의 독수리 모양의 흰 대리석은 1513년~1521년까지 기사단장을 지냈던 파브리지오 델 카레토 Fabrizio del Carretto의 문장이다. 그 옆으로 로도스 공방전 당시 기사단장을 지냈던 드 릴라당 Philippe Villiers de l'Isle-Adam의 문장이 있는 화려한 장식의 프랑스와 오베르뉴 기사관이 있다. 더 위로 올라가면 어린이를 안고 있는 성모상이 나오는데 이곳은 프랑스 기사들의 예배소(Church of The Holy Trinity)였다. 언덕을 거의 다 올라가서 프로방스 기사관이 있고(오스만 제국 시대에는 목욕장으로 사용되었다) 맞은편에는 육중한 규모의 스페인 기사관이 자리하고 있다. 길 꼭대기에는 기사단장의 공관이 있다.

기사단장 드 릴라당의 문장

기사의 거리

각 기사관은 현재 각국의 영사관이나 고고학 사무실로 사용되는데 아쉽게도 내부 입장은 안 된다(간혹 문화행사가 있을 때는 전시 공간으로 개방한다). 출동 명령이 떨어지면 눈부시게 반짝이는 은색 철갑옷을 입은 기사들이 바쁘게 오갔을 당시의 광경을 상상하며 기사의 거리를 걸어보자. 낮에 걸어도 좋지만 밤 풍경도 좋다. 어둠침침한 조명 아래 희미한 거리를 걷다보면 중세를 배경으로 한 영화 속에 들어온 듯한 착각마저 든다.

기사단장의 공관 The Palace of the Grand Master

★★★★

주소 Old Town, Rhodes **개관** 매일 08:00~20:00 **요금** €8(학생 할인 €3, 18세까지 무료) **가는 방법** 기사의 거리 맨 끝에 있다.

로도스 기사단장이 머물던 공관으로 올드 타운의 북서쪽 가장 높은 곳에 세워졌다. 이곳에서 도시 방어의 모든 결정이 이루어졌으며 로도스 섬을 비롯한 기사단이 지배하고 있던 인근 섬들의 통치도 결정되었다. 말하자면 로도스 기사단의 정부 종합청사인 셈.

기사단장의 공관 정문

전체 면적은 80m×75m로 커다란 중앙정원을 둘러싸는 구조로 설계되었다. 원래 이곳은 7세기 후반에 건립된 비잔틴 시대의 요새가 있던 자리인데, 기사단이 확장해서 본부로 삼았다. 일대를 내려다볼 수 있는 가장 높은 지대이므로 방어와 공격의 핵심이 된 것은 당연한 일. 1310년 성 요한 기사단의 로도스 이주가 완료되자마자 가장 먼저 착수한 것이 비잔틴 시대의 성벽을 복구하는 일이었다.

남쪽으로 난 정문의 거대한 2개의 원형 탑은 기사단의 권위를 상징하는 듯하며 동화 속에 나오는 거인의 성 같은 느낌마저 든다. 서쪽은 기사단장을 지냈던 피에르 드뷔송(1476~1503)이 세운 높다란 사각형의 탑이 있다. 북쪽은 저장실로 사용된 지하의 방들로 구성되어 있는데 이것은 유사시에 주민들의 대피소로 사용되었다. 1층은 가운데 정원을 중심으로 아치형의 회랑이 둘러서 있고 하인이나 마부가 거처하던 조그만 방들이 있다.

매표소를 지나면 2층으로 올라가는 계단이 나오고, 바로 오른쪽은 예배소다. 이탈리아 시대에 복구된 것으로 성 니콜라스의 청동 입상을 갖다 놓았다. 1층 안쪽은 로도스 섬의 기원과 역사를 전시하는 고고학 박물관으로 사용되고 있다. 통상과 교역으로 유명했던 로도스의 역사에 걸맞게 전시물의 양과 가치가 풍부하다.

계단을 올라서면 커다란 홀이 이어지는데 전체 158개의 방 가운데 일반에 개방된 곳은 24군데다. 바닥을 장식하고 있는 헬레니즘 시대와 로마 시대의 모자이크화는 대부분 코스 섬에서 가져온 것들이다. 한쪽 벽에 'FERT FERT FERT'라고 새겨진 문자가 보인다. 세 번이나 반복되는 이 라틴어 문구는 '참고 견디라'는 의미라고 한다. 다음 방에는 유명한 라오콘 군상이 놓여 있다. 기원전에 제작된 이 대리석상은 기사단과는 관계가 없지만 고대 로도스인의 예술 수준을 보여주는 것으로 장식으로 갖다놓은 것. 전시된 것은 모작이고 진품은 바티칸 박물관에 있다.

방을 몇 개 지나면 기사단장의 집무실이 나온다. 육중한 기둥과 높은 천정은 기사단장의 권위를 나타내는 것으로 사뭇 위압적이다. 기사단이 활동하던 당시 벽에 걸려있었을 휘장과 무기, 커텐 장식품이 햇빛과 어우러져 만들어내는 위엄스런 분위기가 대단했을 것으로 보인다.

오스만 제국이 지배하던 때 공관은 감옥으로 용도변경 되었으나 원형은 그대로 유지되었다. 1856년 탄약고 폭발 사건으로 2층은 거의 완전히 무너지는 끔찍한 사태를 겪었다. 오래도록 방치되다가 이탈리아가 지배하던 1937년에 이르러 대대적인 복구 공사가 이루어졌다. 기사단의 의사결정 최고위원회 회의실을 비롯한 다양한 사무실과 회합실, 마가리타 Margaritae라고 불리는 기사단장의 개인 공

Meeo Say

중세 십자군 성채의 진수! 해자 산책로 꼭 걸어보세요

올드 타운의 성벽 주위에는 물을 채워넣어 도시를 지키는데 필수였던 해자가 있어요. 물이 말라버린 지금은 성벽 둘레를 걸으며 로도스 기사단의 성벽을 감상할 수 있는 최고의 산책 코스입니다. 군데군데 잔디밭과 꽃나무가 조성되어 있어 성벽과 어우러진 정취를 즐길 수 있기 때문에 꼭 걸어보길 추천합니다. 웅장한 성벽을 구경하며 친구와 함께 걷다가 적당한 곳이 나오면 한참 수다를 떨어도 좋고 간식을 준비해서 가벼운 소풍을 즐기기도 안성맞춤이지요.

성 둘레를 한 바퀴 다 돌아도 좋고(5km, 약 1시간 소요) 짧게 구간별로 걸어볼 수도 있어요. 도중에 성벽 안쪽으로 통하는 문이 있기 때문에 시간과 체력에 맞게 걸으면 됩니다(안쪽으로 통하는 문 입구에 안내 지도가 설치되어 있다). 출입구는 전부 5군데인데 가장 좋은 구간은 성 베드로의 성채에서 에스파냐 성채에 이르는 구간이랍니다. 성벽 감상 최고의 코스인 해자 산책로 잊지 마세요.

성벽 감상 최고의 해자 산책로

시계탑 야경

간이 복구되었다. 공사 당시 무솔리니와 킹 엠마누엘 3세의 별장을 염두에 두었기 때문에 더 크고 웅장하게 지었다는 후문이다. 정문 옆에 있는 코스퀴노 문 Koskinou Gate (Cannon Gate)은 조사 당시 성벽 보수공사로 폐쇄된 상태였다. 공사가 끝나면 개방해서 성벽을 따라 걸으며 관람할 수 있을 예정이다. 로도스 기사단에 관한 자세한 내용은 P.723 참고.

시계탑 Clock Tower ★★

주소 Old Town, Rhodes **개관** 매일 09:00~23:00(겨울철은 개방 안 함) **요금** €5 **가는 방법** 기사단장의 공관에서 도보 1분.

비잔틴 시대인 7세기경 조성된 것으로 당시 있었던 비잔틴 성벽의 일부였다. 1856년 사고로 무너진 것을 오스만 제국의 페티 파샤 Pehti Pasha가 복원했는데, 바로크 양식의 애호가였으므로 원형 그대로가 아닌 바로크 양식으로 복구했다고 한다. 내부의 시계는 150년 전의 것이다.

관광객들에게는 로도스 타운 전체를 조망할 수 있는 전망대로서 인기를 끌고 있다. 꼭대기에 올라가면 사방으로 뚫린 구멍으로 도시는 물론 바다까지 보인다. 입장권에 음료권이 포함되어 있으니 구경 후 1층 찻집에서 음료를 마시며 쉬었다 가자. 단, 전망을 제외하면 그리 볼 것은 없다.

만드라키 항구 주변과 뉴 타운 Mandraki & New Town

Map P.738-A1, B1 주소 New Town, Rhodes **개방** 24시간 **요금** 무료 **가는 방법** 올드 타운의 리버티 문에서 도보 10분.

올드 타운에서 중세의 로도스를 보았다면 이제 현대적인 로도스의 모습을 볼 차례. 뉴 타운은 북서쪽 해변을 따라 대형 리조트와 고급 호텔이 줄지어 있고, 시내 곳곳에 세련되고 모던한 카페와 쇼핑센터가 자리하고 있어 올드 타운과는 분위기가 사뭇 다르다. 성 밖으로 나가서 뉴 타운을 걸어보자.

+ 알아두세요!

세계 7대 불가사의 콜로수스 거상 Colossus of Rhodes

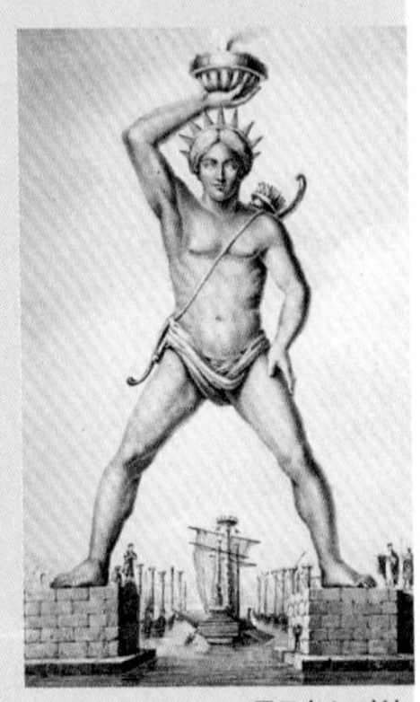
콜로수스 거상

로도스가 데메트리우스 폴리오르케테스의 오랜 포위(기원전 305~304)에서 풀린 것을 기념해 만든 거상. 상(像)의 주인공은 로도스인이 주신으로 모시던 태양신 헬리오스였으며 주재료는 청동, 높이는 30미터였다고 합니다. 머리 위로 올린 오른손은 불꽃을 들고 있었는데 항해하는 배의 등대 구실을 했습니다.
기초는 대리석으로 만들었고 다리와 발목은 고정되어 있었어요.
린도스의 조각가 카레스가 12년에 걸쳐 만들었고(기원전 292~280년경), 기원전 225년에 지진으로 무너졌습니다. 넘어진 거상은 기원후 653년까지 그 자리에 남아 있다가 로도스를 정복한 아랍인의 손에 파괴되어 청동은 조각으로 팔려 나갔습니다. 그 분량은 자그마치 낙타 900마리에 실을 수 있는 양보다 많았다고 하니 대단한 규모였지요.
콜로수스 거상의 존재는 당시 로도스인의 조형 기술과 부를 보여주는 것으로 고대 세계의 중심에 있었던 로도스의 위상을 짐작케 합니다.
거상은 종종 만드라키 항구 입구에 양다리를 벌리고 서 있는 것으로 묘사되는데요, 이만한 크기의 상이 다리를 벌리고 서 있기가 기술적으로 불가능하다고 합니다. 많은 이들이 그렇다고 믿었던 것은 중세 시대부터 시작되었답니다. 참고로 세계 7대 불가사의는 기자의 피라미드, 바빌론의 공중정원, 올림피아의 제우스 상, 에페소스의 아르테미스 신전, 할리카르나소스(튀르키예의 보드룸)의 마우솔레움, 로도스의 거상, 파로스의 등대를 일컫는답니다.

만드라키 항구는 고대 로도스의 중요한 다섯 항구 가운데 하나였으며, 기사단 시대를 거쳐 현대에 이르기까지 항구의 기능을 다하고 있다. 그리스 내의 다른 섬으로 가는 주요 페리는 남쪽의 상업 항구에서 담당하고, 만드라키 항구는 시미 등 로도스 인근의 섬과 린도스로 가는 사설 보트가 이용한다. 고대 7대 불가사의 중 하나인 콜로수스 거상이 바로 이 항구 입구에 세워져 있었다. 맞은편의 성 니콜라스 성채는 항구의 수비를 위해 로도스 기사단이 1467년에 세운 것으로 현재는 등대로 쓰이고 있다. 성채 앞에 있는 두 개의 청동 사슴상은 로도스 타운의 상징물이다. 방파제에는 3개의 풍차가 있는데, 원래 로도스 기사단이 건설한 13개의 풍차 중에 남은 것이다. 현재 풍차로서의 기능은 다했지만 항구의 옛 분위기를 살리는 데 일조하고 있다.

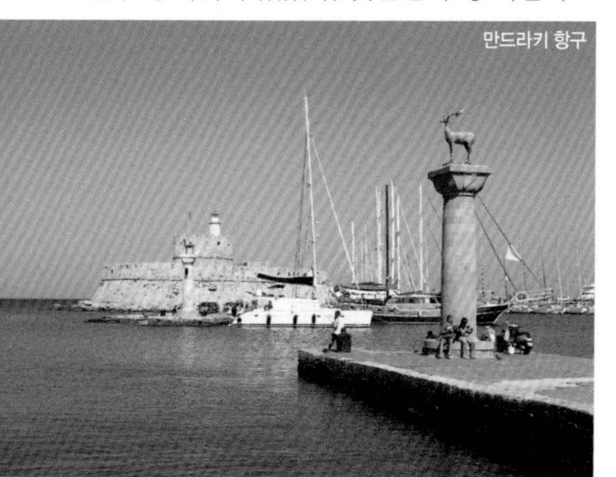
만드라키 항구

항구 맞은편은 뉴 마켓이다. 레스토랑과 카페, 기념품 가게가 들어서 있는 활기찬 곳이라 언제나 인파로 북적거린다. 항구 북쪽 대로변에 20세기 초반 이탈리아인들이 건설한 인상적인 건물들이 있다. 로도스의 대성당인 성 수태 교회 Church of the Annunciation는 성 요한에게 바친 것이고, 맞은편의 시청, 우체국, 로도스 항만청, 법원은 당시의 건물을 아직도 사용하고 있어 고풍스런 분위기가 물씬 난다. 해가 기우는 오후 무렵 산책삼아 걸으며 바다 풍경과 이국적인 건축물을 감상해 보자.

Travel Plus

로도스 시티투어 City Sightseeing Rhodes

시간은 많지 않고 올드 타운 주변을 모두 돌아보고 싶으세요? 그럴 때 투어버스를 이용하면 편리합니다. 올드 타운의 성벽과 아크로폴리스 등 주요 관광지를 운행하는 버스가 있어요. 천장이 개방된 2층 버스에 앉아 로도스 타운 주변의 멋진 해안 경치를 즐기며 드라이브하는 기분을 맛볼 수 있답니다. 오디오 가이드도 있고요(한국어는 없음). 2대의 버스가 번갈아가며 지정된 정류장(총 11곳)에 정차하는데, 내려서 마음껏 구경한 후 다음 버스를 기다려서 타고 가면 됩니다(배차 간격 30분).

비슷한 형태의 관광 열차도 운행합니다. 진짜 열차는 아니고요, 열차 모양의 관광버스지요. 그래도 열차 탄 기분을 낼 수 있어 탈 만합니다. 운행 방식은 시티투어 버스와 같습니다.

로도스 시티투어 버스

관광열차

시티투어 버스

운행 09:00~20:00(매 시간 정각 출발. 여름철 기준) **소요시간** 1시간 **배차 간격** 30분 **출발지** 뉴 타운의 뉴 마켓 앞 **요금** €15 **신청** 정차된 시티투어 버스가 보이면 차장에게 말하면 된다. **홈페이지** www.captains-tours.gr

관광열차

운행 09:00~18:00(매 시간 정각 출발) **투어 소요시간** 45분 **배차 간격** 30분 **출발지** 뉴 타운의 악타이온 Aktaion 앞. **요금** €13 **신청** 악타이온 앞에 가서 하면 된다.

아크로폴리스
Acropolis ★★

Map P.738-A2 주소 Acropolis, Rhodes **개방** 24시간 **요금** 무료 **가는 방법** 올드 타운의 당부아즈 문 D' Amboise Gate에서 도보로 30분 또는 뉴 마켓 맞은편 버스정류장에서 2번, 6번 버스로 10분. 정류장에 내려서 도보 10분. 돌아올 때는 버스가 뉴 타운을 멀리 빙 돌기 때문에 걸어서 올드 타운으로 오는 게 낫다.

올드 타운 남서쪽에 자리한 고대 헬레니즘 시대의 도시유적. 거대한 부지에 종교 제의와 교육, 오락, 시민들의 체력 단련장이 있었다. 현재 남아있는 유적은 반원형 경기장과 복원된 조그만 원형극장이 있다. 원형극장 옆 계단을 따라 위로 올라가면 도리스 양식의 기둥 4개가 남아있는 아폴론 신전이 자리를 지키고 있다. 건립 연대는 기원전 1세기경으로 추정되며 다 무너진 것을 근대에 들어 이탈리아 고고학 팀이 재건했다. 그리스와 튀르키예를 여행하며 고대 유적을 많이 본 여행자라면 그다지 특별할 건 없지만 신전 터에 올라서면 도시와 바다가 보인다. 고대의 유적에 앉아 현대의 도시를 바라보는 기분이 묘하다.
경기장 한쪽 옆에는 고대 로도스 타운의 복원도와 달리기, 창던지기, 레슬링 등 고대올림픽 경기에 대한 해설이 있는 간이 전시장이 있다. 에어컨이 나오고 화장실도 있으니 잠시 들렀다 가자.

이알리소스
Ialysos ★★★

주소 Filerimos Hill, Rhodes **개관** 수~월요일 08:00~15:00 **요금** €6(학생 할인 €3, 18세까지 무료) **가는 방법** 유적지까지 바로 가는 버스는 없다. 서부 버스 터미널에서 이알리소스 행 버스로 20분, 이알리소스 마을에 도착하면 내려서 언덕 위 유적지까지는 택시를 타야한다(10~15분, €15~20).

267m의 필레리모스 언덕 Filerimos Hill 위에 자리한 고대와 중세의 유적지. 이알리소스는 린도스, 카미로스와 더불어 로도스 섬의 고대 3왕국 가운데 하나였다.
매표소를 지나 사이프러스 나무가 있는 긴 계단을 오르면 유적지가 펼쳐진다. 먼저 왼쪽으로 보이는 잔해만 남은 터는 고대 아테나 신전이 있던 자리다. 면적은 가로세로 23.5×12.5m이며 동서남북 사방에 각각 6개의 석회암으로 이루어진 도리스식 주랑이 있었다. 이 신전의 건립 연대는 헬레니즘 시대인 기원전 3세기~2세기경으로 추정되는데 아테나 여신은 그보다 훨씬 오래전부터 숭배해왔다.
기독교가 공인된 후 5~6세기에 비잔틴 교회가 아테나 신전 터에 건설되었다. 교회는 세 개의 측면 복도가 있는 꽤 큰 규모로 지어졌으며 중앙에 십자가 모양의 세례소가 지금도 남아있다. 조그만 붉은색 돌이 얹혀진 바로 옆의 종탑과 교회는 1300년대 초반 로도스에

아크로폴리스의 아폴론 신전
이알리소스 유적의 교회

들어온 성 요한 기사단이 세운 것이다. 비잔틴 교회가 있던 자리 위에 건설한 것. 외벽에 보이는 꼭지점 8개의 변형 십자가는 기사단의 상징이다. 말끔하게 보수된 현재의 건물은 20세기 초 이탈리아 지배 당시에 재건되었다.

아테나 신전 터에서 서쪽으로 조금 떨어진 곳에 초기 기독교 시대의 지하 교회인 성 조지 교회 St. George가 있다. 내부에는 14~15세기의 프레스코 성화로 장식되어 있는데, 이것은 로도스 기사단이 들어온 후에 장식한 것으로 보인다. 문 반대편에는 예수가 베드로와 바울을 비롯한 다른 제자들과 있는 묘사가 있다. 아치 위에는 성모 마리아의 축복과 예수의 고난을 나타낸 그림이 있다.

계단을 내려오면 일명 '십자가의 길'이 남쪽으로 일자로 뻗어있다. 길 양옆으로는 예수의 고난을 보여주는 그림들이 조각된 작은 기도소가 군데군데 있고 공작새가 노닐고 있다. 길 끝까지 가면 약 20m 높이의 십자가가 나타난다. 이곳에서 보는 전망은 가히 환상적이다(특히 일몰 풍경은 정말 최고다). 한편 교회의 동쪽 끝에는 비잔틴 시대와 로도스 기사단 시대의 성벽이 남아있다.

이알리소스 유적의 십자가

카미로스
Kamiros ★★★

주소 Kamiros, Rhodes **개관** 매일(수~월요일 08:00~20:00, 월요일 및 겨울철은 15:00까지) **요금** €6(학생 할인 €3, 18세까지 무료) **가는 방법** 서부 버스터미널에서 카미로스 행 버스(34번)로 1시간. 여름철에는 매일 2~3회 운행하지만 겨울철은 축소된다. 운행 시간과 버스번호는 정류장에서 확인하자.

카미로스는 린도스, 이알리소스와 더불어 고대 로도스의 3왕국 가운데 하나로 규모가 가장 작은 도시였다. 항구 도시로 번영했던 린도스와 귀족적인 이알리소스에 비해 고립되고 보수적이었으나 기름진 토양으로 농업이 발달했다. 현재의 유적은 기원전 226년의 대지진 이후 다시 건설된 도시다.

매표소를 지나면 바로 아고라 터가 나오고 계단 몇 개를 오르면 오른쪽으로 언덕 위까지 길게 뻗은 메인 도로가 나온다. 길 왼편으로는 일반인들이 살던 집터들이고 오른쪽은 신전과 분수대 등 공공시설이 있었다. 언덕 꼭대기에 아테나 여신의 사원 터가 있다. 사원 터에 올라서면 유적과 바다와 주변의 섬까지 한눈에 들어오는 멋진 전망이 펼쳐진다. 고대 유적을 많이 본 여행자라면 대단한 볼거리라고 하기는 어렵지만 나무 그늘에 앉아 유적과 바다를 보며 고대인들의 삶을 상상해 보는 시간을 갖는 것도 좋다.

카미로스 유적

해변들
Beaches ★★★

개방 24시간 **요금** 무료 **가는 방법** 린도스를 비롯한 로도스 섬의 동부 해안 일대.

여름철 로도스를 방문했다면 멋진 비치에서 해수욕을 즐기는 것이 로도스와 여행에 대한 기본 예의(?)일 정도. 섬의 동쪽과 서쪽 해안에 비치들이 줄지어 있는데 동부 쪽 비치들이 해수욕을 즐기기에 좋다. 차를 렌트해서 다닌다면 해안 도로를 드라이브하며 기막힌 비치들을 잇달아 만날 수 있다. 동부 해안에 참비카 비치 Tsambika Beach, 린도스 비치 Lindos Beach, 성 바울 비치 St. Paul's Beach, 페프키 비치 Pefki Beach, 라르도스 비치 Lardos Beach 등이 있다.

린도스 비치

Travel Plus+ 린도스 여행하기 Lindos

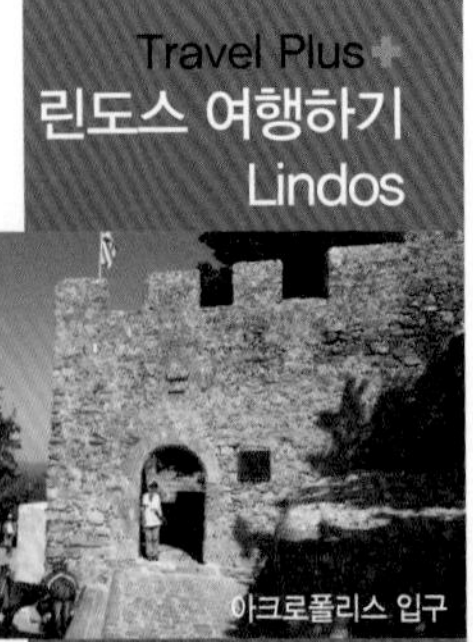
아크로폴리스 입구

로도스 타운 남동쪽으로 50km 떨어져 있는 린도스는 로도스를 소개하는 관광 안내책자에 빠짐없이 등장하는 마을입니다. 높직한 언덕 위에 구름같이 솟아오른 아크로폴리스 성채가 있고, 고대 유적의 발치에 옹기종기 자리한 하얀 집들 옆으로 코발트빛 블루의 지중해가 펼쳐져 있지요. 뿐만 아니라 로도스 섬 전체에서도 몇 손가락 안에 꼽히는 아름다운 해변이 평화로운 분위기를 더해줍니다. 로도스 타운이 로도스 섬을 대표하는 도시지만 린도스를 빼놓고 로도스 섬을 완전히 여행했다고 말하기는 어려운 이유랍니다. 당일 여행으로 아크로폴리스와 해변만 다녀가도 좋지만 펜션과 호텔이 잘 정비되어 있으므로 며칠 머물며 아름답고 평화로운 분위기에 젖어볼 만합니다. 특히 사람 많은 게 딱 질색인 여행자는 린도스에 숙소를 정하고 로도스 타운을 다녀올 수도 있답니다.

주요 전화번호 & 웹사이트
화재신고 199
린도스 시청 22443-60100
관광안내소 22440-31900
경찰서 22440-31223
아크로폴리스 22440-31258
택시 22440-31466
버스정류장 22410-27706

린도스 가는 법
로도스 타운의 동부 버스터미널에서 린도스까지 바로 가는 버스가 다닌다(여름철 기준 06:00~21:00 15~16편, 1시간 15분). 버스는 자주 있는 편이며 버스 번호는 그때그때 바뀐다. 창구에서 표를 살 때 물어보자. 여름철 성수기에는 린도스에서 로도스로 돌아올 때 오후 6시 이후 버스는 웬만하면 피하자. 린도스와 주변 비치에 놀러갔던 여행객들이 한꺼번에 몰려서 매우 혼잡하다.

린도스 마을

린도스 돌아보기

로도스 타운에서 출발하는 버스는 린도스 마을 입구의 터미널에 정차한다. 터미널 맞은편 내리막길을 5분 정도 걸어가면 중앙에 나무가 있는 린도스 마을 광장이 나온다. 한쪽 옆에 관광안내소가 있고 화장실도 있다. 관광안내소에서 린도스 마을 지도를 얻도록 하자. 광장에서 흰색 집들과 파란 바다, 오른쪽 언덕 위에 아크로폴리스 성채가 보이는 아름다운 풍경이 펼쳐진다.

광장에서 골목 안으로 들어가면 아크로폴리스까지 당나귀 타는 곳(요금 편도 €10)이 나오는데, 언덕길을 걷기 힘든 여행자는 이용해도 좋다. 당나귀 정류장을 지나 기념품 가게가 있는 좁은 골목을 따라가다보면 린도스 교회의 종탑이 보이고 더 가면 오르막 계단이 시작된다. 계단을 오르며 가끔 뒤를 돌아보자. 린도스 마을과 코발트빛 블루의 바다에 점점이 떠 있는 요트 등 그림 엽서같은 모습을 카메라에 담아보자. 10분 정도 올라가면 아크로폴리스 입구에 도착한다.

아크로폴리스 Acropolis ★★★

주소 Lindos, Rhodes **개관** 매일(수~월요일 08:00~20:00, 월요일 및 겨울철은 15:00까지) **요금** €16(학생 할인 €8, 18세까지 무료) **가는 방법** 마을 중앙 광장에서 도보 15분.

신화에 따르면 태양신 헬리오스의 손자가 린도스를 건설했다고 하며, 고고학적인 발굴로는 신석기 시대부터 사람이 살았고 미케네인과 아카이아인들의 무덤도 발견되었다. 기원전 7~6세기경부터 린도스는 발전 가도를 달렸다. 동부 에게해를 운행하는 배들이 본격적으로 린도스 항을 이용했고 기원전 6세기경에는 일대의 중심 항구로 자리잡았다. 고대 그리스의 7대 현인 가운데 한 사람인 클레오불루스 Cleobulus가 통치하면서 린도스는 전성기를 맞이했다. 아크로폴리스가 조성되고 아테나 신전을 비롯한 공공 건물이 속속 건립된 것. 기원전 408년 페르시아인들이 섬에 들어와 새롭게 로도스 타운을 조성하면서 린도스, 카미로스, 이알리소스 등 고대 3왕국의 번성은 막을 내렸다.

매표소를 지나 입구를 통과하면 왼쪽 바위벽에 조각된 배가 보인다. 배는 고대의 해상 전투에 쓰이던 갤리선이며, 명문에 따르면 린도스의 해군 총사령관이었던 하게산드로스 Hagesandros의 청동 조각상이 있었다고 한다. 해전의 승리 기념으로 기원전 2세기경에 만든 것이다. 긴 계단을 올라가면 유적지가 펼쳐진다. 맨 처음 나오는 공간은 로도스 기사단의 린도스 지부 건물이다.

린도스 마을 골목의 종탑

헬레니즘 시대와 로마 시대의 신전 터, 도리스식 기둥이 남아있는 아크로폴리스 유적은 크게 새로울 게 없지만 맨 꼭대기의 아테나 신전에서 바라보는 지중해 풍경은 로도스 섬 전체를 통틀어 가장 멋진 전망을 자랑한다(여행의 피로를 한방에 날려줄 만큼 아름답다). 참고로 그리스 신전의 특징은 산 꼭대기에 짓는다는 것이다. 꼭대기에 신전을 짓고 오가는 이들이 우러러보며 경배의 마음이 들도록 한 것.

아크로폴리스를 구경하고 내려오는 길에 시간이 있으면 기념품 골목을 기웃거려 보자. 좁은 골목길에 상가와 커피숍, 빵집, 레스토랑이 있는데 바닥에 깔린 돌길과 어우러져 나름 정취가 있다. 유적 구경 후 윈도우 쇼핑을 즐기며 골목길을 빠져나가 린도스 비치에서 해수욕을 즐기는 것도 좋다. 좀더 소박하고 조용한 비치를 원한다면 린도스 마을 뒤편에 숨어 있듯이 자리한 성 바울 비치 St. Paul's Beach를 추천한다.

아크로폴리스의 계단과 도리스식 기둥

아테나 신전에서 바라본 멋진 경치

Restaurant 로도스의 레스토랑

유럽 관광객이 몰리는 곳이라 음식도 유럽인들의 취향에 맞게 발달했다. 이슬람 국가인 튀르키예에서 볼 수 없었던 돼지고기 요리를 맛볼 수 있다는 것과 오징어, 문어 등 해산물 메뉴가 많은 것이 로도스 음식의 특징. 각종 야채와 치즈가 든 그리스 샐러드 Greek Salad도 빼 놓을 수 없다. 맛과 분위기가 일정 수준 이상의 중급 레스토랑이 대부분이라 선뜻 이용하기에는 음식 요금이 조금 부담스럽다. 하지만 실망은 금물! 저렴한 햄버거와 샌드위치를 파는 곳도 많고 중급 레스토랑들도 저렴한 가격의 점심 메뉴를 선보인다. 뉴 타운은 올드 타운보다 좀더 다양한 레스토랑과 카페가 있다.

루스티코 레스토랑 Rustico Restaurant

Map P.735-A1 주소 Ippodamou St. 3-5 Old Town, Rhodes **전화** (+30)22410-73400 **영업** 09:00~24:00 **예산** 점심 스낵류 €3~6, 메인 €10~40이상 **가는 방법** 소크라테스 거리 끝의 쉴레이만 자미 앞 골목에 있다. 도보 1분.

가게를 뒤덮은 포도 덩굴이 운치있고 종업원도 친절하다. 20여개국 언어로 메뉴판을 따로 준비하는 등 손님을 위한 성의가 느껴지는 곳이다. 매우 다양한 음식을 선보이는데 '필리노'라 부르는 뚝배기에 담겨나오는 그리스 스타일의 음식이 괜찮다. 튀르키예에서 건너온 여행자라면 오랜만에 제대로 된 스파게티를 즐겨보자.

야니스 Yiannis Restaurant

Map P.735-B2 주소 Sokratous-Platonos 41 Old Town, Rhodes **전화** (+30)22410-36535 **영업** 10:00~24:00 **예산** 1인 €10~30 **가는 방법** 히포크라테스 광장에서 소크라테스 거리를 따라 가다가 왼쪽 두 번째 골목으로 꺾어 직진하면 보인다. 도무스 로도스 호텔 바로 옆에 있다.

토박이 가족이 운영하는 곳으로 고기, 생선, 문어, 치킨 등 다양한 요리가 있다. 양도 푸짐하고 맛있는데다 중심가와 비교해 저렴한 가격이라 여행자들의 전폭적인 성원을 얻고 있다. 골목 안쪽에 있어 조용히 식사를 할 수 있으며, 주방을 통과하면 포도 덩굴이 있는 테라스 자리가 나온다.

마마 소피아 Mama Sofia

Map P.735-A1 주소 28 Orfeos Street, Old Town, Rhodes **전화** +30-22410-24469 **홈페이지** www.mamasofia.gr **영업** 11:00~23:00 **예산** 1인 €20~45 **가는 방법** 기사단장의 공관 앞길에 있다. 도보 1분.

기사단장의 공관 바로 앞길에 자리한 곳으로 로도스 음식에 대한 자부심이 넘치는 주인이 운영한다. 조리하기 전 신선한 재료를 손님들에게 보여주며 언제나 유쾌하게 손님을 맞이한다. 해산물과 육류, 스파게티 등 다양한 메뉴가 있으며 어떤 것을 선택해도 맛과 양이 푸짐하다.

아이스크림 빠야디온 Ice-cream Palladion

Map P.735-B2 주소 Aristotelous 8, Rodos 85100 **전화**

+30-22410-75237 홈페이지 www.facebook.com/GelatoPalladion/ **영업** 08:00~00:00 **예산** 1인 €4~8 **가는 방법** 히포크라테스 광장에서 도보 1분.

자타가 공인하는 로도스 최고의 아이스크림 집. 레몬, 딸기, 멜론, 석류 등 제철 과일을 이용한 다양한 젤라또와 셔벗은 마치 과일을 먹는 것 같은 느낌이 들 정도다. 꿀과 호두, 피스타치오 등 다양한 재료를 사용해 정성이 담긴 아이스크림을 맛볼 수 있으며 초콜릿도 심하게 달지 않고 맛있다.

쿡 앤 그릴 Cook & Grill

Map P.735-B1 주소 Sokratous 4, Rodos 851 00 **전화** +30-22410-38782 **영업** 12:00~다음날 03:00 **예산** 1인 €5~15 **가는 방법** 히포크라테스 광장에 있다.

상호처럼 치킨, 돼지고기, 스테이크 등 고기 그릴 요리 레스토랑. 쿡 앤 그릴 랩과 돼지고기 기로스 등 주로 감자튀김이 함께 나오는 버거에 맥주 한 잔하기 딱 좋은 곳이다. 구시가지의 한복판에 있어 맥주를 홀짝이며 오가는 사람들을 구경하기 좋다.

Shopping 로도스의 쇼핑

올드 타운 전체가 쇼핑거리라고 해도 과언이 아닐만큼 로도스 타운은 쇼핑의 천국이다. 고대 그리스 병사의 투구와 그리스 신화의 청동상, 중세 기사의 모형, 은제 장신구, 가죽 제품, 올리브 오일, 각종 허브(오레가노, 바질, 로즈마리 등)까지 없는 게 없을 정도다. 선물용으로 치킨과 고기 요리에 양념으로 넣으면 좋은 몇 가지의 허브를 세트로 포장해 주기도 한다. 대표적인 쇼핑거리는 상가가 밀집되어 있는 소크라테스 Sokratous 거리다. 물건을 사지 않더라도 밤거리를 즐기며 윈도우 쇼핑만 해도 시간 가는 줄 모른다.

박물관 숍 Museum Shop

Map P.735-B1 주소 Old Town, Rhodes **영업** 월~금요일 08:00~14:30(토요일은 09:00~14:30), 일요일 및 공휴일 휴무 **가는 방법** 그리스 현대 미술 박물관 바로 아래에 있다.

그리스 문화부에서 운영하는 기념품점. 그리스와 로도스의 고대 유물의 모형을 비롯해 반지와 팔찌 등 일반적인 액세서리도 있고 로도스 섬에 대한 다양한 참고자료와 연구서적은 학구파 여행자들의 발길을 멈추게 한다. 특히 모양과 무게를 그대로 복원한 고대 동전이 인기가 있다. 입구가 눈에 잘 띄지 않으므로 주의 깊게 찾아야 한다.

마리노스 에스 에이 Marinos S.A

Map P.735-B1 주소 23, Ermou St. Old Town, Rhodes **전화** (+30)22410-22509 **홈페이지** www.marinossa.gr **영업** 월~토요일 09:00~22:00 **예산** 각종 와인 €5~100 **가는 방법** 히포크라테스 광장에서 아르놀드 문 방향으로 가다보면 오른편에 있다. 도보 2분.

1935년 칼림노스 Kalymnos 섬에서 시작해서 코스와 로도스에 분점을 두고 있는 와인 전문 숍. 마리노스는 주인의 가문 이름이다. 로도스와 그리스 와인뿐만 아니라 전세계의 다양한 주류를 판매하고 있다. 아치형 석재 천장이 인상적인 로도스 올드 타운점은 2007년에 오픈했다. 여행 중 즐겨도 좋고 귀국 선물로도 괜찮다.

Shakti Say **그리스 전통 술 우조 Ouzo와 로도스 와인을 아시나요?**

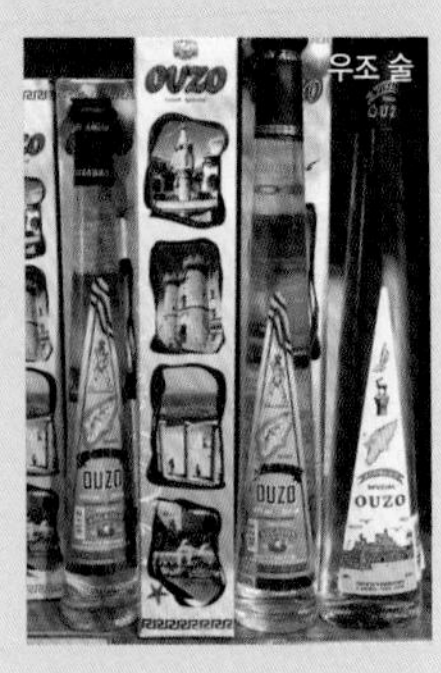

우조 술

로도스를 방문한 애주가라면 우조 Ouzo를 맛보는 건 어떨까요? 포도를 증류해서 여러 가지 허브향을 첨가해 만드는 우조는 그리스의 전통 술입니다. 알콜 도수가 40도가 넘기 때문에 그냥 마시기보다는 얼음이나 물을 희석해서 마시지요(물을 섞으면 뿌연 색으로 변한다). 그리스 사람들은 우조를 마시며 험한 뱃일의 피로를 풀고, 세상 돌아가는 얘기를 나눕니다. 그리스의 소주라고나 할까요? 니코스 카잔차스키의 소설 〈희랍인 조르바〉에서 조르바가 즐겨마시는 술도 바로 우조랍니다(튀르키예의 '라크'와 비슷하다).

로도스의 웬만한 술 가게에서 우조를 살 수 있는데 현지인들이 추천하는 브랜드는 바르바니아스 Barnagianis와 미니 Mini입니다. 우조와 커피를 섞어서 만드는 우조 카페 시포니오스 Ouzo Cafe Sifonios도 독특합니다. 안주로는 그리스 전통 꼬치구이인 수블라키와 문어, 멜론이 잘 어울리죠.

로도스산 와인도 시도해 볼 만합니다. 가격도 적당하고 맛도 깔끔하기 때문에 관광을 마치고 숙소 돌아가는 길에 한병 사서 기분을 내기 좋거든요. 화이트 와인으로는 이천사백 2400, 빌라레 Villare 같은 브랜드가 좋고, 레드 와인으로는 자코스타 Zakosta 또는 아르혼티코 Arhontiko가 추천할 만합니다. 잘 모르겠으면 와인 집에서 추천을 부탁해도 좋아요. 여름철과 겨울철 등 계절에 따라 즐기는 와인이 다르고 음식과 어울리는 와인이 있기 때문이죠. 로도스의 명물인 우조와 와인 잊지 마세요.

Hotel 로도스의 숙소

로도스 타운의 숙소는 많다. 개발 제한구역인 올드 타운에는 작은 규모의 펜션과 호텔들이 있으며, 뉴 타운에는 대형 리조트가 즐비하다. 올드 타운이 로도스의 핵심인 만큼 개별 여행자는 올드 타운에 머무는 것이 여러 가지로 편리하다. 뉴 타운에 숙소를 정할 경우에는 올드 타운까지 접근성을 고려하자. 다른 관광지와 마찬가지로 여름철 성수기와 겨울철 비수기의 요금 차이가 있으며 겨울에는 문을 닫는 곳도 많다. 아래 소개하는 곳 이외에도 많은 숙소가 있으니 다양하게 시도해 보자. 아침 식사는 불포함이며 따로 요청하면 대체로 1인 €10에 준비해 준다. 숙소 요금은 성수기 기준이다.

산 미쉘 호텔 St. Michel Hotel

Map P.735-B2 **주소** 68 Pericleous Str. Old Town, 85100 Rhodes **전화** (+30)22410-25111(휴대폰 6936479559, 6946713558) **홈페이지** www.saintmichel.gr **요금** 싱글 €90(개인욕실, A/C), 더블 €110(개인욕실, A/C), 아파트룸 €150 (개인욕실, A/C) **가는 방법** 버진 문에서 가까운 에브레온 마르티론 광장 Evreon Martiron Sq.에서 페리클레오스 골목 Perikleous을 따라 가다보면 길 끝나는 곳에 있다. 도보 5분.

친절한 '크리스토프'와 '바쏘'가 운영하는 숙소. 매일 청소하며 주인이 로도스 토박이라 정보를 얻기에 편리하다. 5, 6번 방은 바다와 성벽, 올드 타운 전망이 매우 훌륭하며 목요장터와 해자 산책로가 바로 옆으로 이어진다. 뒤편에 있는 2개의 아파트룸은 냉장고도 있고 음식을 조리할 수 있어 인기다.

엘레니 룸스 Eleni Rooms

Map P.735-B2 **주소** 25 Dimosthenous St. Old Town, Rhodes **전화** (+30) 22410-73282 **홈페이지** www.elenirooms.gr **요금** 싱글 €65(개인욕실, A/C), 더블 €75 (개인욕실, A/C) **가는 방법** 에브레온 마르티론 광장에서 페리클레오스 골목 Perikleous을 따라 가다가 오른쪽 첫 번째 골목 안에 있다. 도보 1분.

올드 타운의 숙소 중 가장 저렴한 숙소. 싸다고 해서 엉망일 거라는 생각은 말자. 가구가 딸린 8개의 객실은 깨끗하며 욕실 상태도 양호하다. 방이 아주 좁지도 않다. 저렴함과 편안함을 동시에 추구하는 여행자라면 최고의 선택이다. 골목 안쪽에 있으니 주의깊게 찾자.

소피아 펜션 Sofia Pension

Map P.735-B2 주소 27 Aristofanous St. Old Town Rhodes **전화** (+30) 22410-36181(휴대폰 6942518494) **홈페이지** www.sofia-pension.gr **요금** 싱글 €80(개인욕실, A/C), 더블 €100(개인욕실, A/C) **가는 방법** 히포크라테스 광장에서 소크라테스 거리를 따라 가다가 왼쪽 두 번째 골목으로 꺾어들어 직진해서 나오는 아티나스 광장 Athinas Sq. 부근에 있다.

'마담 소피'라고 부르는 시원시원한 성격의 아주머니가 운영하는 가정식 펜션. 입구부터 계단과 복도, 테라스까지 화분이 많아서 집에 온 듯한 느낌이다. 방도 넓고 욕실과 객실은 군더더기 없이 깔끔하다. 큼직한 냉장고와 안전금고, 평면 TV 등 웬만한 중급 호텔 수준의 편의 시설도 마음에 든다. 옥상에서 멀리 기사단장의 공관과 시계탑도 보인다.

조지아 올드 타운 아파트 Georgia Old Town Apartments

Map P.735-A2 주소 Alexandridou 8, Rodos 85100 **전화** +30-22410-34872 **홈페이지** www.georgiaoldtownapartments.com **요금** 싱글 €60(개인욕실, A/C), 더블 €70(개인욕실, A/C) **가는 방법** 기사단장의 공관에서 도보 5분.

기사단장의 공관 부근에 자리한 아파트형 호텔. 주방과 냉장고 시설이 있어 조리해 먹을 수 있다는 점이 가장 큰 장점이며 방도 매일 청소하는 등 관리가 잘 되고 있다. 방은 넓지 않으나 발코니가 딸려있고 깔끔하고 저렴한 가성비 숙소를 찾는다면 괜찮은 선택이다.

도무스 스튜디오 호텔 Domus Studio Hotel

Map P.735-A1 주소 Apolonion 11, Old Town Rhodes **전화** (+30)22410-33593 **홈페이지** www.domus-studios-rhodes.gr **요금** 싱글 €80(개인욕실, A/C), 더블 €100(개인욕실, A/C) **가는 방법** 시계탑 대각선 맞은편 아폴로니온 골목 Apollonion에 있다.

화이트 톤을 사용한 객실은 아기자기한 팬시 스타일이다. 주방이 딸려있어 조리가 가능하고 테이블과 커피 포트, 냉장고도 갖추었다. 2층의 방들은 복층 구조이며 3명까지 머물 수 있다. 세련된 객실과 편의 시설을 고려하면 가격대 성능비 완전 짱! 단 객실이 4개 뿐이라 예약없이 방을 구하기는 거의 불가능하다.

비아비아 호텔 Via Via Hotel

Map P.735-B2 주소 Pithagora 45 & Lisipou 2 Old Town, Rhodes **전화** 6946582009, 6946578636(휴대폰) **요금** 싱글 €80(개인욕실, A/C), 더블 €90(개인욕실, A/C) **가는 방법** 히포크라테스 광장에서 피타고라 골목 Pythagora을 따라 가다보면 왼편에 있다. 도보 2분.

2012년 리모델링을 해서 깔끔해졌다. 방마다 커다란 냉장고와 커피 포트를 비치해서 언제든 차를 마실 수 있으며 중심부와도 가깝다. 다른 숙소와 비교해 객실은 넓은 편이지만 방마다 편차가 있으니 몇 개 둘러보고 정하는 게 좋다. 주방이 딸려있는 맨 꼭대기 독채는 커플 여행자들에게 인기가 있다.

메디발 인 Medieval Inn

Map P.735-A2 주소 Timachida 9, Rodos 85100 **전화** +30-22410-22469 **홈페이지** www.medievalinn.com **요금** 싱글 €60~100(개인욕실, A/C), 더블 €70~115(개인욕실, A/C) **가는 방법** 기사단장의 공관에서 입포다마우 골목을 따라 도보 10분.

오래된 가옥을 개조한 숙소로 친절한 주인이 깨끗하게 관리하고 있다. 안쪽에는 수목이 잘 가꿔진 작은 정원이 있어 여유로운 아침식사와 저녁시간을 보내기 좋고 주변이 조용해서 소음 방해없이 지낼 수 있다. 주인은 로도스 관광정보와 필요한 도움을 아낌없이 제공한다.

의학의 아버지 히포크라테스의 고향

코스 Κως

보드룸 앞바다에 떠 있는 그리스의 섬. 보드룸에서 배로 1시간도 안 걸리는 곳이지만 기후와 언어 등 여러 가지 면에서 튀르키예와는 사뭇 다르다. 항구에 있는 중세 십자군 기사단의 성채가 관광객들을 맞이하고 펄럭이는 그리스 깃발은 이곳은 튀르키예가 아니라는 것을 말해주는 듯하다.

코스는 의학의 아버지라 불리는 히포크라테스의 탄생지로 유명하다. 의학 지식이 부족했던 고대에 이곳에서 당시 최첨단의 의료 기술이 꽃피었고 병원과 의학교가 운영되었다. 어찌보면 치료를 겸한 관광지로서의 명성은 이미 고대부터 자리잡은 셈이다.

지중해 대부분의 섬이 그렇듯 코스도 빼어난 비치가 있고 중세의 성과 고대의 유적이 어우러진 관광지로서 여름철이면 밀려드는 관광객들로 몸살을 앓는다. 또한 여행자들에게는 산토리니를 거쳐 그리스로 가는 관문으로 이용되기도 한다. 보드룸에서 당일치기로 다녀와도 좋지만 하루 이틀 머물며 그리스 분위기에 젖어 보는 것도 추천할 만하다.

인구 3만 명 **해발고도** 25m

여행의 기술

Information

관광안내소 Map P.759-C2

시내 지도와 관광 자료를 유럽 각국의 언어로 비치해 놓았다. 관광 시작 전에 들러서 자료를 챙기자.

주소 1, Vas. Georgiou St. 85300, Kos
전화 (+30)22420-20107
업무 월~금 08:00~15:00
홈페이지 www.kos.gr
가는 방법 항구의 성채에서 남쪽 해변 길을 따라 도보 5분.

환전 Map P.759-B2

알파 은행 Alpha Bank을 비롯한 그리스 은행의 지점과 ATM, 사설 환전소가 시내 곳곳에 있어 손쉽게 이용할 수 있다.

인터넷

시내에 몇 군데의 인터넷 카페가 있는데 대부분의 숙소에서 무선 인터넷이 되므로 숙소에서 하면 된다.

우체국 Map P.759-B2

업무 월~금요일 09:00~17:00
전화 (+30)22420-22250
가는 방법 빌리지 버스 터미널에서 도보 2분.

관광 경찰서 Map P.759-C1

여행과 관련된 위급한 상황이나 곤란한 경우에 처했을 때 도움을 청할 수 있다.

업무 매일 08:00~20:00
전화 (+30)22420-26666
가는 방법 항구의 성채에서 남쪽 해변 길을 따라 도보 2분.

여행사

로도스나 산토리니 등 그리스의 다른 섬이나 튀르키예의 보드룸으로 운행하는 페리 및 항공 정보, 렌트카를 알아보는 데 유용하다.

모우라티 투어스 Mouratti Tours **Map P.759-B2**
주소 3 Riga Fereou St. 85300 Kos
전화 (+30)22420-25414
홈페이지 www.mourattitours.com
영업 09:00~21:00
가는 방법 코스 박물관 뒤편의 리가 페레우 Riga Fereou 거리에 있다. 도보 1분.

블루스타 페리 Blue Star Ferry **Map P.759-B1**
주소 Akti Kountouriotou St. 7 85300, Kos
전화 (+30)22420-28914
홈페이지 www.bluestarferries.com
영업 09:00~21:00 가는 방법 항구 앞 대로변에 있어 쉽게 찾을 수 있다.

코스 섬의 역사

연중 온화하고 부드러운 기후 때문인지 고대로부터 주민이 살았다. 미케네 문명 시대에는 트로이 전쟁에 배 30척을 보냈다는 기록이 있을 정도로 풍요로운 곳이었다. 기원전 7~6세기에는 로도스 섬의 린도스, 이알리소스, 카미로스 왕국과 어깨를 나란히 할 정도로 세력이 강했다. 기원전 477년의 지진과 페르시아 지배를 겪은 후에는 델로스 동맹의 일원으로 가입했다. 의학의 아버지라 일컬어지는 히포크라테스 Hippocrates가 태어난 것도 이 무렵이다. 코스 섬에서 태어난 그는 소아시아와 그리스 본토를 다니며 의술을 연구하고 익혔으며 코스 섬에 병원과 의학교를 설립하는 등 고대 그리스 최고의 명의로 명성을 떨쳤다(P.762 참고). 히포크라테스 덕분에 코스는 고대 지중해 세계에서 중요한 섬으로 인식되었으며 치료와 휴양을 겸해 많은 사람들이 찾았다.

기원전 130년에 로마의 속주로 편입되었으며, 기

중세 십자군 기사단의 성채

원후 1세기에는 로도스의 속령이 되었다. 기독교 시대에는 사도 바울이 제3차 전도여행을 마치고 예루살렘으로 귀환하면서 들렀다는 기록이 남아 있다. 로마가 멸망하고 긴 침체기를 겪다 14세기 초반 로도스 기사단이 섬을 지배하며 다시 한 번 주목받았다. 1522년 로도스 기사단을 물리친 오스만 제국의 지배를 받다가 20세기 초반 이탈리아의 지배를 거쳐 1947년 그리스령이 되었다.

섬의 길이는 약 42km, 너비 8km, 최고점은 섬 중앙에 있는 870미터의 오로메돈 산이다. 한여름에도 덥지 않고 겨울에는 따뜻한 지중해성 기후를 보인다. 어업은 물론 밀, 감귤, 포도, 채소류가 많이 생산되며 주변 바다에서는 해면도 채취된다. 작은 섬이지만 구리와 철 등 광산물도 많이 산출되고 있다. 오늘날 주민들은 대부분 중심 도시인 코스 타운에 살고 있다.

코스 가는 법

섬이라는 지리적인 특성상 페리와 비행기만이 코스를 방문하는 수단이다. 아테네 등 그리스 주요 도시와 인근 섬으로 다니는 비행기와 페리 노선이 잘 되어 있다.

비행기

코스 섬의 히포크라테스 공항은 코스 타운 남동쪽으로 26km 떨어져 있다. 올림픽 에어웨이스 Olympic Airways, 에게 항공 Aegean Airline 등의 항공사가 아테네까지 매일 3~4회 운행하며, 테살로니키, 크레타 섬, 로도스 섬을 1주일에 2~3회 직항으로 연결한다. 여름철 관광 성수기에는 유럽의 주요 도시와도 직항이 다닌다. 비수기인 겨울철에는 운행이 취소되거나 편수가 대폭 줄어들기 때문에 항공사에 미리 운행 정보를 문의하자. 공항에서 시내까지는 수시로 다니는 버스를 이용하면 편리하다. 코스 타운의 빌리지 버스 터미널에 도착하고 걸어서 숙소를 정하면 된다.

전화

히포크라테스 공항 (+30)22420-56000
올림픽 에어웨이스 (+30)22420-28331
에게 항공 (+30)22420-51654

페리

로도스, 파트모스, 칼림노스 등 주변의 섬과 산토리니까지 페리가 운행하며, 튀르키예의 보드룸까지도 매일 배가 다닌다. 여행자들이 많이 이용하는 산토리니 행 페리는 여름철 성수기라 해도 매일 다니지는 않으므로 미리 운행 정보를 확인해 두는 게 좋다. 인근 해역의 섬은 관광선으로 당일치기 여행을 다녀오는 경우가 많다. 페리 티켓은 시내의 여행사에서 구입하면 되는데, 보드룸 행 티켓은 항구에 줄지어 있는 부스에서 바로 살 수도 있다. 산토리니에서 코스를 거쳐 보드룸으로 가는 여행자는 참고하자.

배를 타고 코스의 항구에 도착했다면 걸어서 숙소

코스에서 출발하는
주요 페리 노선

행선지	소요시간	운행	요금
보드룸(튀르키예)	40분	매일 09:00, 10:00	편도·당일왕복/오픈 €15+3(항만세)/€30+3(항만세)
로도스	2시간	매일 06:30, 08:30	€21.5
산토리니	6시간	주 3회 20:30	€33
파트모스	2시간 30분	주 4회 08:30	€25
칼림노스	30분	매일 11:00	€15

*페리 운행 횟수나 시간은 계절에 따라 매우 유동적이다. 홈페이지나 여행사를 통해 운행 정보를 미리 확인하자. 튀르키예 출국과 그리스 입국 절차는 로도스 편 P.731 참고.

항구의 보드룸 행 티켓 부스

를 정하면 된다. 항구 주변에 숙소가 몰려있으며 편의 시설도 잘 갖춰져 있다.

참고 홈페이지

도데카니소스 시웨이스 Dodekanisos Seaways www.12ne.gr

블루스타 페리 Blue Star Ferry www.bluestarferries.com

➡ 버스

코스 타운의 터미널은 시내버스 터미널(씨티 버스 터미널)과 섬 내의 마을을 다니는 시외버스 터미널(빌리지 버스 터미널)의 2곳이다. 여행자 입장에서 시내 버스를 이용할 일은 없고, 섬의 남쪽 해변을 방문하거나 공항을 오갈 때 시외버스를 탈 일이 있다. 빌리지 버스 터미널에 가면 행선지별 운행 스케줄이 요일별로 게시되어 있기 때문에 운행 정보를 알아보기 편리하다.

시내 교통

시내가 그다지 크지 않고 관광 명소도 걸어갈 수 있으므로 도보로 충분하다. 다만 아스클레피온은 시내에서 4km 정도 떨어져 있어 걸어서 다녀오기는 무리. 자전거를 대여하거나 아스클레피온 행 관광 열차를 이용해야 한다. 관광을 마치고 페리를 타러 항구에 갈 때도 도보로 가면 된다. 공항으로 가려면 빌리지 버스 터미널에서 버스를 이용하자.

코스 둘러보기

고대 도시 유적군과 아스클레피온에서 출토된 유물이 있는 고고학 박물관, 중세 시대의 성채와 고대 의학교였던 아스클레피온 등 코스의 볼거리는 알찬 편이다. 유적만 둘러보고 갈 거라면 하루면 충분하지만 기왕에 어려운 발걸음을 했다면 깨끗한 비치에서 해수욕도 할 겸 2일 정도 머물기를 권한다.

관광은 아스클레피온을 다녀오는 것으로 시작하는 게 좋다. 여름철 성수기에 단체 관광객이 많이 찾는데다 날씨가 매우 덥기 때문에 아침 일찍 다녀오는 게 좋다. 아스클레피온을 보고 시내로 돌아와 히포크라테스의 플라타너스 나무를 구경하고 바로 옆에 있는 돌다리를 통과해 성채에 올라가자. 바다와 항구 일대의 전망이 좋다. 성채 관광 후 코스 박물관을 들렀다가 시내 서쪽에 몰려있는 고대 도시 유적을 보고 나면 관광은 끝난다.

둘째날은 시내에서 가까운 비치를 즐기고(코스 섬의 비치는 고운 모래로 유명하다), 오후에는 엘레프테리아스 Eleftherias 광장에서 디아고라 Diagora 광장까지 이어지는 길에 늘어선 아기자기하고 예쁜 기념품 골목을 기웃거려도 좋다. 또는 엘레프테리아스 광장 주변에 있는 아기아 파라스케비 교회 Agia Paraskevi Church를 방문해서 내부의 성화를 구경하는 것도 추천할 만하다.

저녁식사 후에는 디아고라 광장 부근을 어슬렁거리며 밤 풍경을 즐기고 마음이 내키면 분위기 좋은 바에서 칵테일도 한잔 해 보자.

+ 알아두세요!

1. 항구에 도착하면 숙소 호객하는 사람들이 있다. 저렴한 숙소를 원한다면 따라가도 괜찮지만 객실 상태와 조건을 확인하고 결정하자.
2. 아스클레피온은 오전에 관광 인파가 엄청나게 몰린다. 조용한 방문을 원하면 아침 일찍 가자.
3. 국제 학생증으로 입장료가 할인되는 유적지가 많으므로 있다면 챙겨 가자.

★★★★★ BEST COURSE ★★★★★

첫날: 예상소요시간 8~9시간

출발 ▶▶ 관광안내소 옆 관광 열차 출발점

관광 열차로 20분

아스클레피온(P.760)
고대 의학교 및 종합병원이 있던 곳.

관광 열차로 20분

관광 열차 출발점

도보 5분

히포크라테스의 플라타너스(P.761)
히포크라테스가 이 나무 밑에서 제자들과 토론을 하며 의학 지식을 전했다.

도보 1분

성채(P.760)
성 요한 기사단이 쌓은 중세 시대의 성채. 꼭대기에 올라서면 보드룸 반도가 보인다.

도보 3분

아고라(P.761)
시내에 있는 고대 유적 중 가장 큰 규모다. 현대식 건물과 대비되는 느낌이 묘하다.

도보 3분

코스 박물관(P.763)
히포크라테스의 대리석 조각상을 찾아보자.

도보 10분

서부 유적군(P.764)
디오니소스 신전 터, 오데온 등 옛 유적을 밟으며 고대로 여행을 떠나보자.

둘째날 예상소요시간 8~9시간

시내 서쪽 해변인 크리티카 Kritika 비치에서 깨끗한 바다를 즐기는 호사를 누려보자. 한낮의 해가 기울면 시내 중심인 엘레프테리아스 광장 주변의 그리스 정교회(아기아 파라스케비 교회 Agia Paraskevi Church)를 방문하고 밤에는 예쁜 상점을 기웃거리며 야경을 즐기자.

Kos
코스
0 150 300m
해변
Kritika Beach
G. Averof
Kanari
코스 항구
Kos Harbour
티켓 부스
Ticket Booth
성채
The Fortress
히포크라테스 동상
조지 렌트 바이크
(자전거, 스쿠터 대여소)
Bouboulinas
마트 Mart
공원
W.C
항구 경찰서
Port Police
악티 코운토우리오토우 거리 Akti Kountouriotou
블루스타 페리
Blue Star Ferry
돌다리
관광 경찰서
Tourist Police
Akti Miaouli
아스클레피온 행 관광 열차
히포크라테스의 플라타너스
Hippocrates Plane Tree
Hippocrates Tree Sq.
시내버스 터미널
시내 관광 열차
여행사, 렌트카
시청
City Hall
피자 가게
House of Pizza
맥도날드
아고라
Agora
모우라티 투어스
Mouratti Tours
아치형 돌문
Kazouli Sq.
코스 박물관
Kos Museum
알렉산드라 호텔
Alexandra Hotel
El. Venizelou
자미 Camii
엘레프테리아스 광장
Eleftherias Sq.
코스 타운 해변
Kos Town Beach
Vasileos Georgiou
Hippokratous
Konitsis Sq.
알파 은행
Alpha Bank, ATM
아기아 파라스케비 교회
Agia Paraskevi Church
바실레오스 파블로우 거리 Vasileos Pavlou
Ethn. Antistaseos
Theophrastou
El. Venizelou
El. Venizelou
Artemissias
히포크라테스 공항(25km)
Megalou Alexandrou
우체국
Post Office
디아고라
Diagora 광장
Argirokastrou
Korai
디오니소스 신전
Dionysos Temple
님파에움
Nymphaeum
빌리지 버스 터미널
Village Bus Terminal
Ethn. Antistaseos
데쿠마나
Decumana
아크로폴리스
Acropolis
식스토스
Xystos
주유소
그리고리우 거리 Grigoriou
주유소
카사 로마나
Casa Romana
성당
Catholic Church
오데온
Odeon
아스클레피온
Askepion(4km)
A
B
C
1
2
1 모아 카페 바 More Cafe Bar B2
2 스트리트 푸드 칸티나 Street Food Kantina B2
3 엘리아 Elia B2
4 오토 에 메조 Otto e Mezzo B2
5 파 이스트 Far East B1
1 호텔 캐더린 Hotel Catherine B1
2 호텔 베로니키 Hotel Veroniki B1
3 자스민 호텔 아파트먼트 Jasmine Hotel Apartment B1
4 호텔 소니아 Hotel Sonia B1

Attraction 코스의 볼거리

중세 시대 로도스 기사단의 성채와 고대 의료 기관이었던 아스클레피온이 코스 관광의 핵심이다. 다른 곳은 제쳐두더라도 이 두 곳은 꼭 방문하길 권한다.

성채
The Fortress ★★★

Map P.759-B1 주소 The Fortress, Kos **개관** 수~월요일 08:00~15:00 **요금** 무료 **가는 방법** 히포크라테스의 플라타너스에서 다리를 건너면 입구가 나온다.

항구 변에 자리한 중세 시대의 성채. 코스 섬의 역사를 말해주는 증거물이다. 성채는 1310년 로도스 섬을 점령한 성 요한 기사단(로도스 기사단)이 로도스와 인근 해역의 감시를 위해 만들었다. 당시 기사단은 코스 섬과 보드룸, 마르마리스 등 주변의 전략 요충지를 장악하고 성을 축조해 방어와 공격의 기지로 삼았다. 코스 섬의 성채도 그 일환으로 축조되었으며, 각 성들은 연기와 봉화를 피워 교신을 하며 네트워크를 형성했다. 에게해와 지중해가 만나는 이 일대 해역은 이집트나 시리아로 가기 위해서는 반드시 지나야 하는 곳으로, 투르크의 배들은 거미줄같은 기사단의 네트워크를 빠져나가는데 엄청난 희생을 치렀다(로도스 기사단에 대한 내용은 P.723 참고). 20세기 초까지만 하더라도 이곳은 본섬과 분리된 조그만 섬으로 다리가 놓여 있었다. 적의 공격이 시작되면 다리를 끊어 완전한 고립 상태에서 방어에 임했다(오스만 제국군은 해전에 약했기 때문).

매표소를 지나 계단으로 올라가서 바깥쪽 성벽을 따라 한 바퀴 돌며 바다 전망과 성채를 감상하고 내려와서 내성을 구경하면 된다. 내성은 14세기에 건립되었고, 외벽은 1514년에 완공되었다. 네 군데의 모서리를 포함한 성벽 곳곳에 대포와 화살을 쏠 수 있게 구멍을 만들어 놓았으며, 벽면에 로도스 기사단의 군기와 문장이 새겨져 있다. 성채 주위는 바닷물을 끌어들인 해자를 팠고, 내성과 외성 사이에도 해자를 배치해 2중 방어 체제를 구축했다. 공사에 쓰인 석재는 고대 도시의 유적에서 충당했다(기사단이 왔을 때 고대 도시는 이미 무너져 있었다). 그래서 성채 정문 바로 위에 고대 신전을 장식했던 대리석이 보이고, 그 위로 보이는 문장은 성채 공사를 시작한 로도스 기사단장 당부아즈 d'Amboise의 문장이다. 오늘날 성채는 조각이나 비문 전시장으로도 사용되고 있다.

아스클레피온
Asklepion ★★★

Map P.759-C1 주소 Asklepion, Kos **개관** 여름철 매일 08:00~20:00 **요금** €8(18세까지 무료, 국제학생증 소지자 €4) **가는 방법** 관광안내소 부근에서 아스클레피온 행 관광 열차로 20분(왕복 요금 €8).

코스 섬의 성채

아스클레피온 유적

고대 의료 학교와 병원이 있었던 곳. 코스 섬의 아스클레피온은 그리스 에피다우로스의 아스클레피온, 테살리아 지방의 트리케 아스클레피온, 소아시아 페르가몬의 아스클레피온과 함께 고대 지중해 최고의 의료 기관이었다. 요즘으로 치자면 대학 병원과 비슷하다고 보면 된다. 히포크라테스의 명성이 높아짐에 따라 코스 섬은 물론 소아시아에서까지 환자들이 찾아와 언제나 문전성시를 이루었다.

유적지는 3개의 테라스로 구성되어 있다. 1층 테라스는 북쪽, 서쪽, 동쪽이 주랑으로 되어 있었고, 동쪽의 반쯤 허물어진 건물은 3~4세기경 지어진 목욕장이다. 로마 시대에 2층 테라스를 받치는 벽이 건설되었고 2층으로 올라가는 계단 바로 오른쪽은 로마 황제의 개인 의사였던 크세노폰에게 바친 신전이다.

두 번째 테라스는 중앙에 제단이 있었고 제단의 서쪽은 기원전 3세기경 지어진 아스클레피오스 신전 터다(아스클레피오스에 관한 내용은 P.193 참고). 바로 뒤편의 허물어진 건물은 신관들이 머물던 곳이었는데, 환자는 종종 이곳에서 잠을 자며 아스클레피오스 신이 꿈에 나타나서 치료해 준다고 믿었다. 그 뒤로 성스러운 샘터 입구가 있다. 제단의 동쪽에 복원된 7개의 코린트식 기둥은 2세기에 지어진 아폴론 신전이다.

계단을 올라가서 마지막 세 번째 테라스에는 도리스식으로 지어진 거대한 아스클레피오스의 신전과 환자들을 위한 병실이 있었다. 기원전 2세기경 건립되었고 1층 테라스와 마찬가지로 'ㄷ'자로 주랑이 있었다. 언덕 꼭대기에 올라서면 마을과 바다가 한눈에 들어온다.

아스클레피온 복원도

아고라
Agora ★★

Map P.759-C2 주소 Agora, Kos **개방** 화~일요일 08:00~15:00 **요금** 무료 **가는 방법** 히포크라테스의 플라타너스 바로 옆에 있다. 항구에서 도보 5분.

아고라

코스 섬이 역사의 중심에 있던 고대의 흔적. 기원전 7~6세기경 코스는 인근 로도스 섬의 린도스, 카미로스, 이알리소스 왕국과 어깨를 나란히 할 정도로 번성했다. 인구가 늘어나고 경제 활동이 활발해지자 시장이 세워지고 신전을 비롯한 공공 건축물이 들어섰다. 고대의 여느 아고라와 마찬가지로 이곳에도 아폴론, 아프로디테 등 그리스 신들의 신전과 헤라클레스 사원이 있었다. 초기 기독교 시대인 5세기에 지어진 비잔틴 교회도 있다(1933년 엄청난 지진이 코스 섬을 휩쓸고 간 뒤 헤라클레스와 아프로디테 사원, 비잔틴 교회 등이 발굴되었다). 남서쪽에는 중세 십자군 시대에 로도스 기사단이 만든 도시 방어의 보루도 확인할 수 있다. 지금은 옛 모습은 흔적만 남았고 레스토랑이 주변을 점령했다. 현대적인 그리스 음악이 나오는 레스토랑에 앉아 맥주를 한잔 하다보면 고대의 아고라가 현대까지 이어지는 듯한 느낌이다.

히포크라테스의 플라타너스
Hippocrates Plane Tree ★★

Map P.759-B1 주소 Hippocrates plane tree, Kos **개방** 24시간 **요금** 무료 **가는 방법** 성채 바로 맞은편에 있다. 관광 경찰서에서 도보 1분.

히포크라테스가 제자들을 가르치며 토론하던 곳이었다고 한다. 그런데 플라타너스는 200

Shakti Say 의학의 아버지 히포크라테스 Hippocrates(기원전 460?~377?)

의학에 문외한이라고 해도 한 번쯤 들어보았을 이름인 히포크라테스. 의학의 아버지로까지 추앙받는 히포크라테스는 어떤 사람이었을까요?

생애

히포크라테스는 기원전 460년에 그리스의 코스 섬에서 태어났습니다. 그의 집안은 대대로 의술에 종사했고 가업에 따라 히포크라테스는 자연스럽게 의사가 되었지요. 일설에 따르면 그의 가문의 시조가 전설 속의 명의인 아스클레피오스라고 하는데 이것은 아무래도 후대인들이 지어낸 이야기인 듯합니다.

히포크라테스 흉상
(출처: 위키백과)

당시의 의사는 지금처럼 엄격한 자격 요건이 필요하지 않았고, 대대로 의술에 종사한 가문의 남자들이 의사가 되었습니다. 유명한 의사는 한 곳에 머물지 않고 각지를 다니며 의술을 배우기도 하고 환자를 진료했지요. 또한 의사는 사회적으로 추앙받거나 천대받는 직업이 아닌 순수 기능인으로서의 성격이 강했습니다. 실력 못지않게 평판도 중요했기 때문에 종종 청중 앞에서 벌이는 논쟁이나 변론이 의사로서의 명성을 높이는 데 관건이었다고 합니다.

생전에 명의로 알려진 히포크라테스는 오랫동안 그리스 북부에서 활동하다가 테살리아의 라리사에서 눈을 감았습니다. 전기 작가들은 사망 당시 그의 나이를 85세 또는 90세, 심지어 109세라고까지 추정합니다. 3명의 자녀를 두었는데 아들인 테살로스와 드라콘도 훗날 의사가 되었답니다. 히포크라테스의 개인사에 대해 알려진 것은 여기까지입니다. 정작 생애에 관해서는 거의 알려진 바가 없는 히포크라테스가 사후에 큰 명성과 영향력을 발휘한 까닭은 그의 이름으로 간행된 저술 때문입니다. 히포크라테스는 평생 60여 편의 논문을 저술했다고 하는데, 기원전 1세기에 처음으로 그의 저술집과 용어집이 편찬되어 보급되었습니다. 하지만 이것은 히포크라테스 개인의 저술이라기보다는 히포크라테스 학파에 속하는 여러 세대 저술가들의 공동 저술로 추정됩니다.

병자를 치료하는 히포크라테스

히포크라테스의 업적

히포크라테스의 가장 큰 업적은 관찰에 근거한 진단과 처방을 중시한 '합리주의'라고 할 수 있습니다. 고대인들은 질병은 신이 내린 벌이며 따라서 치료법도 신전에 가서 비는 것이었는데, 히포크라테스는 질병의 원인을 주변 환경과 인체의 부조화에서 오는 것이라고 본 것이죠. 따라서 치료법도 적절한 운동과 식이요법, 맑은 공기 등을 통해 신체의 조화를 회복해야 한다고 주장했고 실제로 그의 치료법은 획기적인 성과를 냈습니다. 신의 영역에 있던 질병을 인간의 영역으로 가져왔고 철학의 분야에 있던 의학을 과학으로 분리해 낸 것이지요.

인체의 생리나 병리(病理)에 관한 그의 사고방식은 체액론(體液論)에 근거한 것으로, 인체는 불 · 물 · 공기 · 흙의 4원소로 되어 있고 인간의 생활은 그에 상응하는 혈액 · 점액 · 황담즙(黃膽汁) · 흑담즙(黑膽汁)의 네 가지에 의해 이루어진다고 생각했습니다. 이들 네 가지 액의 조화가 보전되어 있을 때를 '에우크라지에 eukrasie'라고 불렀고, 반대로 그 조화가 깨졌을 때를 '디스크라지에 dyskrasie'라 하여 이때에 병이 생긴다고 보았지요. 물론 체내 기관의 실제 구조나 작용과는 무관한 상상과 억측에 불과하지만 적어도 밖으로 배출되는 여러 가지 체액을 직접 관찰한 데서 비롯되었기 때문에 당대에는 획기적인 의학 이론이었습니다.

치료법에 있어서도 '병을 낫게 하는 것은 자연이다'라는 가설을 세워 병을 치료하기 위해서는 몸의 자연스러운 회복 능력을 북돋우는 것이 중요하다고 보았습니다. 즉 식이요법이나 운동, 목욕 같은 섭생법이 우선이고 약물이나 절개 같은 치료법은 차선책이라고 본 것이지요.

히포크라테스 선서

오늘날 세계 각국의 의과 대학에서 졸업생들이 히포크라테스 선서를 하면서 의사로서의 본분을 지킬 것을 다짐합니다. 의사의 자세와 의료 윤리에 관한 규정이지만 이것을 히포크라테스가 직접 지었는지는 불분명합니다. 아무래도 히포크라테스 학파의 여러 학자들이 세대를 거쳐오며 축적된 지식의 반영이라고 보는 것이 타당할 듯합니다. 명칭도 원래는 그냥 '선서'였는데, 기원전 1세기에 간행된 히포크라테스 전집에 들어가 있기 때문에 히포크라테스의 선서라고 굳어진 것이죠.

선서는 크게 의사와 의사의 관계를 규정하는 부분과 의사와 환자의 관계를 규정하는 부분으로 나뉘는데,특히 앞 부분에 나오는 의학 교육(보수와 계약, 전승)에 관한 부분을 근거로 들어서 이는 아마도 대대로 의술에 종사한 히포크라테스 가문에서 외부인을 제자로 받아들일 때 일종의 의식으로 거행한 선서였으리라는 추정을 가능케 합니다.

하지만 지금 사용되는 선서는 고대 그리스어로 작성된 원본이 아니라 1948년에 세계 의사 협회에서 제정한 수정판인 '제네바 선언'입니다(제2차 세계대전 당시에 나치의 인종 학살에 참여한 일부 의사들의 죄과를 반성하는 의미에서 인종과 계급 등에 관한 언급을 포함한 것으로 이후 모두 네 차례에 걸쳐 개정되었다). '제네바 선언'의 전문은 다음과 같습니다.

이제 의업에 종사할 허락을 받음에
나의 생애를 인류 봉사에 바칠 것을 엄숙히 서약하노라.
나의 은사에 대하여 존경과 감사를 드리겠노라.
나의 양심과 위엄으로써 의술을 베풀겠노라.
나는 환자의 건강과 생명을 첫째로 생각하겠노라.
나는 환자가 알려준 모든 내정의 비밀을 지키겠노라.
나는 의업의 고귀한 전통과 명예를 유지하겠노라.
나는 동업자를 형제처럼 여기겠노라.
나는 인종, 종교, 국적, 정당 정파 또는 사회적 지위 여하를 초월하여 오직 환자에 대한 나의 의무를 지키겠노라.
나는 인간의 생명을 수태된 때로부터 지상의 것으로 존중하겠노라.
나는 비록 위협을 당할지라도 나의 지식을 인도에 어긋나게 쓰지 않겠노라.
이상의 서약을 나는 나의 자유 의사로 나의 명예를 받들어 하노라.

히포크라테스 의학의 의미

히포크라테스 총서에는 단순히 질병의 진단과 처방 뿐만 아니라 백과사전적인 내용이 담겨 있습니다. 질병은 인체와 직결된 요인과 함께 계절의 변화 같은 환경 요인에서도 비롯된다고 보았기 때문이죠. 따라서 진단에는 주위 환경도 고려되어야 한다는 점에 착안하여 기후와 지형, 인종과 문화, 심지어 법률과 관습에 관해서도 분석하는 것입니다. 어떤 면에서는 히포크라테스야말로 본격적인 인문 과학의 창시자라고 할 수 있습니다. 의학이 비약적으로 발전한 현대에 들어 히포크라테스의 의술은 이미 퇴색되었지만 그의 가르침은 오늘날까지도 의학의 본질과 의사의 자세에 관해 많은 것을 시사해 줍니다.

*참고자료 〈자크 주아나, [히포크라테스], 2004〉, 〈박중서, [인물세계사] 히포크라테스, 2011〉

년이 최대 수명이라고 하니 그 옛날의 나무는 아니고 몇 대를 거쳐온 자손이다. 바로 옆의 첨탑이 있는 건물은 18세기에 지어진 가지 하산 파샤 자미다. 나무 주변으로 무너진 기둥 잔해가 있고 자미의 부속시설인 수도 정자가 있다. 나무 그늘에서 쉬며 열띤 토론을 벌였을 고대인들을 상상해 보자.

히포크라테스의 플라타너스

코스 박물관의 대리석상

코스 박물관
Kos Museum ★★★

Map P.759-B2 주소 Kos Museum, Kos **개관** 수~월요일 08:00~20:00 **요금** €6 **가는 방법** 항구변의 시청 뒤편에 있다. 도보 1분.

코스 섬에서 발굴된 유물을 모아놓은 박물관. 헬레니즘 시대부터 로마 시대까지 대리석 조각상이 볼 만한데, 북서쪽 전시실에는 기원전 4세기경의 유명한 히포크라테스 석상이 있다. 이밖에 알렉산더 대왕의 두상, 데메테르, 아테나, 아르테미스, 디오니소스 등 그리스 로마 신들의 조각상도 있다. 대부분 아고라와 서부 유적군에서 발굴되었으며 가치가 뛰어난 모자이크화도 볼 수 있다. 모자이크화는 제정 로마 초기인 1세기경에 많이 제작되었는데, 상당수가 로도스 섬의 기사단장 공관의 장식을 위해 반출되었다. 섬세한 모자이크화는 코스 사람들의 미적 감각과 높은 수준을 짐작케 한다.

서부 유적군
Western Archaeological site ★★

Map P.759-B2 주소 Western Archaeological site, Kos **개방** 24시간 **요금** 무료 **가는 방법** 항구 남쪽 그리고리우 Grigoriou 거리 양 옆으로 펼쳐져 있다. 항구에서 도보 10분.

도시 서쪽에 자리한 고대 유적군. 코스 박물관에서 바실레오스 파블로우 거리 Vasileos Pavlou를 따라가다가 큰길을 만나면 왼편으로 디오니소스 신전 Dionysos Temple이 있다. 소나무 그늘 아래에서 유적을 보며 잠시 쉬어가자. 그 다음은 그리고리우 거리 Grigoriou를 따라가며 양쪽으로 늘어선 유적을 보면 된다. 먼저 왼편에 로마 시대의 집터인 카사 로마나 Casa Ramana가 있고 맞은편에 거의 형체를 알아볼 수 없는 아크로폴리스 Acropolis가 있다. 아크로폴리스 옆은 로마 시대 도시의 메인 도로였던 데쿠마나 Decumana가 있다. 건너편에 보이는 작은 원형극장은 소규모 집회나 음악공연이 열렸던 오데온 Odeon이다. 20세기 초 코스 섬을 지배하던 이탈리아인들이 복원했다. 맞은편에는 기원전 2세기의 식스토스 Xystos(헬레니즘 시대의 체육관인 김나지움 Gymnasium)와 분수대인 님파에움 Nymphaeum이 있다. 도리스식 기둥이 복원되어 있으며 맨 안쪽에는 모자이크화도 남아 있다.

서부 유적군

+ 알아두세요!

코스 섬의 관광 열차 City Train Bus

코스 타운에 열차가 있습니다. 진짜 열차는 아니고 열차 모양을 본뜬 관광용 차량(Mini Train)인데요, 모양이 그럴 듯해서 놀이동산에서 타는 기차 같기도 하고 관광 기분을 내는 데는 그만이죠. 관광 열차는 코스 타운 시내를 운행하는 것과 아스클레피온을 다녀오는 것의 2종류가 있습니다. 특히 아스클레피온 관광 열차는 아스클레피온 유적까지 약 4km의 거리를 운행하므로 마땅한 대중교통이 없는 것을 훌륭하게 커버하지요. 여름철에는 이용객이 많아 기다려야 할 정도로 인기가 높답니다.

아스클레피온 행 관광 열차

관광 열차

운행 아스클레피온 노선 08:00~15:00(1시간 간격), 시내 투어 노선 09:30~22:00(30분 간격)

소요시간 20분

출발지 아스클레피온 노선: 관광안내소 옆 버스정류장(**Map P.759-C1**), 시내 투어 노선: 항구 앞 대로변(**Map P.759-B1**).

요금 왕복 €8 신청 출발지에서 하면 된다.

자전거 대여소

조지 렌트 바이크 George rent motorbikes insurance

전화 (+30)22423-00704 1일 대여 자전거 €3~5 스쿠터 €12~15 ATV €20(스쿠터와 ATV는 국제운전면허증이 없으면 대여 불가능)

Restaurant 코스 타운의 레스토랑

섬과 휴양지라는 특성상 관광객들을 상대로 하는 음식점이 많다. 튀르키예에서 온 여행자라면 오랜만에 보는 돼지고기 음식이 반갑다. 고기와 해산물 메뉴도 풍부하다. 항구 주변의 레스토랑은 바다가 보인다는 점 때문에 가격이 비싸고 골목길 안쪽의 레스토랑들이 그나마 저렴한 편이다.

모아 카페 바 More Cafe Bar

Map P.759-B2 주소 Filita street, Kos 853 00 **전화** +30-22420-21775 **홈페이지** more-bar-cafe.business.site **영업** 08:00~23:00 **예산** 1인 €10~20 **가는 방법** 알렉산드라 호텔 Alexandra Hotel 부근에 있다. 코스 박물관에서 도보 3분.

각종 커피와 샌드위치, 크루와상, 과일 샐러드 등을 즐기기 좋은 커피 전문점. 석조 아치로 장식한 내부와 빨간 부겐빌리아 꽃이 가득한 외부 어느 쪽이든 낭만을 즐기기 좋다. 맛있는 커피와 치즈케이크로 아침식사를 해결하기도 좋고 가벼운 칵테일을 즐기기도 안성맞춤이다.

스트리트 푸드 칸티나 Street Food Kantina

Map P.759-B2 주소 Vasileos Georgiou V', Kos 853 00 **전화** +30-22420-22022 **영업** 09:00~23:00 **예산** 1인 €10~15 **가는 방법** 알렉산드라 호텔 Alexandra Hotel 부근에 있다. 코스 박물관에서 도보 3분.

각종 샌드위치와 수제버거, 랩 등 패스트푸드 전문점. 상호처럼 길거리 음식을 표방하고 있으나 퀄리티는 상당한 수준을 자랑한다. 맛 좋고 양 많은 버거, 친절한 서비스가 어우러져 많은 여행자들이 손쉽게 이용하는 곳이다. 그리스 샐러드와 치킨꼬치도 맛있다.

엘리아 Elia

Map P.759-B2 주소 27 Apellou St. Kos **전화** (+30) 22420-22133 **홈페이지** www.elia-kos.gr **영업** 10:00~24:00 **예산** 1인 €15~25 **가는 방법** 디아고라 광장에서 도보 1분. 오른편에 있다.

코스를 찾는 여행자들에게 오랫동안 사랑을 받아온 레스토랑. 치킨, 스테이크, 생선, 돼지고기 등 다양한 음식을 선보인다. 골목길과 실내, 뒤편 정원 자리까지 있으므로 취향에 따라 자리를 잡자. 음식 맛과 양, 실내 분위기, 깍듯한 서비스 등 고급 레스토랑과 견주어 조금도 뒤지지 않는다. 정식 만찬을 즐기고 싶다면 단연 최고의 선택.

오토 에 메조 Otto e Mezzo

Map P.759-B2 주소 21 Apellou St. Kos **전화** (+30) 69425-52799 **영업** 09:00~24:00 **예산** 1인 €20~30 **가는 방법** 디아고라 광장에서 도보 1분. 오른편에 있다.

엘리아 레스토랑 바로 옆집으로 상호처럼 이탈리아식 전문점이다. 부드러우면서도 퍼지지 않게 잘 삶은 스파게티(매우 다양한 소스가 있다)와 피자는 본토와 비교해도 손색없는 맛을 자랑한다. 가격대는 약간 높은 편이지만 여름철 저녁때 가면 자리를 구하기 힘들 정도로 인기가 있다. 뒤편의 정원도 분위기가 근사하다.

파 이스트 Far East

Map P.759-B1 주소 3 Bouboulinas St.(Dolphins square) 85300, Kos **전화** (+30)22420-20969 **영업** 10:00~24:00 **예산** 1인 €8~15 2인용 코스메뉴 €30~70 **가는 방법** 보우보우리나스 거리Bouboulinas에 있다. 항구에서 도보 10분.

정통 중국 레스토랑. 볶음밥은 물론 각종 돼지고기와 쇠고기, 새우를 이용한 음식은 한국과 비슷한 맛을 낸다. 재료 조달의 어려움과 작은 섬이라는 것을 감안할 때 음식 수준은 놀라울 정도. 스촨 스타일의 매운 돼지고기 볶음 요리와 계란볶음밥을 함께 먹으며 한국 음식의 향수를 달래 보자.

Hotel 코스의 숙소

코스 타운의 숙소는 다양하다. 다행히 배낭여행자들이 머물만한 저렴한 펜션이 몇 군데 있다. 항구 부근에 숙소를 정하는 것이 여러모로 편리하며 항구 북서쪽에는 휴가철 장기체류 여행자들을 위한 아파트도 있다. 아침식사는 요금에 포함되지 않으며 별도의 요금을 받고 제공하는 숙소도 있으니 알아두자. 성 · 비수기 요금 차이가 나며 겨울철에는 문을 닫는 숙소도 많다. 숙소 요금은 최성수기 기준이다.

호텔 캐더린 Hotel Catherine

Map P.759-B1 주소 P Tsaldari Meg. Alexandrou 5, Kos **전화** (+30) 22420-28285 **홈페이지** www.catherinehotel.gr **요금** 싱글 €90(개인욕실, A/C), 더블 €100(개인욕실, A/C) **가는 방법** 항구 앞 대로인 악티 코운토우리오토우 거리 Akti Kountouriotou를 따라가다가 항구 경찰서 왼쪽 골목으로 꺾어들어 도보 1분.

객실이 28개나 되는 제법 규모있는 숙소로 가족이 운영한다. 방은 깔끔하고 수납도 편리하다. 화장실은 약간 좁지만 거울이 있는 화장대와 헤어드라이어도 있고 큼직한 냉장고가 있어 마음에 든다. 정원 쪽으로 발코니가 난 방도 있고 도로변의 방도 있으니 몇 개 둘러보고 정하자. 아침식사 불포함.

호텔 베로니키 Hotel Veroniki

Map P.759-B1 주소 P Tsaldari-2 85300, Kos **전화** (+30)22420-28122 **요금** 싱글 €50(개인욕실, A/C), 더블 €60(개인욕실, A/C) **가는 방법** 항구 앞 대로인 악티 코운토우리오토우 거리 Akti Kountouriotou를 따라가다가 항구 경찰서 왼쪽 골목으로 꺾어들어 도보 1분.

호텔 캐더린 바로 옆에 있는 곳으로 관리가 잘 되고 있으며 가격도 비교적 저렴하다. 객실 수준과 요금은 캐더린 호텔과 거의 비슷하며 방이 조금 더 넓다. 길가로 난 발코니는 시원한 바람을 즐기며 맥주 한잔 하기에 최고다. 아침 식사는 1인 €10 별도.

자스민 호텔 아파트먼트 Jasmine Hotel Apartment

Map P.759-B1 주소 P Tsaldari 85300, Kos **전화** (+30) 22420-22315 **요금** 아파트룸 더블 €90~100(개인욕실, A/C) **가는 방법** 항구 앞 대로인 악티 코운토우리오토우 거리 Akti Kountouriotou를 따라가다가 항구 경찰서 왼쪽 골목으로 꺾어들어 도보 1분.

항구 주변에 있는 아파트룸. 오픈한 지 얼마 안 되어 깨끗하고 거실도 넓다. 침실과 주방이 분리되어 있으며 음식을 조리할 수 있다는 것이 최대의 장점. 항구가 보이는 앞쪽 방과 전망이 없는 뒤쪽 방의 요금 차이가 있는데 전망 좋은 방이 빨리 찬다. 시설에 비해 요금은 비싸지 않은 편이며 음식을 해 먹고 싶은 여행자에게 추천한다.

호텔 소니아 Hotel Sonia

Map P.759-B1 주소 9 Irodotou St. 85300, Kos **전화** (+30)22420-28798 **요금** 더블 €90~100(개인욕실, A/C), 4인실 €150(개인욕실, A/C) **가는 방법** 히포크라테스 동상이 있는 공원 뒤편에 있다.

비교적 최근에 리모델링을 마쳐서 깨끗하고 침구류도 편안하다. 나무가 있는 정원이 있고 1, 2층 공동 발코니에 여행자들이 어울릴 수 있는 공간도 있다. 객실은 위치와 채광, 넓이에 따라 가격 차이가 나므로 둘러보고 정하자. 성수기라 하더라도 어느 정도 흥정의 여지는 있으니 시도해 볼 것. 아침식사 불포함.

TRAVEL
INFORMATION
여행 준비

01 여권 만들기

여권이란 대한민국 정부가 외국으로 나가는 대한민국 국민의 신분을 증명함과 동시에 외국 정부에 여권 소지자에 대한 보호를 요청하는 공문서다. 즉, '해외용 주민등록증'이라고 보면 된다. 공항에서의 출입국 심사, 호텔 체크인, 환전 등을 할 때 신분증으로 사용되니 잃어버리지 않도록 조심해야 한다. 여권을 발급받으면 서명 란에 사인을 하고 사진이 부착된 맨 앞면은 분실에 대비해 복사해서 따로 보관하는 게 좋다. 튀르키예는 90일까지 무비자 체류가 가능하기 때문에 별도의 비자는 필요없다.

여권의 종류

여권은 사용 횟수에 따라 단수 여권과 정해진 기간 안에 무제한 사용할 수 있는 복수 여권으로 나뉜다. 단수 여권의 사용 기간은 1년이며 일회성이기 때문에 한 번 사용했으면 기간이 남아 있어도 재사용이 불가능하다. 복수 여권의 기한은 5년과 10년 두 종류가 있다. 군 미필자 등 특수한 경우를 제외하고는 10년 복수 여권을 발급받는 것이 일반적이다.

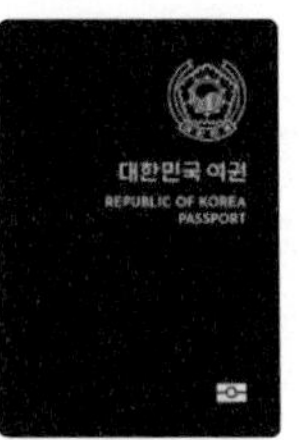

인터넷 예약 시스템

여행 성수기에 여권을 발급받기 위해서 몇 시간씩 기다리는 불편을 해소하기 위해 2007년 5월 1일부터 인터넷을 통해 해당 지역 여권과의 방문 일정을 예약할 수 있도록 했다. passport.go.kr에 접속하면 인터넷 예약이 가능함은 물론 각 지역 여권과 안내를 받을 수 있으며 여권 신청서도 출력할 수 있다.

©passport.go.kr

여권 발급 때 필요한 준비물

1. 여권 발급 신청서

서울 각 구청의 여권과, 광역시청 여권과, 각 도청의 여권계에 비치되어 있다.

2. 여권용 사진 2매

규격 3.5×4.5㎝의 최근 6개월 이내에 촬영한 컬러 사진으로 정면 얼굴에 양쪽 귀가 드러나야 하며 뒷배경은 반드시 흰색이어야 한다. 인위적으로 사진의 톤을 바꾸거나 본인 얼굴 외 다른 사물이 있어서도 안 된다. 선글라스나 모자를 착용한 사진도 무효.

3. 여권 발급 인지대

단수 여권 15,000원, 10년 복수 여권 50,000원.

4. 신분증 및 기타

주민등록증, 운전면허증 등 국가가 발급한 사진이 부착되어 있는 신분증. 학생증이나 사원증은 안 된다. 여권 발급 신청서에는 현재 거주지와 본적, 가족의 주민등록번호를 적어야 하는 칸이 있다. 주민등록 등본에 모든 것이 기재되어 있으니 모른다면 주민등록 등본을 떼자.

5. 여권에 서명하기

무사히 여권을 발급받았으면 맨 먼저 해야 할 일은 본인의 자필 서명을 하는 것. 여권 맨 앞장의 서명 난에 서명을 하면 된다. 한 가지 주의할 점은 외국에서 서명을 해야할 일이 있을 때 여행자의 자필 서명과 여권의 서명이 동일해야 한다. 서명이 다르면 사용할 수 없으므로 괜히 장난스럽게 서명하는 것은 금물.

+ 알아두세요!

여권의 진화 전자여권
Electronic Passport

시대가 달라지니 여권도 달라집니다. 2008년 8월 25일부터 여권의 위·변조 방지 기능을 강화한 새로운 전자여권이 발급되었습니다. 여권의 형태는 기존 여권과 동일하며 앞표지에 국제 민간항공기구(ICAO)의 표준을 준수하는 전자여권임을 나타내는 로고가 들어가 있고 뒤표지에 보이지 않는 비 접촉식 IC 칩과 안테나가 내장되어 있습니다. 칩에는 바이오 인식정보(Biometric Data)와 신원정보가 저장됩니다. 2021년 12월에 보안이 한층 강화된 파란색 신여권이 발급되었으며, 기존 여권 소지자는 유효기간까지 그대로 사용할 수 있어 별도로 갱신할 필요는 없습니다.

여권 재발급

여권을 분실했거나 훼손된 경우, 잦은 해외여행으로 더 이상 사증을 받을 공간이 없을 경우, 여권의 유효기간이 6개월 미만 남았을 때는 여권을 재발급 받아야 한다. 재발급할 때 구여권이 반드시 필요하며 절차는 기본적으로 여권 발급 절차와 동일하지만 여권 재발급 사유를 적는 신청서가 하나 더 추가된다.

여권을 분실했을 때는 문제가 복잡해진다. 국내에서 분실했다면 분실 신고서만 작성하면 되지만 해외에서 분실했을 경우는 관할 경찰서에 찾아가 분실 경위를 작성하고 현지 경찰서의 직인이 찍힌 경찰확인서 Police Report를 함께 제출해야 한다. 발급 기간이 2주일 이상 걸리므로 절대 잃어버리지 않도록 주의하자. 잦은 분실신고는 재발급에 불이익을 당할 수 있으니 보관에 항상 주의할 것!

군 미필자의 여권 발급

민간인과 달리 군 미필자는 해외여행을 하기 위해서 한 장의 서류가 더 필요하다. 병무청에서 발행하는 '국외 여행 허가서'라는 서류인데 25세 이상의 군 미필자에게만 해당된다(단, 24세에 해외여행을 시작해 25세까지 한다면 발급받아야 한다). 예전에는 병무청을 직접 방문해야 했지만 요즘은 인터넷으로도 발급이 가능하다. 병무청 홈페이지 www.mma.go.kr→민원마당(민원신청·조회)→국외 여행·국외 체재 민원신청으로 가서 '국외 여행(기간 연장) 허가 신청서'를 제출하면 2일 후 병무청 사이트를 통해 출력할 수 있다. 두 건의 서류가 발급되는데 '국외 여행 허가서'는 여권을 발급할 때 사용하고 '국외 여행 허가 증명서'는 출국할 때 인천공항의 병무 신고 사무소에 제출해야 한다.

여권 발급처

2008년 5월부터 서울의 모든 구청에서 여권 발급이 가능해졌다. 지방은 광역시청과 각 도청 소재지의 여권과에서 발급해 준다.

자세한 사항은 외교통상부 여권안내 홈페이지 www.passport.go.kr를 참고하자. 여권 신청·발급→접수기관 안내를 클릭하면 전국의 여권 발행 관청의 연락처를 알 수 있다.

+ 알아두세요!

인천공항에서 여권 발급받기

인천공항의 외교통상부 영사 민원 서비스 센터에서는 당일 출국자에 한해 긴급한 사유가 있을 경우 여권을 발급, 연장해 주고 있습니다. 여기서 말하는 '긴급한 사유'란 유학이나 해외 학회 참석 등이 해당하는데 긴급상황을 증명할 수 있는 서류(초청장이나 학회 주최 측에서 발행한 팸플릿 등)를 제출하면 단수 여권을 발급받거나 여권기간을 연장할 수 있습니다. 긴급 여권은 비전자여권으로 유효기간 1년 이내의 단수여권입니다.

인천공항 외교통상부 영사 민원 서비스 센터

위치 1청사: 3층 출국장 F와 G 카운터 사이, 2청사: 2층 중앙 정부종합행정센터 내.

업무 09:00~12:00, 13:00~18:00(공휴일 휴무)

전화 1청사: (032)740-2777~8, 2청사: (032)740-2782~3

준비서류

신분증, 여권발급신청서(민원센터 구비), 긴급여권 신청 사유서(민원센터 구비), 여권용 사진 1장(공항 내 즉석사진 촬영기 사진 가능), 항공권 사본, 병역관계서류(해당자만)

소요시간 약 1시간 요금 53,000원

*1년 이내에 2회, 5년 이내에 3회 이상 여권 분실자는 발급 불가.

02 여행 정보 수집

여행 갈 지역에 대한 사전 정보 수집은 알찬 여행의 지름길. 여행의 종류에 따라 필요한 정보가 다르겠지만 다양한 정보는 현지에 대한 이해를 높여 결과적으로 풍성한 여행을 만들어 준다. 유적지 소개, 교통 및 숙소에 관한 실용정보, 알아두면 좋은 자투리 정보까지 수집할 정보는 무궁무진하다. 자신의 여행 스타일과 목적에 맞게 준비하자.

여행지 선정하기

튀르키예를 여행하고 싶은데 어느 곳을 어떻게 얼마나 다녀야 좋은 여행일까? 여행하기 전 누구나 드는 의문이다. 일단 여행 계획을 세웠으면 막연히 꿈꿔 왔던 생각을 중심으로 자신의 관심사를 구체화하는 것이 중요하다. 예를 들어 '튀르키예에 있는 고대 그리스 유적을 가보고 싶다', '흑해를 보고 싶다', '이슬람 문화를 체험하고 싶다' 등 여러 가지가 있을 것이다. 이러한 취향을 고려해 방문지를 선정하는 것이 첫 번째 방법이고 두 번째는 많은 사람들이 방문하는 '기본 코스'를 중심으로 자신의 관심에 맞는 방문지를 추가 선택하는 것이다. 한국인이 가장 많이 방문하는 튀르키예의 도시는 '이스탄불, 카파도키아, 페티예, 셀축, 파묵칼레' 등이다. 지도를 펴 놓고 체크해 가며 동선을 확인하고 해당 지역에 관한 정보를 가이드북, 인터넷 동호회 등을 통해 수집하는 게 좋다.

여행 계획을 세웠으면 기본적으로 가이드북을 구입하고 인터넷 동호회에 가입해 적극적으로 정보를 수집하려는 노력이 필요하다. 책을 읽고 동호회에 자주 들락거리다 보면 추상적인 여행이 실제적인 개념으로 잡힌다.

실제 여행 준비

기본적인 여행 계획이 이루어졌다면 다음 단계는 적극적인 자세로 실질적인 여행 준비가 필요하다. 여권은 어떻게 만드는지, 환전은 어떻게 하는지, 현지에서 주의해야 할 사항은 무엇인지 등 구체적인 정보를 수집하고 여행 동호회나 튀르키예 관련 단체에서 하는 여행설명회에 참가하는 것도 좋은 방법이다. 여행설명회는 튀르키예에 대한 이해를 높일 뿐 아니라 먼저 다녀온 여행자로부터 구체적이고 상세한 정보까지 얻을 수 있고 혼자 떠나는 사람은 동행을 구할 수 있다는 면에서 적극 권장할 만하다. 궁금했던 점을 미리 메모해서 질문하는 것도 좋다.

아울러 시간 날 때마다 틈틈이 튀르키예 관련 책자를 읽어보는 것도 좋다. 꼭 여행 관련 책이 아니더라도 역사나 문화, 풍속에 관한 일반적인 책도 튀르키예에 대한 이해를 높여줘 결과적으로 풍부한 여행을 만들어 준다. 요즘 시중에 봇물처럼 나오고 있는 여행기도 가볍게 읽기에 나쁘지 않다. 단, 여행기는 저자의 주관적인 입장에서 본 것이므로 '그럴 수도 있구나' 정도로만 받아들이고 참고자료로만 활용하는 것이 좋다. 아울러 환율 체크와 여행 시기의 현지 날씨, 특별한 사정(이슬람 축일인 라마단이 끼었다든지)이 있는지 꼼꼼히 확인하자.

튀르키예 관련 추천 도서

〈있는 그대로 튀르키예〉 (알파고시나씨 저, 초록비책공방)
〈처음 읽는 터키사〉 (전국역사교사모임 저, 휴머니스트)
〈터키, 1만 년의 시간여행〉 (유재원 저, 책문)
〈터키 박물관 산책〉 (이희수 저, 푸른숲)
〈세상을 바꾼 이슬람〉 (이희수 저, 다른)
〈이슬람의 모든 것〉 (존 L. 에스포지토 저, 바오)
〈오스만 제국사〉 (도널드 쿼터트 저, 사계절)
〈이스탄불〉 (오르한 파묵 저, 민음사)
〈내 이름은 빨강〉 (오르한 파묵 저, 민음사)

현지 정보 확인하기

여행 출발 약 열흘 전에 해당하는 단계로 환전을 하고 준비물품을 구매해 배낭을 꾸린다. 환전은 공항에서도 할 수 있으니 급하게 서두를 건 없지만 공항은 시내보다 환율이 좋지 않다는 점을 명심하자. 짐은 꼭 필요한 것만 챙기고 없으면 현지에서 산다는 마음을 갖는 게 좋다.

이 단계에서 가장 중요한 것은 최근 여행을 다녀온 이들의 정보다. 튀르키예도 물가 변동폭이 심하기 때문에 현지의 물가와 날씨, 교통편 등 이미 알고 있는 것이라고 해도 다시 한 번 확인해 두는 것이 좋다. 가능하면 최근에 튀르키예를 다녀온 사람을 만나보는 게 제일 좋은 방법. 아울러 항공권을 발권하고 항공 스케줄이 문제가 없는지 다시 한 번 확인하고 튀르키예 도착 첫날의 숙소(대부분 이스탄불)를 예약해 두자.

튀르키예 여행 동호회 인터넷 카페

알아두면 유용한 사이트&연락처

외교통상부 www.go.kr
해외안전여행 정보(외교통상부 제공) www. 0404.go.kr
여행신문 www.traveltimes.co.kr
한국 국제관광전 www.kotfa.co.kr

튀르키예 관광청 한국 홍보대행사
주소 서울시 서초구 동광로 18 유창빌딩 2층 201호 (주)나스커뮤니케이션
전화 (02)336-3030
홈페이지 www.naspr.com
업무 월~금요일 09:30~12:00, 13:00~17:30

튀르키예 대사관
주소 서울시 중구 동호로 20나길
전화 (02)3780-1600
업무 월~금요일 09:30~12:00, 13:00~17:30

튀르키예 관련 웹사이트

튀르키예사랑 동호회 cafe.daum.net/goturkey
튀르키예한인회 www.turkeykorean.com
한국튀르키예 친선협회 www.koreaturkey.com
이스탄불 문화원 facebook.com/koreatulip

+ 알아두세요!

나홀로 여행자의 튀르키예 여행법

국내든 해외든 혼자서 여행하는 것은 그 자체만으로 설레는 일입니다. 하지만 나홀로 여행은 많은 책에 소개되어 있는 것처럼 그다지 낭만적이지만은 않습니다. 여행지에서 발생하는 모든 일을 스스로 해결해야 함은 물론 깊은 밤 물밀듯이 밀려오는 고독과 향수는 여행의 의지를 떨어뜨리지요. 그러나 여행지에서 다양한 국적의 여행자들을 만나 친구를 사귈 수 있고 현지인의 집에 방문할 기회가 많은 등 나홀로 여행의 장점도 만만치 않습니다. 무사히 여행을 마쳤을 때 드는 성취감과 자부심은 여행을 넘어 인생을 살아가는 데 무엇과도 바꿀 수 없는 소중한 경험이 되지요. 여행을 떠나기 전 현지 정보를 꼼꼼히 챙기고 돌발상황 대처법을 숙지하고 자신만의 '고독 퇴치법'을 개발한다면 누구든 떠날 수 있습니다. 세상은 저지르는 자의 몫이니까요.

03 튀르키예 여행, 언제가 좋을까?

내가 튀르키예로 갈 때 날씨는 어떨까? 여행을 준비하며 가장 궁금한 것 중의 하나다. 튀르키예는 면적이 크지만 한국과 거의 동일한 위도이기 때문에 전체적인 기후는 한국과 비슷하다. 다만 남부 지중해와 북부 내륙지방 간의 기후 격차는 크다. 시기에 따른 날씨를 알고 가면 현지 적응이 그만큼 쉬워진다.

봄(3~5월)

날씨가 풀리고 해가 점점 길어지는 시기로 여행이 시작되는 때다. 이 시기는 일교차가 커서 낮에는 반팔을 입고 다녀도 되지만 밤에는 재킷을 입어야 할 정도로 한기가 느껴진다. 아나톨리아 고원에는 들꽃이 만발하는 시기라 흐드러지게 핀 꽃구경하기 좋다. 3월 말부터 서머타임이 실시된다.

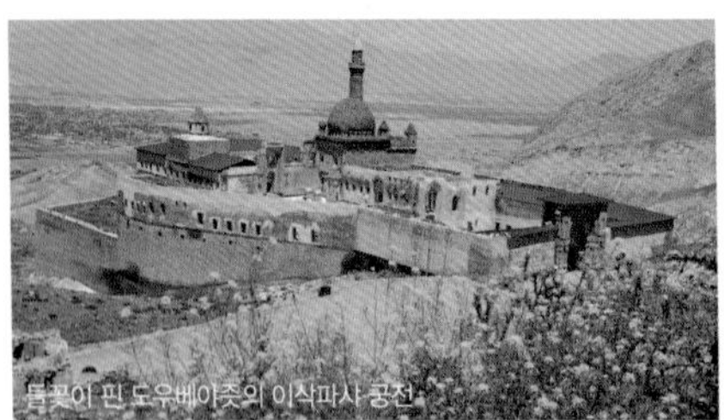
들꽃이 핀 도우베야즛의 이삭파샤 궁전

여름(6~8월)

튀르키예 여행의 최성수기다. 유럽에서 대형 관광선이 들어오고 지중해, 에게해의 각 리조트와 해수욕장은 밀려드는 관광객으로 정신을 못 차릴 정도다. 기온은 6월에 30℃를 웃돌며 8월에는 40℃에 육박한다. 남동부 지역은 최고의 혹서기로 40℃를 넘는 날씨가 연일 지속되니 이 시기 남동부 지역을 여행하는 건 말리고 싶다. 카르스, 에르주룸 등 북동부 내륙지방은 상대적으로 선선하다.

피서 인파로 북적이는 알란야의 해변

가을(9~11월)

낮에는 덥지만 저녁에는 선선해서 쾌적하다. 봄과 마찬가지로 반팔과 긴팔을 모두 준비하는 것이 좋다. 특히 9월 중순부터는 날씨가 부쩍 쌀쌀해지니 긴옷과 점퍼, 침낭을 꼭 챙기도록 하자(튀르키예에서도 옷은 살 수 있지만 생각보다 비싸다). 해안지방의 크루즈와 투어 보트는 모두 철수하고 바닷바람이 차가워지며 비가 오는 날이 많아진다. 이슬람 금식기간인 라마단이 속해있으며 10월 마지막 주에 서머타임이 끝난다.

구름이 많이 낀 가을날의 보즈자 섬

겨울(12~2월)

기후 면으로 볼 때 튀르키예 여행의 비수기. 동부 내륙지방은 기온이 영하로 내려가며 눈이 많이 내린다. 지중해, 에게해 지역은 많이 춥지는 않지만 비가 자주 내린다. 침낭과 우의, 우산을 준비하고 날씨가 상당히 추우니 점퍼나 재킷 등 방한 대책을 철저히 세워야 한다. 눈 덮인 블루모스크나 카파도키아의 기암괴석은 평소와는 또 다른 매력으로 다가온다. 남동부 지방을 여행하기에 가장 좋은 때이기도 하다.

04 어떻게 돌아다닐까? 여행 코스 짜기

정보 수집이 어느 정도 진행되었다면 여행 코스를 짜 보자. 생각 같아서는 튀르키예를 다 돌아보고 싶지만 일정이 한정되어 있어 그럴 수는 없는 법. 초보 여행자는 도시 이름조차 낯선데 어떻게 이동하고 며칠 머물러야 하는지 개념이 안 잡히기 마련이다. 아래 소개하는 요령을 참고해 여행 기간에 맞는 나만의 코스를 짜 보도록 하자.

내가 가고 싶은 곳이 어디인가?

여행 일정을 짜기에 앞서 선행되어야 할 것으로 자신이 튀르키예에서 뭘 원하는지 아는 것이 중요하다. 튀르키예에는 기원전 고대 왕국과 그리스 도시국가 유적, 깨끗하고 낭만적인 해변 휴양지, 기독교 성지, 이슬람 성지 등 여행 테마가 무궁무진하다. 유적과 바다에 중점을 둔다면 에게해, 지중해 쪽으로 여행하는 것이 적당하고 이슬람의 체취를 느끼고 싶다면 남동부, 고대 왕국의 흔적을 더듬고 싶다면 중부 지방을 중심으로 여행하는 것이 적당하다. 사람들이 많이 방문하는 코스는 그만한 이유가 있겠지만 가장 중요한 것은 자신의 취향과 여행 목적이다.

샨르우르파의 이슬람 성지

예산과 시간은 어느 정도인가?

여행은 꿈과 낭만의 행복한 여정임에 틀림없지만 실질적인 시간과 예산이 있어야 가능한 것. 당연한 얘기지만 자신에게 허락된 시간과 금전을 고려해 여행 기간을 정해야 한다. 참고로 튀르키예 내에서 한 번에 최대한 체류할 수 있는 기간은 90일이다.

지도에 찍어보자

가고 싶은 곳도 정해졌고 예산에 맞춘 여행 기간도 나왔다면 이제 튀르키예 전도를 펼쳐놓고 도시를 찍어보자. 일단은 가고 싶은 도시를 전부 찍는다. 분명 예상 일정으로는 다 가기 힘든 숫자가 나올 것이다. 도저히 뺄 수 없는 도시를 추려낸 후 동선을 고려해 나머지 도시를 정하고 못 가는 곳은 다음 여행을 위해 남겨놓는다는 마음의 여유를 갖도록 하자.

어디서 며칠이나 머물러야 할까?

어느 도시에서 하루를 묵고 어느 곳에서 3일을 머물러야 할까? 고민되는 문제가 아닐 수 없다. 이때 유용한 것이 자신만의 여행 달력을 만드는 것이다. 출발일부터 도착일까지 요일과 숫자를 나열하고 동선을 고려해 도시별 체류일수를 정해야 하는데 보통 이스탄불, 카파도키아 등 튀르키예 관광의 핵심도시는 3일, 셀축, 파묵칼레 등 중요 볼거리가 있는 도시

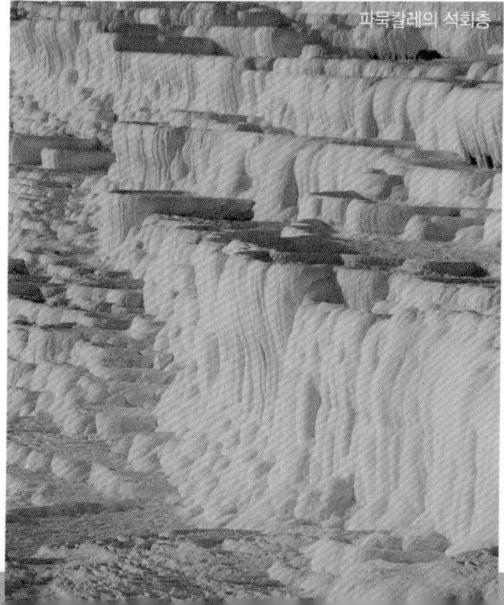
파묵칼레의 석회층

는 2일 정도 잡는다고 생각하면 된다. 열흘 이내의 짧은 여행이라면 가이드북에 나와 있는 도시별 볼거리를 확인하고 구체적인 동선과 구간별 이동에 걸리는 시간도 체크하는 등 꼼꼼하게 짜는 게 좋다. 일정을 짜면서 반드시 기억해야 할 것이 예비일이다. 모든 것이 내 뜻대로 되면 좋겠지만 현지에서의 돌발사정을 감안해 하루 이틀 정도는 여유를 두는 것이 좋다(매우 중요한 사항이니 꼭 기억하자).

도시간 이동과 숙박은 어떻게 할까?

튀르키예에서 여행자들이 가장 많이 이용하는 교통수단은 버스다. 도시간 거리에 따라 주간 이동, 야간 이동이 나눠지는데 시간이 촉박한 여행자라면 국내선 항공을 이용하는 것도 고려하자. 교통수단을 알아보는 과정에서 때로 일정 수정이 불가피한 경우도 있다.

숙박은 예산을 고려해 정한다. 배낭여행이라고 해서 꼭 저렴한 곳만 전전할 필요는 없다. 여행 마지막 날 연인과의 특별한 추억을 위해 아꼈던 숙박비를 한번에 쓰는 것도 여행의 요령이다. 여행 성수기를 제외한다면 튀르키예의 숙소는 기본적으로 예약제는 아니다.

+ 알아두세요!

튀르키예의 지역별 특징

한국의 8배에 해당하는 넓은 국토를 가진 튀르키예를 한마디로 정의 내리기란 불가능합니다. 다양한 튀르키예의 모습을 지역별로 나눠 특징과 매력을 알아봅니다.

이스탄불과 마르마라해

에게해와 흑해의 중간에 있는 바다가 마르마라해입니다. 이스탄불은 마르마라해와 흑해가 이어지는 보스포루스 해협 초입에 자리해 아시아와 유럽 대륙을 잇고 있으며 수많은 왕조의 수도였던 관계로 다양한 문화유산이 잘 남아 있습니다. 튀르키예 여행의 시작과 끝이 바로 이스탄불에서 이루어지지요. 이밖에 오스만 제국의 첫 수도였던 부르사, 셀주크 왕조의 수도였던 이즈니크, 유럽으로 가는 관문 에디르네 등의 도시가 있습니다.

바다가 있는 이스탄불

에게해

튀르키예의 서부 해안지방으로 그리스를 마주보고 있는 바다가 에게해입니다. 에게해안 지방의 특징은 고대 그리스 도시국가 시절 그리스인들이 건설한 도시 유적이 잘 남아 있죠. 유명한 에페스를 비롯해 프리에네, 밀레투스, 디디마와 페르가몬 왕국이 있었던 베르가마가 대표적인 유적도시입니다. 기독교인들이라면 빼놓을 수 없는 성모 마리아의 집도 셀축에 있고 석회층으로 유명한 파묵칼레도 에게해 내륙에 자리하고 있습니다.

지중해

올림포스의 해변

여름철 튀르키예를 여행한다면 꼭 권하고 싶은 곳입니다. 깨끗한 바다와 해변, 섬 투어, 고대유적이 어우러져 여행자들의 마음을 단번에 사로잡습니다. 패러글라이딩으로 유명한 페티예, 투어의 전진기지 안탈리아, 낭만적인 시데, 지중해의 숨은 진주 달얀 등 여행할 곳이 너무나 많답니다. 동 지중해의 끝자락에 있는 안타키아를 통해 시리아로 갈 수도 있습니다. (오랜 내전과 지진의 피해로 시리아는 2024년 현재 외교부 지정 여행금지 국가임)

중부 아나톨리아

평균 해발 700~800m의 고원으로 이루어져 있는 중부 지방은 세계 최초의 철기문명이 꽃피었던 히타이트 왕국을 비롯한 수많은 고대왕국이 있었던 곳입니다. 튀르키예 공화국의 수도 앙카라가 이곳에 있으며 튀르키예 관광에서 빼 놓을 수 없는 카파도키아, 세계문화유산 넴루트 산 등 사시사철 여행자의 발길이 끊이지 않는 곳입니다.

카파도키아의 기암괴석

동부 아나톨리아

아니의 유적

이란, 아르메니아, 조지아와 국경을 맞대고 있는 곳으로 험준한 산악지방입니다. 〈성서〉에도 등장하는 산이자 튀르키예에서 가장 높은 아라라트 산, 이삭 파샤 궁전이 있는 도우베야즛과 아르메니아 유적이 잘 보존된 아니, 튀르키예 최대의 호수가 있는 반 등 여행지로서의 매력이 가득한 곳입니다.

남동 아나톨리아

샨르우르파의 자미

지역적으로는 시리아, 이라크와 접하고 있는 곳으로 다양한 모습을 가진 튀르키예에서도 지방색이 가장 강한 곳입니다. 이슬람 전통이 강해 서부 튀르키예와는 달리 이슬람의 체취가 물씬 나며 여행자들에게 강렬한 인상을 남깁니다. 선지자 아브라함이 태어난 샨르우르파, 기독교 역사에서 빼 놓을 수 없는 하란, 로마시대의 모자이크화로 유명한 가지안테프와 마르딘이 주요 방문지이며 전통적으로 쿠르드인들의 땅입니다.

흑해

북부 흑해 연안은 연중 온화한 기후를 보이며 비가 자주 내리기 때문에 차 재배에 적합한 기후입니다. 튀르키예에서 생산되는 차와 픈득(헤이즐넛)의 90% 이상이 이곳에서 재배되며 사람들의 정이 많기로도 유명하지요. 중세 전통가옥이 잘 보존된 사프란볼루, 아마스라, 시놉, 트라브존 등이 여행지로 각광받고 있습니다.

전통가옥이 잘 보존된 사프란볼루

05 항공권 구입 요령

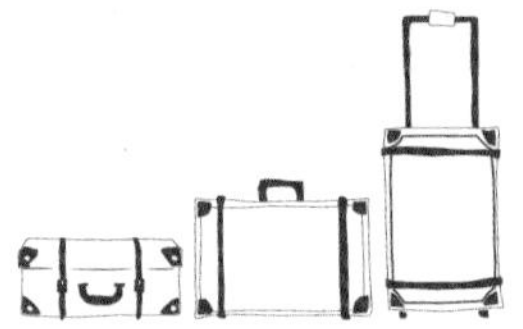

저렴한 항공권 구입이야말로 알뜰여행의 지름길. 미리 다녀온 사람을 통해 저가 항공권 정보를 구하거나 튀르키에 전문 여행사를 이용하자. 꾸준한 인터넷 탐색과 발품을 파는 것이 저렴한 항공권을 구하는 필수조건이다.

성수기는 피하자

항공권은 기차, 버스표와 달리 정가가 없으며 성수기와 비수기에 따라 가격 차이가 난다. 성수기에는 항공권 요금도 비싸지만 좌석을 구할 수 없는 경우가 많기 때문에 성수기에 여행갈 계획이라면 일찍 예약하는 것이 좋다. 그러면 성수기에 떠나는 항공권을 비수기에 미리 구입하면 비수기 요금을 적용받는 건 아닐까? 답은 '절대 아니올시다'. 항공권은 출발일 기준으로 요금이 정해지기 때문에 비수기에 사더라도 성수기 요금이 적용된다. 일반적으로 성수기란 사람들이 많이 몰리는 여름·겨울방학, 설, 추석 연휴기간이다.

예약 및 발권은 어떻게?

여행일이 정해졌으면 항공권 예약부터 해야 한다. 만일 여행 기간이 성수기라면 2~3개월 전에 예약해 놓는 것이 좋다. 설, 추석 등 사람들이 많이 몰리는 시기는 출발 며칠 전에 표를 구하는 것은 거의 불가능하다.

예약할 때 별도로 필요한 서류는 없고 출국일, 귀국일, 영문이름을 여행사에 말하면 된다. 이 때 중요한 것이 이름은 반드시 여권에 있는 것과 스펠링이 같아야 한다는 것! 만일 여권을 발급하기 전에 항공권 예약을 했다면 여권 신청 시 같은 이름을 써야 한다. 여권과 항공권의 영문 스펠링이 다를 경우 탑승이 거부될 수도 있으니 주의하자. 원하는 날짜에 좌석이 없으면 대기자 명단 Waiting List에 이름을 올려놓고 다른 항공편도 예약해 두는 것이 좋다. 발권 전까지는 취소에 따른 별다른 수수료는 붙지 않으며 발권할 때 여권 복사본이 필요하다. 또한 귀국할 때 현지에서 해당 항공사에 예약 재확인 Reconfirmation을 해야 하는지도 확인하자.

공동구매와 깜짝 세일을 노려라

수시로 여행 커뮤니티나 주요 할인 항공권 사이트를 체크하자. 간혹 공동구매나 깜짝 세일 항공권이 나타나기도 한다.

세금 Tax에 유의하라

9·11테러 이후 전쟁 보험료가 추가되고 최근에는 국제 유가 급등으로 유류 할증료까지 더해지면서

+ 알아두세요!

항공권 구입시 유의사항

자리가 부족한 성수기에는 비행기 자리가 확약되지 않은 상태에서 항공료를 받는 일부 여행사가 있습니다. 여행사에서 항공권을 받을 때 예약상태 Status 난에 OK가 찍혀 있는지 반드시 확인하고 영문이름이 여권과 동일한지 출국, 귀국 날짜가 제대로 되어 있는지도 확인해야 합니다. 항공권을 예약하고 자리가 OK되었다 하더라도 발권하지 않으면 무용지물. 성수기에는 보통 출발 일주일 이내, 비수기라 하더라도 최소 출발 3일 전에는 발권해야 함을 잊지 마세요.

항공권의 새로운 트렌드 전자 티켓 E-Ticket

디지털 시대가 열리면서 항공권에도 새로운 시대가 도래했습니다. 기존의 종이 항공권을 대체한 전자 티켓이 그것인데요, 여행사에 항공료를 납부하면 이메일을 통해 전자 티켓이 배달됩니다. 따로 출력하지 않아도 인천공항에서는 체크인에 큰 문제는 없으나 외국 공항에서는 시스템 오류가 자주 발생하므로 항공권을 출력해서 실물로 보관하는 게 좋습니다.

5~10만원 상당의 세금이 추가되곤 한다. 일반적으로 고시되는 항공권 가격에는 세금이 포함되어 있지 않다. 세금을 포함한 항공권 가격을 비교하도록 하자.

마일리지를 적립하라

예전에는 이용하는 항공사만 마일리지를 적립할 수 있었지만 요즘은 많은 항공사들이 제휴해 하나의 카드로 마일리지를 적립할 수 있는 프로그램이 있다. 마일리지가 쌓이면 국내선 항공을 무료 혹은 저가에 이용할 수 있으니 참고하자(단, 항공 클래스에 따라 마일리지 적용이 안 되는 경우도 있다).

스타 얼라이언스 Star Alliance
아시아나 항공, 튀르키예 항공, 싱가포르 항공, 타이 항공 등 전 세계 26개 회원 항공사.
홈페이지 www.staralliance.com

스카이 팀 Sky Team
대한 항공, 에어 프랑스, 베트남 항공, 네덜란드 항공 등 전 세계 19개 회원 항공사.
홈페이지 www.skyteam.com

원 월드 One World
영국 항공, 아메리칸 항공, 케세이 퍼시픽 항공, 일본 항공, 말레이시아 항공 등 전 세계 13개 회원 항공사.
홈페이지 www.oneworld.com

튀르키예로 가는 항공-직항편

1. 대한항공(KE) Korean Air

인천-이스탄불 구간을 직항으로 운행하는 우리나라 항공사. 최대의 장점은 갈아타는 번거로움 없이 한번에 튀르키예까지 간다는 것과 기내에서 말이 통한다는 것. 튀르키예로 가는 최고의 선택이긴 하나 국적기인 관계로 요금이 비싸다. 업무상 출장가는 사람들과 패키지 관광객이 많이 이용한다.
홈페이지 www.koreanair.com

2. 튀르키예 항공(TK) Turkish Airlines

이스탄불까지 직항으로 가는 튀르키예 국적기. 출발 시간은 늦지만 이스탄불 도착이 아침 시간이고, 직항이기 때문에 대한항공 다음으로 여행객들이 선호하는 비행기다. 한국인의 취향을 고려해 기내식으로 비빔밥을 주는 등 서비스가 좋으며 국제선과 국내선 연계 예약시 할인요금을 적용받을 수 있다(단, 국내선 구간을 한국에서 미리 발권해야 한다). 튀르키예와 이집트에 모두 취항하고 있어 이스탄불 in, 카이로 out도 가능하다.
홈페이지 www.thy.com/ko-kr

여행사와 문제가 발생했다면?

여행사에서 운영하는 단체 투어 프로그램이 광고와는 다르게 진행되거나 항공권 발급에 따른 불편 사항 등 여행사와 개인 간의 문제가 발생했을 때 다음 기관에 도움을 요청할 수 있습니다.
한국 관광협회 www.ekta.kr
한국 소비자원 www.kca.go.kr
한국 여행업협회 www.kata.or.kr

3. 아시아나 항공(OZ) Asiana Airlines

인천-이스탄불을 주 3회 직항으로 연결하는 또 다른 대한민국 국적기. 대한 항공과 비교해 큰 차이는 없으며 아침 10시경 출발해서 오후 3시경 도착한다.
홈페이지 flyasiana.com

튀르키예로 가는 항공-경유편

경유지를 거쳐 가는 항공은 시간이 오래 걸리고 수하물 분실 위험도 높지만 최대의 장점은 직항에 비해 저렴하다는 것. 출발·도착 시간과 중간 경유지에서 대기시간을 잘 따져보는 게 좋다.

경유 항공편

아에로플로트(러시아 항공) Aeroflot
홈페이지 www.aeroflot.ru/cms/ko

우즈베키스탄 항공 Uzbekistan Airways
홈페이지 www.uzairways.com

에미레이트 항공 Emirates
홈페이지 www.emirates.com/kr

카타르 항공 Qatar Airways
홈페이지 www.qatarairways.com/kr

말레이시아 항공 Malaysia Airlines
홈페이지 www.malaysiaairlines.com/kr

06 사고 걱정 끝! 여행자 보험 가입하기

탈없이 여행을 다녀오면 더 바랄 게 없겠지만 앞일은 알 수 없는 것. 여행자 보험은 여행지에서 안전을 책임져 주는 최소한의 장치다. 여행자가 현지에서 겪는 트러블은 사고가 나서 병원을 이용하거나 소지품 도난이 대부분이다. 가입할 때 최고 보상한도와 지급기일 등 세부 사항을 꼼꼼히 체크하고 노트북이나 고가의 카메라 장비는 별도의 보험을 드는 게 좋다. 여행사를 통하거나 시중의 보험회사 대리점이나 공항에서 쉽게 가입할 수 있다.

보험증서

보험에 가입하면서 가장 먼저 챙겨야 할 것은 보험증서와 사고가 발생했을 때 보험회사로 연락할 수 있는 비상 전화번호. 특히 비상 전화번호와 보험증서의 일련번호는 반드시 메모해서 여행 기간 내내 갖고 다녀야 한다.

현지에서 받아야 할 증명서

병원에 갔을 때

몸이 아프거나 교통사고가 나서 병원을 이용했다면 현지 병원에서 발행한 영문 진단서, 치료비 납부 영수증을 꼭 챙겨야 한다. 귀국해서 이 서류를 보험회사로 보내야만 보상금을 받을 수 있기 때문이다.

휴대품을 도난당했을 때

물품을 도난당했다면 먼저 가까운 경찰서로 가서 도난 사실을 신고하고 경찰서의 직인(혹은 사인)이 찍힌 경찰확인서 Police Report를 받아야 한다. 확인서 작성에서 가장 중요한 것은 도난당한 경위와 도난물품을 최대한 자세히 적어야 한다는 것. 단순히 카메라, 선글라스가 아니라 00회사의 xx카메라(가능하면 모델명까지), 00회사의 xx선글라스 이런 식으로 말이다. 분실로 인한 사고일 경우 개인의 부주의 때문이므로 보상받을 수 없으니 확인서에 반드시 '도난 Stolen'이라고 써야 한다. 귀국 후 경찰확인서를 보험회사에 제출하면 심사를 거쳐 보상한도 내에서 보상해 준다. 현금, 유가증권, 항공권 등은 보상 대상에서 제외된다.

인천 국제공항의 여행자 보험 데스크

귀국 후 보상받기

귀국 후 해당 서류를 작성해 보험회사에 제출하면 심사를 거쳐 보상액을 산정해 개인 통장으로 입금해 준다. 서류 제출에서 보상금 수령까지 1~2개월 정도 시간이 소요된다. 필요서류는 신분증, 통장 사본, 사고 경위서, 증권번호, 연락처 등이다. 해외여행에서 가장 빈번하게 발생하는 휴대품 도난의 경우, 일반적으로 1개 품목의 최대 보상액은 20만원까지다. 만일 고가의 장비를 갖고 간다면 별도의 보험을 들자.

+ 알아두세요!

여행자 보험 허위신고는 이제 그만!

여행자 보험은 말 그대로 사고에 대비한 보험으로 쓰여야지 돈을 벌 목적으로 악용되어서는 안 됩니다. 간혹 도난 사실이 없는데도 도난당했다고 신고하고 허위로 보험금을 타 내는 악덕 여행자가 있는데요, 이 때문에 여행자 보험 가입비가 비싸지거나 보상한도가 점점 낮아지고 있습니다. 현지 경찰서에서도 의심의 눈초리를 보내는 경우가 많으니 양심에 거리끼는 행동은 절대로 하지 맙시다.

07 환전 노하우

여행 준비를 하면서 골머리를 썩이는 것 중의 하나가 바로 환전이다. 일정기간의 환율변동을 예상할 수 있다면 거기에 맞춰 미리 환전해 두는 것도 좋겠지만 시시각각으로 달라지는 환율에 목매지 말고 본인이 편안한 시기에 하는 게 좋다.

돈을 어떻게 가져갈까?

해외여행을 가면서 가져가는 경비는 크게 현금, 신용카드, 국제현금카드 등이다. 본인의 취향에 따라 어떤 것을 선택해도 큰 문제는 없지만 분실을 대비해 경비를 한 가지 단위로만 가져가는 것은 바람직하지 않다. 즉, 현금+국제현금카드나 현금+신용카드 등 최소 두 가지 이상을 병행하는 것이 만일의 사태에 대비하는 길이다. 최근 나온 트래블월렛 카드나 트래블로그 카드는 수수료 없이 리라를 인출할 수 있어 여행자들에게 각광을 받고 있다. 그렇지만 카드 훼손이나 분실을 고려해 일정액의 현금을 준비해 가는 게 좋다.

경비 결제

달러(유로) 현금 Cash

한국에서 준비해 간 달러나 유로의 현금은 튀르키예 국내 은행이나 사설 환전소를 통해 튀르키예 리라로 바꾼 후 사용한다. 한국과 마찬가지로 튀르키예에서도 모든 물건은 현금 거래가 원칙이다. 신분증을 확인할 필요도 없고 신속하게 거래가 이루어져 편리하다는 최대의 장점이 있으나 분실했을 경우 보상을 받을 아무런 방법이 없다. 여행 경비를 모두 현금으로 가져가는 일은 될수록 피하자. 단, 카파도키아의 기구 투어 등 특정 요금은 리라보다 유로로 지불하는 편이 더 유리하니 일정액의 유로 현금을 가져가는 게 좋다.

튀르키예의 사설 환전소

신용카드 Credit Card와 국제현금카드 International Cash Card

고급 호텔이나 대형 쇼핑몰에서 신용카드로 결제가 가능해 편리하게 이용된다. 카드의 장점은 많은 양의 현금을 들고 다니지 않아도 된다는 것. 튀르키예는 지방의 소도시라 하더라도 은행과 ATM 기기가 있어 현금카드로 돈을 인출할 수 있다. 은행에 따라 카드가 호환되는 곳이 있고 그렇지 않은 곳이 있으니 인출이 안 될 경우는 실망하지 말고 다른 ATM을 시도하자. 지점도 많고 ATM 이용도 자유로운 튀르키예 은행 Türkiye İş Bankası의 이용 빈도가 가장 높다. 수수료는 은행에 따라 다르지만 이용 건당 1~2% 정도다. 인출금액이 아닌 이용횟수에 따라 부과되는 것이므로 한 번에 많이 출금하는 게 유리하다. 우체국인 PTT에서도 현금인출이 가능하다. 일반은행과 비교해 수수료가 저렴한 편이라 여행자들의 이용빈도가 높다. 국제현금카드는 한국에서 출발 전 자신의 거래은행에 신청하면 되고 카드가 발급되면 'International'이라고 적혀 있는지 확인하고 1회와 1일 출금한도액을 미리 확인해 두자. 참고로 국제현금카드는 그 나라의 통화로만 인출된다. 튀르키예에서는 튀르키예 화폐, 이집트에서는 이집트 화폐.

트래블월렛(또는 트래블로그) 카드

환전 수수료 없이 현지 통화로 결제하거나 현금을 인출할 수 있어 인기가 높다. 튀르키예의 경우 PTT, Zirrat Bank, Halk Bank 등에서 수수료 없이 튀르키예 리라를 인출할 수 있다. 트래블월렛 어플을 설치하고 실물카드를 발급받으면 된다.

출발 전 환전하기

한국의 원화는 미국 달러나 유로처럼 튀르키예에서 통용되지 않는다. 각 은행 본점에서는 튀르키예 리라를 보유하고 있지만 원화를 리라로 바꿔가는 방법은 보관이 불편해 그다지 현명하지 못하다. 원화를 달러나 유로로 바꾼 후 튀르키예에서 다시 리라로 바꾸는 방법이 좋다. 주의할 점은 고액권으로 환전해야 한다는 것. 튀르키예의 환전소는 고액권을 선호하기 때문에 10달러 10장과 100달러 1장은 환율이 다르다(환전소에 따라 차이는 있지만 보통 50달러와 100달러를 고액권으로 분류하며, 20달러와 10달러를 중액권, 5달러와 1달러를 소액권으로 취급한다). 고급 호텔에서 팁으로 사용할 약간의 소액권을 제외하고 고액권으로 가져가기를 권한다. 출발 3~5일 전에 인터넷 사이트에서 각 은행의 환율을 비교해 보고 좋은 환율의 은행을 선택하도록 하고 할인쿠폰 제공, 학생 우대환율, 여행자 보험 가입 등의 서비스 항목도 자세히 체크하자. 환전할 때 여권이 필요하다.

튀르키예에서 환전하기

은행이나 사설 환전소를 이용하면 된다. 은행에 해당하는 튀르키예어는 '반카스 Bankas '. 은행은 고유 이름에 따라 '튀르키예 이쉬 반카스 Türkiye İş Bankası', '티.시 지라트 반카스 T.C ZİRRAT BANKASI', '아크 반카스 Ak Bankası'라고 씌어 있으며 사설 환전소는 '익스체인지 Exchange'라고 되어 있어 쉽게 알아볼 수 있다. 아울러 튀르키예의 모든 우체국에서도 환전 업무를 취급하니 기억해 두자. 현금일 경우 창구에 돈을 내면 환율에 맞게 리라로 환전해준다. 무사히 환전을 마쳤으면 액수가 맞는 지 확인하자.

국제현금카드(ATM) 사용법

1. 카드를 넣는다
2. 화면에서 'English' 선택
3. 비밀번호 입력(화면에 'Please Enter Your Pin Number(또는 Code)'라고 나온다)
4. 비밀번호 입력 후 '확인 Enter'을 누른다
5. 현금인출 'Withdrawal' 또는 신용인출 'Credit' 중 선택(자신의 계좌에서 인출하는 거라면 'Withdrawal' 선택)
6. 화면에 나오는 출금 액수를 누르든가 더 많은 금액을 인출하고 싶으면 'Other Amount'를 눌러 원하는 액수를 입력한다(단, 인출한도를 넘거나 최대 인출금액을 초과하면(ATM에 따라 조금씩 다르다) 다시 입력하라는 안내가 나온다)
7. 돈이 나오면 액수가 맞는 지 확인하고 카드를 챙긴다.

튀르키예 은행

ATM 이용시 조심!

최근 들어 외국인이 ATM을 이용해 돈을 인출하는 것을 노리는 사기꾼들이 활개를 치고 있습니다. ATM 사용이 익숙하지 않은 것을 노려 도와주겠다고 접근해서 비밀번호를 알아낸 후 카드를 바꿔치는 수법이지요. 또는 아예 처음부터 ATM 기기에 이물질을 넣어 카드가 들어가서 나오지 않게 한 후 은행직원임을 가장해 비밀번호와 카드를 털어가는 수법도 있습니다. 서양 여행자보다는 상대적으로 영어에 익숙하지 못한 동양 여행자들이 주 범행대상이지요. ATM을 이용할 때는 야외에 설치된 것보다는 은행 내부에 있는 것을 이용하도록 하고 될 수 있으면 은행 영업시간 내에 이용하는 것이 좋습니다. 또한 돈을 찾을 때 혼자보다는 일행과 함께 가도록 하고 도와준다고 접근하는 사람에게 절대로 비밀번호를 알려줘서는 안 됩니다.

ATM 이용할 때 주의해야 한다.

08 돈을 얼마나 쓸까? 예산 짜기

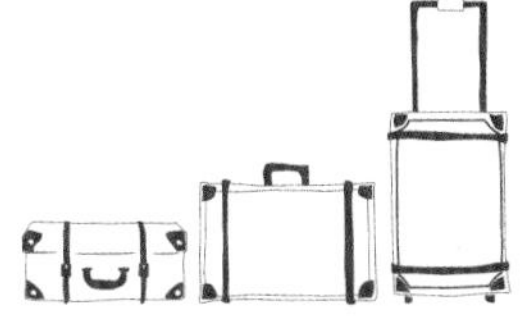

여행은 꿈만 꾼다고 되는 것은 아니다. 꿈을 현실화하는데 가장 걸리는 부분이 바로 경비, 즉 돈이다. 튀르키예는 유럽에 비해서는 물가가 싼 편이지만 한국과 비교한다면 그다지 많이 저렴하지는 않다. 튀르키예 정부가 유럽연합 가입을 추진하면서 물가를 인위적으로 끌어올리는데다 고질화된 인플레이션이 주된 이유다. 그러나 걱정은 금물! 어떤 수준으로 여행하느냐에 따라 다르지만 저렴한 게스트하우스와 손쉽게 먹을 수 있는 식당이 여전히 여행자를 반기고 있다. *환율 1TL=약 40원(2024년 11월 기준)

어디에 얼마나 돈이 들어갈까?

아무리 저렴하게 다니는 배낭여행이라고 해도 오직 '싸게싸게'에만 초점을 맞추면 몸도 피곤하고 여행의 의미를 잃어버리기 십상이다. 저렴하게 다닌다 해도 돈을 적당히 잘 쓸 줄 알아야 몸도 편하고 즐거운 여행이 되기 때문이다. 여행을 자신의 인생을 위해 창조적으로 돈을 사용하는 행위라고 봤을 때 어디에 어떻게 얼마만큼의 돈을 쓰느냐에 따라 알찬 여행이 될 수도 혹은 초라한 여행이 될 수도 있다. 다음 항목을 비교해가며 자신만의 여행 경비를 뽑아보자.

항공료

여행에서 가장 큰 비중을 차지하는 항목이다. 항공료는 국제유가에 따라 등락이 있지만 그보다는 성수기와 비수기에 따른 차이가 큰 편이다. 직항 또는 경유편에 따라서도 큰 폭의 차이가 있으니 항공시간과 요금을 비교해가며 항공편을 결정하자. 요금만 놓고 볼 때 대한항공, 튀르키예 항공 같은 직항보다 러시아 항공, 우즈베키스탄 항공 등 경유편이 저렴하다.

숙박비

여행하는 날짜에 비례해 매일 들어가는 항목으로 물가에 비해 턱없이 높은 수준을 보이고 있다. 가장 저렴한 숙박시설은 유스호스텔이지만 이스탄불을 제외하고는 찾아보기 힘들며 배낭여행자들이 가장 많이 이용하는 곳이 펜션 Pension(혹은 판시욘 Pansiyon)이라 부르는 저렴한 숙소다. 방마다 시설 차이가 있겠지만 기본적으로 욕실과 에어컨이 딸린 곳(2인 1실 기준)은 하루에 700~800TL(한국 돈 5만~6만원) 정도라고 보면 된다. 여러 명이 함께 방을 쓰는 도미토리를 갖춰놓은 숙소도 많기 때문에 이보다 더 저렴하게 머물 수도 있다. 이스탄불, 앙카라 등 대도시가 비싸고 지방 도시로 갈수록 저렴하다.

여행일수와 비례해 꼬박꼬박 드는 것이 숙박비다.

식비

튀르키예에서 여행자가 이용하는 식당은 서민들이 이용하는 서민 식당, 여행자 구역에서 여행자들을 상대로 하는 여행자 식당, 고급 호텔 레스토랑까지

잘 먹어야 잘 다닐 수 있음을 명심하자.

다양하다. 아침식사는 숙소에서 먹는 경우가 많고 (튀르키예의 숙소는 숙박비에 아침식사가 포함된 경우가 많다) 점심식사는 유적지 탐방을 하다 길거리의 샌드위치나 피데로 간단히 때우는 때가 많다. 저녁식사를 제대로 먹게 되는데 한 끼에 드는 비용은 300~400TL(한국 돈 12,000원~16,000원)라고 보면 된다. 뒤륌이나 피데 등 간단한 점심식사는 100~150TL면 된다. 고급 호텔의 저녁 뷔페는 800TL 이상이 든다.

교통비

튀르키예의 버스는 한국과 비교해도 손색이 없을 만큼 시설이 좋다. 기차도 있긴 하지만 노선이 제한되어 있어 튀르키예에서 도시간의 이동은 90% 이상 버스 이동이라고 봐도 무방하다. 버스가 시설은 좋지만 문제는 가격. 이란, 이라크 등 산유국이 인접해 있는데도 무슨 이유인지 튀르키예의 휘발유 값은 한국보다도 높아 버스비가 무척 비싸다. 지역에 따라 차이는 있지만 대체로 1시간에 100TL 정도 든다고 보면 된다. 예를 들어 이스탄불-카파도키아는 약 10시간 걸리는데 요금은 950~1000TL 선이다. 시내 교통비는 그다지 많이 들지 않는다. 도시에 따라 다르지만 하루에 100TL 정도면 충분하다.

여행 동선이 길면 교통비도 많이 든다.

유적지 입장료

튀르키예의 물가에 비해 엄청나게 높은 것이 바로 유적지 입장료다. 살인적인 인플레이션과 리라화 가치 폭락으로 유적지 입장료가 매년 오르고 있다. 이스탄불의 톱카프 궁전, 셀축의 에페스, 파묵칼레의 석회층 등 핵심 유적지의 입장료는 유적지당 €30~40(한국 돈 약 5만~6만원)에 달한다. 튀르키예까지 갔는데 톱카프 궁전과 에페스 유적을 포기할 수는 없는 일. 배가 아프지만 울며 겨자먹기로 어쩔 수 없이 지출해야 하는 항목이다. 그나마 블루 모스크를 비롯한 튀르키예 내 모든 자미(이슬람 사원)가 무료라는 사실에 위안을 얻을 뿐이다.

에페스 유적

투어 참가비

카파도키아 등 주요 관광지에는 투어상품이 잘 갖춰져 있다. 투어상품의 최대 매력은 개별적으로 다니면 2~3일 정도 걸리는 볼거리를 하루 안에 다 돌아볼 수 있게 해 준다는 것. 시간이 한정되어 있는 여행자라면 자신의 관심사에 맞는 투어상품을 적극 활용하면 보다 효율적으로 관광을 할 수 있다. 투어 참가비용은 코스에 따라 다르지만 대체로 500~600TL 정도다.

1일 투어는 여행 효율을 높여준다.

스페셜 이벤트비

여행하다 보면 그 지역에서만 할 수 있는 독특한 이벤트 상품이 있다. 카파도키아의 열기구 투어, 셀축의 스카이다이빙, 페티예의 패러글라이딩 등이 대표적인데 특별한 기억을 선사하기 때문에 높은 가격이지만 여행자들에게 각광받고 있다. 참가비가 꽤 높기 때문에 이벤트에 관심이 있다면 출발 전에

페티예의 패러글라이딩

자세한 정보를 구하도록 하고 확신이 섰다면 경비를 계산할 때 따로 산정해 놓는 것이 좋다. 참가비는 대체로 €100~150 정도다.

잡비

스마트폰과 데이터가 생활 필수품이 된 요즘 여행에서도 완전 필수품이다. 한국의 통신사에서 제공하는 해외로밍을 해서 갈 지, 유심 카드를 구입해서 사용할 지는 자신의 여행일수와 한국으로의 연락 등을 고려해서 정하면 된다(튀르키예 유심 구입 방법은 P.789 참고). 튀르키예 대부분의 호텔에서 무선인터넷을 제공하고 있으므로 숙소에서는 데이터가 따로 나가지는 않는다. 다만 속도는 한국에 비해 매우 느리다는 점을 알아두자.

한국 여행자들에게 무시못할 또 다른 잡비가 바로 술값이다. 튀르키예가 이슬람 국가지만 세속주의를 표방하고 있어 웬만한 관광지에서는 쉽게 술을 구할 수 있다. 레스토랑에서 파는 맥주 한 캔은 약 100~150TL다.

이스탄불 시내에서 유심 카드를 살 수 있다.

여행 준비 비용

여행을 준비하는 단계에서 지출하는 항목으로 여권 및 국제학생증 발급비, 가이드북 구입비, 여행자 보험 가입비, 배낭 및 여행용품 구입비 등이다. 사람에 따라서 다르지만 대체로 15~25만원 정도 든다고 보면 된다.

실제 예산을 짜 보자

앞에서 설명한 9가지의 항목을 바탕으로 이제 실제 예산을 짜 보자. 항공료와 여행 준비 비용은 국내에서 지출하는 항목이므로 사람에 따라 그다지 차이가 나지 않는다. 변수가 되는 것이 숙박비, 식비, 잡비 등의 항목인데 이것을 1일 단위로 계산해 여행일수를 곱해보면 어느 정도의 비용이 필요한지 알 수 있다. 아래 예는 어디까지나 참고만 하자. 더 적게 쓸 수도 있고 또는 더 많이 들 수도 있다.

예산 짜기 예(15일 배낭여행 기준)

항공료 110~140만원
여행 준비 비용 15~25만원
숙박비 30~45만원
식비 22~37만원
교통비 30~40만원
유적지 입장료 20~25만원
스페셜 이벤트비 15~30만원
잡비 15~20만원

합계 257~362만원
*환율 1TL=약 40원(2024년 11월 기준)

+ 알아두세요!

튀르키예의 화폐개혁 이야기

2000년대에 들어 튀르키예 정부는 두 번이나 화폐개혁을 단행했습니다. 원래 튀르키예리라(TL, Türk Lirası)를 사용했으나 지속적인 인플레이션으로 화폐단위가 무려 백만이 넘는 일이 발생했습니다. 길거리에서 간식을 사먹거나 물 한 병 값이 몇 백만 또는 천만 리라가 넘는 일이 생긴 것이죠. 이에 따른 불편을 해소하기 위해 튀르키예 정부는 2005년 1월 1일자로 신 튀르키예리라(YTL, Yeni Türk Liras '예텔레'라고 읽는다)를 만들어 0을 6개 없앤 새 지폐를 발행했습니다. 즉, 1,000,000리라가 1예텔레가 되었지요. 예텔레를 발행한 것은 화폐개혁 2단계 중 1단계에 해당하는 것으로, 국민들이 갑자기 줄어든 화폐단위에 적응하도록 하기 위한 것이었습니다. 4년 동안 예텔레를 사용해서 작은 단위에 충분히 적응되었다고 판단한 정부는 다시 예전의 리라 체제로 돌아가기로 한 것입니다.

2009년 1월 1일부터 사용하기 시작한 현행 리라는 지폐 6종류, 동전 6종류에 이르고 있으며, 기존의 예텔레와 다른 점은 200TL권이 새로 발행되었고 1TL권이 사라진 것입니다. 모든 지폐와 동전의 앞면에는 아타튀르크의 초상이 들어가고 뒷면에는 시인, 음악가, 건축가, 수학자 등 위인의 초상이 그려져 있습니다. 기존의 예텔레는 오직 아타튀르크만 있었는데 인물이 다변화된 것이죠. 50TL 지폐에는 튀르키예 문학 최초의 여성 소설가이자 철학자인 파트마 알리예 Fatma Aliye라는 여성이 채택되었습니다.

09 배낭 꾸리기

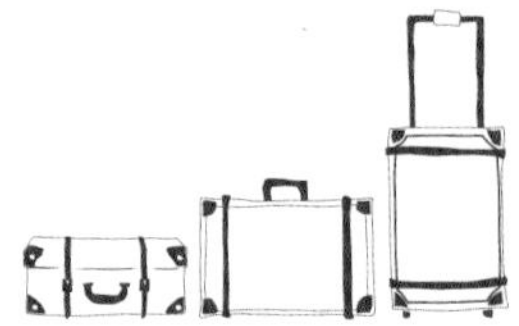

'짐의 무게와 여행의 즐거움은 반비례한다'는 이야기가 있다. 짐이 무거우면 그만큼 여행의 즐거움이 반감된다는 이야기. 꼭 필요하다고 생각되는 물품도 현지에서는 무용지물인 경우가 다반사다. 기본적으로 갈아입을 옷과 속옷, 카메라, 비상약품 등 여행 필수품을 챙기고 정 급하면 현지에서 산다는 마음으로 짐을 꾸리자. 항공사마다 약간씩 차이는 있지만 대체로 기내 반입 수하물은 7kg, 부치는 짐은 20kg을 초과할 수 없다. 이 무게를 넘으면 높은 추가요금을 내야 한다.

가방은 어떤 걸 가져갈까?

어깨끈이 부착되어 있는 배낭을 선택할 것인지 끌고 다니는 캐리어를 선택할 것인지를 결정해야 한다. 차량과 숙소가 예약되어 있는 짧은 일정이라면 캐리어도 괜찮지만 10일 이상의 자유여행을 계획하고 있다면 배낭이 낫다. 어깨에 메고 양팔을 자유롭게 쓸 수 있는데다 튀르키예의 길은 매끄러운 아스팔트보다 거친 돌길이 많기 때문이다. 캐리어를 가져갔다가 바퀴라도 부러지는 날엔 이만저만 고생이 아님을 명심하자. 배낭의 크기는 일반적인 경우 38L나 45L면 적당하다. 최근들어 바퀴가 달린 캐리어형 배낭도 나오고 있는데 배낭 자체의 무게가 많이 나가 그다지 권할 만하지는 않다.

큰 가방과는 별도로 도시 내에서 관광 다닐 때 물병, 화장품, 선크림, 가이드북 같은 소지품을 넣어 다닐 작은 가방도 필요하다. 작은 가방은 평소에 쓰던 것을 그대로 가져가도 괜찮다. 단, 사람이 많은 곳에서는 배낭을 앞으로 메는 등 소지품 관리에 신경을 써야 한다.

옷은 뭘 입고 갈까?

튀르키예의 날씨는 기본적으로 한국과 비슷하다고 보면 된다. 4~5월이라면 긴팔 옷을 위주로 짧은 티셔츠를 몇 벌 챙겨가고 6~8월에는 여름 복장을 준비하면 된다. 해변을 방문할 예정이면 수영복과 물안경 등 물놀이 도구도 챙겨가면 좋다. 여성 여행자라면 수영복은 반드시 비키니를 준비하자. 아무도 원피스를 입지 않는 튀르키예에서 원피스 수영복은 사람들의 이목을 끄는 지름길이기 때문.

해변에 간다면 수영복을 준비하자.

12~3월은 스웨터와 점퍼, 침낭을 준비해서 추위에 대비하도록 한다.

신발은 어떤 게 좋을까?

옷과 함께 여행에서 가장 중요한 것이 바로 신발! 가급적 새 신발은 피하고 발에 맞는 튼튼하고 편안한 운동화를 준비하는 게 좋다. 여름철에는 스포츠 샌들도 권할 만하다. 배낭여행일 경우 하루에 최소 5~6시간은 걷게 되니 편안한 신발은 여행의 성패를 좌우할 정도다. 저렴한 숙소는 객실에 슬리퍼가 없으므로 실내용 슬리퍼도 한 켤레 가져가면 좋다. 단, 부피가 크지 않은 것으로 준비하자.

아무리 강조해도 지나치지 않는 복대!

여행 중 절대로 잃어버려서는 안 되는 필수품이 여권과 여행 경비입니다. 이 두 가지는 복대에 넣어 허리에 두른 후 옷 속으로 집어넣어 보이지 않게 해야 합니다. 밤에 잘 때만 풀어서 머리맡에 두고 아침에 일어나면 복대부터 챙겨야 해요. 불편하다는 이유로 복대를 가방 속에 넣어 다니다간 어느 사이엔가 여권과 여행 경비가 훨훨~ 날아간답니다. 복대를 잃어버리는 순간 여행은 바로 고행으로 바뀌니 늘 몸에 지니고 다니는 습관을 들이세요.

기본 준비물

품목	내용
여권	없으면 여행이 불가능한 것으로 두말할 필요가 없다. 반드시 챙겨야 할 품목 1호. 분실을 대비해 사진이 부착되어 있는 면을 복사해 따로 보관하자.
항공권	E-티켓을 2~3장 출력해서 가는 것이 좋다.
여행 경비	유로(달러) 현금, 국제현금카드, 신용카드 등
복대	여권, 항공권, 여행 경비 등을 넣어 허리에 두른 후 옷 속에 넣어 보이지 않도록 한다.
사진	여권 분실을 대비해 여권용 사진 2매 이상 가져가도록 한다.
가이드북	현지 여행의 기본적인 길잡이가 되어 준다. 처음 가는 여행자라면 꼭 챙기자.
각종 증명서	국제학생증, 국제운전면허증, 유스호스텔 회원증 등 쓸모가 있을 것 같은 증명서는 다 가져가자.
의류	여행할 계절에 맞는 기본적인 겉옷과 속옷을 무게가 많이 나가지 않도록 준비한다.
카메라	디지털 카메라라면 충전기, 여분의 전지, 메모리 카드, USB 연결포트 등을 준비하고 필름 카메라라면 필름을 넉넉히 확보하자. 튀르키예에서도 필름을 구할 수 있다.
비상약품	설사약, 감기약, 진통제, 소독약, 곤충기피제, 밴드 등은 꼭 챙겨가야 한다. 튀르키예에도 약국은 있지만 아픈 몸을 이끌고 영어로 설명하기란 이만저만 피곤한 일이 아니다.
세면도구	수건, 칫솔, 치약, 비누, 샴푸. 많이 가져가지 말고 다 떨어지면 현지에서 구입한다는 생각으로 양을 조절하자.

가져가면 유용한 것들

품목	내용
모자	여름철 뜨거운 햇빛을 막아줄 챙이 넓은 것이 좋다.
선글라스	해외여행의 상징. 여름철 바닷가나 햇빛이 강한 남동부 지역을 여행할 때 유용하다.
자외선 차단제	여름에 여행을 간다면 필수품. 안일한 생각으로 다니다간 까마귀 사촌이 될 수도 있다.
다용도 칼	일명 '맥가이버 칼'이라고 불리는 것으로 과일 깎을 때나 병을 딸 때 등 쓸모가 많다.
다이어리	여행 중 단상을 적거나 일정을 표시하는 등의 용도.
읽을거리	시간이 남거나 휴식을 취할 때 책은 훌륭한 동반자가 되어준다.
목욕타월	일명 '이태리타월'이라고 하는 거친 것과 거품이 많이 나는 망사 형태가 있다. 자신의 스타일에 맞게 가져가자.
침낭	겨울철 여행의 필수품. 숙소에서 제공하는 이불이 있지만 추위를 막기에는 부족하다. 침낭에 쏙 들어간 후 담요를 덮으면 만사 오케이.
지퍼백	덜 마른 빨래나 먹다 남은 음식 보관 등 용도는 무궁무진하다.
실, 바늘	알뜰한 여행자는 옷에 구멍이 나도 기워 입는다. 체했을 때 손 따는 용도로도 그만이다.
배낭커버	비가 올 때나 버스 이동시 여러 가지 더러움으로부터 배낭을 보호해 준다.
쇠컵	여행자들끼리 모여 한잔할 때 상당히 유용하다.
비상식량	아플 때 먹는 한국음식은 약이다. 튜브 고추장, 깻잎, 참치캔, 라면, 김 등을 챙겨가면 도움이 된다. 단, 짐 무게를 감안해 너무 많이 챙기지는 말자.
식염수	콘택트렌즈 사용자는 여행 기간에 쓸 만큼 챙기자.
기념품	튀르키예에서 만나게 될 고마운 사람들에게 선물할 작은 기념품을 준비해 가면 좋다.
빨랫줄	플라스틱 노끈이나 얇은 철사 등을 준비해 가면 빨래를 너는 용도 외에도 쓸모가 많다.

TRAVEL INFORMATION 튀르키예 개요

01 튀르키예 기초정보

국명
튀르키예 공화국 Türkiye Cumhuriyeti, Republic of Turkey

국가의 상징물

국기 빨간 바탕에 초승달과 별이 그려져 있다. 튀르키예어로 알 바이락 Al Bayrak이라고 하며 일반적으로 아이 을드즈 Ay Yıldız라고 한다. 아이는 초승달, 을드즈는 별이라는 뜻으로 이슬람의 진리를 상징한다.

국가 독립행진곡 İstiklal Marşi

국화 야생 튤립 Tulip

위치
북위 35°~42°, 동경 25°~45° 아시아대륙의 서부이자 유럽대륙의 남동부에 위치하고 있다.

흑해, 에게해, 지중해 등 3면이 바다로 둘러싸여 있으며 불가리아, 그리스, 시리아, 이라크, 이란, 아르메니아, 조지아, 아제르바이잔 등 8개국과 국경을 맞대고 있다.

면적
779,452㎢(남한의 약 8배). 동서 1,600km, 남북 550km이며 해안선 총 연장길이는 8,300km에 달한다.

인구 및 인구증가율
8504만 3000명(2021년 기준), 인구증가율은 1.83%. 인구밀도는 92명/㎢

평균고도
902m

수도
앙카라 Ankara

인종
튀르키예족이 약 85.7%로 절대다수를 차지한다. 그 밖에 쿠르드족이 10.6%, 아랍인 1.6%, 아르메니아·그리스·유대인 2.1%. 인종갈등으로 인한 문제는 없으나 최대의 소수민족인 쿠르드족과는 고질적인 분쟁을 겪고 있다.

언어
인구의 절대다수를 차지하는 튀르키예족의 언어인 튀르키예어가 표준어이며 쿠르드족이 많이 사는 남동부지역은 쿠르드어를 사용한다. 거의 단일 언어권이라 할 수 있다.

문자
원래는 아랍문자를 차용한 오스만 제국 문자를 사용했으나 1928년 문자개혁으로 로마자를 차용해 쓰고 있다.

종교
이슬람교가 98%로 압도적이지만 이슬람이 국교는 아니며 종교의 자유를 인정하고 있다. 이슬람교를 제외한 나머지 1.5~2%가 유대교, 그리스 정교, 가톨릭으로 구성되어 있다.

정치형태
오랜동안 의원 내각제를 유지하다 2017년 개헌으로 대통령 중심제로 바뀌었다. 선출은 직선제.

집권당 (2024년 현재) 정의개발당(AKP)

대통령 레제프 타이프 에르도안 Recep Tayyip Erdoğan

통화

과거에는 튀르키예 리라(TL, Türk Lirası)를 쓰다 2005년 1월 1일부터 신 튀르키예 리라(YTL, Yeni Türk Lirası)가 통용되었다. 예니 Yeni는 '새롭다'라는 뜻이며 YTL은 '예텔레'로 불렀다. 그러다 2009년 1월 1일부터 예텔레를 폐지하고 다시 리라로 환원되었다. 1리라는 한국돈 약 40원. 지폐는 200TL, 100TL, 50TL, 20TL, 10TL, 5TL 등 6종류다. 앞면에는 모두 민족영웅인 아타튀르크의 초상이 그려져 있으며 뒷면에는 시인, 음악가, 건축가 등 튀르키예 위인들의 초상이 들어가 있다. 동전은 1TL, 50Kr, 25Kr, 10Kr, 5Kr, 1Kr가 있다. Kr는 '쿠루쉬(Kuruş)'라고 부르며 보조화폐로 사용한다. 100Kr가 1TL다. 환율은 1TL=약 40원(2024년 11월 기준).

튀르키예의 화폐(사진협조:곽세라)

전화와 우편

데이터가 여행필수품이 된 요즘은 한국에서 국제로밍을 해서 가거나 튀르키예에 도착해서 유심 카드를 구입하는 방법이 있다. 국제로밍은 스마트폰 번호 변경없이 사용하므로 편리한 장점이 있고, 현지 유심 카드는 현지 통신망을 사용하므로 통화나 데이터의 품질이 좀 더 낫다는 장점이 있다. 또한 온라인 버스 티켓 구입할 때나 동행이 헤어졌을때 등 현지 전화번호가 필요하므로 많은 여행자들이 한국에서 튀르키예 유심 카드(또는 Esim)를 구입해서 가거나, 튀르키예 도착 후 현지 유심 카드를 구입한다. 참고로 튀르키예의 통신회사는 크게 세 곳으로 튀르크 텔레콤 Türk Telecom, 투르크셀 Turk Cell, 보다폰 Vodafone이 있다. 구입요령은 매우 간단하다. 매장에 들어가면 각 통신사별 데이터와 통화시간에 따른 요금표를 비치해 놓고 있어 고르기만 하면 된다. 요금은 대체로 700~1,000TL 정도다(30일, 데이터 20GB~25GB, 통화 200분~750분). 전화번호는 캡쳐해 두거나 따로 잘 적어

우체국 표지. '페테테'라고 부른다.

두는 게 좋다. 이스탄불(또는 사비하 괵첸) 공항보다는 시내의 대리점이 저렴하다는 것도 알아두자. 우체국은 PTT라는 노란 간판을 걸고 있어 쉽게 눈에 띈다. 한국으로 엽서 한 장 보내는 데 드는 우표값은 약 20TL.

전압

220V, 50㎐ 한국의 가전제품은 별도의 변압장치 없이 사용할 수 있다. 디지털 카메라, MP3 충전 등을 한국과 똑같이 사용할 수 있어 편리하다. 시골 지역에서는 간혹 정전이 되는 경우도 있지만 전압은 대체로 안정적이다.

비디오 방식

한국과는 다른 PAL 방식이기 때문에 튀르키예에서 구입한 TV나 DVD플레이어는 한국에서 사용할 수 없으니 주의하자.

시차

전국이 단일시간대를 쓴다. 표준시와 시차는 +3시간으로 한국과는 6시간 차이가 난다. 즉, 한국이 낮 12시라면 튀르키예는 새벽 6시다. 예전에는 표준시와 +2시간에 여름철 서머타임을 적용했으나 2017년부터 서머타임을 적용하지 않는다.

기후

한국과 동일한 위도이기 때문에 전체적으로 한국과 비슷한 기후이다. 전반적으로 온화한 편이지만 해안과 내륙 고원의 기후 차이는 큰 편이다. 에게해와 지중해 지역은 여름에는 무덥고 건조하며 겨울

에는 온난다습하고 비가 많이 내린다. 흑해 연안은 온화한 해양성 기후가 뚜렷하며 기온의 월교차가 거의 없다. 중부 내륙 아나톨리아 고원지대는 여름에 고온건조하고 비가 거의 내리지 않는 반면 겨울에 눈이 많이 내린다. 겨울철에 튀르키예 여행을 간다면 우산이나 우비를 챙겨가는 것이 좋다.

세계문화유산

2024년 현재 튀르키예에는 총 21개의 세계문화유산이 지정되어 있다. 튀르키예 전역에 산재한 유적의 양과 질을 따져볼 때 턱없이 모자란 듯한 인상이다.

튀르키예의 세계문화 유산 목록

지역	문화유산
이스탄불	이스탄불 역사지구
카파도키아	괴레메 국립공원과 카파도키아 기암괴석
파묵칼레	파묵칼레의 석회층과 히에라폴리스
사프란볼루	차르시 마을의 전통가옥
보아즈칼레	히타이트 왕국의 수도 하투샤 유적
말라티아	넴루트 산의 콤마게네 왕국 무덤
디브리이	울루 자미와 병원
차낙칼레	트로이 유적
페티예	산토스, 레툰 유적
에디르네	셀리미예 자미
차탈회윅	신석기 유적
부르사	부르사와 주말르크즉 마을
페르가몬	페르가몬 고대유적과 문화경관
에페스	에페스 고대유적
아니	고고학 유적지
아프로디시아스	고대 도시유적
괴베클리테페	선사 유적지
디야르바크르	디야르바크르 성벽과 헤브셀 정원
말라티아	아르슬란테페의 선사유적지
야스회윅	고르디온 고대 도시유적
앙카라, 콘야, 카스타모누 등	중세 아나톨리아의 하이포스타일 목조 열주 모스크

카파도키아 기암괴석
파묵칼레 석회층

국가 공휴일

- 1월 1일 신년 Yılbaş
- 4월 23일 어린이날 Çocuk Bayram
- 5월 19일 청년과 스포츠날 Gençlik, Spor Gün (아타튀르크의 생일이기도 하다)
- 8월 30일 승리의 날 Zafer Bayram
- 10월 29일 공화국의 날(공화국 선포일) Cumhuriyet Bayram

종교 축제

- 쉐케르 바이람 Şeker Bayram 이슬람력 9월
- 쿠르반 바이람 Kurban Bayram 이슬람력 12월

국내총생산(GDP)

8500만 명의 인구에 국내총생산 기준 세계 19위의 경제규모이며, 환율(US$)은 33TL이다. 세계경제 침체의 여파로 경제상황이 악화되고 있다.

긴급전화번호

- 경찰 긴급전화 155 • 구급차 112
- 화재 신고 110
- 전화번호 안내 11811
- 병원 문의 184
- 잔다르마(군 경찰) 156
- 앙카라 한국 대사관 (0312)468-4821~3
- 이스탄불 총영사관 (0212)368-8368
- 튀르키예 한인회 (0212)274-1066
- 외교통상부 해외안전여행 영사콜센터(24시간) +82-2-3210-0404(유료)

02 튀르키예의 역사

튀르키예가 자리한 아나톨리아 고원은 아시아와 유럽의 접경에 해당하는 지리적 특성으로 인해 고대로부터 수많은 왕국이 역사에 등장하고 사라져갔다. 히타이트, 프리기아, 우라르투 등 고대 왕국과 그리스 도시국가 등 다양한 문명이 흥망성쇠를 거듭했으며 중동의 젖줄 티그리스와 유프라테스 강도 아나톨리아 고원에서 발원한다는 사실은 고대 메소포타미아 문명의 영향권에 있었음을 암시한다. 조금 부풀려 말한다면 아나톨리아 고원의 역사를 빼고서는 인류 문명을 제대로 이야기할 수 없을 정도다.

문명의 태동 석기, 청동기 시대
(기원전 8000~기원전 2000)

샨르우르파 인근에서 발견된 괴베클리테페 유적으로 기원전 1만년 경 이미 아나톨리아에 인류가 거주했다는 사실이 입증되었다. 이들은 수렵생활을 하다 신석기 시대 농업 중심의 정착생활로 바뀌었고 원시 예술도 발달하기 시작했다. 중부 아나톨리아 콘야 Konya 부근 차탈회윅에서 기원전 6000년경의 것으로 보이는 대규모 집터가 발견되어 이 시기에는 농경문화가 정착되었음을 알 수 있다.

청동기 시대로 접어들며 도시화가 진행되면서 건축이 시작되었고 조각과 토기도 발달했다. 에게해 연안의 트로이, 앙카라 부근의 알라자회윅이 이 시기 대표적인 유적으로 뛰어난 조형미를 보여주는 청동상이 출토되었다. 알라자회윅에서 출토된 태양을 상징하는 원, 신을 상징하는 정교한 소와 사슴 조각은 고대인들의 높은 예술 수준을 보여준다. 이곳의 청동기 문명은 훗날 그리스의 크레타 문명, 미케네 문명을 꽃피우는데 지대한 영향을 끼쳤다.

알라자회윅에서 출토된 청동 사슴상

히타이트 왕국의 등장
(기원전 2000~기원전 700)

기원전 2000년경 히타이트인들이 아나톨리아에 들어왔다. 이들은 흑해를 건너온 북방계 인도유럽어족으로 토착민인 '하티'와 주변의 소왕국을 정복하며 점차 통일왕국으로 나아갔다. 기원전 1800년경 오늘날의 보아즈칼레에 하투샤라는 이름으로 수도를 정하고 본격적인 제국의 기초를 다졌다. 기원전 16세기 무르실리스 1세 때 발달된 기마술을 이용하여 바빌로니아 왕국을 정복했다. 기원전 1300년에는 시리아까지 남진해 미탄니 왕국을 점령하고 카데시 전투에서 이집트의 람세스 2세의 군대를 격파할 정도로 강대해졌다. 이때 하투샤의 왕 하투실리스 3세와 이집트의 왕 람세스 2세 사이에 체결된 평화조약은 세계에서 가장 오래된 조약으로 유명하다(협약을 기록한 점토판은 이스탄불의 고고학 박물관에 전시되어 있다).

히타이트 왕국의 전사

말을 이용한 우수한 기동력과 철제 무기를 바탕으로 아나톨리아를 호령하던 히타이트 왕국은 기원전 1200년경 바다를 건 온 해양민족에게 돌연 멸망했다. 호메로스의 〈일리아드〉에 나오는 트로이 전쟁도 같은 시대에 있었던 일이다. 당시 그리스 본토에 살던 주민들이 대규모로 아나톨리아로 이주해 온 사실에 비춰볼 때 엄청난 규모의 이동이 있었던 것으로 추정된다. 히타이트인들은 왕국이 멸망한 후 시리아 방면으로 내려가 신 히타이트라고 불리는 작은 도시국가를 세우고 명맥을 유지했지만 이후 등장한 우라르투와 아시리아에 의해 멸망당했다.

우라르투, 프리기아, 리디아 왕국
(기원전 700~기원전 546)

히타이트 왕국 멸망 후 동부 아나톨리아에서는 반 Van을 중심으로 하는 우라르투 왕국이 성립했다. 구약성서에 등장하는 아라라트 Ararat 왕국이 바로 우라르투 왕국이며 아르메니아의 어원이 되기도 했다. 우라르투는 반 호수 동쪽 기슭에 성과 요새를 지어 수도로 삼으면서 '투슈파'라는 이름으로 불렀다. 용맹했던 우라르투인들은 아시리아를 위협할 정도로 성장했으나 기원전 6세기 초 유목민인 메디아, 스키타이 연합군에게 멸망당했다.

동부에서 우라르투가 출현할 무렵 중부 아나톨리아에서는 프리기아 왕국이 새로운 문명국가로 등장했다. 앙카라 서쪽 야스회윅을 수도로 삼은 프리기아는 미다스 왕의 분묘 발굴로 유명한 왕국이다(하지만 이 무덤이 미다스 왕의 것인지 선왕인 고르디아스의 것인지 정확히 밝혀지지는 않았다). 프리기아 왕국은 기원전 7세기 유목민인 킴메르인들의 침입으로 멸망했다.

한편 서부 아나톨리아에서는 사르디스를 도읍으로 삼은 리디아 왕국이 번성하고 있었다. 세계 최초로 동전을 주조한 것으로 알려져 있는 리디아 왕국은 해안과 내륙을 연결하는 요충지의 잇점을 최대한 살려 풍부한 농산물과 중계무역으로 번성했다. 마지막 왕인 크로이소스 때는 중부 아나톨리아까지 진출했으나 기원전 546년 페르시아의 키루스 2세와의 전투에서 패하고 역사 속으로 사라졌다.

반에 있는 우라르투 왕국의 성채

그리스 도시국가와 페르시아

기원전 1300년 이후 소아시아의 에게해 연안으로 그리스 주민들이 이주하기 시작했다. 이들은 '이오니아'라 불리는 에게해 연안에 밀레투스, 프리에네, 포차, 스미르나 등 그리스의 식민도시를 건설했다. 이오니아인들은 기원전 7세기경 12개 도시가 중심이 되어 연합체를 형성했지만 정치적인 동맹까지 발전하지 못하고 리디아와 페르시아에 굴복했다. 페르시아에 정복당한 이후 이오니아의 도시국가들은 독립을 쟁취하기 위한 반란을 일으켰는데 기원전 494년 가장 큰 도시인 밀레투스를 중심으로 이오니아 연합군이 조직되었다. 밀레투스 앞바다에서 벌어진 라데 전투에서 페르시아의 다리우스 1세에게 패하면서 반란은 실패로 돌아가고 이오니아의 도시들은 초토화되었다.

밀레투스의 원형극장

이오니아 반란의 배후에 그리스 본토가 있었음에 주목한 페르시아는 다리우스 황제와 크세르크세스 황제 때 그리스 정벌에 나섰지만 마라톤 평원 전투와 해전에서 대패하면서 유럽 진출이 좌절되었다. 전쟁에서 이긴 그리스 도시국가들은 여세를 살리지 못하고 아테네와 스파르타를 양축으로 하는 내부 전쟁에 휩싸였다.

헬레니즘 시대(기원전 334~기원전 133)

그리스를 통일한 마케도니아의 알렉산더 대왕은 기원전 334년 동방원정을 떠나 트로이에 상륙했다. 페르시아의 다리우스 3세를 격파한 알렉산더는 에게해와 지중해안을 따라 내려가며 이오니아의 도시국가들을 차례로 정복했다. 대제국 건설을 기치로 이집트와 인도 근방까지 진출했던 알렉산더는 기원전 323년 33세의 젊은 나이에 후계자도 정하지 못하고 돌연 사망하고 이후 혼란이 이어졌다. 알렉산더 대왕의 동방원정으로 그리스와 아시아의 문화가 융합된 독특한 문화를 '헬레니즘'이라 하는데 이 명칭은 그리스가 자신을 '헬레네스'라 불렀던 것에서 비롯되었다.

알렉산더 대왕이 차지했던 거대한 영토는 그의 부하장수들에 의해 분할되었다. 안티고노스는 트라키아 지방(지금의 발칸반도 동부 일대)을, 셀레우코스는 아나톨리아 대부분과 시리아 지방을, 프톨레마이오스는 이집트를 차지했다. 안티고노스의 뒤를 이어 등장한 페르가몬 왕국은 로마의 힘을 빌려 중부 아나톨리아의 셀레우코스 왕조를 물리치고 서부 아나톨리아 일대를 차지했다. 페르가몬 왕국의 마지막 왕 아탈로스 3세가 유언으로 왕국을 로마에 넘기면서 로마가 아나톨리아의 새로운 강자로 부상했다. 이후 아르메니아, 카파도키아, 콤마게네도 차례로 로마의 영향권에 편입되었으며 이집트의 프톨레마이오스 왕조 역시 클레오파트라와 안토니우스 사후 로마의 지배를 받게 되었다. 바야흐로 로마 시대가 열린 것이다.

베르가마의 페르가몬 왕국 유적

로마 시대(기원전 133~기원후 395)

기원전 8세기에 태동한 로마는 기원전 2세기부터 동부와 지중해로 진출하기 시작했다. 기원전 130년 페르가몬 왕국의 병합으로 비교적 손쉽게 아나톨리아로 진출한 로마는 점차 아나톨리아 전체를 차지하고 아시아라는 이름으로 재편성했다.

로마의 지배 아래 아나톨리아는 이전과는 비교할 수 없을 만큼 풍요로움을 누리게 되었다. 특히 로마 5현제 가운데 한 사람인 하드리아누스 황제(기원후 117~138) 때 많은 건축물과 도시가 세워졌다. 이 시기 또 다른 중요한 사건은 기독교의 탄생이다.

에페소스의 로마 시대 유적

기원후 30년경 예수가 처형되었으나 베드로, 바울 등의 포교활동으로 아나톨리아 전역에 기독교가 전파되었다. 다신교 전통의 로마와 마찰을 빚어 몇 번의 대규모 박해사건도 일어났다. 로마 입장에서 보면 북방 게르만족의 침입이 외부의 골칫거리였다면 기독교는 내부의 우환인 셈이었다. 로마는 5현제 시대(네르바, 트라야누스, 하드리아누스, 안토니누스 피우스, 마르쿠스 아우렐리우스)를 끝으로 쇠퇴기로 접어들었다. 로마가 재 부흥의 발판을 마련한 것은 콘스탄티누스 황제 때. 그는 4분되어 있던 로마를 재통일하고 313년 기독교 공인과 330년 콘스탄티노플(현재 이스탄불) 수도 이전이라는 두 가지 커다란 치적을 남겼다. 이스탄불의 화려한 역사가 시작된 것이다.

비잔틴 제국(동로마 제국, 395~1453)

기독교를 국교로 공인한 테오도시우스 황제는 395년 두 아들에게 로마를 둘로 나눠 서로마는 호노리우스에게, 동로마는 아르카디우스에게 주었다. 북방 게르만족의 침입으로 476년 서로마는 멸망하지만 동로마는 기독교와 그리스 문화를 바탕으로 1000년간 지속되었다. 후일 역사가들은 이스탄불의 고대 이름인 '비잔티움'을 따서 이 왕국을 비잔틴 제국이라 칭한다(하지만 당시 사람들은 여전히

비잔틴 제국의 영광 아야소피아 성당

로마라 불렀으며 튀르키예인은 로마를 '룸 Rum'이라 불렀다).

527년 유스티니아누스 황제 때 비잔틴 제국은 전성기를 맞이했다. 과거 로마의 영토를 거의 회복함은 물론 아야소피아 성당을 비롯한 기념비적인 건축물을 지었으며 로마법을 집대성했다. 그러나 그의 사후 비잔틴 제국은 끊임없는 외세의 침입에 시달려야 했다. 602년 시작된 이란의 사산 왕조의 침입으로 한때 콘스탄티노플 일부까지 점령당했으며 7세기 중반에는 새로이 등장한 아랍족의 공격을 받았다. 이후 계속된 아랍의 침략에 비잔틴은 유명한 '그리스의 불'로 이들을 물리쳤다. 이것은 물속에서도 타는 불로 특히 해전에서 그 위력이 대단했다고 한다.

11세기 이후 아나톨리아에 등장한 셀주크 투르크와 십자군 등에 끊임없이 시달린 비잔틴 제국은 결국 1453년 오스만 투르크의 술탄 메흐메트 2세에게 콘스탄티노플이 함락되면서 역사 속으로 사라졌다.

투르크족의 등장

원래 중앙아시아의 유목민족이었던 투르크족은 말을 잘 타서 기동성이 뛰어났다. 중국 쪽의 기록에 돌궐, 흉노라고 불리는 이들이 바로 투르크족이다. 투르크족은 여러 방면으로 이동하는데 일부는 중앙아시아에서 카자흐스탄을 거쳐 남하해 지중해까지 이른다. 또 한편으로는 우랄산맥을 거쳐서 핀-오굴족과 만나게 되고 또 다른 부족은 중국 북서부에서 칸수지역(중국의 간쑤성 일대)으로 이동해 아시아 흉노국을 세웠다. 시베리아 쪽으로 퍼져나간 부족도 있으며 인도의 인더스, 펀자브 지역을 공격한 부족도 있다. 중국의 기록에 따르면 투르크족은 기원전 17세기경 나라를 세운 것으로 나오는데 '훈(흉노)'이라는 국가가 바로 투르크족이 세운 것이며 중국의 만리장성도 바로 이 흉노를 막기 위해 쌓았다. 강대했던 흉노도 기원전 36년 북흉노, 남흉노로 갈라지면서 북흉노는 멸망하고 남흉노는 중국의 속국이 되었다. 멸망한 흉노들은 점차 서쪽으로 이동해서 게르만 민족의 대이동을 일으키며 그 후 유럽의 트라키아로 들어섰다. 그들은 유럽에 훈 제국을 건설해 동로마와 서로마로부터 조공을 받아낼 정도로 강성했으나 유명한 왕 아틸라의 사후 훈 제국은 힘을 잃고 쇠락의 길을 걸었다.

셀주크 투르크(1040~1318)

셀주크 투르크는 오우즈 Oğuz 부족에 그 뿌리를 두고 있다. 오우즈의 부족장 두칸이 죽고 나서 아들 셀주크, 그리고 손자 투우룰, 차으르가 그 뒤를 이었다. 이들은 트랜스옥시아나(아무다리야 강 동편)를 출발해 서진한 뒤 이란에서 가즈넬리 Gazneli를 단다나칸 전투에서 격파하고 1040년 국가를 건립했다. 이란에 건설한 이 왕조를 후일 아나톨리아의 셀주크와 구분해 '대 셀주크 왕조'라 한다. 대 셀주크 왕조는 이슬람권을 재통일하여 쇠퇴해 가던 이슬람 세계에 활력을 불어넣었고 유럽을 위협하여 십자군 운동이 일어나게 하는 세력으로 성장했다.

차으르의 아들 술탄 알프아슬란 Alparslan은 1071년 비잔틴 제국의 접경까지 진출했고 말라즈기르트에서 디오게네스 황제가 이끄는 비잔틴군을 격파했다. 이 전쟁은 튀르키예인들이 본격적으로 아나톨리아에 진출할 수 있는 계기를 마련했으며 아나톨리아는 빠르게 이슬람화가 진행되었다. 알프아슬란을 계승한 메릭샤 Melikshah 때는 중동지역 전체를 석권하기에 이르렀다.

아나톨리아에서는 셀주크의 전통을 이어받은 쉴레이만 샤 Süleyman Shah가 1074년경 이즈니크를 수도로 하는 또 다른 셀주크 왕조를 세웠다. 이 왕조를 이란의 대 셀주크 왕조와 구분해 '룸 Rum('로마'라는 뜻) 셀주크 왕조'라 부른다. 이 무렵 시작된 십자군 운동은 룸 셀주크에 심각한 위협이 되었는데 쉴레이만 샤의 뒤를 이은 클르츠아슬란 1세는 십자군의 압박으로 12세기 이즈니크를 버리고 콘야로 천도하기에 이른다. 룸 셀주크 왕조는 서쪽으로 진출하는데 큰 성과를 올렸지만 동쪽의 새로운 세력 몽골의 팽창을 저지하지는 못했다. 1243년 쾨세

술탄의 상징인 쌍두 독수리 시바스의 셀주크 투르크 유적

다오 전투에서 몽골에 패한 후 쇠퇴 일로를 걷다 17대 술탄 메수드 Mesud의 사망과 함께 종말을 고하였다.

오스만 투르크(1299~1923)

셀주크 투르크 붕괴 이후 힘의 공백이 생긴 아나톨리아는 춘추전국 시대를 맞고 있었다. 곳곳에 군소국가들이 세워졌고 오스만 부족국가는 그 가운데 하나였다. 오스만 Osman은 투르크계 부족 국가들과 직접적인 대결을 피하고 허약해진 비잔틴 제국을 잠식해 나갔다. 오스만을 계승한 오르한 Orhan은 부르사를 수도로 삼고 선왕의 정복정책을 이어갔으며 정규 상비군 체제를 도입해 왕조의 틀을 갖추었다. 1352년 오르한은 유럽 대륙의 동쪽 끝인 트라키아에 진출했고 그의 아들 무라드는 에디르네, 마케도니아, 불가리아를 점령하는 등 본격적으로 유럽으로 눈을 돌리기 시작했다. 효과적인 유럽 진출을 위해 수도도 에디르네로 옮기고 예니체리 부대를 창설했다. 기독교 집안의 자제로 구성된 술탄의 친위대인 예니체리는 이후 무적의 오스만 제국을 상징하는 최강의 군대였다.

무라드의 뒤를 이은 바야지트는 십자군과의 전투에서 승리하며 영토를 유프라테스 강 유역까지 확장했다. 그러나 그에게는 동방의 강자 티무르와 운명의 결전이 기다리고 있었다. 앙카라 부근에서 벌어진 전투에서 16만의 티무르군을 7만의 병력으로 맞선 바야지트는 결국 패배하고 자신도 포로가 된 뒤 사망하였다. 이후 형제들 간의 권력다툼이 계속되다 1413년 메흐메트가 술탄으로 즉위하며 메흐메트가 사망하는 1421년까지 오스만 왕조는 옛 영토를 거의 회복했다.

메흐메트 사후 무라드 2세를 거쳐 메흐메트 2세 때 오스만 왕조는 본격적인 제국의 초석을 다졌다. 1451년 왕위에 오른 메흐메트 2세는 역대 술탄의 염원이었던 콘스탄티노플 정복에 힘을 기울였다. 당시 비잔틴 제국은 콘스탄티노플 인근만을 남겨놓은 도시국가로 전락한 상태였다. 1453년 총공세를 펼친 오스만군은 결국 콘스탄티노플을 정복하고 비잔틴의 마지막 황제 콘스탄티누스 11세는 이 전투에서 사망했다.

콘스탄티노플 점령 후 이스탄불로 도시 이름을 바꾸고 바야지트 2세, 셀림, 쉴레이만은 유럽, 중동, 아프리카에 이르는 대제국을 건설했다. 바야흐로

에디르네의 셀리미예 자미

오스만 제국의 전성기가 시작된 것. 셀림은 1517년 카이로를 점령하여 오스만 제국 술탄으로는 처음으로 칼리프(이슬람 세계의 지도자)의 칭호를 사용하고 세습권까지 얻어 이슬람 세계의 종주국으로서의 면모를 갖추었다. 셀림을 계승한 쉴레이만은 발칸을 통과해 헝가리를 정복하고 1529년 빈을 공격하고 이라크를 점령했다. 그는 오스만 제국 술탄 중 가장 긴 46년의 재위기간 동안 동유럽 일부, 크림 반도, 이라크, 모로코를 제외한 북부 아프리카 전역을 장악해 세계에서 가장 광대한 영토를 차지한 대제국으로 발전했다.

지칠 줄 모르고 뻗어나가던 오스만 제국은 17세기 들어 기울기 시작했다. 술탄의 계승을 둘러싼 형제들 간의 골육상쟁과 모후의 정치간섭, 술탄의 개인적인 무능까지 겹쳐 더 이상 예전의 모습을 찾아보기 힘들어졌다. 대외적으로는 러시아의 팽창과 남하, 그에 따른 영국과 프랑스의 견제 등 급변하는 국제정세 속에서 오스만 제국은 시대의 흐름을 읽지 못하고 끌려 다니다 제국 내의 국가들이 속속 독립하는 사태에 이르렀다. 1839년 술탄 압뒬 메지드는 탄지마트 Tanzimat라는 개혁칙령을 발표해 많은 법률을 유럽식으로 고치고 부흥을 노렸지만 시대의 조류를 되돌리기는 역부족이었다.

튀르키예 공화국의 탄생

'유럽의 병자'로까지 불린 오스만 제국은 1853년 부동항을 확보하기 위해 남하하는 러시아에 맞서 크림 전쟁을 치렀다(우리 귀에 익숙한 나이팅게일이 활약한 바로 그 전쟁이다). 러시아의 세력 팽창을 우려한 영국과 프랑스는 오스만 제국의 편을 들었다. 이후 유럽 열강의 세력다툼이 극에 달해 결국 1914년 제1차 세계대전이 일어나게 되고 오스만 제국은 독일과 동맹을 맺고 영국, 프랑스, 러시아, 그리스 연합군에 대항했으나 패함으로써 제국의 영토가 분할 점령되는 운명을 피할 수 없었다. 지도층은 국외로 도피했고 본토인 아나톨리아까지 연합군이 진주했다. 그야말로 풍전등화와 같은 나라의 운명을 구한 것은 무스타파 케말 장군이었다.

아타튀르크 초상

1919년 5월 흑해변의 삼순에서 시작된 독립전쟁은 1922년 대 그리스 전투에서 승리하는 등 승전을 거듭한 끝에 1923년 7월 연합국 측과 로잔 조약을 체결함으로써 튀르키예의 독립을 정식으로 승인받았다. 1923년 10월 29일 드디어 튀르키예 공화국이 공식 선포되었다. 초대 대통령에 취임한 무스타파 케말은 세속주의 국가원칙 아래 칼리프 제도 폐지, 여성 참정권의 실현, 문자개혁 등 광범위한 근대화에 착수해 튀르키예를 근대국가로 이끌었다. 1934년 튀르키예 국회는 무스타파 케말에게 국가의 아버지라는 뜻의 '아타튀르크 Atatürk'라는 명예로운 호칭을 수여했다.

1950년대~1970년대

1923년 튀르키예 공화국의 수립과 함께 창당된 공화인민당 The Republic People's Party의 일당정치는 1950년 5월 선거에서 민주당 Democrat Party에 넘겨줄 때까지 계속되었다. 민주당 정권은 정치, 경제의 자유화를 표방하고 소련의 팽창에 대처하기 위해 북대서양 조약기구 NATO에 가입했다. 그러나 민주당 정권은 아타튀르크의 건국이념에서 벗어난 정치노선을 추구한다는 비난을 받다 결국 1960년 군사 쿠데타에 의해 전복되었다 (군부가 정치에 개입하는 이러한 정변은 튀르키예의 현대사 곳곳에서 나타난다).

1961년 선거에서 공화인민당은 다시 집권에 성공하지만 1965년 총선에서 정의당에게 패했다. 이후 좌우익 학생들 간의 충돌과 노동자의 파업 등 소요가 계속되자 또다시 군부가 개입해 1971년 이스탄불과 앙카라 일대에 계엄령을 선포하고 극우파인 민족질서당과 극좌파인 튀르키예노동당은 해체되었다.

1970년대도 정치적으로 안정된 기반을 이루지 못했다. 단독 정부수립에 필요한 과반수 의석이 확보되지 않아 주로 연립내각이 구성되었고 정치적 혼란은 가중되었다. 공화인민당 중심의 연립내각 하에서도 고질화된 정치테러, 파업 등 소요사태가 잇따랐고 경기침체가 심화되었다. 국회에서 선출하는 대통령도 1980년 초에 임기가 만료되었지만 신임 대통령을 선출하지 못할 만큼 의견이 갈라져 있었다. 한편

1974년 키프로스 섬에서 그리스 주민의 쿠데타가 일어나자 군대를 파견해 섬의 북부 지역을 장악하고 북 키프로스 튀르키예 공화국을 선포했다.

1980년대~1990년대

정치적 혼란을 해결하기 위해 1980년 9월 12일 육·해·공군 총사령관 케난 에브렌 장군을 중심으로 한 군사혁명위원회는 전국에 계엄을 선포하고 국회를 해산시켰다. 정의당, 공화인민당, 국민구제당, 민족행동당의 당수가 구금되는 등 바야흐로 군부 일당독재가 시작되었다. 1981년 구성된 입법의회는 대통령 7년 단임제와 국가안전을 위해 필요시 언론의 자유 및 국민의 기본권을 제한하는 것을 골자로 한 신헌법을 제정하고 1982년 국민투표에 회부하여 확정지었다. 국민투표 이후 군사정권은 좌익계 신문을 폐간시키고 언론검열을 강화했다. 정국이 얼어붙은 암울한 시기였지만 다행히 군사정부는 1983년 4월 총선을 통한 민정이양을 약속하고 정당설립도 허가했다. 같은 해 11월 총선에서 외잘 Özal이 이끄는 조국당이 과반수 의석을 확보해 민정이양이 실현되었다.

한편 1980년대에 튀르키예의 대외관계는 몇 가지 중요한 변화가 있었다. 유럽 의회는 1984년 5월 회의에 튀르키예 의원들이 참가할 수 있도록 승인하였으며 1974년 튀르키예군의 키프로스 개입 이후 냉각된 미국과의 관계도 호전되었다. 1980년 발발한 이란-이라크 전쟁에는 중립을 선언하여 양국과 무역을 유지했다.

1990년대의 정치는 두 가지 큰 사건으로 집약된다. 1993년 집권당인 정도당 전당대회에서 탄수 칠레르 Tansu Çiller가 당수로 선출되어 헌정 사상 최초로 여성 총리의 시대를 연 것과 1995년 12월 총선에서 복지당(RP)이 21%의 득표율로 이슬람 정당이 건국 이래 최초로 제 1당이 된 것이다. 1996년 7월 복지당 당수 네즈메틴 에르바칸이 이슬람 정당의 당수로는 처음으로 총리로 선출되었다. 그러나 복지당의 집권 후 종교 활동이 강화되자 세속주의 신봉자인 군부와 사법부는 세속주의 원칙에 위배된다는 이유로 복지당을 기소하고 헌법재판소는 복지당의 정강과 활동이 헌법정신에 위배된다는 검찰의 주장을 받아들여 1998년 1월 복지당을 해산시키고 핵심 정치인들의 정치활동을 금지하였다. 집권당 폐쇄라는 헌정사상 초유의 사태가 벌어진 것이다. 세속주의가 사회를 통제하는 가장 강력한 힘이라는 것을 보여준 사건이었다.

대외 관계와 경제적인 면에서도 중대한 변화가 있었다. 1990년 8월 이라크의 쿠웨이트 점령으로 시작된 걸프전쟁으로 튀르키예 경제는 위기에 직면하게 되었다. UN 안전보장이사회가 결정한 대 이라크 무역제재 조치에 튀르키예가 참가함으로써 대 이라크 수출이 공식적으로 중단되었기 때문. 이와 함께 1991년 소비에트 연방의 해체로 구소련 지배하에 있던 투르크계 국가들이 독립하여 국제무대에 등장하게 되었다. 튀르키예로서는 따지고 보면 먼 친척뻘에 해당하는 이 투르크계 국가들을 내버려 둘 수 없는 상황에 빠지게 된 것이다.

2000년 이후

1999년 5월 28일 구성된 57대 정권은 화해와 발전을 모토로 삼아 활동을 시작했고 국가안전위원회의 민간화, 은행법, 사회안전 개혁법 등을 처리했다. 또한 경제적으로는 경제 안정화를 추진해 인플레이션을 억제하는 큰 성과를 거두었다. 그러나 2002년의 총선에서 이슬람 계열의 정의개발당(AKP)이 집권하면서 또다시 이슬람주의가 대두되었다. 가장 최근에 치러진 2011년 총선에서도 정의개발당이 압승하면서 이러한 바람은 계속되고 있는 가운데 세속주의를 지향하는 군부와 충돌하고 있다.

2007년 8월 이슬람 성향의 압둘라 귈 대통령이 취임하면서 2008년 2월 대학 내 히잡(머릿수건) 착용 금지(튀르키예의 모든 학교에서는 여학생이 이슬람을 상징하는 히잡을 쓸 수 없도록 되어 있다) 규정을 철폐하는 헌법 개정안을 승인한 것. 이에 반발해 2008년 3월 검찰이 세속주의 원칙 위배를 들어 헌법재판소에 정당 해산을 청구했다. 튀르키예 공화국 건국 이래 지속되어 온 세속주의 원칙을 고수하려는 세력과 이슬람 전통을 회복하려는 세력 간의 갈등이 여전히 계속되고 있는 것이다.

현재 튀르키예의 가장 중요한 정치적 현안은 유럽연합(EU)의 가입이다. 그러나 쿠르드족 탄압에 따른 인권문제와 키프로스 문제, 국민 대다수가 무슬림이라는 점 등이 EU가입에 걸림돌이 되고 있으며 높은 물가상승률도 적잖은 부담으로 작용하고 있다. 이러한 문제가 해결되려면 시간이 걸릴 것으로 보인다.

03 튀르키예의 종교

튀르키예는 국민의 절대 다수가 이슬람교를 신봉하지만 이슬람교가 국교는 아니며 종교의 자유를 인정하고 있다. 튀르키예의 이슬람은 세속주의 원칙에 입각해 종교 활동이 이루어지므로 이란, 사우디아라비아 등 중동의 이슬람 국가들과는 약간의 차이를 보이고 있다. 이슬람과 튀르키예인의 종교생활을 이해하는 것은 곧 튀르키예를 이해하는 열쇠가 된다.

튀르키예에서 이슬람의 위치

튀르키예는 정치와 종교가 분리된 세속국가다. 1924년 제정된 최초의 공화국 헌법에서 이슬람이 국교로 지정되었으나 1928년에 삽입된 헌법 수정안에 의해 종교의 자유를 허용했다. 헌법 제 19조에는 '모든 개인은 양심과 종교적 신앙과 의견의 자유를 가지며 모든 종류의 예배나 종교행사 및 의식은 도덕 및 법률에 저촉되지 않는 한 자유다'라고 명시되어 있다.

중앙아시아에 살면서 유목민족의 전통을 간직한 튀르키예족은 원래 토템을 숭배하던 민족이었으나 8세기 중엽 이슬람의 아바스 왕조와 중국 당나라 간의 탈라스 전쟁을 계기로 이슬람과의 접촉이 시작되었다. 아바스의 2대 칼리프 아브 자파르 알 만수르 Abu Zafar Al Mansur 시대에 튀르키예인들이 행정요직에 등용되면서 이슬람권과의 교류가 활성화되었다.

오늘날 튀르키예 국민의 98% 이상이 이슬람을 믿고 있으며 나머지 1.5~2%는 그리스 정교도, 유대교도, 가톨릭교도로 구성되어 있다. 무슬림 가운데 80% 이상이 수니파에 속한다. 주민등록증에 종교를 기재해야 하며 각종 행정 신상서류에 종교란이 있어 생활 전체가 종교의 영향을 받고 있다고 해도 과언이 아니다.

일상생활 중에도 기도를 드린다.

튀르키예 정부는 1924년 법률에 따라 신설된 정부 산하 종교청을 통해 국민들의 신앙과 예배생활을 관리하고 필요에 따라 재정적 지원을 하고 있다. 종교청은 이슬람 사원의 모든 성직자들을 관리하며 코란의 강의, 방송설교, 종교 서적의 출판 및 성지순례 행사 등을 지도한다. 이밖에 해외 신자들을 지도, 관리하는 해외지부가 따로 있을 정도로 탄탄한 조직력을 자랑하며 직원 수는 약 8만 명에 달한다. 또한 1951년부터 중등 신학과정인 이맘-하팁 Imam-Hatip 학교의 설립이 자유로워졌으며 1949년부터 초등학교 4학년 이상의 학생들에게 종교과목을 선택하여 수강하도록 하고 있다. 초등학교 교과목 가운데 하나인 윤리의 강의 내용이 주로 코란과 이슬람의 관행으로 이루어지기 때문에 튀르키예인들은 유년기부터 종교적 도덕교육을 체계적으로 받고 있는 셈이다.

이와 같이 이슬람교가 튀르키예에서 차지하는 비중은 절대적이지만 중동국가와 같은 엄격한 형태는 아니며 비교적 자유분방한 분위기다. 술을 금하고 있는 일반적인 이슬람 국가와 달리 레스토랑에서 주류를 마실 수 있으며 여성들의 옷 차림도 자유롭다. 이 때문에 정통 이슬람인 아랍국가에서는 튀르키예인들을 나이롱 신자(?)라고 비아냥거리기도 한다.

일상적 종교 활동

튀르키예에서 이슬람 사원은 '자미 Camii'라고 부른다. 자미는 '꿇어 엎드려 경배하는 곳'이라는 뜻이다. 자미 내부는 양탄자가 깔려 있고 메카의 방향을 나타내는 미흐랍 Mihrab과 이맘 İmam(이슬람 성직자)이 설교하는 단상인 밈베르 Mimber가 있다. 튀르키예 기준으로 볼 때 메카는 남쪽에 있으니 튀르키예에 있는 모든 자미의 미흐랍은 남향이라 봐도 무방하다. 자미 건물 외부에는 첨탑인 미나레 Minare가 있다. 미나레는 하루 다섯 차례의 예배시간을 알리기 위해 소리치는 것(높이 올라가면 소리가 더 잘 퍼지기 때문)과 외부인에게 자미의 위치를 쉽게 알려주기 위한 두 가지 기능이 있다.

부르사의 울루자미

이슬람교에서는 메카를 향해서 하루 다섯 번 기도를 올려야 한다. 이러한 정규 기도를 살라트 Salat 혹은 나마즈 Namaz라고 하는데 일출과 일몰 그리고 정오 시각은 피하는 것이 보통이다. 그 이유는 태양 숭배의식을 상징할 수도 있기 때문이라고 한다. 다섯 번의 기도는 사바 Sabah, 외을레 Öğle, 이킨디 İkindi, 악샴 Akşam, 야트스 Yatsı라고 하며 기도시간이 되면 자미의 스피커를 통해 사람들에게 알려준다. 이것을 '아잔'이라고 하며 아잔을 읊는 사람을 '호자'라고 한다.

무슬림들은 다음과 같은 다섯 가지 의무를 준수해야 한다. 첫째, 코란과 알라 신을 믿으며 선지자 무하마드를 믿는다. 둘째, 하루 다섯 번 기도를 한다. 셋째, 사회적 약자를 위해 기부를 한다. 넷째, 라마단(튀르키예에서는 '라마잔'이라고 한다) 기간 동안 금식한다. 다섯째, 평생 한 번 이상 성지순례를 한다.

기도는 어디까지나 개인의 자유이므로 기도시간이 되었다고 모든 사람들이 생활을 멈추고 기도를 올리지는 않는다. 서구화가 많이 진행된 지중해, 에게해 지역보다 보수적 분위기의 동부, 남동부 지역에서 종교 활동이 더 활발하다.

〈코란〉을 암송하는 사람들

종교 축제

칸딜 Kandil

자미의 미나레에 불을 밝혀 축하하는 종교 축일로 일 년에 다섯 번 지킨다. 이슬람의 절기를 기념하는 날이므로 이슬람력에 따른다. 참고로 이슬람력은 한국의 음력과 마찬가지로 달의 운행에 기초해 만들어진 달력으로 1년은 354일, 한 달은 29일 또는 30일로 계산된다. 이날 밤에는 예배를 드리는 것은 물론 평소보다 〈코란〉을 많이 읽고 의미를 생각한다. 낮에는 친척의 묘를 돌아보며 고인의 명복을 빌고 가까운 곳에 사는 친척들을 초대하거나 방문하기도 한다. 칸딜은 공휴일로 지정되어 있지는 않기 때문에 대부분 저녁때 가까이 사는 친지나 연장자의 집에 모여서 식사하며 덕담을 건네며 간소히 보낸다.

칸딜 날에도 〈코란〉을 읽는다.

이슬람력에 따른 다섯 번의 칸딜

- 출생일 Mevlid Kandil(3월 12일) – 예언자 무하마드의 탄생일
- 기도일 Regaip Kandil(7월 첫째 금요일) – 이날 올리는 기도는 알라신에게 도달된다.
- 승천일 Mirach Kandil(7월 27일) – 무하마드가 알라신의 곁으로 간 날
- 사죄일 Beraet Kandil(8월 15일) – 알라신의 은혜로 죄가 사해지는 날
- 계시일 Kadir Gecesi(9월 27일) – 무하마드가 알라신의 계시를 받은 날

라마단 Ramadan

튀르키예에서는 '라마잔 Ramazan'이라고 알려져 있는 단식월로 이슬람력 9월에 해당한다. 9월 한 달 동안 일출부터 일몰까지 먹지도 마시지도 않으며 담배도 피우지 않고 부부관계도 하지 않는다. 노인이나 환자 등 금식할 수 없는 사람은 가난한 이에게 30일간 음식을 제공하는 것으로 금식 의무를 대체한다. 라마단 금식에 내포된 의미는 인간의 가장 기본적인 욕구인 식욕을 억제하는 고통의 체험을 통해 경건하고 절제된 생활을 연습하는 동시에 불우 이웃에 대한 지원활동을 확산시키려는 것이다. 즉, 단순히 굶는 게 아닌 엄격한 종교 활동인 것.

일출시간을 사후르 Sahur라고 하는데 사람들은 낮 동안의 금식을 무리없이 견디기 위해 사후르 전에 음식을 먹는다. 시계가 없던 시절에 사람들을 사후르 전에 깨우기 위해 동네마다 큰 북을 치고 다녔는데 요즘도 시골에서는 북 치는 모습을 볼 수 있다. 금식을 종료하고 저녁을 먹는 것을 이프타르 İftar라고 하는데 특이하게도 대포를 쏴서 시간을 알린다.

라마단 기간에는 가족과 친지, 이웃, 직장동료들이 자주 만나 음식을 나누는 전통이 있어 종교적 의미와 함께 공동체의 결속강화라는 의미도 있다. 사회가 점점 현대화하면서 요즘은 라마단 금식을 지키지 않는 사람들도 많다. 대체로 서구화된 서부보다는 종교성이 강한 동부, 남동부 지역에서 더 엄격하게 지키며 라마단 기간 동안 아예 문을 열지 않는 식당도 있다. 하지만 모든 식당이 문을 열지 않는 것은 아니므로 여행자들은 먹을 걱정을 하지 않아도 된다. 금식은 개인의 자유이고 지키지 않는 사람들도 많지만 현지 문화존중 차원에서 라마단 기간에는 야외에서 음식을 먹는 건 삼가는 게 좋다.

라마단이 끝나면 3일 동안 쉐케르 바이람 S eker Bayram이 이어진다. 한국으로 치면 추석 연휴에 해당하는 기간으로 모든 관공서, 학교, 회사가 쉬며 터미널과 기차역에 귀성인파로 넘쳐난다. 이 기간에 이동계획이 있으면 미리 표를 구입하는 것이 좋다. 쉐케르 바이람 기간에는 고인의 묘소에 성묘를 가고 〈코란〉 제1장을 낭송한다.

결론적으로 라마단은 신에 대한 복종과 믿음을 표시하는 과정을 통해 성숙하고 경건한 신앙인으로 자라나게 하는 영적인 교육기간이라 할 수 있다.

라마단 기간에 불을 밝힌 블루모스크

쿠르반 바이람 Kurban Bayram

라마단과 더불어 이슬람에서 가장 중요한 종교 축일로 동물 희생제다. 쿠르반은 구약 성서에서 기원한 것으로 이슬람의 선지자 이브라힘(기독교에서는 아브라함)이 자신의 아들 이삭을 제물로 바치려 했던 것에서 유래했다. 쉐케르 바이람과 마찬가지로 3일간 계속되며 동물 희생의식은 이슬람력으로 12월 11일과 12일에 걸쳐 행해진다. 쿠르반 바이람은 라마단 종료 후 70일 되는 날 시작한다.

희생물은 양이 대부분이지만 소나 낙타를 써도 무방하다. 희생물로 선정되는 동물은 건실하고 흠이 없어야 하며 희생물 소유자가 잡을 수 없을 때는 다른 사람에게 부탁할 수는 있지만 자신도 옆에서 거들거나 지켜보아야 한다. 잡은 동물은 어떤 부분도 판매할 수 없으며 고기는 세 부분으로 나눠 가난한 자, 이웃과 친척, 자신의 몫으로 돌린다. 예전에는 아무데서나 동물을 잡는 바람에 길거리가 선혈로 낭자했는데 지금은 시청에서 지정한 장소에서만 잡을 수 있다.

동물 희생의식은 알라신의 은총을 입어 사면 받는 성스러운 기회로 간주된다. 무슬림들은 〈코란〉과 〈하디스〉(무하마드의 언행록)의 교훈을 지키며 살아가야 하는데 신의 명령을 실천하기란 거의 불가능하다고 받아들이며 정기적인 기도와 의식을 통해 신의 은총을 겸손히 기다리는 것이다. 튀르키예 여행 중 쿠르반 희생의식을 접할 기회가 있다면 징그럽다고 생각하지 말고 엄연한 종교의식으로 이해하고 존중하자.

04 튀르키예의 풍속

'아는 만큼 보이고 보는 만큼 느낀다'는 말이 있다. 문화가 다른 나라를 여행할 때 그 나라와 민족에 대한 기본상식이 있으면 더욱 알찬 여행이 되는 것은 당연한 일. 튀르키예 사회는 일면 서구화되어 있지만 여전히 전통적인 가치관을 소중하게 지키며 살아간다. 아시아적인 혈연의 중요성이 강조되는 한편 합리적인 유럽의 가치관이 혼합되어 있어 튀르키예를 여행하다 보면 진정한 동서양이 만나는 곳이라는 사실을 알 수 있다.

결혼

일부다처제가 허용되어 있는 다른 이슬람 국가들과는 달리 튀르키예는 가족법으로 일부일처제를 명시하고 있다. 종교적으로는 결혼을 통해 신앙이 완성된다고 보기 때문에 결혼을 장려하고 있으며 혼기가 지난 사람은 주변으로부터 따가운 눈총을 받는다.

배우자를 선택하는 방법은 한국과 마찬가지로 중매결혼과 연애결혼이 있으며 과거에는 근친결혼도 있었으나 최근에는 거의 사라졌다. 튀르키예의 전통 결혼풍습을 살펴보자.

청혼

혼담이 오고 간 후 날을 받아 남자 측이 여자 측의 집으로 방문한다. 만남은 대체로 저녁식사가 끝난 시간에 이루어지며 여자 측에서 다과를 대접하는 자리에서 공개적으로 청혼을 한다. 남자 측의 대표인이 '알라의 명령과 예언자의 뜻에 따라' 청혼한다고 말문을 열고 사전에 미리 협의가 되어 있기 때문에 여자 측에서도 자연스럽게 청혼을 받아들인다.

청혼 방문 때 남자 측은 꽃이나 초콜릿을 선물로 가져가는데 이는 달콤한 음식을 먹으며 좋은 이야기를 하자는 의미가 담겨 있다. 청혼 승낙 후 1주일 안에 남자 측은 여자 측 가족을 초대하며 이때부터 결혼 당사자 간의 만남이 공식적으로 인정받는다.

약혼

집안 형편에 따라 집에서 간소하게 하는 경우도 있고 성대하게 치르는 경우도 있지만 어떤 경우든 약혼식 비용은 여자 측에서 부담한다. 약혼식에서 가장 중요한 것은 반지. 약혼반지는 주로 금반지이며 두 당사자의 이름을 쓰고 약혼식 날짜를 기록한다. 약혼반지 비용은 공동으로 부담하고 남자 측은 약혼반지 외에 선물을 예물함에 담아 전달한다. 약혼반지는 여자의 친척이나 친구가 은쟁반에 담아 가져오며 축사가 끝난 후 약혼반지를 끼고 붉은 리본을 자른다.

시골의 결혼식

남자 측은 약혼식 즈음해서 예비 신부와 가족들에게 선물을 보낸다. 예전에는 화려하게 장식한 숫양을 보냈으나 요즈음은 양 대신 목걸이, 팔찌, 옷 등을 보낸다. 한국의 함에 해당한다고 볼 수 있다. 만일 파혼될 경우에는 받은 선물을 반환해야 한다.

결혼

튀르키예에서의 결혼은 신랑 측 부담이 크다. 살림집과 가재도구, 신부예복까지 모두 남자가 준비해야 하며 여자는 침실용 가구만 준비해 오면 끝이다. 살림집에 가구를 들이기 전에 신부 측에서 먼저

결혼식의 야외촬영

〈코란〉, 거울, 옷, 쌀과 밀 한 자루, 설탕을 가져오는데 〈코란〉은 신의 가호, 거울은 쾌활함, 초는 빛, 쌀과 밀은 축복, 설탕은 식욕과 건강을 상징한다. 결혼하기 직전 신부는 남자 측에서 보내 온 헤나를 사용해 손바닥에 붉은 물을 들인다. 붉은색이 부정을 막아준다는 의미를 담고 있기 때문. 결혼식장으로 가기 전 신부의 아버지는 딸에게 명예를 의미하는 '카이렛 쿠샥(보호대)'이라는 띠를 허리에 감아준다.

결혼식은 공식적인 예식과 종교적인 예식 등 두 번에 걸쳐 이루어진다. 공식적인 예식은 정부가 요구하는 공식적인 혼인등록식이며 종교적인 예식은 신의 축복을 받는 종교적인 의미를 담고 있다. 공식적인 예식은 지방자치단체의 장이나 동장이 결혼입회관으로 참석하여 신혼부부에게 축복의 말과 함께 공식적으로 결혼이 성사되었다는 혼인신고서를 발급해 준다. 일부다처제를 막기 위한 정부의 조처인 셈이다. 종교적인 예식은 이맘(이슬람 성직자)이 주례를 서고 〈코란〉의 말씀을 읽고 종교적 축복을 빌어준다. 양가 집안이 동의하고 신랑과 신부의 답변을 듣고 부부가 되었음을 선언하고 기도로 마무리한다.

결혼식에서 한 가지 특이한 점은 하객들이 낸 축의금이나 선물이 전부 공개된다는 것이다. 물론 당사자나 집안과 가까운 사람일수록 축의금 액수는 크게 마련이다. 공식적인 예식과 종교적인 예식을 모두 마치면 한국과 마찬가지로 피로연이 열린다. 신혼여행은 개인의 취향이며 전통관습은 아니다.

할례 의식

할례는 유대인과 무슬림이 전통적으로 지켜오는 관습으로 사내아이가 성인사회의 일원으로 인정받는 공개적 절차이자 신 앞에서 청결한 몸과 마음을 유지하려는 경건한 종교 활동이다. 무슬림은 예배 전에 심신을 청결히 하는 의무와 관계되어 있다고 보아 할례를 일종의 의무로 간주하며 할례를 해야만 사회 속에서 진정한 남자로 인정받는다. 기간이 딱히 정해져 있는 것은 아니지만 튀르키예인들은 대체로 4~5세부터 할례를 하며 늦어도 15세까지는 마친다. 할례를 해 줄 경제적 여건이 안 되는 집은 친척이나 자선단체에서 도와주며 경제적으로 풍족한 집은 자신의 아이와 이웃집 아이를 함께 해주기도 한다.

할례는 주로 일요일에 이루어지는데 의식 2~3일 전부터 음식을 준비하고 악대를 동원해 흥을 돋운다. 할례 당일 할례 당사자들은 예복을 차려입고 마을을 돌아다니게 한다. 시술의가 할례를 마치면 수술도구와 도려낸 살을 담은 쟁반을 아버지에게 주고 아버지는 쟁반 위에 감사의 뜻으로 돈을 놓는다. 도려낸 살은 사람의 왕래가 적은 곳에 가서 땅에 묻는다. 의식을 마친 뒤에는 가족들이 모여 〈코란〉을 낭송하고 자미에 가서 기도하기도 한다.

할례식을 마친 어린이

장례

명예를 중요시하는 튀르키예인들은 나라를 위해 목숨을 바친 의사(義士)나 순교자에게 큰 가치를 부여한다. 의사나 순교자는 천국에 들어간다는 믿음은 이슬람의 원리에 속하기 때문. 여느 사회와 마찬가지로 튀르키예에서도 임종을 앞둔 사람에게 가족과 친지, 친구가 방문해 임종을 함께하며 임종 순간에는 오른팔이 아래로 오게 눕혀서 얼굴이 메카를 향하게 한다. 머리맡에서는 〈코란〉을 낭송한다. 한 가지 특이한 점은 통곡하지 않는다는 것인데 통곡은 알라의 뜻에 어긋난다고 보기 때문이다.
시신은 될 수 있는 한 빨리 매장하는 것을 선호한다. 오전에 사망했으면 정오 예배를 보고 오후에 매장하며 정오가 넘어 사망했으면 오후 예배를 마치고 매장하는 것을 원칙으로 한다. 전쟁에서 죽은 사람은 시신을 씻지 않고 피 묻은 채로 매장한다.
자미에서 장례 예배는 필수적이지는 않으나 권장 사항이며 대체로 정규 예배 이후에 이루어진다. 단, 패륜범죄를 저지른 자의 장례 예배는 이루어지지 않는다. 동네 주민 가운데 사망한 사람이 있으면 자미에서 아잔을 읊는 시간을 통해 다른 사람들에게 알린다. 조문 기간은 3일이며 서양과 마찬가지로 조문객들은 검은색 옷을 입고 슬픔을 나눈다.

자미 내부의 묘지

손님접대

한국인이 튀르키예를 여행하며 가장 감동적인 대목이 바로 튀르키예인의 접대 문화다. 튀르키예어에 '손님환대 Misafırperver'라는 독립된 단어가 있을 정도로 튀르키예 사람들은 손님에 대한 예의를 깍듯이 갖추고 있다. 전통적인 튀르키예 가옥은 방

튀르키예인의 손님접대는 극진하다.

문객을 위한 사랑방이 따로 마련되어 있었다. 손님이 왔을 때는 먼저 오 드 콜로뉴 화장수를 내어 손님의 손을 씻어주는데 이것은 귀한 향수로 손님의 손을 닦아 주는 섬김의 의미가 들어 있다. 그 후 사탕이나 초콜릿으로 접대를 시작한다. 식사 시간이 되었다면 당연히 함께 먹을 것을 권하며 밤이 늦으면 자고 가라고 한다. 초대받지 않은 손님이 왔다 하더라도 간단한 간식을 내놓으며 배가 고픈지 물어보는 것이 튀르키예인의 정서다. 여행자의 경우 튀르키예인의 집에 초대받는 것이 흔하지는 않지만 만일 초대받았다면 과일이나 단 과자, 초콜릿 같은 선물을 사 가는 게 좋다.
11세기 튀르키예의 역사가 유수푸 하스 하집 Yusuf Has Hacib의 기록에서 튀르키예인의 손님접대의 전통을 엿볼 수 있다.
"집, 밥상과 그릇을 깨끗이 정돈해 두어라. 방에 방석을 깔아두고 먹을 것과 마실 것들은 최상급으로 준비할 뿐 아니라 맛있고 정갈해야 한다. 특히 다양한 음료가 준비되어야 하며 부족해서도 안 된다. 식사가 끝나면 과일이나 건과류를 대접해야 한다. 여러 가지 면에서 여유가 있다면 손님들에게 선물을 마련하라. 그리고 살림이 넉넉하다면 비단을 선사하라. 그런 후 가능하다면 여비 돈을 제공하라."

05 튀르키예의 숙박시설

먹는 문제와 더불어 여행에서 가장 신경 쓰이는 것이 바로 자는 것. 튀르키예는 어느 도시를 가더라도 숙박시설이 잘 정비되어 있다. 현대식의 고급 호텔과 리조트, 옛 대상들의 숙소를 개조한 고풍스런 호텔, 경제적이고 저렴한 곳까지 다양한 종류가 있어 주머니 사정에 맞게 머물 수 있다. 튀르키예의 숙소는 대부분 카운터에 숙박업 협회에서 발행한 규정 요금표를 비치해 놓고 있어 요금 시비가 붙는 일은 거의 없다. 단 3일 이상 장기 체류할 경우에는 할인되는 곳이 많으며 방을 구할 때는 직접 둘러보고 더운물이 잘 나오는지 문고리가 튼튼한지를 확인해야 한다. 동부 지역으로 갈수록 방의 크기가 커지고 서부 해안 지역은 아기자기하고 고급스러운 숙소가 많다.

호텔, 오텔 Hotel, Otel

이스탄불, 앙카라, 이즈미르, 안탈리아 등 대도시에는 하야트, 메르디앙, 힐튼 같은 유명한 고급 호텔의 체인점이 즐비하다. 수영장, 헬스클럽, 대형 레스토랑 등 일반적인 고급 호텔의 시설을 완비하고 있으며 숙박료도 하루 US$200 이상으로 비싸다. 간혹 오텔 Otel이라고 써 있는 곳도 있는데 이는 프랑스어를 그대로 가져온 것으로 용어만 다를 뿐 호텔과 특별히 차이가 나지는 않는다.

고급 호텔의 객실

역사적인 고급 호텔 Heritage Hotel

역사가 오랜 튀르키예에는 옛 궁전이나 이름있는 건물을 고급 호텔로 개조한 곳이 많다. 이스탄불 술탄아흐메트 지역의 포 시즌스 호텔은 교도소 건물을 개조한 곳이며 돌마바흐체 궁전 옆의 츠라얀 팔라스 호텔은 술탄의 여름 별궁으로 사용되었던 건물이다. 유서깊은 건물을 개조한 고급 호텔은 건물

이스탄불의 포 시즌스 호텔

자체가 역사이기 때문에 단순한 숙박시설을 넘어 테마 여행으로도 가치가 있다.

대상숙소 Kervansaray

중국과 아랍의 상인들이 이용하던 실크로드의 끝자락이 튀르키예였다. 교역로 중간 중간마다 대상들을 위한 숙소인 케르반사라이가 지어져 숙소와

사프란볼루의 케르반사라이 호텔

교역의 중추역할을 담당했다. 케르반사라이로 쓰이던 건물이 현대에 들어서 고급 호텔로 전환된 곳이 많은데 대체로 튼튼하고 고풍스럽게 지어져 연륜과 역사를 느끼기에 이만한 곳이 없다. 단, 옛날 구조를 그대로 사용하고 있어 현대식 호텔에 적응된 사람이라면 약간 불편할 수도 있다.

레지던스 호텔 Residence Hotel

숙소 내에 냉장고와 주방시설을 갖춘 곳으로 한국의 콘도에 해당하는 호텔. 주로 지중해와 에게해 연안에서 많이 찾아볼 수 있으며 일반 호텔의 방 한두 개를 레지던스로 개조해 놓은 곳도 있다. 주방이 있어 마음대로 요리를 해 먹을 수 있는 것이 최대의 장점이며 가족단위 여행객들에게 호평을 받고 있다. 카파도키아에는 동굴집을 개조해 정원까지 마련한 고급 레지던스 호텔이 많다.

카파도키아의 레지던스 호텔

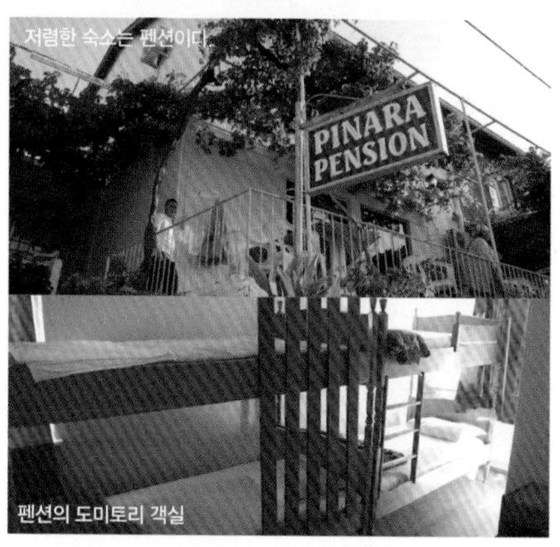

저렴한 숙소는 펜션이다

펜션의 도미토리 객실

모텔, 펜션 Motel, Pension

배낭여행자들이 주로 이용하는 저렴한 숙소. 이름은 펜션이지만 우리가 생각하는 한국식의 펜션이 아니라 저렴한 게스트하우스라고 보면 된다. 여러 사람이 함께 사용하는 도미토리를 갖춘 곳도 있으며 일반적으로 가장 쉽게 찾아볼 수 있는 숙소다. 각국의 여행자들이 몰려들어 길동무를 구하고 여행정보도 교환하고 세계 배낭여행 업계의 동향도 파악할 수 있어 젊은 배낭여행객들이 선호한다. 공동욕실을 사용하는 방부터 에어컨이 있는 방까지 시설은 숙소마다 천차만별이다. 어느 도시건 모텔과 펜션은 대체로 특정한 지역에 몰려 있기 때문에 숙소 구하느라 발품을 팔 일도 적다. 참고로 펜션은 튀르키예어로 '판시욘 Pansiyon'이라고 한다.

튀르키예 여행시 유용한 어플

+ 알아두세요!

obilet

교통티켓 예약 어플. 각 도시간 버스 노선과 시간, 좌석배치도까지 상세하게 나오므로 매우 유용하다. 결제를 하면 오는 예약이 되었다는 문자만 캡쳐해 놓으면 된다. 가끔 결제가 안되는 구간은 해당 버스회사의 사무실에 찾아가서 실물티켓을 끊으면 된다. 항공과 페리티켓도 끊을 수 있다.

Moovit

도시 내 구간별 대중교통을 알려주는 어플. 구글과 병행하여 사용하면 편리하다.

호텔 예약 어플(아고다, 부킹닷컴, 호텔스닷컴, 익스피디아, Air B&B 등)

Air B&B는 현지인의 집에 숙박하며 조리를 할 수 있다는 것이 최대의 장점이지만 숙소와 관광지까지 거리가 떨어져 있는 경우가 많으므로 위치 확인이 필수. 동부와 남동 아나톨리아에서는 그다지 추천하지 않는다.

환율계산 어플(Currency, 환율계산기 등)

한화, 유로, 달러, 튀르키예 리라를 한 눈에 비교해 볼 수 있어 편리하다.

날씨 어플(Windy, Weather Channel, 날씨 등)

날씨는 물론 바람과 강수량 등을 체크할 수 있어 카파도키아의 열기구 투어나 페티예의 패러글라이딩 등 날씨와 관계되는 활동을 계획할 때 유용하다.

ISIC 국제학생증(실물카드)

돌마바흐체 궁전, 톱카프 궁전 등 관광명소에서 학생할인을 받을 수 있으며, 학생할인 요금을 적용하는 항공사도 있다.

06 튀르키예의 춤과 음악

음주가무를 좋아하는 한국인과 마찬가지로 튀르키예인도 음악과 춤을 즐긴다. 어떤 파티든 마지막은 반드시 춤으로 끝날 정도다. 튀르키예 사람들은 흥이 많기 때문에 대부분 자기 지역의 민속춤을 출 줄 알며 여럿이 모인 자리에서 춤추는 걸 그다지 쑥스러워하지 않는다. 민속춤은 혼자 추는 춤보다는 단체로 추는 형태가 일반적이다. 여행 중 결혼식에 참석할 일이 있으면 튀르키예인과 어울려 자기만의 춤 솜씨를 발휘해 보자.

벨리댄스 Belly Dance

벨리는 '배'를 뜻한다. 말 그대로 배꼽을 드러내 놓고 추는 춤으로 고대 이집트 벽화에 등장할 정도로 오랜 역사를 자랑한다. 이슬람이 발생하기 전 중동 지역에서 많이 즐기던 춤이었는데 여성의 노출을 꺼려하는 이슬람교가 출현하면서 점차 사라져 갔다. 아랍국가에 비해 상대적으로 율법이 엄격하지 않은 튀르키예가 벨리댄스의 새로운 메카로 자리 잡았다. 배를 비틀어 흔들며 추는 춤이기 때문에 배를 흔드는 방식에 따라 잘 추고 못 추고가 결정된다. 대체로 젊고 날씬한 여성보다는 배에 어느 정도 살이 붙을 때가 절정기라고 한다. 벨리댄스는 일반적으로 아슬아슬한 의상에 요염한 동작이 연출되어 선정적인 춤으로 인식되기 쉬운데 실은 지극히 건전한 춤이다. 괜히 의상이나 춤에 현혹되어 이상한 짓을 하는 것은 금물!

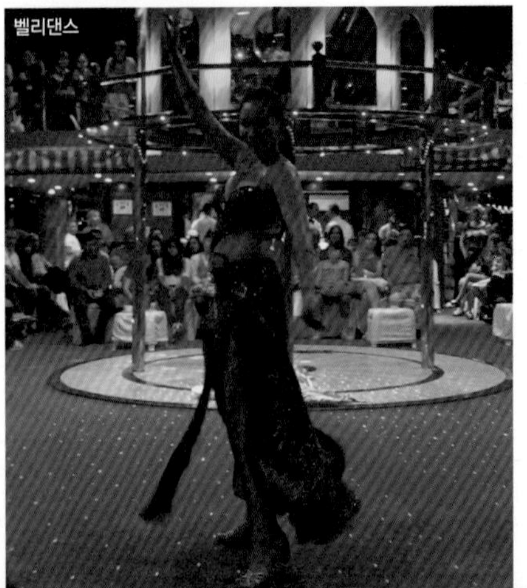
벨리댄스

호론 Horon

동부 흑해의 전통 춤으로 템포가 매우 빠른 것이 특징이다. 복잡한 스텝이 최대의 볼거리이며 작은 바이올린 같은 케만체 Kemançe라는 악기로 반주한다. 같은 호론이라 하더라도 동네마다 학교마다 자신들만의 호론이 있다. 트라브존을 여행하다 보면 볼 수 있는 기회가 많다.

트라브존의 호론 춤

할라이 Halay

동부, 남동부 지방에서 추는 춤으로 남녀가 한데 어우러지는 군무(群舞)다. 일렬이나 반원형으로 서서 서로의 손이나 어깨를 잡고 리더의 지시에 따라 스텝과 방향을 조절하며 춘다. 맨 끝 사람은 손수건을 흔들면서 춘다.

제이벡 Zeybek

에게해 산간지방에 사는 남성들이 추는 춤으로 원형으로 서서 땅을 살펴보는 듯한 동작을 취하다가 한쪽 무릎을 땅에 대는 동작으로 이루어진다. 팔은 처음에 옆구리에 붙이고 있다가 어깨 높이로 들어올리면서 손가락으로 딱 소리를 낸다. 화려한 의상의 남성들이 영웅적인 용기를 표현한다.

카슥 오유누 Kasık Oyunu

남녀가 함께 추는 춤으로 나무로 만든 스푼을 캐스터네츠처럼 서로 부딪쳐 소리를 내며 추는 독특한 형태다.

차이다 츠라 단스 Çayda Çıra Dansı

서부 아나톨리아의 춤으로 여자들끼리만 촛불을 들고 춘다. 보통 결혼식 전날 밤 신부의 집에서 추며 신부의 미래를 축복하는 의미를 담고 있다. 매우 낭만적인 민속춤이다.

메블라나 선무(禪舞) Mevlana

이슬람 수피즘의 일파인 메블라나 교에서 추는 종교적인 춤으로 여흥을 위해 즐기는 일반적인 춤과는 아주 다르다. 수행의 일환으로 추는 춤이라 춤 자체가 종교 활동인 셈. 메블라나 댄스에 관한 것은 콘야 편 P.562 참고.

메블라나 선무

대중가요

튀르키예의 대중음악은 다양성으로 인해 튀르키예뿐만 아니라 국제적으로도 인기가 높다. 민요를 가미한 '아라베스크'라는 음악은 이라크, 시리아에서 오히려 더 인기를 끌 정도다. 대표적인 남자 아라베스크 가수로는 이브라힘 타틀르세스 İbrahim Tatlıses가 있으며 여자는 세젠 악수 Sezen Aksu가 있다.

중앙아시아의 민요에서 기원한 할크 뮤직 Halk Müzik은 사즈, 케멘체, 주르나, 다불 등 다양한 악기를 사용하며 한국의 트로트와 비슷하다. 서구화의 진행에 따라 최근 튀르키예 젊은이들은 서양식의 빠른 템포의 유행가를 좋아한다. 여행 중 콘서트를 볼 기회가 있으면 적극적으로 참여해 보는 것도 좋다. 이스탄불의 루멜리 히사르와 안탈리아 인근 아스펜도스의 원형극장에서 펼쳐지는 공연이 대표적이다.

- 콘서트 정보 및 티켓 예매 www.biletix.com

메흐테르 Mehter

오스만 제국의 정예부대 예니체리가 연주하던 음악으로 세계 최초의 군악대다. 거대한 북을 포함한 66개의 악기로 구성된 메흐테르 악대는 튀르키예 군의 선봉에 서서 아군의 사기를 크게 진작시켰다. 메흐테르 음악은 하이든의 '군대 교향곡', 베토벤의 '9번 교향곡', 모차르트의 '튀르키예 행진곡' 등에 영향을 미쳤다. 여담이지만 메흐테르 연주로 군의 사기가 크게 오르는 것을 본 유럽 국가들이 자신들의 군대에도 도입했다고 한다. 이스탄불의 군사박물관에서 매일 메흐테르 콘서트가 펼쳐진다.

메흐테르

07 튀르키예의 목욕문화

튀르키예의 공중목욕탕은 '하맘 Hamam ı '이라 부른다. 한국의 목욕탕과 가장 큰 차이점은 물을 담은 풀장이 없다는 점이며 일종의 증기욕이라 생각하면 된다. 찜질방과 불가마 등 목욕과 사우나가 발달한 한국인에게는 하맘 이용에 큰 어려움이 없다. 이스탄불을 비롯한 튀르키예 곳곳에 역사와 전통을 자랑하는 하맘이 있으므로 여독이 쌓인 날 피로도 풀고 문화 체험도 할 겸 하맘을 방문해 보자.

하맘의 기원

하맘이 정확히 언제부터 튀르키예인의 생활에 자리 잡았는지 알려주는 문헌은 없지만 목욕을 좋아했던 로마, 비잔틴 제국과 접촉하면서 그들의 목욕문화를 받아들인 것으로 보인다. 아울러 청결을 중시하는 이슬람의 관습과도 맞아떨어져 자연스럽게 튀르키예인의 생활 속에 자리 잡았다. 여자들의 외출이 자유롭지 못했던 오스만 제국 시기에 여자들이 갈 수 있었던 유일한 공공장소가 하맘이었다. 외출 기회가 없었던 여성들에게는 하맘이 단순한 목욕탕을 넘어 사교의 장이 되었음은 물론이다. 아들이 있는 어머니는 하맘에서 신붓감을 고르기도 했다.

하맘 이용하기

입장

튀르키예의 지방 도시에는 수백 년의 역사를 자랑하는 하맘이 아직도 영업하고 있다. 남녀 탕이 분리된 곳도 있고 탕은 하나인데 남녀의 영업시간을 달리하는 곳도 있다. 하맘의 요금은 입장료, 때밀기 Kese, 마사지 Masaj 등 세 종류로 나눠지는데 입장료는 기본요금이며 때밀기와 마사지는 개인의 취향에 따라 선택할 수 있다.

입구에서 페슈테말 Peştemal이라고 하는 몸에 두르는 커다란 천과 개인 탈의실 열쇠를 받는다. 탈의실 시설(개인용 또는 공동)에 따라 요금이 달라지기도 하며 페슈테말을 두르고 탕으로 들어간다. 샴푸와 비누는 판매하는 것을 사거나 자신이 사용하던 것을 가져가도 괜찮다.

탕 내부는 중앙에 괴벡 타스 Göbek Taşı로 불리는 팔각 대리석으로 된 큰 돌판이 있고 벽을 돌아가며 세면대가 붙어 있다. 욕탕 바닥이 대리석으로 되어 있어 미끄럽기 때문에 날른 Nalın이라고 하는 나막신을 신는다. 보통의 하맘은 물을 채워놓은 욕조가 없지만 온천이 나오는 하맘은 온천수를 이용한 풀을 마련해 놓아 몸을 담글 수도 있다.

때밀기, 마사지

뜨거운 물과 증기로 몸이 적당히 불면 세신사가 와서 괴벡 타스 위에 눕도록 권한다. 이때부터는 그냥 몸을 내맡기고 있으면 된다. 한국과 마찬가지로 능숙한 솜씨로 개운하게 벗겨준다. 때수건은 작고 단단한 천인데 일명 '이태리타월'에 적응되어 있는 한국인에게는 그다지 아프지 않다. 간혹 손님들끼리 서로 밀어주는 광경도 연출된다.

때밀기가 끝난 후 마사지가 이어진다. 마사지를 하는 사람에 따라 방법은 여러 가지가 있는데 대체로 시원하게 몸을 풀어준다. 마사지가 너무 세거나 속도가 빠르면 '다하 야바쉬 Daha Yabaş(살살 해 주세요)'나 '뤼트펜 두르 Lütfen Dur(그만하세요)'를 외치자. 간혹 발로 밟는 마사지를 하기도 하는데 매우 시원하다.

하맘 내부

08 튀르키예의 스포츠

튀르키예에서 가장 인기 있는 스포츠는 단연 축구다. 국기는 레슬링이지만 올림픽같은 중요한 국제대회를 제외하고는 축구 열기를 따라갈 수 없다. 튀르키예인들에게 있어 축구는 신앙과도 같은 존재! 자신이 좋아하는 팀이 있음은 물론 축구소식을 듣지 못하는 것은 세상과 단절을 의미할 정도다. 안 그래도 형제의 나라라는 인식이 있는데다 2002년 한일 월드컵 3, 4위전을 계기로 한국 사람을 만나면 축구 이야기가 단골 화제로 등장한다. 튀르키예에서 일반적으로 시합을 보러 간다고 하면 무조건 축구라고 보면 된다.

프로리그

튀르키예의 프로팀은, 1903년 베쉭타쉬 Beşiktaş 1905년 이스탄불의 갈라타사라이 Galatasaray, 1907년 페네르바흐체 Fenerbahçe가 창단되어 프로 시대를 열었다. 튀르키예 축구협회는 1923년 창단되었고 본격적인 리그가 시작된 것은 1959년이다. 60여 년의 역사를 자랑하며 명실상부한 국민 스포츠로 자리 잡았다. 현재 3개의 프로리그가 있으며 18개 팀이 1부 리그를 구성한다. 리그 운영방식은 다른 유럽 국가와 마찬가지로 시즌 종료 후 하위 3개 팀은 2부 리그로 내려가고 2부 리그 상위 3개 팀은 1부 리그로 올라온다. 이스탄불 팀인 갈라타사라이, 페네르바흐체, 베쉭타쉬와 한때 한국의 이을용 선수가 뛰었던 트라브존스포르 Trabzonspor가 1부 리그 전통의 4강을 이루고 있으며 상위 팀은 유럽 챔피언스리그와 유로파 컵 대회에 출전할 자격이 주어진다. 1999~2000시즌 갈라타사라이가 유럽 챔피언스리그 우승을 차지했고 각종 유럽 프로 축구 대항전에 종종 얼굴을 내밀고 있다.

축구열기

자신이 좋아하는 팀의 경기가 있는 날이면 소속팀의 티셔츠를 입고 응원하러 간다. 시내의 카페나 맥주 집에는 대형 TV가 설치되고 사람들이 몰려들어 대성황을 이룬다. 대회의 결승전이나 국가 대항전이 있는 날에는 생활이 마비될 정도로 축구열기가 전국을 휩쓴다. 축구 뉴스는 신문의 중요기사로 다

다양한 축구 응원도구

뤄지고 국가 대항전에서 튀르키예가 이기면 다음 날 판매 부수는 평소의 두 배까지 치솟기도 한다. 서포터들은 갖가지 응원도구를 챙겨가 열정적인 응원을 펼치는데 만일 중요한 경기에서 소속팀이 지기라도 하는 날에는 열성팬들이 그라운드에 뛰어드는 것은 물론 상대편 서포터들과 난투극을 벌이는 일도 있다. TV 시사 프로그램에서 자중하자는 목소리가 나올 정도다. 최악의 사태를 피하기 위해 경기장에는 중무장한 경찰을 배치하고 충돌을 막기 위해 각 팀 서포터들의 출입구를 달리해 놓았다. 사정이 이러니 튀르키예 여행 중 축구를 관전하고 싶으면 여럿이 함께 가도록 하고 튀르키예인 친구가 있다면 동행하는 것이 안전하다.

튀르키예 축구 관련 홈페이지

- 튀르키예 축구협회 www.tff.org
- 갈라타사라이 www.webaslan.com
- 페네르바흐체 www.fenerbahce.com
- 베쉭타쉬 www.bjk.com.tr

09 튀르키예, 한국과 이것이 다르다

한국에서 직항 비행기를 타고도 무려 10시간 이상 가야 하는 먼 나라 튀르키예. 지리적으로 동떨어진 만큼 살아온 환경도 문화도 우리와는 차이가 많다. 현지 문화를 알고 가면 적응에 도움될 뿐만 아니라 한층 더 깊이있는 여행을 할 수 있다. 아직도 많은 튀르키예인들은 한국 전쟁 때 파병했던 한국을 형제의 나라로 생각하며 우호적이다. '형제의 나라' 튀르키예가 우리와 무엇이 다른지 알아보자.

1. 화장실은 유료다

튀르키예의 모든 공중화장실은 유료다. 고속도로 휴게소건 재래시장 내의 허름한 화장실이건 모두 개인 사업자가 운영하는 '업체'이기 때문에 돈을 내고 사용해야 한다. 간혹 화장실 사용료가 아까워 적당히 실례하는 남성 여행자가 있는데 나라 망신일 뿐 아니라 튀르키예 문화에 대한 실례다. 반드시 돈을 내고 사용하도록 하자. 참고로 여자 화장실은 '바얀 BAYAN', 남자 화장실은 '바이 BAY'라고 한다.

남녀 화장실 표시

2. 오 드 콜로뉴를 즐겨라

튀르키예의 모든 집에는 오 드 콜로뉴이라고 하는 강한 레몬향의 화장수가 준비되어 있다. 집안 식구는 물론 손님이 왔을 때 오 드 콜로뉴를 손에 뿌려준다. 여행자들이 오 드 콜로뉴를 접하는 곳은 버스를 탈 때인데 차장인 서비스맨이 수시로 오 드 콜로뉴를 승객의 손에 뿌려준다. 오 드 콜로뉴를 받으면 당황하지 말고 스킨 바르듯이 손바닥과 손등을 문지르고 턱이나 뺨에 발라도 좋다. 강한 레몬향의 시원한 느낌이 상쾌하다. 소독 효과도 있다.

승객들에게 오 드 콜로뉴를 뿌려주는 서비스맨

3. 자미(이슬람 사원) 입장 때 복장 주의

어느 나라나 마찬가지로 종교적인 성소에 들어갈 때는 복장에 주의해야 한다. 짧은 스커트나 반바지는 삼가고 여성의 경우 히잡(머릿수건)을 쓰는 것이 좋다. 수건을 쓰지 않는다고 입장이 거부되지는 않지만 쓰는 것이 기본 예의다. 아울러 튀르키예의 모든 자미는 경내에 발 씻는 수돗가가 있다. 의무적인 것은 아니지만 현지 문화 존중 차원에서 튀르키예인과 어울려 발을 씻는 경험을 해 보는 것도 좋다. 입장할 때 신발은 반드시 벗어야 한다.

여성들은 자미에 갈 때 히잡을 쓴다.

4. 숙박비에 아침식사가 포함되어 있다.

100%라고 할 수는 없지만 대부분의 숙소는 숙박비에 아침식사가 포함되어 있다. 체크인할 때 아침식사 포함 여부를 확인하고 식당이 어디 있는지 알아두는 게 좋다. 대형 숙소는 뷔페식으로 나오는 경우도 있는데 식사를 포함한 차, 커피, 후식 모든 것이 무료다.

뷔페식으로 나온 아침식사

길을 건널 때는 횡단보도를 이용하자.

인심 좋은 튀르키예인들

5. 오토뷔스(버스)에는 차장이 있다

오래 전 한국의 고속버스에 승객의 차내 편의를 도와주는 안내양이 있었다. 튀르키예의 모든 시외버스에는 서비스맨이 동승해 출발 전 짐 싣기, 차표 검사, 음료 및 다과제공 등 편안한 여행이 되도록 도와준다. 차내에서 무료로 주는 음료와 다과는 커피, 차이(홍차), 물, 콜라, 파이, 빵 등이다. 버스 운행 중 수시로 오 드 콜로뉴 화장수를 뿌려주기도 한다.

오토뷔스의 서비스맨

6. 찻길 건널 때 주의

튀르키예의 운전자들은 보행자 우선 원칙을 잘 지키지 않는다. 차가 멈추겠지 하는 생각으로 무심코 길을 건너다 교통사고를 당하는 경우가 많으니 길을 건널 때는 좌우를 잘 살피고 건너야 한다. 참고로 보행자도 횡단보도를 잘 지키지 않는다. 폭이 넓은 대로를 제외하고는 아무데나 막 건너는데 여행자인 우리는 안전을 고려해 가능하면 횡단보도를 이용하자.

7. 인심 좋은 튀르키예인들

현대 튀르키예는 서구식 생활 패턴이지만 아시아적인 가족주의와 손님에 대한 예의를 잘 지키기로도 정평이 나 있다. 길을 물으면 친절히 알려주는 것은 물론 때로는 하던 일을 멈추고 직접 데려다 주는 경우도 있을 정도. 특히 동부나 남동부 지방을 여행하다 보면 하루에도 여러 잔의 접대용 차이(홍차)를 마시는 경우가 많다. 감사한 마음을 갖도록 하고 호의를 받았다면 꼭 '테쉐퀴르 에데림(튀르키예어로 감사합니다)'이라고 얘기하자. 단, 호의를 가장한 악당들도 있다는 사실은 명심할 것(이스탄불 편 P.126 참고).

8. 포옹하는 남자들

가족주의와 형제애가 남아 있는 튀르키예에서 남자들의 전통 인사법은 껴안는 것이다. 완전 포옹은

남자들의 인사법

아니고 가슴을 안으며 양쪽 볼을 번갈아 대면서 입으로 '쪽~' 소리를 낸다. 가끔은 곰처럼 덩치 큰 튀르키예인들이 쪽~ 소리를 내며 인사하는 것이 재미있기도 하다. 친해진 튀르키예인이 있다면 한 번 시도해 보자. 그냥 악수하는 것보다 훨씬 더 친밀해지는 것을 느낄 수 있다. 단, 남자 대 남자만 하는 인사법이다.

9. '쯧-'은 욕이 아니다

튀르키예인의 관습 중 턱을 치켜들고 '쯧-'이라고 혀 차는 소리를 내는 때가 있다. 이것은 '없다, 아니다'라는 단순부정을 나타내는 것이지 상대를 모욕주려는 것이 아니니 오해말길. 때로는 부정의 의미인 '욕 Yok'이라는 발음을 하기도 하는데 언뜻 들으면 정말 욕하는 것 같지만 역시 단순부정의 의미일 뿐이다. 괜한 오해가 없도록 하자.

10. 집에 초대를 받았을 때

드문 경우이긴 하지만 현지인의 집에 초대를 받아서 갈 때는 선물로 케이크나 초콜릿 등 단 과자나 꽃을 사 가면 좋다. 단 과자를 사가는 것은 초대해 줘서 감사하다는 뜻과 달콤한 것을 먹으며 좋은 이야기를 나누자는 뜻이 담겨 있다.

각종 단 과자

11. 나자르 본주 Nazar Boncugu는 악마의 눈이다?

튀르키예 어디를 가나 쉽게 볼 수 있는 나자르 본주. 원형의 투명한 파란색 유리로 된 이것은 악마의 눈이라고 한다. 나자르 본주는 가장 강력한 악마의 눈을 가두어 놓았기 때문에 주변의 액운을 물리친다고 믿어 사람들이 부적처럼 가지고 다닌다. 이슬람 문화를 받아들이기 전 튀르키예인들이 가지고 있던 샤머니즘의 영향이다. 나자르 본주 열쇠고리는 간단한 귀국 선물로 좋다.

나자르 본주

12. 라마단 기간이라면?

〈코란〉을 읽는 사람들

이슬람력 9월은 종교적 금식기간인 '라마단'이다. 한 달간 낮 동안에는 먹지도 마시지도 않으니 이 기간에 여행을 계획하고 있다면 사정을 알고 가는 게 좋다. 금식은 개인의 자유라 모든 식당이 문을 닫는 것은 아니며, 외국인은 밖에서 음식을 먹어도 그다지 흉이 되지는 않지만 현지 문화 존중 차원에서 밖에서 음식을 먹는 일은 삼가도록 하자. 라마단에 관한 자세한 설명은 P.800 참고.

13. 담배는 전 국민의 기호품

튀르키예인들은 담배를 많이 피운다. 남자뿐만 아니라 유모차를 끌고 나온 엄마들도 거침없이 담배를 꺼내 물 정도라 흡연율이 낮아지고 있는 한국과 비교해 볼 때 경악스럽기까지 하다. 시내 곳곳에는 물을 담아 피우는 튀르키예와 중동 지방의 전통 담배인 나르길레 숍, 즉 '담배방'도 성업 중이다. 흡연 여행자라면 문화체험 차원에서 한 번쯤 즐겨봐도 좋다.

곳곳에 담배방이 성업 중이다.

INDEX

ㅁ

ㅂ

ㅅ

ㅇ

ㅈ

ㅊ

ㅋ